LA GÉOLOGIE EN 1200 VISUELS

LA GÉOLOGIE EN 1200 VISUELS

Valérie Boutin
Laurent Geray

Jean-François Bonello
Aurélie Denis
Aude de Quillacq
Audrey Proust
Marlène Vabre

Illustrations de
Laurent Geray

Sous la direction scientifique
de Pierre Thomas

TOUT LE COURS, EN SCHÉMAS, PHOTOS ET CARTES

de boeck SUPÉRIEUR

Pour toute information sur notre fonds et nos nouveautés, consultez notre site web :

www.deboecksuperieur.com

Rue du Bosquet, 7 – 1348 Louvain-la-Neuve

Illustrations scientifiques : Laurent Geray
Maquette et mise en page de l'intérieur : Laurent Geray

Bibliothèque nationale, Paris : septembre 2023
Bibliothèque royale de Belgique, Bruxelles : 2023/13647/129 ISBN 978-2-8073-3191-

Les auteurs remercient chaleureusement Ph. Agard, A. Augier, Q. Boesch, G. Chazot, P. Chèvremont, N. Coltice, C. Conion, B. de Quillacq, O. Dequincey, F. Gaudry, M. Jentzer, S. Labrosse, C. Langlois, M. Le Bars, T. Lorin, F. Magot, C. Masquelet, D. Mollex, H. Ohmoto, J.P. Perrillat, Y. Siméon, M. Tesson, pour leur aide et leurs photographies.

Ils souhaitent également exprimer toute leur reconnaissance au site Planet-Terre et à la Lithothèque de l'ENS Lyon pour développer toutes ces curiosités géologiques et proposer autant de ressources.

Ils tiennent enfin à remercier le BRGM et, en particulier Frédéric Simien, pour cette collaboration.

SOMMAIRE

PARTIE I - La Terre dans l'Univers

PARTIE II - La structure des enveloppes terrestres

PARTIE III - Dynamique des enveloppes terrestres

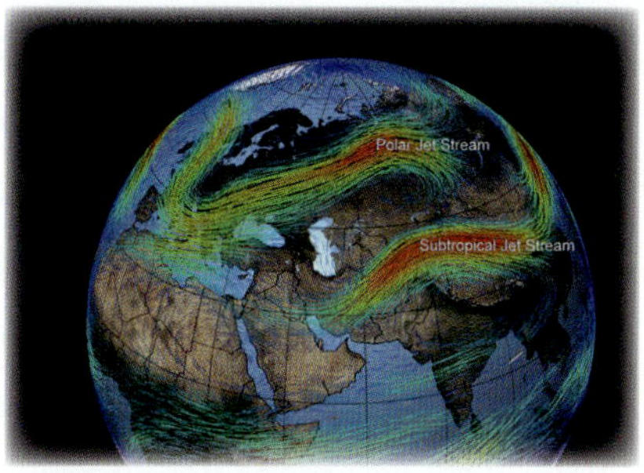

PARTIE IV - Les déformations de la lithosphère

SOMMAIRE

PARTIE V - Le métamorphisme

PARTIE VI - Les phénomènes exogènes

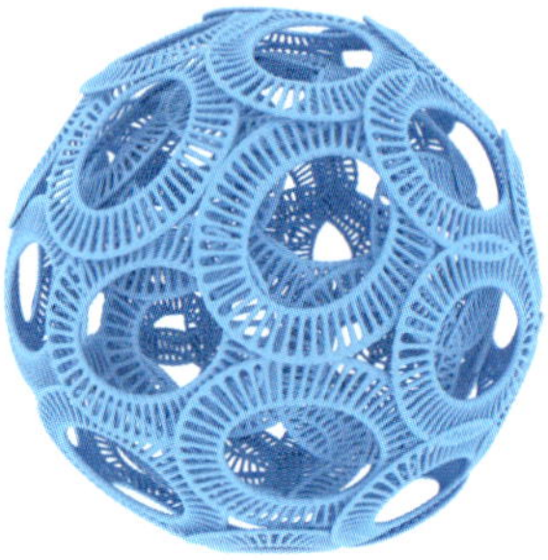

PARTIE VII - Le magmatisme

PARTIE VIII - La géologie, une science historique

SOMMAIRE

PARTIE IX - Risques géologiques

PARTIE X - Ressources et leur environnement

PARTIE XI - GÉOLOGIE DE LA FRANCE

PARTIE XII - MÉTHODES GÉOLOGIQUES ET GÉOCHIMIQUES

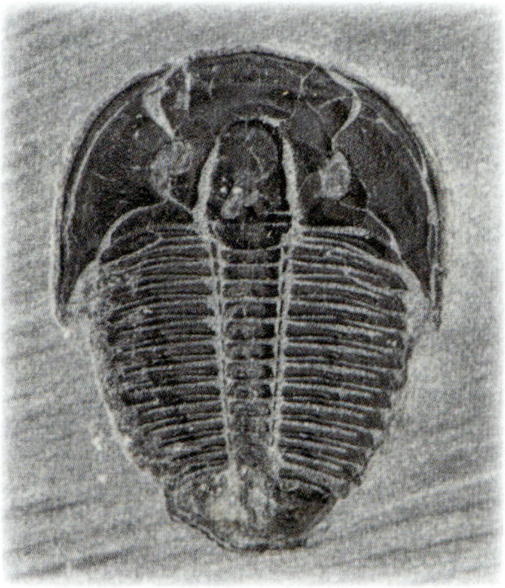

PARTIE I

LA TERRE DANS L'UNIVERS

01 L'Univers observable

Univers observable = *sphère centrée sur la Terre et ayant pour limite l'horizon cosmologique.*

De quoi est composé l'Univers observable ? Quelles sont les techniques permettant de l'appréhender ?

I - L'Univers observable résulte du Big Bang

L'Univers observable dépend de la position de l'observateur

Du fait que la vitesse de la lumière est finie et que notre Univers a également un âge fini de 13,8 milliards d'années (*Ga*), la lumière des objets célestes situés au-delà de l'horizon cosmologique n'a pas eu le temps de parvenir jusqu'à nous.

De plus, l'Univers est en expansion accélérée.

Diamètre de l'Univers potentiellement observable : 93 milliards d'années-lumière

Une année-lumière vaut 9 461 milliards de km.

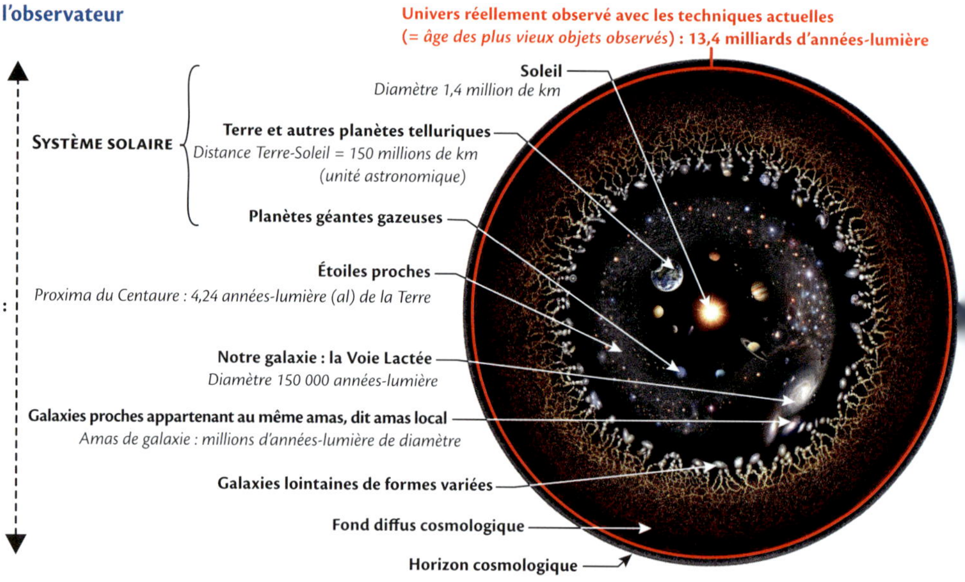

Une représentation de l'Univers observable centré sur le Soleil, avec une échelle logarithmique

Observer des objets lointains, c'est observer le passé. En effet, la lumière met un certain temps à nous parvenir. De plus, comme l'Univers est en expansion, le rayonnement électromagnétique venant de loin est étiré, c'est-à-dire décalé vers le rouge. De plus, cette expansion de l'Univers est accélérée. Actuellement, les calculs de taux d'expansion de l'Univers diffèrent suivant les observations et modèles utilisés, c'est donc un sujet activement étudié en cosmologie.

Le modèle du Big Bang

Le **Big Bang** est un modèle cosmologique de genèse de l'Univers qui en reconstitue l'évolution sur 13,8 milliards d'années. Il postule que l'Univers a été plus dense et plus chaud par le passé et qu'il est potentiellement né d'une singularité. Le concept a été proposé par le chanoine et astrophysicien Georges Lemaitre en 1927.

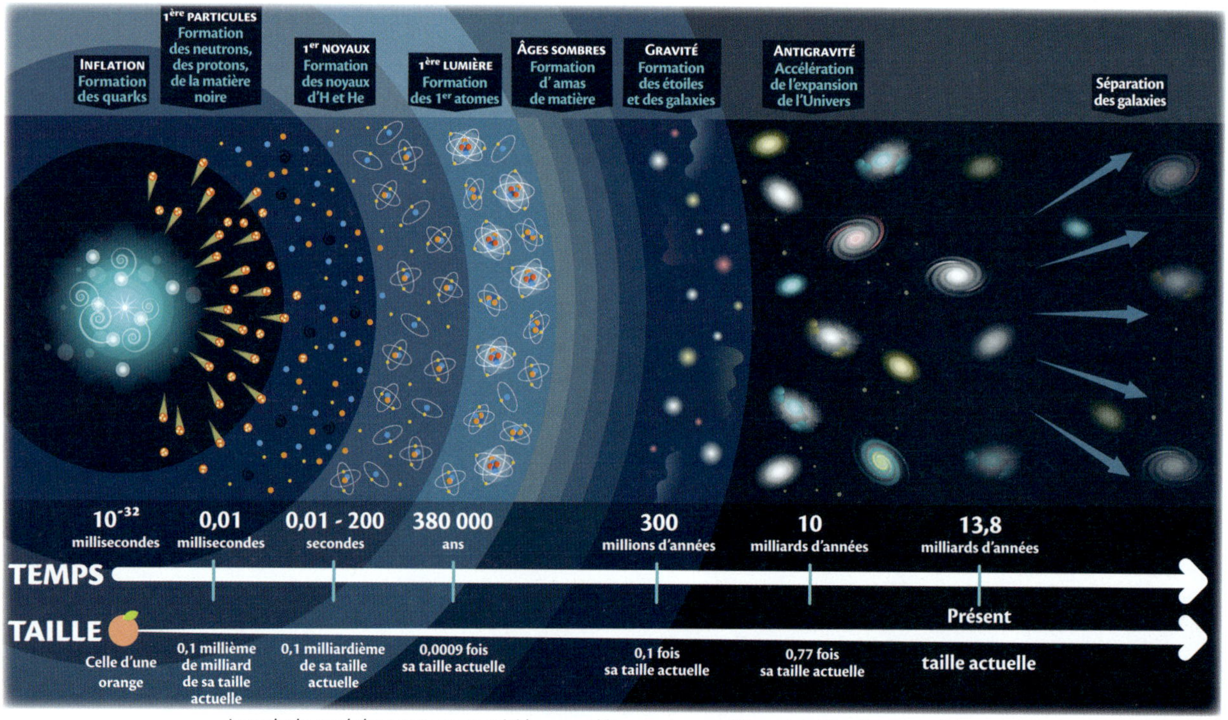

Les principaux événements ayant suivi le « grand boum » ; ce modèle est très bien étayé et solide

II - Les observations et les modèles actuels de composition de l'Univers

✪ Chaque longueur d'onde de rayonnement électromagnétique permet de voir un type d'objets particulier

On ne peut observer les objets qu'à distance, en utilisant une gamme particulière du spectre électromagnétique. 02

Longueur d'onde (m)	10^{3}	10^{-2} 10^{-5}	$5 \cdot 10^{-7}$	10^{-8} 10^{-10} 10^{-12}
Type d'onde	**Ondes radio** = observation d'objets froids	**Micro-ondes et infra-rouge** = observation d'objets chauds	**Rayonnement visible**	**Ultraviolet X Gamma**
Ce qu'elle permet d'observer	Fond diffus cosmologique, nuages de gaz, pulsar (= étoile à neutrons)…	Étoiles en formation, disques planétaires…	Étoiles (*luminosité, vitesse, composition*), galaxies…	Supernovas, chute de matière dans un objet compact (*trou noir ou étoile à neutron*)
Exemple de satellite ou télescope	**COBE, WMAP, Planck** **Projets : Square Kilometer Array** (*radiotélescopes d'1 km² en Australie et Afrique du sud*)	**Very Large Telescope** (*Atacama, Chili*) **James Webb Telescope** (*lancé en 2021*)		**Hubble** **Projet : WSO-UV** (*prévu vers 2025*)

✪ Le modèle actuel d'organisation des galaxies et des échelles d'ordre supérieur

La Voie Lactée, une galaxie spiralée : vue par-dessus (haut) et par la tranche (bas)

Les autres galaxies et leur agencement

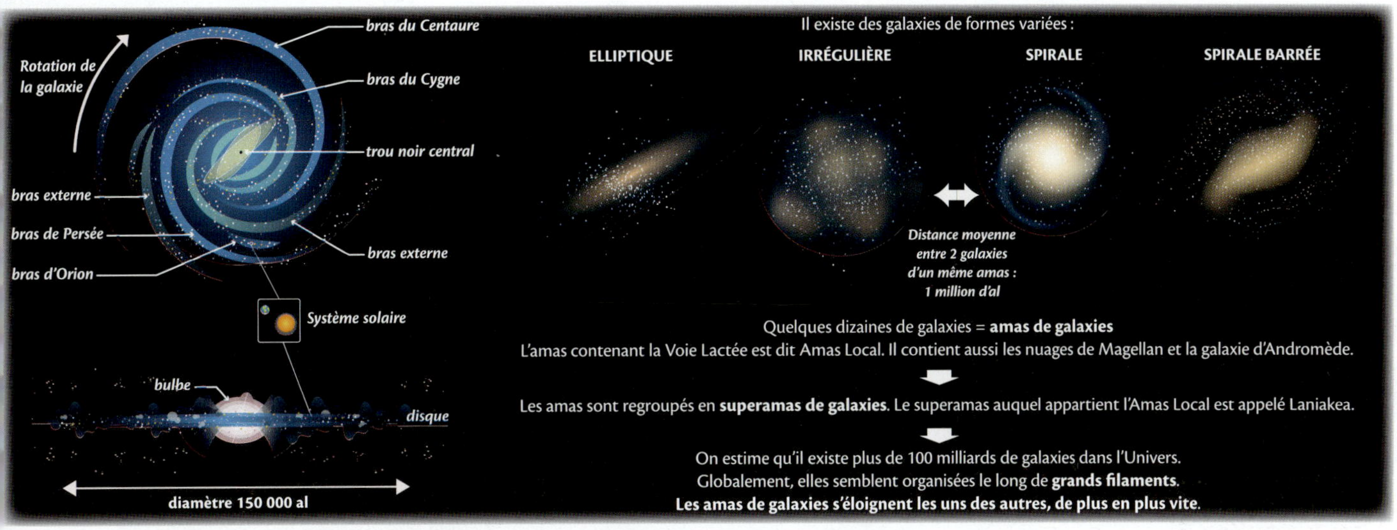

⚠ *Certaines galaxies ont des noyaux très actifs appelés* ***quasars*** *(= quasi stellar radio source), qui sont des trous noirs supermassifs.*
Le trou noir central de la Voie Lactée est, lui, de dimension modeste et peu actif.

✪ Les nouveaux vecteurs d'information en astrophysique

Les **neutrinos** sont des particules de très faible masse et interagissant très peu avec la matière ordinaire. Ils donnent des informations sur la nucléosynthèse et sur les supernovas. 02

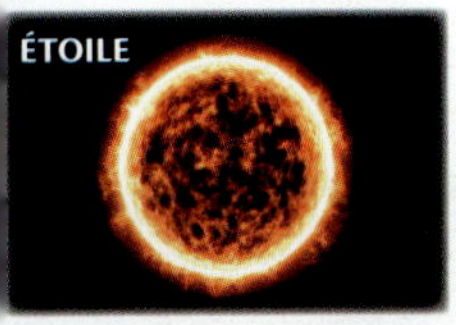

Émission de photons et de neutrinos

Les **ondes gravitationnelles**, détectées depuis 2015, sont liées à une déformation de l'espace-temps. Elles permettent de détecter des fusions de trous noirs ou d'étoiles à neutrons.

Émission d'ondes gravitationnelles

Neutrinos et ondes gravitationnelles permettent de préciser les propriétés de certains objets de l'Univers

✪ La quantification du contenu énergétique de l'Univers grâce à la synthèse des données

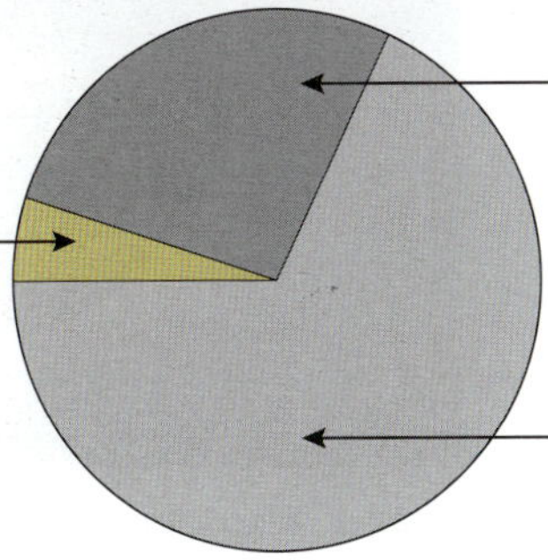

5% Matière ordinaire : la quasi-totalité est composée d'hydrogène et d'hélium.

27% Matière noire : la seule force gravitationnelle liée à la matière visible ne permet pas d'expliquer les profils de vitesse des galaxies ni la vitesse de formation des galaxies et des amas de galaxies. La matière noire est de la matière « qui pèse », c'est-à-dire sensible à la gravitation, mais qui ne semble émettre ni absorber aucun rayonnement électromagnétique et qui est totalement « transparente ».

68% Énergie sombre : l'accélération de l'expansion de l'Univers ne peut être expliquée que par cette force répulsive.

Propriétés connues, mais nature inconnue

02 Les étoiles et la nucléosynthèse

Étoile = *boule de gaz (H, He majoritairement) dont la masse est suffisante pour que s'amorcent des réactions thermonucléaires.*

Nucléosynthèse = *mécanismes de formation des noyaux d'atomes.*

Comment les étoiles apparaissent-elles, évoluent-elles et meurent-elles ?
Comment sont formés les atomes constituant la matière visible de l'Univers ?

I - La nucléosynthèse primordiale

Entre 10 s et 20 min après le **Big Bang**, des réactions nucléaires qualifiées de « **nucléosynthèse primordiale** » ont produit des noyaux de deutérium et d'hélium, qui se sont ajoutés au noyau d'hydrogène (*proton solitaire*), plus une faible proportion de lithium, de béryllium et de bore.

Avec la découverte du fond diffus cosmologique et la mesure de l'expansion de l'Univers, la description de la nucléosynthèse primordiale est un des piliers étayant le modèle du Big Bang. En particulier, les ratios et la distribution des isotopes de l'Hélium jouent un rôle important.

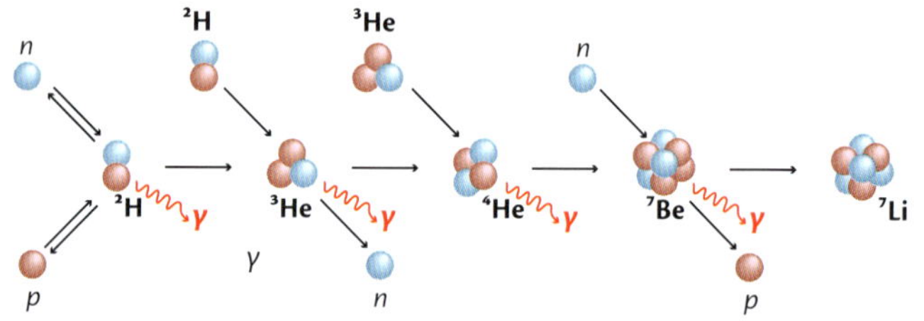

II - La fusion d'hydrogène en hélium au sein d'une étoile de type solaire

Carte d'identité d'une étoile de type solaire :
- → ***Catégorie*** = naine jaune
- → ***Diamètre solaire*** (*sera noté D par la suite*) ≈ 100 fois le diamètre terrestre
- → ***Masse*** = 2.10^{30} kg (*99,8% de la masse du système solaire*) ; masse volumique : 1 500 kg/m^3
- → ***Composition*** : plasma (= *sous l'effet de la chaleur, les noyaux atomiques et les électrons sont séparés*) d'hydrogène et d'hélium.
- → ***Production d'énergie*** : 6.10^{11} J par gramme d'H transformé en He ; Puissance : 10^{26} W

Les enveloppes internes du Soleil

❶ Noyau = cœur
Rayon = 210 000 km
T= $15 \cdot 10^6$ K
➡ ***Siège des réactions thermonucléaires***

❷ Zone de radiation
Rayon = 490 000 km
T= $2 \cdot 10^6$ K
➡ ***Transfert d'énergie par rayonnement***

❸ Zone convective
Rayon = 700 000 km
T= entre 10^3 et 10^6 K
➡ Présence de taches sombres à sa surface
➡ Cellules de convection à l'origine du ***champ magnétique solaire***

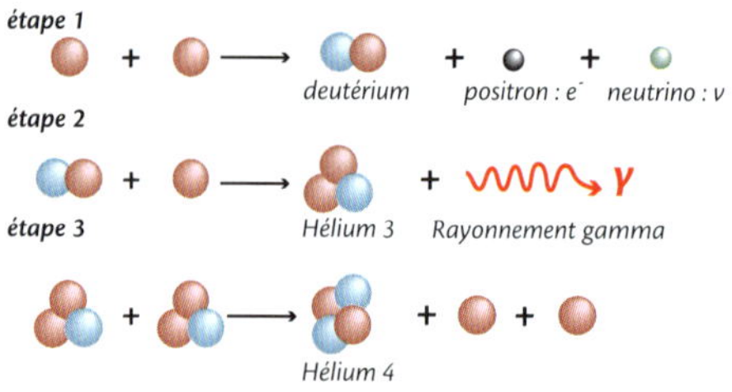

Le Soleil, siège de réactions thermonucléaires, est organisé en couches concentriques.

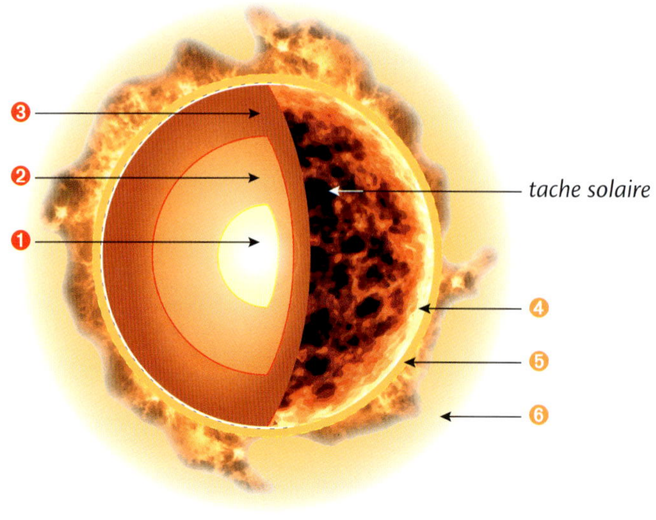

Les enveloppes externes du Soleil

❹ Photosphère
Quelques centaines de km d'épaisseur
T= 6 000 K
Zone d'émission des photons
➡ Présence de protubérances = ***jets de plasma***
➡ ***Activité solaire cyclique*** = période d'environ 11 ans

❺ Chromosphère
T= 20 000 K
Épaisseur = 3 000 km

❻ Couronne solaire
Épaisseur = 10 fois le rayon solaire
T= $2{,}5 \cdot 10^6$ K
➡ ***Plasma formé de protons et d'électrons*** dont les vitesses sont telles qu'ils s'échappent du Soleil, formant le ***vent solaire***.

La base de la couronne solaire est visible à l'occasion d'une éclipse.

II - Les réactions de nucléosynthèse au cours de la naissance, de la vie et de la mort d'une étoile

La naissance d'une étoile

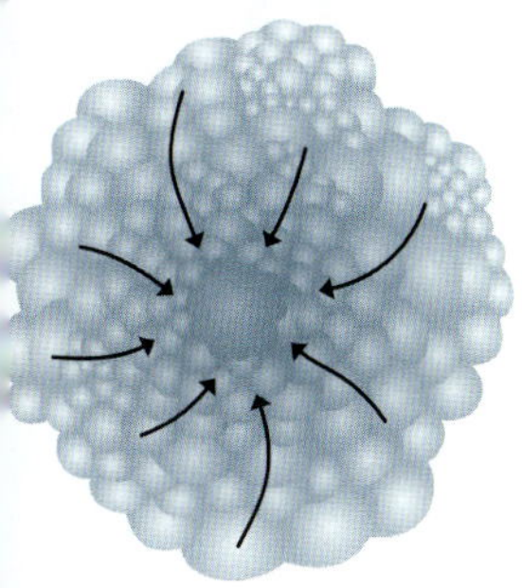

Des nuages formés essentiellement d'hydrogène et datant du Big Bang peuplent l'Univers. Leur répartition est inhomogène : la gravitation renforce les zones de surdensité et l'effondrement peut survenir.

L'effondrement d'un nuage de gaz donne une **étoile**, possiblement accompagnée d'un **cortège de planètes**. 04

Les 4 types d'interactions participant à la stabilité de l'étoile

Interaction gravitationnelle
La gravitation comprime l'étoile, donc la chauffe.

Interaction forte
Au cœur de l'étoile, une température suffisante est atteinte pour déclencher les réactions thermonucléaires.

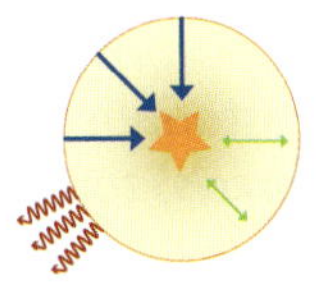

Interaction électromagnétique
Comme l'étoile chauffe, elle rayonne : il y a libération de photons, ce qui dissipe de l'énergie.

Interaction faible
Des protons sont convertis en neutrons au cours de la réaction de fusion.

Les mécanismes à l'œuvre dans l'initiation des réactions thermonucléaires

Selon la masse de l'étoile, deux types de réactions de fusion possibles

Étoile de faible masse (<4 MS), type naine jaune (exemple : Soleil)

Chaîne de réactions de type « *proton-proton* ».

Fusion de l'hydrogène en hélium 4

*Durée de vie de l'ordre du milliard à une dizaine de **milliards** d'années.*

Étoile de forte masse (> 4 MS), type géante bleue

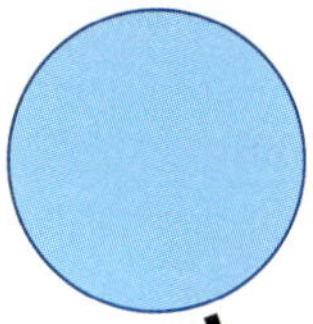

Chaîne de réactions de type « *Carbone-Azote-Oxygène* » (CNO) dans lequel le carbone joue comme un catalyseur qui accélère la fusion d'hydrogène en hélium. Ce cycle se produit à plus haute température que le cycle proton-proton, car les atomes qui fusionnent ont des masses beaucoup plus élevées que l'hydrogène.

*Durée de vie de l'ordre d'une dizaine à une centaine de **millions** d'années.*

Le vieillissement d'une étoile

Lorsque tout l'hydrogène est épuisé : transformation en **étoile rouge**.

La fusion produit des noyaux de plus en plus lourds, jusqu'à l'**atome d'oxygène**.

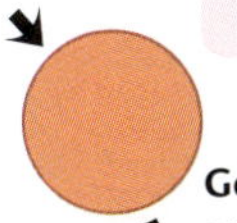

Géante rouge
Diamètre = 100 D
(*mais densité divisée par 10^6*)

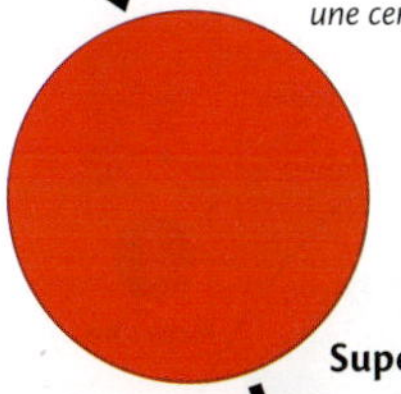

La fusion produit des noyaux de plus en plus lourds, jusqu'à l'**atome de fer** qui est très stable.

Supergéante rouge

La fin de vie d'une étoile

Nébuleuse planétaire =
Éjection des enveloppes périphériques riches en éléments C, N, O, Mg, S... (*ici, la nébuleuse de l'hélice*). Effondrement du cœur non expulsé, qui devient une **naine blanche**.

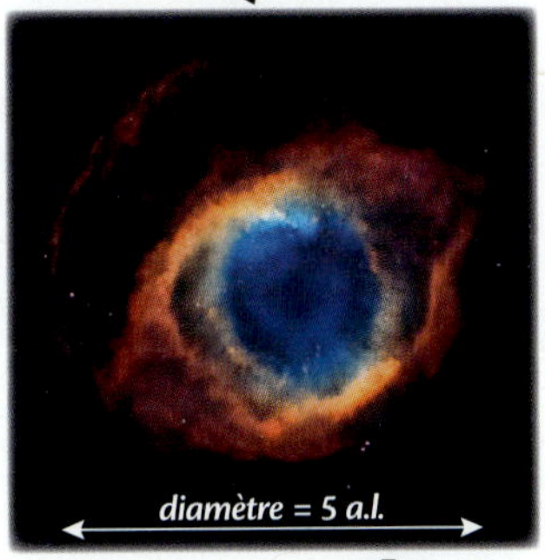

Supernova =
Étoile qui explose. Le cœur s'effondre et une onde de choc expulse les couches externes. Les éléments plus lourds que le fer sont essentiellement formés au sein des supernovas, par des réactions de fusion (*Ici, la nébuleuse du crabe*).

Naine blanche = résidu (masse < 1,44 MS)
Effondrement associé à une répulsion de nature quantique.
Pas de réaction thermonucléaire. Refroidissement.
Diamètre = D/100 (*mais densité multipliée par 10^6*).

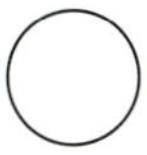

Si résidu de masse comprise entre 1,44 et 3,2 MS : formation d'une **étoile à neutron**, un objet très petit et dense (*diamètre d'environ 20 km et densité 10^{13}g/cm^3*)

Si résidu de masse supérieure à 3,2 MS : le résidu de supernova est un **trou noir** (*objet si massif que rien ne s'en échappe, pas même la lumière*). Le diamètre d'un trou noir n'a pas de signification ; tout au plus donne-t-on le diamètre de son horizon.

IV - Bilan : l'origine des éléments

L'origine des noyaux des atomes de la classification périodique

Élément le plus simple, formé quelques secondes après le Big Bang

Éléments formés par spallation : un rayon cosmique brise un noyau d'atome lourd en particules plus légères

Éléments formés essentiellement par nucléosynthèse primordiale, un peu au sein des étoiles et un peu par spallation.

Éléments formés dans les étoiles en fin de vie (*géantes ou supergéantes rouges, supernovas...*)

1 H																	2 He
3 Li	4 Be											5 B	6 C	7 N	8 O	9 F	10 Ne
11 Na	12 Mg											13 Al	14 Si	15 P	16 S	17 Cl	18 Ar
19 K	20 Ca	21 Sc	22 Ti	23 V	24 Cr	25 Mn	26 Fe	27 Co	28 Ni	29 Cu	30 Zn	31 Ga	32 Ge	33 As	34 Se	35 Br	36 Kr
37 Rb	38 Sr	39 Y	40 Zr	41 Nb	42 Mo	43 Tc	44 Ru	45 Rh	46 Pd	47 Ag	48 Cd	49 In	50 Sn	51 Sb	52 Te	53 I	54 Xe
55 Cs	56 Ba	57-71 *	72 Hf	73 Ta	74 W	75 Re	76 Os	77 Ir	78 Pt	79 Au	80 Hg	81 Tl	82 Pb	83 Bi	84 Po	85 At	86 Rn
87 Fr	88 Ra	89-103 **	104 Rf	105 Db	106 Sg	107 Bh	108 Hs	109 Mt	110 Ds	111 Rg	112 Cn	113 Nh	114 Fl	115 Mc	116 Lv	117 Ts	118 Og

Lanthanides *	57 La	58 Ce	59 Pr	60 Nd	61 Pm	62 Sm	63 Eu	64 Gd	65 Tb	66 Dy	67 Ho	68 Er	69 Tm	70 Yb	71 Lu
Actinides **	89 Ac	90 Th	91 Pa	92 U	93 Np	94 Pu	95 Am	96 Cm	97 Bk	98 Cf	99 Es	100 Fm	101 Md	102 No	103 Lr

Au-delà de l'élément Uranium (Z= 92) : éléments de synthèse, non détectés dans la nature

La fusion nucléaire est actuellement à l'étude, elle pourrait être utilisée comme source d'énergie dans les années à venir (exemple : Réacteur thermonucléaire expérimental international = ITER, situé à Cadarache dans les Bouches-du-Rhône).

03 Les planètes et autres petits corps célestes de l'Univers

(Exo)planète = *corps céleste en orbite autour d'une étoile, qui a une masse suffisante pour être en équilibre hydrostatique (forme sphérique ou ellipsoïde de révolution) et ayant éliminé (ou confiné en certains sites précis) tout corps se déplaçant dans le voisinage de son orbite.*

Petit corps céleste = *ici, ce terme regroupe les planètes naines, comètes et astéroïdes.*

Quels sont les petits objets massifs que l'on détecte dans l'Univers ?

I - Les planètes et autres petits corps célestes du système solaire

L'organisation du système solaire

Tous les objets ci-dessous sont dans un même plan, à quelques degrés près : l'**écliptique**.

⚠ *1 unité astronomique (UA) = distance Terre-Soleil, soit 150 millions de km.*

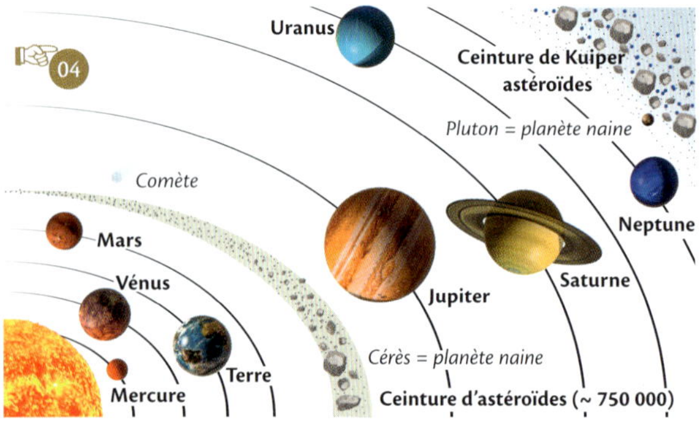

Les limites du système solaire

Selon les conventions, la limite du système solaire est définie comme :
→ l'**héliopause** = limite du vent solaire, à 120 UA ;
→ le **nuage d'Oort**, qui a une forme de sphère centrée sur le Soleil.

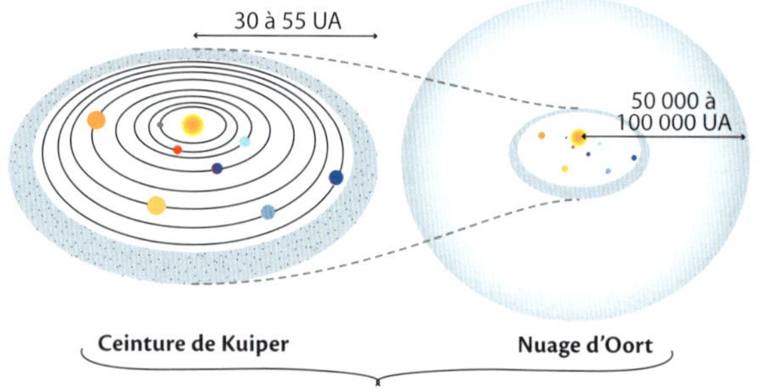

= composés de **petits corps glacés** qui, s'ils sont expulsés, peuvent donner des **comètes** ; contiennent aussi quelques **astéroïdes**.

II - Les exoplanètes

Une exoplanète est une planète située en dehors du système solaire, et donc liée gravitationnellement à une étoile autre que le Soleil. La détection des exoplanètes a débuté de manière indirecte dans les années 1990 et a été confirmée de manière plus directe en 2004.

Au 2 août 2022, on a découvert 5 126 exoplanètes dans 3 795 systèmes planétaires. Dans notre secteur de la Voie Lactée et avec les moyens de détection actuels, environ une étoile sur deux possède un système planétaire.

Les méthodes de détection des exoplanètes

Méthode des vitesses radiales : on étudie l'**effet Doppler** résultant de la perturbation gravitationnelle de l'étoile par sa planète.

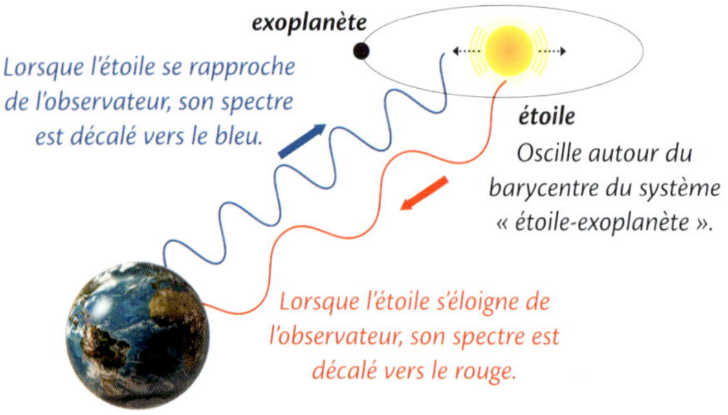

⚠ *Des méthodes plus modernes, comme l'effet de lentille gravitationnelle ou l'imagerie directe par coronographie, sont actuellement à l'œuvre.*

Méthode des transits : on étudie la diminution de luminosité de l'étoile lorsque la planète passe devant.

Le satellite Kepler, lancé en 2009 par la NASA, détecte ainsi de nombreuses exoplanètes.

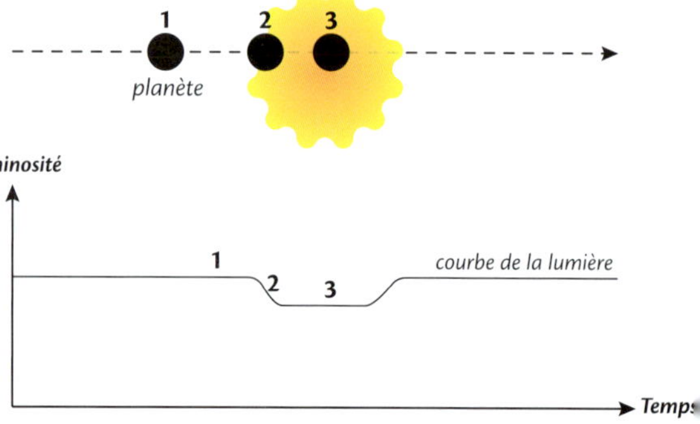

La diversité des exoplanètes

Initialement, les méthodes utilisées induisaient un biais en faveur de la détection de « Jupiter chauds », des planètes géantes gazeuses très proches de leur étoile.

Les méthodes les plus modernes montrent une grande diversité de taille, distance à l'étoile, composition, période de révolution, etc.

II - Les comètes et les astéroïdes du système solaire

Les comètes, des « boules de glaces sales »

Jne **comète** (*ex : comète de Halley*) est une **boule de glace** associée à des fragments rocheux et des poussières, qui est en rotation sur elle-même et en orbite autour du Soleil (*ellipse généralement très allongée*). Lorsque la comète passe à proximité du Soleil, les glaces se vaporisent en donnant un plasma et une traînée de poussière se détache aussi du noyau, formant ainsi une « chevelure » et deux « queues » à la comète. Les comètes du système solaire viennent principalement de la ceinture de Kuiper ou du nuage d'Oort.

La comète C/2020 F3
(découverte par le télescope NEOWISE en 2020)

Un schéma de comète

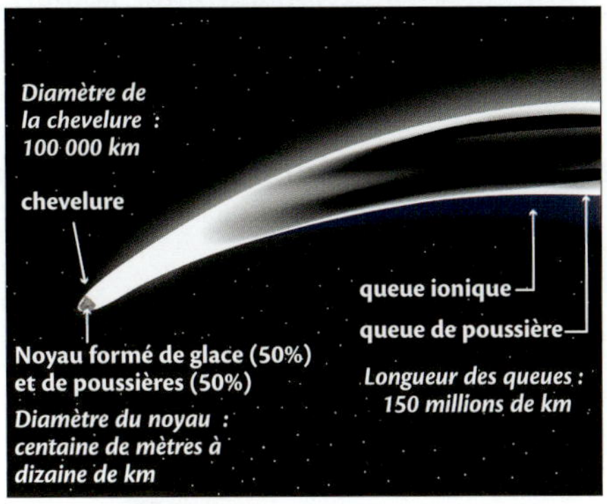

La sonde Rosetta s'apprêtant à lancer son atterrisseur Philae sur la comète « Tchouri » en 2014

Il s'agit de la 1e mission où un atterrisseur se pose sur le noyau de la comète « Tchouri » (67P/Tchouriou-mov-Guérassimenko) pour en étudier la composition et la structure.

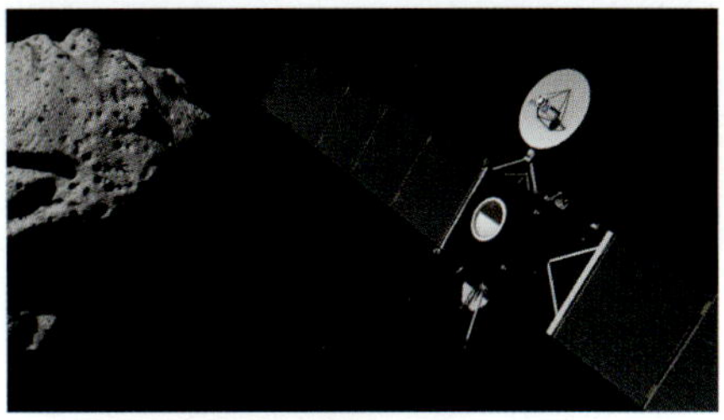

Les astéroïdes, de petits corps rocheux

Jn **astéroïde** est un petit corps rocheux ou métallique en orbite autour du Soleil, dont la taille va du centimètre à des centaines de kilomètres. Si l'astéroïde tombe sur une planète, c'est une **météorite**. Souvent, les petits astéroïdes se vaporisent en traversant l'atmosphère terrestre : ce sont les **étoiles filantes**. Environ 750 000 astéroïdes forment la ceinture d'astéroïdes entre Mars et Jupiter.

Une étoile filante

Une météorite de type chondrite

La plupart des astéroïdes, comme celui-ci, sont des reliques des blocs et planétésimaux impliqués dans la formation du système solaire. 12

Meteor Crater, en Arizona

Les impacts météoritiques de grande ampleur peuvent être impliqués dans des crises biologiques majeures. Actuellement, les astéroïdes potentiellement dangereux sont étroitement surveillés.

En 2010, la sonde japonaise Hayabusa 1 a réussi à rapporter sur Terre quelques poussières prélevées sur l'astéroïde Itokawa. En 2020, la sonde Hayabusa 2 a ramené 5,4 g de l'astéroïde Ryugu.

Les objets plus difficiles à classer

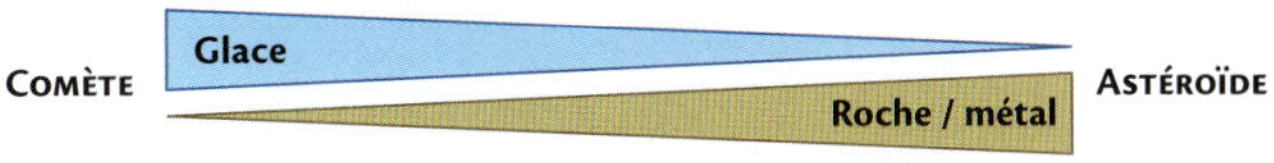

Il existe des corps de composition intermédiaire.

IV - Les comètes et les astéroïdes extrasolaires

Des comètes ou astéroïdes peuvent orbiter autour d'une autre étoile que le Soleil (*exocomète/exoastéroïde*), ou encore se trouver dans le milieu interstellaire.

1I/'Oumuamua

En 2017, l'astéroïde « 1I/'Oumuamua » est le premier objet interstellaire détecté en train de traverser notre système solaire.

En 2019, une comète interstellaire, 2I/Borissov, a été identifiée. La vitesse de ces deux objets était très élevée et leur forme inhabituelle a suscité de nombreuses interrogations.

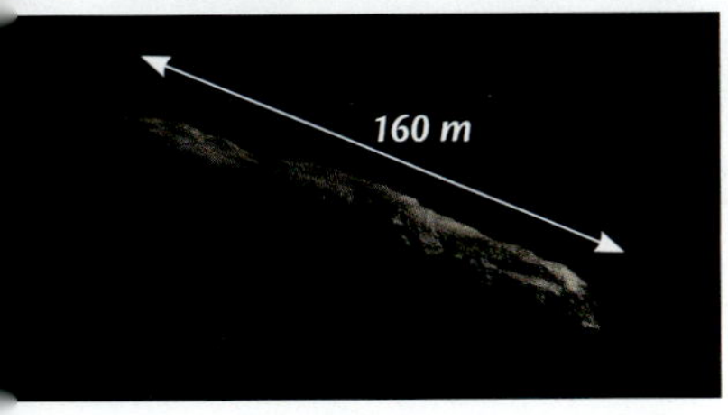

Détection du passage d'une exocomète devant l'étoile β-Pictoris

Dès 1987, des exocomètes ont été identifiées par la méthode des transits.

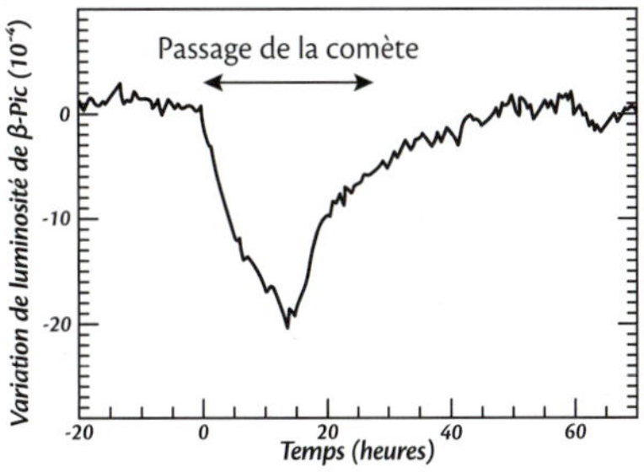

04 Les planètes du système solaire et leurs satellites

Planète du système solaire = *corps céleste en orbite autour du Soleil, qui a une masse suffisante pour être en équilibre hydrostatique (forme sphérique ou ellipsoïde de révolution) et ayant éliminé (ou confiné en certains sites précis) tout corps se déplaçant dans le voisinage de son orbite.*

Satellite = *corps céleste gravitant en orbite autour d'une planète, d'une planète naine ou d'un astéroïde.*

Quelles sont les caractéristiques principales des planètes ? Comment se sont-elles formées ?

I - Les caractéristiques des planètes du système solaire

Position des planètes par rapport au Soleil

En partant du Soleil, à gauche, Mercure, Vénus, Terre, Mars, Jupiter, Saturne, Uranus, Neptune (*échelles de distance et de taille non respectées*). Les planètes tournent autour du soleil (***mouvement de révolution***) sur des **orbites elliptiques** pratiquement toutes situées dans un plan perpendiculaire à l'axe de rotation du Soleil : le **plan de l'écliptique**.

Caractéristiques physiques des planètes

	Mercure	Vénus	Terre	Mars	Jupiter	Saturne	Uranus	Neptune
Distance moyenne au Soleil (*en millions de km et en unités astronomiques*)	57,9 0,387	108,2 0,723	149,6 1	227,9 1,524	778,3 5,203	1 427,0 9,539	2 871,0 19,191	4 497,1 30,061
Période de révolution sidérale (*en années terrestres*)	0,240	0,615	1,000	1,881	11,862	29,457	84,7	164,81
Période de rotation sidérale	58,646 j	243,01 j (*révolution rétrograde*)	23 h 56 min	24 h 37 min	9 h 50 min	10 h 40 min	17 h 14 min	16 h 3 min
Diamètre équatorial (*en km*)	4 878	12 104	12 796	6 794	142 894	120 536	51 118	50 538
Masse (*en masse terrestre*)	0,99	0,82	1	0,11	318	94	15	17
Densité	5,43	5,24	5,52	3,94	1,33	0,69	1,30	1,76
Présence de satellites naturels confirmés	0	0	1 (Lune)	2 (Phobos et Deimos)	79 (dont Io, Europe, Ganymède et Callisto)	77 (dont Titan, Encelade et Hypérion)	27 (dont Ariel, Titania et Oberon)	14 (dont Triton)
Présence d'anneaux	non	non	non	non	oui	oui	oui	oui
BILAN	**PLANÈTES TELLURIQUES, INTÉRIEURES** → Composition de roches silicatées et de métaux, de densité relativement élevée. → Croûte solide en surface. → Pas d'anneaux et pratiquement pas de satellites.				**PLANÈTES GÉANTES, EXTÉRIEURES** → Composition en H et He, proche de celle du Soleil, de faible densité. → Présence d'un noyau rocheux au centre. → Pas de surface solide. → Entourées d'anneaux, nombreux satellites.			

⚠ *Les planètes possèdent toutes une structure en enveloppes concentriques.*

Particularités de Pluton

Pluton n'est plus considérée comme une « vraie » planète depuis le 24 août 2006, mais elle est qualifiée de **planète naine**, c'est-à-dire que c'est un corps céleste en orbite autour du Soleil, en équilibre hydrostatique mais qui n'a pas éliminé tout corps se déplaçant à proximité.

Pluton possède quelques caractéristiques qui la rendent curieuse :

- → Elle est **petite** (2376,6 *km de diamètre*).
- → Elle est composée de **roches**, de **glaces** de méthane, d'azote et d'eau.
- → Elle possède **6 satellites**, dont le plus gros et le plus connu est Charon (*visible sur l'image ci-contre*).
- → Son **orbite** est sous la dépendance de Neptune (*Résonance orbitale* : 2 : 3).

Planètes naines

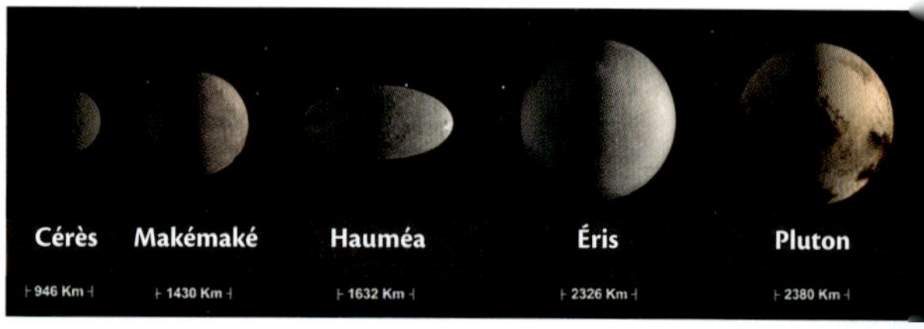

Cinq planètes naines ont été référencées, toutes sont en orbite au-delà de Neptune, sauf Cérès qui se trouve entre Mars et Jupiter.

II - Les satellites naturels des planètes

La très grande diversité des satellites naturels

	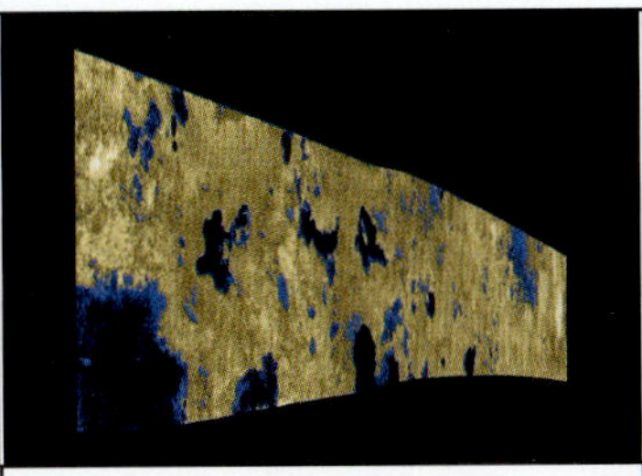		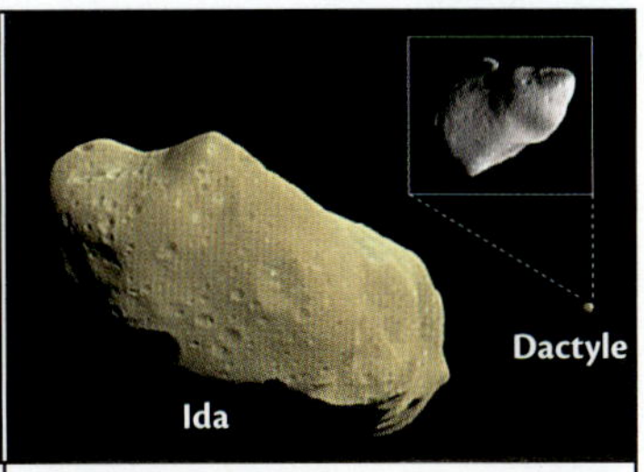
La Lune, satellite de la Terre → Dépourvue d'atmosphère. → Nombreux cratères d'impact.	**Titan, satellite de Saturne** Présence d'une atmosphère dense, d'un océan souterrain liquide sous une couche de glace d'au moins 100 km d'épaisseur, de lacs de méthane (*visibles en noir sur la photo*), de coulées volcaniques de glace (*cryo-volcanisme*).	**Hyperion, satellite de Saturne** → Très cratérisé. → Animé d'un mouvement de rotation chaotique. → Diamètre : environ 250 km.	**L'astéroïde Ida** (*56×24×21 km*) **et son petit satellite Dactyle** (*1,6×1,4×1,2 km*)

→ Les **gros satellites** (> *200 km de diamètre*) sont relativement bien connus avec leur forme globalement sphérique, leur composition rocheuse avec des glaces diverses.
→ Les **petits satellites** ont une forme plutôt irrégulière.

Les principales sources de diversité concernent la taille, la composition, la présence ou non d'une atmosphère, d'une géodynamique interne et l'aspect de leur surface.

L'existence de certaines particularités des satellites fait qu'ils font l'objet de recherches actives en **exobiologie**. 08

III - La formation des planètes et des satellites

Modèle de la formation des planètes

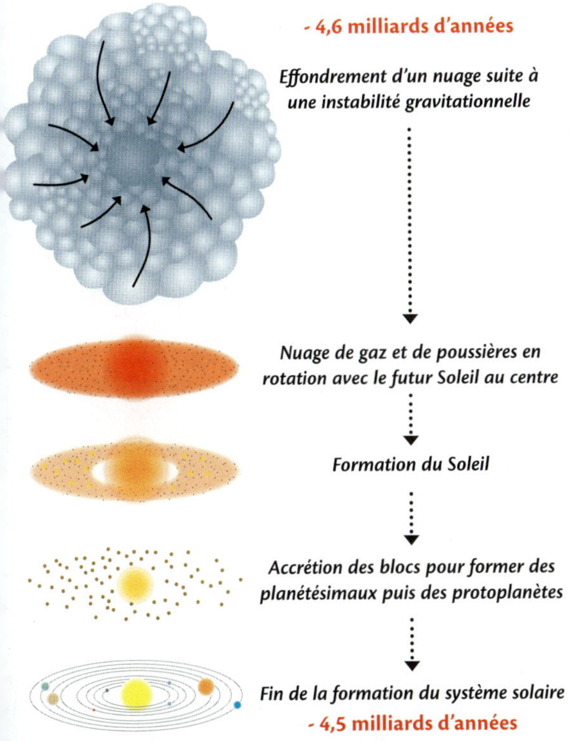

Depuis plus de 50 ans, de nombreuses missions spatiales ont exploré le système solaire. Ces missions survolent, se posent voire prélèvent des échantillons de différents corps célestes (exemple du robot Curiosity, sur Mars).

La formation des satellites

Trois grandes causes expliquent la naissance des satellites naturels :

→ La **capture** (*cas le plus fréquent pour les petits satellites*) : un astéroïde est happé par le champ gravitationnel d'une planète.
→ l'**accrétion** : des blocs de matière, de poussière s'agrègent et finissent par former un corps en orbite.
→ La **collision** : le plus rare, à l'origine de la Lune ou de Charon, un astéroïde de grande taille vient percuter une planète. La matière éjectée par le choc s'agglomère et reste en orbite.

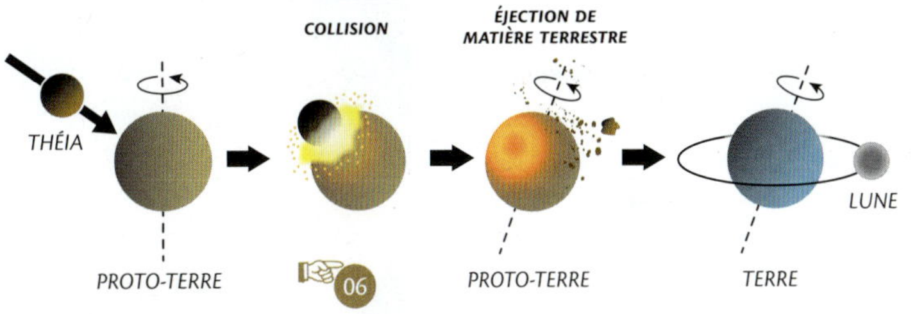

06

La formation de la structure concentrique des planètes

La formation d'une planète (*de diamètre > 1 000 km*) s'explique par **accrétion** et **différenciation contemporaines** : la chaleur dégagée par l'accrétion et la radioactivité à courte période fait fondre le corps en formation avec séparation fer/silicates. La surface reste fondue longtemps (*océan magmatique*) mais les silicates deviennent solides en profondeur à cause de la pression. Le fer liquide « *percole* » à travers ce proto-manteau pour engendrer le noyau. La quasi-totalité de l'atmosphère issue du dégazage/différenciation a presque totalement disparu.

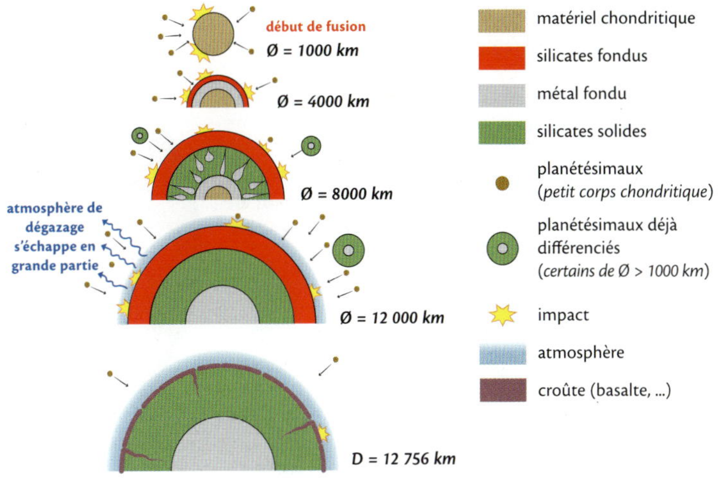

05 Géologie de Mars

Mars = *quatrième planète du système solaire en partant du Soleil, visible à l'œil nu depuis la Terre.* ☞ 04

Que sait-on de la géologie de Mars ? Comment obtient-on ces informations ?

I - La connaissance et l'exploration de Mars

Quand Mars vient sur Terre !

Une **centaine de météorites** arrivant sur Terre (*sur des dizaines de milliers*) provient de Mars.

Cette météorite, **ALH 84 001**, datée de 4,5 Ga, a été éjectée de Mars par un impact gigantesque, il y a environ 16 Ma et est arrivée sur Terre, en Antarctique, il y a environ 13 000 ans. Ses minéraux carbonatés prouvent qu'elle a été en contact avec de l'eau liquide. Elle est célèbre car c'est à partir d'elle qu'une équipe de chercheurs a annoncé qu'elle présentait des traces de **vie martienne primitive**, traces réinterprétées de façon abiotique par la suite.

Des missions d'exploration martienne

Depuis les années 1970, une **quarantaine de sondes et rovers** ont été envoyés pour explorer Mars. Actuellement, il y a 6 rovers à la surface de Mars, dont 3 actifs : **Sojourner, Spirit, Opportunity, Curiosity, Perseverance** (*en photo ci-contre*) et **Zhurong**, bientôt rejoints par **Rosalind Franklin** de l'ESA. Ces véhicules mobiles ont pour mission d'**explorer la géologie de Mars** et, pour Perseverance, de **collecter et stocker** des échantillons avant qu'une autre mission ne les ramène **sur Terre**.

II - Les caractéristiques physiques de Mars

Topographie globale de Mars : une importante dichotomie Nord/sud

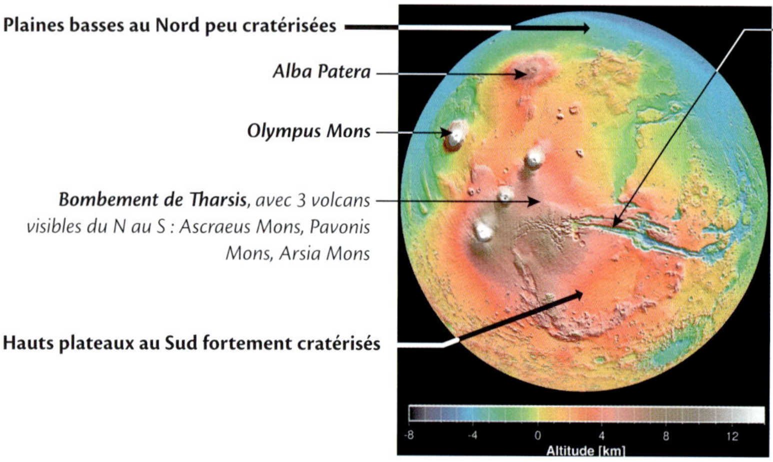

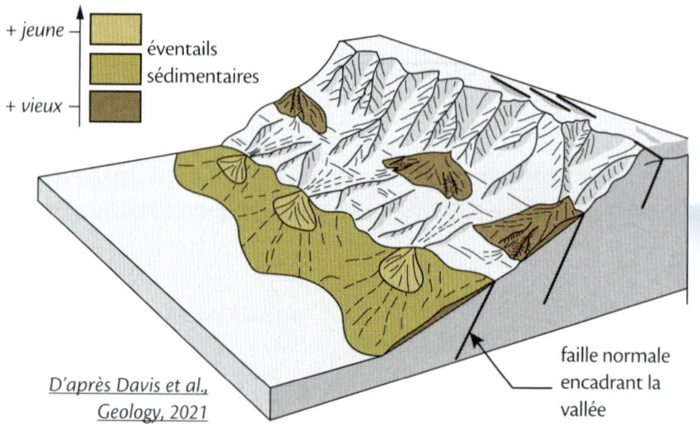

D'après Davis et al., Geology, 2021

La topographie de Mars est connue depuis 1999 grâce à l'altimètre laser MOLA de la sonde Mars Global Surveyor. La précision verticale est de moins de 5 mètres.

Une structure interne en couches concentriques

Diamètre : 6 779 km
Distance au Soleil : entre 1,381 et 1,666 UA
Densité : 3,9
Température moyenne : -63°C
Pression atmosphérique : 6 mbar

Un **séisme d'une magnitude 5** a été enregistré sur Mars le 4 mai 2022 par Insight. Cela a permis de montrer que son **noyau est encore liquide** et que Mars a une **géodynamique interne active**.

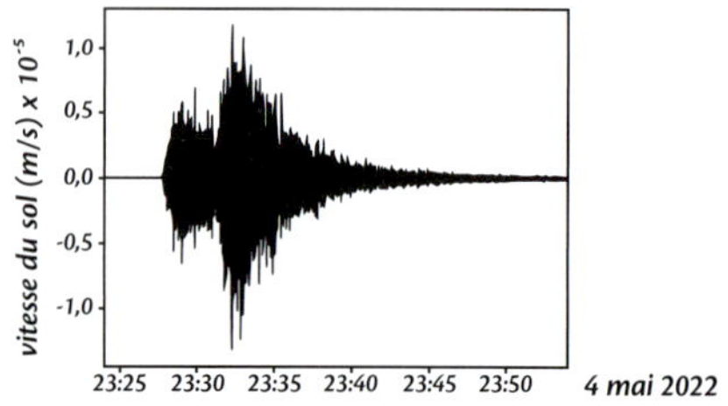

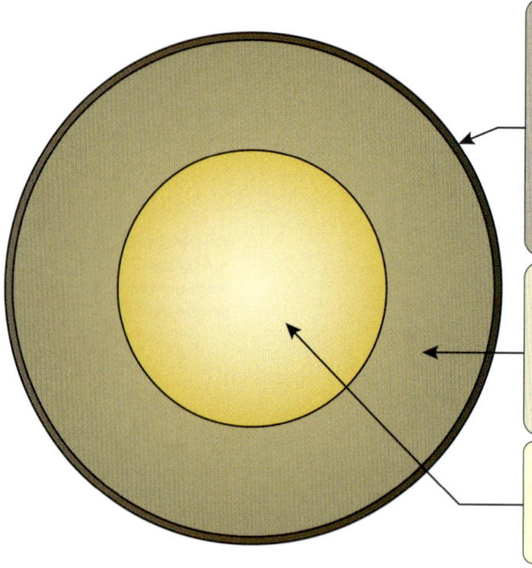

CROÛTE
- **Épaisseur** : entre 24 et 72 km
- **Constitution** : silicates
- **Organisation** : stratifiée en quatre couches depuis la surface
  - le *duricrust*, couche indurée de quelques centimètres,
  - le *régolithe*, strate superficielle d'environ 10 km formée de matériaux concassés par les impacts météoritiques,
  - une *couche altérée* d'une dizaine de km
  - une *croûte profonde* de nature cristalline.

MANTEAU
- **Épaisseur** : environ 1 530 km
- **Constitution** : péridotite
- **Organisation** : non stratifié
- **Température moyenne** : 1 500°C
- **Source de chaleur** : désintégration radioactive

NOYAU
- **Rayon** : 1 830 km (+/- 40 km)
- **Constitution** : fer, nickel, soufre
- **Organisation** : probablement en partie encore liquide

III - La géodynamique interne de Mars

Une activité sismique

Les *fosses de Cerbère* sont une **région géologiquement active** de Mars, marquée par des **failles** d'où s'échappent des **coulées de lave** (*en bas à droite de l'image*) et sièges de **séismes** (*en particulier celui du 4 mai 2022*).

Un volcanisme à l'origine de géants

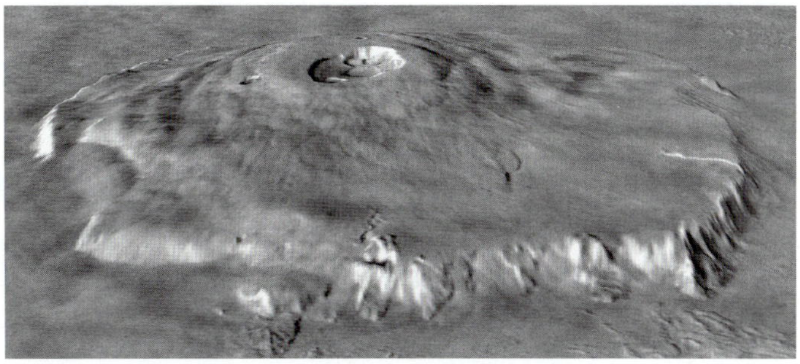

Les édifices volcaniques sont **nombreux** et **imposants** sur Mars. Par exemple, ***Olympus Mons*** (*en photo ci-contre*) est le plus grand volcan du système solaire, haut de 25 km et large de 620 km. Ils sont le siège d'**éruptions effusives**. Comme il n'y a **pas de tectonique des plaques** sur Mars, les coulées s'empilent les unes sur les autres et construisent ces édifices géants.

L'**épisode volcanique majeur** se situerait aux alentours de 3,5 Ga, mais des **épisodes volcaniques récents** (*moins de 100 Ma*) ont été identifiés.

IV - La géodynamique externe de Mars

Une atmosphère ténue avec de violentes tempêtes

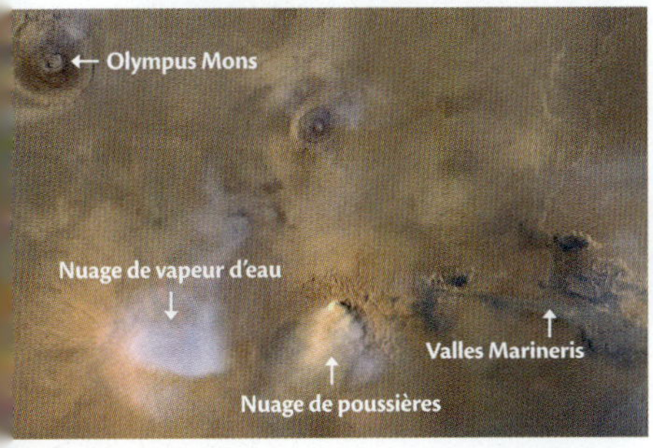

L'atmosphère martienne est composée à **95% de CO_2**. Elle contient également **un peu de vapeur d'eau**, formant des nuages et **beaucoup de poussières en suspension**, responsables de sa **couleur rouge**.

Mars subit des **vents violents** qui modèlent des **champs de dunes** (*ci-dessus, au milieu*) similaires à ceux que l'on peut observer dans les déserts terrestres.
Elle est également le siège de **tempêtes gigantesques** (*ci-dessus à droite, photo prise le 29 août 2000, Cette tempête forme un vortex d'environ 900 km de diamètre*) et des **tornades** (*les « dust devils »*).

Présence d'eau liquide superficielle sur Mars jusque vers -3,5 à – 3 Ga

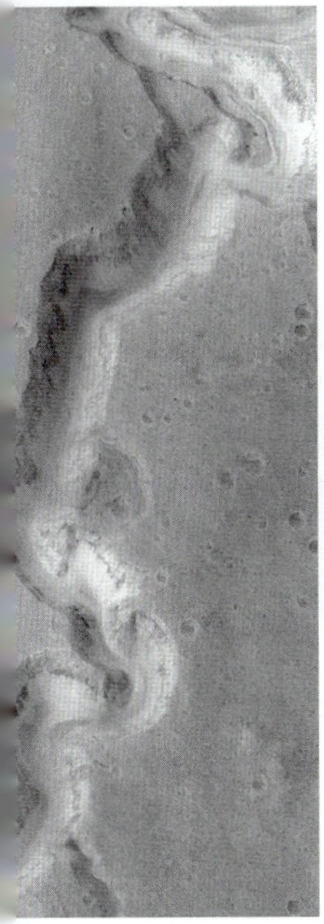

Une des **preuves de l'existence d'eau liquide par le passé** sur Mars : ***Nanedi Vallis***, large de 2,5 km, interprétée comme le lit d'un petit fleuve.

L'image recouvre une région de 9,8 x 18,5 km. La résolution spatiale est de 12 m.

Les autres preuves sont **les sols polygonaux**, **les réseaux de débâcle**, **les mers et les lacs**, **les minéraux hydratés** (*comme les « **myrtilles** » martiennes, riches en hématite et formées en présence d'eau*), **des argiles** et de très **épaisses couches de sédiments** avec des grès, des conglomérats, du gypse...

La photo ci-dessus montre des roches sédimentaires finement stratifiées interprétées comme étant le résultat du dépôt dans un lac.

Présence d'eau sous forme de vapeur et de glace sur Mars jusque vers -3,5 à – 3 Ga

Calotte glaciaire Nord

Depuis 3 Ga, la pression et la température ne permettent plus l'existence d'eau liquide en surface mais seulement sous forme de **vapeur** dans l'atmosphère, de **glace** aux pôles, de **givre saisonnier au sol** et dans le **sous-sol**.

06 La Terre : la planète bleue

PLANÈTE BLEUE = *la Terre est recouverte à 70% d'océan, ce qui lui donne sa couleur bleue.*

Quels sont les réservoirs de l'eau sur Terre ? Quelles sont les origines de l'eau terrestre ?

I - La présence d'eau sur la planète Terre

Les trois états de l'eau sur Terre

La Terre est la **seule planète du système solaire** à posséder **actuellement** l'eau sous ses trois états à sa surface : liquide, gaz et solide.

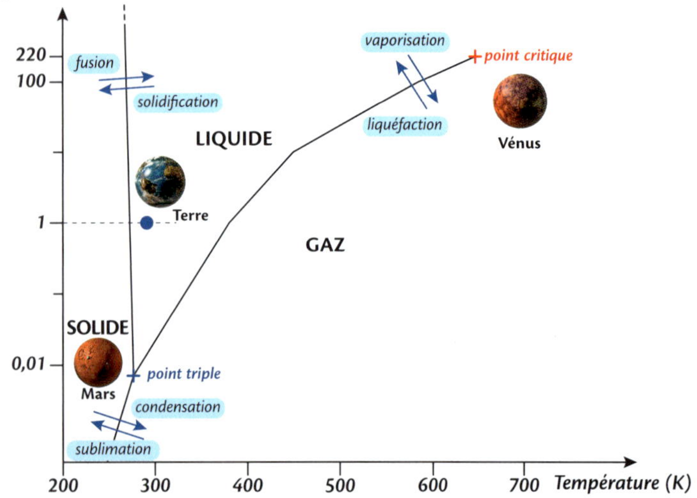

La Terre vue de l'espace

Cette photographie très classique de la Terre, appelée **Blue Marble**, a été prise le 7 décembre 1972 par l'équipage d'Apollo 17. Elle montre l'importance de la couverture océanique de la Terre qui lui donne, vue de l'espace, sa couleur bleue caractéristique. Une partie de cette eau est observable dans l'atmosphère au niveau des masses nuageuses constituées d'aérosols de microgouttelettes d'eau liquide ou solide.

II - Les réservoirs d'eau sur Terre

✪ Un réservoir d'eau superficiel très dynamique

Le cycle externe de l'eau

L'eau superficielle représente environ $1{,}4 \cdot 10^{21}$ kg. Elle est **très mobile** et animée de nombreux flux. C'est le **cycle externe** de l'eau. Le moteur de ces flux est le **Soleil**. Les **temps moyens de résidence** dans les différents sous-réservoirs sont indiqués dans les cases violettes.

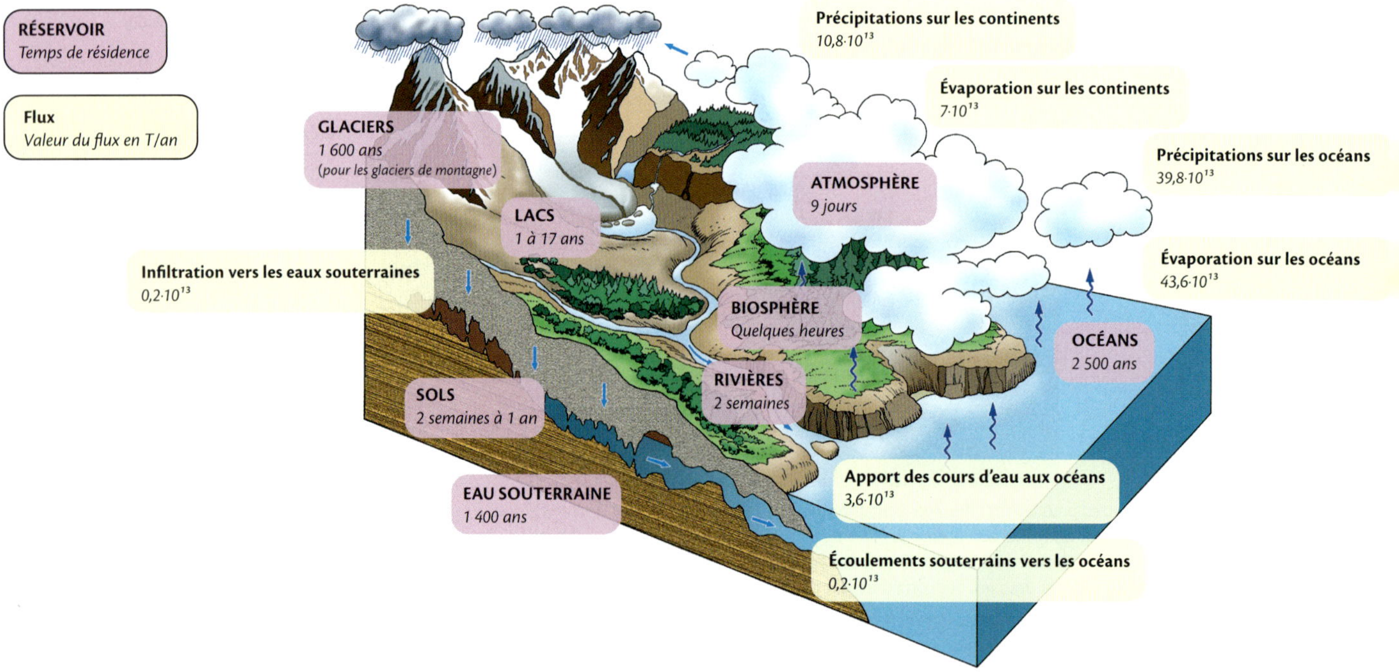

Jne ressource fragile

'eau des océans ne représente **que 0,02% de la masse de la Terre**.
'**eau douce**, quant à elle, ne représente que **3% de l'eau superficielle**. Elle est de plus négalement répartie à la surface de la planète, ce qui en fait un bien **renouvelable** nais **fragile**.

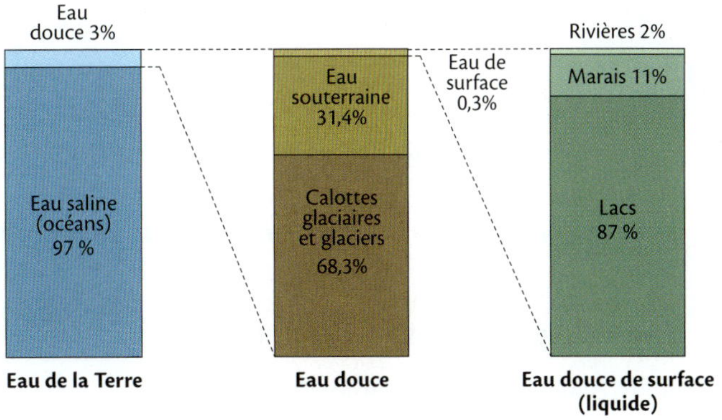

Un réservoir d'eau profond très important à l'origine d'un cycle interne de l'eau (*en discussion*)

.a quantité d'eau enfouie au niveau des zones de subduction a été récemment ré-évaluée à la hausse. Par exemple, au niveau de la zone de subduction des Mariannes, Cai et al. *Nature, vol. 563, pp. 389-392, 2018*) ont estimé que l'équivalent de $3 \cdot 10^{12}$ T d'eau sont enfouies par million d'années, soit une estimation 4 fois plus importante que les précédentes. Andrault et Bolfan-Casanova (*Physics of the Earth and Planetary Interiors 322 (2022) 106815*) ont présenté récemment un modèle montrant que la quantité d'eau présente dans e manteau est de l'ordre de **1 à 4 fois la quantité d'eau présente dans les océans**.

❹ *magma silicaté très riche en eau remontant par instabilité gravitationnelle comme une « anti-pluie » dans le manteau supérieur*

21

LVL = Low Velocity Layer
(*mise en évidence par des anomalies de vitesse sismique*)

MTZ : Mantle Transition Zone

Manteau inférieur

LVL ≠ LVZ

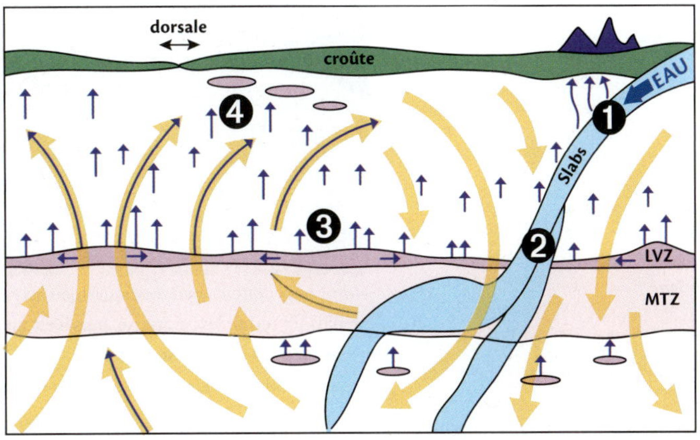

❶ *Eau injectée dans le manteau au niveau des zones de subduction*

❷ *changement de minéralogie (olivine → ringwoodite) : apparition de minéraux hydroxylés (1,5% de leur poids en eau)*

❸ *remontée et déstabilisation de ces minéraux par les mouvements de convection du manteau*

mouvement de convection du manteau

anti-pluie

II - Les origines de l'eau sur Terre

Jne origine interne, réalimentée lors de la formation de la Lune

04

.a Terre aurait contenu de l'eau dès son origine. Cette hypothèse est soutenue par l'analyse de météorites particulières, les **chondrites à enstatite**, de composition chimique proche de celle de la Terre, contenant jusqu'à **0,5% de leur poids en eau**. Les roches primitives de la Terre auraient contenu jusqu'à **3 fois e volume des océans**. Cette eau primitive a subi un **premier dégazage et a été libérée dans l'espace** du fait des conditions de température et de pression égnant sur Terre à cette époque.
'impact de Théia, il y a 4,5 Ga, a probablement eu pour conséquence de re-dégazer le manteau contenant encore de l'eau et permettre la présence d'une eau uperficielle liquide. Il est toutefois tout à fait possible que cette « nouvelle eau profonde » arrivant en surface ait été en grande partie perdue dans l'espace à ause de la très haute température superficielle post-impact de Théia.

Une origine externe plus tardive du système solaire externe

03

80 à 150 Ma après la formation/différenciation de la Terre, un intense bombardement par des **astéroïdes carbonés** et des **comètes** a apporté l'eau des océans. Cette hypothèse est soutenue par l'**analyse des isotopes de l'oxygène et de l'hydrogène**.

Les corps du système solaire interne devraient être rocheux et anhydres.

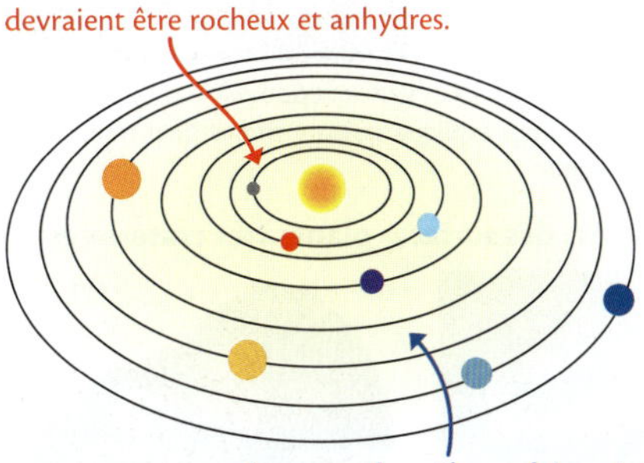

Les corps du système solaire externe devraient être principalement composés de glaces (*principalement glace d'H_2O*), glaces entourées d'hydrogène et d'hélium pour les corps les plus gros.

La part relative des deux contributions (*interne et externe*) et la part relative des comètes et des astéroïdes carbonés pour la contribution externe sont des sujets de **recherche active**.

07

Géologie de la Lune

LUNE = *unique satellite naturel permanent de la Terre, 5ème plus grand satellite du système solaire.*

De quoi est composée la surface lunaire ? Comment s'organise l'intérieur de la Lune ?

I - Une carte d'identité de la Lune

Préhistoire, Antiquité : observation des phases lunaires

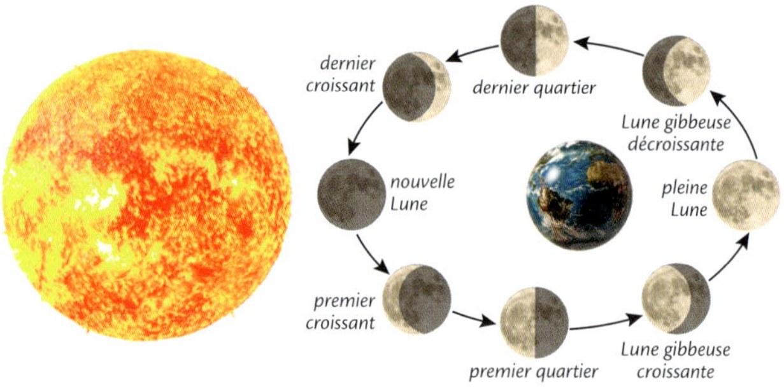

Quelques chiffres clés

Âge : 4,5 Ga (*plus jeune que la Terre d'environ 50 Ma*)
Rayon lunaire : 1737,4 km
Distance à la Terre : 384 400 km
Période de révolution : 27 jours et 7 heures
Période de rotation : la même que la période de révolution
➡ ***la Lune présente toujours la même face à la Terre***
Masse volumique moyenne : $3{,}3 \cdot 10^3$ kg/m^3
Gravité de surface : 1,6 m/s^2
Température diurne : +120°C, **nocturne** : -150°C
Pression atmosphérique : 10^{-10} Pa (*très faible !*)

Aspect historique de l'étude de la Lune

→ Début XVIIe siècle, Galilée observe la Lune à l'aide d'une lunette et réalise des dessin des cratères.
→ 1959 : début de l'exploration spatiale (*sonde soviétique Luna 3 survole la face cachée*
→ 1961–1972 : programme Apollo de la NASA : vols habités, récolte de roches, pos d'instruments…
→ Depuis : nombreuses sondes, robots et capteurs, identification de météorites lunaires…

Nombreux cratères météoritiques permettant une datation des différents terrains :
→ plus un terrain est cratérisé, plus il est ancien,
→ les cratères peuvent se recouper,
→ la datation absolue est possible par radiochronologie sur des échantillons.

II - La surface de la Lune

Composition de la croûte lunaire : deux faces très différentes

Face visible de la Lune (FV)

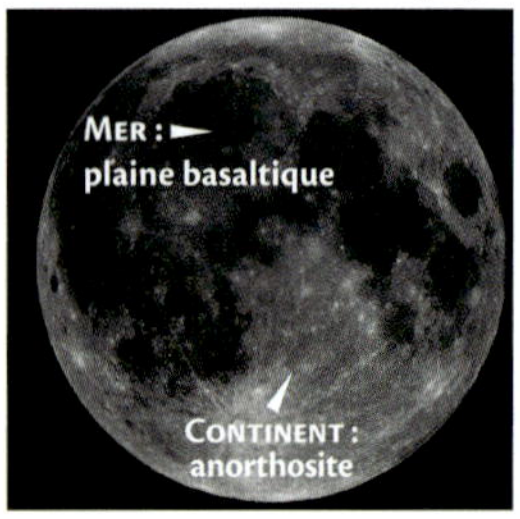

Face cachée de la Lune (FC)

Sur la face cachée de la Lune, la croûte très épaisse s'oppose à la remontée du magma basaltique plus dense, ce qui explique qu'on y trouve bien moins de mers lunaires que sur la face visible.

Épaisseur de la croûte lunaire (km)

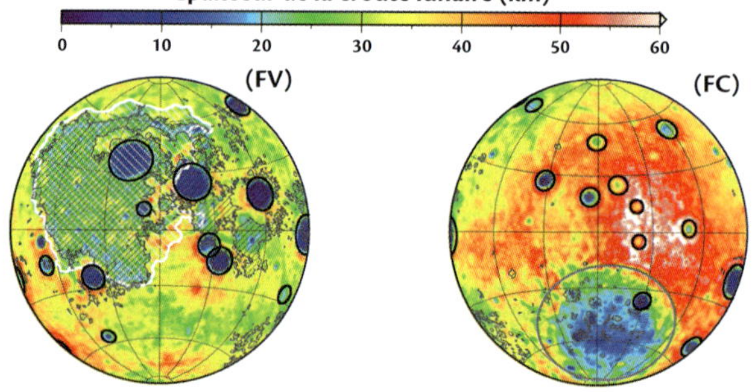

La composition chimique en éléments traces de la croûte est différente entr la face cachée et la face visible de la Lune (exemple : teneur en thorium).

Mers lunaires basaltiques : des surfaces planes très cratérisées

Basalte riche en vacuoles = traces de gaz

Presque tous les basaltes lunaires ont des âges plus vieux que -2 à -3 Ga : en raison de sa petite taille, la Lune s'est refroidie rapidement. Le volcanisme lunaire est bien plus ancien que les volcanismes de Vénus, Mars et la Terre.

Continents formés de brèche anorthositique : des surfaces très cratérisées

Empreinte d'astronaute dans le **régolithe**, poussière recouvrant le sol lunaire, due à la pulvérisation du sol par de nombreux impacts météoritiques.

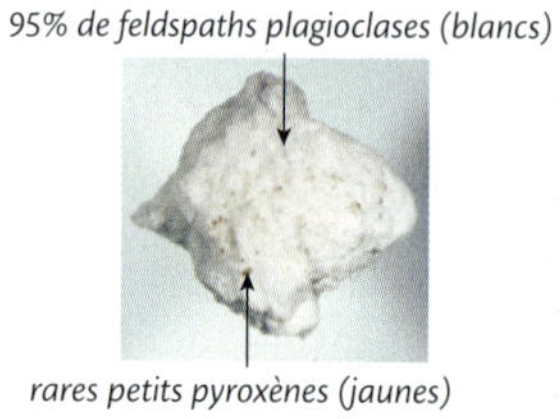

Échantillon d'**anorthosite** formant le so des continents lunaires.

Souvent, les épanchements basaltiques des mers lunaires sont présentés comme une conséquence directe des impacts météoritiques. La datatio montre que cela est totalement erroné : plusieurs centaines de millions d'années peuvent séparer les impacts météoritiques des épanchements de lave

II - La structure de la Lune

ise en place de sismomètre par Buzz Aldrin (*Apollo 11*)

es enregistrements sismiques ont permis de déterminer structure interne de la Lune.

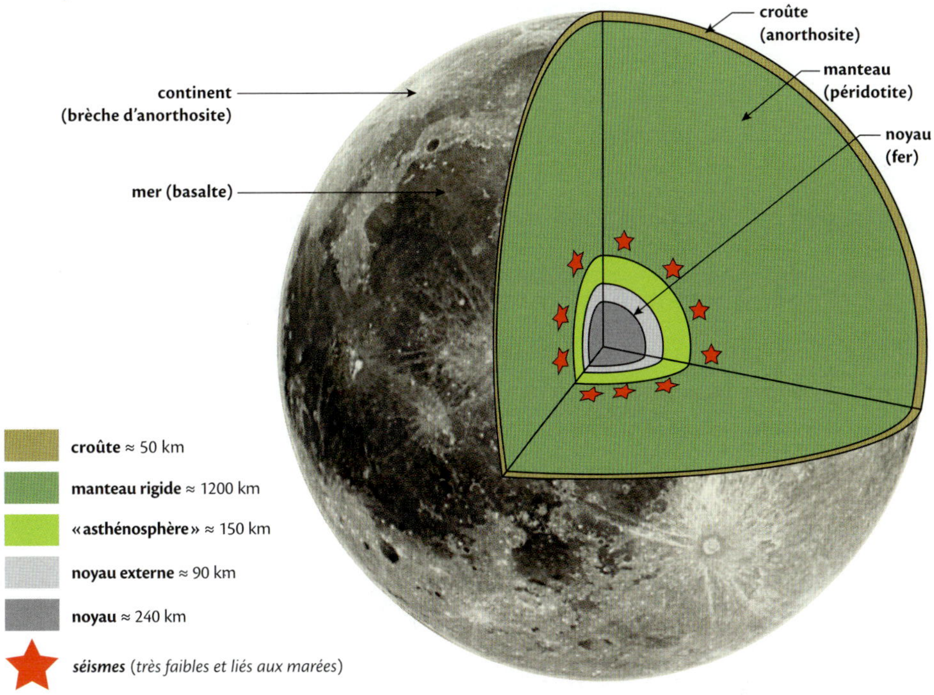

intérieur de la Lune 04

e noyau ferreux de la Lune est petit, ce qui est à ettre en lien avec la formation de celle-ci : collision de Terre (*déjà en voie de différenciation*) avec un corps e la taille de Mars appelé Théia. La collision emporte ırtout du manteau terrestre et de Théia, et seulement ne faible part de leur noyau ferreux.

V - La tectonique lunaire

es failles au niveau du bassin Serenitatis

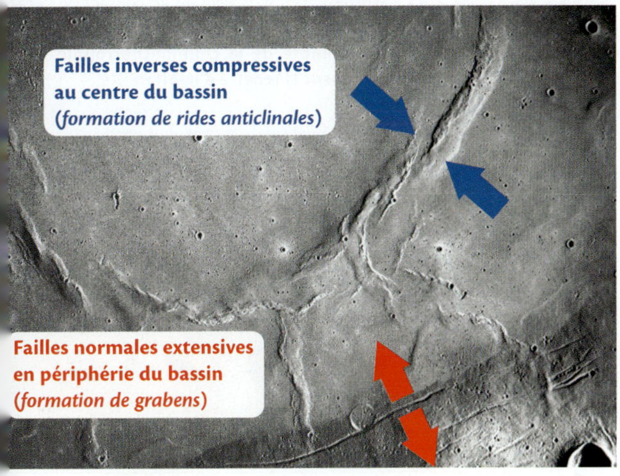

e bassin s'est affaissé sous le poids du basalte et ses bords se sont soulevés. Il y a onc compression d'intrados dans le bassin, et extension d'extrados en périphérie.

Des failles chevauchantes récentes un peu partout sur la Lune

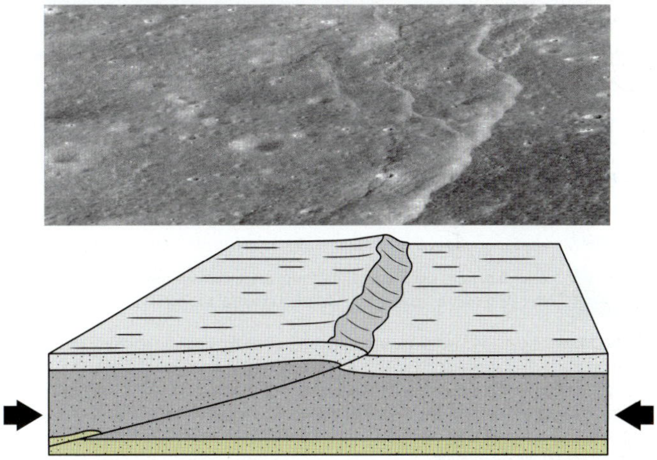

Cette **faille chevauchante** est liée à un raccourcissement
➡ La Lune « *rétrécit* », elle se contracte en se refroidissant.

ı tectonique lunaire est beaucoup plus faible que sur Mars ou la Terre. Cette très faible tectonique n'est que la conséquence de mouvements verticaux (*réajustement isostatique*) ou d'une ès légère contraction thermique. Il n'y a pas d'évidence de dynamique horizontale due à des mouvements dans le manteau, contrairement à ce qu'on observe chez Mars ou la Terre.

- L'eau sur la Lune

De l'eau mise en évidence dans certains cratères au niveau des Pôles

Cratères du Pôle Sud de la Lune, dont les fonds ne voient jamais la lumière du Soleil et sont soumis à des températures très basses. Des composés hydrogénés (*H_2O très probable*) y ont été détectés depuis des sondes en orbite.

Le 3ème étage d'une fusée s'y écrase ce qui forme un panache de poussière, panache étudié spectralement par la sonde LCross qui suivait ce 3ème étage. Ce panache contient 95% de poussière et 5% de vapeur d'eau.

08 Les possibilités de vie dans le système solaire et l'Univers

Habitabilité (d'une planète ou d'un satellite) = *mesure de la capacité d'un corps astronomique à développer et accueillir la vie.*

Quelles sont les conditions d'habitabilité d'une (exo)planète ou d'un (exo)satellite ?

I - La détermination des conditions d'habitabilité

Comme on ne connaît pas de forme de vie non terrestre, la notion d'habitabilité est limitée par la comparaison aux conditions biologiques terrestres et demeure très spéculativ

✪ Les briques de base du vivant

De l'eau, de préférence liquide

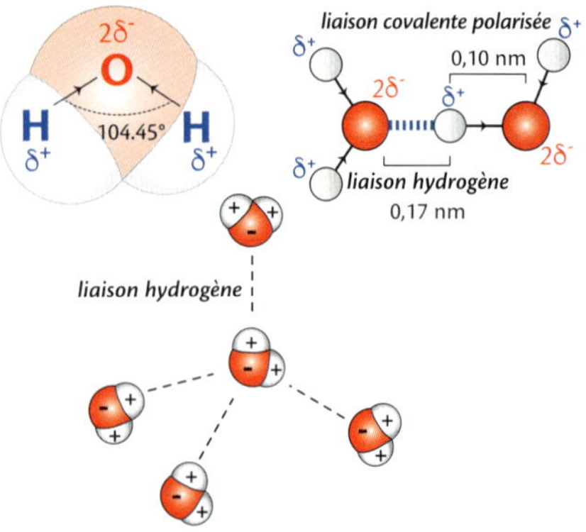

L'eau est le solvant du vivant, elle peut dissoudre des molécules minérales et organiques et autorise l'apparition de suspensions, de colloïdes…

Des molécules carbonées complexes

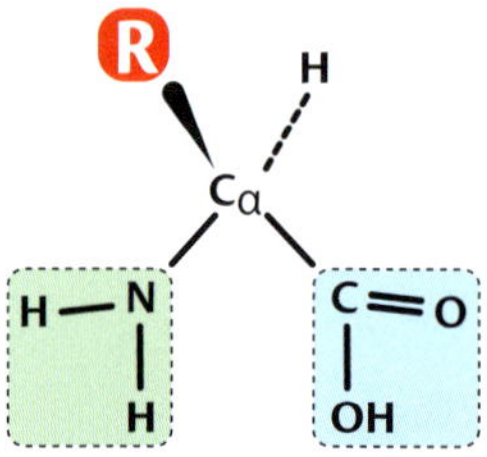

Ci-contre, un acide aminé : certains ont été détectés dans le milieu interstellaire et sur des météorites ainsi que sur la comète Tchouri ! 03

Un élément léger et tétravalent semble indispensable à la constitution de matière vivante (le silicium, plus lourd, ne semble pas un aussi bon candidat). Il faut également des environnements propices à la formation de molécules carbonées complexes.

Une source d'énergie

Les sources connues sur Terre :

→ L'**énergie lumineuse**, notamment dans le cas de la **photosynthèse** ; cette source d'énergie contraint fortement la zone habitable autour de l'étoile.

→ Des **réactions chimiques rédox**, dans le cas de **chimiolithotrophie**. Exemple :

$$4\,H_2 + CO_2 \rightarrow CH_4 + 2H_2O + \textit{énergie}$$

Or, il y a synthèse d'H_2 si de l'eau est au contact de silicat contenant du Fe^{2+}.

La prise en compte de la chimiolithotrophie élarg considérablement la fenêtre d'habitabilité.

✪ Une zone à délimiter autour d'une étoile 04

Les zones d'habitabilité superficielle autour d'une étoile

VERT : zone où l'eau peut être liquide en surface. Cette zone ne concerne que la Terre, Mars et la Lune.

Les ondulations signifient que la limite est fortement modulée par un éventuel effet de serre de l'atmosphère de la planète ou du satellite.

MARRON : zone où l'eau liquide pourrait persister en profondeur, à condition que de l'énergie chimique soit disponible pour soutenir un métabolisme chimiolithotrophe. Il y a de l'énergie disponible dès que de l'eau (*chaude*) est au contact avec des silicates ferreux (*olivine*, *pyroxène*) car cela génère de l'H_2, source de réactions redox potentielles.

La masse de l'étoile conditionne :

→ la durée de vie de l'étoile, qui doit être suffisamment longue pour autoriser le développement de la vie ;

→ sa température de surface qui détermine entre autres sa luminosité (*nécessaire en cas de métabolisme photosynthétique*).

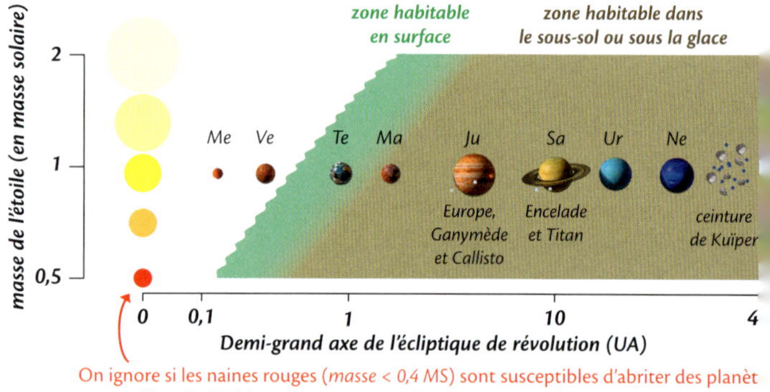

On ignore si les naines rouges (*masse < 0,4 MS*) sont susceptibles d'abriter des planèt ou satellites habitables. C'est une question importante, étant donné que 80% d étoiles de notre galaxie sont de ce type.

Des exemples d'autres paramètres à prendre en compte

Les paramètres orbitaux de la planète

Deux exemples de situations peu favorables :

→ **orbite très excentrique** : grandes variations de température

→ **rotation synchrone** : c'est toujours la même face de la planète qui regarde l'étoile, cette face est brûlante et l'autre glacée.

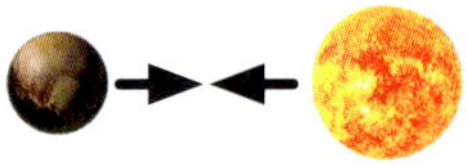

Les variations de luminosité de l'étoile

Elles ne doivent pas être trop importantes.

L'existence de nombreux systèmes doubles

Leur zone habitable superficielle est difficile à décrire.

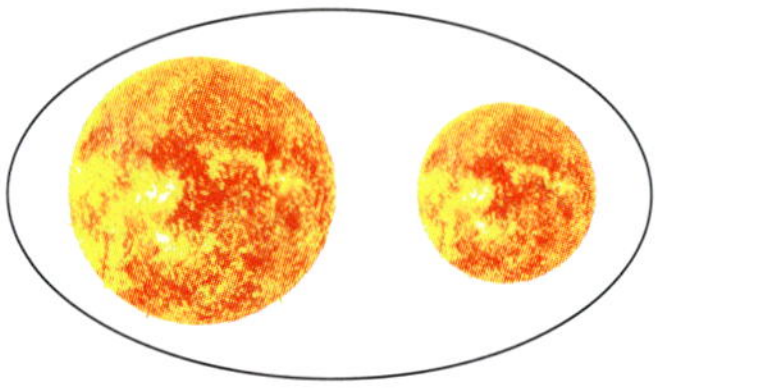

⚠ *Comme les étoiles se modifient au cours de leur vie, la zone habitable en surface autour d'une étoile se déplace au fil c temps, tendant à s'éloigner de l'étoile.*

II - Les possibilités de vie dans le système solaire

La vie sur Mars

De l'eau liquide sur Mars dans le passé

Ancienne vallée martienne terminée par un delta. La couleur verte sur-ajoutée à la photo indique la présence d'argile. Or, pour faire de l'argile, il faut une interaction de longue durée entre de l'eau liquide et des silicates.

Histoire comparée de la Terre et de Mars

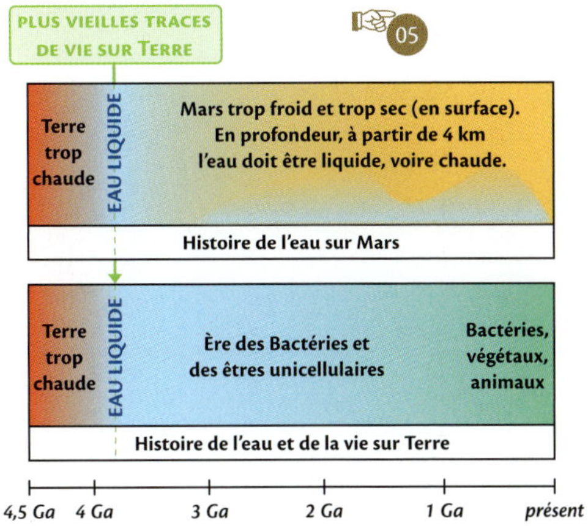

Actuellement, Mars héberge de la glace en profondeur avec potentiellement des poches d'eau liquide.

Un exemple d'indice à l'étude

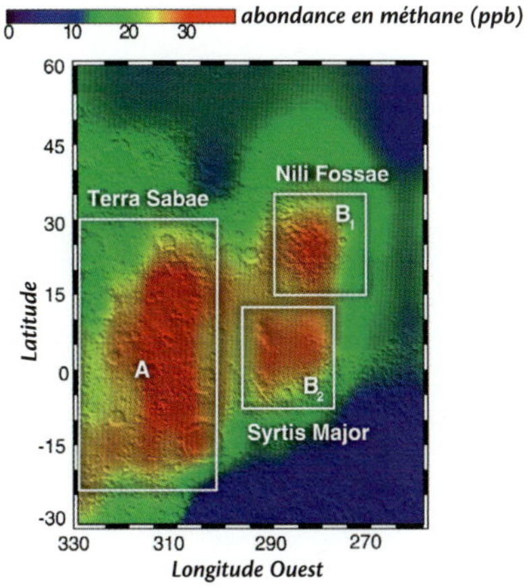

Des dégagements de méthane ont été détectés dans l'atmosphère martienne. Or, sur Terre, ce gaz a fréquemment une origine biologique. Ci-dessus : cartographie des 3 régions correspondant aux dégagements de méthane sur Mars.

La vie sur divers satellites

Ganymède et Callisto

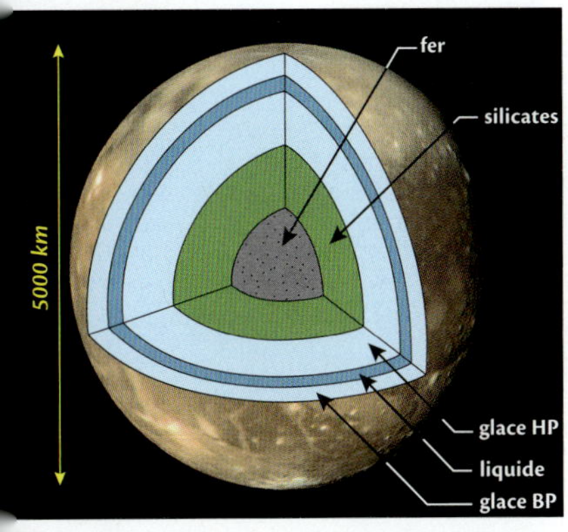

Ganymède et **Callisto** sont des **satellites de Jupiter**. Ils sont constitués d'environ 50% de fer + silicates et de 50% d'eau, cette eau contenant de l'ammoniac et du méthane. Ici, modèle de Ganymède.

Europe

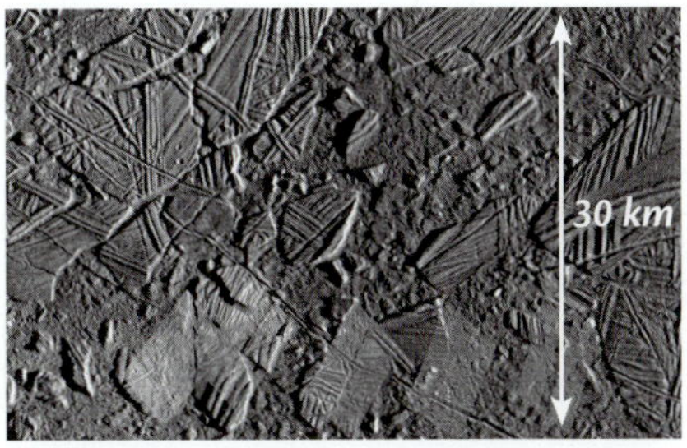

Europe est un **satellite de Jupiter**. Études de surface, modèles d'évolution interne… permettent de proposer qu'Europe est constitué d'un noyau de fer et d'un manteau silicaté recouvert d'une couche d'eau liquide d'une centaine de km d'épaisseur elle-même recouverte d'une couche de glace d'une dizaine de km. Ici, des radeaux de banquise visibles à sa surface.

Encelade, un candidat très prometteur

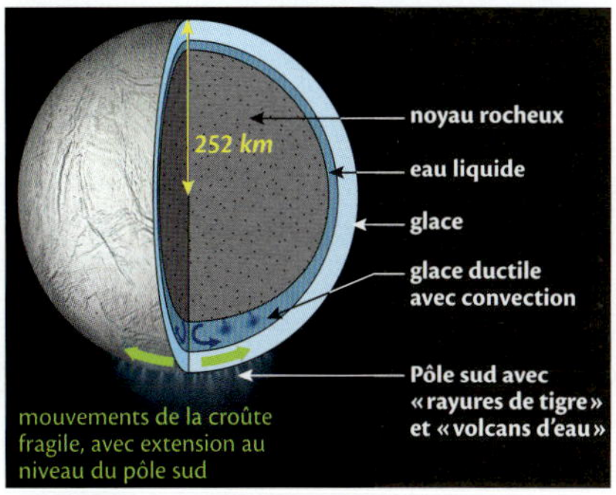

Encelade est un **satellite de Saturne**. Il y aurait probablement un océan d'eau liquide sous une banquise de glace. Cet océan serait présent partout mais plus épais au pôle Sud, qui émet des geysers. Des molécules organiques complexes y ont été détectées. Ici, schéma structural de l'intérieur d'Encelade.

Présence d'une couche d'eau liquide en profondeur mais pas en contact avec des silicates…

Présence d'une couche d'eau liquide en profondeur, en contact avec des silicates

Titan, satellite de Saturne, possède à sa surface des lacs de méthane liquide à -180°C. On pourrait y envisager des formes de vie totalement différentes, avec le méthane remplaçant l'eau comme solvant…

III - Les possibilités de vie dans les exoplanètes et exosatellites

Le satellite Kepler

Le **Laboratoire d'habitabilité planétaire** (***PHL***) de l'Université de Porto Rico publie une liste des systèmes planétaires potentiellement habitables en surface, en utilisant un « **indice d'habitabilité planétaire** » qui prend en compte différents paramètres. En utilisant les données du satellite Kepler, une cinquantaine d'exoplanètes ont été identifiées comme habitables en surface, mais les estimations suggèrent qu'elles se compteraient par millions.

En 2019, deux études indépendantes combinant des données des télescopes spatiaux Kepler, Spitzer et Hubble, ont conclu à la présence de quantités importantes de vapeur d'eau dans l'atmosphère de la planète K2-18 b, située à 124 a.l. de la Terre. C'est une première pour une planète de la zone d'habitabilité superficielle.

PARTIE II

LA STRUCTURE DES ENVELOPPES TERRESTRES

09 Structure et composition de l'atmosphère

Atmosphère = *enveloppe gazeuse entourant la Terre composée d'un mélange appelé air.*

Quelles sont les propriétés de l'atmosphère ? Quels rôles joue l'ozone ?

I - La structuration verticale de l'atmosphère et sa composition

Les principales couches de l'atmosphère et leurs caractéristiques

➡ **Exosphère** :
- Couche à la transition entre atmosphère et espace libre.
- Principaux constituants : Hydrogène et Hélium s'échappant de la gravité terrestre.

➡ **Thermosphère** :
- Couche caractérisée par une augmentation de la température avec l'altitude due à l'énergie libérée des chocs entre les molécules.
- Réflexion des ondes radios.

➡ **Mésosphère** :
Couche peu connue caractérisée par une diminution de la température avec l'altitude et où sont **détruits les météores** par échauffement contre les rares particules d'air qu'ils rencontrent.

➡ **Stratosphère** :
- Couche calme et stable (*car air froid et dense en bas*).
- Zone de formation et de destruction de l'ozone sous l'action des UV :

  $O_2 = O + O$ (*dissociation du dioxygène*)

  $O_2 + O = O_3$ (*formation de l'ozone*)

  $O_3 + O = 2O_2$ (*destruction de l'ozone*)
- Maximum de l'ozone vers 25 km (*concentration de l'ordre de 1 pour 100 000 molécules*).
- 99,9% de l'atmosphère situés en dessous de 42 km.

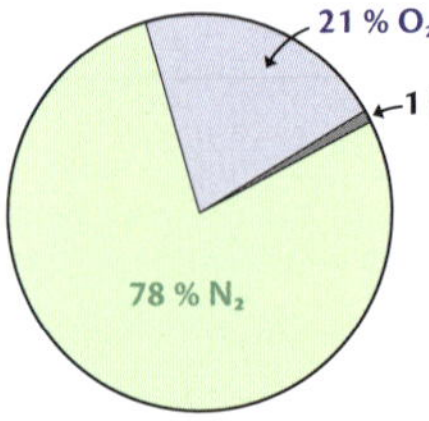

21 % O_2 (*issu de la photosynthèse*)

1 % de gaz rares :
Argon 0,9 %
CO_2 400 ppm
CH_4 (*Archées méthanogènes*)

+ *H_2O* : teneur variable renouvelée en moins de 10 jours (*cycle de l'eau entre atmosphère et hydrosphère*)

$$RH = \frac{P_{H_2O}}{P_{vapsaturante}}$$
(*dépend de la température*)

➡ ***Tropopause*** :
Zone d'inversion du profil de température : limite entre troposphère convective et stratosphère stratifiée.

➡ **Troposphère** :
- Couche située autour de la Terre contenant 80 % de la masse de l'atmosphère et l'essentiel des nuages.
- **Instable thermiquement** donc **convective** du fait d'une diminution régulière de la température avec l'altitude (*0,65 °C/100 m*), siège d'une grande turbulence.

➡ ***Couche-limite atmosphérique*** :
- Sous l'influence directe du sol, siège d'**isothermies** ou d'**inversions de température**.

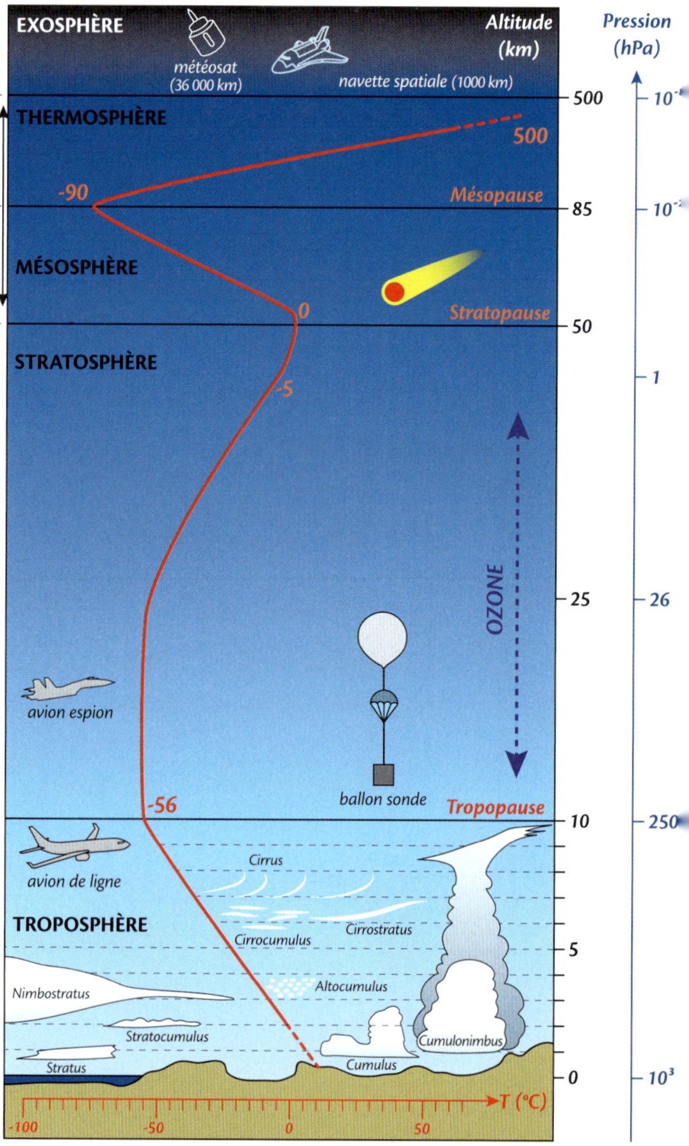

Observation de la tropopause

➡ **Image prise depuis l'ISS le 31 juillet 2011** :
Les différentes couches (*la troposphère en orangé, la tropopause en marron, la stratosphère en gris et le reste de l'atmosphère dans les teintes bleues*) se distinguent par leur composition gazeuse, chaque particule et gaz se comportant comme un prisme.

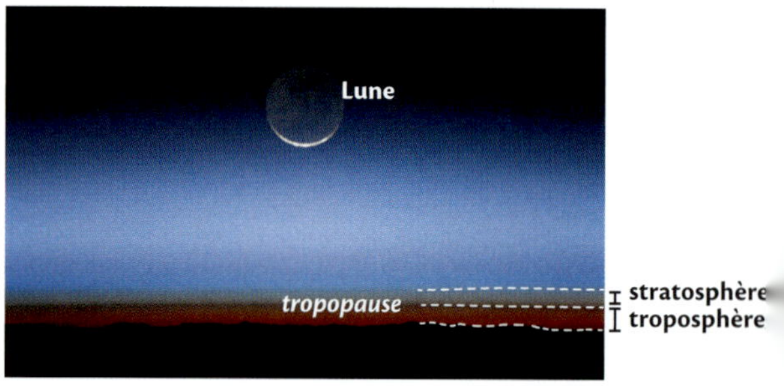

⚠ *Par temps clair et en journée, le ciel apparaît bleu car les longueurs d'ondes les plus courtes (comme le bleu) sont plus facilement diffusées par l'atmosphère que les longues (comme le rouge). A l'inverse, au coucher du Soleil, les longueurs d'ondes les plus courtes finissent par être arrêtées par la traversée de l'atmosphère (plus épaisse quand le Soleil est bas sur l'horizon) et il ne reste que les longueurs d'ondes rouges et oranges.*

I - La formation des nuages

a classification des nuages

n fonction de leur forme (*en strates ou à développement vertical*) et de l'altitude ù ils se forment, on distingue dix genres de nuages (*schéma page précédente*) :

- **Les nuages de l'étage supérieur** : cirrus, cirrocumulus et cirrostratus,
- **Les nuages de l'étage moyen** : altocumulus et altostratus,
- **Les nuages de l'étage inférieur** : nimbostratus, stratocumulus et stratus,
- **Les nuages à développement vertical** : cumulus et cumulonimbus.

a naissance d'un nuage

our former un nuage, **deux conditions** doivent être réunies :

- Il doit y avoir suffisamment de vapeur d'eau pour que la **condensation** ait lieu, ce qui dépend de la température et de la pression ;
- L'air doit contenir des particules en suspension, les **aérosols**, sur lesquelles la condensation se fait.

se forme alors des **hydrométéores** liquides ou solides dont la taille conditionne vitesse de chute (*de 1 cm/s à 15 m/s*).

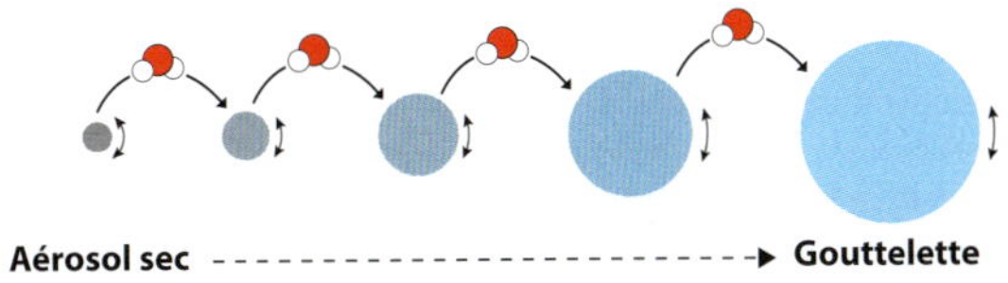

La formation des cumulonimbus

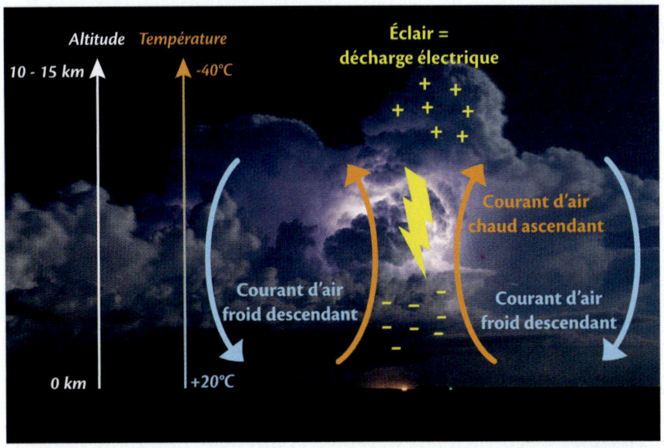

Un **cumulonimbus** est le nuage d'orage par excellence, il se forme quand les **couches d'air sont saturées d'humidité et instables**. Les chocs incessants entre les particules dus aux courants provoquent leur **électrisation**, avec les particules chargées positivement plus légères en haut du nuage et les plus lourdes chargées négativement à sa base. L'**éclair** correspond à une décharge électrique.

II - Les rôles de l'ozone

)zone stratosphérique et ozone troposphérique, leux facettes bien différentes d'un même gaz

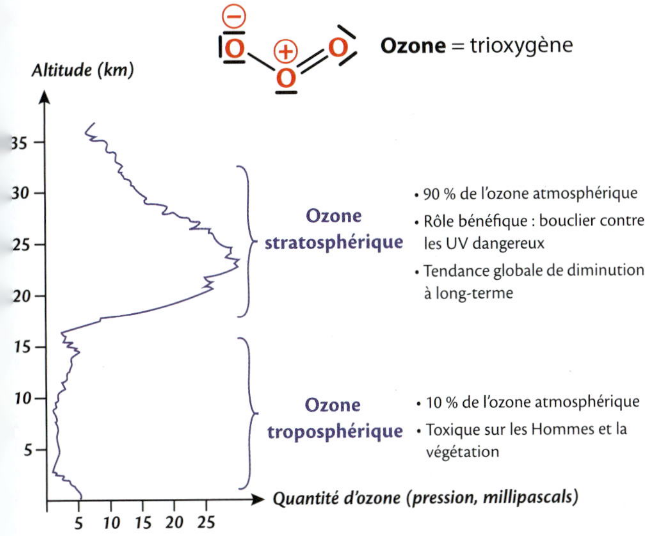

Les trous dans la couche d'ozone au niveau des deux Pôles

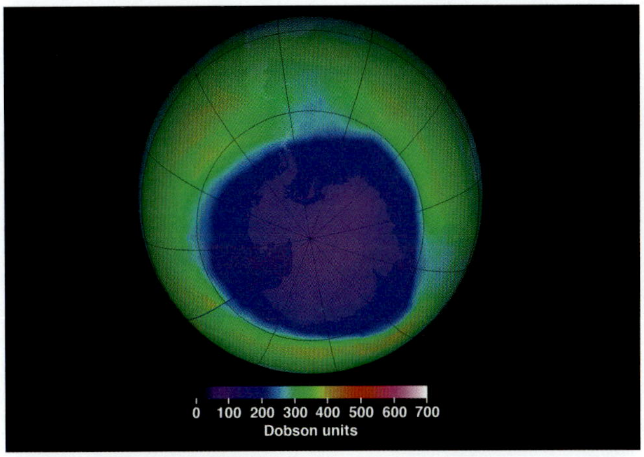

Épaisseur de la couche d'ozone en unités Dobson

Le trou dans la couche d'ozone au niveau du **Pôle Sud** a une **évolution saisonnière** et atteint son maximum la seconde quinzaine de Septembre (*photo Nasa, 07/10/2015*). Récemment, un trou a aussi été détecté, au printemps, au niveau du **Pôle Nord**.

Le trou est dû à l'**action des UV** sur O_2 et O_3, la surface des cristaux de glace stratosphériques servant de réacteur et aux **CFC** (*Chlorofluorocarbones*) **naturels** (*très peu abondants, issus de la décomposition des **algues marines***).
L'**introduction massive** de CFC d'origine anthropique (*aujourd'hui interdits*) amplifie considérablement ce phénomène jusqu'à le rendre dangereux pour la biosphère.

V - La pollution de l'atmosphère

.a pollution atmosphérique : définition et conséquences

La **pollution atmosphérique** est due à des gaz, des liquides et des particules solides en suspension dans l'air, présents en quantité suffisamment élevée pour engendrer des effets néfastes sur la santé humaine et sur le fonctionnement des écosystèmes.

Le **smog**, dû aux oxydes de soufre, à l'ozone troposphérique et aux particules en suspension, forme une épaisse couche jaunâtre limitant fortement la visibilité et provoquant de nombreux troubles de santé.
De nombreux pays prennent des mesures pour limiter la pollution de l'air.

Smog à Shanghai

10

Structure et composition de l'océan

OCÉAN = *vaste étendue d'eau salée comprise entre deux continents. Au total, les océans recouvrent 72% de la surface de la Terre.*

Quelle est la structure d'une colonne d'eau océanique ? Quelle est sa composition ?

I - La structure de l'océan mondial

✪ La structure verticale d'une colonne d'eau

Variations des principaux paramètres physico-chimiques, cas de l'Atlantique aux latitudes moyennes (35°N)

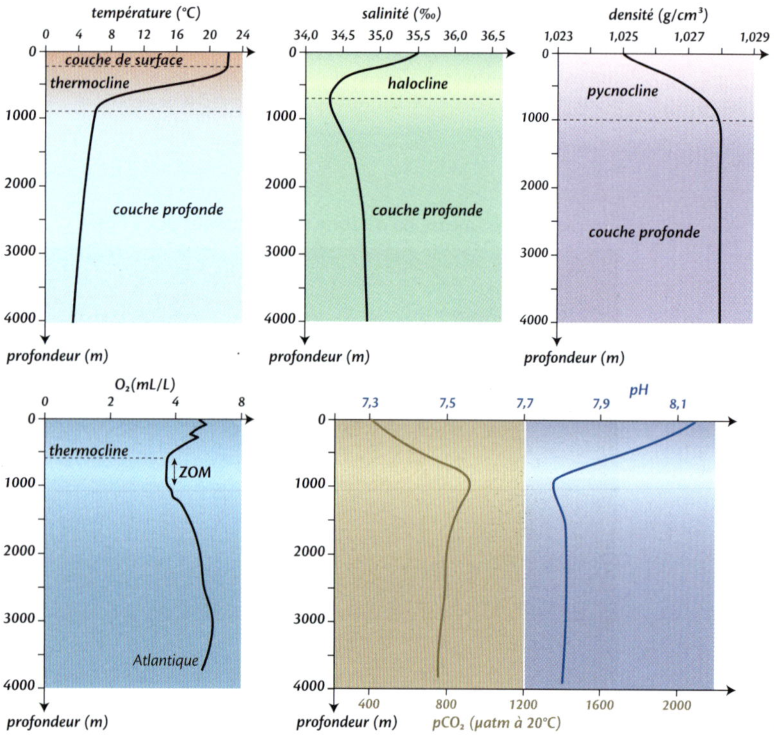

La température de surface des océans varie entre -1,9°C (*température d[e] congélation de l'eau de mer*) et +30°C. En profondeur, l'évolution de l[a] température permet d'identifier la **thermocline**, zone de diminution im[-]portante de la température. De façon similaire, l'**halocline** permet de dé[-]limiter une zone de diminution brutale de la salinité de l'eau. Températur[e] et salinité définissent la **densité de l'eau** et permettent de délimiter de[s] masses d'eau au sein des océans. La **pycnocline** correspond à la zone d'aug[-]mentation importante de la densité de l'eau.

Les variations horizontales de ces paramètres sont bien moins importante[s] que les variations verticales : l'océan a une **stratification verticale** bie[n] marquée, sauf aux pôles où une plongée convective est possible. 27

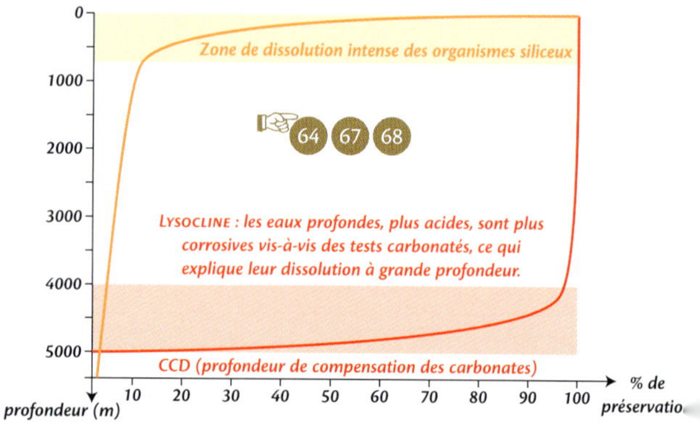

64 67 68

La **ZOM** (*Zone d'Oxygène Minimum*) existe dans tous les océans du monde, plutôt bien marquée sur les bordures ouest des continents. Elle est due à la fois à des **processus biologique[s]** (*consommation de dioxygène par respiration par les organismes hétérotrophes*) et des **processus physiques** (*absence de mélange de masses d'eau*). Elle est associée à une zone où l[a] concentration en CO_2 est maximale, et donc, par conséquent, de pH minimal. Les eaux de surface sont sursaturées en **carbonate de calcium** ($CaCO_3$). Vers 4 000 m de pro[-]fondeur, la dissolution du $CaCO_3$ s'accentue brutalement, c'est la **lysocline** jusqu'à sa disparition complète vers 5 000 m, au niveau de la **CCD** (***Calcite Compensation Depth***). Le comportement du SiO_2 est inverse : forte dissolution dans les premiers mètres d'eau puis maintien en profondeur.

Bilan : la stratification verticale de l'océan (exemple de l'océan Atlantique)

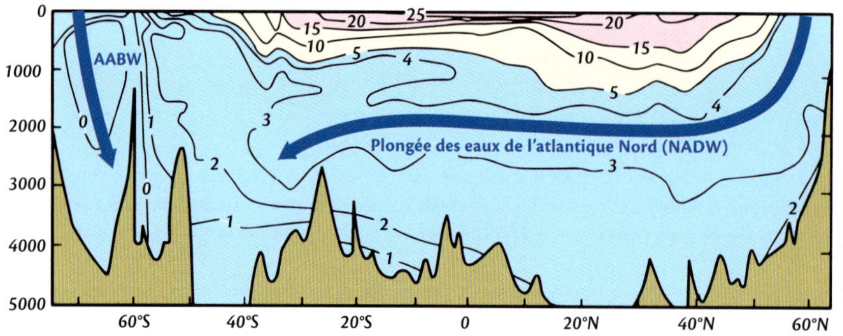

Couche de mélange : couche relativement homogène, soumise à de nombreuses turbulences dues à l'action des vents, des précipitations, de l'évaporation, des courants de surface, du transport d'Ekman. Eau globalement chaude et peu dense.
Epaisseur variable de quelques mètres à quelques centaines de mètres en fonction de la latitude, de la force des vents et de la température de l'atmosphère.

Thermocline : couche où la température diminue rapidement jusqu'environ 1 km de profondeur, inexistante aux pôles.

Zone profonde : couche homogène d'eau froide et dense.

La structuration verticale océanique est **remarquablement stable**, des eaux légères et chaudes surmontant des eaux froides et denses. Cette disposition **limite le[s] échanges** entre les eaux de surface et les eaux profondes sauf en de rares endroits de downwellings et d'upwellings. 27 28

Cette stratification a tendance a être **renforcée par le changement climatique**.

La répartition latitudinale de la température et de la salinité

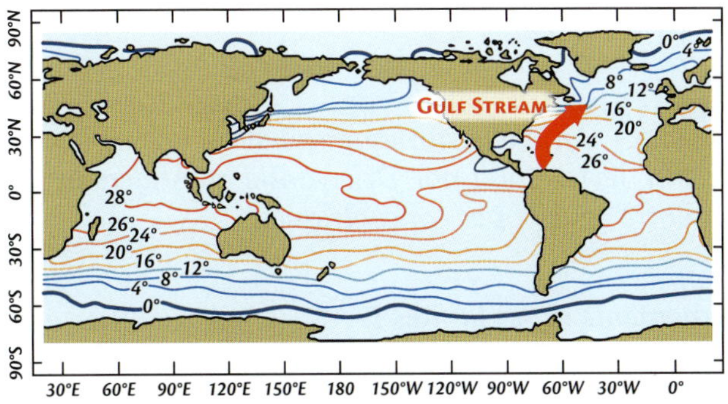

Répartition des isothermes de surface (°C)

27

La répartition des températures de surface est **essentiellement latitudinale**. L'influence des courants de surface, comme le Gulf Stream (*courant chaud dans l'Atlantique nord*) est bien visible. Des remontées d'eaux froides par **upwellings** sont également repérables le long des bordures et de certains bassins océaniques (*par exemple au large du Pérou*).

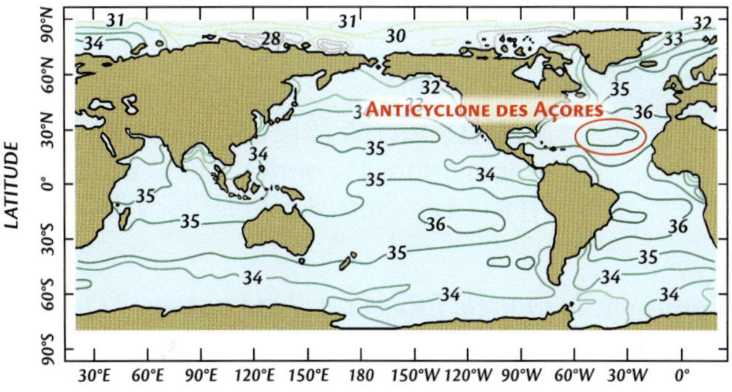

Carte des isosalinités océaniques (‰)

La répartition de la salinité de surface s'explique par le **bilan évaporations – précipitations**. Au débouché des grands fleuves, au niveau des zones équatoriales aux précipitations abondantes, la salinité est faible. Inversement, au droit des puissants anticyclones (*comme celui des Açores*), où l'évaporation est intense, la salinité est maximale.

II - La composition de l'eau océanique

Une composition en sel remarquablement stable mais une salinité très variable entre les eaux océaniques

Ions	Cl^-	SO_4^{2-}	HCO_3^-	Br^-	Na^+	Mg^{2+}	Ca^{2+}	K^+
g/kg d'eau de mer	19,35	2,71	0,10	0,06	10,78	1,28	0,41	0,39

18

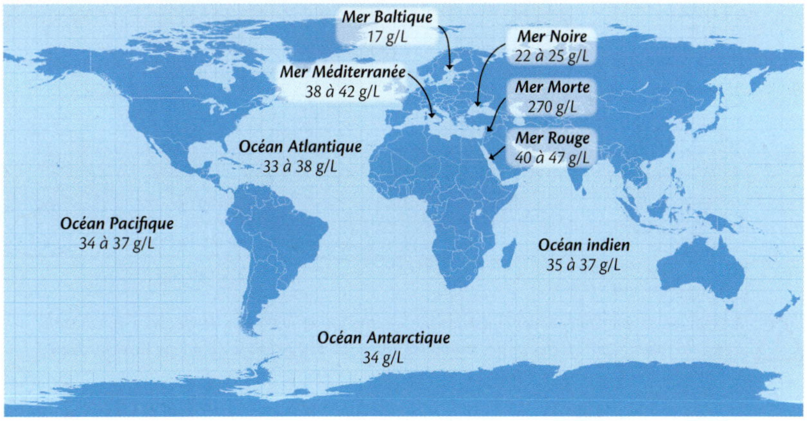

L'eau océanique contient 96,5 % d'eau pure et **3,5 % de substances dissoutes**. Elle contient les 92 éléments chimiques naturels mais la plupart sont présents en quantité extrêmement faible. Les deux plus importants sont ceux constituant le sel de table : **NaCl**. La salinité moyenne est de **35 g/kg** d'eau de mer. **L'extrême homogénéité** de la composition entre les différentes masses d'eau depuis au moins 200 Ma indique un **brassage permanent** entre tous les bassins.

Des échanges permanents au sein de la colonne d'eau

27

L'origine du sel de la mer

06

L'eau de mer serait salée à cause du **lessivage très précoce des enveloppes superficielles** de la Terre lors de sa formation/différenciation par l'eau. Il s'agit de l'**hypothèse cosmique**. Par la suite, la composition chimique de l'eau de mer s'est **stabilisée** et est en **équilibre** :

→ Équilibre entre les **entrées** (*précipitations sur les océans - eau distillée - et apport d'eau par les fleuves - eau légèrement chargée en ions*) et **les sorties d'eau** (*évaporation des eaux océaniques – eau distillée*).

→ Équilibre entre les **apports d'ions** par les fleuves et leur **départ** (*sédimentation et hydrothermalisme*).

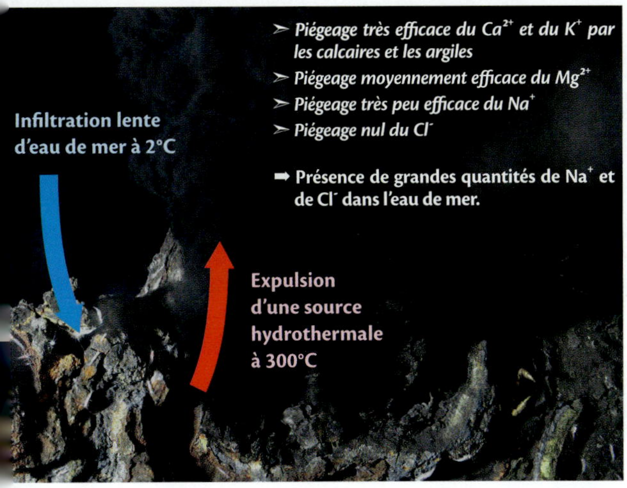

20

IFREMER (2007). Fumeur noir actif. Ifremer. https://image.ifremer.fr/data/00569/68070/

Le modèle PREM

Modèle PREM (Preliminary Reference Earth Model) = *modèle sismique radial de vitesse de propagation des ondes S et P dans les profondeurs de la Terre établi par Dziewonski et Anderson (1981). Les sauts sismiques localisent des discontinuités entre enveloppes concentriques.*

Comment le modèle PREM a-t-il été obtenu ? Quels sont ses enseignements et ses limites ?

I - Localisation des discontinuités majeures

La réflexion et la réfraction des ondes sismiques mettent en évidence 4 enveloppes principales : croûte, manteau, noyau externe liquide, noyau interne solide.

Analyse des zones d'ombre

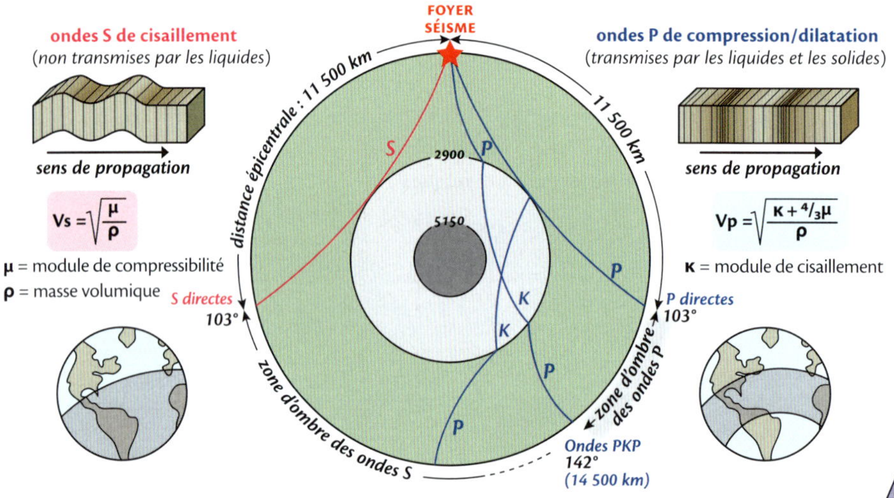

⚠ *Il existe aussi une zone d'ombre des ondes S entre 100 et 1000 km de distance épicentrale, due à un ralentissement des ondes sismiques entre 100 et 200 km (LVZ = Low Velocity Zone).*

Calcul de la profondeur du Moho 139

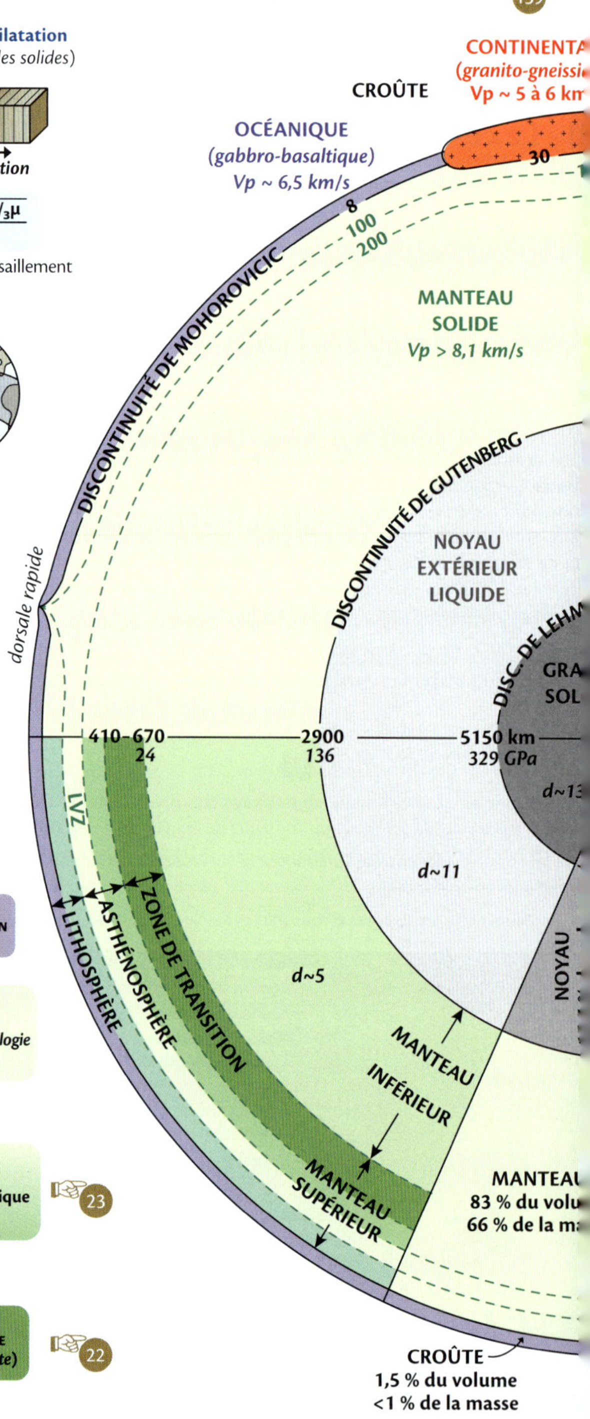

II - Relation vitesse, densité, composition, rhéologie

Interprétation des modifications de vitesse des ondes sismiques

Divers facteurs peuvent modifier la vitesse sismique (*compositions chimique, minéralogique, rhéologie, température…*), l'interprétation des sauts de vitesse nécessite de croiser différentes approches.

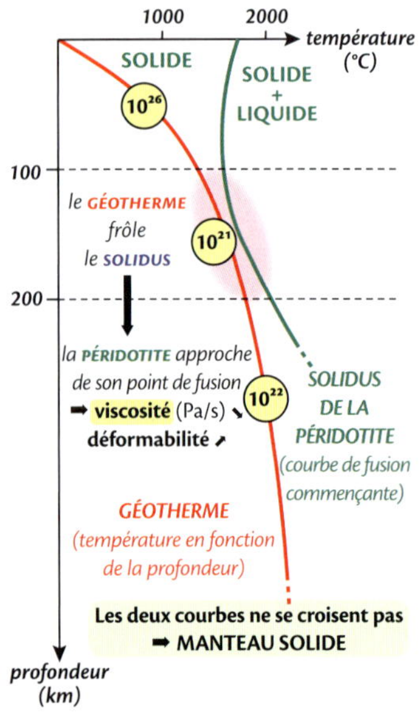

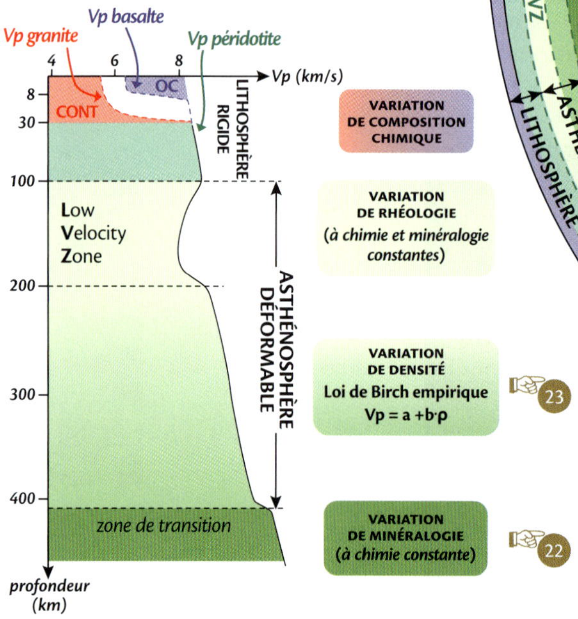

III - Modèle minéralogique de la Terre en accord avec le modèle PREM

Les roches candidates pour la composition des zones profondes doivent coïncider avec les vitesses du modèle PREM.

✪ Roches accessibles à l'échantillonnage

Roches crustales de surface (14) (15)

Granite (*croûte continentale*) **Basalte** (*croûte océanique*)

Les croûtes sont souvent surmontées d'une mince pellicule de roches sédimentaires.

Données des ophiolites

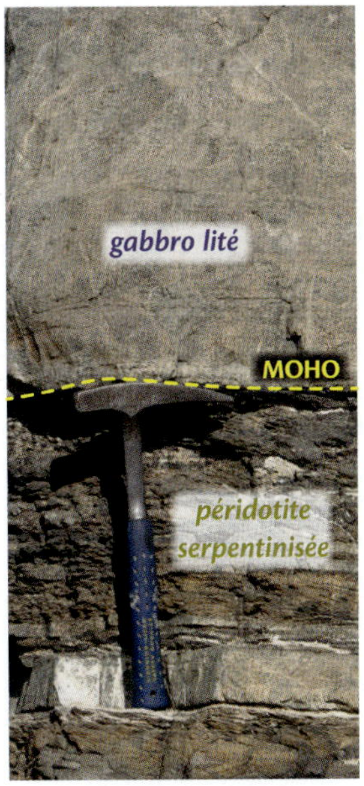

Remontées d'enclaves profondes de péridotites mantelliques (21)

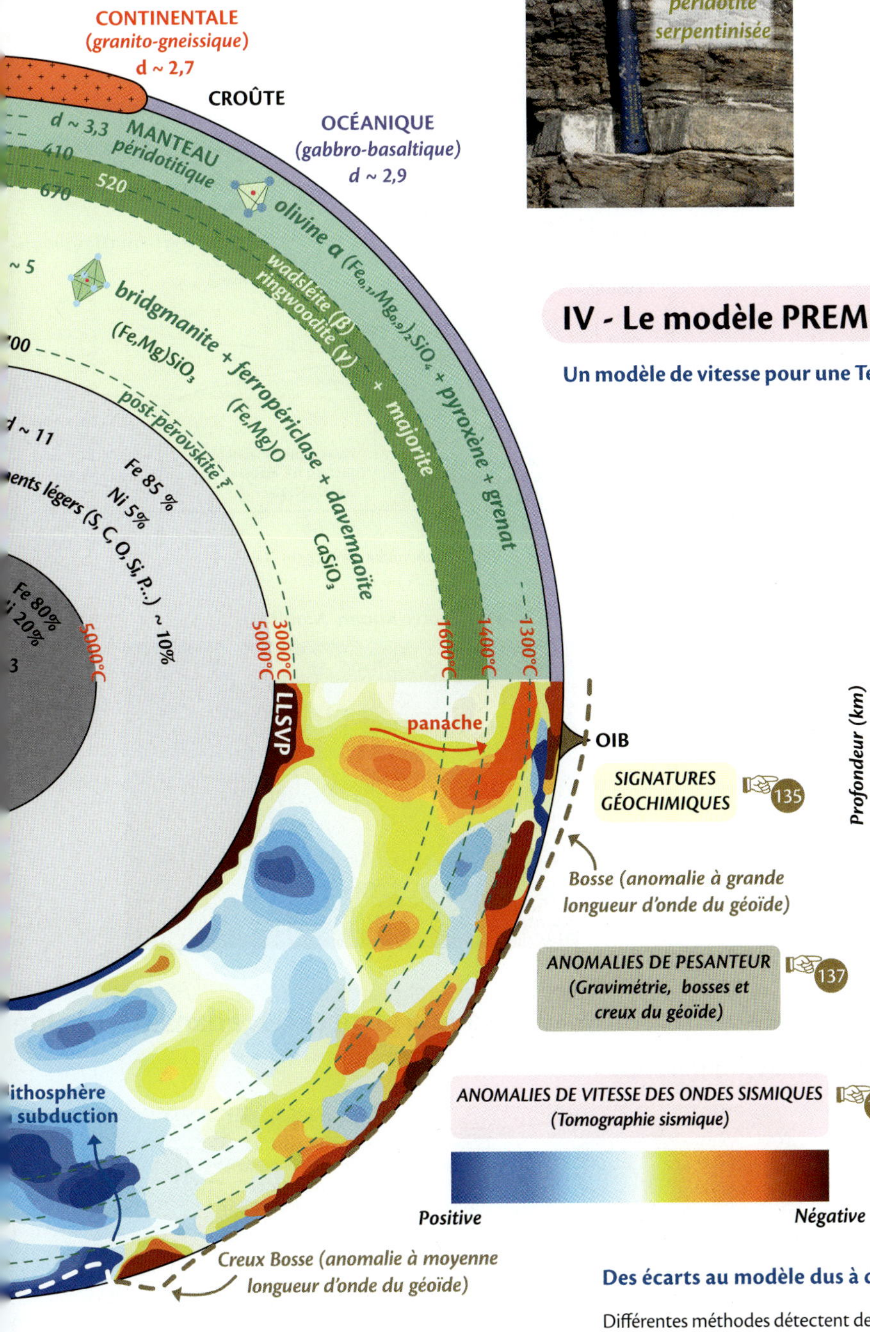

✪ Estimation des roches inaccessibles

Apport des météorites (12)

Composition du noyau (23)

Expérimentation HP/HT (*enclumes de diamant*) (22)

Inclusions des diamants

Diamant (*forme HP du C*) remonté des profondeurs

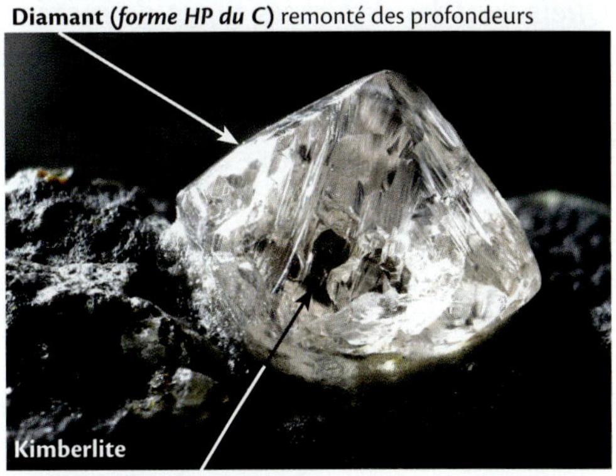

Inclusion d'un minéral de HP

Ex : Ringwoodite contenant 1,5 % d'eau

Ex : Davemaoïte (= *perovskite de Calcium HP* $Ca\text{-}SiO_3$)

IV - Le modèle PREM et ses limites

Un modèle de vitesse pour une Terre à enveloppes concentriques homogènes latéralement

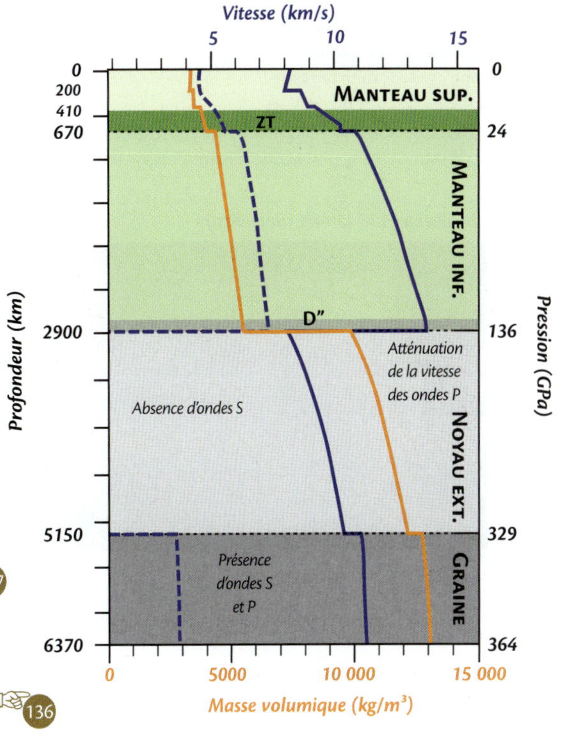

Des écarts au modèle dus à des hétérogénéités latérales à interpréter (22)

Différentes méthodes détectent des hétérogénéités latérales au sein des couches (*ex. manteau*), l'interprétation des anomalies sismiques en terme chimique ou thermique fait l'objet de débats.

12 Apport des météorites à la connaissance de la structure interne de la Terre

MÉTÉORITE = *corps rocheux d'origine extraterrestre qui est arrivé à la surface de la Terre après avoir traversé l'atmosphère.*

Quels sont les différents types de météorites ? Quelles sont leurs particularités ? En quoi leur étude apporte-t-elle des informations sur la structure interne de la Terre ?

I - L'origine des météorites

Le système solaire est constitué d'une **étoile**, le Soleil, et de **divers corps célestes**. Les différentes **planètes** gravitent autour du Soleil, tout comme une **ceinture d'astéroïdes**, située entre les planètes telluriques et les autres planètes.

Les planètes telluriques sont essentiellement constituées de silicates et de fer, les planètes gazeuses d'hydrogène et d'hélium, et les planètes de glace d'eau solide, de silicates et de fer. Les objets du système solaire diffèrent ainsi en diamètre et en masse volumique.

Représentation du système solaire

03 04

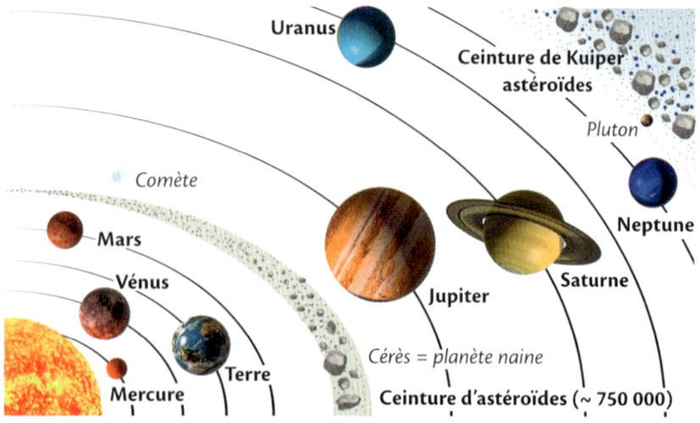

Les météorites peuvent avoir plusieurs origines :

→ Des **fragments d'astéroïdes**, formés dans la ceinture d'astéroïdes, lorsque leur trajectoire croise l'orbite terrestre,

→ Des fragments de Lune ou de Mars.

Lorsqu'une partie de l'objet (*le plus généralement un fragment d'astéroïde*) reste après la traversée de l'atmosphère, l'impact de la météorite sur Terre forme un **cratère**.

Les différents objets du système solaire

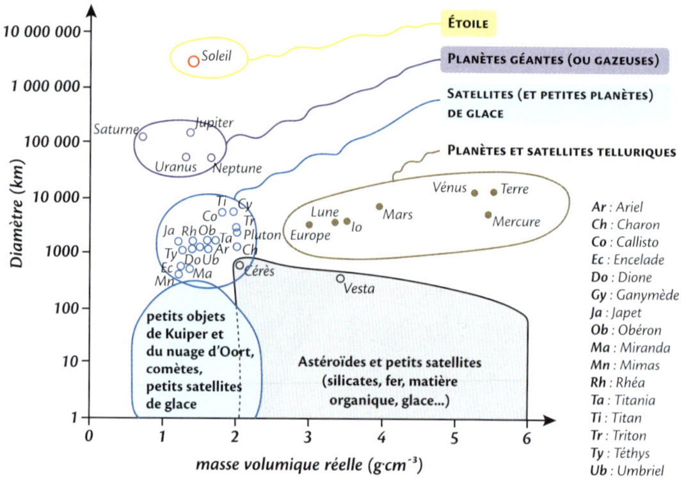

L'astéroïde Vesta (*530 km de diamètre*)

Un cratère d'impact (*Roter Kamm, Namibie*)

II - Les chondrites, des météorites indifférenciées de même composition que la planète Terre dans sa globalité

✪ Les chondrites, des météorites provenant d'astéroïdes indifférenciés

Les **chondrites** sont des **météorites pierreuses**, de **chimie homogène**. Le nom de chondrite vient des petits grains sphériques, appelés chondres, qui ont la même composition que le reste de la chondrite.

Elles représentent 85% des météorites.

Les chondrites sont faites d'un **mélange de fer métallique et de silicates**. Ce mélange montre que ces météorites viennent d'**objets célestes non différenciés**, contrairement à la Terre.

✪ Les chondrites, des météorites dont la composition reflète celle du système solaire

Les chondrites ont une composition chimique **proche de celle de la Terre globale**, mais aussi une composition similaire à **celle du Soleil** (*déduite de la chimie de la photosphère*). Elles ont donc une composition qui reflète celle des objets formés par la condensation du gaz à l'origine du système solaire.

Elles pourraient provenir de la fragmentation d'objets célestes non différenciés.

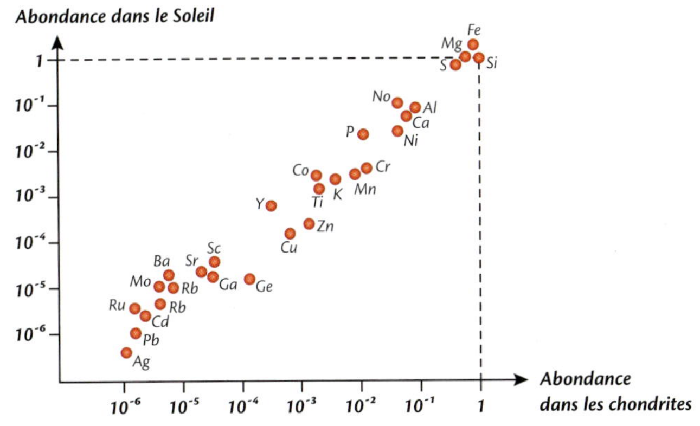

Comparaison de la composition chimique d'une chondrite et du Soleil

	chondrite (%)	Terre globale (%)
O	31	32,4
Fe	27,4	28,2
Si	18,5	17,2
Mg	14	15,9
Ca	3,5	1,6
Al	2	1,5
Na	0,6	1,25
K	0,4	0,02
autres éléments	2,6	2,9

Comparaison de la composition chimique d'une chondrite et de la Terre globale

III - Les météorites différenciées et la compréhension de la différenciation de la Terre

✪ Les achondrites et les sidérites, des météorites qui proviendraient d'un astéroïde différencié

Beaucoup plus rares que les chondrites, les **achondrites** sont des **météorites pierreuses**, constituées de silicates, La composition de certaines d'entre elles rappelle celle des **gabbros** (*roches de la croûte terrestre océanique*),

Les **sidérites** sont des météorites **métalliques**, qu'on interprète comme des équivalents du **noyau** terrestre.

Ces météorites proviendraient d'**astéroïdes différenciés**. Leur fracturation aurait donné naissance à plusieurs types de météorites observées.

Ainsi, l'étude de ces météorites donne des informations sur la composition des enveloppes terrestres internes.

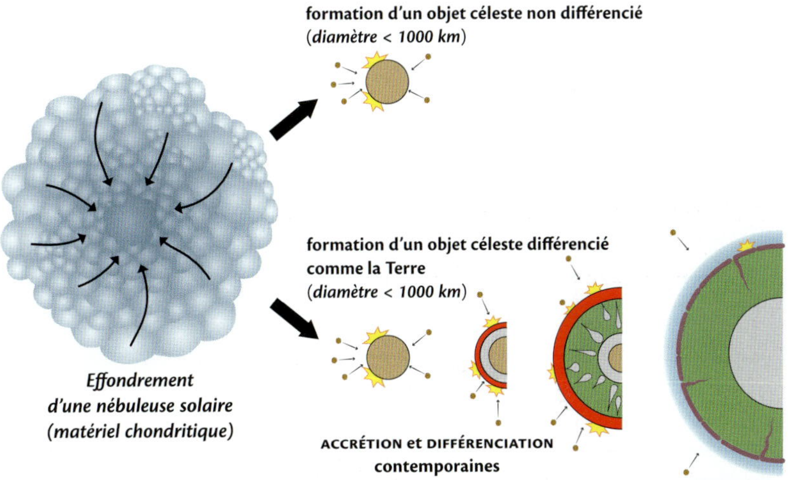

✪ Un modèle de structure interne de la Terre basé sur l'étude des météorites différenciées

Eucrite, équivalent du gabbro (5% *des météorites*)

Sidérite, équivalent du noyau (6% des météorites)

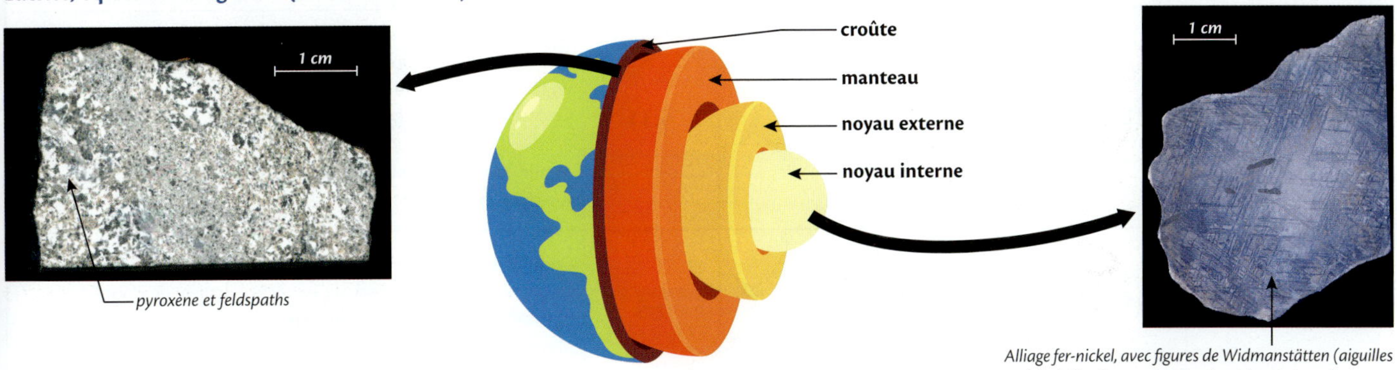

Alliage fer-nickel, avec figures de Widmanstätten (aiguilles croisées) liées à une cristallisation à haute température

⚠

*Les **diogénites** ont été considérées comme des équivalents des péridotites mantelliques, mais elles seraient plutôt d'origine magmatique (pyroxénites).*

*Les **pallasites**, longtemps interprétées comme des témoins de la limite manteau-noyau, proviendraient plutôt d'une collision entre un astéroïde différencié et un astéroïde de fer.*

Diogénite (5% des météorites)

Pallasite (1% des météorites)

13

Les silicates

SILICATES = *minéraux constituant plus de 90% de la lithosphère terrestre en masse, dont l'élément commun est le tétraèdre $(SiO_4)^{4-}$.*

Quelle est la classification structurale des silicates ? Quels en sont les principaux représentants ?

I - La classification structurale des silicates

Le motif commun à tous les silicates : le tétraèdre $(SiO_4)^{4-}$

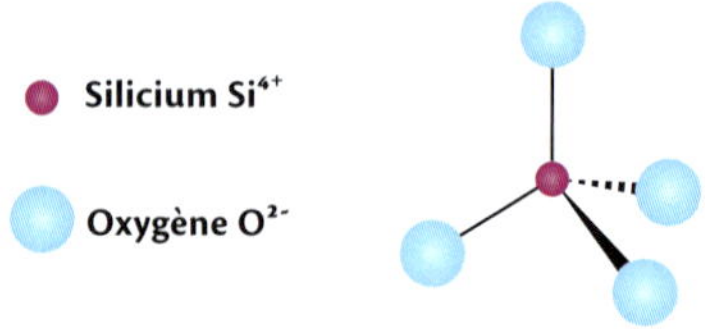

Structure de base représentation éclatée

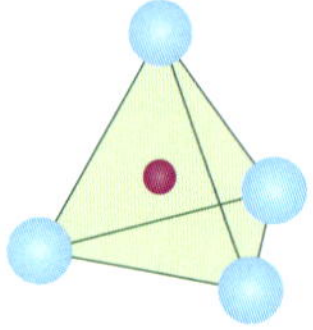

Tétraèdre de base

Le **tétraèdre de base** des silicates est constitué d'un ion Si^{4+} au centre du **tétraèdre** dont les sommets sont occupés par des ions O^{2-}. L'édifice possède tel quel 4 charges négatives neutralisées soit en mettant en commun deux, trois ou quatre oxygènes, soit en ajoutant des cations (*aluminium, magnésium, fer, calcium, potassium, sodium...*). Parfois, l'**ion Al^{3+}** se substitue à Si^{4+} au centre du tétraèdre. Cette variété d'associations des tétraèdres entre eux et la diversité des cations associés engendre une **très grande diversité d'espèces minérales** (*environ 1350 sur 5 850 décrites au total*).

Les classes structurales des silicates

Classe structurale	Formule structurale	Arrangement des tétraèdres	Rapport Si/O	Caractéristiques et exemples de minéraux * = *détails page suivante*
Nésosilicates *nésos (gr.) = île*	$(SiO_4)^{4-}$	*Isolés* 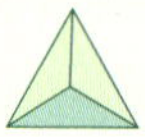	1:4	Tétraèdres isolés entourés de cations neutralisant leur charge ***Péridots*, grenats, zircon*, topaze, silicates d'alumine (andalousite, disthène, sillimanite)****
Sorosilicates *soros (gr.) = sœur*	$(Si_2O_7)^{6-}$	*Doublets* 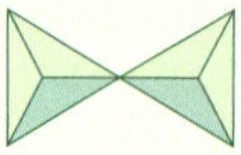	2:7	Groupes de 2 tétraèdres reliés par un oxygène commun ***Mélilite, épidote***
Cyclosilicates *cyclo (gr.) = cercle*	$(Si_6O_{18})^{12-}$	*Cycles* 	1:3	Anneau de 3, 4 ou 6 tétraèdres partageant un sommet avec leur voisin ***Béryl, tourmaline, cordiérite***
Inosilicates à chaîne simple *inos (gr.) = fibre*	$(SiO_3)^{2-}$	*Chaînes simples* 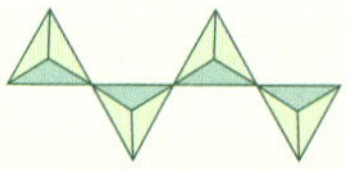	1:3	Chaîne simple de tétraèdres partageant un sommet avec leur voisin. Minéraux ferromagnésiens non hydroxylés ***Pyroxènes*, wollastonite***
Inosilicates à chaîne double *inos (gr.) = fibre*	$(Si_4O_{11})^{6-}$	*Chaînes doubles* 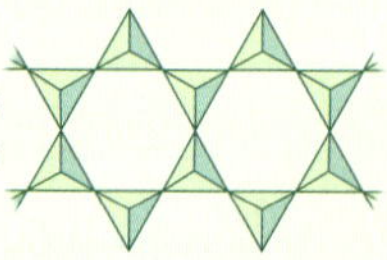	4:11	Dans chaque chaîne, chaque tétraèdre partage 2 oxygènes avec ses voisins et un tétraèdre sur deux a en plus un oxygène en commun avec un tétraèdre sur l'autre chaîne. Ces structures ménagent entre les chaînes de grosses lacunes occupées par des cations et des groupements hydroxyles ➡ **minéraux ferro-magnésiens hydroxylés** ***Amphiboles***
Phyllosilicates *phyllon (gr.) = feuille*	$(Si_4O_{10})^{4-}$	*Feuillets* 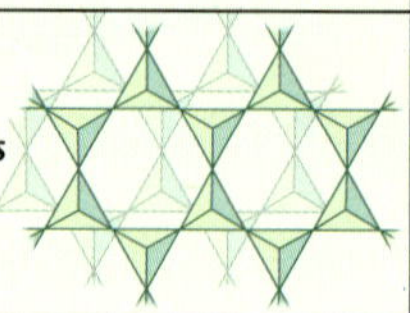	2:5	Couche de tétraèdres unis par trois de leurs sommets formant un réseau plan à maille hexagonale, ce qui leur confère un clivage facile ➡ **minéraux lamellaires ou fibreux** ***Micas, talc, minéraux argileux*, serpentines***
Tectosilicates *tectos (gr.) = charpente*	Si_2O	*Réseau tridimensionnel* 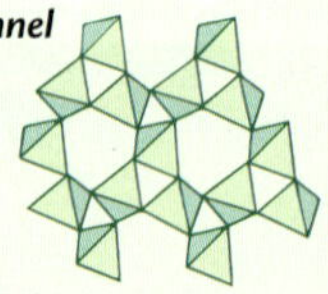	1:2	Mise en commun de tous les oxygènes des tétraèdres. Dans certains tétraèdres, Si_4^{+} est substitué par Al_3^{+} faisant apparaître des charges négatives équilibrées par la présence de cations K^+, Na^+, Ca^{2+} ***Quartz*, feldspaths*, feldspathoïdes, zéolites***

II - Les principaux silicates dans les roches et quelques-unes de leurs transformations

✪ Quelques nésosilicates 143

Les péridots (ou olivines)

Par remplacement progressif du Mg^{2+} par du Fe^{2+}, on obtient une série de **minéraux isomorphes** appelés **péridots** ou **olivines** (*s.l.*).

L'**olivine** (*s.s.*), très fréquente dans les roches ultrabasiques (*péridotites*) et dans les roches basiques (basaltes), est facilement reconnaissable avec son éclat gras et sa couleur verte.

% Mg^{2+} : 0 % — 10 % — 90 % — 100 %

Fayalite	Olivines (s.s.)	Forstérite
$(SiO_4)Fe_2$	$(SiO_4)(Fe,Mg)_2$	$(SiO_4)Mg_2$

Les zircons

Les zircons, de formule $ZrSiO_4$, présentent souvent des **traces d'uranium radioactifs**. Lorsque celui-ci se désintègre en plomb, cela forme un halo noir autour du zircon. Cette réaction est utilisé en **datation absolue**.

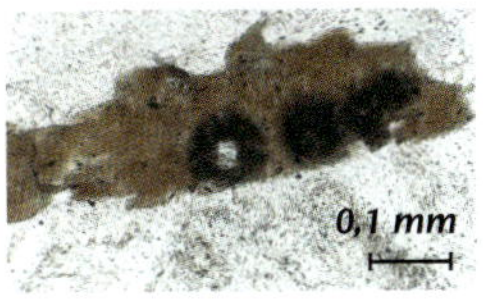

Les silicates d'alumine $SiAl_2O_5$

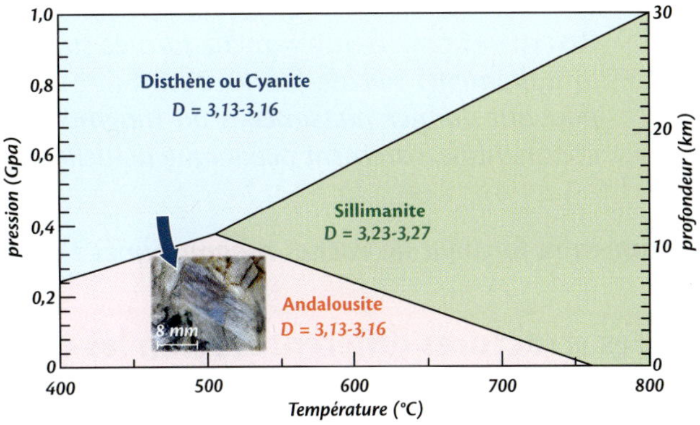

Les silicates d'alumine sont des **polymorphes** facilement reconnaissables et **stables dans différents domaines PT**. En encart, cristal de disthène (*bleu*) en train de devenir andalousite (*rose*), trajet matérialisé par la flèche sur le diagramme.

✪ Quelques inosilicates : les pyroxènes

Les pyroxènes sont des minéraux fréquents des roches ultrabasiques et basiques. Certains sont caractéristiques de conditions métamorphiques de haute pression, comme la jadéite et l'omphacite. Parmi les pyroxènes, on distingue les **orthopyroxènes**, strictement ferromagnésiens, comme l'enstatite ($Mg_2Si_2O_6$) et les **clinopyroxènes** plus variés chimiquement, contenant par exemple du calcium, comme le diopside $CaSiO_3$ ou comme la jadéite $NaAlSi_2O_6$.

Enclave de lherzolite traversée par une zone étroite de pyroxénite très riche en clinopyroxènes chromifères, coulée du Ray Pic, Burzet, Ardèche

Le minéral le plus abondant sur Terre, la bridgmanite, soit environ 40% du volume de la Terre, présent dans le manteau inférieur, a été nommé en 2014 après avoir été observé dans une veine de choc de la météorite de Tenham (Australie). Sa formule est (Mg, Fe)SiO_3. 22

✪ Quelques phyllosilicates : exemple des minéraux argileux

KAOLINITE $Al_2O_3, 2SiO_2, 2H_2O$ **Argile T/O**

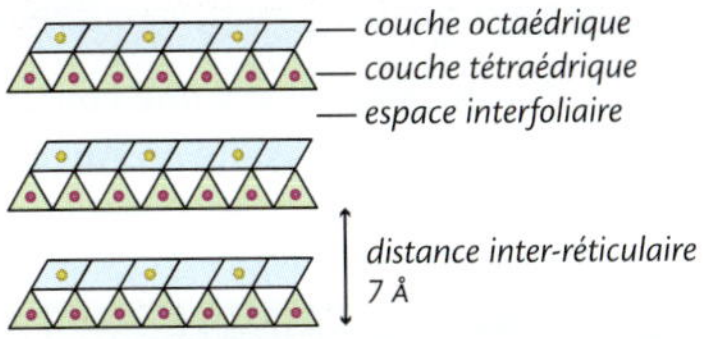

ILLITE $KAl_2(OH)_2, (AlSi_3(O, OH)_{10})$ **Argile T/O/T**

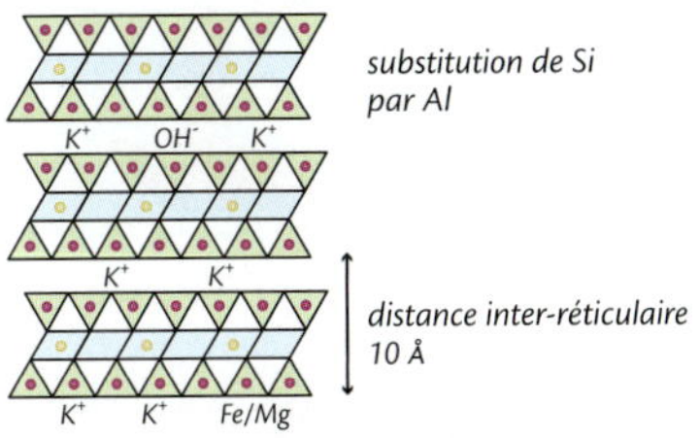

CHLORITE $Mg_5(Al,Fe)(OH)_8, (AlSi)_4O_{10}$ **Argile T/O/T/O**

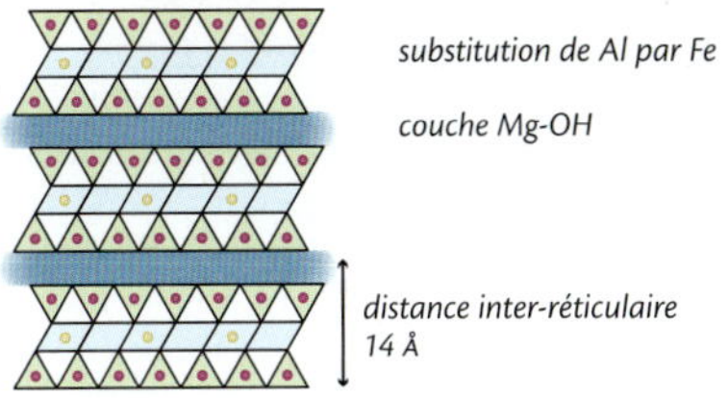

Les minéraux argileux sont des **phyllosilicates d'aluminium** dont les couches tétraédriques de charge négative sont reliées par des feuillets de cations Al^{3+} se trouvant de la sorte au centre d'octaèdres. Ainsi, une **couche de tétraèdres** est systématiquement associée à une **couche d'octaèdres**. Les substitutions d'atomes sont fréquentes dans les feuillets. En fonction des substitutions et de l'agencement des couches, on distingue plusieurs types de minéraux argileux.

Ces minéraux sont très abondants et résultent de l'altération d'autres silicates, ils sont dits **néoformés**. Par exemple, l'**hydrolyse de l'orthose** (*un feldspath potassique*) donne, aux hautes latitudes, de l'**illite** selon la réaction :

$$3\ \mathbf{KAlSi_3O_8}\ (orthose) + 2\ H^+ + 12\ H_2O \rightarrow \mathbf{Si_3AlO_{10}Al_2(OH)_2K}\ (illite) + 6\ Si(OH)_4 + 2\ K^+$$ 60

✪ Quelques tectosilicates

Les feldspaths

Les feldspaths sont des minéraux très abondants, représentant plus de 60% de l'écorce terrestre. On distingue les feldspaths alcalins, sodipotassiques et les plagioclases calcosodiques.

Vue rapprochée d'un feldspath à texture rapakivi

La formation de la bordure de feldspath plagioclase s'est produite lorsque le feldspath potassique provenant d'un magma granitique s'est retrouvé dans un magma basique présent au contact du premier. Le magma basique a une composition chimique incompatible avec celle du feldspath potassique d'où la formation d'une auréole réactionnelle faite de plagioclase. Même explication pour l'ocelle de quartz et de feldspaths potassiques blindée d'un liseré noir de pyroxène.

Les polymorphes de la silice SiO_2

Pour une même formule chimique, SiO_2, il existe différentes espèces minérales **polymorphes** en fonction des conditions PT.

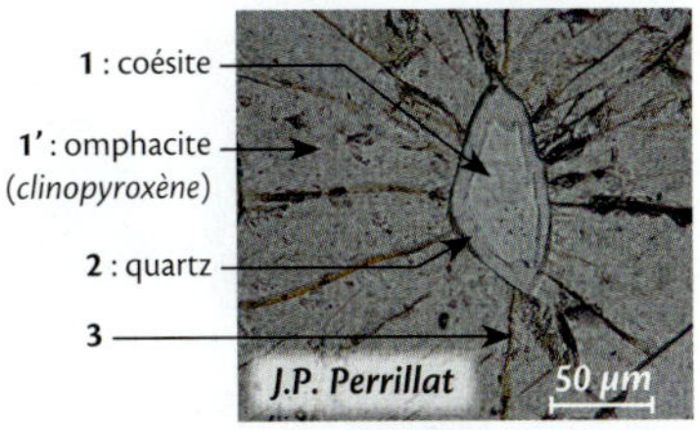

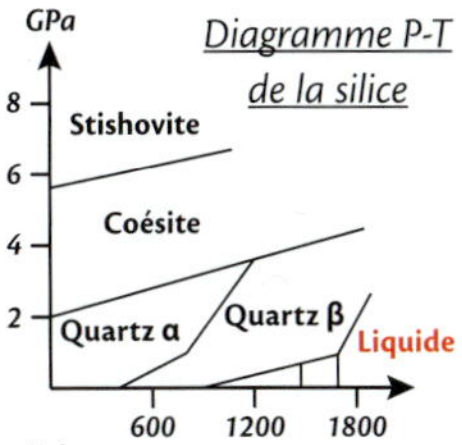

Coésite himalayenne en lame mince (lumière naturelle).

1 + 1' : Minéraux de haute pression formés lors de la subduction de l'échantillon. La présence de coésite implique que la roche a été soumise à des conditions de pression supérieures à environ 2.3 GPa (= *90 km*)

2 : Formation de quartz à partir de la coésite lors de l'exhumation de l'échantillon.

3 : Le quartz occupant un plus grand volume que la coésite, ceci entraîne une fracturation radiale de l'omphacite.

14 Pétrologie des enveloppes solides : les roches magmatiques

Roche magmatique = *roche formée suite au refroidissement d'un magma. Un magma est un bain (très majoritairement) silicaté fondu, c'est-à-dire le produit de la fusion partielle d'une roche mère. Les roches mères pouvant donner naissance à un magma sont les péridotites mantelliques et les roches de la croûte (souvent continentale, rarement océanique actuellement).*

Comment se forment les roches magmatiques ? Comment les classer et les identifier ?

I - Des structures différentes selon les conditions de refroidissement

✪ Les roches plutoniques à structure grenue

Les **roches plutoniques** sont issues d'un **refroidissement lent, en profondeur**, du magma.
Le refroidissement lent permet la nucléation, qui est l'étape limitante de la formation des cristaux à partir de la phase liquide du magma.
Le roche formée est entièrement cristallisée, soit de structure **grenue** ou **holocristalline**.

Pluton de la granodiorite d'Athis

La roche plutonique formée en profondeur apparait visible sur la carte géologique (*en surface*) à cause de l'érosion

Pluton de granite de la cordillère des Andes (*Chili*) visible dans le paysage

La forme arrondie du pluton est nettement visible dans le paysage.

✪ Les roches volcaniques à structure microlithique

Les **roches volcaniques** sont issues du **refroidissement d'un magma parvenu en surface**, ou **proche de la surface** à la faveur d'une **éruption volcanique**.
Le refroidissement de la lave a lieu dans des conditions variables, mais qui **ne permettent pas une cristallisation complète** du magma.
La roche formée contient une **proportion variable de minéraux** (*visibles à l'œil nu : phénocristaux ou microscopiques : microlithes*) englobés dans une **phase solide non cristallisée** : le verre ou la pâte. Cette structure est appelée **microlithique**, et la roche est **hémicristalline**.

71 72

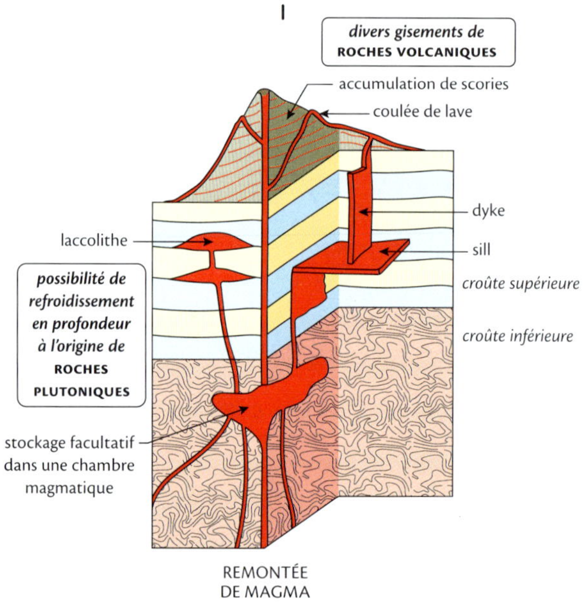

Une coulée de basalte en Auvergne

La lave basaltique fluide forme des coulées dans les vallées.

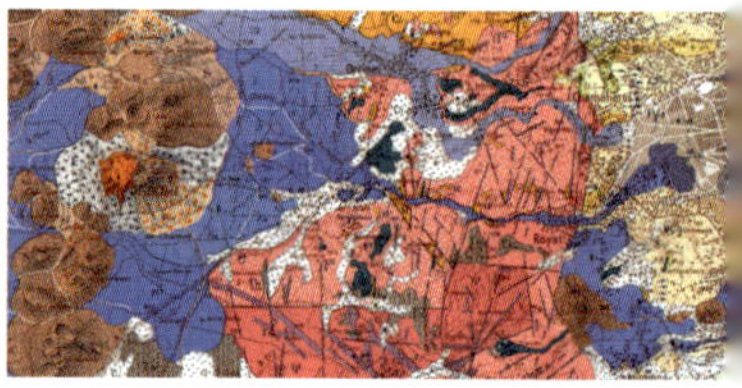

Partie inférieure d'une coulée de basalte en Auvergne

Les coulées de lave refroidissent en se fracturant le long de figures prismatiques

Le granite, une roche plutonique à structure grenue

Les cristaux sont jointifs et occupent la totalité du volume de la roche.

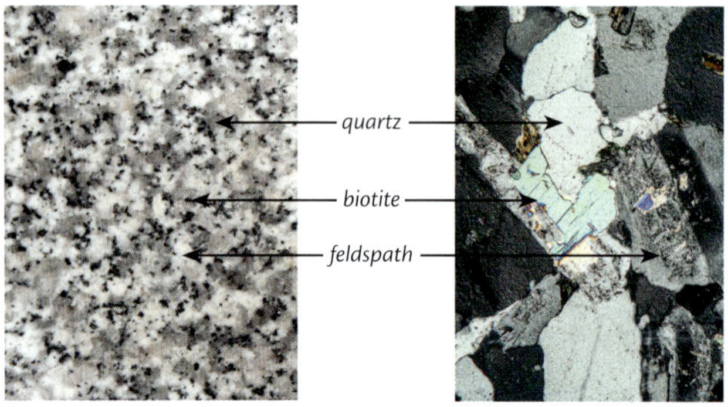

Le basalte, une roche volcanique à structure microlithique

Les cristaux ne sont pas jointifs et sont englobés dans un verre non cristallisé.

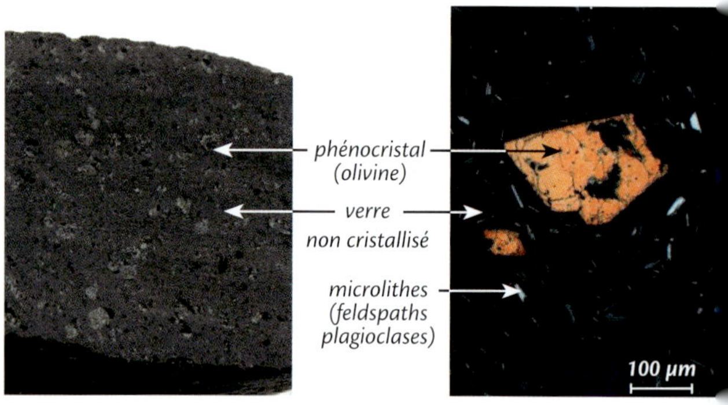

⚠ *Dans certains cas, la roche volcanique ne contient aucun minéral cristallisé. C'est le cas de l'obsidienne.*

I - Des variations de composition minéralogique et chimique

l existe une **grande diversité** de roches magmatiques, qui diffèrent par leur **composition chimique** et par les conditions de refroidissement du magma.

Pour chaque composition magmatique, il existe une roche volcanique et une roche plutonique de même composition chimique.

Différentes roches volcaniques selon leur composition chimique : Diagramme de Cox

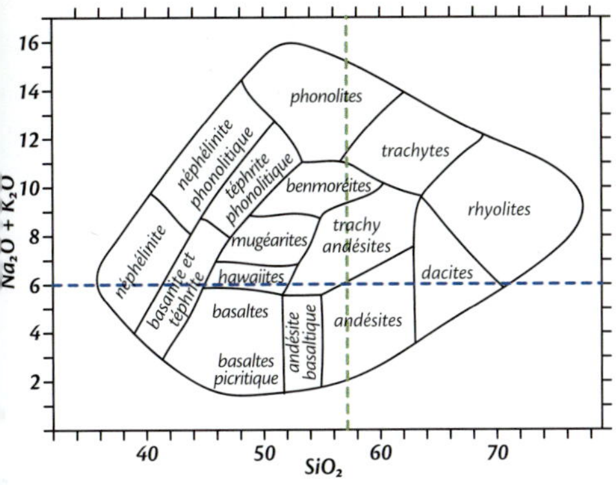

	%
SiO_2	57,2
TiO_2	1,5
Al_2O_3	17,5
Fe_2O_3	11,7
MnO	0,2
MgO	2,5
CaO	5,8
Na_2O	3,6
K_2O	2,4
total	**100**

Le **diagramme de Cox** permet d'identifier les roches volcaniques à partir de leur **composition chimique**.

Différentes roches magmatiques selon leur composition minéralogique

	%
quartz	0
feldspaths plagioclases	56,3
orthose	16,1
clinopyroxènes	8,2
orthopyroxènes	0
olivines	11,3
magnétites	2,6
autres minéraux	5,5
total	**94,5**

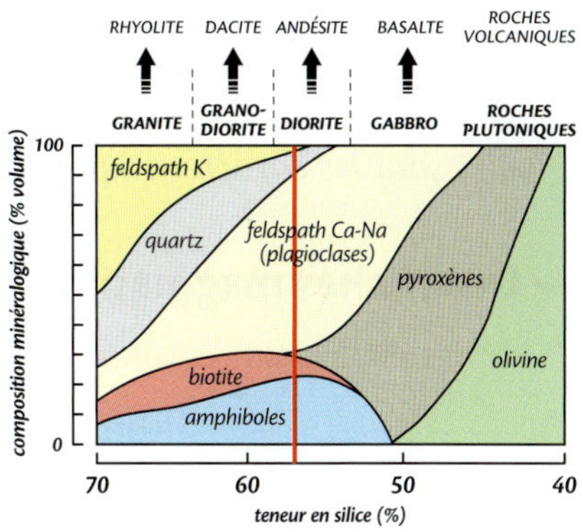

La **composition minéralogique** permet d'identifier les roches magmatiques plutoniques mais aussi volcaniques.

La composition chimique des roches volcaniques peut être utilisée pour **calculer une composition minéralogique théorique**, correspondant à la cristallisation complète du magma qui lui a donné naissance.

143

II - La classification selon le diagramme de Streckeisen

Un échantillon de granite

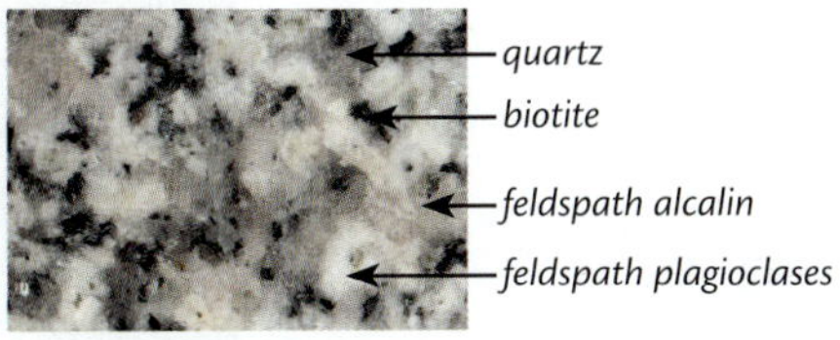

	%
Quartz	25
Feldspaths plagioclases	26
Feldspaths alcalins	40
biotite	5
amphiboles	1
pyroxènes	0
olivines	0
minéraux opaques	3
total	**100**
total minéraux blancs	**91**

	%
Quartz	27
Feldspaths plagioclases	29
Feldspaths alcalins	44
total	**100**

La **composition minéralogique** d'un granite (*à gauche*) est utilisée pour calculer les **pourcentages** permettant de placer le granite dans le diagramme de Streckeisen (*à droite*).

Le calcul est une règle de 3 :

→ pour le % de quartz, 25 x 100 / 91 = 27

Diagramme de Streckeisen

Dans le **diagramme de Streckeisen**, les roches magmatiques sont classées et nommées selon leurs **compositions en minéraux blancs** (*au moins 10 %*) : quartz ou feldspathoïdes, feldspaths plagioclases, feldspaths alcalins.

Le diagramme de Streckeisen est un **diagramme à 4 pôles**. Dans ce diagramme, chaque roche est placée dans un des deux triangles à partir des pourcentages des trois minéraux tels que la somme de ces pourcentages = 100 %.

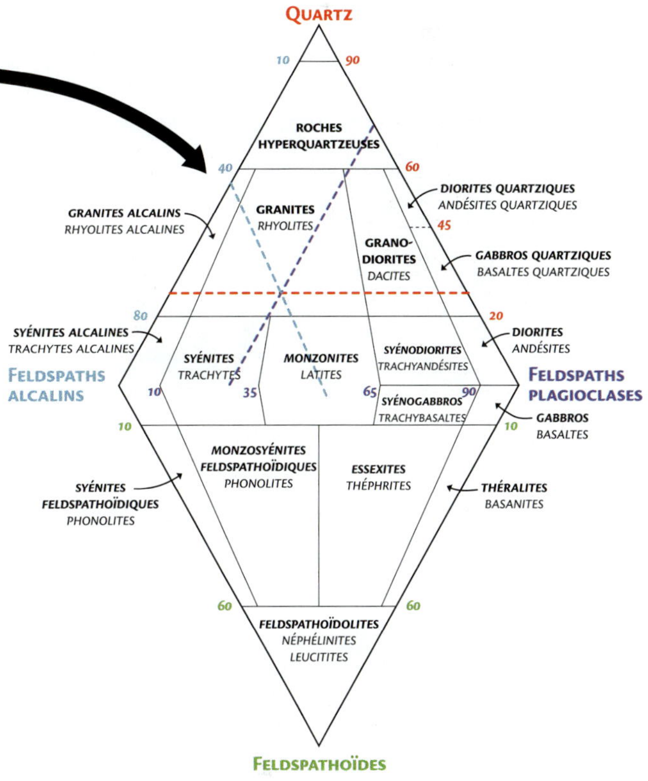

Classification des roches ultramafiques

Pour les roches contenant plus de 90% de minéraux ferromagnésiens, appelées roches mafiques ou **ultramafiques** (*Ma = magnésium, fiques = fer*), une autre classification, appliquée notamment aux roches mantelliques, est utilisée.

76 87

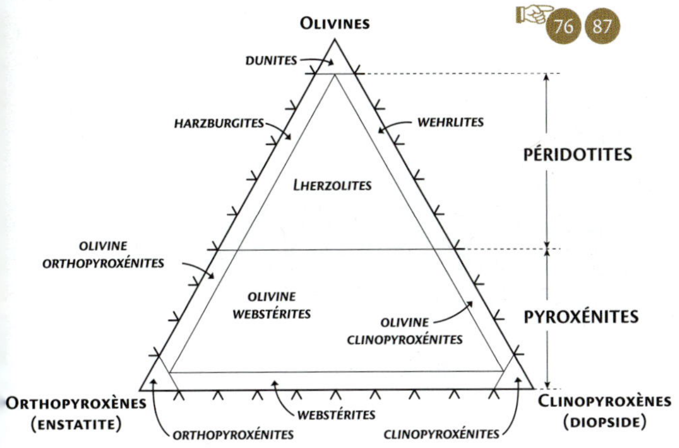

15 Pétrologie des enveloppes solides : les roches magmatiques

Roche volcanique = *roche magmatique formée suite au refroidissement rapide d'un magma parvenu à la surface terrestre (ou proche), le refroidissement rapide n'ayant pas permis une cristallisation complète de la roche.*

Roche plutonique = *roche magmatique formée par refroidissement lent d'un magma en profondeur, ayant permis la cristallisation complète de la roche.*

Quelles sont les caractéristiques de différentes roches magmatiques aux différentes échelles ?

I - Des roches magmatiques observables au niveau d'affleurements

✪ Roches magmatiques constituant la croûte océanique ☞ 71 72

Les roches constituant la croûte océanique sont observables au niveau d'**ophiolites**, qui sont des fragments de lithosphère océanique visibles en domaine continental. Les ophiolites se forment en contexte de collision ou d'obduction.

Les roches de la croûte océanique sont aussi observables grâce à l'utilisation de submersibles plongeant au niveau des **dorsales océaniques**.

Gabbros lités (*ophiolite d'Oman*)

Représentation simplifiée de la structure de différents types de lithosphères océaniques et d'ophiolites

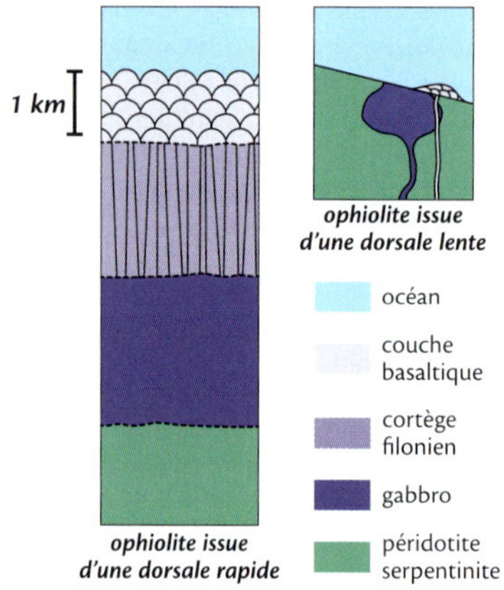

Basaltes en coussins (*ophiolite d'Oman*)

Cortège filonien (*ophiolite de Chypre*)

✪ Roches plutoniques de la croûte continentale affleurant après érosion

Le pluton granitique du Mont Rushmore et son contact avec les roches de l'encaissant (*Dakota du sud, USA*)

Modèle explicatif de la formation du Mont Rushmore

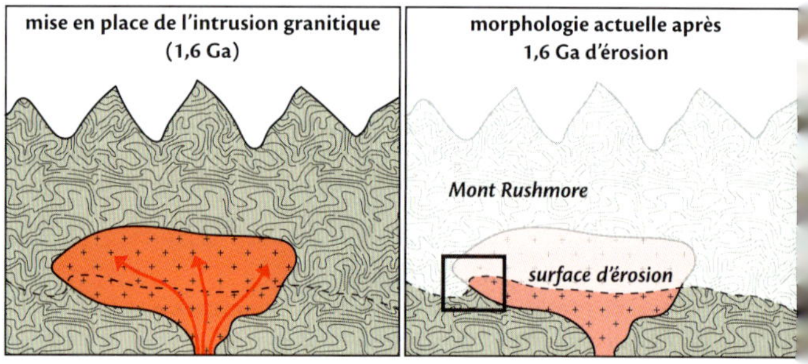

✪ Roches volcaniques formées suite à une éruption volcanique

Les éruptions volcaniques forment des roches et des paysages variés. Les **édifices volcaniques** associés aux éruptions ont des formes dépendantes du dynamisme éruptif.

Vue aérienne de certains édifices de la chaîne des Puys (*Auvergne*)

Coulée de lave, Pointe nègre (*région de Toulon, Var*)

Les laves fluides donnent naissance à des **coulées**, les laves plus visqueuses peuvent être associées à des **dépôt de cendres** après explosion.

II - Les caractéristiques minéralogiques et structurales de quelques roches magmatiques

Pour chaque roche présentée :
Le cliché de gauche montre un échantillon observé à l'**œil nu** ou à la **loupe binoculaire**.
Le cliché de droite a été pris en microscopie optique, en **lumière polarisée et analysée**.
Les roches sont associées par deux : une **volcanique** et son équivalent **plutonique**.

13 141 143

✪ Basaltes et gabbros

Les basaltes et les gabbros sont formés à partir de magmas **pauvres en silice** (*50 % environ*). Le **basalte** est la roche **volcanique** et le **gabbro** est la roche **plutonique**.
Ces deux roches sont formées au niveau des **dorsales** et constituent la croûte océanique. Des basaltes sont également fréquemment formés à partir d'**éruptions volcaniques** en domaine continental et au niveau des **points chauds**.

Basalte à olivines

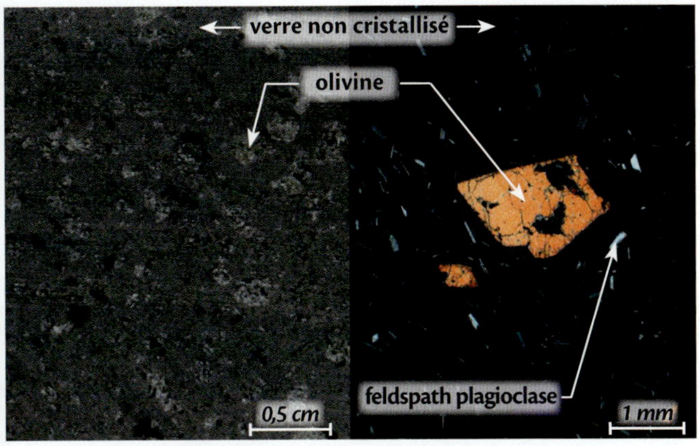

Gabbro

✪ Andésites et diorites

Les andésites et les diorites sont formées à partir de magma à **teneur en silice intermédiaire** (*vers 60 %*). L'**andésite** est la roche **volcanique** et la **diorite** est la roche **plutonique**.
Ces roches sont formées dans des contextes permettant la différenciation magmatique, par exemple en contexte de **subduction**.

Andésite

Diorite

✪ Rhyolites et granites

Les rhyolites et les granites sont des roches à **forte teneur en silice** (*> 70 %*). La **rhyolite** est la roche **volcanique** et le **granite** est la roche **plutonique**.
Ce type de magma très riche en silice peut être formé lors de la **fusion de la croûte continentale** ou dans un contexte de très **forte différenciation magmatique**.

Rhyolite

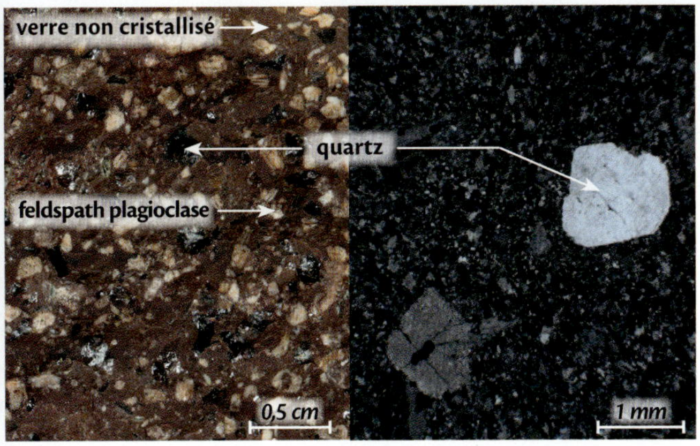

Granite

16 Pétrologie des enveloppes solides : les roches métamorphiques

ROCHE MÉTAMORPHIQUE = *roche issue de la transformation à l'état solide d'une roche préexistante (ou* ***protolithe*** *; du grec, proto - premier et lithos - pierre). Les transformations sont minéralogiques et/ou structurales.*

Comment classer les roches métamorphiques sur la base de leurs transformations minéralogiques ?

I - Les minéraux des roches métamorphiques dépendent des conditions de P et T auxquelles elles ont été soumises

Les principaux faciès métamorphiques placés dans un diagramme P, T

Une roche métamorphique contient des assemblages minéralogiques stables dans un domaine de pression et de température donné. Ces assemblages constituent des **paragenèses**. Les **faciès métamorphiques** regroupent toutes les paragenèses stables dans un même domaine de pression et de température. 54 55

La présence de différentes paragenèses dans une roche métamorphique et leur datation relative permettent de reconstituer son chemin P,T, t.

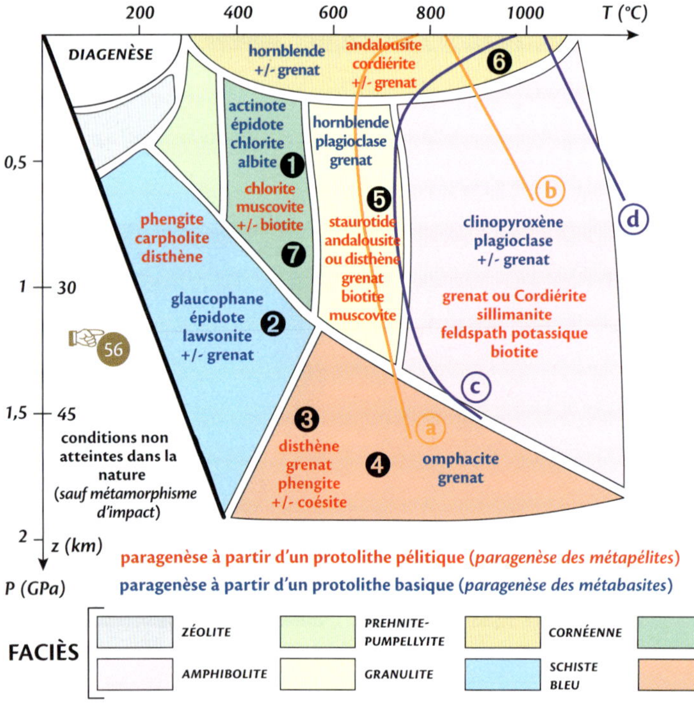

solidus :

- (a) granite saturé en eau
- (b) granite anhydre
- (c) basalte saturé en eau
- (d) basalte anhydre

Schiste bleu (*Vallon saint Marcel - vallée d'Aoste, Italie*)

Glaucophane, grenat et chloritoïdes caractérisent un faciès **schiste bleu**. Le talc est stable en faciès schistes bleus dans le cas d'une zone du protolithe pauvre en fer et riche en magnésium. La teinte verdâtre indiquerait la présence de chlorite due à la déstabilisation des minéraux de haute pression au cours de la remontée des unités profondes lors de la collision. On a donc une roche **SCHISTE BLEU** avec un début de rétromorphose dans le faciès **SCHISTE VERT**.

Éclogite à grenats automorphes (*Vallée d'Aoste, Italie*)

Cette roche métamorphique de la zone Sésia dans les Alpes est une **ÉCLOGITE** (*roche à « grenat + omphacite »*) continentale (*c'est-à-dire provenant de la subduction de la marge continentale africaine amincie, marge contenant des intrusions basiques*). C'est une éclogite de basse température (*avec encore du glaucophane*).

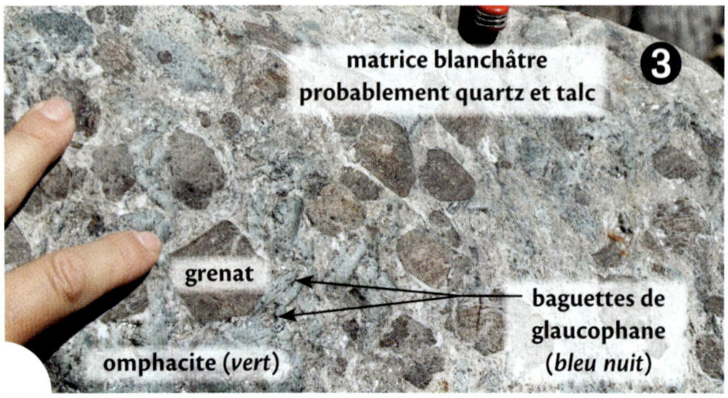

Éclogite de Saint-Philbert-de-Grand-Lieu (*Loire-Atlantique*)

Cette **ÉCLOGITE** présente un peu de disthène (*minéraux bleutés*) mais surtout beaucoup d'omphacites (*minéraux verts*) et de grenats (*minéraux rouges*). Ces derniers sont entourés d'une couronne sombre d'hornblende apparue lors de la rétromorphose de l'éclogite (*témoin de son exhumation*).

Zoom sur la surface d'un micaschiste (*Massif des Maures, Var*)

.a présence de staurotide et de disthène montre que cette roche fait partie du faciès **AMPHIBOLITE**. 17

Affleurement de micaschistes (*Massif des Maures, Var*)

II - Les minéraux des roches métamorphiques dépendent de la nature du protolithe

Métamorphisme de contact d'une alternance pélites-calcaires du Cap Norsi (*Île d'Elbe, Italie*)

Ces terrains se trouvent dans l'auréole de métamorphisme d'un pluton granitique. Dans les niveaux carbonatés impurs (*légèrement silicatés*), la hausse de température conduit à la mise en place de wollastonite (*silicate de de calcium $CaSiO_3$*). Ces méta-calcaires sont des **MARBRES**. Dans les strates argileuses, on peut observer des minéraux tels que l'andalousite et la cordiérite (*minéraux riches en aluminium*). 49

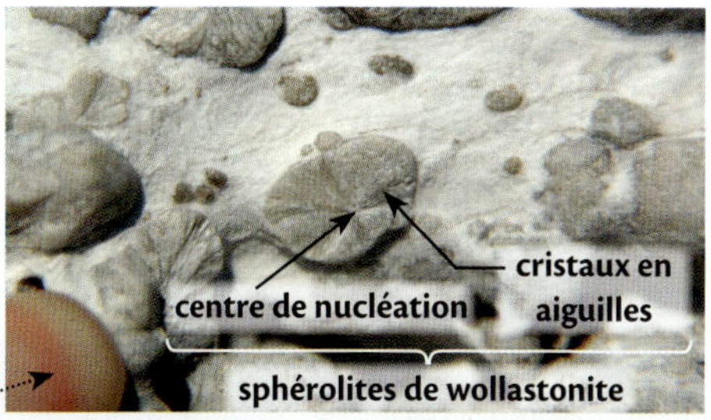

Aspect typique de l'andalousite (*Île Milliau, côtes d'Armor*)

L'andalousite type chiastolite présente des sections losangiques ou carrées avec parfois un cœur sombre.

Marbre formé de calcaires métamorphisés dans le faciès schiste vert (*Région de Carrare – Toscane, Italie*)

Dans les niveaux de carbonates purs (*constitués uniquement de calcite et éventuellement de dolomite*), il n'y a pas apparition de nouveaux minéraux car la calcite et la dolomite sont stables à de nombreuses conditions de P et T. Dans les niveaux légèrement silicatés, on observe la présence de chlorite, lawsonite, chloritoïdes et disthène qui marque un faciès schiste vert de haute pression. Cette roche carbonatée métamorphisée dans le faciès schiste vert est un **MARBRE**.

Les principales séquences métamorphiques

Pour les mêmes conditions de P et T, plusieurs types de roches métamorphiques peuvent se former en fonction des protolithes considérés. De plus, à partir d'un même protolithe, plusieurs roches métamorphiques peuvent se former en fonction des conditions de P et T : elles définissent une **séquence métamorphique**.

Type de protolithe	Séquence	Noms des roches métamorphiques	Quelques minéraux représentatifs
Basique (Basalte, gabbro, dolérite)	*basique*	*Les roches portent le nom des faciès métamorphiques*	*amphiboles (hornblende, glaucophane), grenat, jadéite, omphacite*
Grès, granite	*granitique*	*gneiss, quartzite*	*quartz, micas, grenat, amphiboles*
Calcaire, dolomie	*carbonatée*	*marbre, skarns (métamorphisme de contact)*	*calcite, grenats calciques*
Argilite	*pélitique et gréso-pélitique*	*schiste, micaschiste, gneiss*	*micas (dont phengite), andalousite, sillimanite, disthène, staurotide*
Péridotite	*ultrabasique*	*serpentinite (si OH abondant)*	*olivine, pyroxène, grenat, spinelle, +/- serpentine*

Lorsqu'on connait la nature du protolithe, on peut ajouter le préfixe « méta » au nom du protolithe pour nommer la roche métamorphique (métapélite, métabasalte...)

17

Pétrologie des enveloppes solides : les roches métamorphiques

ROCHE MÉTAMORPHIQUE = *roche ayant subi des transformations minéralogiques et/ou structurales (déformations pénétratives) à l'état solide.*

DÉFORMATION PÉNÉTRATIVE = *déformation qui affecte tout le volume de la roche (schistosité, foliation, linéation).*

Quelles sont les roches métamorphiques caractérisées par d'importantes transformations structurales ?

I - Des roches métamorphiques à schistosité-foliation

✪ Les schistes ☞ 41

Les **schistes** sont des roches qui se débitent en feuillets suite au développement de plans de schistosité. Elles sont constituées de minéraux de petite taille, difficilement identifiables à l'œil nu.

Anciennes carrières d'ardoise des Pans de Travassac (*Donzenac, Corrèze*)

Ici, les schistes sont issus de la transformation métamorphique d'une série sédimentaire verticalisée. Elle est principalement pélitique, avec des niveaux de cendres volcaniques acides. Les niveaux pélitiques sont devenus des **schistes ardoisiers** à schistosité fine et régulière, et les niveaux riches en cendres volcaniques acides sont devenus des **quartzites** à schistosité plus grossière.

Détail d'un bloc de schiste ardoisier (*Donzenac, Corrèze*)

Les schistes ardoisiers ont un aspect terne au contraire des **séricito-schistes** d'aspect brillant en raison de recristallisations métamorphiques sous forme de séricite (*mica blanc*).

Séricito-schiste

La présence de séricite donne un aspect soyeux à la roche (*le nom séricite vient du latin sericum : soie*).

⚠ *Les schistes sont formés dans des conditions de P et T correspondant au faciès schistes verts ou de plus bas grade.*

✪ Les micaschistes

Les **micaschistes** ont généralement un aspect brillant en raison de leur richesse en micas. Ils présentent une **foliation** : ils possèdent des lits de micas et des lits de quartz et de quelques feldspaths (*très petits et quasiment invisibles à l'œil nu*). Ils contiennent souvent des minéraux du métamorphisme qui permettent de préciser les conditions de pression et de température. Les protolithes des micaschistes sont de nature pélitique.

Discordance entre socle de micaschistes et sédiments quaternaires (*Pénestin, Morbihan*)

Ici, les micaschistes correspondent à d'anciens sédiments paléozoïques métamorphisés durant l'orogenèse hercynienne.

Micaschiste à grenat et disthène (*Servant, Puy-de-Dôme*)

La présence de grenat, disthène et staurotide, permet de placer cette roche dans le **faciès amphibolite**.

☞ 16

⚠ *Les micaschistes se forment dans les conditions PT des faciès amphibolite et granulite*

✪ Les gneiss

Les **gneiss** sont des roches qui présentent une texture foliée. Ils se distinguent des micaschistes par leur forte teneur en feldspaths (*en particulier, en feldspaths potassiques bien visibles à l'œil nu*) et par leur plus faible teneur en micas.

Paragneiss sur le bord d'un torrent (*St Barthélémy-le-Plain, Ardèche*)

Ce **gneiss** est issu du métamorphisme de roches sédimentaires argilo-gréseuses présentant quelques intercalations de rhyolites.

Échantillon macroscopique d'un orthogneiss (*gneiss oeillé*)

La présence de gros feldspaths potassiques montre qu'ils ne proviennent pas d'une recristallisation métamorphique mais qu'ils sont d'origine magmatique : ils sont hérités d'un protolithe granitique. Il s'agit d'un **orthogneiss**.

⚠ *Dans le cas des paragneiss, les feldspaths potassiques sont formés par recristallisation métamorphique suivant la réaction qui s'effectue à une température supérieure à 600 °C :*
Muscovite (Ms) + Quartz (Qtz) -> orthose (Fk)+ Sillimanite (SA) + eau
Un paragneiss représente donc un degré de métamorphisme plus élevé qu'un micaschiste. Par contre dans le cas d'un orthogneiss, les feldspaths potassiques sont déjà présents dans le prototolithe. Il peut donc se former dans les mêmes conditions PT qu'un micaschiste.

II - Des roches métamorphiques à linéation

Une **linéation** est une structure linéaire apparaissant au sein d'une roche suite à une déformation.

Schiste « zébré » du dévonien sup/carbonifère inf (*région de Morlaix, Finistère*)

41

Les **linéations d'intersection** s'établissent entre deux plans de schistosité ou entre un plan de schistosité et un plan de stratification

Méta-conglomérat - vallée du Torrente Germanasca (*Piémont, Italie*)

Les **linéations d'allongement** affectent les galets de la roche.

III - Des roches métamorphiques ayant subi une déformation intense : les mylonites

Une **mylonite** est une roche métamorphique dérivant d'un protolithe déformé au point que la majorité des cristaux originels ne soit plus identifiable à l'œil nu. Elle se forme sous l'effet d'une intense déformation principalement ductile (*dans des zones de cisaillement par exemple*). Au sein de la roche, la cinétique des réactions métamorphiques est plus importante dans les zones les plus déformées.

Méta-gabbro de l'ophiolite hercynienne de Chamrousse (Isère)

La zone foliée du métagabbro est l'équivalent de l'orthogneiss.

Bloc de granite du massif de l'Agly (Pyrénées-Orientales)

18 Pétrologie des enveloppes solides : les roches sédimentaires

ROCHE SÉDIMENTAIRE = *roche issue de la consolidation d'un* ***sédiment*** *par diagenèse. Un* ***sédiment*** *est un ensemble de particules déposées suite à un transport et une sédimentation. Les particules sédimentaires ont des origines variées : altération des surfaces continentales, précipitation chimique par évaporation, squelettes minéraux d'organismes vivants, débris organiques…*

Quelles sont les caractéristiques des roches sédimentaires détritiques terrigènes et des roches évaporitiques ?

I - Les roches sédimentaires détritiques terrigènes

✪ Classification des roches détritiques terrigènes

Les particules sédimentaires des roches détritiques terrigènes sont issues de l'altération des continents (*galets, grains de sable, argiles…*). Il s'agit en grande partie de particules silicatées puisque les silicates sont les minéraux les plus abondants sur Terre. La nomenclature des roches détritiques terrigènes est basée sur la taille des particules sédimentaires constitutives. 64 65

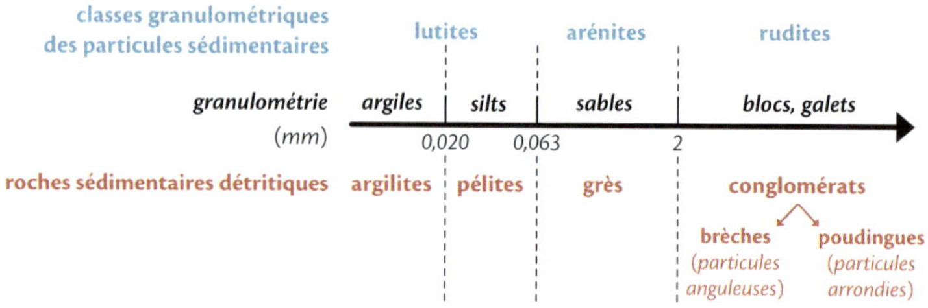

✪ Grès et pélites

Superposition grès-marne au sein d'une turbidite (*Sopelana, Pays basque Espagnol*)

Les **marnes**, correspondant à la couche supérieure sont des **pélites** constituées d'argile et de carbonate de calcium. On ne distingue pas de grains à l'œil nu.
Au contraire, le grès présente un aspect granuleux, visible ici surtout en bas de l'affleurement : un **grès** est une roche détritique terrigène contenant majoritairement des particules de type **arénite**, liées entre elles par une matrice.
Le banc de grès correspond ici au dépôt d'une avalanche sous-marine, dépôt s'étant effectué en bas d'une pente sous-marine. Il s'agit d'un dépôt de type **turbidite**. Les marnes se sont déposées quand le milieu était plus calme, sous une très faible vitesse de courant.

Stratifications obliques dans des grès fluviatiles (*La Caunette, Hérault*)

Les stratifications obliques peuvent s'expliquer par les conditions de dépôts des arénites. Elles sont ici transportées par un fort courant et se déposent de manière oblique le long d'une pente lorsque la vitesse de courant diminue du fait de l'augmentation de l'épaisseur de la colonne d'eau.

Sens du courant transportant les arénites à l'origine des stratifications obliques

Lame mince de grès à matrice calcaire (*observation au microscope polarisant en lumière polarisée analysée*).

Les particules qui constituent la roche sont essentiellement des grains de quartz. Elles ont la taille d'arénites. Les grains sont plus ou moins émoussés, ce qui traduit un transport par un agent d'érosion. On observe qu'une matrice de nature calcaire relie les particules les unes aux autres.

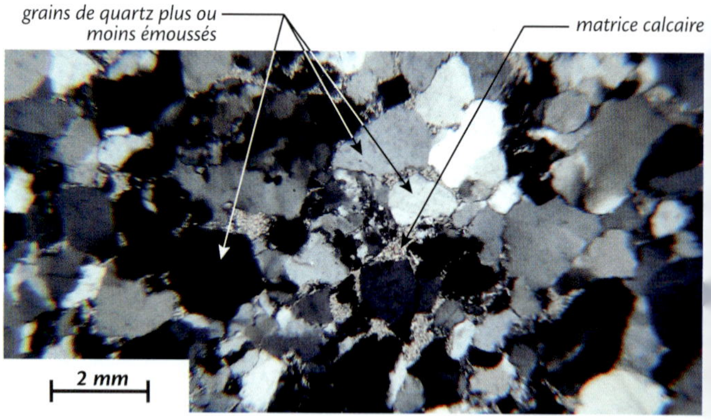

✪ Conglomérats

Les conglomérats sont constitués de particules de type **rudites**, reliées par une matrice. Suivant la forme arrondie ou anguleuse des particules, on distingue les **poudingues** et les **brèches**. La matrice entre les particules est facilement accessible. Sa nature peut être précisée par un test à HCl dilué et un test de dureté.

Brèche au sein d'une turbidite *(baie de Loya, Pyrénées Atlantiques)*

Le dépôt des particules détritiques s'est effectué dans un courant de turbidité avec une baisse de la vitesse de courant au cours du temps. Lorsque le courant est encore fort, ce sont les plus grosses particules qui se déposent : elles ont une forme anguleuse, ce qui montre un transport limité, et sont de nature variée : il s'agit d'un conglomérat **polygénique**. Lorsque la vitesse de courant diminue, les particules qui se déposent sont de plus petite taille et on passe progressivement à un grès.

Poudingue de Nemours *(Seine-et-Marne)*

Les particules, qui font une taille de plusieurs cm, sont des galets de silex. Leur forme arrondie traduit une érosion importante due à un transport long en domaine fluviatile ou un déplacement régulier en domaine marin littoral. Les particules étant ici toutes de même nature, il s'agit d'un conglomérat **monogénique**.

Il existe des brèches autres que sédimentaires : les brèches tectoniques (fragmentation de roches dans un contexte tectonique), les brèches volcaniques (fragmentation de produits volcaniques), les brèches d'impact (fragmentation de roches due à l'impact d'une météorite).

II - Les roches évaporitiques

Les roches évaporitiques sont formées par **précipitation chimique de minéraux** suite à la concentration d'ions en solution, le plus souvent par évaporation de l'eau. Il s'agit de roches constituées d'une seule espèce minéralogique.

68

Certains carbonates de calcium sont des roches évaporitiques.

Précipitation de halite (NaCl) dans la lagune de Mikri Vigla (*Grèce*) – images Google Earth

Évaporation de l'eau de mer de la lagune

Évaporation de la nappe phréatique d'eau de mer à travers les sédiments

CONDITIONS POSSIBLES DE CONCENTRATION EN SELS

Gypse fer de lance ($CaSO_4$, $2H_2O$)

Le **gypse** est une roche **rayable à l'ongle** qui peut présenter différents aspects en fonction de ses conditions de mise en place.

Le gypse peut cristalliser sous d'autres formes : (gypse saccharoïde, gypse fibreux...).

Halite (NaCl) et sylvite (KCl)

La **halite** est une roche grisâtre qui peut s'identifier par sa faible densité et son goût salé. Elle peut être en association avec la **sylvite** qui forme des lits colorés en rouge par des oxydes de Fer.

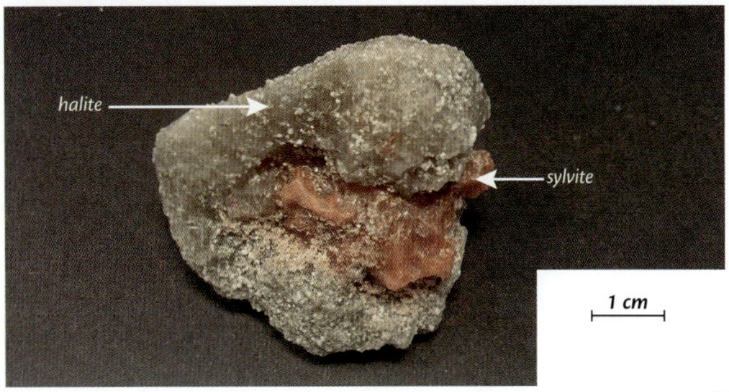

19 Pétrologie des enveloppes solides : les roches sédimentaires

Roche sédimentaire biogène = *roche dont la formation fait intervenir l'action des êtres vivants, de manière directe lorsqu'elle est issue de l'accumulation de squelettes minéraux d'êtres vivants, ou de manière indirecte lorsque l'activité métabolique des êtres vivants favorise la précipitation de composés minéraux.*

Roche sédimentaire carbonée = *roche issue de l'accumulation de matière organique et contenant une forte teneur en carbone*

Quelles sont les caractéristiques des roches calcaires biogènes et des roches carbonées ?

I - Les calcaires biogènes : témoins de différents contextes de sédimentation

✪ Une classification des roches calcaires : la classification de Dunham

☞ 66

Les calcaires biogènes sont composés d'au moins 50 % de calcite ou d'aragonite (*$CaCO_3$*). Ils sont reconnaissables sur le terrain par une effervescence à l'acide chlorhydrique (*HCl*). La classification de Dunham est basée sur la nature de la phase de liaison (*matrice ou ciment*) et sur la proportion d'éléments figurés.

⚠ *Il existe aussi des roches biogènes de nature siliceuse comme les radiolarites ou les diatomites formées de l'accumulation de tests siliceux de radiolaires ou de diatomées.*

☞ 67

<table>
<tr><th colspan="4">Éléments figurés ou grains non liés entre eux au moment du dépôt</th><th rowspan="2">composants initiaux soudés entre eux dès leur formation (calcaires construits)</th></tr>
<tr><td colspan="3">Présence de boue carbonatée synsédimentaire (phase de liaison : matrice ou micrite)</td><td>absence de boue carbonatée (phase de liaison postsédimentaire : ciment ou sparite)</td></tr>
<tr><td colspan="2">Éléments figurés non jointifs</td><td colspan="2">Éléments figurés jointifs</td><td></td></tr>
<tr><td>Moins de 10 % d'éléments figurés MUDSTONE</td><td>Plus de 10 % d'éléments figurés WACKESTONE</td><td>PACKSTONE</td><td>GRAINSTONE</td><td>BOUNDSTONE</td></tr>
</table>

dynamisme du milieu croissant
(proportion de boue synsédimentaire décroissante)

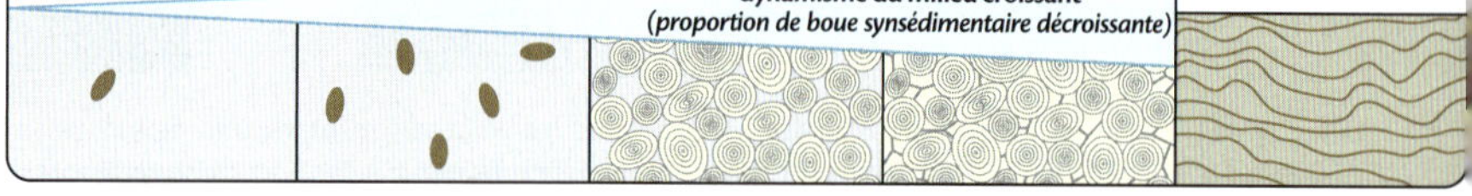

✪ Dépôts continentaux

Dépôts carbonatés le long de la Cuisance (*Jura*)

La Cuisance est une rivière issue de sources souterraines karstiques (*circulant dans des terrains calcaires*) qui ont des eaux très riches en Ca^{2+} et HCO_3^- . Là où l'eau est moins profonde, la baisse de concentration en CO_2 favorise la précipitation du carbonate de calcium en déplaçant l'équilibre suivant vers la droite :

$$2\ HCO_3^- + Ca^{2+} \leftrightharpoons CaCO_3 + CO_2 + H_2O$$

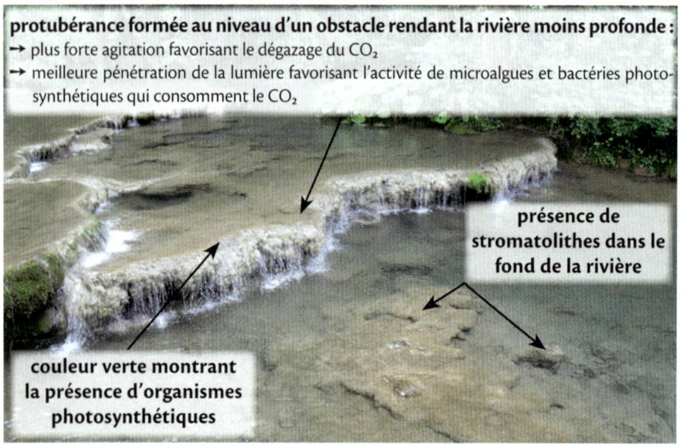

Dépôts stromatolithiques, Falaise de Chadrat (*Puy de Dôme*)

Les stromatolithes sont des constructions sédimentaires carbonatées (**BOUNDSTONE**) formées d'une superposition de lamines millimétriques. Ces lamines sont dues au développement successif de biofilms constitués de micro-organismes photosynthétiques qui facilitent la précipitation du carbonate de calcium. Il s'agit ici de stromatolithes formés en domaine lacustre.

⚠ *Les stromatolithes ne sont pas exclusivement marins et liés aux climats chauds.*

✪ Dépôts de plateforme carbonatée et de bassin océanique

Lame mince de calcaire oolithique observée au microscope polarisant en LPNA

Les calcaires oolithiques résultent de phénomènes de précipitations de lamines concentriques de carbonate de calcium autour d'un nucléus. Cette précipitation serait favorisée par des biofilms bactériens.

La formation des calcaires oolithiques se fait en milieu agité comme le montre la phase de liaison de type sparite. On a ici un **GRAINSTONE**.

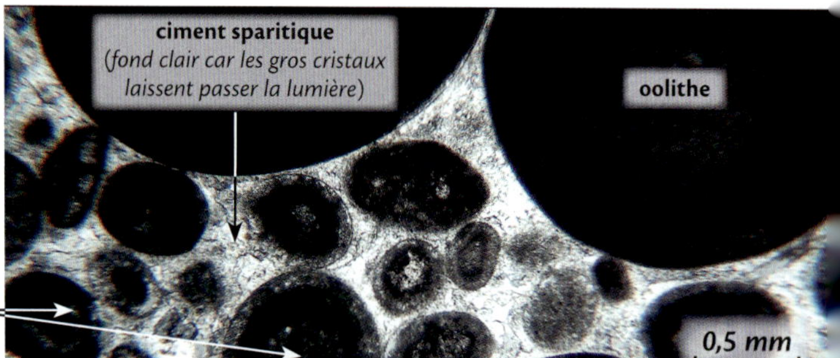

Calcaires récifaux des falaises de la pointe du Chay (*près de la Rochelle*)

Ces falaises sont les témoins d'un ancien milieu récifal développé sur un fond de vases calcaires. Les **CALCAIRES BIOCLASTIQUES** sont formés de fragments de squelettes calcaires (*ici, squelettes d'oursins*).

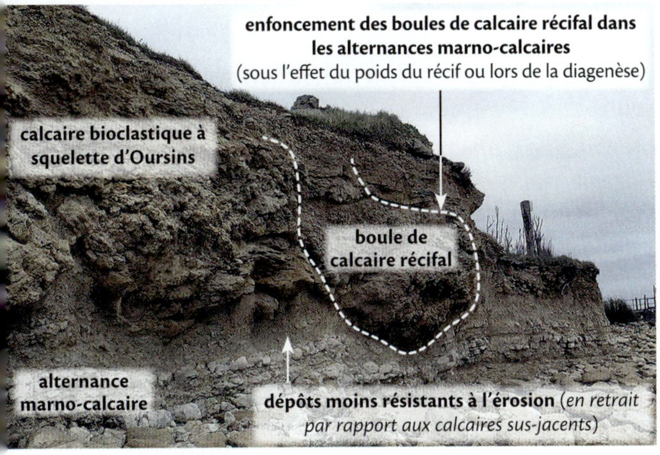

Calcaire à polypiers des falaises de la pointe du Chay (*près de la Rochelle*) et coraux branchus actuels de la Grande barrière de Corail (*Australie*)

Les polypiers sont les squelettes calcaires formés par des coraux branchus. Le calcaire récifal est un **BOUNDSTONE**.

Calcaires bioclastiques : Lumachelles à bivalves et balanes

Un calcaire bioclastique contenant essentiellement des coquilles calcaires est un **CALCAIRE COQUILLIER**.

Les lumachelles sont constituées de coquilles peu ou pas fragmentées, avec une cimentation très faible des coquilles.

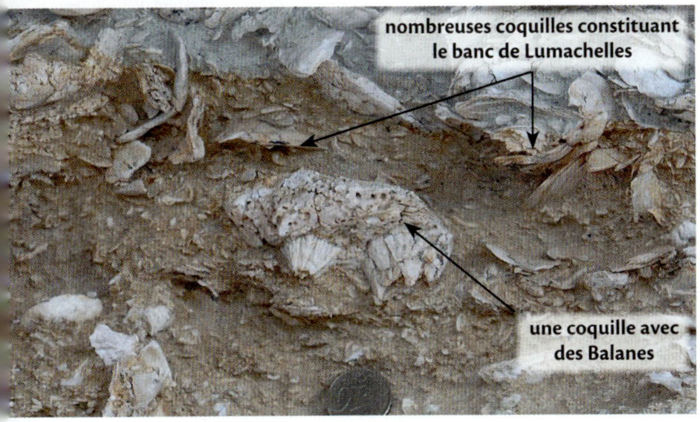

Calcaire planctonique : lame mince de calcaire à Calpionelles observée au microscope polarisant en LPNA

Les Calpionelles sont des protozoaires planctoniques à test calcaire en forme d'amphore, ayant vécu à la limite Jurassique-Crétacé. La matrice micritique du calcaire témoigne d'un milieu de dépôt de faible énergie : c'est un calcaire pélagique déposé dans un milieu assez calme. Il s'agit ici d'un **WACKSTONE**.

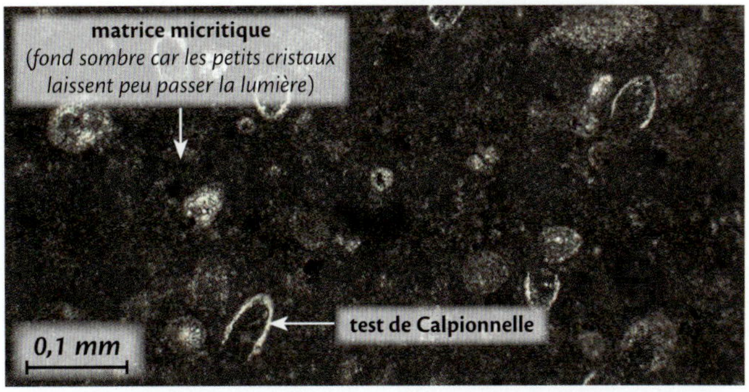

Il existe d'autres roches carbonatées que les calcaires : les dolomies sont des roches carbonatées formées de dolomite, un carbonate de calcium et de magnésium. Elles font effervescence à HCl uniquement à chaud.

II - Les roches carbonées : témoins de conditions de fossilisation de la matière organique

Les charbons au sens large regroupent toutes les roches solides dont la teneur en carbone est supérieure à 50% du poids sec. On distingue 3 grands types de charbons suivant l'intensité de la diagenèse : les **tourbes** (*55 à 65 % de C*), les **lignites** (*65 à 75 %*), les **charbons** au sens strict ou houilles (*75 à 95 % de C*). 70

Affleurement de charbon dans le Massif Central

Le milieu de sédimentation uniquement organique a reçu progressivement des sédiments détritiques d'abord fins (*argiles*) puis plus épais qui ont protégé la matière organique de l'oxydation.

Troncs de Calamites dans une couche de charbon (*Graissessac, Hérault*)

Les troncs de Calamites (*fougères arborescentes*) ne sont pas en position de vie : il y a eu accumulation dans un milieu lacustre de bois et de troncs flottés qui ont été transportés loin de leur milieu d'origine.

Échantillon de tourbe (*presqu'île de Crozon, Finistère*)

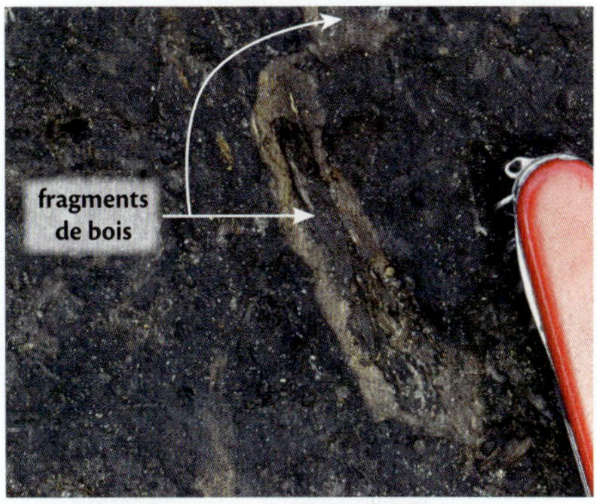

La tourbe est une roche carbonée, brunâtre, légère, formée en grande partie de débris de mousses et de divers végétaux.

Le pétrole est un fluide diagénétique provenant de la maturation thermique de la matière organique lors de son enfouissement.

20 Pétrologie des enveloppes solides : les altérites et les roches « hydrothermales »

ALTÉRITE = *formation géologique superficielle, généralement meuble, formée in situ par altération physico-chimique de roches antérieures sans transformation pédologique majeure.*

ROCHE « HYDROTHERMALE » = *roche résultant du métamorphisme d'une roche préexistante par circulation de fluides, souvent dans un contexte magmatique (axe d'une dorsale, point chaud, périphérie d'une intrusion…). Les fluides ayant circulé dans les roches préexistantes se sont chargés en substances dissoutes (silice, sulfures…) qu'ils peuvent redéposer ailleurs, par exemple dans des fractures qui deviennent alors des filons.*

Quelles sont les caractéristiques des altérites et des roches hydrothermales ?

I - Les altérites, des roches altérées à l'air libre

✪ Les deux types d'altérites 59 60

Les altérites conditionnent la nature et les propriétés du sol, la circulation de la plupart des aquifères, le ruissellement…

On distingue **deux grands types d'altérites** en fonction du degré de conservation de la texture de la roche de départ.

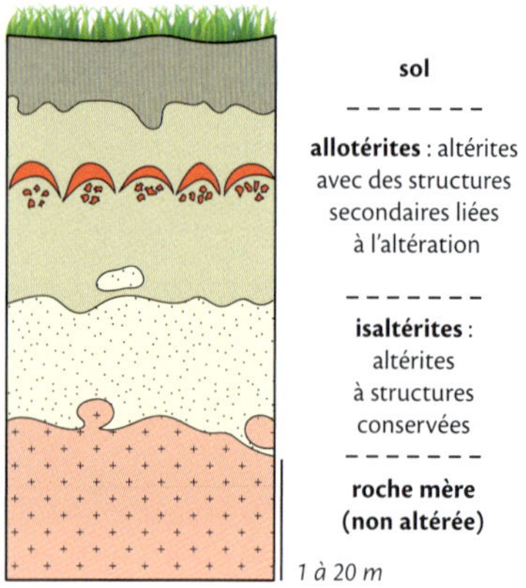

✪ Les facteurs déterminant la formation des altérites

Les facteurs clés sont : la **nature de la roche-mère**, le **climat**, la **composition de l'atmosphère**, la **topographie** du terrain, la **tectonique**, la **présence** et **nature du couvert végétal** et parfois les **activités humaines**. On observe ici l'importance du climat (***température** et **pluviométrie***) sur le type d'altérite produite.

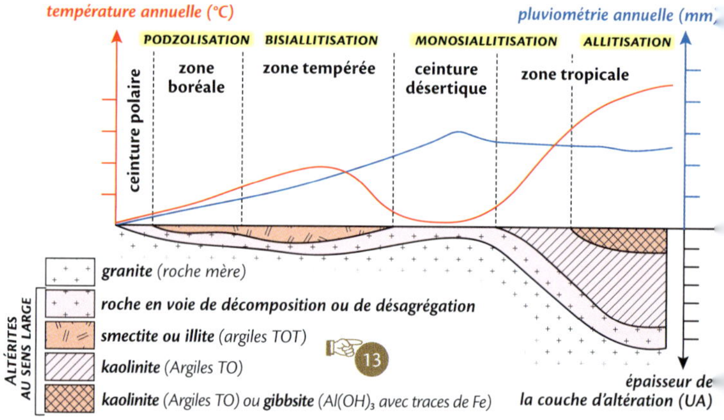

✪ Influence du climat dans l'altération de surface : exemple de l'altération du granite

En climat tempéré : l'arène granitique 61

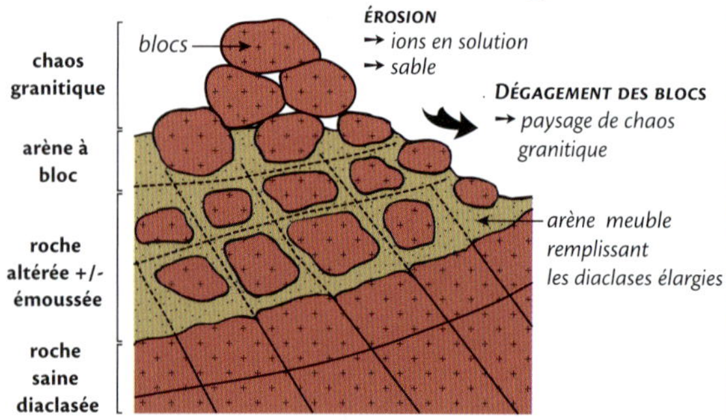

Processus d'altération du granite

Leucogranite en voie d'arénisation (Monts d'Ambazac)

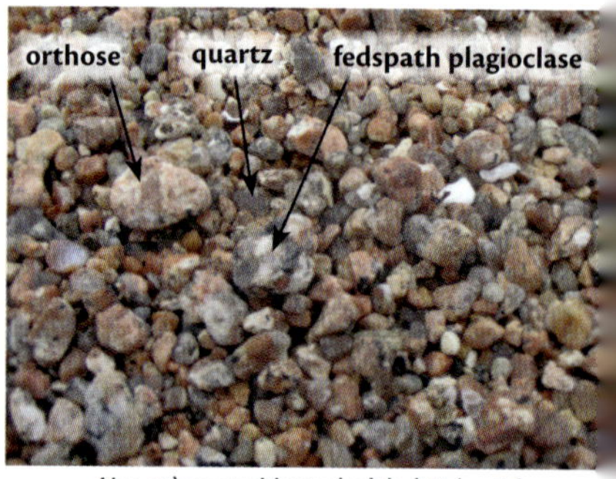

Une arène granitique récoltée à Trégastel (Bretagne)

Chaos granitique de la côte de granite rose (Perros-Guirec, Bretagne)

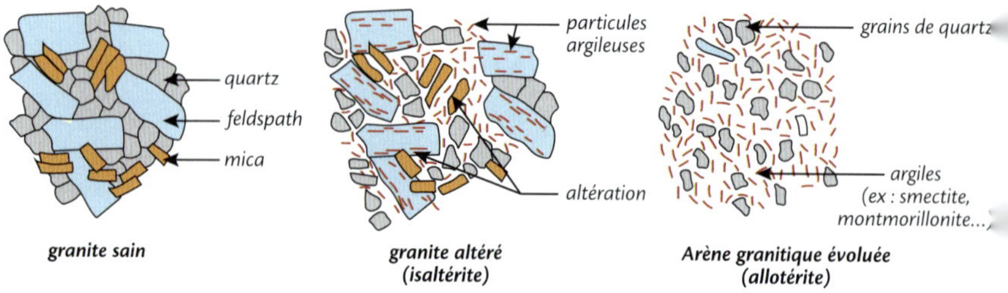

Transformation minéralogique au cours de l'arénisation

En climat chaud et humide : les latérites

62

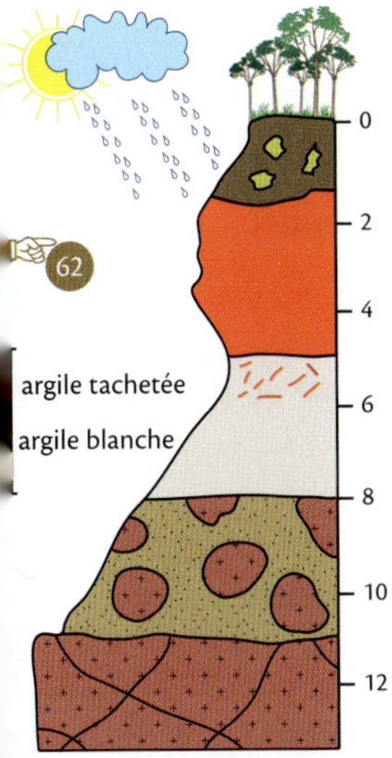

Sous climat tropical humide ou **équatorial**, lorsque les roches cristallines du socle sont lessivées durant des millions d'années, il se forme une « **cuirasse latéritique** », un mélange argile-gibbsite riche en oxydes et hydroxydes de fer et d'aluminium. Les éléments solubles sont lessivés ; ne restent que les éléments précipitants (*Fe, Al…*).

Cuirasse latéritique à Ankarokaroka canyon (Madagascar)

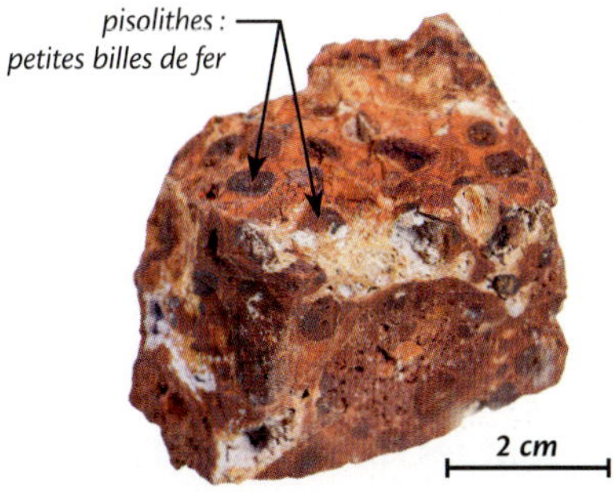

Bauxite : minerai d'aluminium, très riche en gibbsite et pauvre en kaolinite. La couleur rouge est due au fer oxydé (*la roche est « rouillée » !*).

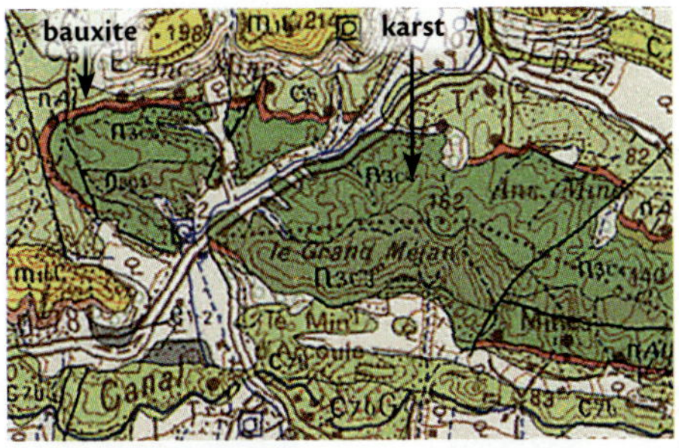

Extrait de carte géologique au 50000ème de la région des Alpilles (Bouches du Rhône).

La bauxite de Provence a rempli des **karsts** créés au Crétacé sup. sur des calcaires du Crétacé inf. En effet, au Crétacé sup., la région a émergé à la suite d'un bombement (*l'isthme durancien*).

Ceci a engendré des karsts sur les terrains calcaires et des cuirasses latéritiques sur les terrains non calcaires. Cette cuirasse a été érodée et les produits d'érosion se sont déposés dans les points bas puis ont été altérés, donnant des bauxites (*l'ensemble forme ici un anticlinal*).

II - Les roches associées au contexte hydrothermal 30

✪ La péridotite serpentinisée

Les **SERPENTINITES** sont des roches constituées majoritairement de minéraux de la famille des serpentines, des phyllosilicates hydratés dont la formule globale est $(Mg,Fe)_3Si_2O_5(OH)_4$. Elles proviennent du **métamorphisme hydrothermal** de péridotites, qui peut se produire :

- À l'axe des dorsales ; 21
- En contexte de collision continentale.

Réaction de serpentinisation :
Olivine + eau → serpentine + brucite + magnétite + H_2

Un échantillon de péridotite serpentinisée

La serpentinisation à l'axe d'une dorsale lente

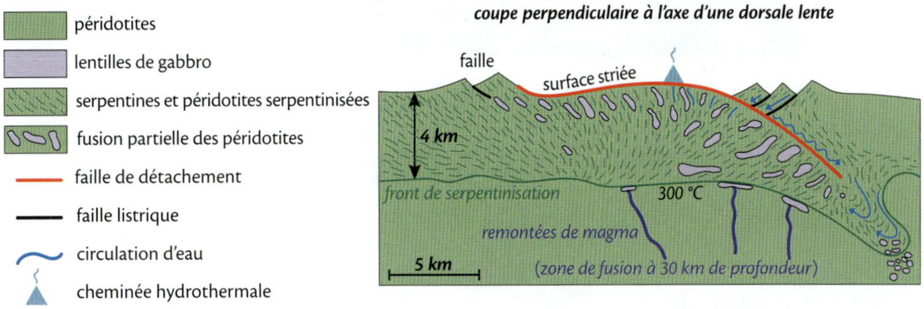

✪ Quelques exemples de roches associées à une circulation de fluides en contexte continental

Brèche de faille constituée de roches granitiques (Puy de Dôme)

La circulation de fluides hydrothermaux entre les éléments de cette brèche tectonique conduit à la formation d'améthystes (*variété violette de quartz*). Les fluides hydrothermaux proviennent du granite en cours de refroidissement et/ou de l'encaissant réchauffé par le granite.

Les skarns dans le métamorphisme de contact

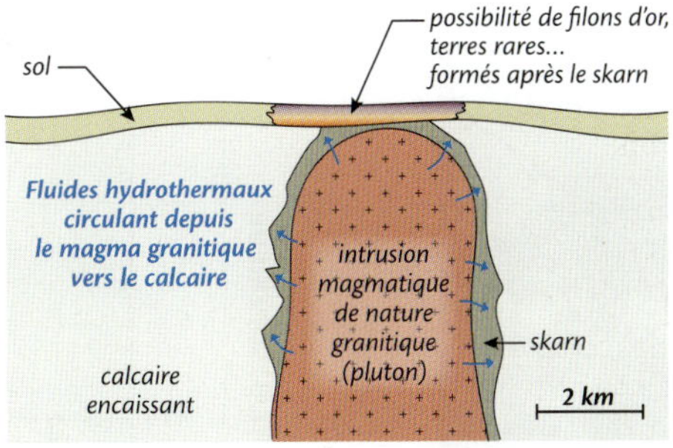

Les **SKARNS** sont des roches formées suite à l'apport d'éléments par les fluides hydrothermaux issus du magma qui circulent dans le calcaire encaissant. En fonction des compositions chimiques du fluide hydrothermal et de l'encaissant, les skarns peuvent être des **zones d'accumulation de métaux** tels que l'étain, le tungstène, le manganèse, le cuivre, l'or, le zinc, le plomb, le nickel, le molybdène et le fer.

La cargneule, issue d'une dédolomitisation

Fréquente dans les zones de décollement du Trias alpin, la **CARGNEULE** est une roche d'aspect bréchique. C'est une ancienne dolomie attaquée par des eaux sulfatées, au contact de poches de gypse.

21 Pétrologie des enveloppes solides : le manteau supérieur

MANTEAU SUPÉRIEUR = *partie du manteau qui s'étend du Moho jusqu'à 670 km de profondeur. Il comprend le manteau lithosphérique et le manteau asthénosphérique.*

Quelles sont les roches constitutives du manteau supérieur ? Quelles informations apportent-elles sur sa dynamique ?

I - La péridotite de type lherzolite : constituant principal du manteau supérieur

Enclaves de péridotites de type lherzolite dans du basalte de la coulée du Ray-Pic (*Burzet, Ardèche*)

On peut avoir un accès direct aux roches du manteau supérieur de différentes manières :
- → en enclaves (*xénolites*) dans des basaltes ;
- → à la base des nappes ophiolitiques ;
- → dans des écailles tectoniques ;
- → au niveau des rifts des dorsales lentes pauvres en magmatisme et de certaines failles transformantes comme la faille Véma dans l'Océan Atlantique.

Détail d'une enclave de péridotite de type lherzolite

Une péridotite présente une structure grenue.
Ici, la coexistence des deux types de pyroxènes montre qu'il s'agit d'une lherzolite.

⚠ *On observe des péridotites dans des écailles tectoniques associées à la faille Nord-Pyrénéenne : le fameux gisement de Lherz a donné son nom à la lherzolite.*

Lame mince de lherzolite à spinelle observée au microscope polarisant (*Velay, Massif Central*)

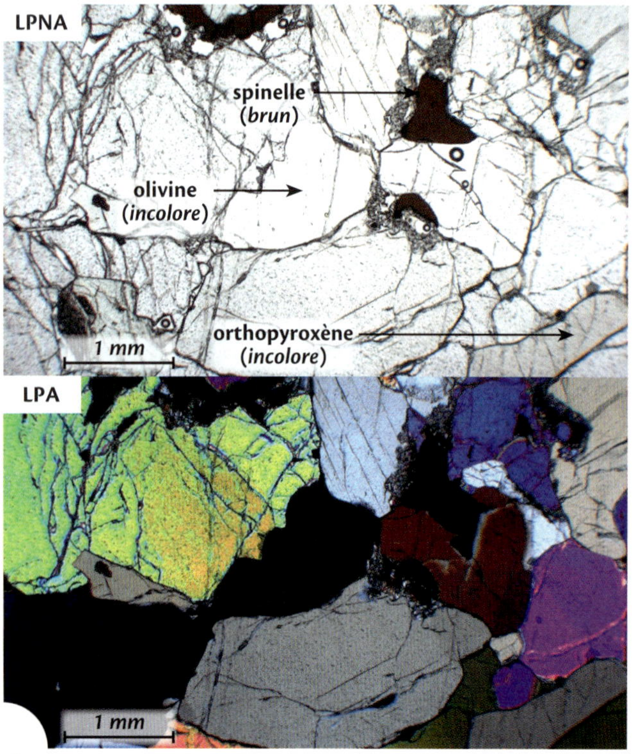

Modèle de changements minéralogiques de la péridotite avec la profondeur

Ce modèle est issu de l'échantillonnage et de données de laboratoire. Les minéraux de la péridotite sont soumis à différentes conditions de P et de T à l'aide de la technique de la **cellule à enclumes de diamant**.

En fonction de la profondeur où les péridotites se trouvent, le minéral dans lequel leur aluminium entre le plus facilement varie.

Ainsi, la présence du spinelle dans l'enclave de péridotite du Ray Pic montre qu'elle provient d'une profondeur de 40 à 70 km.

À partir de 410 km, le pyroxène forme avec le grenat une solution solide appelée **majorite**. On observe aussi un changement de structure minéralogique de l'olivine avec la profondeur.

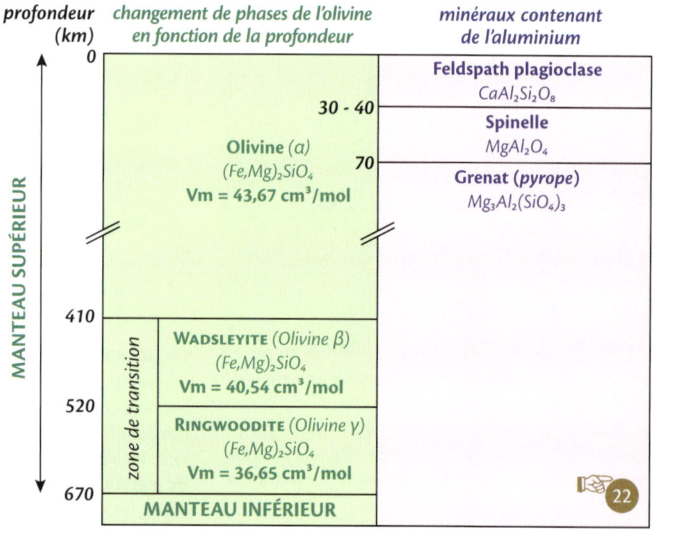

☞ 22

II - Les autres types de roches du manteau supérieur, formées lors de processus de fusion partielle

Différents types de péridotites

Dans le manteau supérieur des lithosphères océaniques, on peut observer différents types de péridotites liés aux processus de fusion partielle.

La fusion partielle de la **lherzolite** conduit à la formation de **harzburgite** et d'un liquide basaltique à l'origine de basalte et de gabbro :

lherzolite (*Ol + OPx + CPx + minéral alumineux*) ⟶ *magma basique* + *résidu harzburgitique* (*Ol + Opx*)

Dans les zones où la fusion est plus importante, on peut observer la formation de dunite.

harzburgite (*Ol + OPx*) ⟶ *magma basique* + *résidu dunitique* (*Ol*)

Type de péridotite	LHERZOLITE	HARZBURGITE	DUNITE
Minéralogie	*Olivine (60-70%)* *Clinopyroxène (20%)* *Orthopyroxène (5-10%)* *Minéral alumineux (5-10%)*	*Olivine (70-80%)* *Orthopyroxène (20%)* *Minéral alumineux (≤5%)*	*Olivine (>95%)* *Orthopyroxène résiduel*

Diversité pétrographique dans le manteau de l'ophiolite de Chypre (*Troodos, Chypre*)

30

Sous une dorsale, la fusion partielle de la péridotite débute vers 50 km de profondeur, ce qui conduit à la formation d'un magma basique qui remonte au sein du manteau. On peut ainsi observer des filons ou des poches de gabbros dans le manteau. **Gabbro, harzburgite, dunite peuvent ainsi coexister dans le manteau supérieur.**

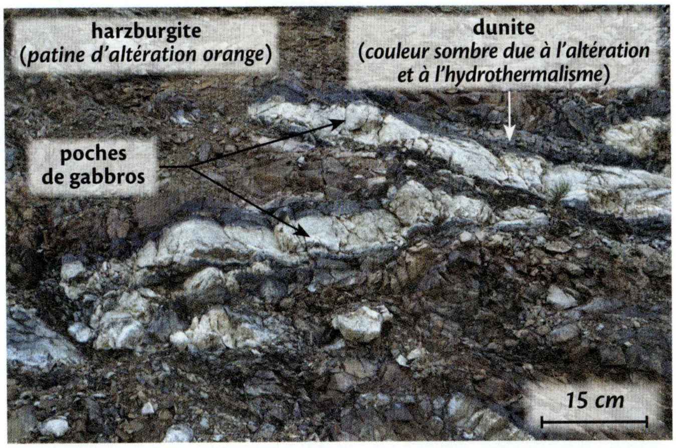

Les pyroxénites du manteau supérieur - Coulée basaltique du Ray-Pic (Burzet, Ardèche)

Les **pyroxénites** sont des roches ultrabasiques qui représentent 10% de la masse du manteau supérieur. Elles pourraient avoir deux origines :

- si le magma issu de la fusion partielle de la péridotite recristallise en profondeur (> 80 km), les plagioclases ne sont pas stables et ce sont essentiellement les pyroxènes qui cristallisent ;
- la formation d'une zone riche en pyroxènes peut aussi être due à une ségrégation minérale liée à de la déformation, qui sépare des lits de pyroxènes des autres minéraux.

III - Les transformations de la péridotite du manteau supérieur, liées aux contextes géodynamiques

Péridotite serpentinisée de l'ophiolite de Chypre (*Amiantos, Chypre*)

Le manteau océanique sous-crustal peut être très serpentinisé par la circulation hydrothermale, en particulier au voisinage des failles transformantes. Le phénomène est important au niveau des dorsales lentes. Les olivines sont remplacées par de la **serpentine**, phyllosilicate comprenant diverses variétés minérales. Les minéraux de serpentine donnent un aspect de « peau de serpent » à la péridotite serpentinisée.

57

⚠ *Lorsque le chrysotile présente des fibres ultrafines (de quelques µm de diamètre), il s'agit d'une amiante.*

Les ophicalcites : détail du front de taille d'une carrière de serpentinite, Chatillon (*Val d'Aoste, Italie*)

Ces serpentinites montrent plusieurs épisodes tectoniques : **tectonique ductile** avec développement du schistosité puis plissement, et **tectonique cassante**, avec bréchification et fracturation. Ces événements tectoniques ont pu avoir lieu au sein du manteau supérieur à différentes étapes de l'orogenèse, du fonctionnement de la dorsale à la collision. La calcite peut avoir une origine hydrothermale mais aussi sédimentaire dans le cas de dorsale très lente. Ces brèches de serpentine riches en calcite sont appelées **ophicalcites**.

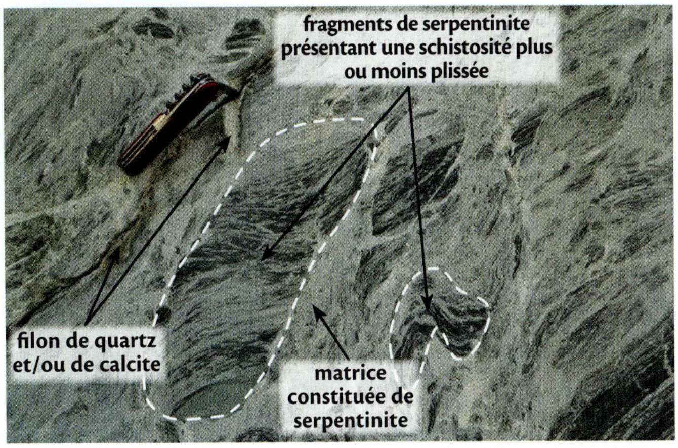

22 Minéralogie et structure du manteau profond

MANTEAU PROFOND = *partie du manteau inaccessible à l'observation directe, comprenant l'asthénosphère et le manteau inférieur jusqu'à 2900 km de profondeur.*

Quelles sont la minéralogie, la structure et les méthodes d'étude du manteau profond ?

I - Un modèle minéralogique du manteau profond compatible avec le modèle PREM

La cellule à enclumes de diamant

Des minéraux de quelques µm sont comprimés et chauffés par laser ce qui permet d'atteindre des conditions de 500 Gpa et 5000K.
De nombreuses mesures sont réalisées pour déterminer les domaines de stabilité et changements de phase des minéraux (*ex. olivine, minéral le plus abondant de la péridotite*).

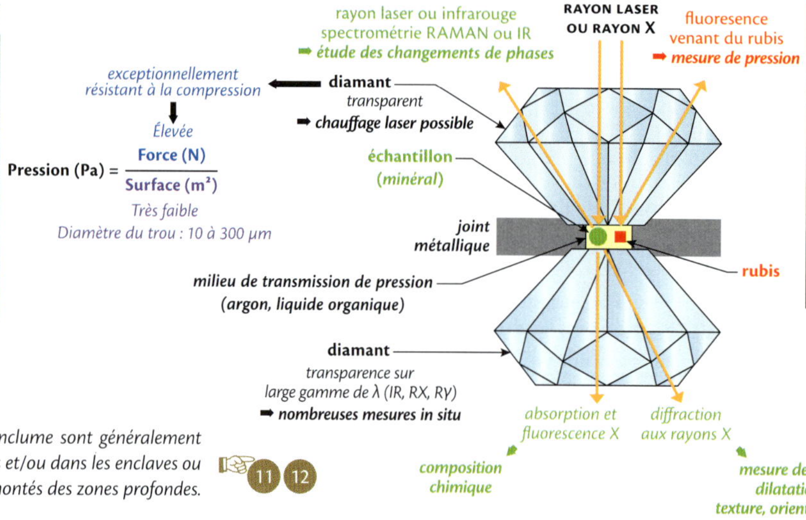

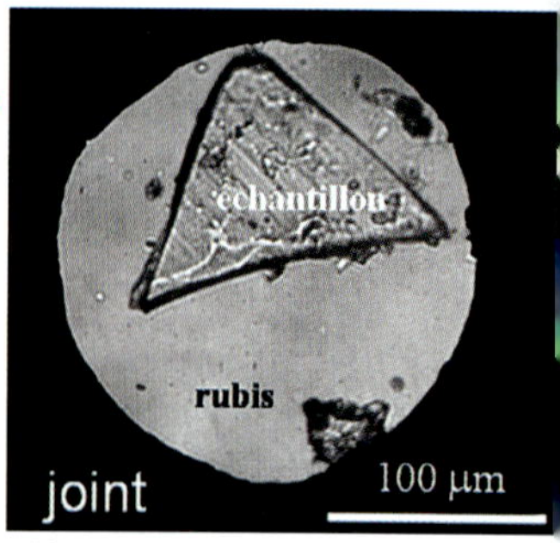

Observation au MO à travers l'un des diamants

⚠ *Les minéraux obtenus en enclume sont généralement observés dans les météorites et/ou dans les enclaves ou inclusions des diamants remontés des zones profondes.* 11 12

Les transitions de phase de l'olivine

L'**olivine** subit des transitions de phase à des pressions pour lesquelles on peut observer des discontinuités sur le modèle PREM. Du fait des pentes de Clapeyron, la profondeur des transitions de phases varie dans les zones chaudes (*panaches*) et froides (*plaques en subduction*).

Un modèle de composition minéralogique du manteau : la pyrolite

La **pyrolite** et une roche **modèle** (*ci-dessous*) proposée par Ringwood dont la composition estimée fait à peu près consensus pour le manteau supérieur mais diverge entre auteurs en profondeur (*composition uniforme ou non du manteau inférieur*). Ce modèle de composition est affiné pour correspondre au modèle PREM.

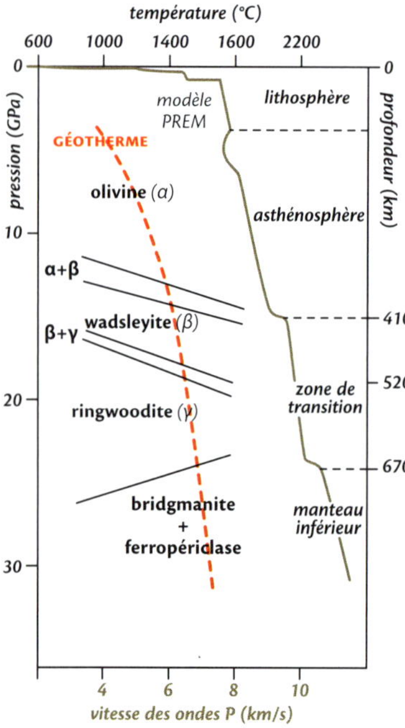

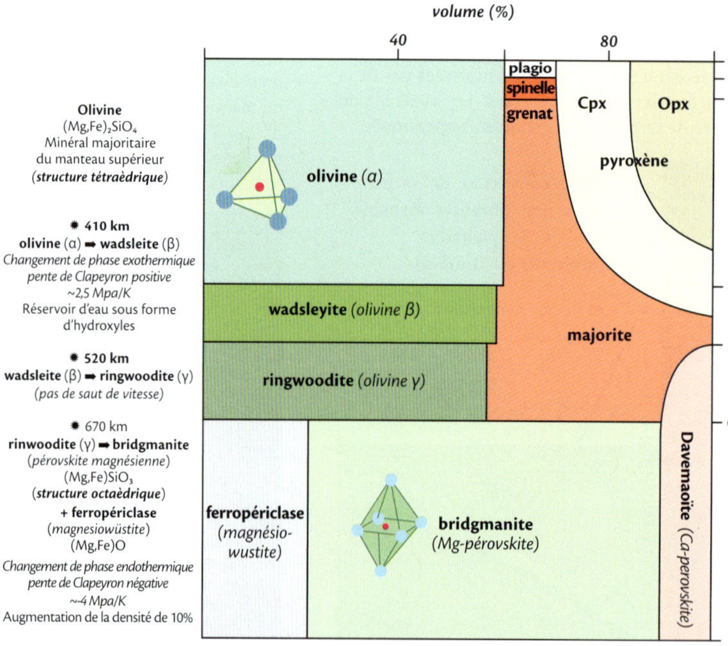

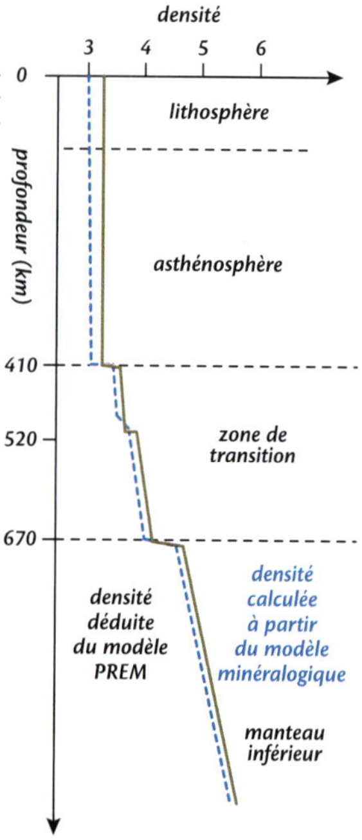

⚠ *Vers 2900 km, la bridgmanite subirait une transition de phase vers une structure post-pérovskite, plus compacte, déformable et anisotrope sismiquement.*

II - Une structure hétérogène d'origine mixte : thermique, primordiale et recyclée

✪ Les techniques d'étude

Des modèles tomographiques multiples et affinés 136

Isoler le signal sismique du manteau profond nécessite de s'affranchir des hétérogénéités superficielles à l'aide de nombreux aller-retours entre mesures et modèles.

Les **hétérogénéités** de **vitesse sismique**, affinées par la multiplication des stations et l'automatisation des calculs, sont **interprétées** en terme **chimique et/ou thermique**.

⚠ *L'anisotropie sismique de certaines couches et zones est interprétée en terme d'écoulement ou de nature.*

Des signatures géochimiques témoignant d'une composition hétérogène 34 135

La fusion partielle ne modifiant pas les rapports isotopiques, ceux des basaltes OIB de points chauds (*Ocean Island Basalts*) reflètent ceux du manteau profond dont elles sont issues, ce qui en révèle la **grande hétérogénéité chimique due à un héritage primordial** (*pouvant dater de la différenciation du manteau*) ou **recyclé** (*signature de croûte*).

Des modélisations analogiques

La convection dans un fluide visqueux hétérogène peut être **modélisée analogiquement** (*ex. sirop de glucose plus ou moins enrichi de polymères ou de sel modifiant viscosité ou densité*) pour comprendre les paramètres à l'origine des panaches et tester leur stabilité dans le temps.

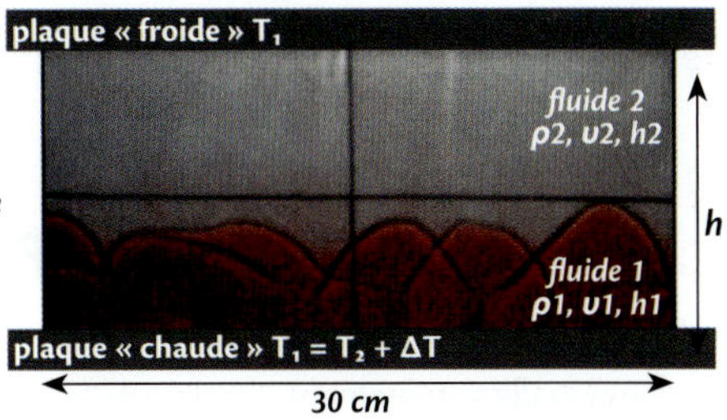

Modèle analogique. Michael Le Bars, 2003

Des modélisations numériques

En considérant les plaques tectoniques et le manteau comme un seul système, N. Coltice, L. Husson et leurs collègues ont réalisé une **simulation de 9 mois sur un supercalculateur** pour suivre sur 1,5 milliard d'années l'évolution des mouvements convectifs et leurs effets sur la déformation de surface.

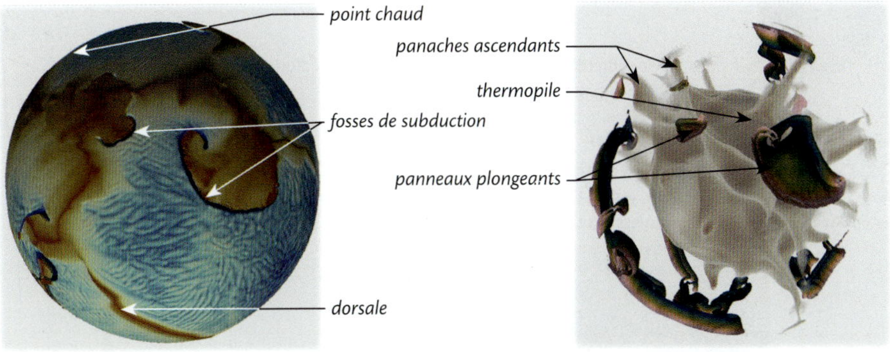

Modèle numérique. Nicolas Coltice et Al.

✪ Une hétérogénéité thermochimique encore débattue

Deux zones de faible vitesse des ondes S (LLSPV) ancrées dans la couche D"

La couche D", hétérogène en épaisseur, densité, chimie et température, accumule les dalles subduites et semble ancrer la plupart des panaches de points chaud.

L'origine et la signification des **LLSPV n'est pas résolue**, leurs bords abrupts, rapports Vp/Vs, position équatoriale et antipodiale reliée au moment d'inertie de la Terre témoignent d'un matériel chaud, dense, stable, distinct du manteau environnant.

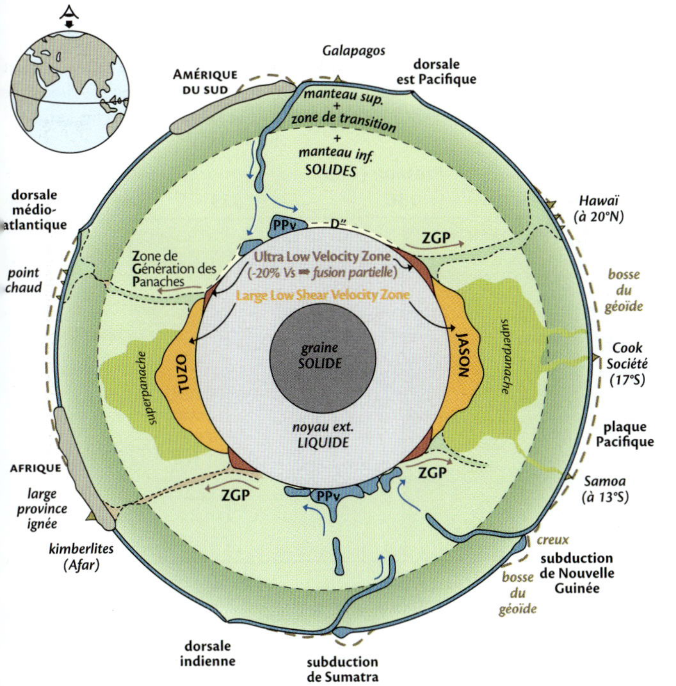

Hétérogénéité et dynamique du manteau profond

La croûte océanique éclogitisée, donc dense, pourrait se désolidariser des slabs et participer à l'**hétérogénéité du manteau**. Au niveau de la couche D", l'arrivée des slab repousserait les thermopiles et, en les déstabilisant, générerait des **panaches à leur bordure**.

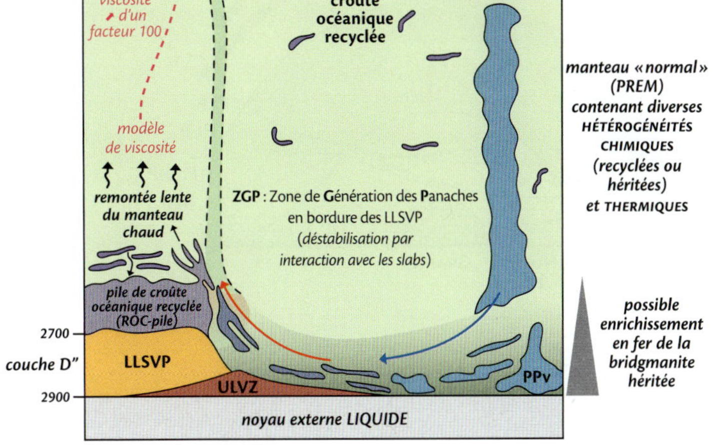

23 Le noyau terrestre

NOYAU = *partie centrale de la Terre, de 2 900 km de profondeur jusqu'au centre de la Terre. Il représente 17% du volume et 33% de la masse de la planète.*

De quoi est formé le noyau terrestre ? Quelle est sa dynamique ?

I - Composition chimique et propriétés physiques du noyau terrestre

✪ La composition chimique du noyau

Les données liées au moment d'inertie de la Terre

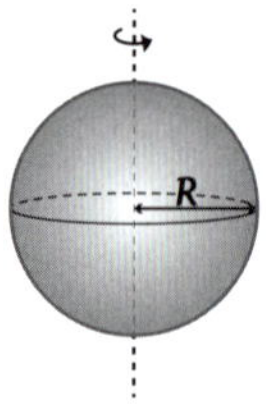

Moment d'inertie **I** d'une sphère homogène de masse **M** et de rayon **R** :

$$I = 0,4\ MR^2$$

Moment d'inertie de la Terre (*mesure astronomique*) :

$$I_{Terre} = 0,3\ MR^2$$

➡ Cette différence s'explique par la présence d'une **masse dense au centre de la Terre**.

Les données liées aux météorites

Cette **SIDÉRITE** est une météorite constituée d'environ **90 % de fer, 8 % de nickel** ainsi que de soufre, phosphore, etc. Elle est interprétée comme résultant d'un astéroïde brisé par une collision après sa différenciation.

☞ 12

La loi de Birch et les données géochimiques

La vitesse d'une onde P est reliée linéairement à la masse volumique du milieu qu'elle traverse. Grâce à une expérience pionnière à haute pression, les chercheurs ont montré que le champ du noyau, à gauche de celui du fer pur, contient des éléments légers en plus du Fer et du Nickel.

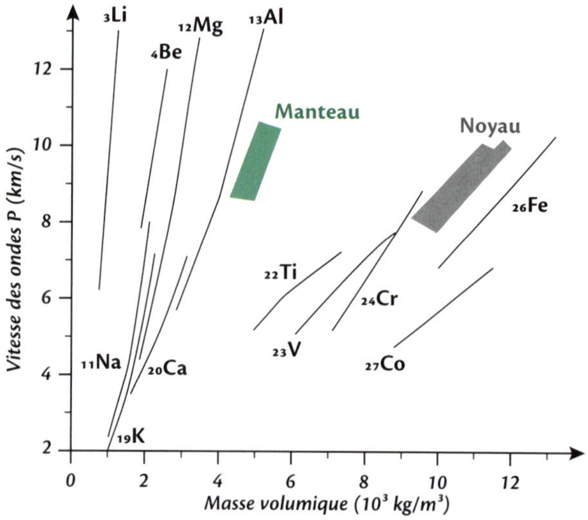

⚠ *Il ne faut pas confondre la couche D" avec la discontinuité de Gutenberg. La couche D" est une couche complexe faisant partie du manteau inférieur.*

✪ Les états physiques du noyau

L'existence d'une **zone d'ombre sismique**, matérialisée par l'absence d'ondes P directes entre 105° et 142° de distance épicentrale et la disparition des ondes S entre 2 950 et 5 150 km de profondeur traduisent l'existence d'une discontinuité, appelée **discontinuité de Gutenberg**, à 2 950 km de profondeur, entre le manteau inférieur solide et le **noyau externe liquide**. Une autre discontinuité, appelée **discontinuité de Lehman**, à 5 150 km, correspond à la limite entre le noyau externe et la **graine interne**, **solide**.

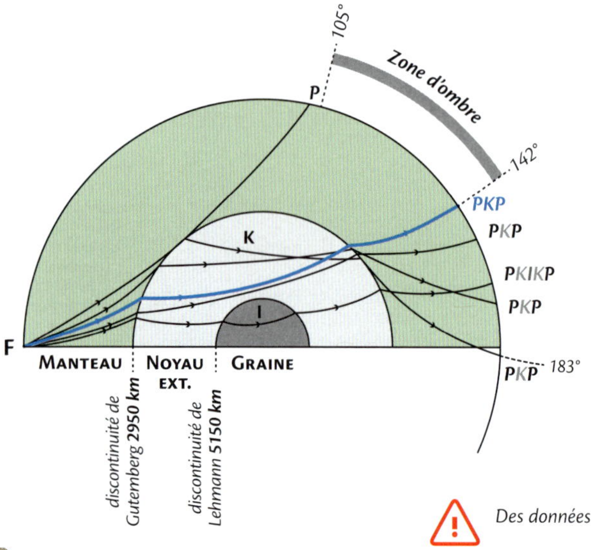

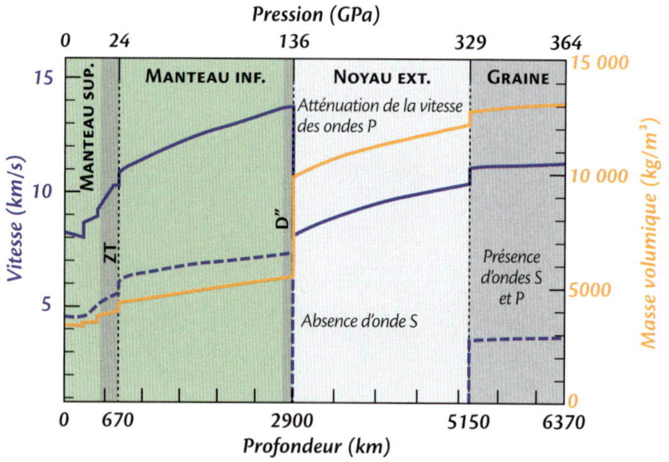

⚠ *Des données récentes montrant une anisotropie sismique suggèrent l'existence d'une hétérogénéité dans la graine.*

II - Formation du noyau terrestre

La différenciation de la Terre et la formation du noyau

La formation du noyau s'explique par la **percolation d'un liquide ferreux dense** à travers le proto-manteau. Au début, le noyau est entièrement liquide. Puis, la cristallisation du noyau commence, au centre de la Terre, et forme la graine solide. L'âge de cristallisation de celle-ci est très mal connu. Elle continue encore aujourd'hui sa cristallisation aux dépens du noyau externe encore liquide.

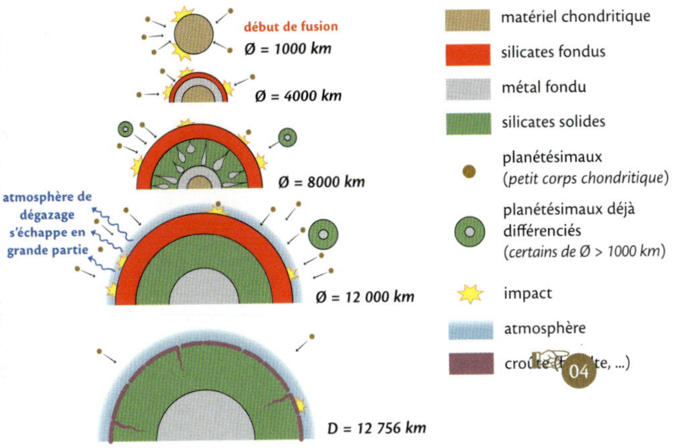

Les pallasites, des météorites particulières

Les pallasites sont des météorites très rares. Elles ont d'abord été interprétées comme étant représentatives de l'interface manteau / noyau. Aujourd'hui, les scientifiques pensent qu'elles résultent de la collision entre un corps céleste contenant déjà un noyau fer-nickel liquide et un autre corps de plus grande taille, **l'alliage fer-nickel percolerait alors entre les cristaux d'olivine** du manteau du corps le plus volumineux, avant de cristalliser.

III - Dynamique du noyau externe terrestre

L'établissement d'une dynamo magnétique permise par des courants de convection dans le noyau externe

La **convection vigoureuse du noyau externe liquide** (*de l'ordre du mm/s*) est due à la différence de température entre le haut et le bas de cette enveloppe (*environ 1 500°C*) et à la présence d'éléments chimiques légers expulsés lors de la cristallisation de la graine. Le fer liquide, conducteur, se déplace dans un champ magnétique ambiant (*celui du Soleil et le sien propre*). Or, quand un conducteur se déplace dans un champ magnétique, cela produit un courant électrique (***effet dynamo***). Ce sont ces courants électriques qui génèrent le champ magnétique (***effet électro-aimant***). Ainsi, le noyau externe est à la fois une dynamo et un électro-aimant.
Les mouvements convectifs au sein du noyau sont très complexes à modéliser et subissent l'influence de la rotation de la Terre.

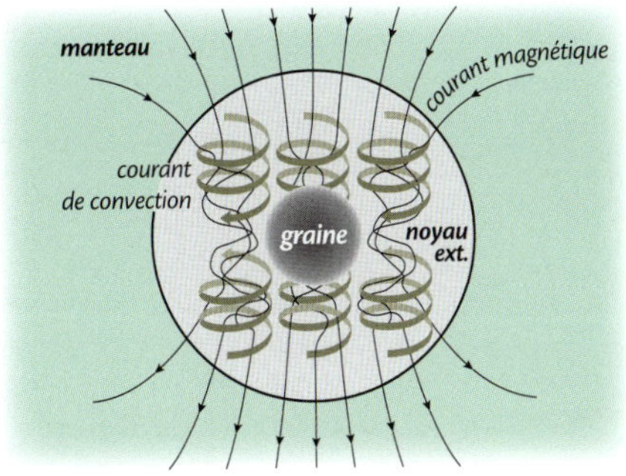

La magnétosphère terrestre

Le champ magnétique terrestre est à l'origine de la **magnétosphère** qui protège la vie continentale du vent solaire et des mutations qu'il provoque.

Les inversions du champ magnétique terrestre 29

Le champ magnétique terrestre s'est inversé de très nombreuses fois au cours de l'histoire de la Terre, en moyenne, une à trois fois par million d'années. Ces inversions sont rapides à l'échelle des temps géologiques (*quelques milliers d'années*) et leur cause est encore mal comprise.

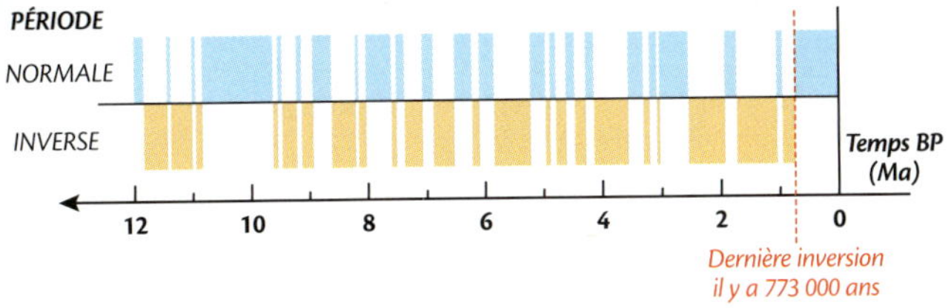

Des variations séculaires du champ magnétique

Les **variations du champ magnétique terrestre** sur des temps courts (*à la fois en intensité et en direction*) s'accentuent depuis quelques siècles sans que les scientifiques ne comprennent pourquoi et obligent à des mises à jour des cartes d'état-major guidant les navigations.

PARTIE III

LA DYNAMIQUE DES ENVELOPPES TERRESTRES

24 Sources interne et externe d'énergie

Énergie = *grandeur physique exprimée en Joules, quantifiant la capacité à produire un travail ou à modifier un état. Elle prend différentes formes : thermique, lumineuse, mécanique...*
*Le **taux de chaleur** par unité de temps s'exprime en Watt (W = J/s), le **flux de chaleur** en W/m².*

Quelles sont les sources d'énergie terrestre ? Comment cette énergie est-elle mesurable ?

I - Énergie externe provenant du soleil sous forme de rayonnement

✪ Une énergie reçue par rayonnement 02

Les réactions de fusion thermonucléaire du Soleil libèrent de l'énergie sous forme d'ondes électromagnétiques.

Les satellites mesurent en haute atmosphère un flux d'énergie incident moyen de 1370 W/m² correspondant majoritairement à des longueurs d'ondes visibles, minoritairement à des UV et IR proches.

La Terre reçoit du soleil 1,7.10⁵ TW pour l'ensemble de sa surface (*mesures satellitales*).
Cette énergie incidente varie selon la latitude, la surface, les cycles journaliers et saisonniers, elle est responsable de la mise en mouvement des enveloppes fluides et contrôle l'érosion.

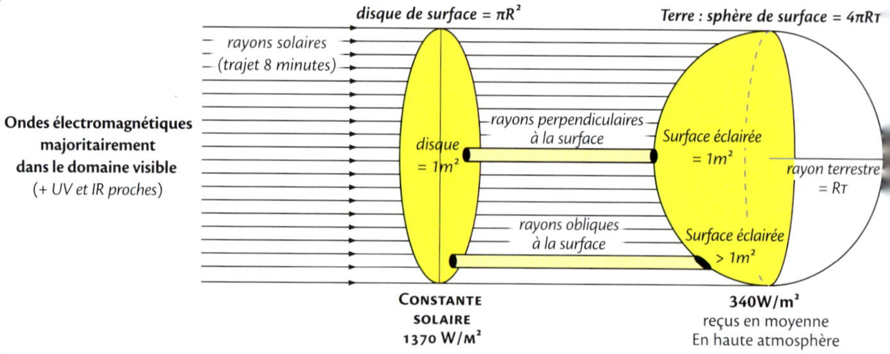

✪ Une énergie reçue par rayonnement 26

Inégale répartition dans le temps et l'espace

L'énergie solaire incidente est plus élevée à l'équateur qu'aux pôles du fait de la sphéricité de la Terre. Du fait de l'inclinaison de l'axe de rotation de la Terre, les pôles sont éclairés en continu en alternance avec 6 mois d'obscurité continue par an. La position de l'équateur météorologique varie durant l'année.

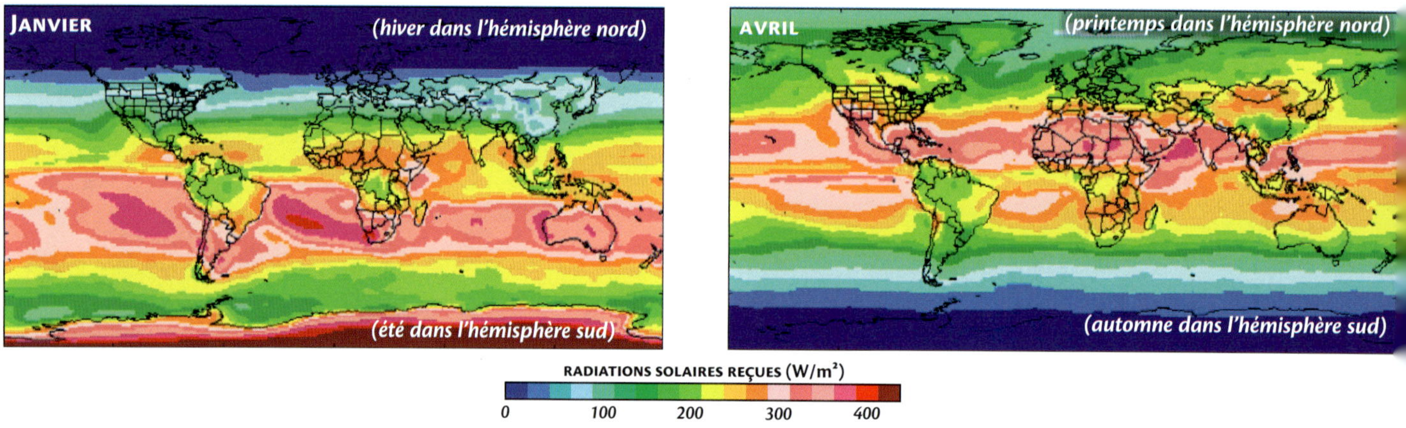

Près d'un tiers de l'énergie reçue réfléchie vers l'espace

Une partie des radiations solaires est **réfléchie** par les **nuages** (*à l'équateur*) et les **surfaces claires** (*glaces du Groenland, désert du Sahara*) à **fort albédo**.
Les **surfaces sombres** (*forêts, eau libre*) **absorbent** au contraire l'énergie, notamment les zones océaniques subtropicales car les rayons incidents y parviennent quasi perpendiculairement avec peu de réflexion.

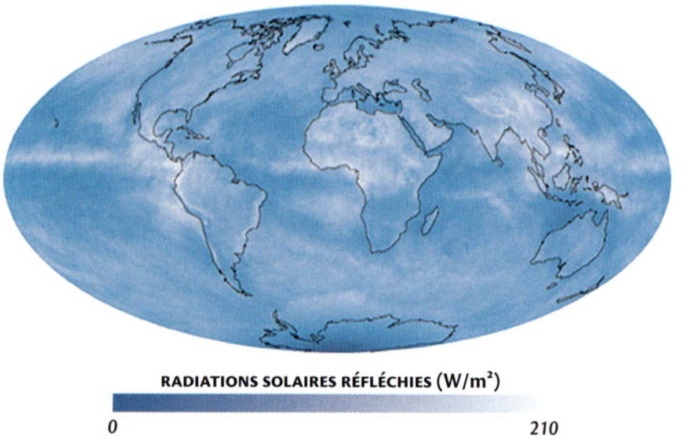

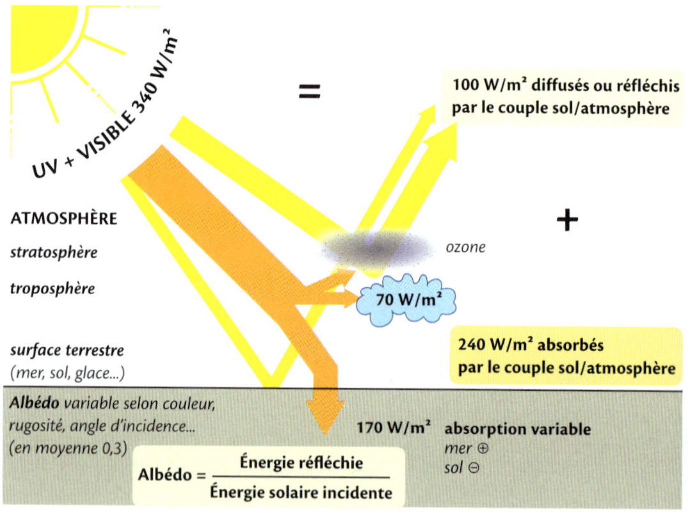

II - Source de chaleur interne à la Terre

✪ Un flux sortant d'énergie mesurable

En enfonçant deux thermomètres séparés d'une dizaine de mètres dans les sédiments océaniques ou de plusieurs km dans les mines ou forages continentaux, on peut calculer le **gradient géothermique**.

Puis, connaissant la **conductivité thermique** des roches **k**, on obtient le flux de chaleur Φ (*W/m²*) par la loi de Fourier :

$$\Phi = -k \cdot \frac{dT}{dz}$$

La chaleur s'écoule des parties chaudes vers les parties froides d'un système (*1er principe de thermodynamique*)

La **Terre émet 44 TW** (*~1/4000ème de l'énergie qu'elle reçoit du soleil*) pour l'ensemble de sa surface qui traversent la croûte par conduction.

Ce flux sortant d'énergie est **inégalement réparti** : important au niveau des océans (*30 TW*), notamment des dorsales. L'énergie interne est responsable de la **tectonique des plaques, des volcans, des séismes, de la géothermie**…

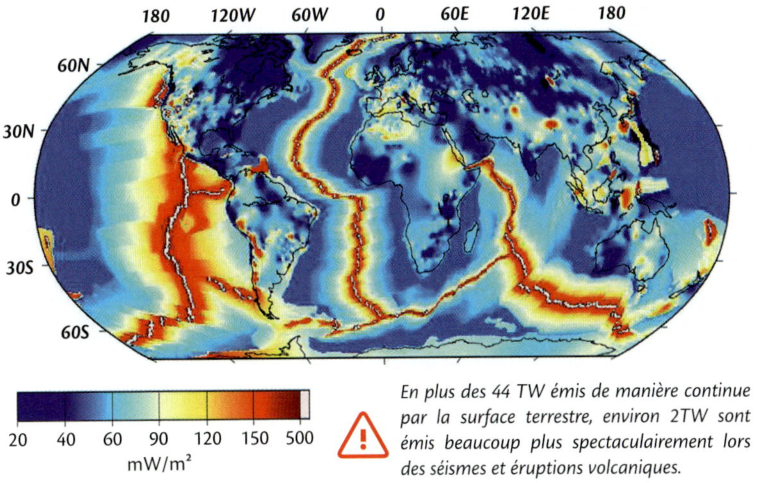

En plus des 44 TW émis de manière continue par la surface terrestre, environ 2TW sont émis beaucoup plus spectaculairement lors des séismes et éruptions volcaniques.

✪ Origine de la chaleur interne

La désintégration radioactive, source majeure d'énergie

Les éléments radioactifs intervenant dans le bilan thermique de Terre sont ceux présents en **quantité** importante, à **demi-vie assez longue** et dont la désintégration radioactive libère suffisamment d'énergie. Ce sont les isotopes ^{235}U et ^{238}U de l'uranium, le thorium ^{232}Th et le potassium ^{40}K.

On estime, avec une grande incertitude liée à celle de la composition des enveloppes profondes, à environ **21 TW la chaleur émise par désintégration**, elle est 4 fois plus faible qu'il y a 4 milliards d'années.

isotopes	taux de production de chaleur massique (W/kg)	période (Ga)
$^{235}U \rightarrow ^{207}Pb$	$5{,}69 \cdot 10^{-4}$	0,70
$^{238}U \rightarrow ^{206}Pb$	$9{,}37 \cdot 10^{-5}$	4,47
$^{232}Th \rightarrow ^{208}Pb$	$2{,}69 \cdot 10^{-5}$	14,0
$^{40}K \rightarrow ^{40}Ar$	$2{,}79 \cdot 10^{-5}$	1,35

C'est le manteau qui, du fait de son volume, dégage le plus d'énergie, mais aussi la croûte continentale du fait de sa grande concentration en ces éléments qui ont été extraits du manteau supérieur lors de sa mise en place. Le noyau ne contiendrait quasiment pas d'éléments radioactifs.

✪ La Terre : une machine exothermique en cours de refroidissement

La chaleur initiale d'accrétion

Au cours de l'**accrétion**, vers 4,6 Ga, **deux sortes d'énergie se sont transformées en chaleur** : l'**énergie cinétique** des particules et blocs et leur **énergie potentielle gravitationnelle**.

Comme les roches sont de mauvais conducteurs de chaleur, cette énergie initiale d'accrétion n'est pas encore totalement dégagée et le **refroidissement séculaire** se poursuit.

La cristallisation de la graine (différenciation des enveloppes)

Le noyau externe liquide cristallise en faveur de la graine (1000 m³/sec). Cette cristallisation libère de l'énergie du fait de la **chaleur latente de cristallisation** (*évaluée à 1 TW*), et de la chute du fer cristallisé sur la limite de Lehmann à 5100 km avec migration opposée d'éléments légers (*1TW*) : la graine grossit au détriment du noyau extérieur liquide.

La **différenciation terrestre** n'est donc pas terminée, elle dégage **2 TW**.

Les déformations internes à la Terre ou marées terrestres, engendrées par l'effet des autres astres (Lune, Soleil) ne fournissent que 0,1 à 0,4 TW et sont négligeables sur Terre contrairement à ce qu'il se passe sur certains satellites comme Io, satellite de Jupiter où elle constitue une source d'énergie 100 fois plus forte que la radioactivité.

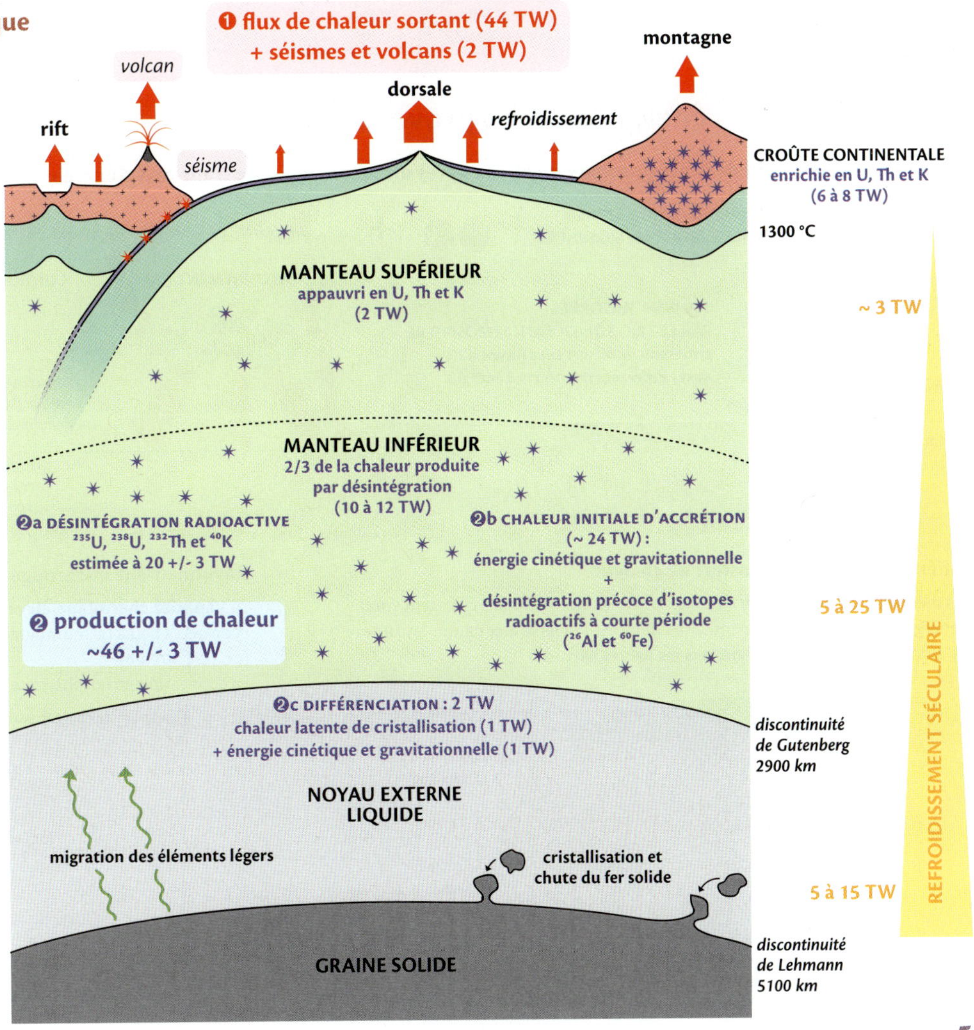

25 Transfert de l'énergie

Transfert d'énergie = *échange d'énergie entre deux systèmes par conduction, convection, rayonnement, changement d'état... Dans un système fermé, l'énergie se conserve (premier principe de thermodynamique ayant pour corollaire l'équivalence des types d'énergie).*

Comment s'effectuent les transferts d'énergie interne et externe de la Terre ?

I - Différents modes de transfert d'énergie

Différents modes de transfert de chaleur

CONVECTION
Transport de chaleur **avec** transport de matière dû à une différence de densité s'opposant à la gravité.
Dépend de la flottabilité, du frottement visqueux, de la diffusivité thermique

ADVECTION
Transport de chaleur **avec** transport de matière dû à des forces mécaniques extérieures (*friction du vent...*)

CHANGEMENT D'ÉTAT
L'énergie est échangée sous forme de chaleur lors d'un changement d'état : le passage d'un état où les molécules sont liées (*ex : liquide*) à un état où elles le sont moins (*ex : gaz*), nécessite un apport de chaleur, le passage inverse en libère.

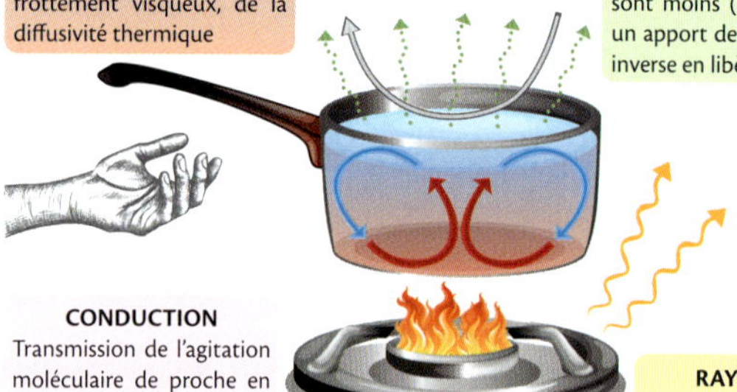

CONDUCTION
Transmission de l'agitation moléculaire de proche en proche, **sans** transport de matière.
Dépend de la conductivité thermique.

RAYONNEMENT
Émission d'ondes électromagnétiques dont la longueur d'onde dépend de la température du corps (*loi de Wien*).

Rayonnement infrarouge (IR) de la Terre

La Terre réémet vers l'espace, sous forme d'IR, une partie de l'énergie reçue par rayonnement du soleil (*UV + visible*). Les nuages de la **Zone de Convergence InterTropicale** (*ZCIT*) font obstacle à ce flux sortant d'énergie, les zones majeures de libération d'énergie sont donc subtropicales.

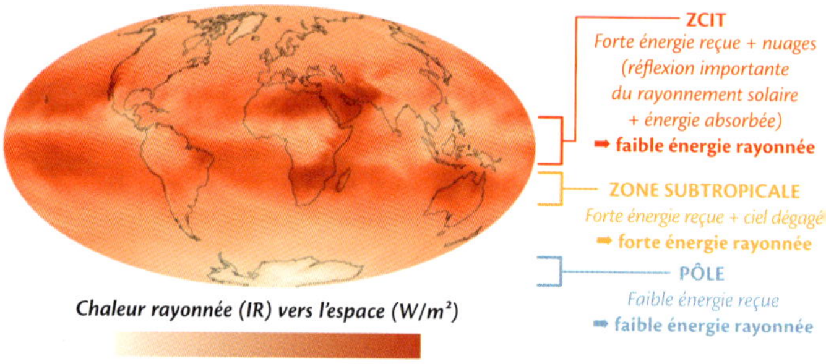

Chaleur rayonnée (IR) vers l'espace (W/m²)

II - Transferts de l'énergie externe provenant du soleil

Réémission vers l'espace de l'énergie solaire incidente après différents types de transferts d'énergie entre les enveloppes externes

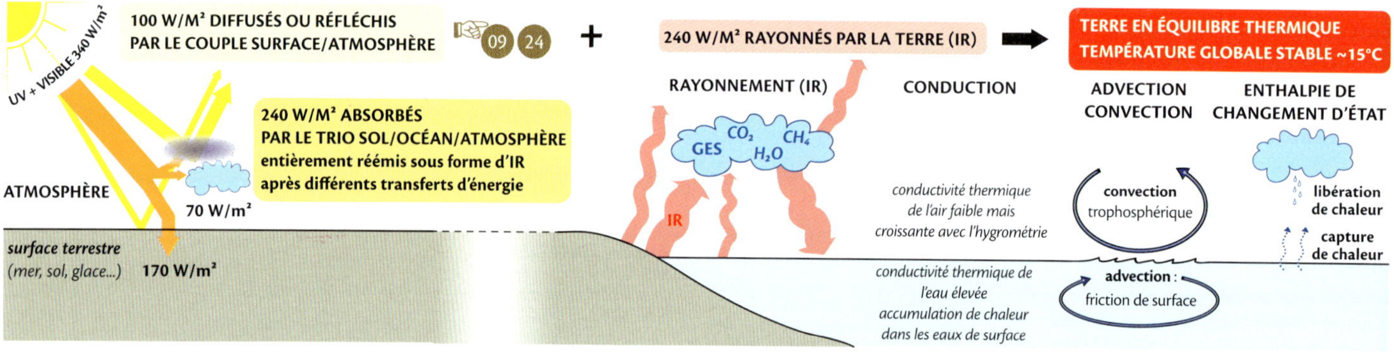

Différents modes de transfert de chaleur

Les mesures satellitales montrent que les zones subtropicales émettent moins d'énergie qu'elles n'en absorbent, alors que c'est l'inverse aux hautes latitudes : il y a donc **transport d'énergie** vers les hautes latitudes.

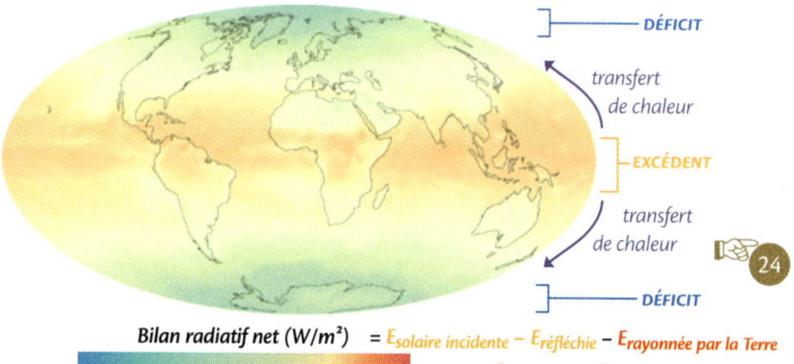

Bilan radiatif net (W/m²) = $E_{solaire\ incidente} - E_{réfléchie} - E_{rayonnée\ par\ la\ Terre}$ = $E_{absorbée} - E_{rayonnée}$

Septembre 2008 (équinoxe)

Rayonnement infrarouge (IR) de la Terre

La **capacité thermique élevée de l'océan** lui permet d'accumuler la chaleur, qu'il cède peu à peu à l'atmosphère aux moyennes latitudes grâce aux courants de surface (*ex. Gulf Stream*).
La convection atmosphérique et la circulation océanique sont couplées. 27

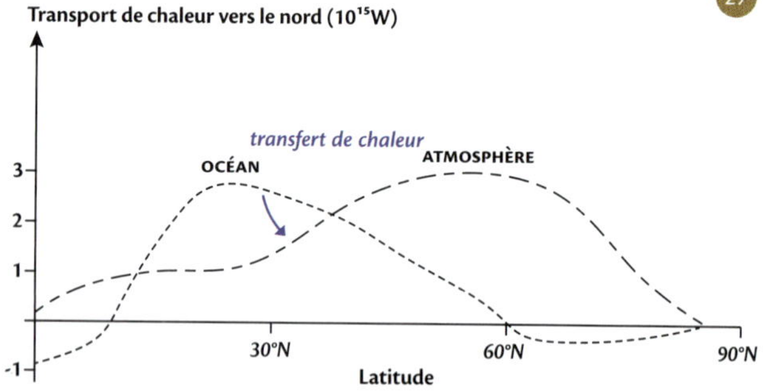

III - Transferts de l'énergie interne de la Terre

Transfert d'énergie par conduction dans la lithosphère

Mesure du flux de chaleur par conduction grâce à la loi de Fourier

Les roches sont opaques aux IR.

La **conduction** correspond à la propagation des vibrations du réseau cristallin de proche en proche sans rayonnement ni déplacement de matière.

La **quantité de chaleur transportée Φ** dépend de la **différence de température dT** entre deux points séparés d'une **distance dz** et de la **conductivité k** du matériau.

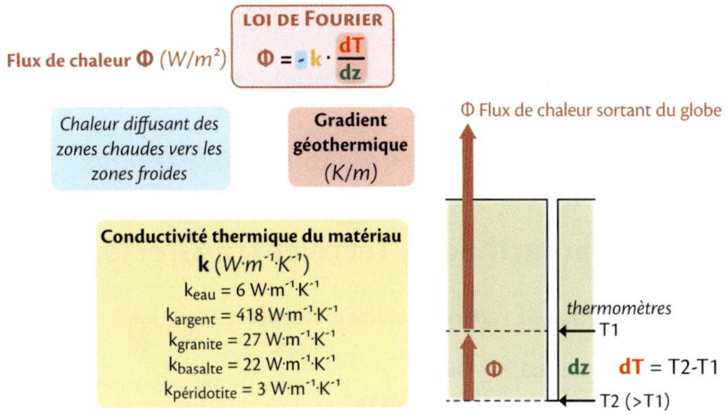

Le flux de chaleur des lithosphères océaniques décroit avec leur âge du fait de leur épaississement lié à leur refroidissement.
Pour des âges inférieurs à 50 Ma, la circulation hydrothermale accélère ce refroidissement, on estime qu'1/5ème de la chaleur dissipée par les océans l'est par convection hydrothermale. 30 35

Transfert d'énergie par convection dans le manteau et le noyau externe liquide

Si dans un corps déformable, la partie froide et dense est en haut et la partie chaude et peu dense est en bas, l'ensemble est **instable thermiquement**.
Il entre en convection si son temps de déplacement (*poussée d'Archimède l'emportant sur frottement visqueux*) est supérieur à son temps de refroidissement.

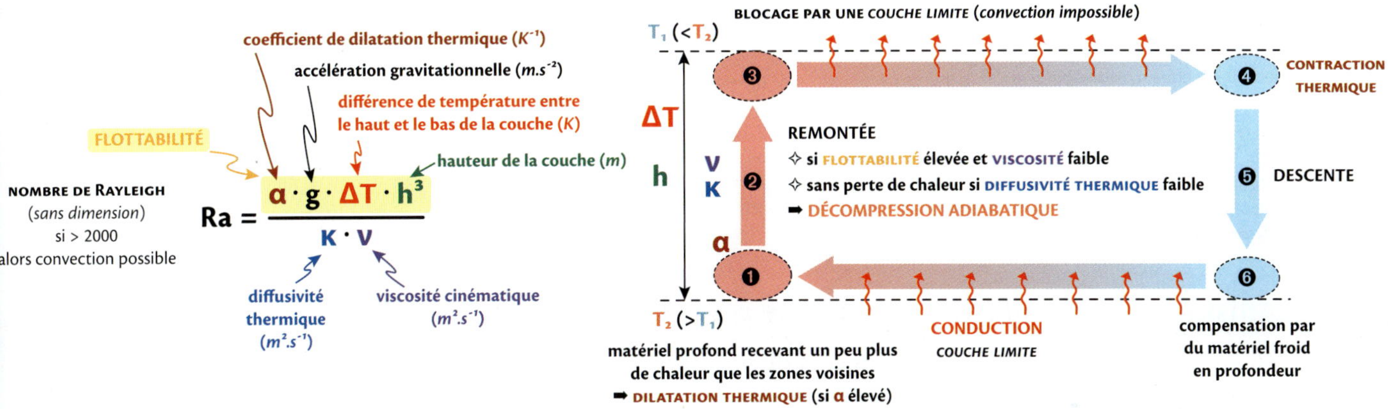

Le nombre de Rayleigh du manteau, de l'ordre de 10^7, montre que la convection y est possible, à la vitesse de quelques centimètres par an, elle y est observable par tomographie sismique. Celui du noyau externe liquide, encore plus élevé, génère une convection de plusieurs mètres par heure à l'origine du champ magnétique terrestre. Dans la troposphère instable thermiquement, le nombre de Rayleigh est de 10^{22}, les vitesses de déplacement sont en km/h.

Construction du géotherme

Points d'ancrage du géotherme 11 22

La courbe représentant l'évolution de la température avec la profondeur doit passer par des points d'ancrage établis expérimentalement :

→ **changements de phases cristallines de l'olivine** obtenus en enclume de diamant et correspondant à des discontinuités de vitesse sismiques,

→ **extrapolation des conditions de cristallisation du fer à haute pression**.

Hypothèses sur les modes de transfert de chaleur 33

La convection étant un mode de transfert de chaleur bien plus efficace que la conduction, l'allure du géotherme varie :

→ **gradient géothermique faible dans les zones de convection** (*la variation de la température n'étant due qu'à la contraction ou dilatation des roches car la compression ou la décompression sont adiabatiques*).

→ **gradient géothermique fort au niveau des couches limites** où seule la conduction est possible : lithosphère, couche D".

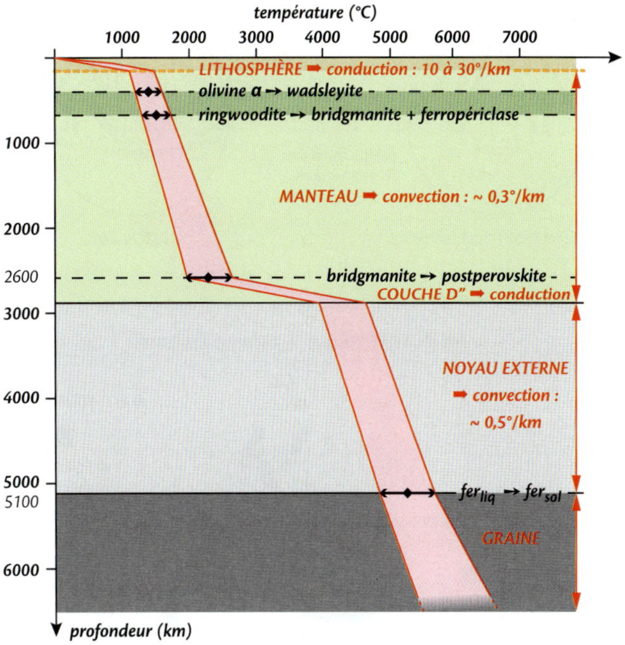

Le gradient géothermique représente l'inverse de la pente du géotherme schématisé ci-contre.

26 Circulation atmosphérique générale

CIRCULATION ATMOSPHÉRIQUE GÉNÉRALE = *mouvement continu des masses d'air entourant la Terre qui redistribue, en conjonction avec la circulation océanique, la chaleur provenant du Soleil.*

Quelle est l'origine de la circulation atmosphérique ? Quels en sont les mécanismes et les conséquences ?

I - Bilan radiatif de la Terre et transferts d'énergie des basses aux hautes latitudes

Inégale répartition de l'énergie solaire incidente

24 25

L'**énergie solaire réchauffe la Terre**.

La Terre étant une sphère, l'**énergie solaire** reçue par m² est **beaucoup plus faible aux pôles qu'à l'équateur**.

L'atmosphère absorbe peu le rayonnement en provenance du soleil car elle est transparente dans le visible.

En revanche, elle absorbe très bien le rayonnement infra-rouge (elle est opaque aux IR) réémis par la Terre réchauffée par le rayonnement solaire : **elle est donc chauffée par le bas** !

Son nombre de Rayleigh élevé montre qu'elle peut convecter.

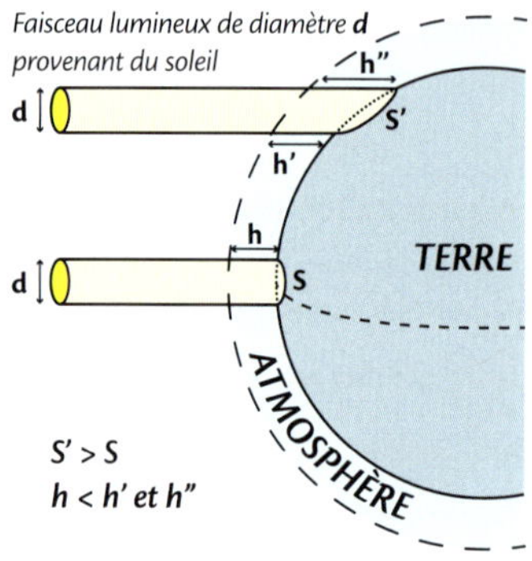

Du fait de l'inclinaison de l'axe de rotation terrestre, en hiver, l'inclinaison du soleil est encore plus faible, et la durée du jour plus courte, seuls 30% de l'énergie incidente parviennent au solstice dans l'hémisphère en hiver et 70% dans l'hémisphère en été : cette inégale répartition « hémisphérale » alterne tous les 6 mois.

Bilan radiatif variable selon la latitude

25

Les **mesures satellites** montrent que les **basses latitudes** sont **excédentaires**, rece vant **plus d'énergie qu'elles n'en émettent**, alors que c'est l'inverse aux hautes latitudes

Il y a donc **transfert d'énergie** via les circulations atmosphériques et océaniques.

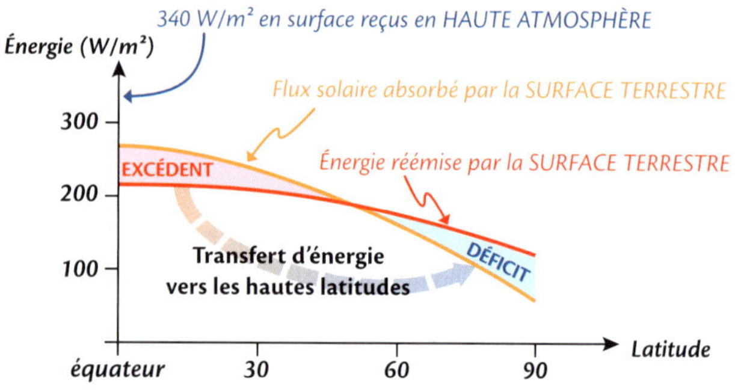

II - Mécanisme : une circulation convective à 3 cellules par hémisphère

✪ Déplacement des masses d'air selon les gradients de pression, dévié par effet de Coriolis

Modélisation de la convection atmosphérique sans ou avec effet de Coriolis

L'air, comme tout fluide, se déplace des hautes (**HP**) vers les basses pressions (**BP**).

→ Aux **pôles**, l'air est froid, donc subsident (**HP au sol**) : des vents de surface en partent.

→ À **l'équateur**, l'air chaud ascendant engendre une zone de BP au sol, ce qui attire des vents depuis les moyennes latitudes, les **alizés**.

La rotation terrestre fragmente cette convection en 3 cellules par hémisphère.

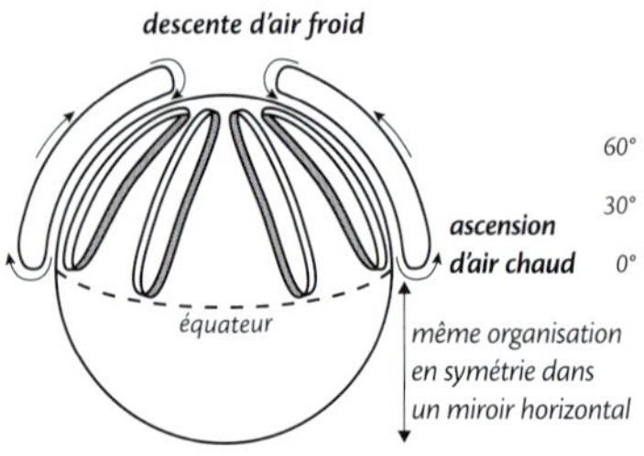

Cas de Vénus (rotation très lente)

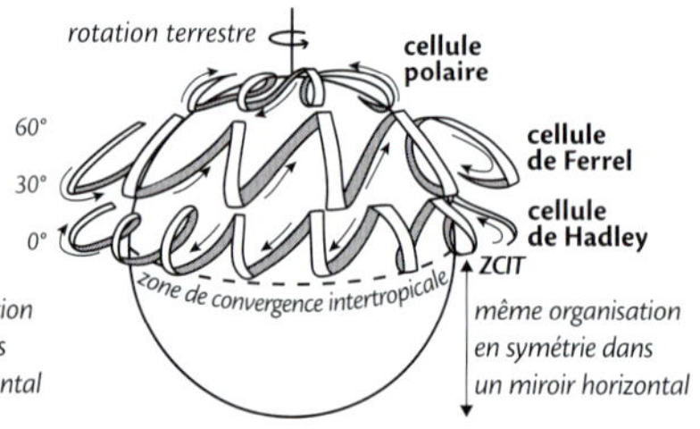

Cas de la Terre

Déviation des masses d'air par effet Coriolis

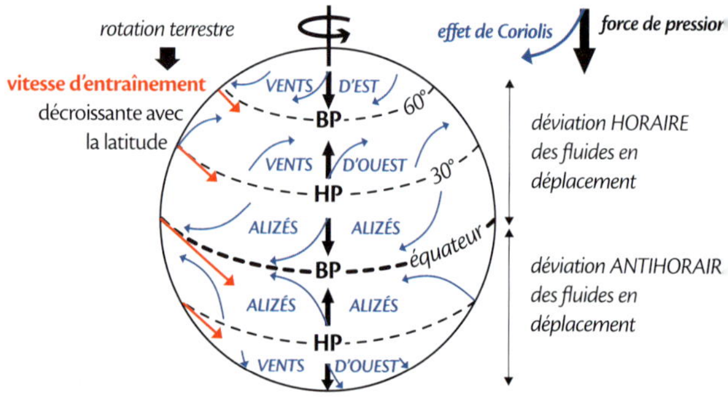

***La convection n'est possible que dans la troposphère**, instable thermiquement car l'air chaud et peu dense est en bas. La tropopause en est la couche limite du fait de l'inversion du gradient de température.* 09

Anticyclones et dépressions

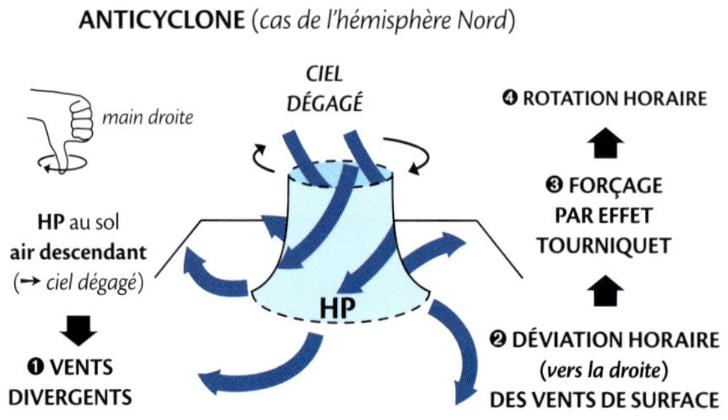

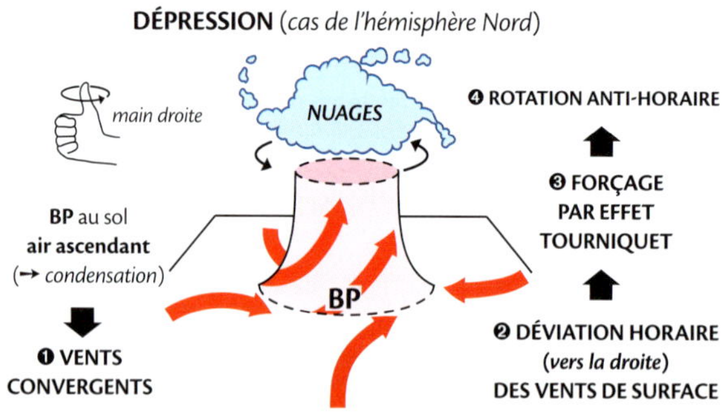

3 cellules de convection et, à leur affrontement, des courants-jets

ellules convectives, systèmes des vents et zonation latitudinale des biomes

- La **cellule de Hadley** s'initie par le **réchauffement équatorial** : la montée d'air chaud attire les alizés et génère la zone de **convergence intertropicale** (*ZCIT*) aux **climats chauds et pluvieux**.
- La **cellule polaire** s'initie par la descente d'air froid et sec d'où partent des vents d'Est.
- La **cellule de Ferrel** est engendrée du fait des 2 autres cellules.

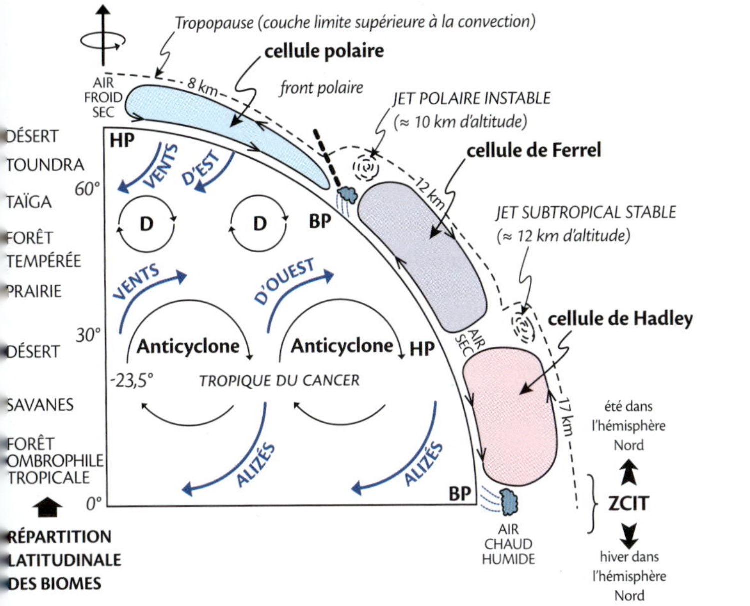

La position des 3 cellules varie selon les saisons :
- → *Centrées sur l'équateur au printemps et en automne.*
- → *Décalées vers le tropique du Cancer (23,5°N) en été dans l'Hémisphère Nord car les rayons solaires y frappent perpendiculairement la surface terrestre.*
- → *Décalées vers le tropique du Capricorne en hiver dans l'hémisphère Nord.*

Courants-jets

À la frontière des cellules de convection, des masses d'air de propriétés différentes entrent en conflit et génèrent, à la limite de la tropopause, des **courants-jets** d'ouest de 100 à 400 km/h, en forme de **tuyaux aplatis et ondulés** (*effet relief, transition océan/continent…*), plus ou moins permanents, qui se déplacent entraînant avec eux les dépressions.

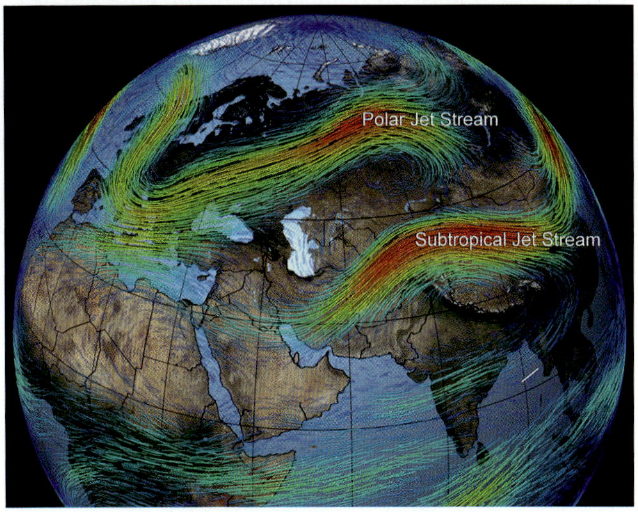

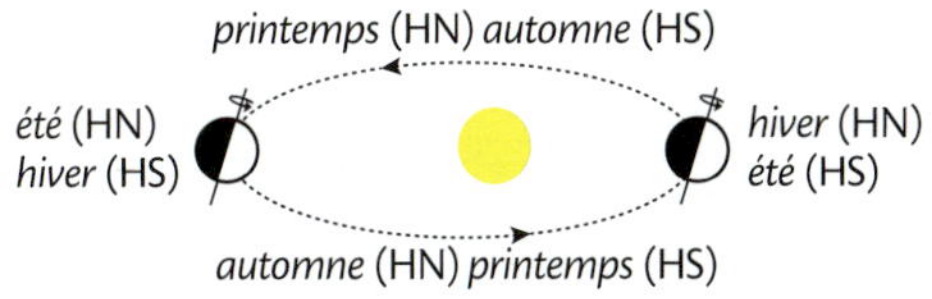

***obliquité* = 23,3°**

III - Conséquences : un agent de transport rapide et efficace

gent de transport de la vapeur d'eau

rès de **70% de la surface terrestre est recouverte par les nuages**, majoitairement au niveau des océans.

es zones nuageuses correspondent à la zone de convergence intertropiale (**ZCIT**) et aux zones situées vers 60° de latitude. Les précipitations y ont importantes et expliquent la présence des forêts tropicales ombrohiles et tempérées.

es zones subtropicales situées vers 30° de latitude souvent exemptes de uages correspondent à des déserts.

es cycles condensation/évaporation sont rapides : **le temps de séjour 'une molécule d'eau est de 9 jours dans l'atmosphère**.

*Divers **polluants** et **particules** (cendres volcaniques…) sont aussi transportés par la circulation atmosphérique.* 09

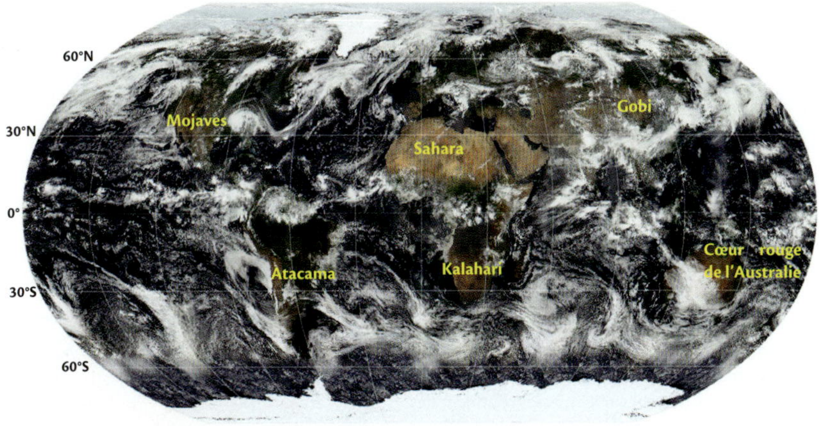

Couverture nuageuse du 11 juillet 2005 observée par le satellite Terra de la NASA

gent de transport de l'énergie

Image satellitale du 1er septembre 2015 montrant 2 ouragans

La circulation atmosphérique, couplée à la circulation océanique, redistribue l'excès d'énergie reçu dans la zone intertropicale vers les plus hautes latitudes : sans elle, le différentiel de température entre pôles et équateur serait plus fort. 25

Aux latitudes tropicales, si la température de l'océan dépasse 26,5°C sur 50 m d'épaisseur, certaines zones dépressionnaires **se renforcent localement**, donnant naissance à des **ouragans** (*aussi appelés **cyclones** ou **typhons** selon leur localisation*), où les puissants vents tourbillonnants manifestent la libération d'une énorme énergie.

27 Circulation océanique générale

CIRCULATION OCÉANIQUE GÉNÉRALE = *mouvement continu des masses d'eau océaniques à deux composantes : une circulation rapide de surface, engendrée par les vents, et une circulation large et plus lente, gouvernée en majeure partie par la densité de l'eau. Elle assure le stockage et le transport de chaleur, de carbone, de nutriments et joue un rôle majeur de régulation du climat.*

Quels sont les origines, mécanismes et conséquences de la circulation océanique ?

I - Circulation océanique de surface

✪ Des masses d'eau entraînées par les vents de surface et déviées par la force de Coriolis

Spirale d'Ekman et transport d'Ekman

Le vent déplace par friction la couche superficielle d'eau qui à son tour entraîne celle située au dessous. Les frottements successifs et la déviation de Coriolis aboutissent à un **transport moyen des eaux superficielles perpendiculaire au vent de surface**. La hauteur d'eau affectée par le transport d'Ekman correspond globalement à la couche de mélange.

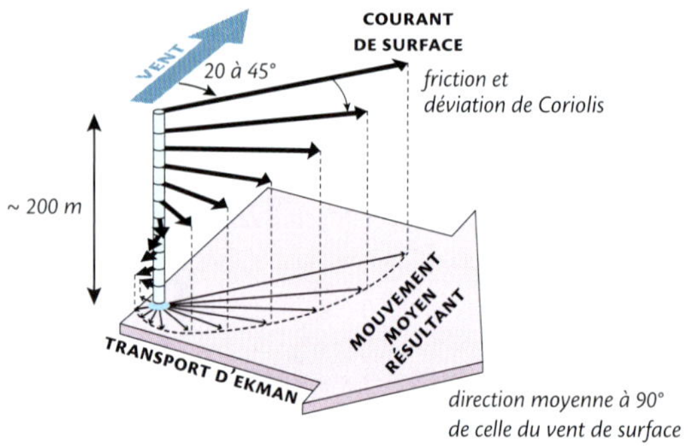

Courants géostrophiques et grands gyres

Au niveau des anticyclones, les bosses générées par transport d'Ekman engendrent un glissement gravitaire des masses d'eau. Lorsque les forces de pression s'équilibrent avec le transport d'Ekman dû au vent, les **courants** deviennent **géostrophiques**, c'est-à-dire **parallèles aux isobares**.

Les masses continentales faisant obstacle à leur progression participent à leur déviation et au bouclage des **gyres**.

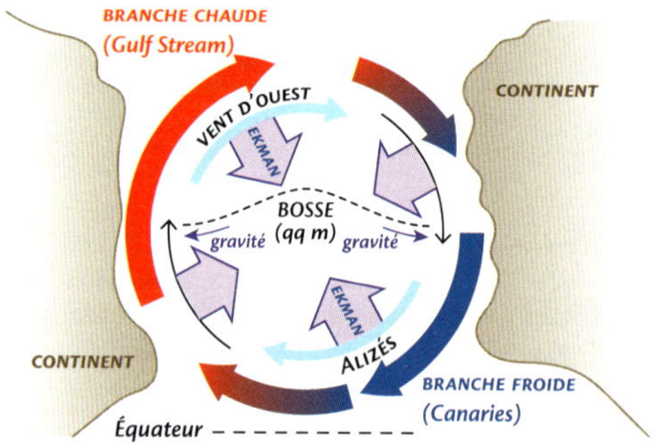

Des bosses et des creux du niveau marin liés aux vents

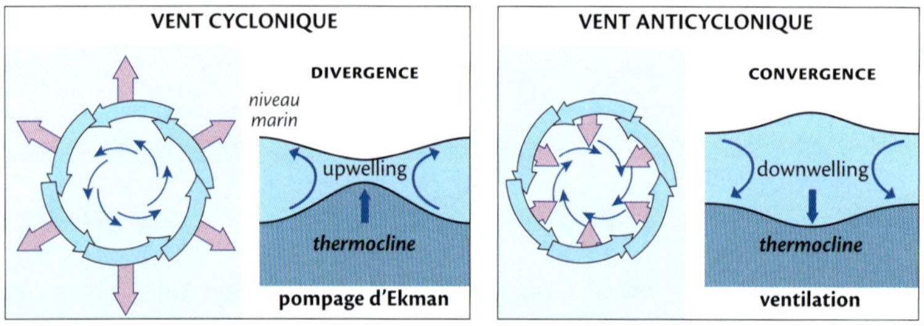

Les courants superficiels océaniques entraînés par les vents peuvent engendrer par transport d'Ekman des bosses et des creux de quelques mètres au niveau de dépressions et anticyclones. ☞ 26

✪ Des gyres redistribuant la chaleur : des branches occidentales chaudes et orientales froides

La circulation océanique de surface est entraînée par friction par les vents de surface.

À l'équateur, les alizés entraînent les eaux vers l'Ouest où elles buttent sur les masses continentales. Les masses d'eau chaudes accumulées à l'Ouest peuvent **repartir vers l'Est** du fait de la gravité (*contre-courant équatorial*) ou être **déviées vers les Tropiques** pour donner des **courants chauds** que les vents d'Ouest emportent et qui se refroidissent peu à peu en transférant leur chaleur par rayonnement IR à l'atmosphère.

Les branches des gyres rejoignant l'équateur sont des **courants froids**.

⚠ *Le courant circumpolaire antarctique, dû aux vents d'Ouest violents et à l'absence de continents lui faisant obstacle, isole thermiquement ce continent et y permet le maintien d'une calotte polaire permanente.*

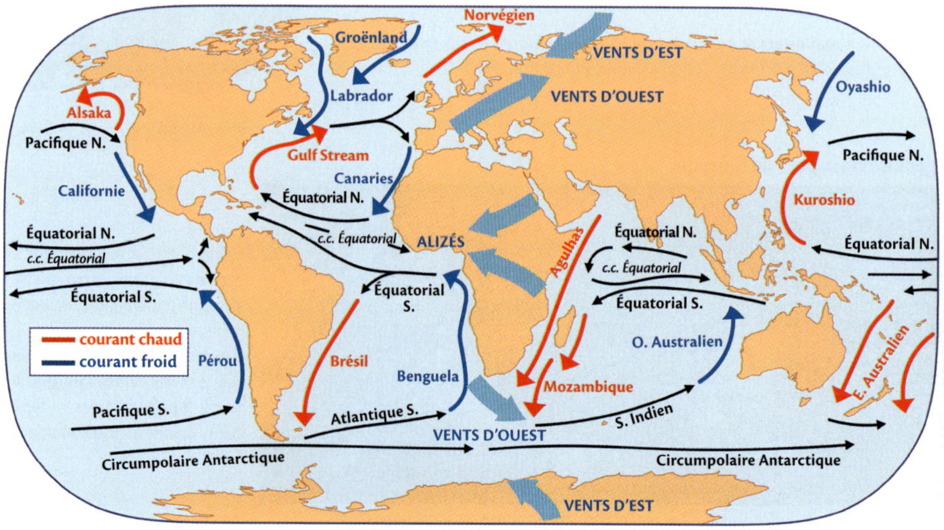

Des upwelling côtiers ou équatoriaux créant des efflorescences océaniques

ransport d'Ekman dû au vent et genèse d'upwelling

e départ des eaux de surface par transport d'Ekman est compensé par une rrivée d'eaux froides, profondes, riches en nutriments.

Jpwelling équatorial

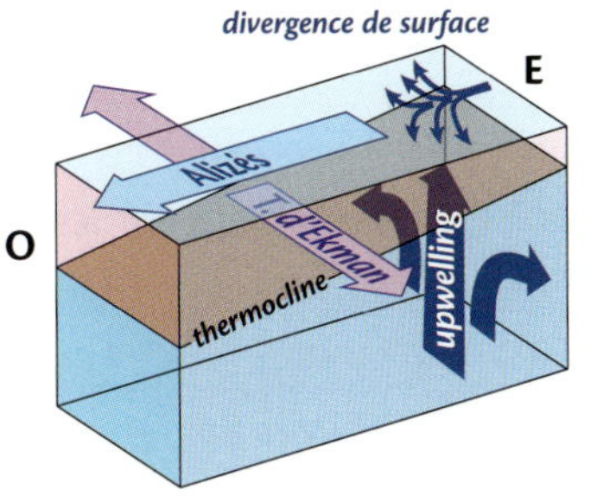

Jpwelling côtier

i la direction du vent dominant est parallèle à une côte *Péruvienne, Mauritanienne, Antarctique...)*

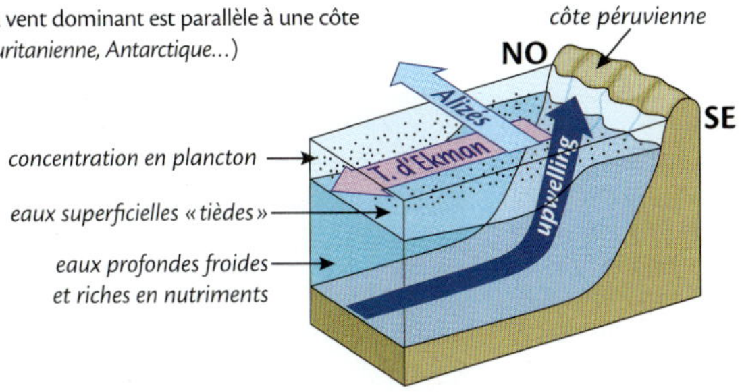

Concentration en chlorophylle de l'océan du 21 mars au 20 juin 2006

Les remontées d'eaux froides riches en nutriments provoquent des blooms de phytoplancton mesurables par satellite par les radiomètres optiques sensibles aux longueurs d'onde de l'énergie solaire réfléchie, qui permettent d'estimer le contenu en chlorophylle de l'océan.

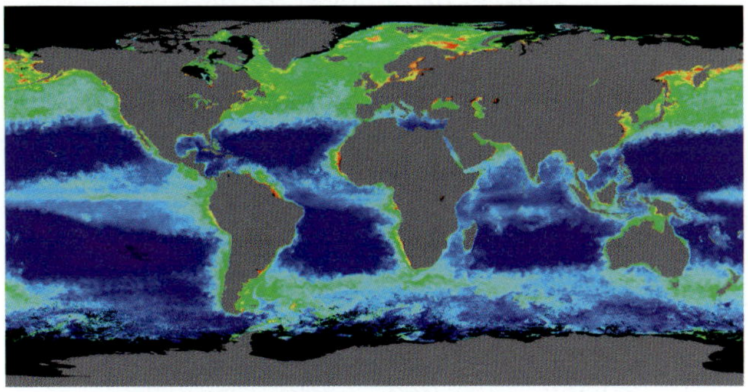

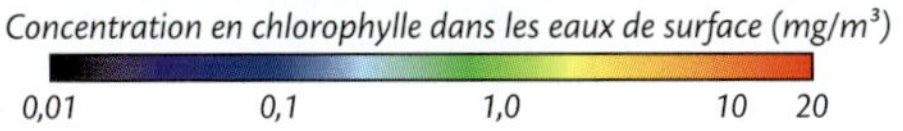

Au printemps dans l'hémisphère Nord, la production de phytoplancton est importante dans les eaux tempérées de l'hémisphère nord et faible dans celles de l'hémisphère sud.

I - Circulation océanique profonde

apis roulant convectif : la circulation thermohaline

e Gulf Stream est un segment de la gyre océanique de l'Atlantique Jord dont les eaux sont particulièrement salées du fait d'une évaporaion forte. Il se prolonge par l'**AMOC** (***Atlantic Meridional Overturning irculation***) qui transfère une grande partie de sa chaleur à l'atmoshère et se refroidit.

es eaux froides et salées, donc denses, plongent, principalement n mer de Norvège, c'est cette circulation méridienne de retournenent (AMOC) qui initie une convection lente (*quelques dizaines de nètres/h*), d'un débit gigantesque, bouclée en 1000 à 1500 ans, qui tocke temporairement le carbone dans les eaux profondes et les alinente en oxygène.

n hiver dans l'hémisphère Nord, la formation de la glace de mer exluant le NaCl accentue l'augmentation de densité des eaux de surface.

a mer de Weddell est aussi une zone de formation d'eau profonde.

es remontées convectives dans les océans indien et pacifique ont une rigine mixte (*vents de surface, marées...*).

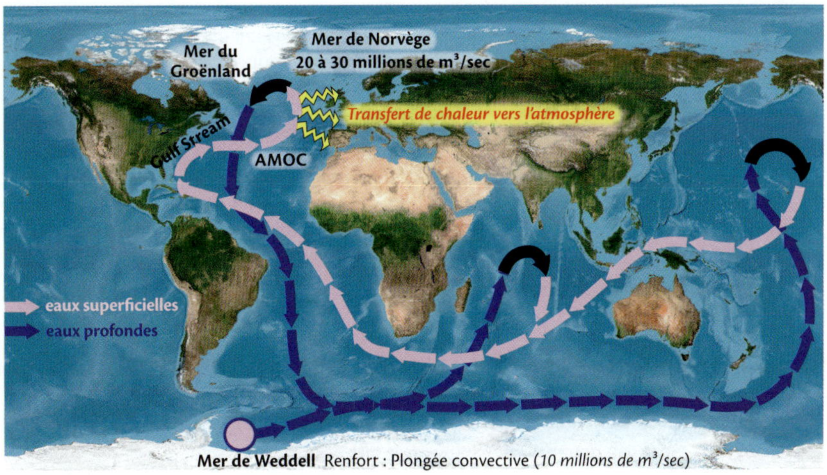

Les eaux évaporées dans la partie subtropicale de l'Atlantique, entrainées par les Alizés, retombent en pluie sur le Pacifique. En revanche celles du Pacifique retombent en pluie sur l'Asie et rejoignent le Pacifique par les grand fleuves, ce qui explique sa plus basse salinité et l'absence de descente convective.

alentissement de l'AMOC et effets sur le climat

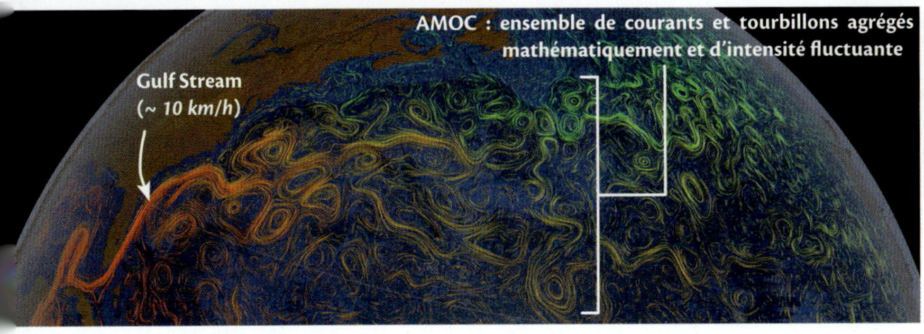

Le **Gulf Stream** se disperse en plusieurs tourbillons qui composent l'**AMOC** et transfèrent la chaleur aux masses d'air sus-jacentes circulant d'Ouest en Est, ce qui régule les climats d'Europe du Nord-Ouest.

Le réchauffement des océans et la **fonte des glaces continentales** pourraient ralentir l'augmentation de densité des eaux des surfaces, **freiner la circulation méridienne de retournement**, et donc perturber le climat (*hiver plus rigoureux, été plus secs et caniculaires*).

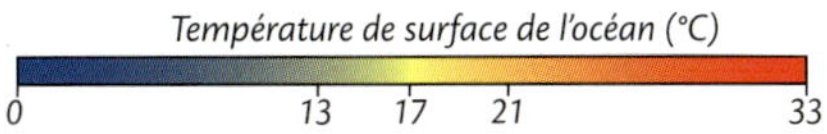

28 Les oscillations climatiques

Oscillations climatiques = *variations plus ou moins régulières du climat, observées à différentes échelles de temps et d'espace.*

Quels sont les exemples les plus célèbres d'oscillations climatiques ? Comment peut-on les expliquer ? Quels sont les effets du changement climatique sur ces événements ?

I - La mousson indienne, une périodicité biannuelle

Une saison humide très marquée en été en Inde

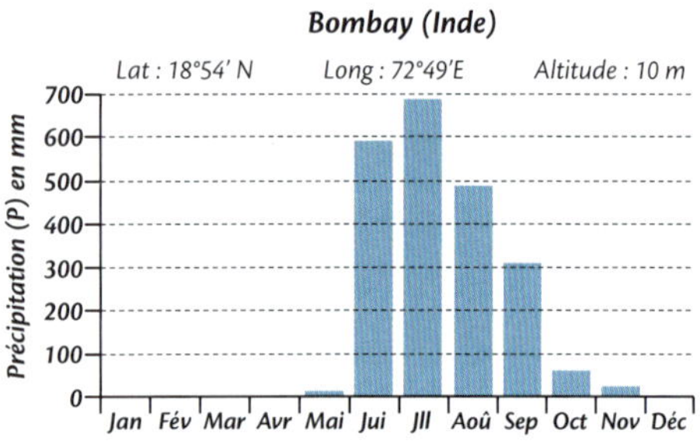

Les oscillations Madden-Julian modulent la pluviosité des océans tropicaux su des périodes de 40 à 50 jours, avec une fréquence de 6 à 12 événements par a Ces oscillations influencent l'intensité de la mousson.

Des **précipitations diluviennes** s'abattent en Inde en **été** (***mousson d'été***) et alternent avec une **période plus sèche** en **hiver** (***mousson d'hiver***). La mousson n'existe pas qu'en Inde, **d'autres pays la subissent** comme l'Afrique de l'Ouest, l'Océanie ou la côte Est des États-Unis. La mousson assure **50% des transferts d'énergie méridiens** entre les régions intertropicales et les latitudes moyennes.

Des contrastes thermiques importants entre océan et continent

Les pluies de la mousson représentent environ **80% des précipitations indiennes**. Cette eau alimente les glaciers himalayens, à l'**origine des grands fleuves** comme l'Indus, l Gange et le Brahmapoutre.

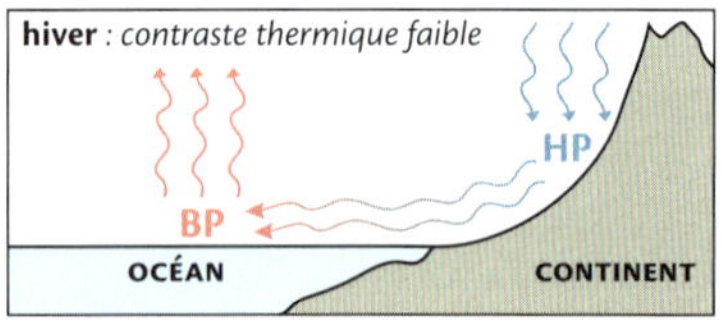

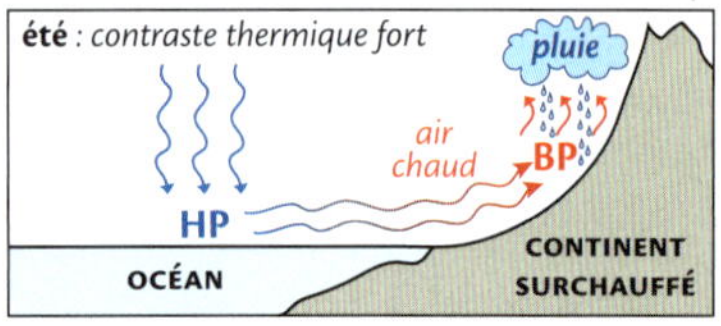

En hiver, le continent se refroidit beaucoup plus vite que l'océan ainsi que l'air qui le surmonte. Des vents se mettent en place du continent vers l'océan, **caractérisés par un air sec et froid**.

En été, du fait de son inertie thermique, l'océan se réchauffe beaucoup moins vite que le continent. Les vents s'inversent et charrient un **air chaud et humide** car chargés de l'évaporation de l'océan. Du fait de la **barrière de l'Himalaya**, l'air est contraint de s'élever, l'eau condense et donne naissance à ces pluies importantes.

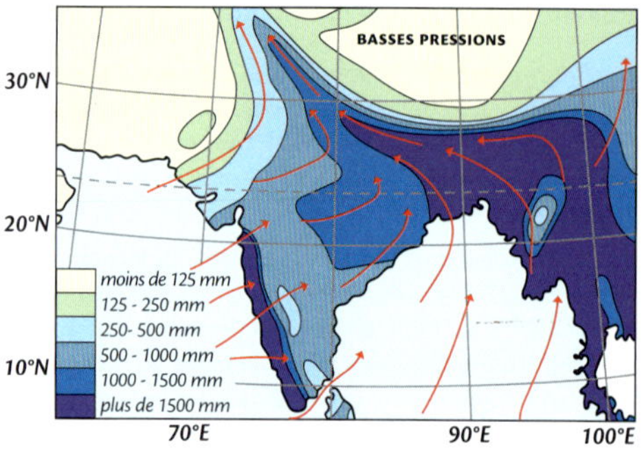

II - Les événements El Niño et la Niña, une périodicité pluriannuelle

Périodicité des événements ENSO

Ces deux photos comparent l'**anomalie de hauteur de la mer** avant le début (*janvier 2015*) et au pic d'un événement El Niño (janvier 2016). On distingue clairement **un courant d'eau traversant le Pacifique d'ouest en Est**, appelé **onde de Kelvin**, poussé par un vent d'ouest (flèche bleue) et associé à un upwelling générant un courant symétrique de part et d'autre de l'équateur appelé **onde de Rossby**.

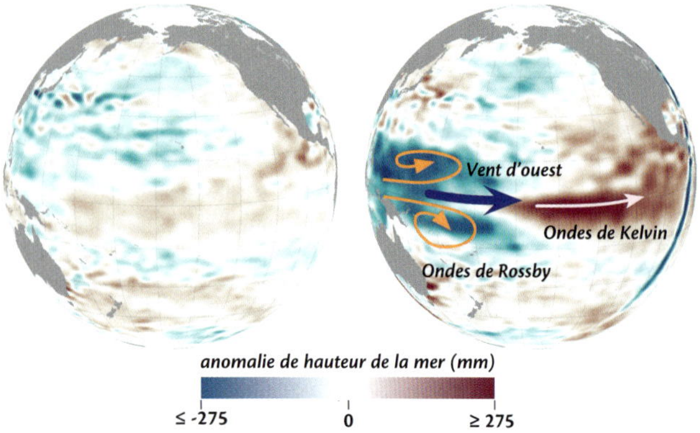

Détection des événements par relevé satellitaire

L'**indice ONI** (***Oceanic Niño Index***) mesure les **anomalies de température de surfa de la mer** et indique les événements El Niño et La Niña depuis les années 1950. (*d'ap K. Trenberth, https://climatedataguide.ucar.edu/climate-data/nino-sst-indices-nino-12 34-4-oni-and-tni*). Ces événements de grande ampleur, affectant tout l'océan Pacifiq montrent une phase chaude (El Niño) suivie par une phase froide (La Niña). Ces osci tions, appelées **ENSO** (***El Niño – Southern Oscillation***) montrent une **périodicité d' viron 5 ans**. Chaque événement El Niño dure environ 18 mois et débute aux alento de la période de Noël.

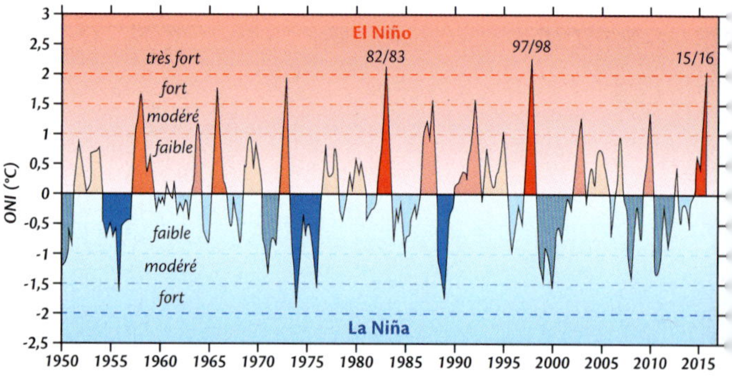

Un couplage océan-continent de grande ampleur

Les événements El Niño existent en l'état depuis au moins 11 000 ans. Les scientifiques arrivent à les prédire avec 6 mois d'avance environ mais la **cause de l'affaiblissement des alizés n'est toujours pas comprise**. Des hypothèses mettent en avant le rôle de forts vents d'ouest ou de variations du courant de Humboldt qui longe le continent sud-américain. Les conséquences socio-économiques et environnementales de ces événements sont considérables.

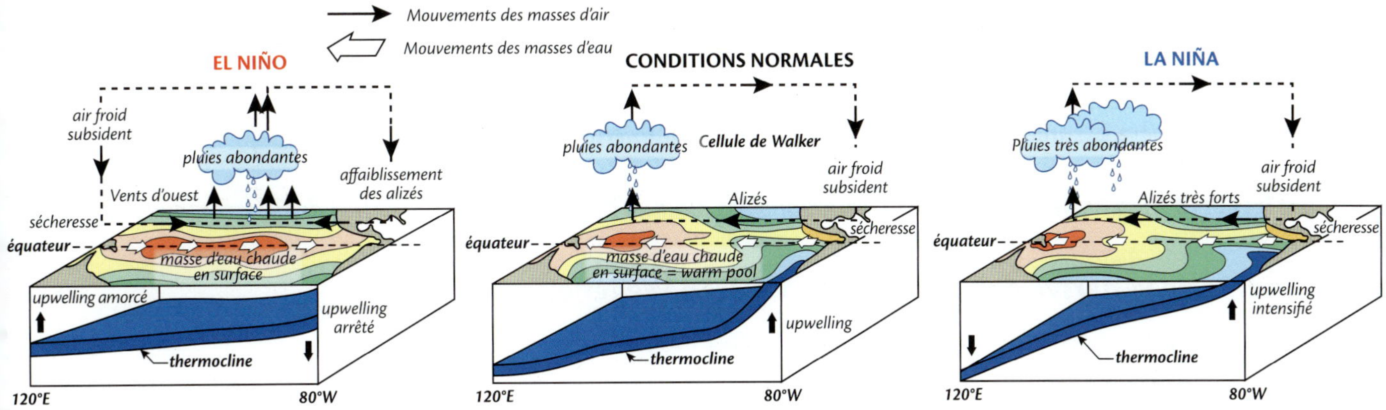

III - L'oscillation nord-Atlantique, une pseudo-périodicité décennale

Une pseudo-périodicité décennale révélée par l'indice NAO

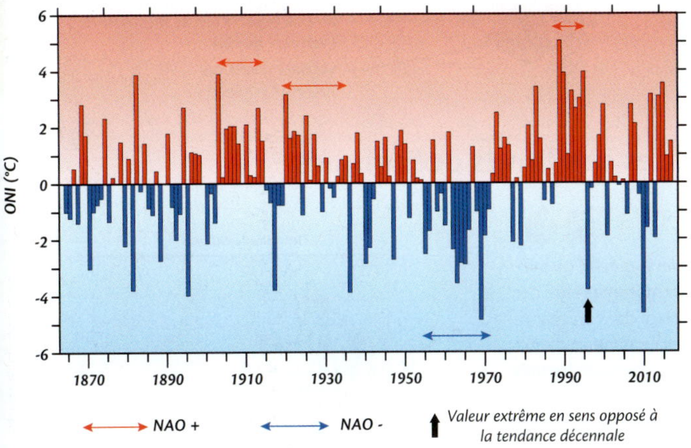

L'**oscillation nord-Atlantique** (***NAO pour North Atlantic Oscillation***) concerne l'Atlantique Nord, joue sur la **qualité des hivers** de tout ce bassin et est le résultat d'un **couplage entre l'océan et l'atmosphère**. L'indice NAO est calculé annuellement à partir des anomalies de différence de pression entre Lisbonne (*Portugal*) et Reykjavik (*Islande*), moyenné de janvier à mars et normalisé. Une anomalie positive indique une phase positive de la NOA et une anomalie négative une phase négative de la NAO.

Il existe d'autres oscillations comme l'AO (oscillation arctique), l'AMO (oscillation multidécennale atlantique) ou la PDO (oscillation décennale du Pacifique).

Les conséquences climatiques de l'oscillation nord-Atlantique

Tout comme les événements ENSO, l'oscillation nord-Atlantique est **prévisible à court terme** mais encore non comprise. Elle semble influencée par d'autres cycles, comme l'ENSO, les variations d'activité solaire et les grandes éruptions volcaniques. Ses conséquences socio-économiques sont également très importantes.

IV - L'impact du changement climatique sur le couplage océan-atmosphère

Des oscillations climatiques fragiles

Les oscillations climatiques montrent un **équilibre précaire** et les différents facteurs les provoquant sont toujours **mal compris**. Leurs conséquences écologiques et socio-économiques impactent des milliards de personnes. Ainsi, les effets du changement climatique sont très étudiés mais les résultats sont encore incertains.

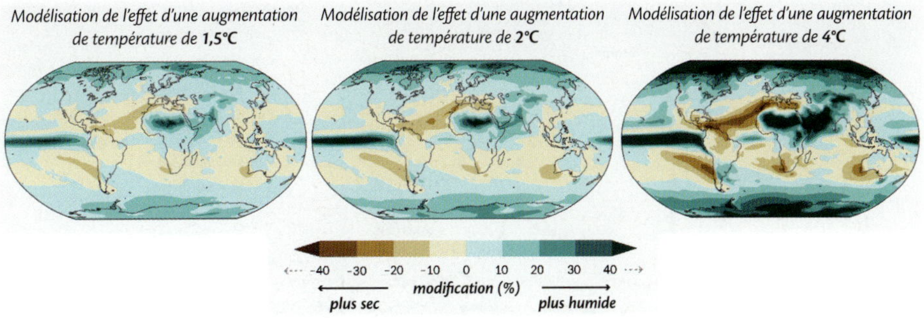

29 La tectonique des plaques : des faits au modèle

PLAQUE LITHOSPHÉRIQUE = *calotte sphérique constituée de la croûte (de nature variable) et du manteau lithosphérique. Elle est limitée en profondeur par l'isotherme 1300°C et fait une épaisseur qui varie jusqu'à 100 km (lithosphère océanique), ou 200 km (lithosphère continentale).*

Quels sont les faits à l'origine de la théorie de la tectonique des plaques ? Quel est le modèle actuel de la tectonique des plaques ?

I - Le modèle de la dérive des continents d'Alfred Wegener

La reconstitution de la position des continents au Carbonifère par Alfred Wegener

L'idée de l'existence de **déplacements horizontaux** à la surface de la Terre a été proposée initialement par **Alfred Wegener en 1912**. En se basant sur le **rapprochement d'aires de répartition** de roches, de dépôts glaciaires, de formations de chaines de montagnes, de fossiles animaux et végétaux, il propose un déplacement des continents entre l'ère primaire et aujourd'hui.
Les données récentes montrent que sa reconstitution de la position des continents au Carbonifère est très proche des cartes que l'on peut produire actuellement.

La reconstitution de Wegener n'a pas été bien acceptée par la communauté scientifique à l'époque, il faudra attendre les années 1960-1970 pour que ses travaux soient connectés à la tectonique des plaques.

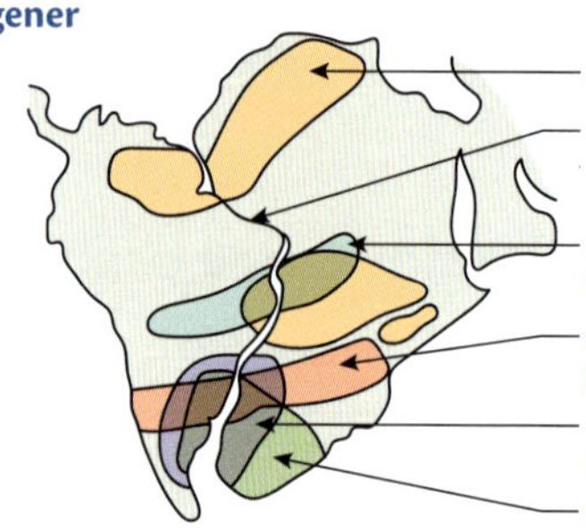

II - Les apports de l'étude des anomalies magnétiques des fonds océaniques

Symétrie des anomalies magnétiques de part et d'autre de la dorsale Est Pacifique

23 30

La mesure du champ magnétique en domaine océanique révèle des valeurs supérieures (***anomalies positives***) ou inférieures (***anomalies négatives***) au champ magnétique local moyen. Cela est dû à l'**aimantation thermorémanente** des roches magmatiques qui se superpose au champ actuel. Quand cette aimantation s'est mise en place dans un champ magnétique orienté comme le champ actuel, l'anomalie est positive. Si l'aimantation s'est mise en place dans un champ inversé par rapport à l'actuel, cela donne une anomalie négative. Ces anomalies sont organisées sous forme de **bandes parallèles et symétriques par rapport à l'axe** formé par les reliefs sous marins des ***dorsales océaniques***.
Ces anomalies sont interprétées comme provenant de l'aimantation thermorémanente des basaltes et des serpentinites formés de part et d'autre de la dorsale, la lithosphère s'écartant progressivement de l'axe.

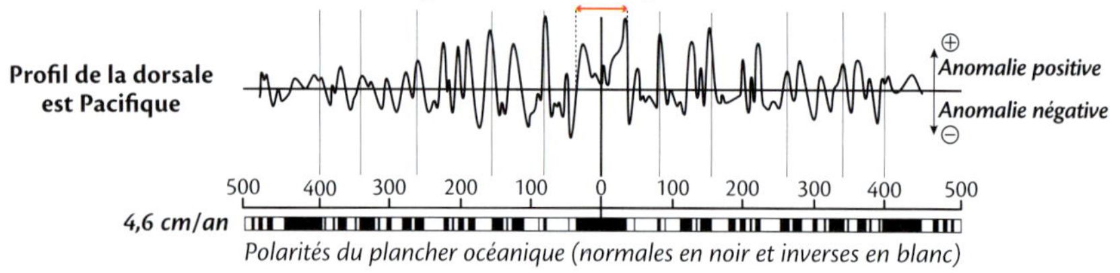

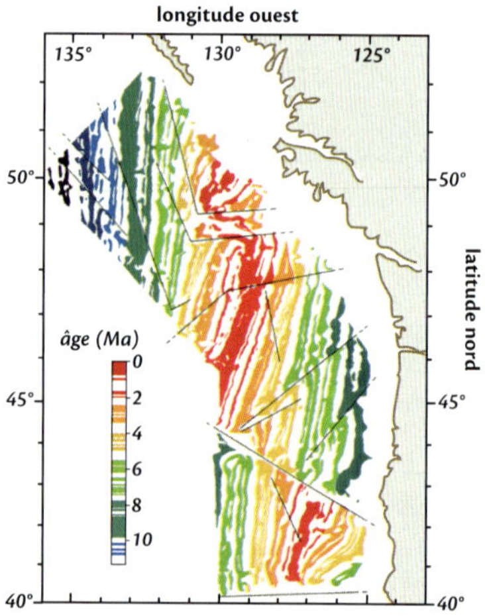

III - La carte du monde des plaques tectoniques

Une **plaque lithosphérique** forme une **enveloppe rigide** en déplacement sur la LVZ. La surface de la Terre est ainsi formée de plaques, dont les déplacements relatifs sont marqués par des **zones de sismicité** et de **volcanisme actif**. Le modèle de découpage des plaques a évolué avec l'avancée des recherches (*voir V*).

Cartes du monde de la localisation des principaux séismes et volcans

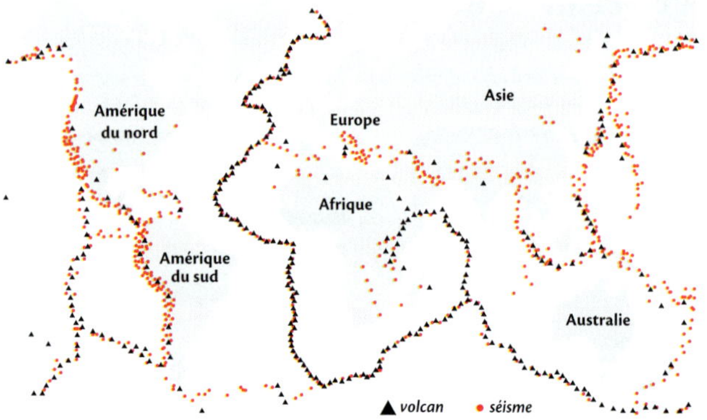

Cartes du monde de la localisation des plaques lithosphériques (*modèle MORVEL 1*)

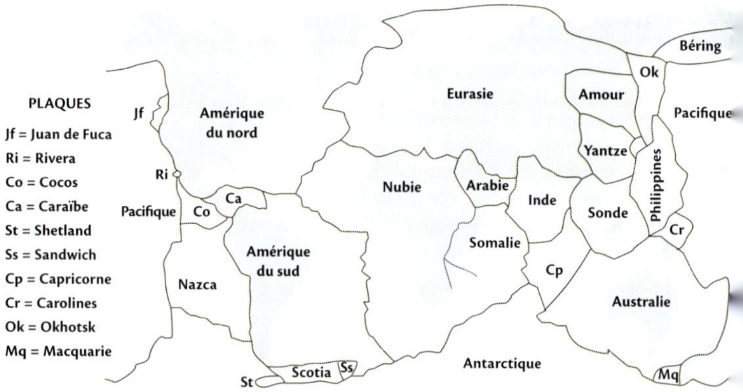

V - Les déplacements des plaques étudiés grâce au GPS et aux points chauds

e GPS permet d'étudier les déplacements actuels des plaques lithosphériques.
'existence de zones magmatiques de points chauds permet également de mettre en évidence des déplacements de plaques lithosphériques.
)n utilise également des données des anomalies magnétiques récentes.

:arte du Monde des déplacements absolus actuels des plaques ithosphériques majeures mesurées à différentes stations GPS

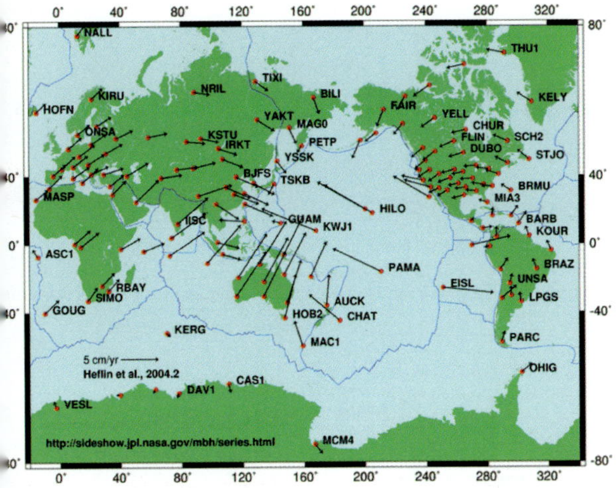

Vitesse des plaques majeures et nature des limites qui les bordent

On observe que les plaques les plus rapides sont bordées par des zones de subduction. 34 133

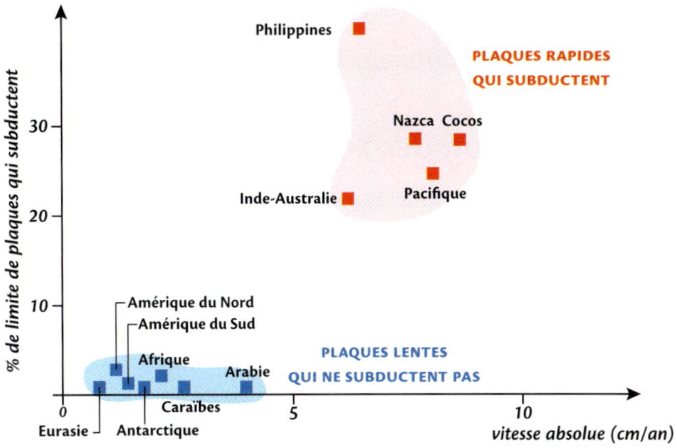

V - Les modèles de la tectonique des plaques

.e modèle MORVEL 1

e modèle MORVEL date de **2010**. Il prend en compte **56 plaques lithosphériques**.
.es plaques se déplacent de façon latérale à la surface de la terre sur la LVZ.
lles sont limitées par :

- des frontières **DIVERGENTES**, les dorsales, 30
- des frontières **CONVERGENTES**, les subductions et les collisions, 31
- des frontières **COULISSANTES**, les failles transformantes. 32

Le modèle de la tectonique des plaques a évolué depuis un premier modèle à 6 plaques (1967, Le Pichon). En 1990, le modèle NUVEL 1 (DeMets et coll.) comprend 12 plaques. MORVEL est le dernier modèle (2010, DeMets, Gordon, Argus).

La carte présentée représente les déplacements relatifs entre deux plaques (convergence, divergence…). Les déplacements absolus correspondent aux déplacements de chaque plaque dans le repère latitude/longitude.

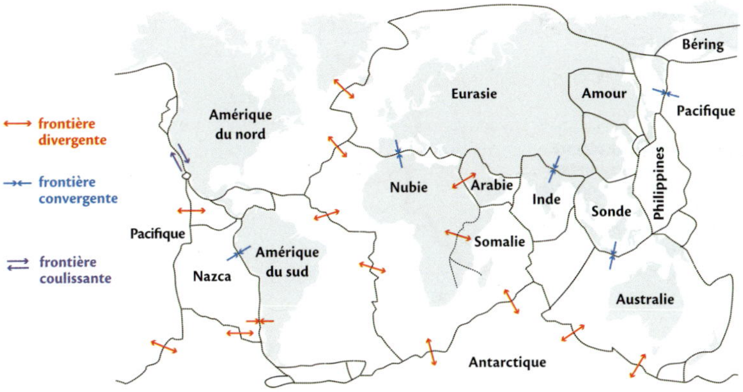

Carte du Monde des déplacements relatifs des plaques lithosphériques
(seuls les déplacements relatifs entre plaques majeures sont représentés)

.es liens entre la tectonique des plaques et la dynamique mantellique 33 35 136

'analyse du manteau par **tomographie sismique** révèle des liens entre a dynamique des plaques lithosphériques et la dynamique mantellique.
.es mouvements de divergence au niveau des **dorsales** sont liés à des remontées de péridotites chaudes de façon très superficielle.
.es **zones de subduction** sont associées à des descentes le matériel froid dans le manteau, qui peuvent se propager usqu'au manteau inférieur.
\insi, le moteur principal de la tectonique des plaques et le la dynamique mantellique semble lié aux subductions.
'activité des points chauds serait globalement indépendante de la tectonique des plaques.

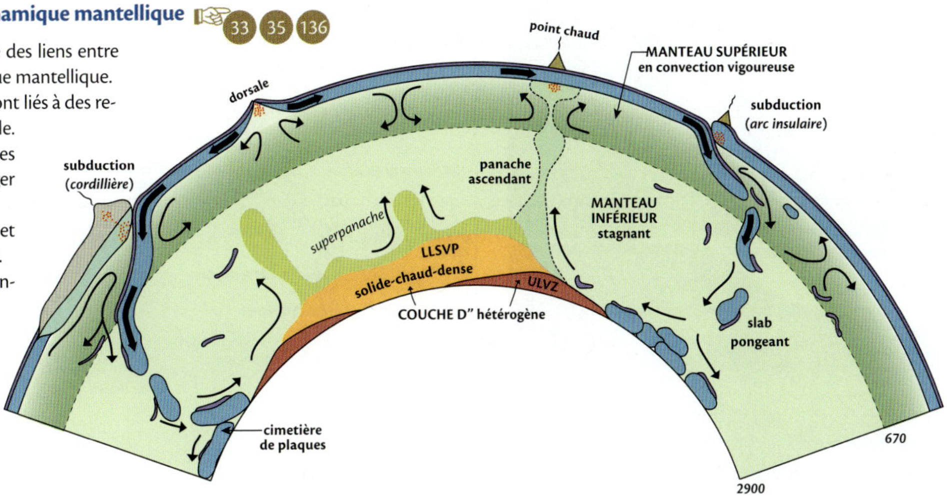

CC *lithosphère continentale* CO *lithosphère océanique*

fusion partielle

Dans les océans bordés de marges actives (Pacifique) la force motrice essentielle est la traction exercée par la plaque plongeante « slab pull », alors que pour les océans bordés par des marges passives (Atlantique) la force motrice semble être la poussée à la dorsale « Ridge push ».

On pense qu'à l'Archéen (avant –2,5 Ga), la lithosphère était trop mince pour transmettre des forces sur de longues distances. On ne devait pas avoir à cette époque de plaques vastes, épaisses, peu déformables et se mouvant à quelques cm/an. Avant –2,5 Ga, on devait avoit de nombreuses « plaquettes », plus petites, plus minces, plus rapides et plus déformables.

30 Les grands contextes de la tectonique des plaques : divergence

DIVERGENCE = *contexte tectonique caractérisé par une extension au niveau de la limite de plaques ou de certaines zones intraplaques.*

Quelles sont les zones en divergence sur Terre ? Quels sont leurs marqueurs ?

I - Localisation des zones de divergence

Les rifts et les dorsales sont les principales zones de divergence

35

Les dorsales sont des limites de plaques caractérisées par une divergence des plaques. Il existe aussi des zones de divergence au sein de certaines plaques : les grabens = les rift (*Basin Range au niveau de la plaque Nord Américaine, Fossés périalpins au niveau de la plaque Eurasie*).

PLAQUES

- Jf = Juan de Fuca
- Ri = Rivera
- Co = Cocos
- Ca = Caraïbe
- St = Shetland
- Ss = Sandwich
- Cp = Capricorne
- Cr = Carolines
- Ok = Okhotsk
- Mq = Macquarie

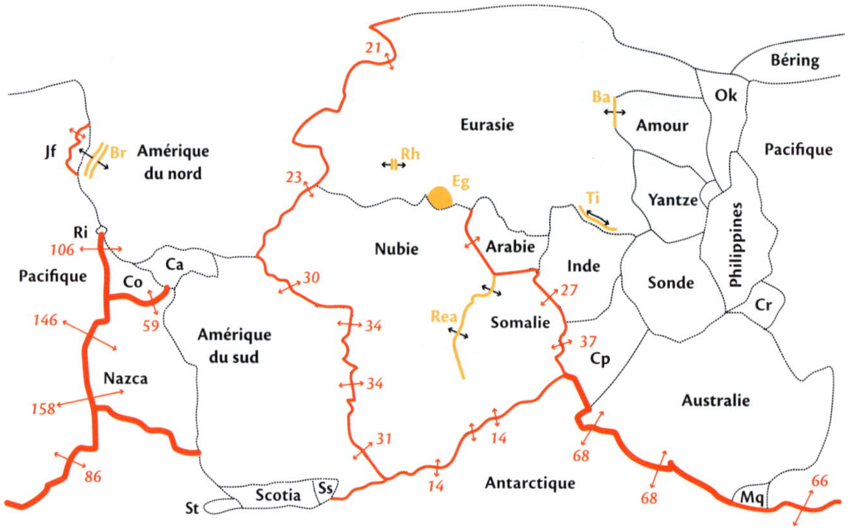

·········· Limite de plaque ne correspondant pas à de la divergence

⟷ Déplacement relatif en mm/an des 2 plaques

DORSALES

- dorsales pacifiques +++++
- dorsale médio-atlantique +
- dorsale sud ouest indienne +
- dorsale est ouest indienne +++

RIFTS

- Br = Basin and Range
- Rh = Fossés périalpins
- Eg = Égée
- Ti = Tibet
- Ba = Baïkal
- Rea = Rift est-africain

31 32

II - Les contextes des zones de divergence

✪ Les rifts

Faille normale d'Ornon

Dans les Alpes, la faille normale d'Ornon est un marqueur de la phase de déchirure continentale datant du Lias supérieur.

Rift Est-Africain : début d'océanisation

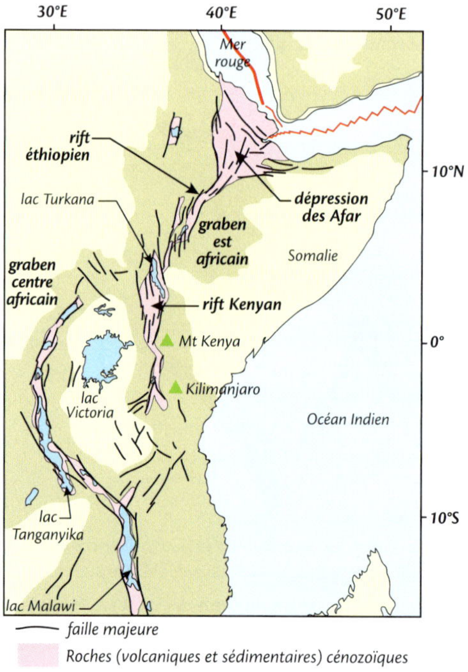

Mécanisme au foyer d'une faille normale

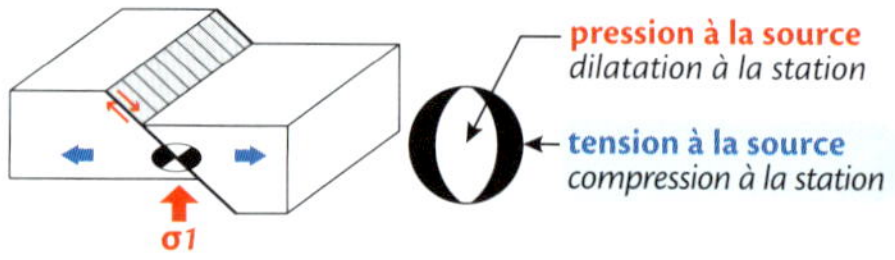

Schéma du fonctionnement d'un rift

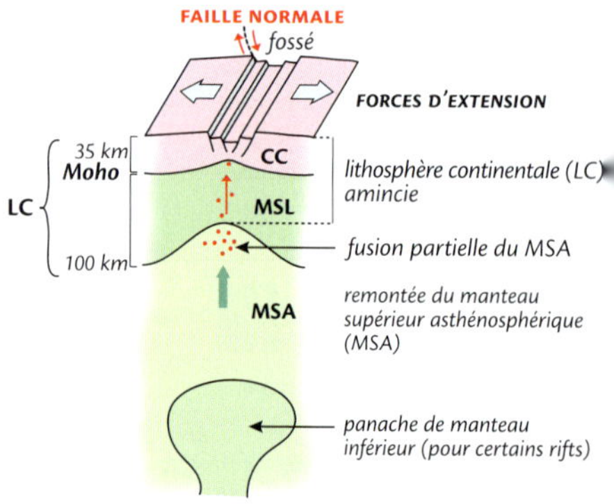

En domaine continental, la lithosphère qui subit une divergence se fracture avec un amincissement de toute la lithosphère et la mise en place de failles normales sur les bordures du rift.

✪ Les dorsales lentes

La **dorsale atlantique** (*dorsale médio-atlantique*) est un exemple de dorsale lente (*avec une divergence de 2 à 4 cm/an*) caractérisée par une vallée axiale au niveau du rift, un magmatisme faible, avec parfois absence de croûte ou avec une croûte océanique peu épaisse (*sans complexe filonien*) sur un manteau lithosphérique correspondant à une péridotite de type lherzolite.

Âges des sédiments récupérés lors des forages DSDP, ODP et IODP

La vitesse moyenne d'accrétion des dorsales peut être calculée grâce aux âges des sédiments.

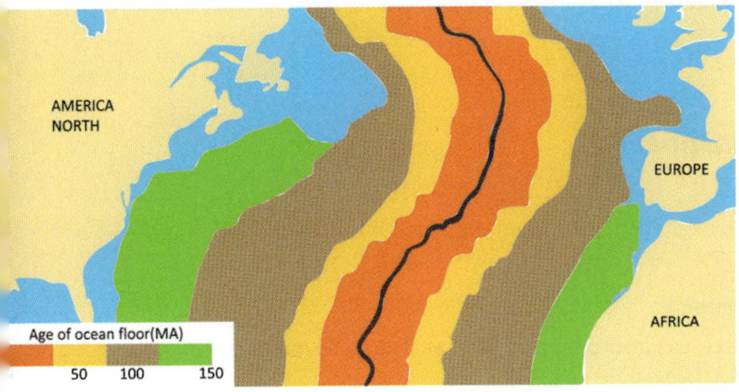

Schéma du fonctionnement d'une dorsale très lente

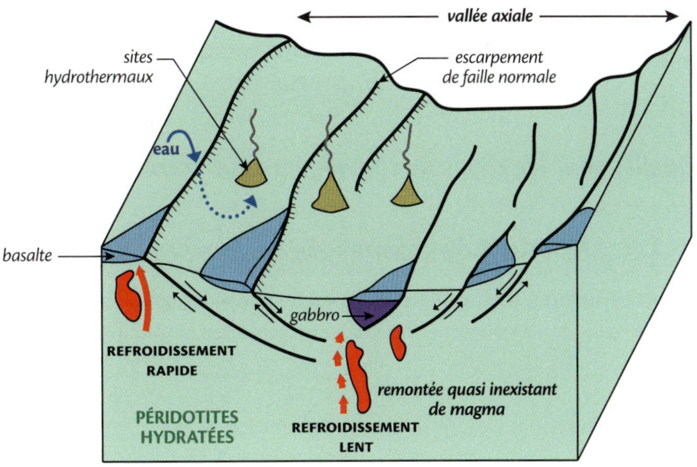

✪ Les dorsales rapides

Schéma du fonctionnement d'une dorsale rapide

La dorsale pacifique est un exemple de dorsale rapide (avec une divergence supérieure à 6 cm/an), caractérisée par un bombement au niveau de la ride et une croûte océanique épaisse (avec un complexe filonien) sur un manteau lithosphérique correspondant à une péridotite de type harzburgite voire dunite.

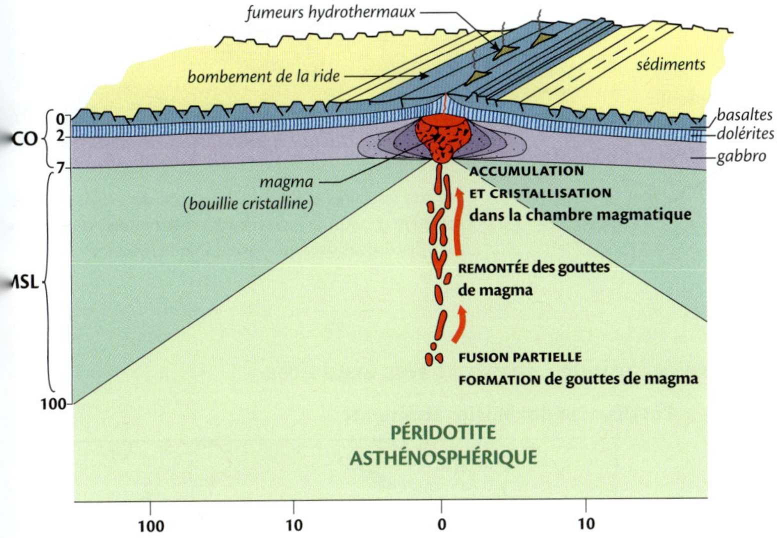

Symétries des anomalies magnétiques au niveau des dorsales atlantique et pacifique

29

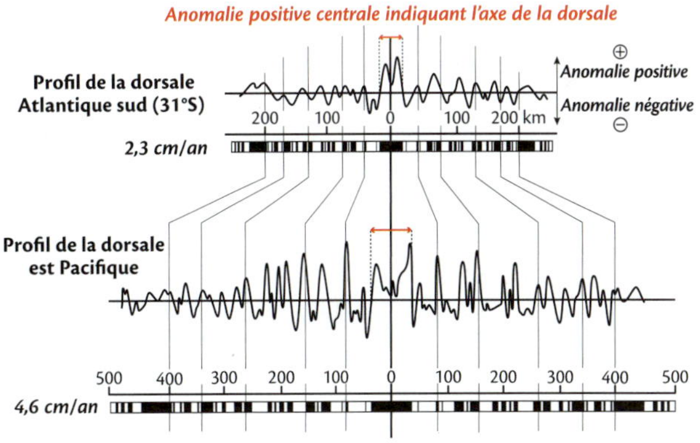

Polarités du plancher océanique (normales en noir et inverses en blanc)

Quand les basaltes se mettent en place au niveau de la dorsale, certains **cristaux ferromagnétiques** (*la magnétite Fe_3O_4*) présentent une aimantation qui s'oriente dans le sens du champ magnétique existant « *fossilisant* » ainsi ce champ magnétique. Les dorsales actuelles sont caractérisées par une « *anomalie* » positive centrale et la symétrie des anomalies magnétiques de part et d'autre de la dorsale témoigne de la divergence de la lithosphère océanique formée au niveau des dorsales.

III - Les marqueurs des zones de divergence

MARQUEURS	RIFTS	DORSALE LENTE	DORSALE RAPIDE
SISMIQUES ET TECTONIQUES	Séismes superficiels et failles normales		
MAGMATIQUES	Alcalin et tholéiitique	Tholéiitique *Peu abondant voire absent*	*Abondant*
GÉOMORPHOLOGIQUE	Rift = graben	Vallée axiale au niveau du rift	Bombement
GÉOPHYSIQUE	Flux de chaleur important (>200 mW/m²)		
SÉDIMENTAIRE ET MAGNÉTIQUE		Symétriques par rapport à la dorsale	

⚠

Depuis les années 1960, le magnétisme des basaltes des croûtes océaniques a été mesuré. Vine et Matthew ont ainsi mis en évidence des anomalies symétriques de part et d'autre des dorsales

L'anomalie magnétique (positive en noir et négative en blanc) est la résultante du champ magnétique terrestre et de l'aimantation de la croûte océanique. Une anomalie positive correspond à une aimantation fossile du basalte identique au champ magnétique actuel. Une anomalie négative correspond à une aimantation fossile du basalte dans un champ opposé au champ magnétique actuel.

31 Les grands contextes de la tectonique des plaques : convergence

Convergence = *contexte tectonique caractérisé par le rapprochement de deux plaques lithosphériques dont la frontière est en compression.*

Quelles sont les zones de convergence sur Terre ? Quels sont leurs marqueurs ?

I - Localisation des zones de convergence

Les arcs insulaires, les cordillères et les chaînes de montagne sont des zones de convergence

La convergence de deux plaques entraîne des reliefs particuliers au niveau de la limite de plaques : fosses, arcs insulaires, cordillères et chaînes de montagne.

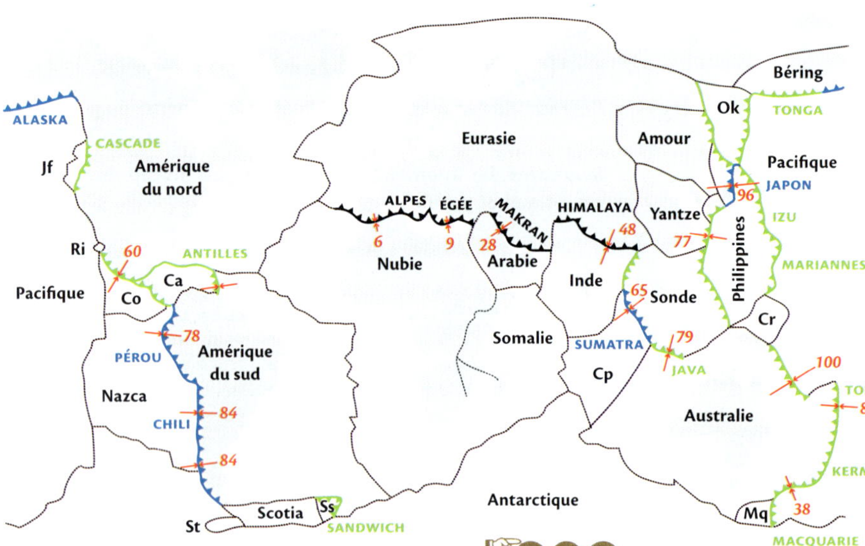

30 32 85

Éruption du volcan Anak Krakatau (2018)

Les arcs insulaires et les cordillères sont des reliefs marqués par un magmatisme (*volcanisme et plutonisme*) calcoalcalin avec des risques sismique et volcanique majeurs.

II - Les contextes des zones de convergence

✪ Les zones de subduction lithosphère océanique/lithosphère océanique : fosses et arcs insulaires

La fosse des Mariannes : subduction à fort pendage et bassin arrière-arc

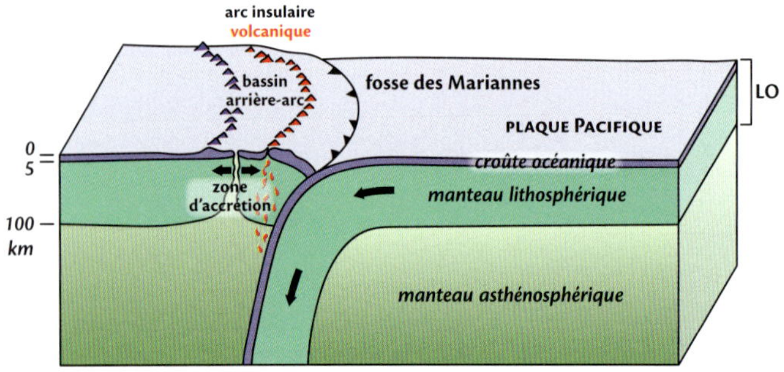

Localisation des bassins arrière-arc

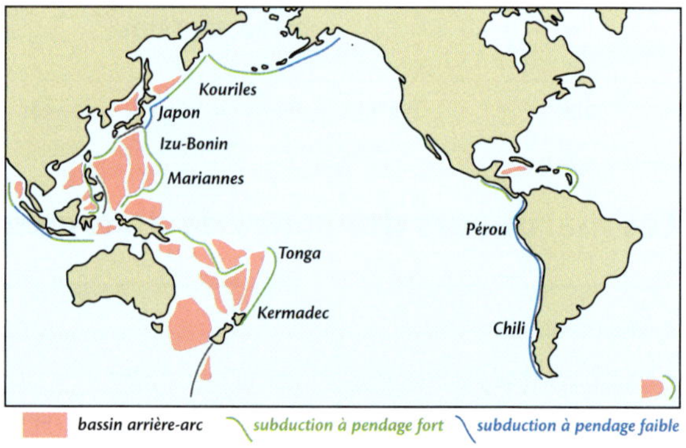

La convergence entre deux lithosphères océaniques est marquée par les fosses océaniques les plus profondes (*fosse des Mariannes, 10 984 m et fosse des Kermadec*).

Ces zones présentent :

- des plans de subductions (*appelés plan de Wadati-Bénioff*) avec des pendages très forts.
- une fusion partielle de la péridotite hydratée du manteau supérieur (*lithosphérique et asthénosphérique*) et un magmatisme calcoalcalin au niveau de l'arc insulaire.
- un bassin à l'arrière de l'arc insulaire avec à une accrétion océanique permise par une remontée du manteau supérieur asthénosphérique.

Différents pendages des plans de subduction

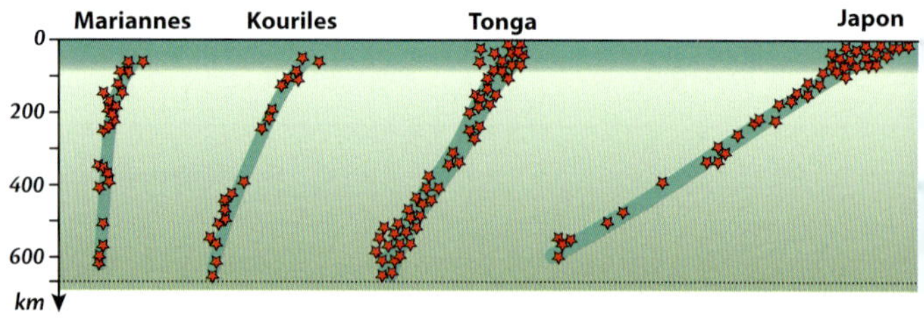

✪ Les zones de subduction lithosphère océanique/lithosphère continentale : fosses et cordillères

La subduction lithosphère océanique/lithosphère continentale au niveau de la cordillère des Andes

Dans le cas de la cordillère des Andes, la convergence de la plaque Nazca et de la plaque Amérique du Sud est accommodée par la subduction de la lithosphère océanique et par de grands chevauchements et entraîne une surrection de tout le plateau Andes-Alptiplano.

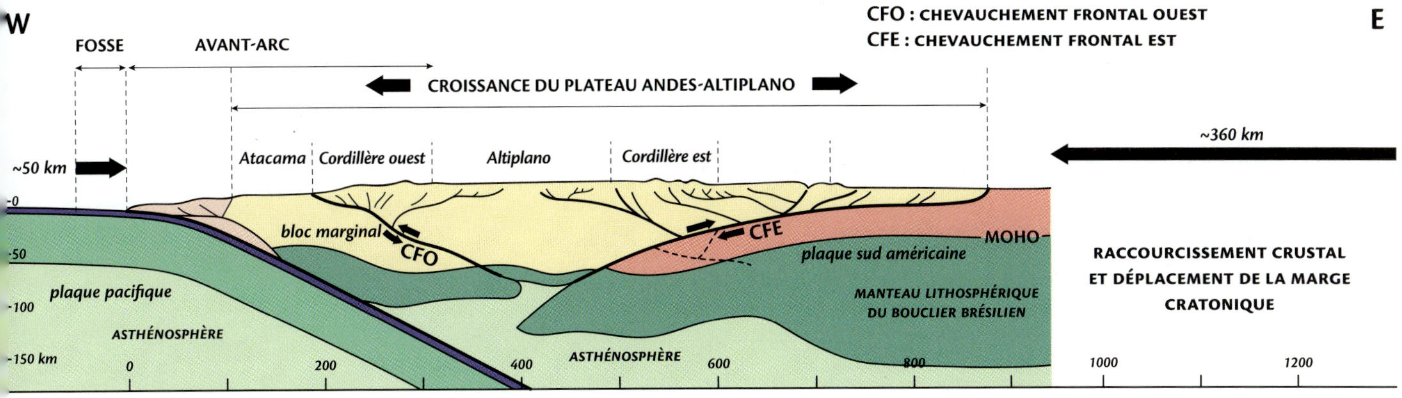

✪ Les zones de subduction lithosphère océanique/lithosphère océanique: fosses et arcs insulaires

Pli dans l'Himalaya

Localisation des bassins arrière-arc

Au niveau du col du Lautaret, l'écaillage crustal est visible : la **zone briançonnaise** ❶ chevauche la **zone subbrianconnaise** ❷ qui elle-même chevauche la **zone ultradauphinoise** ❸ au niveau du **chevauchement pennique frontal**.

Schéma des principales caractéristiques d'une chaîne de collision

La **subduction suivie de la collision** entre deux lithosphères continentales est caractérisée par un **écaillage continental** (*avec des failles inverses, des plis-failles et des grands chevauchements*) qui conduit à :

- une **surrection** (*c'est-à-dire à un relief élevé : Himalaya 8849 m, Alpes, 4809 m*),
- un **métamorphisme** MP/MT puis à un métamorphisme BP/HT,
- une **anatexie crustale** suite à une fusion partielle de la croûte continentale épaissie,
- la mise en place de **bassins flexuraux**.

76

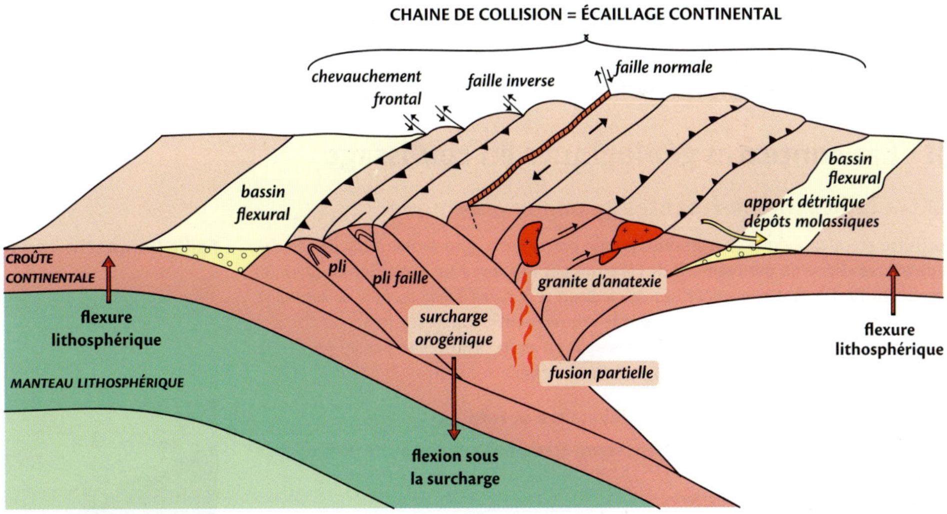

III - Les marqueurs des zones de convergence

MARQUEURS	FOSSE	ARC INSULAIRE, CORDILLÈRE ET CHAÎNE DE COLLISION
SISMIQUES ET TECTONIQUES	Séismes superficiels à profonds, failles inverses, plis, chevauchements	
SÉDIMENTAIRES ET MAGMATIQUES	Prisme d'accrétion	Magmatisme calcoalcalin Anatexie crustale dans les cordillères et chaînes de collision
MÉTAMORPHIQUE	Métamorphisme HP/BT	HP/HT puis BP/HT
GÉOPHYSIQUE	Flux thermique faible	Flux thermique élevé
GÉOMORPHOLOGIQUE	Relief négatif (*anomalie à l'air libre négative*)	Relief positif (*anomalie à l'air libre positive*) Arc insulaire, cordillère

32 Les grands contextes de la tectonique des plaques : coulissage

Coulissage = *contexte tectonique caractérisé par un mouvement horizontal opposé de deux plaques tectoniques le long d'une faille décrochante. Une faille transformante est un décrochement qui est une limite de plaques.*

Quelles sont les zones de coulissage ? Quels sont leurs marqueurs ?

I - Localisation des zones de coulissage

Les zones de coulissage correspondent aux **failles transformantes**, qui sont des failles lithosphériques. On peut en distinguer plusieurs types :

- → des relais **ride-ride en milieu océanique** (*Faille Vema, Faille de la Romanche*)
- → des relais **ride-ride en domaine continental** (*faille de San Andreas*)
- → des relais **ride-zone de collision** (*faille du Levant*)
- → des relais **ride-fosse** (*Scotia, Sandwich*)
- → des relais **fosse-fosse** (*Caraïbes*)
- → des **cisaillements en domaine continental** (*Himalaya*)

Localisation des séismes le long de la faille Enriquillo

Les séismes engendrés au niveau des failles transformantes sont assez **superficiels** et engendrent des **dégâts importants**. Ainsi le séisme d'Haïti, le 12 Janvier 2010, d'une magnitude Mw= 7,0, a fait 230 000 morts.

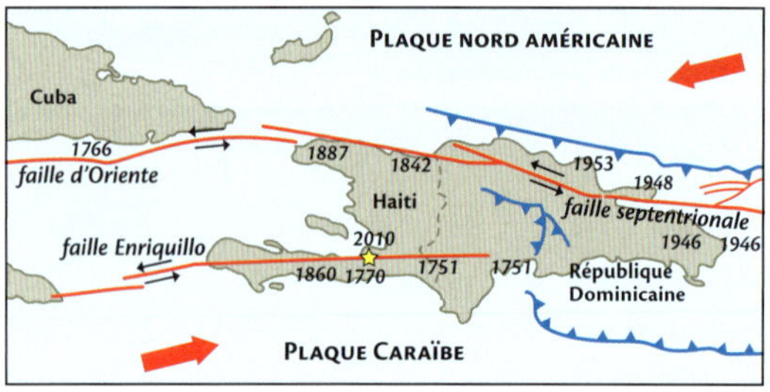

Répartition des failles transformantes

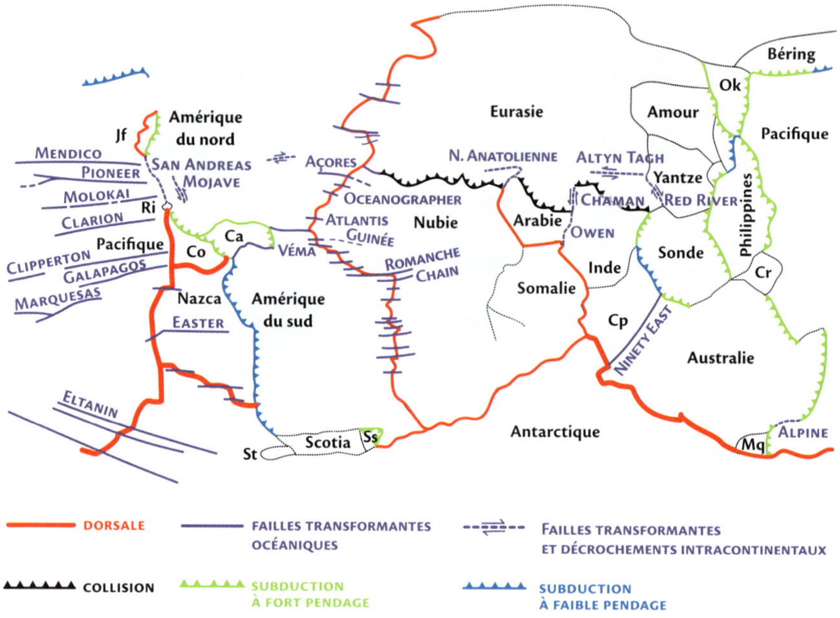

II - Les contextes géologiques en coulissage

✪ Les failles transformantes en milieu océanique

La Terre étant sphérique (*par approximation par rapport à sa forme réelle, le géoïde*), une plaque réalise un **mouvement de rotation par rapport à un axe eulérien** (*avec un déplacement d'autant plus important que le point se trouve éloigné du pôle de rotation*). Les failles transformantes **accommodent le mouvement** de deux segments de dorsales et ces zones de fracture permettent l'observation de la lithosphère océanique (*Faille Vema observée par le Nautile en 1988, Faille Romanche*).

Rotation de plaques sur une sphère selon l'axe de rotation

Les failles transformantes définissent une **segmentation de premier ordre de la dorsale** (*environ 1000 km*).

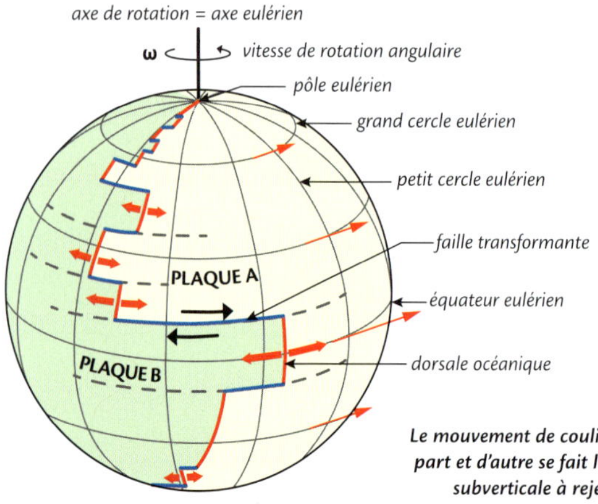

46

Le mouvement de coulissage des blocs de part et d'autre se fait le long d'une faille subverticale à rejet horizontal.

Faille Romanche : un relais ride-ride dans l'océan Atlantique

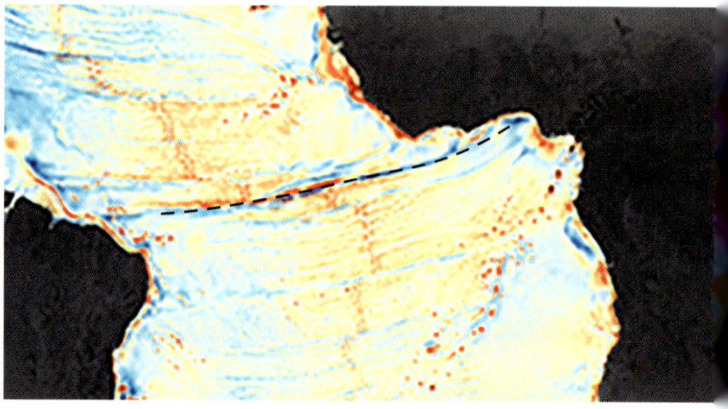

Schéma interprétatif d'une faille transformante au niveau d'une dorsale

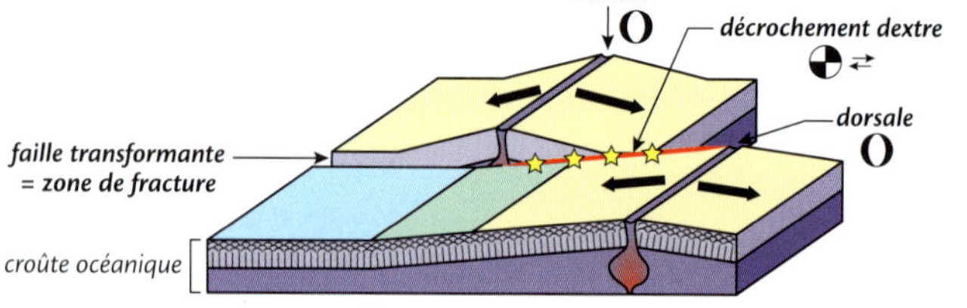

zones d'âges différentes (donc de profondeurs)

Les failles transformantes et les décrochements intra-continentaux

a **faille de San Andreas** est une faille transformante située entre deux dorsales : s'agit d'un **relais ride-ride** (*dorsale Est-Pacifique et dorsale Juan de Fuca*). a région Ouest de la plaque Nord-Américaine présente une zone en extension *Basin et Range*) délimitée par des zones de subduction et des décrochements lextres (*faille de San Andréas et décrochement à l'Est*). Les failles transfornantes et les décrochements intracontinentaux actifs (*faille de San Andreas, aille Nord-Anatolienne, décrochements himalayens*) sont des **zones à risques ismiques majeurs**.

éismes le long de la faille Nord-Anatolienne

108

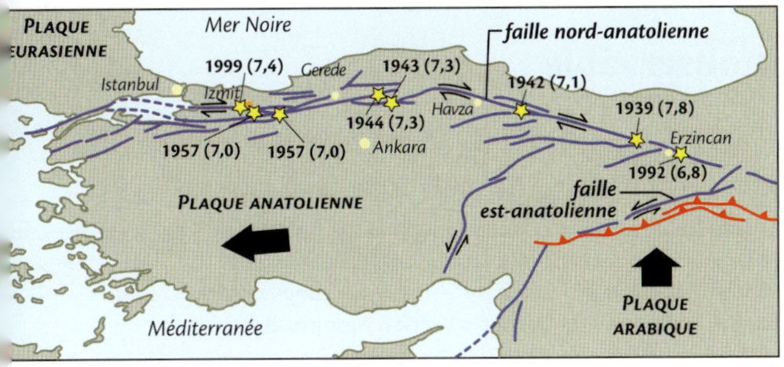

La faille de San Andréas : coulissage entre les plaques Amérique du Nord/Pacifique

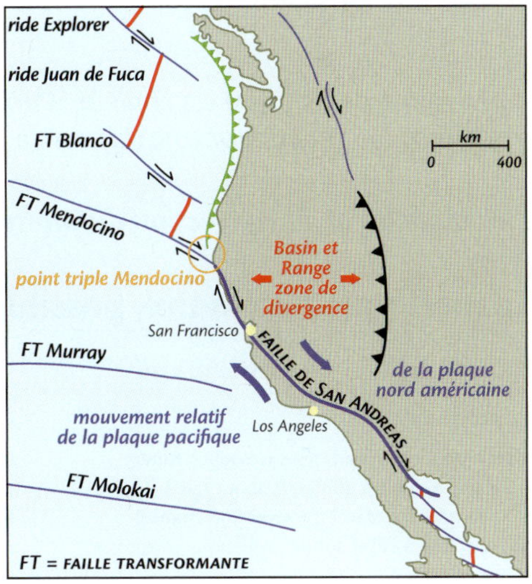

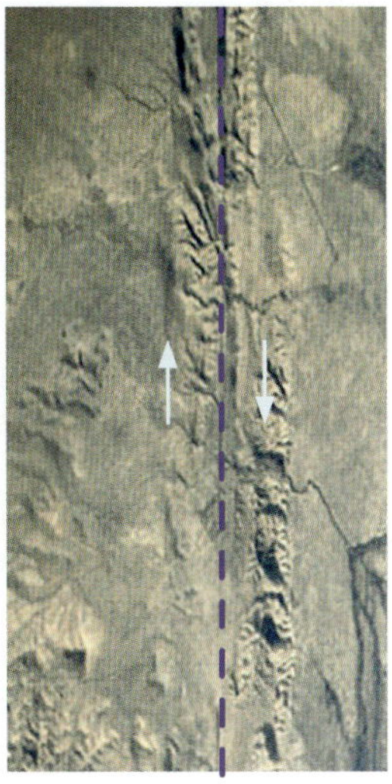

es cisaillements Nord et Sud Armoricains et les déformations associées

42

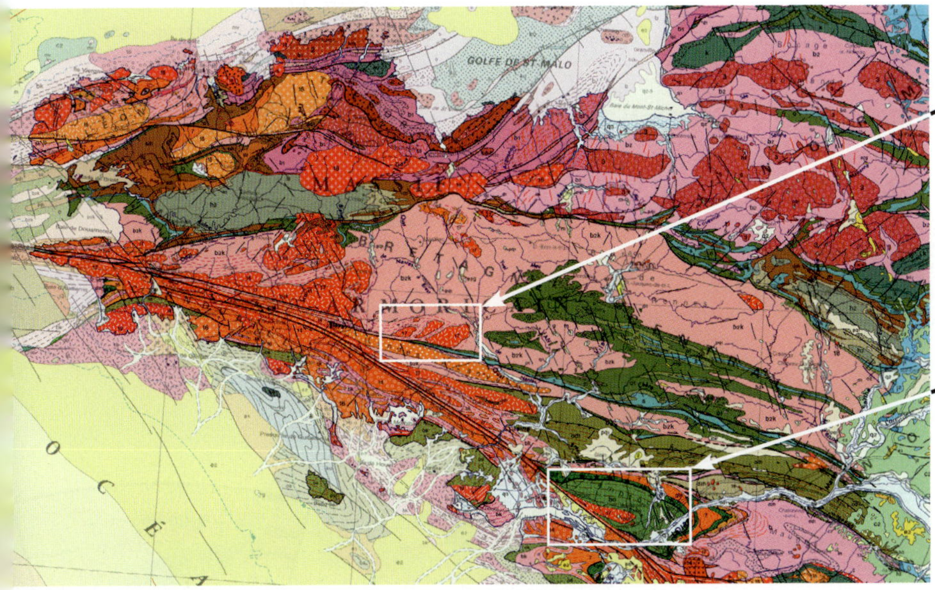

GRANITES EN PINCEAUX

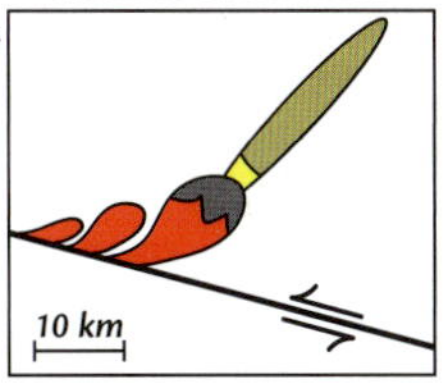

Les **granites carbonifères** (*17*) sont dits en **pinceaux** le long du cisaillement sud-armoricain. Ils permettent donc de le dater au Carbonifère.

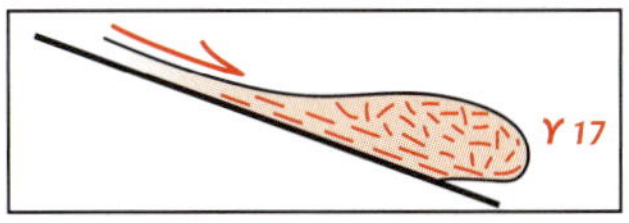

De même, la **foliation du granite 17 s'aplatit** sur le cisaillement : le granite et le décrochement sont donc contemporains.

II - Les marqueurs des zones en coulissage

es zones en coulissage présentent différentes structures : **bassins pull-apart**, **décrochement**, **pli** suite à la **transpression**, **bassin oblique en pull-apart**. Ainsi, quand deux failles transformantes se chevauchent strictement parallèlement, elles délimitent une zone en extension qui forme un bassin en pull-apart (*le bassin de la Mer Morte lié à la faille du Levant*). Quand le mouvement n'est pas strictement parallèle à la direction de la faille, le mouvement est oblique, en **transtension**.

loc diagramme représentant les déformations au niveau d'un système de failles décrochantes

39

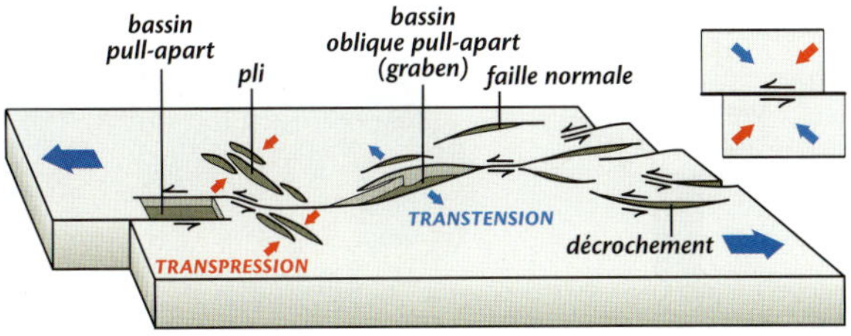

MARQUEURS	FOSSE
SISMIQUES	Séismes superficiels
TECTONIQUES	Failles décrochantes dextres/senestres, fentes de tension
SÉDIMENTAIRES	Bassin pull-apart

Faille du Levant : un relais ride-zone de collision

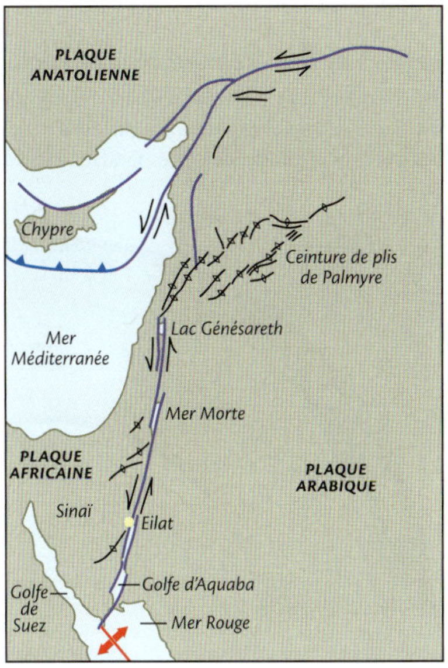

33 La convection mantellique : les modèles

Convection = *mode de transfert de chaleur, d'une zone chaude vers une zone froide, accompagnant un transport de matière généré par une différence de densité.*

Quels sont les indices et les modèles de la convection du manteau terrestre ?

I - Une convection mantellique nécessaire, possible et observable

✪ Une convection réduisant le gradient géothermique

Différents modes de transfert de chaleur

L'**extrapolation du gradient géothermique** mesuré dans les enveloppes superficielles (puits de mines, données de forage…), de 10 à 30°C/km, aboutirait à des températures de l'ordre de 1 000 000 °C dans le manteau. La **convection mantellique est nécessaire dans le manteau qui flue à l'état solide** avec un gradient adiabatique faible, de l'ordre de **0,3 °C/km**.

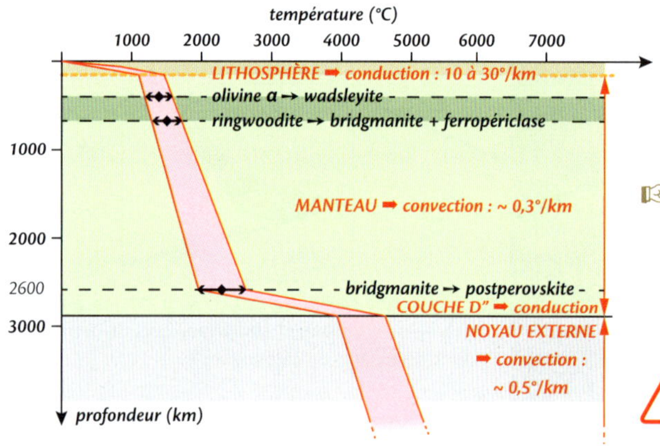

25

✪ Un nombre de Rayleigh élevé dans le manteau

Rayonnement infrarouge (IR) de la Terre

Le **manteau solide** est **déformable** sur de grandes échelles de temps, son **gradient thermique** est **inversé** (*froid et dense en haut dans la lithosphère*).
Son **nombre de Rayleigh** (*modélisant le rapport de temps entre traversée du manteau diffusion thermique*) montre que la **convection y est possible**.

Nombre de Rayleigh
(*sans dimension*)
si > 2000
alors convection possible

$$Ra = \frac{\alpha \cdot g \cdot \Delta T \cdot h^3}{\kappa \cdot \nu}$$

- FLOTTABILITÉ
- **coefficient de dilatation thermique : ~ 2,5·10^{-5} K^{-1}**
- **accélération gravitationnelle : 9,81 m.s^{-2}**
- **différence de température entre le haut et le bas de la couche :~ 3000 K**
- **hauteur de la couche : 2,9·10^{6}m**
- **diffusivité thermique ~ 2,5·10^{17}m^2.s^{-1}**
- **viscosité cinématique ~ 7,5·10^{-7} m^2.s^{-1}**

10^8 >> 2000
➡ CONVECTION POSSIBLE

⚠ *La vitesse de convection du manteau solide est estimée à 10 cm/an, bien plus lente que celle du noyau externe liquide de l'ordre de 30 cm/h.*

✪ Une convection aux causes et conséquences observables par tomographie sismique

Des plaques de lithosphère océaniques en convection descendante, pénétrant ou non le manteau inférieur

Les **plaques en subduction** visibles sous forme de panneaux plongeants (***slab***) où les vitesses des ondes sismiques sont anormalement **rapides** (*en bleu, interprétés comme anormalement froids*) correspondent aux **branches descendantes de cellules de convection**.
Certaines **se couchent** sur la limite entre manteau supérieur et manteau inférieur **à 670 km**, d'autres la **franchissent**, parfois après rupture du panneau plongeant.

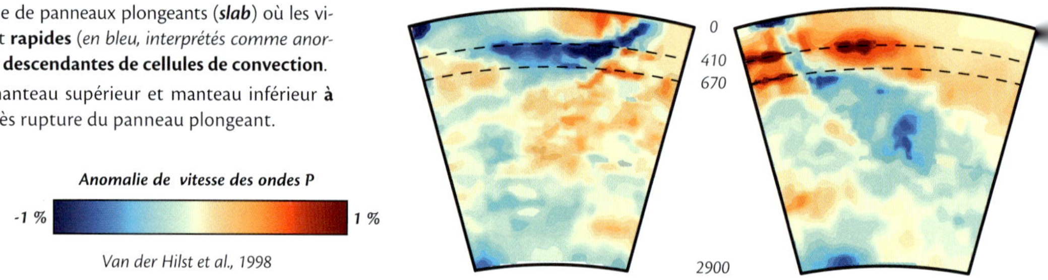

Van der Hilst et al., 1998

Des branches de convections ascendantes plus ou moins dispersées

Les zones de **convection ascendante** (*anomalie négative de vitesse, en rouge*) sont de deux ordres : une **large zone détectable uniquement superficiellement** (< *200 km*) sous les **dorsales** et des **panaches dispersés** alimentant les **points chauds**, connectés à deux **larges zones anormalement lentes des ondes S** (*LLSPV*) sous l'**Afrique** et le **Pacifique** entourées par un anneau rapide correspondant à la subduction.

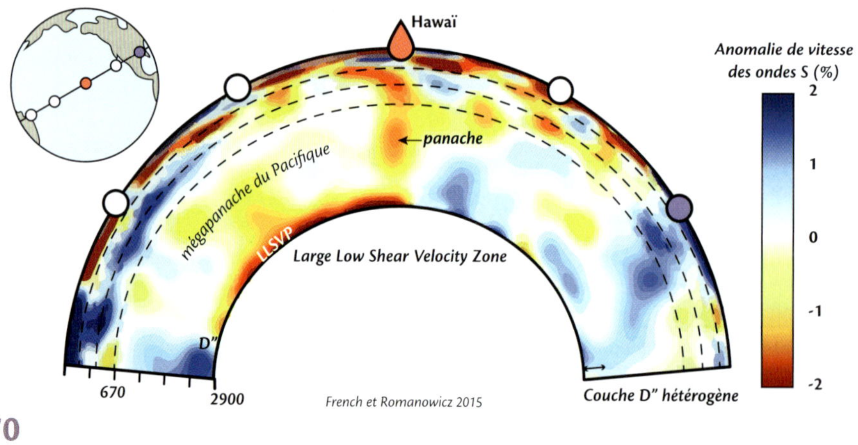

French et Romanowicz 2015

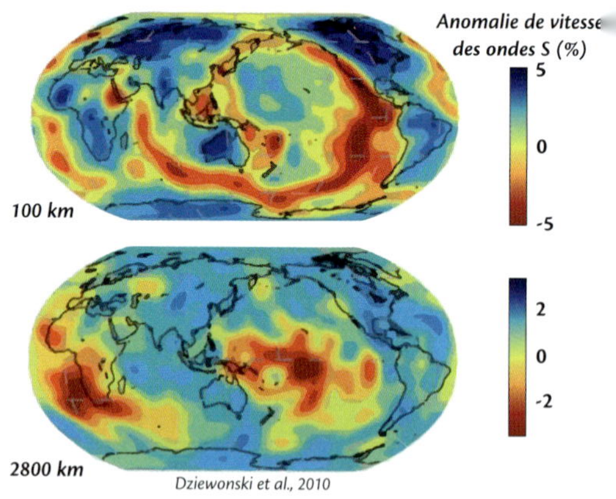

Dziewonski et al., 2010

II - Les modèles de convection mantellique

Un fluide refroidi par le haut avec source interne de chaleur

L'**origine de la chaleur du manteau** n'est pas externe, mais **interne** (*radioactivité et refroidissement séculaire*). Le modèle analogique de la convection mantellique n'est donc pas celui de la casserole chauffée par le bas mais celui d'une assiette de soupe refroidie par le haut (*par conduction dans la lithosphère*) avec un léger chauffage par le noyau générant des panaches.

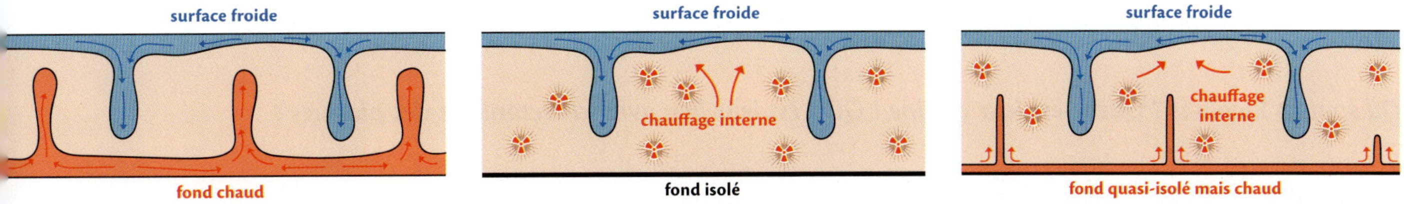

Modèle de la casserole chauffée par le bas — *Modèle de la soupe chaude, refroidie par le haut* — *Modèle de la soupe chaude sur réchauffe-plat*

Des modèles extrêmes à une ou à deux cellules de convection

Deux **modèles** de convection mantellique s'opposaient historiquement en répondant à des observations et des paramètres physicochimiques supposés différents dans le manteau supérieur et inférieur.

Le modèle actuel est un **modèle mixte**, compatible avec les images de tomographie où certains panneaux plongeants pénètrent dans le manteau inférieur.

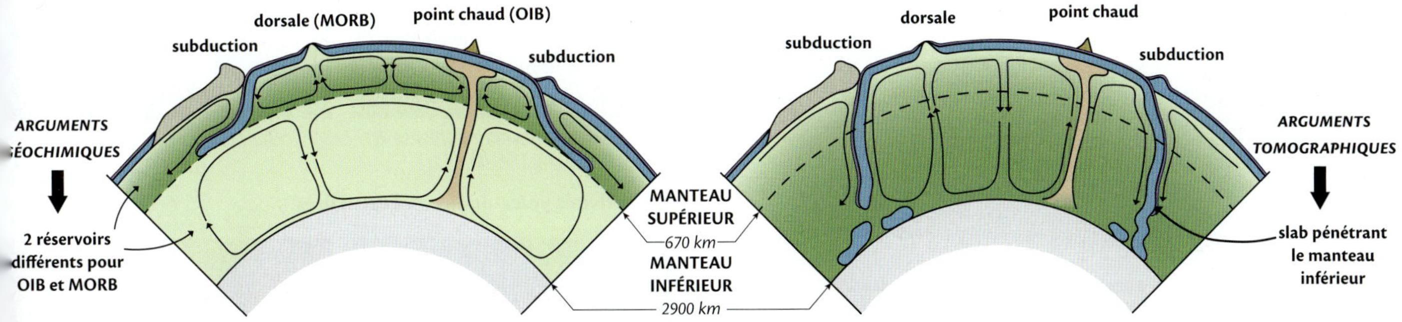

Un modèle actuel de convection mantellique

Dans le manteau supérieur, la circulation est surtout engendrée par la subduction de la lithosphère océanique plongeante lors de laquelle la croûte éclogitisée (*très dense*) pourrait se séparer du manteau. Les slab atteindraient le bas du manteau inférieur, parfois après un épisode de stagnation entre manteau supérieur et inférieur. Leur arrivée déstabiliserait la bordure d'un matériel énigmatique chaud, dense et stable détecté en tomographie par un ralentissement des ondes S (*LLSVP = Large Low Shear Waves Velocity Zones*), engendrant des panaches.

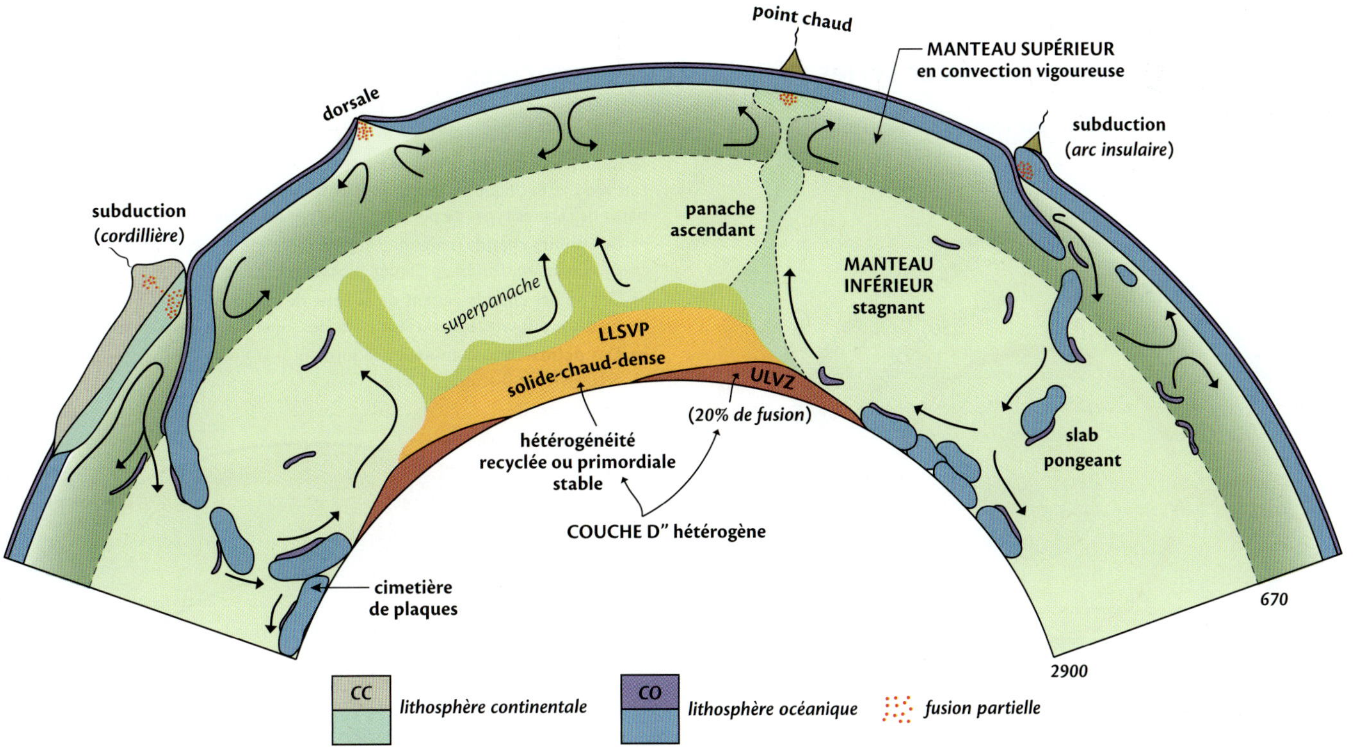

Relation entre mouvements horizontaux des plaques et convection mantellique : le problème de l'œuf et de la poule 35

34 Les points chauds

Point chaud = *remontée d'un panache mantellique se traduisant à la surface par une activité magmatique importante.*

Où sont-ils localisés ? Quelle est leur origine ? Quel est leur lien avec la tectonique des plaques ?

I - Localisation des points chauds terrestres actuels

Localisation géographique des points chauds

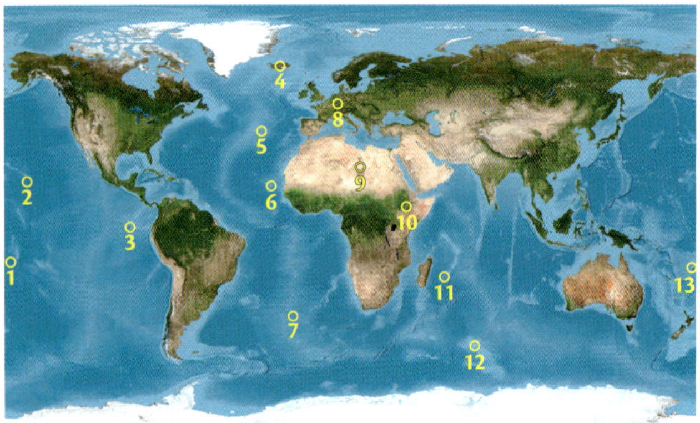

1 : *Polynésie française*
2 : *Hawaï*
3 : *Galapagos*
4 : *Islande*
5 : *Açores*
6 : *Cap Vert*
7 : *Tristan da Cunha*
8 : *Eifel*
9 : *Tibesti*
10 : *Afar*
11 : *La Réunion*
12 : *Kerguelen*
13 : *Samoa*

Les points chauds sont à l'origine de manifestations spectaculaires à la surface de la Terre, sous la forme d'**alignements de volcans**, dont seul le dernier est actif, ou d'**immenses plateaux continentaux** (***trapps*** *du Deccan, de Sibérie, d'Ethiopie,...*) et océaniques (*Caraïbes, Kerguelen, Ontong Java,...*).

Des traces fossiles remarquables

Grands épanchements basaltiques des trapps du Deccan (Inde)

Atoll de Giraavaru (Maldives)

Des activités volcaniques spectaculaires

74

Volcan-bouclier « La Cumbre » (1463m), île de Fernandina (Galapagos)

Activité volcanique du Kilauea (Hawaii)

II - Origine des points chauds et séries magmatiques associées

Trois origines possibles identifiées par tomographie sismique (*d'après Courtillot et al., 2003*)

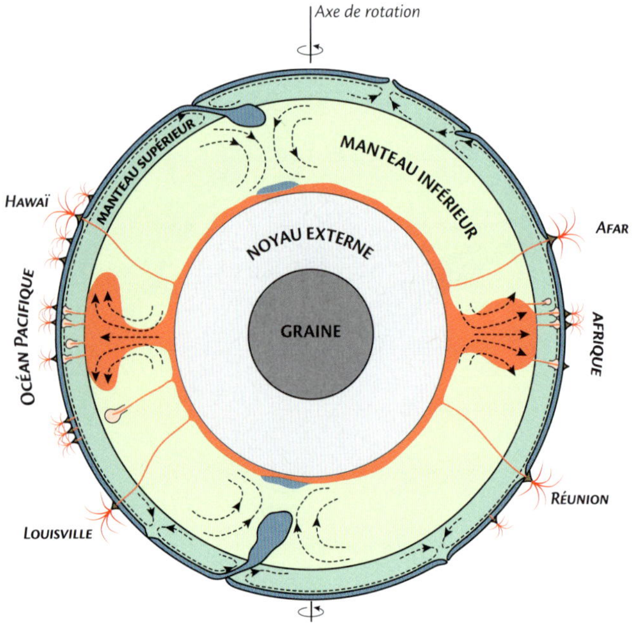

⚠ *Ces panaches sont des remontées de matériel à l'état solide, la fusion partielle se fait près de la surface, à partir de 100 km de profondeur.*

Le modèle construit par Courtillot et coll. en 2003 montre **deux super-panaches** l'un sous le Pacifique et l'autre sous l'Afrique qui s'élèvent depuis la couche D''. A partir de là, trois types de points chauds sont identifiés :

→ Des **points chauds majeurs** d'origine profonde (*Hawaii, île de Pâques, Louisville, Afar, Réunion, Tristan da Cunha, Islande*) ;

→ Des **points chauds venant de la zone de transition** entre manteau inférieur et manteau superficiel, là où les dômes des super-panaches viennent s'écraser ;

→ Des **points chauds mineurs** se formant à la limite lithosphère/asthénosphère actuellement discutés.

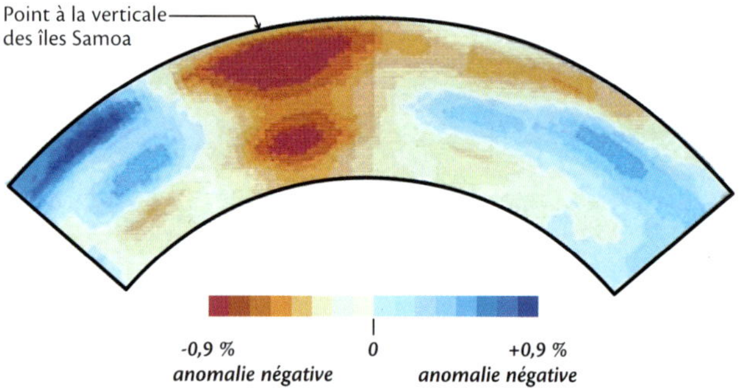

Anomalie de vitesse des ondes sismiques

La **tomographie sismique** révèle une anomalie de vitesse négative à l'aplomb de points chauds interprétée comme une remontée de matériel chaud.

Les enseignements de l'hétérogénéité isotopique

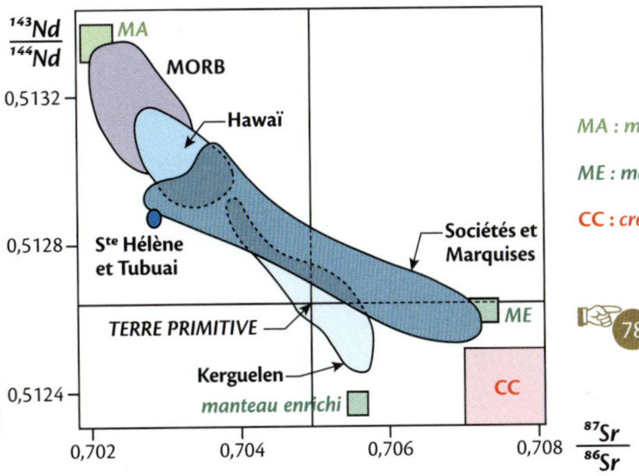

78

Le **champ des OIB** s'étale sur un large domaine de ce diagramme, depuis le champ des MORB jusqu'aux champs du manteau enrichi et de la croûte continentale. Ceci reflète une **source de magma hétérogène**, venant du manteau profond ayant incorporé des composants crustaux recyclés par subduction jusque vers la couche D'' et dont le panache a interagi avec le manteau supérieur asthénosphérique (*d'après Vidal, 1994, Albarède, 2001 et Winter, 2001*).

Les enseignements de l'hétérogénéité des éléments traces

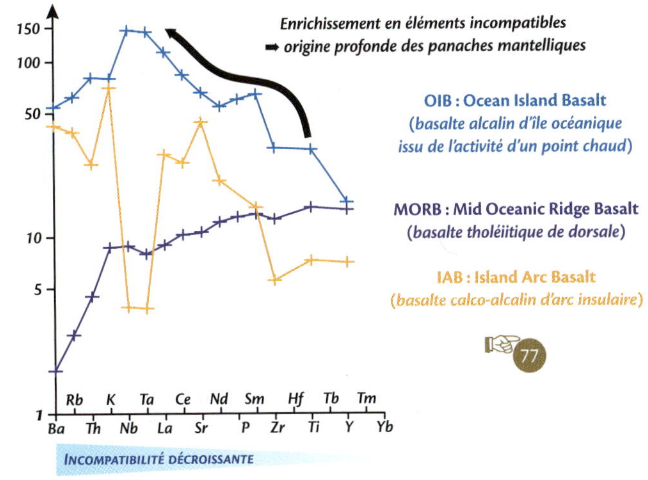

77

Le **spidergramme** montre que l'origine du magma des OIB est plutôt profonde (*d'après Wilson, 1989*).

Les séries magmatiques associées aux points chauds

80

Basalte à olivine

74

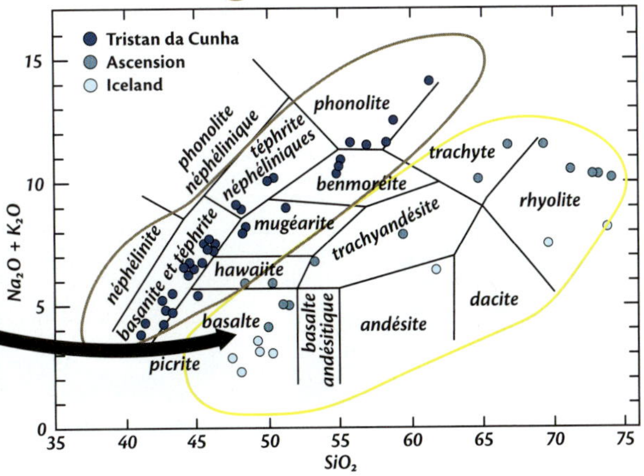

Association série tholéiitique et alcaline saturée : Hawaï, Réunion

Série alcaline sous-saturée majoritaire : Tahiti, Tristan da Cunha, Canaries, Açores et autres îles Atlantiques

La fusion partielle du manteau liée à un point chaud est due à la décompression adiabatique lors de la remontée du panache et à la forte température de celui-ci. Le taux de fusion faible (*entre 5 et 10%*) comme pour Tristan da Cunha est plutôt associé à une **série alcaline** et à un magma engendrant majoritairement des basaltes. Les taux de fusion un peu plus élevés (*jusqu'à 20%*) sont associés à des **séries alcalines et tholéiitiques**. La valeur du taux de fusion dépend de l'activité du panache mantellique et du manteau source. Par exemple, les provinces magmatiques géantes issues des têtes de points chauds sont associées à la série tholéiitique.

Par leur activité volcanique importante, les points chauds modifient le climat par émission de poussières et de gaz, ce qui perturbe l'effet de serre et la pénétration du rayonnement solaire sur Terre. Ce phénomène serait en partie la cause de la crise Crétacé/Paléocène, il y a 65 Ma.

III - Points chauds et tectonique des plaques

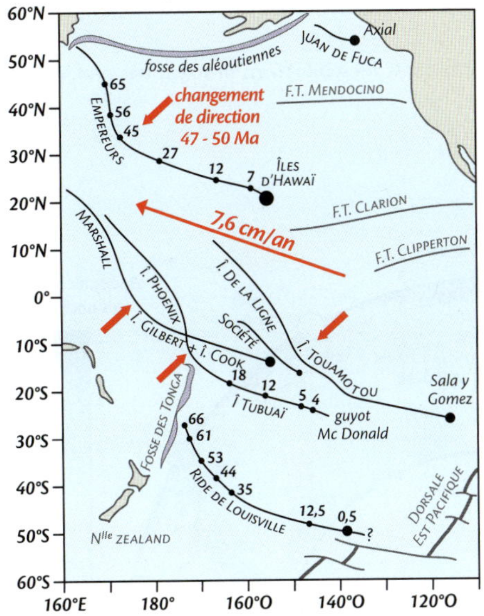

Vue d'ensemble de la trajectoire des points chauds du Pacifique (âge en Ma)

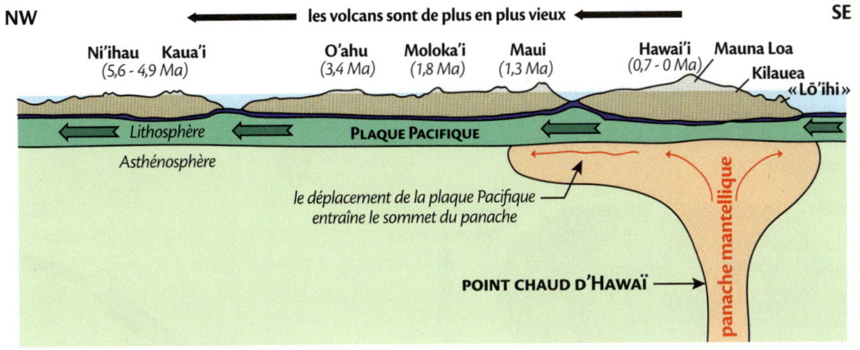

L'alignement des volcans liés à l'activité d'un point chaud considéré comme fixe dans le manteau permet de déterminer la **vitesse et la direction du déplacement des plaques** sur des temps longs. Ces valeurs sont ensuite comparées aux données obtenues par **GPS**.

Le brusque changement de direction, il y a 47 – 50 Ma, de la plaque Pacifique n'est pas encore compris par les chercheurs et correspondrait peut-être, entre autres, à un **mouvement vers le sud du point chaud**, peut-être pas si fixe que cela !

35

Couplage convection et tectonique

Couplage entre convection et tectonique = *lien entre le mode de transfert de chaleur par transfert de matière d'une zone chaude vers une zone froide et les mouvements des plaques.*

Quel est le lien de causalité entre la convection mantellique et la tectonique des plaques ?

I - Des déplacements de plaques à des vitesses différentes

La vitesse élevée de déplacement des plaques Pacifique, Nazca, Indienne et Australienne est reliée à la convection mantellique. Les plaques qui ont un déplacement rapide sont délimitées par une bordure qui subducte.

Relation entre pourcentage de limites de plaque qui subductent et vitesse des plaques

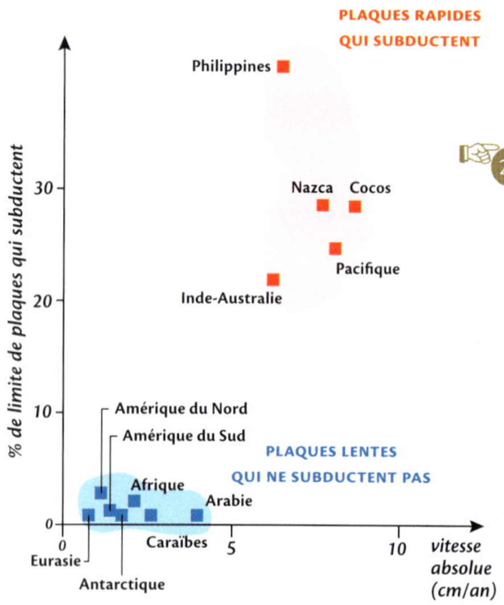

29

Vecteur représentant la vitesse des plaques dans le modèle MORVEL 2011

Dans ce modèle MORVEL-1, modèle amélioré du modèle NUVEL-1, les 12 grandes plaques se déplacent chacune par rapport aux autres de 4 à 12 cm/an et sont bordées soit de dorsale, soit de failles transformantes, soit de subduction-collision.

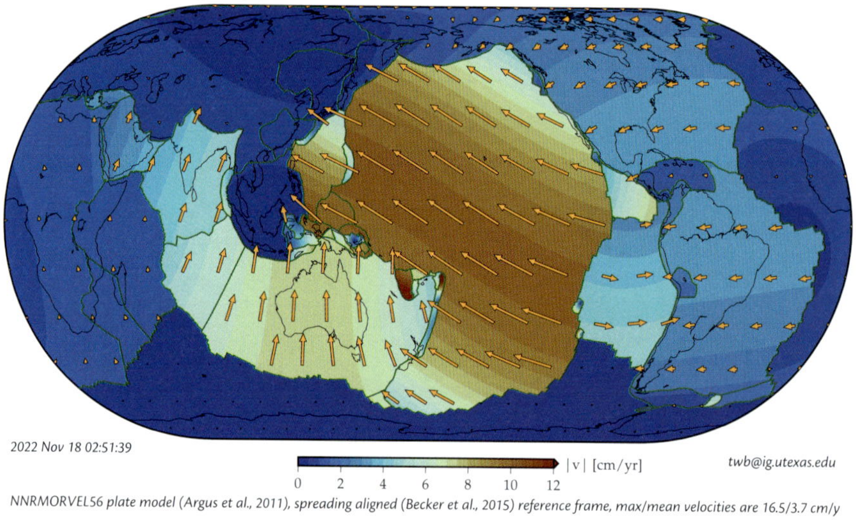

II - Une tectonique des plaques en lien avec la convection mantellique

Une convection ascendante ou descendante selon la frontière tectonique

Sous les **dorsales**, une **convection ascendante** n'est détectable que dans le manteau **superficiel**, **jusqu'à 200-400 km** de profondeur, par tomographie sismique (*manteau anormalement lent par rapport à la vitesse moyenne à cette profondeur, interprété comme anormalement chaud*). **Les panneaux de lithosphère océanique subduite** (*anormalement rapides car anormalement froides*), en revanche, sont visibles jusque dans le **manteau inférieur et certains jusqu'à la limite manteau-noyau** (*CMB*).

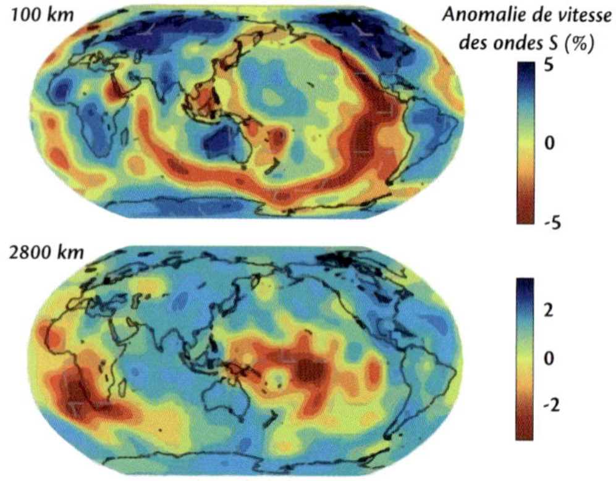

Dziewonski et al., 2010

Des plaques tractées par leurs panneaux plongeants

Théorie proposée par Elsasser : les plaques sont mues par la traction des panneaux plongeants, la lithosphère rigide servant de guide de contraintes. C'est une forme extrême de convection avec découplage fort à la base des plaques.

Les dorsales ne se voient qu'en surface et ne s'enracinent pas ; les subductions se voient très profondément dans le manteau.

33

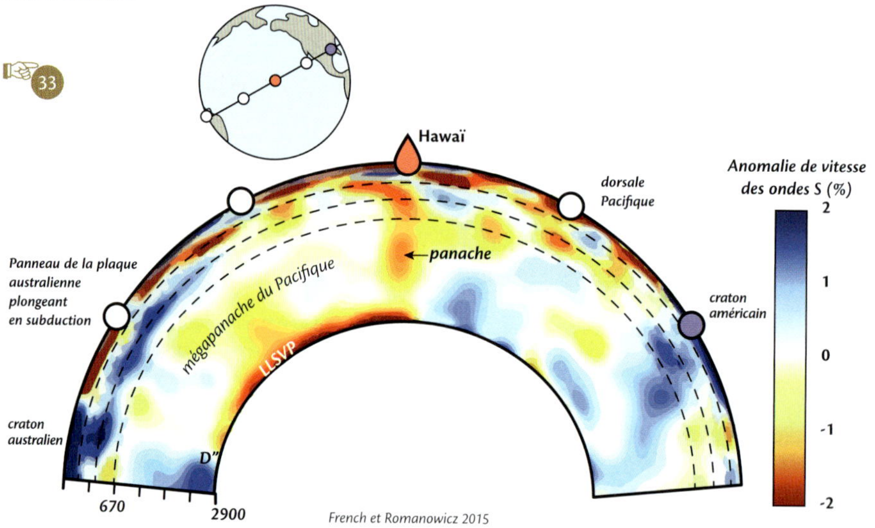

French et Romanowicz 2015

III - La traction du manteau, principal moteur des cellules de convection superficielles

Relation entre subduction et vitesse des plaques

Deux forces aux limites, de puissance inégale, sont à l'origine des déplacements horizontaux des plaques :

→ **ridge push** = **glissement gravitaire des plaques** le long de la pente topographique de la dorsale due à l'augmentation de densité de la lithosphère océanique lors de son refroidissement (*épaississement du manteau lithosphérique*).

→ **slab pull** = **traction du panneau plongeant**, dix fois plus puissante, expliquant que les plaques ayant des frontières en train de subduire ont des vitesses absolues de déplacement horizontal bien supérieures.

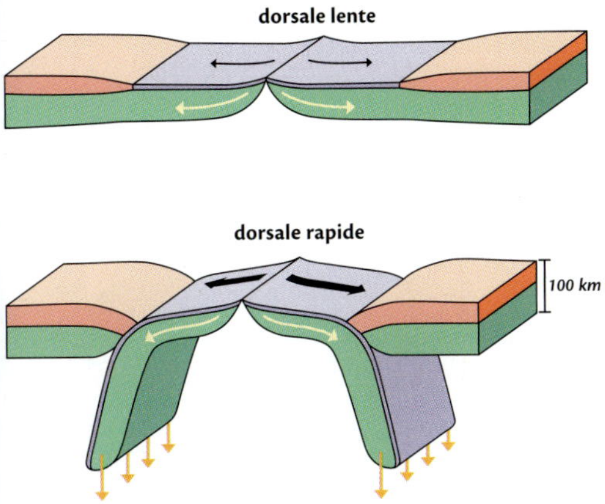

Des plaques tractées par leurs panneaux plongeants

La **lithosphère océanique**, mise en place à l'axe des **dorsales** par fusion partielle du manteau, perd de la chaleur par conduction ce qui se traduit par son **épaississement**.

Sa **densité augmente** du fait de sa double nature et de l'épaississement progressif du manteau lithosphérique (*augmentation du rapport lest/flotteur et donc de la densité totale*).

Cette augmentation de densité a deux conséquences : la lithosphère océanique s'enfonce, ce qui engendre le ridge push, sa densité finit par dépasser celle de l'asthénosphère sous-jacente et peut donc engendrer un slab pull. **Lorsqu'elle entre en subduction, elle retourne dans le manteau.** Le manteau terrestre entraîne-t-il les plaques, ou les plaques entraînent-elles l'écoulement du manteau ? Cette question de longue date est peut-être mal posée, car la lithosphère et le manteau appartiennent tous deux à un seul et même système auto-organisé.

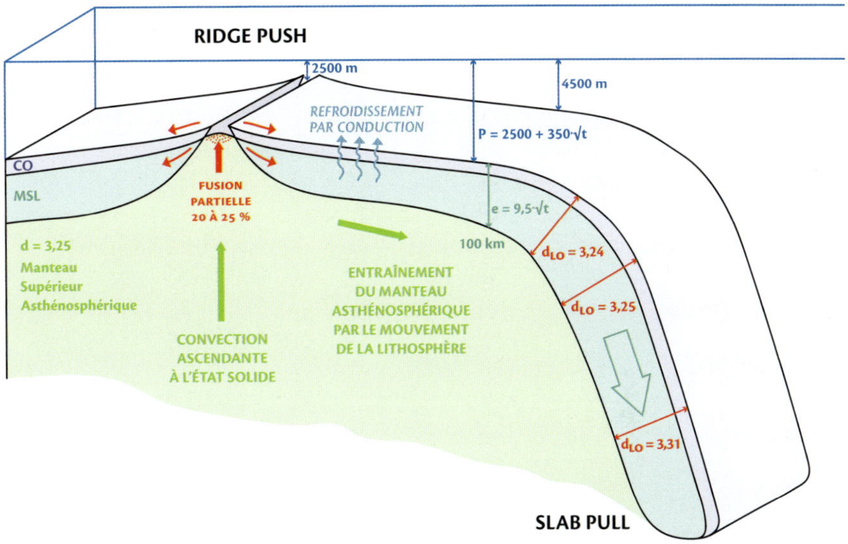

III - Couplage entre tectonique des plaques et convection superficielle et profonde

Une convection ascendante ou descendante selon la frontière tectonique

À la **surface** de la Terre, le mouvement des plaques est contraint par la **rigidité de la lithosphère**. En profondeur, la **convection descendante** correspond aux **panneaux plongeants** gardant longtemps une identité thermique anormalement froide ce qui permet leur observation tomographique. La **convection ascendante est quant à elle dispersée sous forme de panaches mantelliques à l'origine de points chauds**, généralement intraplaques mais pouvant coïncider à des frontières de plaques.

33 34

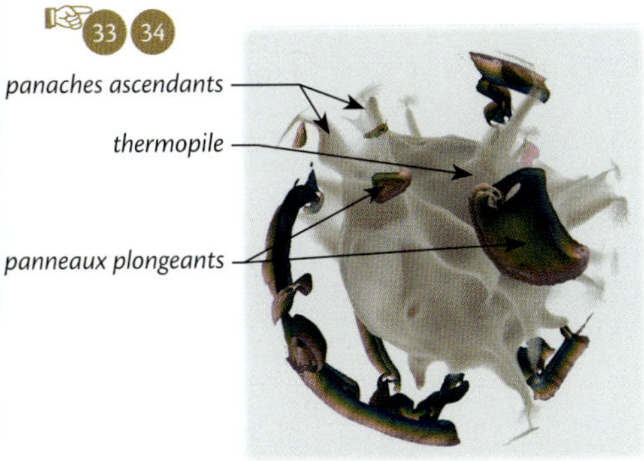

Modèle numérique. Nicolas Coltice et Al.

Les panaches majeurs sont parfois générés à l'interface noyau manteau par déstabilisation locale parfois générée par l'arrivée des panneaux plongeants froids à cette profondeur.

La friction du manteau asthénosphérique : entraînement ou frein ?

En présence de traction par un manteau plongeant (*slab pull*), **les plaques se déplacent plus vite que le manteau asthénosphérique**, l'entraînent par friction (*ex de la remontée de l'Inde au Cénozoïque à une vitesse d'environ 18 cm/an*).

Sans slab pull, **les plaques se déplacent souvent plus lentement que l'asthénosphère sous-jacente**, qui les entraîne donc par friction (*ex. collision actuelle Inde-Eurasie à la vitesse de quelques cm/an*).

Lors des phases de construction d'un supercontinent, les plaques continentales sont principalement poussées par les mouvements profonds du manteau.

Au contraire, lorsqu'un supercontinent se disloque, le mouvement est plutôt dicté par celui des plaques qui plongent dans le manteau et déchirent les continents.

Ces mécanismes sont, pour l'instant, des propositions, résultats de travaux en cours.

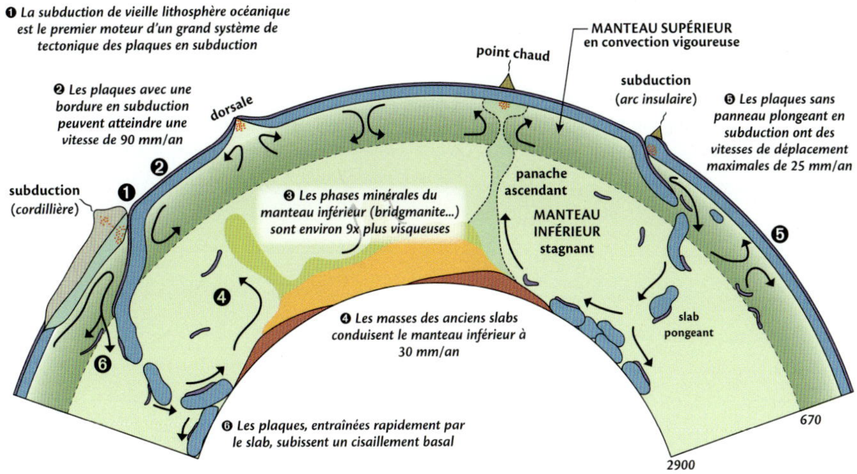

PARTIE IV

LES DÉFORMATIONS DE LA LITHOSPHÈRE

36 Déformation et contraintes

Déformation = *changement de forme d'un objet (ex : massif rocheux) sous l'action de contraintes ; cette déformation peut conduire à la formation de plis, failles…*

Contrainte = *résultante des forces appliquées sur une unité de surface : homogène à une pression (exprimée en Pascals ou en bars ; 1 bar = 10^5 Pa = 0,1 GPa)*

$$\sigma = \lim_{dS \to 0} \frac{dF}{dS}$$

Quelles sont les relations entre contraintes et déformations ?

I - Diversité des déformations

L'étude du comportement des matériaux en réponse aux contraintes s'appelle la **rhéologie**.

Les échelles de la déformation

µm — mm — cm — m — dam — hm — km — Mm

Minéraux (*lames minces*)
- Minéraux déformés (*ex olivines en kink bands*) ou fracturés (*ex. coésite rétromorphosée*) 13
- Ombres de pression
- Schistosité

42

Roche (*œil nu*) 17
- Fentes de tension 39
- Stylolithes
- Schistosité 41
- Foliation
- Plans C-S
- Microstructures : écailles de calcite, crochons de faille, microplis ➡ **image C**

Affleurement
- Failles ➡ **image D**
- Miroirs de faille avec stries et cannelures
- Brèches de faille
- Mylonite
- Plis ➡ **image A**

Lithosphère
- Très grandes failles (*ex : failles listriques, failles transformantes, faille majeure engendrant un séisme* ➡ **image B**)
- Charriages
- Bombement / flexuration (*ex. bassin flexural*)

138

La vocabulaire associé à la déformation

Comportement ductile = la roche peut se plier (***contraire : cassant***). Il peut y avoir déformation ductile sans plis si la déformation plastique est homogène.

Déformation finie = concerne la forme de l'objet final (***contraire : incrémentale***)

Déformation continue = pas de fracture (***contraire : discontinue***)

Déformation homogène = des droites initialement parallèles le restent après déformation (***contraire : hétérogène***)

Déformation avec des contraintes coaxiales = pas de composante rotationnelle (***contraire : non coaxiales***)

Déformation pénétrative = affecte tout l'échantillon, y compris l'intérieur (***contraire : superficiel***).

Les plis : comportement ductile et déformation plastique

Les déformations sont continues.

Plis décamétriques vers Saint-Jean-de-Luz (*Pyrénées Atlantiques*)

Ces plis affectent des couches de flysch du Crétacé supérieur, qui affleurent sur toute la côte basque de Biarritz à l'Ouest de Bilbao (*Espagne*).

Microplis dans un schiste zébré

Coupe dans un galet de « schiste zébré » échantillonné près de Morlaix, dans le Finistère. En sombre : niveaux argileux, en clair : niveaux gréseux. La déformation est **pénétrative**.

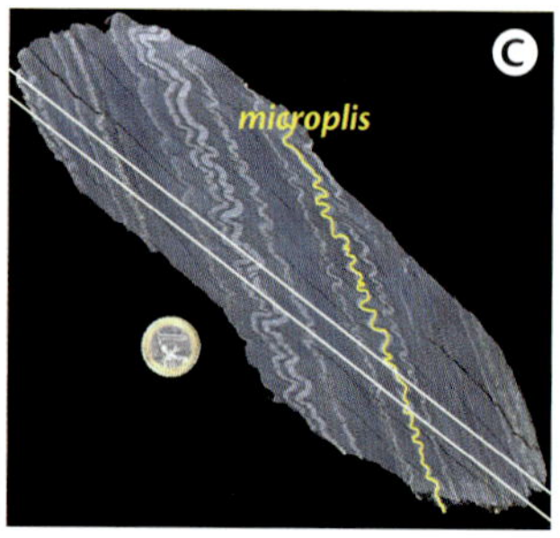

plans de schistosité parallèles aux plans axiaux des microplis

Les failles : comportement cassant

Les déformations sont discontinues.

Faille de San Andreas (*Californie*)

Vue aérienne de la faille dans le Carrizo Plain National Monument (*Californie, USA*), 400 km au Nord-Ouest de Los Angeles. La faille de San Andreas s'étend sur 1300 km.

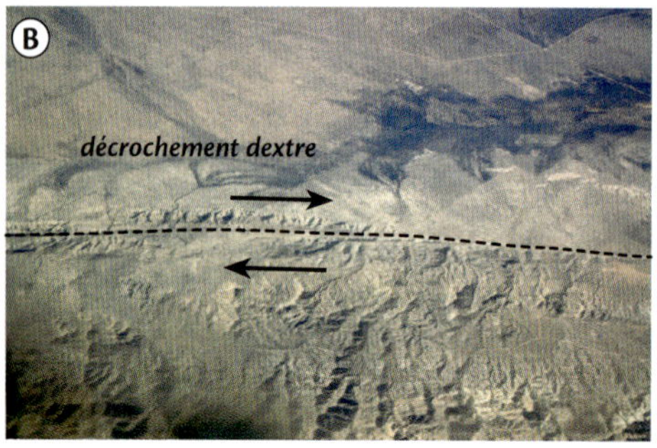

Faille centimétrique au Puy de Lemptégy (*Puy-de-Dôme*)

Faille inverse décalant de quelques centimètres un niveau de scories fines et stratifiées. Cette microfaille est antérieure à la couche supérieure grossière.

Il existe des cas intermédiaires : exemple des plis-failles. 43

II - Analyse des déformations : établissements des axes de déformations et de contraintes, quantification

Étude de Trilobites déformés

L'**axe d'allongement principal** est noté **X**, l'**axe de raccourcissement** est noté **Z** et **Y** est l'**axe intermédiaire**.

Objet de départ : *deux fossiles de Trilobites du Silurien ayant subi une déformation au Carbonifère moyen. Ces Trilobites étaient initialement 2 fois plus longues que larges. Ils étaient disposés perpendiculairement et se sont déformées simultanément.*

Le comportement de la roche est **ductile**, la déformation est **homogène** et **pénétrative**.

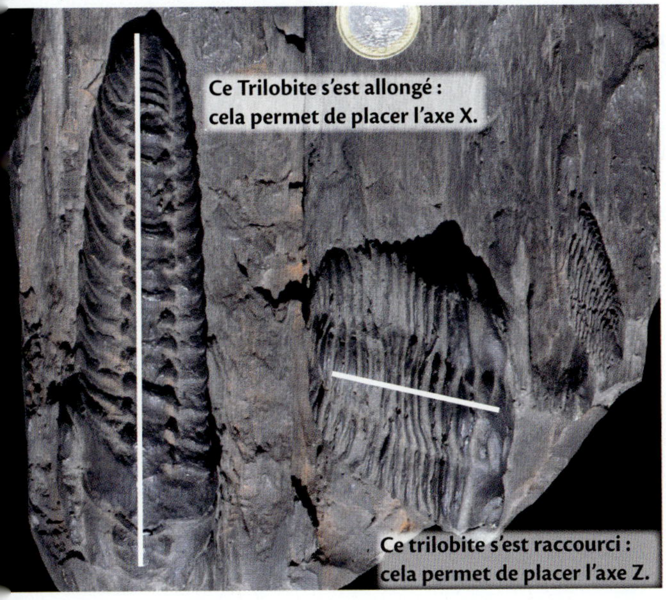

Contrainte isotrope et contrainte anisotrope

La **contrainte principale** est notée **σ1**, la **contrainte minimale** (*qui peut aussi être en extension*) est notée **σ3**, et **σ2** est la **contrainte intermédiaire**.

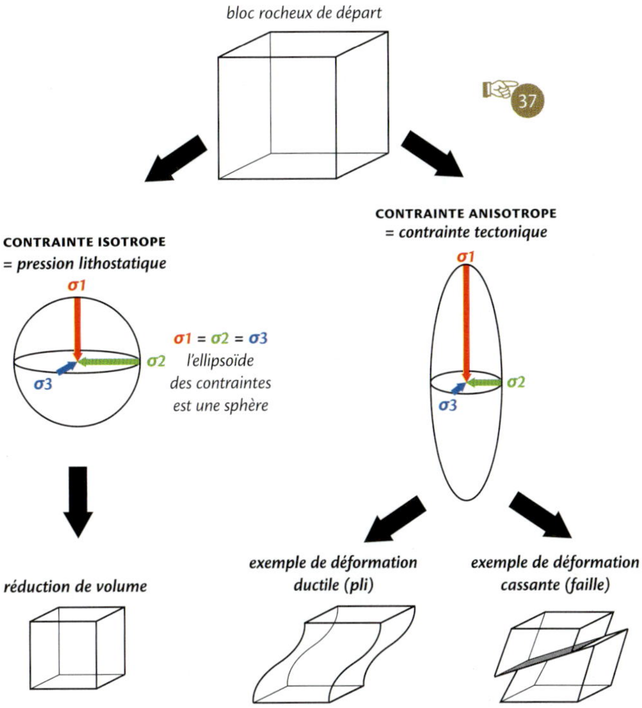

Sur l'exemple des Trilobites déformés, on peut remonter à l'ellipsoïde des contraintes car l'échantillon ne présente pas de composante rotationnelle notable (cisaillement pur).

42

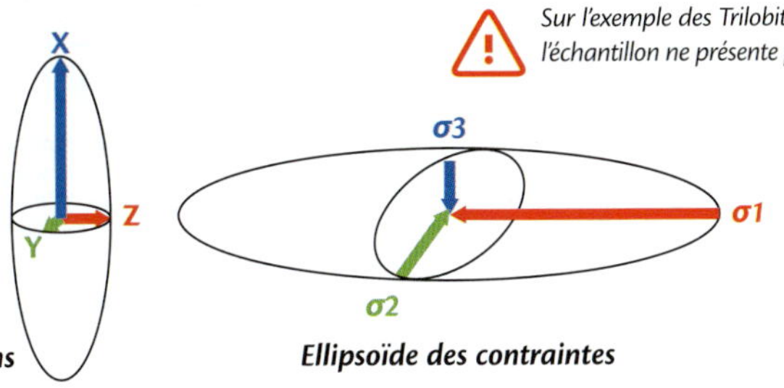

Ellipsoïde des déformations *Ellipsoïde des contraintes*

La description et la quantification de la déformation

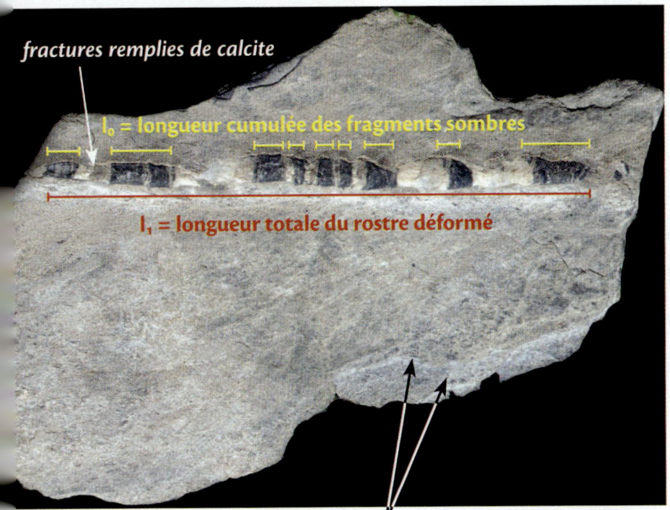

plans de schistosité (parallèles à la feuille) permettant de déterminer les axes Y et Z

L'image ci-contre présente un rostre de Bélemnite fracturé (*déformation discontinue, cassante*) dans une marne schistosée (*déformation continue, plastique, pénétrative*). La déformation des marnes est homogène et issue de contraintes coaxiales, ce qui permet de remonter de l'ellipsoïde des déformations à celui des contraintes.

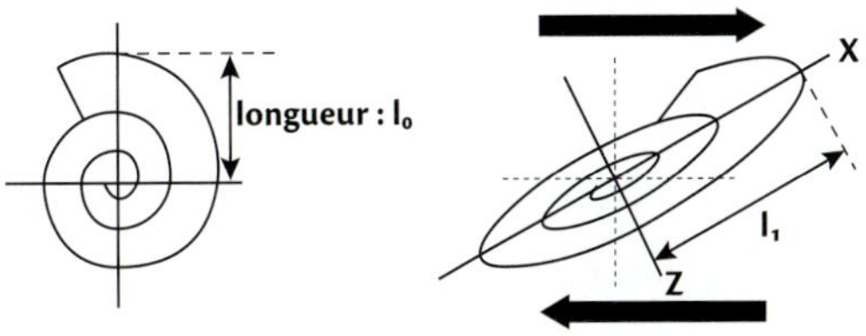

$$\varepsilon = \frac{l_1 - l_0}{l_0}$$

déformation selon X

La formule ci-dessus permet de quantifier la déformation.

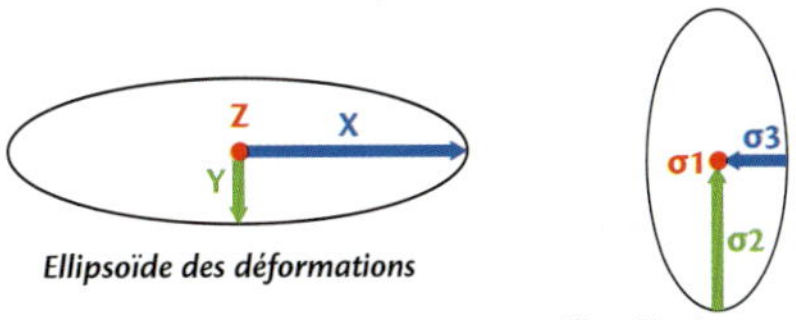

Ellipsoïde des déformations *Ellipsoïde des contraintes*

Ici, ε ≈ 100% (*l'échantillon a doublé de longueur environ selon l'axe X*).

On ne peut connaitre l'ellipsoïde des déformations que si on a un objet de forme initiale connue.
Remonter à l'ellipsoïde des contraintes est possible de manière approximative et qualitative, mais pas quantitative. En effet, le temps d'application des contraintes joue beaucoup : un même ellipsoïde des contraintes appliqué brièvement ou longtemps ne produira pas les mêmes déformations. Cela dépend aussi du matériel : un même ellipsoïde des contraintes ne déformera pas de la même façon une argilite et une quartzite.

Déformation et contraintes : les presses triaxiales

Presse triaxiale = *dispositif permettant d'appliquer des contraintes choisies sur un échantillon rocheux afin de déterminer ses caractéristiques mécaniques.*

Comment fonctionne une presse triaxiale ? Quelles informations nous apportent-elles sur le comportement mécanique des roches ? Quelles sont les autres méthodes d'étude de la déformation ?

I - Fonctionnement d'une presse triaxiale

Une presse triaxiale

36

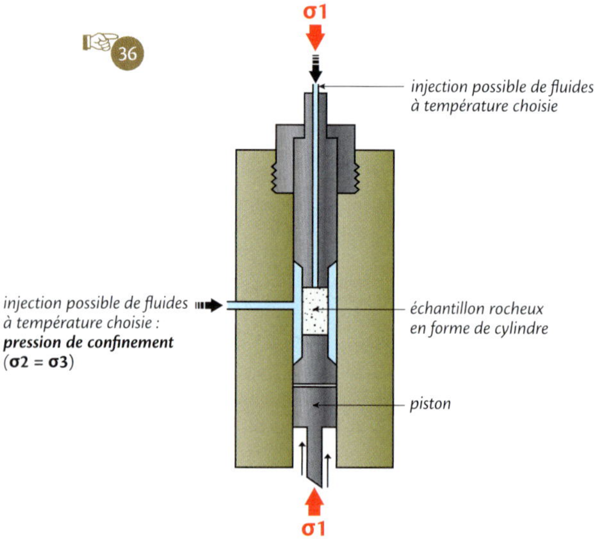

Un cylindre rocheux déformé

L'échantillon, souvent de forme cylindrique, est soumis à une pression de confinement et à une température choisie par l'expérimentateur.

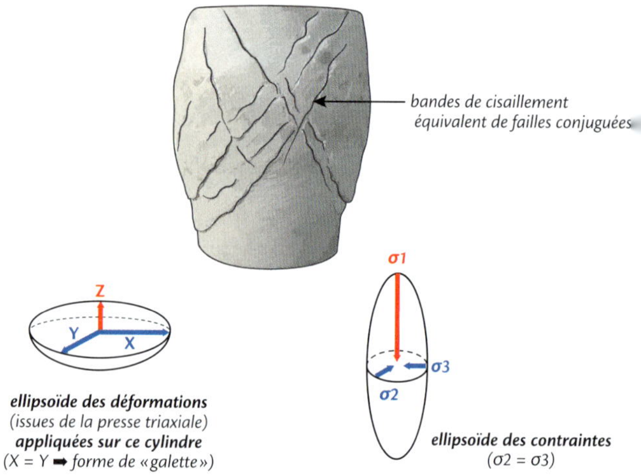

Un exemple de réponse mécanique obtenue

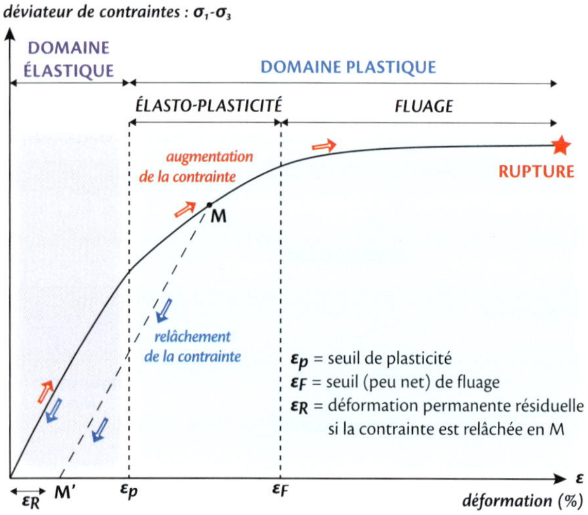

→ **Domaine élastique** = déformation réversible
→ **Domaine plastique** = existence d'une composante irréversible de la déformation
→ **Comportement cassant** = rupture de l'échantillon

Différents types de déformation d'un échantillon

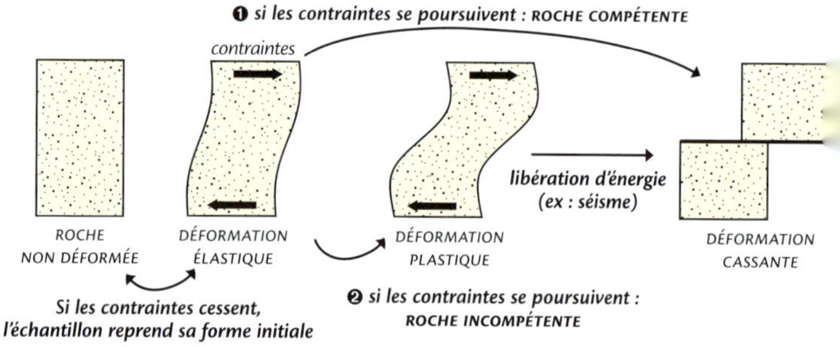

Différents types de déformation d'un échantillon

Dans le cas de la déformation plastique, l'objet reste déformé même lorsque la contrainte cesse, mais il ne se rompt pas. Ici, vue de détail de microplis très disharmoniques et à faible rayon de courbure affectant des gypses (*roche très ductile*) oligocènes dans le bassin de l'Èbre, Espagne.

II - Des roches compétentes ou incompétentes

Des roches plus ou moins susceptibles de fluer

Le fluage est un cas particulier de déformation plastique dans lequel la déformation augmente même si la contrainte ne varie pas.

Une roche qui subit facilement un fluage est dite **incompétente** (*ex : argilites, marnes, évaporites...*).

À l'inverse, une roche qui n'adopte pas de comportement plastique mais un comportement cassant est dite **compétente** (*ex : granite, certains calcaires...*).

Comportements de roches présentant des compétences différentes

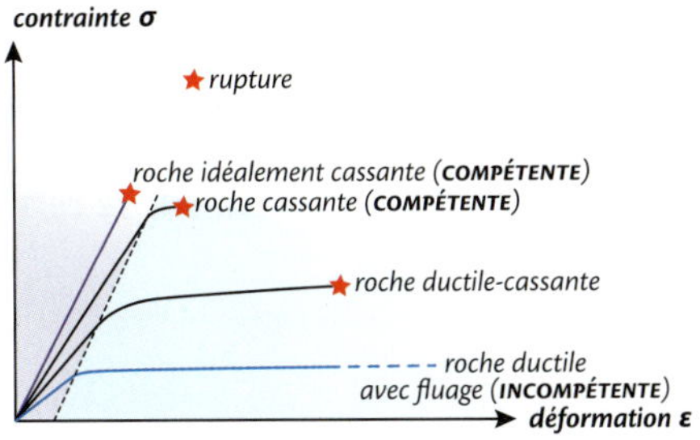

Détail de la confluence, du fluage et de l'écoulement ductile de glaciers, côte orientale du Groenland

57

III - Influence de différents facteurs sur le comportement mécanique des roches

Influences de la pression, de la température, de la présence de fluides et de la vitesse de déformation

36

VARIATION DE LA PRESSION DE CONFINEMENT (σ2=σ3) (calcaire à grain fin)

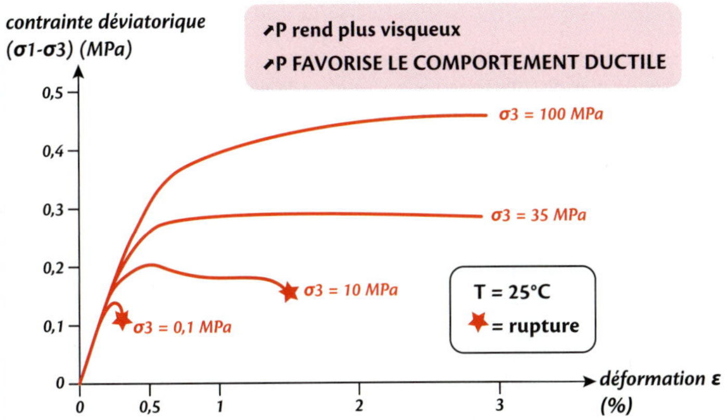

VARIATION DE LA TEMPÉRATURE (calcaire à grain fin)

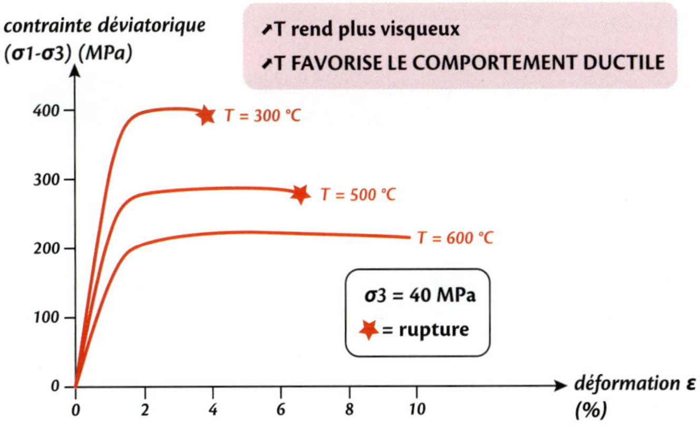

Le caractère ductile des roches augmente avec la température et la pression de confinement donc avec la profondeur.

VARIATION DE LA VITESSE DE DÉFORMATION (marbre de Yule)

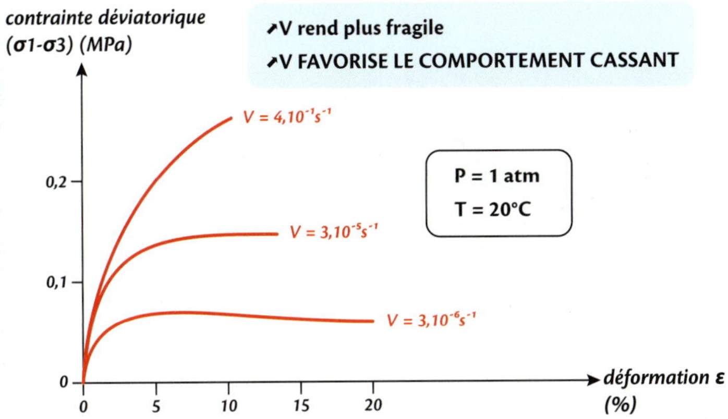

VARIATION DE LA TENEUR EN EAU (calcaire de Solenhofen)

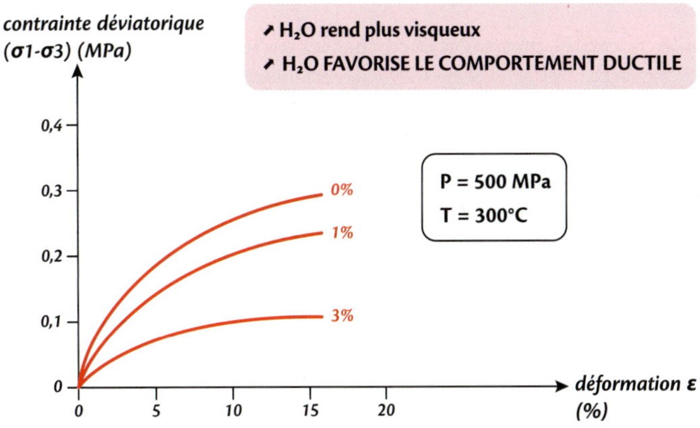

La vitesse de déformation est en réalité une dérivée : il s'agit de la variation de la déformation en fonction du temps. Elle peut s'exprimer en s^{-1} ou en %/s avec $1\ s^{-1} = 10^{-2}$ %/s. Ce n'est pas une vitesse au sens classique du terme.

Dans les conditions de surface, lorsque la pression de fluides est supérieure à la pression de confinement, les fluides favorisent la fracturation de la roche et donc le comportement cassant.

38 Les déformations discontinues : les failles

FAILLE = *cassure accompagnée d'un déplacement relatif des deux blocs.*

Quels sont les différents types de failles ? Comment les reconnaître sur le terrain et en carte ?

I - Différents types de failles

Vocabulaire associé aux failles

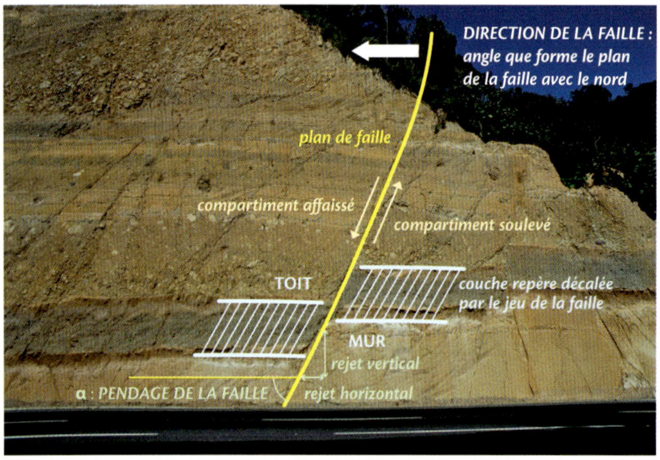

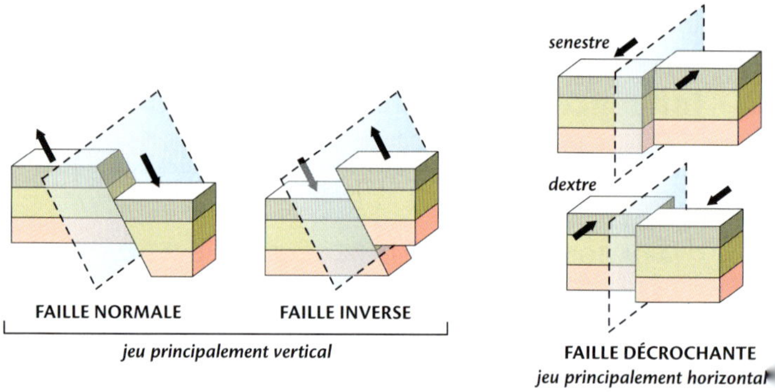

Une faille se caractérise par son **jeu** (*normal, inverse ou décrochant*), son **pendage** et sa **direction**. Le **plan de faille** correspond à la surface de glissement des deux blocs rocheux l'un par rapport à l'autre. Il est souvent poli, c'est pourquoi on parle de **miroir de faille**.

Failles normales, inverses et décrochantes sur le terrain et tenseur des contraintes

Les failles **normales** résultent d'un **mouvement de distension** et les **failles inverses** d'un **mouvement de compression**. Les **failles décrochantes** sont verticales et le mouvement se fait horizontalement.

Failles normales conjuguées limitant un horst
(Patagonie chilienne, région de Coihaique/Balmaceda)

Faille inverse dans les terrains triasiques
(région de Lodève, Hérault)

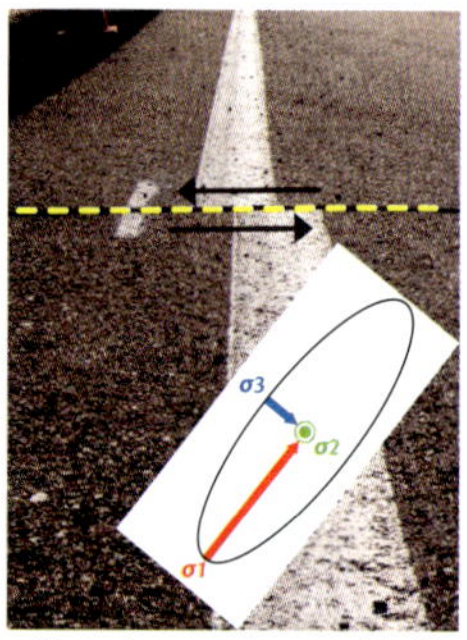

Faille décrochante sénestre (Californie)

Failles normales, inverses et décrochantes sur les cartes géologiques

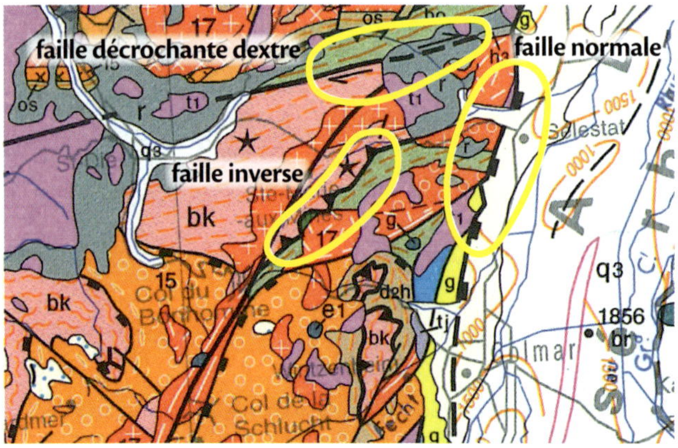

Extrait centré sur la bordure ouest du fossé rhénan
de la carte géologique de la France au millionième

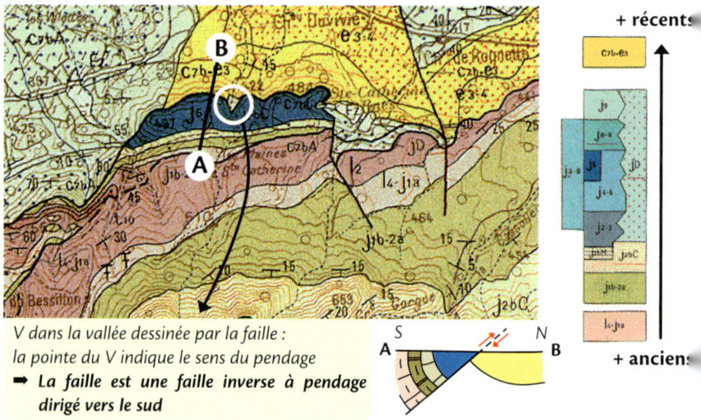

Extrait de la carte géologique de Brignoles au 50 000ème et coupe associée

II - Déformations et indices associés aux mouvements des failles

Les indices et les tectoglyphes couramment associés au jeu des failles

Les **tectoglyphes** (*marqueurs tectoniques présents sur le plan de fracture et permettant d'identifier le sens du mouvement*) permettent en général de reconstituer la direction et le sens de déplacement des deux blocs séparés par la faille.

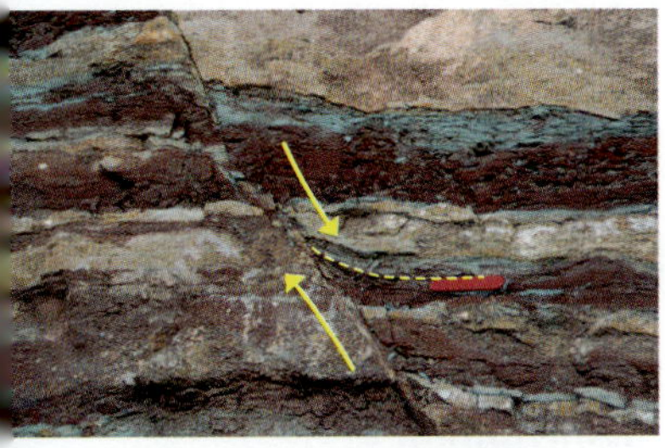

Zoom sur des crochons de faille (anticlinal du pont de Saint Men, Le Pradal, Hérault)

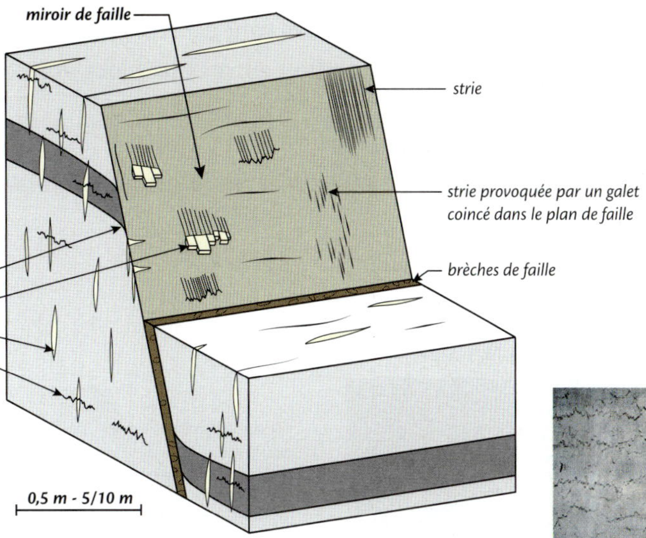

Zoom sur un miroir de faille montrant des stries et des gradins (Cévennes)

Zoom sur un réseau de fentes de tension en échelons (Col de la Pierre-Saint-Martin, Pyrénées-Atlantique)

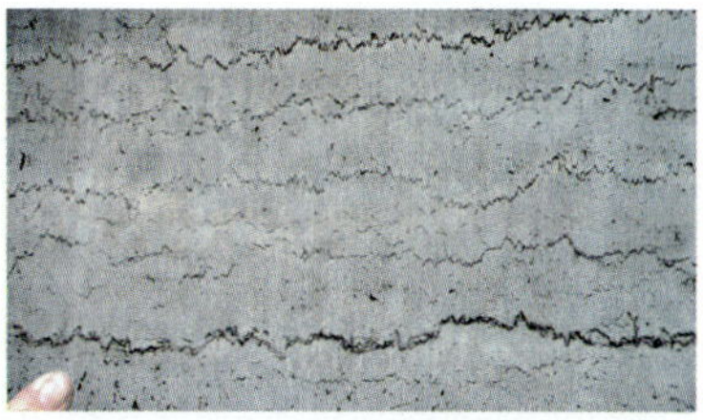

Zoom sur une dalle calcaire montrant des joints stylolithiques (Carrière des Meules de Villeblois Ain)

III - Failles et morphotectonique

Les failles de détachement

Les **failles de détachement** sont des failles normales à très grand rejet et très faible pendage. Elles sont particulièrement fréquentes lors des phases extensives tardives des chaînes de collisions et au niveau des dorsales océaniques où elles traversent toute la lithosphère et dénudent des roches crustales et mantelliques profondes.

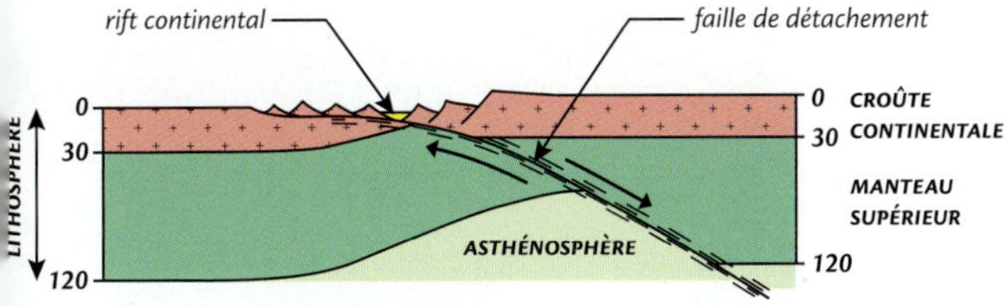

Les failles listriques

Les **failles listriques** sont des failles normales de grande extension concaves en profondeur. Elles sont fréquentes au niveau des dorsales et des rifts.

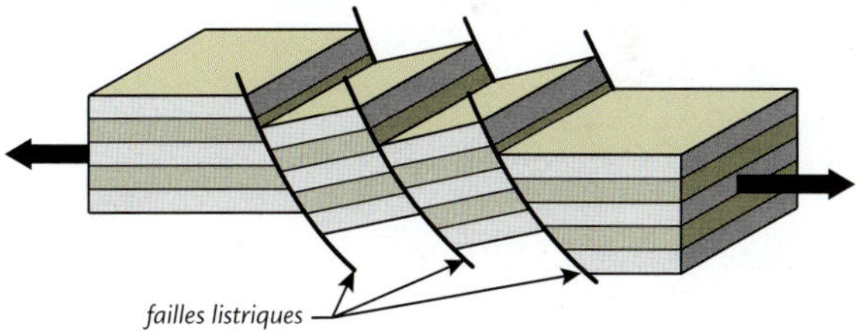

Les failles à l'origine des chevauchements et des nappes de charriage 31 119

IV - Failles transformantes

Les failles transformantes, des zones de fracture majeure

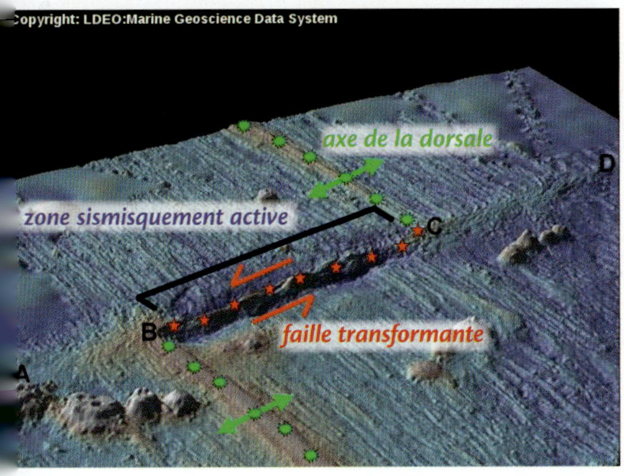

Les failles transformantes sont des **limites de plaques en décrochement**, elles peuvent être **continentales**, comme la faille du Levant et la faille nord-anatolienne, ou **océaniques** comme celles de la Romanche dans l'océan Atlantique.

Les failles transformantes océaniques, au sens large, sont les **parties actives entre les tronçons de dorsale et leurs prolongements**. Elles mettent au contact des fonds océaniques d'âge différent. La longueur de la zone active peut atteindre plusieurs centaines de kilomètres. Elles sont très étudiées car elles permettent, entre autres, d'observer **directement la lithosphère océanique**.

39 Les déformations discontinues : fentes de tension et joints stylolithiques

Fente de tension = *fracture dont les épontes sont écartées dans la partie centrale et jointes aux extrémités.*
Joint stylolithique = *surface de dissolution entre deux blocs intimement engrenés et souvent associés aux fentes de tension.*

Quels renseignements apportent les fentes de tension et les joints stylolithiques sur la déformation ?

I - Les fentes de tension

✪ Des fentes à différentes échelles

Des fentes décimétriques (*Savines-le-Lac, Hautes-Alpes*)

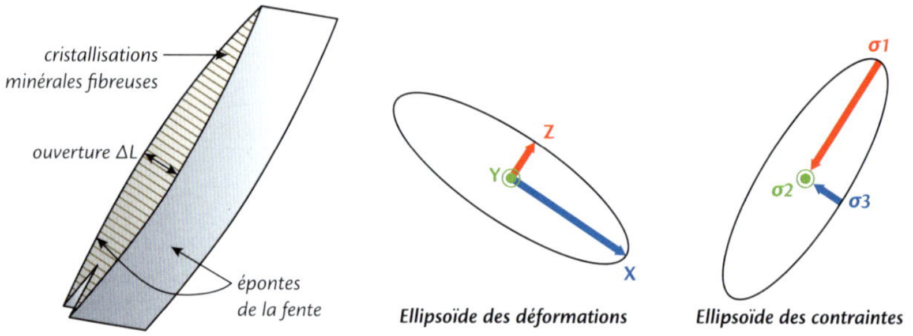

Épontes : (terme minier) terrains stériles qui bordent une couche ou un filon et qui le délimitent. Terme employé généralement au pluriel.*

L'orientation de la fente permet de **définir les ellipsoïdes de déformation et de contrainte**. L'axe maximal d'allongement X est perpendiculaire aux *épontes**. Soumises à la même déformation, la couche calcaire, compétente, s'est fracturée alors que les marnes, incompétentes, ont été schistosées.

Des fentes métriques (*vallée de la Lignare, Isère*)

Les fentes sont remplies de quartz et de calcite.

Des fentes hectométriques (*Taoudeni, Mali*)

Cette vue du ciel présente des **faisceaux de dykes basaltiques** en échelon : chacun d'eux est long de plusieurs centaines de mètres.

✪ Des fentes en échelons

Dalle calcaire éocènes (*sud de l'Iran*)

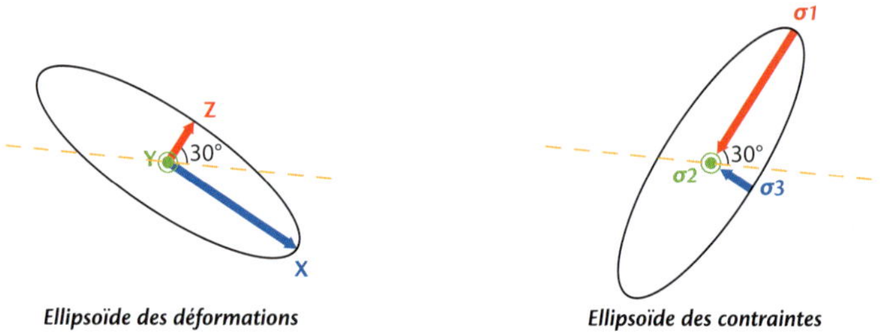

Les fentes s'organisent parfois en échelons, l'alignement du centre des fentes matérialise alors le **tracé d'une faille potentielle** non encore exprimée et leur orientation permet de retrouver le champ de contraintes s'exerçant sur la zone, les fentes étant allongées dans le sens de σ1.

II - Les joints stylolithiques

✪ Des stylolithes sédimentaires ou tectoniques

Les stylolithes correspondent à une **surface de dissolution** induite par des contraintes liées **soit à la pression lithostatique** lors de l'enfouissement (*stylolithes sédimentaires*) soit à des **contraintes tectoniques** (*stylolithes tectoniques*).

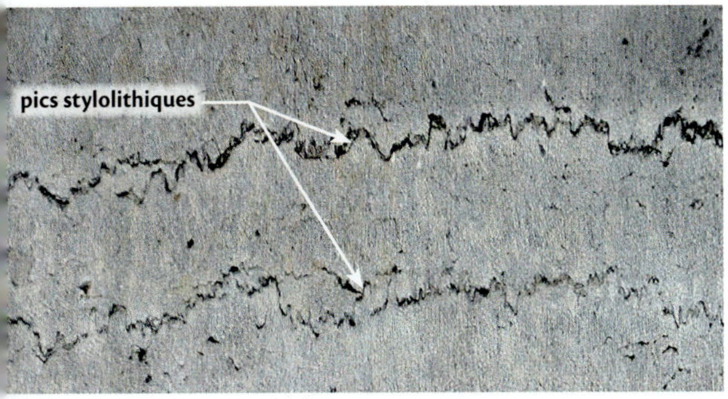

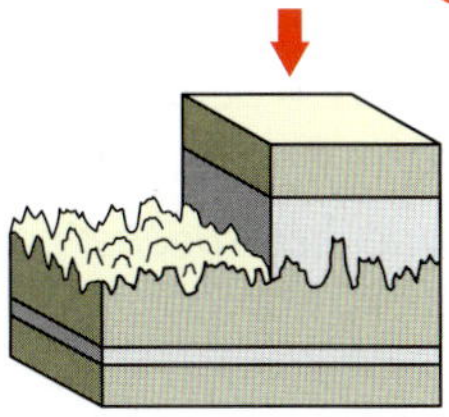

STYLOLITHES « SÉDIMENTAIRES »
dus à la compaction / dissolution sous l'effet de la pression lithostatique lors de la diagenèse

Dans le cas des **stylolithes sédimentaires**, les pics stylolithiques sont initialement verticaux et les joints sont parallèles aux strates.

Stylolithes d'origine sédimentaire, visibles sur une paroi verticale ***(Carrière des meules de Villebois, Ain)***

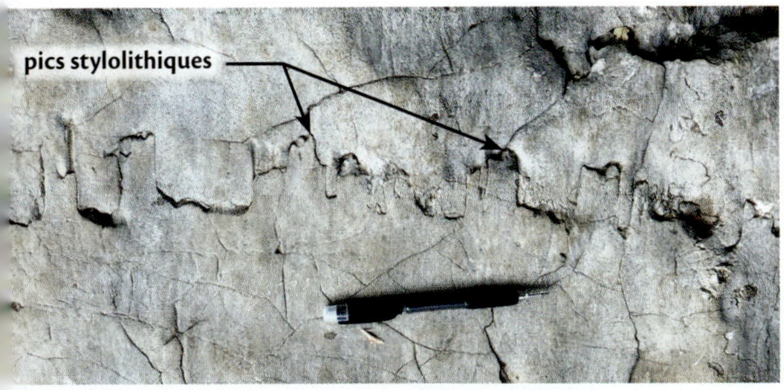

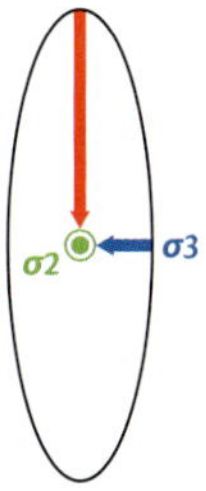

Ellipsoïde des contraintes

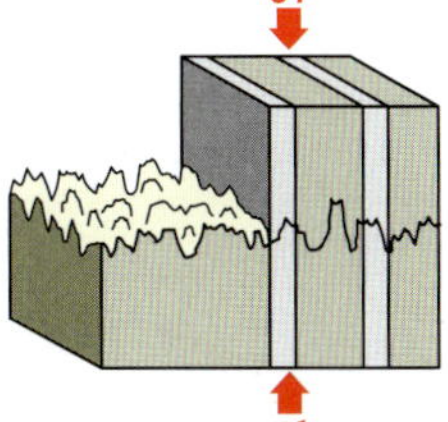

STYLOLITHES « TECTONIQUES »
dus à la dissolution orientée par un champ de contraintes régionales

Dans de cas des **stylolithes tectoniques**, les pics sont parallèles à la **contrainte maximale σ1**.

Stylolithes d'origine tectonique *(Lac du Chalain, Jura)*

✪ Association fréquente de stylolithes et de fentes de tension

Stylolithes et fentes de tension intimement associés

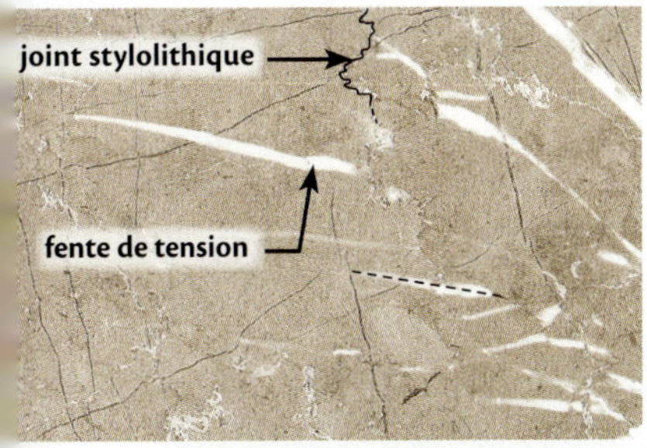

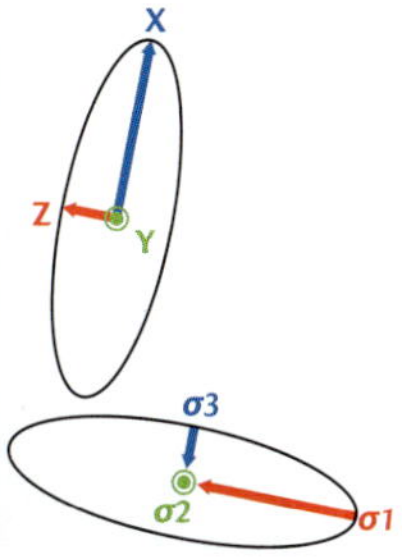

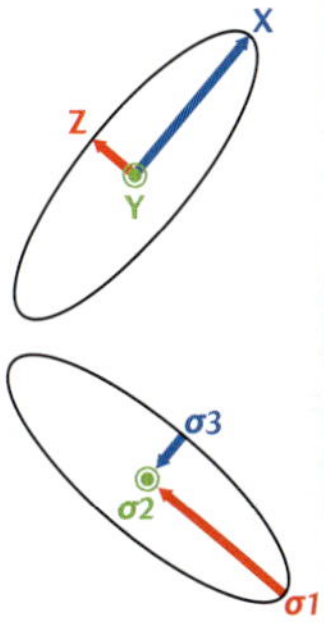

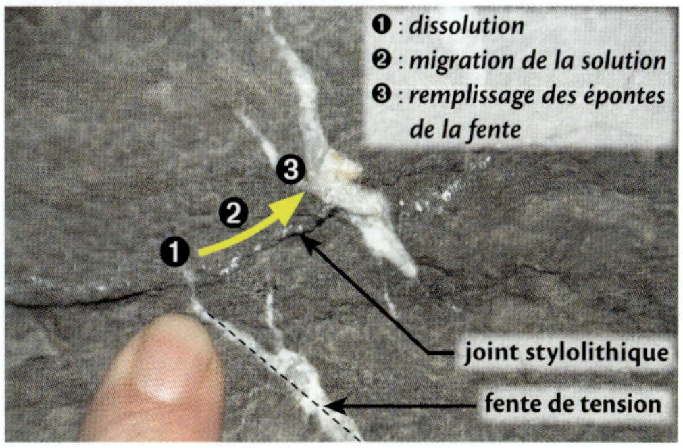

Dalles de marbre (à gauche) et de calcaire (à droite) montrant l'association des fentes de tension et des stylolithes

Stylolithes et fentes de tension au niveau de la charnière d'un pli

Au niveau de la charnière d'un pli, les contraintes tectoniques engendrent des **fentes de tension sur l'extrados** et des **stylolithes sur l'intrados**.

fentes de tension visibles sur l'extrados de ce pli anticlinal

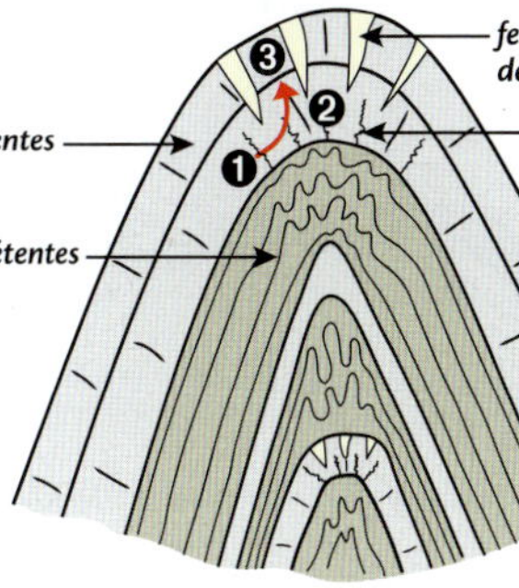

❶ *Dissolution au niveau du joint stylolithique*
❷ *Migration de la solution*
❸ *Remplissage de la fente*

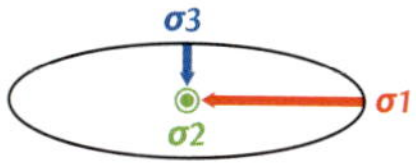

Les déformations continues hétérogènes : les plis

DÉFORMATION CONTINUE = *déformation sans rupture de l'objet.*

DÉFORMATION HÉTÉROGÈNE = *déformation au cours de laquelle des droites initialement parallèles cessent de l'être dans l'objet déformé.*

PLI = *déformation continue, hétérogène, caractérisée par le gauchissement d'une surface repère (ex. surface de stratification So ou de schistosité S1)*

Quelle est la diversité des plis ? Comment les repère-t-on sur une carte ?

I - Le vocabulaire associé à la description d'un pli

Exemple de plis droits

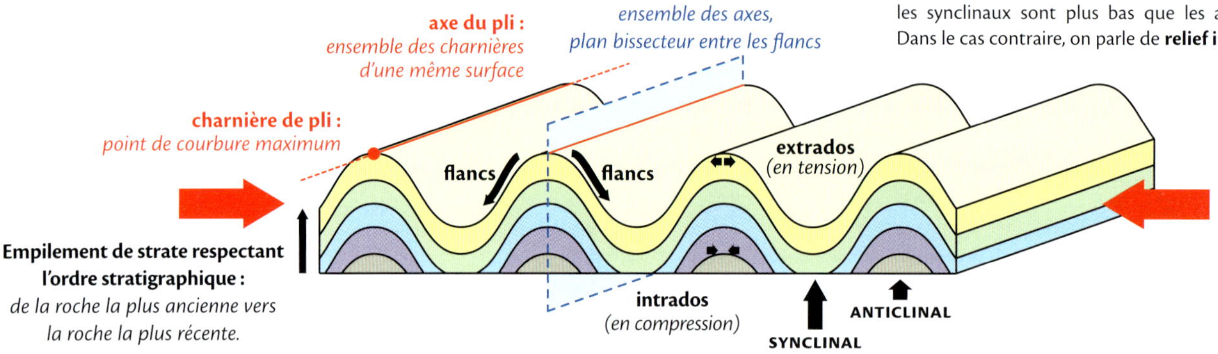

Le **relief est conforme** quand, dans la topographie les synclinaux sont plus bas que les anticlinaux. Dans le cas contraire, on parle de **relief inverse**.

II - Les plis anticlinaux et synclinaux

✪ Avant et après érosion

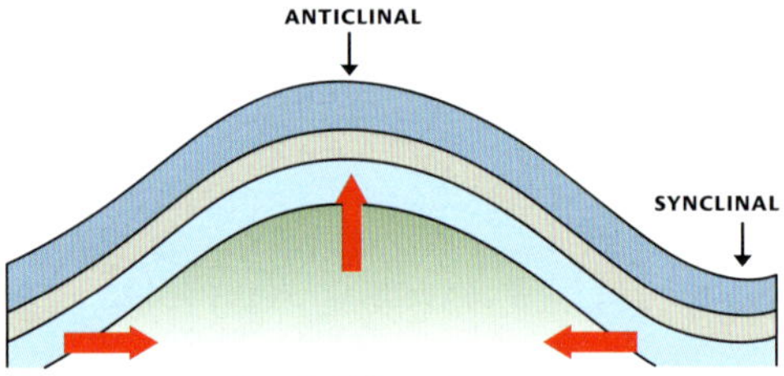

phase de déformation
plissement des couches géologiques
création de la structure anticlinale

PLUSIEURS MA

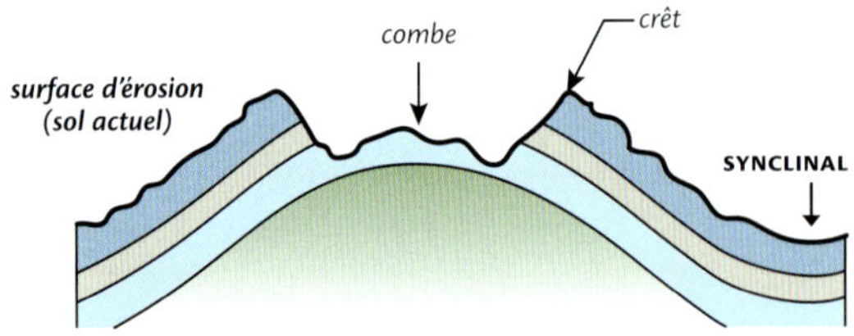

phase d'érosion
création de la combe et du mont dérivé

⚠ *Ne pas confondre un synclinal avec une butte témoin, ni un anticlinal avec une vallée de fleuve en terrain tabulaire ! Les terrains tabulaires se reconnaissent par le fait que les limites de couches suivent les courbes de niveau (et donc, les cours d'eau).*

✪ Pli anticlinal

Pli anticlinal conforme à l'échelle du paysage (*Chartreuse*)

Le pli anticlinal de l'Écoutoux en calcaire Tithonien (*Jurassique terminal*) correspond à un mont. C'est un **relief conforme**.

Pli anticlinal en carte au 1/50 000ème (*Lavelanet*)

Les limites de couches sont indépendantes des courbes de niveau : terrain non tabulaire. On observe des bandes de terrain, plutôt étroites et rectilignes, **parallèles** et **symétrique** avec les **terrains les plus âgés au centre : anticlinal de Lavelanet** (*bordure des Pyrénées*)

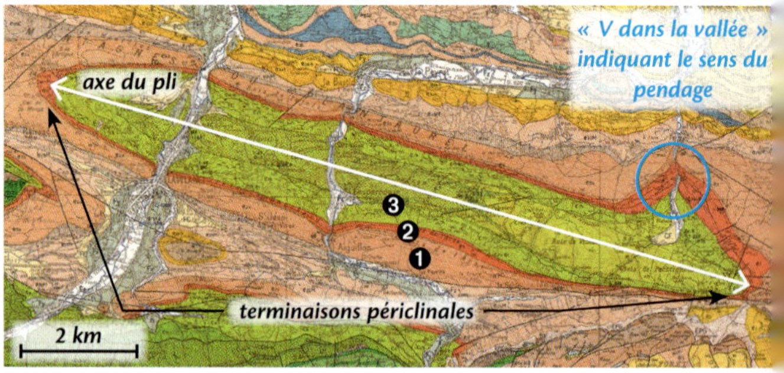

Les couches sont numérotées des plus anciennes aux plus récentes.

✪ Pli synclinal

Synclinal perché

Le synclinal perché du Chamechaude vu du NE, depuis Saint Pierre de Chartreuse. Les terrains sommitaux sont en calcaire Urgonien (*Crétacé*). L'érosion a provoqué une **inversion de relief**.

Le même pli synclinal en carte au 1/50 000ème

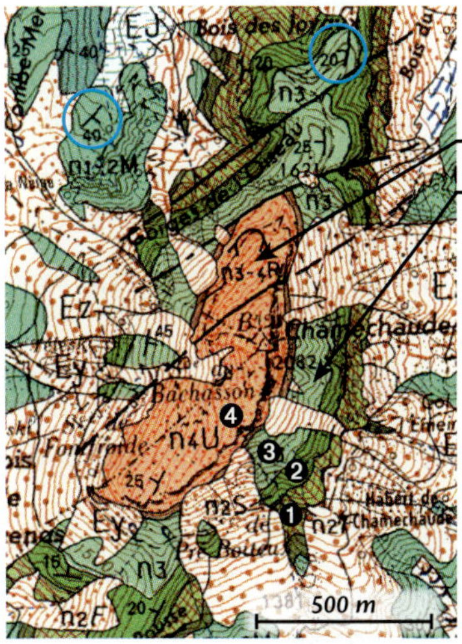

Les limites de couches sont indépendantes des courbes de niveau : terrain non tabulaire.

On observe des bandes de terrain **parallèles** et **symétriques** avec les terrains les plus jeunes au centre.

Les couches sont numérotées des plus anciennes aux plus récentes.

III - La diversité des plis

Diversité selon l'axe du pli 43

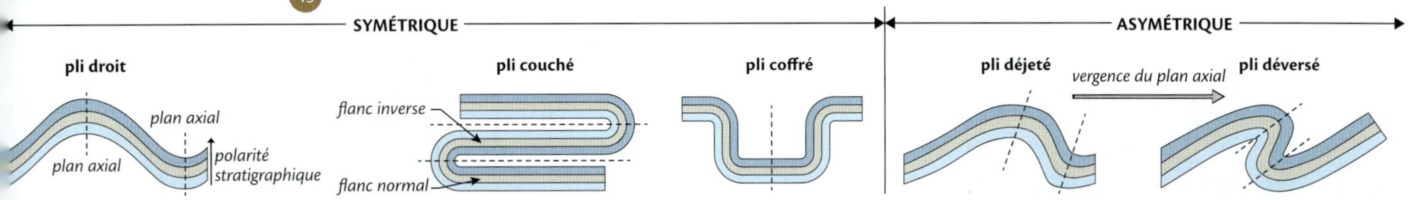

Ellipsoïdes sur un pli droit

On ne peut remonter de l'ellipsoïde des déformations à l'ellipsoïde des contraintes que dans le cas d'une déformation coaxiale (= *pas de composante rotationnelle = cisaillement pur*). Cela est possible dans le cas d'un pli droit.

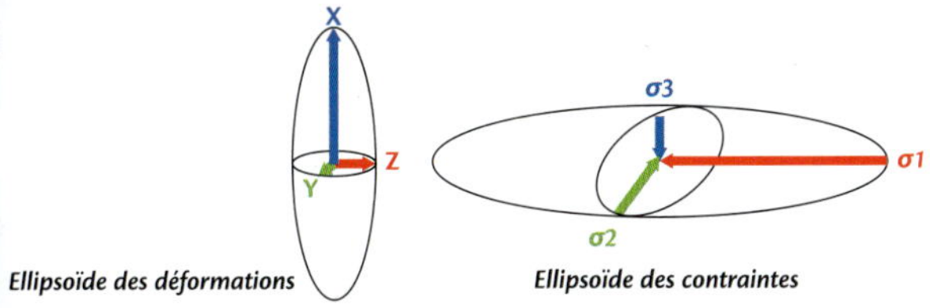

Antiforme et synforme

On appelle antiforme un pli dont la convexité est tournée vers le haut (*il forme une bosse*), indépendamment de l'âge des couches. Le pli dont la convexité est tournée vers le bas (*il forme un creux*) est appelé synforme.

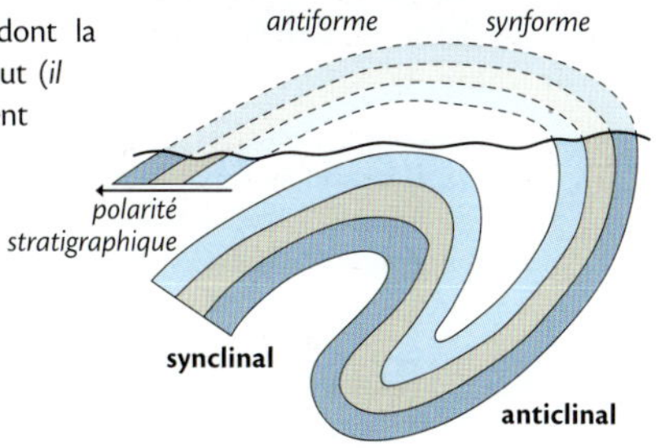

Plis isopaque et anisopaque

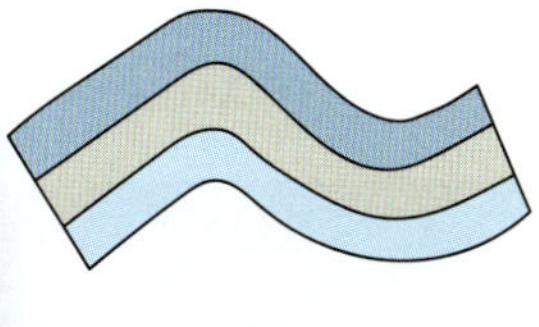

ISOPAQUE = épaisseur des couches conservée

Les plis sont isopaques quand il n'y a pas de déformation intime de la matière et/ou du réseau cristallin.

Un mini-anticlinal dans une rivière, vallée de l'Hérault (34)

ANISOPAQUE = épaisseur des couches non conservée

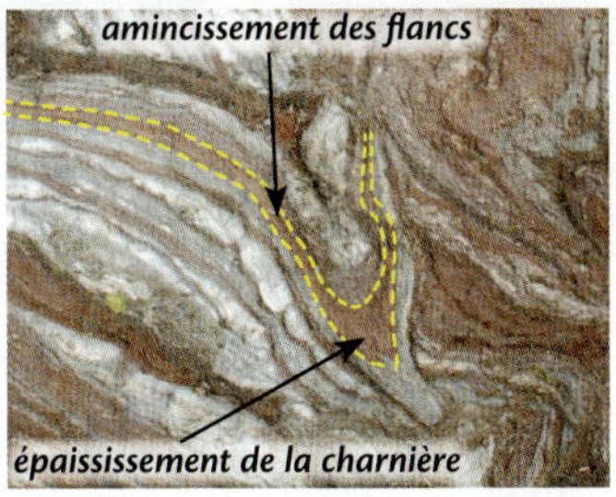

Déformations dans les gypses (roche ductile) de base de la nappe des Corbières dans l'Aude.

Plis dysharmoniques (*Saint-Julien-en-Beauchêne*)

Un pli dysharmonique n'affecte pas de la même manière les couches successives en raison de glissements le long du plan de stratification ou de l'apparition de plissements secondaires (*cas ici*).

Ci-dessous : image interprétée d'un anticlinal de la haute vallée du Buech (*Hautes Alpes*). La couche supérieure (❶) ne montre qu'un pli unique, avec une seule charnière. Les couches plus internes montrent deux charnières dans le cas de la couche ❷, et 3 charnières dans le cas de la couche ❸.

⚠ *Les plis peuvent affecter des roches autres que sédimentaires (par exemple, des roches métamorphiques).*

41 Schistosités et linéations

SCHISTOSITÉ = *débit (= clivage) en feuillets d'une roche, sans perte de cohésion apparente.*
LINÉATION = *microstructure linéaire créée par une déformation liée à une contrainte anisotrope.*

Quels sont les différents types de schistosités et de linéations ?

I - L'origine de la schistosité

✪ Un schiste caractéristique

Plan de schistosité = S1 = plan XY

Les faciès métamorphiques schiste vert et schiste bleu représentent des gammes du champ pression /température dans lesquelles certains minéraux peuvent être présents.

✪ Stratification et schistosité

Mise en place

S0 = **stratification**, liée au dépôt sédimentaire des strates successives

S1 = apparition d'une **schistosité** liée à des contraintes tectoniques.

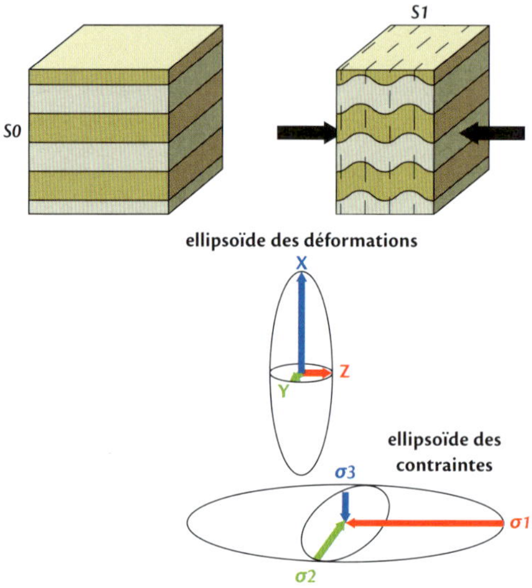

Un exemple concret dans les doublets marno-calcaires des Aiguilles Croches (*Mont Joly, Savoie*)

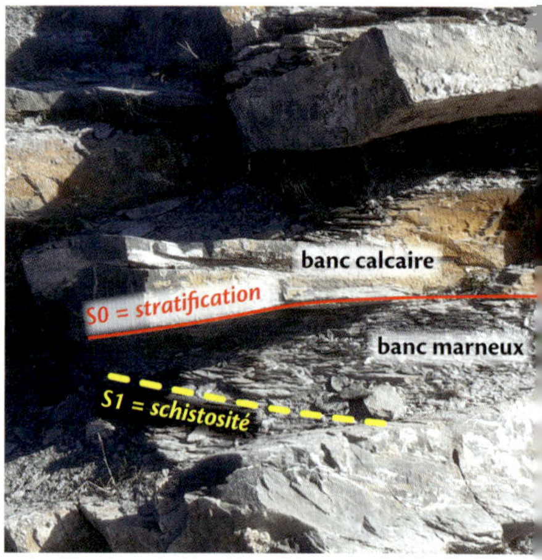

Si d'autres plans de schistosité apparaissent, on les nomme S2, S3, etc.

II - Les différents types de schistosité

✪ Une schistosité plus ou moins pénétrative

La schistosité est pénétrative car elle affecte l'intérieur de la roche : on observe ainsi au microscope une orientation de tous les minéraux dans le sens de l'allongement maximal d'où des plans de débit.

Schistosité de fracture

Elle consiste en un débit en bancs grossiers de la roche. Elle est non pénétrative.

Schistosité de crénulation

Les plans axiaux des plis serrés de la roche deviennent des plans de schistosité.

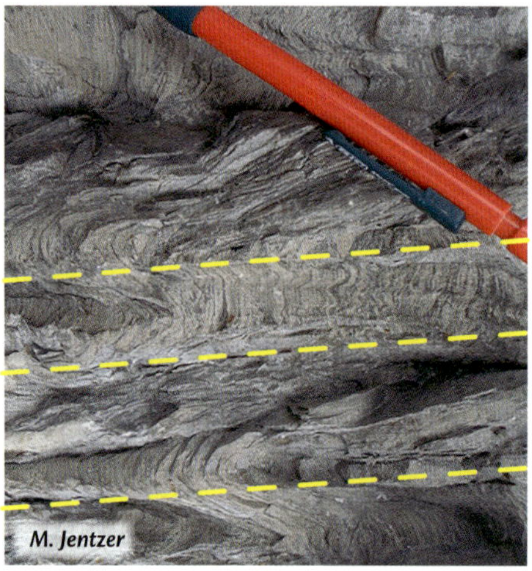

Schistosité ardoisière = de flux

Elle concerne plutôt les roches à grain fin type pélite.

La foliation est une schistosité accompagnée d'une orientation ou d'une néoformation orientée des minéraux. Les axes cristallographiques des minéraux (leurs fabriques) sont parallèles. De nombreux types de roches peuvent être foliés : gabbros foliés, gneiss, métapélites foliées, péridotites foliées…

✪ Une schistosité associée aux plis

Schistosité de plan axial (*Pli de la Paute vers Bourg d'Oisans*)

Schistosité subverticale, parallèle au plan axial du pli anticlinal.

✪ Une schistosité dépendant de la compétence des roches

Réfraction de schistosité

Lors du passage d'une couche peu compétente (*donc ductile, type marne*) à une roche très compétente (*donc cassante, type calcaire*), l'orientation des plans de schistosité peut varier.

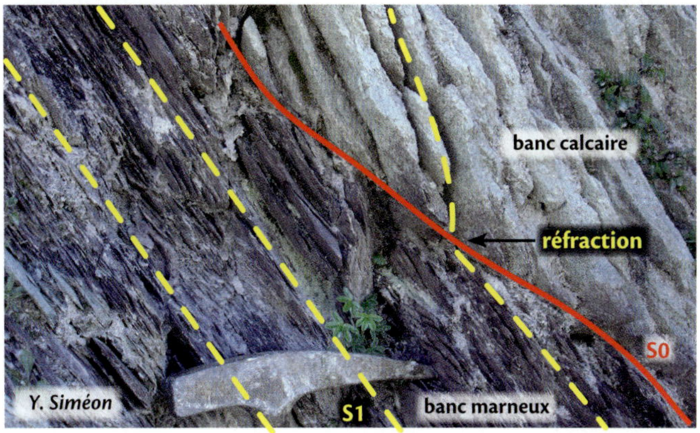

✪ Une schistosité associée aux plis

Le boudinage désigne l'étirement et le tronçonnement d'une roche dure enfermée dans des couches plus ductiles soumises à des étirements et des cisaillements. Cette roche dure forme alors des « lentilles » ou « boudins » plus ou moins cylindriques, autour desquels la schistosité de la roche plus ductile est défléchie.

Origine du boudinage

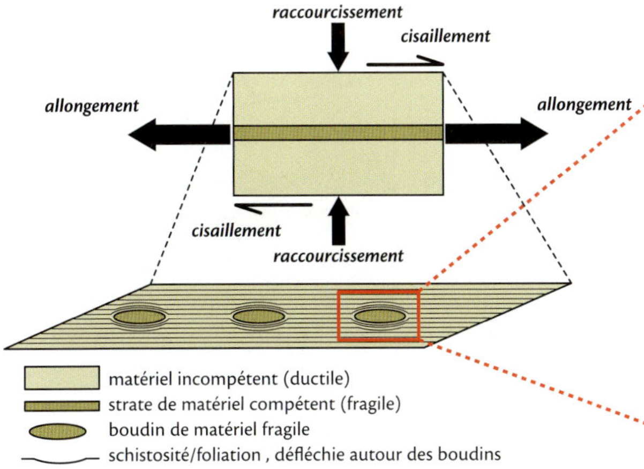

Boudinage et déflection de schistosité dans des gypses

III - Les différents types de schistosité

Linéation d'allongement

= Schistosité subverticale, parallèle au plan axial du pli anticlinal.

Métaconglomérat : les galets, sans doute initialement sphériques, sont devenus des « baguettes ».

Linéation minérale

= allongement de minéraux constituant la roche.

Les amphiboles de cet échantillon sont toutes orientées dans la même direction.

⚠ *Il existe aussi une « linéation d'intersection » due à l'intersection entre 2 familles de plans, par exemple la stratification et la schistosité, ou bien 2 plans de schistosité distincts.*

42 Cisaillement pur et cisaillement simple

Cisaillement pur = *déformation coaxiale (= sans composante rotationnelle), provoquée par des contraintes non cisaillantes.*
Cisaillement simple = *déformation non coaxiale, c'est-à-dire avec une composante rotationnelle, provoquée par des contraintes cisaillantes.*

Quelles sont les caractéristiques et les conséquences d'un cisaillement pur et d'un cisaillement simple ?

I - Deux mécanismes de la déformation plane

Origine et conséquences des deux types de cisaillements

Si l'objet n'est pas en torsion, la déformation associée est dite **plane**. Deux cas se présentent :

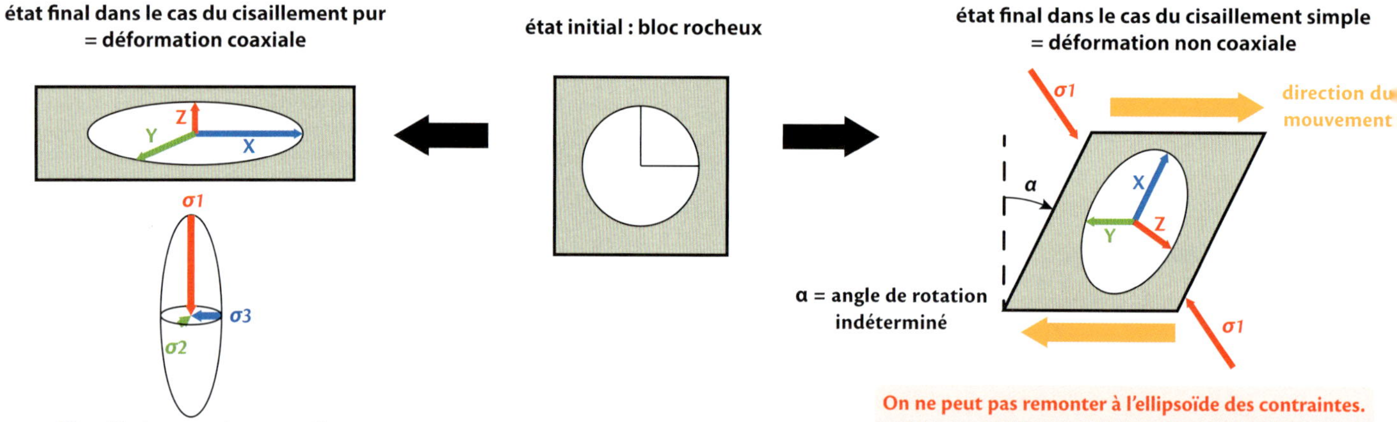

Ellipsoïde des contraintes associées

On ne peut pas remonter à l'ellipsoïde des contraintes.
On ne peut donner que les plans de cisaillement.

Une déformation coaxiale consiste en un simple aplatissement de la matière selon la direction de raccourcissement et étirement selon la direction d'allongement. L'allure de l'objet déformé est symétrique par rapport à un plan. En revanche, une déformation non coaxiale donne un objet déformé non symétrique.

II - Des exemples de cisaillement pur à différentes échelles

À l'échelle minéralogique

Les photographies suivantes montrent des **ombres de pression symétriques** sur une glaucophanite de faciès éclogites de l'ile de Groix (*Morbihan*).

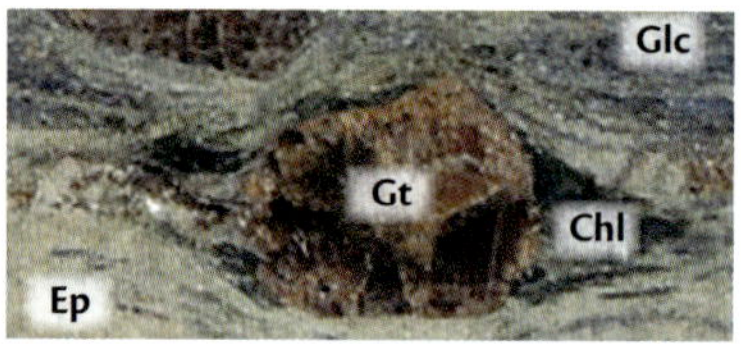

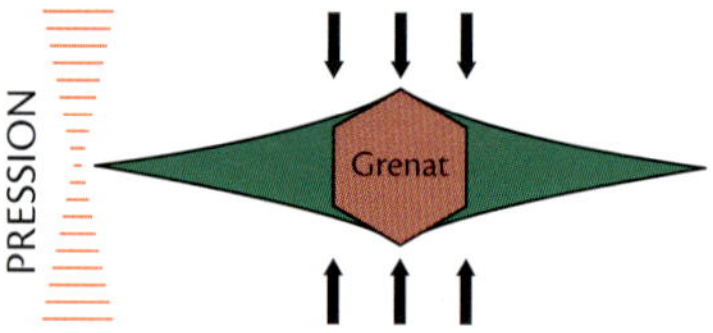

Ellipsoïde des contraintes

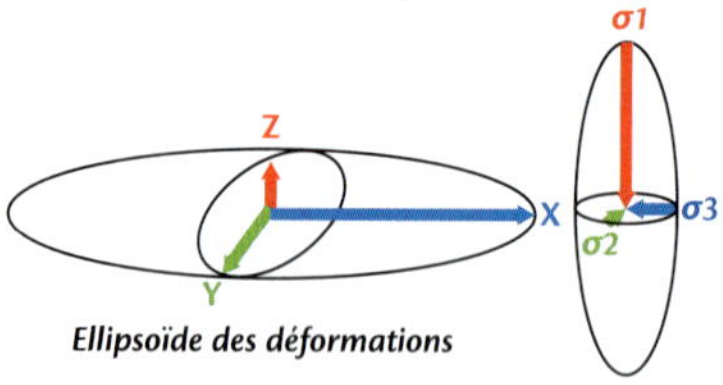

Ellipsoïde des déformations

Gt : **grenat** très résistant, protégeant de la déformation la zone située de part et d'autre de lui.

Glc : **glaucophane**

Ep : **épidote**

Chl : Remplissage de **chlorite**, minéral typique du faciès des schistes verts pour les métabasites.

La déformation responsable de la formation de ces ombres de pression s'est donc produite lorsque la roche passait du faciès des schistes bleus au faciès des schistes verts (*rétromorphose liée à l'exhumation*).

⚠ *Lorsqu'on considère que l'objet n'est pas déformé selon l'axe Y, on peut simplement représenter des ellipses (2D) et non des ellipsoïdes (3D).*

À l'échelle de l'échantillon 36

Oolithe étirée observée dans une lame mince (*LPA*) de calcaire jurassique des Corbières (*des oolithes non déformées sont sphériques*).

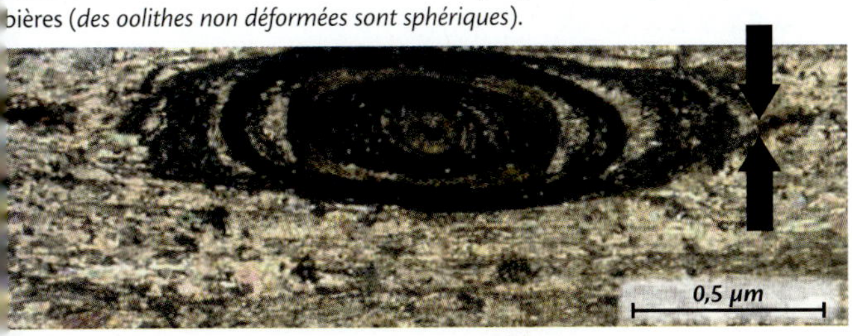

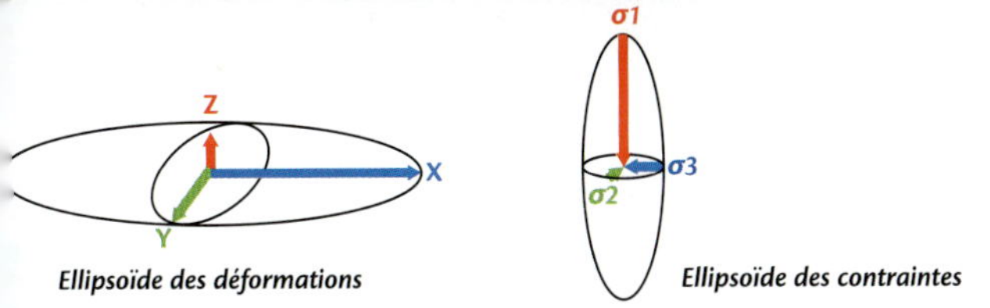

À l'échelle de l'affleurement : grotte d'Harpéa, Estérençuby (*Pyrénées Atlantiques*)

La grotte est un refuge/bergerie situé au cœur d'un anticlinal formé par des alternances marno-calcaires du Paléocène terminal / Éocène basal.

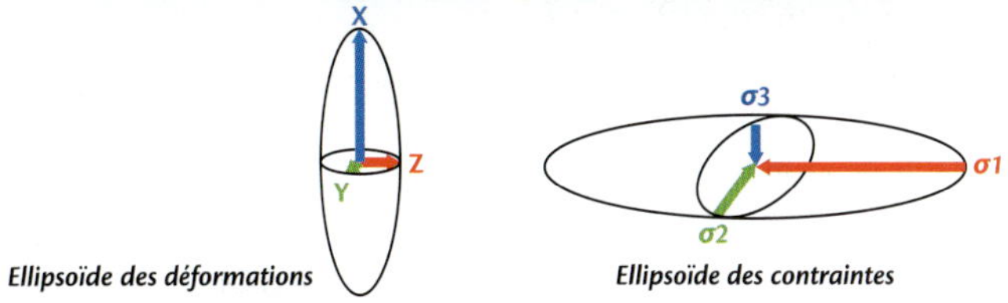

Dans les 2 cas, les structures observées sont **symétriques**, régulières, **sans trace de rotation**. Ces déformations finies sont la succession d'incréments de **cisaillement pur**.

III - Des exemples de cisaillement simple à différentes échelles

À l'échelle minéralogique : exemple des minéraux hélicitiques

La forme des inclusions hélicitiques permet de mettre en évidence une rotation du grenat lors de sa cristallisation.

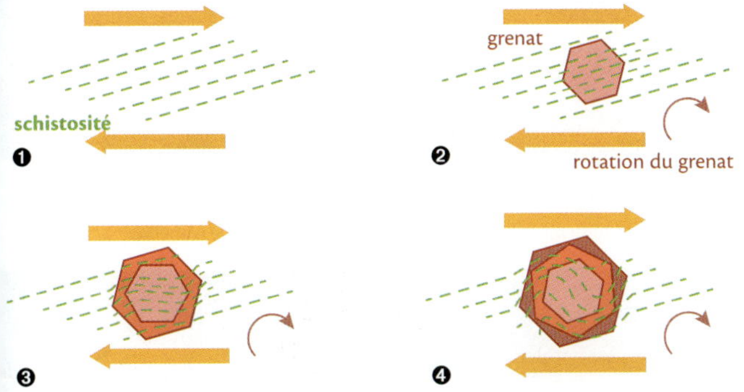

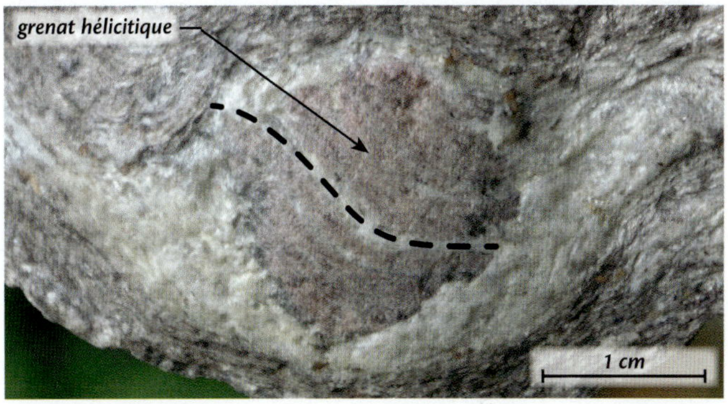

À l'échelle de l'échantillon ou de l'affleurement : exemple des fabriques C-S (*cisaillement-schistosité*)

Devenir d'un échantillon soumis à un cisaillement :

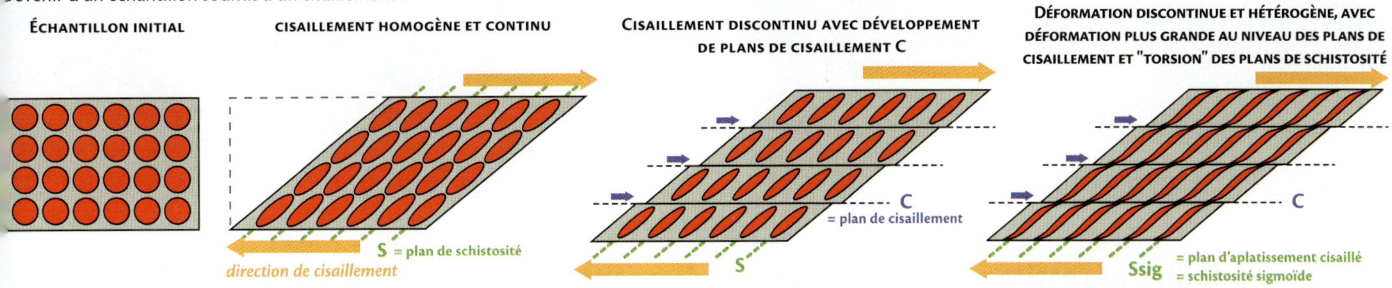

Granite cisaillé provenant d'un grand décrochement ductile sénestre (*Dun le Palestel - Creuse*).

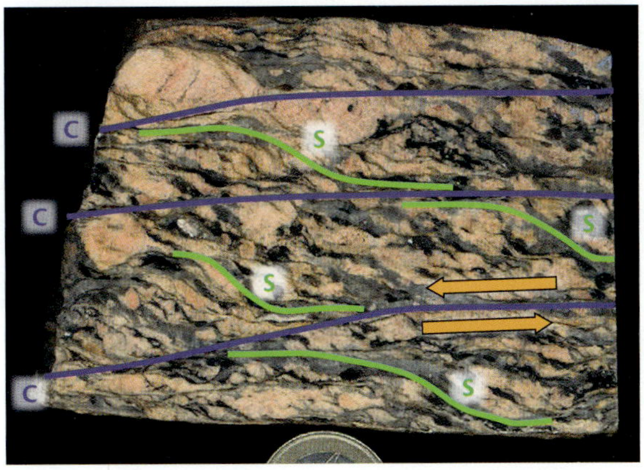

Plans C et plans S dans l'autochtone de la nappe des Corbières.

43

Les structures composites : les plis-failles

Pli-faille = *déformation obtenue quand un raccourcissement affecte des couches géologiques assez compétentes pouvant glisser sur un niveau de décollement.*

Comment peut-on décrire et interpréter les plis-failles aux différentes échelles ?

I - Des plis-failles observés à différentes échelles

Pli-faille de Saint Rambert en Bugey

Le pli-faille est apparu lorsque la limite de plasticité du calcaire a été dépassée.

Pli-faille de Bourg-d'Oisans (*Isère*)

On observe un pli-faille dans la falaise de la Roche du Pontet à Bourg d'Oisans.

Pli-faille à Gafsa (*Tunisie*)

Les niveaux supérieurs, compétents, ont cassé le long d'une faille. Les niveaux inférieurs, incompétents, ont formé un pli-faille. La partie inférieure, cachée par des éboulis, est prolongée en pointillés.

Micropli-faille dans des lignites (*La Caunette, Hérault*).

On observe un mini pli-faille photographié dans les lignites de Minerve.

II - Des plis-failles nécessitant des zones de décollement

Des plis-failles fréquents dans le Jura

Un relief jurassien typique est marqué par de nombreux plis-failles. Les marnes jurassiques ou les argiles à évaporites du Trias supérieur jouent le rôle de surface de glissement et de niveau de décollement.

Crétacé supérieur
Crétacé inférieur
Jurassique supérieur
Jurassique moyen
Jurassique inférieur
Trias

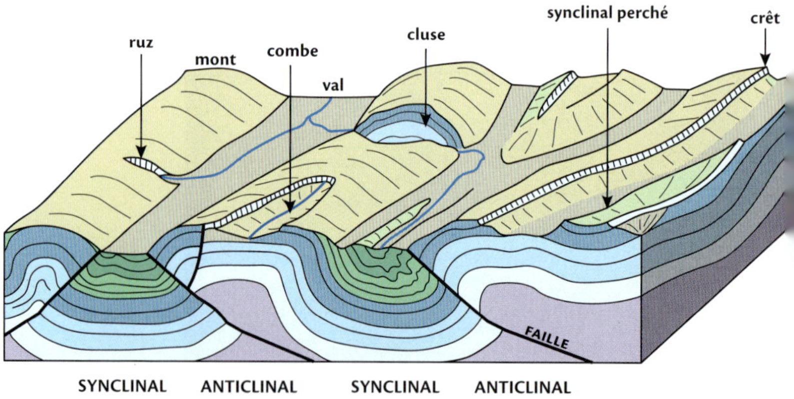

Le chapeau de gendarme, un pli jurassien situé au front d'un chevauchement

Une vue d'ensemble de la région du pli en « chapeau de gendarme » dans le Jura. Malgré sa célébrité, ce pli est « simplement » un plissotement dans des calcaires du crétacé inférieur au contact d'une zone de décollement.

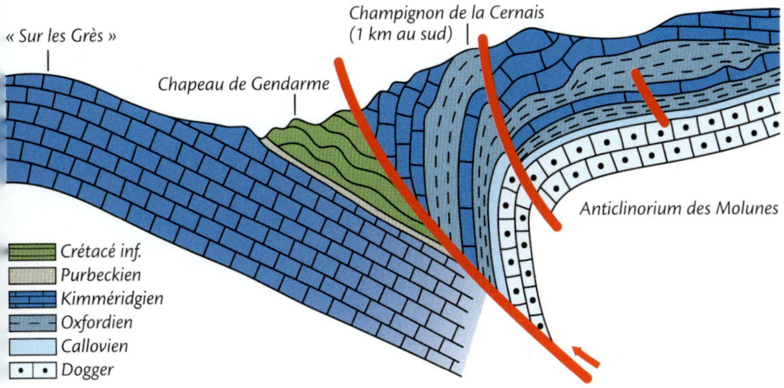

III - Des plis-failles pouvant évoluer en chevauchements et charriages

L'évolution possible d'une région en contexte de compression

Les plis-failles évoluent en chevauchements, puis en nappes de charriage. Le stade ❹ représenterait les Alpes occidentales alors que les stades ❷ et ❸ représenteraient plutôt le Jura.

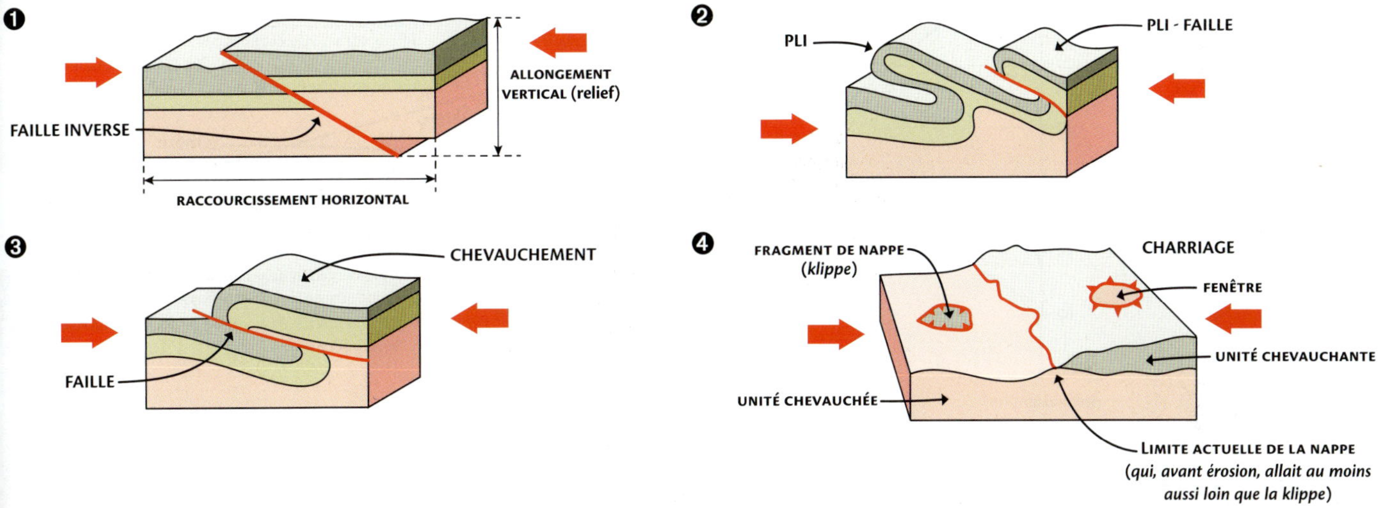

IV - Des plis-failles pouvant résulter d'une histoire complexe

À Bourg d'Oisans, des failles normales ayant rejoué en inverse

La marge passive de l'océan alpin a été formée par des mouvements divergents, mais a été secondairement impliquée dans l'orogenèse alpine.

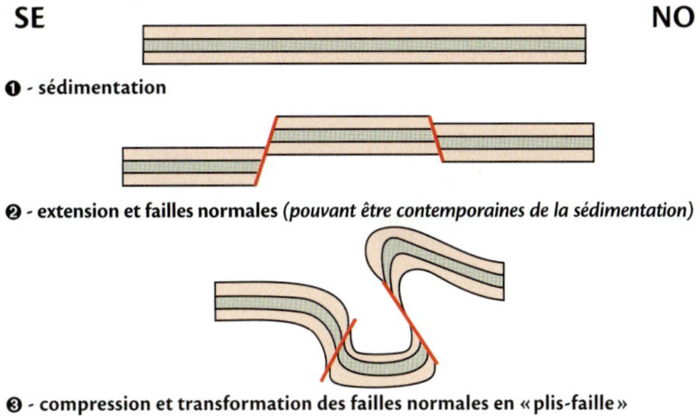

Reconstitution possible et (très) schématique de la suite des événements abouti aux structures tectoniques visibles sur la rive gauche de la Romanche au dessus de Bourg-d'Oisans

44 Les enveloppes rhéologiques

Enveloppe rhéologique (profil rhéologique) = *modèle rhéologique de la lithosphère permettant de comprendre comment les plaques se déforment sous l'effet de contraintes.*

Comment prédire le comportement mécanique ou rhéologique de la lithosphère sur toute son épaisseur ?

I - Principe d'obtention du profil rhéologique

Seuil de rupture commun (*courbe de Byerlee, 1978*) et seuil de fluage variable des matériaux 37

Le **seuil de déformation** (*valeur minimale de la contrainte différentielle σ1 - σ3 provoquant une déformation permanente*) d'échantillons préfracturés de nature variée est déterminé à différentes conditions PT. Il correspond soit à un **seuil de rupture** (*rejeu de fractures*) si le matériau a un **comportement fragile** et « casse » d'abord, soit à un seuil de fluage si le matériau a un **comportement ductile** et « flue » d'abord.

→ Le **seuil de rupture** augmente avec la profondeur car la pression augmente et s'oppose au glissement le long des fractures. Ce seuil est plus bas en tension (*ça casse plus facilement*) qu'en compression.

→ Le **seuil de fluage** dépend du matériau. Plus la profondeur augmente, plus le fluage est rapide car la température augmente et abaisse les seuils de fluage.

Un **granite** soumis à **EXTENSION** :

→ à 10 km de profondeur CASSE dès 200 MPa alors que 400 MPa seraient nécessaires pour qu'il flue.
➡ **Il CASSE d'abord.**

→ à 20 km de profondeur FLUE dès 75 MPa alors que 400 MPa seraient nécessaires pour qu'il casse.
➡ **Il FLUE d'abord.**

À 30 km de profondeur, un **granite** FLUE et une **dunite** CASSE.

À 40 km de profondeur, une **dunite** CASSE en EXTENSION alors qu'elle FLUE en COMPRESSION.

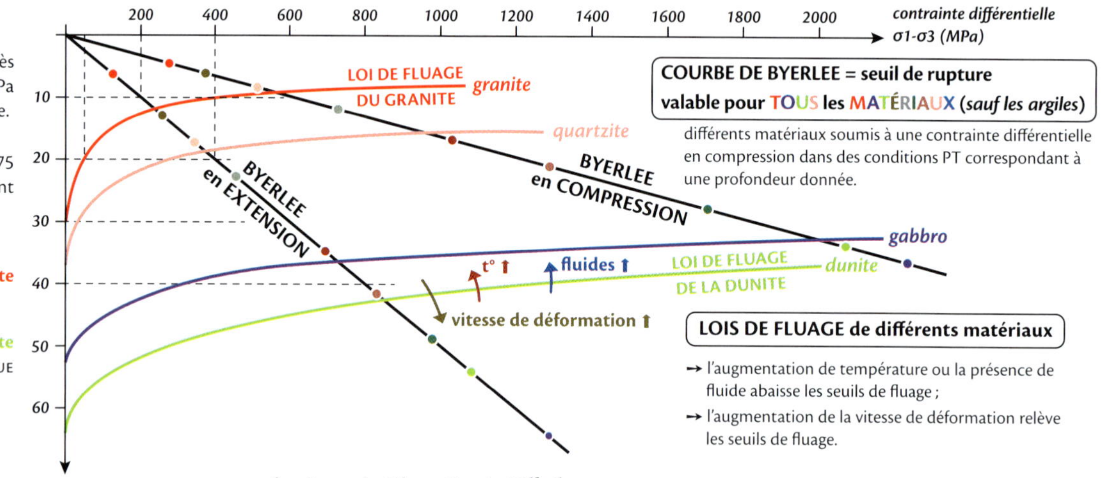

pour des vitesses de déformation de 10^{-15} s^{-1}
(avec une épaisseur de plaque de 100 km t° = 1300°C)

II - Résultats : enveloppes rhéologiques des lithosphères continentales et océaniques

Obtention et enseignements des enveloppes rhéologiques

Le **profil de résistance**, ou **enveloppe rhéologique de la lithosphère**, se construit en considérant les matériaux représentatifs des enveloppes et leurs comportements à différentes profondeurs.

La **position du Moho** explique que, pour une lithosphère dont le géotherme correspond à 1300°C à 100km, la lithosphère continentale ait un comportement hétérogène aux nombreux niveaux de découplage (***modèle Jelly sandwich***) alors que celui de la **lithosphère océanique** le soit moins (***modèle crème brûlée***).

Ces profils rhéologiques modélisant le comportement rhéologique de la lithosphère, ils aident à prévoir et à ***expliquer les déformations observées.*** 45

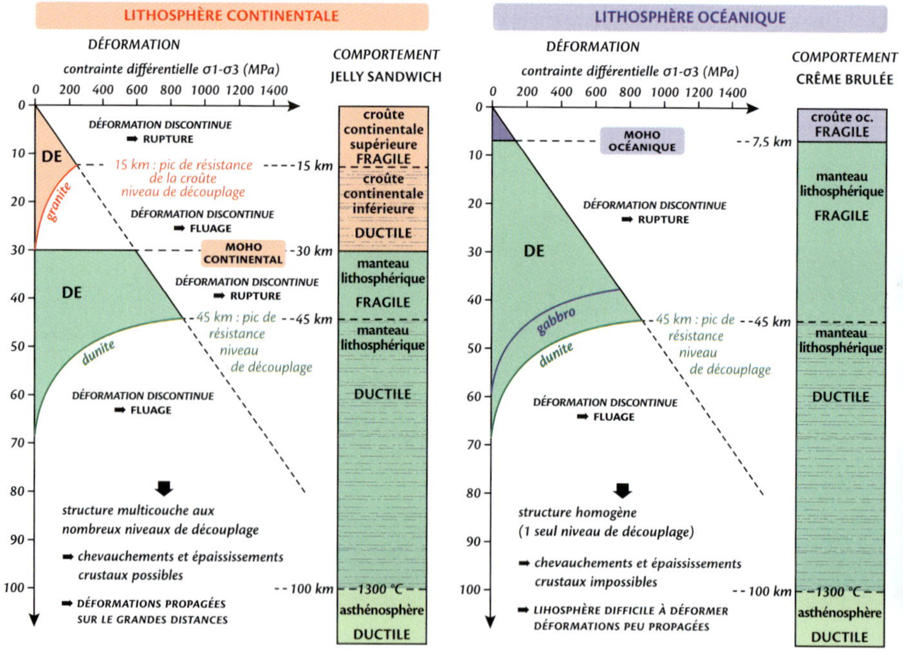

À l'intérieur des contours de l'enveloppe rhéologique, la contrainte différentielle n'est pas suffisante pour déformer irréversiblement le matériau.
Il subit juste une déformation élastique (DE)

Un comportement de la lithosphère continentale variable selon son âge thermique

La lithosphère continentale **fragile** est **plus épaisse en extension qu'en compression**.

L'allure des enveloppes obtenues en extension ou en compression varie selon leur période de refroidissement estimée depuis le dernier évènement thermique majeur :

→ **Classic Jelly Sandwich** : croûte résistante découplée d'un manteau résistant, ex. lithosphère jeune du plateau Tibétain ;

→ **Craton Jelly Sandwich** : croûte inférieure résistante couplée à un manteau résistant, ex. plaque Indienne. 45

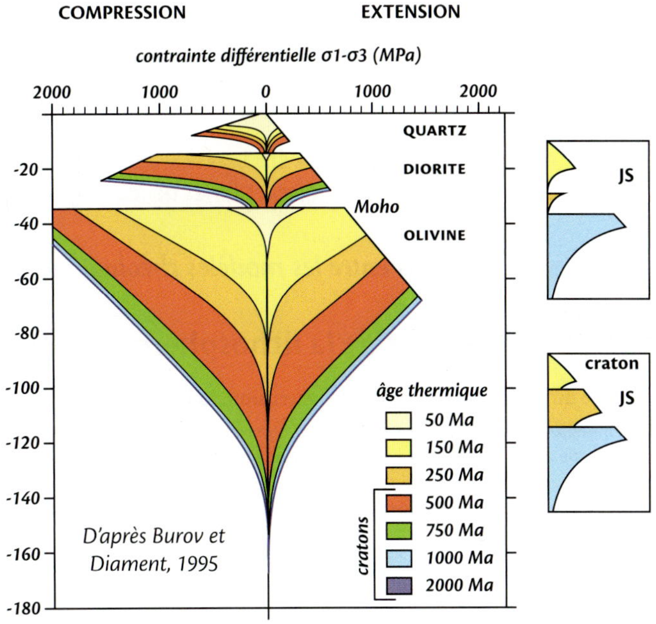

Localisation des séismes au niveau du plateau tibétain du modèle Classic Jelly Sandwich

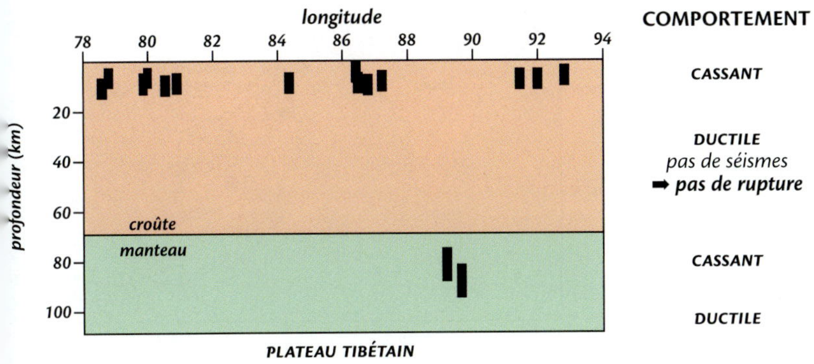

*La lithosphère **continentale** a un **héritage géologique complexe** et présente une **forte hétérogénéité structurale, compositionnelle** et **thermique**, la résistance de l'olivine mantellique peut y être fortement réduite par la présence de fluides.*

III - Intérêts et limites des profils rhéologiques

Exemple des modalités d'amincissement de la lithosphère lors d'un rifting enregistré au niveau d'une marge passive 63

Les **marges passives d'un océan sont les héritières de la phase de rifting** l'ayant engendré. Elles s'étudient par sismique réflexion et forage mais aussi à pied sec dans les chaines de montagne qui en ont conservé la trace. Dans le cas d'une marge non volcanique on peut **localiser des zones d'étirement fragile ou ductile**.

Failles de détachement s'initiant comme des FAILLES NORMALES mais exhumant du matériel par une pente très faible (<15°) formées en présence de matériel faiblement résistant à la déformation (croûte continentale réchauffée (T>300°C), péridotite serpentinisée...)

➡ Amincissement très important de la croûte

FAILLES NORMALES LISTRIQUES (=courbes) s'amortissant vers 15 km de profondeur à la transition fragile/ductile

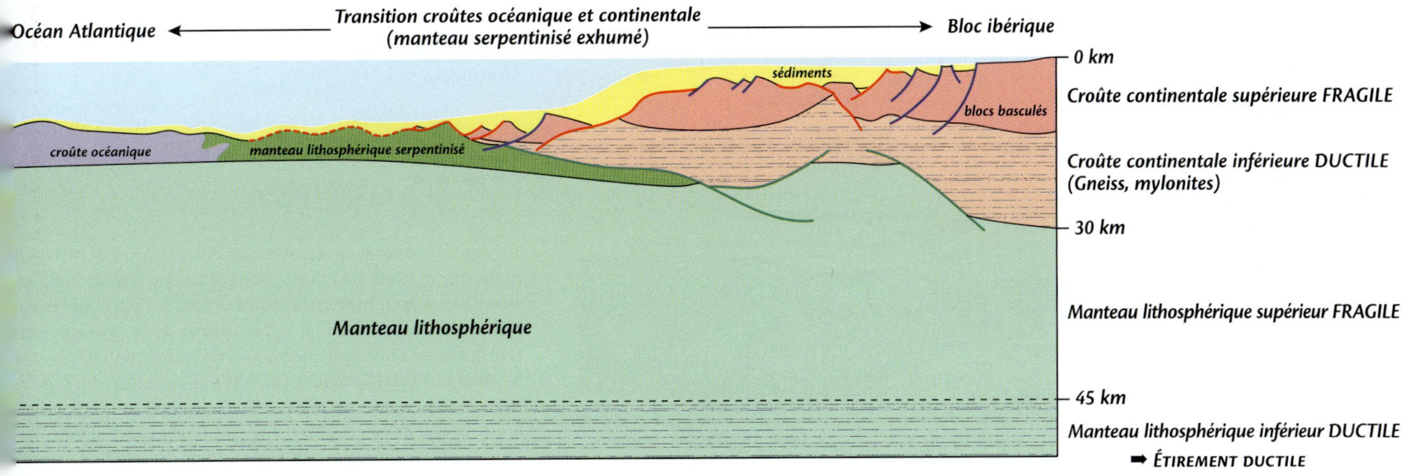

45

Validation du modèle rhéologique de la lithosphère

MODÈLE RHÉOLOGIQUE DE LA LITHOSPHÈRE = *modèle expliquant la différence de comportement des lithosphères continentale et océanique, et l'effet de leur âge ou de leur température lorsqu'elles sont soumises aux contraintes.*

Quels liens existent-ils entre les modèles rhéologiques et les comportements lithosphériques actuels ou passés ?

I - Comportement de la lithosphère lors d'une collision, exemple de l'Himalaya

Modèle du poinçon rigide indien et extrusion du bloc de la Sonde

La **remontée du bouclier indien vers le nord**, reconstituée à partir de données paléomagnétiques, s'est ralentie lorsqu'elle est entrée en collision avec l'Eurasie. L'**Inde a été peu impactée** du fait de sa **rigidité** liée à son âge et à sa température.

Au contraire, la **lithosphère Eurasienne plus souple** montre des **déformations à une grande distance** de la zone de collision.

L'enfoncement d'un poinçon métallique dans un bloc de plasticine modélise cet affrontement, ainsi que l'**extrusion du bloc de la Sonde** réalisé entre 32 et 16 Ma.

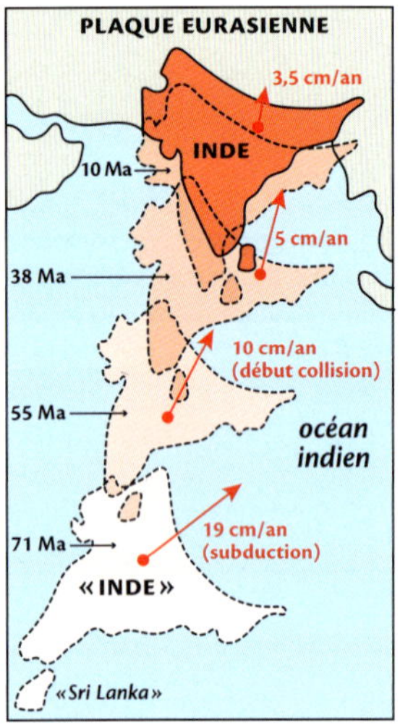

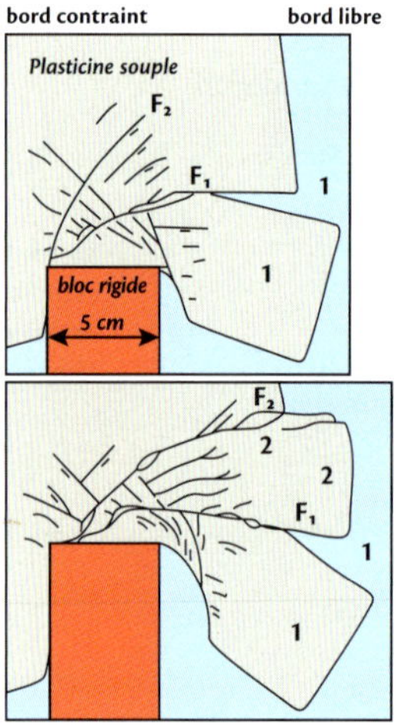

Modélisation de Tapponier et al. (1982)

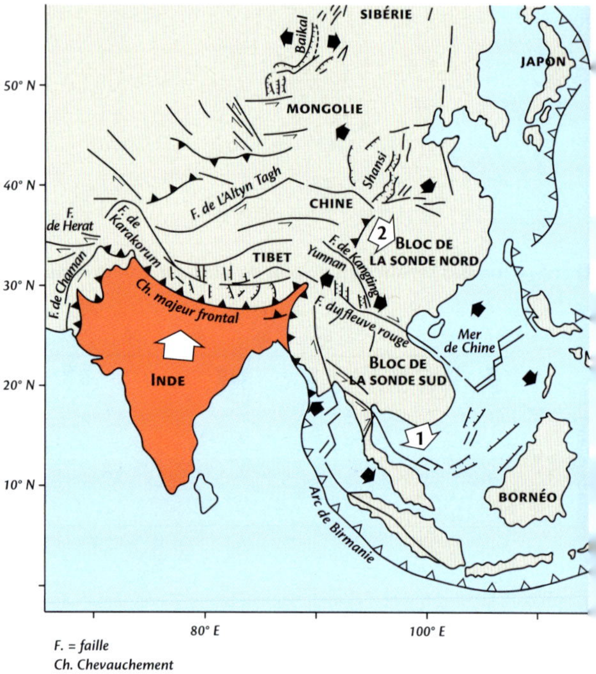

Un raccourcissement permis par des chevauchements mettant en évidence des niveaux de découplage

La remontée de l'Inde vers l'Eurasie a fait disparaître par **subduction** la lithosphère océanique de la Téthys dont la trace persiste sous forme d'**ophiolites** au niveau de la **suture du Tsangpo**, au sud de laquelle les sédiments de la marge passive indienne ont été raclés formant un prisme.

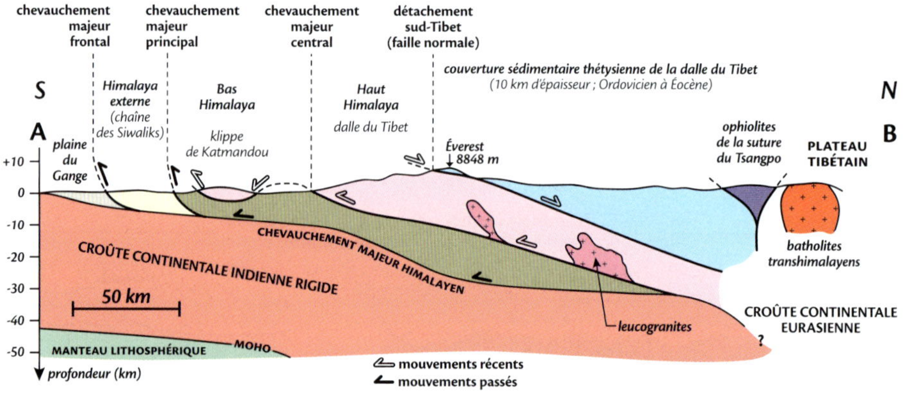

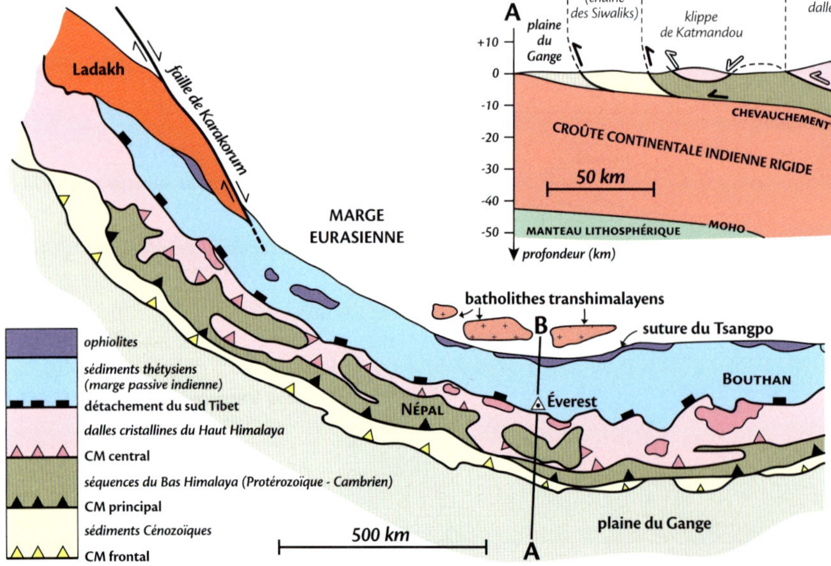

Lors de la **collision**, le raccourcissement (*~ 2500 km de croûte continentale*) a été permis par **échappement latéral**, **subduction de croûte continentale indienne** sous le Tibet et **déformation de la croûte tibétaine et des sédiments de la marge passive indienne**. Les **empilements de 4 unités tectoniques créant le relief et l'épaississement** (*70 à 80 km de croûte*) sont le fait de chevauchements successifs, tous **connectés en profondeur à un niveau de découplage majeur** : le **chevauchement majeur himalayen, plus grand chevauchement actif du monde** (*> 2000 km de long*).

II - Comportement globalement élastique de la lithosphère

✪ Modèle de Vening et Meinesz et flexure élastique de la lithosphère

Modèle isostatique à compensation régionale

Le **modèle de Vening-Meinesz**, ou modèle du rebond flexural (*1950*) intègre l'élasticité lithosphérique dans une compensation régionale et non plus locale comme celui de Airy. ☞ 138

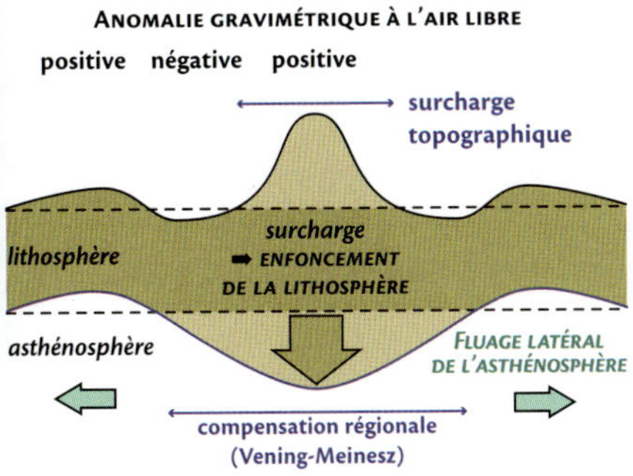

Mise en évidence d'une flexure élastique de la lithosphère

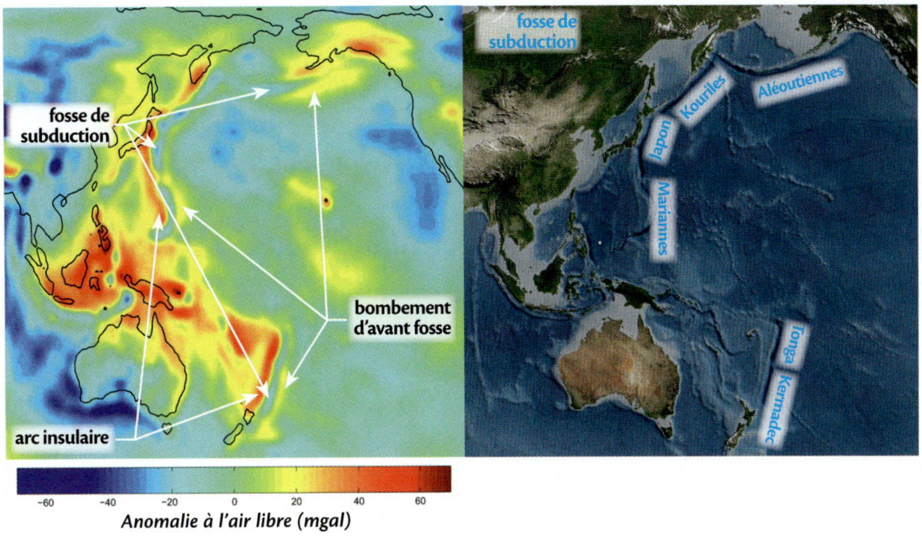

Des flexures élastiques observées dans différents contextes

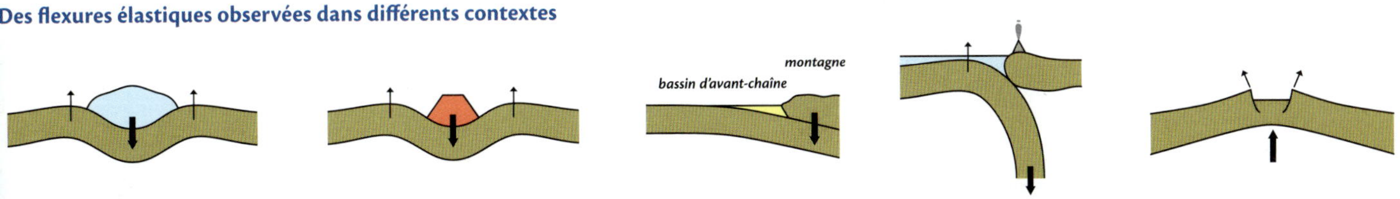

rebond post-glaciaire — **flexure péri-volcans de points chauds** — **bassin flexural d'avant-chaîne** — **bombement élastique d'avant-fosse de subduction** — **épaulement de rift**

✪ Déformation en champ lointain et flambage de la lithosphère

La géologie de la France traduit des déformations à très grandes longueurs d'ondes = en champ lointain (*car loin des zones de collision*) appelé **flambage de la lithosphère**, correspondant à une courbure perpendiculaire à l'axe des compressions qu'elle subit.

Des plis d'axes perpendiculaires cohérents avec 2 orogénèses

Des Alpes au bassin de Londres, deux séries de plis sont identifiables : ☞ 117

→ plis d'axe NO-SE cohérents avec l'**orogénèse pyrénéenne** (*Crétacé terminal à Eocène*),
→ plis d'axes NE-SO cohérents avec l'**orogénèse alpine** (*Oligocène à actuel*).

Les déformations sont transmises à grande distance par la lithosphère continentale.

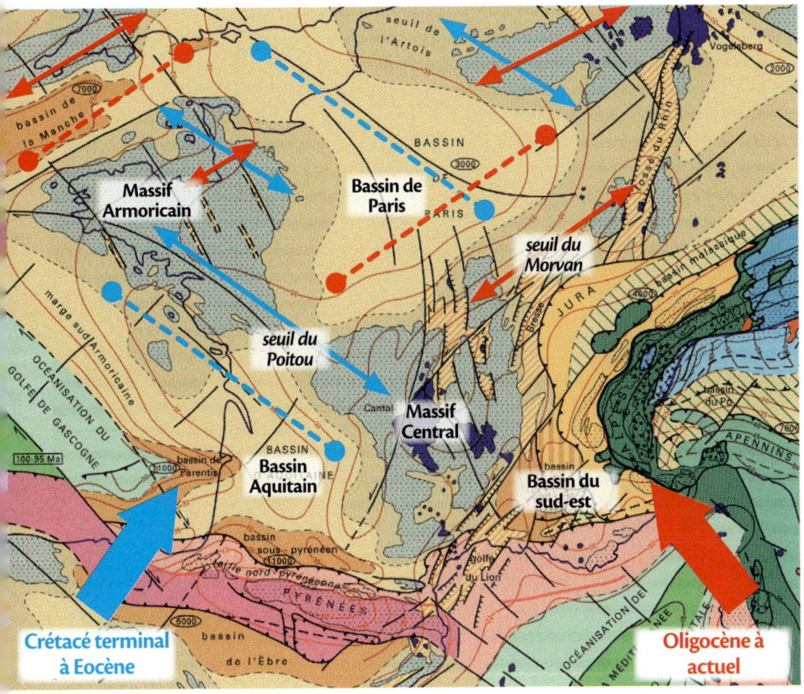

Des grands ensembles en partie interprétables en tant qu'interférences entre plis d'axe perpendiculaires

→ **interférence d'anticlinaux** = **dômes** (*Massif Central, Massif Armoricain*)
→ **interférence de synclinaux** = **bassins** (*Bassin Aquitain, Bassin de Paris*)
→ **interférence anti/synclinal** = **seuil** (*Poitou, Morvan*).

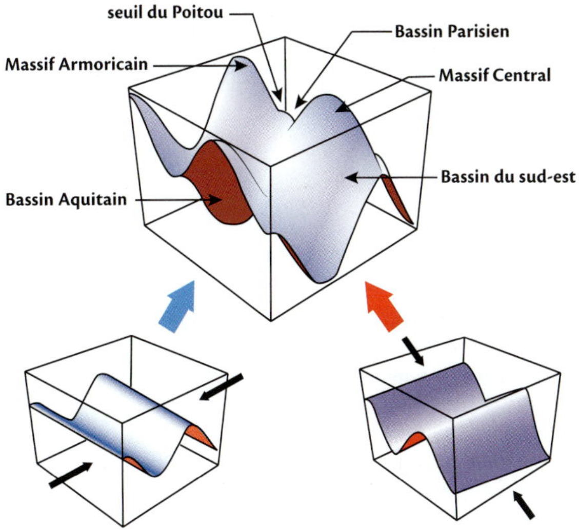

⚠ *Le flambage de la lithosphère n'est responsable que d'1/5 de la subsidence du Bassin Parisien : les 3500 m de sédiments accumulés en son centre l'ont été en majorité antérieurement, au Mésozoïque). En revanche la surrection de sa périphérie est post oligocène et explique les reliefs en cuestas après érosion.* ☞ 121

46

Sismogenèse

Sismogenèse = *processus à l'origine d'un séisme, élucidé par sa localisation, ses mouvements (mécanisme au foyer) et les contraintes à son origine.*

Quelles contraintes déclenchent les séismes ? Comment les déterminer ? Quels mouvements entraînent-elles ?

I - Localisation du séisme et détermination de sa magnitude grâce aux sismogrammes

Ondes engendrées lors d'un séisme

Un séisme correspond à la libération brutale d'énergie sous forme d'ondes sismiques au niveau de la rupture sur une faille.

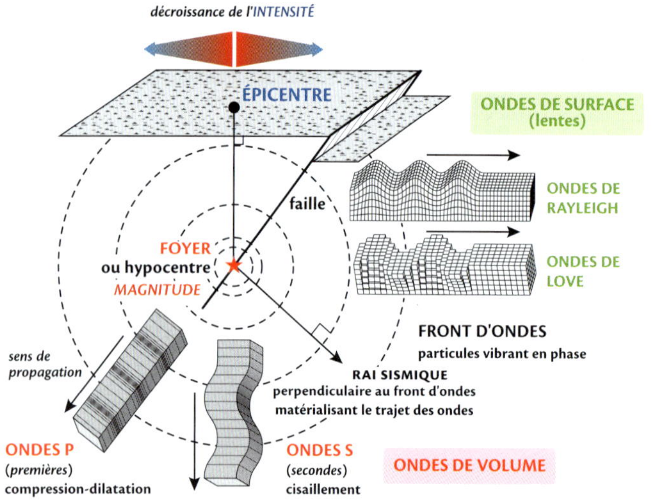

Détermination de la distance épicentrale (*séisme-station sismique*)

Les ondes sismiques générées au foyer ont des vitesses différentes, ce qui explique les trois trains d'ondes enregistrées sur les sismogrammes.

Lorsque le séisme est proche, les ondes de volume (*P et S*) parcourent des milieux homogènes à des vitesses constantes et l'écart des temps d'arrivée des ondes P (*premières*) et S (*secondes*) permet de déterminer la distance épicentrale.

$$V_p = \frac{d}{t_p} \quad \text{et} \quad V_s = \frac{d}{t_s}$$

$$t_p = \frac{d}{V_p} \quad \text{et} \quad t_s = \frac{d}{V_s}$$

$$t_s - t_p = d \cdot \left(\frac{1}{V_s} - \frac{1}{V_p}\right)$$

$$t_s - t_p = d \cdot \left(\frac{V_p - V_s}{V_s V_p}\right)$$

$$d = (t_s - t_p) \cdot \frac{V_p V_s}{V_s - V_p}$$

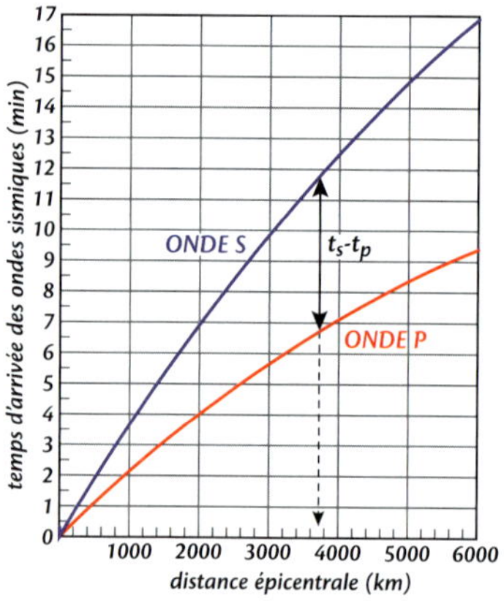

Localisation d'un séisme par triangulation

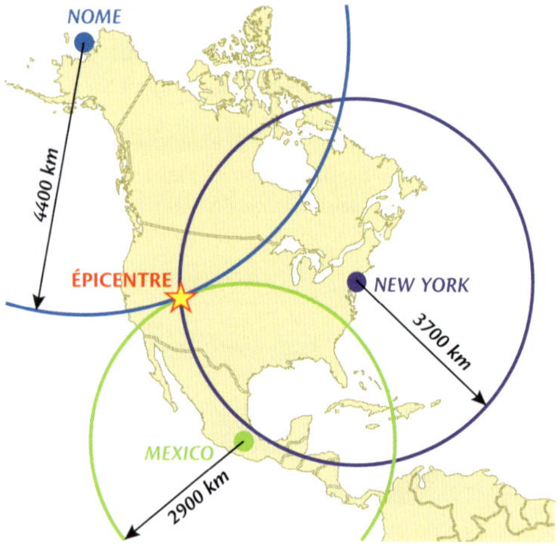

Détermination de la magnitude : quantité d'énergie libérée au foyer

Plusieurs échelles de magnitude sont utilisées par les sismologues : la **magnitude de moment** et les **magnitudes instrumentales**.

La **magnitude locale** (*ML = log A*) définie par **Richter** en 1935 correspond au logarithme de l'amplitude maximale A (*en μm*) enregistrée par un sismomètre (*standard*) situé à une distance épicentrale de 100 km, elle n'est valable que pour des séismes locaux.

D'autres magnitudes sont utilisées, elles sont étalonnées pour donner des résultats cohérents avec l'échelle de Richter. Des abaques permettent de déterminer la magnitude en traçant la droite distance épicentrale-amplitude.

L'échelle de la magnitude est logarithmique : l'énergie d'un séisme est multipliée par 30 quand la magnitude augmente d'un degré.

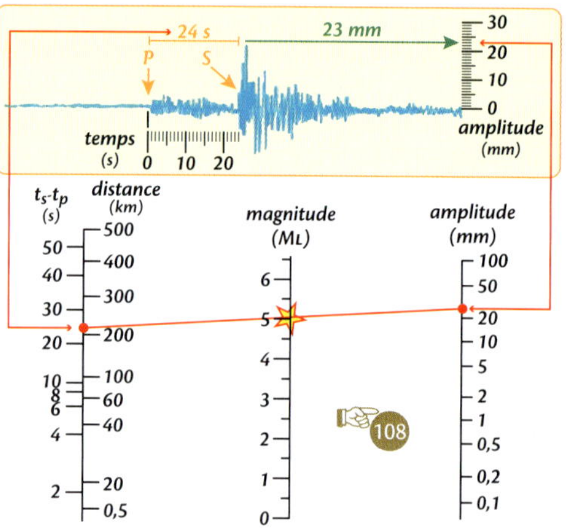

108

II - Le cycle sismique : théorie du rebond élastique

Cette théorie a été construite après le séisme de San Francisco en 1906 d'une magnitude 7,8.

Un séisme est dû à :

- **L'accumulation lente d'énergie** par déformation élastique d'une roche pendant une **phase intersismique** (*avec déficit de glissement voire un blocage complet*) ;
- **la libération brusque** de cette énergie quand le seuil de résistance des roches est dépassé, lors d'une **phase sismique** (***cosismique***) avec déplacement brutal.

❶ phase intersismique

ACCUMULATION D'ÉNERGIE potentielle par déformation élastique

durée 10 à 100 ans

108

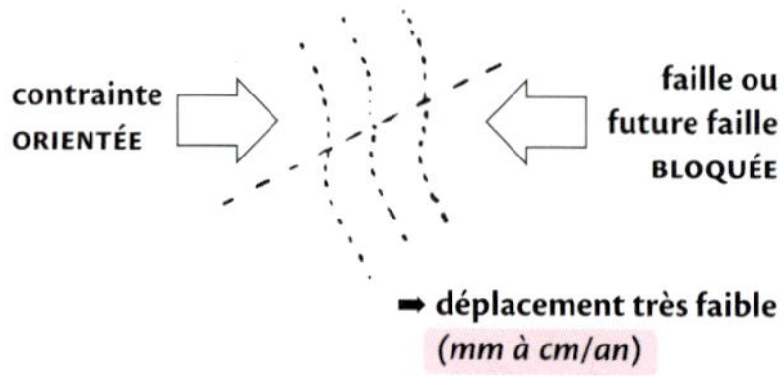

❷ phase cosismique : séisme

RUPTURE : rebond du segment déformé et libération de l'énergie sous forme de chaleur (⟶) et d'ondes sismiques (- - - ➤)

durée 1 s à 10 min

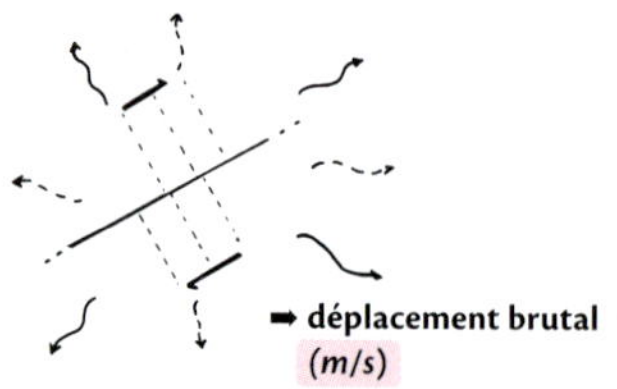

III - Accumulation et restitution d'énergie dans les différents contextes

Les mécanismes au foyer sont réalisés à partir de l'**enregistrement du mouvements des premières ondes P** dans les stations sismiques entourant le foyer du séisme. Quatre secteurs sont délimités sur la **sphère focale** : deux en **noir** correspondent aux stations en **compression** donc à une tension comme mécanisme à la source, deux en **blanc** correspondent aux stations en **dilatation**, donc à une pression à la source.

✪ En contexte décrochant

Contrainte principale σ₁ et contrainte minimale σ₃ au niveau d'une faille décrochante

Dans le cas d'un séisme généré dans un contexte décrochant, il n'y a pas de mouvement vertical de la faille mais uniquement un mouvement horizontal.

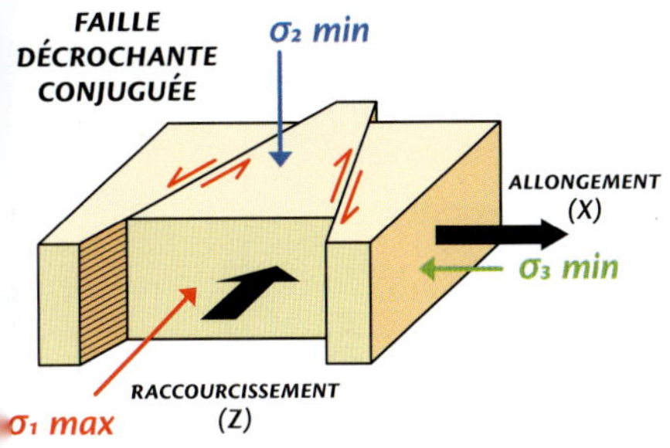

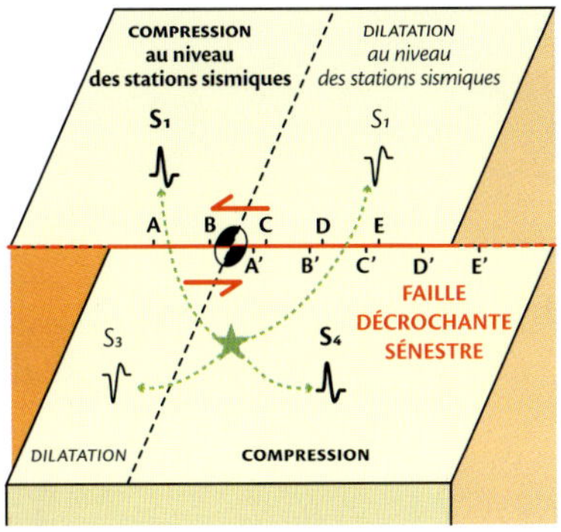

Mécanisme au foyer d'une faille décrochante senestre

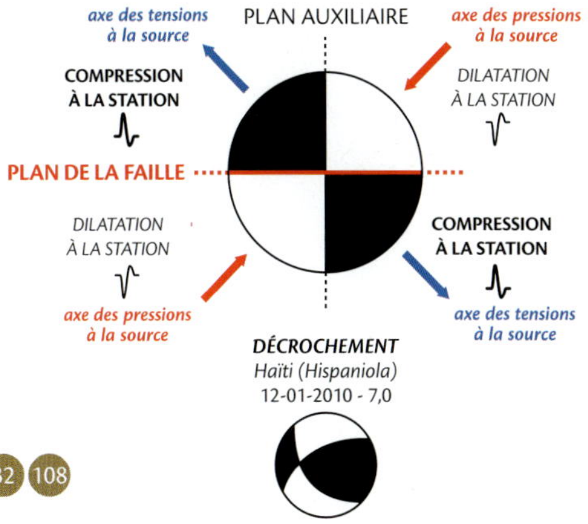

32 108

✪ En contexte divergent

Contrainte principale σ₁ et contrainte minimale σ₃ au niveau d'une faille normale

Les séismes générés en contexte divergent présentent une magnitude inférieure à 7 et sont relativement superficiels (*profondeur des foyers inférieure à 20 km*).

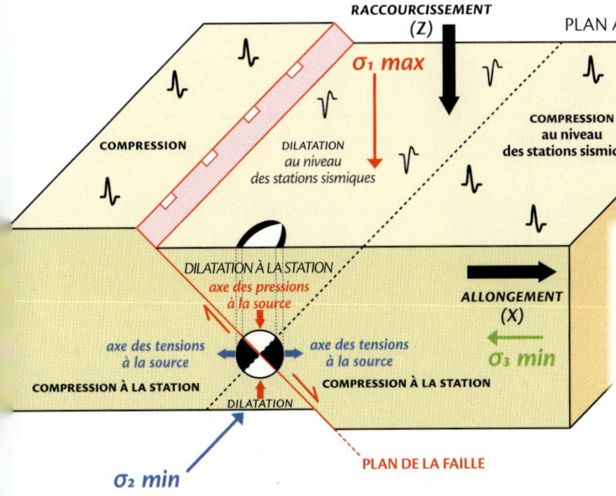

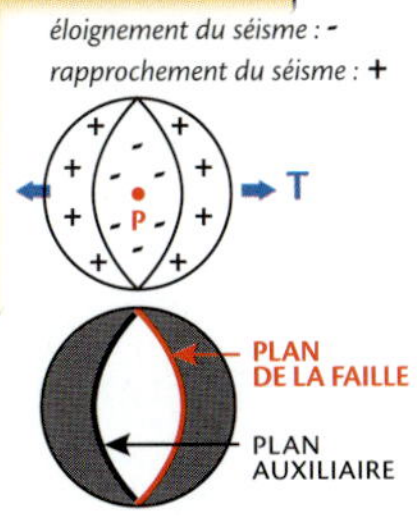

30 108

Mécanisme au foyer d'un séisme au niveau d'une dorsale

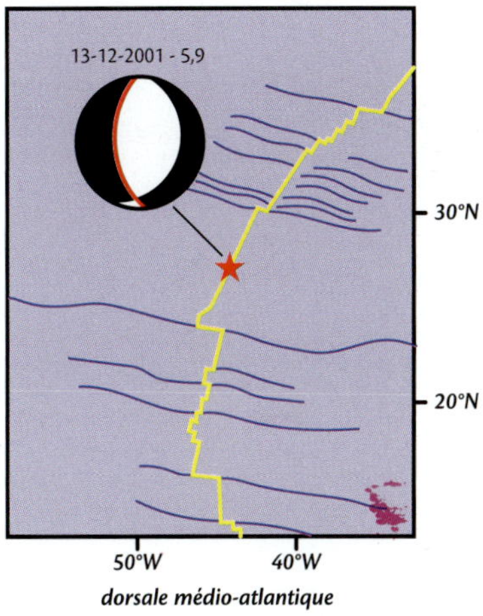

✪ En contexte convergent

Contrainte principale σ₁ et contrainte minimale σ₃ au niveau d'une faille inverse

Les séismes générés en contexte convergent présentent une magnitude qui peut être très élevée (*Chili, 22/05/1960, 9,5*) et se répartissent dans les zones de subduction sur le plan de Wadati-Benioff, de 0 à 700 km de profondeur. Les déplacements au niveau des failles inverses peuvent atteindre des longueurs (*850 km pour le Chili 1960*), des largeurs (*120 km pour le Chili*) et des déplacements (*24 à 26 m pour Sendaï 2011*) très importants.

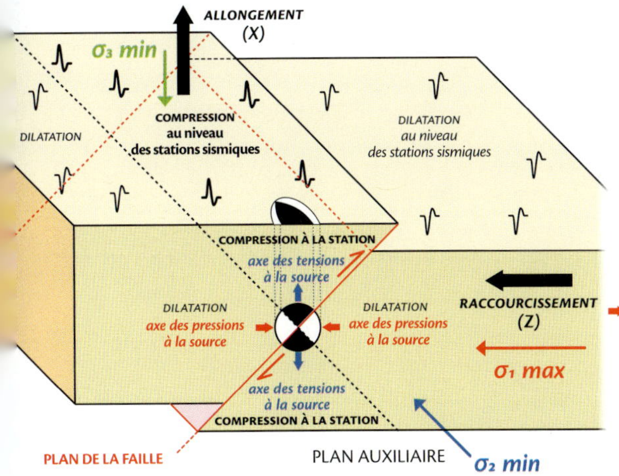

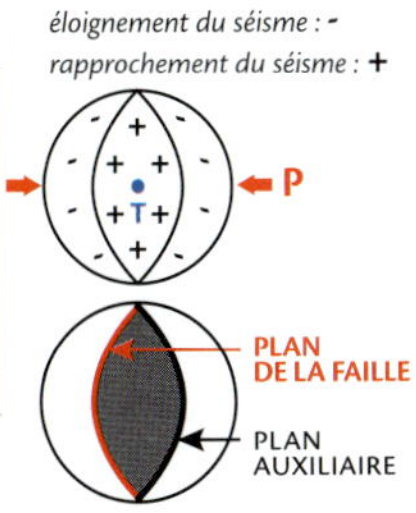

31 108

Bloc diagramme au niveau d'une subduction

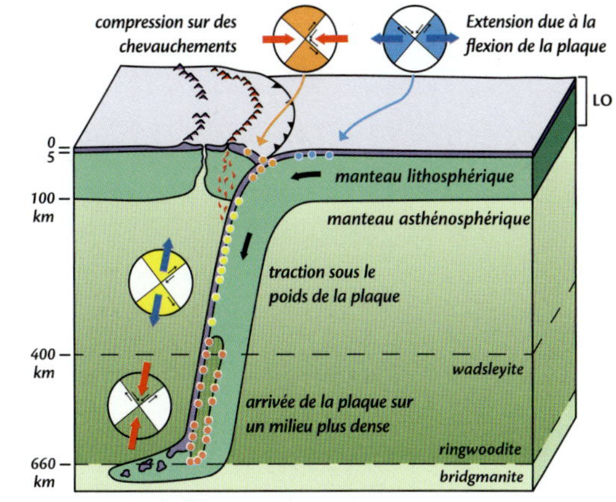

⚠ *Les sphères sont ici vues dans le plan vertical et témoignent de contraintes différentes le long du plan de subduction.*

PARTIE V

LE MÉTAMORPHISME

47 Les différents types de métamorphisme

MÉTAMORPHISME = *transformations à l'état solide d'une roche, entraînant la cristallisation de nouveaux minéraux (dits néoformés) et/ou un changement de la structure de la roche. Ces transformations s'effectuent sous l'effet de variations de pression et de température.*

Comment classer les différents types de métamorphisme ? À quels contextes géologiques peut-on les associer ?

I - Le métamorphisme d'extension locale

Il s'agit d'un métamorphisme étendu sur des surfaces de quelques m² à quelques km².

✪ Le thermométamorphisme

Le **thermométamorphisme** se produit lorsqu'un volume de roches est amené à une température plus élevée que la température régionale, sans variation de pression. Il est dû à l'intrusion d'un pluton (***métamorphisme de contact***) ou à une coulée de lave. Il y a alors généralement formation de **cornéennes** dont la diversité reflète la diversité des protolithes (*roches initiales*).

☞ 48

Thermométamorphisme à la base d'une coulée de basalte (*Marjallat, Haute Loire*)

La coulée de lave basaltique s'est effectuée sur un paléosol riche en argiles sableuses. Sous l'effet de l'augmentation de température, les argiles subissent un thermométamorphisme : elles sont déshydratées et prennent une couleur rouge due à l'oxydation du Fe II en Fe III.

La masse d'argile, déshydratée lors du thermométamorphisme puis refroidie ensuite, peut se fragmenter en prismes hexagonaux sous l'effet de la diminution de volume. Cette diminution est d'autant plus forte qu'on se rapproche de la coulée.

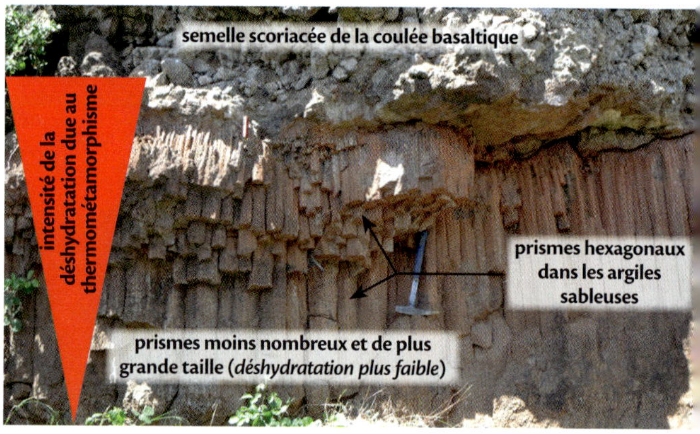

⚠ *Le **métamorphisme cataclastique** est un autre exemple de métamorphisme local. Il se produit à proximité de zones de cisaillement ou de faille. Il peut conduire à la formation de **mylonites** dans les zones de cisaillement.* ☞ 17

✪ Le métamorphisme d'impact ou de choc

Il est la conséquence de la chute d'une météorite à la surface de la planète. Le métamorphisme d'impact se caractérise par :

→ des températures et des pressions maximales atteintes qui s'approchent des conditions régnant au centre de la Terre : P = 360 GPa, T ≈ 5500°C ,

→ un temps d'application extrêmement bref, surtout pour la pression, le temps de compression n'est que de quelques secondes.

La rapidité du phénomène ne permet pas toujours d'arriver à des équilibres thermochimiques et à la cristallisation de minéraux du métamorphisme.

Brèche d'impact monogénique du cratère de Vredefort (*Afrique du Sud*)

Sous l'effet de l'impact, le substratum est fracturé et les blocs sont plus ou moins déplacés et reliés entre eux par un ciment formé de roche finement broyée. Il y a formation d'une **brèche d'impact**, ici monogénique, car les blocs ont été peu déplacés et sont tous de même nature.

Effets d'un métamorphisme d'impact

On observe :

→ des phénomènes de **fracturation du substratum**,

→ la formation de **polymorphes de haute pression** (*par exemple, pour la silice, la **coésite** et la **stishovite***),

→ la formation de **minéraux choqués**,

→ des fractures causées par l'onde de choc et qui affectent la roche dans son volume : les « **shatter-cones** » ou **cônes de percussion**.

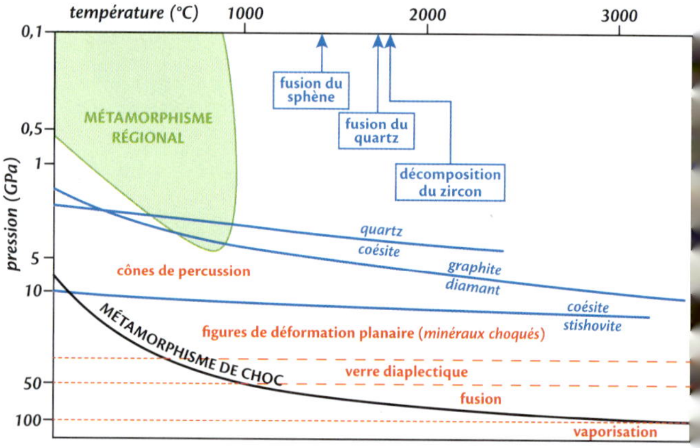

⚠ *Le verre diaplectique est formé par la désorganisation du réseau cristallin des minéraux sans processus de fusion.*

Quartz choqué dans un orthogneiss situé au centre de l'astroblème de Rochechouart (*Haute-Vienne*)

Les minéraux « choqués » présentent des fractures se développant uniquement à très haute pression (***PDF*** *pour* ***P****lanar* ***D****eformation* ***F****eatures*). Il s'agit de plans de dislocation très fins disposés de manière parallèle et suivant des orientations distinctes des plans de clivage de la structure cristalline.

Un astroblème est le reste d'un cratère dû à un impact de météorite

Shatter-cones de l'astroblème de Vredefort (*Afrique du Sud*)

Les **shatters-cones** ou **cônes de percussion** correspondent à des fractures coniques qui partent d'un sommet (*apex*) et qui se répètent en cônes emboîtés. On ne trouve ces structures que dans deux contextes : sous le fond des cratères d'impacts ou associés aux explosions nucléaires souterraines. Ces fractures coniques qui affectent tout le volume de la roche seraient dues au passage d'une onde de choc de très haute pression (> 2 GPa). La pointe des cônes est normalement dirigée verticalement dans le sens de l'impact.

II - Le métamorphisme d'extension régionale

L'extension du métamorphisme régional est très importante. Elle s'étend sur des dizaines voire des centaines de km. En reliant les pics de métamorphisme subis par les roches d'une même série, on reconstitue le **gradient métamorphique** de la région. Ce métamorphisme est clairement relié à la tectonique régionale. Les deux principaux contextes associés sont la subduction et la collision.

Extrait légendé de la carte géologique de Tulle au 1/50 000ème

On observe un gradient métamorphique croissant d'Ouest en Est de type **Moyenne pression - Moyenne température**. Ce gradient est associé à la phase de chevauchement lors d'un contexte de collision.

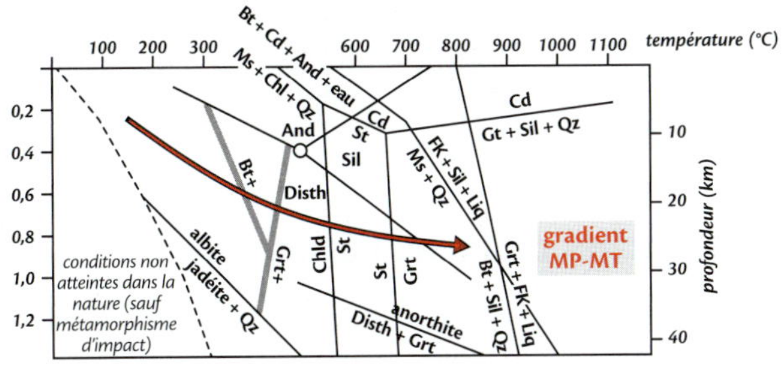

Ms : muscovite, **And** : andalousite, **Disth** : disthène, **Sil** : sillimanite, **Cd** : cordiérite, **St** : staurotide, **FK** : feldspath potassique, **Bt** : biotite, **Chl** : chlorite, **Chld** : chloritoïdes, **Grt** : grenat, **Liq** : liquide

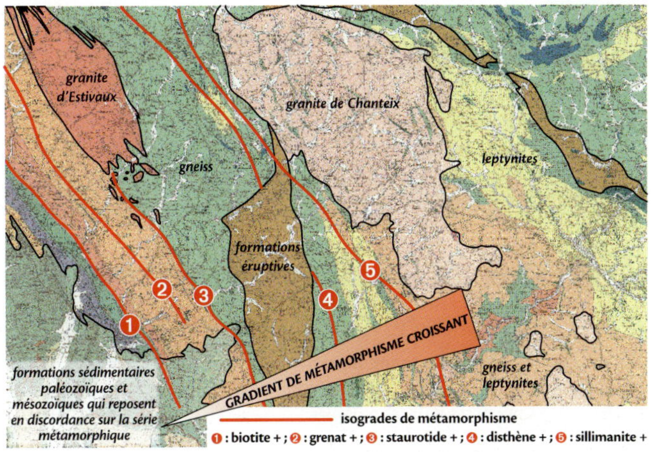

III - Le métamorphisme hydrothermal

Filon verdâtre très hydrothermalisé dans une partie basculée (*par de la tectonique*) du cortège filonien de l'ophiolite de Chypre

Le **métamorphisme hydrothermal** se caractérise par la transformation d'une roche originelle par apport d'éléments chimiques lié à la circulation de fluides (**métasomatose**). À l'échelle régionale, il concerne la lithosphère océanique, mais aussi la lithosphère continentale dans les zones de fort amincissement.

Il peut aussi s'observer dans le cas d'un métamorphisme d'extension locale. 20 30

Ici, la circulation de fluides hydrothermaux dans le complexe filonien a conduit à la transformation du basalte doléritique en une roche verte faite d'un mélange quartz + épidote. Des études thermobarométriques indiquent que la transformation s'est principalement faite à 400°C et 40 MPa.

La roche formée par hydrothermalisme est plus perméable que le basalte doléritique de départ, ce qui facilite la circulation de fluides dans les filons et augmente le métamorphisme hydrothermal (rétroaction positive).

Les différents types de métamorphisme ne s'excluent pas mutuellement. Une même roche peut subir plusieurs types de métamorphisme : c'est une roche ***polymétamorphique****.*

48 Le métamorphisme de contact

Métamorphisme de contact = *transformation minéralogique d'un volume de roches portées à une température plus élevée que la température régionale (**thermométamorphisme**) en raison de la proximité d'un corps magmatique intrusif (**pluton**).*

Quels sont les indices d'un métamorphisme de contact sur le terrain ? Quelles informations apportent-ils sur les conditions de mise en place du corps magmatique intrusif ?

I - L'auréole de métamorphisme de contact est présente dans les terrains encaissants autour d'un pluton

Un métamorphisme local avec une auréole limitée à quelques centaines de mètres autour du pluton. Exemple du granite de Flamanville : extrait simplifié de la carte géologique de Cherbourg au 1/50 000ème

Les roches au sein desquelles un pluton se met en place constituent l'**encaissant**. Au contact du pluton, sur quelques centaines de mètres, l'encaissant est affecté par des transformations minéralogiques et texturales. Ces transformations dépendent de la distance par rapport au granite et de la nature de la roche de départ (***protolithe***). La zone de ces transformations constitue l'**auréole de métamorphisme de contact**. Il s'agit d'un métamorphisme « **local** » (*en bordure d'intrusion uniquement*) qui s'oppose au métamorphisme « **régional** » pour lequel les transformations affectent des terrains sur une très large surface (*jusqu'à plusieurs centaines de km*).

Granite de Flamanville (*pluton de granodiorite*)

Cornéennes

Schistes et calcaires du Dévonien transformés par le métamorphisme de contact

Schistes métamorphiques :
1 = à micas, andalousite et cordiérite
2 = à andalousite

Roches sédimentaires paléozoïques

Contour géologique

Limite de l'auréole de métamorphisme de contact

La nature des transformations minéralogiques dépend de la nature des roches de départ (protolithe).

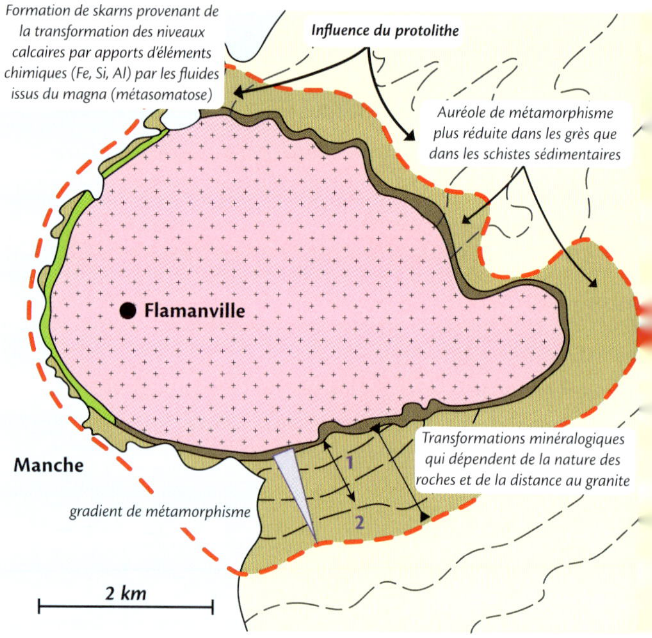

II - L'auréole de métamorphisme de contact est constituée de roches du faciès cornéenne

✪ Les cornéennes : des roches au contact direct du pluton

Au sens strict, les cornéennes sont des roches dures, compactes, avec des cassures qui ont un aspect de corne à l'origine de leur nom. Au sens large, le terme de cornéenne est utilisé pour toute roche issue du métamorphisme de contact. Ainsi, selon le protolithe, les cornéennes peuvent avoir des aspects très différents. C'est leur localisation et leur paragenèse qui permettent de les nommer.

Diagramme pression-température présentant les domaines de stabilité de l'andalousite et de la cordiérite

Dans l'auréole de métamorphisme, on observe la présence de minéraux tels que l'**andalousite** et la **cordiérite**. La paragenèse minérale constituée de ces deux minéraux caractérise le **faciès des cornéennes**.

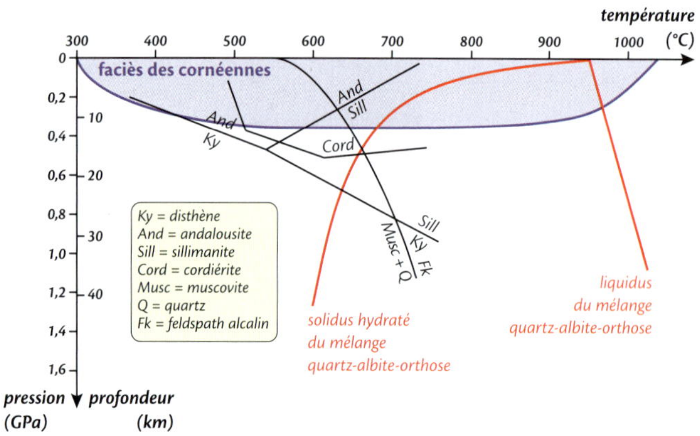

Enclave d'encaissant métamorphisée dans le granite de Ploumanac'h (*Île Milliau, Côtes d'Armor*)

On observe des enclaves anguleuses de roches sédimentaires encaissantes au sein du pluton granitique. La forme anguleuse montre que ces enclaves ont été arrachées à l'encaissant lors de la remontée en force du pluton ou sont tombées depuis le toit de l'intrusion magmatique, dans le magma. Elles ont été métamorphisées en cornéennes sous l'effet de la chaleur dégagée par le magma granitique.

Contact entre le granite de Ploumanac'h et les cornéennes de l'auréole de métamorphisme (*Île Milliau, Côtes d'Armor*)

Les cornéennes au contact du granite de Ploumanac'h (*Île Milliau, Côtes d'Armor*)

Les lits clairs sont d'anciens lits gréseux donc essentiellement constitués de silice SiO_2. L'augmentation de température de la silice ne forme pas de nouveaux minéraux. Ces lits ne développent donc pas de minéraux métamorphiques. Les lits sombres sont constitués de minéraux argileux riches en aluminium. Leur augmentation de température conduit à la formation de minéraux riches en aluminium tels que l'andalousite et la cordiérite.

Modèle de mise en place d'un pluton granitique et de son auréole de métamorphisme : exemple d'un pluton chilien (*région du lac Général Carrera, Buenos Aires*)

L'augmentation de température liée à la chaleur dissipée par le pluton en cours de refroidissement conduit à des transformations minéralogiques des terrains encaissants autour du pluton et des enclaves d'encaissant arrachées par le pluton lors de sa remontée. La pression reste faible : il s'agit de **thermométamorphisme**.

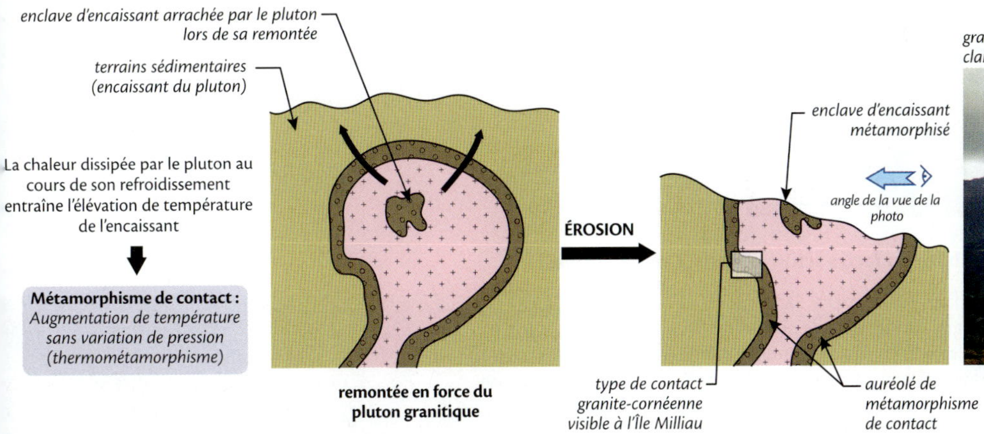

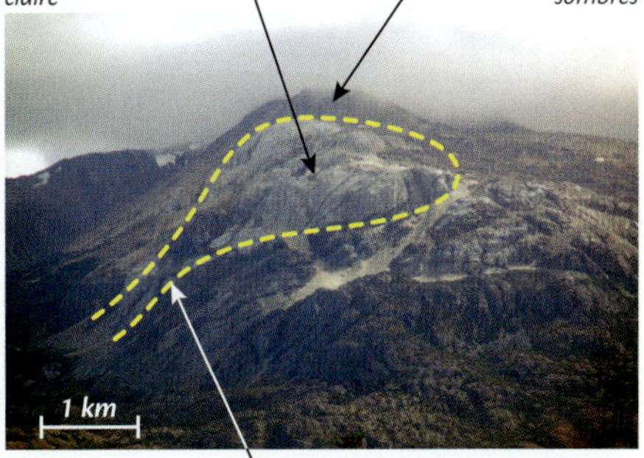

III - L'auréole de métamorphisme de contact est un outil de chronologie relative

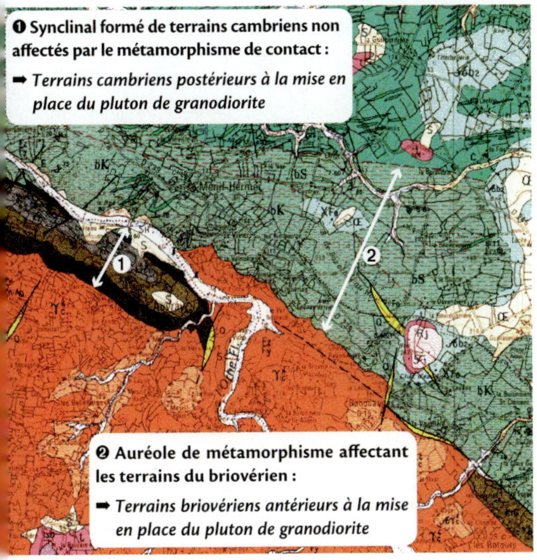

Datation relative du granite d'Athis : extrait de la carte géologique de Falaise au 1/50 000ème

La présence d'une auréole de métamorphisme peut permettre de dater, de manière relative, la mise en place du pluton. Elle est postérieure au plus récent des terrains de l'auréole et antérieure au plus ancien des terrains non métamorphisés qui sont au contact du pluton.

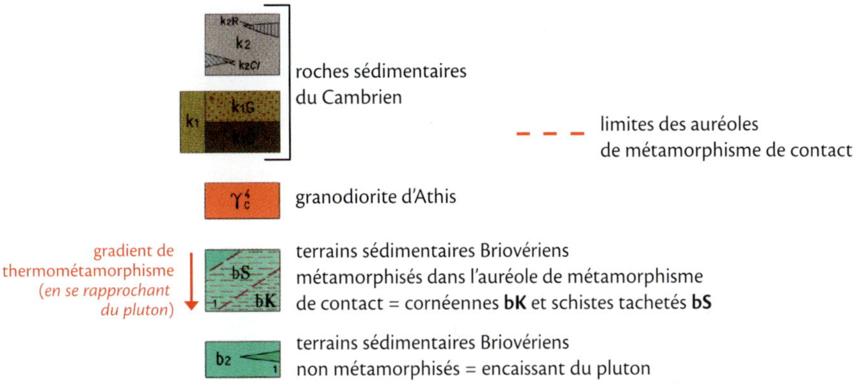

49 Les transformations minéralogiques : les principes

Transformation minéralogique du métamorphisme = *modification de la minéralogie d'une roche, postérieure à sa formation et suite à des changements de pression et/ou température. Ces changements peuvent être associés ou non à l'apport ou au départ d'éléments chimiques par circulation de fluides. Ces transformations sont distinctes de celles liées à la diagenèse et à l'altération.*

Quelles sont les caractéristiques chimiques, thermodynamiques et cinétiques des réactions conduisant aux transformations minéralogiques du métamorphisme ?

I - Les transformations minéralogiques sont associées à différents types de réactions métamorphiques

Dans une roche à l'équilibre, les minéraux sont stables ou en contact sans réagir. Si les conditions P-T changent, on peut observer des changements de phase des minéraux et/ou des réactions entre minéraux.

Transformation du disthène en andalousite au sein d'un micaschiste (*Lavandou, Var*)

Les changements de phase ou **réactions polymorphiques**, correspondent à des modifications du réseau cristallin en fonction des conditions P-T, tout en conservant la même formule minéralogique. Les **silicates d'alumine** (Al_2SiO_5) existent sous 3 formes : **andalousite**, **sillimanite**, **disthène** qui diffèrent par le degré de compacité de leur réseau cristallin. On observe ici la transformation disthène → andalousite, qui marque une baisse de pression.

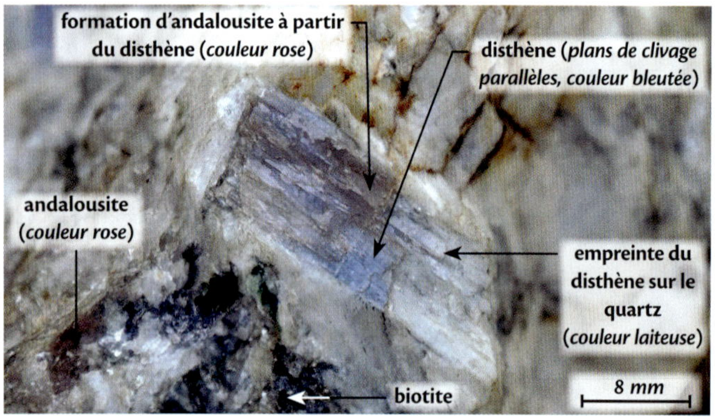

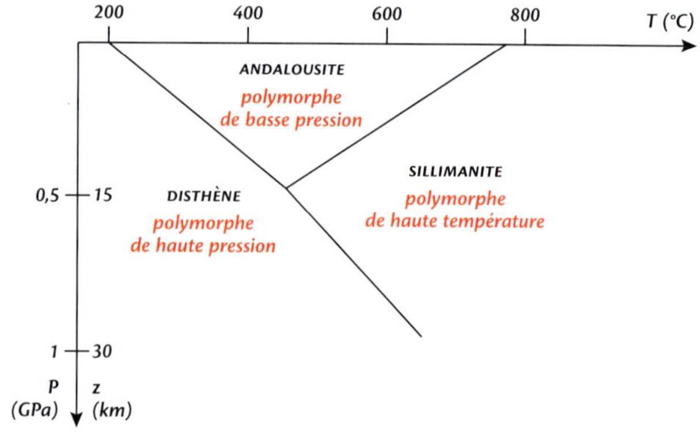

Lame mince en lumière naturelle d'un métagabbro du faciès schistes bleus (*Queyras, Alpes*)

Le **glaucophane** est issu de la réaction entre le plagioclase et le pyroxène. Sa formation nécessite un apport de Fe et Mg fournis par le pyroxène et de Na fourni par le plagioclase. Ceci explique sa position au contact des deux minéraux. Les éléments chimiques ont **migré par diffusion** et permis la cristallisation du glaucophane. Un apport d'eau est également nécessaire.

La lawsonite est issue de la transformation du plagioclase (*dépourvu de sodium, mobilisé pour la formation de glaucophane*). En dehors de l'apport d'eau, la réaction est **isochimique**.

Pyroxène $[(Mg, Fe)_2(SiO_3)_2]$ + Plagioclase $[(Ca,Na)Al_2Si_2O_8]$ + H_2O →
glaucophane $[Na_2(Fe, Mg)_3Al_2Si_8O_{22}(OH)_2$ + Lawsonite $[CaAl_2Si_2O_7(OH)_2, H_2O]$

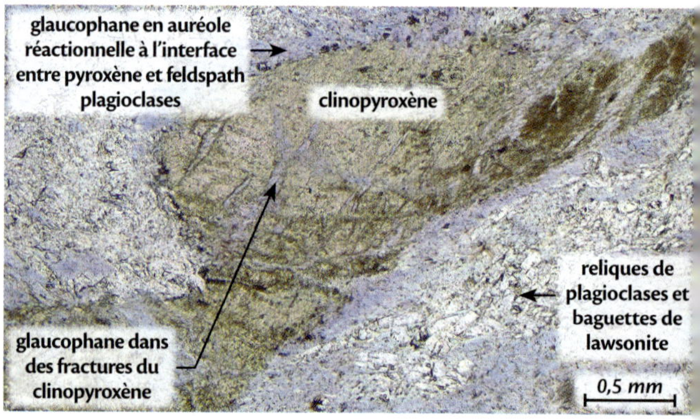

Échantillon d'albitite de la carrière de Lansac (*Saint-Arnac, Pyrénées Orientales*)

Dans le cas des réactions qui impliquent une phase fluide, la phase fluide peut importer ou exporter des éléments chimiques qui modifient fortement la composition chimique de la roche originelle : il s'agit de **métasomatose**. 20

Ici, le remplacement des minéraux du granite et la formation d'albite (plagioclase sodique) sont dus à la circulation de fluides dans des failles du granite (*ces fluides ont préalablement percolé dans des roches évaporitiques du Trias*). Il y a lessivage du Si et du K et apport de Na et Al. Ce processus se déroule à des températures de l'ordre de 400°C.

⚠ *On observe de la métasomatose lors du métamorphisme de la lithosphère océanique associée à son refroidissement.*

⚠ *La formation de skarns par métamorphisme de contact de terrains calcaires est un phénomène de métasomatose par circulation de fluides en provenance de l'intrusion granitique.* 48

Variations de volume dues au métamorphisme et décollement du gypse (*Bramans, Savoie*)

Les transformations minéralogiques sont associées à des variations de volume. Le **gypse** peut se déshydrater et se transformer en **anhydrite** s'il est porté à une température supérieure à 100°C :

$$[CaSO_4, 2H_2O] \text{ (gypse)} = CaSO_4 \text{ (anhydrite)} + 2\ H_2O$$

Cette transformation s'accompagne d'une augmentation de masse volumique (2,3 $g.cm^{-3}$ *pour le gypse*, 2,5 à 2,8 $g.cm^{-3}$ *pour l'anhydrite*), et donc d'une diminution de volume.

L'anhydrite remise à l'air par la tectonique puis par l'érosion est à nouveau hydratée par les eaux de pluie. Elle est rétromorphosée en gypse. Son volume augmente, ce qui entraîne son décollement par rapport aux couches plus profondes.

Le plâtre est formé par déshydratation partielle du gypse.

II - Différents facteurs contrôlent la cinétique des réactions métamorphiques

Plusieurs facteurs agissent sur la cinétique de réaction :

❶ La **température** (*la vitesse de réaction est une fonction exponentielle de la température*).

❷ Les **déformations** qui favorisent la mise en contact des réactants et qui sont des agents de rupture des liaisons atomiques, favorisant la dissolution des phases réactantes.

❸ La **présence de fluides**, en particulier l'eau, favorisant grandement la dissolution des phases réactantes, la diffusion des éléments chimiques et indispensables à la genèse des minéraux hydroxylés.

Éclogite de La Compointerie (*Loire Atlantique*)

Les facteurs augmentant la cinétique de réaction sont généralement réunis lors de l'enfouissement des roches : **évolution prograde**. Au contraire, les **réactions rétrogrades** (*lors de l'exhumation*) sont généralement défavorisées du fait de la baisse de température et de la plus faible quantité de fluides disponibles (*les réactions progrades sont souvent des réactions de déshydratation*). Elles sont incomplètes et permettent de conserver les traces de l'évolution prograde.

La succession des évolutions prograde et rétrograde permet de reconstituer des chemins P,T,t.

Ici, on observe comme **transformation prograde** :

Feldspath plagioclase + Amphibole = Omphacite + grenat + H_2O 53

Et comme **transformation rétrograde** :

Grenat + Omphacite + H_2O **= Auréole de kélyphite** (***mélange d'amphibole et de feldspath plagioclase***)

L'absence d'un minéral produit par une réaction du métamorphisme peut indiquer :
- *que les conditions P et T nécessaires à la production de ce minéral n'ont pas été atteintes ;*
- *que la chimie du protolithe ne permet pas la formation du minéral ;*
- *que la présence de fluides est insuffisante.*

❶ ❸

Métabasite du faciès granulite (*Zone d'Ivrée, Italie*)

Cette roche a subi un premier épisode métamorphique dans le faciès granulite (*sans déformation visible à l'oeil nu dans l'échantillon*), puis un deuxième épisode dans le faciès schiste vert, associé à une déformation locale.

❷

Métagabbro du faciès schiste vert (*Chenaillet, Alpes*)

Les fractures de la roche favorisent la circulation des fluides et la cristallisation de l'épidote. Les veines d'épidote se seraient mises en place lors du métamorphisme hydrothermal de la lithosphère océanique ou lors de l'exhumation liée à l'orogenèse Alpine.

❸

50 Les transformations minéralogiques : les représentations graphiques

Représentations graphiques = *représentation des transformations minéralogiques du métamorphisme sous forme de* ***grilles pétrogénétiques*** *qui présentent les domaines de stabilité d'associations minéralogiques, ou sous forme de* ***cartes*** *qui localisent les associations minéralogiques rencontrées sur le terrain.*

Comment rendre compte des transformations minéralogiques du métamorphisme sous forme graphique ?

I - Représentation des transformations minéralogiques dans une grille pétrogénétique

✪ Lois thermodynamiques et représentation graphique des réactions métamorphiques

Métagabbro du Chenaillet (*Alpes*)

L'assemblage minéralogique Feldspath Plagioclase (Pl) + Pyroxène (Px) était stable dans certaines conditions P-T. Lors du refroidissement et de l'hydratation de la lithosphère, il y a eu formation d'amphibole hornblende (Hb) selon la réaction :

Px + Pl + eau ⇆ Hb

Représentation de la réaction métamorphique sous forme de droite

Pour se former, un assemblage minéralogique emmagasine de l'énergie. On peut ainsi définir, pour un assemblage, l'énergie libre de Gibbs G :

G = U + PV –TS

(**U** : *énergie interne*, **S** : *entropie*, **V** : *volume du minéral ou de l'association minérale*, **P** : *pression*, **T** : *température*)

L'assemblage le plus stable est celui qui a l'énergie libre la plus faible.

La réaction se fait lorsque $G_{(Pl+Px)} = G_{(Hb)}$ donc $\Delta G = G_{(Hb)} - G_{(Pl+Px)} = 0$

$\Delta G = \Delta U + P\Delta V - T\Delta S = 0$ ou $P = (\Delta S/\Delta V) \cdot T - (\Delta U/\Delta V)$: ceci est l'équation d'une droite (*du type y = ax+b*) dans l'espace P/T.

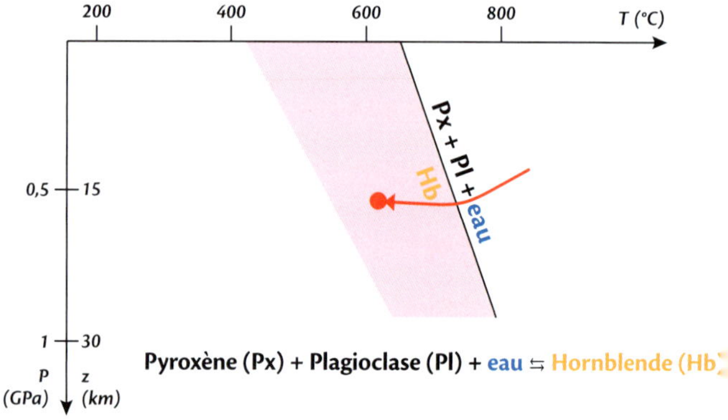

Variance des différents domaines d'une grille pétrogénétique (*exemple des silicates d'alumine*)

On appelle **variance** ou **degré de liberté d'un système**, le nombre de paramètres qu'on peut faire varier sans changer son état.

$$V = C - \varphi + 2$$

C : nombre de constituants indépendants (*nombre d'espèces minérales nécessaires pour définir le système à l'équilibre*)

φ : nombre de phases (*minéraux qu'on peut séparer mécaniquement et phases fluides*)

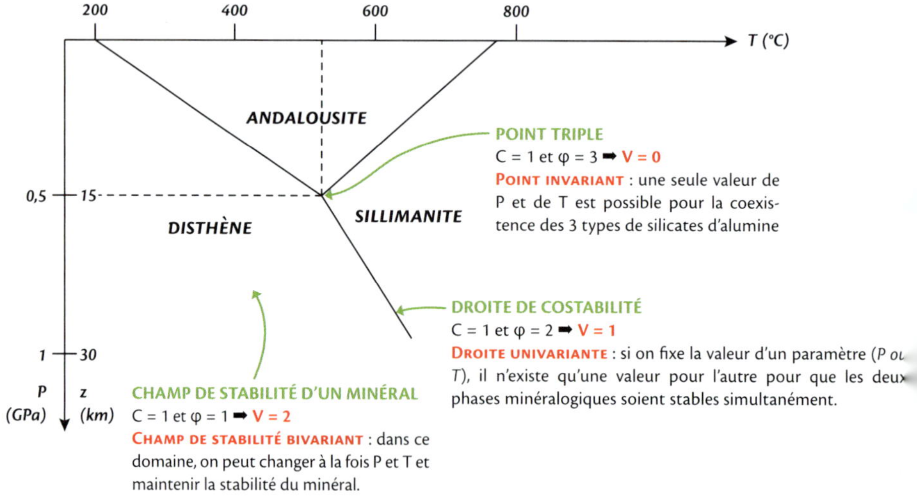

✪ Établissement de grilles pétrogénétiques

Pour positionner une réaction métamorphique (*ou droite de costabilité univariante*), dans le diagramme P-T, on peut utiliser deux méthodes complémentaires.

→ La **pétrologie expérimentale** consiste à placer des poudres de roches ou des **mélanges synthétiques de composition connue** dans des autoclaves afin de faire varier les conditions P-T pendant plusieurs jours ou plusieurs mois et à identifier les minéraux formés.

→ Cette méthode longue et coûteuse est complétée par des **calculs mathématiques** basés sur les **lois de la thermodynamique**. 52

Les transformations minéralogiques possibles dépendent : de la composition chimique du protolithe, des conditions de P et T, de la présence de fluides (en particulier l'eau).

Grille pétrogénétique pour des protolithes pélitiques et granitiques (*système CKNASH*)

Pour les protolithes de nature pélitique et granitique les grilles pétrogénétiques peuvent être réalisées suivant différents systèmes qui modélisent la composition chimique du protolithe tels que les systèmes KFMASH (*K_2O-FeO-MgO-Al_2O_3-SiO_2-H_2O*) ou CKNASH (*CaO-K_2O-Na_2O-Al_2O_3-SiO_2-H_2O*)

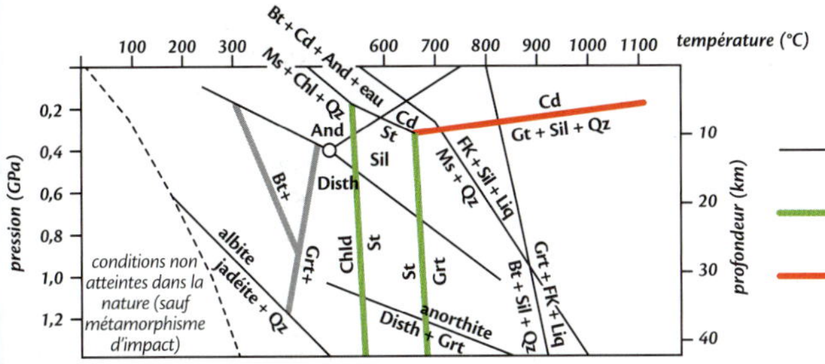

courbe ou droite d'équilibre d'une réaction métamorphique

exemple de réaction jouant le rôle de géothermomètre

exemple de réaction jouant le rôle de géobaromètre

Ms : muscovite, **And** : andalousite, **Disth** : disthène, **Sil** : sillimanite, **Cd** : cordiérite, **St** : staurotide, **FK** : feldspath potassique, **Bt** : biotite, **Chl** : chlorite, **Chld** : chloritoïdes, **Grt** : grenat, **Liq** : liquide

Les champs de stabilité des minéraux dépendent fortement de la composition chimique du système. Par exemple, les grilles pétrogénétiques du système KFMASH et CKNASH sont différentes.

Grille pétrogénétique pour des protolithes basiques

Dans ce cas, les principales courbes réactionnelles constituent les frontières entre les différents faciès métamorphiques.

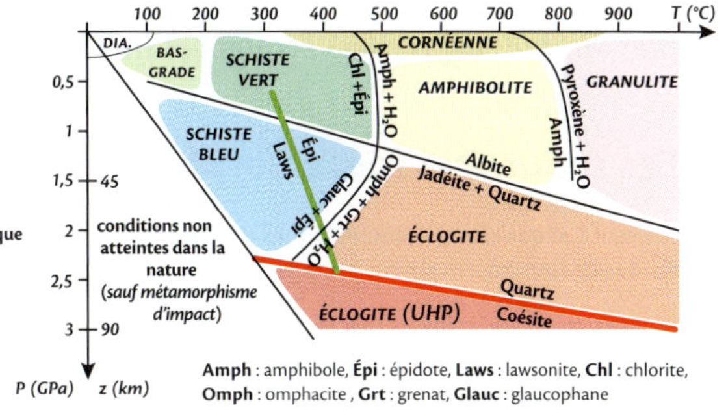

Amph : amphibole, **Épi** : épidote, **Laws** : lawsonite, **Chl** : chlorite, **Omph** : omphacite , **Grt** : grenat, **Glauc** : glaucophane

51

*Une réaction peu sensible aux variations de pression (droite de réaction subparallèle à l'axe des pressions) constitue un **géothermomètre** qui donne des indications sur les variations de température.*
*De même, une réaction peu sensible aux variations de température (droite parallèle à l'axe des températures) constitue un **géobaromètre**.*

II - Représentation des transformations minéralogiques successives sous forme d'un chemin P,T,t

Éclogite (*Saint-Philbert-de-Grand-Lieu, massif Armoricain*)

La présence de grenat, omphacite et disthène marque la **transformation prograde** jusqu'au faciès des éclogites.
La couronne d'amphibole autour des grenats marque une **transformation rétrograde** dans le faciès des amphibolites.

Reconstitution du chemin P, T, t

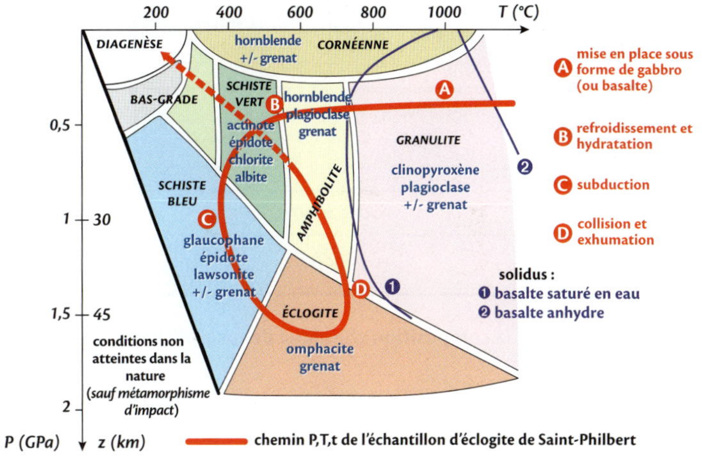

III - Représentation des transformations minéralogiques visibles sur le terrain, sous forme d'isogrades

La distribution spatiale des roches métamorphiques dans une région, avec une intensité croissante du métamorphisme dans une direction privilégiée, permet d'identifier des zones d'apparition ou de disparition de minéraux. Ces zones peuvent être représentées cartographiquement sous forme d'**isogrades**. Un isograde correspond à la frontière selon laquelle apparaît (***isograde +***) ou disparaît (***isograde -***) un minéral.

Carte géologique simplifiée du Massif de l'Arize d'après la carte géologique de Saint Girons au 1/ 50 000ème (*Zone Nord Pyrénéenne*)

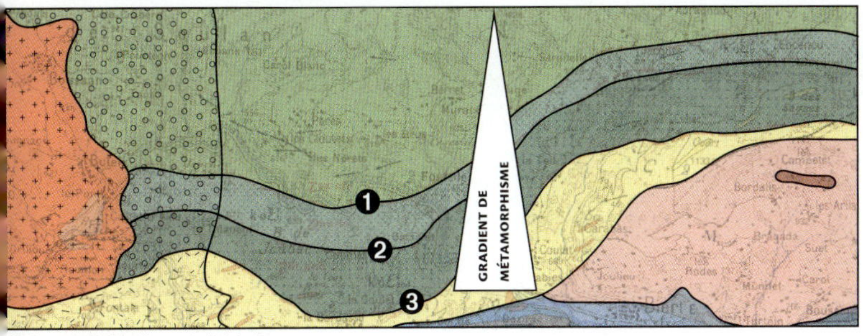

❶ isograde biotite + / séricite -
❷ isograde andalousite +
❸ isograde sillimanite + / feldspath potassique + / chlorite - / muscovite -

- roches sédimentaires mésozoïques
- schistes à séricite/chlorite/muscovite
- micaschistes à chlorite/biotite/muscovite
- micaschistes à chlorite/biotite/andalousite/muscovite
- gneiss à biotite/sillimanite/feldspath potassique
- migmatite
- leucogranite
- granite de Lacourt (300 Ma)
- auréole de métamorphisme de contact
- auréole de métamorphisme de contact peu marquée dans les gneiss

51 Les transformations minéralogiques : les séquences

SÉQUENCE MÉTAMORPHIQUE = *ensemble des roches métamorphiques, de degré de métamorphisme variable, issues des transformations minéralogiques d'un même type de protolithe.*

Quelles sont les différentes séquences métamorphiques et leurs roches caractéristiques ?

I - Les séquences métamorphiques : traduction de la diversité des protolithes

On distingue **5 séquences métamorphiques principales**, caractérisées par des protolithes de chimie différente. Ces séquences peuvent être discriminées par des minéraux ou associations de minéraux index différents. Un **minéral index** est un minéral caractéristique de conditions de pression et/ou de température.

Principales caractéristiques des séquences métamorphiques

SÉQUENCE	PROTOLITHE		CHIMIE (*autre que la silice*)	MINÉRAUX INDEX	ROCHES MÉTAMORPHIQUES 16 17
	SÉDIMENTAIRE	*MAGMATIQUE*			
BASIQUE	marnes	basalte - gabbro andésite - diorite	$CaO - MgO - FeO$	amphiboles (*hornblende, glaucophane*), grenat, jadéite, omphacite	Les roches portent le nom des faciès métamorphiques.
CARBONATÉE	calcaire - dolomie		$CaO - MgO$	calcite - dolomite épidote - grenats (*Ca*) diopside - feldspaths (*Ca*)	marbre cipolin skarns
GRANITIQUE	grès	granite rhyolite	$SiO_2 - Al_2O_3$ $Na_2O - K_2O$	quartz, micas, grenat, amphiboles	gneiss quartzite (*méta-grès pur*) cornéenne
PÉLITIQUE ET GRÉSO-PÉLITIQUE	argilite		Al_2O_3	micas (*dont phengite*), andalousite, sillimanite, disthène, staurotide, cordiérite	schiste, micaschiste, gneiss cornéenne
ULTRABASIQUE	***ROCHE MANTELLIQUE*** péridotite		$MgO - FeO$	olivine, pyroxène, grenat, spinelle, +/- serpentine	serpentinite (*si OH abondant*)

Représentation de la composition chimique des protolithes et des minéraux index sous forme de diagrammes triangulaires

Le **diagramme ACF** permet de discriminer la composition chimique des principaux types de protolithes et de faire le lien entre les compositions chimiques de protolithes et les assemblages minéralogiques produits.

⚠ *Différents types de diagrammes ternaires sont utilisés en parallèle pour représenter au mieux la composition chimique du protolithe.*

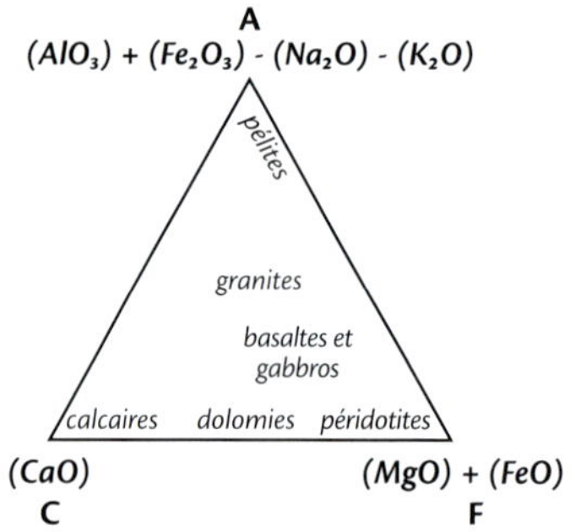

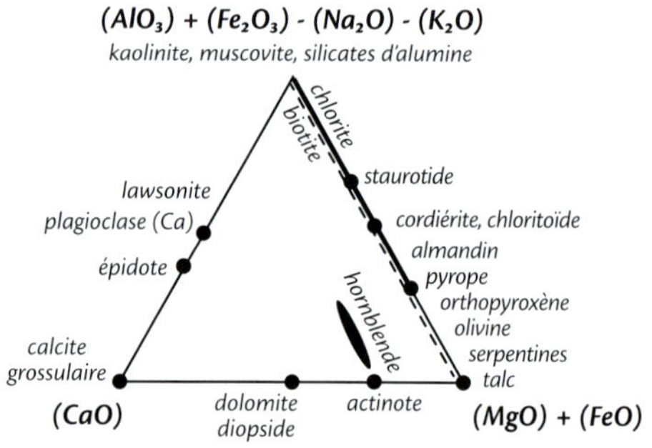

Transformations minéralogiques théoriques au sein d'une séquence basique lors du passage du faciès schiste vert au faciès éclogite

Les **diagrammes triangulaires** permettent de suivre l'évolution théorique des transformations minéralogiques d'un protolithe soumis à certaines conditions de P et T.

Les minéraux sont indiqués sur le diagramme au fur et à mesure de leur apparition. Des segments de droites relient les minéraux qui peuvent coexister au sein de la roche.

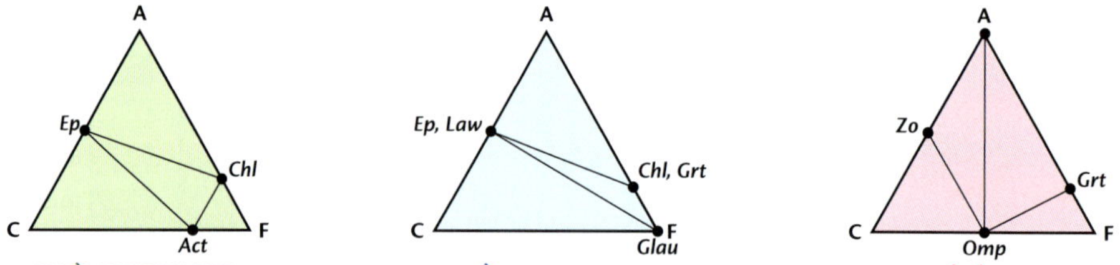

FACIÈS SCHISTES VERTS — FACIÈS SCHISTES BLEUS — FACIÈS ÉCLOGITES

Act : actinote, **Chl** : chlorite, **Ep** : épidote, **Glau** : glaucophane, **Grt** : grenat, **Disth** : disthène, **Law** : lawsonite, **Omp** : omphacite, **Zo** : zoïsite

II - Les séries métamorphiques : traduction des relations génétiques entre les roches d'une même séquence

Une série métamorphique est un ensemble de roches métamorphiques affleurant sur de grandes surfaces (*à une échelle régionale*) et qui dérivent d'un seul type de protolithe sous l'effet d'un même événement tectono-métamorphique. Elles font donc partie d'une même séquence.

✪ Cas d'une séquence basique

Extrait de la carte géologique de France au millionième

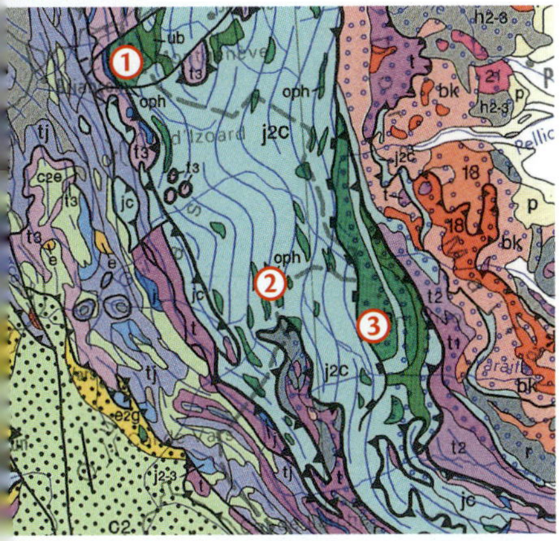

Faciès schiste vert en domaine de nappes		
Faciès schiste bleu de basse température	**MÉTAMORPHISME ALPIN**	
Faciès éclogite (*schiste bleu de haute température*)		

Schiste vert - métagabbro - (*Massif du Chenaillet, Alpes*)

On observe ici un métamorphisme d'intensité croissante d'Ouest en Est. Les schistes bleus et éclogites caractérisent un métamorphisme haute pression - basse température, associé ici à la subduction de la plaque eurasienne sous la lithosphère apulienne.

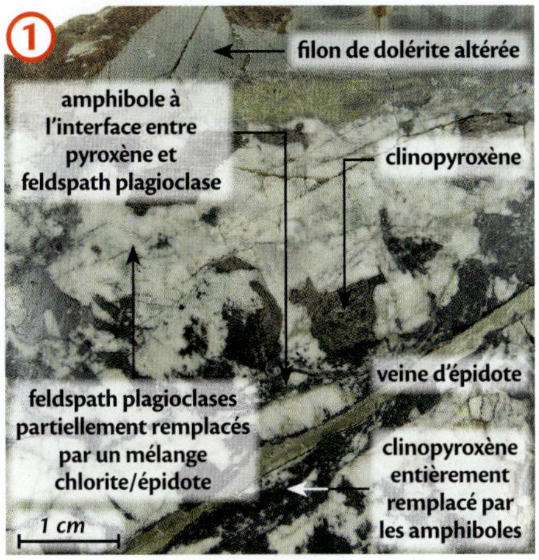

55 115

Schiste bleu - métagabbro - (*Massif du Queyras, Alpes*)

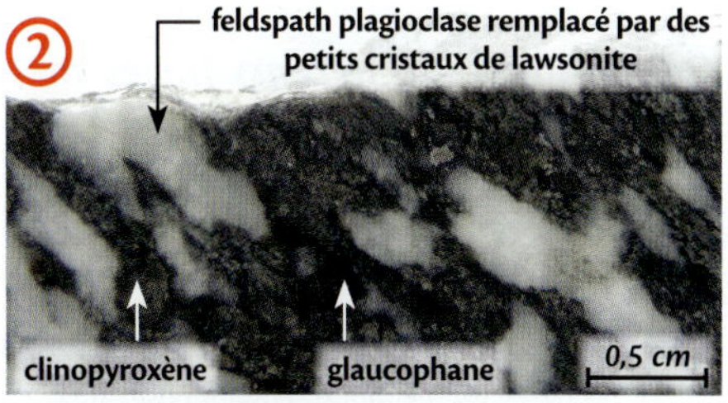

Eclogite (*Mont Viso, Alpes*)

✪ Cas d'une séquence gréso-pélitique

Extrait de la carte géologique au 1/50 0000ème de Rivesaltes : Massif de l'Agly (*Nord-Est des Pyrénées*) 120

On observe ici une série métamorphique issue de protolithes pélito-gréseux, avec un gradient de métamorphisme croissant d'Est en Ouest.

Métamorphisme (intensité progressive de 1 à 8)

- Z^a Zone à chlorite
- -1-
- Z^b Zone à biotite
- -2-
- Z^c Zone à cordiérite
- -3-
- Z^d Zone à andalousite
- -4-
- Z^e Zone à sillimanite-muscovite
- -5-
- Z^f Zone à sillimanite-feldspath potassique — *on observe la présence de migmatites dans la zone Zf*
- -6-
- Z^g Zone à cummingtonite
- -7-
- Z^h Zone à hypersthène et hornblende
- -8-
- Z^i Zone à hypersthène

⚠ *Les niveaux lithologiques particuliers dans les gneiss (bandes rouges et bleues) peuvent s'expliquer par l'alternance de bancs de nature différente dans le protolithe gréso-pélitique.*

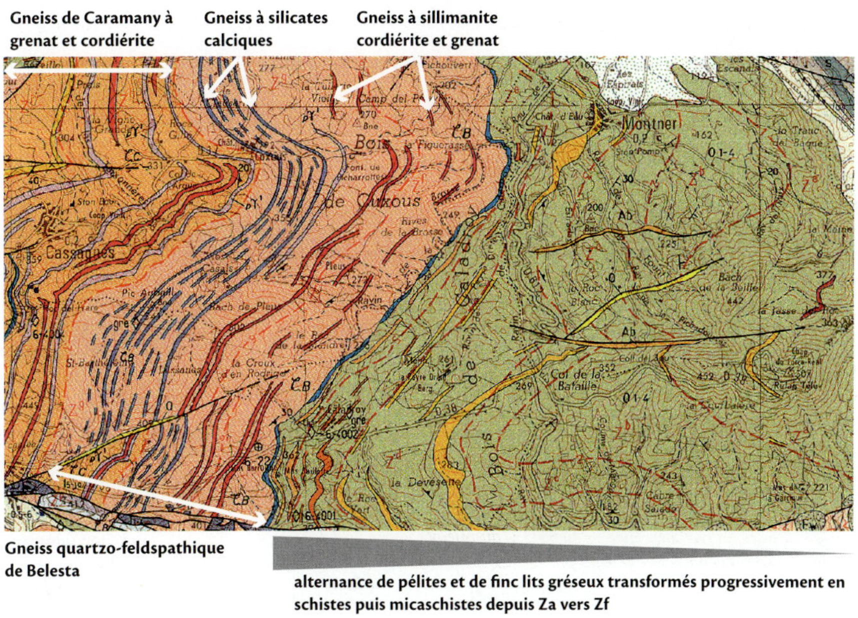

Détermination du gradient métamorphique lié à la série métamorphique de l'Agly 55

Le **gradient métamorphique** est ici établi par la **succession des paragenèses** minérales dans la région.
Il s'agit d'un gradient **basse pression-haute température** qui peut être associé aux phases tardives d'une collision.

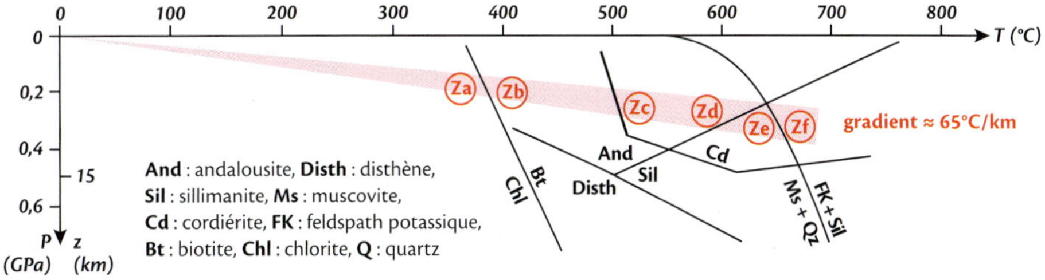

52

Les faciès métamorphiques

FACIÈS MÉTAMORPHIQUE = *ensemble de roches métamorphisées sous des conditions de P et T proches et présentant, pour des compositions chimiques identiques, les mêmes assemblages minéralogiques.*

Quels sont les différents faciès métamorphiques ? Comment peut-on les identifier et les utiliser pour reconstituer l'histoire d'une région ?

I - La définition des différents faciès métamorphiques

Les principaux faciès métamorphiques placés dans un diagramme P-T

La notion de faciès métamorphique repose sur la reconnaissance d'assemblages de minéraux qui coexistent à l'équilibre, chaque assemblage correspondant à un domaine bien défini de pression et de température : on parle de **paragenèse minérale**. Les paragenèses minérales observées varient en fonction de la nature du protolithe.

La définition des faciès s'appuie historiquement sur les assemblages minéralogiques de roches basiques, plus particulièrement des métabasaltes. Les frontières entre les différents faciès représentent les conditions P-T sous lesquelles ont lieu des réactions univariantes dans les métabasaltes.

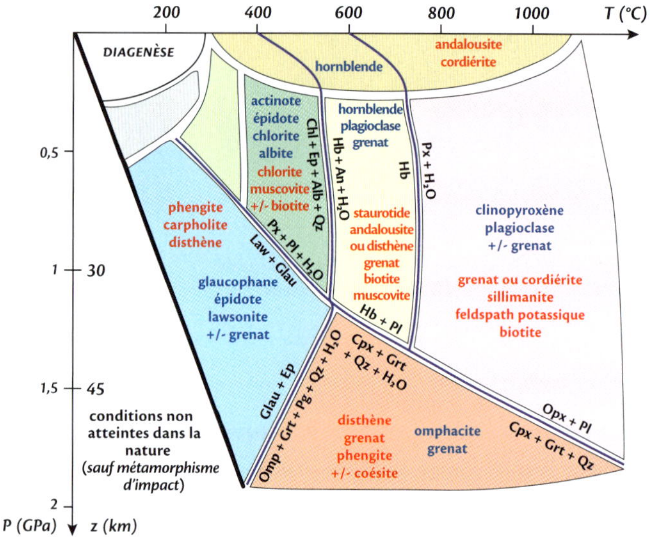

FACIÈS MÉTAMORPHIQUES

- ZÉOLITE
- PREHNITE-PUMPELLYITE
- CORNÉENNE
- SCHISTE BLEU
- SCHISTE VERT
- GRANULITE
- ÉCLOGITE
- AMPHIBOLITE

paragenèse à partir d'un protolithe pélitique (*paragenèse des métapélites*)

paragenèse à partir d'un protolithe basique (*paragenèse des métabasites*)

——— courbe de réactions univariantes servant à délimiter les faciès

Alb : albite , **An** : anorthite, **Chl** : chlorite, **Ep** : épidote, **Glau** : glaucophane, **Grt** : grenat, **Hb** : hornblende, **Omp** : omphacite, **Opx** : orthopyroxène, **Cpx** : clinopyroxène, **Px** : pyroxène, **Law** : lawsonite , **Pg** : paragonite, **Pl** : plagioclase, **Qz** : quartz

Le concept de faciès a été défini par Eskola (1915) sur la base d'observations d'assemblages minéralogiques dans des auréoles de métamorphisme de contact. Il constate des assemblages différents en fonction de la chimie des roches et des assemblages comparables pour des roches de même chimie. Les différences constatées pour des roches de même chimie sont interprétées comme des différences de conditions PT.

Les apports de la pétrologie expérimentale

La pétrologie expérimentale permet de mieux comprendre les réactions à l'origine des différentes paragenèses et à l'origine des transitions entre faciès. Des échantillons de roches ou des assemblages minéralogiques sont placés dans différents types de **presse** suivant les conditions de P et T que l'on souhaite tester.

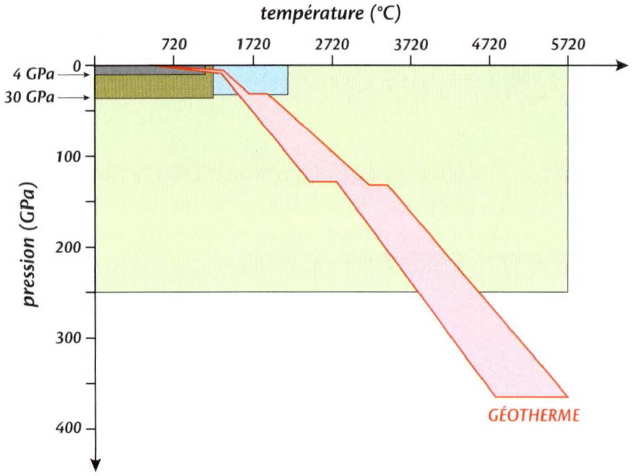

- **piston cylindre** (*échantillon de 4 mm max*)
- **presse Paris - Edimbourg** (*échantillon de quelques mm*)
- **presse multi-enclumes** (*échantillon de 4 mm max*)
- **cellules à enclume de diamant** (*échantillon de quelques μm*)

22

Les subdivisons des faciès métamorphiques

Les faciès traditionnels sont subdivisés en champs qui rendent mieux compte des évolutions minéralogiques des différents types de protolithe.

CAE : *cornéenne à albite-épidote*
CH : *cornéenne à hornblende*
CP : *cornéenne à pyroxène*
SGS : *schiste vert de très bas degré (zéolite)*
LGS : *schiste vert de bas degré*
UGS : *schiste vert de haut degré*
SVHP : *schiste vert de haute pression*
TSAV : *transition amphibolite-schiste vert*
UBS : *schiste bleu de haut degré*
TEB : *transition schiste bleu-éclogite*
ECL : *éclogite à lawsonite*

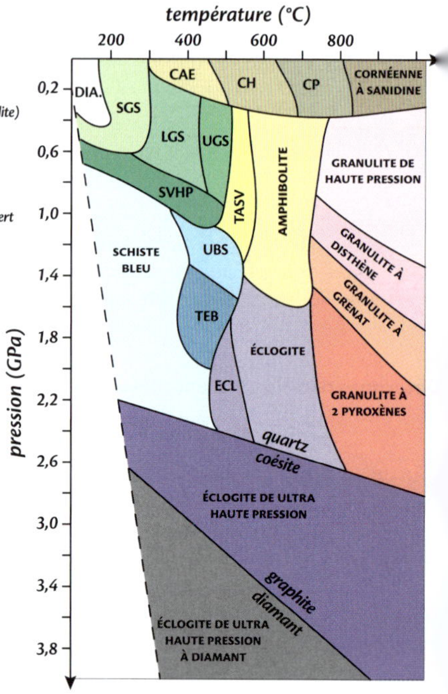

II - La succession de faciès métamorphiques et la reconstitution de contextes géodynamiques

✪ Les faciès métamorphiques du Massif des Maures (*Var*)

Extrait de la carte géologique de France au millionième, centré sur le Massif des Maures

On observe des terrains métamorphiques initialement sédimentaires (*Cambrien k à Dévonien d1*), avec un gradient de métamorphisme croissant d'Ouest en Est. La succession des **faciès schistes verts, amphibolite** puis d'une zone anatectique avec migmatites caractérise le gradient **moyenne pression - moyenne température** associé au stade de collision lors d'une orogenèse (*ici orogenèse varisque*).
À l'Est, la présence de reliques éclogitiques éo-varisques (*étoiles noires*) témoignent de l'existence d'un gradient **haute pression - basse température** de subduction avant le gradient **moyenne pression-moyenne température**.

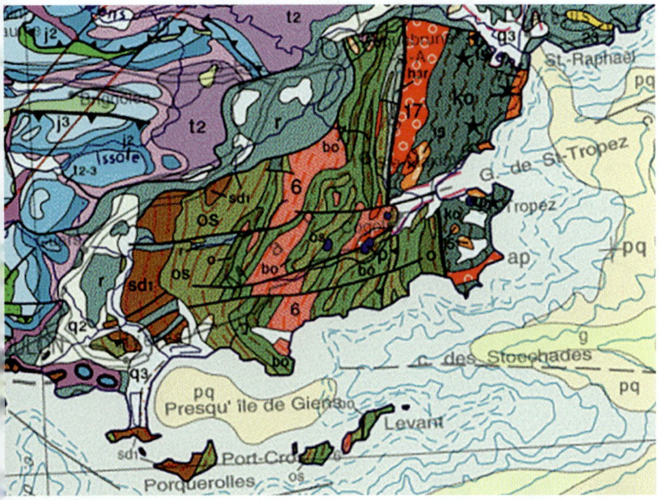

schiste vert ➡ amphibolite ➡ zone anatectique

Micaschistes à staurotide et grenat (*Col du Canadel, Var*)

Ces micaschistes font partie du faciès amphibolites. Ils sont issus d'un protolithe pélito-gréseux.

✪ Les faciès métamorphiques du Haut Allier (*Massif Central*)

Extrait de la carte géologique de France au millionième, au sud de Brioude (*Massif Central*)

La région du Haut Allier montre le chevauchement d'une **unité supérieure des gneiss** (*USG*) constituée d'un complexe leptyno amphibolique, de gneiss et de migmatites sur **une unité inférieure des gneiss** (*UIG*) constituée essentiellement de gneiss.

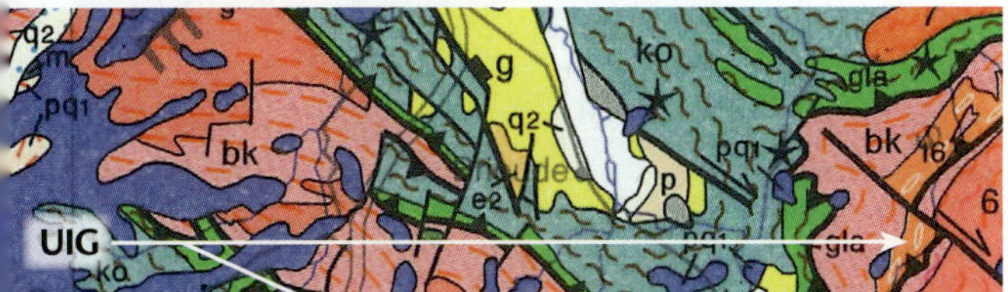

amphibolite (*paragneiss, orthogneiss*) | zone anatectique (*migmatites*) | 1 : relique éo-varisque éclogitique ; 2 : relique éo-alpine à coésite

⚠ *Le complexe leptyno-amphibolique est un ensemble de roches océaniques et continentales qui sont entrées en subduction lors de l'orogenèse varisque.* ☞ 118

Trajet Pression-Température-Temps de l'USG et de l'UIG

Les **reliques éclogitiques** de l'USG sont interprétées comme la trace d'une **transformation prograde** dans le domaine des hautes pressions liée à la phase de subduction. Les zones migmatitiques marquent la **transformation rétrograde** et la décompression adiabatique conduisant à l'anatexie lors de la remontée des roches.

Les **faciès amphibolites** et les zones migmatitiques de l'UIG sont les traces de l'évolution rétrograde. Le chevauchement a permis la mise en place de roches d'origine profonde sur des roches plus superficielles.

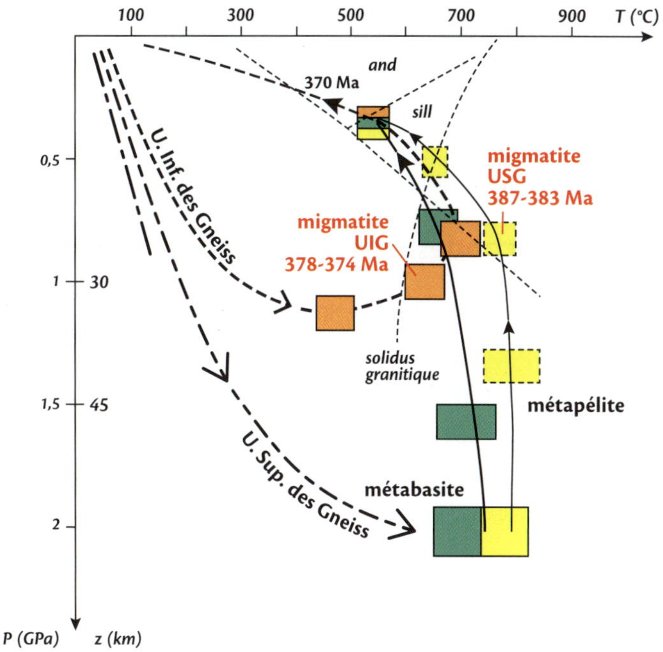

53 Établissement de chemin PTt : les principes

Chemin PTt = *évolution de la pression et de la température au cours du temps subie par une roche métamorphique. Reflète le jeu des processus tectono-métamorphiques accompagnant les recristallisations minérales.*

Comment reconstituer le chemin PTt d'une roche ?

I - Les méthodes de datation relative des différentes paragenèses

On utilise les mêmes critères qu'en datation relative, adaptés au contexte métamorphique. 90

Le critère d'inclusion

Ce critère dit qu'« *un minéral inclus dans un autre lui est antérieur* ». La variante de ce critère utilisée ici concerne les **couronnes réactionnelles** : ces couronnes témoignent de la réaction d'un minéral avec ou un plusieurs autres, réaction qui n'a pas été totale. Le minéral qui est au centre est le **minéral relique**, il a été préservé d'un stade antérieur. La couronne renseigne sur les nouvelles conditions de pression et de température subies au stade métamorphique suivant.

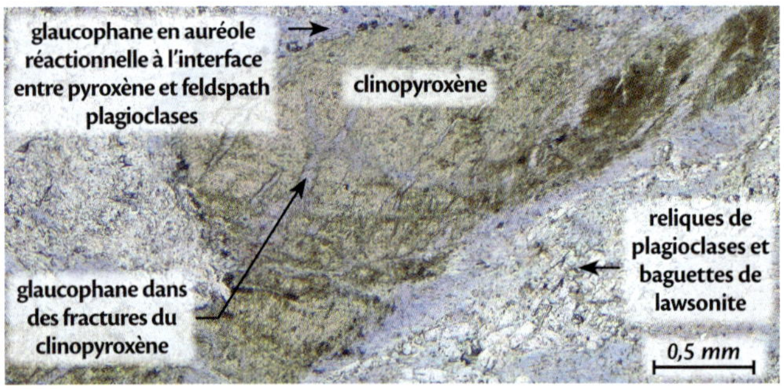

On peut aller plus loin que le principe d'inclusion : il peut y avoir deux minéraux contigus qui réagissent dans la zone de contact sans que le minéral réactionnel n'entoure l'un des minéraux initiaux.

Lame mince en lumière naturelle d'un métagabbro du faciès schistes bleus (Queyras, Alpes)

D'après les principes d'inclusion et de recoupement, le glaucophane est postérieur au clinopyroxène.

Éclogite de la Compointerie (Loire Atlantique)

D'après le principe d'inclusion, le grenat est antérieur à sa couronne de kéliphyte.

Le critère de recoupement

Ce critère postule que « *toute structure recoupée est antérieure à celle qui la recoupe* ».

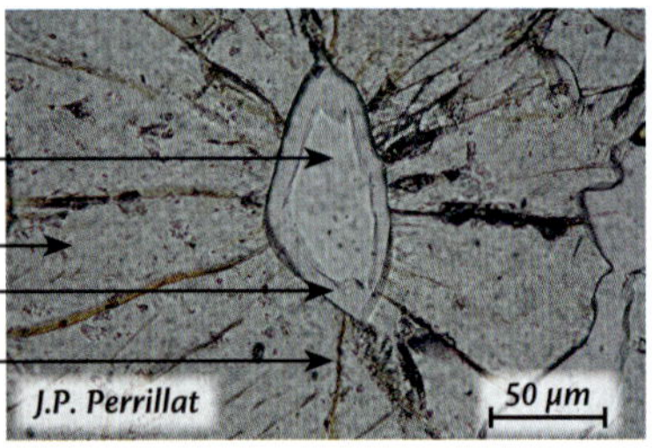

Coésite himalayenne en lame mince, lumière naturelle

La formation du quartz à partir de la coésite lors de l'exhumation de cette roche a entraîné la fracturation du grenat par augmentation de volume.

Éclogite recoupée par des veines d'épidote (Val Clavalité, Alpes)

Les veines recoupent la foliation de l'éclogite et sont donc tardives dans l'histoire de celle-ci.

II - Les méthodes de datation relative des différentes paragenèses

Étude d'un exemple : une éclogite alpine (*Val Clavalité, Alpes*)

Au milieu de l'image, un grenat ❶ est recoupé par une veine horizontale d'épidote ❷, elle-même recoupée par le développement d'amphiboles ❸ (*barroisite et actinote*).

L'échantillon correspondant est montré juste au-dessus.

Au vu de sa paragenèse, le protolithe de départ est probablement un basalte.

Il a été enfoui jusqu'au faciès des éclogites lors de la subduction. Puis, les veines d'épidote témoignent de l'exhumation, avec un passage dans le faciès schistes verts.

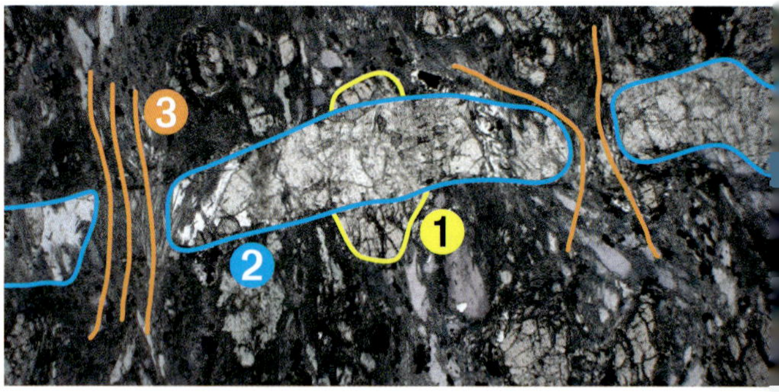

Lame mince en lumière naturelle de l'éclogite alpine

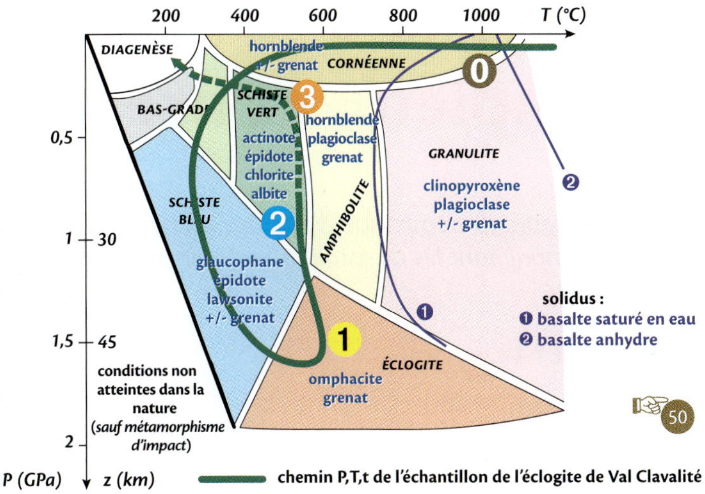

50

L'examen attentif de la paragenèse et des dispositions entre les minéraux aide à reconstituer son histoire et à comprendre l'histoire géologique de la région.

Ce métabasalte voit sa pression augmenter alors qu'il est encore à 600°C et sa température diminue jusqu'à ce qu'il atteigne 20 km de profondeur. Il devait donc s'agir d'une lithosphère océanique très jeune.

Établir ce chemin PTt permet de mettre en évidence un **polyphasage**, c'est-à-dire l'enregistrement du déroulement d'un événement tectono-métamorphique au sein d'une roche, caractérisé par des paragenèses successives. On parle aussi de **métamorphisme polyfacial** car les roches traversent plusieurs faciès au cours de leur histoire.

Généralisation : le vocabulaire associé au chemin PTt

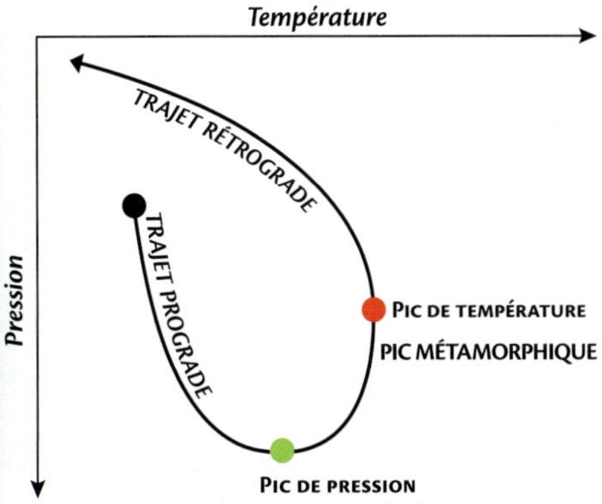

Dans le cas d'une exhumation lente

Le chemin PTt peut être décomposé en 3 parties :

→ Le **trajet prograde**, caractérisé par P et T croissantes, associé à l'enfouissement et au réchauffement de la roche,

→ Le **pic de métamorphisme**, caractérisé par la température maximale atteinte,

→ Le **trajet rétrograde** caractérisé par des P et T décroissantes, associé à l'exhumation et au refroidissement de la roche.

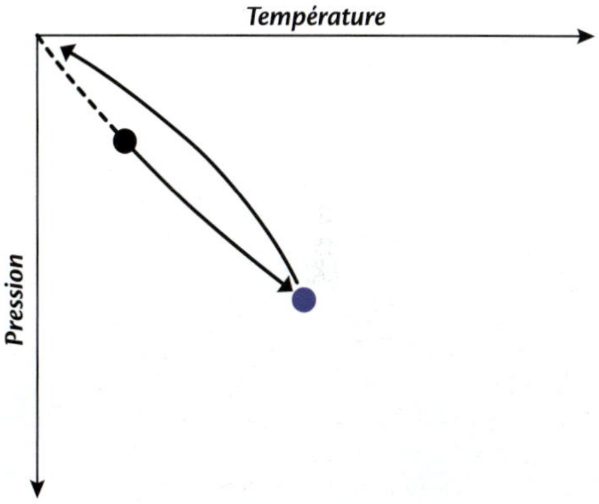

Dans le cas d'une exhumation rapide

En général, **Pmax** et **Tmax sont dissociées** car les roches sont de mauvaises conductrices de chaleur et elles se refroidissent moins vite qu'elles ne se décompressent. En cas d'exhumation rapide, Pmax et Tmax peuvent être confondues (*cas du graphique de droite*).

⚠ *Dans le cas des dômes migmatitiques des metamorphic core complex, il peut y avoir une forte baisse de pression à température quasi constante, voire même en augmentation.*

De plus, **le trajet prograde est souvent mal conservé**, les réactions y aboutissant ont été totales et donc ont effacé les paragénèses précoces.
Au contraire, le trajet rétrograde est visible pour deux raisons :
→ La température diminuant, les réactions sont incomplètes ;
→ Les fluides se sont échappés au cours de l'enfouissement, ils sont donc indisponibles pour les réactions en retour qui sont donc impossibles.

III - Les liens entre les chemins PTt et la géodynamique régionale

Quelques exemples de trajet en lien avec des contextes géodynamiques

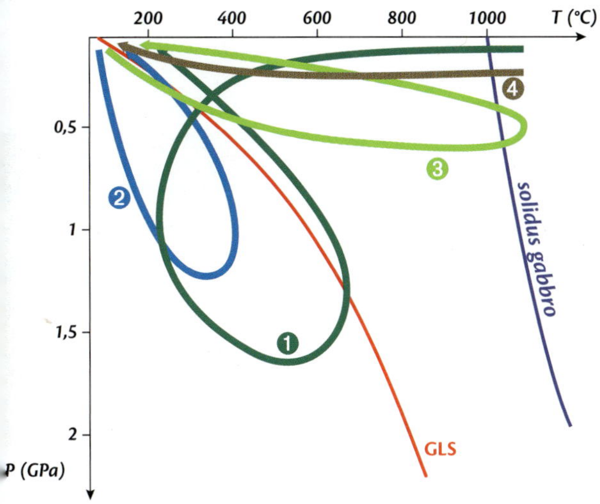

Le tracé des chemins PTt permet de retrouver certains contextes géodynamiques classiques :
❶ gabbro de la croûte océanique s'éloignant de la dorsale puis plongeant par subduction suivie par une exhumation ;
❷ roche de la croûte continentale chevauchée lors d'une collision puis exhumée ;
❸ roche de la croûte continentale subissant une anatexie ;
❹ gabbro de la croûte océanique s'éloignant de la dorsale ;
GLS : gradient d'une lithosphère stable.

⚠ *Le tracé de plusieurs trajets PTt des roches d'une même région ayant subi le même événement tectonique permet de reconstituer le **gradient métamorphique** de cette région.*

55

54 Les chemins PTt : enseignements complémentaires

Chemin PTt = *évolution de la pression et de la température au cours du temps subie par une roche métamorphique. Reflète le jeu des processus tectono-métamorphiques accompagnant les recristallisations minérales.*

Quels sont les autres enseignements que l'on peut tirer des chemins PTt ? ☞ 53

I - L'introduction du temps par radiochronologie dans les chemins PTt

Étude d'un exemple : l'unité éclogitique de Tso Morari en Himalaya

L'unité éclogitique de Tso Morari au Ladakh, en Inde, a été très étudiée d'un point de vue géologique. Elle est située dans la zone de **suture** de l'Himalaya.

La détermination de l'âge des minéraux néoformés par **radiochronologie** permet d'accéder à l'histoire tectono-métamorphique de la roche.

Parmi les couples isotopiques utilisés ici, on peut citer **U-Pb** sur zircon, **Ar-Ar** sur phengite, **Sm-Nd** sur grenat et **Rb-Sr** sur divers minéraux. ☞ 89

En utilisant en même temps plusieurs géochronomètres ayant des températures de fermeture du système différentes, il est possible de dater précisément les événements subis par la roche. On peut alors calculer, connaissant P et T, la **vitesse d'exhumation** du système ; ces calculs n'étant possibles que pour le **trajet rétrograde**.

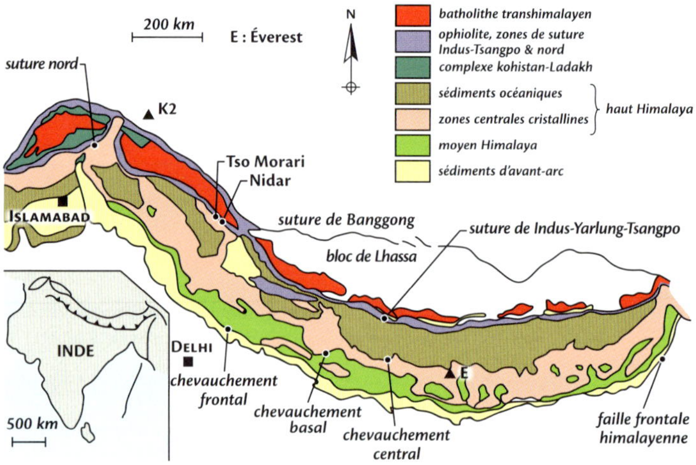

Vue Google Earth de Tso Morari (au-dessus, punaise jaune) et carte géologique simplifiée de l'Himalaya avec la zone de Tso Morari indiquée (d'après Brien, 2018)

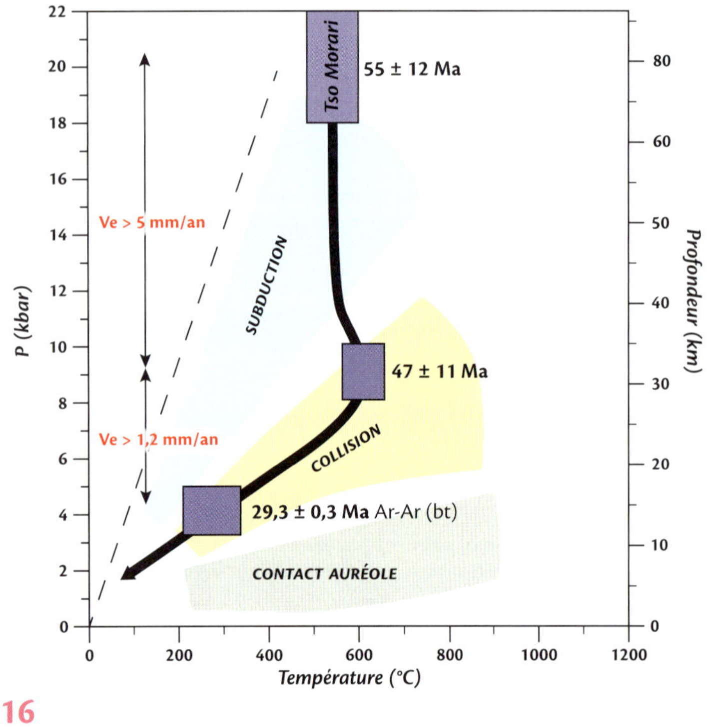

Chemin PTt rétrograde pour l'unité éclogitique de Tso Morari (modifié d'après de Sigoyer et al., 2000). ☞ 52

On peut donc en déduire que, de 55 à 47 Ma, la vitesse d'exhumation a été supérieure à 5 mm/an ; puis, cette vitesse a diminué passant à 1,2 mm/an. Ce ralentissement serait dû au passage de la subduction continentale à la collision.

Bilan : Les cinétiques des événements métamorphiques régionaux

Elles sont très variables :

- **Les vitesses des subductions peuvent atteindre quelques cm/an ;**
- **Les vitesses des collisions sont bien plus faibles, de l'ordre de quelques mm/an ;**
- **Les vitesses d'exhumation varient entre quelques dixièmes de mm/an à quelques cm/an.**

II - La mémoire chimique des roches métamorphiques

La microsonde électronique de Castaing

La **microsonde électronique de Castaing** émet, dans une colonne où règne le vide, un faisceau d'électrons qui frappe une zone de la lame mince d'intérêt de volume égal à 2 µm³. Les atomes de la zone sont excités et émettent un rayonnement X dont la longueur d'onde est caractéristique de l'atome émetteur. Le signal est ensuite analysé par des spectromètres, traité et renvoyé sous la forme d'un pourcentage en oxydes.

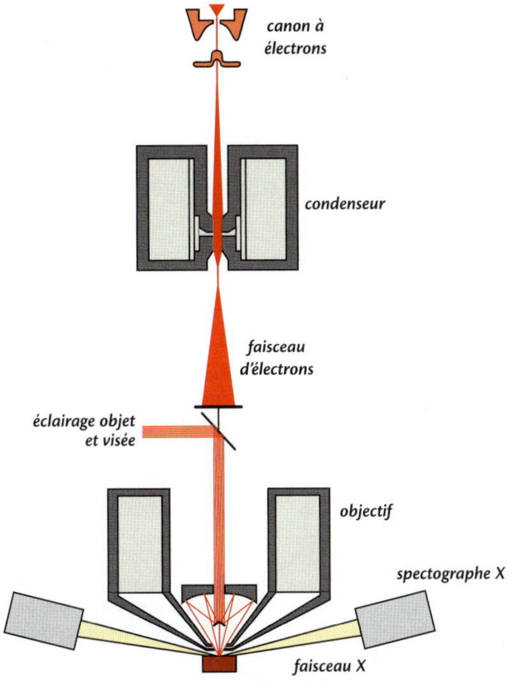

Les zonations chimiques à l'intérieur d'un minéral

Les conditions de température et de pression influent le degré de substitution des atomes dans les réseaux cristallins. Ainsi, la composition atomique d'un minéral, comme le grenat, ici, renseigne sur les variations de pression et/ou de température en fonction du temps, sachant que le **centre du cristal** enregistre les conditions précoces et les **bords** les conditions tardives.

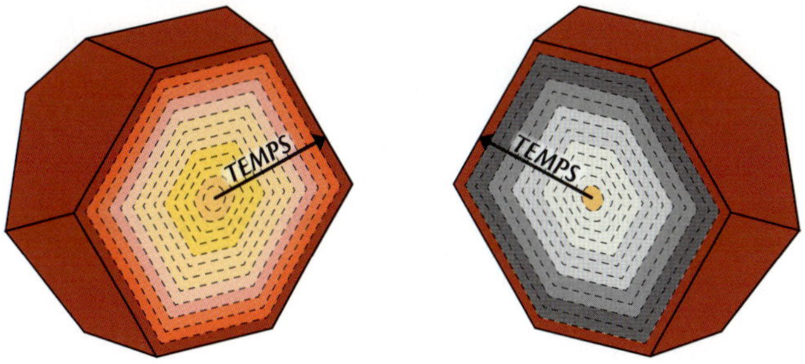

FER

Les variations de teneur en fer et en magnésium sont des indicateurs de variations de TEMPÉRATURE.

CALCIUM - ALUMINIUM

Les variations de teneur en calcium et en aluminium sont des indicateurs de variations de PRESSION.

Application à un grenat formé par métamorphisme de contact

La baisse du contenu en fer du centre vers les bords et la stabilité de l'abondance relative en calcium montrent que le métamorphisme subi par ce grenat résulte d'un changement de température et non d'un changement de pression. Ces conditions témoignent donc ici d'un **métamorphisme de contact**.

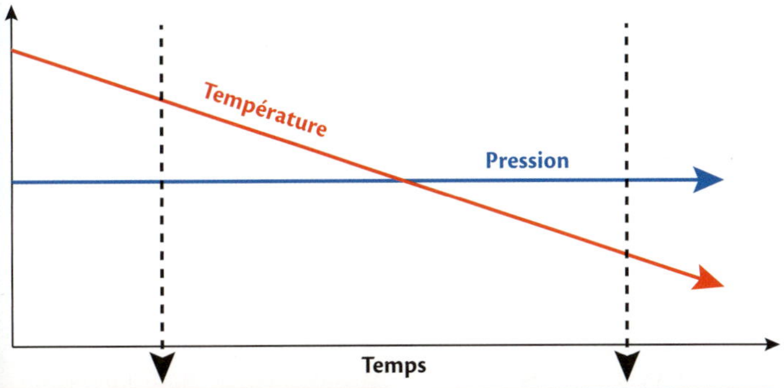

T_0 : Flux de chaleur important venant de la chambre magmatique
Les grenats se forment dans l'auréole de métamorphisme : leur cœur enregistre ces fortes températures.

T_1 : Flux de chaleur moins important venant de la chambre magmatique
Les grenats poursuivent leur croissance dans l'auréole de métamorphisme : leur bordure enregistre ces températures plus faibles.

terrains sédimentaires (encaissant du pluton)

La chaleur dissipée par le pluton au cours de son refroidissement entraîne l'élévation de température de l'encaissant

Métamorphisme de contact :
Augmentation de température sans variation de pression (thermométamorphisme)

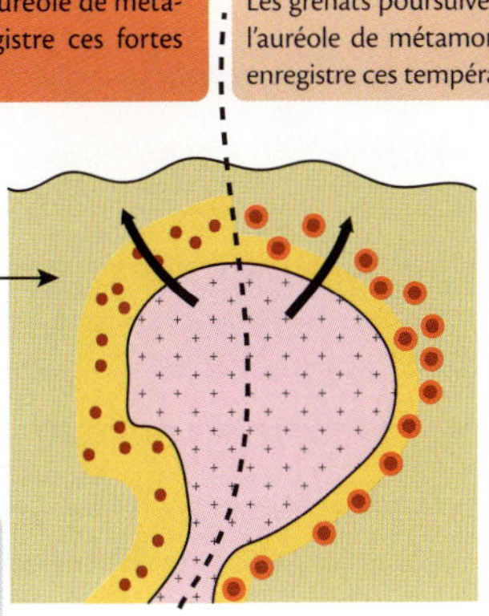

remontée en force du pluton granitique

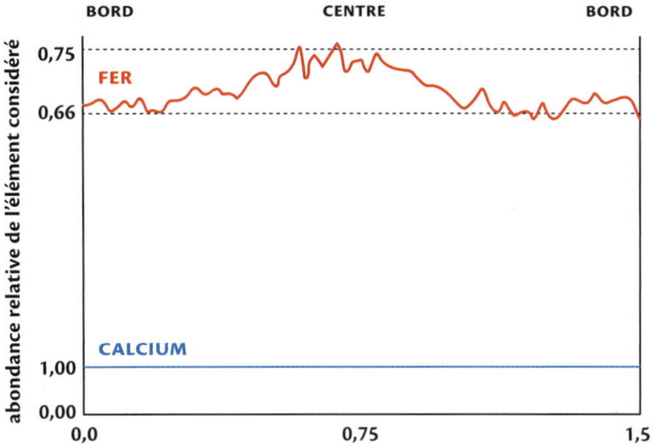

55 Gradients métamorphiques et contextes géodynamiques

Gradient métamorphique = *variations de la température en fonction de la profondeur (ou de la pression) enregistrées par des roches métamorphiques formées dans la même région, au cours de la même période et dans le même contexte géodynamique.*

Comment construit-on un gradient métamorphique ? Comment nous renseigne-t-il sur un contexte géodynamique donné ?

I - Établissement du gradient métamorphique d'une région

Tracé d'un gradient métamorphique

On a pris ici 3 échantillons d'une même série mais qui se sont enfoncés différemment et dont le pic métamorphique a été atteint au même moment.

Ce gradient définit l'état de la lithosphère au moment où ces roches métamorphiques se sont formées. C'est pourquoi on peut dire qu'un gradient métamorphique est un **paléogéotherme**.

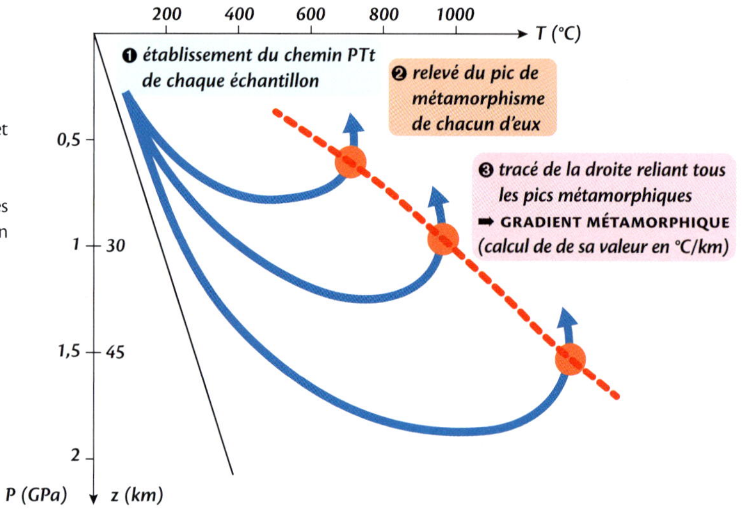

Les différents types de gradients progrades

Miyashiro (1961) a mis en évidence **trois grands types de gradients progrades**, caractérisés par une évolution thermique particulière, ce qui se traduit sur le terrain par les faciès qu'ils traversent et les minéraux présents dans les roches.

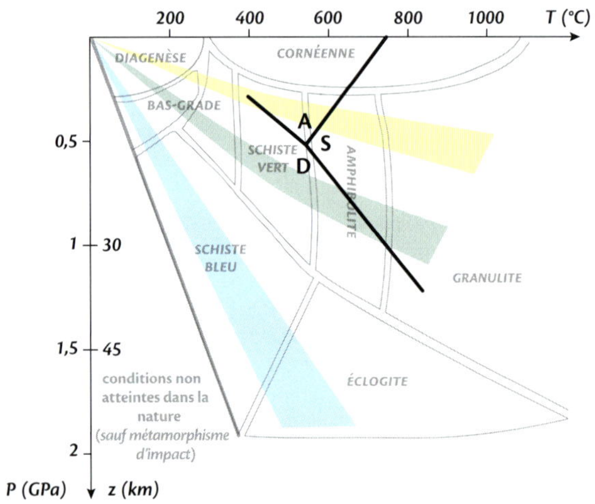

Gradient HT-BP = gradient Ryocke-Abukuma
- → Défini au Japon, dans les chaînes d'Abukuma et de Ryocke
- → Caractérisé par les faciès schistes verts, amphibolite et granulite avec la transition andalousite → sillimanite
- → Environ 50- 55°C/km
- → En France, on le rencontre par exemple au Crétacé dans les Pyrénées et dans certains secteurs de la chaîne hercynienne (*Agly par exemple*)

Gradient MP-HT = Gradient dalradien = gradient barrovien
- → Défini en Ecosse
- → Caractérisé par les faciès schistes verts, amphibolite et granulite avec la transition disthène → sillimanite
- → Environ 30-35°C/km
- → En France, on le rencontre par exemple dans de larges secteurs de la chaîne hercynienne

Gradient HP-BT = gradient franciscain
- → Défini dans la région de San Francisco
- → Caractérisé par les faciès schistes bleus et éclogite avec la présence de disthène
- → Inférieur à 20°C/km
- → En France, on le rencontre par exemple dans les Alpes et dans certains secteurs de la chaîne hercynienne (*île de Groix par exemple*)

II - L'association entre un gradient métamorphique et un contexte géodynamique

Le gradient Abukuma dans les zones d'extension : Extrait de la carte géologique au 1 / 50 000ème de Rivesaltes (*Massif de l'Agly, Nord-Est des Pyrénées*)

Ce gradient est caractérisé par des températures anormalement élevées pour une profondeur donnée : les contextes géologiques associés correspondent donc à des zones où le flux géothermique est élevé. En conséquence, les contextes géologiques associés au gradient Abukuma sont :

- Les **régions d'arc** et **d'arrière-arc insulaires** (*d'où une production de chaleur due à l'apport de chaleur par le magmatisme*) ;
- Les **rifts** et les **dorsales** (*d'où une production de chaleur due à la proximité de l'asthénosphère*) ;
- Les **chaînes de montagne en hypercollision** avec une racine crustale très épaisse (*d'où une forte production de chaleur par radioactivité à laquelle se rajoutent souvent et plus localement les conséquences de la relaxation-amincissement tardi-tectonique qui resserre les isothermes*).

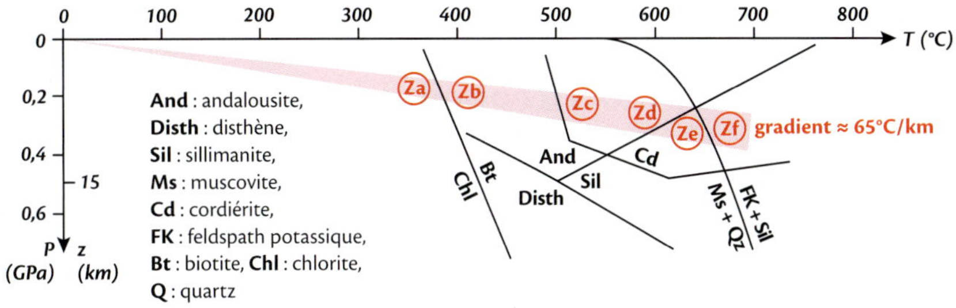

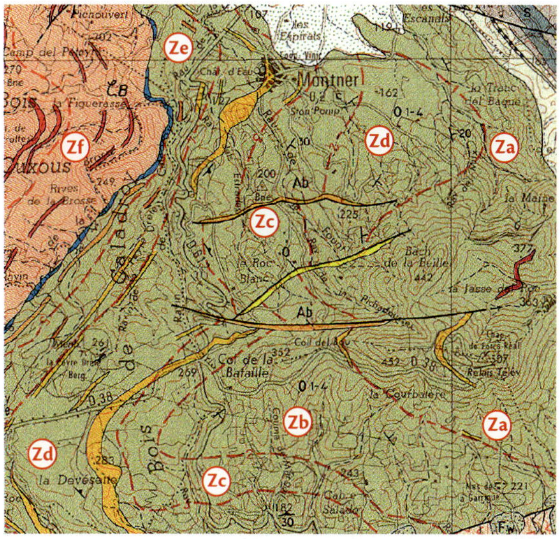

Le gradient dalradien dans les zones de collision : Extrait légendé de la carte géologique de Tulle au 1/50 000ème

51

Ce gradient est caractéristique des **zones de collision** où l'épaississement crustal permet l'empilement de croûtes riches en éléments radioactifs.
Ce gradient est largement représenté dans les chaînes paléozoïques.

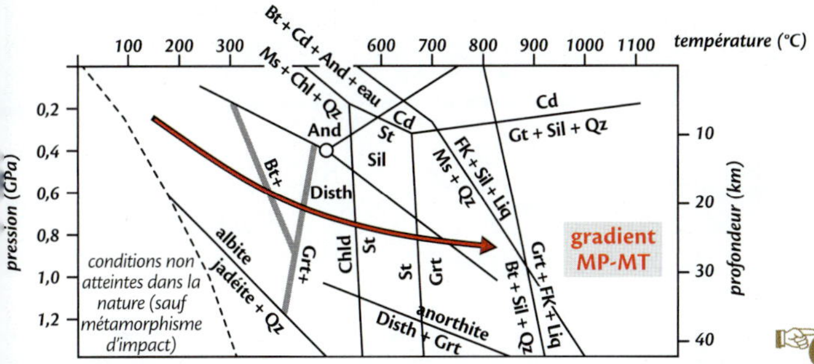

47

Ms : muscovite, And : andalousite, Disth : disthène, Sil : sillimanite, Cd : cordiérite, St : staurotide, FK : feldspath potassique, Bt : biotite, Chl : chlorite, Chld : chloritoïdes, Grt : grenat, Liq : liquide

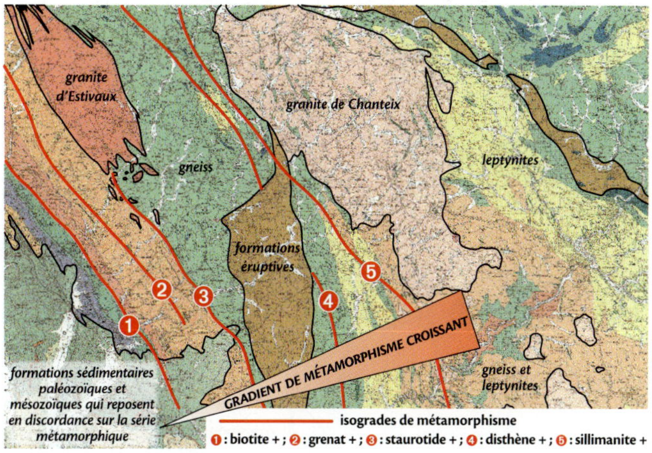

Le gradient franciscain dans les zones de subduction : Extrait de la carte géologique au millionième de la France (*Alpes*)

51

Ce gradient est caractérisé par un géotherme particulièrement faible : les zones concernées sont donc celles qui ont un géotherme inférieur à la normale. On le trouve donc dans les **zones de subduction actuelles** ou **fossiles** où il y a un abaissement significatif du flux de chaleur.

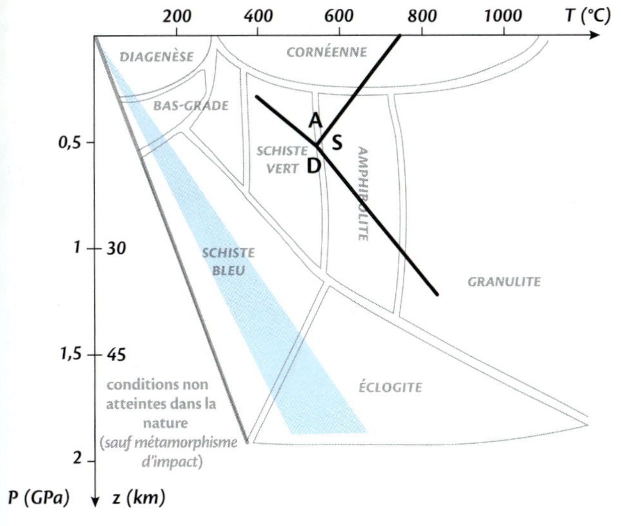

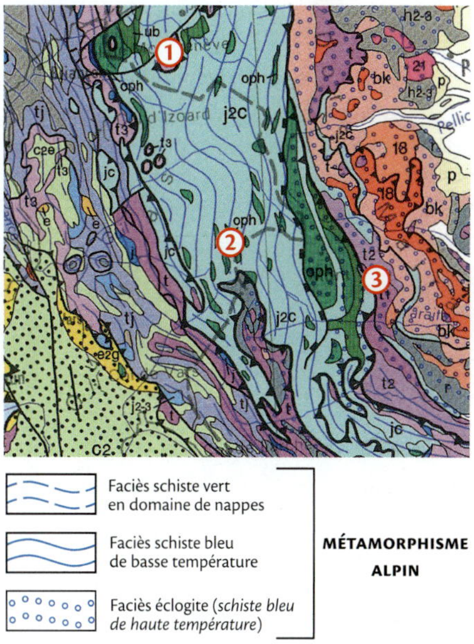

56 Relations métamorphisme - déformations

Relations métamorphisme – déformations = *plusieurs épisodes de déformation peuvent être enregistrés dans une roche métamorphique et ces témoins peuvent être utilisés pour dater ces événements et/ou donner une estimation des conditions P/T dans lesquelles se sont effectuées les déformations.*

Comment établir une chronologie entre métamorphisme et déformation ?

I - Établir une chronologie et retrouver des conditions PT lors d'épisodes de déformation

✪ Établir une chronologie relative entre différentes phases de déformations

Lien stratification / schistosité : cas simple d'un seul épisode de déformation

Un épisode de déformation affecte ce bloc, déforme la stratification pré-existante et donne une schistosité bien visible.

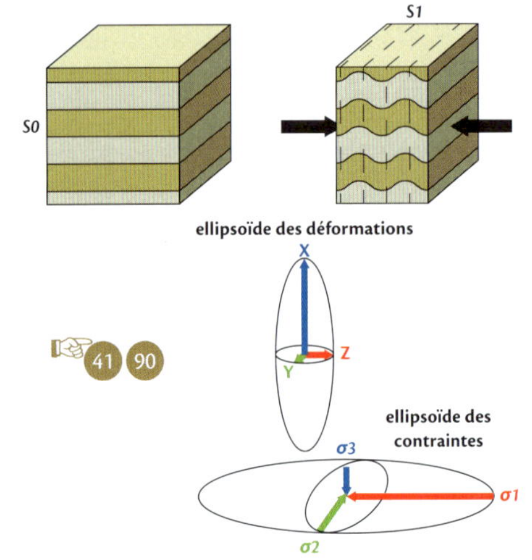

41 90

La schistosité n'est pas directement due à une contrainte anisotrope ! C'est la déformation qui crée la schistosité. Une contrainte anisotrope insuffisante pour faire de la déformation ne fera pas de schistosité.

Chronologie relative de plusieurs épisodes de déformation

La surface de stratification S_0 n'est plus visible ici (*c'est souvent le cas dans la nature*). Ce **gneiss migmatitique** a subi **deux épisodes de déformations** auxquels il est possible d'appliquer les principes de datation relative : le premier épisode, noté ❶, montre une foliation bien marquée par des lits noirs et blancs. Le second épisode, noté ❷, est matérialisé par deux **zones de cisaillement senestre**, ayant affecté la foliation (*principe de recoupement*).

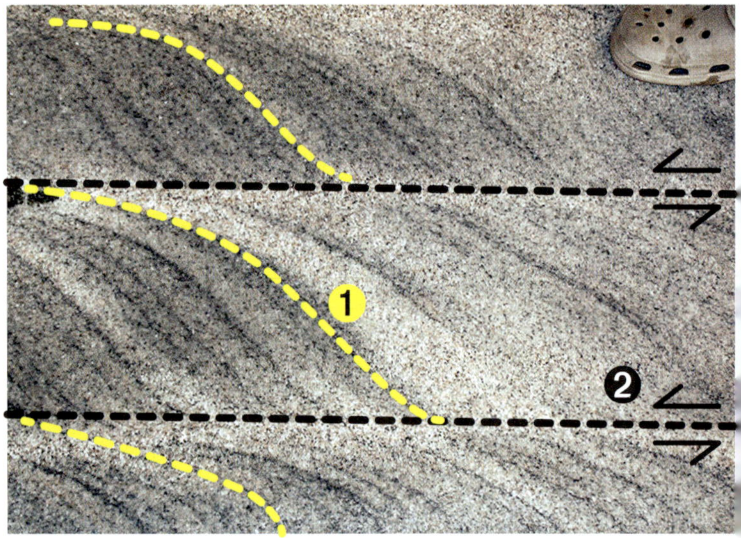

Dalle de migmatite cisaillée au sol d'un hall de l'aéroport de New Delhi, Inde

✪ Reconstituer des conditions PT lors d'un épisode de déformation

L'affleurement de **métagranite de la zone Sésia** (***Fontainemore, Val d'Aoste, Italie***) montre nettement les déformations subies par la roche. Cet affleurement contient des **enclaves éclogitiques non schistosées** (*car les roches basiques sont beaucoup plus compétentes et déformables que les roches acides*) et **moulées par la foliation / schistosité** du métagranite. Enclaves basiques et granite sont contemporains. Ces enclaves permettant de reconstituer le **pic de métamorphisme** et donc les conditions P et T régnant au moment de la déformation (*c'est-à-dire ici des pressions et des températures compatibles avec l'existence du grenat, du glaucophane et de l'omphacite*).

Vue de l'affleurement de métagranite

Détail de l'enclave d'éclogite

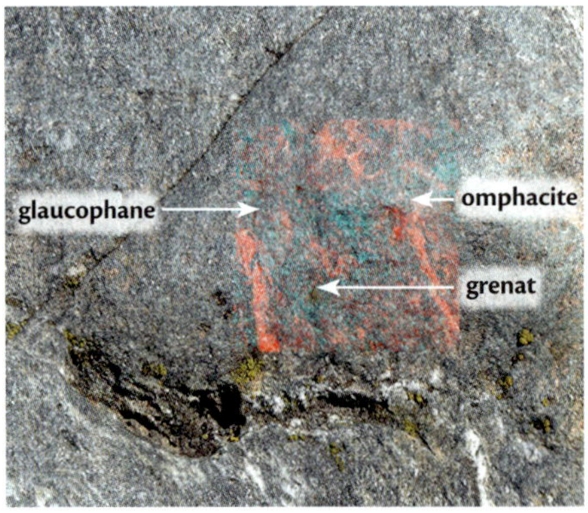

Grille PT

50

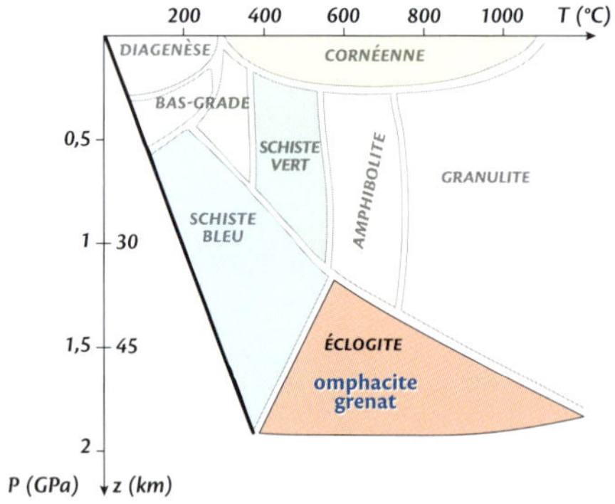

II - Établir une chronologie entre cristallisation et déformation

Les critères de reconnaissance

Des minéraux métamorphiques peuvent **cristalliser avant**, **pendant** ou **après la déformation**. Ils permettent d'évaluer les conditions PT durant lesquelles se sont réalisés les épisodes de déformation.

● **MINÉRAL ANTÉ-CINÉMATIQUE** (= *anté-schisteux*) ➡ **cristallisation AVANT la déformation**

Minéraux :
- → Déformés, disloqués
- → Moulés par la déformation
- → Entourés de queues de cristallisation développées dans des ombres de pression

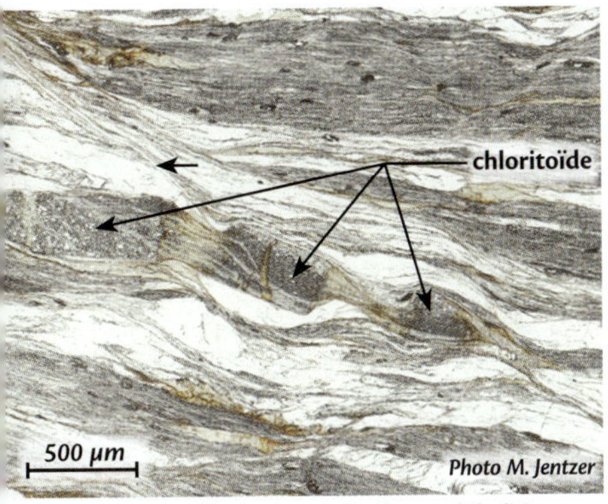

Métapélite équilibrée dans le faciès amphibolitique

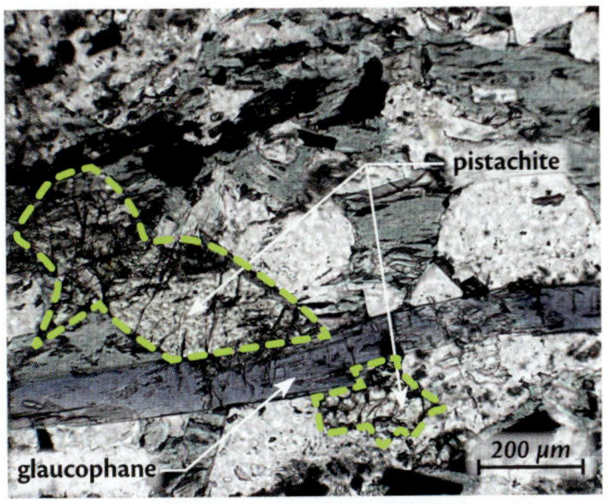

Gneiss à glaucophane, pistachite (épidote) et chlorite

Métapélite équilibrée dans le faciès amphibolitique

Les chloritoïdes ont été disloqués par la déformation, boudinés, étirés et marquent la linéation.

De tels fragments sont appelés porphyroclastes. Ici, les chloritoïdes sont **anté-cinématiques**.

Gneiss à glaucophane, pistachite (épidote) et chlorite

La pistachite (*une variété d'épidote*) a été disloquée par la déformation et elle est anté-glaucophane. On peut dont dire qu'elle est **anté-cinématique**.

● **MINÉRAL SYN-CINÉMATIQUE** (= *syn-schisteux*) ➡ **cristallisation PENDANT la déformation**

42

Minéraux :
- → Orientation parallèle au plan de schistosité
- → Moulé par la schistosité
- → Possède parfois des inclusions disposées selon le plan de schistosité ou sigmoïdes
- → Parfois entourés de queues de cristallisation développées dans des ombres de pression

Glaucophanite de l'île de Groix, Morbihan

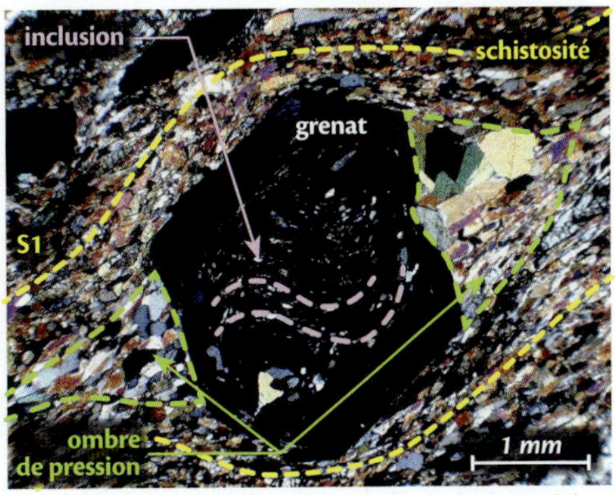

Glaucophanite de faciès éclogitique de l'île de Groix, Morbihan

Glaucophanite de l'île de Groix, Morbihan

Les baguettes de glaucophane, non déformées, indiquent nettement la foliation. Ces minéraux sont ici **syn-cinématiques**. Les conditions PT régnant au moment de cette déformation correspondent donc au champ de stabilité du glaucophane.

Glaucophanite de faciès éclogitique de l'île de Groix, Morbihan

Le grenat a enregistré la déformation au cours de sa cristallisation : il a tourné au fur et à mesure de sa croissance et a englobé des inclusions qui ont fossilisé la rotation. Les ombres de pression sont composées de micas blancs et de glaucophane. Ces minéraux sont **syn-cinématiques**.

● **MINÉRAL POST-CINÉMATIQUE** (= *post-schisteux*) ➡ **cristallisation APRÈS la déformation**

Minéraux :
- → Développement indépendant des contraintes (*parfois enregistrement de la schistosité au cours de sa croissance*)
- → En surimposition sur les autres structures

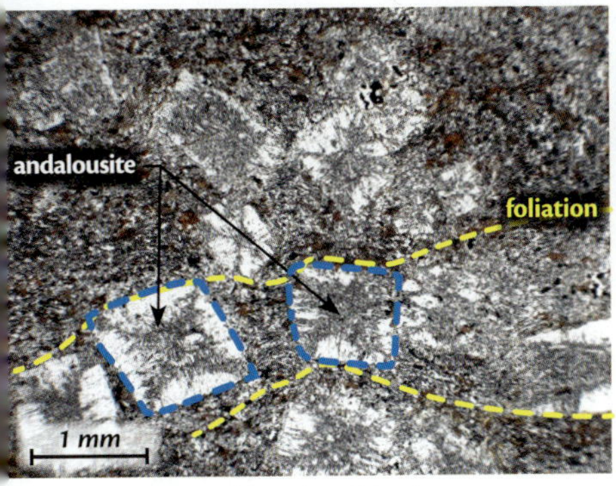

Cornéenne à andalousite

Métapélite équilibrée dans le faciès amphibolitique

Cornéenne à andalousite

Les grands cristaux d'andalousite (*des* ***porphyroblastes***) ne montrent pas d'orientation préférentielle. Ils sont dans une matrice de petits cristaux de biotite, de quartz et de graphite, qui, eux, montrent une foliation. L'andalousite est **post-cinématique**. La schistosité (*discrète*) est due aux plissements hercyniens, alors que les andalousites sont, elles, la conséquence d'un métamorphisme de contact dû à un granite tardi-hercynien post-raccourcissement.

Métapélite équilibrée dans le faciès amphibolitique

Les grands cristaux de staurotide sont **post-cinématiques**.

PARTIE VI

LES PHÉNOMÈNES EXOGÈNES

57 Érosion et paysage

Érosion (sens strict) = *retrait de particules ou d'ions solubles, suivi de leur transport par différents vecteurs (eau, vent).*

La signification du terme « érosion » peut varier selon les auteurs.
L'érosion au sens large regroupe l'altération chimique et mécanique puis l'érosion au sens strict c'est-à-dire l'enlèvement des débris.

58 59

Comment l'érosion modèle-t-elle le paysage ?

I - L'érosion : un phénomène inéluctable, plus ou moins rapide

L'étude du modelé des paysages est une discipline appelée **géomorphologie**.

Des phénomènes très lents, se déroulant sur des millions d'années

Le fleuve Colorado érode le substratum sur 1500 m de profondeur, dévoilant des strates âgées de plus de 2 milliards d'années dans le Grand Canyon.
Le creusement du canyon date du Cénozoïque.

Des phénomènes très rapides, se déroulant en quelques jours voire heures

Éboulement du Claps, Luc en Diois, Drôme, datant de 1442.

Des phénomènes accélérés par le réchauffement climatique

L'érosion côtière est accentuée par le réchauffement climatique et la montée des eaux. À Ault-sur-Mer (*Somme*), les falaises de craie s'érodent rapidement, mettant en péril les habitations situées en bord de falaise.

II - L'eau et le vent, des agents majeurs de l'érosion

✪ L'eau solide : les paysages glaciaires

Glacier de montagne actuel

Un glacier andin, quelque part entre Santiago (*Chili*) et Mendoza (*Argentine*). Les vallées glaciaires sont en forme de « U ». Les moraines sont des sédiments détritiques non granoclassés, arrachés au substratum par le passage de la langue glaciaire.

Stries glaciaires

Le passage des glaciers, contenant des fragments rocheux, provoque la formation de « rayures » appelées stries sur les roches du socle (*ici, paroi du glacier de St Sorlin*).

Drumlins

Les drumlins sont des collines allongées en forme de dos de baleine. Ce sont des moraines de fond déposées sous le glacier et laissées en place lors de son retrait. L'allongement des drumlins indique le sens du mouvement de l'ancien glacier qui ici se déplaçait du premier plan vers le fond de l'image. Photo aérienne d'un champ de drumlins au sud du Chili.

Bloc erratique

Un bloc erratique est un fragment rocheux de grande taille transporté par un glacier. Ici, le Gros Caillou de la Croix-Rousse, à Lyon.

L'eau liquide

Formation de buttes-témoins en terrain tabulaire ou monoclinal

Une **butte témoin** est un relief localement préservé de l'érosion, dans lequel les couches se trouvent dans l'ordre normal de dépôt (*Monument Valley, Parc tribal Navajo à la frontière de l'Arizona et de l'Utah, USA*).

Inversion de relief 40

La lave émise s'épanche dans les vallées, mais le basalte qui en résulte peut faire une « carapace » qui protège localement de l'érosion (*plateau des Coirons, Ardèche*).

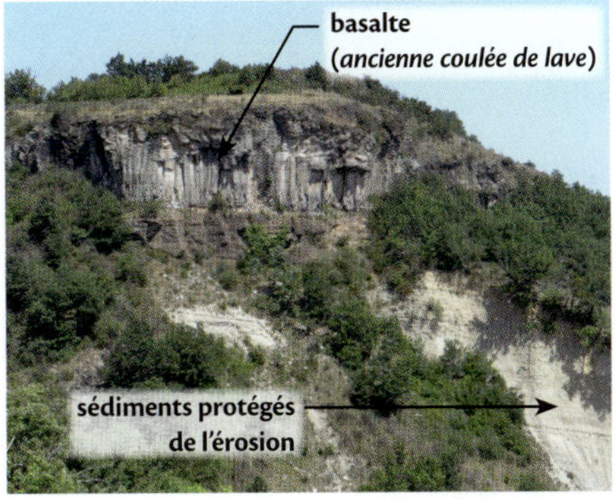

Le vent

Des dunes de sable (barkhanes)

Deux belles **barkhanes** dans le désert côtier péruvien (*75 km au Sud de la ville de Nazca et à 5 km de la côte de l'océan Pacifique*).

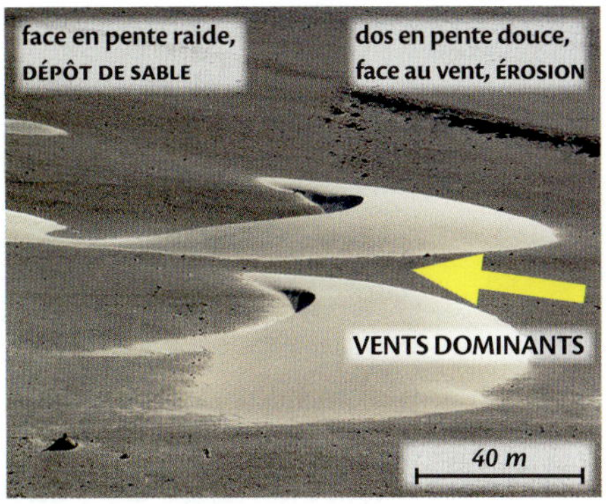

II - Les facteurs intervenant dans l'érosion

Nature (= *lithologie*) de la roche

Érosion en terrain argileux

Ravinement dans des argiles éocènes (*Ravin de Corboeuf, Haute Loire*).

Érosion en terrain calcaire ou crayeux 61

Un **karst** est un terrain calcaire ou dolomitique érodé par l'eau, pouvant se traduire par des lapiaz, gouffres, dolines…
Relief ruiniforme du karst dolomitique autour du hameau du Veygalier (*Lozère*).

⚠ *L'érosion d'un terrain granitique ou basaltique peut conduire à la formation de boules, de pelures d'oignons…* 60 131

Forme du relief

Anciennes arrières de Couzon (*Mont d'Or, Rhône - 2015*)

Dans les massifs montagneux, les fortes pentes sont instables et sujettes à des éboulements ou des glissements de terrain, qui modèlent le paysage. 20 107 129

Couvert végétal

Arbre ayant protégé le sol de l'érosion localement

Les systèmes racinaires des végétaux limitent l'érosion.

⚠ *L'érosion est donc à l'origine de certains risques naturels. Les activités humaines peuvent également contribuer de manière significative à l'érosion, notamment via la déforestation.*

58 Les mécanismes de l'altération physique et de l'érosion

ALTÉRATION PHYSIQUE = *ensemble des phénomènes qui contribuent à la désagrégation mécanique de la roche.*

Quels sont les facteurs responsables de l'altération physique des roches ?

L'altération physique des roches prédomine en climat froid ou aride. Au contraire, l'altération chimique prédomine en climat chaud et humide. 59

I - L'action mécanique de l'eau sur les roches

Les glaciers

Quand un glacier avance, il « frotte » le fond et les parois de sa vallée, les use, les polie, et les strie. Quand le glacier se retire, il reste des roches à aspect « moutonné » et strié. Les vallées glaciaires ont une forme de U, contrairement aux vallées de fleuves en V.

Les stries glaciaires

Des stries visibles sur le flanc de la vallée de Vicdessos (*Ariège*).

Le poli glaciaire et les roches moutonnées

Le « toboggan des femmes » en Vallée d'Aoste (*Italie*). Un rituel de fertilité voulait que les femmes fassent du toboggan sur ces roches polies, rendues très lisses par le passage d'un glacier. La bande claire centrale correspond à l'usure dans la zone de « toboggan ».

Les vallées glaciaires en U

Une vallée glaciaire à Auyuittuq (*National Park, île de Baffin*).

L'eau liquide

L'eau agit à la fois comme agent d'altération physique et chimique, et comme vecteur de transport. 59 62

Une vallée de fleuve en V

Canyon de la rivière Colca, Pérou.

Le transport par l'eau de particules érosives

À la surface d'une roche sur laquelle coule un cours d'eau rapide, des galets peuvent s'accumuler dans de petites dépressions initiales. L'eau les fait tourbillonner, les galets usent la roche et creusent des « ***marmites de géants*** ». Ici Marmites de géant dans le lit de la Cèze au lieu-dit Cascade du Sautadet (*la Roque-sur-Cèze, Gard*).

II - L'action mécanique du gel : la cryoclastie ou gélifraction

Un galet islandais fracturé par cryoclastie

« Geler à pierre fendre... »

Quand une roche contient soit des micro-fractures, soit une porosité notable, de l'eau liquide peut remplir ces micro-fractures et cavités. Si cette eau liquide gèle, elle augmente de volume d'environ 9%. Il peut se développer alors de très fortes pressions qui font éclater la roche.

III - L'action mécanique du vent : l'érosion éolienne

La corrasion

La **corrasion** désigne l'attaque des roches en raison de leur mitraillage par les particules transportées par le vent.

Les éléments les plus grossiers, donc les plus abrasifs, sont surtout présents dans les couches les plus basses de l'air. Cela peut conduire à la formation « ***d'arbres de pierre*** » dans le désert.

La déflation

La **déflation** désigne le fait que le vent emporte les éléments très fins des formations superficielles meubles (*particules généralement inférieures à 0,5 mm de diamètre*).

Les vents descendant des glaciers (*vents catabatiques*) ont un fort pouvoir érosif et arrachent de fines particules qui sont transportées sur de grandes distances avant d'être piégées par la végétation ou la neige. Leur accumulation et leur consolidation conduit à la formation de loess (*plateau de loess en Serbie*).

IV - Les autres facteurs

Le sel et les embruns

Cette érosion alvéolaire (***taffoni***) résulte de l'action conjuguée du vent et de la stagnation d'eau dans de petites dépressions de la roche, qui sont ainsi amplifiées. Le vent favorise la formation des taffoni en enlevant les produits de désintégration de la roche, entre autres parce que les cavités favorisent les mini-tourbillons. Le sel peut favoriser la taffonisation. Ici, grès « taffonisé » à Jaikzibel (*Pays basque espagnol*).

La végétation

Les racines des arbres peuvent s'infiltrer dans des fractures pré-existantes (diaclases) et les agrandir. Ici, pied d'un arbre dont les racines s'enfoncent dans le massif granitique de Three Sisters (*Afrique du Sud*).

Des fragilités pré-existantes

Les **diaclases** sont fréquentes dans les massifs granitiques, elles résultent à la fois de contraintes liées au refroidissement du pluton et de contraintes tectoniques liées à l'orogenèse qui les a formées. Il arrive qu'une direction particulière de diaclases domine les autres : les diaclases parallèles à l'actuelle surface topographique. Ceci est dû au fait que lors de l'érosion et de la dénudation du pluton, la contrainte lithostatique devient anisotrope (*plus faible en direction de la surface, ce qui permet aux diaclases de s'ouvrir*). Ici, desquamation du granite dans le massif granitique de Three Sisters (*Afrique du Sud*).

L'activité anthropique contribue parfois à accélérer l'altération physique des roches : déforestation et érosion des sols qui mettent à nu la roche mère, impact de certains aménagements ou constructions, prélèvement de roches dans des carrières ou mines...

59 Les mécanismes de l'altération chimique et de l'érosion

ALTÉRATION CHIMIQUE = *ensemble des mécanismes qui conduisent à la modification chimique d'une roche : hydrolyse, dissolution, oxydation…*

Quels sont les facteurs responsables de l'altération chimique des roches ?

I - L'eau en tant que principal facteur de l'altération chimique

L'eau agit à la fois comme agent d'altération physique et chimique. L'altération chimique des roches prédomine en climat chaud et humide. Au contraire, l'altération physique prédomine en climat froid et sec.

Les propriétés chimiques de l'eau dépendent de son pH, de sa température, etc. ☞ 58

✪ La dissolution : le minéral se retrouve intégralement sous forme d'ions solubles

La dissolution des carbonates

$$CaCO_3 + CO_2 + H_2O \rightleftarrows Ca^{2+} + 2HCO_3^-$$

Elle concerne les calcaires et dolomies. Le CO_2 intervenant comme réactif, une augmentation de la teneur de ce gaz accentue la dissolution des calcaires. Ici, un lapiaz (*surface calcaire érodée par l'eau*) à la Pierre Saint Martin, Pyrénées Atlantiques.

La dissolution des roches salines : ex du gypse

Elle concerne les **évaporites** : le gypse, la halite et la sylvite.

La photo ci-dessous présente des entonnoirs de dissolution dans le gypse au co du Galibier (*Savoie*).

⚠ *Lorsque de l'eau de pluie traverse une certaine épaisseur de sol, elle s'acidifie au contact des acides libérés par les racines, bactéries du sol, etc. et elle se charge en CO_2 dégag par la respiration et la fermentation de ces mêmes organismes. Elle devient donc davantage capable d'attaquer les roches carbonatées.*

✪ L'hydrolyse : il reste une phase minérale résiduelle insoluble

La solubilité des ions : le diagramme de Goldschmidt

Les cations solubles et les oxyanions solubles (*dont la silice*) sont facilement lessivés par l'eau. Au contraire, les cations précipitants (*notamment Fe^{3+} et Al^{3+}*) forment des oxydes et hydroxydes qui restent dans la phase résiduelle.

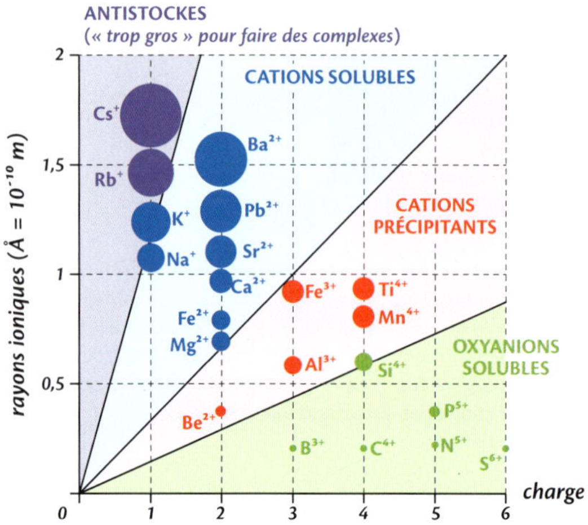

L'exemple de l'altération d'un granite ☞ 20 60

Suite au lessivage de la silice, l'orthose et la biotite du granite s'altèrent en argiles, qui elles-même finissent par s'altérer en oxydes et hydroxydes de fer et d'aluminium.

On distingue 3 stades d'**altération de l'orthose**, qui dépendent du climat.

$KAlSi_3O_8$ ORTHOSE, MINÉRAL DE DÉPART (*rapport Si/Al de 3*)

1er stade d'hydrolyse de l'orthose : la BISIALLITISATION (*rapport Si/Al de 2*)

$$3\ KAlSi_3O_8 + 12\ H_2O + 2\ H^+ \rightarrow \text{illite}\ [KAl_2(OH)_2, (AlSi_3(O, OH)_{10})] + 6\ Si(OH)_4 + 2\ K^+$$

Argile T/O/T ☞ 13

2ème stade d'hydrolyse de l'orthose : la MONOSIALLITISATION (*rapport Si/Al de 1*)

$$4\ KAlSi_3O_8 + 22\ H_2O \rightarrow \text{Kaolinite}\ [Al_2O_3, 2SiO_2, 2H_2O] + 8\ Si(OH)_4 + 2\ K^+ + 4\ OH^-$$

Argile T/O ☞ 13

3ème stade d'hydrolyse de l'orthose : l'ALLITISATION (*perte de toute la silice*)

$$KAlSi_3O_8 + 8\ H_2O \rightarrow \text{Gibbiste}[Al(OH)_3] + 3\ Si(OH)_4 + K^+ + OH^-$$

oxyde d'aluminium

(*minéral fréquent dans la bauxite et pouvant former des cuirasses latéritiques*)

climat de plus en plus chaud et humide

lessivage de plus en plus poussé de la silice

⚠ *L'altération chimique des roches est en interaction très étroite avec le climat. Par exemple, l'altération chimique des silicates consomme du CO_2, ce qui fait baisse l'effet de serre et donc la température terrestre.*

✪ L'hydratation : incorporation de molécules d'eau à des minéraux peu hydratés

L'hydratation produit un gonflement du minéral et donc favorise la destruction de la roche. Elle a souvent lieu en contexte hyvdrothermal, par exemple à l'axe des dorsales. Les minéraux du faciès schistes verts (*chlorite, actinote, épidote*) ainsi que les serpentines sont des minéraux hydratés. ☞ 20

Cette hydratation correspond à un métamorphisme de type **métasomatisme**.

Schiste chloriteux

Péridotite serpentinisée

✪ Des minéraux plus ou moins sensibles à l'altération chimique par l'eau

L'énergie de liaison entre les différents atomes est variable selon les espèces concernées. Par exemple, le K^+ est faiblement lié à l'oxygène, le Fe^{2+} et le Mg^{2+} le sont moyennement, le Si^{4+} établit au contraire des liaisons très fortes. On comprend donc pourquoi le quartz (*tectosilicate qui ne comprend que des liaisons fortes entre le Si et l'O*) résiste mieux à l'altération et, au contraire, l'olivine (*qui contient beaucoup de Mg^{2+} et Fe^{2+}*) a un réseau cristallin beaucoup fragile.

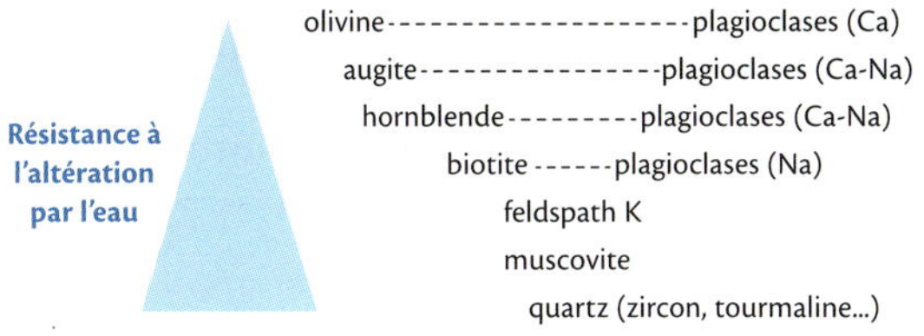

II - Le dioxygène de l'air

L'oxydation des roches riches en sulfures et en matière organique

Ici, une cassure dans des marnes noires (*riches en matière organique et en pyrite, FeS_2*) où de l'eau contenant du O_2 atmosphérique dissout a oxydé les sulfures de marnes noires et a transformé la pyrite en hydroxyde de fer Fe^{3+} de couleur orangée.

L'oxydation du fer des silicates ☞ 100

Les pyroxènes, et plus généralement les silicates, contiennent du Fe^{2+}. Il est oxydé en Fe^{3+} dans les diaclases où circule de l'eau, et ces diaclases sont rouges. Ici, altération en boules du gabbro.

III - Les racines des végétaux et les biofilms bactériens

La réduction du fer des sédiments autour des racines

Une hypothèse pour expliquer l'absence de fer oxydé autour des racines : les racines libèrent des biomolécules, qui peuvent être utilisées par les bactéries du sol. Celles-ci pratiquent parfois une respiration anaérobie de type :

$$\underset{\text{glucose}}{C_6H_{12}O_6} + 12\ \underset{\text{oxyde ferrique}}{Fe_2O_3} \longrightarrow 24\ \underset{\text{oxyde ferreux, solube}}{FeO} + 6\ CO_2 + 6\ H_2O + \underset{\text{ATP}}{\text{énergie}}$$

Le fer ferreux (*réduit*) soluble est ensuite lessivé.

Biofilm sur un bloc de dolérite dans le désert

Les micro-organismes xérophiles supportent les milieux arides et les forts dessèchements. On les retrouve dans le désert, connus sous le nom de vernis (*ou patine*) du désert. Ils se présentent sous la forme de fins biofilms riches en oxydes de fer et de manganèse associés à des argiles d'altération résultant de leur action biologique.

60 L'altération d'une roche magmatique : exemple de l'altération du granite

ALTÉRATION = *dégradation d'une roche due au déséquilibre physico-chimique qu'elle subit dans les conditions de surface. Un granite, roche magmatique plutonique, est en surface soumis à des conditions très éloignées de celles de sa genèse et subit désagrégation mécanique (morcellement) et altération chimique (modifications chimiques et minéralogiques).*

Quels sont les processus et les produits de l'altération d'un granite en milieu tempéré ou tropical ?

I - Les processus de l'altération d'un granite : fragmentation et altération chimique

✪ Mise en évidence par l'étude de profils d'altération d'un granite en milieu tempéré

Altération en boule à la faveur de diaclases

50

Les agents de fragmentation mécanique (*cryoclastie, thermoclastie, bioclastie...*) provoquent la désagrégation des minéraux, ce qui augmente la surface d'attaque par l'eau liquide.

Les diaclases préexistantes sont des zones d'altération privilégiées car l'eau acide (*chargée de CO_2 et d'acides humiques*) y circule, stagne et provoque l'hydrolyse des minéraux altérables.

Chaos granitique si la vitesse d'érosion dépasse celle de l'altération

Il n'y a **chaos** que si l'érosion est plus rapide que l'altération, et met à nu des parties de granite non encore altérées. À la surface des roches nues sur laquelle l'eau ruisselle sans stagner, il y a peu d'altération chimique ; en revanche dans le sous-sol, elle est active. Le chaos entourant Castel-Meur (*Plougrescant, Bretagne*) est formé de granite sain, en-dessous, dans le sol où l'eau stagne, on le trouverait altéré, avec un aspect en boule, et en cours d'**arénisation**.

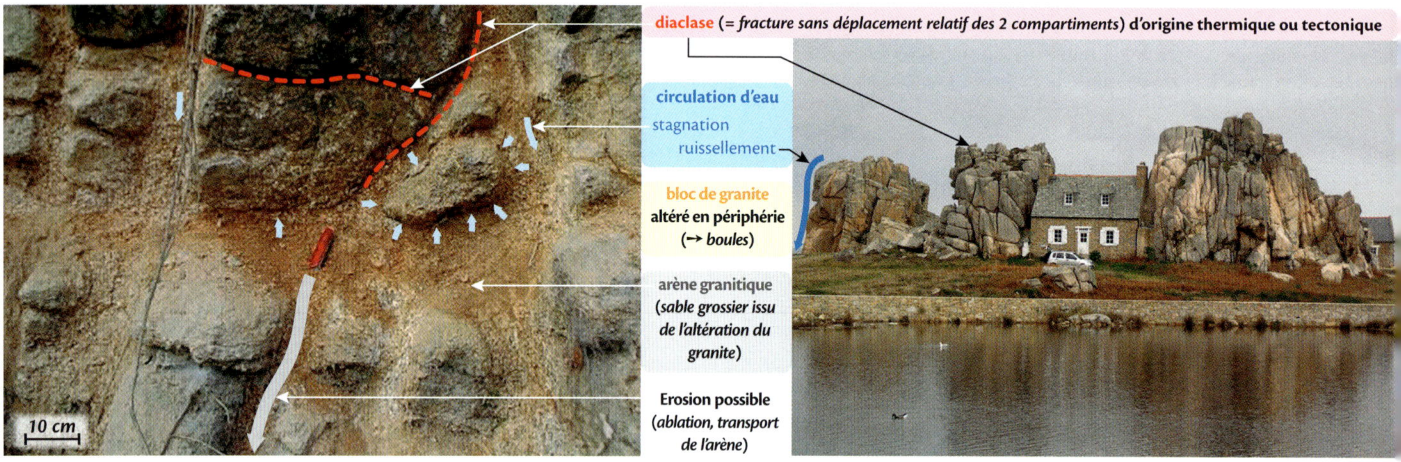

✪ Modifications physico-chimiques et morcellement de la roche

L'eau acide attaque les silicates constituant le granite à des degrés variables selon leur altérabilité. Leurs cations solubles mis en solution et lessivés sont partiellement substitués par des ions H^+, leurs ions insolubles se recombinent pour former des argiles néoformées.

Granite sain

ROCHE COMPACTE

Granite pourri

ROCHE PLUS FRIABLE, PERDANT SA COHÉRENCE

59

Arène granitique

20

ROCHE MEUBLE

58

L'altération chimique des silicates sur les continents est un véritable piège à CO_2 : chaque cation soluble mis en solution consomme du dioxyde de carbone atmosphérique.

MINÉRAL PRIMAIRE	SOLUTION D'ATTAQUE		IONS SOLUBLES LESSIVÉS		MINÉRAL NÉOFORMÉ (argile)
$2\ CaAl_2Si_2O_8$ (*plagioclase calcique*)	$+ 4\ CO_2 + 6\ H_2O$	→	$2\ Ca^{2+} + 4\ HCO_3^-$	+	$Al_4Si_4O_{10}(OH)_8$ (*Kaolinite*)

Le HCO_3^- parvient en mer où il s'associe au Ca^{2+} pour former du calcaire $CaCO_3$, réservoir à long terme du CO_2. 101

II - Une altération variable selon l'intensité de l'hydrolyse

Granite sain

L'intensité d'hydrolyse augmente avec la température, l'humidité et le drainage qui en évacue les produits.

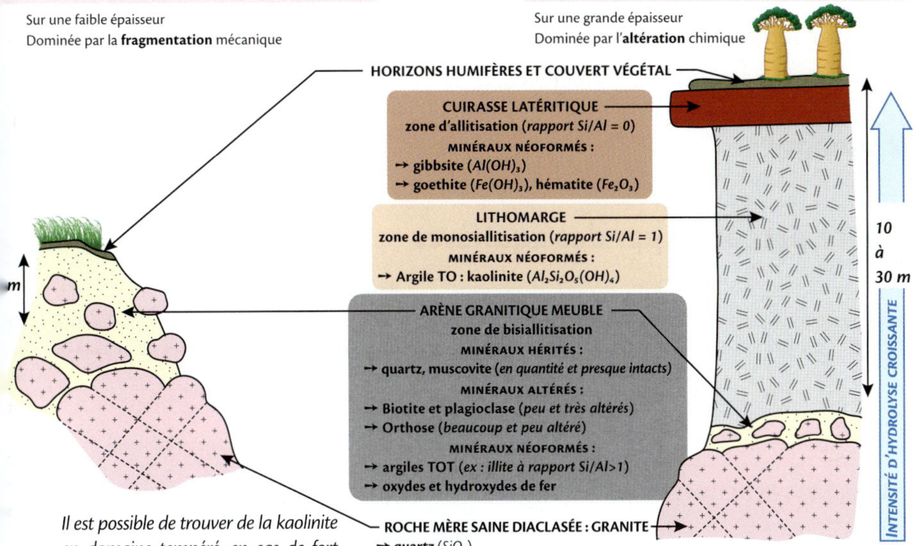

Il est possible de trouver de la kaolinite en domaine tempéré, en cas de fort drainage, ou parce qu'elle s'est formée à une période où le climat était chaud et pluvieux.

Altération chimique sur une grande épaisseur

Si l'hydrolyse est intense, les ions constitutifs du granite sont lessivés sous forme soluble. Si elles ne sont pas érodées, les argiles résiduelles, appauvries en ions solubles, forment une **lithomarge** pouvant être exploitée.

La **carrière de kaolin** ci-dessous, en Cornouailles, est issue de l'altération d'un granite (*hydrothermale tardi-hercynienne et météoritique sous climat chaud jusqu'au Miocène*).

Modifications chimiques et minéralogiques au cours de l'altération chimique

L'altération chimique réalise un tri géochimique en évacuant les cations solubles, ce qui provoque l'enrichissement relatif en cations insolubles qui s'accumulent sur place. 58

	niveau au profil d'altération	roche mère granite	arène granitique	lithomarge	cuirasse latéritique	
COMPOSITION CHIMIQUE (exprimée en pourcentage massique d'oxydes)	SiO_2	68,7	64,6	62,0	57,2	*départ de Si^{4+} soluble sous forme de $Si(OH)_4$*
	Al_2O_3	16,4	22,6	25,4	27,4	*diminution progressive du rapport Si / Al*
	Fe_2O_3	2,6	2	2,1	4,1	*enrichissement progressif en cations insolubles*
	MgO	1,1	0,1	0	0	*départ des cations solubles d'autant plus rapide que le rapport Z/R est élevé*
	CaO	1,1	0,4	0,1	0	
	Na_2O	3,7	1,4	0,4	0	
	K_2O	5,6	4,0	2,9	2,3	*enrichissement progressif en cations insolubles du fait du départ des cations solubles*
	H_2O	0,7	4,8	7,1	9,0	
COMPOSITION MINÉRALOGIQUE	quartz (SiO_2)	24,7	26,7	27,5	27,0	MINÉRAUX HÉRITÉS
	muscovite (K, Al, Si...)	13,9	14,8	15,3	14,9	
	orthose ($KAlSi_3O_8$)	19,5	13,6	6,4	3,1	MINÉRAUX ALTÉRÉS *qui disparaissent d'autant plus rapidement qu'ils ont des cations solubles et qu'ils sont loin de leur température de cristallisation*
	plagioclase ($Ca_xNa_{1-x}Al_{1+x}Si_{3-x}O_8$)	35,6	13,4	3,9	0	
	biotite (Mg, Fe, Al...)	6,4	0,7	0	0	
	kaolinite ($Al_2Si_2O_5(OH)_4$)	0	28,9	44,6	46,7	MINÉRAUX NÉOFORMÉS *qui s'accumulent*
	goethite ($Fe(OH)_3$)	0	2,0	2,3	4,3	
	gibbsite ($Al(OH)_3$)	0	0	0	0,4	

III - Les produits de l'altération d'un granite

Des ions et particules solubles érodés, à l'origine de roches sédimentaires

Les **ions solubles** lessivés et transportés par l'eau liquide sont à l'origine des **roches sédimentaires chimiques et biochimiques**. Les **particules solides** (*grains de quartz, argiles...*), transportées par différents agents, sont à l'origine des **roches sédimentaires détritiques**. Les argiles peuvent parvenir en mer, où leur distribution latitudinale reflète le type d'altération continentale. 62 65 67 69

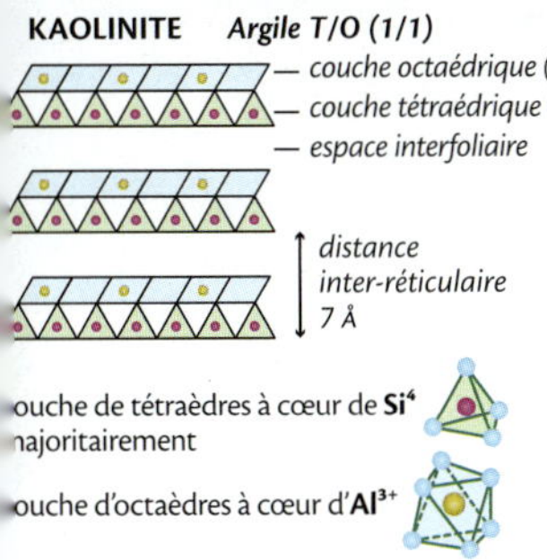

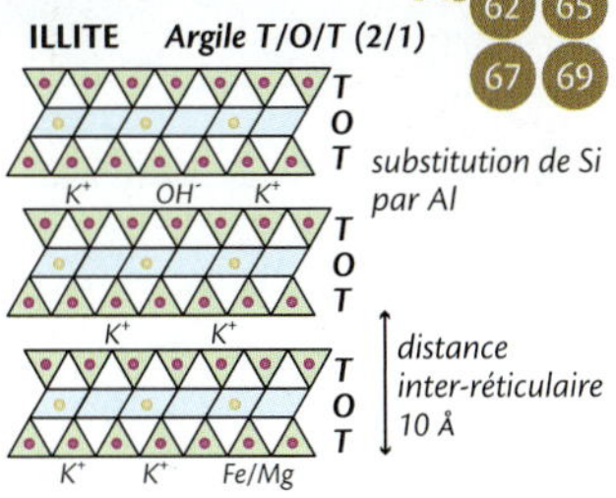

Des formations résiduelles (*altérites*) constituant des ressources

Le **kaolin néoformé** et la **muscovite héritée** sont utilisés pour la céramique ou comme isolant. Les cuirasses latéritiques peuvent être utilisées comme **matériaux de construction** comme la **latérite** ci-dessous.

Dans certains cas rares, ces cuirasses s'appauvrissent en SiO_2 et deviennent des bauxites, minerais d'aluminium. 111

61 Le modelé karstique

Karst = *(du nom d'une région slovène présentant ce modelé typique) massif calcaire, dolomitique ou plus rarement évaporitique altéré par l'eau, présentant des figures d'érosion caractéristiques liées à la dissolution des roches.*

Quelles sont les caractéristiques du modelé karstique ?

I - Le cas typique d'un massif carbonaté parcouru par des aquifères

Vue d'ensemble du modelé karstique

L'eau de pluie n'est souvent pas très acide, mais lorsqu'elle s'infiltre dans le sol, elle entre au contact des acides organiques et du CO_2 qui y sont présents et son pH diminue : cett eau dissout alors bien mieux les carbonates et emporte les produits de dissolution. La karstification d'un massif carbonaté peut se faire en quelques dizaines de milliers d'année

$$CaCO_3 + CO_2 + H_2O \rightleftharpoons Ca^{2+} + 2HCO_3^-$$

59

Le calcaire massif est imperméable, mais le massif est souvent parcouru par des diaclases, c'est-à-dire des fissures non ouvertes, dans lesquelles l'eau peut s'infiltrer.

PRÉCIPITATIONS RESPONSABLES DE L'ALTÉRATION PHYSIQUE ET CHIMIQUE DU MASSIF

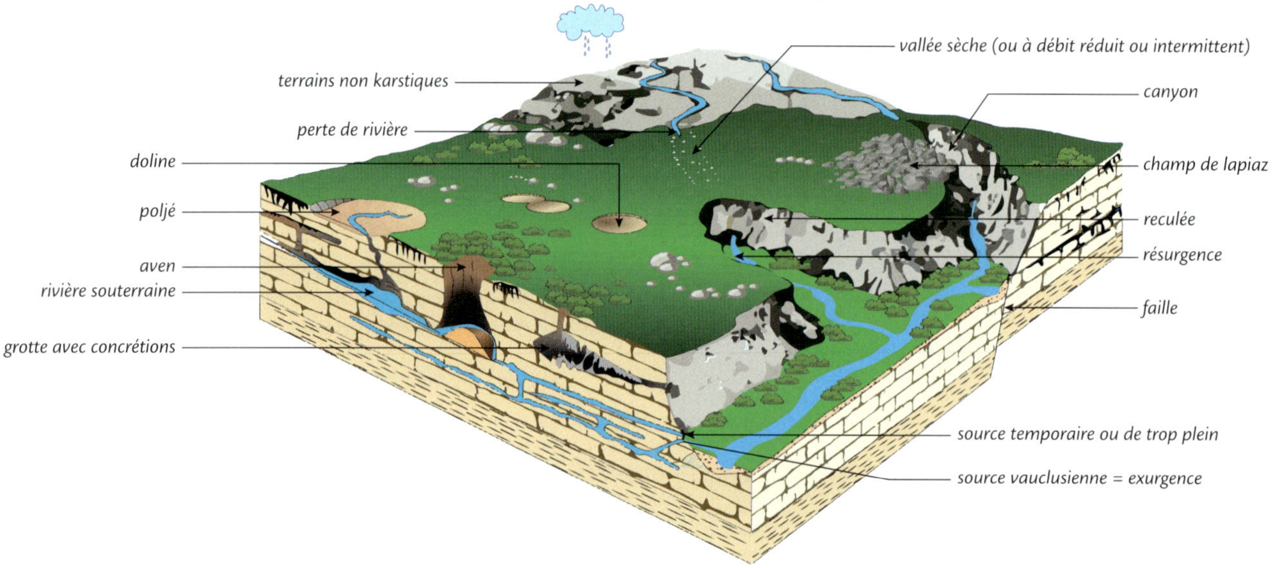

II - Les conséquences des circulations d'eaux souterraines ou de surface dans les terrains carbonaté

✪ Les dépôts réalisés à partir d'eaux chargées en ions

Grotte de Postojna, emblématique du karst de Slovénie

Les stalactites sont dues à la précipitation de $CaCO_3$ quand une eau chargée de Ca^{2+} et d'HCO_3^- perd du CO_2 en arrivant au plafond d'une grotte. Les stalagmites sont formées quand cette eau goutte au sol.

Formation de travertin (*cascade du Dard, Jura*)

De l'eau chargée en ions dissous circule sur de la végétation (*mousses, fougères, voil bactériens*). La photosynthèse réalisée par cette végétation absorbe le CO_2 et fait pr cipiter le calcaire. Cela forme une roche calcaire légère et poreuse, le **travertin**.

Les reculées et les résurgences

Résurgence du Lison, dans le Jura

On parle de **résurgence** lorsqu'on voit réapparaître un cours d'eau qui s'était infiltré dans le massif, et d'**exsurgence** lorsqu'on voit surgir un cours d'eau provenant de l'infiltrations d'eau de pluie.

La reculée de Baume-les-Messieurs, Jura : photographie et carte géologie en 3D (Google Earth)

Une **reculée** ou « bout du monde » est une échancrure prononcée dans un plateau de couches calcaires tabulaires horizontales, La reculée s'achève en cul-de-sac par un cirque entouré de falaises verticales au pied desquelles prend souvent naissance une rivière, qui est fréquemment une exsurgence d'un système hydrologique karstique souterrain.

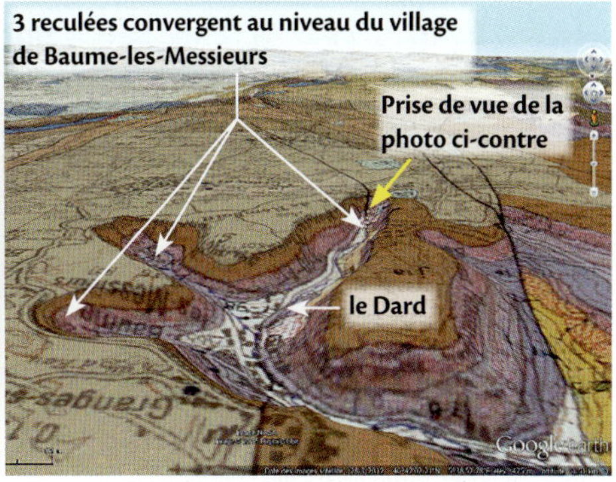

III - Des surfaces ravinées et dissoutes par l'eau

En terrain carbonaté

Lapiaz de Loulle dans le Jura

Les **lapiaz** sont aussi appelés lapiés, lapiez, lapiès ou karren. Il s'agit de surfaces calcaires parcourues de « rigoles de dissolution » plus ou moins marquées.

*En terrain dolomitique, on peut observer des **reliefs ruiniformes**.* 57

Le lac Otjikoto (*Namibie*), une doline inondée

Le nom « **doline** » correspond à une dépression plus ou moins circulaire ou ovoïde en terrain karstique. Le lac Otjikoto est une doline d'effondrement dont le fond est nettement plus bas que le niveau supérieur de la nappe phréatique, ce qui fait qu'elle s'est remplie d'eau.

*Un **poljé** ressemble à une doline, mais il est plus grand et sa forme est irrégulière.*

En terrain évaporitique : exemple du gypse

Rigoles de dissolution dans le gypse

Le gypse ($CaSO_4$, 2 H_2O) est bien plus soluble dans l'eau que le calcaire. Le ruissellement des eaux de pluie sur les roches et parois de gypse crée des mini-rigoles centimétriques qui se développent en quelques années après que le gypse a été mis à l'affleurement.

Érosion karstique et formation d'entonnoirs de dissolution dans le gypse

« Les Gypsières » en Savoie. 59

62 Transport des matériaux issus de l'altération

Produits d'altération = ***particules solides*** *(sables, argiles…),* ***ions solubles*** *et* ***formations résiduelles*** *issus de la fragmentation mécanique et/ou de l'altération chimique des roches exposées aux conditions de surface. Seules les particules solides et les ions sont érodés et transportés par divers agents, souvent jusqu'en mer.*

Quels sont les agents de transport des produits d'altération ? Quels flux engendrent-ils ? Comment sont modifiés les produits d'altération durant le transport ?

I - Érosion et entraînement de matière à l'origine d'un flux d'ions et de particules solides

Flux de matière des continents vers les océans

Altération et érosion des roches continentales engendrent **deux flux de matière**, parvenant souvent jusqu'en mer, parfois après plusieurs transports successifs :

➞ **3,5 Gt/an d'ions solubles** transportés par l'eau liquide le long des bassins versants, et parvenant en mer depuis les eaux de ruissellement par les grands fleuves

➞ **17 Gt/an de particules solides** transportées par différents agents : gravité, glace, eau liquide (*15 Gt/an*), vent (*2 Gt/an*) qui les façonnent durant le transport.

L'eau liquide est l'agent de transport principal avec poursuite d'altération, le tracé des cours d'eau dépend de la pente topographique, il évolue avec le débit et la vitesse qui varient selon les saisons. À l'arrivée en mer, des reprises de transport sont possibles par les courants marins littoraux ou les courants de turbidité.

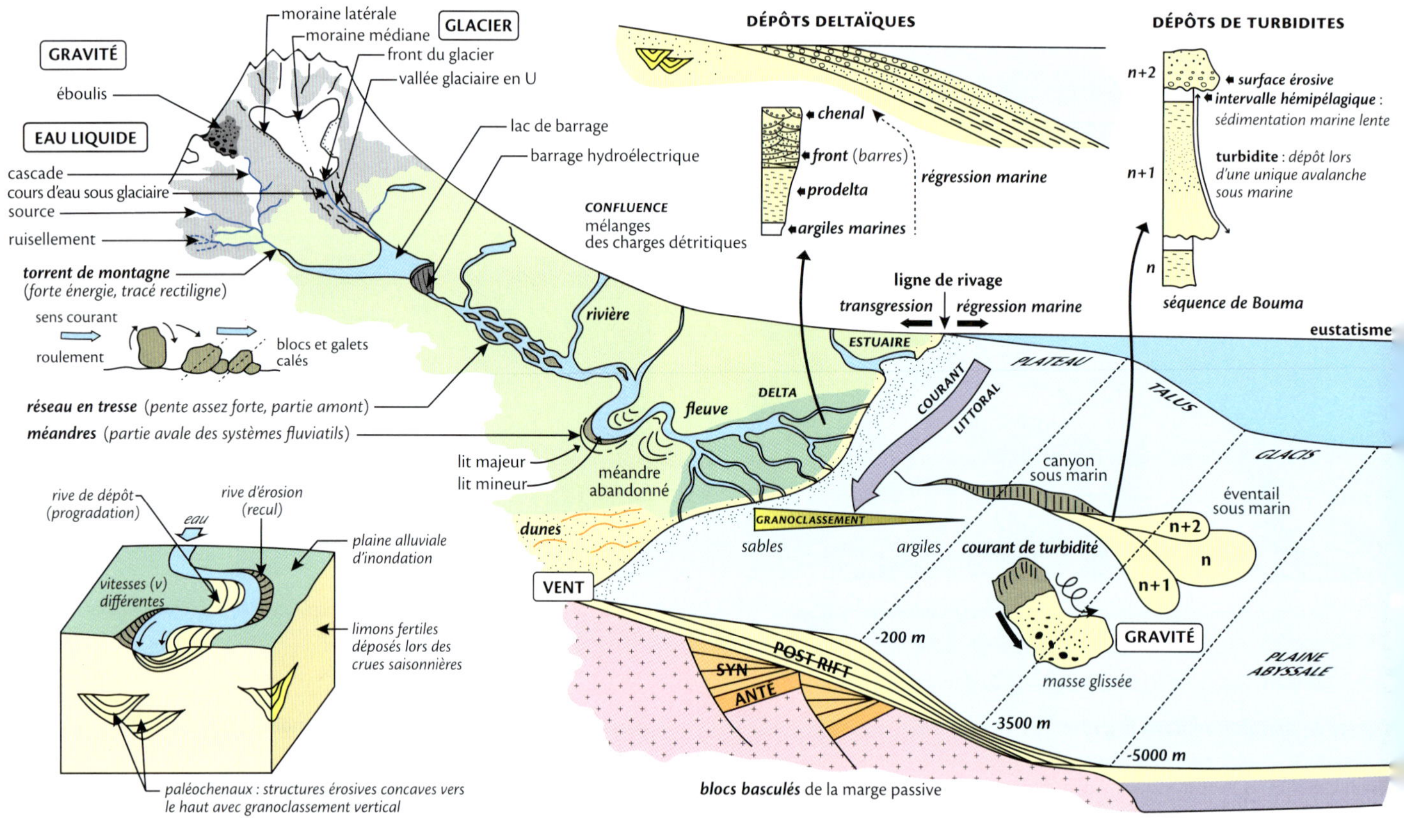

Variabilité des flux selon topographie, substrat, climat, saisons et activités humaines

Les **reliefs** engendrent les plus forts taux de matière transportée car la désagrégation des roches mères y est intense. La **géologie des substrats** détermine le type de flux (*particules solides et ions*), le **climat**, la **saison** et la **topographie**, le mode de transport et son intensité.

La **déforestation** détruisant le couvert végétal protecteur augmente l'érosion et l'entraînement des particules solides (*+2 Gt/an*). Les **barrages** bloquant les sédiments et l'**extraction des granulats** de rivière diminuent les flux (*-3,5 Gt/an*). L'action anthropique est donc dans son bilan négative (*-1,5 Gt/an*).

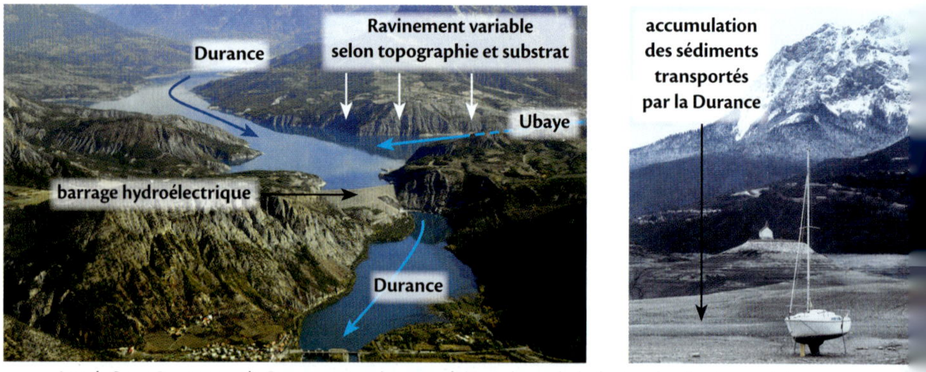

Lac de Serre-Ponçon sur la Durance au printemps (niveau haut du lac) et en fin d'automne (niveau bas)

II - Transport par différents agents avec tri et façonnage des particules

Agents de transport 65

La glace

Les **moraines** sont des dépôts hétérométriques (*blocs, graviers et sables striés*) de débris rocheux entraînés par la glace. Les blocs lourds compactent et indurent les dépôts expliquant la résistance de certaines zones de paléomoraines à l'altération.

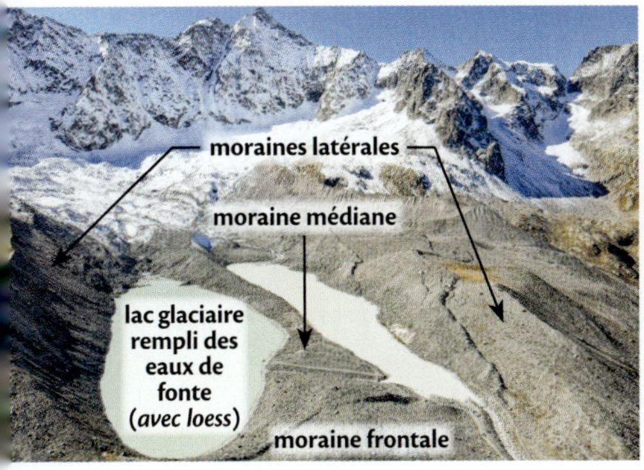

La gravité

Les **éboulis** de la casse déserte au Col de l'Izoard comprennent blocs et graviers anguleux, non usés.

L'eau liquide

La taille des particules transportées varie avec la vitesse du cours d'eau qui est fonction de la topographie et du débit (qui dépend des saisons). Les blocs, graviers et sables sont émoussés durant le transport par roulement, glissement et saltation, argiles et silt sont transportés en suspension.

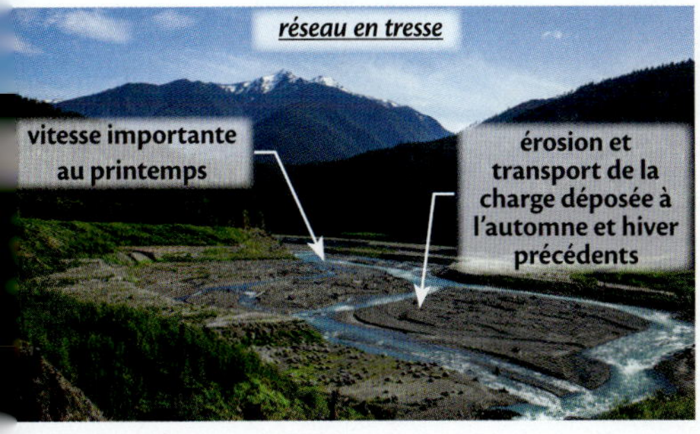

Le vent

Les dunes sont des collines de sables fins accumulés par le vent, leur ligne de crête est mobile. Le vent transporte les particules fines sur de grandes distances.

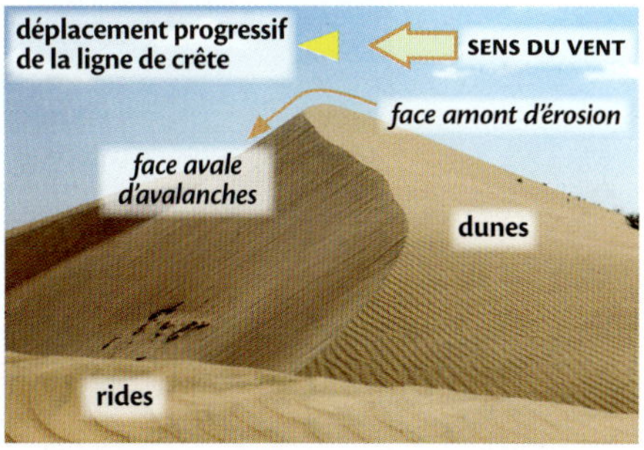

Tri et façonnage des particules durant le transport

Diagramme de Hjulström

En **modélisant** un chenal d'écoulement de vitesse variable, le comportement de particules tamisées montre une **vitesse minimale d'érosion** (V_E) et une **vitesse maximale de dépôt** (V_D).

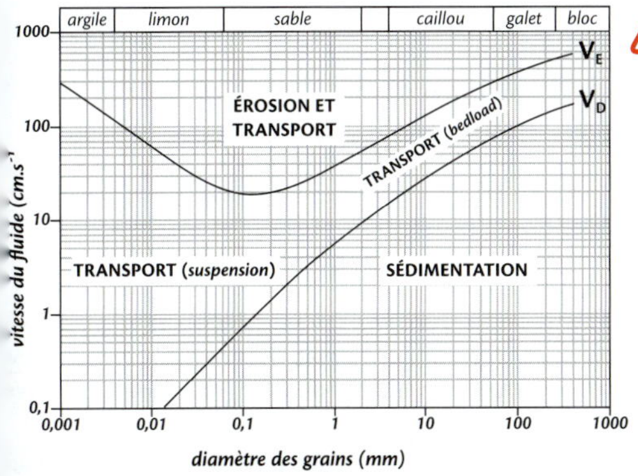

Ce modèle est simplificateur car l'écoulement est laminaire, ce qui est rare dans les cours d'eau naturels, le plus souvent turbulents.

classe de particules	colonne de tamis	diamètre de la maille
cailloux		4 mm
graviers		2 mm
sable très grossier		1 mm
sable grossier		500 mm
sable moyen		250 µm
sable fin		125 µm
sable très fin		62,5 µm

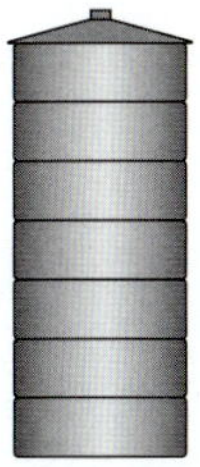

Analyse granulométrique d'un sédiment

Analyse granulométrique et courbes cumulatives

La **médiane** (*Md*) quantifie l'énergie moyenne de l'agent de transport, l'**écart interquartile** (Q_{75}-Q_{25}) sa régularité.

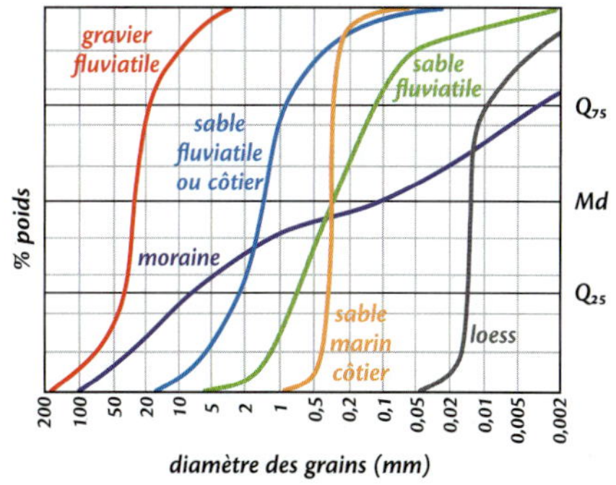

Façonnage et usure des particules lors du transport

Le transport provoque l'usure des grains qui ont des aspects **non usés** en cas de faible transport, **anguleux et striés** s'ils sont transportés par la glace, **ronds et mats** s'ils s'entrechoquent lors d'un transport éolien, ou encore **émoussés luisants** s'ils sont transportés par l'eau liquide qui poursuit leur altération chimique.

❶ Oued de montagne
❷ Sable côtier (*plage, Sardaigne*) ❸ Dune (*Pilat*)

Sable hétérométrique ➡ ***irrégularité du transport***
Grains non usés ➡ ***faible transport***

Sable très grossier, bien trié ➡ ***forte énergie***
Grains émoussés luisants ➡ ***transport par l'eau***

Sable fin, bien trié ➡ ***faible énergie***
Grains ronds et mats ➡ ***transport par le vent***

Les marges passives

Marge passive = *zone de passage progressif de la lithosphère continentale à la lithosphère océanique, au sein d'une même plaque.*

Quelles sont les caractéristiques d'une marge passive ?

I - La marge passive, résultat d'un épisode de rifting

Les étapes du rifting

Soit l'amincissement de la lithosphère entraîne la remontée d'asthénosphère (***rifting passif***) soit la remontée d'un panache asthénosphérique conduit au bombement de la lithosphère et donc à son extension en surface (***rifting actif***).

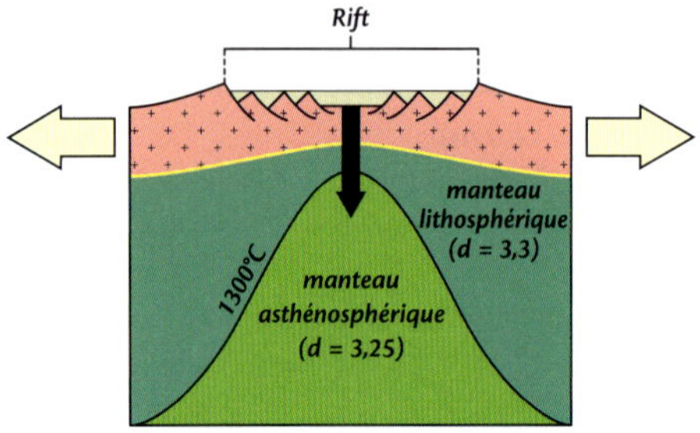

RIFTING : SUBSIDENCE TECTONIQUE

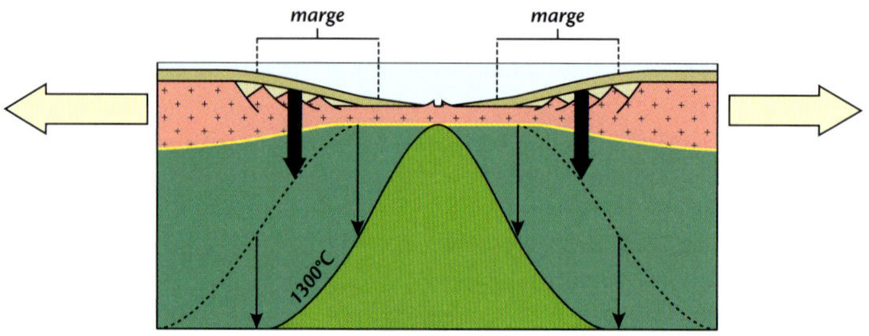

OCÉANISATION : SUBSIDENCE THERMIQUE DES MARGES

⚠ *Il existe aussi un modèle de mise en place d'une marge passive par une grande faille de détachement le long de laquelle la lithosphère s'amincit et le manteau asthénosphérique remonte*

Les sédiments pré-rift, syn-rift, post-rift

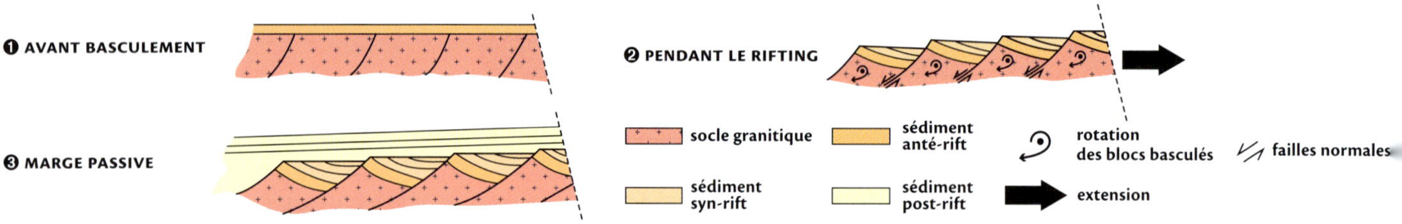

II - La marge passive, un bassin sédimentaire majeur

✪ L'organisation d'une marge passive ☞ 62

Des apports détritiques ainsi qu'une production carbonatée d'origine biogénique

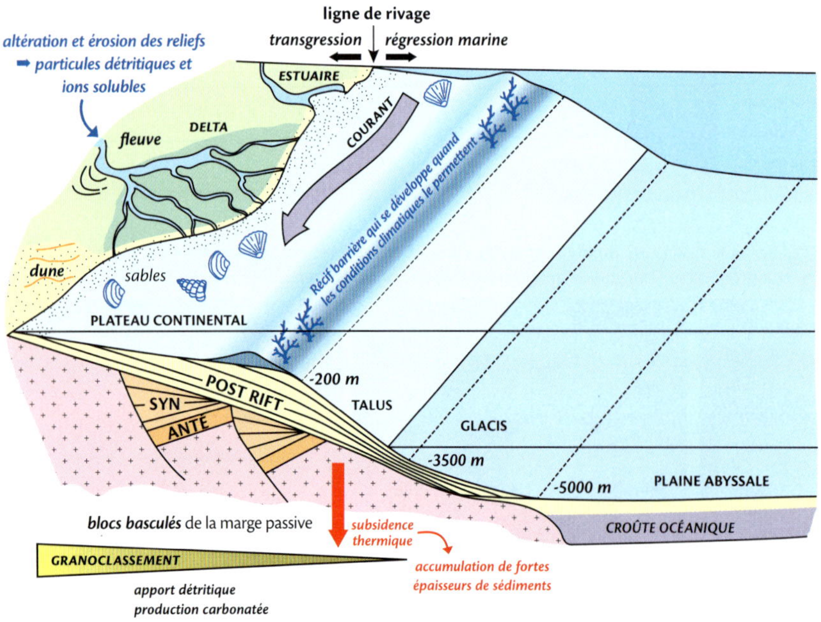

Les marges passives bénéficient à la fois d'apports terrigènes détritiques (*ions solubles, particules : argiles, limons, graviers...*) et d'une production endogène souvent carbonatée (*Foraminifères, Bivalves, récifs coralliens...*).

La subsidence d'une marge passive est d'abord tectono-isostatique avec amincissement de la croûte, puis thermo-isostatique avec refroidissement de l'asthénosphère superficielle. À cela s'ajoute l'effet de charge sédimentaire.

Ainsi plusieurs kilomètres de sédiments peuvent être déposés sur le plateau continental.

⚠ *L'étude de la disposition des sédiments détritiques terrigènes permet entre autres de reconstituer les variations eustatiques du niveau marin au fil des temps géologiques.* ☞ 102

✪ Les dépôts turbiditiques et les slumps 62

Des avalanches sous-marines au niveau du talus

Le talus, ou pente, est la zone formée de blocs basculés. Comme la pente est forte, les sédiments qui s'y accumulent peuvent facilement glisser vers le glacis sous forme de suspensions très denses : on parle de **courants de turbidité**.

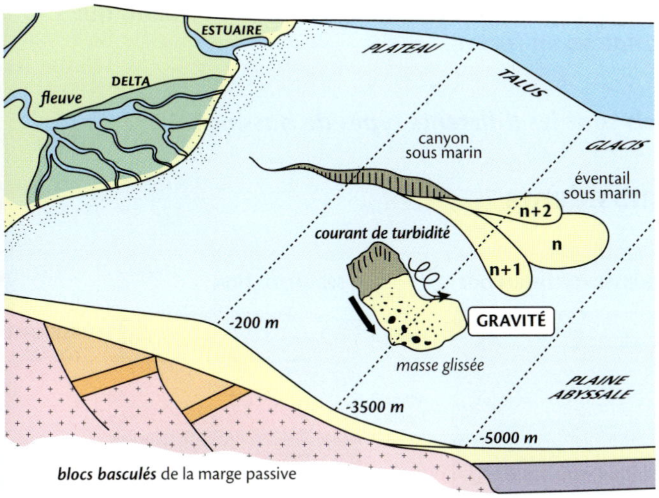

Les slumps, des glissements sous-marins en masse

Un **slump** est une formation géologique due à l'affaissement latéral en masse de sédiments non consolidés et gorgés d'eau, qui tombent sous l'effet de la gravité. Ici, slumps, basalte et turbidites (*Armintza, pays basque espagnol*).

⚠ *Comme le montre l'image illustrant les slumps, les marges passives peuvent parfois être volcaniques. La fusion du manteau est due à l'extension ayant causé le rifting et une remontée de l'asthénosphère.*

Les séquences de Bouma

Souvent, les turbidites présentent une continuité horizontale importante (*plusieurs kilomètres*) et un granoclassement vertical. Elles sont organisées en strates superposées que Bouma a tenté de décrire en 1962.

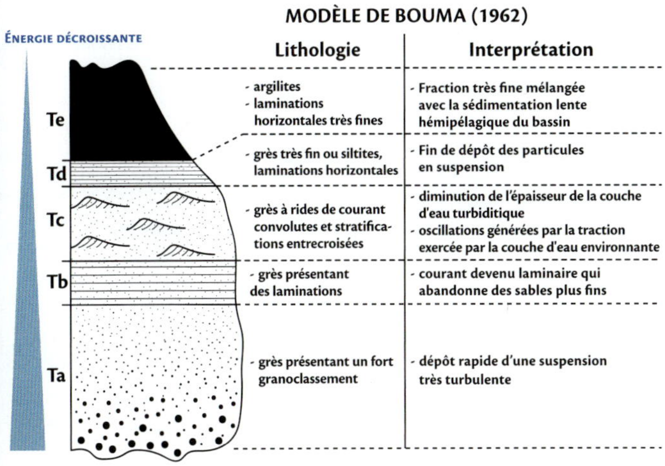

⚠ *De nombreux gisements d'hydrocarbures se trouvent au niveau de marges passives.* 70

III - Des vestiges de marges passives au sein des chaînes de montagnes

La faille bordière d'un bloc basculé dans les Alpes : miroir de faille du col d'Ornon (*La Chalp, Isère*) 119

La présence de grandes failles normales dans les Alpes est le témoignage de l'extension qui a affecté la bordure du continent européen avant et pendant l'initiation de l'ouverture de l'océan alpin au Jurassique.

64 Les bassins sédimentaires

Bassin sédimentaire = *dépression de la croûte terrestre formant un environnement subsident, qui permet l'accumulation de sédiments et leur transformation en roches.*

À quoi est due la subsidence dans un bassin sédimentaire ? Quels sont les différents types de bassins ?

I - Les bassins sédimentaires, des environnements subsidents

Les différentes causes de la subsidence

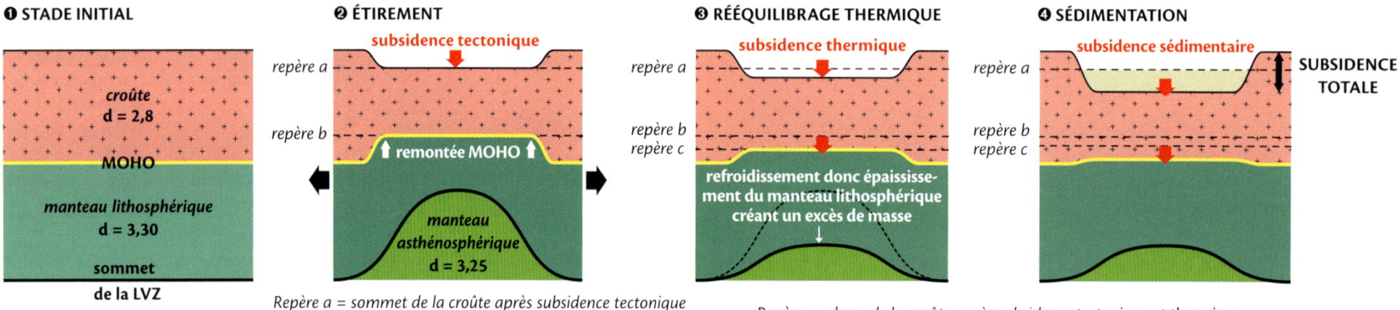

Repère a = sommet de la croûte après subsidence tectonique
Repère b = base de la croûte après subsidence tectonique
Repère c = base de la croûte après subsidence tectonique et thermique

Les solides terrestres se comportent comme des fluides à des échelles de temps longues, et la surface de la terre est, sauf exception locale, en équilibre hydrostatique. La **subsidence** désigne l'enfoncement du substratum d'un bassin sédimentaire. Elle peut être d'**origine tectonique** ou **thermique** et est **renforcée par l'effet de charge des sédiments** – le plus souvent, il s'agit d'un mélange de ces trois origines. 138

Dans un bassin sédimentaire, l'accommodation désigne la profondeur disponible pour le dépôt des sédiments. Elle est conditionnée par le flux sédimentaire, l'eustatisme et la subsidence (ou au contraire surrection) du substratum. 102

II -Les bassins intracratoniques « en pile d'assiette »

Le bassin parisien, un bassin presque stable depuis 250 millions d'années

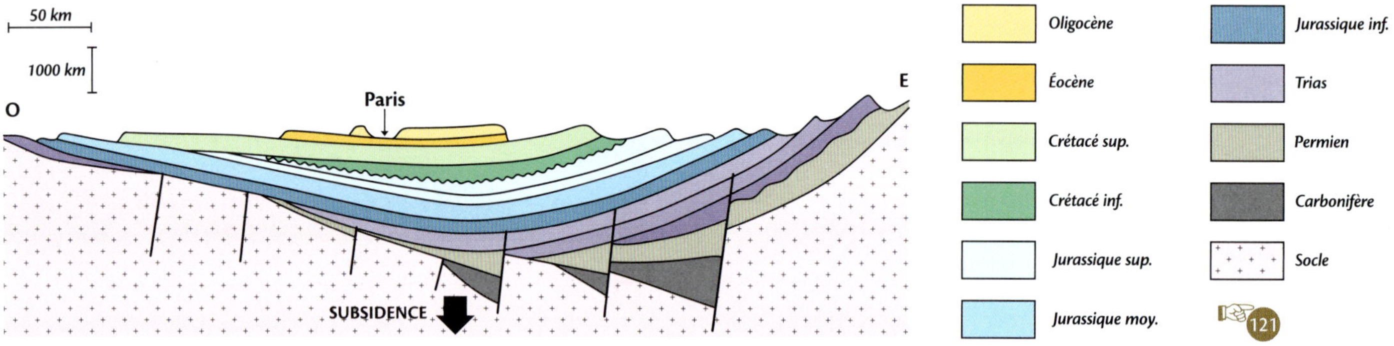

121

Un **craton** désigne un terrain ancien peu tectonisé. Le bassin parisien présente une subsidence faible ; il est contrôlé essentiellement par des processus eustatiques et constitué d'un socle hercynien sur lequel repose en discordance une couverture sédimentaire pouvant atteindre 3500 m d'épaisseur. Les terrains du **centre** sont **tabulaires**, ceux de la **périphérie** sont **monoclinaux** (*faible pendage régulier, dirigé vers le centre du bassin*). La subsidence est renforcée (*mais non causée*) par la sédimentation.

III - Les bassins associés à un contexte géodynamique divergent

Les marges passives, des lieux majeurs de sédimentation

Ces transitions douces entre un océan et un continent accumulent de grandes épaisseurs de sédiments, d'origine détritique terrigène ou issus de la prolifération d'organismes planctoniques à tests carbonatés.

63

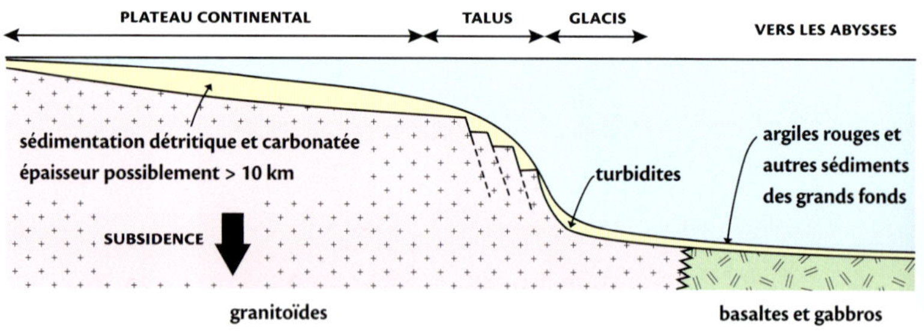

Les rifts continentaux (*Exemple : fossé rhénan*)

Un rift continental ou graben ou encore fossé d'effondrement est une étroite et profonde déchirure de la croûte continentale, dans laquelle s'accumulent des sédiments.

Dans le fossé rhénan, une extension cénozoïque a fracturé et fait subsider un substratum hercynien recouvert de sédiments permo-triasico-jurassiques.

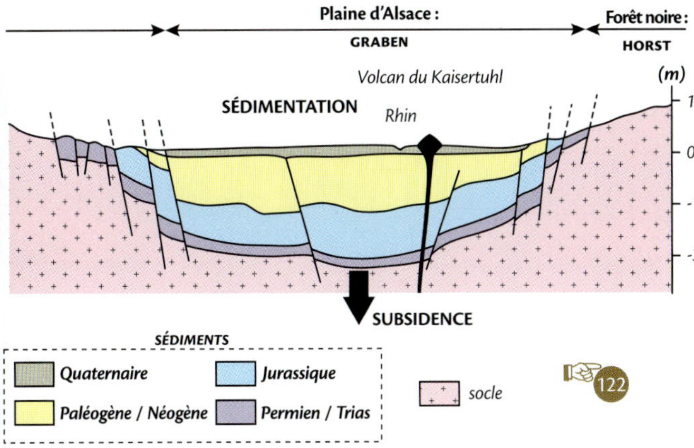

122

Les bassins arrière-arc (*Exemple : zone des Mariannes*)

Un bassin arrière-arc est une zone localement en extension au sein d'un contexte globalement convergent (*zone de subduction*).

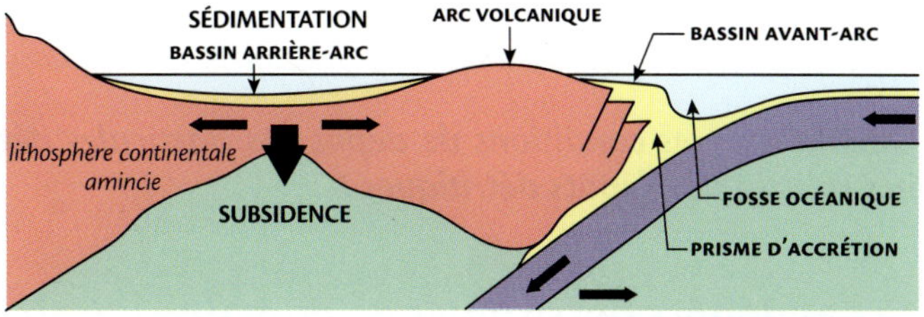

retrait de la plaque en subduction qui cause une extension passive derrière l'arc

Les bassins en pull-apart (*Exemple : la Mer morte - la faille du Levant*)

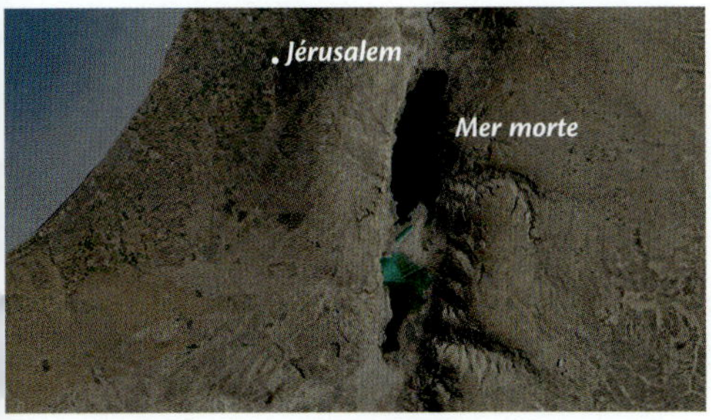

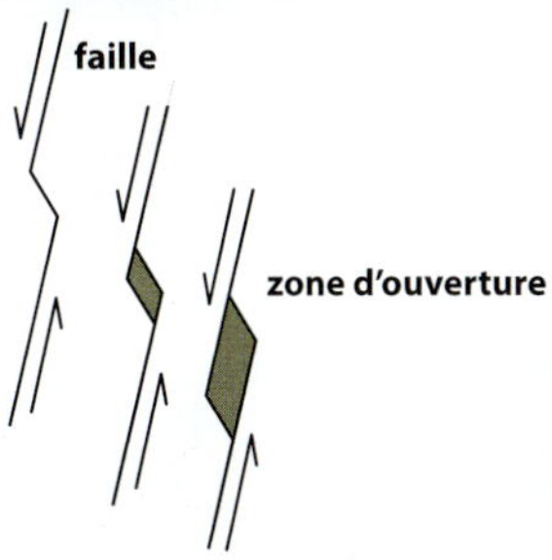

32

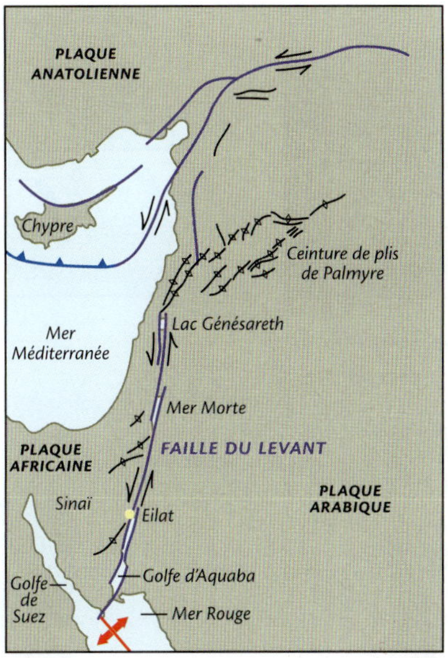

Ce bassin est une zone de décrochement le long de failles plus ou moins parallèles où les blocs coulissent les uns par rapport aux autres. Le déplacement cause la formation d'un bassin en forme de parallélogramme. En France, il y a, entre autres, le bassin de Ballongue au nord des Pyrénées.

Les abysses sont également le lieu de dépôts sédimentaires. Notamment, il peut y avoir des dépôts siliceux (si les radiolaires ou diatomées sont abondants) ou encore des argiles rouges des grands fonds, issues d'apports éoliens.

IV - Les bassins associés à un contexte géodynamique convergent

Les bassins d'avant-arc et les prismes d'accrétion (*Exemple : la Barbade*)

Les bassins d'avant-pays se forment au niveau de zones de subduction. Parfois, l'écaillage des sédiments de la lithosphère plongeante provoque leur accumulation sous forme d'un prisme d'accrétion. L'Île de la Barbade, dans les Caraïbes, est un prisme d'accrétion émergé.

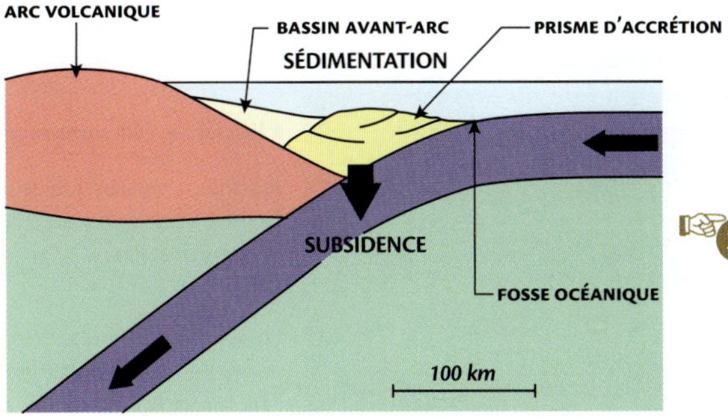

31

Le domaine des schistes lustrés dans les Alpes représente un paléoprisme d'accrétion sédimentaire.

Les bassins flexuraux d'avant-pays (*Exemple : bassin molassique suisse*)

Ces bassins, aussi appelés bassins molassiques, se forment au front d'une orogenèse et se remplissent de produits d'érosion de cette chaîne de montagne (*flyschs, molasses*). La subsidence est ici causée par la surcharge de la croûte chevauchante, qui flexure la croûte chevauchée.

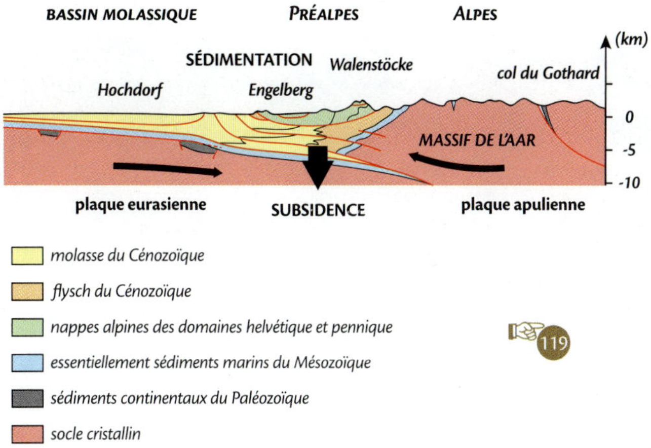

119

65 Les dépôts détritiques

Sédimentation détritique = *dépôt de particules arrachées aux continents par l'érosion (argiles, limons, sables, graviers...).*

Quelles sont les conditions de dépôt des particules détritiques ? Quelle est l'organisation (géométrie et composition) des principaux dépôts détritiques ?

I - Les dépôts détritiques en domaine continental

✪ les dépôts fluvio-lacustres

Des terrasses fluvio-lacustres en Himalaya

On observe des **terrasses fluvio-lacustres** surmontant d'environ 40 m la rivière Tsarap, un affluent de l'Indus au Nord-Ouest de l'Himalaya.

Le mode de formation de ces terrasses étagées et emboîtées

La formation de ces terrasses résulte de périodes où l'alluvionnement l'emporte sur l'érosion (❶ et ❸) et de périodes où c'est l'érosion qui l'emporte (❷ et ❹).

→ **Lors de périodes froides**, la fonte des neiges au printemps augmente le débit du fleuve. Ce fort débit et la faible végétalisation des berges accentuent l'érosion.

→ **Lors de périodes plus chaudes**, les débits de printemps sont plus faibles et les berges sont plus végétalisées, ce qui diminue l'érosion.

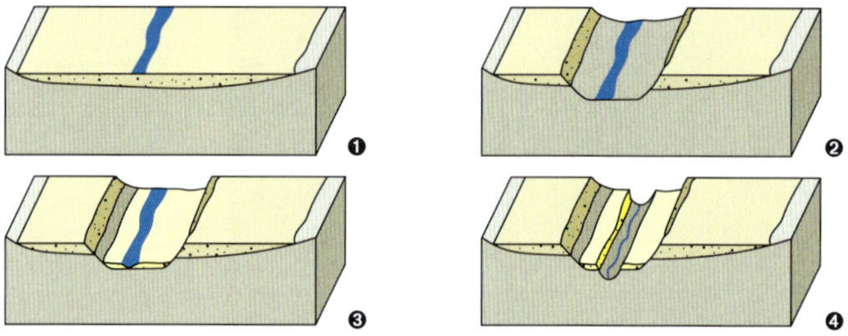

Les dépôts de méandres (*carte au 50 000ème des Andelys, Seine Maritine*)

Les fleuves circulant sur des terrains plats ont peu d'énergie et font des méandres dans lesquels ils déposent des sédiments détritiques terrigènes.

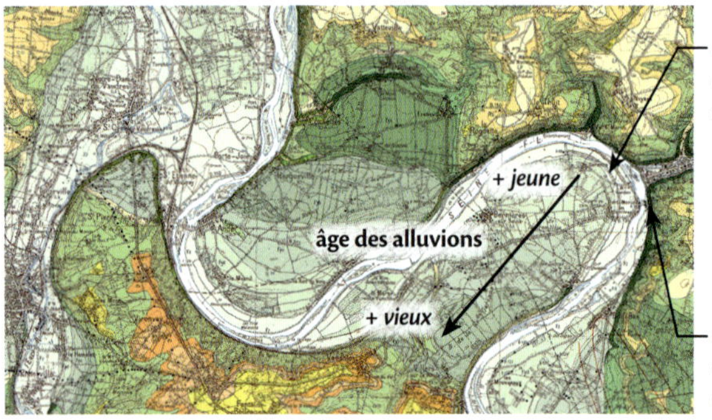

méandres de la Seine aux Andelys

côté concave, le fleuve a moins d'énergie et dépose une barre alluviale

côté convexe, le fleuve a plus d'énergie (*force centrifuge*) et érode, formant une mini-falaise

méandre de la rivière Arda, Bulgarie

Les cônes de déjection (*Bragousse-Boscodon, Hautes Alpes*)

Un cône de déjection ou cône alluvial est un amas de sédiments déposés à une rupture de pente concave du lit d'un torrent. Plusieurs bras de torrents (*rouge, bleu, vert, violet*), contribuent au grand cône de déjection de Bragousse-Boscodon.

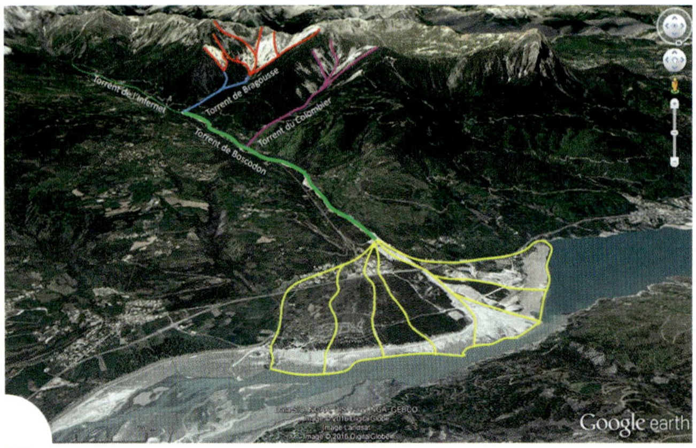

Les varves au fond des lacs

Les varves sont des sédiments lacustres présentant un rythme de dépôt annuel. Des carottages dans ces sédiments permettent de reconstituer les paléoenvironnements lacustres.

Il existe d'autres dépôts rythmiques comme les tidalites dans les zones de balancement des marées.

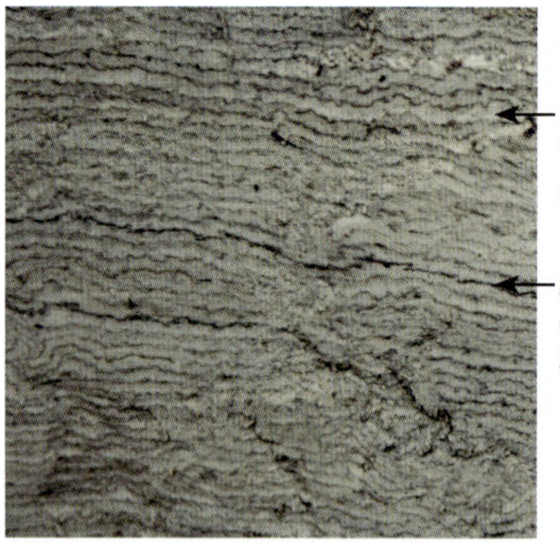

1 lit clair + 1 lit sombre = 1 an

lits clairs = prolifération de plancton lacustre à test carbonaté durant le printemps et l'été

lits sombres = dépôts de matière organique morte (*feuilles, branches...*) à l'automne et en hiver

Les dépôts détritiques liés aux glaciers

Des sédiments glacio-fluvio-lacustres au plateau de Louze (*Isère*)

Ces sédiments ont été déposés dans un lac situé en bordure de glacier.

Des moraines et des tills

Les moraines sont des sédiments non granoclassés arrachés au socle par le passage du glacier.

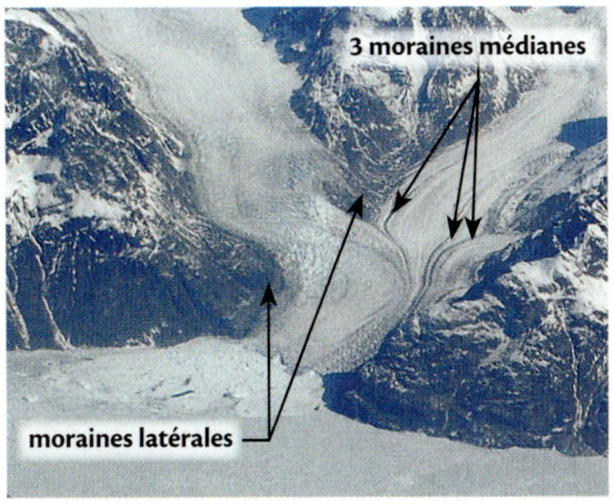

Les dépôts gravitaires

Un cône d'éboulis aux ruines de Séchilienne (*Romanche, Isère*)

La gravité est responsable de l'éboulement.

Le lœss est un sédiment glaciaire d'origine éolienne. 58 99 103

II - Les dépôts détritiques en milieu côtier ou marin

les dépôts détritiques au niveau des plages

Le diagramme d'Allen

Sur les plages, il est fréquent d'identifier des figures sédimentaires dans le sable. Celles-ci sont classées dans le **diagramme d'Allen**, une sous-partie de la zone « dépôt » du diagramme de Hjulström. 62

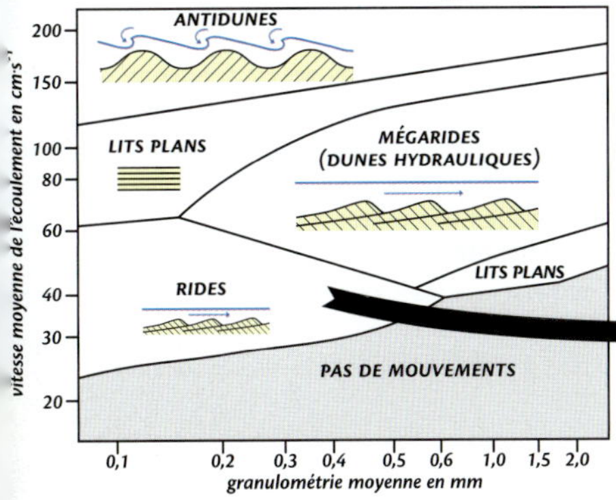

Des figurés sédimentaires...

Des **rides** sur une plage actuelle. Il s'agit ici de rides dissymétriques (*rides de courant*).

... qui peuvent se fossiliser

Des rides de plages fossiles (*ripple-marks*) dans des sédiments Carbonifères du Boulonnais (*Pas de Calais*).
Cela permet d'identifier une **paléoplage**.

les dépôts détritiques au niveau des deltas

Formation d'un delta en Sibérie

Un delta peut apparaître dans une rivière ou en bord de mer.
Il est dû à l'accumulation de sédiments fluviaux déposés par des chenaux alluviaux qui divergent à partir de l'embouchure de la rivière.

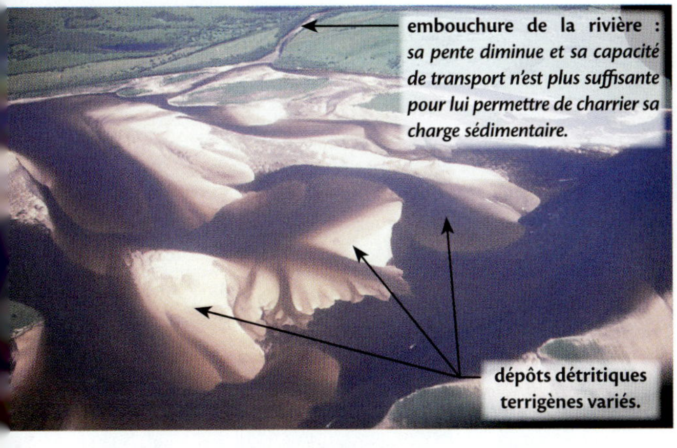

Les flyschs, des sédiments déposés en contexte orogénique (*Pays Basque*)

Les **flyschs** désignent un mélange de **slumps**, de **turbidites** et de **sédiments pélagiques** formés par l'écroulement de pans de falaises dans un océan en train de se fermer et réduit à un fin sillon, en début d'orogenèse. Ici , le basculement de 40° est dû à la tectonique pyrénéenne.

De nombreux sédiments détritiques terrigènes s'accumulent sur les marges passives. Ils peuvent donner des turbidites, des slumps... et peuvent faire l'objet d'une étude de stratigraphie séquentielle. 63 64

66 La sédimentation biogène carbonatée

Sédiment biogène carbonaté = *sédiment formé par accumulation de tests, de coquilles ou de squelettes carbonatés (de formule brute $CaCO_3$).*

Quelles sont les modalités de la sédimentation biogène carbonatée ?

I - Les organismes produisant des tests, coquilles ou squelettes carbonatés

✪ Les organismes planctoniques

Les Foraminifères : exemple des Nummulites

Les **Foraminifères** sont des **Eucaryotes unicellulaires** appartenant au **zooplancton**.
À gauche, photographie de tests calcaires de nummulites (*des Foraminifères géants*).
À droite, un calcaire à nummulites inclus dans la Grande Pyramide de Kheops (*Gizeh, Egypte*).

⚠ *Les foraminifères sont de bons fossiles stratigraphiques pour le Cénozoïque.* ☞ 145

Les Coccolithophoridés présents dans la craie

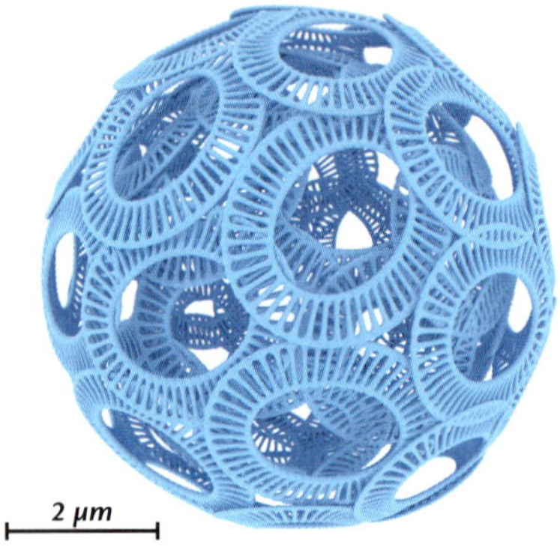

Les **Coccolithophoridés** sont des **Eucaryotes unicellulaires photosynthétiques**, donc appartenant au **phytoplancton**.
Leur test est formé de petites plaques ovales, les coccolithes. Ils étaient particulièrement abondants au Crétacé. L'accumulation de leur test donne la craie, une roche carbonatée très poreuse.
À gauche, un coccolithophoridé de l'espèce Emiliana huxleyi au MEB.
À droite, des falaises de craie (*Ault-sur-mer, Somme*).

✪ Les animaux à coquille calcaire

Des mollusques de différents types

Les **Gryphées**, des bivalves à coquille calcaire proches des huîtres actuelles, sont très abondantes dans ce calcaire jurassique (*Mont d'Or lyonnais*).

Une **Ammonite** de 18cm dans un calcaire noduleux du Jurassique supérieur (*Guillestre, Hautes-Alpes*).
Les ammonites sont de bons fossiles stratigraphiques pour le Mésozoïque. ☞ 145

Un **Gastéropode** dans un calcaire bioclastique (*Pointe du Chay, Charente Maritime*).

Des Échinodermes de différents types

Une **radiole d'Oursin** est bien visible dans ce calcaire bioclastique (*Pointe du Chay, Charente-Maritime*).

Les **Crinoïdes** ou « lys de mer » sont des Échinodermes fixés formés d'une tige terminée par des bras présentant un squelette calcaire. Les calcaires à débris de Crinoïdes sont aussi appelés « *calcaires à entroques* ». À gauche : un Crinoïde actuel. À droite : des articles de tiges de Crinoïdes pris dans le calcaire bioclastique (*Pointe du Chay, Charente-Maritime*).

✪ Les animaux à coquille calcaire

Dallage formé de calcaires Urgoniens à Coraux (*Saint Sébastien, Espagne*)

Les coraux sont des organismes coloniaux à squelette calcaire. Ici, dalle recoupant une « gerbe » de coraux perpendiculairement aux « branches ».

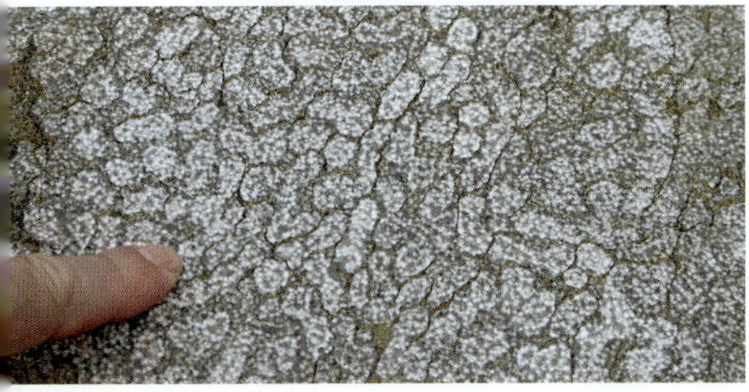

✪ Les stromatolithes

Coupe dans une concrétion de stromatolithes (*Monts Martin, Marne*)

Les stromatolithes sont des concrétions dues à la précipitation de calcaire par des voiles de cyanobactéries. Ce sont des plus anciennes traces de vies fossiles.

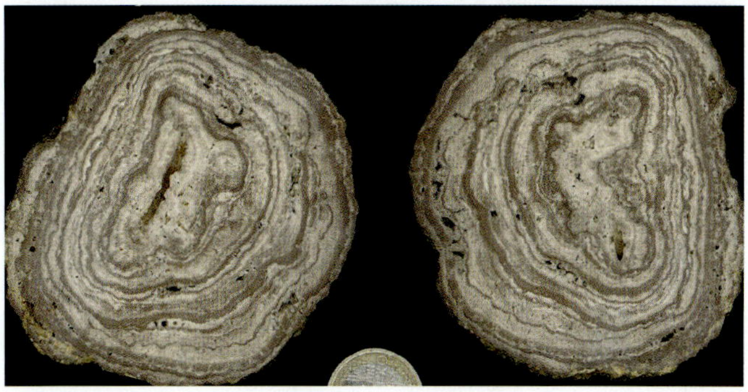

II - Les modalités de mise en place et préservation des sédiments carbonatés

Pour les sédiments planctoniques : la profondeur de compensation des carbonates (PCC)

En anglais, la PCC est appelée « *calcite compensation depth* » (CCD). Le même type de limite existe pour l'aragonite. La dissolution des carbonates augmente avec la profondeur. Au-delà de la lysocline, la concentration en carbonates solides diminue fortement. Au-delà de la profondeur de compensation des carbonates, tous les carbonates sont dissous. Il ne reste donc plus, sauf exception, de carbonates.

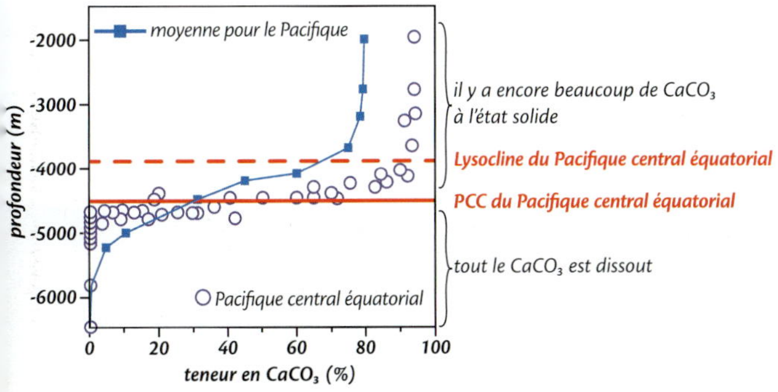

Teneur en $CaCO_3$ des sédiments superficiels du Pacifique en fonction de la profondeur de prélèvement.

⚠ *L'existence de la CCD permet d'expliquer la répartition des sédiments carbonatés au niveau des océans.* ☞ 67

Pour les récifs coralliens : l'importance de la subsidence

*Temps = augmentation de la **subsidence**, au fur et à mesure que le plancher océanique vieillit et s'éloigne de la dorsale.*

67 La sédimentation biogène siliceuse

SÉDIMENTATION BIOGÈNE SILICEUSE = *dépôt de sédiments formés par accumulation de tests ou de squelettes siliceux.*

Quelles sont les modalités de la sédimentation biogène siliceuse ?

I - Les organismes produisant des tests ou squelettes siliceux

✪ Les Radiolaires

Ce sont des organismes **unicellulaires Eucaryotes** essentiellement marins, qui vivent dans les eaux chaudes. Ils ne sont pas photosynthétiques et font donc partie du **zooplancton**.

Une observation de tests de radiolaires au microscope optique

Les Radiolaires mesurent entre 50 et 300 µm et possèdent des tests siliceux très ornementés.

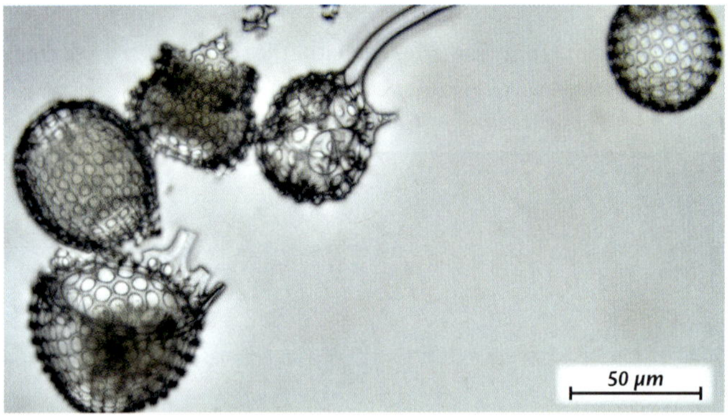

La radiolarite, une roche fréquente en série ophiolitique

La roche formée par accumulation de **tests de Radiolaires** est la radiolarite. On la trouve fréquemment au niveau des ophiolites, surmontant les basaltes en coussins. Toutefois, les basaltes ne sont pas toujours surmontés de radiolarites mais parfois localement de sédiments siliceux abiotiques.

✪ Les diatomées

Ce sont des organismes **unicellulaires Eucaryotes lacustres ou marins**, qui vivent surtout en eaux froides. Elles réalisent la photosynthèse et constituent une part essentielle du **phytoplancton** à l'échelle de la planète : 50% de la production primaire de l'océan est assurée par les diatomées.

Une observation de diatomite au microscope optique

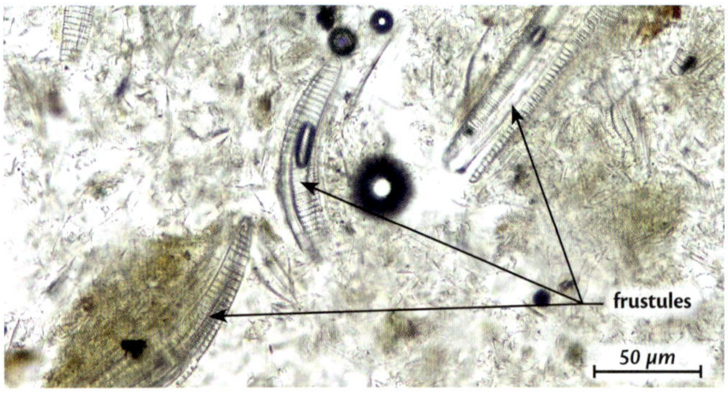

Un schéma de l'organisation d'une diatomée

Deux valves appelées thèques, associées comme une boîte, forment le « frustule ». Ce squelette est fait de silice associée à de faibles quantités de protéines.

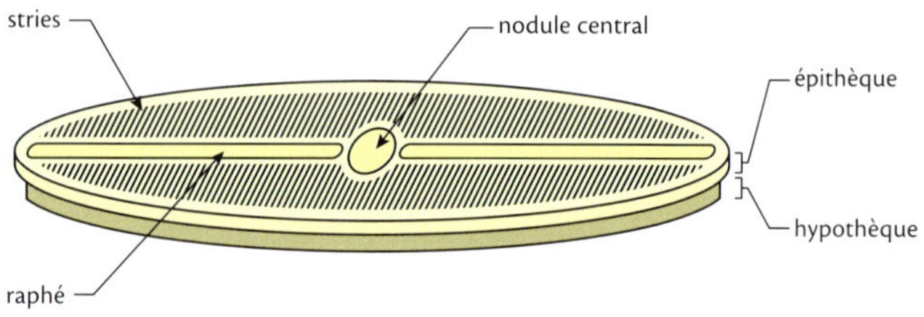

La diatomite, une roche aux multiples usages

La **diatomite** est une roche très légère et poreuse, avec une surface spécifique élevée. Elle est utilisée comme abrasif (*ex. dans les dentifrices*), comme insecticide, comme filtre (*pour les piscines ou à usage alimentaire : vin, bière…*), comme agent de stabilisation (*ex. pour la dynamite*), etc.

La carrière de diatomite de Saint-Bauzile (*Ardèche*)

Cette carrière provient d'un lac volcanique (maar). L'érosion du basalte riche en silice a permis la prolifération de diatomées et leur accumulation sous forme de boues à diatomite.

✪ Les diatomées

Ce sont des organismes **pluricellulaires Eucaryotes lacustres ou marins**. Deux clades d'éponges possèdent des **spicules siliceux** : les Démosponges et les éponges Hexactinellides (*type Euplectella*).

Un spicule d'éponge au microscope optique

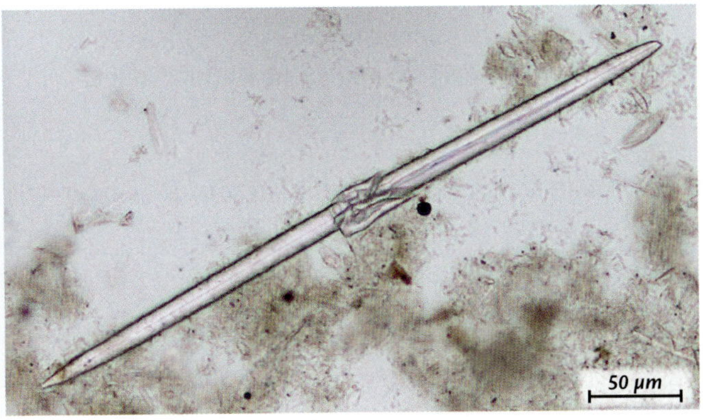

Un squelette d'éponge siliceuse Euplectella

Une hypothèse pour la formation des rognons de silex observés dans les falaises de craie (ex. Étretat) est que ces encroûtements se soient mis en place au niveau de bancs d'éponges siliceuses.

II - Les modalités de la sédimentation biogène siliceuse

Globalement moins de 1 % de la silice fixée par les organismes planctoniques en surface est conservé dans l'enregistrement géologique.

La préservation de la silice à grande profondeur

Contrairement aux carbonates dont la dissolution augmente avec la profondeur, la silice est de mieux en mieux préservée lorsque la profondeur augmente. 66

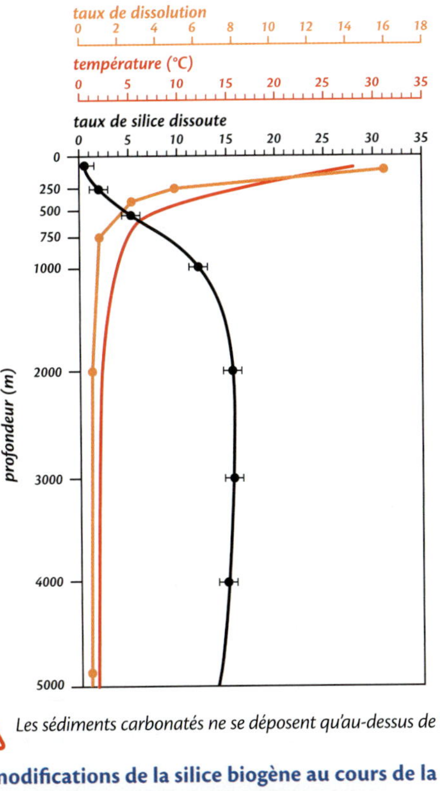

La répartition des sédiments océaniques

La sédimentation siliceuse se fait essentiellement dans des zones de forte productivité d'organismes planctoniques à test siliceux, en dessous de la CCD ou lorsque les eaux sont trop froides pour permettre une production carbonatée.

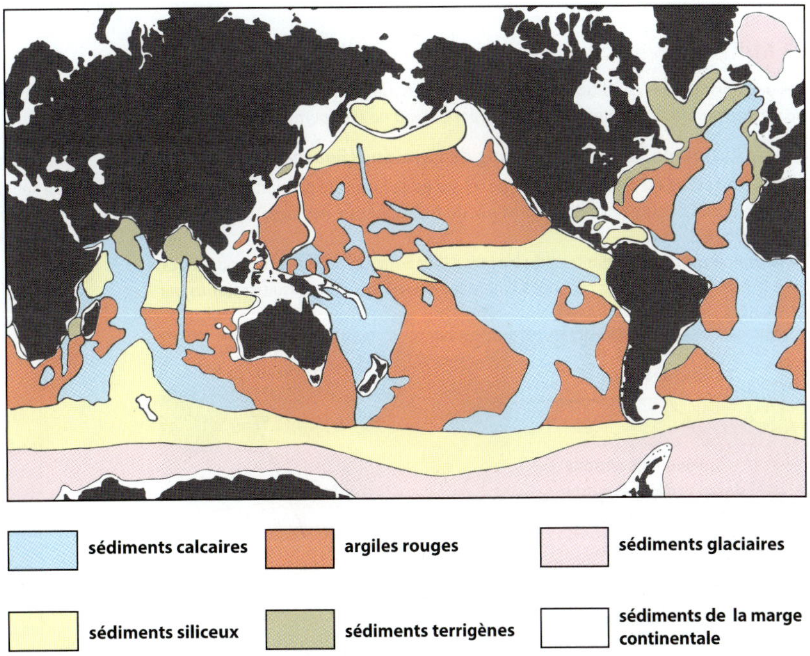

Les sédiments carbonatés ne se déposent qu'au-dessus de la CCD. Ils sont présents à proximité des continents, à proximité des dorsales et autour des îles océaniques de points chauds.

Les modifications de la silice biogène au cours de la diagenèse

Affleurement d'Opale, variété boulder (Australie)

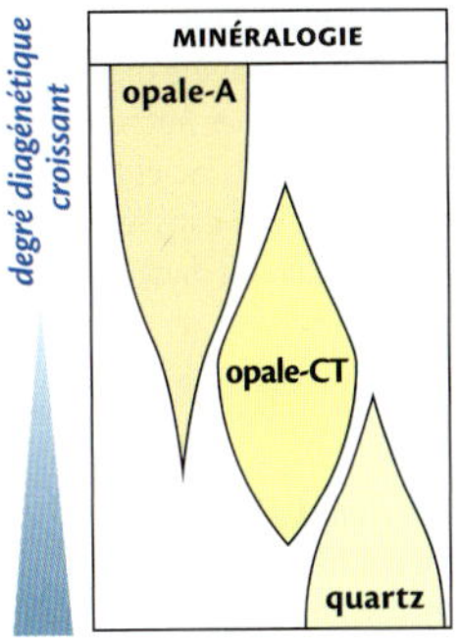

Exemple des radiolaires :

- la silice de leur test est amorphe : **opale-A** ;
- cette opale-A est instable et tend à se transformer en **opale-CT** par dissolution-précipitation ;
- À plus haute température (*enfouissement ou flux thermique plus important*), l'opale-CT se transforme en **calcédoine** et/ou **quartz microcristallin**, qui représentent une phase siliceuse stable.

L'opale est de la silice hydratée.

68 La sédimentation évaporitique

Roche évaporitique = *roche formée par précipitation chimique de minéraux suite à la concentration d'ions en solution, le plus souvent par évaporation de l'eau. Il s'agit de roches constituées d'une seule espèce minéralogique.*

Quelles sont les conditions de formation des roches évaporitiques ? Comment les roches évaporitiques sont-elles exploitées et utilisées par l'Homme ?

I - Les principales conditions de formation des évaporites

✪ Séquence de cristallisation des évaporites à partir d'eau de mer

Les évaporites se déposent à partir de solutions salines concentrées (***saumures***). Lorsque la concentration d'un ion donné dépasse son coefficient de solubilité, il précipite. Tous les ions n'ayant pas le même coefficient de solubilité, ils ne précipitent pas en même temps lors de l'évaporation progressive d'une colonne d'eau.

18

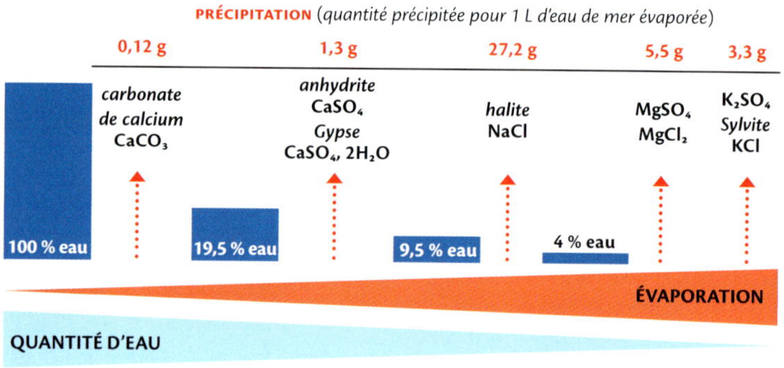

✪ Milieux favorables à la précipitation d'évaporites

Les deux principales conditions actuelles favorables à la précipitation des évaporites sont l'évaporation d'une **lagune maritime** ou d'un **lac endoréique salé** (*lac sans écoulement de surface ou souterrain dans lequel les apports d'eau ne sont perdus que par évaporation*).

Précipitation de halite dans l'étang de Lavalduc (*Bouches du Rhône*)

Le fond de l'étang est tapissé de cubes de sel qui est la forme de précipitation la plus fréquente de la halite (*NaCl*). Les cristaux de halite autour des tiges de végétaux peuvent être dus :

- → au mouillage des tiges par l'eau du lac puis à l'évaporation de l'eau autour des tiges,
- → à la formation de petits cristaux à l'interface eau-air, qui sont ensuite retenus par les tiges.

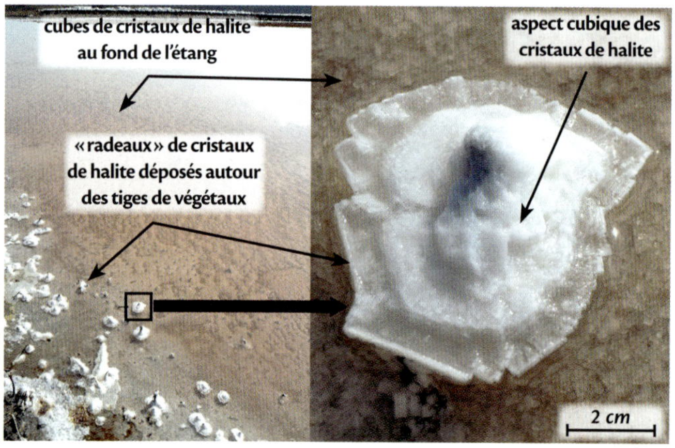

Carte géologique simplifiée de la Sebkha El Mela (*Tunisie*)

La Sebkha El Mela est une dépression lacustre à fond plat qui se situe légèrement au dessous du niveau de la mer et qui en est séparée par un seuil calcaire.

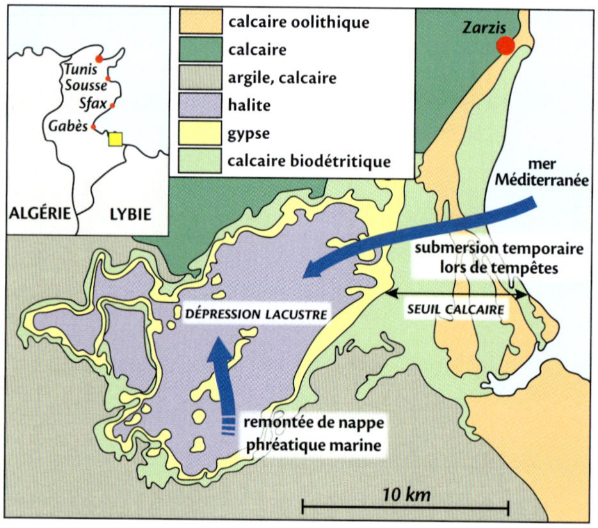

Précipitation de gypse en dehors de toute évaporation : les sédiments du paléo-lac du Trièves (*Isère*)

Le paléo-lac du Trièves a été formé lors de la glaciation du Würm. Son substratum et ses environs immédiats sont majoritairement constitués de terrains jurassiques marneux relativement riches en matière organique et aussi en sulfures. Lors du remplissage du lac glaciaire, les eaux du lac ont pénétré dans les fractures des terrains jurassiques et se sont enrichies en sulfures. Le contact entre les eaux oxygénées du lac et les eaux riches en sulfures ont entraîné la formation de sulfates. La forte concentration en calcium dans les boues sablo-argilo-marneuses en train de se déposer, associée à l'oxydation des sulfures en sulfates dans ces sédiments entraîne la précipitation intra-sédimentaire de gypse.

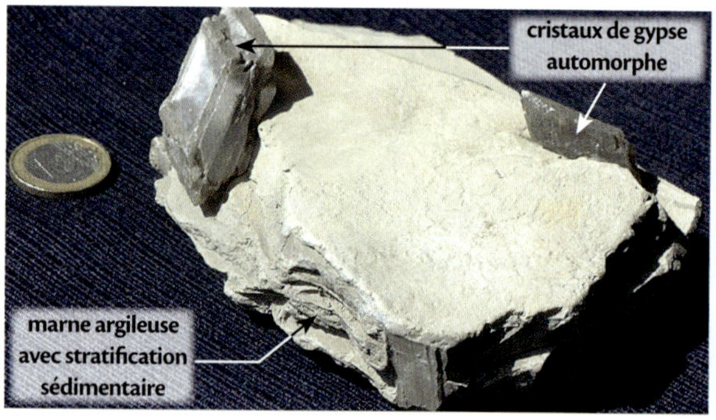

Les évaporites ne se forment pas uniquement en climat chaud. Des phénomènes d'aridité ou d'autres conditions conduisant à la formation de saumures peuvent aussi se rencontrer dans des régions froides.

II - Les grandes séries évaporitiques au cours de l'histoire de la Terre

Distribution des grands bassins évaporitiques dans le monde

À l'échelle du globe, il existe plusieurs périodes riches en dépôts d'évaporites : Cambrien inférieur, Dévonien supérieur, Permien, Trias, Miocène.

À droite de la carte, la taille de quelques bassins évaporitiques actuels est donnée comme référence

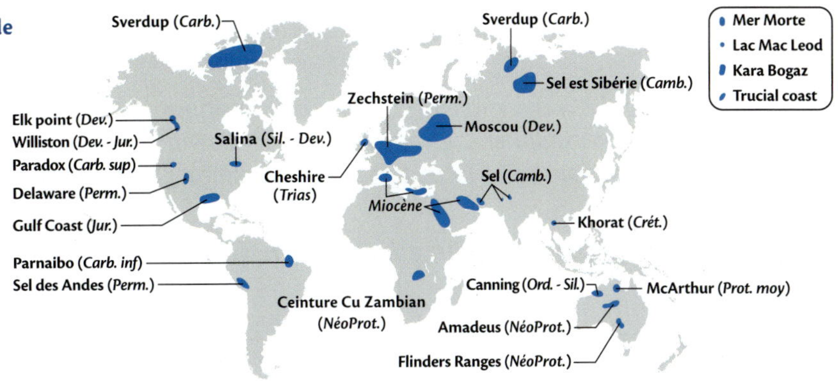

Modèle de dépôt des évaporites messiniennes (*Miocène*) : bassin structurellement profond avec eau peu profonde

La crise messinienne est caractérisée par une chute importante du niveau de la mer Méditerranée (*1200 à 1500 m par rapport au niveau actuel*) liée à la fermeture du détroit de Gibraltar qui l'isole de l'Océan Atlantique. Elle est associée à l'accumulation importante d'évaporites.

Pour expliquer le volume des évaporites déposées, correspondant à près de 40 fois ce que produirait la seule dessiccation de la Méditerranée, il est nécessaire que des entrées d'eaux atlantiques continues ou discontinues aient existé pour permettre des apports d'eaux salées.

41 120

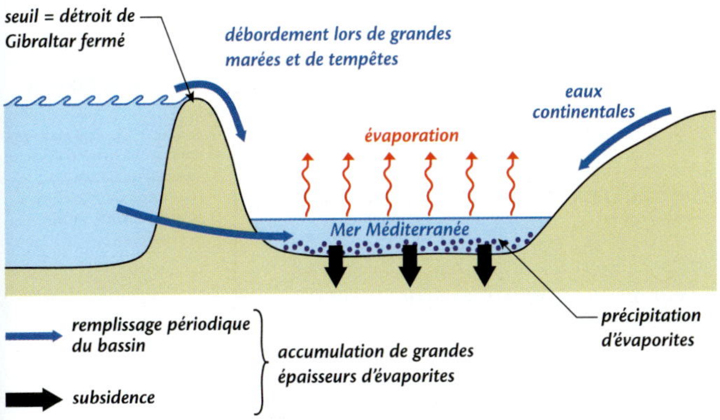

Rôle des roches évaporitiques dans les grands chevauchements alpins : extrait de la carte géologique d'Annecy au 1/250 000ème

Dans les Alpes, la couche de gypse et de cargneules (*roches calcaro-dolomitiques dont la fraction dolomitique a été dissoute*) du Trias constitue une « ***couche savon*** » qui permet le décollement et le glissement des terrains sus-jacents. Ainsi, les couches de gypse et de cargneule du Trias jalonnent de nombreux contacts anormaux.

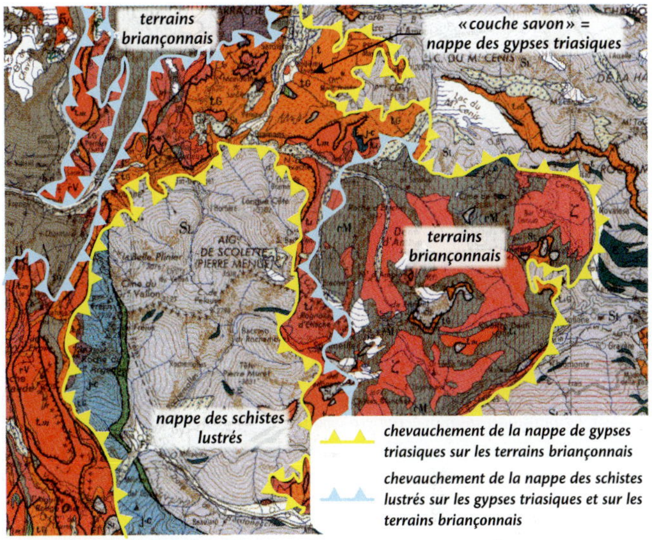

III - Les principales utilisations des évaporites

Différents domaines d'utilisation des évaporites

Carbonates de calcium, gypse ou anhydrite, halite et sylvite représentent 95% des dépôts évaporitiques. Il existe d'autres évaporites plus rares qui sont aussi exploitées telles que les carbonates de sodium (*natron*), les sulfates de sodium, les sels de borate…

Dans certaines conditions les roches évaporitiques peuvent remonter en diapir et former des structures favorables à l'accumulation d'hydrocarbures. 115

TYPE D'ÉVAPORITE	EXEMPLES D'UTILISATIONS	EXEMPLES DE ZONES D'EXPLOITATION EN FRANCE
Halite (NaCl)	alimentaire, chimie, stockage d'hydrocarbures, conservateur, traitement de l'eau	halite du Trias en Lorraine
Gypse ($CaSO_4$,$2H_2O$) **Anhydrite ($CaSO_4$)**	bâtiment (*plâtre, ciment à prise lente*), fonderie, industrie du verre, terreau	gypse du Miocène moyen dans le bassin Parisien (*Carrière de Cormeilles-en-Parisis*)
Le plâtre est formé par broyage et cuisson du gypse autour de 150°C qui entraîne sa déshydratation partielle : *Gypse [$CaSO_4$,2 H_2O] ⟶ Plâtre [$CaSO_4$, 0,5H_2O] + 1,5 H_2O*		
Sylvite (KCl)	engrais, chimie	mines de potasse d'Alsace au sud du fossé Rhénan (*dépôts Paléogène*)

L'exploitation de la halite peut être effectuée par évaporation d'eau de mer ou de lac endoréique, exploitation de couches de sels dans des mines avec éventuellement injection d'eau douce qui ressort salée, exploitation de sources salées.

Les mines de sel de Bex (*Suisse*)

Ces mines exploitent des dépôts de gypse et de halite du Trias supérieur. Sous l'effet de la tectonique alpine, le gypse a été métamorphisé en anhydrite et bréchifié. La halite, plus ductile, a envahi les cavités de la brèche. Le sel est exploité en injectant de l'eau dans ces terrains : l'eau circule dans les poches de la brèche et ressort salée.

galerie d'exploitation montrant les couches sub-horizontales d'anhydrite

précipitation de halite au débouché d'un ancien ouvrage hydraulique qui laisse suinter un peu d'eau (*couleur due aux bactéries halophiles*)

69 La diagenèse : principes généraux

Diagenèse = *ensemble des processus physiques (compaction) et chimiques (dissolution, recristallisation...) affectant un sédiment après son dépôt et le transformant en une roche sédimentaire cohérente. La diagénèse modifie la texture, la composition chimique et minéralogique du sédiment.*

Quels processus affectent un sédiment après son dépôt et le transforment en roche sédimentaire ?

I - Diagenèse précoce et tardive

Les stades diagénétiques

Du fait de la subsidence du bassin, les sédiments déposés sont peu à peu compactés par la charge sédimentaire qui s'accumule au-dessus, et les fluides qui occupaient sa porosité initiale en sont expulsés. On distingue la **diagenèse précoce** où les **fluides** sont encore **en relation avec la surface** et la **diagenèse tardive** où ils sont **isolés des conditions de surface**. Ces fluides peuvent **dissoudre** certaines particules ou **échanger des ions** avec elles, **circuler** si le sédiment est perméable, **précipiter** et **cimenter** les particules : ils redistribuent le matériel et provoquent une modification chimique et minéralogique du sédiment initial.

Dans certaines conditions, une partie de la matière organique peut échapper à la dégradation de surface et évoluer, lors de la diagénèse, en hydrocarbures.

70 114

Consolidation progressive du sédiment

LITHIFICATION

Il n'existe pas de relation univoque entre les quatre stades diagénétiques et la profondeur d'enfouissement qui dépend de la granulométrie du sédiment et de sa composition chimique, minéralogique.

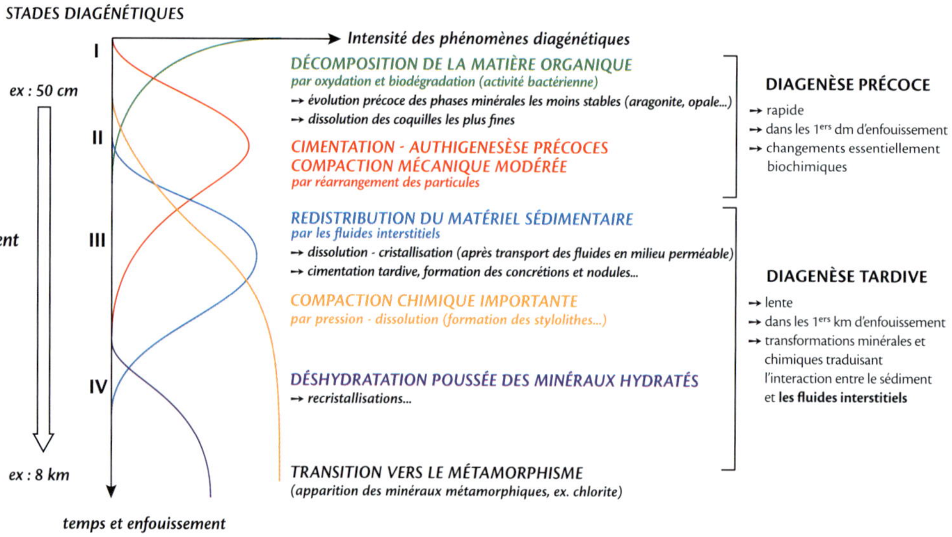

Les processus diagénétiques

L'**intensité** et la **nature** des transformations diagénétiques dépendent de la nature du **sédiment initial** (*compositions chimique, minéralogique, granulométrie, porosité primaire, perméabilité...*) mais aussi de paramètres liés à l'**environnement diagénétique** (*chimie des fluides interstitiels, température, pression*).

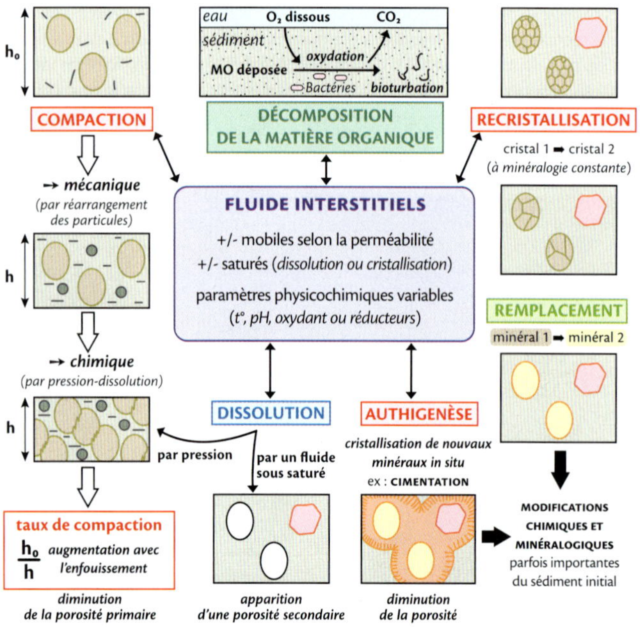

Les paramètres et environnements diagénétiques

Un même sédiment initial peut évoluer différemment selon les paramètres physico-chimiques de son environnement diagénétique.

PARAMÈTRES PHYSICO-CHIMIQUES DE LA DIAGENÈSE

pH : variable selon le milieu de sédimentation, le climat, l'activité biologique
potentiel ionique des ions présents : conditionne leur solubilité et mobilité
potentiel rédox : généralement positif en surface (*milieu oxydant*), négatif en profondeur (*milieu réducteur*)
capacité d'adsorption : absorption des minéraux (*argiles jouant un rôle dns l'évolution des fluides*)

ENVIRONNEMENT DIAGÉNÉTIQUE PRÉCOCE (*ex plate-forme carbonatée*)

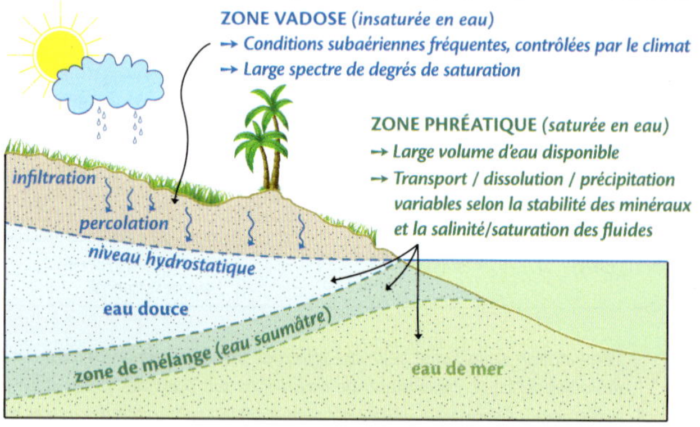

II - Illustrations des processus diagénétiques

✪ Les modifications chimiques, minéralogiques, cristallines

Authigenèse (*précipitation minérale in situ*) et cimentation

Si le **fluide interstitiel est sursaturé** en certains ions (Ca^{2+}, Mg^{2+}, HCO_3^-...), il y a **précipitation** dans la porosité primaire, depuis la surface des particules offrant des sites de **nucléation**. Plusieurs franges successives de ciments peuvent s'observer, de nature variable selon l'histoire diagénétique qu'a subi la roche. La cimentation des particules **diminue la porosité** et **indure** le sédiment.

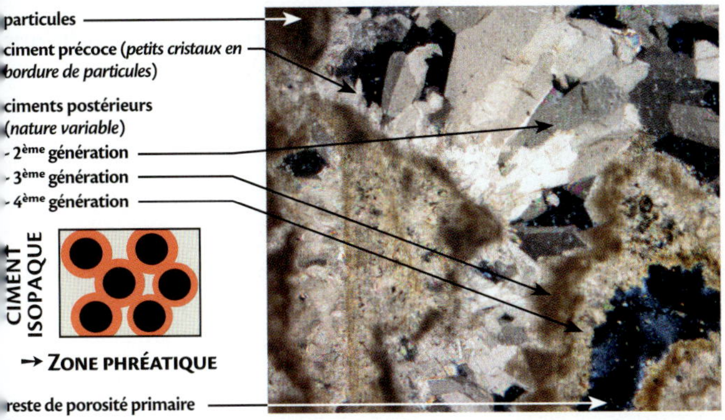

Recristallisation et remplacement par dissolution/recristallisation

Recristallisation : changement de la cristallinité d'une phase minérale préexistante, sans en modifier la minéralogie mais plus stable dans les conditions PT atteintes (*groupe de petits cristaux ➡ cristal plus grand...*).

Remplacement : changement de minéralogie d'une phase minérale préexistante (*remplacement de l'aragonite métastable en calcite stable, de l'opale en quartz, des smectites en illite, dolomitisation, silicification...*).

Ammonite pyriteuse (replacement d'une coquille carbonatée par de la pyrite FeS)

⚠ *Les ciments sont diversifiés en nature (carbonatés, siliceux) et en organisation (ciments précoces en frange autour des particules : isopaques en zone phréatique ou anisopaques en zone vadose, ciments tardifs avec cristaux de très grande taille), ce qui permet de reconstituer l'environnement diagénétique.*

✪ Dissolution et redistribution des éléments du sédiment par les fluides interstitiels

Dissolution et création de porosité secondaire

Si les **fluides circulants sont sous-saturés**, il y a **dissolution** des particules, parfois préférentielle (*ex : dissolution de l'aragonite mais pas de la calcite*), voire des ciments, ce qui crée une **porosité secondaire**.

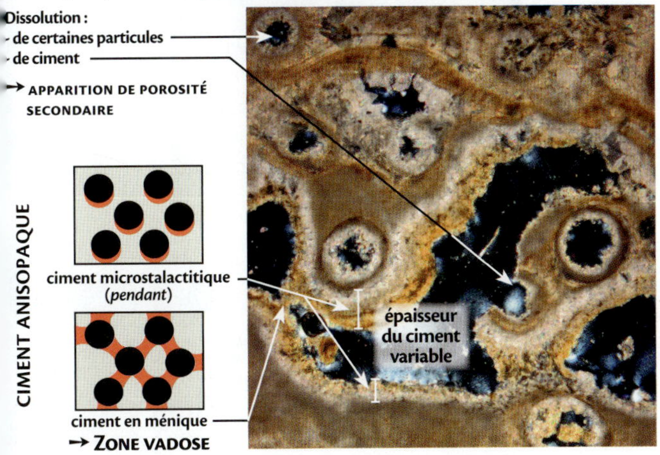

Silicification et dolomitisation

Les **fluides** circulent à travers les roches **perméables** (*capables d'être traversées par un fluide*) et échangent avec les particules.

Silicification (*rognons de silex dans la craie*)

❶ **Boues à coccolithes** avec de rares particules siliceuses dispersées (*tests de radiolaires, spicules de spongiaires*)

❷ **Circulation de fluides interstitiels**

→ ***Dissolution*** des tests siliceux dans les niveaux les moins riches en silice, circulation des fluides.

→ ***Re-précipitation*** autour de germes de nucléation (*parois de terriers, spicules d'éponges...*) dans les strates initialement plus siliceuses.

Dolomitisation de la craie

$$2CaCO_3 + Mg^{2+} \rightarrow CaMgCO_3 + Ca^{2+}$$

calcite, aragonite — *dolomie*

⚠ *La dolomitisation crée une porosité secondaire (car le volume molaire de la dolomie est 12% moindre) qui peut être occupée par différents fluides (eau, hydrocarbures...).* ☞ 114

✪ La compaction

Compaction mécanique par réarrangement des particules

Le **poids des sédiments** sus-jacents **tasse** les particules qui se réarrangent avec expulsion d'eau, généralement vers le haut.

Le taux de compaction varie en fonction de la nature du sédiment :

→ ***argilo - calcaire*** : porosité primaire diminuant rapidement (*de 70 à 20% en 2 km*)

→ ***sable*** : compaction mécanique limitée et dépendante de l'hétérométrie.

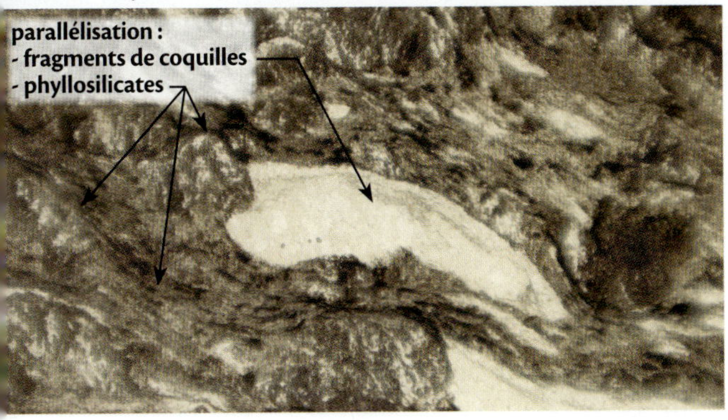

☞ 39

Compaction chimique par pression-dissolution

La **pression aux points de contact** entre particules favorise leur **dissolution**. Les fluides interstitiels se chargent en éléments et s'échappent, souvent vers le haut. Après compaction chimique, on observe la **mise en relief des argiles** (*par dissolution des particules carbonatées*) et l'**interpénétration** des grains.

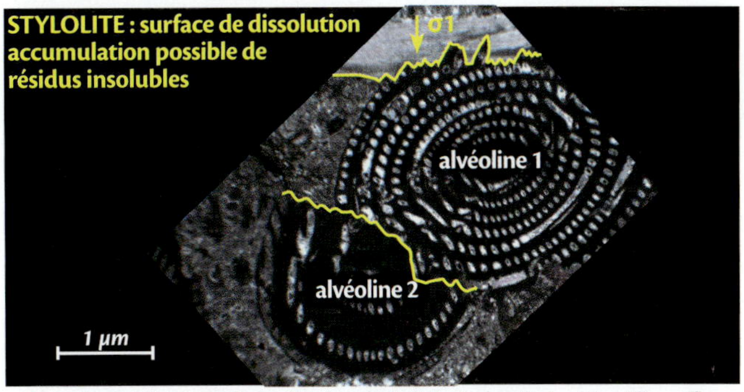

⚠ *Les stylolites sont observables à toutes les échelles (particules, échantillon, affleurement), leurs pics informent sur l'orientation de la contrainte principale.*

70 Origine et devenir de la matière organique dans les dépôts sédimentaires

MATIÈRE ORGANIQUE (MO) = *matière carbonée, c'est-à-dire formée de carbone réduit (carbone relié à de l'hydrogène ou d'autres carbones). Cette MO est issue d'êtres vivants et peut évoluer en roches carbonées (tourbe, charbon...).*

Quelle est l'origine de la matière organique présente dans les sédiments et roches sédimentaires, et dans quelles conditions peut-elle évoluer en roches carbonées ?

⚠ *Ne pas confondre la matière carbonée avec la matière carbonatée (= formée de $CaCO_3$).*

I - Origine et diversité de la matière organique dans les sédiments

On estime qu'1% de la productivité primaire termine sous forme de matière organique piégée dans les sédiments (*les 99% restants sont rapidement recyclés*). Parmi ces 1%, seul 1% est préservé et évolue en matière organique fossile (*soit 1 pour 10 000 de la production primaire*), le reste est finalement dégradé.

Observation de la fossilisation de la matière organique : exemple d'une tourbière 101

Les tourbières sont des marécages recouverts de sphaignes qui se décomposent lentement. Le sol, acide, est pauvre en micro-organismes et donc une grande partie de la matière organique qui s'accumule n'est pas décomposée. La tourbe, âgée de quelques siècles à quelques milliers d'années, contient 50% de carbone et de nombreux débris végétaux.

Les tourbières européennes ont l'avantage de bien visualiser cette très mauvaise décomposition. Toutefois, les charbons français du Carbonifère ne dérivent pas de tourbières à sphaignes, mais plutôt de milieux ressemblant aux bayous du Missisipi.

Présence de fossiles dans le charbon (Graissessac, Hérault) 105

Au Carbonifère (*359 à 299 Ma*), des forêts luxuriantes formées de lycophytes et de prêles arborescentes ont donné naissance à de nombreuses veines de charbon. Ici, troncs de Calamites dans des couches de charbon.

Les schistes bitumineux

Ce sont des roches riches en kérogène, c'est-à-dire en matière organique en train d'évoluer en hydrocarbures. Le développement actuel de leur exploitation pose des problèmes environnementaux majeurs.

Des clathrates de méthane en milieu marin

Les clathrates sont des hydrates de méthane présents au niveau des sédiments de certaines marges passives.

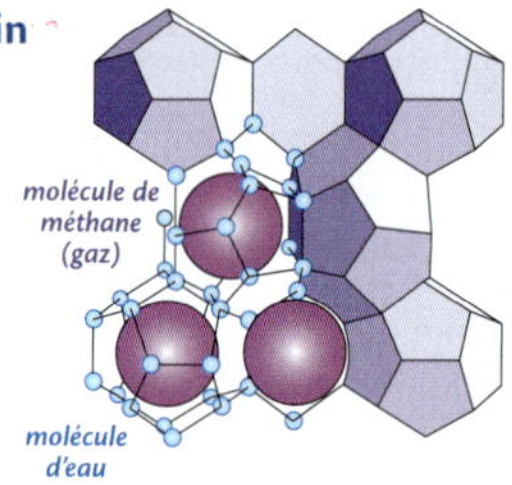

Le permafrost ou pergélisol désigne le sol gelé en profondeur des régions arctiques. La matière organique s'y décompose très peu. On peut y retrouver des fossiles très bien conservés (*ex : Mammouth laineux*). Il contient aussi de grandes quantités de méthane qui sont dues à l'activité de micro-organismes anaérobies comme des archées méthanogènes.

Localisation du pergélisol dans l'hémisphère nord

Un quart des terres émergées de l'hémisphère nord sont couvertes de pergélisol.

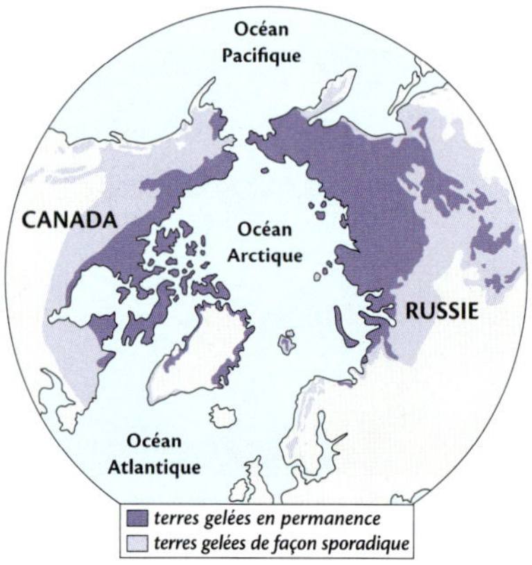

Le méthane dans le pergélisol 110

Le dégazage du méthane dans le pergélisol provoque parfois la formation d'effondrements ou de « cratères » de grande taille dans le sol. Le réchauffement climatique actuel pourrait provoquer une fonte du pergélisol et un dégazage des clathrates de méthane, ce qui libérerait de grandes quantités de méthane dans l'atmosphère (*le méthane est un GES très puissant*) et contribuerait à l'emballement du système.

II - Les conditions nécessaires à la préservation de la matière organique

Si le milieu d'enfouissement n'est pas trop oxydant (*milieu anoxique*), une partie de la matière organique sédimentaire peut évoluer par diagenèse et donner des hydrocarbures.

Un environnement de forte productivité, condition nécessaire mais non suffisante

Une forte productivité n'est pas toujours associée à une forte teneur en matière organique dans les sédiments car la plupart du temps, cette matière organique est consommée par les décomposeurs et donc oxydée rapidement.

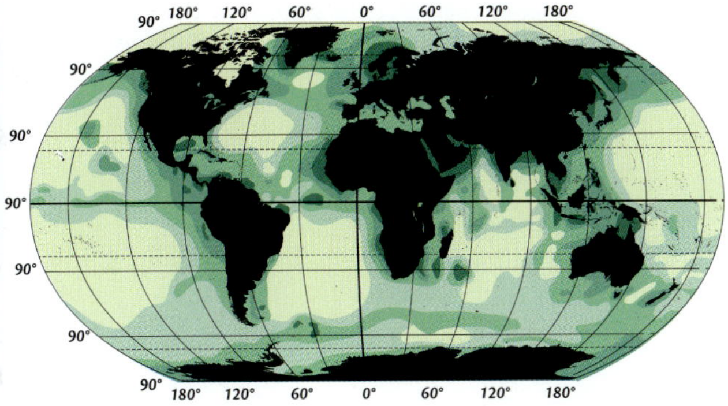

PRODUCTIVITÉ PRIMAIRE DANS L'OCÉAN GLOBAL

g C·m^{-2}·an^{-1} : < 80 ; 80 - 120 ; 120 - 200 ; 200 - 400 ; > 400

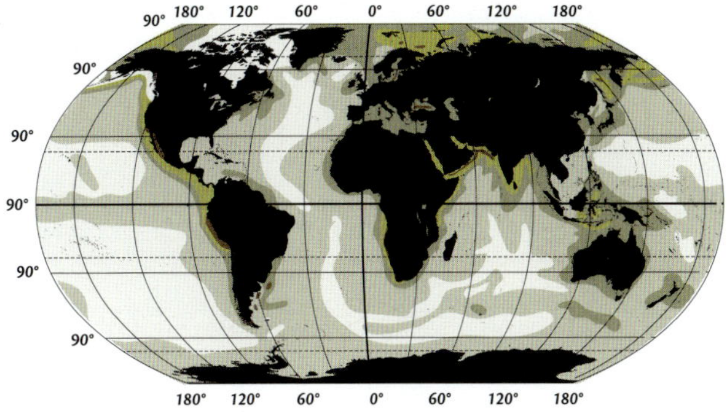

TENEURS EN CARBONE ORGANIQUE (% COT) DES SÉDIMENTS MARINS SUPERFICIELS

< 0,25% ; 0,25 % à 0,5 % ; 0,5 % à 1 % ; 1 % à 2 % ; > 2 % COT

Un taux élevé de sédimentation

Les apports sédimentaires contribuent à enfouir la matière organique et à la préserver de la dégradation.

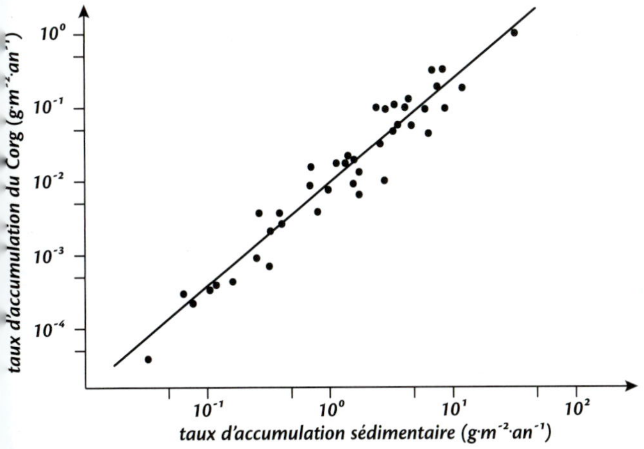

De la matière organique en décomposition

Un bloom algal dans un lac peu profond et à faible brassage : un environnement potentiellement favorable à la préservation de la matière organique.

Un environnement de forte productivité, condition nécessaire mais non suffisante

❶ La zone à oxygène minimum

Au niveau des marges passives, certains fonds se trouvent au niveau de la ZOM (*ex : golfe du Mexique*).

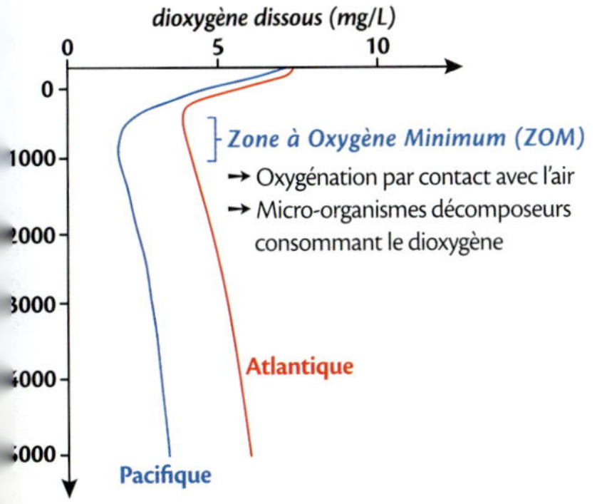

Peu de micro-organismes en profondeur : l'O_2 est peu consommé. De plus, les eaux des abysses contiennent du dioxygène qui provient de la circulation méridienne de retournement (AMOC) : au niveau des zones polaires, les eaux de surface riches en O_2 plongent vers les profondeurs.

❷ Les upwelling côtiers

Exemple au large du Pérou.

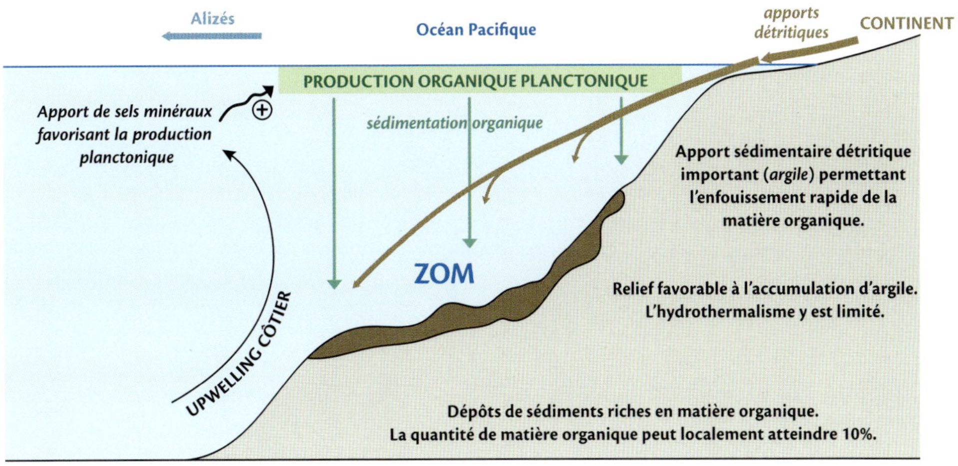

⚠ *Un autre exemple d'environnement anoxique est le type « mer Noire », une mer présentant un faible brassage des eaux. Les eaux profondes sont riches en bactéries anaérobies libérant du H_2S. Comme la mer Noire était anciennement appelée Pont Euxin, les environnements similaires sont appelés milieux euxiniques.*

PARTIE VII

LE MAGMATISME

Les modes d'expression du magmatisme

Magmatisme = *ensemble des processus de genèse, d'ascension et de mise en place des magmas, c'est-à-dire de liquides silicatés issus de la fusion partielle d'une roche.*

Quelles sont les traces d'une activité magmatique actuelle ou passée ?

I - Les traces directes de l'activité magmatique

✪ Gisements des roches filoniennes 14 15

Les roches filoniennes magmatiques résultent de la cristallisation d'un magma à l'intérieur d'une fracture. La vitesse de refroidissement est intermédiaire entre roches plutoniques et roches volcaniques : la roche est entièrement cristallisée mais sous la forme de petits cristaux qu'on ne peut pas délimiter à l'œil nu (***texture microgrenue***).

Filon ou dyke basaltique dans des sédiments continentaux (*Patagonie, Argentine*)

Les **FILONS** ou **DYKES** sont sécants par rapport à l'encaissant. Ils forment des structures verticales ou proches de la verticale.

Après la solidification complète du magma dans la fracture, le refroidissement continue. Il entraîne une rétractation thermique qui conduit à la formation de fractures. Ces fractures débutent par les bords froids du filon et progressent vers le centre plus chaud de la masse de lave, perpendiculairement aux bords du filon. Ceci conduit à la formation de prismes globalement horizontaux.

Sill basaltique dans des sédiments détritiques (*Parc National de Yellowstone, USA*)

Les **SILLS** sont parallèles aux couches de l'encaissant. Ils sont concordants avec la géométrie de l'encaissant.

Principaux gisements des roches filoniennes et autres traces d'activité magmatique

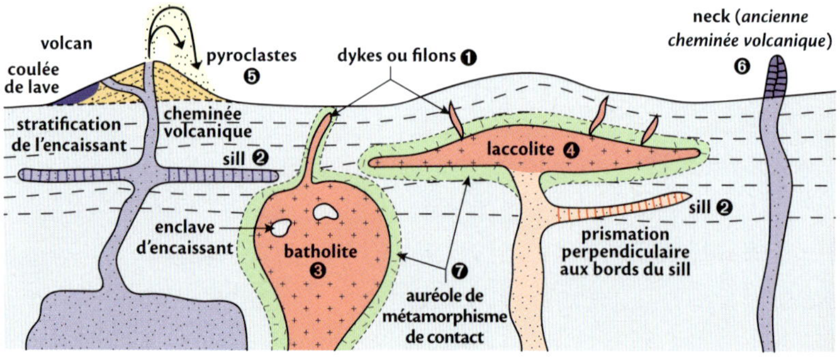

✪ Gisements des roches plutoniques 14 15

Les roches magmatiques plutoniques peuvent former :
→ des **BATHOLITES** : dômes aux formes souvent subcirculaires,
→ des **LACCOLITES** : forme étalée, souvent conforme à la géométrie de l'encaissant.

Pluton granitique sur la rive Nord-Ouest du lac Général Carrera (*Buenos Aires, Chili*)

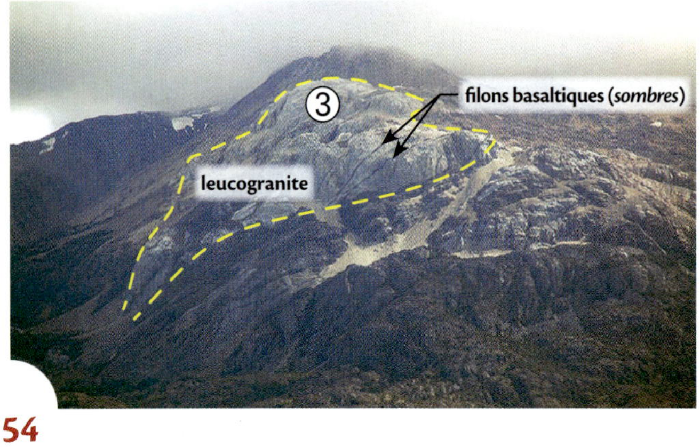

Laccolite de Torres del Paine (*Chili*)

Cette intrusion granitique mesure environ 20 km d'Est en Ouest, 10 km du Nord au Sud pour 700 m à 2 km d'épaisseur seulement. Les intrusions granitiques de grande taille ont une géométrie de « couche » et forment des **LACCOLITES**.

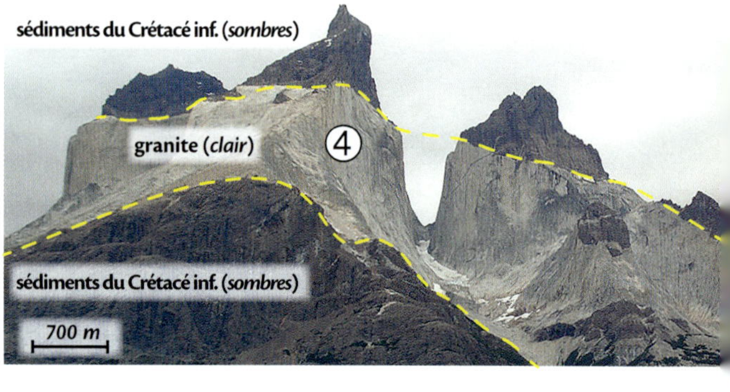

✪ Gisements des roches volcaniques ☞ 72

Lors d'éruptions explosives, le violent dégazage du magma provoque l'expulsion de lambeaux de lave de dimensions et de formes variées (pyroclastes). Ces projections sont classées selon une granulométrie bien définie :
CENDRES (*0 à 2 mm*) ; **LAPILLI** (*2 à 64 mm*) ; **BOMBES** (*> 64 mm*).

Fumerolles sur la bordure Nord-Est du Vulcano (*Île Éolienne de Vulcano*)

Les fumerolles correspondent à des émanations de gaz (CO_2, H_2S, SO_2, CO…) issues du magma. Elles provoquent aussi des dépôts de soufre au niveau de leur sortie (*condensation des vapeurs de soufre ou oxydation incomplète d'H_2S par le dioxygène atmosphérique*).

Lapilli au sein de cendres rhyolitiques du volcan Puluahua (*Équateur*)

Bombe volcanique fuselée (*Islande*)

Necks traversant des grès (*Monument Valley, USA*)

Le **NECK** correspond ici à un ancien **DIATRÈME** (*cheminée volcanique contenant des brèches volcaniques formées lors des explosions d'un phréatomagmatisme*) dégagé par l'érosion.

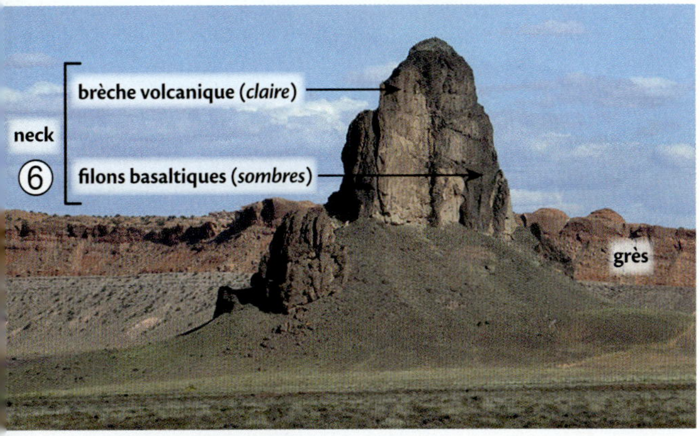

Enregistrement de trémors volcaniques

Une injection de magma entraîne des déplacements le long des failles qui parcourent un édifice volcanique. Ceci conduit à des **séismes volcano-tectoniques**, comparables aux séismes d'origine tectonique.

Par ailleurs, la remontée du magma et son interaction avec l'encaissant solide peuvent entraîner des phénomènes de résonance comme de l'eau qui circule dans une tuyauterie. On enregistre des séismes appelés **trémors volcaniques** qui présentent des caractéristiques différentes des séismes tectoniques.

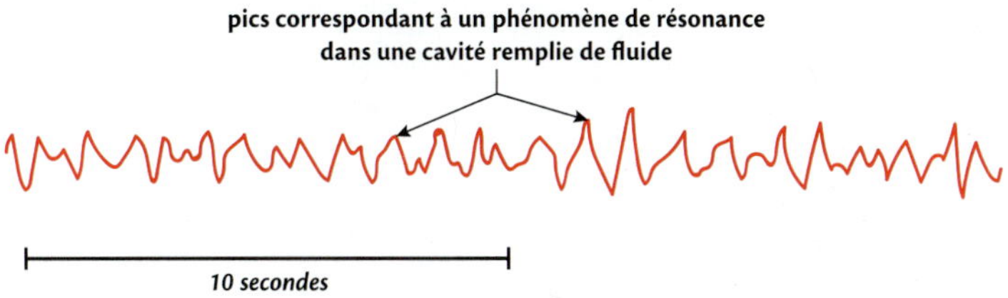

⚠ *L'enregistrement des trémors représente un outil fiable pour la prévention volcanologique car son apparition signale aux volcanologues l'imminence d'une éruption volcanique.*

II - Les traces indirectes de l'activité magmatique

Extrait de la carte géologique de Maurs au 1/ 50 000ème (*Cantal, Auvergne*)

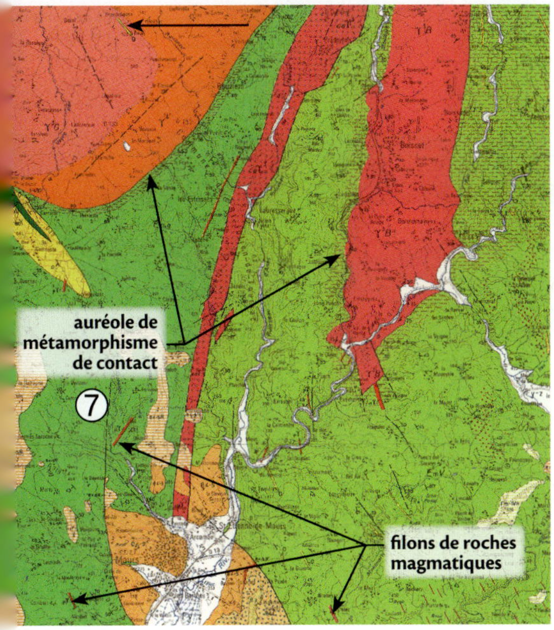

L'activité magmatique se traduit par un ensemble de traces indirectes qui affectent l'encaissant :

- **Auréole de métamorphisme de contact** liée à l'augmentation de température de l'encaissant dû à la présence du magma chaud. ☞ 72
- **Circulations hydrothermales** liées à des fluides issus du magma ou au réchauffement d'eaux qui s'infiltrent dans l'encaissant chaud.

schistes séricíteux
micaschistes feldspathiques, micaschistes quartzeux à deux micas, avec ou sans grenat

FORMATIONS PLUTONIQUES
granite à tendance porphyroïde de Boisset
1 - faciès à grain fin
granite de St Julien de Toursac
ξ - enclave schisteuse
granite de Glénat à tendance porphyroïde
granodiorite de Glénat

FORMATIONS FILONIENNES
quartz lié aux circulations hydrothermales
micro granite
leucogranite aplite

AURÉOLE DE MÉTAMORPHISME DE CONTACT
1 - cornéennes
2 - schistes tachetés
3 - indifférencié

Les filons de quartz sont ici liés à la mise en place des massifs granitiques. Au cours de la cristallisation du magma granitique, le magma résiduel s'enrichit en eau jusqu'à ce qu'il ne reste plus que de l'eau saturée en silice. Cette eau circule dans les fractures de l'encaissant et peut concentrer d'autres éléments chimiques comme le plomb, le fer. Sous l'effet d'une baisse de pression et de température, il y a précipitation du quartz, accompagnée des autres éléments concentrés. On obtient des filons qui contiennent des minéralisations diverses pouvant être exploitées comme ressources métalliques.

☞ 112 113

⚠ *Les filons hydrothermaux ne sont pas toujours liés à des intrusions magmatiques. Ils peuvent être associés à du métamorphisme sans magmatisme, car de nombreuses réactions métamorphiques libèrent de l'eau.*

72 Les modes d'expression du magmatisme

VOLCANISME = *arrivée en surface du magma sous forme d'éruption volcanique qui s'accompagne de différents produits (gaz volcaniques, coulées de laves, projections volcaniques diverses) et de la mise en place d'un édifice volcanique.*

Quelle est la diversité des édifices et des produits volcaniques ? Quels liens peut-on faire avec les caractéristiques physico-chimiques du magma ?

I - Diversité des dynamismes éruptifs

Extrait de la carte volcano-géologique de la chaîne des Puys

123

MANIFESTATIONS EFFUSIVES, EXTRUSIVES

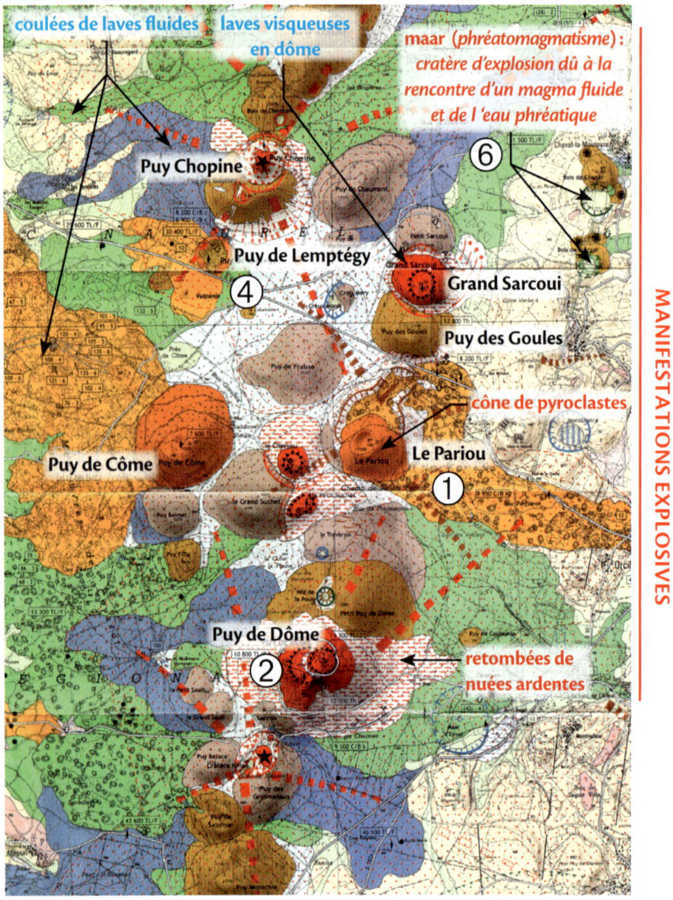

- Volcanisme antérieur à la Chaîne des Puys
- Sédiments tertiaires et quaternaires
- Socle plutonique et métamorphique, affleurant ou sub-affleurant
- Fracture du substratum
- Contour géologique

SÉRIE MAGMATIQUE :
- Trachyte
- Trachy-andésite
- Trachy-basalte
- Basalte

15 80

- Cratère d'appareil strombolien
- Dôme
- Protrusion
- Cratère d'explosion
- Produits fins des saupoudrages trachy-andésitiques concentrés par le vent
- Saupoudrages basiques
- Brèches d'écroulement et dépôts de nuées ardentes
- Brèches des Puys Chopine
- Sens de dispersion des nappes pyroclastiques

⚠ *Les volcans monogéniques tels que ceux visibles dans la chaîne des Puys se forment en une seule éruption. Les volcans polygéniques, de plus grande taille, se forment au cours de plusieurs éruptions successives (ex : volcans boucliers).*

Les différents types de dynamismes éruptifs (*hors phréatomagmatisme*)

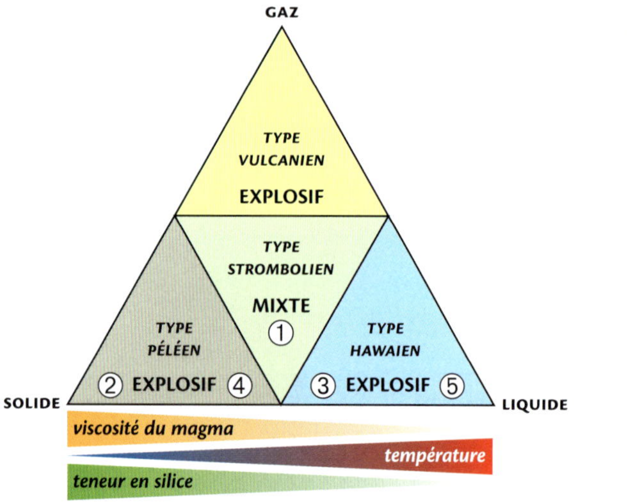

Dynamismes liés aux cônes et dômes observés dans la Chaîne des Puys

Dynamisme strombolien, type Nouveau Pariou

⚠ *Le Puy Pariou est un volcan complexe constitué d'un cône de scories « le Nouveau Pariou » qui repose un édifice plus ancien formé en grande partie par des éruptions phréatomagmatiques.*

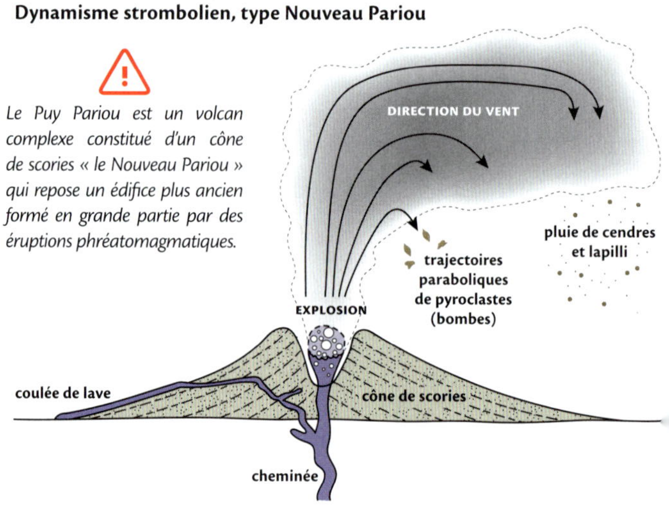

Dynamisme péléen, type Puy de Dôme

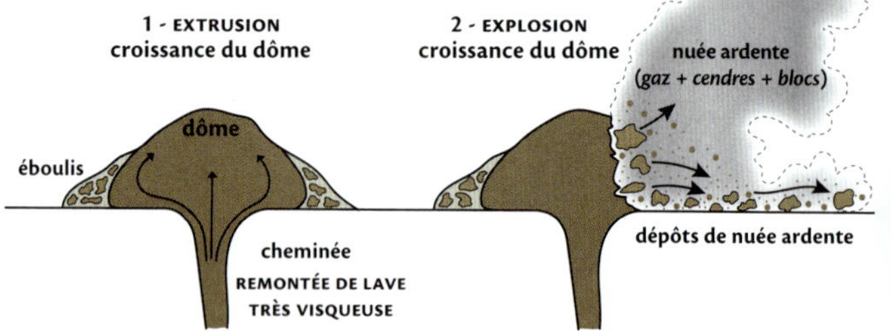

II - Diversité des édifices volcaniques en lien avec les dynamismes éruptifs

Observation aérienne du cône du nouveau Pariou (*Puy Pariou*)

Le dynamisme éruptif associé au Nouveau Pariou est de **type strombolien**.

Observation aérienne du puy de Dôme

Le sommet sans cratère et les flancs relativement abrupts sont caractéristiques d'un **dynamisme éruptif péléen**.

Un exemple de maar : le gour de Tazenat

L'activité explosive est à l'origine de la fragmentation de la lave mais également du socle granitique donc l'explosion a lieu en profondeur (*au sein du socle*). Elle est due à la rencontre entre l'eau et le magma lors de sa remontée : **phréatomagmatisme**.

Un exemple de volcan bouclier : Le Mauna Loa (*Hawaï*)

Le Mauna Loa est le plus grand volcan actif du monde. Il s'agit d'un volcan bouclier qui culmine à 4170 m d'altitude. Il est associé à un dynamisme effusif hawaïen. Il s'agit d'un volcan **polygénique**.

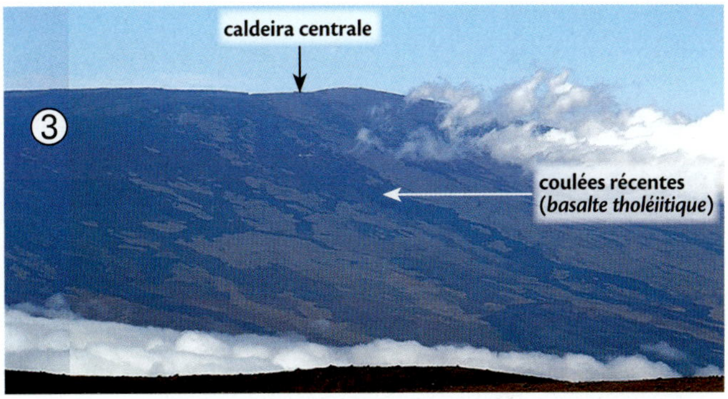

⚠ *Dans le cas du volcanisme fissural, la lave, généralement très fluide sort par des fissures larges de quelques mètres mais qui peuvent être longues de plusieurs km. Ce volcanisme forme de gigantesques épanchements de laves en domaine continental (trapps du Deccan) ou en domaine sous marin (plateau océanique d'Otong -Java)*

34

III - Diversité des produits volcaniques

Coulées de laves sur le flanc Sud du Kilauea (*Hawaï*) 71

Les coulées de laves visqueuses - **coulées aa** - forment un amoncellement de blocs décimétriques à décamétriques. La surface de la coulée est déjà relativement solidifiée alors qu'à l'intérieur, la lave continue à s'écouler. Ceci entraine la rupture de la surface solide en de multiples blocs. Les coulées de laves très fluides - **coulées pahoehoe** - prennent une géométrie sinueuse avec de multiples lobes.

Des nuées ardentes du Puy Chopine, sur le Puy de Lemptégy

⚠ *La lave émise dans l'eau forme des structures en coussins appelés pillows-lavas.*

73 La fusion des roches : les grands contextes

FUSION PARTIELLE = *passage d'une partie d'une roche mère, de l'état solide à l'état liquide. La fusion partielle aboutit à la mise en place d'un magma et d'un résidu de fusion solide.*

Quelles sont les principales conditions de fusion des roches et les contextes géodynamiques associés ?

I - Les principales modalités de fusion partielle des roches dans les grands contextes

Différents contextes géodynamiques conduisent à la fusion partielle de la péridotite mantellique, des roches de la croûte continentale ou des roches de la croûte océanique.

Relation entre contextes géodynamiques et modalités de fusion partielle

88

CONTEXTE GÉODYNAMIQUE	MODALITÉS DE FUSION	TAUX DE FUSION	CHIMIE DU MAGMA
RIFTING CONTINENTAL	décompression adiabatique du manteau	> 5%	alcalin
DORSALE	décompression adiabatique du manteau	20 à 25%	tholéiitique
SUBDUCTION	fusion hydratée du manteau	10%	calco-alcalin (*magmatisme tholéitique ou alcalin possible*)
	anatexie crustale		acide (*composition granitique*)
	fusion de la croûte océanique		adakites
COLLISION	anatexie crustale		acide (*composition granitique*)
	décompression adiabatique due à un « *lithospheric breakdown* »	10%	calco-alcalin
POINT CHAUD	décompression adiabatique majoritaire ; Apport de chaleur	5 à 15%	alcalin tholéiitique

Conditions de fusion partielle de la péridotite

76

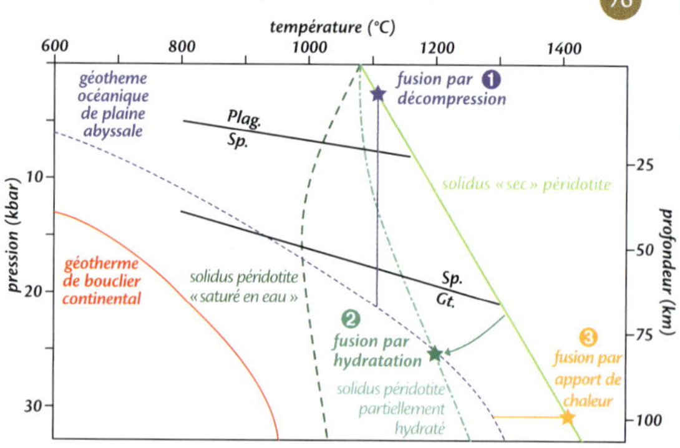

minéraux contenant de l'aluminium : **Plag.** *= feldspaths plagioclases ;* **Sp.** *spinelle ;* **Gt.** *= grenat*

II - La fusion partielle des roches en contexte de divergence

Ce contexte est essentiellement associé à la fusion partielle de la péridotite mantellique par **décompression adiabatique**. Cela se produit si le manteau remonte suffisamment rapidement pour minimiser les échanges de chaleur avec le manteau environnant traversé. 85

✪ fusion partielle en contexte de rifting continental

Cartographie des formations volcaniques quaternaires du rift des Afars dans la région du Dabbahu (*Éthiopie*)

Le Dabbahu est un édifice volcanique d'environ 600 m d'altitude au nord-ouest de l'Éthiopie. La diversité des laves s'explique par les processus de fusion partielle de la péridotite et de différenciation magmatique.

La remontée asthénosphérique associée à l'amincissement de la lithosphère entraîne la fusion partielle de la péridotite asthénosphérique par **décompression adiabatique**.

La mise en place de roches de la **série alcaline** est due à une fusion asthénosphérique profonde (*50 à 70 km*). On observe aussi la mise en place de **basaltes tholéiitiques** qui témoignent d'une fusion partielle moins profonde à des taux plus élevés : ceci marque une évolution vers un stade d'océanisation.

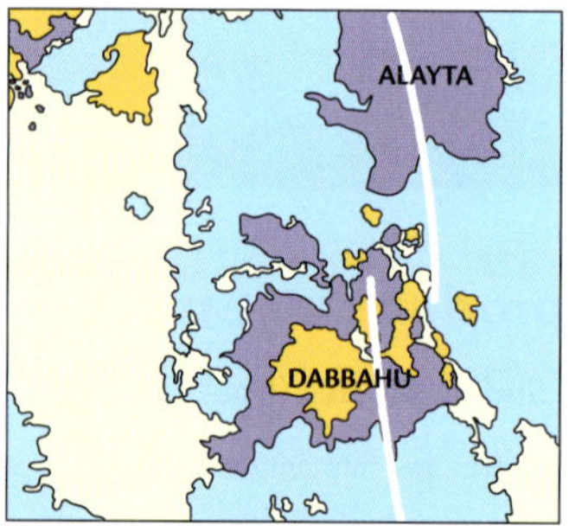

Les traits blancs indiquent les axes des segments de rift.

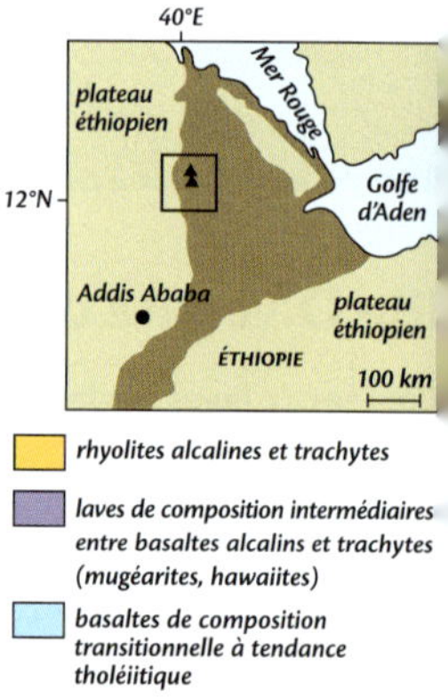

Les pillows-lavas de Lostmarc'h (*Presqu'île de Crozon, Finistère*)

98

Cet affleurement montre la mise en place d'un édifice volcanique sous-marin sur une marge passive à la fin de l'Ordovicien. Le magmatisme est lié à l'ouverture de l'océan Rhéique à l'Ordovicien terminal.

⚠ *Les autres basaltes de la presqu'île de Crozon, associés au même épisode magmatique, appartiennent aux séries magmatiques alcaline et tholéiitique, avec pour certains, des compositions transitionnelles entre les deux séries. Ceci est compatible avec un processus d'extension aboutissant à la transition rift continental - océan.*

fusion partielle en contexte de dorsale océanique

abbros lités de l'ophiolite d'Oman (*Wadi Bani Kharus, Oman*) 83

ous l'axe d'une **dorsale**, la remontée de l'asthénosphère conduit à sa fusion par décompression adiabatique à une profondeur de l'ordre de 25 km. Le magma basaltique tholéiitique génère en surface des basaltes de type MORB (*Mid-Ocean Ridge Basalt*) et plus en profondeur des filons de dolérite et des gabbros.

es gabbros lités sont formés par refroidissement de la bouillie cristalline sur les bords et le toit de la chambre magmatique. L'effondrement de la masse cristalline vers le bas de la chambre peut entraîner des courants équivalents à des courants de turbidité, qui conduisent à un granoclassement et au litage observé.

II - La fusion partielle des roches en contexte de convergence

fusion partielle en contexte de subduction

ue aériennes de deux stratovolcans Andins (*Chili*) 84

es volcans sont formés de laves de la **série calco-alcaline**, allant des basaltes andésitiques aux rhyodacites.

a croûte océanique plongeante subit des réactions du métamorphisme (*gradient HP-BT*) qui conduisent à sa déshydratation. Les fluides libérés entraînent la métasomatose du coin de manteau chevauchant. Ce coin de manteau, entraîné en profondeur par la lithosphère plongeante, subit une fusion partielle en franchissant le solidus de la péridotite hydratée.

La remontée de magma calco-alcalin chaud dans la croûte d'une lithosphère continentale chevauchante peut conduire à l'anatexie crustale.

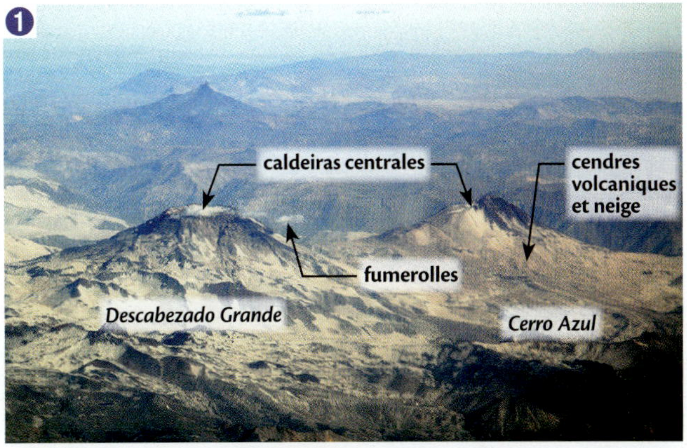

fusion partielle en contexte de collision

rismes horizontaux de rhyolite permienne (*Saint Raphaël, Var*) 75 84 119

e contexte de collision peut conduire à l'**anatexie crustale**.

es produits d'anatexie crustale sont des granites peralumineux mais aussi des roches volcaniques de type rhyolite.

es rhyolites permiennes ont été formées par anatexie crustale lors de la phase d'effondrement gravitaire en fin d'orogenèse varisque.

'anatexie crustale est essentiellement due à la décompression adiabatique. Elle est également permise par apport de chaleur due à la mise en place de magma basique calco-alcalin par « ***lithospheric breakdown*** ».

e magma acide remonte et forme des granites s'il se refroidit en profondeur, ou des hyolites s'il se refroidit en surface.

V - La fusion partielle des roches en domaine intraplaque en contexte de point chaud

oulées de basalte alcalin dans le Parc de Timanfaya (*Lanzarote, Canaries*)

35 85

es îles Canaries sont des îles volcaniques de **point chaud**.

ans un contexte de point chaud, la remontée d'un panache mantellique profond **augmente très localement la température** du manteau qu'il traverse, lui permettant de franchir le solidus anhydre. Mais de façon largement dominante, c'est le manteau d'origine profonde qui fond partiellement par **décompression adiabatique**. La fusion partielle se fait généralement entre 150 et 200 km de profondeur. Dans la majorité des cas, il y a formation de magma alcalin. Les points chauds les plus actifs, dont ceux à l'origine des provinces magmatiques géantes, forment du magma tholéitiique.

La fusion des roches : étude expérimentale

Fusion expérimentale = *étude de l'évolution d'assemblages de minéraux broyés dans un four ou une presse chauffée, aboutissant à un liquide magmatique comme produit de réaction. L'expérience se fait en **système clos** (le liquide ne s'échappe pas) et **à l'équilibre** (la température augmente lentement donc liquide et solide évoluent en équilibre), ce qui est différent des conditions naturelles.*

Comment fondent les roches ? Quels magmas primaires obtient-on selon la composition du solide initial ?

I - Diagrammes de phase binaires

La fusion est dite **congruente** lorsqu'un solide fond à température constante en donnant un liquide de même composition que le solide de départ (*ex : corps pur*). Les roches étant des assemblages de minéraux différents, leur fusion est **incongruente** : le liquide initial formé est de composition différente du solide de départ.

Mélange binaire de minéraux miscibles : albite et anorthite

Les plagioclases représentent une solution solide **$(Ca_xNa_{1-x})Al_{1+x}Si_{3-x}O_8$** entre deux pôles purs : l'**albite sodique** (x=0) et l'***anorthite calcique*** (x=1).
Si on chauffe un mélange **solide S_0** (***50% Ab, 50% An***), la première goutte de **liquide** apparait lorsque le solide atteint le **solidus** (***courbe de fusion commençante***), sa composition est plus riche en Na que le solide de départ (*car Na plus incompatible que Ca*), ce qui appauvrit le solide restant en Na. La **température augmente**, le liquide final a la composition du solide de départ.

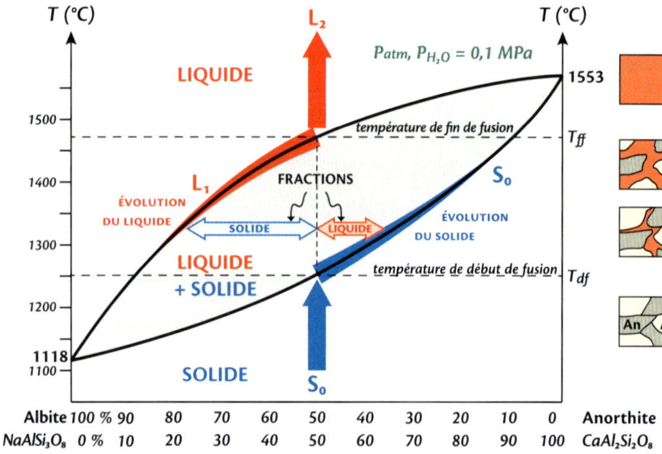

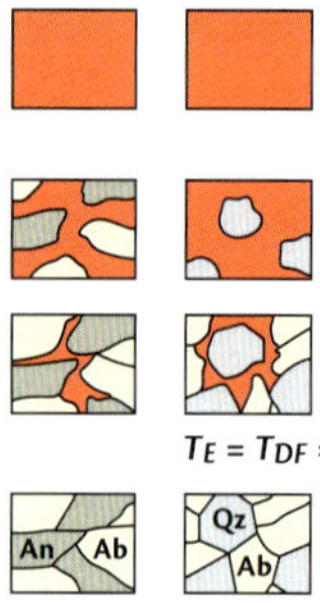

⚠ *La proportion de solide restant dans le mélange correspond pour une température donnée au segment S_0 - liquidus (règle du bras de levier).*

Mélange binaire de minéraux non miscibles : albite et quartz

Un mélange **solide S_{0a}** (***60% Qz, 40% Ab***) commence à fondre à une **température eutectique** (T_E), inférieure aux températures de fusion des minéraux purs. Le **premier liquide a toujours la même composition eutectique**, quelque soit le mélange de départ (***E= 37% Qz + 63% Ab***). La **température n'augmente pas** tant qu'un tel liquide peut être extrait, le solide restant s'éloigne de l'eutectique. Lorsqu'il ne reste qu'un minéral solide (Qz), la température augmente, le minéral restant finit de fondre, le liquide final (L_{3a}) a la composition du solide initial.

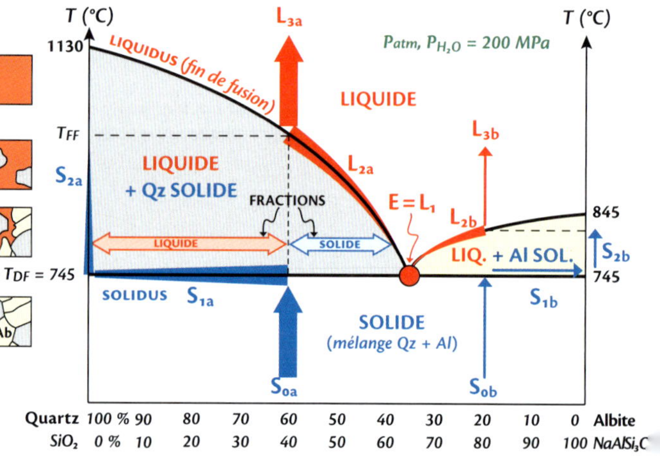

⚠ *Si le solide de départ est plus riche en albite que la composition eutectique (S_{0b}), le premier minéral qui disparaît est le quartz.*

Mélange binaire de minéraux non isomorphes avec solvus : albite-orthose

L'albite ($NaAlSi_3O_8$) et l'orthose ($KAlSi_3O_8$) sont tous deux des feldspaths, mais le premier est un plagioclase et le second un feldspath alcalin potassique. Si on chauffe un mélange de 60% orthose et 40% albite, à la température **T_S** (***solvus***), ils forment une solution solide, donc un unique minéral de formule $(K_{0,6}Na_{0,4})AlSi_3O_8$ avant de commencer à fondre (T_{df}).

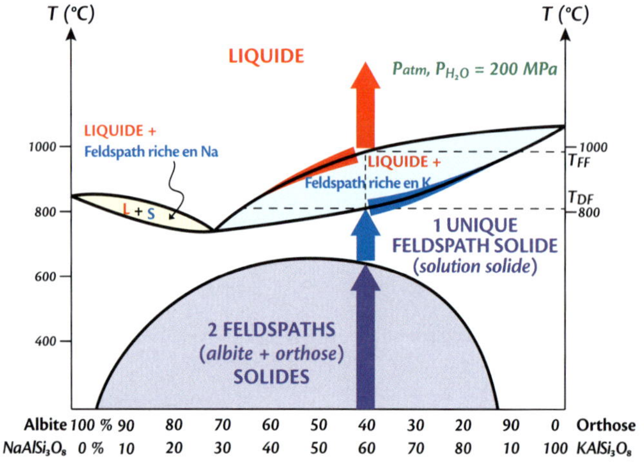

Effet de la pression et de la concentration en fluides

La **pression freine** la fusion qui s'initie à de plus hautes températures.
Les **fluides** facilitent la fusion et **abaissent le solidus**. La **fusion partielle** peut être atteinte par **décompression** ou **apport de fluides**. 76

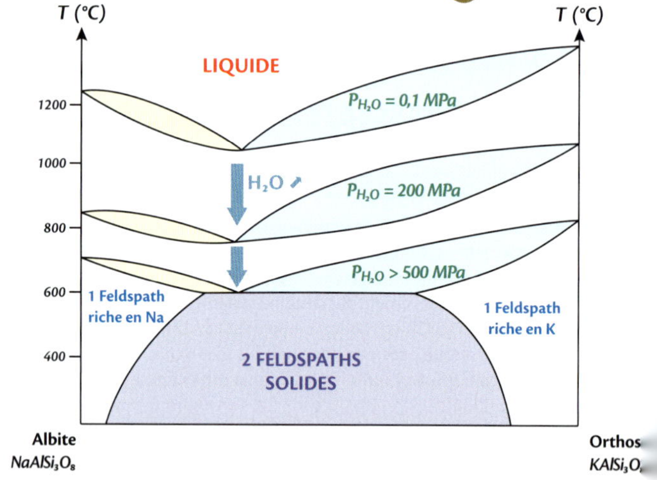

II - Diagramme de phase ternaire

Un minimum thermique, le puits eutectique, et trois vallées cotectiques

On peut construire un volume dont les trois faces représentent les trois mélanges binaires. À partir des trois sommets représentant les minéraux purs, partent trois surfaces courbes, sécantes deux à deux selon 3 **vallées cotectiques** qui se réunissent en un point E dit **puits eutectique**. Cette **surface composite représente le liquidus du mélange ternaire** (*à gauche*). On utilise généralement sa projection sur un plan horizontal (*à droite*). Le **solide en équilibre avec le liquide** contient encore les 3 minéraux tant qu'un liquide eutectique peut être extrait du mélange solide, seulement 2 d'entre eux quand le liquide emprunte une cotectique, un seul sinon.

❶ Un **mélange solide de composition S_0** fond à une température inférieure à celle des eutectiques ou minima thermiques binaires (T_E ~650°). La **température n'augmente pas** tant qu'un **liquide de composition eutectique** (***40% Qz, 30% Or, 30% Ab***) peut être extrait. Le solide restant s'éloigne de l'eutectique (S_1). En traçant la droite ***E-S_0***, on suit l'évolution du solide, le premier minéral à disparaitre est l'orthose à T_E = 650°C.

❷ Le **liquide évolue ensuite en s'enrichissant des 2 minéraux restant** à fondre (*Ab + Qz*), il emprunte la **vallée cotectique Ab - Qz** (L_2) tandis que la **température augmente** et que le solide s'appauvrit en Qz qui disparait vers 700°C.

❸ Le **liquide emprunte ensuite la surface du liquidus** (L_3) tandis que l'albite restante finit de fondre. En fin de fusion (780°C), le **liquide final a la composition du solide initial**.

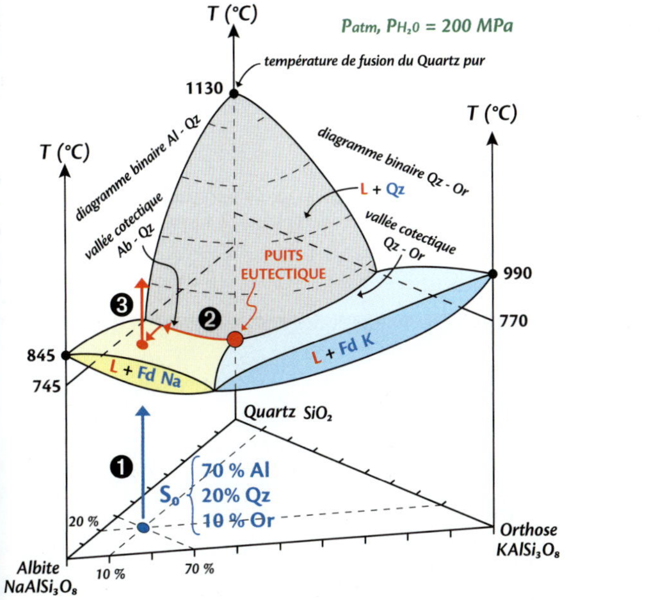

⚠ *La composition d'un mélange ternaire s'obtient en traçant les parallèles aux bases opposées à chaque sommet du triangle équilatéral.*

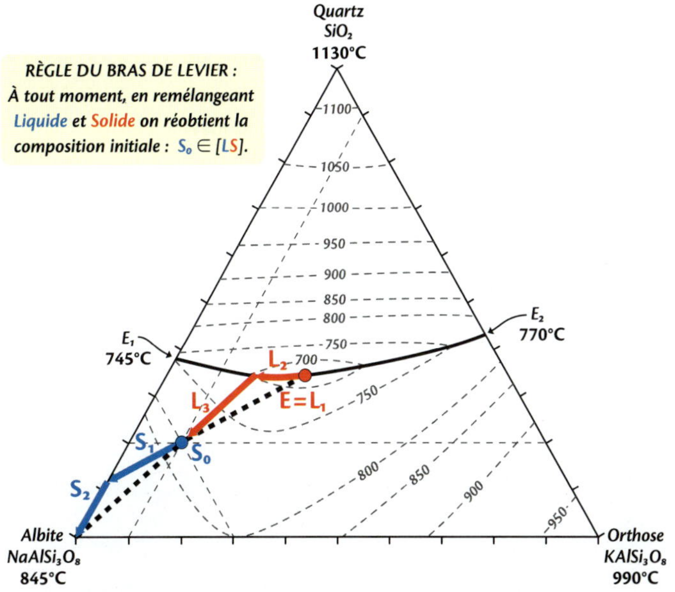

⚠ *Les isothermes projetées correspondent au liquidus, c'est donc la composition du liquide qui indique la température.*

III - Fusion expérimentale et fusion naturelle de la croûte et du manteau

Dans les conditions profondes, une fusion toujours partielle

73 78

Les **températures nécessaires** pour une **fusion totale** ne sont **jamais atteintes** dans les conditions profondes. À partir d'un certain taux de fusion, le **liquide s'extrait** par percolation ascendante, laissant sur place un résidu de fusion réfractaire. La **fusion est donc toujours partielle** et le **liquide obtenu de composition généralement eutectique**.

La composition de granites d'âges et de localisations variées montre qu'elle correspond généralement à un **eutectique Qz - Ab - Or**, composants majoritaires des granites.

Quelque soit sa composition exacte, **toute roche crustale silico-alumineuse et alcaline** (*métasédimentaire ou ignée*) qui commence à fondre **produit un jus granitique** : les magmas granites peuvent être des magmas primaires issus de la fusion partielle de roches crustales.

⚠ *Un magma granitique peut aussi dériver de la différenciation d'un magma primaire basaltique. Des arguments géochimiques discriminent ces granites.* 75 80 86

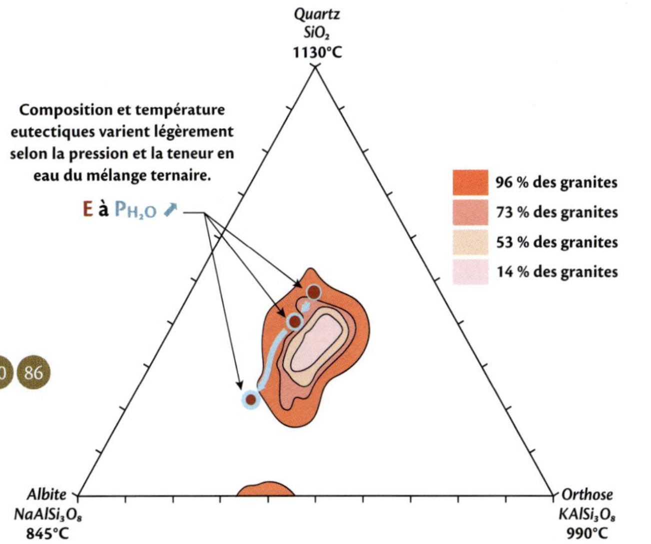

Un jus basaltique correspondant à un eutectique de péridotite

76

Les **péridotites** du manteau sont constituées majoritairement d'olivine, clinopyroxène (*cpx*) et orthopyroxène (*opx*). Ce mélange ternaire fond en donnant toujours le même jus initial **eutectique basaltique**. Son extraction appauvrit la péridotite en cpx ; selon le taux de fusion (*5 à 25%*), le résidu de fusion devient une lherzolite appauvrie, une harzburgite, ou une dunite très réfractaire. L'ajout de la phase alumineuse, ou la fusion expérimentale de lherzolite en poudre, donnent le même résultat : un **magma basaltique correspond à un eutectique de péridotite**.

⚠ *À l'Archéen, l'intérieur de la Terre était beaucoup plus chaud qu'aujourd'hui, le taux de fusion du manteau pouvait atteindre 40% et produire des komatiites.* 87

75 L'anatexie crustale

ANATEXIE CRUSTALE = *fusion partielle de roches de la croûte continentale, c'est-à-dire essentiellement de gneiss et de micaschistes.*

Quelles sont les conditions de fusion partielle de la croûte continentale ? Quels sont les produits de l'anatexie crustale ?

I - Migmatites et leucogranites : des témoins de l'anatexie crustale

✪ Des roches témoins d'un début d'anatexie crustale : les migmatites

Les migmatites correspondent à un mélange de roches de type **granite** et de **gneiss** ou de **micaschistes**. Leur genèse est généralement liée à la fusion partielle de gneiss, micaschistes et autres roches typiques de la croûte continentale. Les micaschistes proviennent du métamorphisme de roches sédimentaires pélitiques ; les gneiss, de roches sédimentaires gréso-pélitiques ou d'anciens granites. La migmatite se forme lorsque les liquides de fusion restent et se solidifient sur place.

Migmatite micro plissée dans le lit de la Sand River (*Afrique du sud*)

On observe typiquement deux zones dans la migmatite : une zone claire (***leucosome***) de composition granitique et des zones sombres (***mélanosome***) riches en minéraux ferromagnésiens. Les zones claires sont issues de la fusion des minéraux les plus riches en incompatibles : feldspaths et quartz qui forment des gouttelettes de liquides qui migrent peu et se rassemblent (***mobilisat***). Les minéraux les plus riches en ferromagnésiens, comme la biotite et l'amphibole, forment un résidu non fondu (***restite***). Ici, l'affleurement montre de nombreux plis de différentes tailles. En effet, la migmatite est une roche partiellement fondue. Lors de sa formation, elle est donc **ductile** et déformable, et peut être soumise à des phénomènes de **fluage plastique**.

Migmatite du Haut Allier (*Massif Central*)

La structuration initiale (***foliation***) du gneiss ou du micaschiste est encore parfaitement visible. On retrouve les deux zones typiques d'une migmatite : **leucosome** et **mélanosome**.

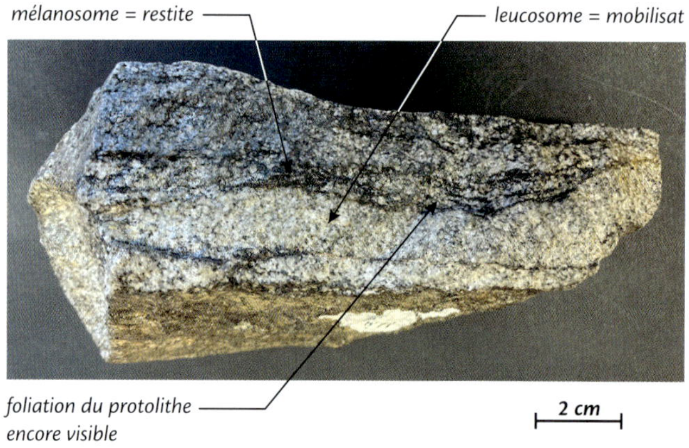

⚠ *Les migmatites peuvent aussi être issues de la fusion de roches basiques en domaine continental (anciens gabbros, amphibolites et diorites). C'est le cas de la migmatite de la Sand River.*

✪ Les produits de l'anatexie crustale : les granites peralumineux

Extrait de la carte géologique au 1/50 000ème de Saint Girons (zone Nord-pyrénéenne)

Les liquides formés suite à l'**anatexie crustale** peuvent se rassembler en grosses lentilles et grosses poches puis en filons de magma qui remontent du fait de sa faible densité. Il y a alors formation d'un pluton granitique. À cause de la richesse en aluminium des roches soumises à la fusion (essentiellement des roches sédimentaires métamorphisées), les granites formés sont riches en aluminium (***granites peralumineux** dont les **leucogranites***). On peut observer à l'affleurement la proximité entre plutons granitiques et massifs de migmatites.

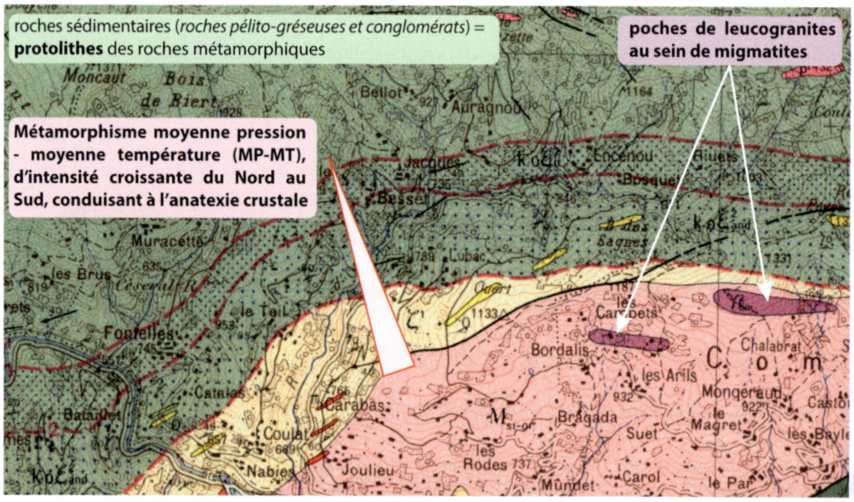

Roches sédimentaires du Cambrien et de l'Ordovicien k-o

Leucogranite

Migmatite

Isograde biotite +

Isograde andalousite +

Isograde sillimanite + feldspath potassique +

Roches sédimentaires k-o métamorphisées = micaschistes à biotite

Roches sédimentaires k-o métamorphisées = micaschistes à andalousite

Modèle réduit naturel des principales étapes de la mise en place d'un massif de leucogranite : dalle de migmatite de la Sand River (*Afrique du Sud*).

Les mêmes étapes sont observables à l'échelle de toute la croûte.

Affleurement de leucogranite : ancienne exploitation littorale de la presqu'île de Toénot (*Côtes d'Armor*)

La présence de cordiérite traduit les conditions de basse pression-haute température régnant lors de la cristallisation du magma. Sa rétromorphose s'effectue lors du refroidissement du pluton granitique.

Aspect macroscopique d'un leucogranite

14

Parmi les granites peralumineux, les leucogranites, comme leur nom l'indique, sont des granites de couleur claire. Il s'agit de granites à deux micas (biotite et muscovite). La présence de muscovite $K[Si_3AlO_{10}]Al_2[OH]_2$ traduit une richesse en aluminium du magma et donc de la roche-source. Les métasédiments de type métapélites, abondants dans la croûte continentale, ont cette caractéristique.

Tous les granites peralumineux ne sont pas des leucogranites. Lorsque la température de fusion partielle est plus élevée, l'anatexie crustale peut conduire à la formation de granites peralumineux, différents des leucogranites « classiques » par leur richesse en cordiérite.

II - Différentes conditions aboutissant à une anatexie crustale

Les conditions d'anatexie crustale dans un contexte de collision.

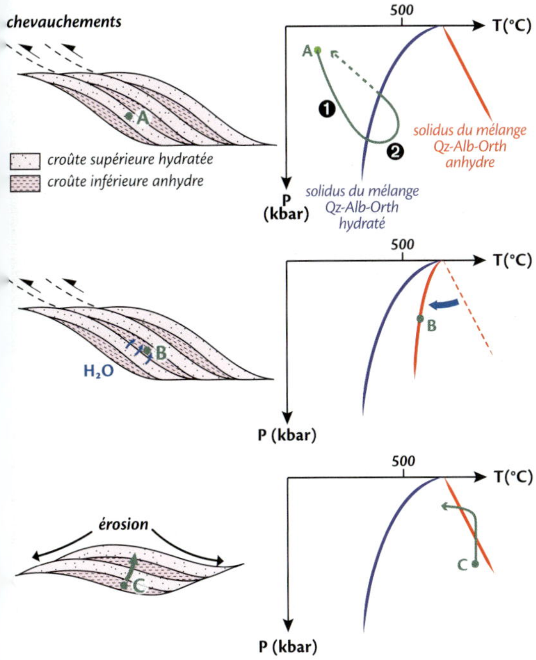

Augmentation de température due à un enfouissement tectonique

❶ Les roches se réchauffent lentement
➡ forte augmentation de pression mais faible augmentation de température.

❷ Rééquilibrage isostatique qui s'accompagne d'une baisse de pression et d'une augmentation de température.

Hydration par sous-charriage de matériel hydraté

Transfert de chaleur de l'unité supérieure chaude vers l'unité inférieure froide.

Métamorphisme de l'unité inférieure qui conduit à sa déshydratation.

La percolation de l'eau vers l'unité supérieure baisse la température de fusion de l'unité supérieure.

Décompression par effondrement gravitaire de la chaîne de montagne

L'effondrement gravitaire s'accompagne de la remontée de la racine crustale par réajustement isostatique. Lors de sa remontée, le matériel subit une décompression qui peut entraîner sa fusion.

Le manteau profond sous-crustal se décomprime aussi. Il fond partiellement, donnant un magma basique très chaud et mobile qui atteint la base de la croûte et la réchauffe, favorisant sa fusion.

On étudie les conditions permettant de franchir le solidus du mélange Quartz-Albite-Orthose qui représente la composition globale de la croûte continentale.

Les premiers liquides formés ont à peu près la même composition, quelle que soit la nature de la roche-source de la croûte continentale ; cette composition est celle de l'eutectique, ou minimum thermique du système. Dans le cas de l'anatexie crustale, l'**eutectique** correspond à des **liquides granitiques**.

75

Il peut aussi y avoir anatexie crustale sous l'effet d'une augmentation de température de la croûte due à la remontée d'un magma basique chaud. Ceci peut s'observer en particulier dans un contexte de subduction, de point chaud ou d'extension continentale.

76 Fusion de la péridotite mantellique

FUSION PARTIELLE = *passage d'une partie d'une roche mère de l'état solide à l'état liquide, aboutissant à une* ***phase liquide, le magma****, pouvant s'extraire de la roche mère par percolation ascendante et fracturation hydraulique, et à un* ***résidu de fusion solide, la restite****.*

Quels sont les indices de la fusion partielle de la péridotite mantellique ? Quel est son taux de fusion ? Quelles sont les causes et conséquences de cette fusion dans divers contextes géodynamiques ?

I - Indices d'une fusion partielle de la péridotite et calcul de son taux de fusion

Filiation entre la roche source, le magma et la roche résiduelle : mise en évidence d'un lien génétique grâce à la composition en pourcentage d'oxydes

Le **basalte** des dorsales parvient en surface à 1200°C, et ne peut donc provenir que d'une **fusion** de roches profondes sous-jacentes : les **péridotites** du manteau.

La composition chimique de deux péridotites (*lherzolite et harzburgite*) et d'un basalte océanique (*MORB*), exprimée en pourcentage massique d'oxydes permet de placer ces 3 roches dans un graphique représentant leur composition en 2 oxydes. Les 3 roches sont alignées, la lherzolite a une composition intermédiaire. Les **MORB** sont **enrichis en éléments incompatibles** (ex : K), tandis que la **harzburgite** en **est appauvrie**. La Lherzolite représente donc la roche mère, possédant tous les éléments du basalte, bien qu'en concentrations différentes, la harzburgite est un résidu de fusion. Le degré de fusion partielle peut être déduit graphiquement.

ÉLÉMENTS COMPATIBLES ET INCOMPATIBLES

Le degré d'incompatibilité d'un élément dans une phase minérale est exprimé par son coefficient de partage minéral-liquide :

$$K_d = \frac{C_s}{C_l}$$

C_s : *concentration de l'élément dans la phase solide*

C_l : *concentration de l'élément dans la phase liquide*

$K_d > 1$ ➡ **élément compatible** avec le réseau cristallin, facilement intégré aux cristaux,

$K_d < 1$ ➡ **élément incompatible**, dont la charge et/ou le rayon élevés limitent les substitutions avec les ions du réseau cristallin, donc ayant une préférence pour le liquide,

$K_d \ll 1$ ➡ **éléments très incompatibles** = hygromagmatophiles (*ex : K, Rb, Terres rares légères...*).

14 77

	harzburgite ophiolitique	lherzolite à grenat	MORB basalte océanique
SiO_2	42,3	45,3	49,1
TiO_2	0,1	0,2	1,7
Al_2O_3	0,5	3,6	14,2
FeO	7,1	7,3	11,0
MnO	0,1	0,1	0,2
MgO	49,6	41,3	11,0
CaO	0,1	1,9	9,9
Na_2O	0,1	0,2	2,2
K_2O	0,005	0,1	0,4

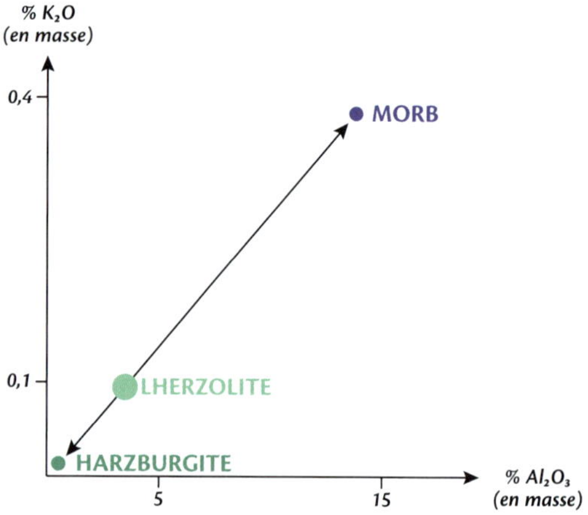

⚠ *On a pu démontrer que les lherzolites de Lers et d'autres chaînes de montagnes ne sont pas des lherzolites primaires mais correspondent à un manteau harzburgitique appauvri, refertilisé par imprégnation de magmas issus de fusions partielles sous-jacentes. Cela semblerait aussi être le cas de nombreuses ophiolites de chaînes de collision (Chenaillet...).*

Calcul du taux de fusion : des basaltes tholéiitiques ou alcalins selon le taux de fusion

Durant la fusion partielle, les **éléments incompatibles** partent dans le liquide et se concentrent de manière relative dans le **magma**, d'autant plus que le taux de fusion est faible. Les **éléments compatibles** restent dans la phase solide et se concentrent de manière relative dans la **restite**.

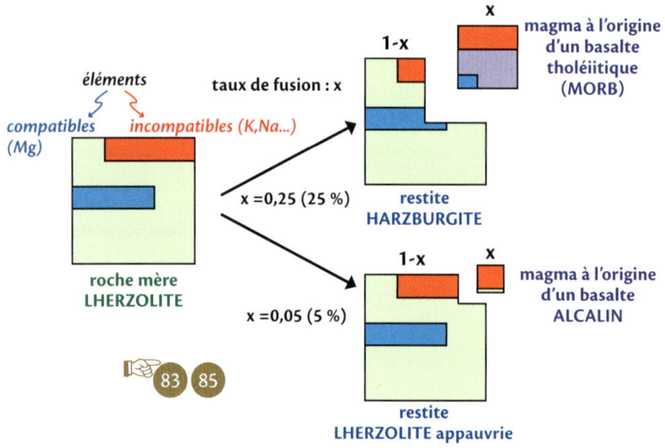

83 85

CONSERVATION DE LA MATIÈRE

$$m_{K_2O_{LHERZOLITE}} = m_{K_2O_{HARZBURGITE}} + m_{K_2O_{MORB}}$$

$$\%K_2O_{LHERZOLITE} = (1-x)\%K_2O_{HARZBURGITE} + x\ \%K_2O_{MORB}$$

taux de fusion $x = \dfrac{\%K_2O_{LHERZOLITE} - \%K_2O_{HARZBURGITE}}{\%K_2O_{MORB} - \%K_2O_{HARZBURGITE}}$

K étant très incompatible, $\%K_2O_{HARZBURGITE}$ est négligeable et l'expression se simplifie :

$$x = \frac{\%K_2O_{LHERZOLITE}}{\%K_2O_{MORB}}$$

application numérique $x = \dfrac{0,1}{0,4} = 0,25$ ➡ 25% *de fusion*

	basalte tholéiitique	basalte alcalin
SiO_2	49,1	47,1
TiO_2	1,8	3,1
Al_2O_3	14,2	15,0
FeO	11,0	12,0
MnO	0,2	0,2
MgO	11,0	7,1
CaO	9,9	9,0
Na_2O	2,2	3,2
K_2O	0,4	2,0

➡ Roches basiques (*pauvres en silice*), basalte tholéiitique plus riche en silice que le basalte alcalin

➡ Teneurs importantes en Fe, Mg, (*minéraux ferromagnésiens*) et Ca (*plagioclases calciques*)

➡ Basalte alcalin plus riche en alcalin que basalte tholéiitique

II - Causes de la fusion partielle de la péridotite

3 moyens a priori de rapprocher géotherme et solidus

Géotherme et solidus ne se recoupent généralement pas : le manteau est solide, les ondes S s'y propagent. Ces courbes se frôlent au niveau de la LVZ, la péridotite approche son point de fusion et devient déformable.

3 moyens pourraient expliquer que le géotherme croise le solidus :

❶ **décompression adiabatique**,
❷ **hydratation du solidus** (*apports de fluides jouant le rôle de fondants*),
❸ **échauffement isobar** (*de loin le moins fréquent*).

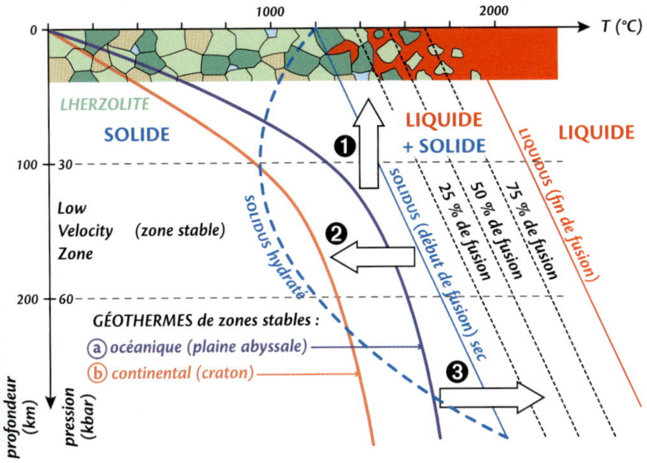

Causes de la fusion partielle dans différents contextes géodynamiques

L'échauffement isobar d'une péridotite pourrait s'envisager dans le manteau à proximité d'un panache ascendant à l'origine d'un **point chaud** ; il parait cependant plus probable que ce soit la **décompression adiabatique** au cœur du panache qui entraine une fusion souvent faible (~ *5%, sauf points chauds très actifs*) et profonde (~*100 km*). À l'axe des **dorsales**, la même **décompression adiabatique** engendre une fusion plus importante (~25 %) et plus superficielle (25 *km*). Dans les zones de subduction, le métamorphisme de la plaque plongeante libère des fluides, vers 100 km, qui hydratent et mésosomatisent le manteau de la plaque chevauchante.

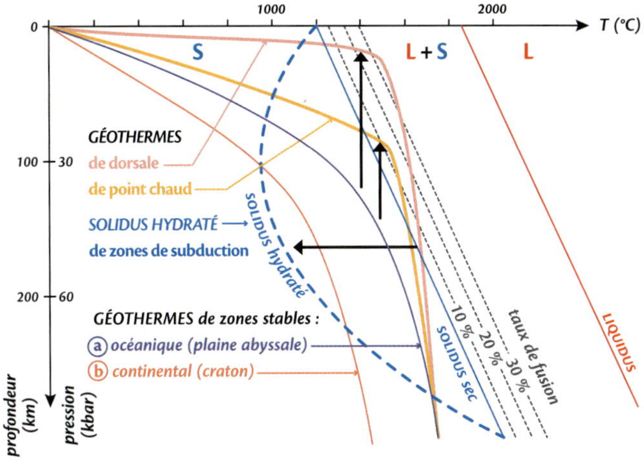

Solidus = courbe de température de fusion commençante d'une roche, établie expérimentalement.
Géotherme = modèle d'évolution de la température en fonction de la profondeur, calculé à partir de mesures du flux de chaleur en différentes zones géographiques, ainsi que d'hypothèses sur l'origine et le mode de dissipation de la chaleur interne.

III - Les résultats de la fusion partielle d'une péridotite : un magma basaltique

Un magma basaltique correspondant à un eutectique de péridotite

La fusion partielle de mélanges de minéraux d'une **lherzolite** (*ol, opx, cpx accompagnés d'une phase alumineuse minoritaire pouvant être selon la profondeur du plagioclase, du spinelle ou du grenat*) **donne toujours un magma basaltique** correspondant à une **composition eutectique**, minimum thermique du solidus d'une lherzolite. La fusion appauvrit la lherzolite initiale en phase alumineuse et en cpx qui fondent préférentiellement ; si elle se poursuit, le résidu de fusion évolue vers une harzburgite qu'on trouve à la base des lithosphères océaniques issues de dorsales rapides.

Classification des péridotites : 14 21 74

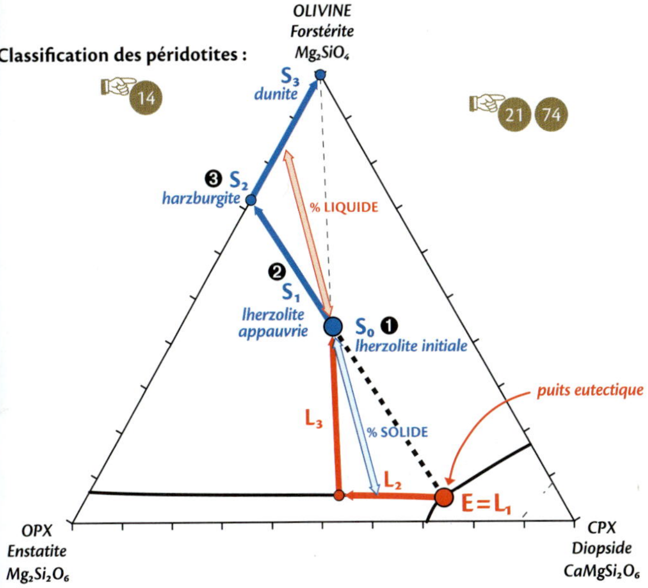

Ce diagramme ternaire correspond aux minéraux majoritaires d'une lherzolite, mais sans phase alumineuse (ex Plagioclase). Sans apport d'alumium, le liquide eutectique n'est pas de nature basaltique.

Apparition et extraction ascendante du magma issu d'une lherzolite

La fusion s'initie là où un maximum de phases minérales sont en contact. À partir d'un certain taux de fusion, les liquides deviennent contigus et peuvent s'extraire sous l'effet de la poussée d'Archimède, par percolation ascendante. 78

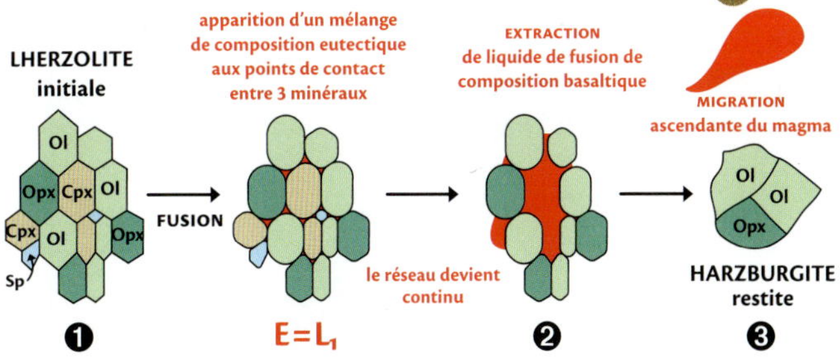

Des basaltes variables selon taux, conditions et profondeur de fusion

Plusieurs types de basaltes existent du fait de la variété des causes, taux et gammes de pression et de température de la fusion partielle. La présence d'eau hydrate les basaltes, l'implication de jadéite et amphibole dans leur formation les enrichit en Ca, Na, K (***basaltes calcoalcalins***). Les basaltes anhydres formés à basse pression sont assez riches en silice (***basaltes tholéiitiques***) alors qu'ils en sont plus pauvres à haute pression (***basaltes alcalins***).

83 84 85

lentille de basalte tholéiitique (***issu du liquide de fusion partielle***)

harzburgite = restite (***résidu réfractaire de fusion partielle***)

Échantillon de l'ophiolite d'Oman :
→ Taux de fusion partielle ~ 25%
→ profondeur ~ 25 km

77 Diversité des sources mantelliques

Source mantellique = *roche du manteau produisant un magma basaltique par fusion partielle. L'analyse géochimique des magmas qui en sont issus montre une hétérogénéité de ce réservoir, appauvri ou enrichi en certains éléments et pouvant correspondre à du manteau supérieur ou inférieur, hérité ou recyclé.*

Comment tracer les sources mantelliques à l'origine du magma ? Comment distinguer les réservoirs géochimiques ?

I - Un manteau hétérogène

Diagramme multi-élémentaire des basaltes

74 76

Les magmas primaires basaltiques ont des signatures en éléments majeurs homogènes mais se distinguent par leurs **signatures en éléments traces**. Le **diagramme multi-élémentaire** d'un basalte représente son spectre en éléments traces (*dont les terres rares*) classés par degré d'incompatibilité décroissante. Son allure générale reflète celle du manteau source dont il est issu.

- Les OIB ont **une pente négative** témoignant d'un **source enrichie** pouvant fournir lors d'une fusion partielle un liquide basaltique dans lequel se concentrent les éléments les plus incompatibles.
- Les MORB ont **une pente positive** : Leur source, un manteau appauvri, ne peut fournir les éléments les plus incompatibles, du fait d'un appauvrissement par les fusions partielles répétées qu'elle a subies au cours des temps géologiques.
- Les IAB ont **une pente négative avec une anomalie négative en Niobium et Tantale**. Cette signature spécifique témoigne d'un manteau appauvri mais réenrichi par des fluides aqueux provenant de la plaque subduite.

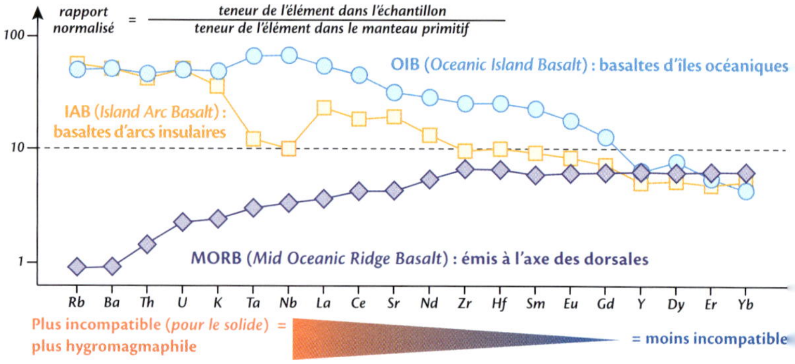

Comme les éléments à numéro atomique pair sont plus abondants que les impairs, on ***normalise*** *pour éviter d'avoir un diagramme en dents de scie. La normalisation peut se faire par rapport aux MORB, au manteau primitif ou aux chondrites (météorite donc la composition est la même que celle de la Terre globale).*

II - Des magmas issus d'un manteau appauvri

✪ La source des MORB : le manteau supérieur asthénosphérique, un manteau appauvri (*Depleted Mantle*)

Unité des rapports isotopiques initiaux en Nd et Sm des MORB

88 135

Plus ce rapport est ÉLEVÉ, plus la péridotite source a subi d'épisodes de fusion préalables

Plus ce rapport est FAIBLE, plus la péridotite source a subi d'épisodes de fusion préalables

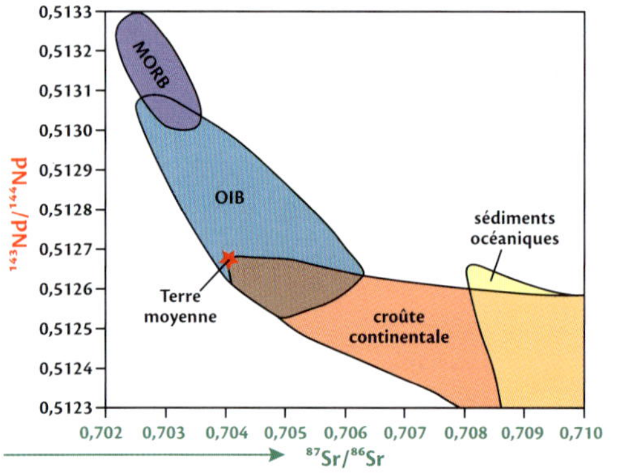

Diagramme multi-élémentaire de différents types de MORB

Les spectres multiélémentaires conduisent à distinguer 4 types de **MORB**. Les **MORB-N**, très fréquents, sont issus du manteau appauvri, les autres sont émis par une dorsale située à proximité d'un point chaud et témoignent de mélanges et transitions.

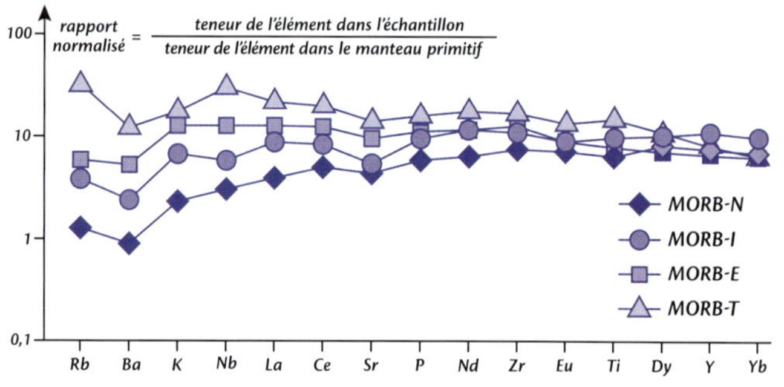

✪ Les sources des basaltes des zones de subduction : le manteau supérieur métasomatisé

84

La roche source : un manteau appauvri mais un magma enrichi par métasomatose

La source des **basaltes d'arcs insulaires** (*IAB*) est une **source mixte comprenant l'asthénosphère appauvrie et la lithosphère, métasomatisée** et hybridée par les fluides et les magmas issus de la déshydratation de la croûte océanique subduite. Ces fluides mobilisent sélectivement certains éléments comme le Ba, Rb et K, (*faiblement chargés et à gros rayon ionique : LILE, Large Ion Lithophile Elements*) tandis que d'autres éléments, **Nb** et **Ta**, à petit rayon ionique et à forte charge (*HFSE, High Field Strength Elements*) sont **peu ou pas mobilisés**.

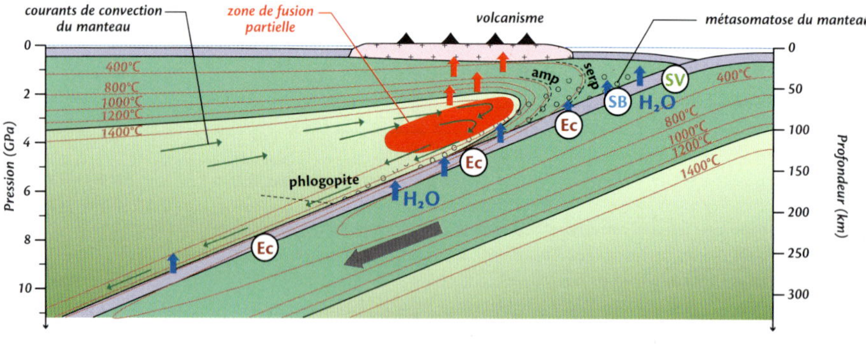

III - Des magmas issus d'un manteau enrichi

✪ Les points chauds quaternaires et les grandes provinces magmatiques (*Large Igneous Provinces*) depuis 300 Ma

Les basaltes présents au niveau d'archipels volcaniques (*alignements d'îles : OIB de la Réunion, Hawaï*), de grandes provinces continentales (*trapps de Sibérie, trapps du Deccan*) ou océaniques (*plateaux océaniques des Kerguelen ou d'Ontong Java*) sont des **basaltes de points chauds**.

Certains sont caractérisés par des **faibles teneurs en SiO_2**, mais des **fortes teneurs en alcalins Na_2O et K_2O** : ce sont des **basaltes alcalins**, issus d'un taux de fusion partielle faible.

Certains sont **tholéïtiques** (*Hawaï, trapp du Deccan*) car issus d'un taux de fusion partielle important.

34 83 85

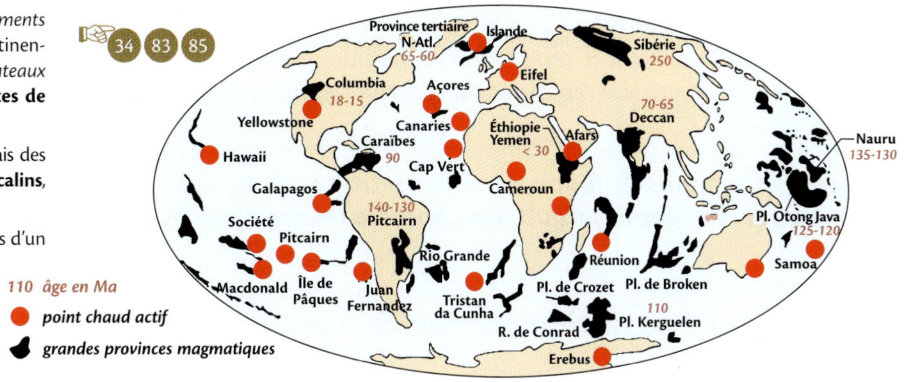

✪ Un manteau enrichi : le manteau inférieur primitif et non dégazé enrichi secondairement par recyclage

Diversité des rapports isotopiques initiaux en Nd et Sr des OIB

L'étalement des rapports isotopiques initiaux des basaltes des îles océaniques (OIB) dans ce diagramme témoigne d'une grande diversité de la source.

Leurs compositions isotopiques se répartissent dans un quadrilatère dont l'un des sommets est le champ des **MORB en direction du pôle DMM** (***Depleted MORB Mantle***).

La présence de trois autres pôles montre que les sources mantelliques de ces basaltes sont très hétérogènes.

→ **HIMU**, (high **μ**) avec $\mu = \frac{^{238}U}{^{204}Pb}$, identifié à partir des isotopes du plomb

→ **EM I**, Enriched Mantle 1

→ **EM II**, Enriched Mantle 2

Les rapports isotopiques des basaltes OIB de type EMII sont très proches de ceux de la croûte continentale et des sédiments détritiques qui en sont issus.

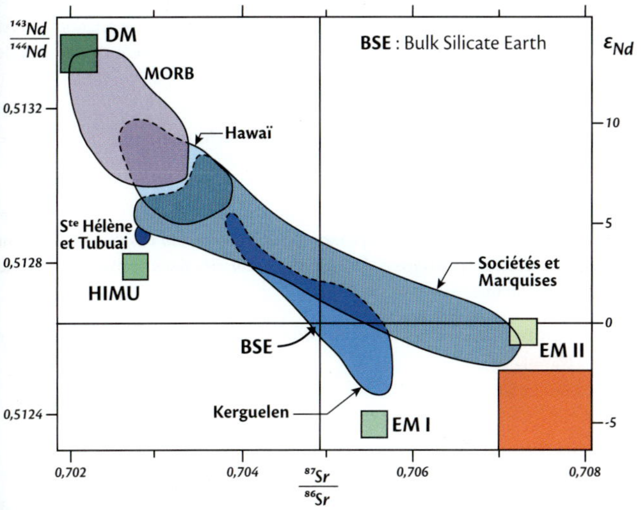

Un manteau enrichi par différents processus

La prise en compte de rapports isotopiques en Pb témoigne de l'incorporation dans le manteau profond de composants crustaux recyclés par la subduction.

→ **le pôle EM1** proviendrait de l'incorporation de sédiments océaniques pélagiques lors de la subduction et de son recyclage.

→ **le pôle EM2** proviendrait de l'incorporation de sédiments terrigènes (*d'origine continentale*).

→ **le pôle HIMU**, proviendrait du recyclage de la partie magmatique de la croûte océanique altérée et déshydratée.

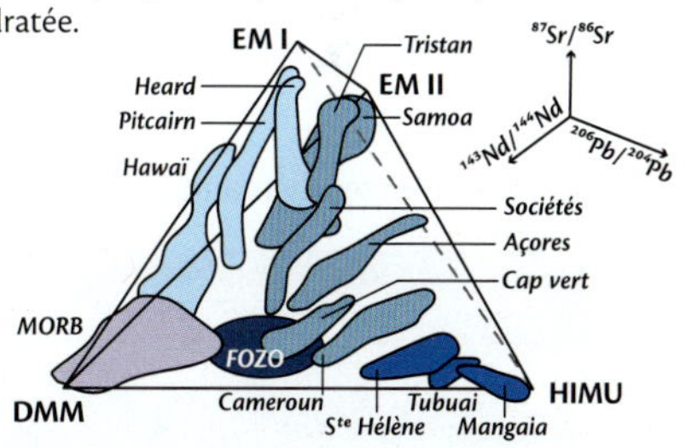

Diagrammes $^{206}Pb/^{207}Pb$ et K_2O/TiO_2 en fonction de CaO/Al_2O_3

Depuis quelques années, l'étude des réservoirs mantelliques identifiés à partir des isotopes du plomb est réalisée à partir des relations entre signatures isotopiques et concentrations en **éléments majeurs** dans les laves.

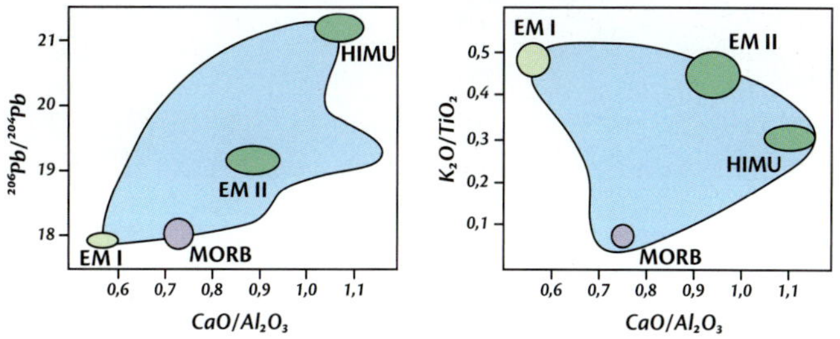

Mise en place de certains panaches primaires : HIMU OIB (*Sainte Hélène, Tuvalu*)

33 84

La péridotite hydratée (*serpentinite*) et la croûte océanique sont les principaux vecteurs d'eau dans les zones de subduction profondes, provoquant de forts enrichissements relatifs du manteau en éléments spécifiques, y compris U.

❶ Accrétion, formation des MORB, exhumation mantellique, hydrothermalisme.

❷ Déshydratation directe de l'**AOC** (***croûte océanique altérée***) à 4 GPa/800 °C (*120 km de profondeur*) : liquide riche en Pb et LILE (*Large Ion Lithophile Elements*) à l'origine magmatisme d'arc (*flèche pointillée en gris clair*).

❸ Expulsion de liquide supercritique, induite par un fluide aqueux de serpentinite déshydratée infiltrant l'AOC déshydratée.

Métasomatisme du manteau via un liquide supercritique libéré de la dalle descendante qui avait précédemment perdu Pb et LILE et qui a connu un enrichissement relatif en Th sur U

❸ Mise en place de basaltes de type HIMU OIB avec une source mixte (*un panache mantellique provenant de la couche D" enrichi par un manteau métasomatisé par un liquide enrichi en U/Pb*).

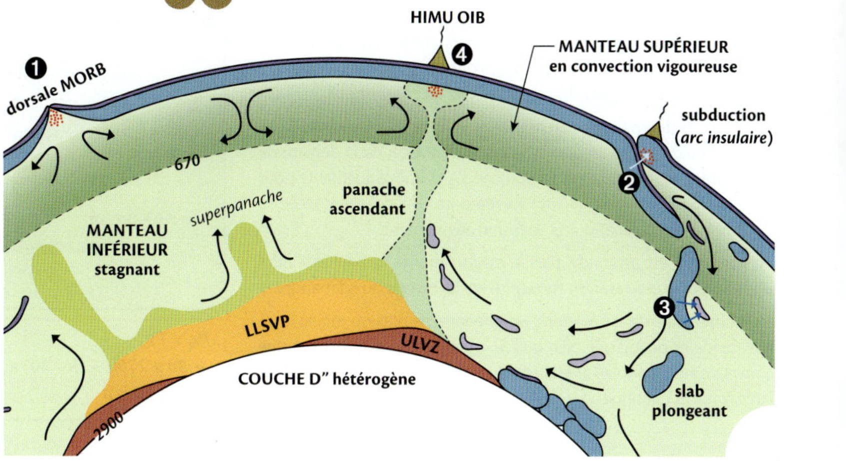

78 Extraction et ascension des magmas

Extraction = *séparation du liquide issu d'une fusion partielle de sa roche source.*
Ascension = *remontée du magma depuis la zone de fusion partielle et depuis le réservoir magmatique.*

Comment les produits de fusion partielle s'extraient-ils de leur roche mère ?
Comment parviennent-ils jusqu'à une chambre magmatique et en surface ?

I - Naissance et extraction du magma dans une roche source

Coalescence des gouttes de magma *in situ* ☞ 74

Lorsque la fusion partielle (2à 20 %) de la roche source est initiée, les premiers liquides apparaissent entre les minéraux au niveau où un maximum de phases différentes sont en contact car c'est là que se situe le minimum thermique du solidus. Les gouttes de magma se propagent le long des joints : il y a connectivité du liquide et propagation à travers la roche. L'extraction se fait lorsque les poches de liquide parviennent à coalescer. Les liquides qui apparaissent aux joints ne sont pas contigus pour de faibles taux de fusion et ne peuvent s'échapper au début de la fusion. À partir d'un certain taux de fusion (> 2 à 7 %) les liquides deviennent contigus, et étant moins denses que les minéraux environnants, ils subissent une percolation ascendante.

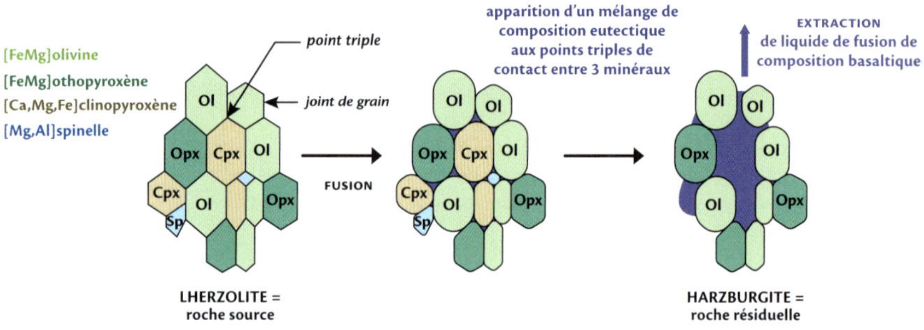

Apparition de gouttes de magmas et percolation ascendante si le degré de fusion partielle est suffisant

L'extraction du magma se poursuit à la faveur de fractures qui peuvent se former si la pression interne du liquide dépasse le seuil de rupture de la péridotite, ce phénomène est nommé **fracturation hydraulique**. Les magmas se rejoignent et forment des lentilles de liquides de composition basaltique dans la roche résiduelle.

péridotite, harzburgite du wadi Bani Kharus en Oman (= ***roche résiduelle*****)**

Réseau très dense de dykes gabbroïques (= ***magmas de composition basaltique ayant cristallisé lentement*****) évacuant les magmas de fusion partielle nés dans le manteau sous la zone d'accrétion océanique.**

Cette photo illustre bien les effets de la fracturation hydraulique qui a accompagné la mise en place de ce réseau.

La profondeur de la zone de fusion conditionne la future ascension

Le **magma basaltique**, ayant une **densité de 2,8**, remonte sans problème à travers du manteau (*densité* 3,3) ou de la croûte océanique (*densité* 2,9).

La remontée du magma basaltique à travers une croûte continentale de densité plus faible que lui (2,7) s'explique par un **excès de poussée d'Archimède du magma dans le manteau** qui remonte.

En effet, la **fusion partielle du manteau**, et donc la présence de gouttelettes liquides en son sein, entraîne la **diminution de la densité de ce manteau** dans cette zone. La poussée d'Archimède augmente pour le manteau (*imprégné de liquide*) qui remonte. Lors de sa remontée, sa décompression adiabatique et sa fusion augmentent.

Plus la fusion est profonde, plus le magma monte et peut atteindre une hauteur importante en surface : 6 km au niveau du Kilimandjaro.

La montée du magma est donc un phénomène plus ou moins localisé, rapide et périodique bien qu'il soit provoqué au départ par une convection du manteau à l'état solide qui est au moins en profondeur large, lente et continue.

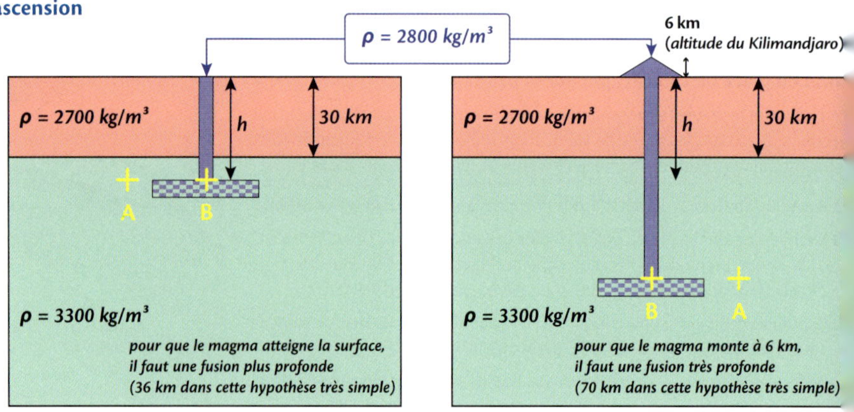

$P_A = P_B$
⇔ $30 \times 2700 + (h - 30) \times 3300 = h \times 2800$
⇔ $h = 36$ km

$P_A = P_B$
⇔ $30 \times 2700 + (h - 30) \times 3300 = (h + 6) \times 2800$
⇔ $h = 36$ km

II - Ascension des magmas

✪ Une ascension conditionnée par la viscosité du magma qui dépend de différents facteurs

La **viscosité** (*résistance à l'écoulement*) d'un magma dépend de :

→ **son acidité** (*richesse en silice*) : plus les tétraèdres se pontent entre eux, plus sa viscosité augmente et sa remontée ralentit, le magma peut se refroidir et se figer avant d'atteindre la surface.

→ **sa teneur en cristaux** : au-delà de 40% du magma, la viscosité augmente de plusieurs ordres de grandeur.

→ **sa température** : plus la température est faible, plus le magma est visqueux.

→ **sa teneur en eau** : les fluides abaissent la viscosité d'une manière d'autant plus importante que la température est faible.

La richesse en silice

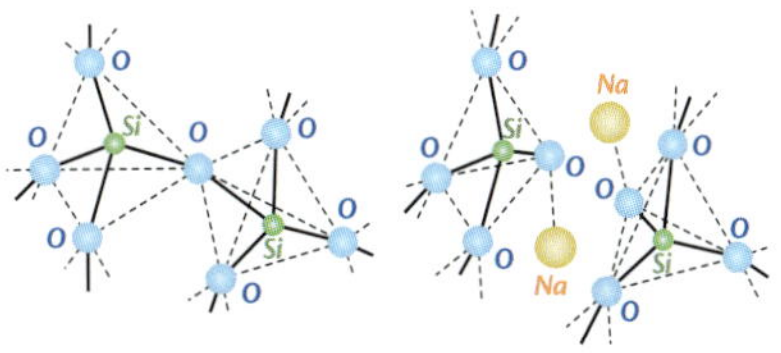

La température

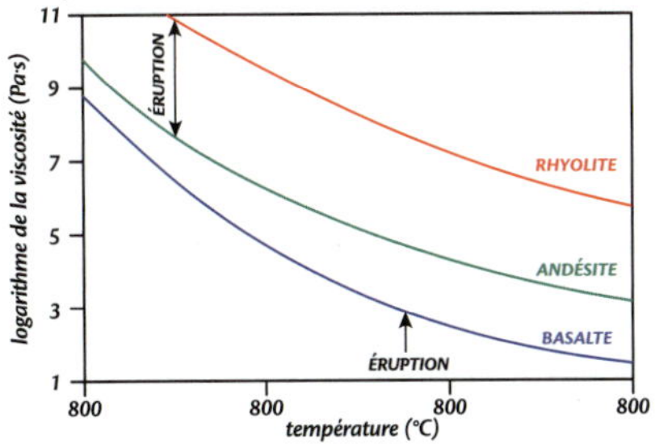

La quantité de minéraux

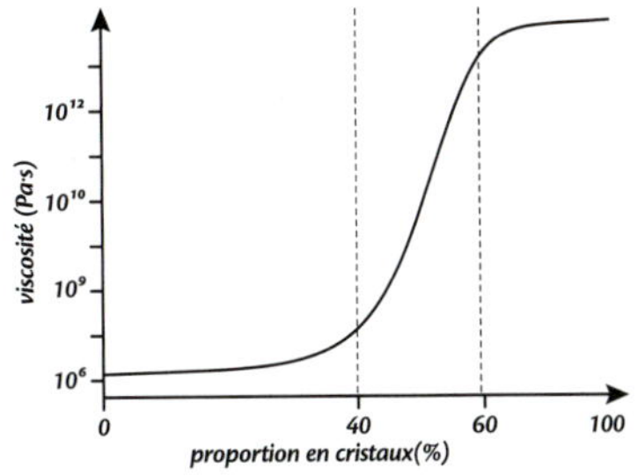

la quantité d'eau dissoute

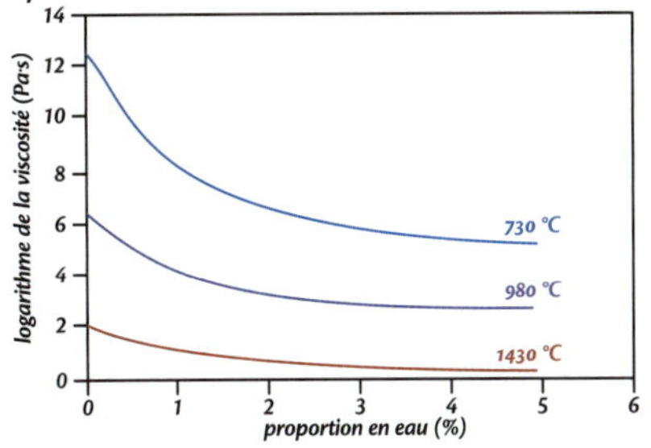

✪ Une ascension parfois directe ou parfois depuis le réservoir magmatique

Dyke basaltique en Patagonie argentine

L'érosion peut mettre en évidence de manière spectaculaire les fissures d'alimentation magmatique car les filons sont plus résistants à l'érosion que leur encaissant (*ici sédimentaire*)

☞ 71

Sill dans la vallée de la Yellowstone River

Les sills correspondent à des **filons magmatiques plus ou moins horizontaux et/ou parallèles aux couches de leur encaissant**. Leur refroidissement qui se fait par leurs bords supérieur et inférieur peut donner lieu à une prismation verticale.

Processus de dégazage magmatique et dynamismes éruptifs

Les **éruptions volcaniques** sont des émissions de laves, fragments solides (*cendres, lapillis, blocs et bombes*) et gaz, provoquées par le dégazage des magmas remontant dans le conduit volcanique.

❶ Les volatils dissous dans le liquide silicaté s'en exsolvent après nucléation de bulles de gaz au sein du liquide (*nucléation homogène des bulles*) ou sur la face de cristaux (*nucléation hétérogène des bulles*). Cette exsolution ne débute qu'à faible profondeur : les gaz ne sont donc pas responsables de la remontée du magma à travers la croûte continentale mais simplement de la fin de l'ascension.

❷ Selon la richesse en gaz et la viscosité du magma, on distingue éruptions effusives et explosives :

→ Si les gaz peuvent s'échapper vers le haut (*dégazage en système ouvert*), du fait d'une faible viscosité du magma, l'éruption est effusive et les laves émises sous forme de coulées.

→ Si le magma est riche en gaz ayant du mal à s'échapper (*dégazage en système fermé*), l'éruption est explosive.

⚠ *Les volcans basaltiques peuvent développer des dynamismes très énergétiques conduisant à de violentes éruptions. Ces manifestations explosives, souvent appelées paroxysmes, sont connues sur plusieurs volcans basaltiques et notamment le Stromboli.*

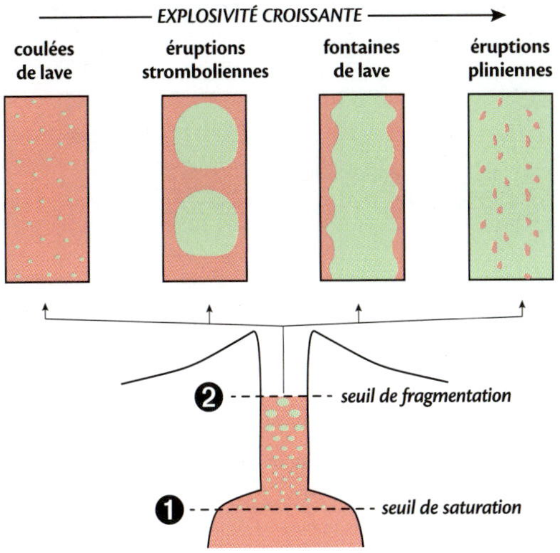

79 Différenciation magmatique et séries magmatiques

Cristallisation fractionnée = *modèle de cristallisation d'un magma au cours de laquelle chaque cristal est extrait et séparé du magma dès sa formation. La cristallisation fractionnée fait évoluer la chimie du magma résiduel et est à l'origine d'une série magmatique.*

Série magmatique = *ensemble de roches magmatiques génétiquement liées par un processus magmatique commun d'origine mantellique. Les roches de la série présentent une unité d'âge, une unité de lieu et de contexte géologique.*

Quelle évolution d'un magma peut expliquer la formation de différentes roches magmatiques, plus ou moins différenciées ?

I - Une série magmatique est un ensemble de roches magmatiques

Une série magmatique : un ensemble de roches qui proviennent d'un processus magmatique commun

Un unique magma, **appelé magma primaire**, est à l'origine d'une série magmatique.
Les roches de la série ont été produites dans un laps de temps restreint (***unité d'âge***), dans la même région géographique (***unité de lieu***) et présentent une évolution chimique continue à partir du même magma primaire.
Les **magmas primaires** à l'origine des séries magmatiques sont généralement des magmas de **faibles teneur en silice** (*autour de 50%*) et en éléments alcalins, et les **magmas différenciés** sont **riches en silice** (*jusqu'à 70%*) et en éléments alcalins.

Identification d'une série magmatique dans une zone de subduction (*Batholithe de la côte péruvienne*)

L'unité de lieu et l'unité d'âge sont mis en évidence par cartographie et datation.
L'unité chimique est mise en évidence en étudiant les compositions chimiques des roches.
Ainsi, les compositions de différentes roches d'une série magmatique forment une **courbe continue dans un diagramme de Harker** ou dans un **diagramme AFM** (*diagramme triangulaire : alcalins, fer, magnésium*).

Lors de la cristallisation des magmas, **les éléments chimiques se répartissent entre les minéraux qui se forment et le liquide** en fonction de leurs propriétés chimiques (*en particulier leur rayon ionique et leur charge*).

On définit un **coefficient de partage minéral/liquide** qui permet de caractériser les éléments :

→ Un **élément incompatible** (*sous-entendu, avec la structure d'un réseau cristallin*), ou **magmatophile**, reste dans le liquide lors de la cristallisation des minéraux, son coefficient de partage est inférieur à 1.

→ Un **élément compatible** (*sous-entendu, avec la structure d'un réseau cristallin*), ou **lithophile**, intègre un minéral (*ou plusieurs*), son coefficient de partage est supérieur à 1.

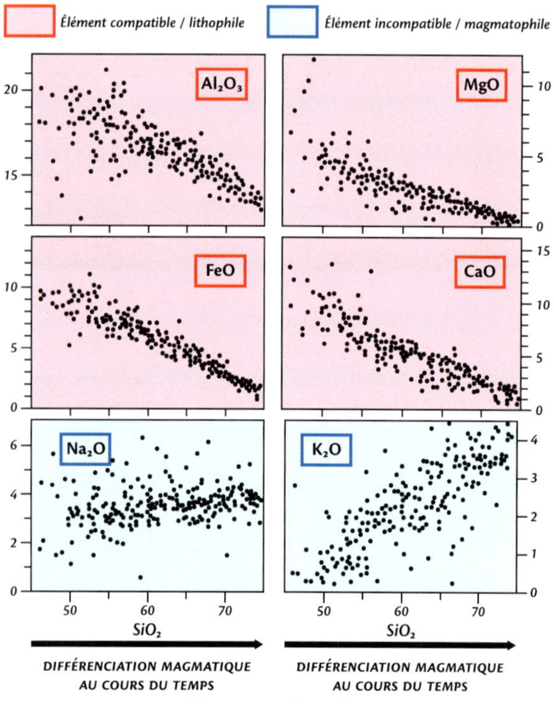

Diagrammes de Harker

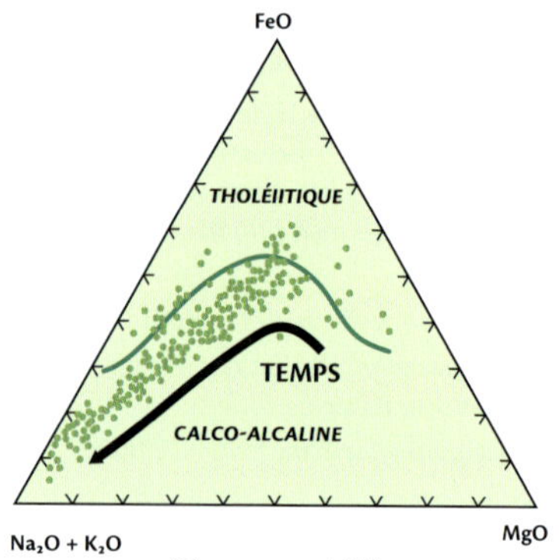

Diagramme AFM

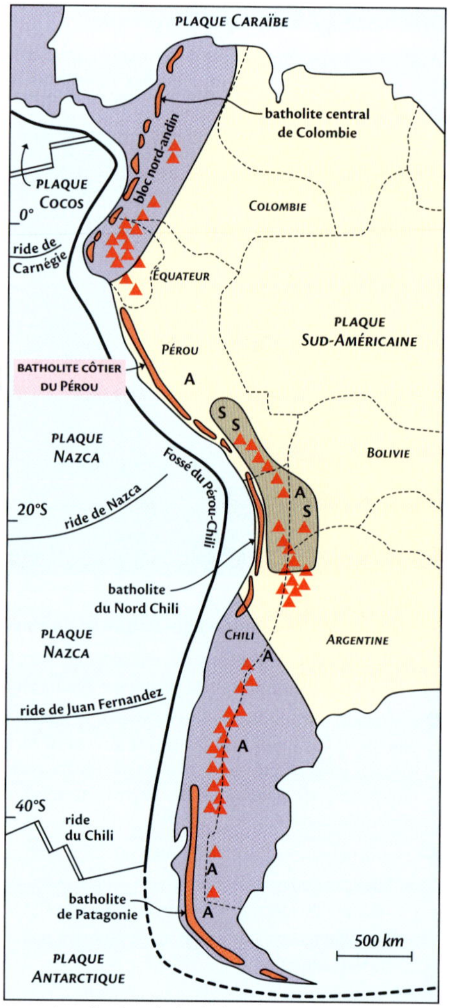

Localisation du batholithe à l'ouest du Pérou

La série magmatique présentée (*série du batholithe de la côte du Pérou*) correspond à des roches magmatiques présentant une **unité de lieu**, une **unité d'âge** et **une évolution chimique continue**.

☞ 81

II - La cristallisation fractionnée à l'origine des séries magmatiques

Le séjour du magma dans un réservoir et la différenciation magmatique

Une série magmatique est formée de roches magmatiques plus ou moins différenciées. L'évolution et la différenciation du magma ont lieu lors du **séjour du magma dans un réservoir** au cours de son trajet entre la zone de fusion partielle et le site de refroidissement à l'origine des roches magmatiques.

Lors d'un séjour dans un réservoir, le magma primaire refroidit, conduisant à sa **cristallisation partielle**. 80

Les cristaux sont formés selon une suite de réactions, les **séries réactionnelles de Bowen**.

Dans les séries de Bowen, la cristallisation progressive des minéraux conduit à un **fractionnement chimique** : on observe un enrichissement progressif du liquide résiduel en silice et en **éléments incompatibles**, ainsi qu'un appauvrissement en **éléments compatibles**.

La cristallisation fractionnée à l'origine de la différenciation magmatique (*Chaîne des Puys, France*) 81

La **cristallisation fractionnée** est la séparation physique des cristaux formés et du liquide résiduel,

Au cours de la cristallisation fractionnée, la phase liquide donne naissance à des laves de plus en plus riches en silice et en éléments alcalins, donc de plus en plus différenciées.

Le Puy de Pariou, un volcan à dynamisme strombolien de la chaîne des Puys

Bien que cette représentation soit plus simple pour expliquer les notions présentées, une chambre magmatique n'est pas formée d'une cavité remplie de magma, mais plutôt d'une zone de roches de la croûte fracturée par de multiples failles en réseau. Le magma peut circuler dans ce réseau par convection et refroidir au niveau des parois externes de la chambre. Par ailleurs, le modèle présenté de séparation gravitaire des cristaux et du liquide s'appuie sur des observations de chambres magmatiques entièrement cristallisées. Cependant, une telle sédimentation des cristaux ne semble possible que pour des magmas fluides, dont le taux de cristallisation ne dépasserait pas 30%.

Le Puy de Dôme, un volcan à dynamisme péléen de la chaîne des Puys

basalte, roche volcanique pauvre en silice

Trachyandésite, roche volcanique à teneur intermédiaire en silice

Trachyte, roche volcanique riche en silice

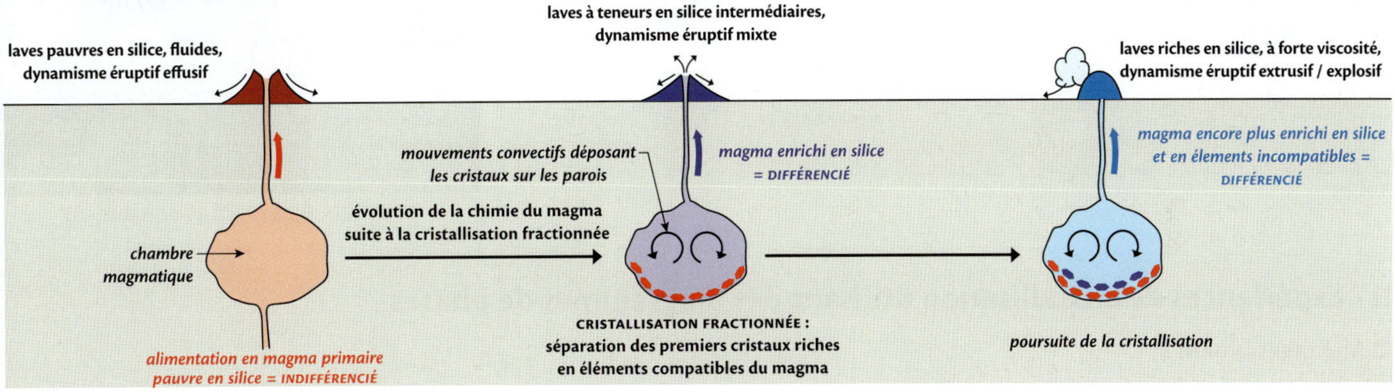

III - Différentes séries magmatiques dépendent du contexte géodynamique et de la composition du magma primaire

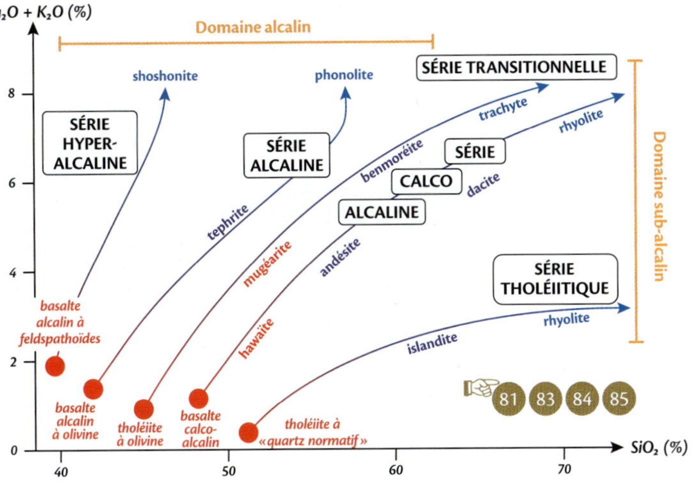

81 83 84 85

Selon les **contextes géodynamiques**, les roches des séries magmatiques suivent des évolutions différentes. On distingue ainsi les séries magmatiques **alcalines** et **sub-alcalines** :

- Les **séries alcalines** débutent avec des basaltes alcalins, riches en éléments alcalins (*sodium et potassium*),
- Parmi les **séries sub-alcalines** on distingue :
  - Les **séries calco-alcalines**, à teneurs intermédiaires en alcalins.
  - Les **séries tholéiitiques**, qui se caractérisent par la richesse en fer et la pauvreté en alcalins de leurs roches.

La série formée dépend de la **composition du magma primaire**, qui dépend des **conditions de fusion partielle** et donc du **contexte géodynamique** :

- Quand le **pourcentage de fusion partielle est faible** et que la fusion a lieu à forte pression (*à forte profondeur*), le magma primaire donne naissance à un basalte alcalin et une **SÉRIE ALCALINE**.
- Quand le **pourcentage de fusion partielle est important** et que la pression est faible, le magma primaire donne naissance à un basalte tholéiitique et à une **SÉRIE THOLÉIITIQUE**.
- Quand la **fusion partielle affecte un manteau hydraté et métasomatisé**, elle produit un magma primaire à l'origine de basalte calco-alcalin et de **SÉRIE CALCO-ALCALINE**.

80

Étude expérimentale de la cristallisation d'un magma

Liquidus = *interface séparant le domaine où tout est solide et le domaine où coexistent liquide et solide.*
Solidus = *interface séparant le domaine où tout est liquide et le domaine où coexistent liquide et solide.*

En quoi les études expérimentales permettent-elles de comprendre la cristallisation fractionnée d'un magma ?

I - Observation d'un ordre d'apparition des minéraux par cristallisation fractionnée

Les travaux de Bowen

Dans les années 1920, Bowen a étudié le refroidissement d'un magma basaltique hydraté et a noté la formation de minéraux dans un ordre d'apparition bien précis. Cette séquence est nommée **série réactionnelle de Bowen**. Dans un mélange qui refroidit, les **premiers minéraux** qui apparaissent sont les olivines et les plagioclases riches en calcium. Au fur et à mesure de leur apparition, les minéraux peuvent décanter et s'extraire du bain silicaté, avec lequel ils n'auront alors plus d'échange. Les minéraux formés emportent avec eux des atomes de fer, de magnésium et de calcium. En conséquence, le **bain silicaté** s'appauvrit en ces éléments et s'enrichit en contrepartie en silice et en sodium. Entre 650 et 850°C, le bain silicaté ne représente que 10% du mélange initial environ et il est devenu très riche en silice. À ce stade, les minéraux qui peuvent se former sont du quartz et de la muscovite, par exemple. Cette observation permet de comprendre certains processus d'**évolution des magmas primaires dans les séries magmatiques**.

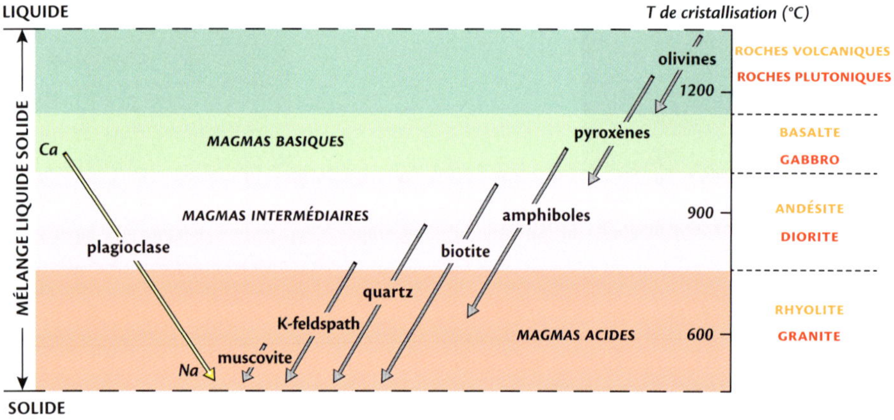

Lame mince d'un granite à deux micas en LPA

II - Expériences de cristallisation utilisant des diagrammes de phases

✪ Mélanges binaires

Cristallisation dans un diagramme binaire avec eutectique

Le mélange liquide touche en premier le solidus d'un minéral unique (*qui varie selon la composition du liquide initial*). Les minéraux formés avant l'eutectique sont plus grands que ceux formés à l'eutectique. Cela donne une **texture grenue porphyroïde**. Si le mélange initial a exactement la composition de l'eutectique, les minéraux vont être intimement imbriqués les uns dans les autres. Cela donne la **texture symplectique**.

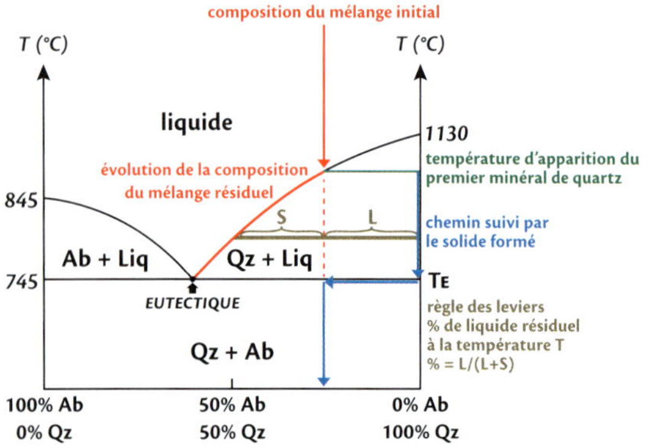

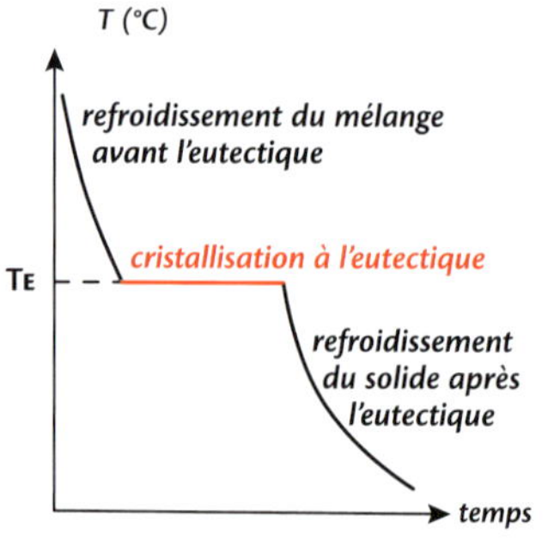

Évolution de la température au cours du temps

Échantillon de granite porphyrique montrant deux générations de cristaux de feldspath

Lame mince d'une diorite quartique montrant des cristaux symplectiques de quartz et de feldspath potassique

Cristallisation dans un diagramme binaire avec solution solide

Un liquide commence à cristalliser. La composition du liquide et celle des cristaux formés évoluent simultanément. Si la cristallisation se fait à l'équilibre, les cristaux formés échangent en permanence avec le liquide.

Si la cristallisation se fait hors équilibre, par exemple lors d'un refroidissement trop rapide, les échanges n'ont plus le temps de se réaliser et des **cristaux zonés** se forment.

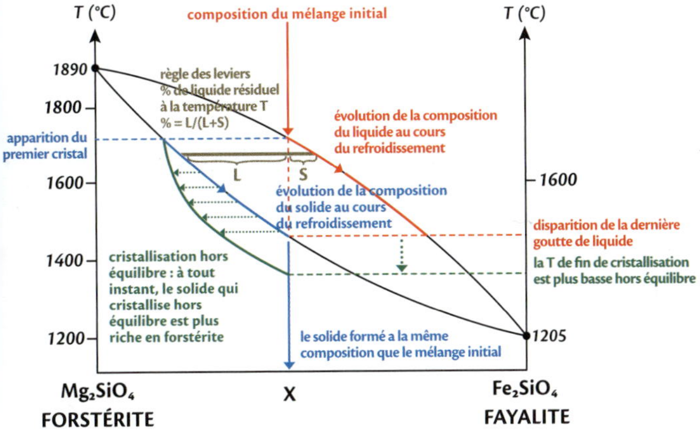

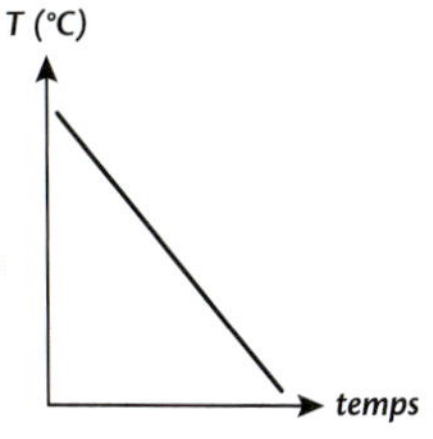

Évolution de la température au cours du temps

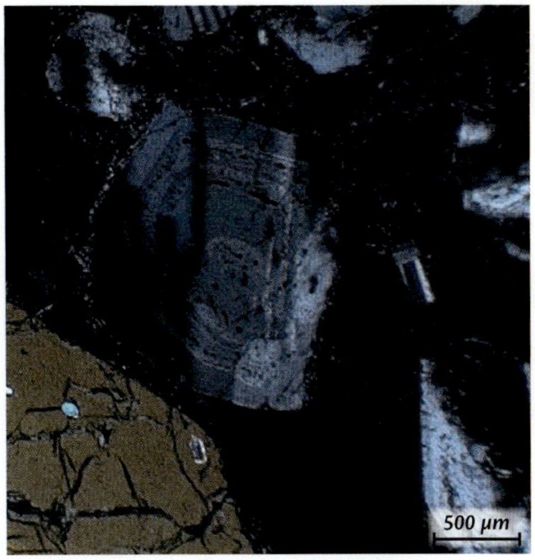

Lame mince d'un basalte montrant un plagioclase zoné

Cristallisation dans un diagramme binaire avec péritectique

Certains mélanges réactionnels comportent un point appelé **péritectique** où une des phases solides réagit avec le liquide résiduel pour donner une autre phase solide.

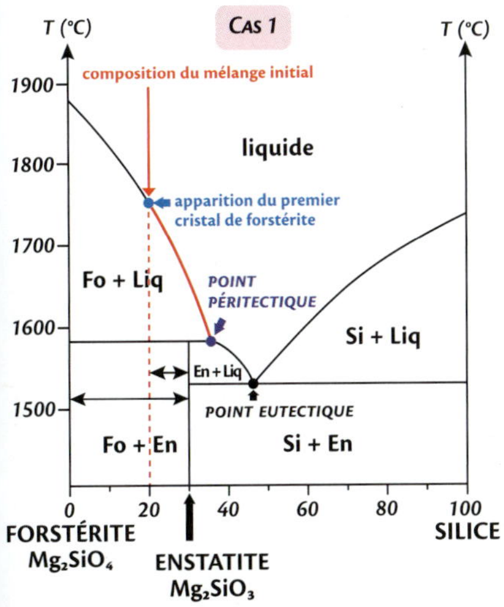

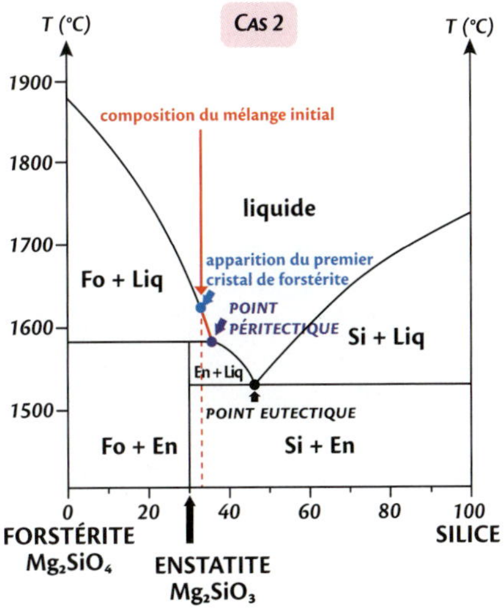

Cas 1 : La forstérite réagit avec la silice contenue dans le liquide résiduel pour donner de l'enstatite. Le système réactionnel reste au point péritectique tant qu'il reste du liquide dans la solution (la composition du mélange de départ étant moins riche en silice que l'enstatite).

La cristallisation est totale au point péritectique.
La roche ne contiendra que de la forstérite et de l'enstatite.

Cas 2 : La forstérite réagit avec la silice contenue dans le liquide résiduel pour donner de l'enstatite. Le système réactionnel reste au point péritectique tant qu'il reste de la forstérite dans la solution (la composition du mélange de départ étant plus riche en silice que l'enstatite). Le liquide restant une fois que toute la forstérite est consommée continue de refroidir en suivant le liquidus entre le péritectique et l'eutectique. De l'enstatite et de la silice cristallisent jusqu'à disparition de la dernière goutte de liquide

La cristallisation est totale au point eutectique.
La roche ne contiendra que de l'enstatite et de la silice.

✪ Mélanges ternaires

Le bloc diagramme représente l'évolution d'un mélange ternaire en fonction de la température.

La surface supérieure du diagramme correspond au liquidus. Au-dessus de cette surface, tout mélange est liquide. Cette représentation est peu commode. On utilise la **projection sur un plan** de cette surface.

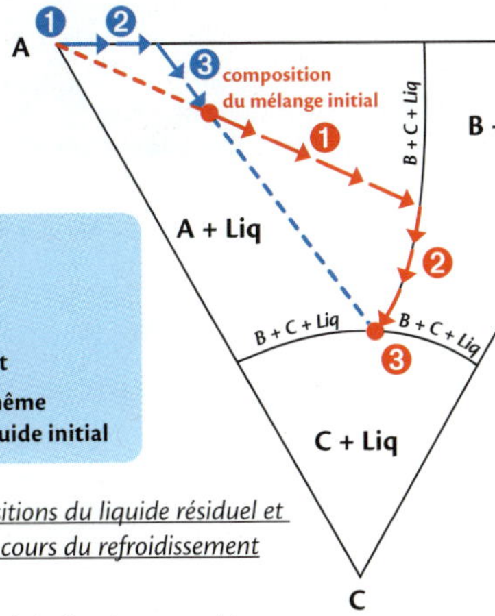

SOLIDE

❶ A cristallise
❷ A et B cristallisent
❸ A, B et C cristallisent
À la fin, le solide a la même composition que le liquide initial

Évolution des compositions du liquide résiduel et du solide formé au cours du refroidissement

LIQUIDE

❶ **La composition du liquide résiduel évolue en descendant la surface liquidus jusqu'à la vallée cotectique A + B + Liq**
❷ **La composition du liquide résiduel suit la vallée cotectique jusqu'au puits eutectique ternaire**
❸ **Le liquide a la composition de l'eutectique jusqu'à la dernière goutte de liquide**

Le liquide de départ doit forcément subir une **cristallisation fractionnée** avant une solidification complète.

Il existe également des diagrammes quaternaires.

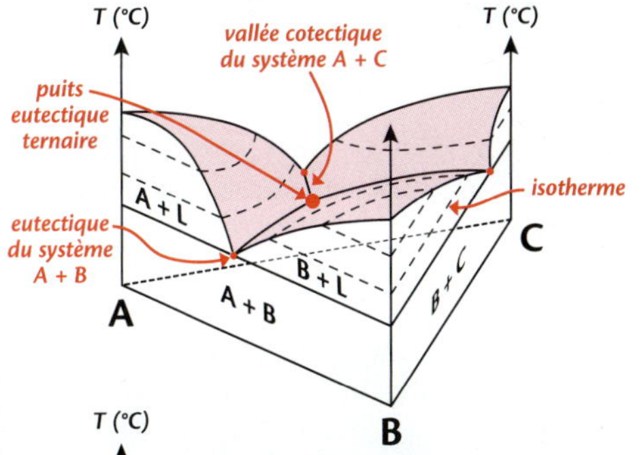

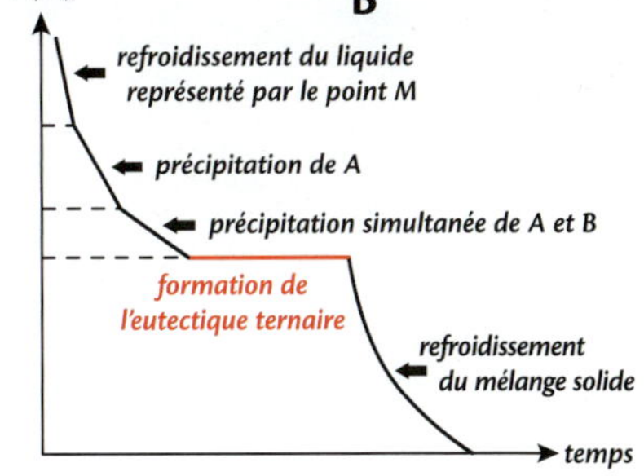

Évolution de la température au cours du temps

81 Cristallisation fractionnée : étude d'une province magmatique

Province magmatique = *région constituée de roches magmatiques généralement cogénétiques et formant une série, parfois non cogénétiques et formant une suite.*

Quelles sont les manifestations visibles dans les paysages et les roches de la différenciation magmatique liée à la cristallisation fractionnée dans une province magmatique : la chaîne des Puys ?

I - Les différentes roches et édifices volcaniques observables dans la chaîne des Puys

La carte géologique de la chaîne des Puys

La **chaîne des Puys** (*département du Puy de Dôme, France*) est constituée d'une **centaine d'édifices volcaniques** alignés le long d'un axe nord-sud localisé à l'est du plateau occidental du Massif Central. Dans cette chaîne, chaque édifice a été construit soit suite à une éruption volcanique unique, soit suite à des éruption rapprochées dans le temps. Les différentes éruptions datent du **quaternaire récent** (*moins de 100 000 ans*). L'ensemble des volcans et de leurs roches associées ont une **même origine**, les éruptions sont cogénétiques.

DÔME
édifice volcanique constitué d'une extrusion de lave visqueuse solidifiée
Dynamisme Péléen
(Grand Sarcoui)

CÔNE
édifice volcanique constitué d'une accumulation de scories
Dynamisme Strombolien
(Puy de Pariou)

projections de produits volcaniques suite à l'explosion du dôme
(Puy de Dôme)

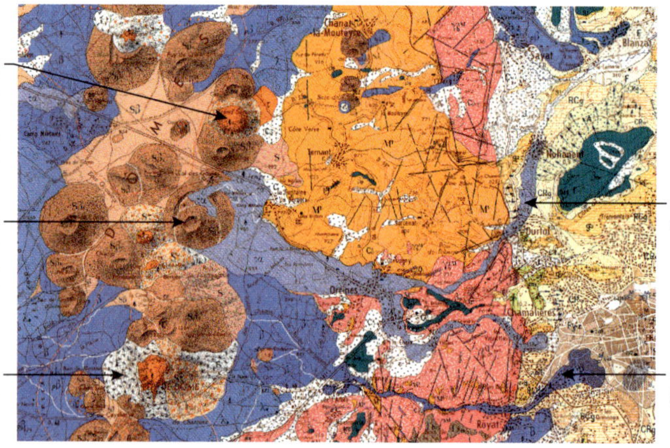

72 73

coulée de trachy-andésite (52-58% SiO_2)

coulée de trachy-basalte (48-52% SiO_2)

Coulées de lave de compositions différentes en silice
Dynamisme Strombolien

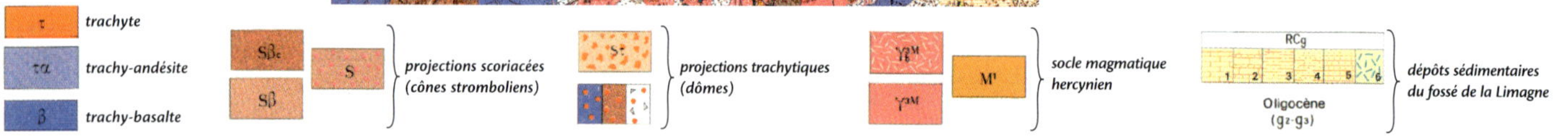

Édifices et produits volcaniques associés aux principaux dynamismes éruptifs

Le cône du Puy de Pariou

Le volcanisme de la chaîne des Puys est à l'origine de production de laves de **chimies variées**, associées à des **édifices** et des **produits volcaniques différents**.

La **coexistence** dans l'espace et dans le temps de formations volcaniques associées à des laves de **chimies et de viscosités différentes** peut être expliquée par un processus de **cristallisation fractionnée**.

Le Puy de Dôme

Les **cônes stromboliens** sont associés à des coulées de laves, témoignant de laves assez fluides, à teneurs faibles en silice.

La coulée des Puys de la Vache et Lassolas visible car couverte de forêt

Coulée du Puy de la Nugère

Les **dômes** sont formés par des extrusions de laves visqueuses, riches en silice.

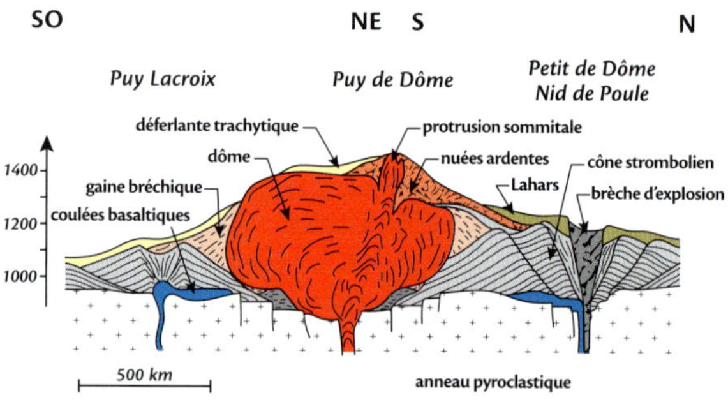

Modèle de formation du Puy de Dôme

II - Les laves et la série alcaline de la chaîne des Puys

Composition des laves en fonction de leur teneur en silice

La comparaison des chimies des laves émises montre une **évolution continue des compositions chimiques**.

Les laves les plus riches en silice sont les plus pauvres en **fer**, **magnésium**, **calcium**, qui sont des éléments compatibles ; et les plus riches en potassium et sodium, qui sont des **éléments incompatibles**. 79

Ces évolutions chimiques sont compatibles avec une **cristallisation fractionnée** conduisant à une évolution continue à partir d'un magma primaire.

Les roches de la chaîne des Puys montrent donc une évolution à partir d'une **chimie d'origine commune**.

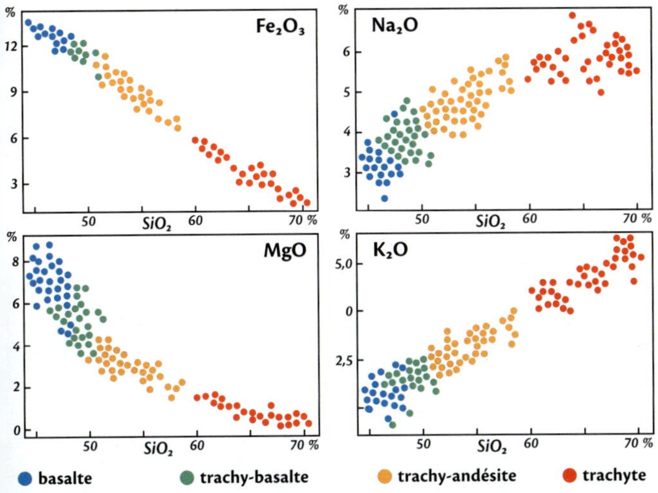

La série alcaline de la chaîne des Puys 80 86

L'origine chimique commune des roches de la chaîne des Puys, associée à une **unité de lieu et d'âge**, indique que ces roches appartiennent à une **même série magmatique**.

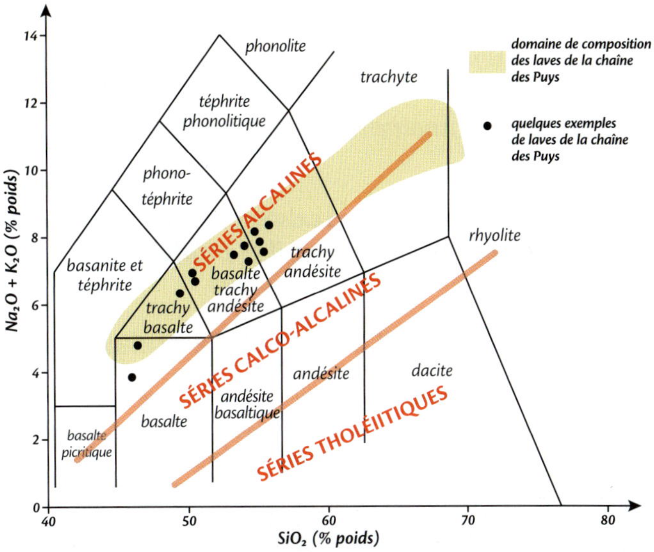

La chimie des laves de la chaîne des Puys indique une **série magmatique alcaline**, c'est-à-dire un magma primaire enrichi en éléments alcalins (*sodium et potassium*).

Les séries alcalines sont liées à une **fusion partielle faible** (< 5%) d'un manteau quasi anhydre, soit en contexte de point chaud relativement peu actif, soit en contexte d'extension.

III - Modèle de la cristallisation fractionnée à l'origine de la série de la chaîne des Puys

L'évolution des laves de la chaîne des Puys reflète une cristallisation fractionnée au cours du refroidissement d'un magma primaire.
L'étude des âges des roches montre bien que les roches les plus différenciées sont aussi les plus récentes, témoignant d'une cristallisation fractionnée longue.

Cependant, des volcans d'âges très variés, des plus anciens aux plus récents, sont associés à des roches peu différenciées,
Le modèle proposé pour expliquer les compositions des laves associées aux éruptions de la chaîne des Puys indique un réservoir de magma primaire, à l'origine de différentes remontées de magmas. Lors de la remontée du magma, le séjour du magma dans un réservoir intermédiaire, pendant une durée plus ou moins longue, conduit à une cristallisation fractionnée et à l'évolution chimique du magma.

Modèle de l'évolution des composition des laves à partir d'un magma primaire 123

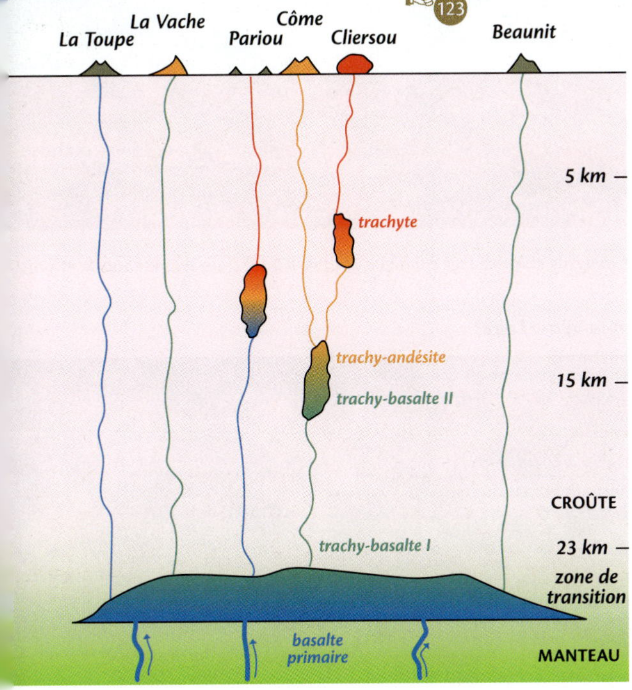

Relations entre natures des roches volcaniques et âges

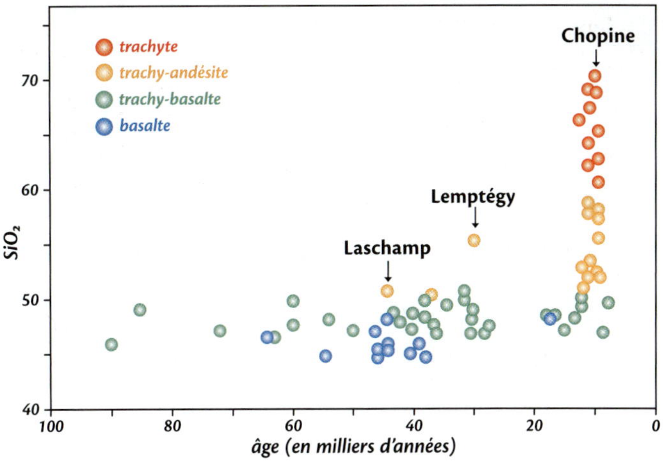

Mélange et contamination de magmas

Mélange de magmas = *deux magmas sont susceptibles de se mélanger.*

Contamination – assimilation = *un magma peut échanger des éléments chimiques avec l'encaissant (contamination) ou incorporer des fragments de l'encaissant en les faisant fondre (assimilation).*

Ces phénomènes contribuent à l'évolution chimique des magmas.

Quelles sont les preuves de l'existence de mélange ou de contamination - assimilation magmatique ?
Dans quels contextes cela peut-il se produire ?

I - Des témoins de l'existence de mélanges et de contamination-assimilation de magmas

À l'échelle de l'affleurement : gabbros et granites (*route côtière n°49, Sultanat d'Oman*)

Ces granites et gabbros sont contemporains (*Protérozoïque supérieur*) et témoignent du mélange de deux magmas immiscibles, de composition, de rhéologie et de température de cristallisation différentes (*un magma basique est à une température entre 1150 et 1200°C et un acide autour de 800°C*).

À l'échelle de l'affleurement : mélange entre deux magmas granitiques (*les Albas, commune de Felluns, Pyrénées orientales*)

Les deux granites sont partiellement mélangés, on distingue, sur la photo de gauche, un granite porphyroïde assez sombre et un granite beaucoup plus clair. La photo de droite montre une très belle **figure d'écoulement** des orthoses. Ces figures d'écoulement existent dans les deux granites et sont toujours parallèles, montrant ainsi la coexistence des deux magmas à l'état liquide et leur écoulement parallèle et simultané.

86

Dans la littérature anglo-saxonne, le mélange mécanique, comme illustré ci-dessus, est appelé mingling et le mélange chimique, comme illustré ci-dessous est appelé mixing.

À l'échelle des minéraux : feldspath à structure rapakivi dans un granite (*Saint-Julien-la-Vêtre, Loire*)

Le cœur du feldspath potassique a commencé à cristalliser dans un **magma acide**. L'arrivée d'un **magma basique** a rendu ce dernier un peu plus basique et l'a enrichi en calcium et en fer. Il se forme alors une auréole de croissance autour du feldspath, qui continue à croître sous la forme d'une auréole de plagioclase. Cette structure particulière s'appelle la **structure rapakivi**.

Les analyses géochimiques sont les témoins privilégiés pour démontrer l'existence des contaminations.

II - Les contextes géologiques associés aux mélanges et aux contaminations de magmas

Une vision d'ensemble théorique simple

Mélanges et contaminations magmatiques semblent être des **processus extrêmement courants** des réservoirs volcaniques.

MÉLANGE MAGMATIQUE

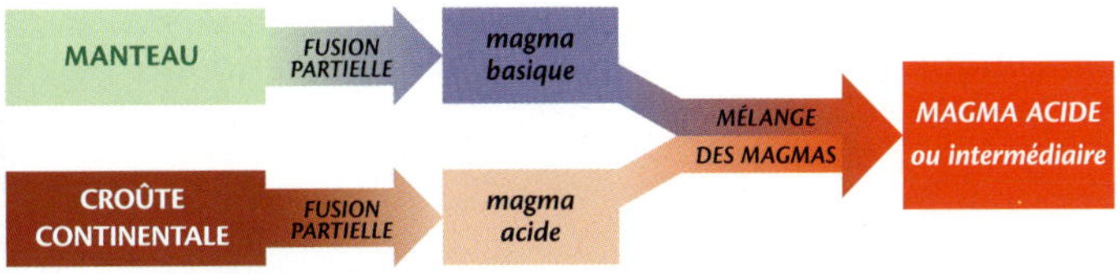

Un même contexte géodynamique peut engendrer une fusion partielle du manteau donnant alors un magma basique et une fusion partielle de la croûte donnant un magma acide. Ces deux magmas peuvent se rencontrer et se mélanger.
Cela peut se produire dans les **zones de rifting continental**, dans les **zones de subduction sous lithosphère continentale** et dans les **zones de collision**, en particulier lors de l'étalement post-gravitaire.

CONTAMINATION MAGMATIQUE

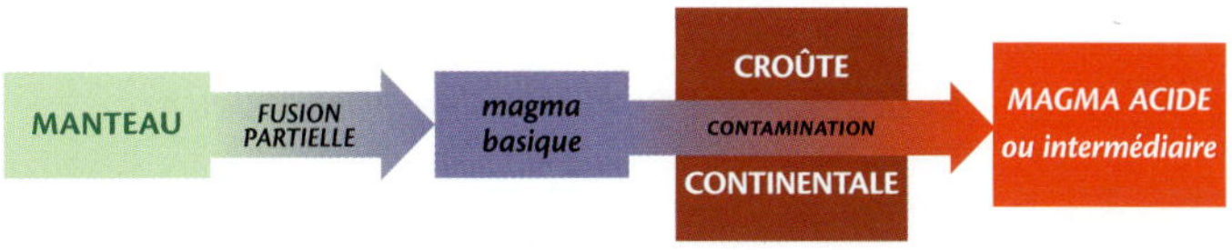

La remontée et la stagnation d'un magma basique d'origine mantellique dans une **croûte épaisse** peut entraîner la contamination du magma par les éléments incompatibles de la croûte. Ceci peut engendrer une acidification du magma.

Illustration du processus dans une chambre magmatique 76 78 80

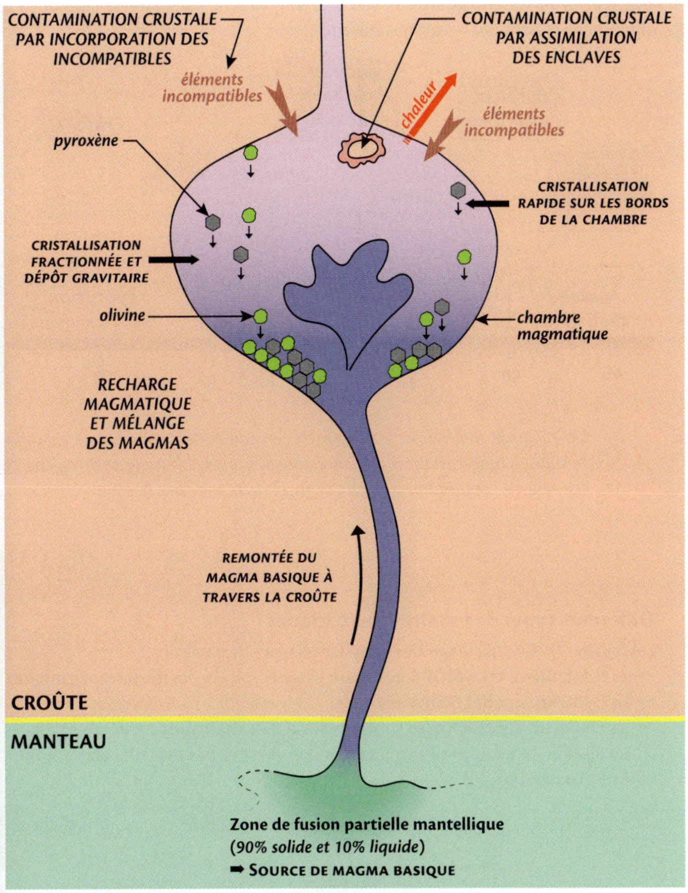

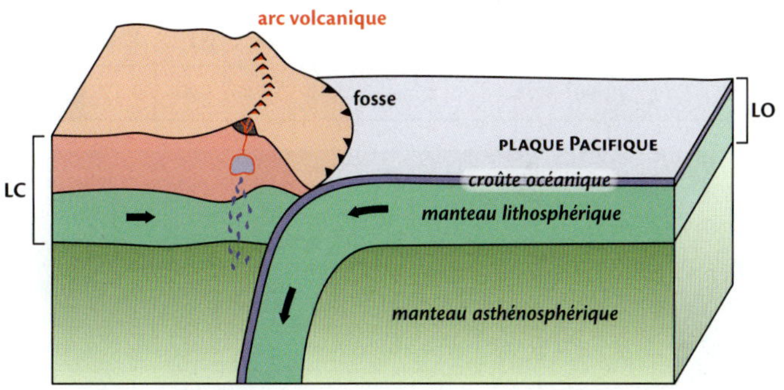

Dans le cas d'une subduction avec une croûte continentale épaisse, ces processus de mélange et de contamination peuvent avoir plusieurs origines.

✪ **Pour la contamination :**

- ➞ par des sédiments de la croûte océanique (*carbonates, radiolarites...*) entraînés dans la subduction ;
- ➞ par la croûte continentale traversée.

Plus le temps de stagnation dans la croûte est élevé, plus les phénomènes de contamination seront importants.

✪ **Pour le mélange :**

- ➞ Recharge régulière du contenu de la chambre, différencié par cristallisation fractionnée et contamination par du magma basique venant du réservoir mantellique ;
- ➞ Mélange de deux réservoirs différents, l'un dans la croûte et l'autre dans le manteau.

Les principaux paramètres qui jouent sur le mélange sont la température, la pression, la vitesse de transfert et la composition chimique des magmas.

Les mélanges, déclencheurs d'éruptions ?

cratère du Pinatubo

cratère de l'Askja

Il a été démontré que les mélanges de magmas peuvent déclencher des éruptions, comme celles du **Pinatubo** (*Philippines*) en 1991 et celle d'**Askja** (*Islande*) en 1961. Ces éruptions sont dues à l'**exsolution** (= *séparation des constituants d'un magma en cours de refroidissement*) des éléments volatils du magma le plus basique, ce qui engendre des bulles et conséquemment une surpression importante.

Un autre processus lié au mélange de magmas pourrait également intervenir : une **déstabilisation des minéraux hydroxylés** déjà présents dans un magma acide suite à un réchauffement dû à l'arrivée d'un magma basique, d'où une libération d'eau, une surpression et le déclenchement d'une éruption.

83 Série tholéiitique

SÉRIE THOLÉIITIQUE = *(de Tholey en Allemagne) roches magmatiques d'une région donnée, présentant des liens cogénétiques (évolution continue des concentrations lors de l'enrichissement en SiO_2) formées par cristallisation fractionnée d'un magma tholéiitique issu de la fusion partielle d'une péridotite à taux élevé et/ou à faible profondeur.*

Quelles roches caractérisent la série tholéiitique ? Comment et dans quels contextes se met-elle en place ?

I - Caractéristiques des roches

Des Basaltes tholéiitique riches en silice et pauvres en alcalins

Les **magmas tholéiitiques** sont issus d'une fusion partielle à des taux importants (20-25%). Les basaltes tholéiitiques sont donc **mafiques** (*riches en Fe et Mg avec des teneurs en MgO de l'ordre de 8%*), **pauvres en alcalins** (*$Na_2O + K_2O < 3\%$*), et leur **teneur en SiO_2 avoisine 50%**.

SiO_2	TiO_2	Al_2O_3	FeO	Fe_2O_3	MnO	MgO	CaO	Na_2O	K_2O	*Total*
50,68	1,19	15,60	9,85	-	-	7,69	11,44	2,66	0,17	99,28

Nomenclature des roches de la série tholéïtique

Les magmas tholéiitiques se mettent en place souvent dans des lithosphères océaniques peu épaisses, ou dans des grandes provinces magmatiques et **il est rare que leur évolution magmatique soit poussée**. La série magmatique classique est subalcaline et contient les termes suivants :

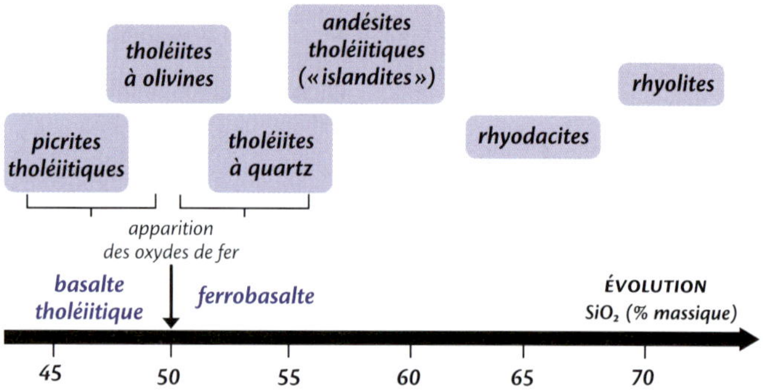

Les magmas tholéiitiques sont pauvres en eau et donc en oxygène. La différenciation magmatique intervient donc sous une faible fugacité d'oxygène, ce qui retarde l'apparition d'oxydes de fer et de titane dans la série.

Série tholéiitique dans le diagramme AFM (*Alcalins-Fer-Magnésium*)

La série tholéiitique est caractérisée par un enrichissement en fer pour ses termes intermédiaires du fait de l'augmentations progressive en fer dans les liquides. Les basaltes correspondant aux termes les plus riches en fer sont appelés ferrobasaltes, ils contiennent jusqu'à 16% de FeO.

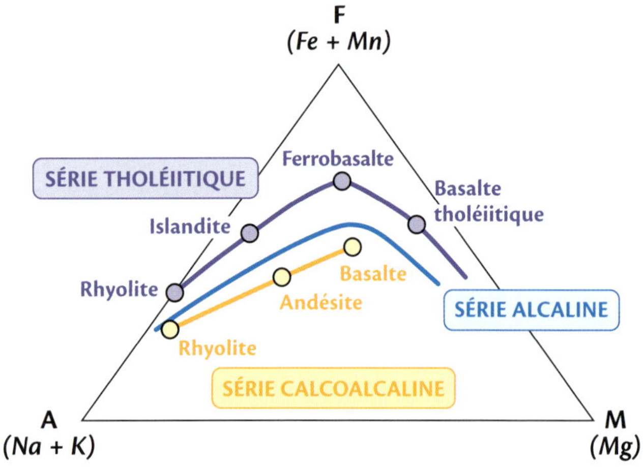

Différents types de basaltes tholéiitiques

Les basaltes tholéiitiques regroupent différents types de basaltes :
→ les **N-MORB** sont des **MORB normaux**, ils sont typiques des **dorsales océaniques**,
→ les **E-MORB** sont des **MORB enrichis**,
→ les **tholéïtes continentales** sont des **basaltes subalcalins** c'est-à-dire pauvres en alcalins, rencontrés principalement dans les trapps et les rifts aboutissant à une océanisation.

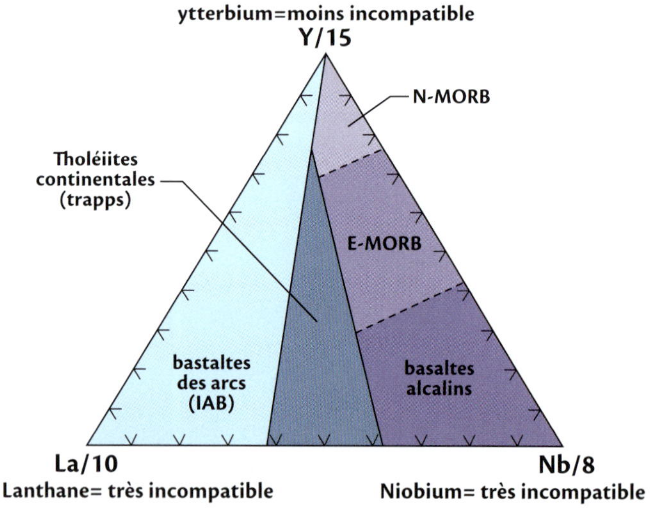

II - Mise en place des roches

✪ Unité génétique

Un fort taux de fusion expliquant le caractère subalcalin du magma

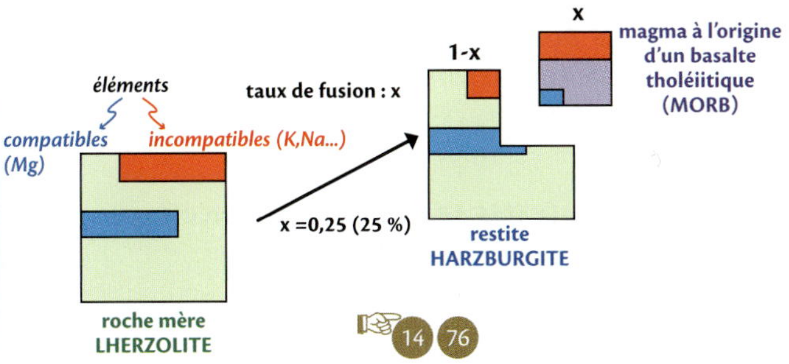

☞ 14 76

Une cristallisation fractionnée très rare

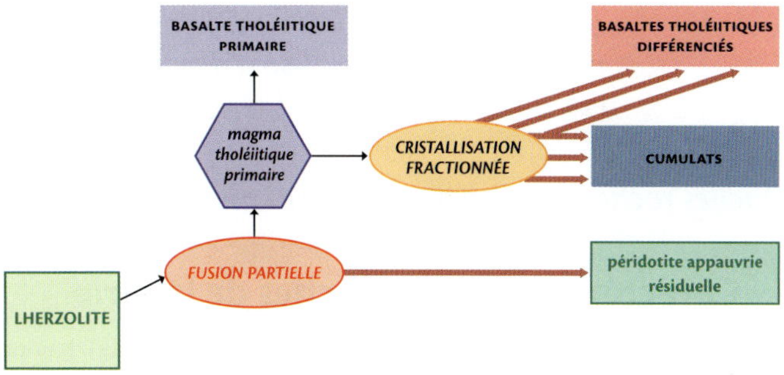

✪ Unité de lieu

La série tholéiitique se retrouve dans différents contextes : rifts aboutis, dorsales où la différenciation magmatique est faible, ride d'accrétion dans les bassins arrière arc, grands plateaux volcaniques en domaine océanique (*Kerguelen*) ou en domaine continental (*Trapp*) ainsi qu'au niveau des points chauds très actifs (*Galapagos*).

Les MORB (*Mid-Océan Ridge Basalt*) des dorsales rapides

Au niveau d'une dorsale, la série magmatique est la série tholéiitique avec près de 99% de roches de composition basaltique (*MORB en surface, dolérite en filon pour une dorsale rapide et gabbro*) et 1% à peine de plagiogranite (*granite pauvre en* K_2O).

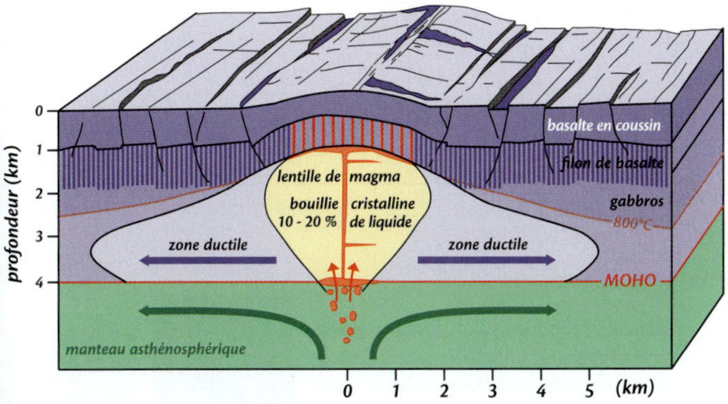

Les BABB (*BackArc Basin Basalt*) des bassins d'arrière arc

Le magmatisme tholéiitique est aussi présent dans des **bassin arrière-arc** qui s'ouvrent généralement à l'arrière d'un arc insulaire en contexte de subduction intraocéanique. L'extension perturbe la convection dans le coin du manteau surmontant la plaque Pacifique plongeante, provoquant une remontée mantellique dans le domaine arrière-arc. Cette convection mantellique entraîne la fusion partielle par décompression adiabatique des matériaux ascendants et la mise en place des BABB au niveau de la ride active.

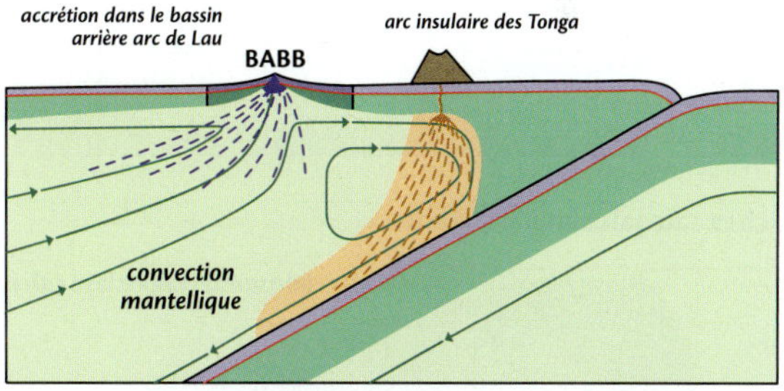

Les basaltes tholéïtiques des grandes provinces magmatiques

Les **LIP** (***Large Igneous Province***) sont de grandes (*surfaces supérieures à 105 km² et volumes supérieurs à 105 km³*) provinces magmatiques mises en place lors de successions de paroxysmes de 1 à 5 Ma pendant lesquels l'essentiel du magma est produit.

- → **trapps continentaux** : Deccan, Sibérie,
- → **plateaux océaniques** (*les plus grandes provinces magmatiques*) : Ontong Java, Kerguelen,
- → **rifts volcaniques intracontinentaux** : certaines régions du rift Est Africain.

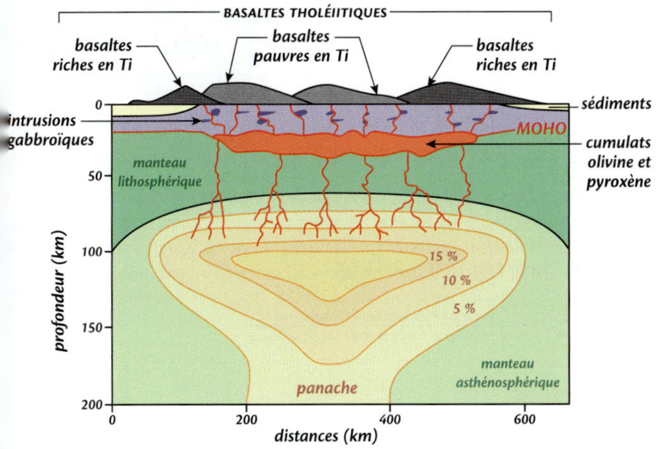

Sur cette représentation schématique d'une LIP, l'éruption quasi-simultanée d'énormes quantités de basaltes s'explique par une vaste zone de fusion partielle au niveau de la tête d'un grand panache mis en place sous la limite lithosphère-asthénosphère. À la verticale du centre de la tête du panache, les taux de fusion élevés (20%) génèrent des basaltes tholéïtiques, encore appelés tholéïtes continentales dans le cas des trapps ou basaltes pauvres en Ti (*low-Ti Basalt*).

Point chaud actif

Les îles Galapagos, situées dans l'océan Pacifique, constituent un archipel constitué de 13 îles, de 17 îlots et d'une cinquantaine de récifs abritant une faune et une flore uniques. Chacune de ces îles correspond à un volcan d'âge inférieur à 4 Ma. Le magmatisme des Galapagos est principalement tholéïtique mais aussi alcalin.

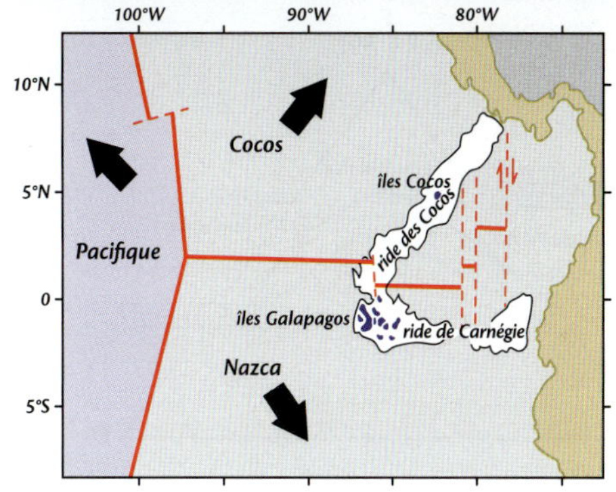

Série calcoalcaline

SÉRIE CALCOALCALINE = *roches magmatiques d'une région donnée présentant des liens cogénétiques, caractérisées par la présence de feldspaths calcoalcalins ; formées par cristallisation fractionnée d'un magma riche en eau, issu d'une fusion partielle à relativement faible température d'un manteau ayant été enrichi en fluides.*

Quelles roches caractérisent la série calcoalcaline ? Comment et dans quels contextes se met-elle en place ?

I - Caractéristiques des roches de la série

Basalte calcoalcalin, andésite, dacite et rhyolite (*et leurs équivalents grenus*) constituent les roches de la série calcoalcaline et sont caractérisés par la présence de minéraux hydratés avec l'apparition d'amphibole dans les andésites.

Composition chimique

		Basalte	Andésite	Dacite	Rhyolite
Élément (% masse)	SiO_2	49,03	58,91	64,01	71,79
	TiO_2	0,96	0,84	0,59	0,42
	Al_2O_3	17,33	16,76	17,85	14,69
	$Fe_2O_3 + FeO$	10,58	7,42	4,56	3,05
	MnO	0,18	0,19	0,1	0,1
	MgO	7,13	4,04	2,59	0,63
	CaO	11,03	7,34	5,12	2,53
	Na_2O	2,08	2,98	3,3	4,15
	K_2O	0,34	1,01	1,76	2,55
	TOTAL	98,66	99,49	99,88	99,91
Minéral (*composition chimique*)	Olivine % Mg - % Fe	85,2 - 14,8	61 - 39	Absent	Absent
	Feldspath % Ca - % Na - % K	85,5 - 14,5 - 0	69 - 30 - 1	61,5 - 37,4 - 0,1	13,30 - 56,1 - 26,9

La série calcoalcaline, une série subalcaline dans le diagramme de Harker

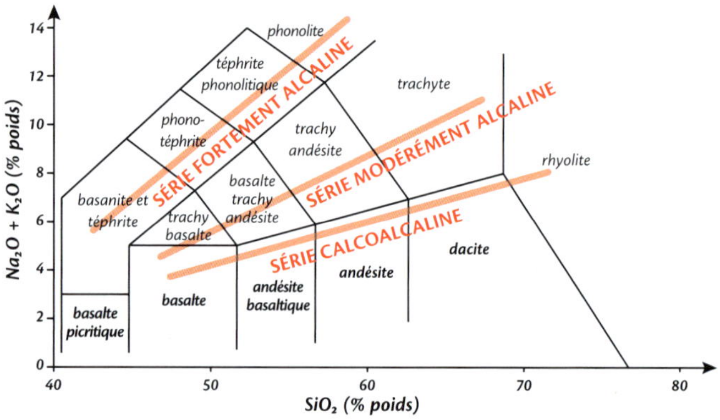

Une roches calcoalcaline, l'andésite

Feldspath calcoalcalin

Les liquides sont produits par la fusion partielle d'un manteau ayant été enrichi en fluides avec un début de fusion à des températures plus faibles (*dès 1000°C*). Les magmas primaires peuvent être de compositions variables mais ont pour constante de relatives richesses en Ca, K et Na.

Après cristallisation, les roches volcaniques sont souvent très porphyriques avec de nombreux phénocristaux de feldspaths (*qui sont des solutions solides entre un pôle calcique et un pôle alcalin*) ce qui leur vaut l'appellation de calcoalcalins.

La géochimie des liquides calcoalcalins présente deux autres caractéristiques bien typiques : une richesse en eau et en éléments mobilisables par les fluides tels que bore et béryllium.

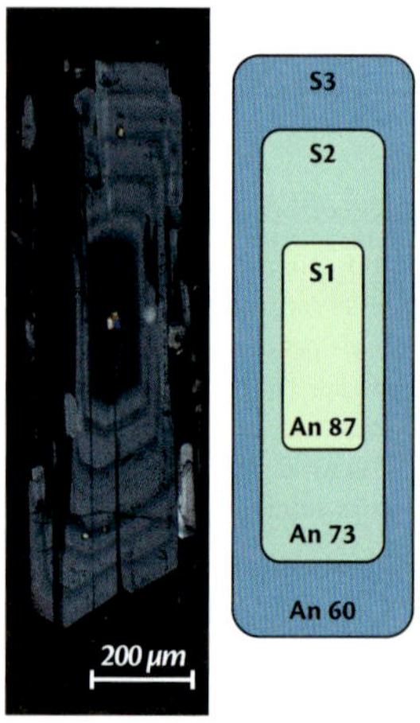

Série calcoalcaline dans le diagramme AFM (*Alcalins-Fer-Magnésium*)

La série calcoalcaline présente un **appauvrissement continu en fer**, qui s'explique par le **pouvoir oxydant** (***fugacité d'oxygène élevée***) du magma hydraté.

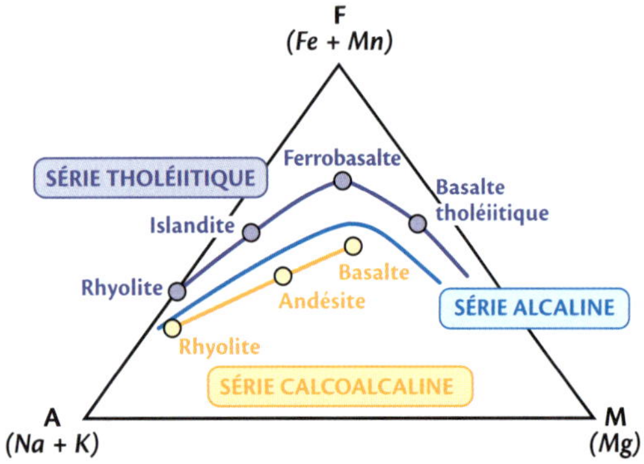

Une richesse en éléments très incompatibles mais des anomalies en Ta et Nb

Les fluides issus de la déshydratation de la plaque plongeante mobilisent sélectivement certains éléments comme Ba, Rb et K, faiblement chargés et à gros rayon ionique (*LILE Large Ion Lithophile Elements*) alors que d'autres, Nb et Ta, à **petit rayon ionique et forte charge** (*HFSE, High Field Strength Elements*) sont **peu ou pas mobilisés**.

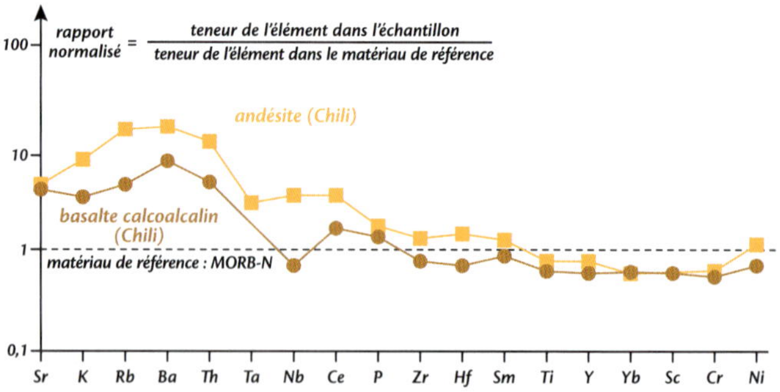

II - Mise en place des roches

✪ Unité génétique

Métasomatose et fusion partielle du manteau enrichi

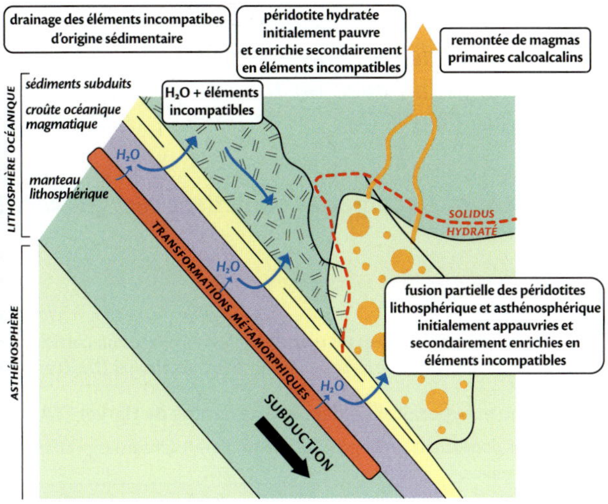

Souvent suivie d'une contamination crustale dans le cas d'une subduction océan-continent

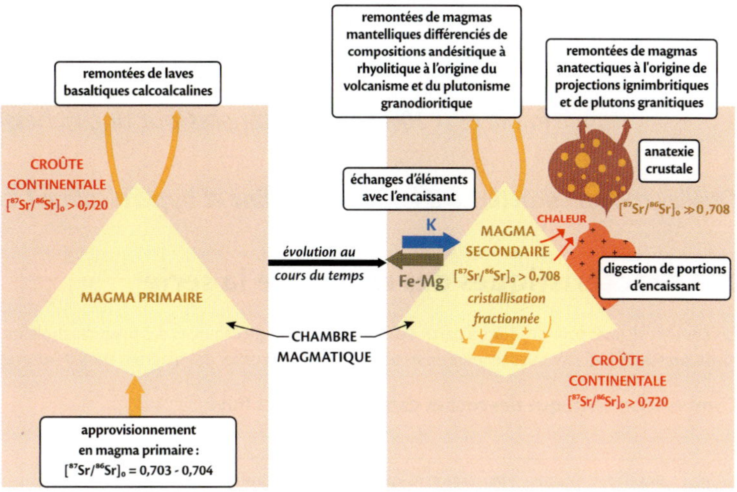

✪ Unités de temps et de lieu

La série calcoalcaline se retrouve dans les contextes de **subduction** (*lithosphère océanique sous lithosphère océanique et lithosphère océanique sous lithosphère continentale*) et de **collision** (*lithosphère continentale sous lithosphère continentale*). 88

Subduction

Les basaltes sont **calcoalcalins** mais, contrairement aux autres séries, ils ne sont pas majoritaires (*20%*). Les termes majoritaires sont issus de différenciation intermédiaire : **andésites** (*70%*). Quelques roches volcaniques sont plus différenciées, comme les **rhyolites** (*10%*).

Le magma est donc **plus riche en silice**, il est plus visqueux et cristallise souvent en profondeur avant d'atteindre la surface : **les plutons de granodiorites constituent les 2/3 des roches magmatiques**.

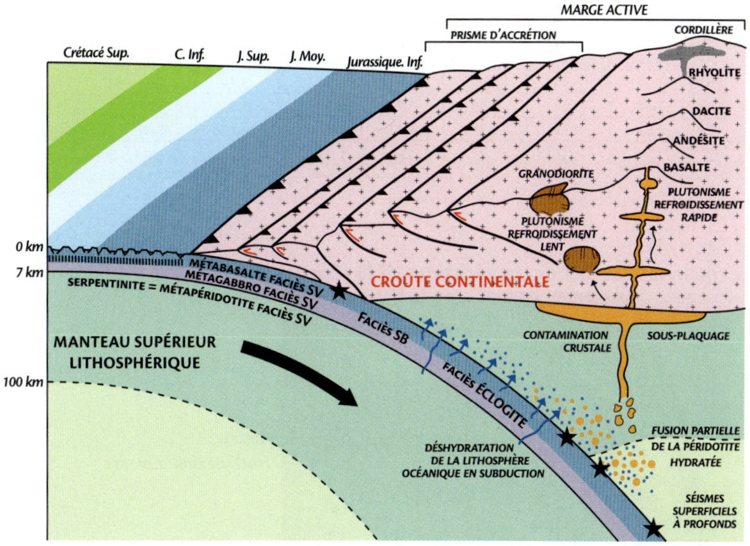

⚠ *La schématisation ici Nord-Sud des quatre roches de la série est complètement arbitraire !*

Collision 82

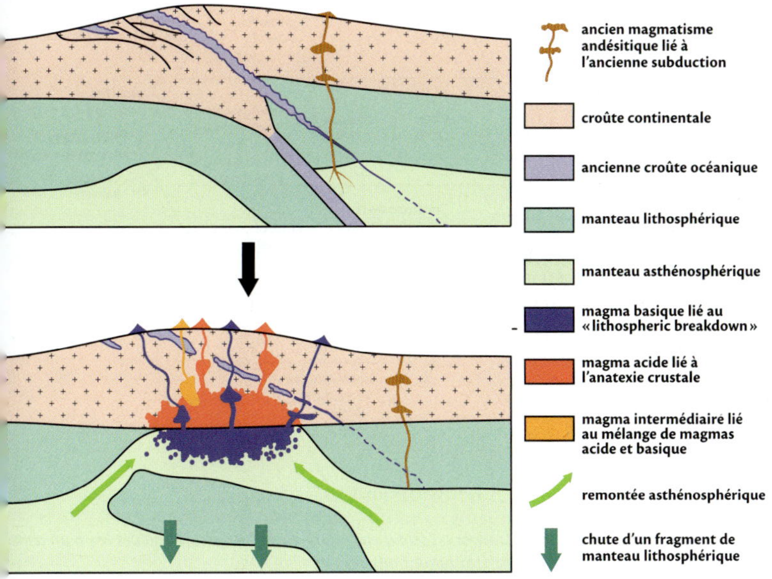

Lors d'une **collision**, les roches de la série calcoalcaline peuvent être formées à partir d'un magma issu d'une **fusion partielle du manteau asthénosphérique qui remonte suite à la chute d'un fragment de manteau lithosphérique**.

Cette hypothèse du **lithospheric breakdown** est celle la plus souvent proposée pour expliquer le magmatisme calcoalcalin des zones de collision. Ce magma est basique (*contrairement au magma issu de l'anatexie crustale*) et suite à l'enrichissement par **contamination crustale** aboutit à la formation de roches de la **série calcoalcaline en contexte de collision**.

85 Séries alcaline et hyperalcaline

Séries alcaline et hyperalcaline = *roches magmatiques d'une région donnée présentant des liens cogénétiques (évolution continue des concentrations lors de l'enrichissement en SiO_2) formées par cristallisation fractionnée d'un magma issu d'une fusion avec un taux de fusion faible (5 à 10%) et caractérisées par une richesse en alcalins (Na_2O et K_2O).*

Quelles roches caractérisent les séries alcaline et hyperalcaline ? Comment et dans quels contextes se mettent-elles en place ?

I - Caractéristiques des roches de la série

Les liquides alcalins sont produits à partir de roches similaires aux sources des magmas tholéiitiques mais à de plus grandes profondeurs et avec de faibles taux de fusion partielle. Les fortes pressions induisent des teneurs en silice plus faibles que celles des magmas tholéiitiques et le faible taux de fusion entraîne une forte teneur en éléments alcalins (*Na_2O et K_2O*).

Composition chimique des roches dans la chaîne des Puys

Oxydes (%)	Basalte alcalin	Trachy-basalte	Mugéarite (*Ech 1*)	Mugéarite (*Ech 2*)	Benmoréite (*Ech 1*)	Benmoréite (*Ech 2*)	Trachyte
SiO_2	47,79	48,99	52,70	53,50	58,10	61,89	69,51
TiO_2	2,28	2,18	1,83	1,5	1,14	0,85	0,39
Al_2O_3	16,03	16,73	17,06	17,69	18,20	18,41	15,58
FeO	11,00	10,78	8,94	10,64	6,26	4,34	2,14
MnO	0,17	0,18	0,20	0,20	0,19	0,23	0,18
MgO	6,70	5,33	3,93	2,49	1,97	1,10	0,36
CaO	9,97	9,3	7,62	5,92	4,61	3,19	1,25
Na_2O	3,74	3,96	4,49	5,03	5,51	5,74	5,61
K_2O	1,70	1,82	2,49	2,72	3,46	3,93	4,89
P_2O_5	0,62	0,73	0,74	0,31	0,56	0,32	0,09
TOTAL	100	100	100	100	100	100	100

Les séries alcaline et hyperalcaline dans le diagramme de Harker (TAS)

Les types de séries dépendent du degré d'alcalinité dans les magmas primaires et de la saturation en silice.

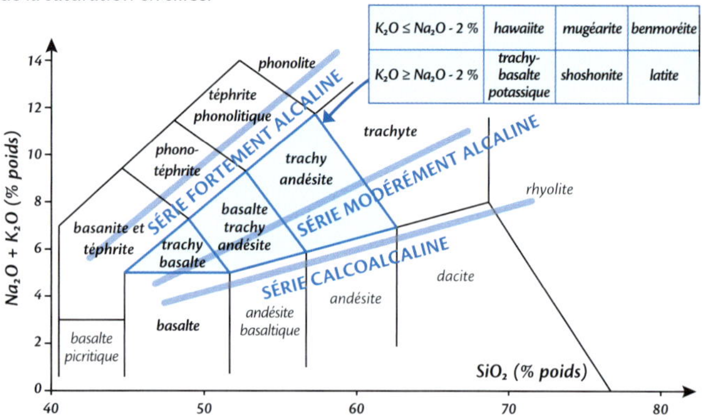

Le trachyte, une roche caractéristique de la série alcaline

Des minéraux potassiques caractéristiques de ces séries

Des minéraux caractéristiques des séries hyper-alcalines (*dites sous saturées*) : les feldspathoïdes

Les séries alcaline et hyperalcaline dans la classification de Streckeisen

Les feldspathoïdes ont une structure et une composition voisines des feldspaths. Ils en diffèrent toutefois par un déficit en SiO_2. Leur présence traduit une pauvreté en silice du magma donnant des roches dites sous-saturées.

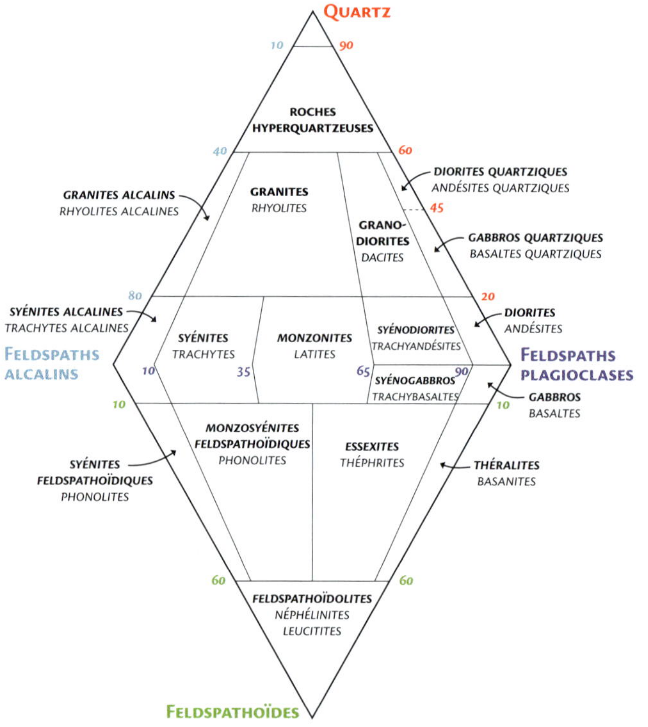

Il est impossible de trouver au sein d'une même roche des feldspathoïdes liés à un défic[it] en silice) et du quartz (traduisant un excès de silice).

II - Mise en place des roches

✪ Unité génétique

Un faible taux de fusion expliquant le caractère alcalin du magma...

Un faible taux de fusion partielle entraîne une concentration relative importante dans les liquides des éléments les plus incompatibles (*hygromagmaphiles*) comme les éléments traces et les éléments alcalins (*Na_2O et K_2O*).Le degré de fusion partielle relativement faible, 5 à 10%, engendre une série hyperalcaline à alcaline comprenant plus de 95% de magmas basaltiques et moins de 5% de magmas plus différenciés allant jusqu'aux trachytes et phonolites.

14 76 79

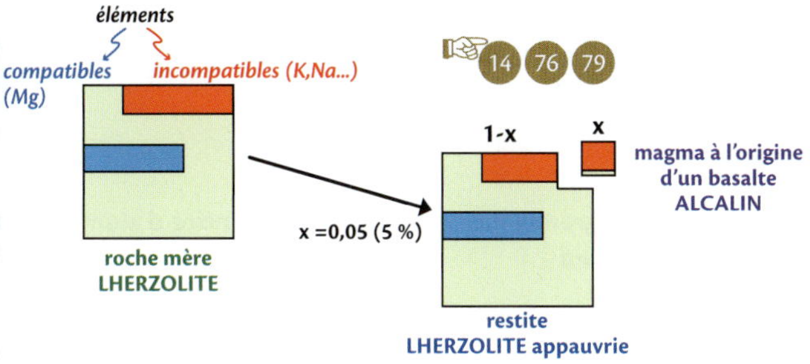

... suivi éventuellement d'une différenciation magmatique

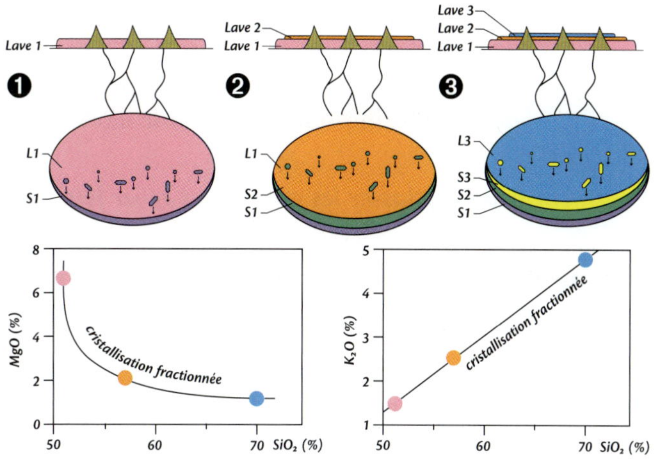

✪ Unités de temps et de lieu

Les laves alcalines sont formées à relativement grandes profondeur, elles nécessitent de fortes températures (> 1250°C). La fusion partielle du manteau du fait de sa décompression existe dans deux contextes : les contextes de points chauds et le rifting d'un domaine continental.

83 88

Points chauds

- La **minorité** des points chauds (*les plus actifs*) présente un magmatisme **tholéiitique**, mais sur les bords de la zone de fusion, là où la fusion partielle est la plus faible, le magmatisme est alcalin.
- La **majorité** des points chauds (*les moins actifs*) présente un magmatisme **alcalin**. L'archipel des Canaries, est composé de plusieurs îles : la Palma (*dernière éruption en 2021*), El Hierro, la Gomera, Tenerife (*le volcan Teide culmine à 3715 m*), Gran Canaria, Fuerteventura et Lanzarote.

Éruption de la Palma en 2021, archipel des Canaries

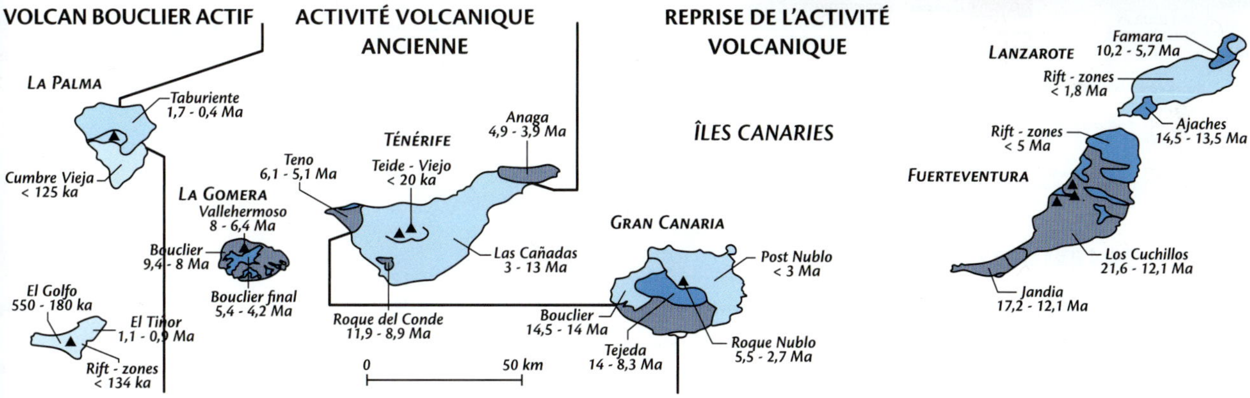

Rifts continentaux

La phase d'ouverture du rift Est africain est caractérisée par un volcanisme alcalin lié à un faible taux de fusion partielle lors de la décompression du manteau.

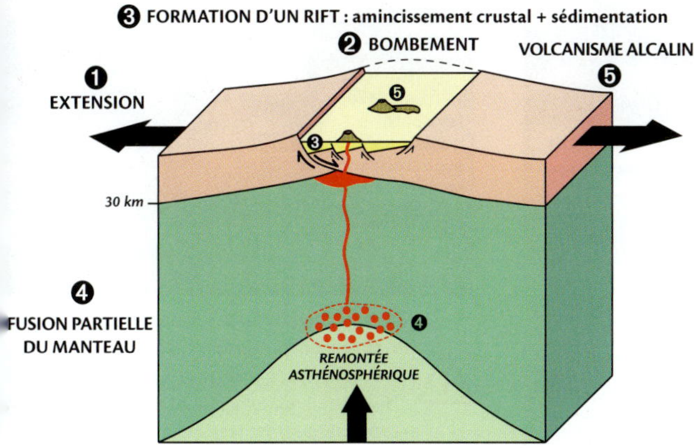

Mais aussi parfois en zone de subduction !

Le **volcan Payun Matru** est un **volcan bouclier**, formé par des basaltes alcalins très fluides et des roches différenciées visqueuses. Il est situé en position arrière-arc par rapport à la zone de subduction Nazca / Amérique du Sud. Ce type de magmatisme en position arrière-arc s'expliquerait par une augmentation du pendage de la subduction (*très peu penté au Miocène supérieur-Pliocène inférieur*). Cette augmentation de pendage amène une remontée asthénosphérique à l'arrière de la subduction et une fusion partielle par décompression anhydre et profonde.

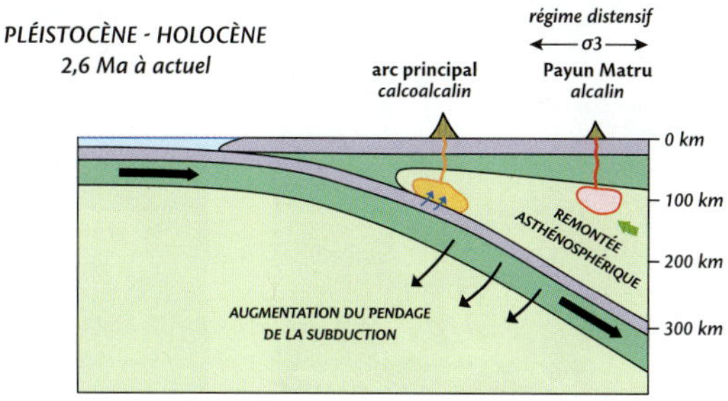

86

La diversité des granites

Granite = *au* ***sens strict****, les granites sont des roches magmatiques plutoniques riches en quartz (plus de 20%) et qui comportent plus de feldspaths potassiques que de feldspaths plagioclases.*
Au ***sens large****, on considère toutes les roches ayant plus de 20% de quartz, indépendamment de la nature des feldspaths présents : on parle alors de* ***granitoïdes****.*

Comment peut-on classer les granites et relier leur diversité à leurs modes de formations ?

I - Une diversité de compositions chimique et minéralogique

Place des granites et des granitoïdes dans la classification de Streckeisen

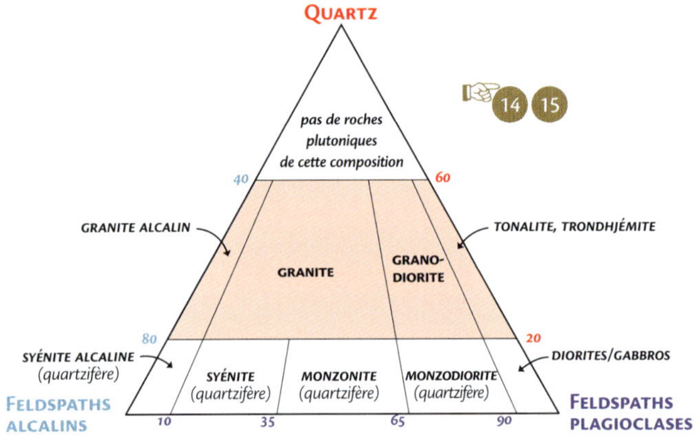

14 15

Extrait de la légende de la carte géologique de France au millionième

La diversité des granites est retranscrite sur la carte géologique de France au millionième.

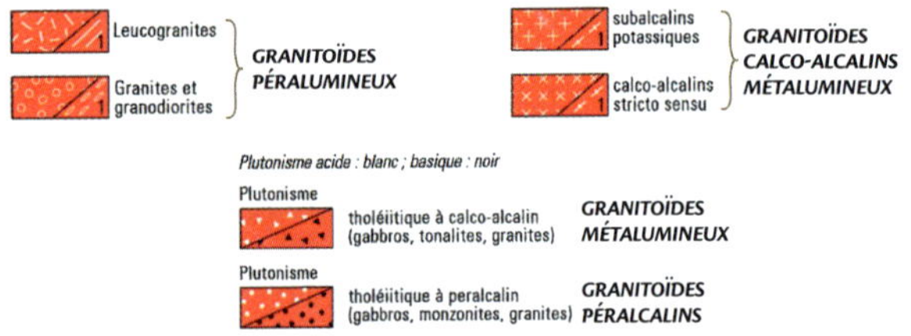

Classification des granites en fonction de la quantité d'aluminium : Diagramme de Shand

Pour tous les feldspaths d'une roche (*feldspaths plagioclases et feldspaths alcalins*), on obtient l'égalité suivante pour la quantité d'éléments chimiques :

$$Al = 2\ Ca + Na + K$$

La proportion d'aluminium par rapport à celle de Ca et d'alcalins (Na + K) permet de distinguer 3 types de granites sur la base de leur composition chimique et minéralogique.

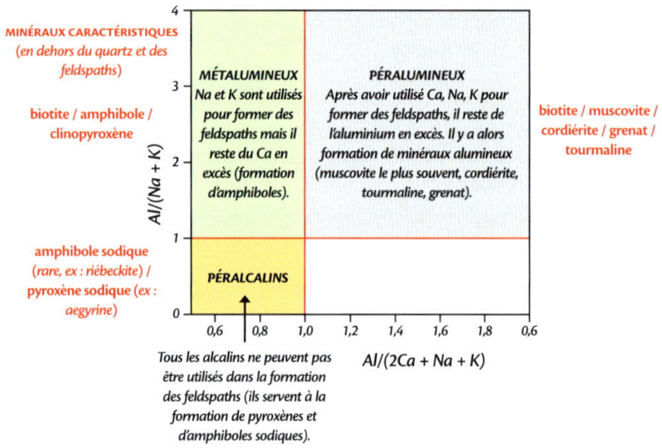

II - Une diversité de textures

Un chaos granitique du Capo San Andrea (île d'Elbe, Italie)

Un **granite porphyroïde** présente de grands cristaux centimétriques d'une espèce minéralogique (*généralement l'orthose*) entourés de cristaux de taille millimétrique.

Ici, la structure porphyroïde est très marquée avec des cristaux pouvant dépasser 10 cm de long !

Filon d'aplite (*Trégastel, Bretagne*)

Une **aplite** est une roche magmatique filonienne à grain fin, généralement de nature granitique. Ici, le filon d'aplite est postérieur au granite rose à gros grains car il le recoupe et contient des enclaves de granite rose à gros grain.

Toit d'une galerie de pegmatite anciennement exploitée (*Vers Ambazac, Haute vienne*)

Une **pegmatite** est une roche filonienne constituée de grands cristaux, le plus fréquemment de quartz feldspaths et micas. Elle résulte du liquide résiduel riche en eau, de fin de cristallisation du magma granitique.

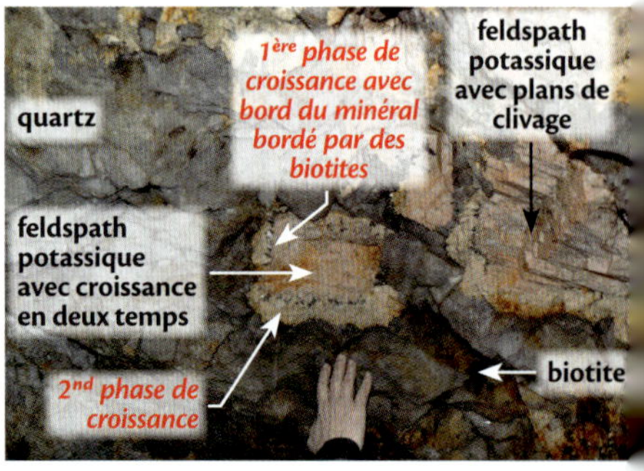

La circulation de fluides hydrothermaux favorise la formation de gemmes (topaze, émeraude...) et de certains minerais qui sont exploités par l'Homme. Il exploite aussi les feldspaths et le quartz des pegmatites.

III - Une diversité liée au mode de formation

Les magmas acides et donc les granites peuvent avoir plusieurs origines principales.

✪ Fusion partielle de la croûte continentale (*anatexie crustale*)

Les granites issus de l'**anatexie crustale** sont appelés **granites S** (S *pour métaSédiments*). Étant donné la richesse en aluminium des métasédiments de la croûte continentale, il s'agit de **granites peralumineux**.
Leur origine crustale peut être confirmée par leur fort rapport initial $(^{87}Sr/^{86}Sr)_0$ de l'ordre de 0,710.

Filons de granite au sein des migmatites du Pouligen (*Loire Atlantique*)

La fusion partielle de gneiss ou de micaschistes génère un magma granitique et laisse sur place un résidu très enrichi en micas noirs (*la restite*). Le magma granitique forme ici des filons intercalés dans la foliation des **restites surmicacées** non fondues.

Dans certains cas, le magma emporte avec lui des enclaves de restite foliée et riche en micas. Ceci permet de reconnaître son origine crustale.

75

Le magma granitique peut rester proche de sa zone de fusion (en particulier dans le cas de l'anatexie crustale) : il y a alors formation d'un **massif granitique concordant**. *Il peut migrer plus loin et se séparer de sa zone de genèse : il forme alors un* ***granite intrusif et discordant*** *dans son encaissant.*

✪ Différenciation (*par cristallisation fractionnée*) d'un magma basique d'origine mantellique

Il s'agit de **granites de type M** (*pour Manteau*) dans le cas de **zones de subduction** et **de dorsales** et de **granite A** (*pour Anorogénique*) dans le cas de **rifts intracontinentaux**. Leur origine mantellique peut être confirmée par leur faible rapport initial $(^{87}Sr/^{86}Sr)_0$ de l'ordre de 0,702.

Filon de plagiogranite clair recoupant un gabbro tholéiitique plus sombre (*plage de Reydhara, Islande*)

Le filon granitique est très riche en enclaves de gabbro. Comme en Islande, il n'y a pas de croûte continentale, on est sûr que le magma acide provient soit de la différenciation d'un magma basique, soit de la refusion de la base de l'empilement basaltique qui constitue l'Islande.

79

✪ Granites de composition intermédiaire

Les **granites I** sont formés par **mélange d'un magma acide et basique** ou par **contamination d'un magma basique par des roches de la croûte continentale**. Ces granites présentent des compositions intermédiaires entre roches acides et roches basiques.

Granite de Saint-Julien-la-Vêtre (*Loire*)

Ce granite est issu du **mélange** d'un magma acide et d'un magma basique. Au centre de la photographie, le cœur du cristal de feldspath avait déjà commencé à cristalliser dans un magma acide. Puis, l'arrivée d'un magma basique a enrichi le liquide en calcium et en fer, et les feldspaths potassiques préexistants ont poursuivi leur croissance sous forme d'une auréole de plagioclase. Une telle structure s'appelle la **structure rapakivi**, du nom d'un granite finlandais.

Quelques éléments de classification des granites

Composition chimique	Types de granitoïdes	Mode de formation	Contexte géodynamique
Métalumineux	Plagiogranites	M : Fusion partielle du manteau et différenciation d'un magma basaltique	Dorsale océanique
	TTG	Fusion partielle d'une croûte océanique chaude et hydratée	Subduction
		Fusion partielle de roches basiques	Divers contextes géodynamiques
Peralumineux	Leucogranites à muscovite	S : anatexie crustale	Collision et effondrement gravitaire
	Granites et granodiorites		
Métalumineux	Granitoïdes sub-alcalins (*surtout granodiorites*)	I : Mélange de magmas et contamination crustale	Effondrement gravitaire post-collision
	Granitoïdes calco-alcalins (*granodiorites*)		Subduction sous une marge continentale
	Granitoïdes calco-alcalins (*granites et granodiorites*)		Collision
Peralcalin	Granites alcalins à amphiboles et pyroxènes sodiques	A : Fusion partielle du manteau et différenciation d'un magma basaltique	Rift continental

Certains magmas acides proviennent de la fusion partielle d'une croûte océanique chaude et hydratée en contexte de subduction, ou de la fusion partielle de roches basiques dans divers contextes géologiques. Ces granites forment une association de granites pauvres en potassium (tonalite, trondhjémite, granodiorite = ***TTG****). Leur formation était très fréquente à l'Archéen, rare depuis le protérozoïque.*

87

« L'alphabet des granites » (S_I_M_A) est la classification la plus utilisée actuellement. Elle ne rend cependant pas compte de toute la diversité des granitoïdes. D'autres classifications sont proposées mais aucune ne fait l'objet d'un consensus.

87 Magmatisme de l'Archéen et formation de la lithosphère continentale

ARCHÉEN = *période de l'histoire de la Terre située entre l'Hadéen et le Protérozoïque et qui s'étend entre -4 et -2,5 Ga. Cette période est marquée par un régime de dynamique interne particulier.*

Quelles sont les roches magmatiques formées à l'Archéen et leurs conditions de mise en place ?
En quoi la mise en place de ces roches participe-t-elle à la croissance de la lithosphère continentale ?

I - Les komatiites : des roches témoins d'une Terre interne très chaude

Coulée verticalisée de komatiite de Barberton (*vallée de la Komati River, Afrique du Sud*)

Les **komatiites** sont des roches volcaniques ultrabasiques. Elles sont essentiellement constituées d'olivine et de pyroxène et présentent un rapport en MgO très élevé (*jusqu'à 3 fois supérieur à celui d'un basalte actuel*). Leur nom vient de la rivière Komati.

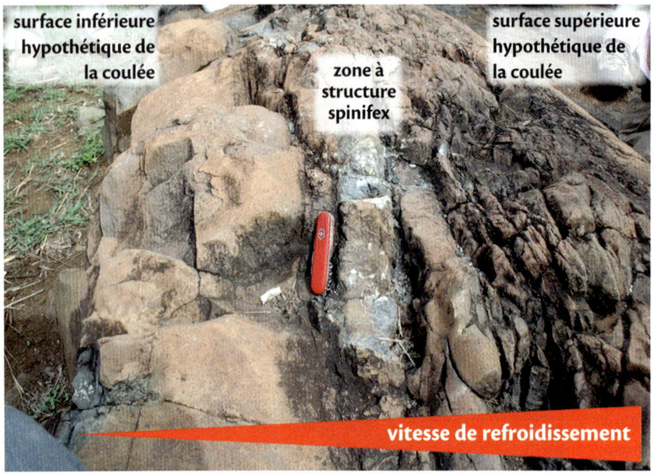

Les komatiites sont souvent interstratifiées dans des séries sédimentaires. Cet ensemble de roches forment « les ceintures vertes archéennes » car elles présentent de la chlorite et des amphiboles vertes dues à leur métamorphisme.

Structure spinifex dans une zone de la coulée de komatiite (*vallée de la Komati River, Afrique du Sud*)

Les komatiites présentent des olivines et/ou pyroxènes de grande taille qui ont cristallisé sous forme d'aiguilles ou de lames réparties de manière rayonnante : **structure spinifex** (*par analogie avec une plante épineuse australienne*).

Cette structure serait liée à la cristallisation rapide du magma en état de surfusion.

Comparaison de la composition en oxydes de laves actuelles et de komatiites archéennes

	Basalte	Komatiite	Andésite	Dacite	Rhyolite
SiO_2	52,11	47,23	59,25	67,05	72,62
Al_2O_3	19,13	3,79	16,83	14,93	14,63
FeO	8,35	12,32	7,74	5,79	2,27
MgO	4,98	28,67	2,66	1,11	0,35
CaO	10,59	6,45	6,38	3,49	2,65
Na_2O	2,68	0,15	4,23	4,99	5,37
K_2O	0,49	0,01	0,75	1,05	1,33
MnO	0,19	0,19	0,2	0,13	0,05
TiO_2	0,85	0,37	0,92	0,63	0,39
P_2O_5	0,12	0,04	0,18	0,18	0,09
Total	99,49	99,22	99,14	99,35	99,75

Une étude poussée des spectres des terres rares des komatiites permet de distinguer jusqu'à -3Ga , 3 groupes de komatiites interprétés comme provenant de 3 profondeurs différentes du manteau. À partir de -3 Ga, la présence d'un seul type montre l'homogénéisation du manteau et la mise en place de mouvements de convection.

Diagramme PT de fusion du manteau péridotitique à sec

La composition minéralogique des komatiites, proche de celle des péridotites, témoigne d'un **taux de fusion partielle très élevé** de 35 à 60 % contre 5 à 20 % pour les basaltes mis en place au Protérozoïque et au Paléozoïque. Ces roches étaient émises à des températures élevées de 1500-1650 °C dans un contexte de **gradient géothermique plus élevé que l'actuel**.

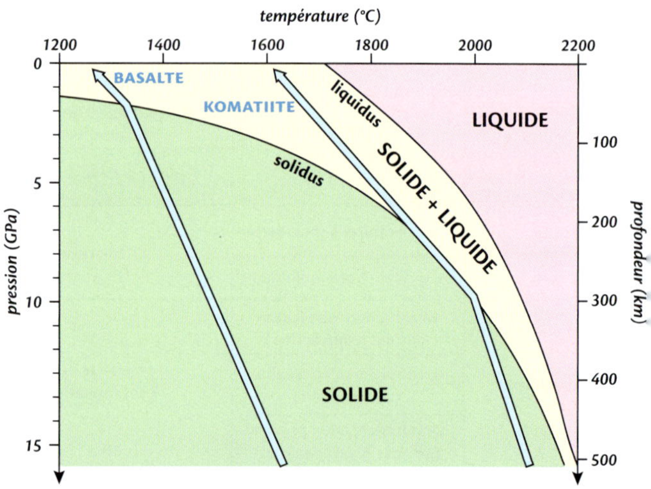

La plus forte quantité de chaleur à évacuer est dissipée au niveau de nombreuses frontières de petites plaques qui se déplacent plus rapidement qu'aujourd'hui.

II - Les TTG : des roches issues principalement de la fusion partielle d'une croûte océanique

Contact entre le granite de Theespruit (*trondhjémite*) et son encaissant métamorphique (*Elukwatini, Afrique du Sud*)

Les **TTG** (***Tonalite, Trondhjémite et Granodiorite***) sont des roches magmatiques contenant essentiellement du quartz, du feldspath plagioclase, de la biotite et parfois de l'amphibole. Ces roches se distinguent des granites par leur très faible teneur (voire même l'absence) en feldspath potassique. Toutes ont une texture grenue qui atteste de leur lente cristallisation en profondeur. Ces roches, de compositions granitiques, représentent la **croûte continentale primitive**.

encaissant amphibolitique traversé par de muliples filons de trondhjémite

trondhjémite de l'Archéen (*3,445 Ga*) 86

Modèle de formation des TTG par sagduction

On peut aussi expliquer la formation de TTG par le modèle de **sagduction**. Lorsque des laves ultrabasiques telles que les komatiites (*densité* = 3,3) se mettent en place sur de la croûte continentale de type TTG (*densité* 2,7), elles créent un fort gradient inverse de densité. Le retour vers une situation d'équilibre se fait par enfoncement des komatiites dans le socle TTG. L'enfouissement des komatiites métamorphisées permet d'atteindre les conditions de fusion partielle formant des TTG intracontinentales.

Au cœur de certains cratons, des dômes de TTG entourés de ceintures de roches vertes sont bien conservés.

Modèle de formation des TTG par subduction archéenne

Les TTG dérivent de la fusion hydratée entre 650 et 1050°C de basaltes subduits, transformés en amphibolites à hornblende (*H*), grenat (*G*), avec ou sans plagioclase (*P*). La diminution progressive des gradients géothermiques être le début et la fin de l'Archéen les fait disparaitre au profit des granitoïdes calco-alcalins. 73

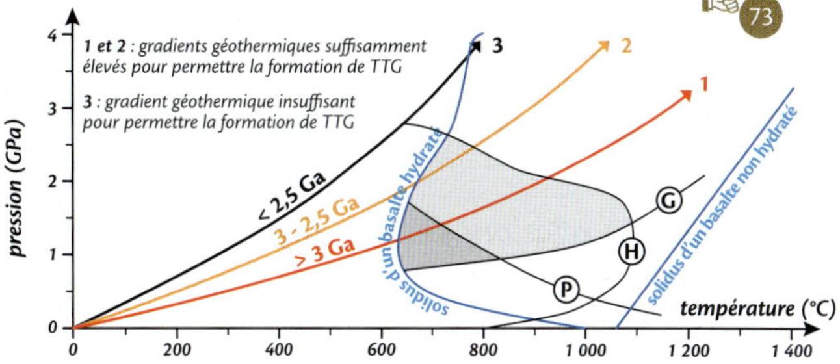

EN GRIS : conditions permettant la formation de TTG

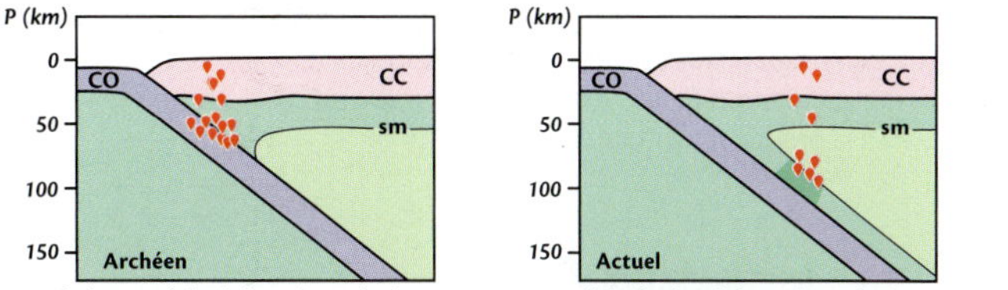

fusion partielle de la croûte océanique chaude et hydratée (*fusion de la croûte avant sa déshydratation*)

déshydration de la croûte océanique froide qui entraîne l'hydration du manteau sus jacent et sa fusion partielle (*la croûte se déshydrate sans fondre*)

CC : croûte continentale, CO : croûte océanique, sm : délimitation de la zone de fusion hydratée du manteau

Les adakites, de composition proche des TTG, sont des roches formées actuellement dans des zones où une lithosphère océanique jeune et encore chaude, entre en subduction

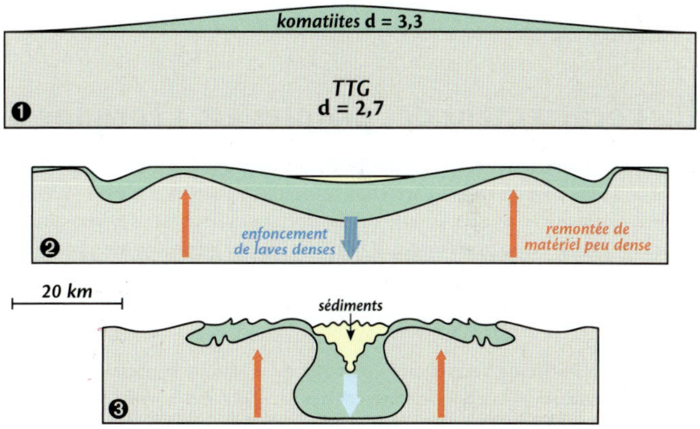

III - La mise en place de lithosphère continentale à l'Archéen

Répartition mondiale des roches archéennes

On retrouve de grandes provinces archéennes sur l'ensemble des continents actuels. Elles sont constituées essentiellement de TTG et de complexes volcano-sédimentaires (*ceintures de roches vertes*) formés de komatiites.

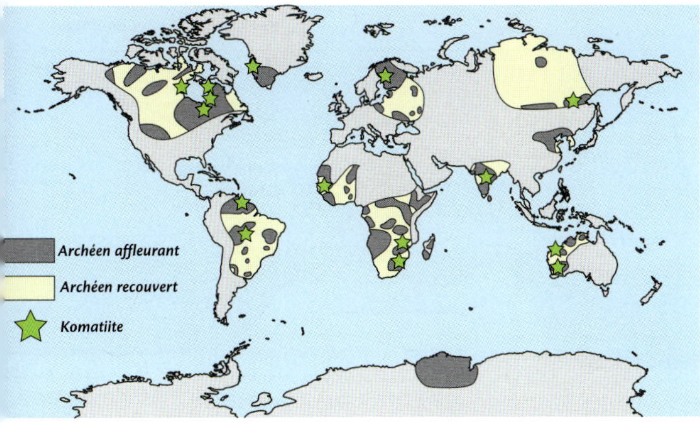

Différents modèles publiés de croissance de croûte continentale

Tous les modèles se caractérisent par une croissance rapide à l'Archéen, plus lente ensuite. À la fin de l'Archéen (-2.5 *Ga*) la plus grande partie de la croûte continentale est déjà formée.

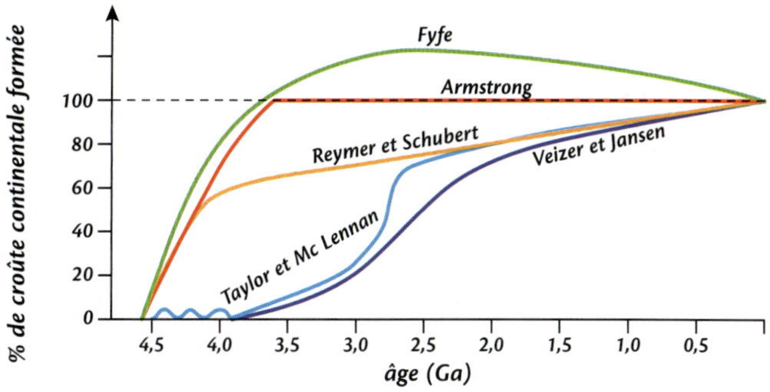

Actuellement, la production de croûte continentale se fait essentiellement par magmatisme calco-alcalin au niveau des zones de subduction.

88 Relation entre tectonique des plaques et magmatisme

TECTONIQUE DES PLAQUES ET MAGMATISME = *les plaques lithosphériques sont délimitées par trois types de frontières (zones d'accrétion, zones de convergence et failles transformantes) présentant une activité magmatique et sismique. Le magmatisme est principalement situé aux frontières des plaques mais il existe aussi un magmatisme intraplaque important.*

Quelles sont les relations entre la tectonique des plaques et les types de magmatisme ?

I - Les grands contextes volcaniques

Principaux volcans âgés de moins de 1Ma

La production magmatique interplaque annuelle (*30 km*^{3}) des dorsales et des zones de subduction est très largement supérieure à la production intraplaque actuelle (*4 km*^{3}).

31 32 33 34 35

Lors de la mise en place LIP des (Large Igneous Province), grandes provinces magmatiques, la production intraplaque a été très importante.

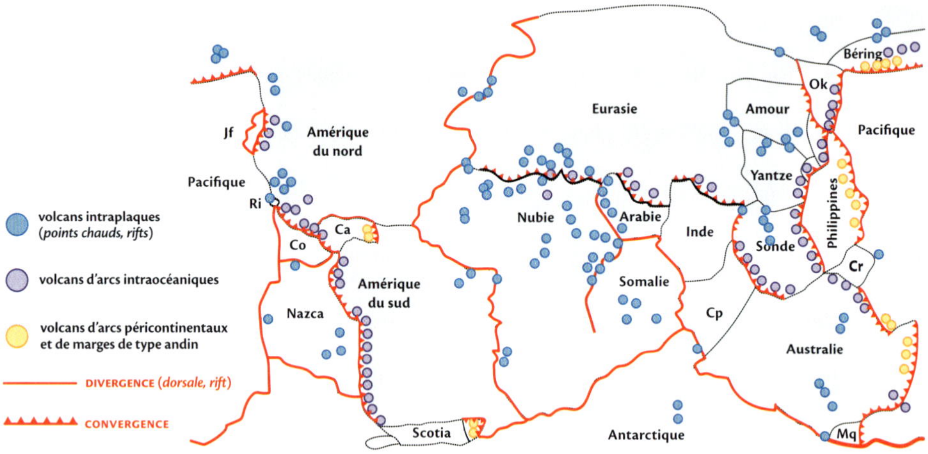

II - L'écartement des plaques est à l'origine du magmatisme des zones d'accrétion

La longueur totale des dorsales est de 70 000 km, avec une largeur de 2000 à 3000 km. La production magmatique des dorsales est de 21 km^3(*3 km*^{3} *de laves et 18 km*^{3} *de roches ayant cristallisé en profondeur*). L'accrétion océanique s'y explique par la remontée du manteau asthénosphérique due à la convection mantellique. La ride d'accrétion d'un bassin arrière-arc a la même origine. Dans le cas des dorsales et des bassins arrière-arc, la convection mantellique liée à la tectonique des plaques précède le magmatisme. Dans le cas du rift est-africain, la remontée d'un panache mantellique a précédé la mise en place d'une ride d'accrétion au Nord et à l'Est (*la mer rouge et le Golfe d'Aden*) et d'un rift continental au sud (*le grand rift est-africain*).

31

Dorsale et bassin arrière-arc

Dans l'**océan Pacifique**, l'accrétion importante au niveau de la dorsale pacifique s'explique par une cellule de convection mantellique mise en place majoritairement par la traction des lithosphères océaniques plongeant au niveau de la subduction de la plaque Nazca sous la plaque Amérique du Sud.

Dans le **bassin de Lau**, une cellule de convection asthénosphérique s'est mise en place suite à la subduction de la plaque Pacifique au niveau de l'arc insulaire des Tonga.

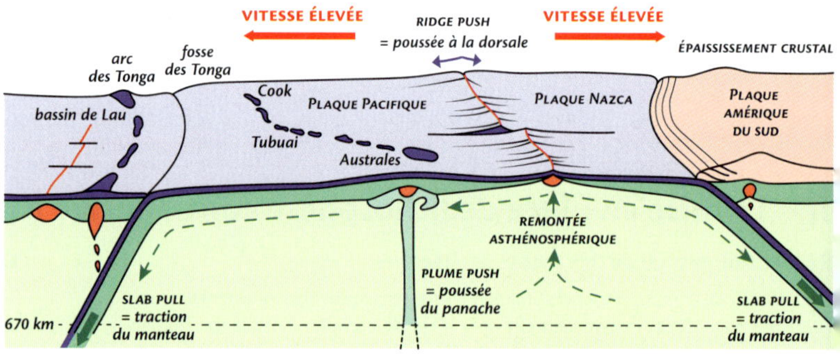

Rift aboutissant à une océanisation

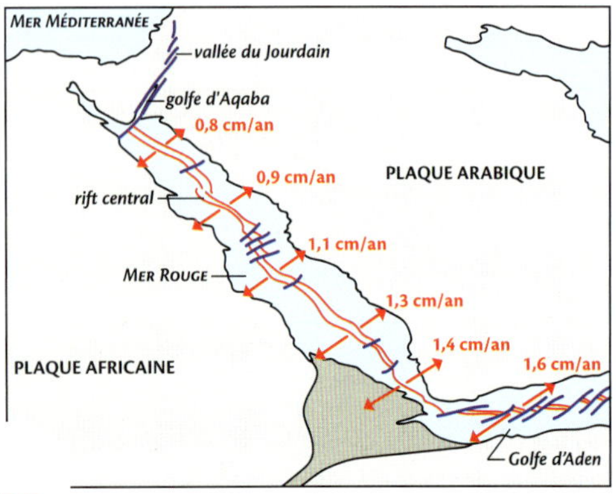

L'accrétion dans la Mer Rouge fait suite à la mise en place d'une nouvelle cellule de convection mantellique en lien avec la remontée d'un panache mantellique à l'origine de l'ouverture des trois rifts (*Mer Rouge, golfe d'Aden et rift est-africain*)

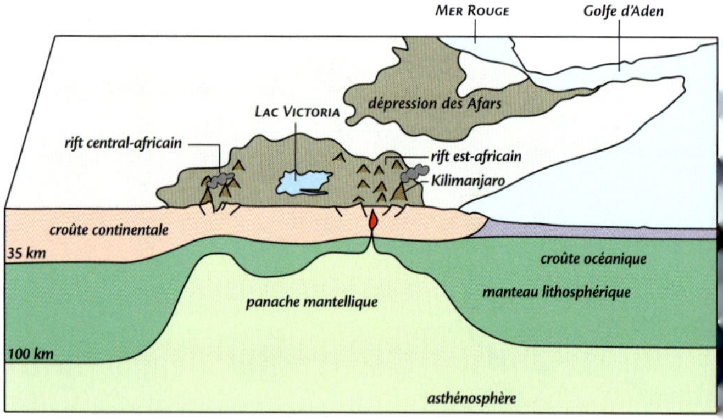

III - La tectonique des plaques est à l'origine du magmatisme des zones de convergence

Des magmas d'arcs calcoalcalins 84

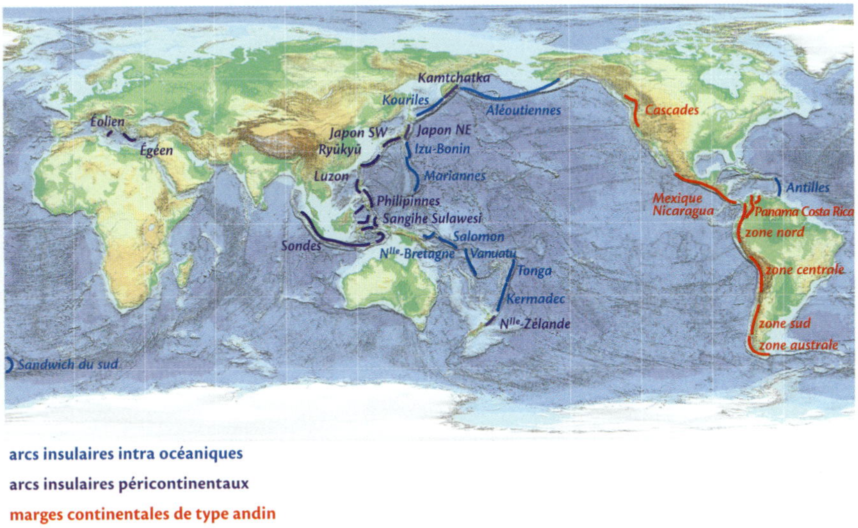

Des magmas d'arcs atypiques

Certaines zones de subduction produisent un magma d'arc dit atypique avec des adakites. Dans le cas de la Basse-Californie/Mexique, c'est la déchirure de la plaque plongeante qui conduit à ces magmas atypiques. 31 85 87

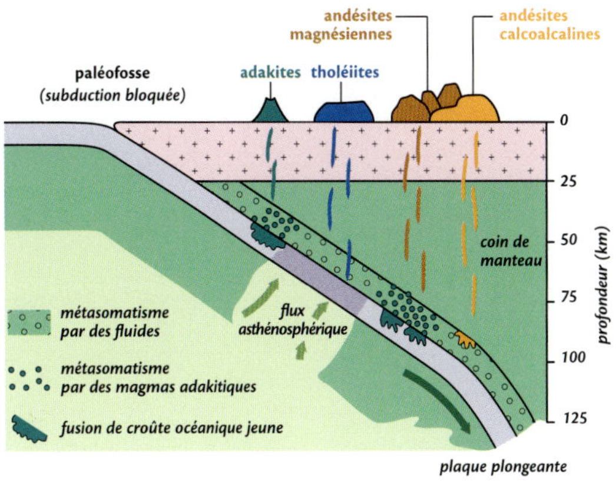

Évolution des magmas de la subduction océanique à la subduction et collision continentales

Le magmatisme passe d'un magmatisme calcoalcalin (*CA*) faiblement potassique (*1*) lors de la subduction de la lithosphère océanique à un magmatisme (**2**) fortement potassique (*calcoalcalin potassique et/ou shoshonitique*) lors de la collision accompagné ou non par une anatexie crustale (*AC*) et enfin (**3**) à un magmatisme alcalin (*ALC*).

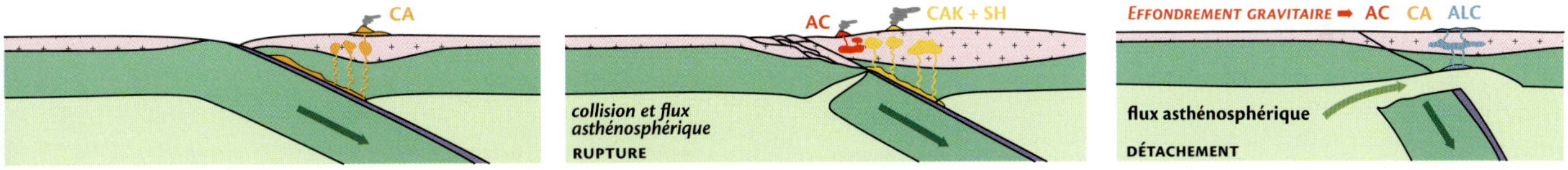

IV - Un magmatisme intraplaque parfois situé aux limites de plaques

Positions actuelles des principaux points chauds et localisation des trapps (< 320 Ma) 31 77

Les grandes provinces magmatiques (***Large Igneous Provinces* : *LIP***) sont principalement constituées de basaltes tholéïtiques (*trapps , marges passives, plateaux océaniques*) mais certaines peuvent présenter des laves riches en SiO_2, felsiques (*ignimbrites rhyolitiques*).

Les positions actuelles de nombreux points chauds intraocéaniques sont soit superposées à des segments de dorsale (*Cobb, Fondation, Islande, Ascension, Bouvet, Saint Paul-Amsterdam*) soit très proches de ces derniers (*Galapagos, île de Pâques, Louisville, Açores, Tristan da Cunha, Shona, Marion, Balleny*).

L'Islande, un magmatisme de dorsale et de point chaud : des basaltes tholéiitiques et alcalins 83 85

Dans le cas de l'Islande, la ride de la dorsale se superpose au panache et la production magmatique est importante, construisant un plateau océanique et même une île. Les basaltes proches du centre du point chaud (*dont la partie sommitale a un diamètre d'environ 150 km*) sont tholéiitiques ou transitionnels, dérivant de taux de fusion partielle plus élevés que les basaltes alcalins du Sud de l'Islande.

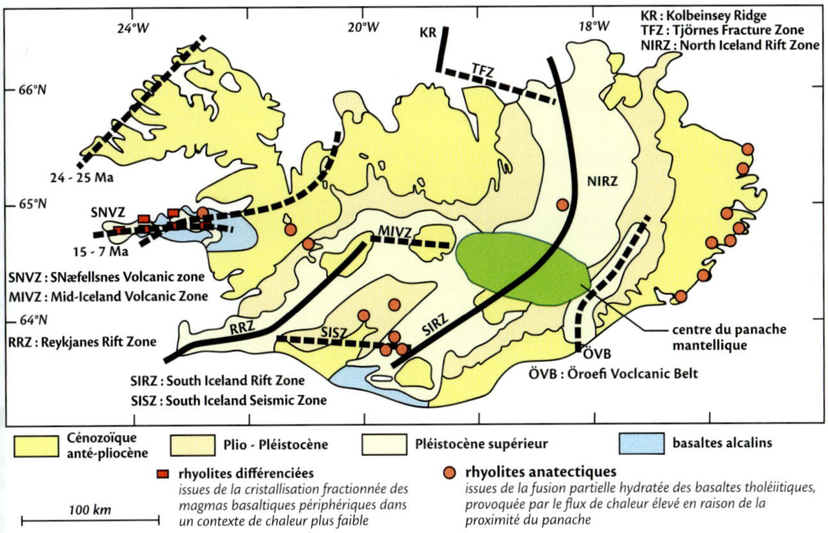

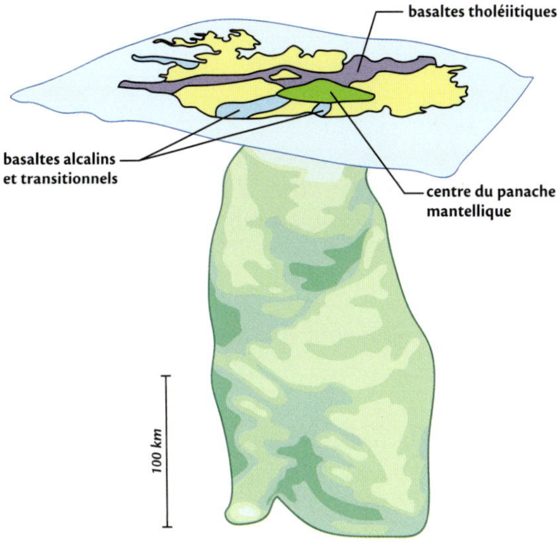

PARTIE VIII

LA GÉOLOGIE, UNE SCIENCE HISTORIQUE

89 La datation absolue

Datation absolue = *détermination d'un âge ou d'une durée chiffrée, exprimée en années, par des méthodes s'appuyant généralement sur des transformations physico-chimiques de vitesse connue, ou des phénomènes astronomiques de périodicité connue.*

Radiochronologie = *ensemble des méthodes de datation d'échantillons, fondées sur l'étude de la désintégration d'un isotope d'un élément père radioactif en un isotope d'élément fils radiogénique.*

Quelles sont les méthodes employées pour déterminer l'âge absolu d'un échantillon ?

I - Radiochronologie

✪ Principe général

Décroissance exponentielle de la quantité d'éléments pères radioactifs

A = nombre de masse = nombre de protons + neutrons (*variable selon les isotopes* : ^{12}C, ^{13}C, $^{14}C^*$ (*instable*) ; abondance : 98,9 % ; 1,1 % ; 10^{-12})

$^{12}_{6}C$: Élément caractérisé par

Z = numéro atomique = nombre de protons (*donc d'électrons*)

constante de désintégration (an^{-1}) — période = demi-vie (an)

$\lambda T = \ln 2$

élément père radioactif P^* ⟶ *élément fils radiogénique* F + particule α, β, γ

choix de l'isotope selon :
- ➝ le type de roche (*P doit y être abondant*)
- ➝ l'âge de la roche (*datation possible entre 1/1000T et 10T*)

	λ	T
$^{14}C^* \longrightarrow {}^{14}N$	$1{,}2 \cdot 10^{-4}$	5730 ans
$^{235}U^* \longrightarrow {}^{207}Pb$	$9{,}8 \cdot 10^{-10}$	0,7 Ga
$^{238}U^* \longrightarrow {}^{206}Pb$	$1{,}5 \cdot 10^{-10}$	4,6 Ga
$^{40}K^* \longrightarrow {}^{40}Ar$	$0{,}6 \cdot 10^{-10}$	1,25 Ga
$^{87}Rb^* \longrightarrow {}^{87}Sr$	$1{,}4 \cdot 10^{-11}$	50 Ga
$^{147}Sm^* \longrightarrow {}^{143}Nd$	$6{,}5 \cdot 10^{-12}$	106 Ga

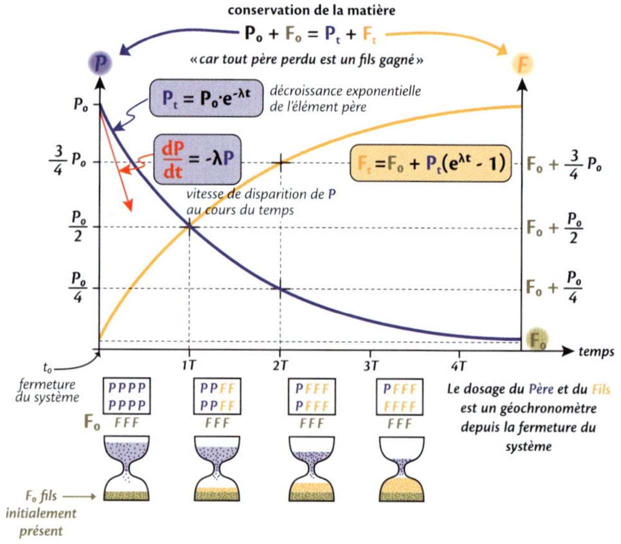

conservation de la matière

$P_t = P_0 \cdot e^{-\lambda t}$ (1) $\qquad P_0 + F_0 = P_t + F_t \iff F_t = F_0 + (P_0 - P_t)$ (2)

(1) + (2) $F_t = F_0 + P_t(e^{\lambda t} - 1)$ — la mesure des isotopes permet de donner l'âge t de la roche si et seulement si, par différentes méthode, F_0 est connue ou éliminée

Applications :
- ➝ dater la **fermeture d'un système** ➡ ***non adapté aux roches sédimentaires***

Limites : toute réouverture ultérieure modifie l'âge
- ➝ L'**altération chimique** lessive les éléments solubles (*ex : Rb soluble ➡ âge Rb/Sr surestimé*)
- ➝ Le **réchauffement par métamorphisme** provoque la diffusion d'éléments entre minéraux d'une roche ➡ ***ouverture des géochronomètres minéraux***

⚠ *Un système est dit **fermé** si les éléments père et fils sont immobiles et bloqués dans l'échantillon, sans arrivée ni départ possible (ex : cristallisation d'un magma, fin d'un métamorphisme...).*

Mesure par spectrométrie de masse de rapports isotopiques ☞ 93

Le spectromètre de masse sépare les isotopes selon leur rapport masse/charge (m/z).

✪ Datation au ^{14}C

Mesure du père restant et hypothèse d'un rapport isotopique r = $^{14}C/^{12}C$ stable dans l'atmosphère

$^{14}C^* \longrightarrow {}^{14}N$ — T = 5730 ans ➡ demi-vie = période courte ; $\lambda = 1{,}2 \cdot 10^{-2}\ an^{-1}$

$$P_t = P_0 \cdot e^{-\lambda t} \iff \frac{P_t}{P_0} = e^{-\lambda t} \iff \ln\frac{P_0}{P_t} = \lambda t \iff t = \frac{1}{\lambda}\ln\frac{P_0}{P_t}$$

$$t = \frac{1}{\lambda}\ln\frac{r_0}{r_t} \quad \text{avec} \quad r = \frac{^{14}C}{^{12}C}$$

avec r_0 considéré comme constant ; $r_{0\ actuel} \approx 10^{-12}$

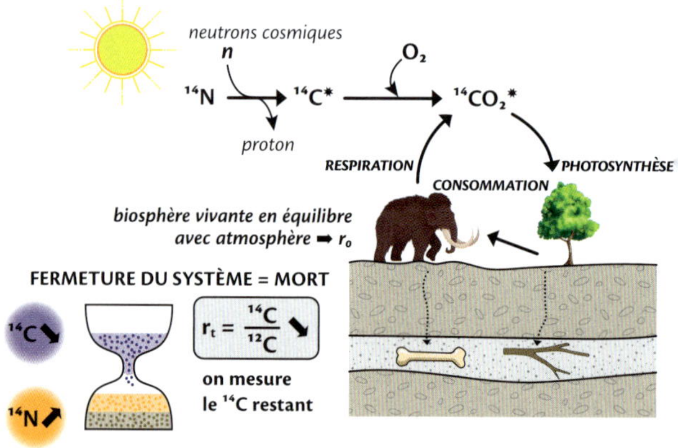

Applications :
- ➝ dater la MORT d'un échantillon organique d'âge < 50 000 ans (*os, bois, peintures rupestres au charbon...*)
- ➝ dater des coquilles, des stalactites et stalagmites en $CaCO_3$

Limites : calibration *par courbes d'étalonnage et corrections car le rapport initial r_0 a varié de façon connue :*
- ➝ Causes naturelles : variation de l'activité solaire, du champ magnétique terrestre
- ➝ Causes anthropiques : essais nucléaire aériens, libération de CO_2 des combustibles fossiles (*dépourvus de ^{14}C*)

⚠ *La période conventionnelle déterminée par Libby (Prix Nobel de Chimie) dans les années 50 (5568 +/-30 ans) est toujours utilisée : l'âge conventionnel calculé avec est exprimé en années « before present » (BP = avant 1950, référence fixée par Libby).*

✪ Méthode U/Pb et système riche en isotope Fils radiogénique ($F_0 \approx 0$)

2 Couples traçant une concordia théorique permettant de placer les rapports isotopiques mesurés dans les zircons

$^{238}U^* \longrightarrow {}^{206}Pb$ T = 4,5 Ga $\lambda = 1{,}5 \cdot 10^{-10}$ an^{-1}

$^{235}U^* \longrightarrow {}^{207}Pb$ T = 0,7 Ga $\lambda = 9{,}8 \cdot 10^{-10}$ an^{-1}

$F_t = \cancel{F_0} + P_t(e^{\lambda t} - 1)$

$Pb_0 = 0$ car absence de Plomb dans les zircons (*minéraux en revanche riches en uranium*)

$$\frac{F_t}{P_t} = e^{\lambda t} - 1$$

➡ construction d'une concordia théorique par le calcul

Applications :
→ roches magmatiques et métamorphiques contenant des zircons

Placement des différents zircons selon leur rapports isotopiques ($^{208}Pb/^{238}U$) et ($^{207}Pb/^{235}U$) mesurés

Cas 1 : les zircons sont sur la CONCORDIA
➡ *ils donnent l'âge de leur cristallisation.*
Ex : les zircons de Jack Hills sont d'âge Hadéen, plus anciens que le gneiss qui les contient, car très résistants.

Cas 2 : les zircons s'alignent sur une DISCORDIA qui recoupe la concordia :
→ **intercept haut = *âge de cristallisation des zircons***
→ **intercept bas = *âge de l'épisode de métamorphisme qui a réouvert le système***

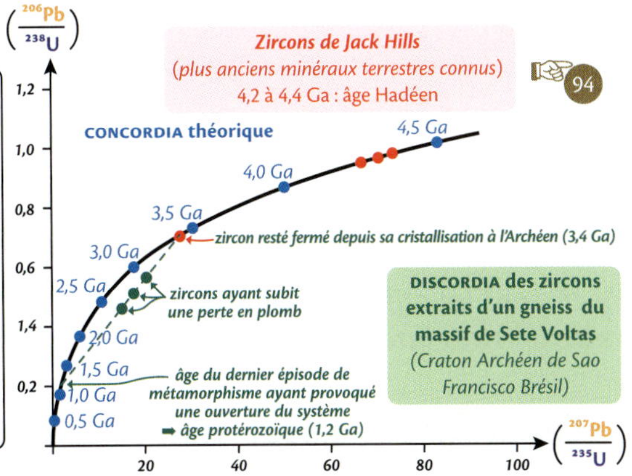

⚠ *La méthode $^{40}K/^{40}Ar$ faisant l'hypothèse $F_0 = Ar_0 = 0$ (système riche) est bien adaptée aux roches volcaniques ayant dégagé leur argon (gaz rare) initial lors de leur mise en place ; ainsi qu'aux minéraux riches en potassium (orthose, muscovite...) où $(^{40}Ar)_0$ est négligeable devant ^{40}Ar radiogénique (datation de roches plutonique ou métamorphiques)*

✪ Méthode des isochrones pour les systèmes pauvres en isotope fils radiogénique ($F_0 \neq 0$)

Mesure de 2 rapports isotopiques de plusieurs échantillons et calcul de la pente d'une droite isochrone

$^{87}Rb^* \longrightarrow {}^{87}Sr$ T = 49 Ga $\lambda = 1{,}4 \cdot 10^{-11}$ an^{-1}

$^{87}Sr_t = {}^{87}Sr_0 + {}^{87}Rb_t(e^{\lambda t} - 1)$ **^{86}Sr** stable, non radiogénique

$\left(\frac{^{87}Sr}{^{86}Sr}\right)_0$ identique pour tous les minéraux d'une roche, caractérise le milieu de formation de la roche (*pas de fractionnement des isotopes*)

$$\left(\frac{^{87}Sr}{^{86}Sr}\right)_t = \left(\frac{^{87}Sr}{^{86}Sr}\right)_0 + \left(\frac{^{87}Rb}{^{86}Sr}\right)_t (e^{\lambda t} - 1) \Longrightarrow y = b + x \cdot a$$

équation d'une droite (a constant ➡ isochrone)

mesure de différents minéraux isolés d'une même roche ou de différents échantillons rocheux d'un même affleurement (roche totale)

Applications :
→ roches magmatiques et métamorphiques

Limites :
→ des points non alignés témoignent d'une réouverture de certains géochronomètres (*altération, réchauffement par métamorphisme*)

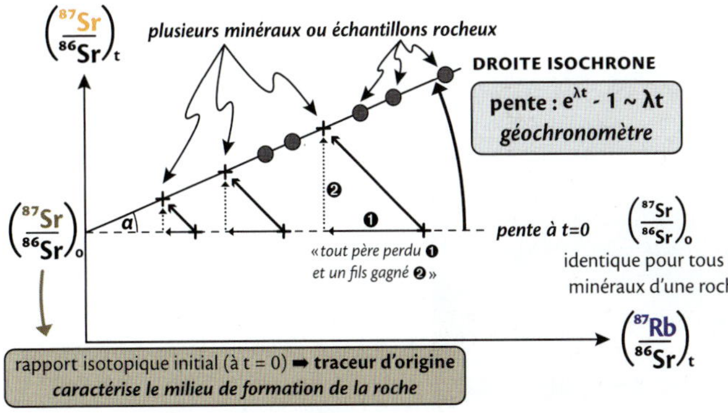

Ex : granite de Huelgoat (*Bretagne*)
→ ***Pente*** = 0,005 ➡ t = a/1,4·10^{-11} = ~350 Ma (*orogénèse Hercynienne*)
→ ***Ordonnée à l'origine*** $(^{87}Sr/^{86}Sr)_0$ = 0,706 ➡ origine crustale sédimentaire

Enseignements tirés des isochrones interne (*sur minéraux isolés*) et externe (*sur roche totale*)

Un épisode de réchauffement par métamorphisme peut remettre à zéro les géochronomètres minéraux car les isotopes diffusent à faible distance entre minéraux d'une même roche. L'isochrone interne (*sur minéraux isolés*) donne l'âge du métamorphisme, l'isochrone externe (*sur roche totale*) l'âge du protolite.

II - Autres méthodes de datation absolue

Accumulation des traces de fission

En **dénombrant les traces** laissées dans les minéraux par la fission spontanée de l'^{238}U, on détermine la **durée écoulée depuis le dernier épisode de refroidissement** (*ex. sur l'apatite les traces se marquent dès que T < 100°C*).

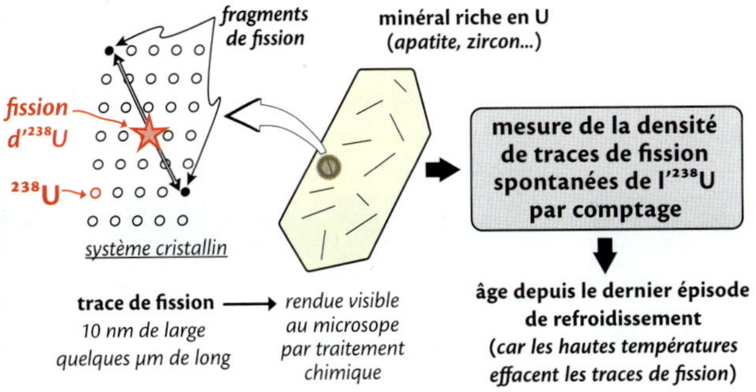

Cyclicité ou récurrence de phénomènes 65 100

Les **rythmites** (*varves, tidalites...*) sont des roches sédimentaires ayant enregistré des phénomènes cycliques de durée connue (*ex : cycles de Milankovich...*).
Du dénombrement des cycles enregistrés on déduit une **durée absolue**, à la façon du décomptage des cernes annuels en **dendrochronologie**.

Thermoluminescence

Certains minéraux (*quartz, calcite, feldspath...*) accumulent l'énergie provenant de la radioactivité ambiante. Un chauffage à 500 °C libère cette énergie sous forme lumineuse : connaissant la dose annuelle reçue par l'échantillon, en mesurant la lumière émise on déduit sa paléodose et donc l'**âge de sa dernière remise à zéro par chauffage**.

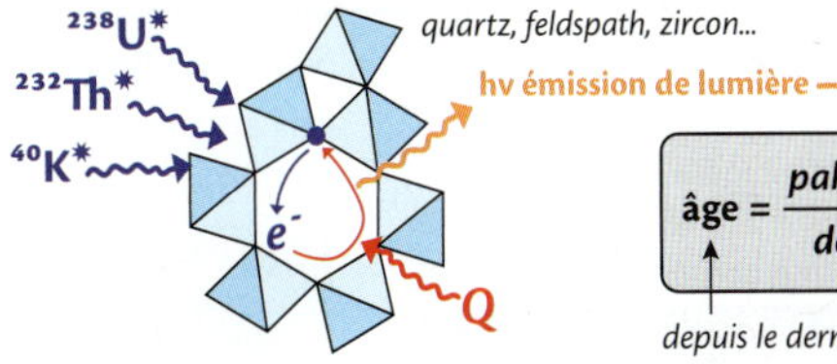

$$\text{âge} = \frac{\text{paléodose}}{\text{dosage}} = \frac{P\ (Gy)}{\dot{D}\ (Gy \cdot an^{-1})}$$

depuis le dernier épisode de chauffage

❶ **Irradiation** provenant de l'environnement ou du minéral (*dose annuelle connue $\dot{D}$ - grayan^{-1}*)
➡ ***déplacement des électrons piégés dans les défauts de la maille cristalline***

❷ **chauffage à 500°C**
➡ ***Libération de l'énergie piégée sous forme de lumière*** (*vidange des pièges, retour des électrons*)
➡ ***Mesure de la paléodose P (gray)***

Applications :
→ dater le refroidissement de coulées de lave, d'objets archéologiques ayant été chauffés (*pierre autour d'un foyer, céramique...*).

Limites :
→ âges < 1 Ma

90 Les principes de datation relative par lithostratigraphie

DATATION RELATIVE = *ensemble des méthodes de datation permettant d'ordonner des événements les uns par rapport aux autres dans le temps.*

LITHOSTRATIGRAPHIE = *datation relative grâce à l'étude des relations géométriques entre les structures géologiques.*

Quels sont les différents principes permettant la datation relative des événements à partir des relations géométriques entre les structures géologiques ?

I - Les principes de datation relative par relations géométriques

✪ Principes de superposition et de continuité latérale

→ **PRINCIPE DE CONTINUITÉ** : une couche géologique a le même âge sur toute son étendue. Attention, il existe une exception : une couche déposée par des phénomènes de progradation est plus vieille en amont qu'en aval.

→ **PRINCIPE DE SUPERPOSITION** : les couches (*strates ou unités*) géologiques sont de plus en plus jeunes du bas vers le haut d'une formation. Attention, il existe des exceptions à ce principe, notamment si les couches ont été inversées par la tectonique (*plis couchés*).

Étude d'un affleurement Oligocène (*Manosque, Alpes de Haute Provence*)

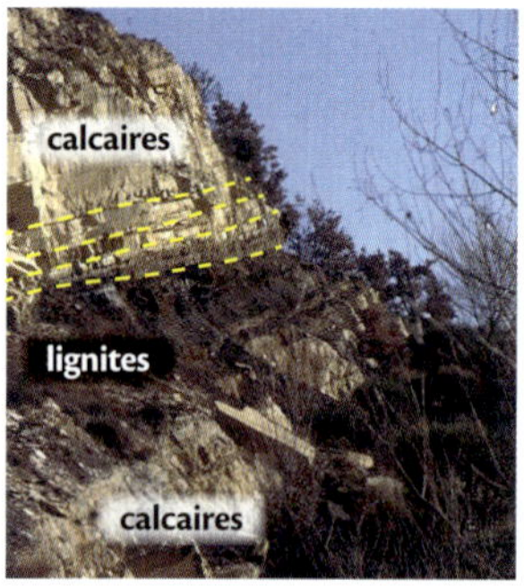

Les calcaires du dessous sont plus vieux que la lignite, elle-même plus vieille que les calcaires du dessus.

Étude de coulées du Piton de la Fournaise (*La Réunion*)

Une coulée de lave récente (*noire, lave fluide, type pahoehoe*) est superposée sur des coulées plus anciennes (*grises, lave visqueuse*).

Coupe géologique au sud de la Marne d'après la carte de Lagny-sur-Marne au 1/50 000ème

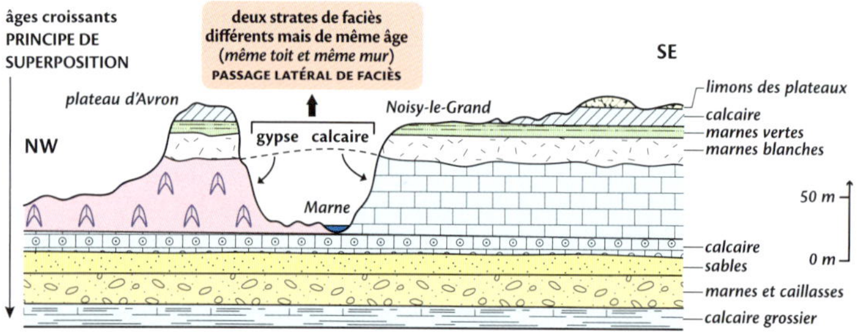

Au cours de la sédimentation du tertiaire, la mer se retire. Au nord de la Marne, des lagunes subsistent et permettent la sédimentation de gypse, tandis qu'au sud, de grands lacs continentaux engendrent la sédimentation de calcaire.

Au même âge, deux strates de natures différentes se forment : il s'agit d'un **passage latéral de faciès**. La datation est réalisée par principe de superposition en utilisant les strates situées au dessus et au dessous (*mur et toit*).

✪ Principe de recoupement

→ **PRINCIPE DE RECOUPEMENT** : une structure qui en recoupe un autre lui est postérieure.

Route de Las Vegas (*Vallée de la mort, Californie*)

La **faille** (*rouge*) est plus récente que les **states** (*jaune*). Une **coulée de lave noire** (*vert*) repose sur l'ensemble, par principe de superposition elle est plus récente. De plus, la coulée cachète la faille, elle est donc plus jeune que la faille.

Sables d'Olonne (*Vendée*)

Un filon granitique plus récent recoupe des roches métamorphiques plus anciennes.

Discordance angulaire (*May sur Orne, Calvados*)

Les calcaires jurassiques recoupent les calcaires-dolomies du cambrien.

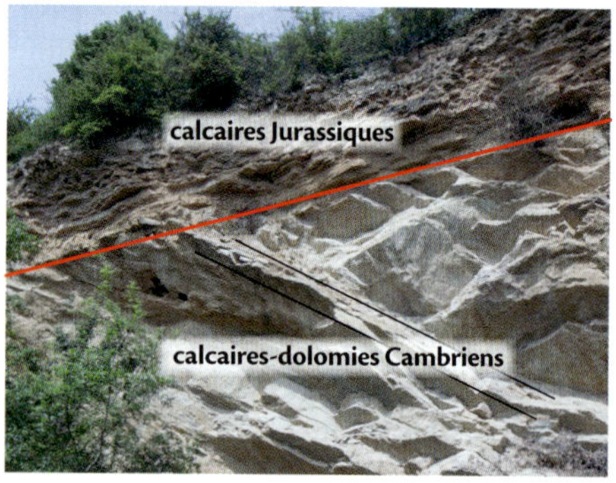

✪ Principe d'inclusion

→ **Principe d'inclusion** : une structure incluse dans une autre lui est antérieure.

Poudingue de la région d'Albas (*Aude*)

Les galets sont plus anciens que la formation du conglomérat.

Basalte de la chaîne des Puys (*Auvergne*)

Le fragment de granite hercynien inclus dans le basalte est plus ancien.

Dolérite observée en LPA

Les baguettes de feldspaths plagioclases (*encadré*) sont insérées dans un pyroxène plus récent.

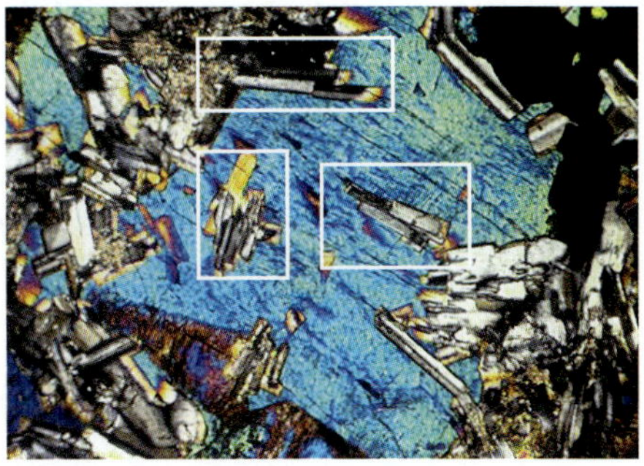

L'étude de l'ordre de cristallisation des minéraux a été utilisée par Bowen dans la construction des séries réactionnelles de Bowen.
Le même type de raisonnement permet de dater les couronnes de transformations minérales au cours du métamorphisme.

53 80

II - La datation relative à partir des cartes géologiques

Extrait de la carte géologique de la France au millionième (*région de Condé sur Noireau, Normandie*)

La discordance des couches Jurassiques (*j1 et j2 en bleu*) est visible car la limite du jurassique recoupe les limites des strates plus anciennes (*Ordovicien et Cambrien en vert, Briovérien en rose*) : le recoupement est visible en particulier au niveau de **points triples** (***ronds jaunes***).

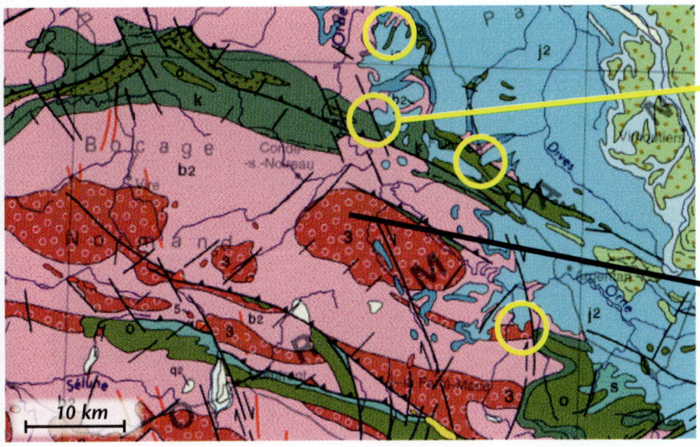

Extrait de la carte géologique de Condé sur Noireau au 1/50 000ème

La granodiorite intrusive de Condé-sur-Noireau (*en rouge*) recoupe les strates plus anciennes dans lesquelles elle s'est formée et qu'elle a métamorphisées (*métamorphisme de contact souligné par un trait noir*).

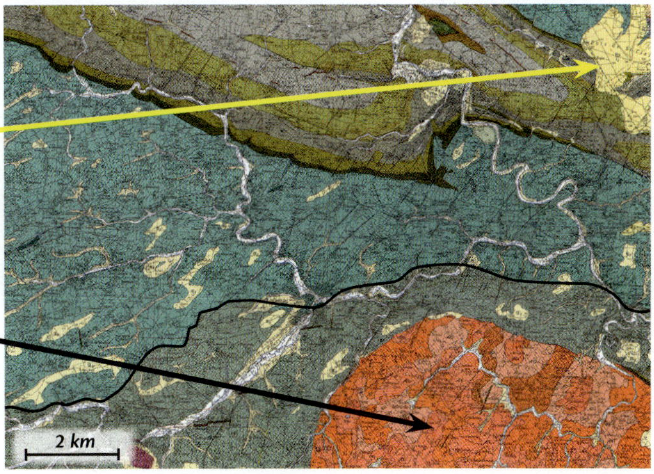

III - Les limites de la lithostratigraphie

Coupe géologique du Grand Canyon (*Arizona*)

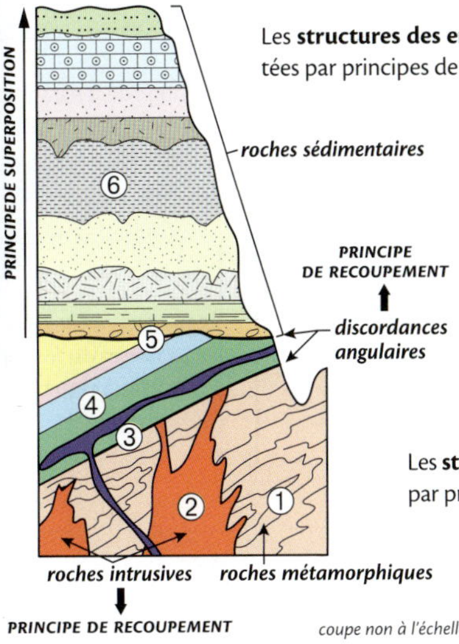

coupe non à l'échelle

Les **structures des ensembles** ⑤ **et** ⑥ peuvent être datées par principes de recoupement et de superposition.

Dans la **zone** ④, on ne peut pas dater le filon représenté en violet par rapport aux strates sédimentaires représentées en rose, bleu et beige car les structures ne sont pas en contact.

Les **structures** ① **à** ③ peuvent être datées par principe de recoupement.

Route de Las Vegas (*Vallée de la mort, Californie*)

La **faille** (***soulignée en rouge***) est postérieure aux strates sédimentaires.
Le **filon** (***souligné en orange***) est postérieur aux strates sédimentaires.
Les **roches volcaniques** (***souligné en vert***) au dessus sont postérieures à l'ensemble.

➡ ***On ne peut pas dater le filon par rapport à la faille car ils ne sont pas en contact.***

91 Les principes de datation relative par biostratigraphie

Biostratigraphie = *datation relative grâce à l'étude des contenus en fossiles des roches.*
Fossile = *reste ou trace, plus ou moins minéralisé, d'un ancien organisme vivant ou de son activité, conservé généralement dans une roche sédimentaire.*

Quels sont les différents principes permettant la datation relative des événements à partir des relations géométriques entre les structures géologiques ?

I - La datation par biostratigraphie utilise des fossiles stratigraphiques

Le principe de la datation grâce aux fossiles stratigraphiques

L'évolution des êtres vivants est un processus continu, progressif et irréversible. Ainsi, l'étude des fossiles permet la datation.

→ **Principe d'identité paléontologique** : deux couches géologiques contenant les mêmes fossiles ont le même âge.

La datation relative grâce au principe d'identité paléontologique à l'échelle mondiale nécessite d'utiliser des fossiles susceptibles d'être observés sur de nombreux affleurements dans le monde donc existant en grande quantité pendant un temps court. Ce type de fossile est appelé **fossile stratigraphique**.

Un fossile stratigraphique est un fossile caractéristique d'une **courte période temporelle** donnée. Il est représenté dans une **vaste aire de répartition géographique**, et il correspond à un **grand nombre d'individus**.

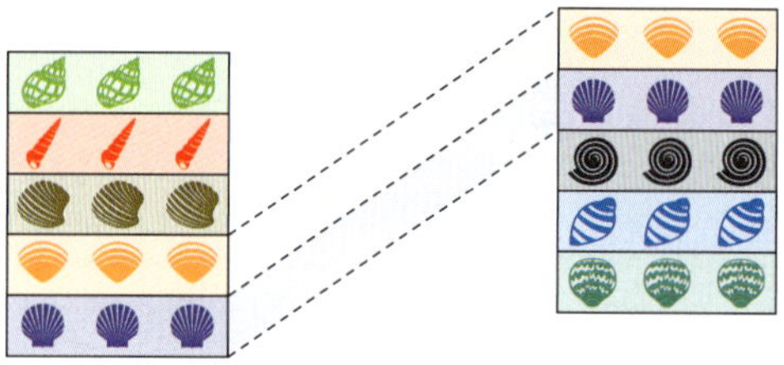

TEMPS

QUELQUES EXEMPLES DE FOSSILES STRATIGRAPHIQUES

☞ 145

Fossiles de Trilobites (Cambrien – Permien)
Geesops sparsinodosus gallicus

Fossiles d'Ammonite (Dévonien –Crétacé)
Androgynoceras

Fossile de Globigérine (Cénozoïque)

II - Les unités biostratigraphiques sont définies par les biozones

✪ Caractériser des intervalles de temps

Bizones et datation par biostratigraphie

La **biozone d'une espèce** représente le volume de roche défini par un assemblage de fossiles stratigraphiques et dont le contenu est différent des formations sus-jacentes et sous-jacentes.

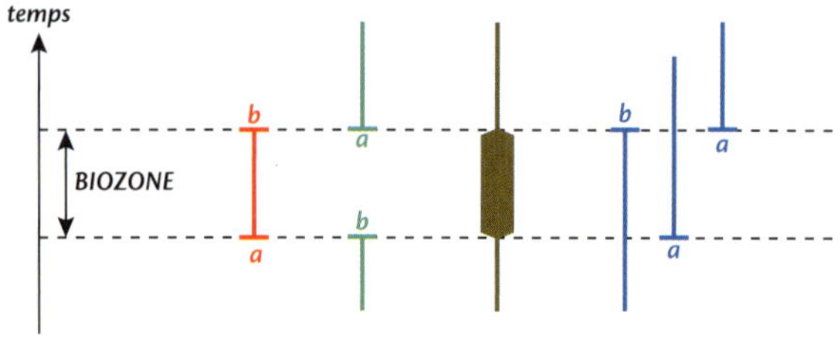

Différents types de biozones pouvant être définies
a : apparition d'espèce *b : disparition d'espèce*

❶ biozone de distribution stricte d'un taxon
❷ biozone d'intervalle
❸ biozone d'abondance
❹ biozone de distribution concommitante

Généralement, la biostratigraphie s'appuie sur des assemblages fossilifères, c'est-à-dire sur des biozones caractérisées par plusieurs espèces fossiles.
L'utilisation de plusieurs fossiles stratigraphiques améliore la résolution de la datation.

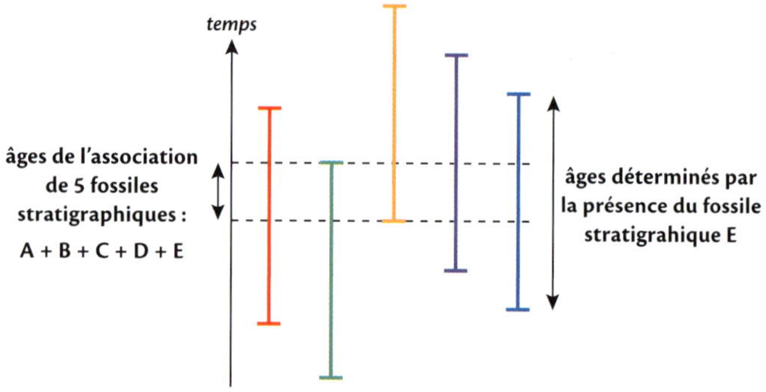

Biozone et chronozone

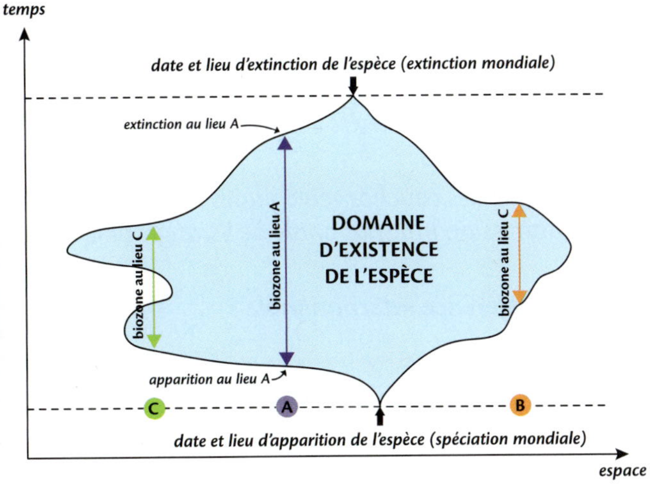

➡ Les **biozones** varient dans l'espace et permettent de définir une **chronozone**.

Biozones et principe d'identité paléontologique

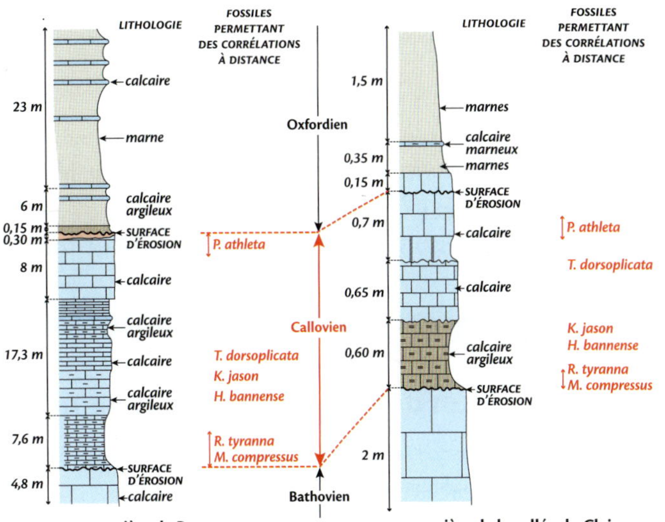

carrière de Pamproux près de Saint-Maixent (79)

carrière de la vallée du Clain au Nord de Poitiers (86)

✪ Caractériser des intervalles de temps 92

Stratotype et GSSP

Un **stratotype** est une coupe de référence constituée de couches fossilifères dont l'association et la succession de fossiles stratigraphiques est considérée comme représentative d'une période temporelle donnée. Le nom du stratotype est basé sur la localité où il a été défini.

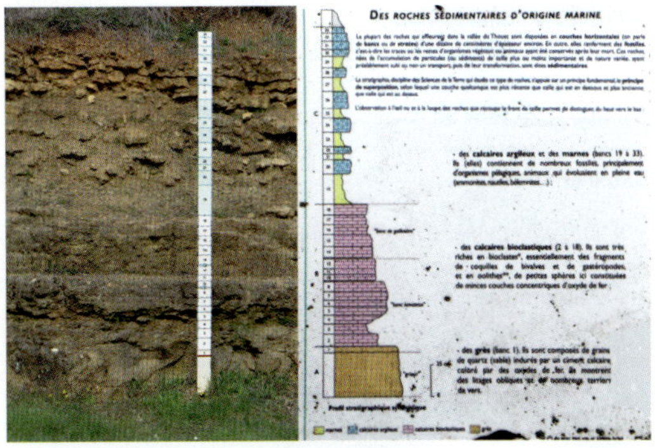

Exemple du stratotype du Toarcien, localisé dans les environnements immédiats de Thouars, dans les deux Sèvres.

La coupe représente 8 millions d'années et contient plus de 80 espèces d'ammonites. La coupe a été découpée en 27 horizons différant par leur contenu en fossiles, ce qui amène à un pouvoir résolutif de l'ordre de 200 000 ans.

Lorsque la limite entre deux stratotypes ne correspond pas à une discontinuité (*lacune de sédimentation, discordance…*), elle permet de dater la modification du contenu des roches en fossiles stratigraphiques. Ce type de limite constitue uns **stratotype « de limite »** ou **GSSP** (***Global boundary Stratotype Section and Point***)

Lorsque les modifications du contenu fossilifère sont importantes, on peut définir une crise biologique. 96

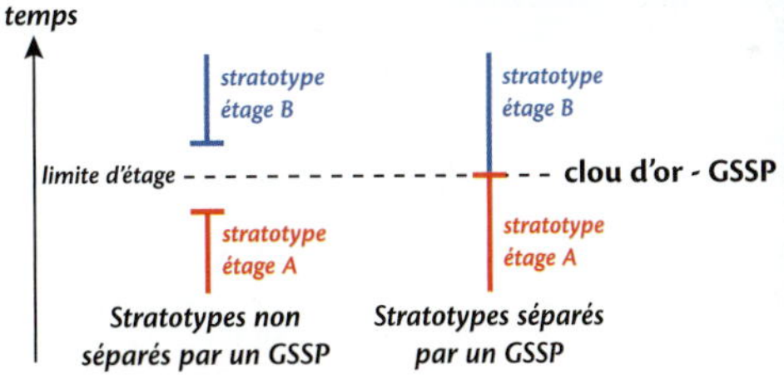

GSSP marqué par un clou d'or

III - L'établissement d'une échelle des temps géologiques

Les **grandes crises biologiques** sont utilisées pour fixer des limites importantes, comme délimiter les ères géologiques. 92 96

Ère	Période	Époque	Étage
Cénozoïque	Quaternaire	Holocène	
		Pléistocène	Calabrien
	Néogène	Pliocène	Plaisancien
			Zancléen
		Miocène	Messinien
			Tortonien
			Serravallien
			Langhien
			Burdigalien
			Aquitanien
	Paléogène	Oligocène	Chattien
			Rupélien
		Éocène	Priabonien
			Bartonien
			Lutétien
			Yprésien
		Paléocène	Thanétien
			Sélandien
			Danien

Nummulites

★ Grandes crises biologiques

Ère	Période	Époque	Étage
Mésozoïque	Crétacé	Supérieur	Maastrichtien
			Campanien
			Santonien
			Coniacien
			Turonien
			Cénomanien
		Inférieur	Albien
			Aptien
			Barrémien
			Hauterivien
			Valanginien
			Berriasien
	Jurassique	Supérieur	Tithonien
			Kimméridgien
			Oxfordien
		Moyen	Callovien
			Bathonien
			Bajocien
			Aalénien
		Inférieur	Toarcien
			Pliensbachien
			Sinémurien
			Hettangien

Ammonites + dinosaures

Ère	Période	Époque	Étage
Mésozoïque	Trias	Supérieur	Albien
			Aptien
			Barrémien
		Moyen	Hauterivien
			Valanginien
		Inférieur	Berriasien
Paléozoïque	Permien	Lopingien	
		Guadalupien	
		Cisuralien	
	Carbonifère	Pennsylvanien	
		Mississippien	
	Dévonien		
	Silurien		
	Ordovicien		
	Cambrien		
Précambrien	Protérozoïque		
	Archéen		
	Hadéen		

Dinosaures

Trilobites

Reconstitution de l'ordre des événements à l'échelle locale puis régionale

↓

Reconstitution de l'ordre des événements à l'échelle des continents puis du monde

↓

Construction d'un calendrier de référence de l'histoire de la Terre

Le découpage des temps géologiques

ÉCHELLE DES TEMPS GÉOLOGIQUES = *subdivision du temps correspondant à des événements survenus pendant l'histoire de la Terre. Arthur Holmes publie la première en 1913.*

ÉCHELLE CHRONOSTRATIGRAPHIQUE = *classement chronologique des couches géologiques en fonction du temps ; affinée, statuée et calibrée tous les 4 ans par la Commission Internationale de Stratigraphie.*

Comment obtenir une échelle des temps géologiques continue servant de référence internationale ?

I - Principe : un découpage sans lacune ni chevauchement grâce à des repères

L'étage, unité de base de l'échelle, défini par un stratotype de référence

Historiquement, des affleurements de référence (***stratotypes d'unité***) ont permis de définir et de **nommer les étages**, **subdivisions de base de l'échelle chronostratigraphique** (*ex : Sélandien à l'île de Sealand au Danemark*).

Désormais, on utilise des **stratotypes de limite** (*ex. Sélandien sur la plage de Zumaia en Espagne*), coupes de référence sur lesquelles la limite inférieure d'une unité est la plus nette et la plus documentée possible. Ils comprennent un ensemble continu de couches situées de part et d'autre de la limite et servent de référence mondiale (***GSSP : Global Boundary Stratotype Section and Point***), on y appose un **clou d'or**.

⚠ *L'affleurement de Zoumaia a été choisi comme référence mondiale du fait d'une **sédimentation continue**, riche en données lithologiques (régression rapide enregistrée sous forme de marnes rouges), magnéto et cyclostratigraphiques et en biozones repères visibles permettant des corrélations à grande échelle.*

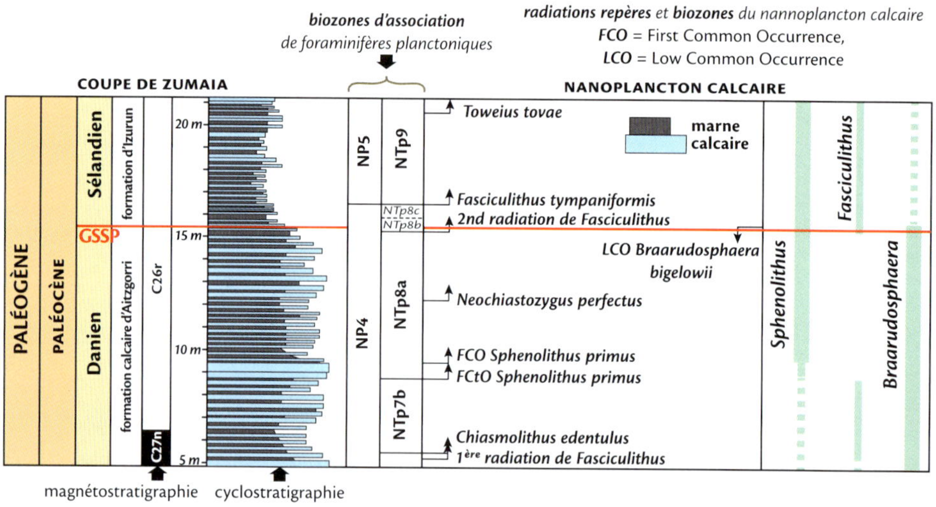

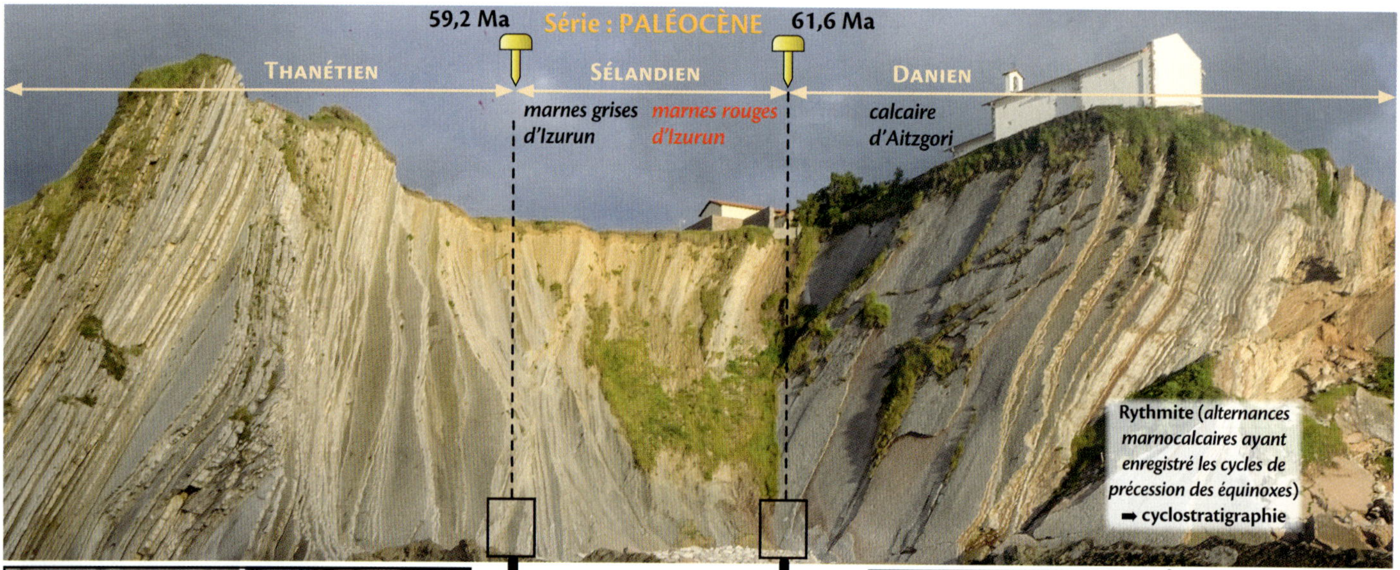

Clou d'or

GSSP de la base du Thanétien

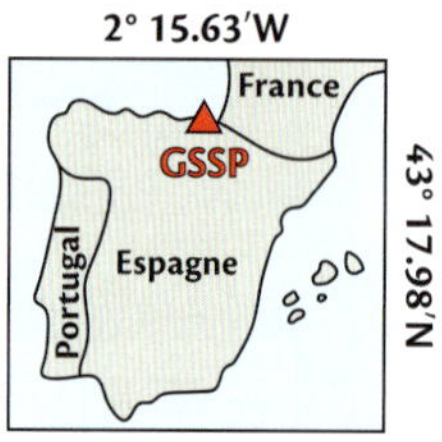

Localisation de la plage d'Itzurun, à Zumaia

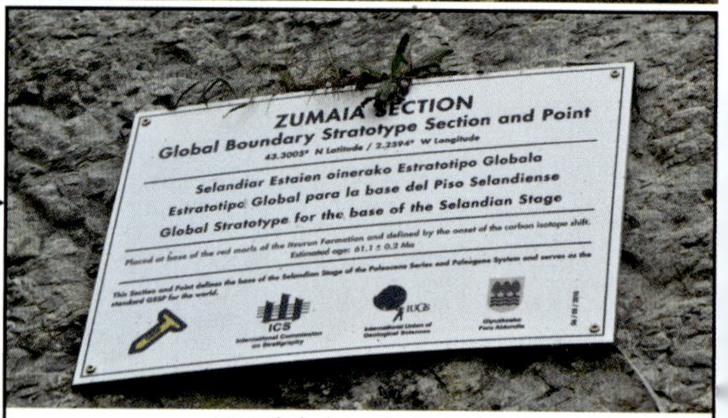

GSSP de la base du Sélandien

II - Un étalonnage absolu de l'échelle stratigraphique

Étalonnage par magnétostratigraphie (*ex : base du Thanétien*)

Le **calendrier des inversions du champ magnétique** terrestre a été obtenu d'abord d'après l'**aimantation thermorémanente** des coulées de laves continentales, puis en majorité d'après les anomalies magnétiques du plancher océanique jusqu'à 160 Ma.

Il comprend une **suite de Chrons** constitués d'une **période inverse** surmontée d'une **période normale**, parfois entrecoupées d'événements de polarité contraire.

La **datation radiométrique des coulées ou du basalte océanique** atteint après forage permet de connaître l'âge des inversions (*et aussi de donner un âge absolu aux fossiles au contact de ce basalte*).

Les **roches sédimentaires** peuvent fossiliser le champ magnétique si elles contiennent des cristaux détritiques d'oxydes ou hydroxydes de fer qui se réorientent selon celui-ci lors de leur sédimentation.

La **base du Thanétien** correspond au début du Chron C26N, 30,5 m au-dessus de la formation d'Itzurun, ce qui la cale à 59,2 Ma.

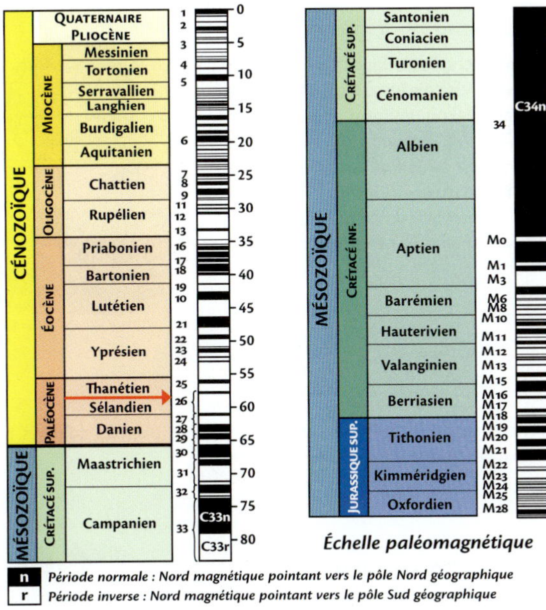

Étalonnage par cyclostratigraphie (*ex : base du Sélandien*)

Certaines formations rocheuses enregistrent une périodicité, c'est le cas de la partie supérieure du Danien à Zoumïa,

La régression rapide de la **base du Sélandien** enregistrée par les marnes rouges se situe 30 cycles de précession des équinoxes (*30 x 21 000, soit 630 000 ans environ*) au-dessus de la limite supérieure de la chronozone magnétique C27n.

Cela permet de caler le début du Sélandien à 61,6 Ma.

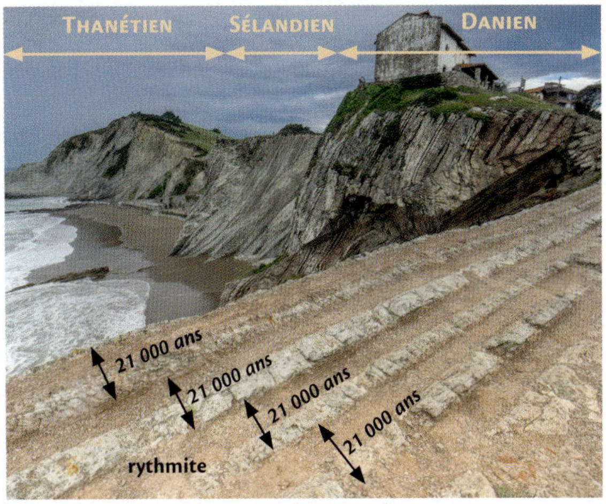

100

Étalonnage par encadrement avec des roches datées par radiochronologie après corrélations à grande échelle (*ex : base du Danien*)

La **limite Crétacé-Paléogène** (*base du Danien*) est visible à Zumaïa (*sédimentation marine continue*), mais le stratotype retenu se situe à Ef Kef, en Tunisie.

Cette limite est facilement identifiable dans les sédiments marins :

- ➜ extinctions de masse de foraminifères planctoniques suivies de la première apparition de foraminifères du Danien (*Parvularugoglobigerina eugubina, biozones P0-P1a*),
- ➜ pic d'Iridium, spinelle nickélifère…

Quel est son âge absolu ?

Les **coulées volcaniques** émises en parallèle, ayant formé les trapps du Deccan et datées par radiochronologie (*méthodes K/Ar et Ar/Ar*), permettent d'**encadrer cette limite** qui semble se situer à la base d'une fine couche de sédiments Daniens déposés en milieu peu profond de manière discontinue.

L'incertitude de ces méthodes explique l'affinage progressif nécessaire à l'origine des révisions de l'échelle paléomagnétique.

89 96

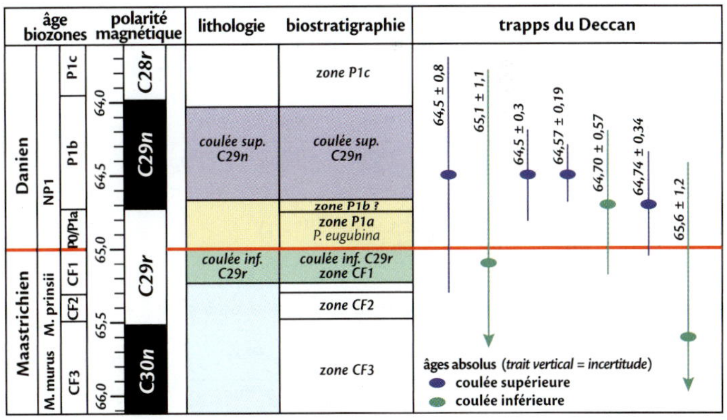

III - Des regroupements de différents ordres réalisés sur différentes bases

Les regroupements se font sur différents **enregistrements majeurs permettant des corrélations à grande échelle** : épisodes d'extinction massives (*crises biologiques*), modifications de la composition ou de la température de l'atmosphère, grandes régressions marines, apparitions de taxons clés…

unités chronostratigraphiques	unités géochronologiques
éonothèmes	*éons*
érathèmes	*ères*
systèmes	*périodes*
séries	*époques*
étages	*âges*

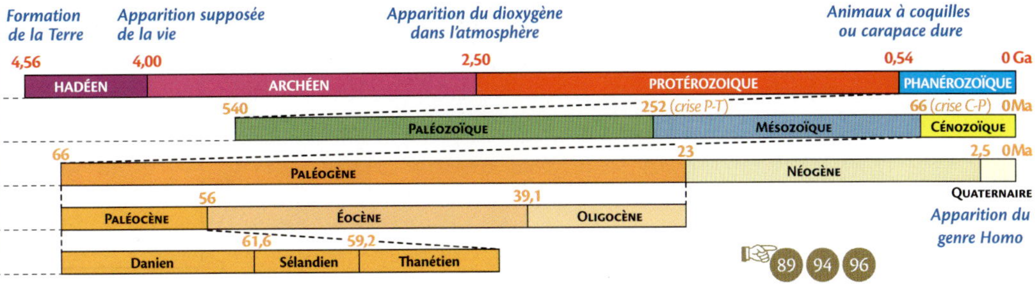

89 94 96

On désigne par le même nom la formation sédimentaire (*ex : étage*) et le laps de temps (*ex : âge*) correspondant au dépôt.

93

L'âge de la Terre

Âge de la Terre = *estimation de la fourchette d'âges au cours desquels la Terre s'est formée par accrétion tout en se structurant en couches concentriques.*

Par quelles méthodes peut-on évaluer l'âge de la Terre ? Que reflètent les différents chiffres obtenus ?

I - Un aspect historique

Les arguments historiques en faveur d'une Terre très ancienne

Au cours de l'histoire des sciences, plusieurs arguments ont été utilisés pour aboutir à la connaissance actuelle de l'âge de la Terre. Par exemple, vers 1755, Buffon propose l'hypothèse qu'à l'origine, la Terre était une planète en fusion, qui s'est refroidie jusqu'à sa température actuelle. Il réalise des expériences de refroidissement de sphères en faisant varier les rayons et les matériaux les composant, et évalue l'âge de la Terre à 74 047 ans. Un siècle plus tard, le physicien anglais William Thomson (*Lord Kelvin, en portrait ci-contre*), applique les équations de la diffusion de chaleur récemment établies par Fourier pour décrire le refroidissement de la Terre selon le modèle de Buffon. En tenant compte des incertitudes liées à son modèle, Kelvin estime que l'âge de la Terre est compris entre 20 et 400 millions d'années... L'âge de la Terre était très sous-estimé car les scientifiques n'accédaient qu'au gradient de chaleur superficiel (*30°C/km, non représentatif de l'intérieur du globe*), négligeaient la convection et ne connaissaient pas la radioactivité. Les méthodes de radiochronologie développées au XXe siècle ont multiplié par 10 ou 200 l'âge trouvé par Kelvin.

William Thomson, Lord Kelvin.

II - L'estimation de l'âge du disque protoplanétaire

Le disque protoplanétaire désigne le disque constitué de gaz et de poussières à partir duquel se forment les corps célestes gravitant autour du Soleil : planètes, comètes, météorites... La plupart des météorites se sont ainsi formées en même temps que les planètes du système solaire : les dater revient à dater l'âge de la Terre.

Le principe de la méthode historique Plomb-Plomb

En 1956, Clair Patterson date 5 météorites en dosant leur contenu en isotopes radiogéniques du plomb. En effet :

12 89

- → le **plomb 204** est un isotope non radioactif ni radiogénique dont la quantité n'a donc pas varié depuis la formation de la Terre ;
- → le **plomb 206** est issu de la désintégration de l'**uranium 238** ;
- → le **plomb 207** est issu de la désintégration de l'**uranium 235**.

Le plomb actuel (206 ou 207) a 2 origines possibles : soit il était présent dans la roche au départ, soit il s'est formé par désintégration de l'uranium. Ainsi :

$$F_t = F_0 + P_t(e^{\lambda t} - 1) \Rightarrow {}^{206}Pb_t = {}^{206}Pb_0 + {}^{238}U_t \cdot (e^{\lambda t} - 1)$$

En normalisant par ^{204}Pb, on obtient :

$$\frac{^{206}Pb_t}{^{204}Pb_t} = \frac{^{206}Pb_0}{^{204}Pb_0} + \frac{^{238}U_t}{^{204}Pb_t} \times (e^{\lambda_{238U} \cdot t} - 1)$$

De même :

$$\frac{^{207}Pb_t}{^{204}Pb_t} = \frac{^{207}Pb_0}{^{204}Pb_0} + \frac{^{235}U_t}{^{204}Pb_t} \times (e^{\lambda_{235U} \cdot t} - 1)$$

En faisant le rapport entre ces deux équations précédentes, on obtient :

$$\left(\frac{^{207}Pb}{^{204}Pb}\right)_t - \left(\frac{^{207}Pb}{^{204}Pb}\right)_0 = \left(\frac{^{235}U}{^{238}U}\right)_t \times \frac{(e^{\lambda_{235U} \cdot t} - 1)}{(e^{\lambda_{238U} \cdot t} - 1)} \times \left[\left(\frac{^{206}Pb}{^{204}Pb}\right)_t - \left(\frac{^{206}Pb}{^{204}Pb}\right)_0\right]$$

Ainsi, si toutes les météorites ont le même âge, les points représentant leurs rapports isotopiques dans le diagramme « *$^{207}Pb/^{204}Pb$ actuel en fonction de $^{206}Pb/^{204}Pb$ actuel* » sont alignés.

Pour prouver que la Terre est contemporaine des météorites, il fallait mesurer les isotopes du plomb terrestre global.

Patterson choisit de doser les isotopes du plomb dans les sédiments abyssaux. En effet, il a supposé que le peu de plomb contenu dans les sédiments des plaines abyssales océaniques moyennait sans doute les isotopes du plomb dissout dans l'eau de mer qui, lui-même, moyennait les plombs provenant des continents, des basaltes océaniques, du manteau... et était donc représentatif du plomb des silicates de la Terre.

Le résultat obtenu

On obtient bien une droite isochrone, ce qui indique que toutes les chondrites ainsi que la Terre se sont formées simultanément, lors de la formation du système solaire : 4,55 Ga.

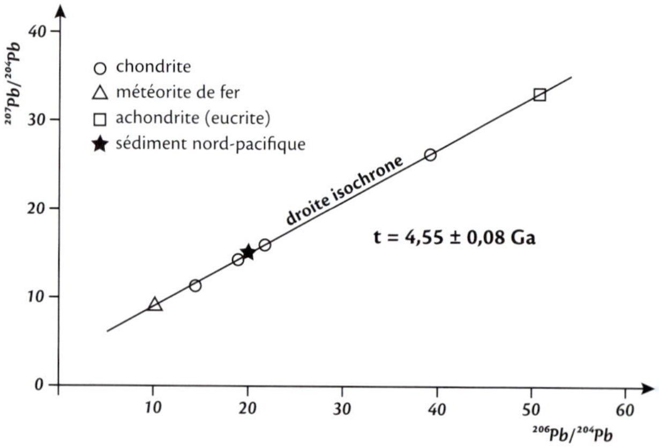

Des valeurs confirmées par des datations plus récentes

Des datations plus précises et récentes sur des inclusions réfractaires de chondrites donnent toutes des âges compris entre 4,57 et 4,55 Ga. Les inclusions réfractaires sont constituées de minéraux qui, du fait de leur composition, font partie des premiers à s'être condensés lors du refroidissement du disque protoplanétaire.

Par exemple, la météorite d'Allende, une chondrite carbonée tombée au Mexique en 1969, a fourni de nombreuses informations sur la formation du système solaire. Ci-contre, un fragment de cette météorite (*le bolide entier avait à peu près les dimensions d'une voiture*).

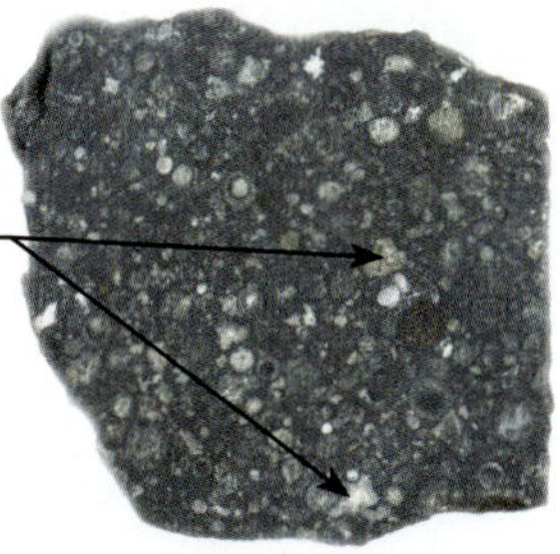

Inclusions réfractaires blanches riches en calcium et aluminium (CAI = Calcium and Aluminium-rich Inclusions), dont la composition révèle des informations sur les processus ayant précédé la formation du système solaire.

III - L'estimation de l'âge de la structuration en couches concentriques : âge du noyau terrestre

Le principe de la datation hafnium-tungstène

L'hafnium radioactif ^{182}Hf se désintègre en tungstène radiogénique ^{182}W avec une demi-vie de seulement 9 millions d'années. Or, ^{182}Hf est très lithophile : il présente une forte affinité pour les silicates, alors que le ^{182}W est très sidérophile : il présente une forte affinité pour le fer et part facilement dans le fer liquide. Or, des quantités significatives de ^{182}W sont retrouvées dans le manteau terrestre, ce qui indique que le ^{182}Hf est resté piégé dans les silicates avant de s'être complètement désintégré.

Ainsi, l'analyse du ^{182}W du manteau indique que la différenciation est contemporaine de l'accrétion. Elle n'a duré que quelques millions d'années, le temps qu'a duré l'accrétion, même si les dernières gouttes de fer liquide ont continué à percoler après que la majorité de la masse de la Terre se soit accrétée.

04

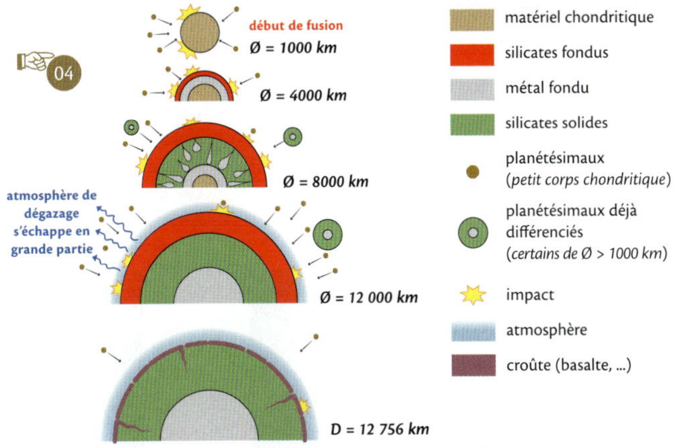

IV - L'estimation de l'âge des plus vieux minéraux

Zircons en inclusion dans une biotite du granite de Huelgoat (*Finistère*), LPNA

Les zircons sont des silicates de zirconium $ZrSiO_4$ pouvant intégrer un peu d'uranium sous forme d'impuretés. C'est cet uranium qui permet de les dater. La désintégration de l'uranium en plomb s'accompagne de l'émission de particules α (^4He) qui modifient le réseau cristallin de la biotite et provoquent l'apparition d'auréoles. Les zircons sont très résistants à l'érosion et à l'altération et sont donc de bons témoins des événements géologiques au cours de l'histoire de la Terre. On retrouve ces zircons dans les terrains détritiques du Carbonifère supérieur issus de l'altération et de l'érosion de ce granite.

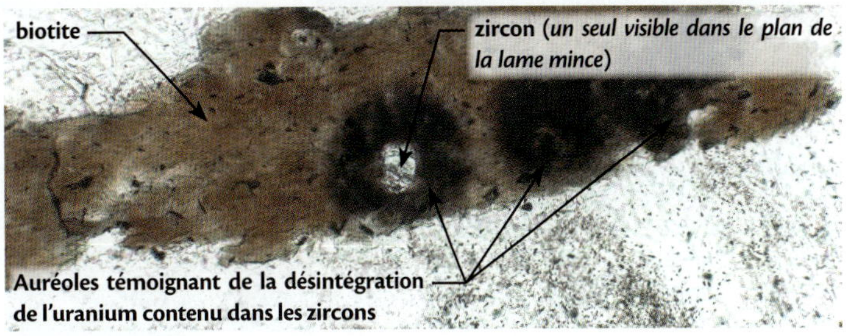

Des mesures isotopiques sur des zones très précises d'un cristal grâce à la technique SHRIMP

Le spectromètre de masse SHRIMP (*sensitive high mass-resolution ion microprobe*) permet d'analyser de très petites zones au sein d'un cristal, de diamètre 5 à 30 µm. Il a été inventé par une équipe australienne, spécialement pour les datations isotopiques de minéraux anciens.

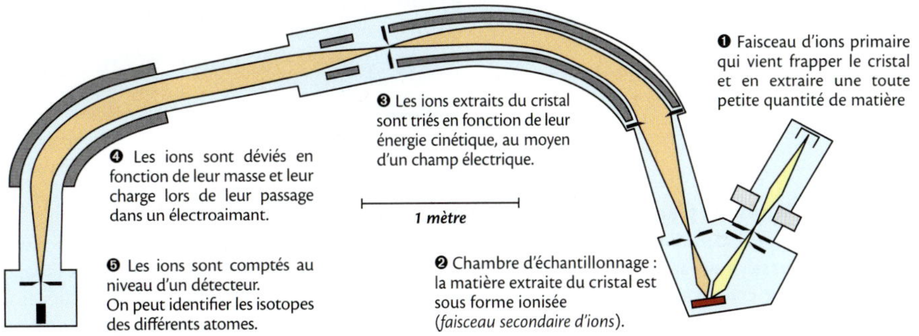

Grâce à cette technique, on peut dater les différentes zones d'un zircon (par exemple le cœur et la bordure), qui peuvent avoir des âges différents car elles sont chacune témoin d'une histoire.

La datation des zircons hadéens par la méthode uranium-plomb

89

Les zircons sont les plus anciens minéraux connus à ce jour, certains datent de l'Hadéen (*4,55 à 4,00 Ga*). Les plus anciens zircons proviennent d'une petite région d'Australie occidentale, les Jack Hills. Ils peuvent être datés par la méthode U/Pb. En effet, à leur formation, ils sont riches en uranium mais presque totalement dépourvus de plomb : tout le plomb formé est donc radiogénique.

Si les rapports isotopiques permettent de placer le point correspondant au zircon sur la courbe Concordia, on en déduit que le système est resté fermé depuis la cristallisation des zircons et que l'âge obtenu par la méthode est valide.

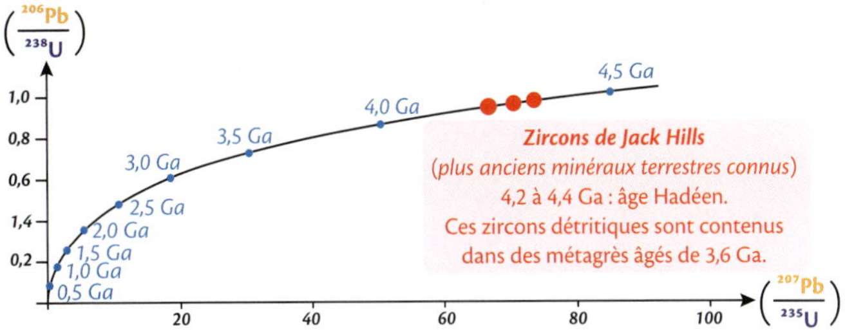

94

Une brève histoire de la Terre

Histoire de la Terre = *déroulement des évènements géologiques sur la Terre depuis sa formation.*

Quels événements géologiques majeurs jalonnent les 4 éons de l'histoire de la Terre ?

I - Hadéen (*4,6 à 4 Ga*) : formation de la Terre, du noyau, de l'océan, des premières roches

Accrétion, océan magmatique et différenciation du noyau (*4,6 à 4,4 Ga*)
04 93

La Terre s'est formée par **accrétion** avec l'ensemble du système solaire il y a 4,567 Ga (*âge des inclusions de la météorite d'Allende*). L'énergie accumulée (chaleur d'accrétion) a provoqué sa fusion (***océan magmatique***) et permis la **différenciation du noyau métallique**.
L'impact Théia à l'origine de la Lune s'est déroulé 100 Ma plus tard.

Formation d'une protocroûte continentale (*4,4 à 4 Ga*) et de l'hydrosphère
97

Les Zircons détritiques de **Jack Hills** (*Australie*), **plus anciens minéraux connus** (*4,4 Ga*) car très résistants à l'altération, ont des valeurs isotopiques en oxygène ($\delta^{18}O$ *élevé*) témoignant de la présence précoce d'une **hydrosphère**.
Les **gneiss d'Acasta** (*Canada*) ci-dessous, **plus vieilles roches connues** (*4 Ga*), sont les rares témoins préservés de l'extraction précoce d'une croûte continentale peu dense.

Grand bombardement météoritique tardif (*4,1 à 3,9 Ga*)
97

La datation des roches lunaires ramenées des missions Apollo, mettrait en évidence un bombardement tardif affectant les planètes tellurique. Résulte-il d'une migration de planètes géantes déstabilisant les astéroïdes (*modèle de Nice*) ou n'est-il qu'un biais d'échantillonnage (*un unique impact gigantesque à l'origine de nombreux résidus de projection échantillonnés*) ?

II - Archéen (*4 à 2,5 Ga*) : apparition de la vie et géodynamique rapide

Apparition de la vie
95

Archéen signifie l'éon du commencement, c'est là que serait l'origine de la vie (*monde prébiotique à ARN supposé vers 4 Ga*).
Des traces indirectes (*rapports isotopiques pauvres en* ^{13}C *dans les métasédiments d'Isua datés de 3,8 Ga*) et directes (*Stromatolites fossiles d'Australie datées de 3,5 Ga*) témoignent de l'apparition de la vie, d'autres traces plus anciennes sont discutées.
Les plus anciens fossiles d'algues unicellulaires eucaryotes (*Acritaches*) sont datés de 1,8 Ga.

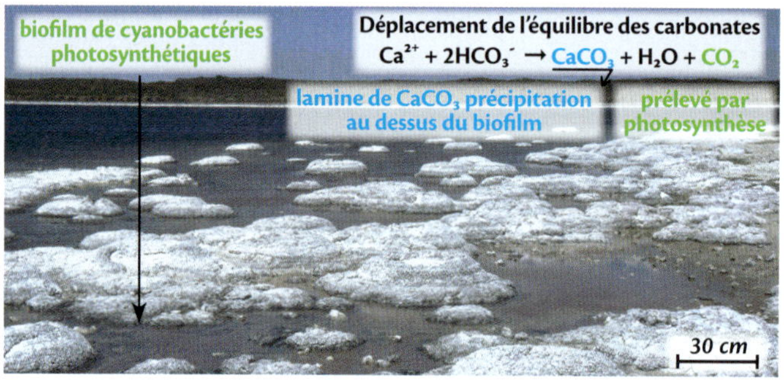

stromatolites actuelles formées par des cyanobactéries photosynthétiques
(*Lac Thétis, Australie, en fin d'été quand le niveau du lac est au plus bas*)

coupe de stromatolite fossile d'un craton Australien Archéen (*Pilbara*)

Initiation de la mise en place des cratons continentaux par accrétion

La dissipation de la **chaleur interne** de la Terre Archéenne aboutissait à une **tectonique très active** avec volcanisme intense à l'origine de rides et de plateaux océaniques. Leur **accrétion progressive** aux arcs volcaniques a formé des terranes qui ne représentaient qu'1/7ème de la surface continentale à l'Archéen et qui persistent de nos jours, très déformés, au niveau des cratons archéens dispersés sur des continents occupant actuellement les 4/7 de la surface terrestre.

87

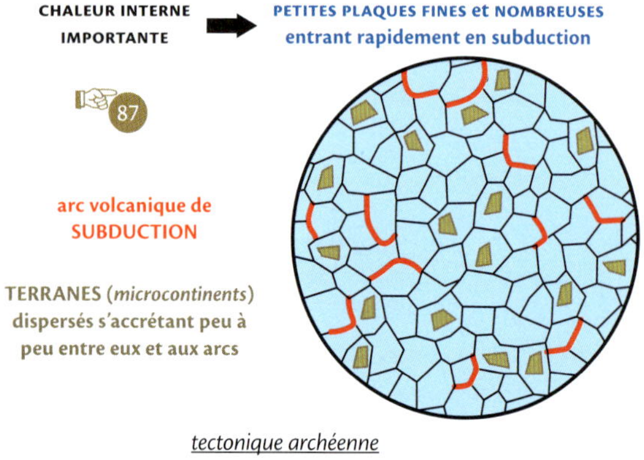

tectonique archéenne

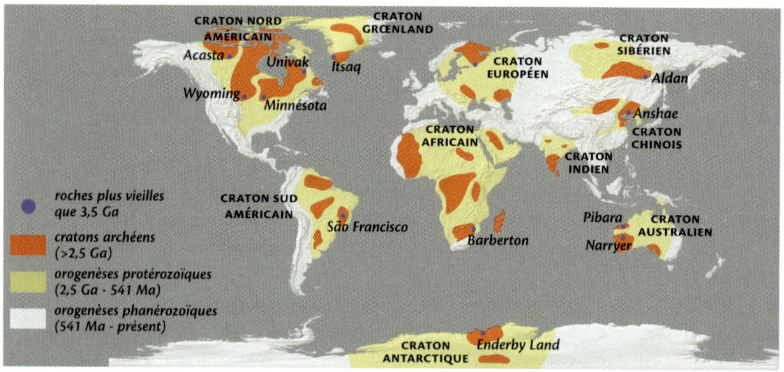

localisation des cratons Archéens

III - Protérozoique (2,5 *Ga à* 541 *Ma*) : grande oxygénation, glaciations et supercontinents

Grande oxygénation de l'atmosphère (2,5 *à* 2,2 *Ga*) 97

L'***événement de grande oxygénation*** (***EGO***) a provoqué le déclin des Archées méthanogènes anaérobies et modifié la composition atmosphérique (*oxydation du méthane en CO_2, gaz à effet de serre 30 fois moins puissant*).

Des longues périodes de glaciation

La glaciation huronienne (*2,4 à 2,1 Ga*) engendrée par la diminution de l'effet de serre du fait de la disparition du méthane, amplifiée par l'augmentation de l'albédo, a conduit à l'**englacement de la Terre**.
Deux autres glaciations au **Cryogénien** (*0,8 à 0,6 Ga*), avec dépôts glaciaires enregistrés jusqu'aux tropiques, correspondraient à des **épisodes snowball**, rendus possibles car le soleil était plus jeune donc 20% à 5% moins puissant qu'actuellement.

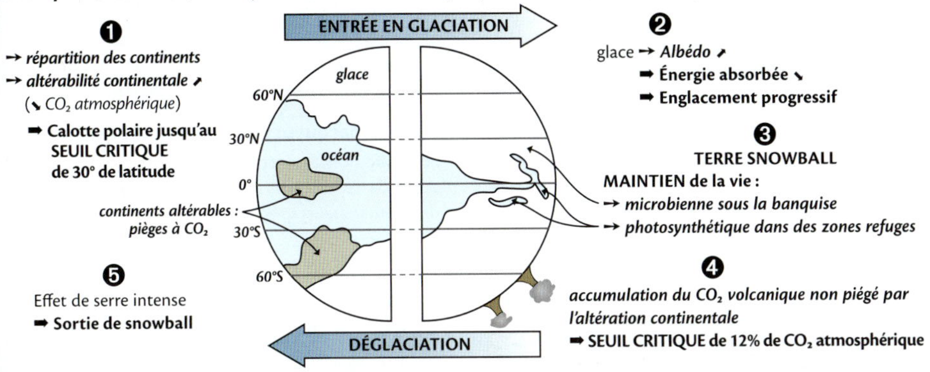

Accrétion continentale et supercontinents

100 101

Le modèle des **cycles de Wilson** propose le **rifting** et la **dispersion d'un supercontinent** suivis d'une longue période pendant laquelle les fragments sont progressivement réassemblés. L'assemblage et la dispersion des supercontinents ont eu un impact profond sur l'évolution des continents, mais aussi sur la circulation océanique et le climat.

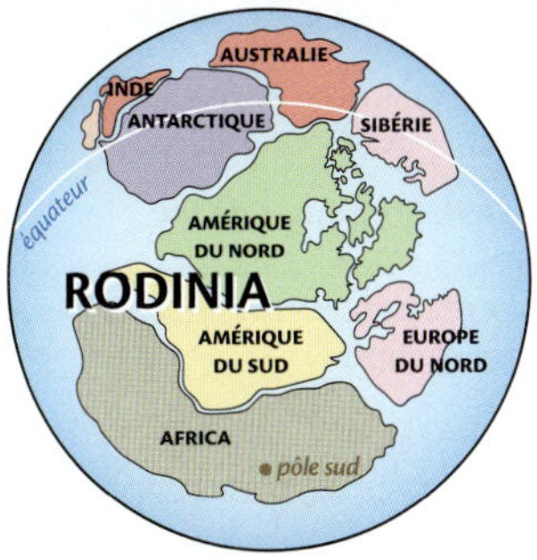

Supercontinent Rodinia vers 1,1 Ga, disloqué de 0,8 à 0,6 Ga

⚠ *Le terme Protéozoïque désigne les premières formes de vie animale, visibles à l'**Ediacardien** (635-541 Ma) où des animaux énigmatiques au corps mou sont enregistrés sur les 5 continents actuels, par exemple dans les collines d'Ediacara au sud de l'Australie.* 95

IV - Phanéorozoique : diversification de la vie pluricellulaire, formation-dislocation de la Pangée

Explosion cambrienne et diversification des formes de vie pluricellulaire 95

Le terme Phanérozoïque désigne des animaux visibles dans le registre fossile du fait de l'**apparition d'organismes aux parties dures** (*ex : coquilles*). L'explosion cambrienne atteste de l'apparition de la plupart des plans d'organisation animaux, elle est suivie d'une diversification du vivant tout au long du phanérozoïque.

Paléozoïque et formation progressive de la Pangée par collisions successives 95

La collision de l'Amérique du Nord, de l'Europe, de la Sibérie et d'autres fragments crustaux plus petits (*terrane Avalonia...*) a formé progressivement la Laurussia.
Le vaste continent méridional Gondwana (*englobant les masses modernes de l'Amérique du Sud, l'Afrique, l'Australie, l'Antarctique et l'Inde, et peut-être aussi des parties de la Chine*) s'est déplacé vers le Nord, entrant en collision avec la Laurussia, ce qui a formé la **Pangée**.

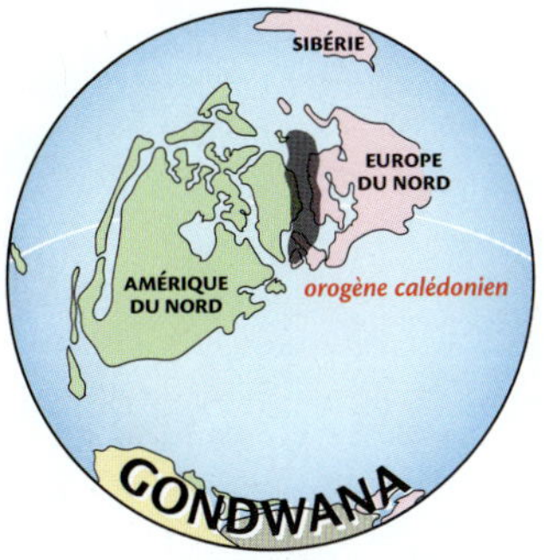

425 Ma

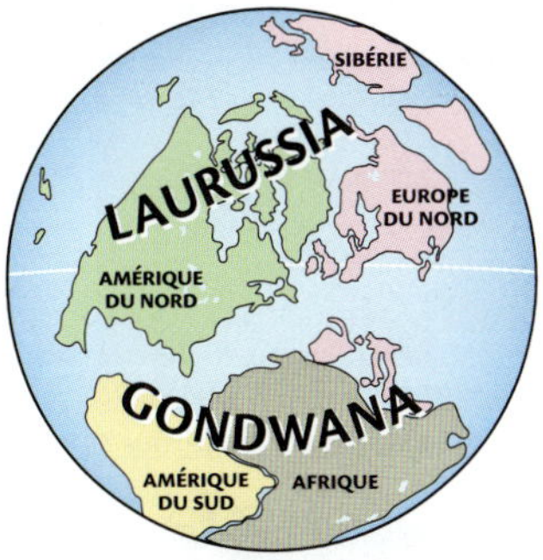

350 Ma

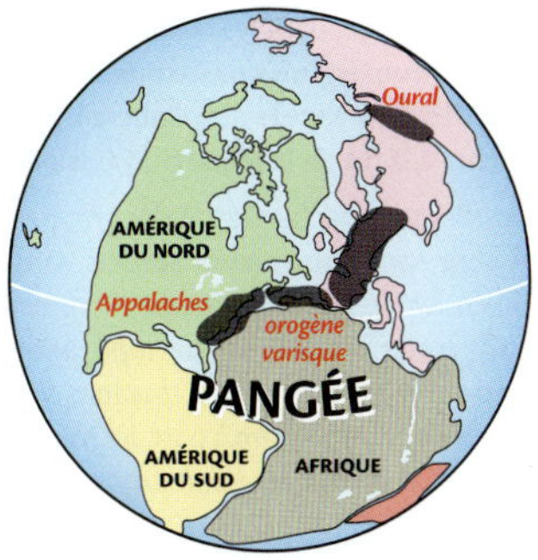

fin du Paléozoïque (300 - 250 Ma)

Mésozoïque et Cénozoïque : dislocation de la Pangée et orogénèses récentes 45 117 119

Il y a environ 185 millions d'années, un rift s'est creusé entre Amérique du Nord, ouest de l'Europe et Afrique occidentale, marquant la naissance de l'océan Atlantique. L'ouverture de cet océan et la disparition de lithosphère océanique ont fait dériver les continents jusqu'à leur position actuelle.

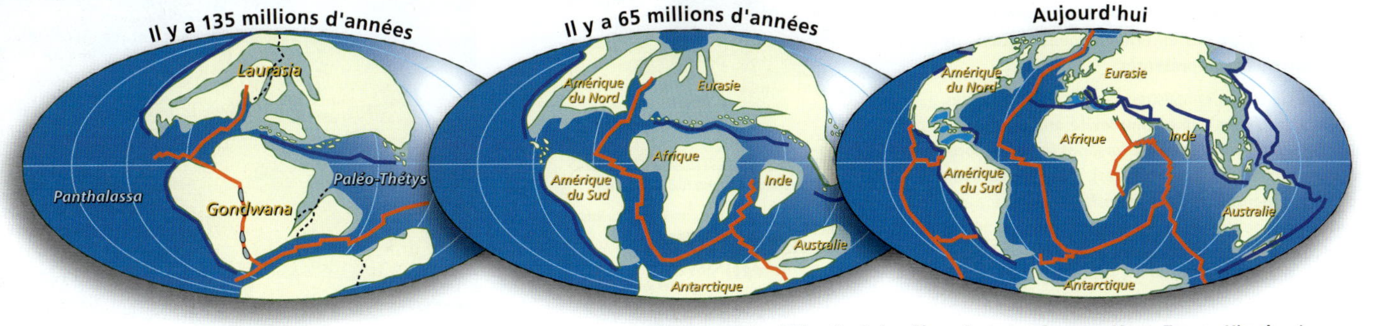

Ceinture alpine (Atlas, Pyrénées, Alpes, Carpates, Caucase, Monts Zagros, Himalaya)

95 Les grandes lignes de l'évolution du vivant

ÉVOLUTION DU VIVANT = *transformation du monde vivant au cours du temps, se manifestant par des changements phénotypiques des organismes à travers les générations.*

Quelles sont les grandes lignes de l'évolution du vivant archivées dans le registre fossile ?

I - La recherche des premières traces de vie

Rechercher les traces de vie combine des **indices morphologiques**, **géochimiques** (*signature isotopique appauvrie en* ^{13}C) et **chimiques** (*biomolécules marqueurs*), afin d'éviter la confusion avec des données abiotiques, ce qui est d'autant plus difficile que les traces sont anciennes, brouillées (*métamorphisme, hydrothermalisme*), contaminées.

Des traces isotopiques de vie

La vie utilise préférentiellement l'isotope léger du C : le rapport $^{13}C/^{12}C$ de la matière carbonée biogène est plus faible qu'un standard.

$$\delta^{13}C\ (‰) = \frac{\left(\frac{^{13}C}{^{12}C}\right)_{échantillon} - \left(\frac{^{13}C}{^{12}C}\right)_{standard}}{\left(\frac{^{13}C}{^{12}C}\right)_{standard}} \times 1000$$

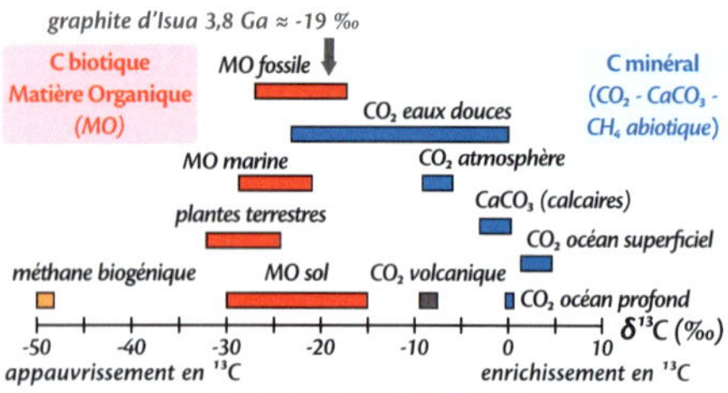

(d'après Trumbore et Druffel, 1995)

Des filaments et tapis microbiens

Des analyses micro-nanométriques sont nécessaires pour distinguer structures biogènes et abiogènes.

Les **stromatolites fossiles non contestées** (**3,5** *Ga*) attestent de la vie mais ne disent rien de son métabolisme (*photosynthèse oxygénique, anoxygénique, ferrotrophie, méthanogénèse thermophile...*).

Des biomarqueurs caractérisant des groupes

Les **Gabonniontes**, découverts en 2010 au Gabon datent de 2,1 Ga. Les inclusions de pétrole associées contiennent des biomarqueurs spécifiquement **eucaryotes** (*stéranes*).

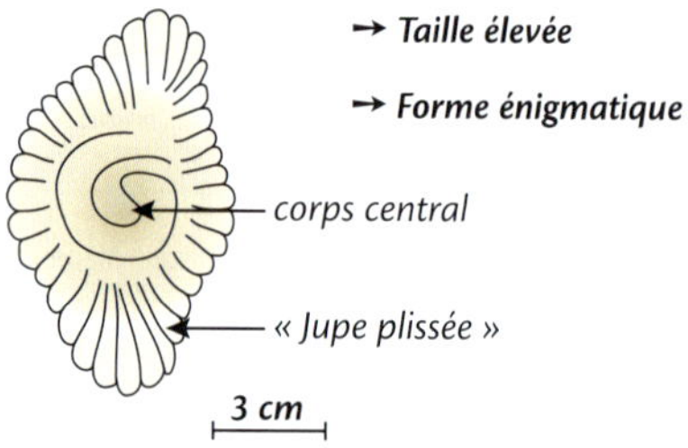

➡ **Colonies d'Eucaryotes unicellulaires**
(ou Eucaryotes pluricellulaires ??)

L'eau liquide étant présente dès l'Hadéen, la vie pourrait y être apparue mais aucune roche n'a cet âge : les plus anciens fossiles sont archéens. 94

II - Les enregistrements d'explosions de vie

L'explosion d'Avalon à l'Ediacardien (*580 à 541 Ma*)

Des organismes au **corps mou**, en forme de disques ou de frondes, découverts dans les collines d'Ediacara (*Australie*) ont été trouvés sur **quasi tous les continents**. Cette **diversification rapide** s'expliquerait par la libération des niches à la **fin de la glaciation Gaskiers**.

Certains fossiles se rattacheraient à des groupes connus ; la plupart sont **sans équivalents actuels**, sans tube digestif (*suspensivores ? absorbotrophes ? associés à des bactéries symbiotes ? brouteurs de tapis microbiens ?*), d'**organisation originale** (*alterne, fractale, triradiale...*), ils sont classés dans un phylum à part, les **Vendobiontes**, qui seraient des **Métazoaires** (*biomarqueurs : cholestérol et dérivés*).

Dinckinsonia, (filtreur benthique ?)

Spriggina (rampant ?)

Faune d'Ediacara (peu mobile, benthique)

L'explosion Cambrienne (*541 à 530 Ma*)

Les **schistes de Burgess** (*Canada*) puis ceux de **Chengjiang** (*Chine*) ont révélé une **très grande diversification des espèces animales** (« ***Big Bang zoologique*** ») puisque la **plupart des embranchements actuels de Métazoaires y sont représentés**.

Cette diversification, enregistrée dans de nombreux sites, s'exprime au travers d'une **complexité anatomique et fonctionnelle sans précédent** (*organes sensoriels, locomoteurs, respiratoires, alimentaires*). Elle s'expliquerait par une **augmentation de la quantité d'oxygène**, autorisant le métabolisme élevé nécessaire à une vie active, et la **richesse des interactions interspécifiques** (*prédation avec chaines alimentaires structurées, compétition...*).

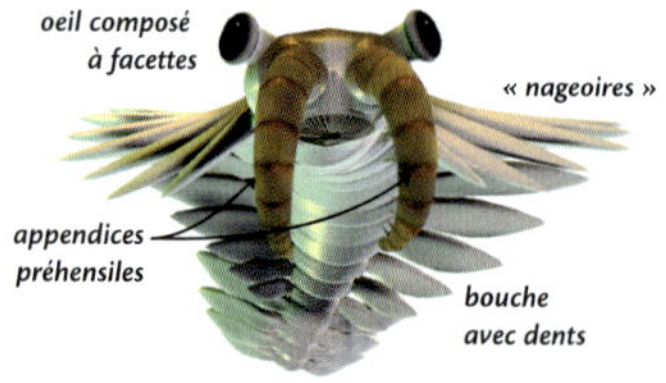

Anomalocaris, groupe éteint d'Arthopodes
premier prédateur connu (0,8 à 1 mètre)

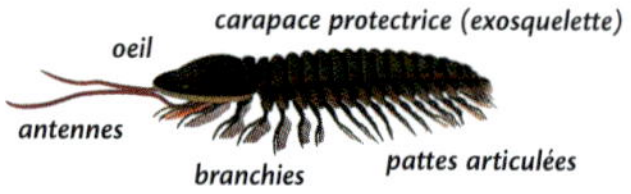

Trilobite, groupe éteint d'Arthopodes
parfois avec blessures fossiles imputées à Anomalocaris

Faune de Burgess (mobilité forte, benthiques, nageurs, fouisseurs)

III - Les grandes étapes de l'évolution du vivant au Phanérozoïque

Les dates d'apparition des taxons sont déduites de **données fossiles**, mais aussi des **études phylogénétiques** à partir des séquences moléculaires d'espèces actuelles, en faisant l'hypothèse de l'horloge moléculaire (*taux de mutations proportionnel à la durée de divergence des groupes*).

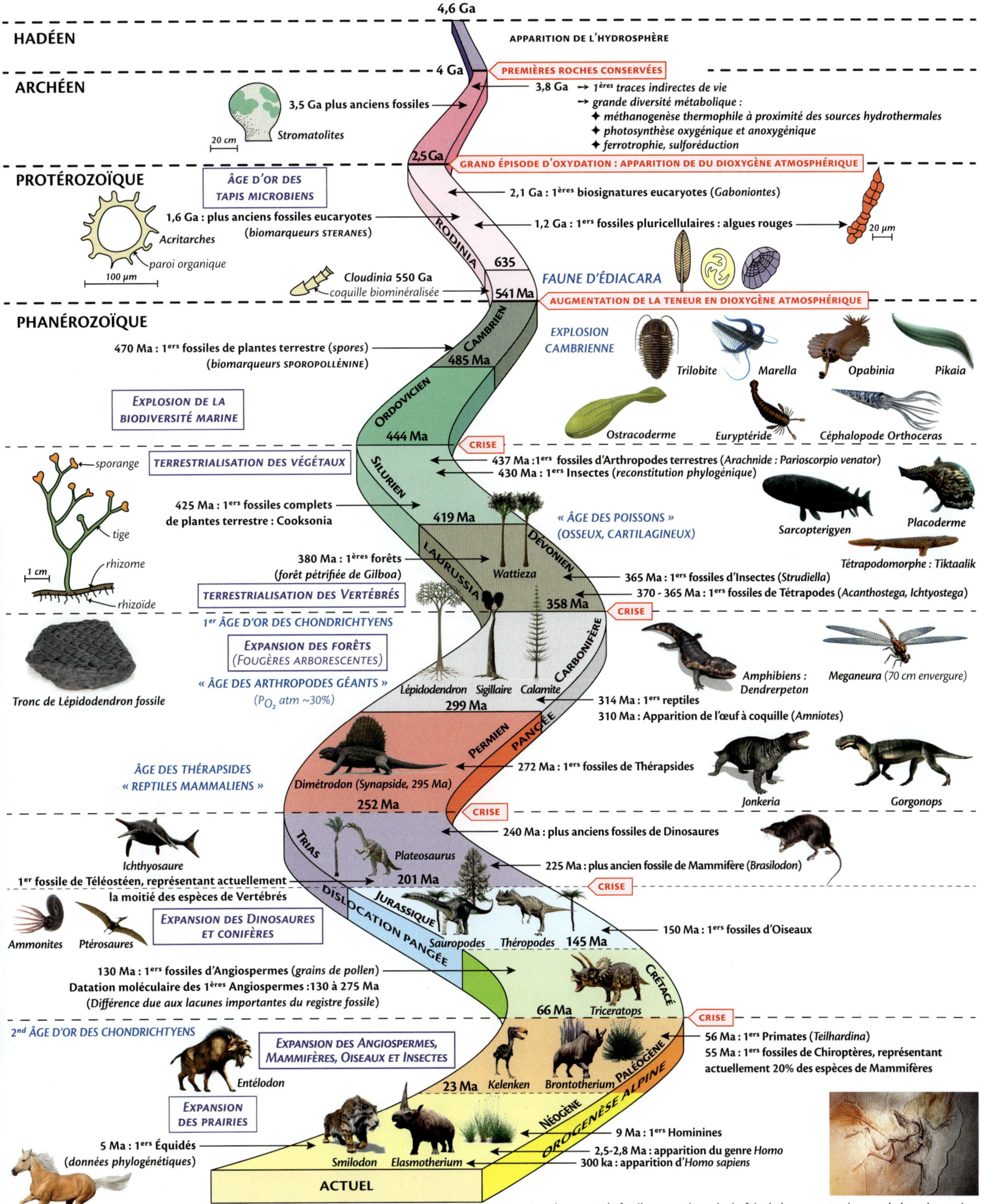

⚠ *Les gisements de fossiles exceptionnels du fait de la concentration ou de la préservation, sont nommés* ***lagerstätten****. Ils introduisent un biais d'échantillonage dans l'interprétation des données paléotologiques très fragmentaires (ex. Archaeoptéryx)*

Les crises biologiques Phanérozoïques

Crise biologique = ***syn.* Extinction de masse.** *Disparition massive d'un grand nombre de taxons sur une période géologique courte et avec un impact géographique global.*

Quelles ont été les grandes crises biologiques Phanérozoïques sur Terre ? Comment les caractériser ?

I - Chronologie, caractérisation et causes des grandes crises biologiques passées

Principaux événements accompagnant les grandes crises biologiques

Les 5 grandes crises biologiques passées sont dues à la conjonction d'événements géologiques qui conjuguent leurs effets négatifs sur la biosphère.

On ne mentionnera ici que les 5 grandes crises phanérozoïques, mais il ne faut pas oublier qu'il y a eu d'autres crises avant, comme les épisodes boules de neige ou la grande oxydation, il y a 2,5 Ga. Mais, ces crises sont bien moins faciles à étudier, faute de fossiles de grande taille...

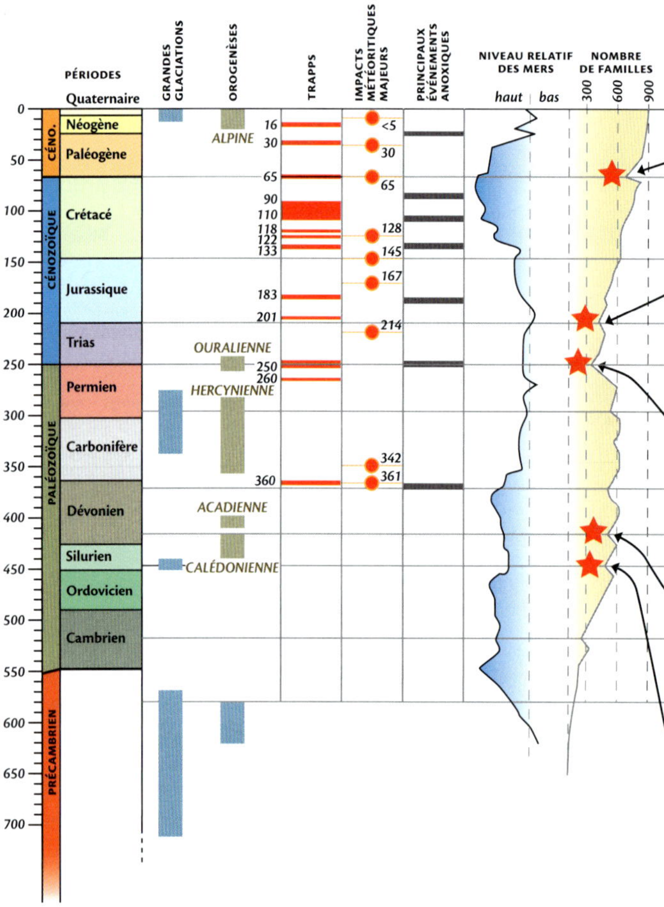

Crise du Crétacé - Paléogène : 65 Ma
16% des familles disparaissent. Les dinosaures non aviens, les ptérosaures, les rudistes, les ammonites disparaissent.
→ ***Causes*** : impact météoritique + volcanisme (*trapps du Deccan + recrudescence au moment de l'impact*) + régression.

Crise du Trias supérieur : 200 Ma
23% des familles marines et continentales disparaissent. Les Bivalves, les Conodontes, les reptiles marins, les Amphibiens sont très touchés.
→ ***Causes*** : impact météoritique + régression + volcanisme (*CAMP, à cheval sur les deux hémisphères, avec de fortes perturbations climatiques et atmosphériques*) suivis d'une transgression anoxique.

Crise du Permo - Trias : 251 Ma
Plus grande crise ayant affecté le vivant : 57% des familles marines disparaissent. Les trilobites, les tétracoralliaires (et d'autres) disparaissent complètement. Les Brachiopodes, les Crinoïdes, les Bryozoaires sont sévèrement affectés, ainsi que les insectes et les amphibiens.
→ ***Causes*** : régression + baisse de la salinité marine + volcanisme (qui recouvre et intrude un bassin sédimentaire avec libération de CO_2, CH_4, H_2SO_4, Cl_2, etc.) suivis d'une transgression anoxique.

Crise du Frasnien - Famennien : 365 Ma
21% des familles essentiellement marines sont affectées, le domaine continental n'est pratiquement pas touché. Le benthos est fortement atteint (*disparition des récifs, foraminifères et vertébrés agnathes proches de l'extinction...*). Les plantes, les Arthropodes terrestres ainsi que le milieu aquatique continental sont peu affectés.
→ ***Causes*** : chaleur et anoxie des eaux marines (*l'anoxie semble être la cause majeure, conséquence indirecte du bloom phytoplanctonique et de l'arrivée de grandes quantités de matière organique continentale suite à la généralisation des forêts sur les continents*), impacts météoritiques suivis d'un refroidissement et d'une régression.

Crise de l'Ordovicien terminal : 450 Ma
22% des familles marines disparaissent. Les trilobites, les organismes constructeurs de récifs, les Graptolites et les Conodontes sont fortement touchés.
→ ***Causes*** : Refroidissement climatique global + régression généralisée suivie d'une transgression anoxique.

La réponse des taxons aux crises biologiques

Les taxons répondent diversement à la crise :

→ Les **exterminés** disparaissent (*Ex. des Ammonites lors de la crise Crétacé / Paléogène*) ;

→ Les **profiteurs** se développent très rapidement et massivement pendant la crise puis disparaissent après (*Ex. le Brachiopode Hirnantia au Frasnien, ou plus généralement, envahissement des mers des latitudes moyennes par des faunes issues des hautes latitudes*) ;

→ Les **préadaptés** survivent à la crise grâce à un caractère physiologique (*Ex. les Mammifères endothermes lors de la crise Crétacé / Paléogène*) ou la possession d'une forme de résistance (graines, spores, kystes) ;

→ Les **généralistes écologiques** sont peu exigeants et s'adaptent aux conditions dégradées lors de la crise (*Ex. les fougères lors de la crise Crétacé / Paléogène*) ;

→ Les **taxons « Lazare »** échappent à la crise en se réfugiant dans des milieux plus épargnés, comme les fonds marins.

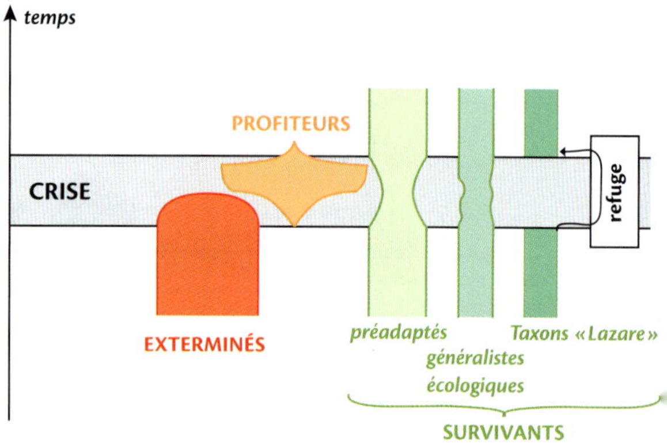

II - L'importance du travail de terrain à partir de l'exemple de la crise Crétacé / Paléogène

✪ L'enregistrement de la crise par les microfossiles

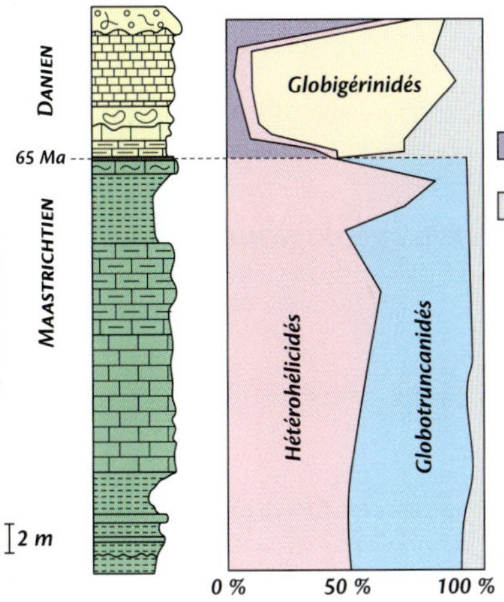

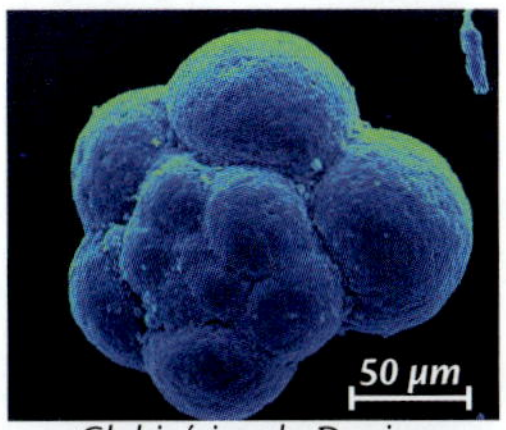

Globigérine du Danien

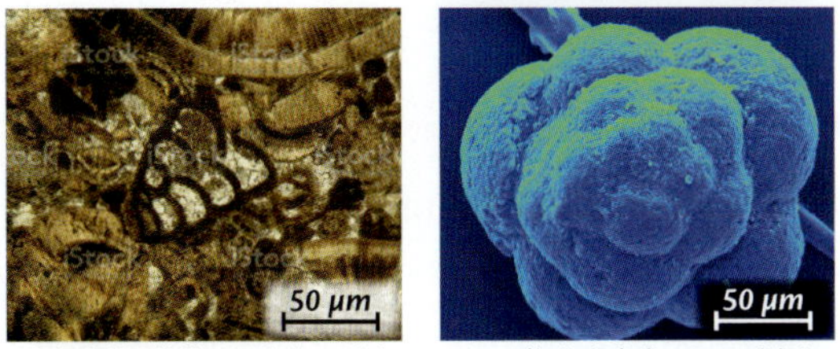

Hétérohélicidé (à gauche) et Globotruncana (à droite) du Maastrichtien

Les **foraminifères marins** présentent l'avantage d'être extrêmement répandus et donc bien plus faciles à trouver que les fossiles des énormes dinosaures...

L'enregistrement fossile montre que les foraminifères planctoniques ont subi un profond remaniement au moment de la crise avec un remplacement des formes du Maastrichtien (*Globotruncanidés* et *Hétérohélicidés*) par les formes du Danien (*Globigérinidés*).

✪ La recherche des causes géologiques sur le terrain

Limite Crétacé - Paléogène dans les flyschs de Zumaia (*Pays Basque espagnol*)

Limite Maastrichtien / Danien remise à l'horizontale et diagramme de teneur en iridium au sein des différents niveaux

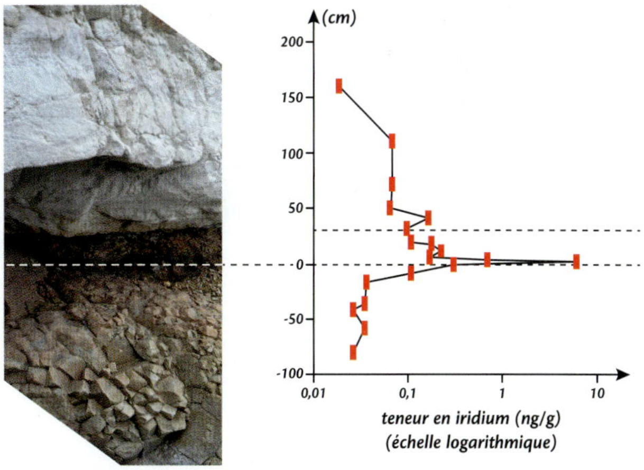

La couche riche en iridium correspond à la base de la couche d'argile sombre. Ce niveau riche en iridium contient 100 fois plus de ce métal que les terrains sous- et sus-jacents. Ce pic en iridium a permis d'attester la réalité d'un impact météoritique, trouvé par la suite dans la péninsule du Yucatan, au Mexique.

⚠ *Il existe de nombreux autres indices de terrain, étudiés sur plus d'une centaine de sites de par le monde : la magnétite nickélifère, les quartz choqués, les variations du $\delta^{18}O$, une régression...*

Carte de l'anomalie gravimétrique du cratère de Chicxulub (*Yucatan, Mexique*)

Sur cette carte géographique est surimposée la carte d'anomalies magnétiques (*le carré blanc localise la zone*).

Le diamètre de la météorite a été estimé à plus de 10 km, le cratère a un diamètre d'environ 180 km.

Jaune et rouge *: anomalies positives ;* ***bleu et vert*** *: anomalies négatives.*

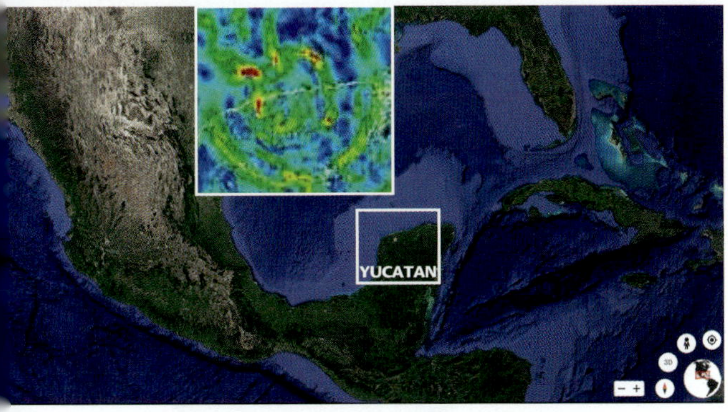

Panorama du plateau de trapps du Deccan (*Inde*)

Ce plateau est dû à un empilement de coulées de lave sur plus de 2 400 m mis en place quand l'Inde était au-dessus du point chaud, actuellement sous la Réunion, il y a entre 68 et 60 Ma. Cet empilement recouvrait à l'origine plus de 1,5 millions de km².

⚠ *La réalité de l'impact météoritique n'est plus discutée aujourd'hui, mais les conséquences de cet impact dans la crise ainsi que la possibilité d'autres impacts à cette époque (Shiva en Inde et Boltysh en Ukraine ?) font encore débat.*

97 Les grandes lignes de l'évolution de l'atmosphère

Atmosphère terrestre = *enveloppe gazeuse entourant la planète Terre.*

Quelles ont été les grandes variations de la composition de l'atmosphère au cours des temps géologiques ? À quoi peut-on les attribuer ?

I - L'atmosphère primitive et son évolution

✪ L'évolution de la composition de l'atmosphère au cours des temps géologiques

La détermination de la composition de l'atmosphère au cours des temps géologiques est soumise à des **incertitudes de plus en plus importantes** au fur et à mesure que l'on remonte le temps. Pour les temps très anciens, l'incertitude peut être plus importante que ne le laisse supposer l'épaisseur des champs des différents composants, en particulier pour le méthane. Il a fallu faire parler les **archives géologiques** et se baser sur des **modélisations complexes** (*fractionnement isotopique, gaz extraits de la vaporisation des chondrites au laboratoire, étude de gisements et de sédiments anciens fossilisés, indice stomatique de feuilles fossilisées, etc.*).

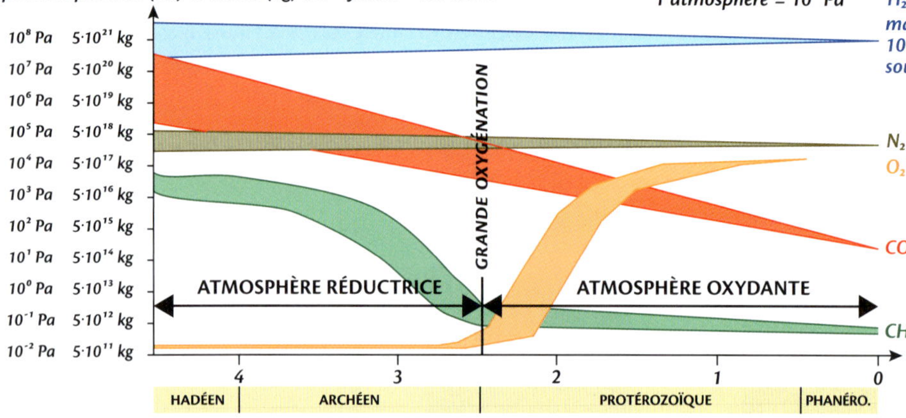

La teneur en dioxygène de l'atmosphère résulte d'un **équilibre** entre l'**O_2 libéré par la photosynthèse**, l'**O_2 consommé par la respiration et par l'oxydation de différents substrats**.
En général, une forêt a un bilan nul en dioxygène : elle en consomme autant qu'elle en produit. **Ce n'était pas le cas au Carbonifère** par exemple, où la matière organique créée par photosynthèse était préservée de sa décomposition par fossilisation et donc le bilan était en faveur d'une production nette de dioxygène atmosphérique.

C'est la même chose quand la **matière organique du phytoplancton** se fait fossiliser dans des **marnes noires**.

⚠ *Le CO_2 atmosphérique diminue beaucoup car le carbone est massivement séquestré dans les carbonates et les roches carbonées.*

✪ L'atmosphère cosmique ☞ 02 03

L'**atmosphère de la nébuleuse présolaire**, existant au moment de la formation de la Terre, il y a 4,568 Ga, a été soufflée par le vent solaire et chassée vers les zones les plus externes du système solaire.

✪ L'atmosphère réductrice primitive

Juste après la formation de la Terre, la formation de la Lune a expulsé l'atmosphère primitive. Puis, quelques dizaines de millions d'années à peine après la fin de l'accrétion/différenciation de la Terre, entre 4,5 et 4,4 Ga, une **arrivée tardive de corps riches en volatils** (*comètes et/ou chondrites ? actuellement discuté*) a amené les volatils sur la Terre (*H_2, CO_2, CH_4, N_2, NH_3 et H_2O*). C'est ce qu'on appelle le **vernis tardif**.

Au cours de l'**Hadéen** (*4,6 - 4,0 Ga*), la Terre a subi également une **intense activité volcanique**. Le dégazage volcanique contribue à renouveler l'atmosphère terrestre ; la part de cette contribution reste à quantifier.

Il n'y a **pas de dioxygène** et l'atmosphère est **réductrice**.

Éruption volcanique actuelle (*Mont Bromo, Indonésie*) ☞ 06

Conglomérat à galets de pyrite (*FeS_2*) interstratifié avec des silts et des argilites noires, Archéen du Witwatersrand (*Afrique du Sud*)

Ces galets n'ont pu se mettre en place que dans une eau bien agitée (*forme ronde des galets*), mais dépourvues d'O_2 qui aurait, sinon, oxydé la pyrite...

échantillon du Pr. Hiroshi Ohmoto

II - La grande oxygénation et la formation d'une atmosphère oxydante

✪ L'évolution de la concentration en dioxygène de l'atmosphère

Importance des formations oxydées marines et continentales

Pour des raisons encore discutées, il y a environ 2,5 Ga, la concentration en dioxygène a été multipliée par 100 000. Tout le Fe^{2+} (*forme ferreuse soluble*) est oxydé en Fe^{3+} (*forme ferrique*) qui précipite, d'abord dans les océans, d'où la **formation des BIF**.

Puis, vers 2,2 Ga, tout l'océan ayant été oxydé, le dioxygène passe dans l'atmosphère et oxyde tout le Fe^{2+} terrestre (*d'où la* ***formation des sédiments rouges***).

Enfin, tout ce qui a pu rouiller sur Terre l'ayant été, le dioxygène s'est accumulé dans l'atmosphère pour atteindre environ 21% aujourd'hui.

-0,7 Ga
BIF mis en place au cours des épisodes de Terre, boule de neige : quand la mer est toute gelée, plus d'échange avec l'atmosphère mais les dorsales libèrent beaucoup de Fe^{2+}.

➡ *La mer se charge en Fe^{2+} qui s'oxyde puis précipite quand la banquise se disloque, fond et remet l'eau de l'océan en contact avec l'atmosphère.*

-2,3 Ga
premiers red beds continentaux

- 2,5 à -1,9 Ga
Les BIF du Protérozoïque inférieur forment de très gros gisements ; les couches sont réparties sur de vastes surfaces et constituent la majorité des gisements d'importance économique majeure.

-3,26 à -3,22 Ga
BIF de Fig Tree

-3,8 Ga
Isua premiers BIF : petits dépôts, liés à des oasis de vie photosynthétiques ?

-4,510 Ga
Impact géant formant la Lune

-4,560 Ga
Accrétion et différenciation

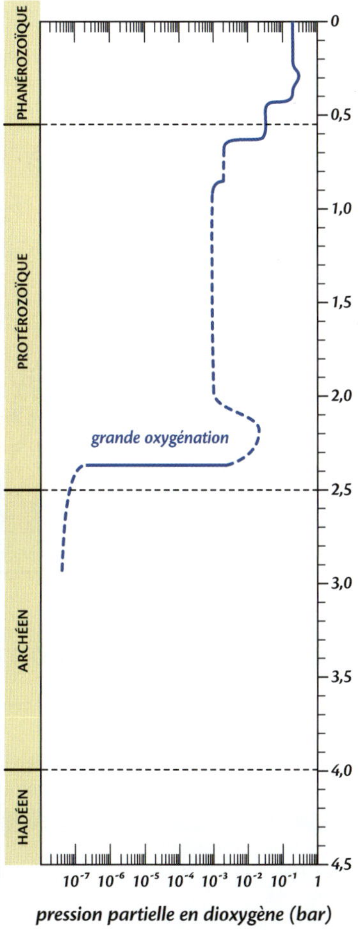

Grès rouges dans la région de la Blyde River (*Afrique du Sud*)

À partir de 2,2 Ga, on trouve des paléosols rouges (*les « **red beds** »*) qui contiennent de fortes teneurs en hématite, de formule chimique Fe_2O_3, forme oxydée du fer. Ces paléosols témoignent d'une ***altération des continents sous une atmosphère oxydante***. Si les paléosols de cet âge sont rarement conservés, le produit de leur érosion (*et de leur re-déposition*) sont très abondants et forment les premiers grès rouges continentaux. Dans la région de la Blyde River, on trouve des grès rouges continentaux qui datent de 2,2 Ga et qui sont parmi les plus vieux du monde.

Echantillon de fer rubané (*Banded Iron Formation = BIF*), série de Fig Tree, super-groupe de Barberton (*Afrique du Sud*)

Ces BIF datent de l'Archéen et sont âgés de 3,26 à 3,22 Ga. Ce sont des roches océaniques dont l'existence témoigne d'une oxydation du fer sous sa forme ionique Fe^{3+} (*ions ferriques*), qui précipite.

Ce type de formation disparaît complètement après 1,9 Ga, à l'exception des BIF liés à la fin de la glaciation du Protérozoïque supérieur.

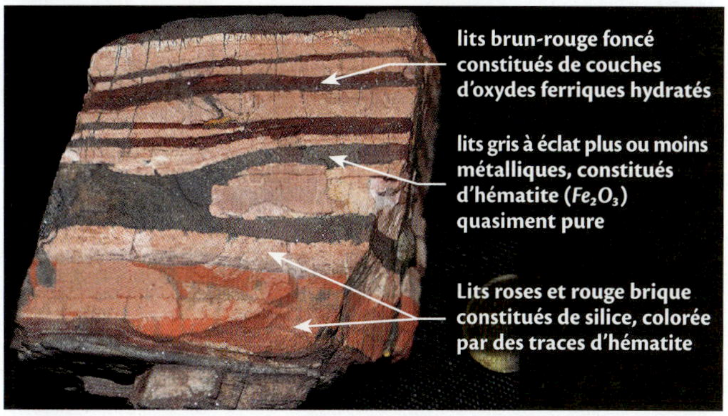

✪ L'évolution de la concentration en dioxygène de l'atmosphère

Échantillon de stromatolithe daté de 3,45 Ga, Pilbara (*Australie*)

Les **stromatolithes** sont des formations sédimentaires carbonatées liées à l'activité photosynthétique d'unicellulaires (*vraisemblablement des cyanobactéries pour les stromatolithes archéennes*).

Les **Cyanobactéries** seraient les premiers organismes apparus sur Terre, attestés dès 3,45 Ga (*Pilbara, Australie*). Elles réalisent une **photosynthèse oxygénique**. Leur activité est la **cause la plus probable de l'apparition du dioxygène sur Terre**.

Boules stromatolithiques vivantes tapissant le fond du Dard, ruisseau coulant au fond de la reculée de Baume-les-Messieurs (*Jura*)

Durant tout l'Archéen, les stromatolites étaient abondantes en milieu marin. Ce n'est plus le cas actuellement où elle sont relativement rares en milieu marin, mais elles sont toujours aussi abondantes en milieu lacustre ou fluvial, là où les eaux sont calcaires.

98 L'orogenèse varisque en France

Orogenèse varisque (= hercynienne) = *chaîne de montagnes de grande dimension dont la surrection s'est produite du Dévonien au Permien (vers 400-300 Ma), lors de la collision de plusieurs blocs continentaux aboutissant à la formation de la Pangée.*

Quelles sont les traces de l'orogenèse varisque en France ?

I - Les terrains datant de l'orogenèse varisque

Les terrains datant de l'orogenèse varisque en France

Les terrains varisques sont visibles sur la carte de France au millionième. Ces terrains varisques sont présents, bien que non visibles, sous les grands bassins sédimentaires.

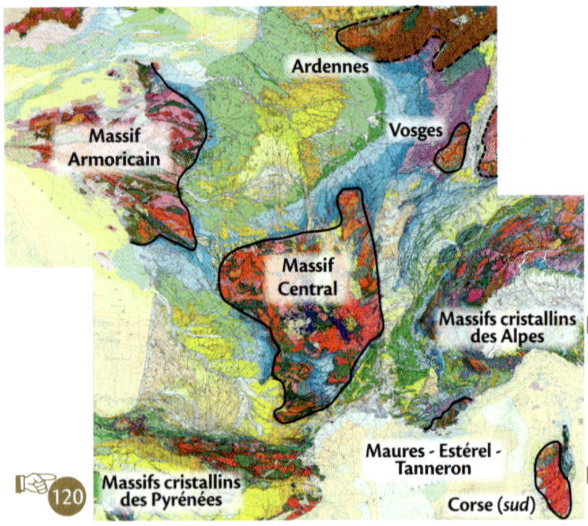

118 119 120 124

Un extrait de la carte de France au millionième typique du cycle varisque

Nombreux **granites** (*souvent, des granites d'anatexie formés dans la racine crustale de la chaîne varisque*), datés vers 360 à 300 Ma par des méthodes de radiochronologie (*ex Rb/Sr*).

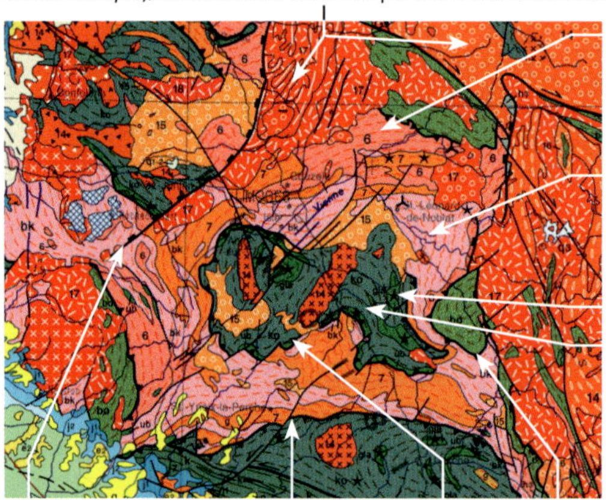

amphibolites (*métamorphisme moyenne pression-moyenne à haute température*)
migmatites (*micaschistes ou gneiss partiellement fondus*)

CARACTÉRISTIQUE DE LA COLLISION

★ : **reliques éclogitiques**
Gla : groupe leptyno-amphibolitique (*ensemble de roches acides et basiques ayant subi un métamorphisme HP/BT*)

CARACTÉRISTIQUE DE LA SUBDUCTION

Faille (*ici, normale*) **Chevauchement** **Klippe** **Fenêtre**

NOMBREUX MARQUEURS TECTONIQUES

II - Les indices permettant de reconstituer les phases pré- et syn-collision du cycle varisque

Des indices d'une fermeture océanique (*Île de Groix, France*)

Les **schistes bleus de l'Île de Groix** datent de 360-370 Ma (*fin Dévonien - début Carbonifère*). Ces traces de métamorphisme de haute pression/basse température montrent qu'il y a eu subduction d'un domaine océanique au début du cycle varisque.

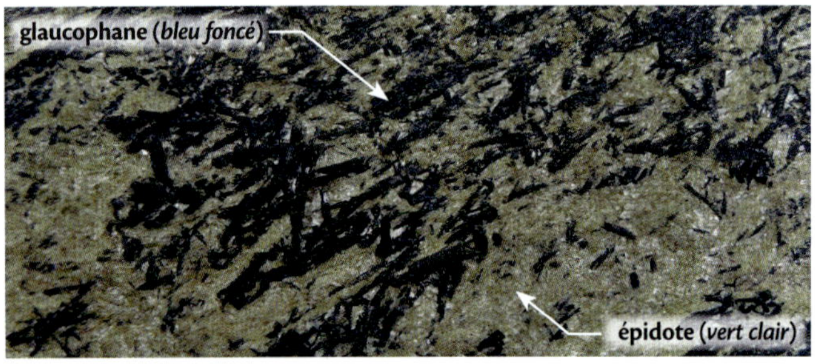

Des indices d'un épaississement crustal ayant entraîné une anatexie (*Saint-Julien-la-Vêtre, Loire*)

Les **granites varisques de Saint-Julien-la-Vêtre** ont soit une origine purement crustale, soit une origine mixte avec contributions crustale et mantellique.

Des accidents tectoniques témoignant d'une collision : Pli varisque (*presqu'île de Crozon, Finistère*)

Des roches volcaniques acides formées lors de la collision : Orgues rhyolitiques (*St-Victor-sur-Rhins, Loire*)

Les **orgues rhyolitiques de St-Victor-sur-Rhins** sont datés de 330 Ma. Il s'agit d'ignimbrites rhyolitiques qui proviennent de la consolidation de projections et débris volcaniques issus de la remontée de lave granitique produite par anatexie crustale. Ces roches sont donc les équivalents volcaniques des granites varisques.

III - Les indices permettant de reconstituer le démantèlement de la chaîne varisque

La formation de bassins, souvent remplis de charbons, au Carbonifère (*Montaigut en Combrailles, Puy-de-Dôme*)

La carte au 50 000ème de Montaigut (*au sud de Montluçon*) révèle que ce grand sillon houiller est un **grand décrochement senestre** formant un **bassin en pull-apart**.

L'érosion de la chaine varisque (Collonges-la-Rouge, Corrèze)

Les **grès de Collonges-la-Rouge** (Corrèze) sont datés de la fin du Permien-début du Trias. Les sables dont ils sont formés proviennent de l'**érosion de la chaine varisque**.

Les **grès roses des Vosges** ont la même origine. La fin de l'orogenèse hercynienne (*altération des silicates, érosion des sols*) est la principale cause de la glaciation permo-carbonifère.

Les terrains varisques sont riches en gisements métalliques. La circulation de fluides au contact des granites a permis la précipitation de métaux, d'uranium... L'ouverture d'une mine de lithium est prévue pour 2027 à Echassières dans l'Allier. Le lithium est un composant clé des appareils électroniques et sa demande mondiale ne cesse de croître.

IV - Une reconstitution du cycle varisque

Reconstitution paléogéographique de la Pangée

La **Pangée**, il y a 300 Ma. La chaîne varisque (*et les chaines contemporaines*), représentées en grisée, résultent de la collision de deux continents principaux (*Laurussia et Gondwana*) ainsi que de plusieurs microplaques.

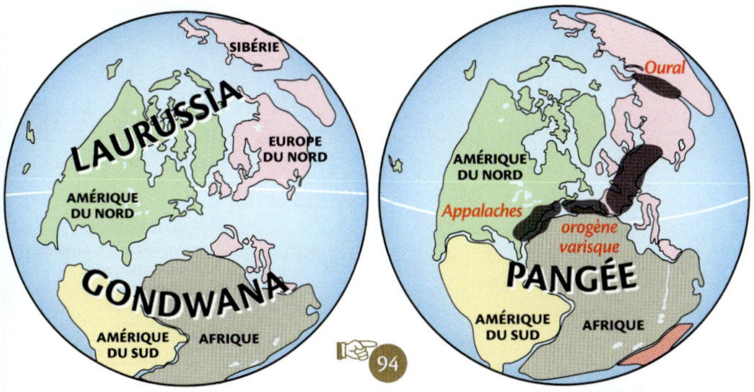

350 Ma — fin du Paléozoïque (300 - 250 Ma)

Les fermetures océaniques ayant précédé la collision varisque

De petits fragments, **Avalonia**, puis **Armorica**, se détachent de la marge nord du **Gondwana**. Avalonia percute la **Laurussia** (***chaîne calédonienne***).

Armorica est pris en étau entre les deux mégacontinents lors de la formation de la chaîne varisque.

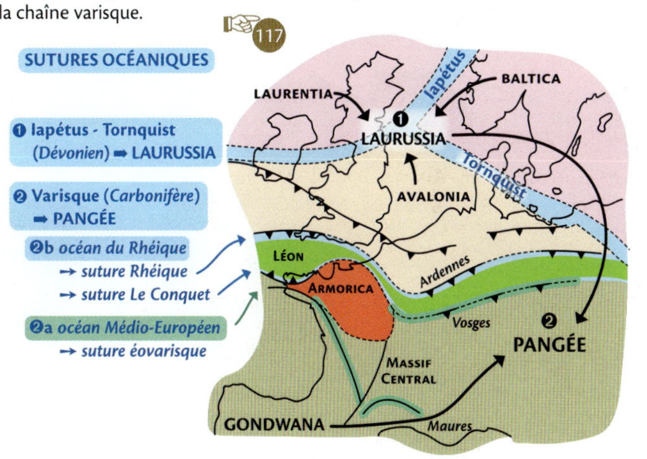

L'apogée de la chaîne varisque et son démantèlement

Actuellement, la **racine crustale** de la chaîne de montagne varisque est observable suite à l'**érosion**, l'**effondrement gravitaire** et le **rééquilibrage isostatique**.

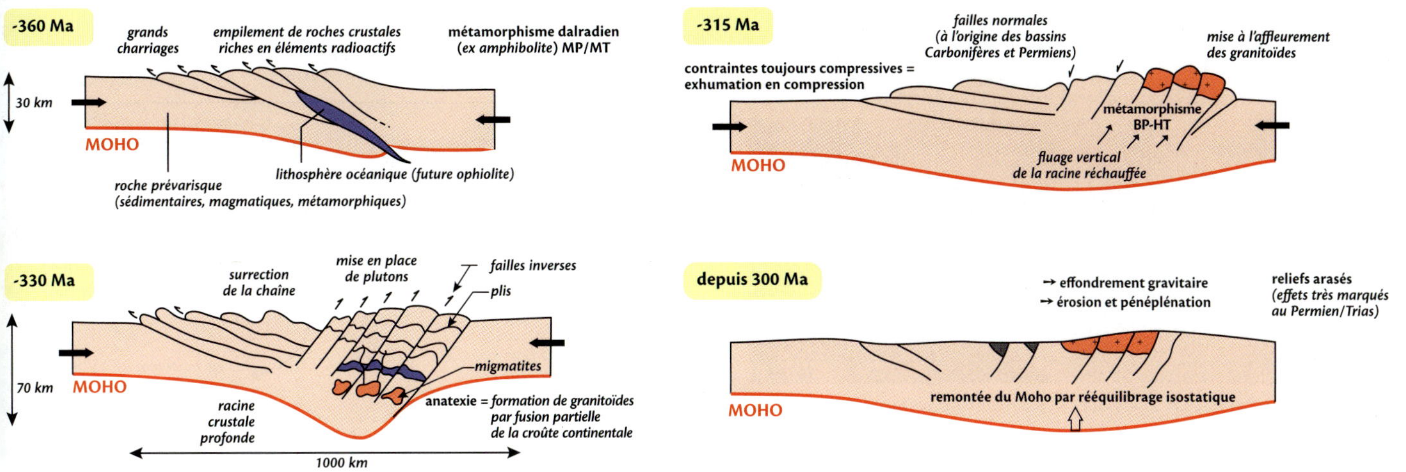

99 Variations climatiques : les indices

Climat = *moyenne des paramètres météorologiques (température, pression atmosphérique, degré d'hygrométrie, pluviométrie, vitesse et direction des vents…) sur une période de plusieurs dizaines d'années pour s'affranchir des événements météorologiques exceptionnels.*

Quels sont les marqueurs des variations climatiques à grande échelle de temps (de plusieurs décennies à plusieurs centaines de millions d'années) ?

I - Les marqueurs sédimentaires : des données sur les climats passés locaux

✪ Des variations climatiques à différentes échelles de temps

Les variations climatiques présentent différentes intensités et peuvent s'observer à différentes échelles de temps.
On distingue ainsi des fluctuations de différents ordres.

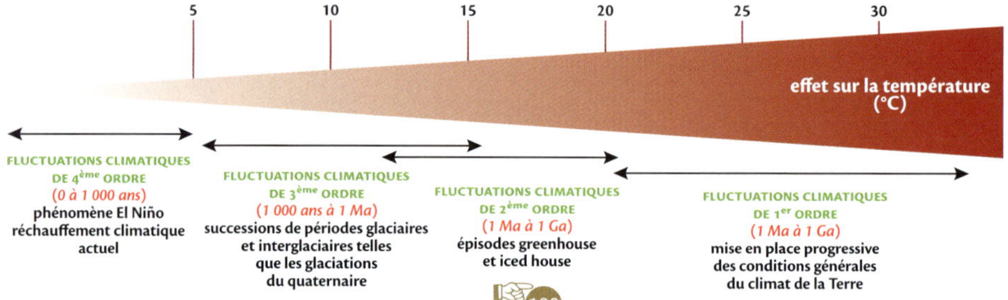

☞ 100

✪ Des traces laissées par différents paléoenvironnements

La pierre des Marmettes : un bloc erratique (*canton du Valais, Suisse*)

De tels blocs, souvent de nature différente du substratum sur lesquels on les trouve, ont été transportés par des glaciers. Ils permettent d'avoir une idée de l'extension géographique d'anciens glaciers et des climats anciens.

☞ 103 65

Répartition des gisements de bauxite en basse Provence occidentale (*notice de la carte géologique de Marseille au 1/50 000ème*)

Les dépôts de **bauxite** ont été mis en place au milieu du Crétacé, suite à des événements tectoniques ayant conduit au bombement et à l'émersion d'une partie de la région.

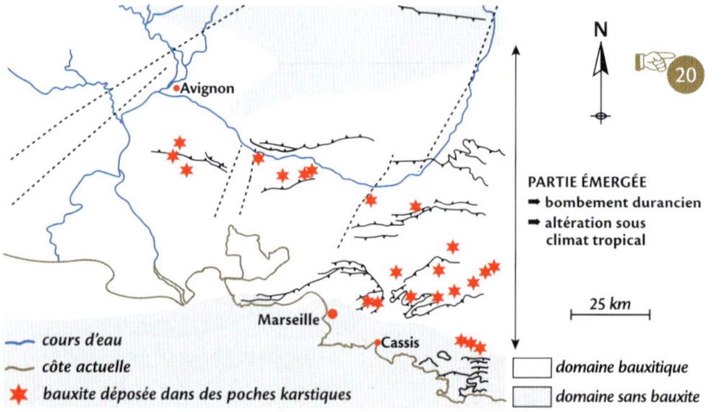

☞ 20

II - Les marqueurs biologiques : des données sur les climats passés locaux

Coraux dans un bloc de calcaire de la carrière du Boulonnais (*Pas-de-Calais – calcaire du Carbonifère inférieur*)

Les **Coraux**, sont de bons **fossiles de faciès** qui témoignent d'un milieu d'eaux chaudes et peu profondes et de conditions climatiques proches de celles régnant actuellement au niveau de la grande barrière de corail en Australie.

⚠ *Les marqueurs biologiques et sédimentaires permettent de reconstituer des paléo-climats locaux qu'il faut corréler pour reconstituer des variations climatiques globales.*

Sens d'enroulement du test de *Neogloboquadrina pachyderma* en fonction de la température moyenne des eaux

N. Pachyderma est un foraminifère dont le sens d'enroulement du test calcaire dépend de la température des eaux de surface.

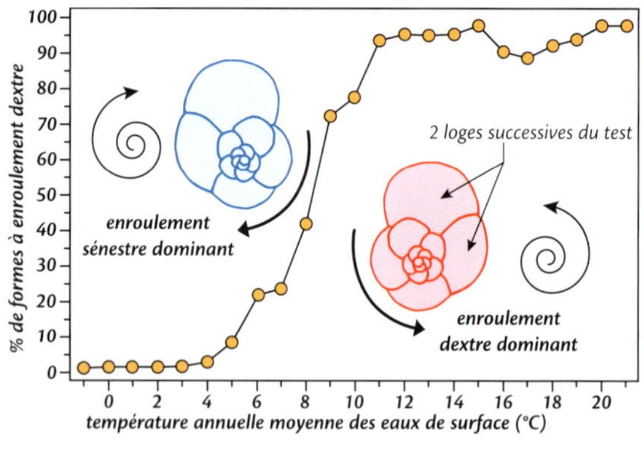

Diagramme pollinique de la Grande Pile (*Jura*)

L'étude des pollens fossiles (*palynologie*) prélevés dans les tourbières ou les lacs permet de reconstituer des variations de communautés végétales et de les mettre en relation avec des variations climatiques. Les taxons herbacés prédominent en période sèche et froide alors que les taxons arbustifs et arborescents prédominent en période tempérée, plus humide.

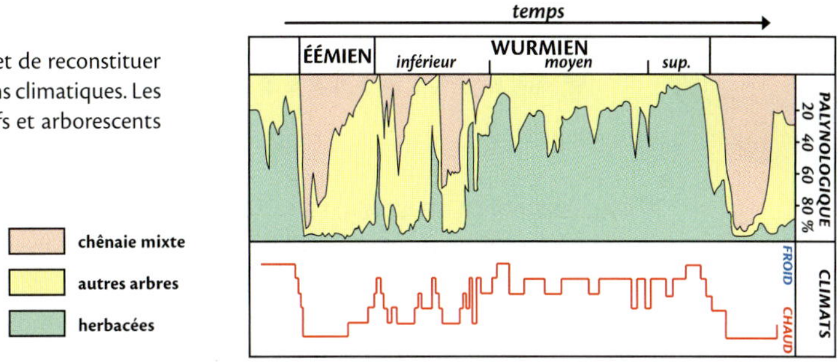

⚠ *On observe des variations actuelles des aires de répartitions de certaines espèces, sous l'effet du réchauffement climatique. Depuis 1972, on note par exemple un déplacement vers le Nord de l'aire de répartition de la chenille processionnaire du Pin.*

II - Les marqueurs géochimiques : utilisation des rapports isotopiques

Influence des variations climatiques sur le $\delta^{18}O$ des océans et des glaces des inlandsis

135

On observe un fractionnement isotopique de l'oxygène au cours des processus physiques (*changements de phase*) ou biologiques (*ex : processus métaboliques*). Ce fractionnement peut être mesuré à l'aide d'un **$\delta^{18}O$**.

$$\delta^{18}O = \frac{\left(\frac{^{18}O}{^{16}O}\right)_{échantillon} - \left(\frac{^{18}O}{^{16}O}\right)_{standard}}{\left(\frac{^{18}O}{^{16}O}\right)_{standard}} \times 1000$$

❶ Évaporation préférentielle du ^{16}O

❷ Précipitation préférentielle du ^{18}O

❸ Au fur et à mesure du transport vers le pôle, le ^{18}O précipite plus que le ^{16}O donc les nuages s'enrichissent en ^{16}O

Pour une condition climatique donnée, les variations de $\delta^{18}O$ indiquées en rouge sont les variations par rapport à l'autre situation climatique.

⚠ *Le $\delta^{18}O$ de l'eau de mer dépend du volume de glace : c'est l'**effet glaciaire**. Il est élevé lorsque le volume de glace est important et faible lorsque le volume de glace est réduit.*

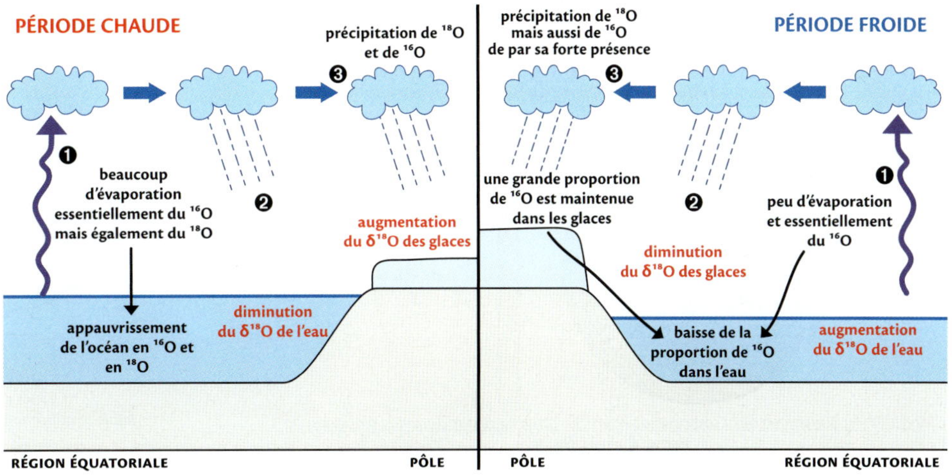

Apports de différentes méthodes géochimiques

Comme pour les isotopes de l'oxygène, on peut étudier le fractionnement isotopique entre le ^{12}C et le ^{13}C et calculer un $\delta^{13}C$.

$$\delta^{13}C = \frac{\left(\frac{^{13}C}{^{12}C}\right)_{échantillon} - \left(\frac{^{13}C}{^{12}C}\right)_{standard}}{\left(\frac{^{13}C}{^{12}C}\right)_{standard}} \times 1000$$

VARIATION ISOTOPIQUE	ÉCHANTILLON DE MESURE	STANDARD UTILISÉ	INTERPRÉTATION
$\delta^{18}O$	glace	SMOW (*moyenne des océans actuels*)	Dans les glaces, le $\delta^{18}O$ augmente lorsque la température augmente.
$\delta^{18}O$	carbonates	PDB (*valeurs dans les rostres de bélemnite de Pee Dee, datés du Crétacé*)	Le paléothermomètre isotopique des carbonates fonctionne en sens inverse de celui des glaces.
$\delta^{13}C$	carbonates	PDB (*valeurs dans les rostres de bélemnite de Pee Dee, datés du Crétacé*)	Lors des périodes interglaciaires, la productivité primaire est plus importante, ce qui est associé à un $\delta^{13}C$ des carbonates plus élevé (*la photosynthèse fixe préférentiellement le ^{12}C, l'eau de mer s'enrichit en ^{13}C*).

Variations du $\delta^{18}O$ dans les glaces et les carbonates sur les 250 derniers milliers d'années

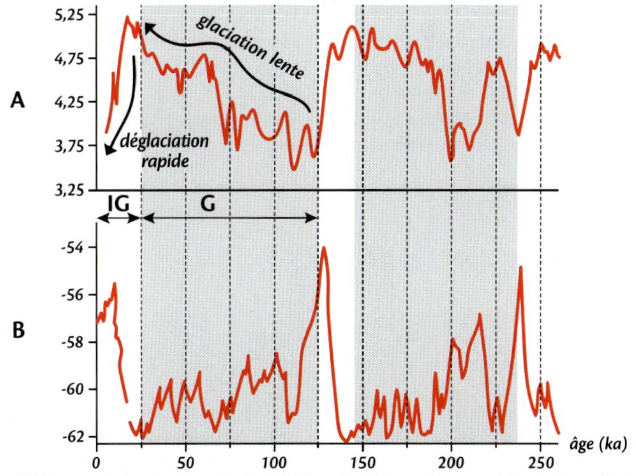

A : $\delta^{18}O$ mesuré dans les tests de foraminifères benthiques (*carotte sédimentaire prélevée dans l'océan Atlantique au large de Panama*)

B : $\delta^{18}O$ mesuré dans une carotte de glace prélevée à Vostok (*Antarctique*)

IG : période interglaciaire

G : période glaciaire

Interprétation du $\delta^{18}O$ des carbonates : effet glaciaire et température

Le $\delta^{18}O$ des carbonates dépend à la fois du $\delta^{18}O$ de l'eau de mer dans laquelle ils précipitent et de la température. Dans certaines conditions, on peut étudier l'influence d'un seul des deux paramètres.

Valeur stable du Crétacé sup. au Miocène (*faible développement ou absence de calottes glaciaires lors d'une période greenhouse*) → Les variations de $\delta^{18}O$ des carbonates dépendent essentiellement des variations de température de l'eau de mer

$\delta^{18}O_{carbonates} = \delta^{18}O_{océan} - a \cdot T + b$ où T est la température et a et b sont des constantes

La variation du $\delta^{18}O$ des foraminifères benthiques dépend ici essentiellement du $\delta^{18}O$ de l'eau de mer ← température des fonds océaniques varie peu

⚠ *La mesure du $\delta^{18}O$ des carbonates permet de remonter plus loin dans le temps (jusqu'à 2,8 Ga) alors que l'étude du $\delta^{18}O$ des glaces est principalement limitée à la reconstitution des glaciations du quaternaire.*

100

100 Variations climatiques : les origines

VARIATIONS CLIMATIQUES = *Modifications des paramètres météorologiques (température, pluviométrie, jours d'ensoleillement…) à l'échelle planétaire et sur des échelles de temps annuelles à plurimillénaires.*

Quels sont les facteurs qui contrôlent les variations climatiques sur des échelles supérieures à la dizaine d'années ? 28

I - Les facteurs biologiques et géologiques responsables de variations très lentes

✪ Les facteurs géologiques

Altération chimique des silicates

À la surface des continents, l'altération des silicates obéit à des réactions d'hydrolyse qui consomment du CO_2.

La glaciation Permo-Carbonifère serait en grande partie liée à l'altération / érosion de la chaîne hercynienne et à la baisse consécutive du taux de CO_2 atmosphérique.

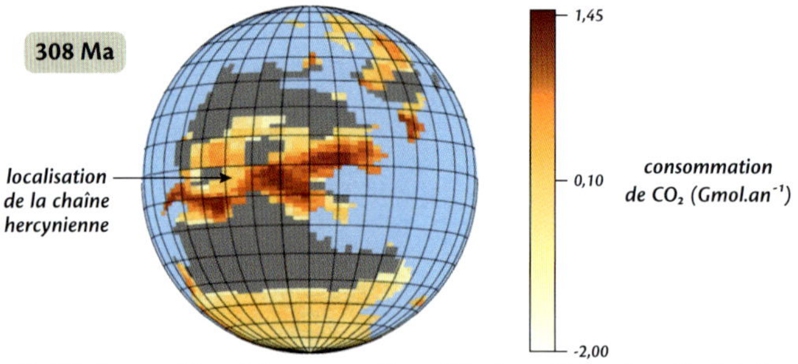

Modélisation numérique de la consommation en CO_2 atmosphérique durant la glaciation Permo-Carbonifère

Activité volcanique

L'activité volcanique, qui rejette du CO_2, a varié au cours des temps géologiques. Elle se mesure facilement au niveau des dorsales par l'intermédiaire du taux d'expansion océanique. En particulier, la plus forte activité constatée au Crétacé expliquerait l'augmentation du taux de CO_2 atmosphérique et le réchauffement observé à cette période. Les épisodes volcaniques majeurs (*ex : mise en place des trapps du Deccan à la limite Crétacé-Tertiaire*) ont libéré de grandes quantités de CO_2 dans l'atmosphère qui ont accru l'effet de serre et favorisé un climat chaud.

L'émission d'aérosols diminue quant à elle l'arrivée du rayonnement solaire, ce qui provoque une baisse de température sur quelques années.

34

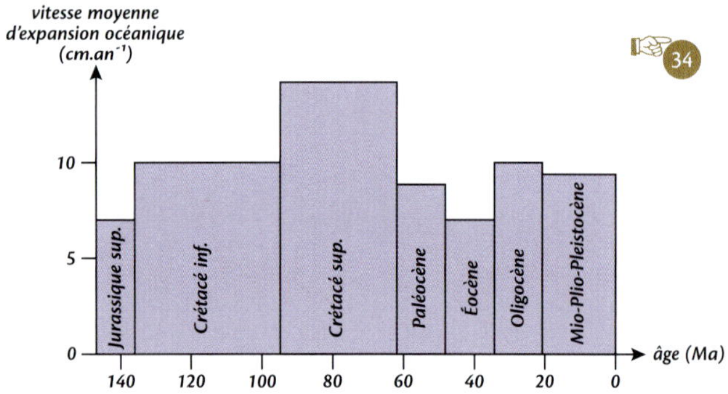

Distribution des masses continentales et circulations des enveloppes fluides

La tectonique globale, en régissant la distribution générale des océans et des continents, modifie les circulations océaniques et la redistribution de chaleur à la surface du globe.

Crétacé supérieur 94 Ma 27

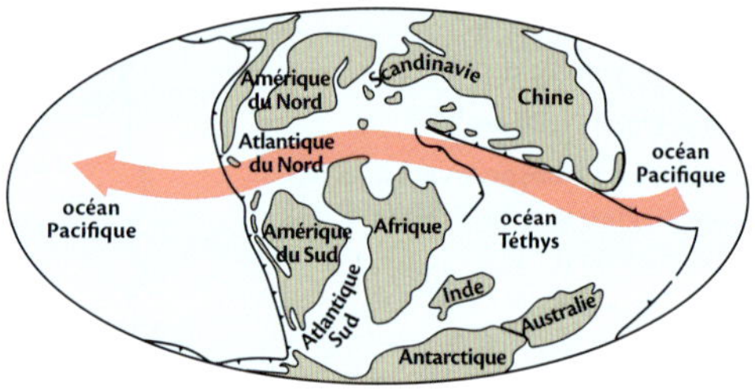

PÉRIODE GREENHOUSE

→ *circulation océanique équatoriale d'eaux chaudes*
→ *zones polaires réchauffées par les eaux équatoriales*
→ *faible stratification thermique des océans (eaux profondes autour de 14°C)*

CONDITIONS CLIMATIQUES CHAUDES

Carbonifère supérieur 306 Ma

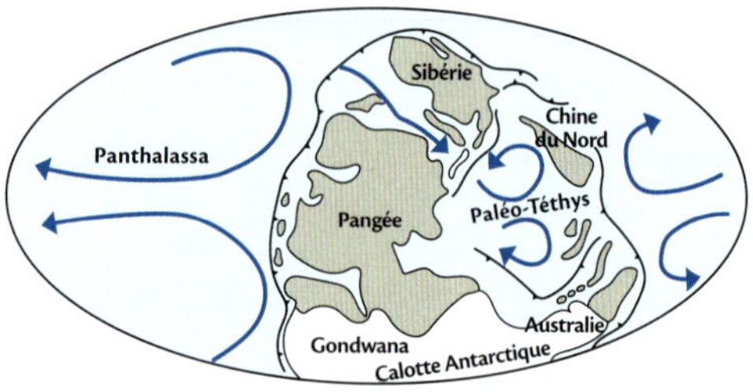

PÉRIODE ICEHOUSE

→ *position des masses continentales qui bloque la circulation équatoriale*
→ *mise en place de gyres qui transportent les eaux du Nord au Sud*
→ *mise en place d'une circulation thermohaline et stratification thermique importante des océans (eaux profondes autour de 2°C)*

CONDITIONS CLIMATIQUES FROIDES

La mise en place du courant circum-polaire est liée à l'ouverture des détroits Amérique du Sud-Antarctique et Australie-Antractique.

En isolant thermiquement l'Antarctique, il serait responsable de la formation d'une calotte polaire pérenne sur l'Antarctique et d'un refroidissement global du climat au mio-plio-quaternaire.

Cette hypothèse est discutée d'un point de vue chronologique car le refroidissement aurait précédé la mise en place d'un courant circum-polaire.

✪ Les facteurs géologiques

Forêt carbonifère fossile de de Champclauson (*Gard*)

On observe à la fin du Paléozoïque d'importants dépôts de charbons liés à la colonisation des continents par les plantes vasculaires (*telles que les Sigillaires, Fougères géantes*). Ces dépôts abondants ont piégé le CO_2 atmosphérique. C'est une des explications à l'entrée en glaciation Permo-Carbonifère.

19

Les flèches blanches sur la paroi indiquent des troncs de Sigillaires fossiles.

✪ Corrélation entre température moyenne et taux de CO_2

En jouant sur le flux de carbone entre réservoirs, les facteurs géologiques et biologiques modifient la concentration en CO_2 atmosphérique qui est reliée à la température du fait de son rôle dans l'effet de serre. Avant le Dévonien, cette corrélation n'est pas visible soit du fait de l'incertitude croissante des reconstitutions de température et de taux de CO_2, soit parce que le système Terre fonctionnait différemment (*en particulier, il n'y avait pas de végétaux terrestres*).

Les relations température globale - taux de CO_2 durant le phanérozoïque

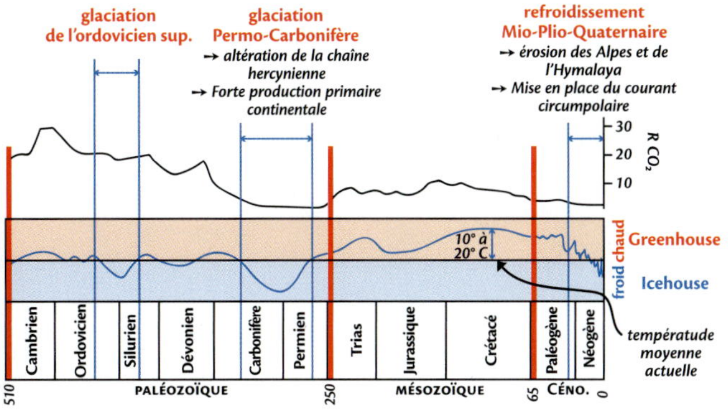

Variations de température moyenne de l'océan superficiel

Vers 750 Ma, la Terre a connu 3 épisodes successifs où tous les continents étaient recouverts de calottes et tous les océans de banquise : **Terre « boule de neige »**. Ces épisodes seraient associés à une forte baisse du CO_2 atmosphérique.

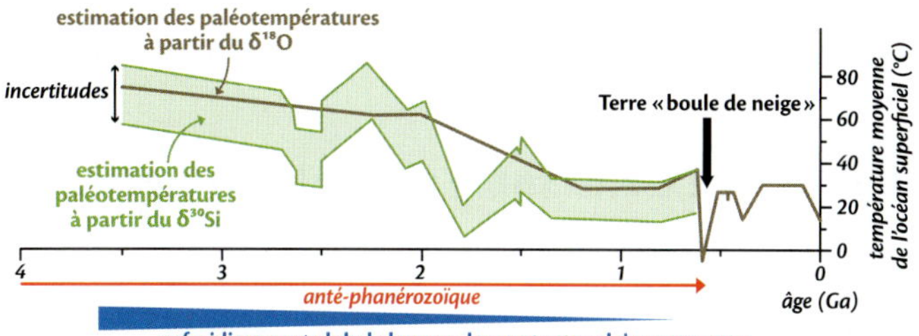

refroidissement global alors que la constante solaire augmente
(baisse de CO_2 atmosphérique due au piégeage du carbone dans les calcaires dont la masse s'accroit)

II - Les paramètres orbitaux, responsables de variations climatiques plus rapides

L'ensemble des variations des paramètres orbitaux forme le **cycle de Milankovitch**. Ces variations sont corrélées aux fluctuations climatiques de 20 000 à 400 000 ans. Elles se superposent aux variations très lentes vues précédemment et sont plus ou moins visibles dans les enregistrements climatiques. Elles représentent le principal facteur de contrôle des glaciations du quaternaire.

Les principaux paramètres orbitaux

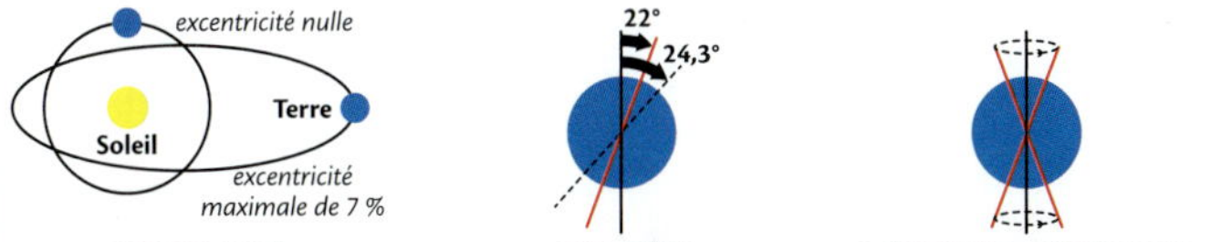

EXCENTRICITÉ
(applatissement de l'ellipse que décrit la Terre lors de sa révolution autour du soleil)
PÉRIODICITÉ : 20 000 à 400 000 ans

OBLIQUITÉ
(angle que fait l'axe de rotation de la Terre par rapport au plan de l'ecliptique)
PÉRIODICITÉ : 41 000 ans

PRÉCESSION DES ÉQUINOXES
(déplacement sur lui-même de l'axe de rotation de la Terre, décrivant un cône)
PÉRIODICITÉ : 19 000 à 23 000 ans

Les conditions favorables à une glaciation

L'installation de calottes polaires et l'entrée en glaciation nécessite d'abondantes chutes de neige (*donc des hivers peu rigoureux*), ne fondant pas en été (*donc des étés frais*). Il y a donc glaciation lorsque les saisons sont peu marquées, il y a réchauffement dans le cas inverse.

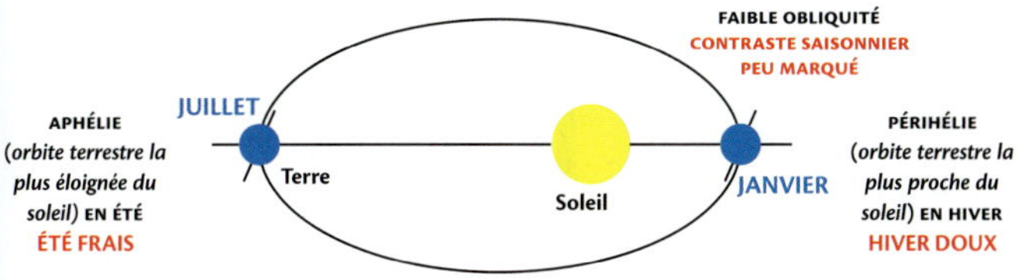

⚠ *L'extension plus importante des calottes de glace amplifie la glaciation par augmentation de l'albédo.*

Alternance marno-calcaire (*la Charce - Drôme*)

On a pu estimer que chaque doublet marno-calcaire se mettait en place durant une période d'environ 23 000 ans, correspondant à celle de la précession des équinoxes. La précession des équinoxes fait alterner des périodes à fort contraste saisonnier avec des périodes à faible contraste.

Saisons peu contrastées (*été frais et peu humide, hiver doux et humide*) : l'érosion diminue et la croissance planctonique est favorisée :
➡ DÉPÔT CALCAIRE

Saisons très contrastées (*été chaud et humide, hiver froid et sec*) : l'érosion est favorisée et la croissance planctonique diminue :
➡ DÉPÔT MARNEUX

III - Les facteurs anthropiques responsables d'un réchauffement climatique très rapide

Le sixième rapport du GIEC (09/08/2021) montre que les 4 dernières décennies ont été successivement de plus en plus chaudes.

Effet de différents forçages sur les variations de température

Un **forçage radiatif** correspond aux différentes perturbations du bilan radiatif de la planète.

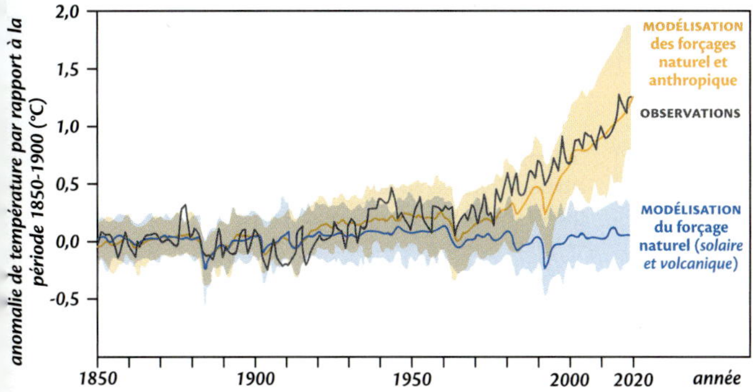

Source des émissions anthropiques mondiales de CO_2

Le **forçage d'origine anthropique** est essentiellement dû à l'augmentation des gaz à effet de serre (*GES*) dont le CO_2.

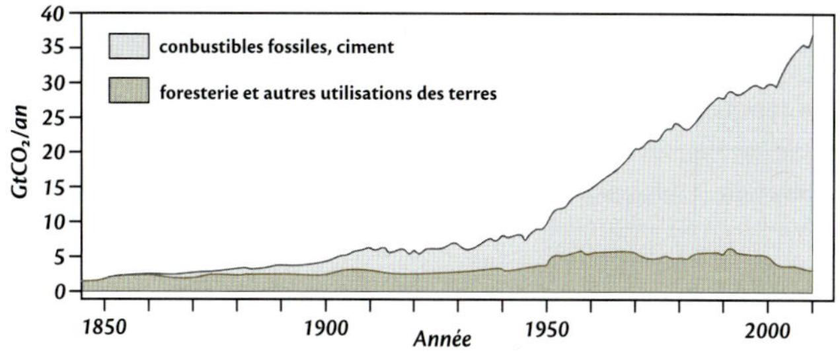

⚠ *Un autre GES, le CH_4, est essentiellement produit par les pratiques agricoles (élevage des ruminants, culture du riz).*

101 Le cycle du carbone

Cycle biogéochimique = *circulation d'un élément entre différents réservoirs (atmosphère, biosphère, hydrosphère, géosphère...).*

Quels sont les réservoirs et les flux de carbone ? En quoi est-il actuellement déséquilibré ?

I - Une vue d'ensemble du cycle du carbone

Le carbone existe sous différentes formes :

→ carbone minéral s'il est oxydé (*nombre d'oxydation positif*) : roches carbonatées, CO_2, ions HCO_3^-...,

→ carbone organique s'il est réduit (*nombre d'oxydation négatif ou nul, dans ce cas, le carbone est directement lié à au moins un atome d'hydrogène*) : matière organique, méthane (CH_4), roches carbonées.

⚠ *Le CO_2 et le méthane sont des gaz à effet de serre (GES). Le méthane a un pouvoir réchauffant 15 fois supérieur à celui du CO_2.* ☞ 110

Le cycle du carbone : réservoirs et flux

Les flux naturels sont présentés en noir et les flux anthropiques en rouge. Les valeurs sont données en gigatonnes de carbone pour les réservoirs (*1 GtC = 10^9 tonnes de carbone = 10^{12} kgC*), et en gigatonnes par an pour les flux. Les nombres en rouge dans le réservoir atmosphérique correspondent aux modifications anthropiques cumulées depuis le début de l'ère industrielle. Les nombres en rouge indiqués entre parenthèses au niveau de certains flux indiquent les perturbations anthropiques moyennes, sur les dix dernières années.

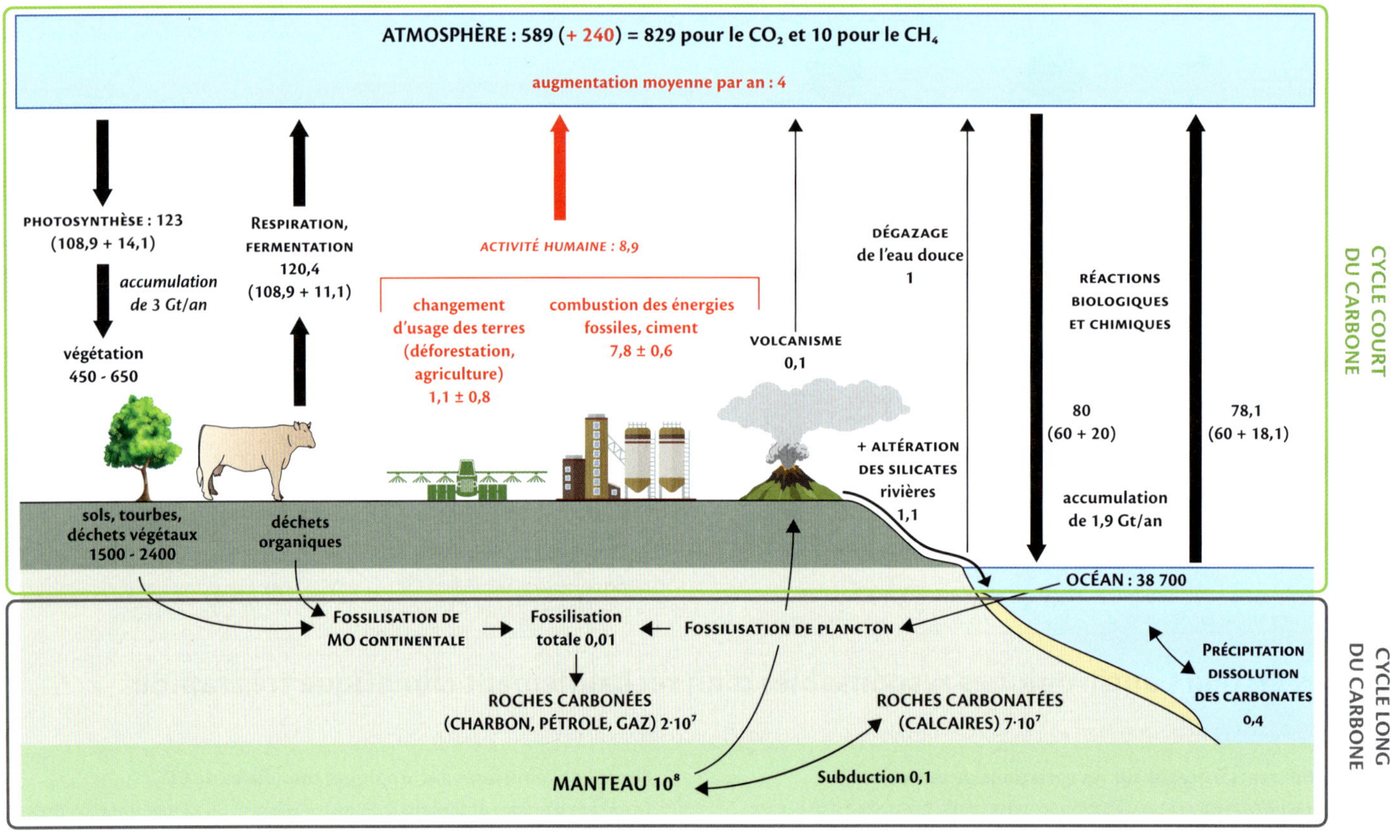

⚠ *La teneur atmosphérique est souvent exprimée en ppmv = parties par millions en volume. La teneur actuelle en CO_2 est de 420 ppm, ce qui signifie que pour un million de molécules atmosphériques, 420 d'entre elles sont des molécules de CO_2.*

Les temps de résidence du carbone

réservoir	biomasse	nécromasse	atmosphère	hydrosphère	roches carbonatées	roches carbonées	manteau
temps de résidence	*5 ans*	*12 ans*	*4 ans*	*5 ans en surface, 1000 ans en profondeur*	*100 à 300 Ma*	*2 Ga*	*1 Ga*

Le temps de résidence, noté τ, désigne le temps moyen passé par un atome de carbone au sein de ce réservoir. Ce temps de résidence se calcule en faisant le rapport entre la taille d'un réservoir divisé par :

→ le flux, si les flux entrants et sortants sont égaux,

→ la moyenne des flux entrants et sortants s'ils ne sont pas égaux.

Le cycle court met en jeu les réservoirs superficiels qui ont des temps de résidence courts et le cycle lent met en jeu les réservoirs profonds qui ont des temps de résidence plus importants.

II - Le cycle court et le cycle lent du carbone

✪ le cycle court entre biosphère, atmosphère et hydrosphère

Des flux d'origine biotique

Production primaire mondiale (*Seawifs, NASA*). Le plancton représente 50% de la photosynthèse mondiale mais son stock de carbone est 200 fois inférieur à celui des végétaux terrestres en raison du fait qu'il a une durée de vie bien plus courte que les arbres.
Par ailleurs, le carbone revient à l'atmosphère via la respiration et la décomposition.

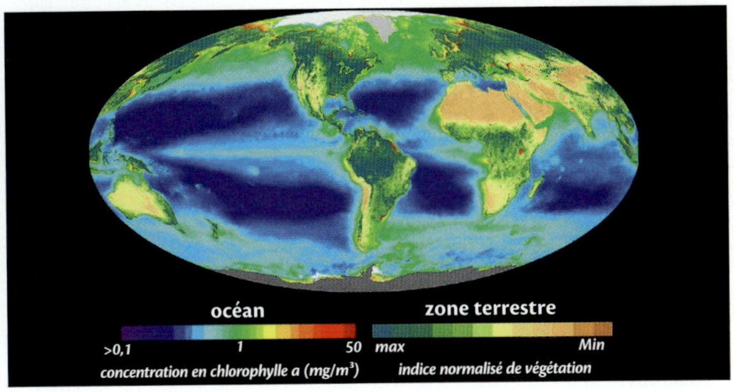

Un transfert physique entre océan et atmosphère

Actuellement, le CO_2 se dissout d'autant mieux dans les eaux froides des Pôles que la concentration en CO_2 atmosphérique augmente. L'océan joue le rôle de pompe physique à CO_2. Lorsque les eaux froides anormalement enrichies en CO_2 remonteront au niveau équatorial (dans quelques siècles), le dégazage au niveau équatorial sera plus élevé et l'océan ne fonctionnera plus comme une pompe à CO_2.

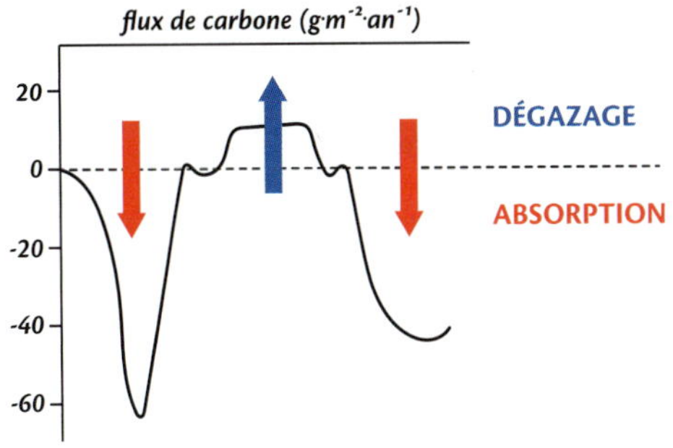

✪ le cycle long impliquant la géosphère

Le cycle long comprend la précipitation/dissolution des carbonates, le métamorphisme des carbonates lors de leur subduction, la fossilisation de matière organique et l'altération des silicates (présentée ici avec l'exemple d'un plagioclase calcique).

4 CO_2 prélevés

$$2\ Al_2Si_2O_8Ca + 4\ CO_2 + 6\ H_2O \rightarrow 2\ Ca^{2+} + 4\ HCO_3^- + Si_4O_{10}Al_4(OH)_8$$

plagioclase calcique ; *ions solubles emportés vers l'océan* ; *kaolinite*

Dans l'océan, les ions solubles peuvent précipiter sous forme de carbonates :

$$2\ Ca^{2+} + 4\ HCO_3^- \rightarrow 2\ CaCO_3 + 2\ CO_2 + 2\ H_2O$$

La moitié du CO_2 se retrouve dans des carbonates et est donc piégée pour des millions d'années ; *L'autre moitié du CO_2 retourne à l'atmosphère*

III - Le déséquilibre du cycle du carbone dû aux activités anthropiques

Les émissions anthropiques de CO_2 et leur devenir

Seule la moitié des émissions anthropiques s'est effectivement accumulée dans l'atmosphère : l'autre moitié a été absorbée par les végétaux et l'océan, qui s'est acidifié.

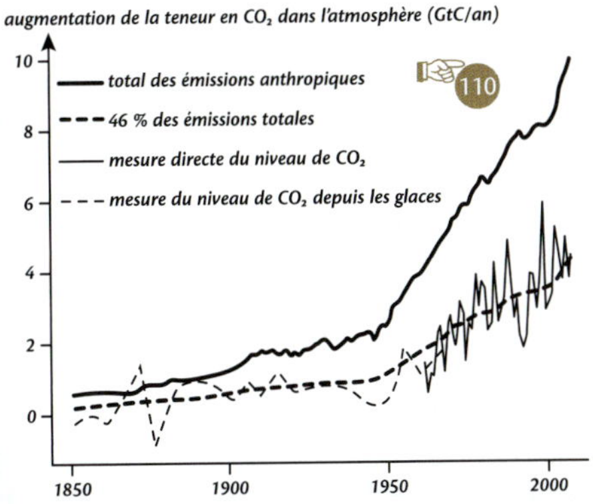

Les émissions de CO_2 suivant les scénarios du GIEC 2021 et effets sur la température

Le GIEC (*Groupe d'Experts Intergouvernemental sur l'évolution du Climat*) a été créé en 1988 et regroupe 195 états. Il est constitué de scientifiques spécialistes du climat et également de représentants des états. Régulièrement, il propose des modèles d'évolution du climat selon différents scénarios de volonté politique (= *réduction massive des émissions de GES, business as usual, augmentation des émissions de GES*...).
Sur ces graphes, les derniers nombres (1,9, 2,6, 4,5, 7,0 et 8,5) nommant chaque trajectoire correspondent aux forçages radiatifs induits à l'horizon 2100 par rapport à l'ère préindustrielle, exprimés en W/m².

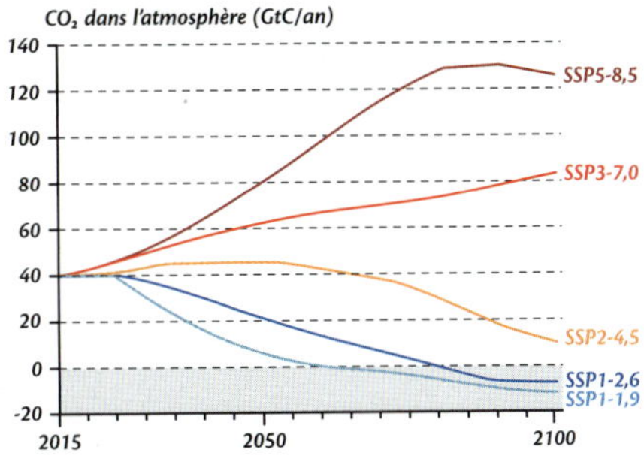

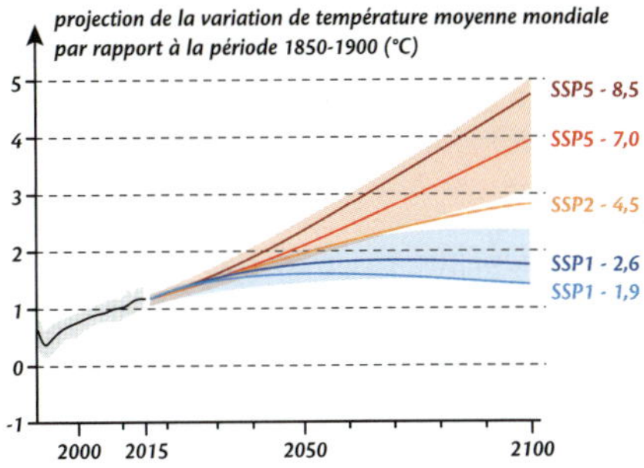

Les conséquences de ces changements climatiques : quelques exemples

Une fréquence plus élevée des événements extrêmes (*inondations, cyclones, sécheresses*...)

Une augmentation du niveau marin, par dilatation thermique de l'eau et début de fonte des calottes glaciaires.

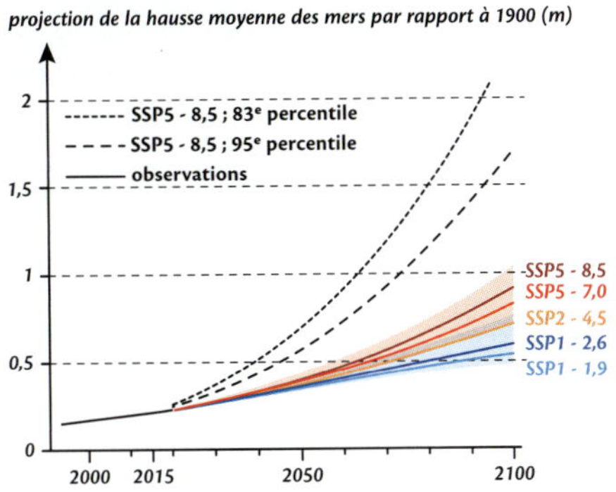

Une déstabilisation possible des **clathrates de méthane** ainsi que du **pergélisol**, pouvant conduire à une émission massive de méthane et à un emballement du système.

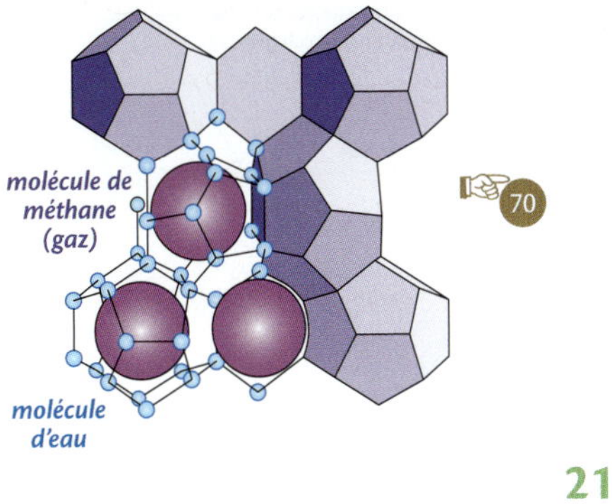

La stratigraphie séquentielle

Stratigraphie séquentielle = *étude de la géométrie et de l'agencement relatif des dépôts sédimentaires au sein d'un bassin afin de reconstituer son histoire.*

Comment relier la géométrie des dépôts sédimentaires successifs avec l'histoire du bassin sédimentaire (subsidence, variation du niveau marin) ?

I - Les facteurs de contrôle du remplissage d'un bassin sédimentaire

Notion d'accommodation

L'**accommodation** ou espace disponible pour la sédimentation est situé entre le fond du bassin et le niveau de la mer. Il est déterminé par deux facteurs principaux : l'**eustatisme** et la **tectonique**. Ces paramètres font varier, à l'échelle du bassin, le **niveau marin relatif**. Les apports sédimentaires comblent cet espace.

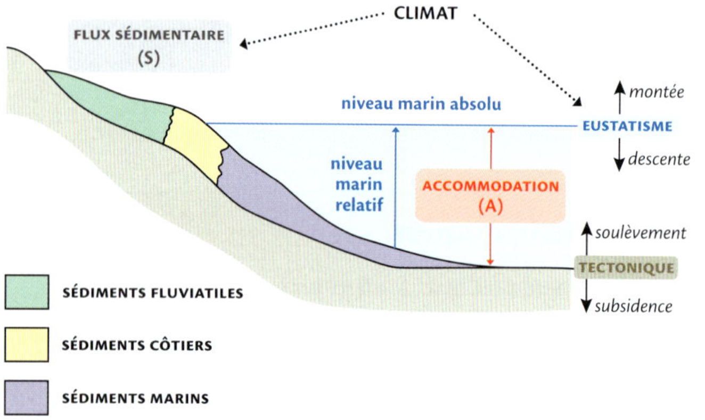

*La stratigraphie séquentielle est aussi réalisée en domaine continental. Pour définir l'espace disponible, on utilise le concept de **niveau de base**. C'est une surface selon laquelle il n'y a ni érosion ni dépôt. Les terrains situés en dessous du niveau de base sont des lieux de dépôt, ceux situés au-dessus sont des lieux d'érosion. La position du niveau de base dépend du climat et de la tectonique locale.*

Localisation des dépôts dans le bassin

Le **taux d'accommodation ΔA** définit la variation d'accommodation au cours d'un temps t. La position des corps sédimentaires dans le bassin est déterminée par le rapport entre le **taux d'accommodation** (ΔA) et le **flux sédimentaire** (S) durant le même temps.

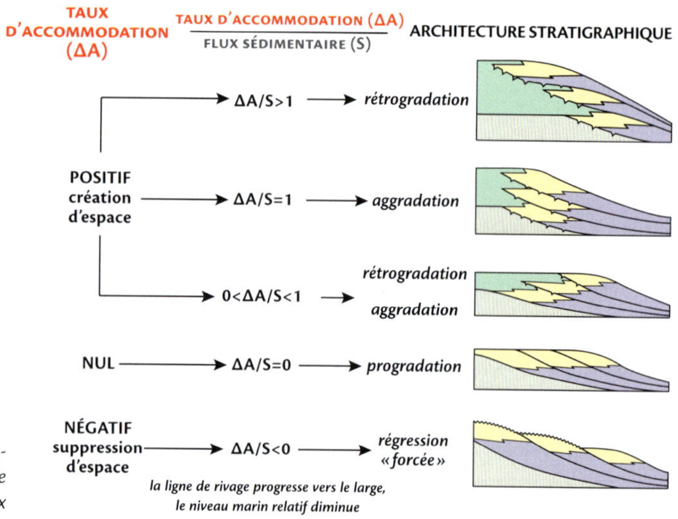

Phénomène de rétrogradation en baie du Mont Saint Michel

La datation au carbone 14 des niveaux de tourbe brune situe leur formation entre 2700 et 1000 ans avant J.-C. lors d'un épisode de bas niveau marin. Ils se forment lors d'un phénomène de **régression** avec recul du trait de côte. La position relative de différents niveaux de tourbe et du sol actuel marque un phénomène de **rétrogradation** lié à une augmentation du niveau marin relatif.

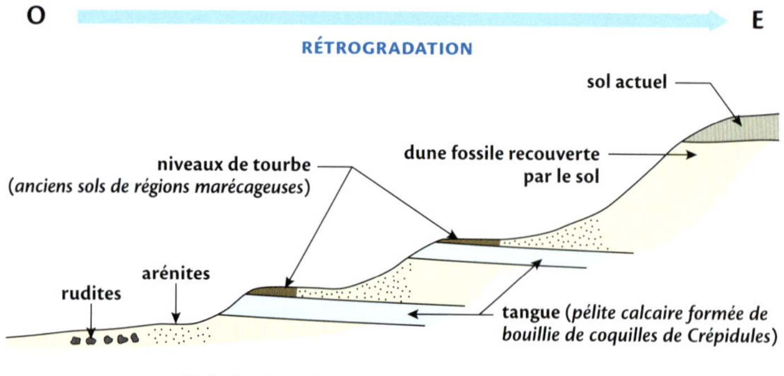

profil de la plage de Saint Jean Le Thomas (31/03/2017)

II - La géométrie des dépôts sédimentaires

L'organisation précise des dépôts sédimentaires d'un bassin a été révélée par les profils de sismique réflexion. Une **séquence de dépôts** est un ensemble de sédiments déposés entre une phase de bas et une phase de haut niveau marin relatif. Au sein d'une séquence, on distingue plusieurs **cortèges de dépôts**.

Mise en place d'une séquence de dépôt

❶ **Bas niveau marin :** *mise en place du* CORTÈGE DE BAS NIVEAU MARIN *(CBN)*

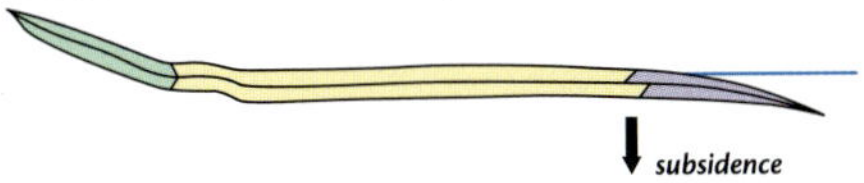

❷ **Transgression :** *mise en place du* CORTÈGE TRANSGRESSIF *(CT)*

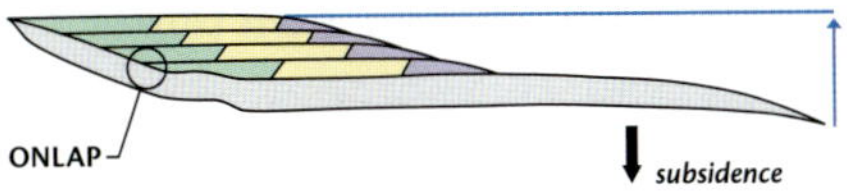

RETROGRADATION - AGGRADATION
L'augmentation importante et rapide du niveau marin peut conduire à l'arrêt des apports détritiques.
Il se forme donc une surface sur laquelle la sédimentation est limitée : surface condensée.
Les seuls sédiments qui s'accumulent sont de nature biogène.

❸ **Haut niveau marin :** *mise en place du* CORTÈGE DE HAUT NIVEAU MARIN *(CHN)*

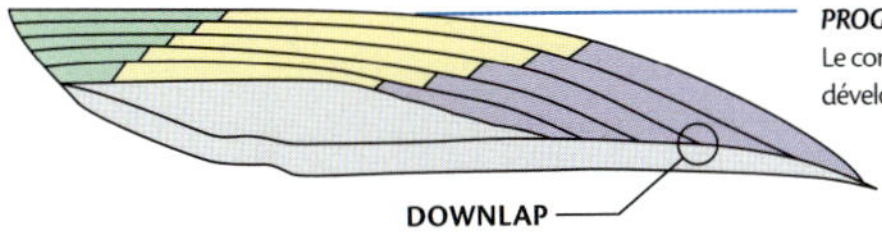

PROGRADATION
Le cortège de haut niveau marin se développe sur la surface condensée.

Les différents cortèges d'une séquence de dépôts : la « limace » d'Exxon-Vail

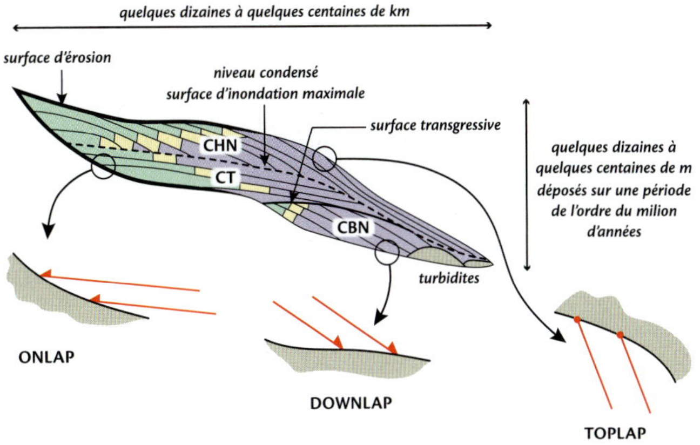

Il est très rare d'observer les trois cortèges sédimentaires en raison d'un apport sédimentaire insuffisant et/ou d'une érosion intense.

III - Des méthodes d'étude directes et indirectes de la géométrie des dépôts

Mise en place d'une séquence de dépôt 139

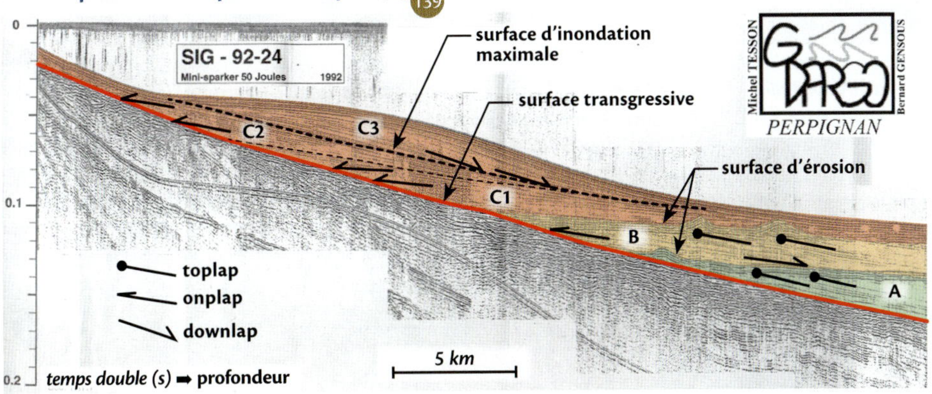

➙ **Unités A et B** : progradation et érosion (régression forcée) montrant une baisse de l'espace disponible : **cortège de bas niveau marin**

➙ **Unités C1 et C2** : rétrogradation et aggradation montrant une augmentation de l'espace disponible : **cortège transgressif**

➙ **Unité C3** : Progradation qui montre un arrêt de l'augmentation de l'espace disponible : **cortège de haut niveau marin.**

Étant donné l'âge holocène des dépôts C, l'augmentation du niveau marin relatif observée peut être due au réchauffement holocène. Les dépôts A et B ont été érodés lors d'une période froide.

L'organisation des dépôts sédimentaires peut aussi être étudiée par ***diagraphie****. La diagraphie consiste en une analyse physico-chimique des roches traversées lors d'un forage, afin de distinguer les différents faciès traversés. Il peut s'agir par exemple de la mesure de leur radioactivité naturelle (****diagraphie « gamma-ray »****) ou de l'étude de la vitesse de propagation d'ondes sonores (****diagraphie « sonic »****).*

Géométrie des dépôts sédimentaires dans le calcaire Burdigalien de Provence (*bord de Route, Saumane de Vaucluse*)

Le niveau 6 montre des stratifications penchées vers la gauche (dépôt par un courant venu de droite). Il est recoupé par le niveau 7, lui aussi déposé par un courant venant de la droite. Il recouvre par une surface d'érosion les niveaux 5 à 1. Les couches 5 et 4 recoupent les couches 1 à 3 par une surface d'érosion. Les stratifications des ensembles 5 à 1 indiquent qu'ils ont été déposés par des courants venant de gauche.

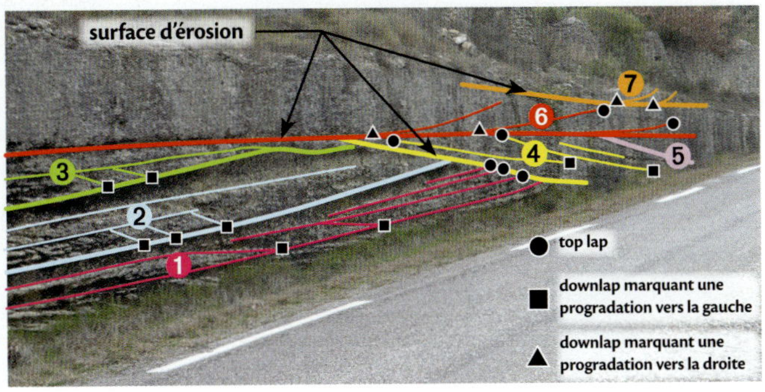

Géométrie des dépôts sédimentaires - faciès fluvio-deltaïques de la fin du Crétacé (*Aude*)

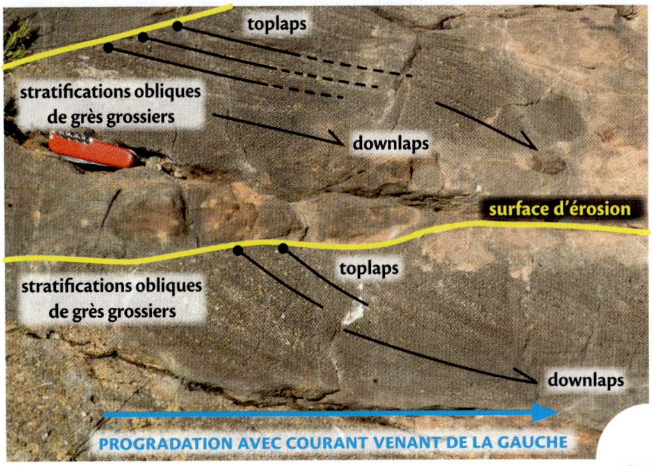

103 Reconstitution des paléoenvironnements glaciaires

PALÉOENVIRONNEMENT GLACIAIRE = *secteur anciennement occupé par un* ***glacier****, c'est-à-dire une masse de glace formée par accumulation de neige (inlandsis aux hautes latitudes, glaciers de montagne).*

Quelles sont les traces actuelles d'anciens environnements glaciaires ?
Quelles informations apportent-elles sur la dynamique des glaciers et l'intensité des glaciations au cours du temps ?

I - Les traces laissées par la présence d'un ancien glacier

Vallée glaciaire en U (*canton de Glaris, Alpes Suisses*)

Les vallées **en auge** ou vallées **en U** sont caractéristiques de régions de montagne dans lesquelles un glacier s'est développé. La forme est liée à l'érosion et au sur-creusement réalisés par le glacier.

Schéma d'un environnement glaciaire (*glacier de montagne*)

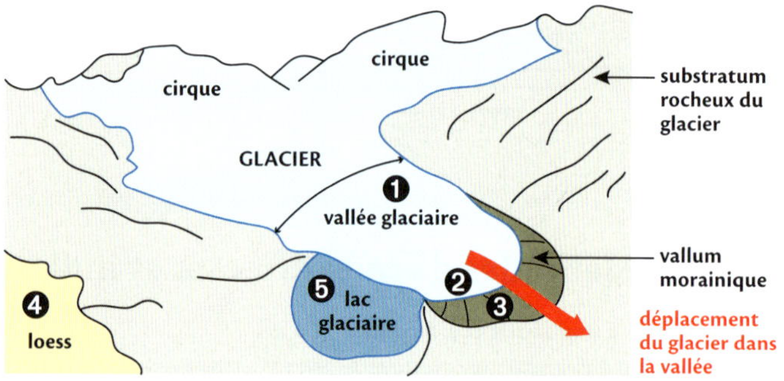

Stries glaciaires sur des gneiss (*site archéologique de Bard - Val d'Aoste, Italie*)

Lors de son déplacement, le glacier racle le substratum avec les particules qu'il transporte. Cela conduit à un **poli glaciaire** caractéristique et à la formation de **stries glaciaires** qui indiquent la direction du déplacement du glacier.

Les stries glaciaires observées ici ont été formées lors de la glaciation du Würm. Le glacier s'est définitivement retiré de la vallée d'Aoste il y a 15 000 à 12 000 ans.

Extrait de la carte géologique de Falaise (*Normandie*) au 1/50 000ème montrant des dépôts de loess

Les **loess** correspondent à de fines particules provenant souvent de l'érosion des roches par le glacier. Ces particules sont transportées par le vent et déposées en périphérie du glacier.

Les loess observés sur la carte de Falaise (*dépôts OE*) ont été formés lors de la dernière glaciation associée au développement de l'inlandsis Nord-Européen (*18 000 ans pour le dernier maximum glaciaire*).

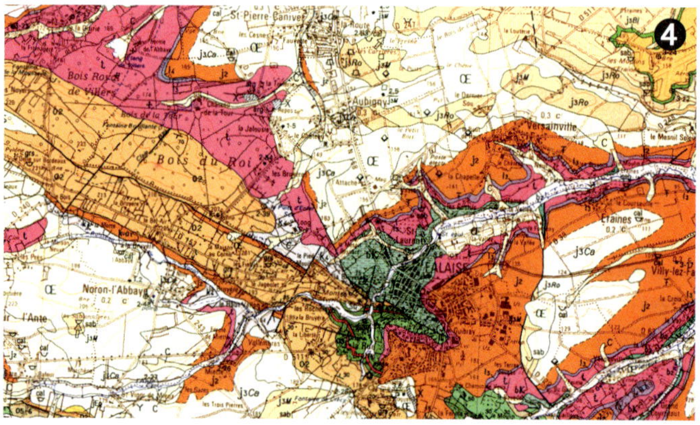

De nombreuses cartes géologiques présentent des dépôts périglaciaires éoliens sous forme de lœss ou limons des plateaux.
Il existe aussi des loess non périglaciaires comme ceux de Chine.

Bloc erratique de Saint Fons (*Rhône*)

Les moraines sont des amas de blocs et de débris rocheux, érodés et transportés par un glacier. À l'avant du glacier, les moraines frontales forment des **cordons arqués** ou **vallums**.

Les **blocs erratiques** sont des éléments les plus gros des moraines. Il s'agit de fragments de roches de taille pouvant être métrique à plurimétrique. Le bloc observé ici est un témoin de l'extension des glaciers du Riss (*170 000- 120 000 ans*).

Le bloc présenté ici a été dégagé et légèrement déplacé lors de travaux de voirie en 1949. 99

Mini dropstone déposé dans un ancien lac glaciaire du quaternaire (*cordillère des Andes*)

Les dépôts fluvio-lacustro-glaciaires sont plutôt situés à l'aval et sur les côtés du glacier. Ils sont constitués de sédiments détritiques aux éléments mieux classés que dans les moraines et présentent un litage net.

Les **varves** sont des dépôts très fins à alternance saisonnière dans les lacs périglaciaires. 65

Un **dropstone** est un bloc de taille variée déposé sur des sédiments fins après avoir été relargué par la fonte d'un glacier, d'un iceberg ou d'une couche de glace.
Le bloc observé ici aurait pu tomber sur la glace recouvrant le lac périglaciaire pendant l'hiver. Lors de la fonte de la couche de glace au printemps, le bloc est tombé sur les sédiments du fond du lac.

Les dropstones ne sont pas uniquement dans des domaines périglaciaires, ils peuvent aussi être apportés par des bombes volcaniques.

II - L'étude de l'extension d'anciens glaciers et de l'importance relative des glaciations

Extrait de la carte géologique de Lourdes (*Pyrénées centrales*) au 1/50 000ème avec, en surimposition de couleur, les moraines de différents glaciers

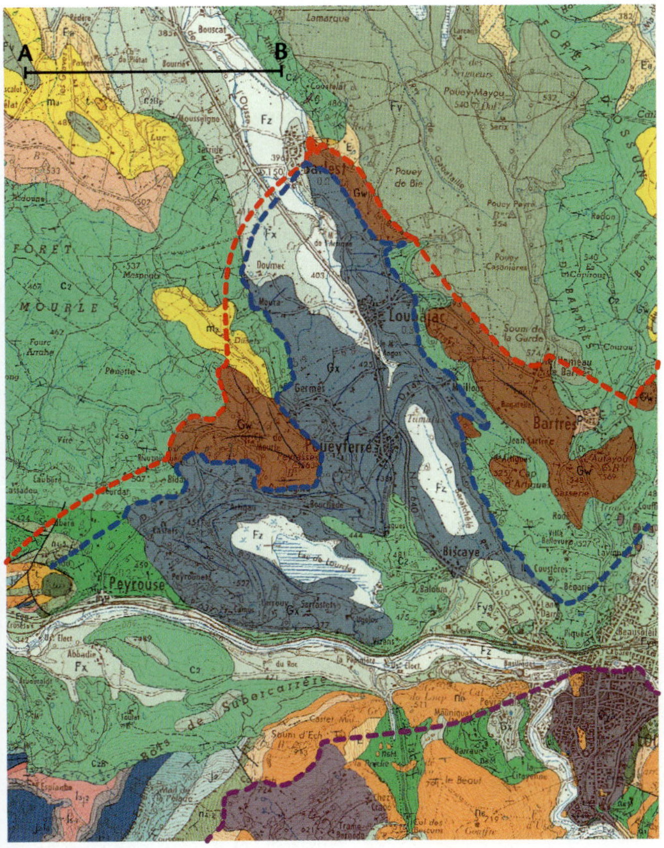

Gw ----- front des glaciers du Mindel

Gx ----- front des glaciers du Riss

Gy ----- front des glaciers du Würm

Terrasses fluvio-glaciaires dans la région de Lourdes (*Coupe AB figurée sur l'extrait de carte*)

L'extension des glaciers, plus importante au stade Mindel, témoigne d'une intensité des glaciations décroissantes du stade Mindel au stade Würm. L'absence de dépôts morainiques aux stades Donau et Günz laisse supposer que l'intensité de ces glaciations a été plus faible avec des dépôts morainiques moins abondants qui ont été totalement érodés. La baisse d'intensité de la glaciation après le stade Mindel est confirmée par l'organisation des terrasses alluviales.

65

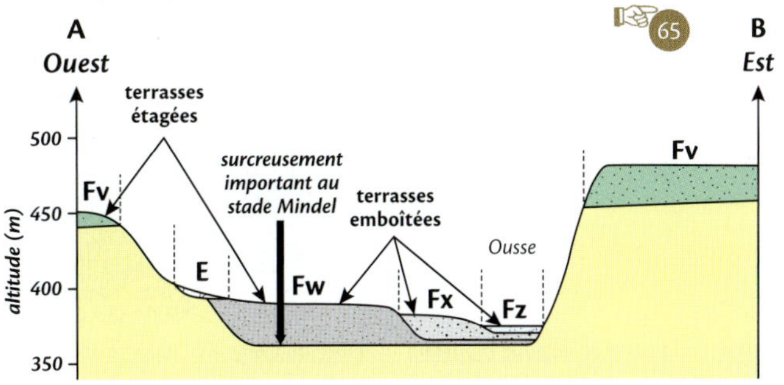

F : alluvions

G : vallums et moraines

z : actuel ; **y** : Würm ; **x** : Riss ; **w** : Mindel ; **v** : Günz et Donau

Chronologie des périodes et des ères glaciaires

Au quaternaire, on observe des cycles glaciaires rapides (*essentiellement sous le contrôle des paramètres orbitaux*) qui conduisent à des **périodes glaciaires** de l'ordre de la centaine de milliers d'années.
En Europe centrale, dans les **zones alpines**, ces périodes portent le nom des fleuves dont le lit marque l'extension maximale de la calotte glaciaire : **Würm**, **Riss**, **Mindel**, et **Donau** (*pour Danube*).
À plus grande échelle de temps, les **ères glaciaires** durent quant à elle des millions d'années.

100

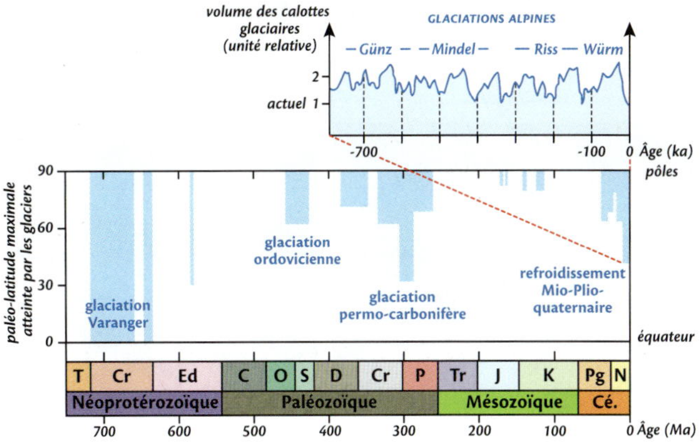

104

Reconstitution de paléoenvironnements récifaux

PALÉOENVIRONNEMENT RÉCIFAL = *secteur anciennement occupé par un récif, c'est-à-dire un écosystème complexe basé sur un bioherme (une structure massive construite en bord de mer par des organismes).*

Quelles sont les traces actuelles d'anciens environnements récifaux ?
Quelles informations apportent-elles sur la dynamique du récif ?

I - Étude d'un exemple : la Pointe du Chay, en Charente Maritime au Jurassique supérieur

Situation géologique de la Pointe du Chay et vue de l'affleurement

La zone hachurée horizontalement est la zone riche en récif corallien, daté du Kimméridgien inférieur (*J7c, 153 Ma*).

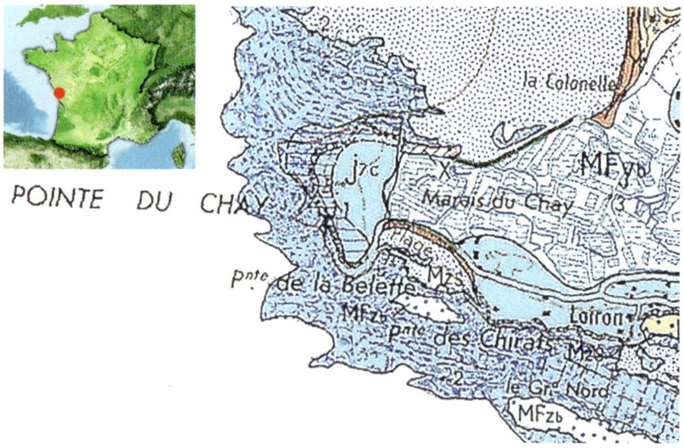

Extrait de la carte géologique montrant la Pointe du Chay, en Charente-Maritime

L'affleurement montre un **massif corallien** reposant sur une alternance de marnes et de calcaires et une **ceinture de brèche récifale** constituée par les débris du récif formés au cours des tempêtes.

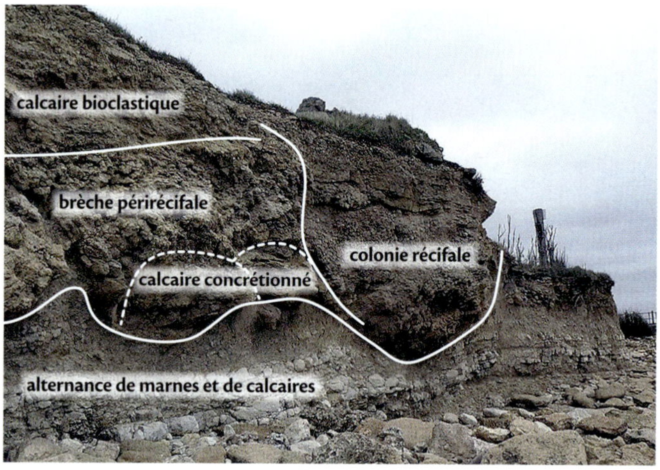

Observations des fossiles et correspondance avec les organismes récifaux actuels

La richesse des fossiles retrouvés à la Pointe du Chay permet de reconstituer un récif corallien de bord de mer datant du Kimméridgien inférieur. La comparaison s'appuie sur le **principe de l'actualisme**, fondamental pour opérer ce genre de reconstitution et qui postule que « ***les lois régissant les phénomènes actuels sont les mêmes que par le passé*** ». Ce postulat est toutefois à manier avec un peu de précautions, s'il est certainement vrai pour les processus purement physico-chimiques, il est à manier avec plus de précautions pour les phénomènes biologiques (*par exemple, au Permien : il existait beaucoup de requins d'eau douce*).

Bloc de calcaire corallien, probablement Calamophylliopsis, genre aujourd'hui éteint de corail dur

Fragment de la coque d'un oursin, sans doute Cidaris pulchella (les piquants ont disparu)

Fragment de tige de Crinoïde (les articles sont bien visibles)

Fossile presque complet de Trichites saussurei (Bivalve voisin des Pinnes actuelles)

Vue rapprochée d'un corail actuel

Oursin à crayons, caché sous du corail

Crinoïde actuel, dans l'océan Indien

Pinna nobilis en mer Méditerranée

II - Les autres enseignements tirés de la reconstitution de paléoenvironnements récifaux

✪ Diversité des constructeurs de récifs

Récifs à Rudistes et Orbitolines du faciès urgonien

Le **faciès urgonien** (*de -130 à -100,5 Ma*) forme de nombreuses grandes **barres calcaires** dans les Alpes. Il correspond à un calcaire récifal, de mer peu profonde et de climat tropical. Les principaux organismes constructeurs étaient des **Rudistes**, accompagnés d'Orbitolines.

Mont Saint Aiguille, dans le Vercors, avec sa grande barre urgonienne

Section d'un rudiste dans une bordure de trottoir

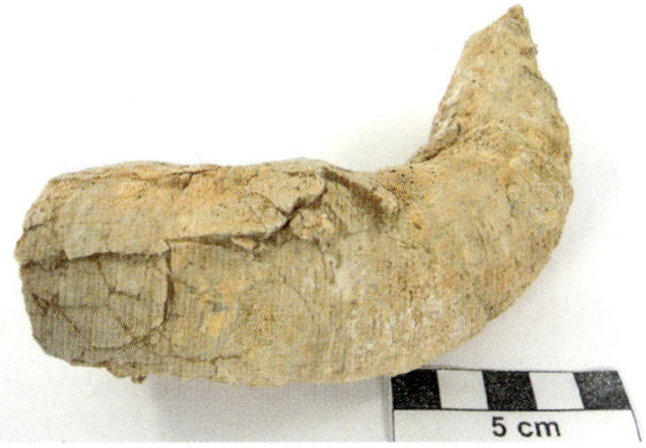

Hippurites heberti, Campanien, espèce de Mollusque Bivalve Rudiste
(la valve droite, épaisse et grande est fixée et la valve gauche fait fonction d'opercule)

⚠ *Il existe aussi des récifs construits par des éponges, par des cyanobactéries ou par des bryozoaires.*

Récifs à Hermelles en Baie du Mont Saint Michel

Les récifs peuvent ne pas être coralliens, comme ici, en baie du Mont Saint Michel : les organismes constructeurs sont des **Annélides tubicoles**. Chaque individu construit son tube, en colonies. Le sable, des débris viennent se caler dans les interstices et participent à la construction d'un récif. D'autres organismes viennent ensuite coloniser le bioherme et constituent un véritable écosystème.

Massif d'Hermelles dans la baie du Mont Saint Michel

Zoom sur une « patate » d'Hermelles
(chaque tube abrite un individu)

Sabella spallanzani, un Annélide tubicole

✪ Diversité des conditions physico-chimiques du milieu

Informations sur l'énergie du milieu

En fonction des associations des fossiles retrouvés (*animaux, végétaux, microfossiles*), de la quantité de débris (*coquilles cassées, fragments végétaux...*), il est possible de reconstituer très précisément l'environnement de dépôt et de proposer un **niveau d'énergie**, une **salinité**, une **profondeur d'eau**. (*D'après Cabioch et al., 1986*)

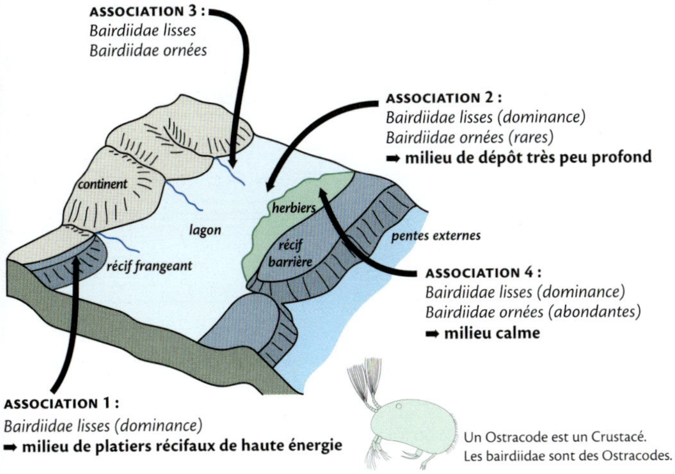

Principales associations d'Ostracodes et paléoenvironnements, récif frangeant du Sud de la Nouvelle-Calédonie

Informations sur les variations de niveau marin au cours des temps géologiques

Le **MWP1A** correspond à la fonte d'une grande partie des calottes antarctique et arctique commencée il y a plus de 14 000 ans. À titre de comparaison, l'élévation actuelle moyenne du niveau de la mer est de 3 mm/an.

(*d'après Bard et al., 1996, 2010, 2013 ; Deschamp et al., 2012*)

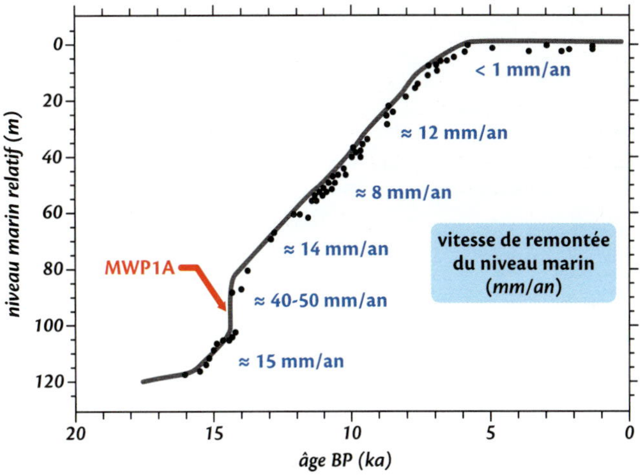

Remontée du niveau marin pendant la dernière déglaciation d'après des données obtenues par forages sur des récifs fossiles à Tahiti.

105

Reconstitution des paléoenvironnements alluviaux

ALLUVIAL = *formé d'alluvions, c'est-à-dire de sédiments charriés par les fleuves. Ce sont des dépôts essentiellement détritiques (argiles, limons, sables…) mais pouvant contenir de la matière organique.*

Quels sont les indices permettant de reconstituer un paléo-environnement alluvial ?

I - Reconstitution de l'évolution d'un méandre grâce aux sédiments alluviaux

Extrait de la carte Les Andelys au 50 000ème : étude des méandres de la Seine

103

Rive interne du méandre ❶ en pente douce, formant une plage recouverte d'alluvions (« *barre de méandre* ») car le fleuve présente une faible vitesse donc dépose des sédiments.

Rive externe du méandre ❷ abrupte (*mini-escarpement*) car le fleuve présente un fort débit donc un fort pouvoir érosif.

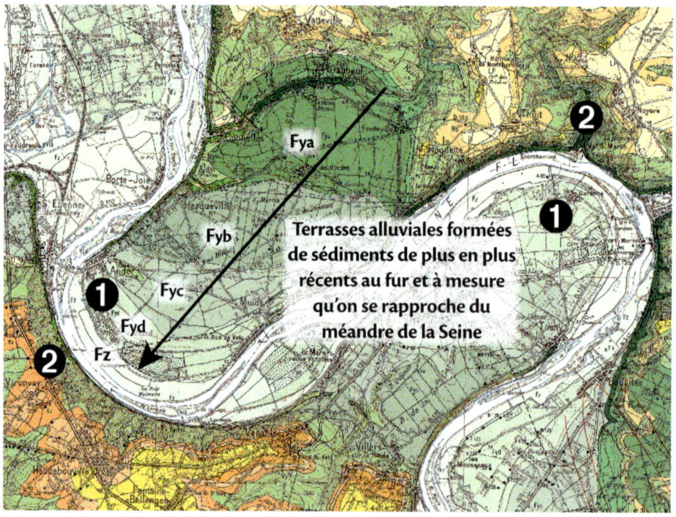

Au fur et à mesure du temps, le méandre se creuse, puis il finit par trouver un chemin plus court et reprend un tracé plus droit, laissant un « bras mort » parfois rempli d'un lac (oxbow lake). Dans le cas de la Seine, la gestion par l'Homme peut entraver l'évolution naturelle de son cours.

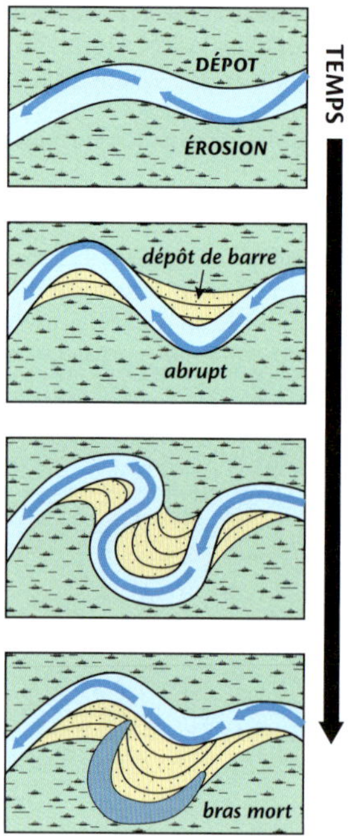

II - Reconstitution de la dynamique d'un cours d'eau grâce aux stratifications des alluvions

Des stratifications dans les grès de La Caunette (*Hérault*)

Des stratifications de taille centimétrique à métrique sont bien visibles dans ces grès datant de l'Eocène.

62

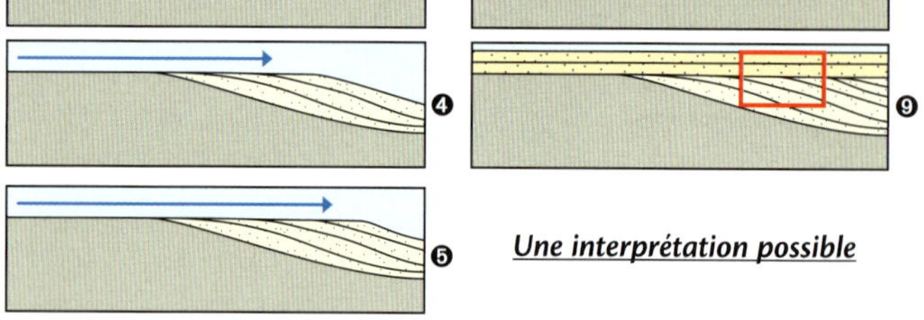

Une interprétation possible

Un courant d'eau assez rapide (***flèche bleue***) peut transporter du sable ❶. Celui-ci ne peut se déposer là où le courant est trop rapide. En arrivant dans une zone plus profonde limitée par un talus, la vitesse du courant diminue ; la puissance du transport diminue aussi et il se dépose une couche de sable (*pointillé grossier*). Cette couche de sable tapisse la pente du talus et forme donc une couche oblique ❷. Si le phénomène dure longtemps, il peut se déposer de nombreuses couches obliques (❷ à ❻). Si l'énergie du milieu baisse, il n'y aura plus d'arrivée de sable (❼). Il pourra alors se déposer des couches horizontales « normales » (❽ et ❾).

III - Reconstitution d'une forêt de plaine alluviale à partir d'un bassin houiller carbonifère

Les bassins houillers français sont pour l'essentiel d'âge Carbonifère (*359 à 299 Ma*). Ils contiennent de nombreux fossiles témoignant de forêts de bords de lacs montagneux (*bassins limniques, comme un lac intra-montagneux au milieu de la chaîne hercynienne, décrit ici*) ou encore de plaines côtières marécageuses formées en bordure de la Pangée (*bassins paraliques : bassins houillers du Nord de la France*).

Alternance de couches de charbon et de couches de sédiments alluviaux stériles (*bassin de Graissessac, Hérault*)

Il s'agit ici d'un bassin limnique, c'est-à-dire situé en bordure de lac. En un même lieu, au cours du temps, on a un changement (progressif) de milieu.

Charbon dans lequel on trouve des fossiles de troncs couchés, sans système racinaire en place : il s'agit donc d'une accumulation de bois flotté, transporté par un courant loin de leur écosystème forestier d'origine.
Temps 1 : milieu lacustre, indemne d'apport détritique (*on est situé loin de la rive du lac*), mais recevant des troncs d'arbres morts et flottés qui coulent et se sédimentent.

Sédiments détritiques type argiles et grès (« *stérile* ») formant les toits et murs des veines de charbon. On y trouve des stratifications obliques et des fossiles d'arbres, cette fois en position de vie.
Temps 2 : milieu de faible profondeur d'eau avec de nombreux chenaux changeants (*type plaine alluviale, plaine d'inondation fluvio-torrentielle*). On peut supposer qu'il y a progradation d'un delta torrentiel, qui progressivement comble le lac. Des grès se sédimentent à chaque crue. Entre les crues, des arbres peuvent pousser sur ce delta émergé (*ou sous faible tranche d'eau*).

Des fossiles de lycophytes arborescentes

Les plantes à fleurs n'existaient pas, mais il y avait des forêts de lycophytes. Ici, un tronc fossile de Sigillaria en position de vie (*trouvé dans le bassin houiller d'Alès, un autre lac carbonifère intramontagneux*) et la reconstitution de la plante entière.

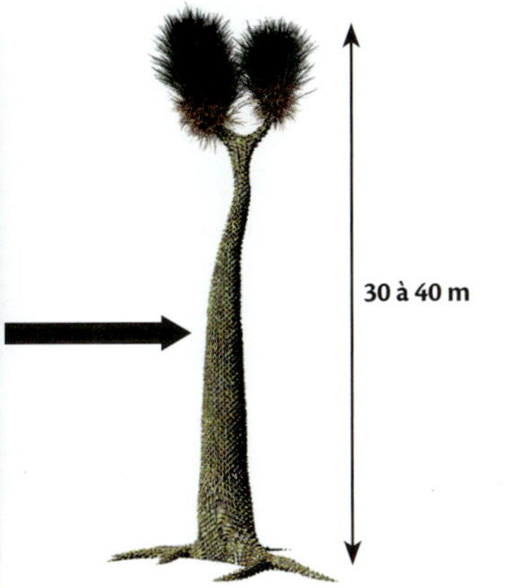

Position des continents à la fin du Carbonifère

Les paléopositions des continents sont reconstituées grâce à de multiples indices (*paléomagnétisme, lithologie des roches, contenu en fossiles…*). La Pangée est centrée sur l'Équateur, le climat y est donc favorable au développement des forêts.

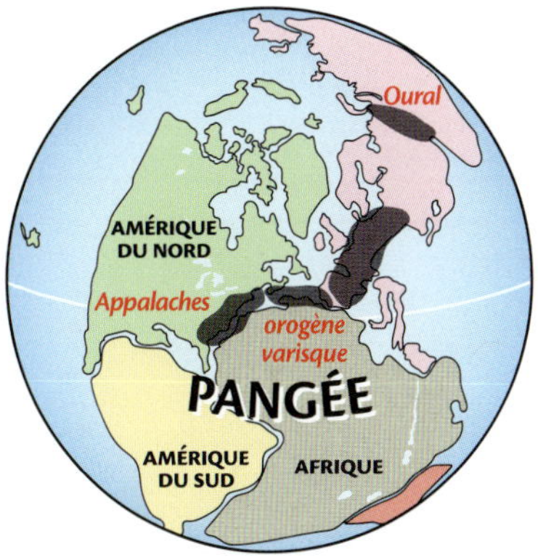

À quel paysage actuel pouvait ressembler une forêt carbonifère ?

Ici, vue Google Earth (*artificiellement colorisée*) d'un lac de montagne actuel très peu profond situé à l'arrière de la chaîne himalayenne (*équivalent actuel de la chaîne hercynienne*), à 4600 m d'altitude. Il présente une plaine alluviale deltaïque.

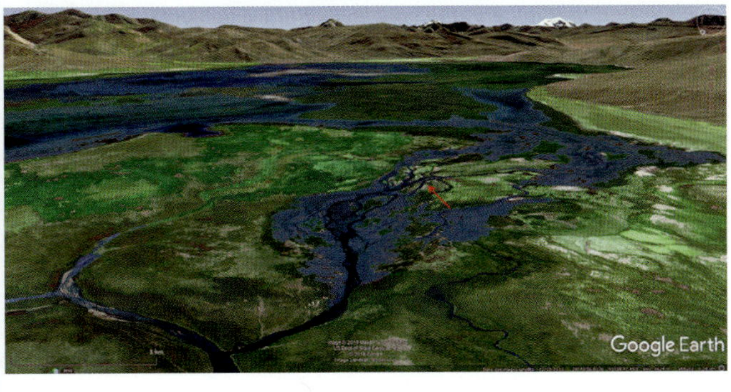

L'existence d'insectes géants témoigne des fortes concentrations de dioxygène dans l'atmosphère de l'époque. Cette forte teneur en O_2 est elle-même à mettre en relation avec une mauvaise décomposition de la matière organique (d'où le fait que l'on retrouve aussi beaucoup de charbon).

Position des continents à la fin du Carbonifère

Des amphibiens de grande taille côtoient des arachnides (*Scorpions, Libellules, Mille-Pattes…*) au sein d'une forêt de Lycophytes. La végétation basse comprend des Fougères et des Prêles. De grandes quantités de sédiments alluviaux issus de l'érosion de la chaîne hercynienne se déposent.

PARTIE IX

RISQUES GÉOLOGIQUES

106 Les phénomènes naturels extrêmes

Phénomène naturel extrême = *processus instantané libérant une très forte quantité d'énergie.*

Quels sont les différents phénomènes naturels extrêmes ?

I - Les aléas liés à la géodynamique externe

Tempêtes et orages

Une **tempête** est caractérisée par des vents violents en rafales, assortis d'importantes précipitations. En général, son diamètre est de quelques centaines de kilomètres. Elle peut être accompagnée de grêle ou de phénomènes orageux (*éclairs, tonnerre*).
Les tempêtes surviennent surtout en zone dépressionnaire. Ici, un cumulonimbus, nuage gigantesque en forme d'enclume annonçant des orages et tempêtes de grêle.

26 107 110

Une tornade

Une **tornade** est un tourbillon de vents très violents, prenant naissance à la base d'un nuage d'orage. Contrairement au cyclone, une tornade est très localisée : elle mesure quelques centaines de mètres de diamètre. Sa hauteur est de plusieurs kilomètres et elle se déplace à des vitesses atteignant 100 km.h^{-1}.

Les tornades sont abondantes dans le sud-est des États-Unis (*la tornado Valley*), un millier par an en moyenne. Ici, tornade au Kansas. Elles sont très destructrices, emportant tout sur leur passage, et elles sont difficiles à prévoir.

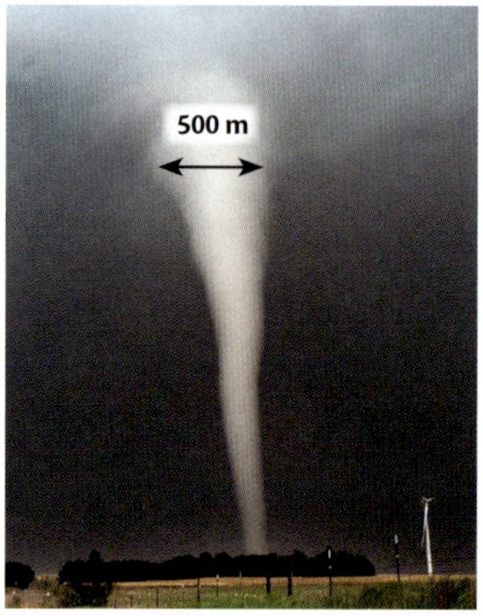

La pression atmosphérique moyenne vaut 10^{13} hectopascals (10^{13} millibars). Les vents tournent dans le sens horaire dans l'hémisphère Sud et anti-horaire dans l'hémisphère Nord.

Une inondation (*Allemagne, été 2021*)

Une **inondation** est un envahissement des terres émergées par un cours d'eau. Cela peut se produire lorsqu'un fleuve entre en crue, à la suite d'importantes précipitations en amont. Certaines inondations sont lentes (*Ex : crue de 1910 à Paris, qui a mis une semaine à atteindre son maximum*) et d'autres brutales (*Ex : crue de Vaison-la-Romaine en 1992, qui a duré moins de 24h*). Certaines inondations sont dues à des crues marines (*Ex : inondations dues à la tempête Xynthia en 2010*).

Une sécheresse

Une longue période sans précipitations peut conduire à un déficit en eau (*dans les cours d'eau de surface et/ou dans les nappes phréatiques*).

Un éboulement (*du Claps, Luc en Diois, Drôme, 1442*)

Un **éboulement** est un écroulement en masse d'un morceau de terrain instable. Les blocs issus de l'éboulement forment un amas non granoclassé, c'est-à-dire que des blocs de tailles variées sont mélangés (*le terrain « part en miettes » lorsqu'il se détache*).

Un glissement de terrain (*La salle en Beaumont, Isère, 1944*)

Un **glissement de terrain** désigne le déplacement d'une masse de terrains meubles ou cohérents le long d'une surface de rupture qui correspond souvent à une discontinuité ou faille préexistante. La masse de terrain conserve sa morphologie au cours du glissement, par opposition au cas d'un éboulement.

Selon tous les modèles, le réchauffement climatique va rendre plus intenses et fréquents les épisodes météorologiques externes. 110

Un ouragan (= *typhon*, = *cyclone*)

Un cyclone, aussi appelé typhon (*en Asie*) ou ouragan (*en Amérique du Nord*), est une tempête tropicale violente, née au-dessus de l'océan. Elle est caractérisée par des vents tourbillonnant à plus de 120 km.h^{-1} autour d'un centre dépressionnaire (*pression atmosphérique inférieure de 60 hPa à la valeur moyenne*). Un cyclone s'étend sur plusieurs centaines de kilomètres de diamètre et 12 km de haut (*limite de la troposphère*).

Sur Terre, on répertorie une trentaine de cyclones par an. Le centre du cyclone, appelé « œil », est la seule partie calme et s'étend sur quelques dizaines de kilomètres.

Ici, le cyclone Idai en 2019 entre l'Afrique et Madagascar.

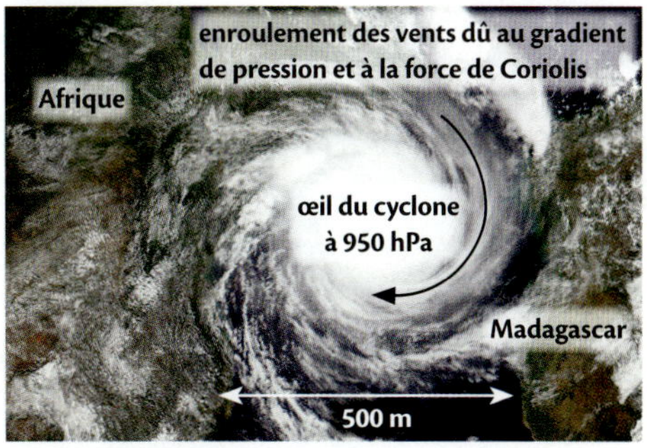

II - Les aléas liés à la géodynamique interne

✪ Les séismes 46 107 108

Un séisme ou « tremblement de terre » est une libération brutale d'énergie, sous la forme d'ondes mécaniques, due à la rupture d'un volume de roche dans la lithosphère. La magnitude quantifie la quantité d'énergie libérée par la rupture au niveau du foyer (= *hypocentre*). L'épicentre du séisme désigne la projection du foyer à la surface du globe. Les séismes ont surtout lieu aux frontières de plaques. Les séismes ont tué, directement ou indirectement, plus de 780 000 personnes entre 2000 et 2010, soit près de 60% de la mortalité liée à l'ensemble des catastrophes naturelles.

Des dommages dus au séisme de 2015 au Népal

Une carte de la sismicité dans les territoires français

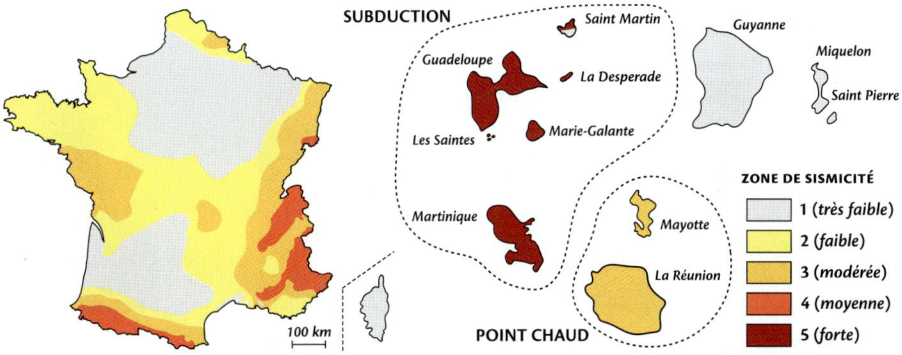

⚠ *Un séisme en milieu océanique peut causer un tsunami ou raz-de-marée : une ondulation de la surface de la mer provoquant une vague déferlante pouvant atteindre plusieurs dizaines de mètres de haut et se déplacer à des centaines de kilomètres par heure.*

✪ Les éruptions volcaniques 107 109

Les volcans les plus dangereux sont les volcans à éruptions grises, fréquents en zone de subduction, qui présentent des laves visqueuses et riches en gaz. Certains sont imprévisibles et peuvent produire des **nuées ardentes**, gigantesques nuages de cendres et gaz brûlants qui dévalent les pentes des volcans à des centaines de km/h. Les éruptions majeures ont aussi un **effet refroidissant sur le climat**.

Un volcan donné peut avoir différents types d'éruptions à différentes périodes de son histoire. Par exemple, le Vésuve est plutôt effusif actuellement, alors qu'il était explosif en 79 (*Pompéi*). Certaines éruptions effusives (*volcan à éruption rouge*) font aussi de gros dégâts.

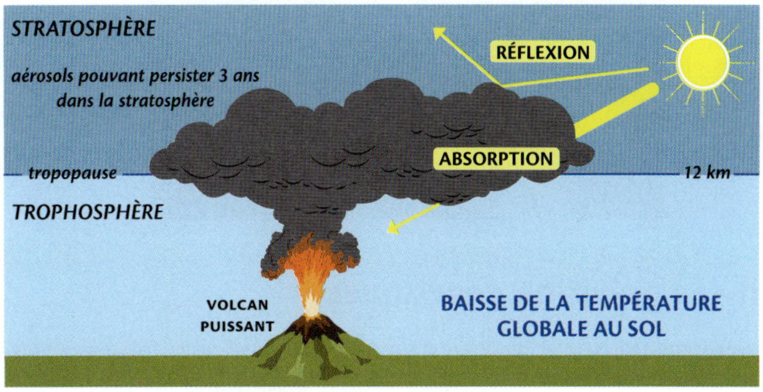

III - Les impacts météoritiques

Meteor Crater en Arizona

03 47 96

Les météorites sont des corps rocheux qui frappent la Terre. Souvent, une grande partie se volatilise dans l'atmosphère à cause des frottements et de l'échauffement.

Une crise biologique majeure, la crise KT (*disparition des ammonites et des dinosaures non aviens il y a 66 Ma*), est associée à la fois à une très forte activité magmatique et à un impact météoritique majeur.

On a ainsi identifié :

→ un cratère météoritique situé au large du Mexique à Chicxulub ;

→ la production de gigantesques plateaux basaltiques actuellement situés en Inde : les trapps du Deccan.

En effet, ces deux facteurs peuvent libérer beaucoup de poussières dans l'atmosphère et réduire considérablement la photosynthèse.

Ce cratère est très récent (*50 000 ans*) donc pas encore très érodé.

107

De l'aléa au risque

ALÉA = *probabilité d'occurrence d'un événement d'une intensité donnée, dans une région donnée.*
ENJEU = *présence d'humains et/ou de leurs installations, susceptibles d'être touchés par un aléa.*
VULNÉRABILITÉ = *degré de fragilité des installations humaines.*

Comment évalue-t-on un risque ? Quels sont les moyens de prévision et de prévention des risques ?

I - Risque = aléa x enjeu x vulnérabilité (*exemple du risque sismique*)

Les manifestations de la dynamique de la Terre présentent un caractère aléatoire, variable selon le phénomène et dépendant de l'échelle temporelle à laquelle on l'envisage. Ces événements sont à l'origine d'un risque lorsqu'ils se produisent sur un site impliquant l'être humain et ses activités. On prend ici l'exemple d'un risque sismique, le plus redouté en termes de victimes potentielles.

L'aléa sismique très important : la faille Nord-anatolienne (*V* = 2,5 *cm/an*)

32

L'aléa dépend exclusivement de facteurs naturels : nature du terrain, limite de plaques, présence de failles/plis/zones de décollement, etc. L'aléa ne dépend pas de facteurs humains. Ici, carte de l'aléa sismique en Turquie.

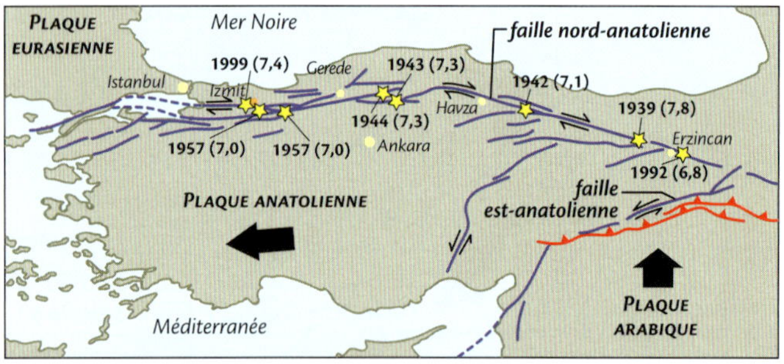

L'enjeu

La Turquie est un pays densément peuplé et situé exactement sur les failles nord et est-anatoliennes, le risque est donc très important. Les séismes y sont fréquents et dévastateurs. Le séisme du 6 février 2023 a tué plus de 51 000 personnes, en Turquie et Syrie.

La vulnérabilité : construction parasismique au Japon

Le treillis métallique permet à l'immeuble de se balancer sans se rompre. Ces constructions sont très robustes.

⚠ *Si la probabilité d'occurrence d'une catastrophe est très grande dans une zone qui n'est pas peuplée, le risque est nul.*

ALÉA	x	VULNÉRABILITÉ x ENJEU	=	RISQUE
↓		↓		↓
prévision		**protection**		**prévention**
(localisation, fréquence, date, intensité)		**adaptation** = **limitation + atténuation** *(exposition)* *(dégâts)*		**sensibilisation** **éducation**

II - La prévision des risques

La prévision désigne le fait de décrire et spécifier un aléa (*probabilité d'occurrence, localisation...*). La fiabilité des prévisions est forte pour les événements météorologiques, faible pour les événements sismiques et variable suivant le type d'éruption pour les événements volcaniques.

Établissement d'une carte de risque « retrait et gonflement des argiles » (*Auteuil le Roi, Yvelines*)

108 109

Lorsqu'il pleut, les argiles se gorgent d'eau et gonflent. Lorsqu'il fait sec, elles perdent leur eau et se rétractent (*les terrains argileux sont craquelés en surface*). Cela engendre des mouvements de sol pouvant porter atteinte aux habitations lors des périodes de fortes sécheresses prolongées.

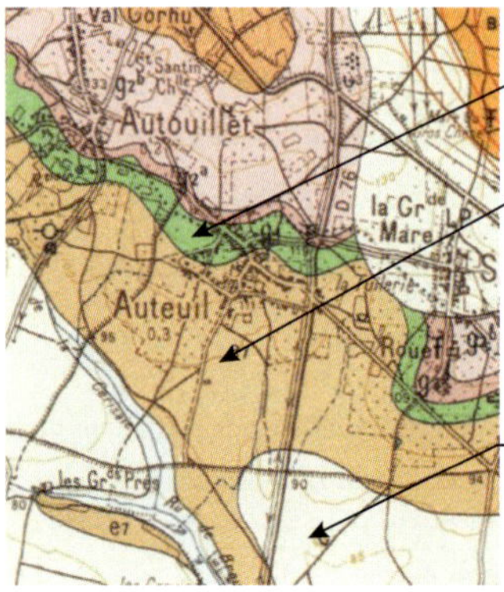

ce terrain vert n'est pas argileux
➡ *pas d'aléa*

ce terrain orange est argileux
➡ **fort aléa**

ce terrain beige est peu argileux
➡ **aléa moyen à faible**

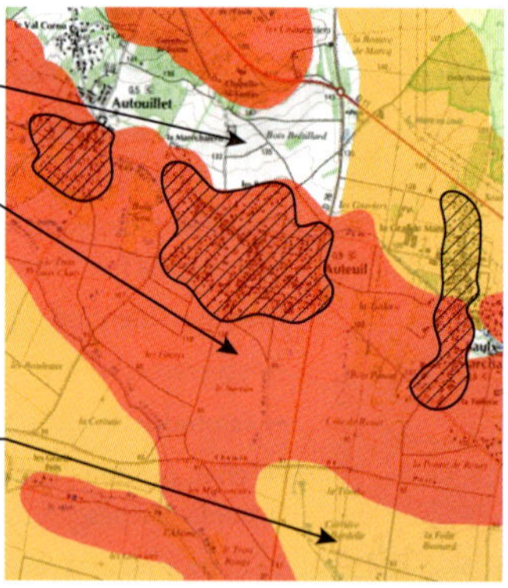

À la fois un fort aléa et une forte densité de population
➡ **Les zones à risque sont les zones hachurées**

Ici, l'aléa est fort mais ce sont des champs
➡ **risque faible à nul**

Surveillance satellite pour les tempêtes et cyclones

Image du satellite GOES (*Geostationary Operational Environmental Satellite*) de la NASA, montrant le cyclone Bill de 2009.

Imagerie par utilisation du radar ou lidar Doppler

Ces techniques évaluent le déplacement d'une tornade ou d'un nuage orageux.

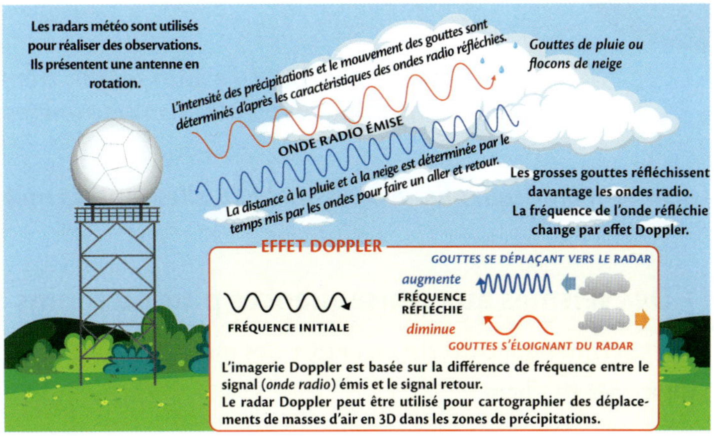

Des modèles informatiques très complexes prenant en compte de très nombreuses données permettent de prévoir le déplacement des masses d'air et d'anticiper la météo sur plusieurs jours, voire semaines.

⚠ ***Attention, prévoir n'est pas prédire*** *! On prévoit les séismes car on détermine les zones sismiques même si on ne peut pas prédire les séismes, c'est-à-dire donner la date et/ou l'intensité du prochain séisme.*

III - Des mesures de prévention (*exemple en lien avec la géodynamique externe*)

La prévention désigne les mesures prises pour limiter les dangers d'une catastrophe naturelle à venir. Les deux tiers des 36 000 communes françaises sont exposées à au moins un risque naturel. Un Français sur 4 est aujourd'hui potentiellement exposé aux inondations, principal risque majeur national au titre du nombre de communes concernées et du coût économique des catastrophes.

Carte Météo France

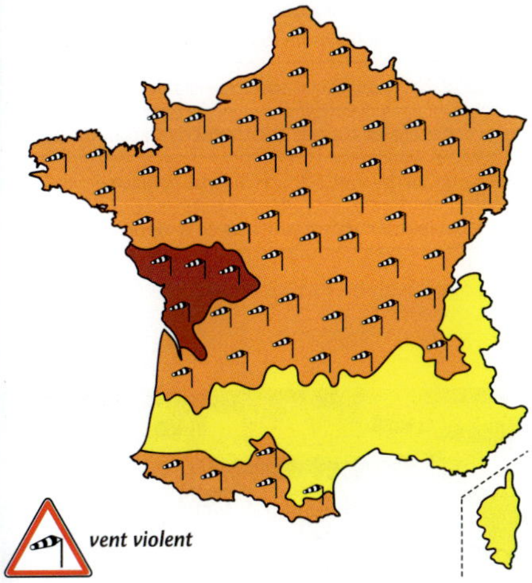

PPRN

Le **plan de prévention des risques naturels** (*PPRN*) constitue aujourd'hui l'un des instruments essentiels de l'action de l'État en matière de prévention des risques naturels prévisibles, afin de réduire la vulnérabilité des personnes et des biens à ces risques. C'est un document de planification qui réglemente l'utilisation des sols en fonction des risques naturels prévisibles auxquels ils sont soumis.

Cette réglementation va de l'interdiction de construire à la possibilité de construire sous certaines conditions, en passant par des mesures de prévention, de protection et de sauvegarde.

Il existe aussi un plan de prévention des risques miniers (*exemple : éboulement de vieille galerie et affaissement*) ; en effet, de nombreuses communes sont bâties sur d'anciennes exploitations.

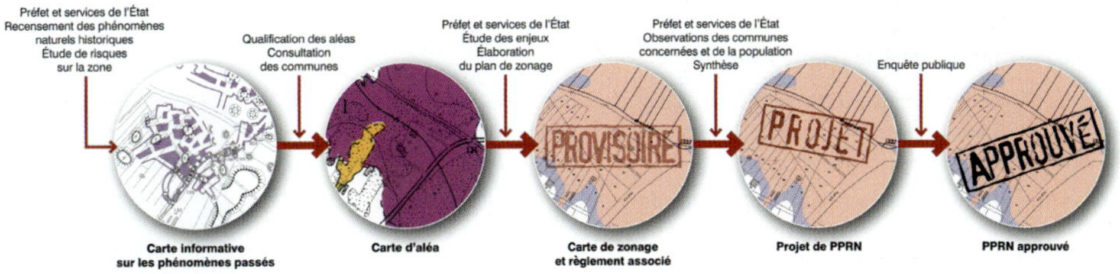

IV - Des mesures d'adaptation

Des dispositifs limitant le risque

Digues paravalanches en Autriche.

Des plans d'urbanisme à modifier

Maisons menacées en bord de falaise au pays de Caux (baie de Somme)

L'immeuble « Le Signal », construit à Soulac-sur-mer (33) dans les années 1960 à 200 m de la plus haute mer, a dû être détruit en 2023.

Il n'était alors plus qu'à 20 m de la mer. Le trait de côte a donc reculé de 3 m par an. Une montée des eaux plus importante encore est à prévoir dans les années à venir, en lien avec le réchauffement climatique. Cette montée étant inéluctable, des déplacements d'habitations seront à envisager.

Le risque sismique

Risque sismique = *risque lié à un séisme, tremblement de terre causé par une rupture des roches à plus ou moins grande profondeur, impactant les populations et leurs activités.*

Quels sont les risques liés aux séismes ? Quelles sont les méthodes d'estimation de l'aléa et de prévention des risques ?

I - Des séismes aux conséquences plus ou moins importantes

✪ Des séismes qui peuvent atteindre des magnitudes et des intensités élevées

La magnitude des séismes

La **magnitude** évalue l'énergie libérée par le séisme. Il existe différentes façons de calculer la magnitude. L'**échelle ouverte de Richter** est la plus ancienne échelle de magnitude (*échelle locale*). On utilise actuellement une **échelle de magnitude de moment**, qui quantifie précisément l'énergie libérée par le séisme, et qui n'est pas saturée pour les fortes magnitudes. Les deux échelles coïncident pour les séismes de magnitude faible à moyenne. L'**échelle des magnitudes des séismes est logarithmique**.

MAGNITUDE	CARACTÈRE DU SÉISME	OCCURENCE
> 9,0	extrême	1 par décennie
8,0 - 8,9	extrême	1 par an
7,0 - 7,9	majeur	10 par an
6,0 - 6,9	fort	100 par an
5,0 - 5,9	modéré	1000 par an
4,0 - 4,9	léger	10 000 par an
3,0 - 3,9	mineur	100 000 par an
2,0 - 2,9	mineur	1 million par an
1,0 - 1,9	micro	millions par an

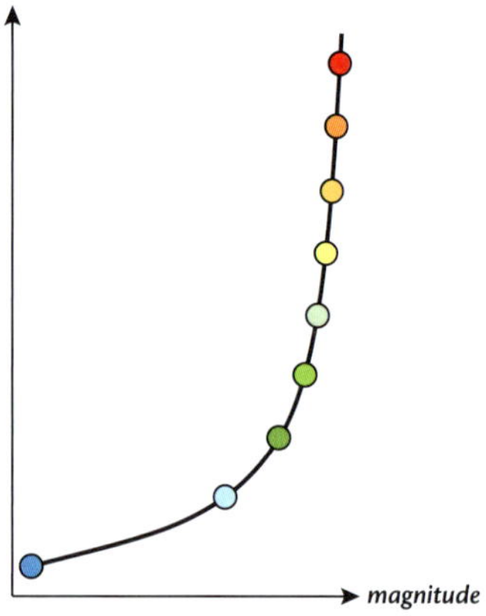

L'échelle MSK des intensités des séismes

Les échelles permettant de comparer les intensités des séismes sont basées sur l'évaluation des ressentis et des dégâts causés (*échelle Mercalli, échelle MSK*). Cette échelle est très utile pour étudier les séismes historiques datant d'avant l'invention des sismographes.

DEGRÉS	DÉGÂTS OBSERVÉS
I	Seuls les sismographes très sensibles enregistrent les vibrations.
II	Secousses à peine perceptibles, quelques personnes au repos ressentent le séisme.
III	Vibrations comparables à celles provoquées par le passage d'un petit camion.
IV	Vibrations comparables à celles provoquées par le passage d'un gros camion.
V	Séisme ressenti en plein air. Les dormeurs se réveillent.
VI	Les meubles sont déplacés.
VII	Quelques lézardes apparaissent dans les édifices.
VIII	Les cheminées des maisons tombent.
IX	Les maisons s'écroulent. Les canalisations souterraines sont cassées.
X	Destructions des ponts et des digues. Les rails de chemins de fer sont tordus.
XI	Les constructions les plus solides sont détruites. Grands éboulements.
XII	Les villes sont rasées. Bouleversements importants de la topographie.

✪ Des dommages qui peuvent être importants : importance de la vulnérabilité

L 'aléa sismique est lié au risque sismique

Un des séismes les plus meurtriers de l'histoire, d'une magnitude de moment 8,2, s'est produit en Chine (*ville de Tangsham*) le 27 juin 1976 et fit entre 600 000 et 800 000 morts (*chiffres discutés*).

Le séisme de Chichi (*Taïwan*), d'une magnitude de moment 7,6 à 7,9, est survenu le 21 septembre 1999. Le séisme a causé la mort de 2 500 personnes et entraîné de nombreuses destructions.

☞ 106

ALÉA x VULNÉRABILITÉ x ENJEU = RISQUE

Exemple de route dévastée par un tremblement de terre

Séisme au sud de la Turquie, février 2023 (ville Ercis) (magnitude de moment 7,8 ; 50 000 morts)

Dégâts suite à un séisme de magnitude de moment 7 au Japon, une magnitude équivalente à celle du séisme turc en 2023. Les séismes de magnitudes de moment entre 7 et 8 au Japon causent généralement moins de 100 morts.

II - Le risque tsunami, lié au risque sismique

Origine d'un tsunami

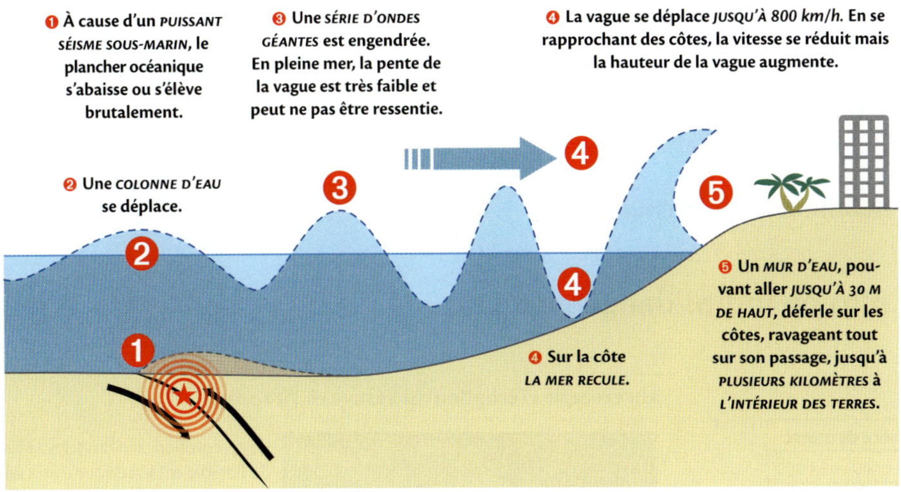

Conséquences d'un tsunami

III - Estimation de l'aléa sismique et méthodes de prévention

✪ L'estimation de l'aléa sismique repose sur une estimation de l'accumulation des contraintes

Théorie du rebond élastique

L'événement sismique provient de l'**accumulation de contraintes** exercées sur la lithosphère.

Ces contraintes provoque une déformation plus ou moins continue pendant une **phase intersismique**, suivie de la rupture brutale pendant la **phase cosismique**.

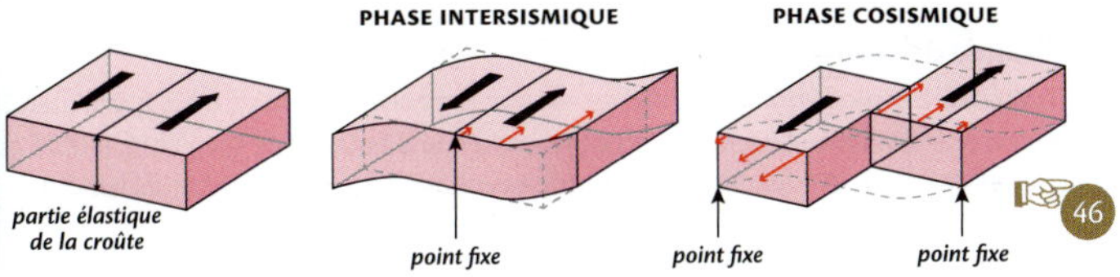

On ne peut prévoir ni le foyer ni l'instant de la rupture.

En revanche, l'étude historique de la fréquence et des magnitudes des séismes dans les régions connues pour leur sismicité permet d'**évaluer l'aléa**, c'est-à-dire d'estimer la probabilité qu'un événement sismique libérant plus ou moins d'énergie ait lieu dans une région donnée.

Les régions présentant une activité sismique sont **surveillées** et les mouvements du sol sont enregistrés par des **sismographes**.

Méthodes de mesure des déformations

Le **suivi des déformations** dans les régions sismiquement actives permet également d'estimer l'aléa sismique. Ce suivi peut-être réalisé en exploitant les données **GPS** ou d'**interférométrie radar** (*InSAR*). 133 134

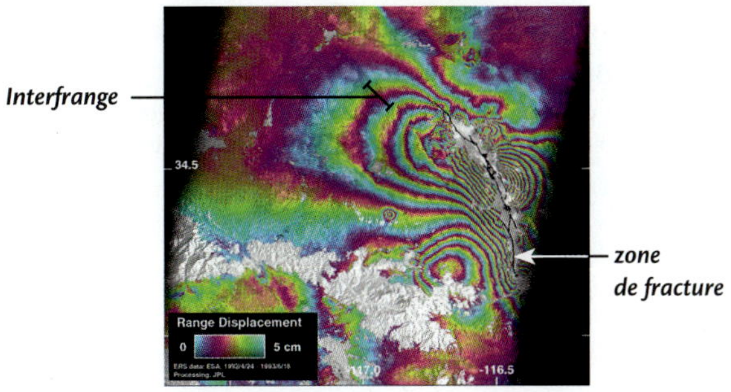

→ **Ordre des couleurs indiquant un déplacement vers le satellite**

D'après Massonnet 1993 et Tronin, 2009.

➡ **Plus les franges sont nombreuses et resserrées, plus le terrain a bougé !**

✪ Méthodes de prévention

Constructions parasismiques

Les techniques de **construction parasismique** permettent de construire des bâtiments qui subissent des déformations élastiques sans rupture au moment des tremblements de terre.

Construction parasismique au Japon

Évacuation en cas de risque tsunami

La survenue d'un séisme en domaine océanique peut être repérée très rapidement par le **réseau de surveillance sismique**. La propagation du tsunami peut être **prévue** ce qui permet d'alerter les régions côtières concernées, qui ont quelques heures pour évacuer.

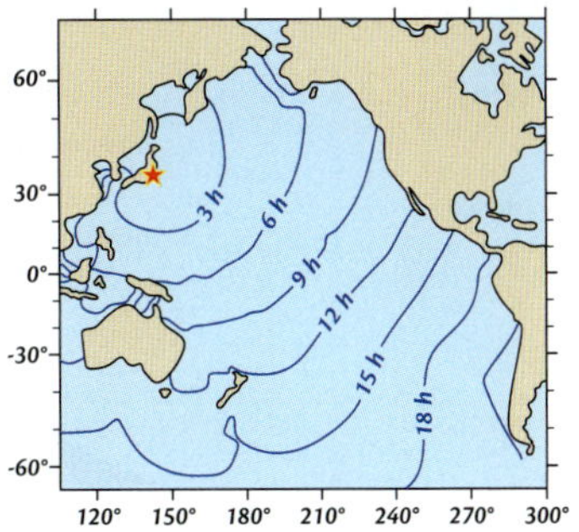

Propagation du tsunami du 11 mars 2011 dans le Pacifique

L'étoile indique l'épicentre du séisme. Source: NOAA

Éducation des populations

Des **campagnes d'éducation des populations** sur la conduite à tenir en cas de séisme ou de tsunami existent dans certains pays (*en Martinique et en Guadeloupe pour la France*).

Le risque volcanique

Risque volcanique = *risque lié à une éruption volcanique (coulée de lave, nuée ardente, nuage de cendres, chute de bombes, émission de gaz toxiques… dans une zone qui impacte les populations et leurs activités).*

Comment évalue-t-on le risque volcanique ? Comment s'en prémunir ?

I - Des manifestations volcaniques plus ou moins dangereuses

✪ Des éruptions pouvant être dévastatrices

Quelques éruptions particulièrement mortelles

Nom du volcan	Pays	Date	Nombre de morts
Vésuve	Italie	79	entre 1 500 et 33 000
Kelud	Indonésie	1586	10 000
Laki	Islande	1783	9 300
Mont Unzen	Japon	1792	15 000
Tambora	Indonésie	1815	92 000
Krakatoa	Indonésie	1883	36 000
Montagne Pelée	France (*Martinique*)	1902	29 000
Santa Maria	Guatemala	1902	6 000
Kelud	Indonésie	1919	5 115
Nevado del Ruiz	Colombie	1985	25 000

Un exemple : l'éruption du Vésuve en 79 après JC

Cette éruption a détruit les villes de Pompéi et Herculanum, près de Naples. La première phase d'éruption était plinienne (chute de cendres et ponces), puis une nuée ardente dévastatrice s'est produite. Ici, un moulage de corps de victime.

✪ Les dynamismes éruptifs les plus dangereux

Une classification des dynamismes éruptifs

Les éruptions les plus dangereuses sont les éruptions explosives : pliniennes, ultra-pliniennes et peléennes. Elles surviennent surtout en **contexte de subduction**.

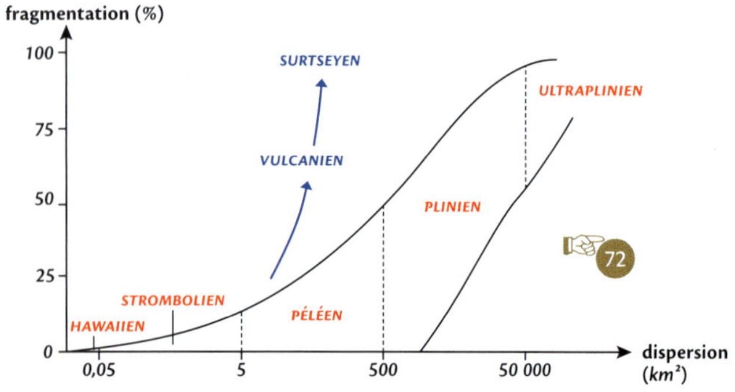

L'indice d'explosivité volcanique

Le **Volcanic Explosivity Index** (*VEI*) est un nombre entier variant de 0 à 8, et qui prend en compte le volume de tephras mis en jeu ainsi que la hauteur de la colonne éruptive. Les tephras désignent l'ensemble des produits volcaniques : bombes, scories, cendres… à l'exception des laves.

VEI	0	1	2	3	4	5	6	7	8
description générale	*non explosive*	*petite*	*modérée*	*modérée à forte*	*forte*	*paroxysmale*			
description quantitative	*calme*	*effusive*	*explosive*		*cataclysme, paroxysmale*				
volume de téphras (m^3)	10^4	10^6	10^7	10^8	10^9	10^{10}	10^{11}	10^{12}	10^{13}
hauteur de la colonne éruptive (km)	< 0,1	0,1 à 1	1 à 5	3 à 15	10 à 25	> 25			

Une éruption plinienne

Les éruptions pliniennes sont caractérisées par l'émission d'un gigantesque « *champignon* » de cendres et ponces.

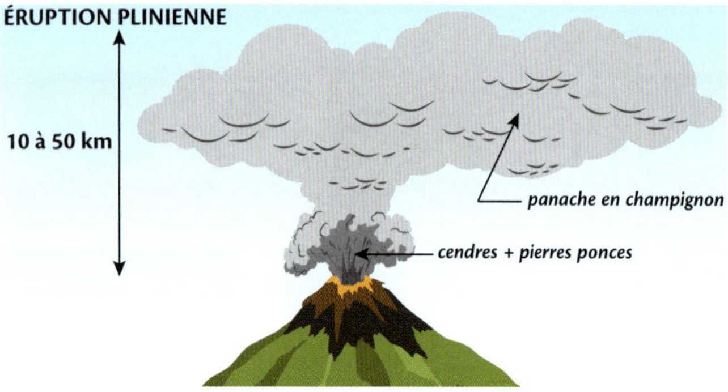

Une éruption peléenne

Les éruptions peléennes produisent souvent des nuées ardentes, de gigantesques nuages de cendres et gaz brûlants qui dévalent les pentes des volcans à des centaines de km/h. Elles sont donc trop rapides pour qu'il soit possible de fuir.

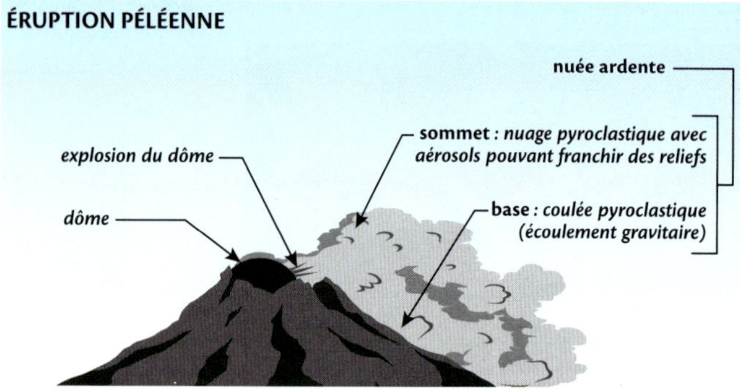

Les deux types d'éruption peuvent engendrer des coulées pyroclastiques. L'éruption peléenne provoque l'explosion-écroulement latéral d'un dôme. L'éruption plinienne forme un panache plinien qui parfois peut s'effondrer, ce qui engendre également à sa base des coulées pyroclastiques. À côté des coulées pyroclastiques et manifestations associées, il y a 2 autres causes de haute mortalité : les lahars et les tsunamis (*par exemple, l'essentiel des victimes du Krakatoa l'ont été à cause d'un tsunami*).

✪ Les autres aléas volcaniques

Les coulées de lave

Les coulées de lave sont moins dangereuses que les explosions et les nuées ardentes, car il est généralement possible de fuir avant leur arrivée. Toutefois, elles peuvent ensevelir des habitations. Ici, la gendarmerie de Sainte-Rose (La Réunion), envahie par la lave en 1977.

Les lahars

Les lahars (terme d'origine indonésienne) sont des coulées de boue torrentielles liées à la mise en suspension de cendres et débris volcaniques par de fortes précipitations. Ici, paysage dévasté par le passage d'un lahar sur les flancs du Pinatubo, Indonésie. Les lahars sont également dus à des éruptions sous glaciaires comme sous les hauts volcans des Andes (ex. Nevado del Ruiz, en Colombie).

Les gaz toxiques (*lac Nyos, Cameroun*)

C'est un lac de cratère, dont le fond a lentement accumulé des gaz volcaniques en raison d'une stratification très importante et stable de ses eaux. Ces gaz ont été relâchés brutalement le 21 août 1986, pour des raisons encore mal élucidées (*éboulement en bord de lac ? éruption sous-lacustre ?*). Une nappe de CO_2 de 80 millions de m^3 s'est répandue, asphyxiant plus de 1700 personnes sur 30 km à la ronde.

Pour éviter qu'une telle catastrophe ne se reproduise, un dégazage artificiel du lac a été mis en place.

De tels lacs aux eaux stratifiées sont dit méromictiques. En France métropolitaine, le lac Pavin (*Puy de Dôme*) est dans une situation analogue au lac Nyos avec des eaux de fond riches en CO_2 et SH_2, et un risque très faible mais non nul d'un dégazage brutal.

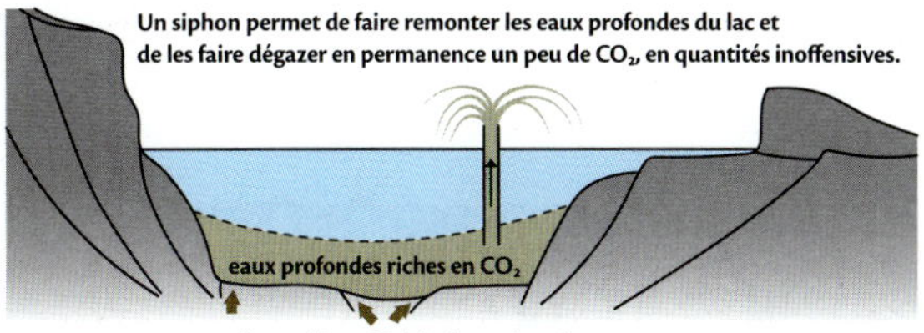

II - Prévisions et prévention des risques volcaniques

Le suivi des volcans actifs et la reconstitution d'éruptions passées 71

Cette surveillance des volcans correspond à un ensemble d'instruments de mesure disposés sur les flancs du volcan et permettant l'étude des signes précurseurs d'une éruption : gonflement, fissuration, trémors (*séismes liés aux phénomènes de résonance engendrés par la remontée du magma dans les roches encaissantes*), changement de la nature ou de la température des gaz émis… Il est également crucial de répertorier, décrire et modéliser les éruptions passées. En France, les volcans de la Montagne Pelée (*Martinique*), la Soufrière (*Guadeloupe*) et le Piton de la Fournaise (*La Réunion*) sont ainsi surveillés.

Exemple : *suivi du champ magnétique, influencé par la nature et la répartition des masses en profondeur.*

Exemple : *suivi des trémors, petites secousses liées à la fracturation de la roche par le magma ou les gaz.*

Exemple : *suivi de la largeur des failles.*

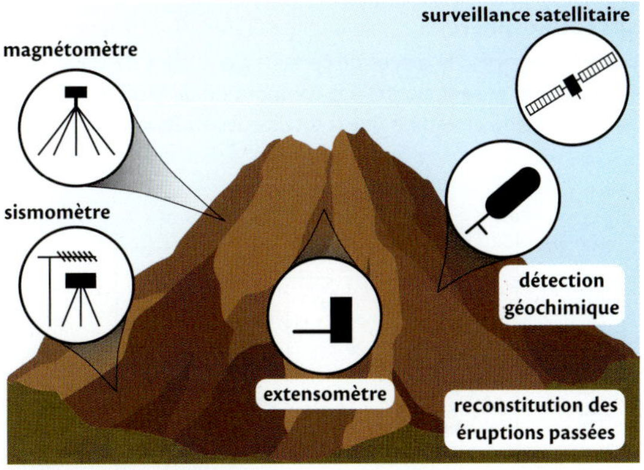

133 134

Exemple : *suivi de balises GPS, interférométrie… = on connaît le déplacement de certaines zones avec une grande précision et on sait repérer un gonflement ou un affaissement du terrain.*

⚠ *Les éruptions effusives sont plus faciles à prévoir que les explosives.*

Exemple : *un spectromètre analyse la nature des gaz des fumerolles.*

Exemple : *Pline le Jeune a documenté l'éruption du Vésuve de 79, qui a coûté la vie à son oncle Pline l'Ancien. Ils donnent leur nom aux éruptions pliniennes. Cette reconstitution permet l'établissement de cartes d'aléas.*

Établissement de cartes d'aléa volcanique (*Soufrière, Guadeloupe*)

Ce type de carte aide à établir le plan d'urbanisme.

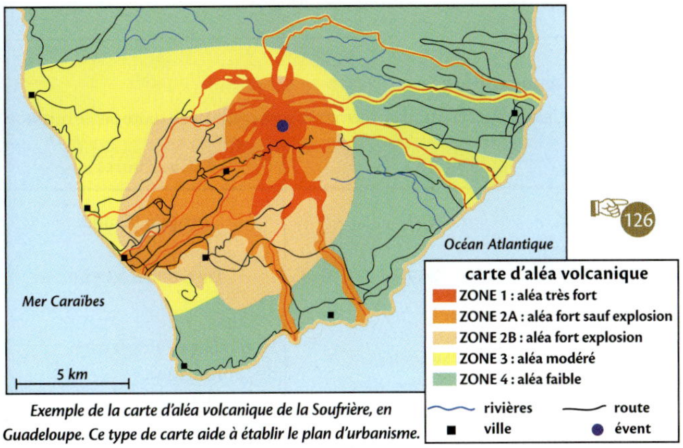

126

Exemple de la carte d'aléa volcanique de la Soufrière, en Guadeloupe. Ce type de carte aide à établir le plan d'urbanisme. (d'après Komorowski et al. 2005).

La prévention : mise en place de plans d'alerte, de secours et d'évacuation

Exemple de la gestion du risque d'exposition aux lahars au Japon.

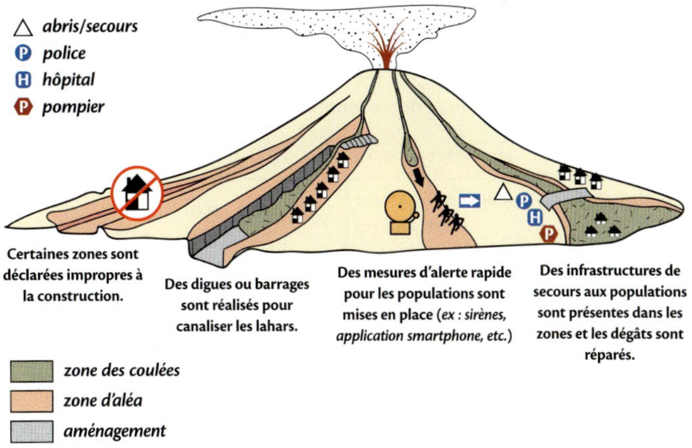

110 Le changement climatique anthropique

Changement climatique anthropique = *modification du climat due aux activités anthropiques et se traduisant par un réchauffement global, une modification du régime des précipitations et de la fréquence et de l'intensité des événements météorologiques extrêmes.*

Quelles sont les preuves du changement climatique ? Quelles en sont les conséquences ? Comment prévoir l'évolution climatique à venir ?

I - Les faits : les preuves du réchauffement

Évolution de la température globale sur les 150 dernières années

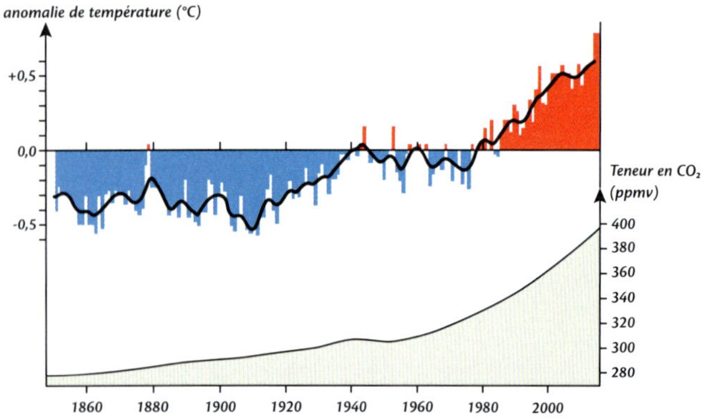

Fonte du glacier des Bossons entre 1984 et 2022

Année 1984 *Année 2004* *Année 2022*

II - Les constats : une augmentation de la concentration des gaz à effet de serre depuis 150 ans

L'augmentation récente des gaz à effet de serre dans l'atmosphère

Depuis environ 150 ans, le contenu de l'atmosphère se modifie légèrement : la teneur de certains **gaz à effet de serre**, naturellement présents, a considérablement augmenté. D'autres gaz, comme les gaz fluorés, ont été synthétisés par l'Homme et se sont ajoutés à la composition de l'atmosphère.

Ces émissions de gaz à effet de serre n'ont fait qu'augmenter. Actuellement, on estime que la totalité des **émissions anthropiques** sont de l'ordre de 10 GtC/an, c'est-à-dire environ **5% des émissions totales de CO_2 de la planète**.

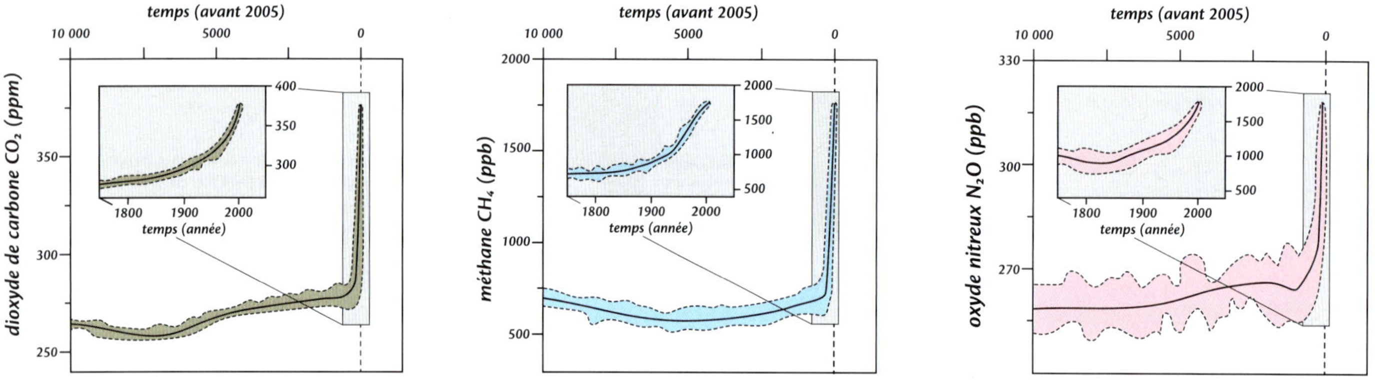

Les sources anthropiques et le temps de résidence des principaux gaz à effet de serre dans l'atmosphère

Certains de ces GES ont un **temps de résidence dans l'atmosphère considérable** et participent de façon durable au changement climatique, même s'ils sont présents en toute petite quantité.

Gaz à effet de serre	CO_2	CH_4	N_2O	Gaz fluorés
Temps de résidence dans l'atmosphère *(en années)*	**100**	**12**	**110**	**Jusqu'à 50 000**
Potentiel de Réchauffement Global	**1**	**28**	**265**	**De 6 000 à 23 500**
Sources anthropiques	Industries, transports, productions agricoles, centrales énergétiques, extraction et distribution des énergies fossiles, combustions et incendies...	Productions agricoles, extraction et distribution des énergies fossiles, élimination et traitement des déchets, combustion et incendies...	Productions agricoles, combustion et incendies, processus industriels...	Systèmes de réfrigération, de climatisation, applications électriques, transformateurs...

III - Les causes : l'effet de serre, un phénomène naturel amplifié par l'Homme

L'effet de serre est un **phénomène naturel** dû à la présence d'une atmosphère qui retient une partie de la chaleur émise par la Terre sous forme d'infrarouges. Ce phénomène s'applique à toute planète dotée d'une atmosphère, c'est donc aussi le cas sur Vénus, par exemple. L'**effet de serre additionnel** désigne l'amplification de l'effet de serre due à la présence de gaz à effet de serre d'origine anthropique.

IV - La difficulté des prévisions climatiques

L'existence de systèmes tampons

Les océans et la biosphère continentale absorbent plus de la moitié des émissions anthropiques de CO_2.

- Le CO_2 se dissout dans l'eau selon la loi de Henry, puis est entraîné vers le fond au niveau des zones de downwelling.
- La biosphère continentale séquestre le CO_2 sous forme de carbone organique dans les troncs, les feuilles, etc. grâce à une photosynthèse plus active.

Ces deux systèmes tampons sont fragiles :

- L'océan s'acidifie et il se réchauffe, ce qui limite la dissolution du CO_2.
- La biosphère continentale est fragilisée par les sécheresses et les incendies.

Des réponses difficiles à modéliser

Mares visibles depuis l'espace dans le péninsule du Yamal, en Sibérie, photographiée par la mission Copernicus Sentinel-2 *(27 août 2018).*

Ces mares sont dues à la fonte du permafrost. Quand celui-ci dégèle, il libère du méthane et du dioxyde de carbone dans l'atmosphère. La réserve de GES dans le permafrost est estimée à 1 500 milliards de tonnes, soit deux fois plus que dans l'atmosphère.

Une fourchette de prévisions

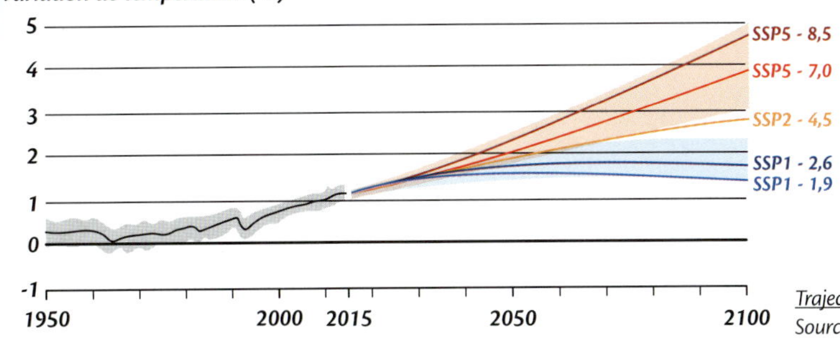

Le GIEC (*Groupe d'Experts Intergouvernemental sur l'évolution du Climat*) a été créé en 1988 et regroupe 195 états. Il est constitué de scientifiques spécialistes du climat et également de représentants des états. Régulièrement, il propose des modèles d'évolution du climat selon différents scénarios de volonté politique (= *réduction massive des émissions de GES, business as usual, augmentation des émissions de GES...*).

Sur ces graphes, les derniers nombres (1,9, 2,6, 4,5, 7,0 et 8,5) nommant chaque trajectoire correspondent aux forçages radiatifs induits à l'horizon 2100 par rapport à l'ère préindustrielle, exprimés en W/m².

Trajectoires de réchauffement planétaire selon les cinq scénarios retenus par le GIEC.
Source : GIEC AR6 WGI SPM.

PARTIE X

RESSOURCES ET LEUR ENVIRONNEMENT

Matériaux et minerais

Matériaux = *matières d'origine naturelle ou artificielle entrant dans la construction des bâtiments.*
Minerai = *roche ou minéral contenant des éléments utiles en concentration suffisante pour en justifier l'exploitation, les isoler ou les extraire par un procédé industriel économiquement rentable.*

Quels sont les matériaux et minerais ? Comment sont-ils formés et exploités ? Avec quelles implications ?

I - Des ressources géologiques répondant à un besoin de l'Homme

✪ Des matériaux et minerais représentant deux des quatre grands types de ressources géologiques

EAU	MATÉRIAUX DE CONSTRUCTION	MINERAIS (*sources d'éléments chimiques ou de matériaux à propriété physique particulière*)	HYDROCARBURES
116	112	113	114
1ère ressource utilisée (*6 GT/an en France*)	2ème ressource (*50 GT/an en 2022 dans le monde*)	(*~1 GT/an dans le monde*)	Avec le charbon, forment les combustibles fossiles : 1ère ressource énergétique mondiale (*4,2 Gt de pétrole brut + 2250 Gm³ de gaz en 2021*)
➩ ***Réservoirs superficiels*** : rivières, lacs... ➩ ***Réservoirs souterrains*** : eau contenue dans des roches poreuses constituant des aquifères **Utilisation mondiale** : → Agriculture : 70% → Industrie : 20% → Domestique : 10%	➩ ***pierre de taille*** ➩ ***granulats*** : sables et graviers naturels ou obtenus par concassage... ➩ ***calcaire*** : principal constituant du ciment ➩ ***minéraux industriels*** (*gypse, argiles...*)	➩ ***minerais métalliques*** : bauxite (Fe), galène (Pb), garniérite (Ni), fers rubanés (Fe)... ➩ ***minerais non métalliques*** : halite (Na, Cl), sylvite (K, Cl) fluorine (F), barytine (Ba)... ➩ ***minerais de charbon*** : lignite-anthracite (C) ➩ ***minerais de diamants*** (durs), ***talc*** (doux), ***barytine*** (dense), ***andalousite*** (réfractaire)...	**Fluides piégés dans** : ➩ ***des roches magasins*** (*gaz, pétrole conventionnels*) ➩ ***des roches mères*** (*gaz et pétrole de schiste*)

✪ Des matériaux de construction abondants, d'utilisation historiquement plutôt locale

Des matériaux bruts ou transformés 112

Des carrières souterraines ou à ciel ouvert : carrières de marbre de Carrare (*Italie*)

La **majorité des carrières sont à ciel ouvert et modifient le paysage**. La plupart sont abandonnées en fin d'exploitation. Les anciennes carrières souterraines (*ex. gypse à Paris*) posent des **risques d'effondrement**, elle sont surveillées.

⚠ *Les mines se distinguent des carrières par la nature du matériau extrait (stratégique ou précieux pour la mine, de moindre valeur pour la carrière), elles relèvent du code minier et non du code de l'environnement et génèrent de très nombreux déchets.*

✪ Des minerais rares nécessitant prospection et purification et engendrant de nombreux déchets

Rareté géochimique, récupération laborieuse et déchets d'exploitation

L'exploitation du cuivre à Skouriotissa (*Chypre*) a commencé dès l'Antiquité. Actuellement, elle permet la production de cathodes en appliquant la méthode de la lixiviation en tas, l'extraction par solvant organique ou électrolytique.

Prospection minière et gîtologie 113

Quelques éléments sont abondants dans la croûte terrestre (*Al 8%, Fe 5%*) mais **la plupart sont très minoritaires** (*Cu 60 ppm*). Les éléments ne se trouvent généralement pas sous forme pure (*à l'état natif*) dans les gisements, mais associés à d'autres atomes au sein de minéraux, dans des minerais aux teneurs d'exploitation faibles.

La **gîtologie** permet la recherche de gisements, l'étude de leur rentabilité et durée d'exploitation.

Fer = 30 à 66 %	**Uranium** = 0,1 à 0,3 %
Aluminium = 25 à 30 %	**Lithium** = 0,05 à 0,15 % - *dans les salars*
Zinc = 4 à 20 %	**Argent** = 0,001 à 0,1 %
Nickel = 1 à 3 %	**Indium** = 0,01 % (*100 g/t*)
Cobalt = 0,01 à 1 %	**Gallium** = 0,003 à 0,008 % (*30 à 80 g/t*) - *dans la bauxite*
Cuivre = 0,3 à 2 %	**Platine** = 0,0003 à 0,0015 % (*3 à 15 g/t*)
	Or = 0,0001 % (*1 g/t*)

Teneurs d'exploitation des minerais (en 2022)

⚠ *Le clarke d'un élément représente sa teneur moyenne, dans la croûte terrestre ou dans une formation géologique, exprimée en %, ppm, ou ppb.*

II - Des modalités de formation et d'exploitation différentes

Des sables et granulats générant peu de déchets mais surexploités : une demande croissante en sable représentant un défi de durabilité

La consommation de granulats a été multipliée par 3 en 20 ans. La **construction** et la **poldérisation** nécessitent d'énormes quantités de sable ne pouvant être satisfaites qu'en extrayant du **sable de plage** ou marin, ce qui engendre **érosion littorale** et **perturbation des habitats**. Le recyclage et les granulats artificiels issus de concassage représentent une alternative aux **alluvions de rivière limités**.

Extraction du sable de plage au Maroc

Poldérisation et constructions à Dubaï

Des minerais à forte valeur ajoutée, concentrés par des phénomènes géologiques variés et localisés réalisant un tri géochimique

20 60 113

Des processus endogènes (*magmatisme*) ou exogènes (*sédimentation : or alluvionnaire, altération...*) sont à l'origine de gisements mis en place par 4 étapes :

→ **mobilisation**, **extraction**, **transfert**, **accumulation**.

Les **sources hydrothermales sous-marines** émettent des fluides chauds et riches en ions sulfure (S^{2-}) qui extraient les éléments chalcophiles (*Fe, Cu, Zn...*) des roches traversées. En surface, la baisse de température diminue la solubilité et entraine la précipitation de **différents sulfures** (***de fer*** *: pyrite* FeS_2, ***de fer et cuivre*** *: chalcopyrite* $CuFeS_2$, ***de plomb*** *: galène PbS,* ***de zinc*** *: blende ZnS...*) et **sulfates** (***de baryum*** *: barytine,* $BaSO_4$), souvent associés à de la silice.

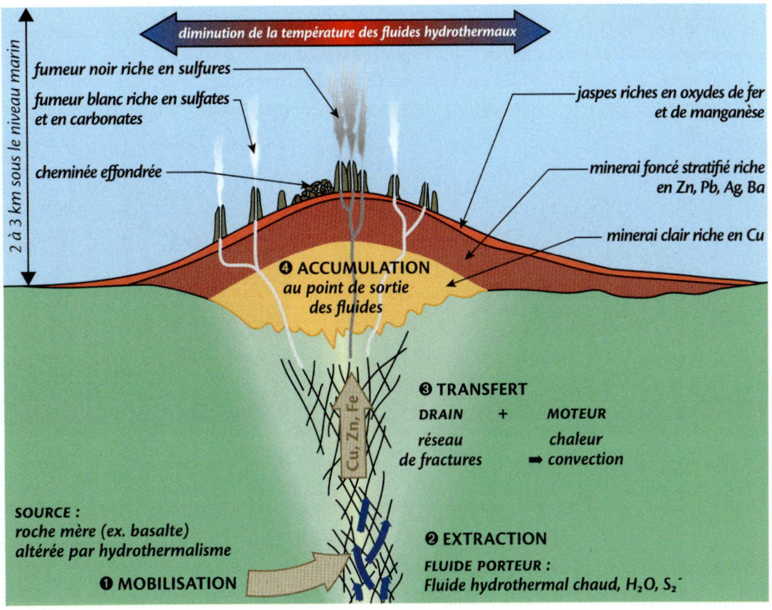

Une inégale répartition des minerais à l'origine d'échanges

127 129

L'inégale répartition de l'offre et de la demande en minerais conduit à des échanges internationaux (*or de Guyane, nickel de Nouvelle-Calédonie...*).

III - Une exploitation et une consommation aux implications planétaires

Des impacts environnementaux majeurs pour l'exploitation minière

Une demande exponentielle, un épuisement possible et un recyclage nécessaire

La **consommation de métaux** est en **croissance exponentielle** pour répondre aux exigences d'électrification et de numérisation, avec une **sollicitation toujours plus grande de la table de Mendeleïev** (*un smartphone contient 75 éléments sur les 86 éléments naturels présents sur Terre autrement qu'à l'état de traces*). Or, les **teneurs d'exploitation** des minerais **chutent**, ils sont de **moins en moins accessibles** et **de plus en plus complexes**, avec des impacts qui sont donc aussi en croissance exponentielle en termes de surface, de pollution, de réactifs, d'énergie et d'eau.

Les tensions d'approvisionnement sont à l'origine de questions géopolitiques et d'arbitrages dans les usages.

Le recyclage est une solution durable pour les **métaux peu alliés** comme **le cuivre**, mais pas pour les alliages complexes (*terres rares*).

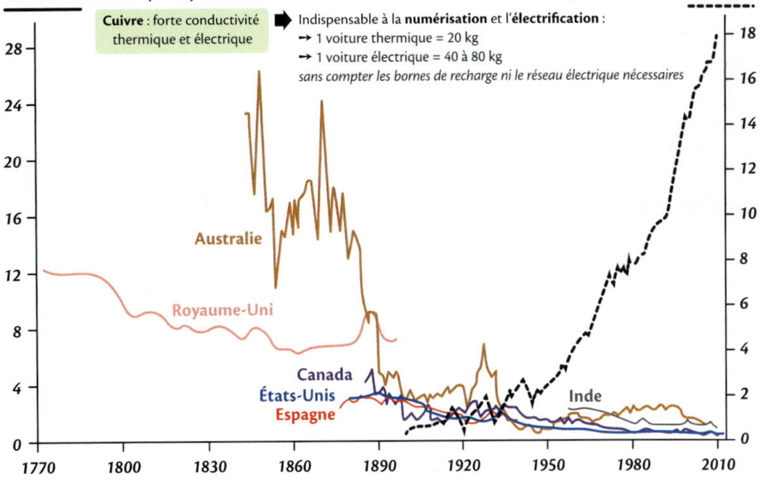

112 Géologie et constructions humaines

MINE = *lieu d'extraction de matériaux stratégiques à haute valeur unitaire (en € par tonne)(cuivre, houille...).*
CARRIÈRE = *lieu d'extraction de matériaux de construction (sables, calcaires...).*

Quelles sont les ressources géologiques utilisées dans la construction ?

I - Les ressources géologiques utilisées dans les constructions humaines

✪ Un usage très ancien

Des constructions liées à la disponibilité des ressources locales

Les Hommes ont appris à maîtriser les techniques de construction, comme en témoignent les trois exemples ci-dessus : la **pyramide de Khéops**, 2 500 ans av. J.-C., faite de blocs de calcaire jointoyés par du plâtre grossier issu de gypse impur, le **Parthénon** à Athènes, 447 - 432 av. J.-C., fait de blocs de marbre et le **Pont du Gard**, 1er siècle ap. J.-C., fait de calcaire coquillier.
Ces ouvrages d'art montrent l'habileté humaine. Ils sont faits de matériaux extraits à proximité et disponibles simplement.

✪ Un usage moderne

La diversité des usages des ressources géologiques dans les constructions modernes

Les hommes exploitent les roches pour les utiliser :

→ Dans leur **état naturel plus ou moins façonné ou concassé** (*blocs, dalles, moellons, sables, graviers, granulats, etc.*).

→ En les **transformant par la cuisson** (*fabrication du verre, des terres cuites, du plâtre, de la chaux, du ciment, etc.*).

Les roches utilisées dans leur état naturel plus ou moins façonné

Pierre de construction

Doit regrouper un certain nombre de qualités : relativement **légère**, **bon isolant thermique** et **phonique**, **non gélive**, **bonne résistance à l'écrasement**.
Nombreux exemples locaux : craie tuffeau, calcaire lutétien, basalte, pierre de Volvic, grès rouge vosgien, meulière en île de France (*en photo*)...
Principal inconvénient : sa **disponibilité à proximité du lieu de construction**.

Pierre ornementale

Doit avoir les mêmes qualités que les pierres de construction.

Nombreux exemples célèbres : marbre de Carrare (*en photo*), granites, calcaires, schistes, laves...

Matériau utilisé sur de petites surfaces, il peut venir de loin malgré le **coût de son transport**.

Pierre de couverture

Débit en feuillets très facile (*clivage ardoisier*).

Roches métamorphiques ayant subi un clivage ardoisier comme les ardoises ou les lauzes.

Certaines **roches volcaniques** (*ex. lauzes de phonolite*).

Les **sables**, **graviers** et **granulats** permettent d'obtenir du **béton**, produit le plus utilisé dans le monde après l'eau.

Ils sont obtenus de trois manières :
- → En exploitant directement les alluvions, sables et graviers des terrasses alluviales ou marines ;
- → En concassant des roches massives ;
- → En recyclant des granulats d'anciens bétons.

Le béton est peu coûteux, facile à préparer, résistant à la compression mais peu résistant à la traction, c'est pourquoi on peut le ferrailler pour obtenir du **béton armé**.

Les roches utilisées après transformation

Plâtre

Le plâtre est formé à partir de gypse. Il existe de nombreuses carrières de gypse en France, souterraines ou à ciel ouvert.

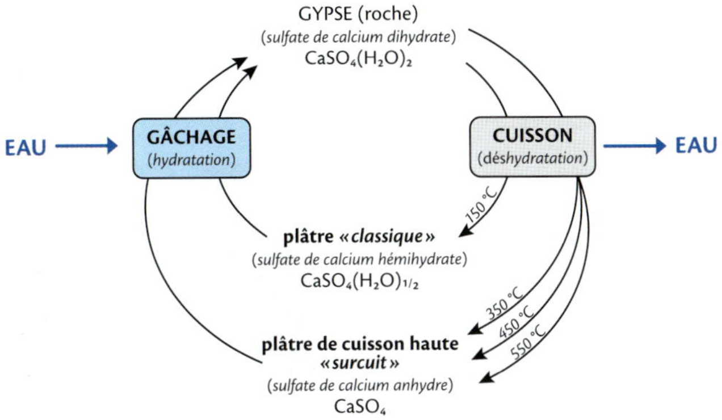

Ciment

Le ciment est formé à partir d'un mélange à 80% de calcaire et 20% d'argile. Après cuisson et ajout d'additifs, il est mélangé à de l'eau, du sable et des granulats pour donner du béton.

La haute température transforme le calcaire en oxyde de calcium CaO et les argiles en silicates d'alumine anhydres. Ils réagissent entre eux pour donner un mélange d'aluminosilicates et de silicates de calcium.

Une fois refroidi, le mélange est hydraté ; il réagit avec l'eau et donne un mélange d'aluminosilicates (*minoritaire*) et de silicates de calcium hydratés (*dominant*).

C'est ce mélange qui donne une imbrication de cristaux, responsable de la « *prise* » du ciment.

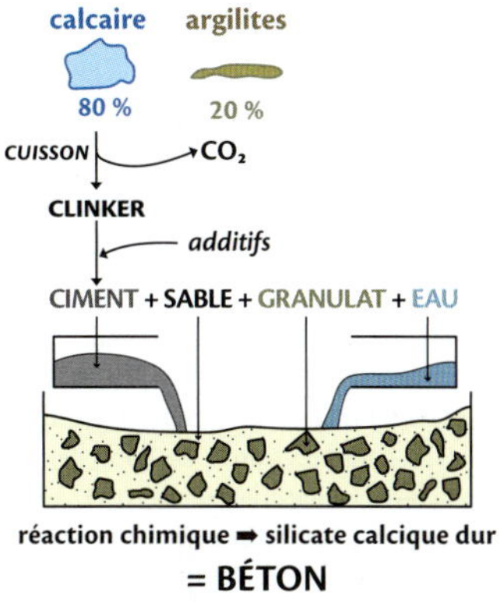

Il existe de nombreuses autres roches utilisées après transformations comme l'argile (briques et tuiles), le sable (verre), des roches volcaniques (isolant), le talc (peinture), le bitume (produits d'étanchéité)...

II - La gestion environnementale de l'exploitation des ressources

Des ressources épuisables ?

Le sable du désert ne convient pas pour les usages en construction. Ses grains sont trop ronds et lisses (*collent mal au ciment*) et de taille trop homogène (*pas de petits grains pour s'insinuer entre les gros*).
Du fait de leur faible coût et de l'importance de leur usage, le sable marin, ainsi que le sable de rivière et le sable alluvial sont devenus une ressource épuisable.
Source : Nature, vol. 571, 04/07/2019

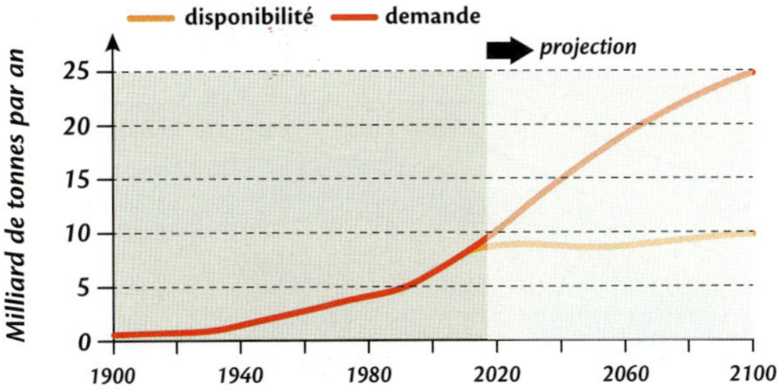

Une exploitation polluante ?

Le béton est une source importante de **gaz à effet de serre**.
Source : SFIC - CIMBéton

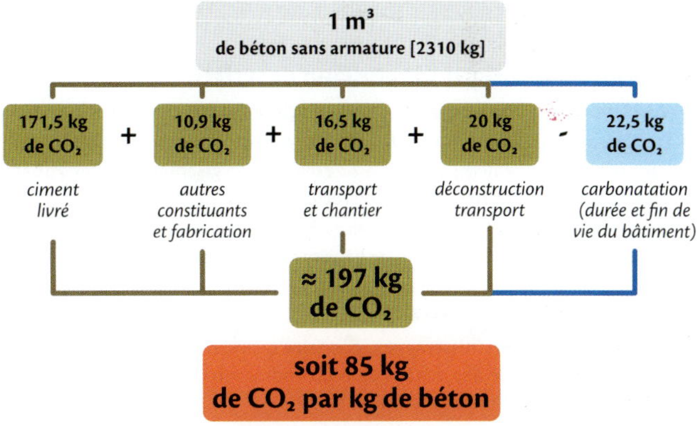

Une réhabilitation possible post-exploitation

Le parc des Buttes-Chaumont a été créé entre 1864 et 1867 sur d'anciennes carrières de gypse.

Une prise en compte environnementale variable

Les carrières abandonnées restent parfois en l'état, faute de directives officielles et par manque d'argent. Elles ressemblent alors à de vastes dépotoirs.

113 Les minerais et leurs gisements

MINERAI = *roche ou minéral contenant des éléments utiles en concentration suffisante pour en justifier l'exploitation, les isoler ou les extraire par un procédé industriel économiquement rentable.*

Comment se forment les gisements ? Quelles sont les étapes de leur exploitation ?

I - La formation des gisements de minerais

Les processus de formation d'un gisement suivent très schématiquement la séquence suivante : **mobilisation → extraction → transfert → accumulation**. On les différencie en fonction du type de roches dans lesquelles ils se forment et par le type de minerais qu'ils contiennent.

Les gisements associés à la circulation de fluides hydrothermaux

Ces gisements font systématiquement intervenir la **circulation de fluides profonds**. Ces fluides, chauds et sous pression, dissolvent les ions métalliques et les transportent dans la croûte. Quand ils arrivent dans des zones de composition physico-chimique différente (pH, pression plus faible, température plus basse, teneur en oxygène différente), ces **métaux précipitent** et donnent naissance à des minerais.

Ces gisements sont la **principale source** de Plomb, Zinc, Molybdène, Argent, Cuivre, Or, Uranium, etc.

Formation d'un gisement hydrothermal 112

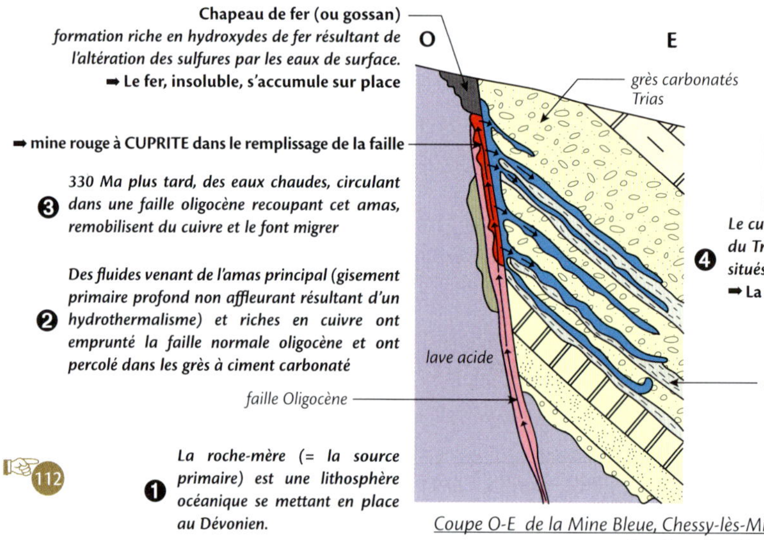

Coupe O-E de la Mine Bleue, Chessy-lès-Mines et grès dont les microfractures sont remplies d'azurite. D'après F. Gaudry, 2019

Les gisements formés par des processus de surface

Plusieurs processus de formation de ce type de gisements sont possibles :

- → **Des gisements sédimentaires de métaux in situ** : certains minéraux s'accumulent dans des environnements particuliers : exemples de **gisements de fer rubané** (*BIF*) ou nodules de manganèse au fond de l'océan 97
- → **Des gisements liés à l'altération** de la roche préexistante : exemple des gisements de nickel en Nouvelle-Calédonie ou de bauxite en Provence
- → **Des minéraux piégés** dans des environnements particuliers après érosion de la roche-mère : exemple des **placers d'or** en Guyane 127
- → **Des gisements d'enrichissement secondaire** quand de l'eau météoritique oxydante dissout et transporte des métaux dans un endroit où ils précipitent : exemple de la mine de cuivre de Chuquicamata au Chili. 129

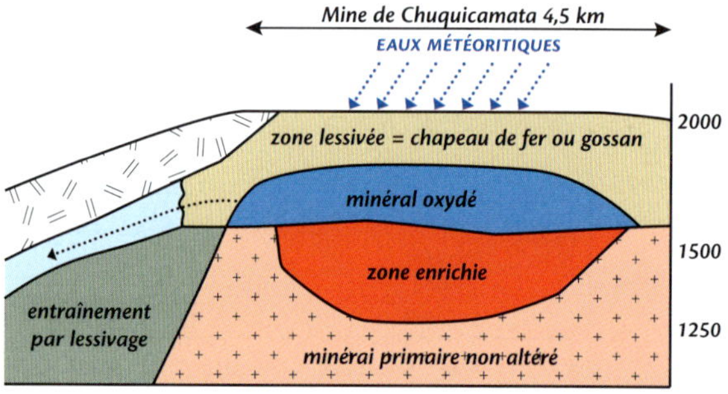

Les gisements magmatiques

Ces gisements font appel à :

- → Une cristallisation suivie d'une **ségrégation de phases solides denses** qui s'accumulent au fond de la chambre magmatique : exemple de la chromite (*chambre magmatique complexe du Bushveld, Afrique du Sud*) ;

ou

- → Une **contamination du magma** par des portions de l'encaissant : exemple du diamant, dont les cristaux sont arrachés au manteau lithosphérique lors de la remontée d'un magma kimberlitique (*mine de Big Hole, ci-contre*). Il peut y avoir ensuite accumulation post-érosion de ces diamants lorsque la kimberlite est érodée et que les diamants se retrouvent en placers dans les rivières, les plages...

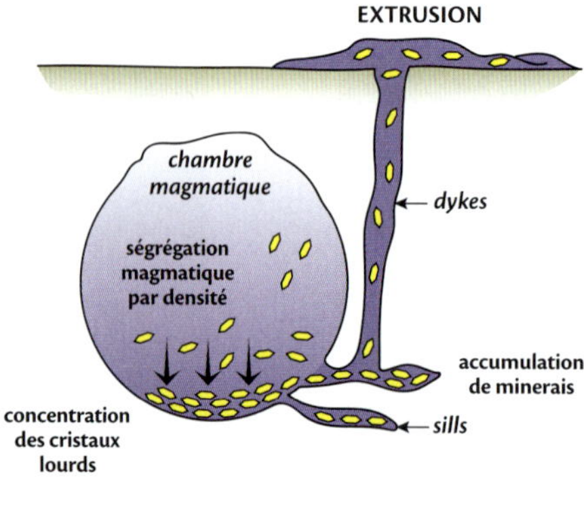

Ancienne mine de diamant, Big Hole, Afrique du Sud

II - L'exploration et la production des minerais

La prospection des gisements

Les gisements sont **très inégalement répartis** dans le monde, avec la Russie et l'Afrique du Sud concentrant 99% des gisements de platine, l'Australie 20% de l'or, etc.

La **prospection** commence par l'**étude systématique** des régions susceptibles de contenir des minerais d'intérêt, puis des **explorations techniques** (*carte des anomalies magnétiques, sismique, géochimie, géophysique, etc.*) avant de commencer les **forages**.

Historiquement, on recherchait les « ***manifestations*** », des indices révélant la présence d'un minéral particulier.

Carte de Bédarieux au 50 000ème montrant des indices de scheelite ($CaWO_4$), du tungstate de calcium, un minerai du tungstène (W entourés en jaune sur la carte).

Les gisements sont bien trop petits ici pour avoir donné lieu à une exploitation.

Détail de l'affleurement de conglomérat de base du Trias, niveau exploité dans la mine de Cap Garonne, le Pradet, Var

Les taches vertes et bleues trahissent la présence de carbonates de cuivre hydratés (malachite en vert et azurite en bleu).

L'exploitation des gisements

❶ **extraction**

Lit doré riche en **pyrite** (**FeS_2**) + **chalcopyrite**
Lit sombre riche en **blende** (**ZnS**)

MINERAI (*0,3 à 2% de Cu*)

❷ **Concentration** par broyage en fine poudre (***énergivore***) puis séparation par flottaison (***coût en eau***)

Chalcopyrite
$CuFeS_2$
(en réalité en paillettes < 100 µm)

CONCENTRÉ (*~30 % de Cu*)

❸ **extraction** chimique (*par eau + réactifs*) ou métallurgie (*par fonte*)

BLISTER (*issu de fonte ~99 % de Cu*)

❹ **Raffinage**

LINGOT (*99,99 % de Cu*)

DÉCHETS D'EXPLOITATION (*98% à 99,7% du minerai*)
→ ***stériles*** (*minerai extrait au clark trop faible*)
→ ***résidus d'exploitation*** polluant sol, eau et air

La grande majorité des métaux est extraite dans des **mines industrielles** (*80% de la production*) à **ciel ouvert** (88%). Le minerai extrait nécessite ensuite des étapes de **purification** coûteuses en énergie, eau, réactifs engendrant de nombreux **déchets**.

Ces ressources ne sont **pas renouvelables** et la plupart sont en **voie d'épuisement** dans un futur proche.

La **mine de Palabora**, en Afrique du Sud, est la plus grande mine de cuivre du monde. Le diamètre du trou est de 2 000 m et sa profondeur est de 762 m. 4,1 millions de tonnes de cuivre en ont été extraites.

La **rentabilité d'un gisement** est nécessairement soumise à plusieurs facteurs : la concentration du gisement, le prix du marché, l'évolution des techniques de prospection, la miniaturisation et le recyclage des appareils et les problèmes politiques.

Les problèmes environnementaux

14 000 TONNES DE ROCHES EXTRAITES PAR JOUR ➡ **quelques % de concentré à 20% de Cu envoyé en Chine pour extraction**

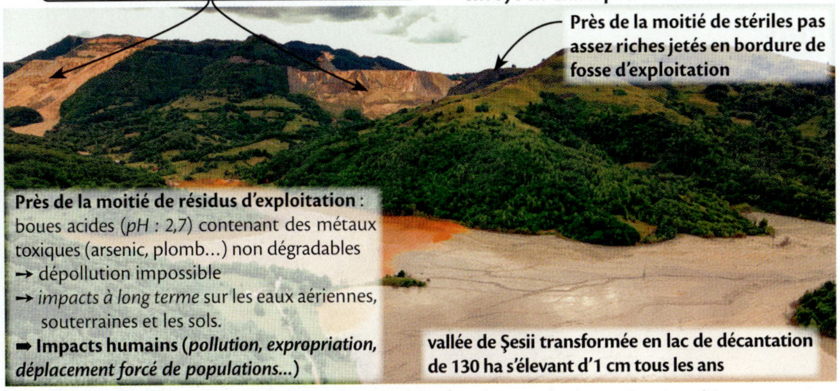

Mine à ciel ouvert de Rosia Poieni (Roumanie) : 2ème plus grande réserve de cuivre d'Europe

Ses réserves sont énormes : plus d'un milliard de tonnes de minerai à 0,36% de cuivre, 300 tonnes d'or et 1 600 tonnes d'argent mais aussi 250 millions de tonnes de déchets miniers et plusieurs lacs de décantation extrêmement pollués.

L'exploitation des gisements et le traitement des minerais sont à la source de **très nombreux problèmes environnementaux** (*pollutions, déversements acides, érosions, etc.*). On observe une tendance à la prise en compte des enjeux environnementaux, mais cela reste à la merci des politiques industrielles et gouvernementales.

⚠ *Les industries extractives (pétrole, gaz, mines) sont en tête des abus en matière de droits humains (des populations, des travailleurs, criminalisation...). Un tiers de la couverture forestière mondiale est menacée par les mines.*

114

Ressources énergétiques : pétrole, charbon, gaz

Ressources énergétiques fossiles = *ressources issues de la fossilisation de la matière organique (pétrole, charbon, gaz). Il s'agit de sources d'énergie non renouvelables.*

Où sont localisées ces ressources énergétiques fossiles et comment sont-elles exploitées ?

I - Diversité des ressources énergétiques fossiles et de leurs origines

Transformation de la matière organique avec la profondeur

70

Les ressources énergétiques fossiles sont essentiellement constituées d'**hydrocarbures** (*alcanes*) et/ou de résidus carbonés (*qui contiennent beaucoup plus de carbone que d'hydrogène*). Elles sont formées par craquage thermique lors de l'enfouissement de la matière organique et par métabolisme bactérien pour une petite part du gaz naturel.

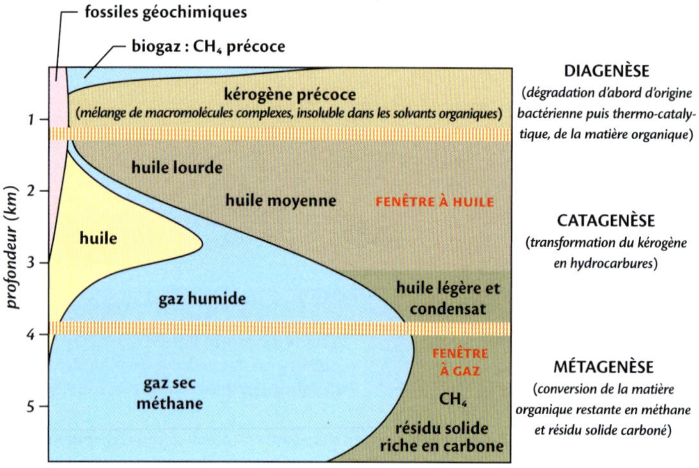

Le diagramme de Van Krevelen

Il permet d'estimer l'origine et le degré d'évolution de la matière organique.

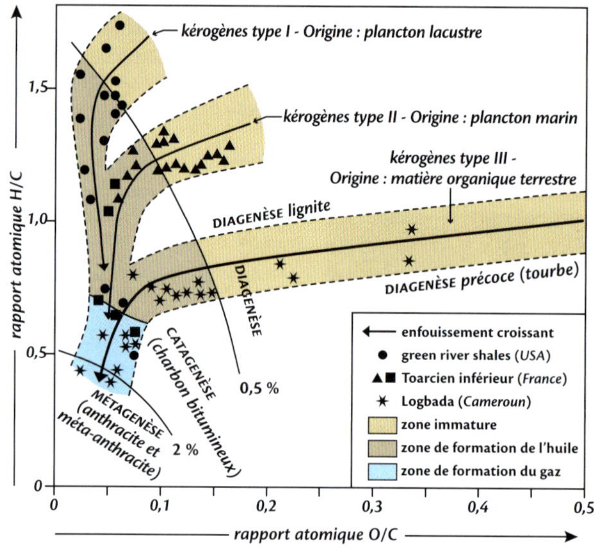

Conséquences de la combustion des ressources énergétiques fossiles

Jusqu'à 5 atomes de carbone, les hydrocarbures sont à l'**état gazeux** (*gaz naturel*). Au-delà de 5 carbones, ils deviennent **liquides** (*pétrole*). Lorsqu'ils atteignent 20 carbones, des alcanes passent à l'**état solide** (*charbons*).

Ces ressources produisent de l'énergie par combustion qui peut être quantifiée par le pouvoir calorifique.

	pouvoir calorifique ($MJ \cdot kg^{-1}$)	production de CO_2 pour 1 MJ produit	réserves estimées (Gbarils*)
gaz naturel	50	55	950
pétrole	45-48	70	1500 (soit 50 ans de production au rythme actuel)
charbons	15 (tourbe) - 27 (houille)	110	5000

* 1 baril = 159 L de pétrole

II - Les hydrocarbures solides : les charbons

Versant Sud du crassier Saint Pierre, La Ricamarie (*banlieue de Saint-Étienne, Loire*)

Le charbon est exploité sur son lieu de formation dans des mines de charbon. Il s'agit de mines à ciel ouvert ou souterraines.

Les déblais, issus de l'exploitation minière et mis en tas, étaient appelés « *terrils* » dans le Nord de la France, « *crassiers* » dans le Sud. Ces déblais sont souvent riches en sulfures. Leur oxydation exothermique peut entraîner la combustion des restes de charbon au centre du crassier. On peut ainsi observer des fissures superficielles et fumantes avec des solfatares comme au niveau de certains volcans.

La dernière mine de charbon française a fermé en 2004 à la Houve en Lorraine.

III - Les hydrocarbures liquides et gazeux : pétrole et gaz naturel

Schéma d'un gisement de pétrole et/ou de gaz

Les hydrocarbures sont formés au sein d'une **roche mère**. Moins denses que l'eau qui imprègne toute la croûte, ils ont tendance à remonter.

Si la roche mère et les roches sus-jacentes sont perméables, les hydrocarbures remontent et atteignent la surface sans être piégés sur leur chemin.

Si cette migration est stoppée par un « piège », les hydrocarbures s'accumulent dans une roche perméable appelée **roche magasin** (*ou roche réservoir*) : c'est dans ces roches qu'on exploite le gaz et le pétrole dits « ***conventionnels*** ». Un simple forage vertical, avec (*ou sans*) pompage suffit pour extraire une proportion notable des hydrocarbures contenus dans le piège.

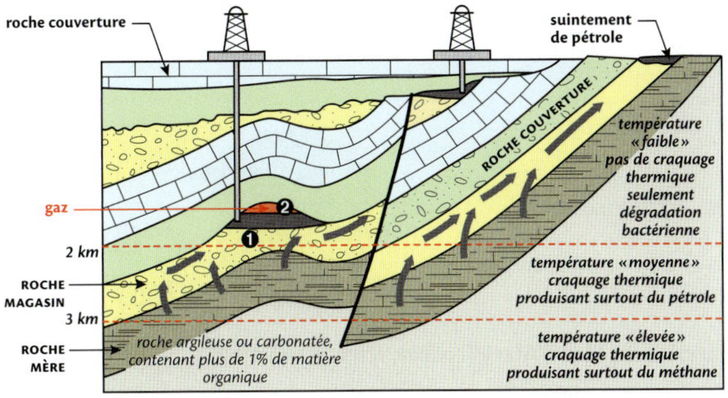

❷ Différents configurations d'un piège à hydrocarbures

Différentes configurations empêchent la remontée des hydrocarbures en surface et permettent leur stockage dans une roche magasin.

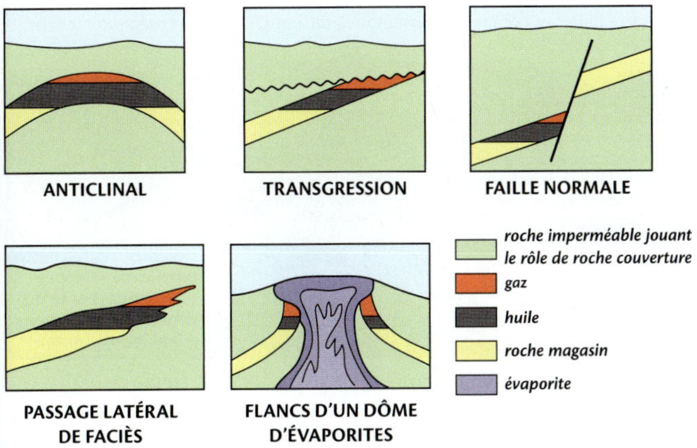

Après des études directes sur le terrain, la sismique - réflexion peut permettre d'identifier des pièges à hydrocarbures et apporte des informations essentielles pour réaliser des forages.

❶ Un exemple de roche magasin : la dolomie caverneuse - avec géodes - de la carrière de Loiras (*Le Bosc, Hérault*)

Une **roche magasin** doit avoir une **bonne porosité** (*suffisamment de vides où les hydrocarbures vont à un moment remplacer l'eau*) et une bonne perméabilité pour que le pétrole et les gaz puissent se déplacer rapidement quand on va les pomper pour les exploiter. Les grès et les carbonates (*calcaires et dolomies*) représentent de bons réservoirs.

Gisement d'hydrocarbures de Saint Marcet (*Haute Garonne*)

Le gisement de Saint Marcet fait partie de la région de Lacq qui était le plus grand gisement de gaz naturel en France. Le site de Lacq a contribué à alimenter le réseau de gaz naturel du pays, de 1957 à 2013.

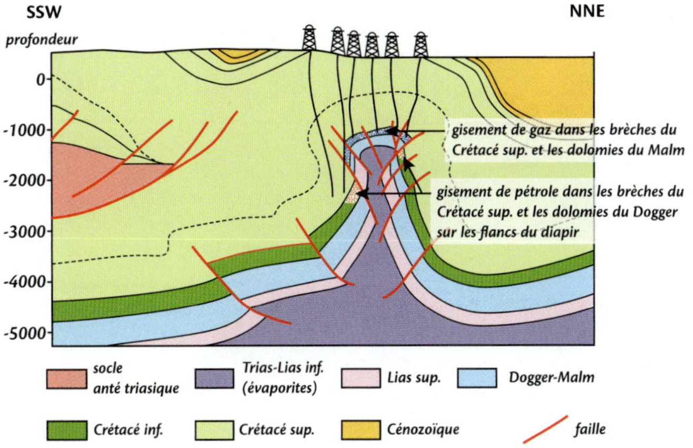

Actuellement, le site de Lacq est utilisé pour stocker, en surface, du CO_2 produit par des biométhaniseurs.

IV - Les hydrocarbures non conventionnels

Exploitation du gaz de schiste par fracturation hydraulique

Les **hydrocarbures non conventionnels** désignent les ressources énergétiques plus difficiles à exploiter et qui imposent des méthodes d'extraction nouvelles. Le « ***gaz de schiste*** » est du méthane encore contenu dans sa roche mère, peu perméable, ce qui empêche sa migration. La roche-mère correspond généralement à des argiles ou des marnes litées : les **black shales**. L'exploitation du pétrole de schiste est en cours de développement.

À côté des avantages d'une telle production (production locale de gaz, libération de CO_2 moins importante qu'avec le pétrole ou le charbon), de nombreux inconvénients se présentent d'un point de vue écologique (mitage des paysages avec nécessité de faire de nombreux forages rapprochés, pollution par les additifs des eaux de forage et par les métaux lourds libérés par les black shales). De plus, la durée de production d'un puits est très faible (10 ans maximum).

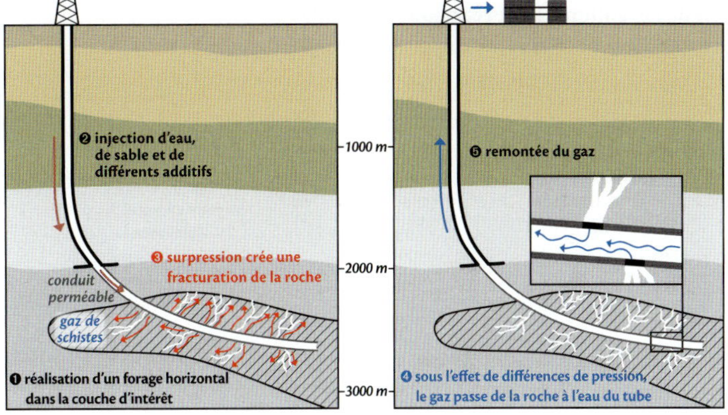

115 Ressources énergétiques : uranium et géothermie

GÉOTHERMIE = *exploitation de l'énergie interne de la Terre. À l'échelle humaine, cette source d'énergie n'est pas renouvelable.*
URANIUM = *élément chimique présent naturellement à la surface de la Terre (croûte et océan) et qui est utilisé comme matière énergétique nucléaire. Cette source d'énergie est non renouvelable.*

Dans quels contextes trouve-t-on ces ressources et comment les exploite-t-on ?

I - L'utilisation énergétique de l'uranium

✪ Les gisements d'uranium

Autunite de la mine Daybreak (*Washington, USA*)

111

L'uranium est constitué de trois isotopes présents à l'état naturel: ^{238}**U** (99,2730 %), ^{235}**U** (0,7202 %) et ^{234}**U** (0,0055 %).
Seul ^{235}U est fissible spontanément.
Le minerai d'uranium peut s'accumuler sous forme d'**uraninite** (*UO_2*), de **pechblende** (*association UO_2 - UO_3*), d'**autunite** (*hydroxyphosphate d'uranium et de calcium*) ou de **tobernite** (*hydroxyphosphate d'uranium et de cuivre*).

Gisements d'uranium dans le Massif Armoricain

Certains gisements sont associés aux leucogranites (*variété de granite la plus riche en uranium*) et forment des **gisements intrusifs**. En fin de cristallisation, le magma résiduel enrichi en eau et en éléments incompatibles comme l'uranium et/ou les fluides résiduels enrichis en uranium sont injectés dans des fissures péri-granitiques et forment des filons.

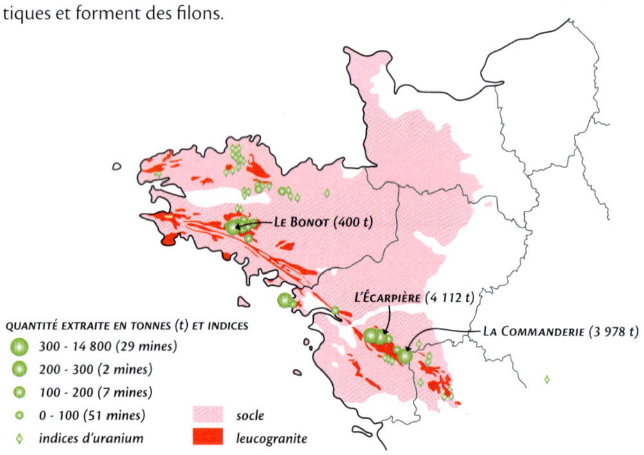

Carrière du Mas d'Alary (*Lodève, Hérault*) en 1988

Les **gisements sédimentaires** constituent les plus grandes réserves d'uranium. L'uranium est **soluble en milieu oxydant** et **insoluble en milieu réducteur**. Dans le bassin de Lodève, la majorité de l'uranium récupérable provient de la circulation des eaux profondes issues du karst présent sous les terrains du l'Autunien (*début du Permien*). Ces eaux sont remontées dans les terrains Autuniens en empruntant des failles et des fractures et ont lessivé l'uranium situé dans les roches. Aux intersections entre failles et couches sédimentaires réduites, l'uranium précipite.

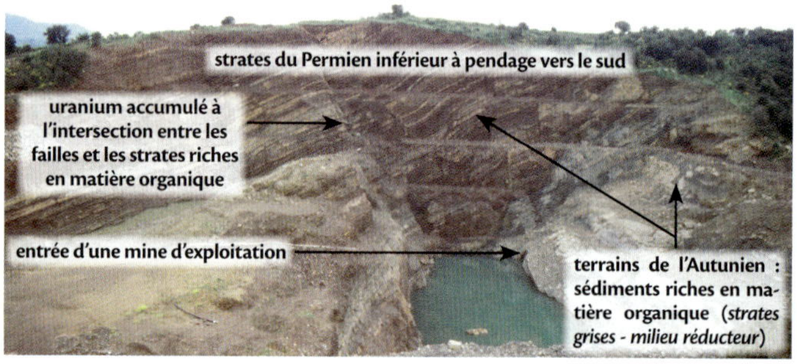

⚠ *Les exploitations de gisements d'uranium ont cessé en France en 2001.*
On cherche, pour l'instant sans succès, un moyen rentable pour récupérer l'uranium contenu dans l'eau de mer.

✪ Utilisation d'uranium pour la production d'électricité

Équivalences entre l'uranium et d'autres sources d'énergie 114

PRODUCTION D'UNE MÊME QUANTITÉ D'ÉNERGIE			
7 g d'Uranium	890 kg de pétrole	1 000 kg de gaz	1 100 kg de charbon

Fission de l'uranium 235 et réactions en chaîne

L'uranium 235 subit une collision avec des neutrons provoquant la fission de son noyau :

$$^{235}_{92}U + ^{1}_{0}n \rightarrow ^{94}_{38}Sr + ^{139}_{54}Xe + 3^{1}_{0}n$$

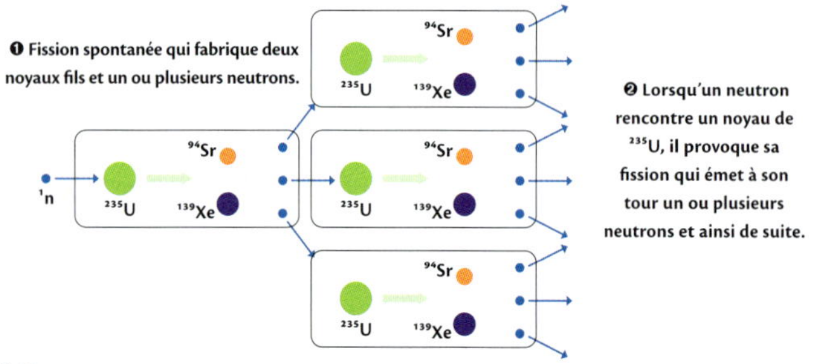

Concentration des minerais et fabrication du combustible nucléaire

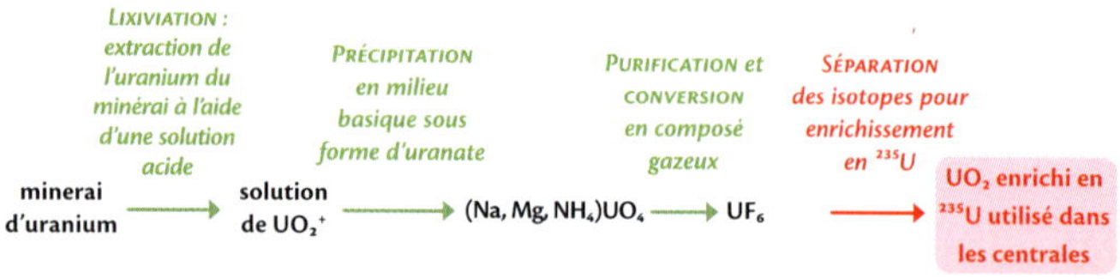

Centrale nucléaire de Cruas-Meysse (*Ardèche*)

⚠ *Les déchets de l'industrie électronucléaire représentent 60% des déchets radioactifs produits en France.*

II - La géothermie

✪ Les principaux types de géothermie

Types	Source d'énergie	Gradient géothermique	Utilisation
Géothermie de basse énergie	Énergie d'eaux profondes chaudes mais non bouillantes (*eaux de nappes phréatiques ou eaux injectées en profondeur*)	Normal (30 °C·km⁻¹)	Chauffage d'habitations, de serres (*plus rarement, production d'électricité*)
Géothermie de haute énergie	Eaux souterraines de températures largement supérieures à 100°C (*eaux de nappes phréatiques ou eaux injectées en profondeur*)	Supérieur à la normale (*régions volcaniques récentes, rifts continentaux*)	Production d'électricité
Géothermie de très basse énergie	Utilisation de la température stable du sous-sol (*en France, moyenne annuelle de 12 à 15°C à une dizaine de m de profondeur*)		Chauffage d'habitations l'hiver et climatisation l'été

⚠ *La géothermie de très basse énergie est appelée à tort « géothermie » car elle ne dépend pas de l'énergie interne du globe mais du réchauffement du sol par l'énergie solaire.*

✪ Utilisation de la géothermie en France (*état des lieux en 2021*)

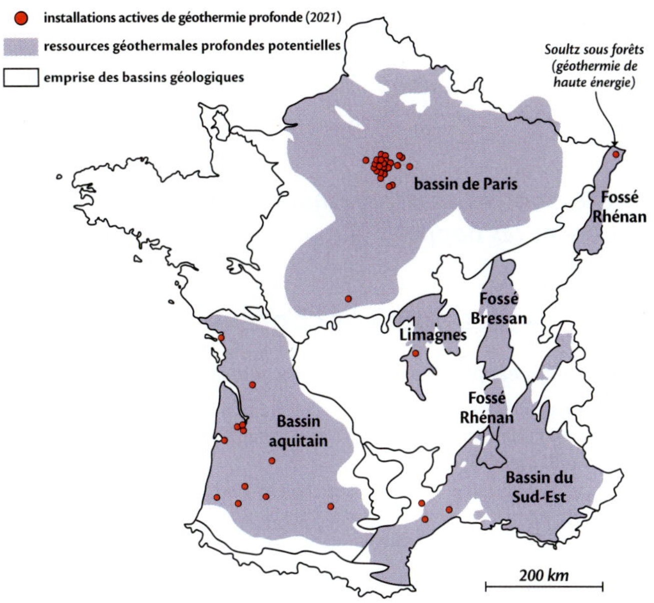

✪ Géothermie de basse énergie

Potentialités du bassin Parisien en géothermie de basse énergie

Elles sont liées à la présence d'aquifères profonds.

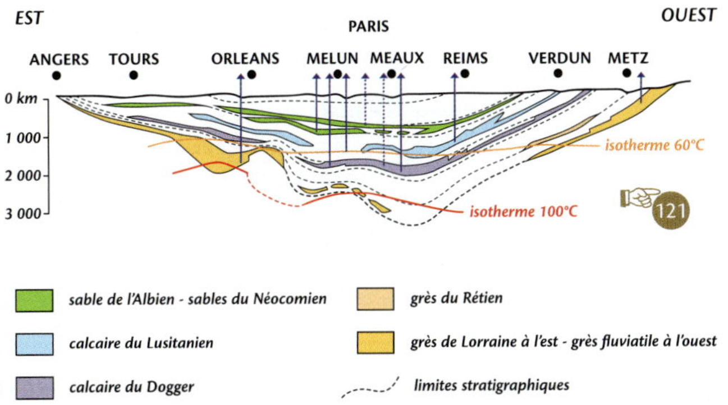

Fonctionnement théorique d'une exploitation industrielle de géothermie de basse énergie

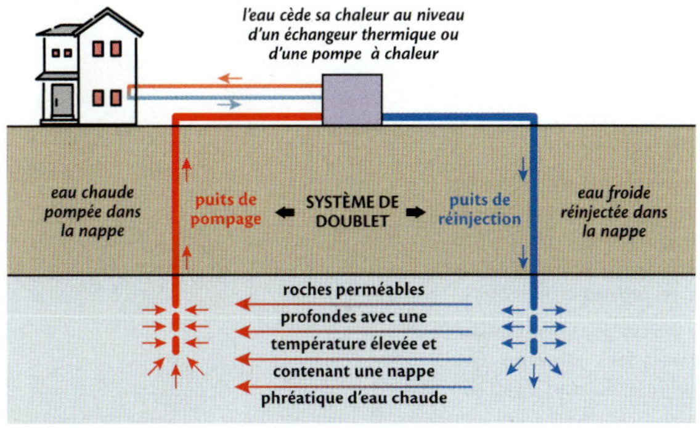

⚠ *Il y a refroidissement progressif de la nappe et des roches entre le puits de pompage et le puits de réinjection. Le doublet n'est plus fonctionnel au bout de 30 à 100 ans. Localement, l'énergie n'est donc pas renouvelable à l'échelle d'une vie humaine.*

✪ Géothermie de haute énergie

Caractéristiques géologiques locales du site de Bouillante (*Guadeloupe*)

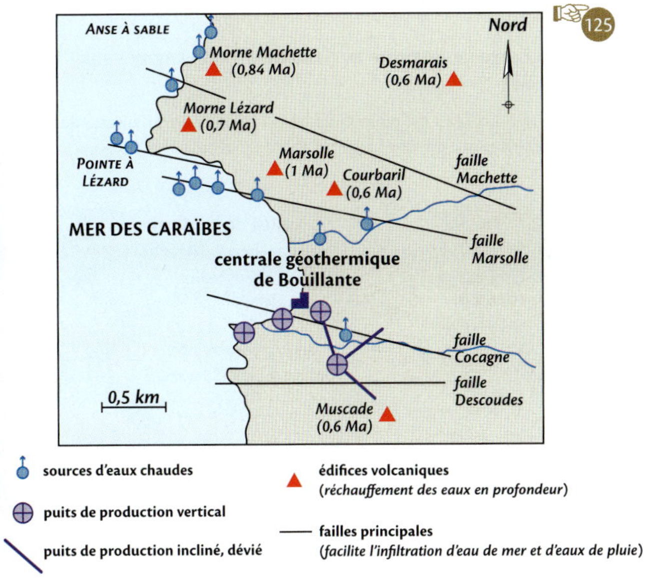

Principe de fonctionnement d'une centrale géothermique

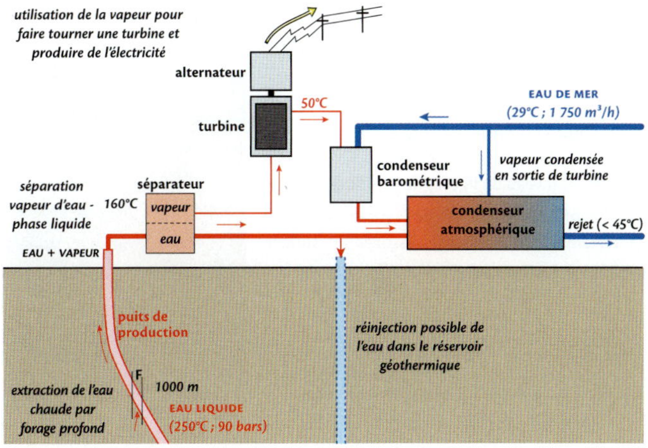

⚠ *Il existe d'autres sources d'énergies renouvelables (éolien, solaire).*

116 L'hydrogéologie

HYDROGÉOLOGIE = *science qui étudie l'eau et son comportement dans les roches. Elle s'intéresse à la circulation des eaux dans le sous-sol (recherche des nappes d'eau souterraines, étude des réservoirs, captage d'eau, suivi quantitatif et qualitatif des nappes d'eau souterraines).*

Quelles sont les caractéristiques des terrains qui contiennent des nappes d'eau souterraines ?
Comment ces nappes d'eau sont - elles étudiées et exploitées ?

I - Les roches peuvent contenir de l'eau : la diversité des aquifères

Situation des nappes d'eau souterraines contenues dans différents aquifères au 1er Janvier 2023

Les **aquifères** sont des formations géologiques qui contiennent des eaux souterraines. Ils sont délimités en profondeur par des **roches imperméables** qui contiennent des argiles (*marnes ou argilites*) ou par la **roche non fissurée**, dans le cas des aquifères fissurés.

Pour qu'une formation géologique soit un bon aquifère, elle doit présenter des vides permettant à l'eau de pénétrer (*la* ***porosité*** *exprime le volume de ces vides*). De plus, ces vides doivent être en communication les uns avec les autres pour que l'eau circule (*la* ***perméabilité*** *mesure l'aptitude de la roche à se laisser traverser par l'eau*).

- 1 : grandes nappes souterraines
- 2 : nappes de taille réduite
- 3
- 4

1, 2 : aquifères SÉDIMENTAIRES poreux (*sables, grès*) ou fissurés (*calcaires*)

3 : aquifères fissurés de roches MAGMATIQUES et MÉTAMORPHIQUES (*l'eau est contenue dans les fissures et dans les zones altérées de la roche*)

4 : aquifères poreux ALLUVIAUX dans les alluvions qui bordent les cours d'eau

nappe réactive (*alimentée par les eaux d'infiltration*)

nappe inertielle (*non renouvelée*)

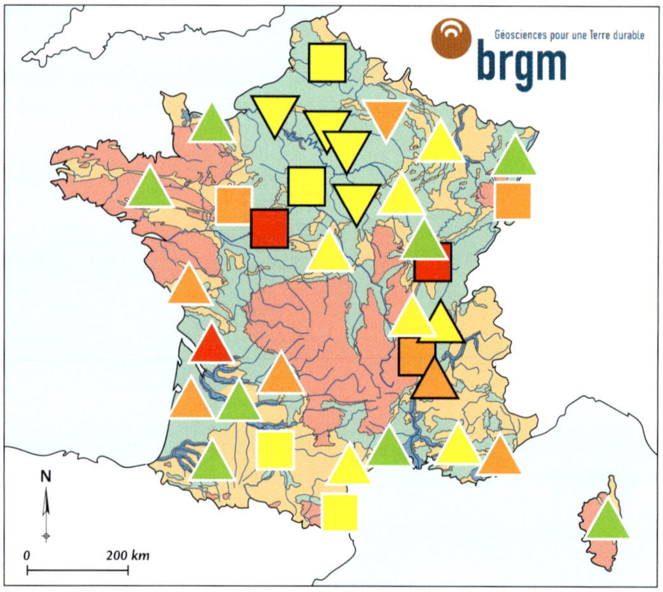

ÉVOLUTION RÉCENTE DES NIVEAUX :
- en hausse
- stable
- en baisse

NIVEAU DES NAPPES
- niveaux très hauts
- niveaux hauts
- niveaux modérément hauts
- niveaux autour de la moyenne
- niveaux modérément bas
- niveaux bas
- niveaux très bas

États de l'eau dans les aquifères et porosités

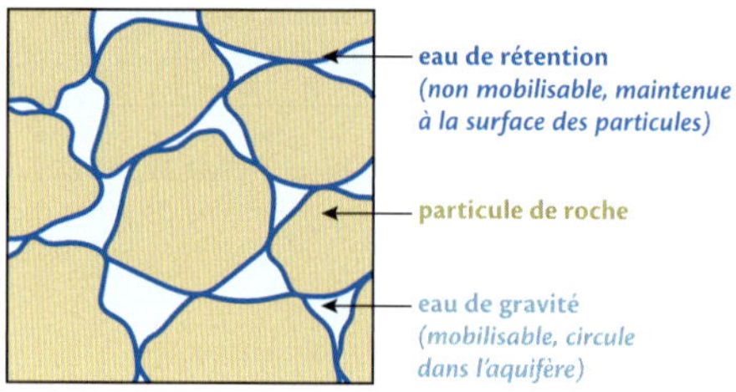

La **porosité totale** (P_t) se définit de la manière suivante :

$$P_t = \frac{\text{volume des vides}}{\text{volume total de la roche}} \times 100$$

La **porosité efficace** (P_t) est :

$$P_e = \frac{\text{volume d'eau gravitaire}}{\text{volume total de la roche}} \times 100$$

	porosité totale (P_t)(%)	porosité efficace (P_t)(%)
grès	25 à 40	15 à 25
argile	40 à 50	1 à 2
craie	10 à 40	1 à 5
calcaire fissuré	1 à 10	10 à 50

Exsurgence de la source de Briance (*Lot*)

Les roches calcaires sont peu poreuses mais « *perméables en grand* » grâce aux nombreuses figures de dissolution du relief karstique. On trouve peu d'eau en surface dans les régions calcaires car elle s'infiltre au niveau de figures de dissolution.

L'eau d'infiltration forme de véritables rivières souterraines. Elles peuvent ressortir en surface (*phénomène d'****exsurgence***). 61

Les grands Causses sont un ensemble de hauts plateaux calcaires situés dans le Sud du Massif Central. À l'aridité superficielle de la région, s'oppose une importante circulation d'eaux souterraines.

Extrait de la carte géologique au 1/50 000ème de Lagny - sur - Marne (*Seine et Marne*)

Dans la butte témoin, l'eau est maintenue dans l'aquifère sédimentaire des sables de Fontainebleau par une couche imperméable de marnes à huîtres, sous les sables de Fontainebleau.

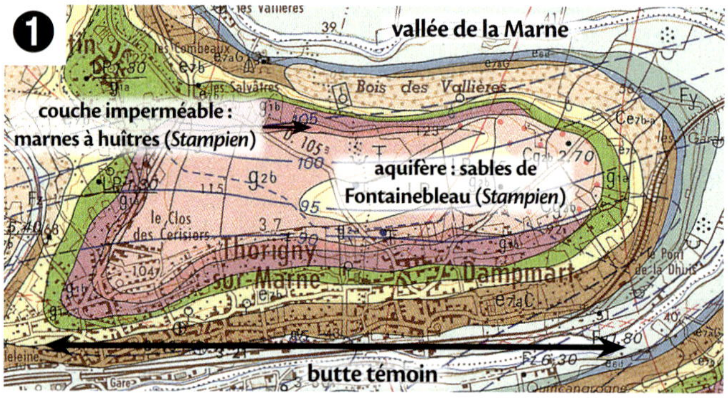

II - L'eau en continuité dans l'aquifère constitue une nappe

Les principaux types de nappes

Une **nappe** est constituée par l'ensemble de l'eau qui occupe les interstices (*pores ou fissures*) de l'aquifère. Le niveau de la **nappe** ou **surface piézométrique** est défini par la surface haute de l'eau dans les puits. Une **nappe phréatique** est une nappe d'eau souterraine libre et peu profonde.

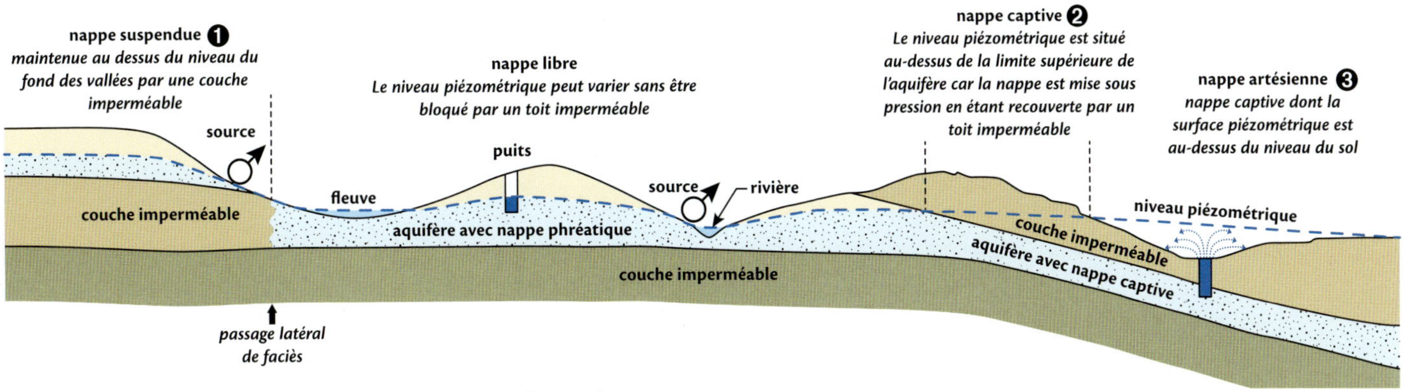

Les nappes alluviales sont celles qui s'étendent dans les alluvions des cours d'eau. Elles sont tantôt alimentées, tantôt drainées par les cours d'eau.

Les nappes captives sont souvent profondes et peuvent être exploitées en géothermie

Source « bouillonnante » dans le bassin des Fontenils (*bord de Loire, Loiret*)

La nappe de Beauce est l'une des grandes nappes phréatiques françaises. C'est une **nappe karstique** remplissant les cavités et surtout les fissures des calcaires déposés à l'Oligocène terminal. Il s'agit en grande partie d'une **nappe libre** sauf dans la région d'Orléans, où elle est localement recouverte d'argiles miocènes. Dans cette région, l'eau ressort donc localement sous pression et remue les alluvions récentes (*ici des graviers*).

Puits artésien alimentant une cressonière, Brême (*ouest de l'Artois, Pas de Calais*)

L'adjectif « artésien », qui désigne des puits jaillissants, tire son origine du nom de la province d'Artois.

La nappe artésienne des sables verts, albiens, dont le toit est constitué par les argiles du Gault, se trouve à 600 m en dessous de Paris et alimente plusieurs puits artésiens dans la capitale.

III - L'eau des nappes souterraines est exploitée et surveillée par l'Homme

Deux principaux types de surveillance sont réalisées : le suivi du niveau piézométrique des nappes et le suivi de leur qualité (*mesure de la concentration de différentes substances dissoutes*). Ces données sont récoltées par la **banque de données Ades** (*Accès aux données sur les eaux souterraines*).

Répartition des prélèvements par usages, sur la nappe de Beauce

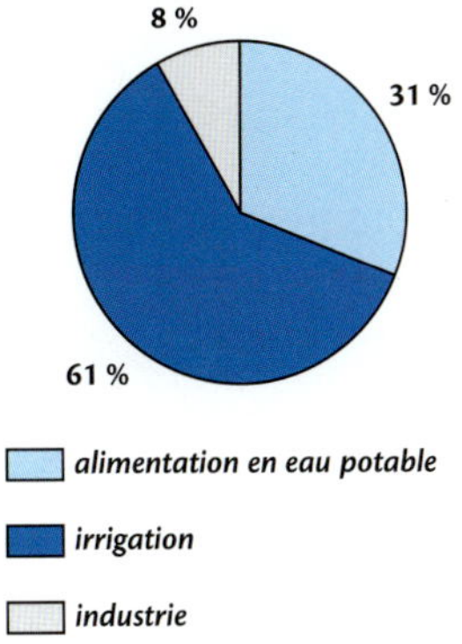

L'épuisement des nappes peut conduire à des tassements de terrains. Un des plus célèbres est celui de la ville de Mexico qui atteint à certains endroits 6 m de tassement.

Suivi du niveau piézométrique de la nappe de Dijon Sud

On observe des **oscillations saisonnières** du niveau de la nappe. Les pluies les plus efficaces pour recharger la nappe de Dijon-Sud se font entre Octobre et Mars. En 2022, la faible quantité de précipitations entre janvier et avril n'a pas permis la recharge de la nappe. De plus, l'été 2022 sec et les faibles précipitations de l'automne 2022 ont conduit à un niveau historiquement bas.

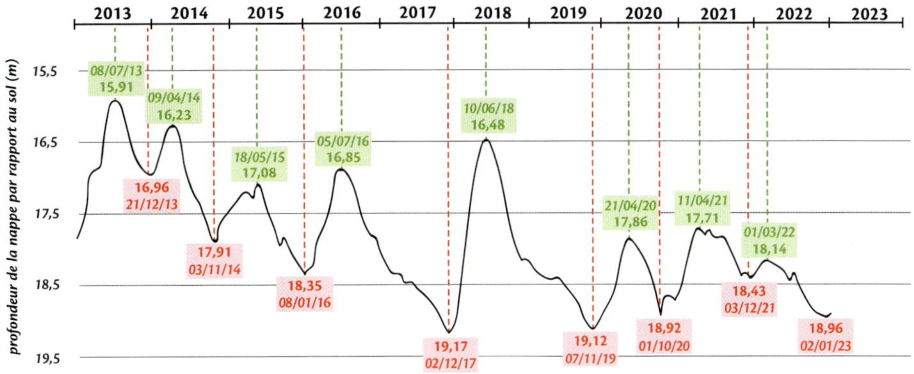

PARTIE XI

GÉOLOGIE DE LA FRANCE

117

Les grands ensembles de la France métropolitaine

Grand ensemble géologique = *subdivision géologique du territoire comportant des régions de même histoire ; dans le territoire métropolitain : massifs anciens, bassins sédimentaires, chaînes récentes et fossés associés.*

Quels sont les grands ensembles géologiques de la France métropolitaine ?

I - Localisation des grands ensembles

Carte géologique de la France au millionième

Le territoire de la France métropolitaine a enregistré une riche histoire géologique avec **plusieurs orogénèses successives**. La racine des chaînes anciennes érodées constitue le **socle** qui affleure au niveau des **massifs anciens** et le **substratum** des **bassins sédimentaires méso-cénozoïques**.
Le **cycle alpin** comprend des reliefs où on en trouve des traces, et des **fossés** qui font partie du **rift ouest-européen**, parfois accompagnés d'un bombement thermique et d'un volcanisme alcalin.

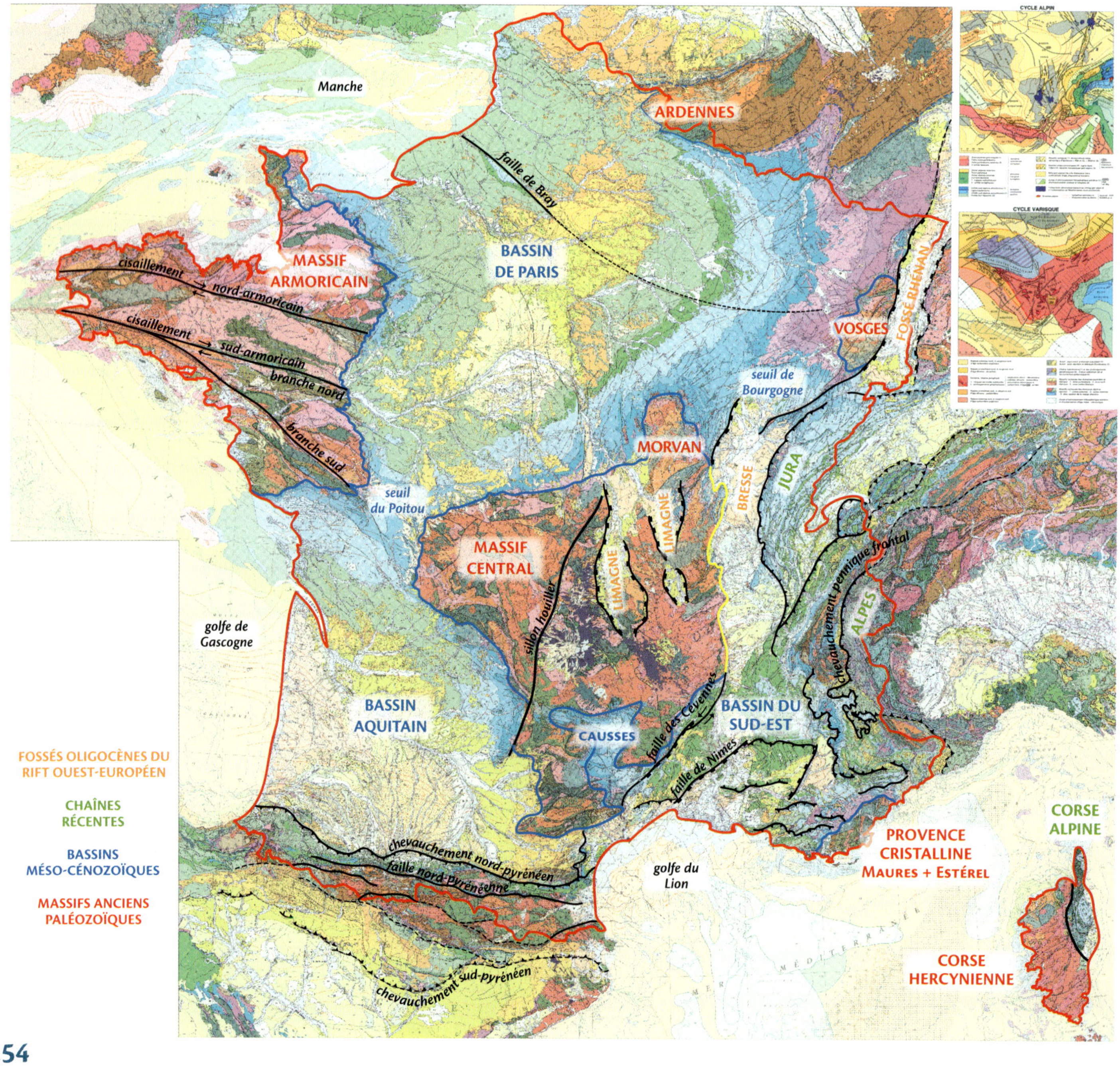

II - Les massifs anciens

Les racines de la chaîne hercynienne érodée

La **chaîne varisque** (= ***hercynienne en Europe***) est un **édifice polyorogénique**, résultant de la fermeture de plusieurs domaines océaniques, puis de collisions continentales d'âges et de positions variables. 118

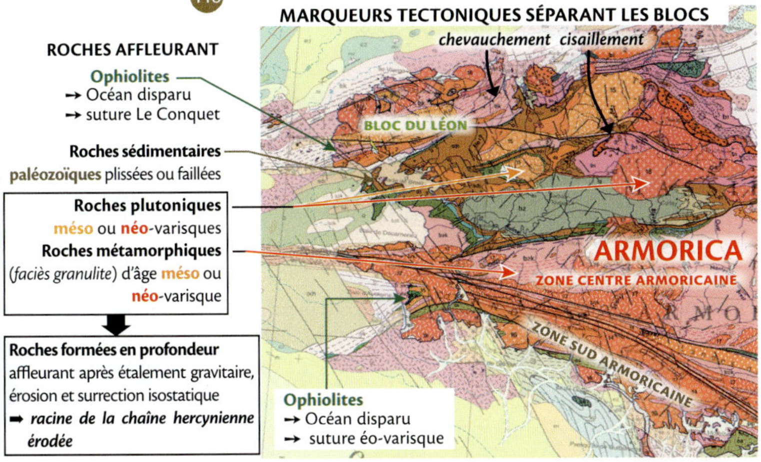

Formation de la Pangée à la suite de l'orogénèse hercynienne

Du Dévonien au Permien, plusieurs masses continentales (*microcontinents Avalonia et Armorica entre deux supercontinents Laurussia et Gondwana*) se sont rapprochées et ont fusionné avec la disparition des océans Médio-Européen et Rhéique, ce qui a abouti à la formation de la Pangée.

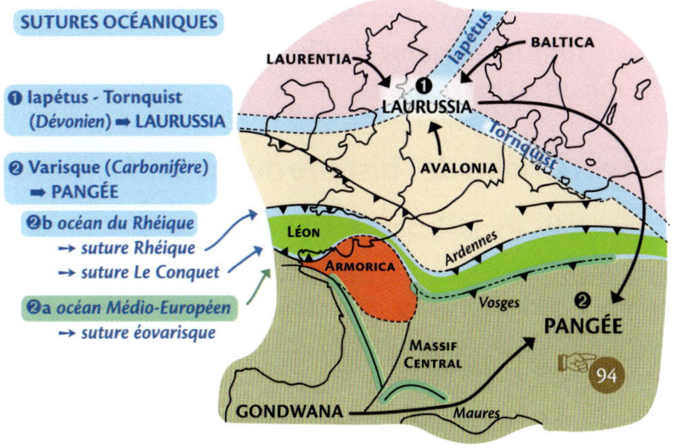

94

III - Les bassins sédimentaires céno-mésozoïques

Des bassins intracratoniques sur la pénéplaine hercynienne 121

Les sédiments reposent en discordance sur la pénéplaine hercynienne. Leur accumulation a été permise par une subsidence thermique accentuée par le poids des sédiments déposés.

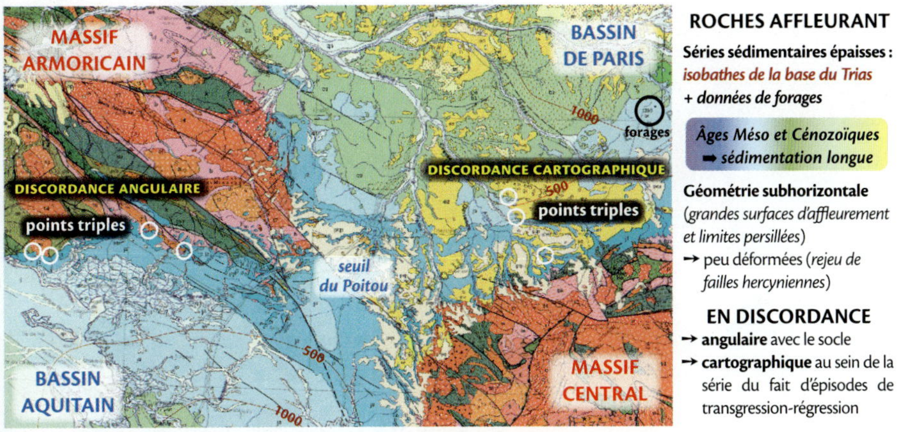

Transgression du Crétacé supérieur (*70 Ma*)

Particulièrement importante du fait d'un eustatisme élevé, seuls certains reliefs hérités de la chaîne hercynienne sont restés émergés.

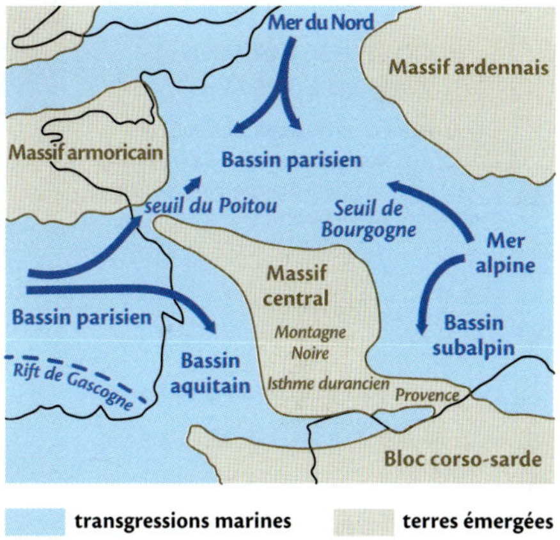

IV - Les chaînes récentes et fossés Cénozoïques

Formation des Pyrénées et des Alpes

Au **Crétacé supérieur**, le bloc ibérico-corso-sarde coulisse de façon sénestre par rapport à la France. Ce coulissement est accompagné d'un déplacement du pôle de rotation entraînant l'ouverture du golfe de Gascogne.

À l'**Éocène**, l'orogenèse pyrénéo-provençale crée un faisceau de plis de couverture et d'écailles de socle.

Quasi simultanément, les Alpes se forment suite à la subduction de l'océan alpin accompagnant la remontée de la plaque Afrique et de son promontoire Apulien vers le Nord.

120

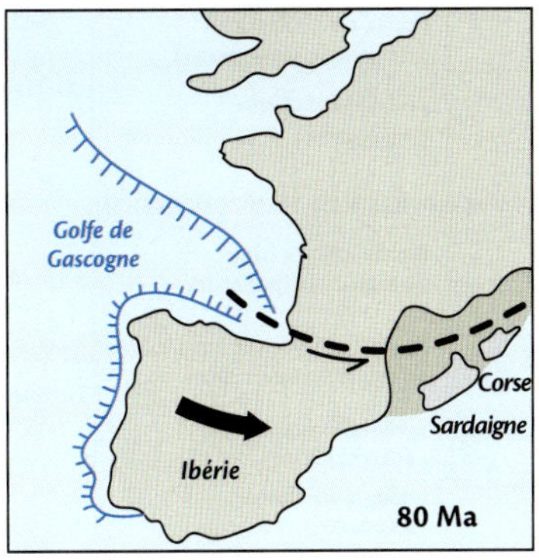

119

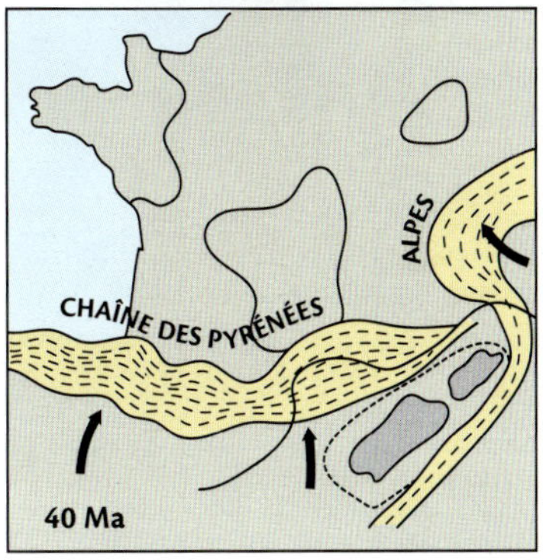

Des fossés appartenant au rift ouest-européen

La poursuite des **contraintes N-S**, l'**effet gravitaire de la racine lithosphérique sous les Alpes** et l'**extension arrière arc** de la subduction de la Théthis entraînent :

- → un **flambage** de la lithosphère à grand rayon de courbure,
- → un **système de rifting** dans tout l'Ouest européen,
- → la **rotation du bloc corso-sarde** avec **ouverture du bassin océanique algéro-provençal** entre continent et Corse.

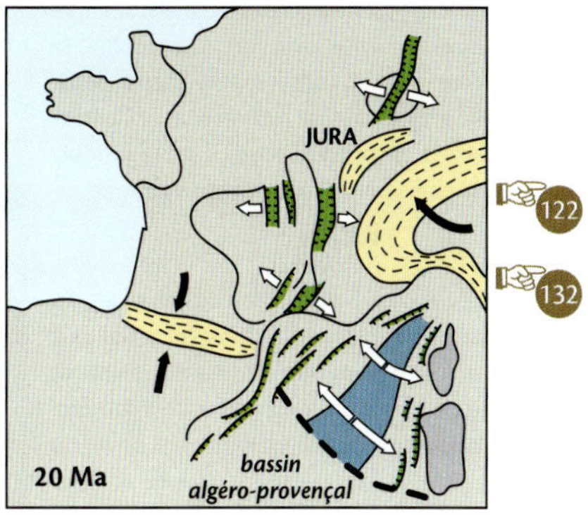

122
132

Étude d'un massif ancien

Massif ancien français = *massif dont l'orogenèse date du Paléozoïque (orogenèse varisque) et qui a subi une érosion importante. Il existe en France plusieurs massifs anciens : Massif Armoricain, Massif Central, Vosges, Ardennes, partie occidentale de la Corse, massifs Provençaux.*

Quels sont les témoins de l'histoire géologique d'un massif ancien ? Comment les exploiter pour reconstituer l'histoire du massif Armoricain ?

I - Les témoins de l'histoire du massif Armoricain visibles sur la carte géologique de France au millionième

Extrait de la carte géologique de France au millionième

99 118

On observe dans le Massif Armoricain les différents indices d'une orogenèse : **indices tectoniques de raccourcissement** (*plis, failles inverses, chevauchements*) et de **décrochements** ; **granites orogéniques**, gradients métamorphiques de haute température liés au contexte de collision, traces d'un **domaine océanique** et de sa fermeture par **subduction**.

OROGENÈSE ICARTIENNE (-2,2 Ga à -1,8 Ga)

1 roches de l'orogenèse icartienne

OROGENÈSE CADOMIENNE (-750 Ma à -540 Ma)

FERMETURE D'UN DOMAINE OCÉANIQUE

PAR SUBDUCTION

2 granitoïdes calco-alcalins

PAR COLLISION

3 granitoïdes peralumineux

OROGENÈSE VARISQUE (-430 Ma à -295 Ma)

FERMETURE D'UN DOMAINE OCÉANIQUE

PAR SUBDUCTION

4 groupe leptyno-amphibolique avec reliques éclogitiques éo-varisques

5 faciès schiste bleu : métamorphisme HP-BT

PAR COLLISION

6 terrains paléozoïques plissés

7 chevauchements affectant des terrains paléozoïques

8 faciès amphibolite : métamorphisme MP-MT

9 migmatites

10 leucogranites 10' leucogranites déformés

11 cisaillements nord et sud armoricain (*déformation des granites varisques par le cisaillement sud*)

12 terrains mésozoïques du bassin de Paris discordants sur les plis du Massif Armoricain

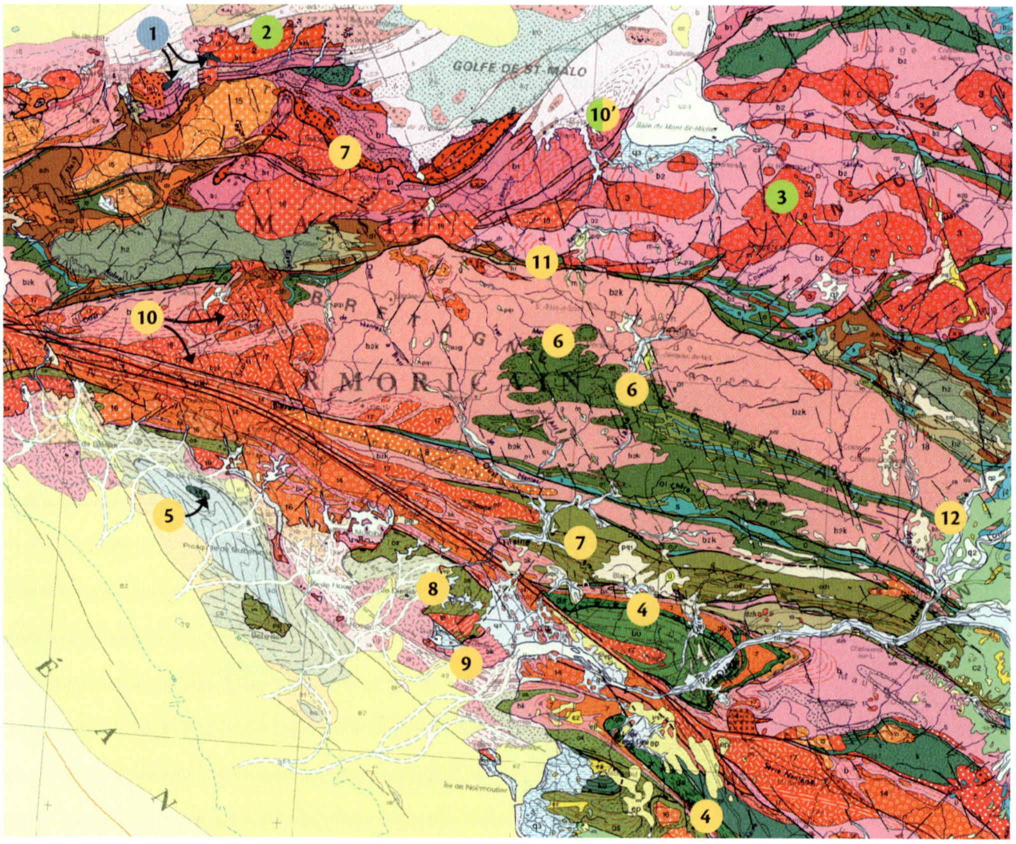

II - Les roches témoins d'un ancien domaine océanique subduit

Éclogite de la Compointrie (*Loire Atlantique*)

Cette éclogite fait partie du **complexe lepty-no-amphibolique**. Ce complexe correspond à un ensemble de roches acides et basiques métamorphisées à haute pression. Ces roches se seraient mises en place sur la marge passive séparant le bloc armoricain de l'océan Massif Central. Ces roches ont ensuite été prises dans la subduction puis la collision de l'**orogenèse varisque**.

49

Des roches interprétées comme des reliques ophiolitiques de l'orogenèse varisque sont situées en baie d'Audierne (Ouest de Quimper), dans le complexe de Champtoceaux et sur l'île de Groix.

Les informations de la légende de la carte géologique de France au millionième (*extrait annoté*)

MÉTAMORPHISME DE BASSE ET MOYENNE PRESSION

- faciès amphibolite (*paragneiss, orthogneiss*) — COLLISION
- zone anatectique (*migmatites*) — COLLISION

MÉTAMORPHISME DE HAUTE PRESSION

- faciès schiste bleu de basse température — SUBDUCTION
- faciès éclogite (*et schiste bleu de haute température*) — SUBDUCTION
- 1 : relique éo-varisque éclogitique ; 2 : relique éo-alpine à coésite — SUBDUCTION

III - Observations de déformations sur le terrain

Leucogranite déformé de la Pointe du Grouin (*Ille-et-Vilaine*)

On observe de nombreux **plans de schistosité**. Ces déformations sont associées à la présence d'un grand décrochement senestre visible sur l'extrait de carte géologique de France.

Au Sud, ce décrochement est recoupé par des granites varisques numérotés 18 (***il est donc antérieur à l'orogenèse varisque***) alors qu'au nord, il affecte des terrains cambrien et dévonien (***il a donc rejoué lors de l'orogenèse varisque***).

Il est difficile de déterminer la part relative de l'orogenèse cadomienne et de l'orogenèse varisque dans la déformation de ce granite.

Zoom sur le leucogranite
(*photo orientée à 90° par rapport à l'affleurement de gauche*)

Les minéraux sont orientés suivant des plans verticaux qui recoupent perpendiculairement le plan horizontal de l'affleurement. Les feldspaths paraissent allongés suivant la direction haut-bas de la photo. Les plus gros feldspaths montrent des ombres de pressions dissymétriques qui traduisent un **cisaillement simple senestre**.
Ceci est cohérent avec le sens du décrochement qui jouxte le granite. ☞ 43

Discordance angulaire de la carrière de la Marette (*Région de Rennes, Bretagne*)

Les dépôts ordoviciens, plissés, présentent un pendage de 40° vers le Sud. Ils reposent sur des terrains briovériens très plissés dont les strates sont très redressées (*quasi verticalisées par endroits*) : Il s'agit d'une **discordance angulaire** entre les dépôts ordoviciens (*paléozoïques*) et briovériens (*protérozoïques*).

La déformation varisque se traduit ici par un plissement des séries paléozoïques et donc de la discordance majeure entre le protérozoïque et le paléozoïque.

Les informations de la légende de la carte géologique de France au millionième (*extrait annoté*)

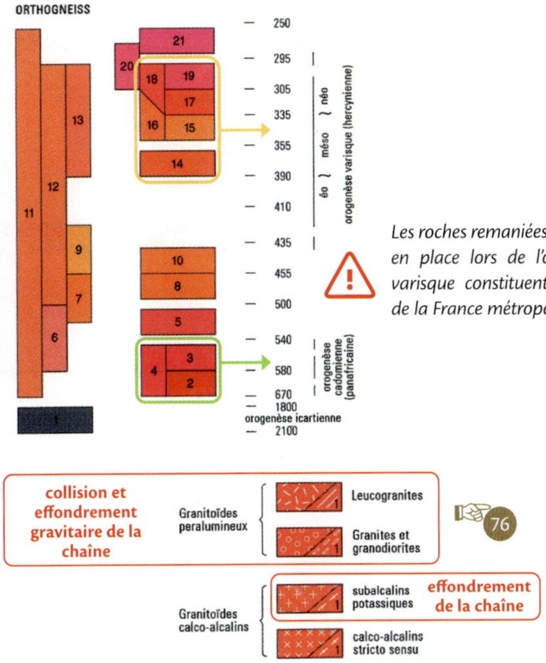

Les roches remaniées ou mises en place lors de l'orogenèse varisque constituent le socle de la France métropolitaine.

☞ 76

Grandes lignes de l'histoire géologique du secteur de La Marette

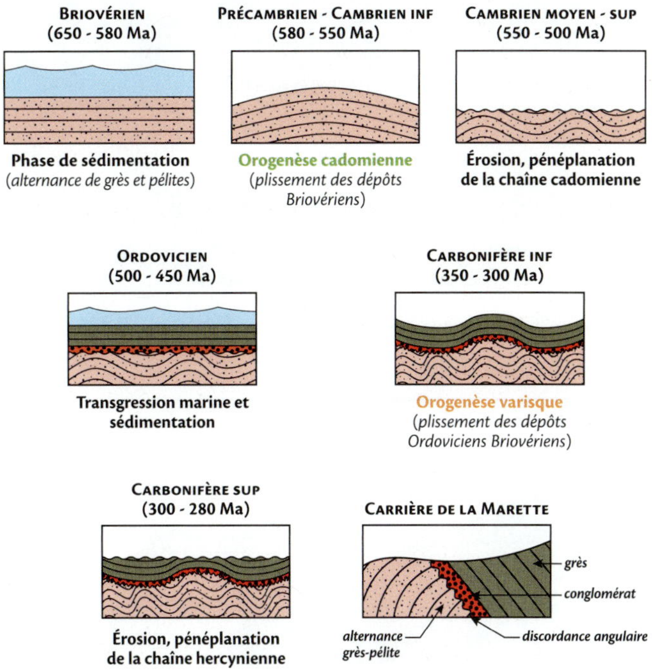

119 Étude d'une chaîne récente : les Alpes

Alpes = *chaîne de montagne récente, c'est-à-dire dont l'orogenèse s'est déroulée de la fin du mésozoïque au cénozoïque. Elle dessine un arc de 200 à 300 km de large et de plus de 1000 km de long qui s'étend de la Corse jusqu'en Autriche.*

Quels sont les témoins des principales phases de l'orogenèse alpine ?

I - Structuration de l'édifice alpin et identification des acteurs de l'orogenèse alpine

Extrait de la carte géologique de France au millionième (*région des Alpes*)

Les Alpes se forment suite à la **subduction** de l'**océan Alpin** qui accompagne la remontée de la **plaque africaine** et de son promontoire **apulien** vers la **plaque européenne**. L'océan Alpin est constitué de deux domaines (***océan valaisan*** *et* ***océan liguro-piémontais***) séparés par le microcontinent briançonnais. 31

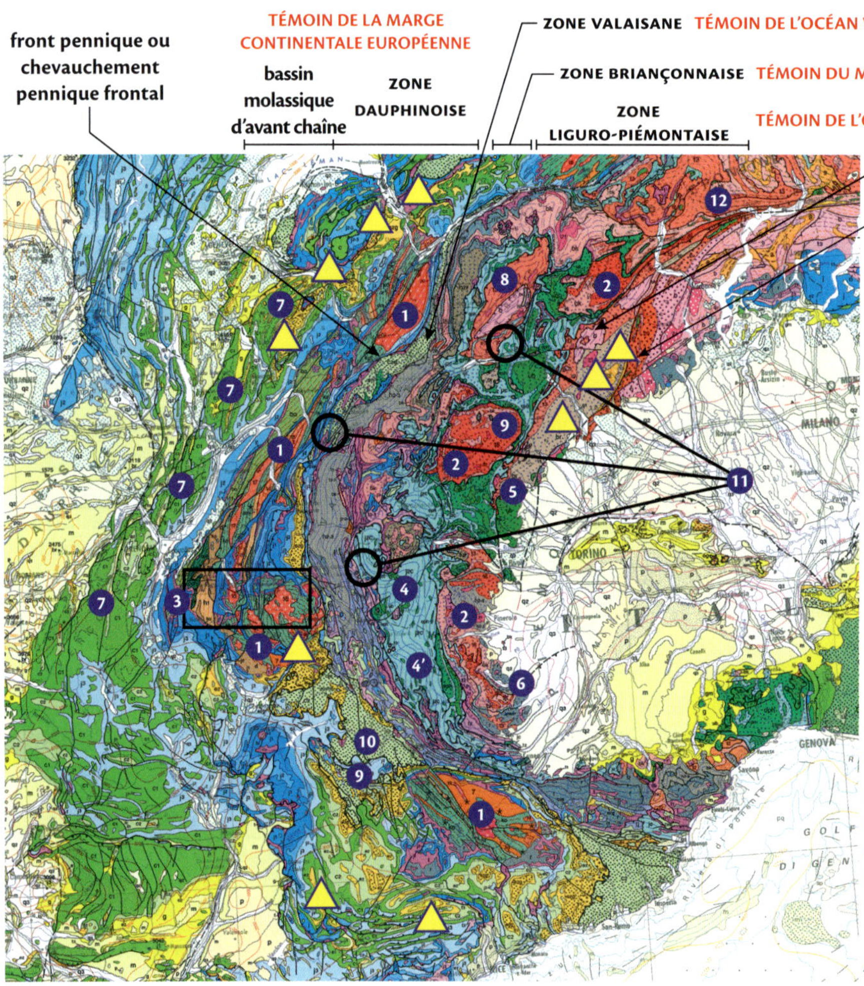

SOCLE DE LA MARGE EUROPÉENNE
- 1 **massifs cristallins externes**
- 2 **massifs cristallins internes**

RIFTING (*Jurassique*)
- 3 répétition d'Ouest en Est de sédiments reposant sur du socle recoupé par des failles (*blocs basculés de la paléomarge passive européenne*)

ACCRÉTION DE L'OCÉAN ALPIN (*Jurassique - Crétacé supérieur*)
- 4 et 4' **ophiolites alpines**

FERMETURE DE L'OCÉAN ALPIN ET SUBDUCTION DE LA LITHOSPHÈRE OCÉANIQUE (*Crétacé supérieur*)
- 4' **ophiolites métamophisées** dans les faciès schiste bleu et éclogite

SUBDUCTION CONTINENTALE DE LA MARGE APULIENNE (*Crétacé supérieur - Éocène*)
- 5 **zone de Sésia** (*marge apulienne amincie, subductée et remontée*)

SUBDUCTION CONTINENTALE DE LA MARGE EUROPÉENNE (*Crétacé supérieur - Éocène*)
- 6 **reliques éclogitiques à coésite** de roches de la croûte continentale

COLLISION (*Post-Éocène*)
- 7 **chaînes subalpines** avec plis affectant des terrains Cénozoïques
- 8 klippe — 9 fenêtre — 10 nappe de flysh à Helminthoïdes
- 11 chevauchements
- 12 migmatites Lépontines (*fusion partielle datant de l'Oligocène*)

△ traces de magmatisme calco-alcalin oligocène syn-collision (*filon d'andésite, conglomérats à éléments andésitiques, intrusion de diorite et granodiorite*)

Panorama du Col du Lautaret : observation du front pennique

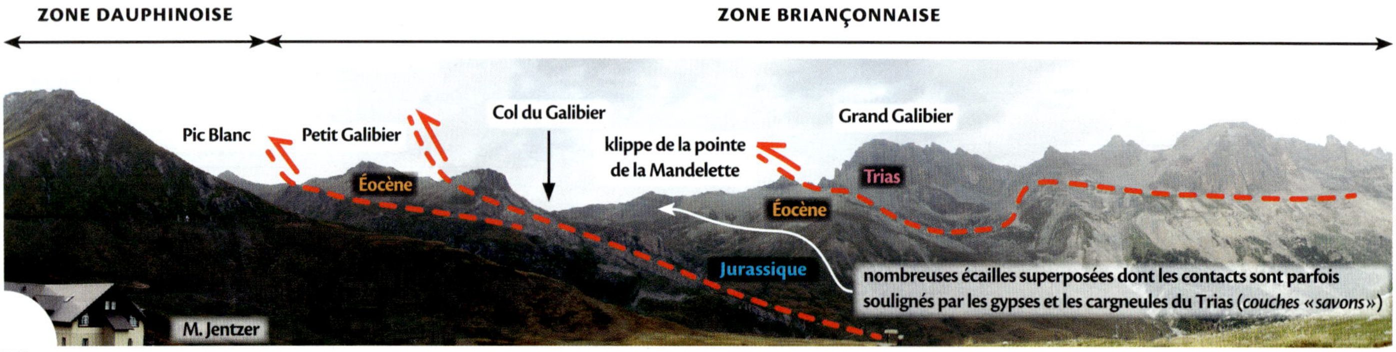

II - Des témoins de l'océan Alpin et de ses marges continentales

Mini blocs basculés du rocher d'Armentiers (*Bourg d'Oisans, Isère*)

D'Ouest en Est, du massif de Belledonne au Pelvoux, on observe une succession d'**anciens blocs basculés** séparés par des **failles normales**. Ce sont les témoins de la phase de **rifting continental** qui précède l'ouverture de l'océan Alpin et donc de la marge passive européenne.

Extrait de la carte géologique au 1/50 000ème de Briançon dans la région du massif du Chenaillet 30

Le Chenaillet est un **massif ophiolitique** avec de la **péridotite de type Lherzolite**. C'est une ophiolite de type LOT , qui caractérise un **océan à dorsale lente**.

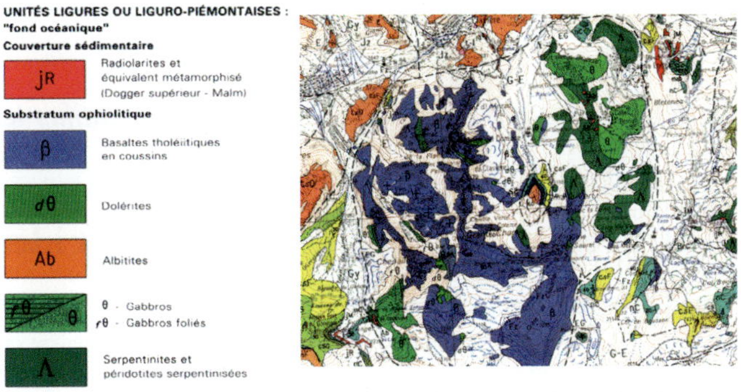

*Le massif du Chenaillet ne présente pas de métamorphisme de subduction. Il a été **obduit**, c'est-à-dire charrié sur la lithosphère continentale, sans entrer en subduction lors de la fermeture de l'océan Alpin.*

III - Des témoins de la subduction

On observe la présence de faciès métamorphiques caractéristiques d'un **gradient haute pression-basse température de subduction**.

Détail d'une éclogite de la Vallée d'Aoste (*Italie*)

Cette **éclogite** provient de la **subduction du bord de la marge continentale africaine amincie**.

Cette marge contenait des niveaux basiques qui ont formé ces éclogites.

Le domaine des schistes lustrés, dans la zone Liguro-piémontaise, constitue un paléo-prisme d'accrétion. 55

Bric Bouchet, Queyras (*Hautes Alpes*)

Le relief du Bric Bouchet est constitué d'une **masse ophiolitique métamorphisée** dans le faciès des schistes bleus.

IV - Des témoins de la collision

On observe les **différents marqueurs tectoniques de collision** : plis, failles inverses, chevauchements.

Pli de St Clément, nappe de flysch à Helminthoïdes (*Hautes Alpes*)

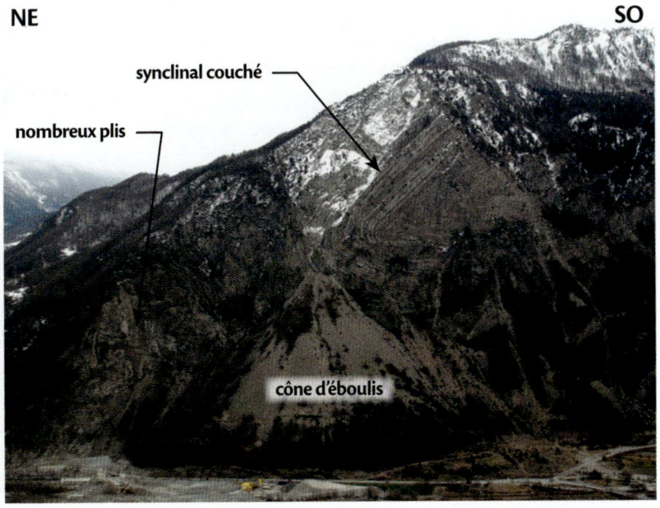

Filons d'andésite recoupant des gneiss éclogitiques 88 (*Lillianes, Val d'Aoste, Italie*)

Le **magmatisme calco-alcalin** à l'origine de cette andésite est contemporain de la phase de collision. Il serait une conséquence directe du **détachement d'un panneau lithosphérique subduit** (*lithospheric breakdown*).

Ce détachement de la lithosphère plongeante entraîne une **remontée asthénosphérique**, qui fond par **décompression adiabatique**.

Étude d'une chaîne récente : les Pyrénées

PYRÉNÉES = *chaîne de montagnes récente qui s'étend sur 450 km de long à la frontière franco-espagnole, de l'océan Atlantique à la Méditerranée.*

Quels sont les outils et les objets permettant d'identifier les grandes étapes de l'histoire paléogéographique et géodynamique de la chaîne ?

I - Structuration de l'édifice pyrénéen et identification des acteurs de l'orogenèse pyrénéenne

Extrait de la carte géologique de France au millionième (*région des Pyrénées*)

On trouve des structures correspondant à une orogenèse antérieure, l'**orogenèse varisque**, qui ont été remaniées lors de l'**orogenèse pyrénéenne Cénozoïque**.

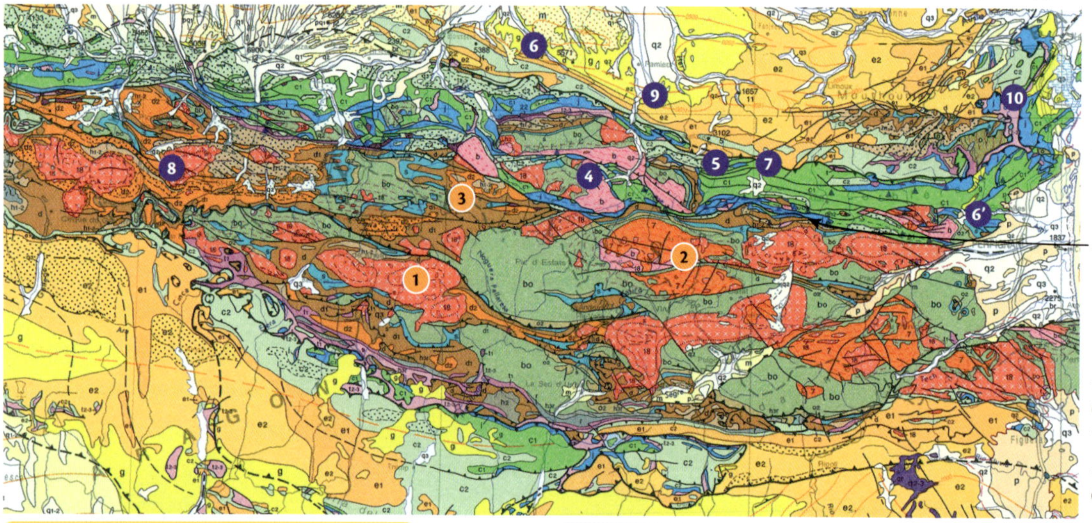

OROGENÈSE VARISQUE (*-430 Ma à -295 Ma*)

1. granitoïdes orogènes de collision
2. faciès amphibolite et migmatites : métamorphisme MP-MT de collision 117
3. terrains sédimentaires paléozoïques plissés (*déformations de l'orogenèse varisque reprises dans l'orogenèse pyrénéenne Cénozoïque*)

Le nom de lherzolite vient de l'étang de Lers (autrefois appelé Lherz) où se trouve le plus grand affleurement de péridotites pyrénéennes

OROGENÈSE PYRÉNÉENNE (*-110 Ma à -40 Ma*)

4. affleurement de lherzolite (*amincissement crustal associé au coulissage entre la péninsule ibérique et la marge européenne, qui met par endroit le manteau à nu*)
5. flysh crétacé (*témoin d'un domaine marin*)
6. 6' discordance des terrains oligocènes sur les terrains mésozoïques et cénozoïques plissés (*compression post-Éocène et anté-Oligocène*)
7. chevauchement à vergence Nord affectant les terrains crétacé et éocène (*chevauchement post-Éocène*)
8. cirque de Gavarnie : fenêtre montrant une nappe de socle, chevauchant des terrains paléozoïques et leur couverture crétacé supérieur
9. bassin rempli de sédiments cénozoïques (*bassin flexural d'avant chaîne*)
10. nappe des Corbières

Affleurement de lherzolite (*Ariège*)

La lherzolite est en **contact stratigraphique** avec des brèches tectoniques et sédimentaires qui remanient à la fois les sédiments mésozoïques avoisinants et le manteau lui-même. Ce type de structures s'observe en pied de marge continentale dans la **zone de transition océan-continent** (*TOC*).

4

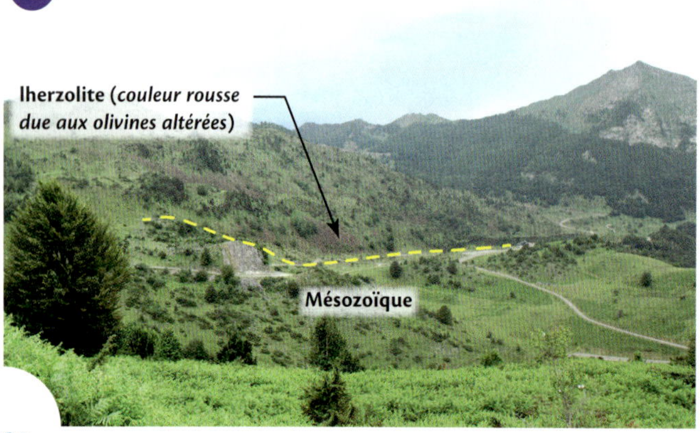

Chevauchements à la base de la nappe des Corbières (*Padern, Aude*)

La nappe des Corbières est constituée d'un matériel sédimentaire jurassique et crétacé, qui chevauche un autochtone comprenant des sédiments paléozoïques, mésozoïques et cénozoïques. À la base de la nappe, le déplacement principal entraine la genèse de petits chevauchements d'échelle centimétrique à décamétrique.

10

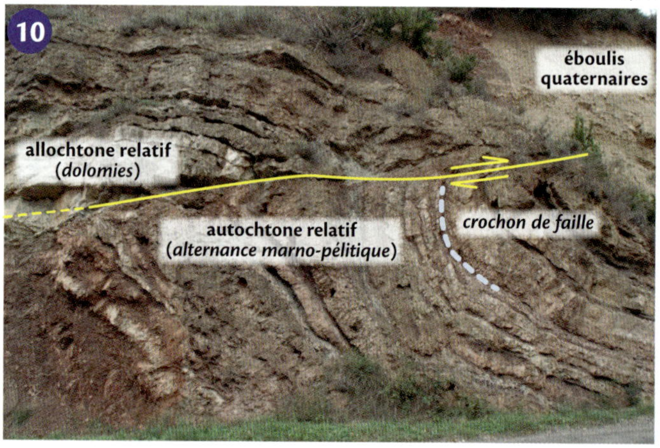

Extrait de la carte géologique de Rivesaltes au 1/50 000ème

On observe des déformations et du métamorphisme qui affectent les terrains mésozoïques.

isograde de métamorphisme affectant les terrains mésozoïques ***(métamorphisme HP-BT associé à la phase d'amincissement crustal lié au coulissage de la péninsule ibérique)***

pendage de la faille vers le sud ***(V dans la vallée vers le sud)*****, toit du Jurassique et mur du Crétacé : faille inverse**

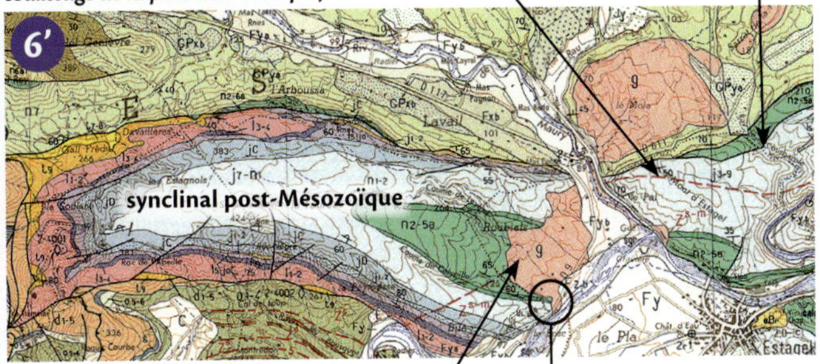

terrains Oligocène discordants sur le pli ***(tectonique post-Mésozoïque et anté-Oligocène)***

point triple entre le Jurassique, le Crétacé et l'Oligocène avec lacune Éocène

Demi-anticlinal coffré de la Pointe de Sainte Barbe (*Saint-Jean-de-Luz*), photographié depuis Ciboure (*Pyrénées Orientales*) 65

Les plis affectent les flyschs du Crétacé supérieur.

II - Les Pyrénées : une chaîne formée par collision entre la plaque Ibérique et l'Eurasie

Mouvement de la plaque Ibérique au Crétacé

Le mouvement de rotation-translation de la plaque Ibérique vers le Sud-Est, de l'Albien-Cénomanien (*-110 Ma*) jusqu'au Campanien (*-80 Ma*) entraine l'ouverture du Golfe de Gascogne. Le mouvement décrochant présente une composante en extension (***transtension***) Ceci entraine l'amincissement de la croûte continentale et la formation de petits bassins en pull-apart. L'amincissement crustal conduit par endroits à la dénudation du manteau sous-continental : on a les prémices d'une ouverture océanique qui n'a pas abouti (*stade précédant la mise en place d'un véritable plancher océanique*).

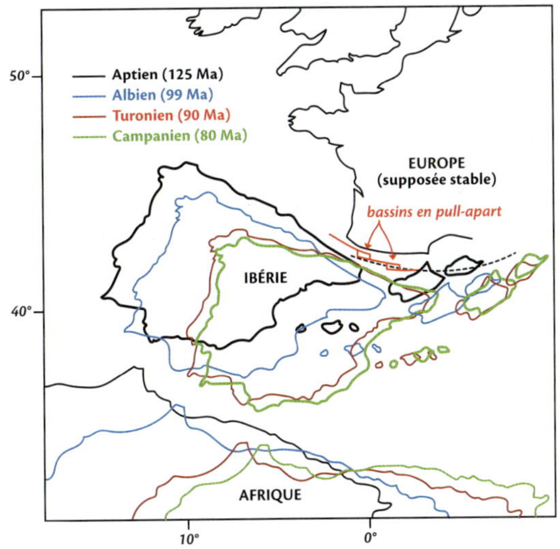

Flyschs et pillows lavas d'Armuitza (*Pays basque Espagnol*)

Les flyschs du Pays Basque se sont déposés du Crétacé supérieur (*Albien-Cénomanien, -110 Ma*) au Paléocène-Eocène (*Yprésien, -55 Ma*). Cette série est constituée à 80% de turbidites, et à 20% de sédiments pélagiques. Les turbidites sont elles-mêmes constituées d'alternances de grès (*calcaires ou silico-clastiques*) et de marnes. Ces sédiments sont déposés dans les bassins subsidents formés entre la péninsule ibérique et l'Europe. L'amincissement lithosphérique conduit à la remontée d'asthénosphère et à sa fusion partielle. Le faible taux de fusion forme des basaltes alcalins.

Le paléomagnétisme, aussi bien par l'étude des anomalies magnétiques de l'Atlantique que par la détermination du paléo-pôle des terrains espagnols, met en évidence les mouvements relatifs Ibérie/ Europe.

Collision entre la plaque Ibérique et la plaque Eurasie 117

À la fin du Crétacé et au début du Cénozoïque, la plaque ibérique converge vers la plaque européenne. Il y a collision avec (1) fermeture de petits domaines équivalents à une transition Océan-Continent (*TOC*) en pied de marge continentale et (2) plissement et écaillage de la croûte de part et d'autre de l'ancienne zone décrochante.

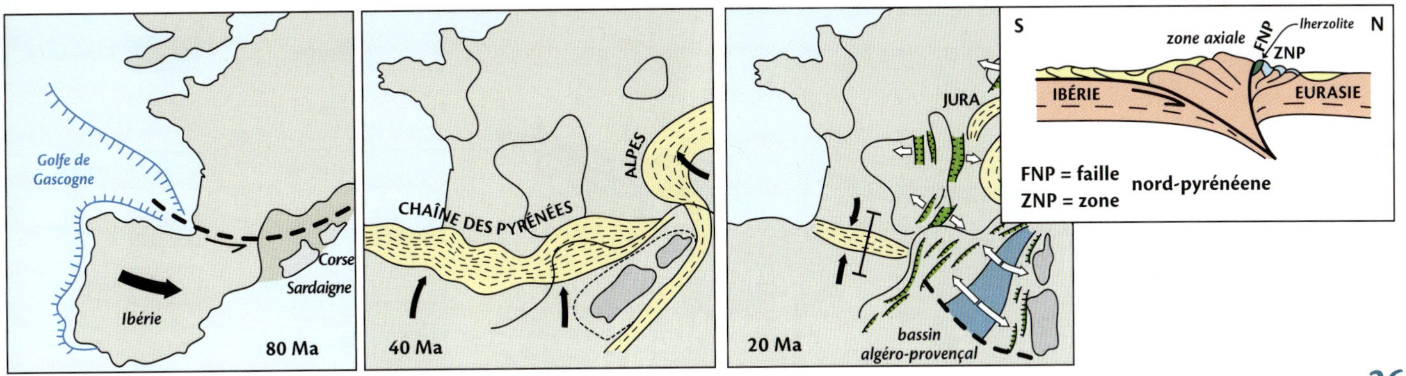

121 Étude d'un bassin sédimentaire intracratonique : le Bassin parisien

CRATON = *vaste portion stable d'une lithosphère continentale.*

Quelles sont les caractéristiques du bassin sédimentaire intracratonique parisien ?

I - Les témoins de l'histoire géologique du Bassin parisien visibles sur la carte de France au millionième

Extrait de la carte géologique de la France au millionième

falaises du Pays de Caux 1
➡ paysage remarquable avec une hauteur moyenne des falaises d'environ 70 m, essentiellement d'âge Crétacé supérieur

méandres de la Seine 2
➡ présence de terrasses alluviales dues aux glaciations quaternaires

62 103

structure persillée des couches 3
➡ pendage nul au centre du bassin

4 **2 « boutonnières » anticlinales** ➡ marques d'événements tectoniques subis par le bassin

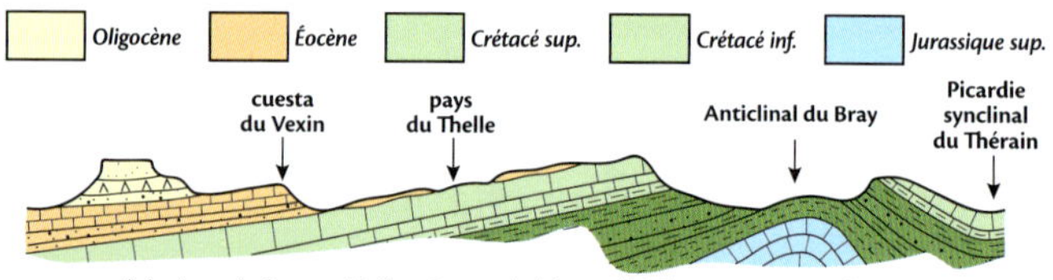

coupe géologique du Beauvaisis (axe Beauvais / Auneuil / Chaumont-en-Vexin / Montjavoult)

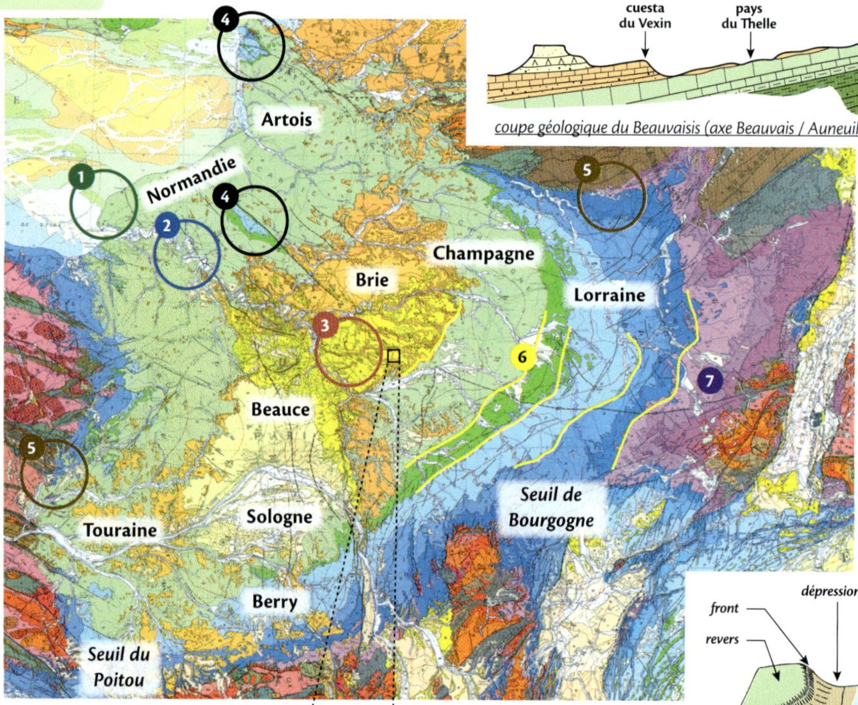

2 discordances entre les terrains sédimentaires du bassin et le socle varisque 5

couches sédimentaires disposées en auréoles 6
➡ les plus vieilles (*Trias*) en périphérie et les plus jeunes (*Miocène*) au centre

bassin soulevé côté Est par l'orogenèse alpine
➡ structure monoclinale : reliefs caractéristiques de buttes témoins et de cuestas

isobathe du toit du socle
➡ épaisseur des couches sédimentaires ; jusqu'à 3 000 m au centre du bassin

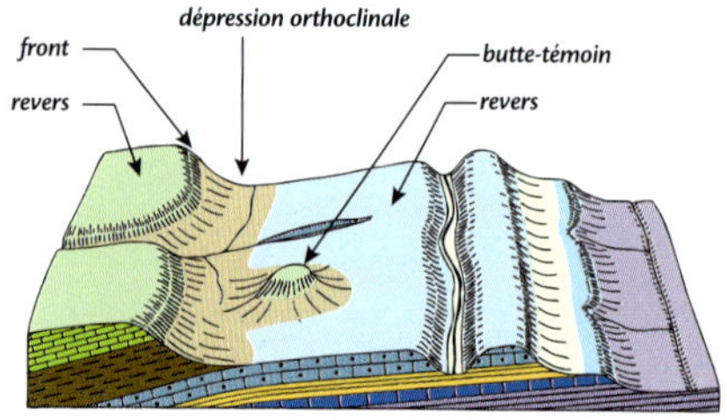

bloc-diagramme de l'organisation d'une cuesta

Le Bassin parisien, l'archétype du bassin sédimentaire intracratonique 64

Ce bassin correspond à une **dépression sédimentaire**, au sommet d'un **socle continental varisque**, découpé par des failles normales, qui s'est rempli suite à une subsidence lente, du Trias au Miocène. Une vision simple de ce bassin correspond à une « ***pile d'assiettes*** », de la plus ancienne à la plus récente.
Ce bassin se poursuit jusqu'en Angleterre, la Manche n'étant qu'un bras de mer de faible profondeur.

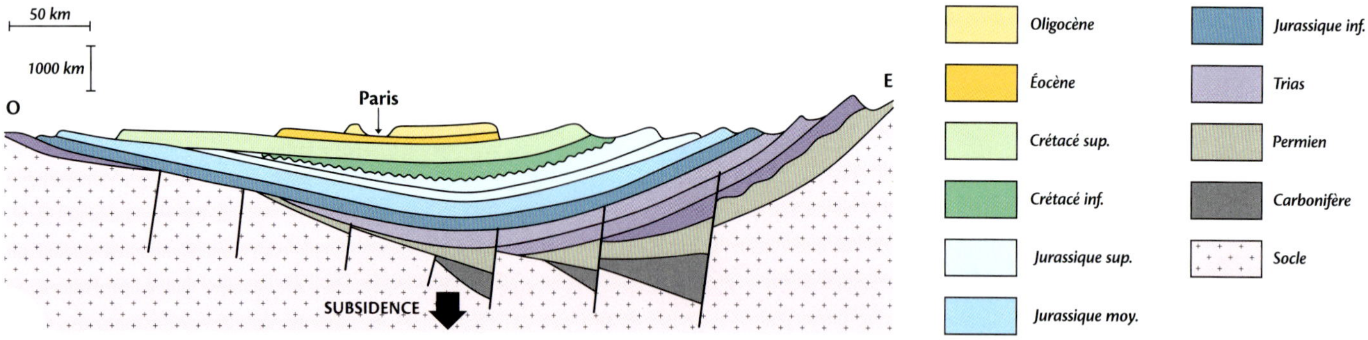

II - L'histoire du remplissage du bassin parisien

Un remplissage lié à la subsidence

45 117 138

Le remplissage de ce bassin se fait par subsidence. Celle-ci est d'abord tectonique, due au contexte extensif permien, puis elle devient thermique et liée à la surcharge sédimentaire.

Le bassin cesse totalement de se remplir suite aux orogenèses alpine et pyrénéenne qui créent un **flambage** lithosphérique au Cénozoïque. L'émersion est totale depuis le Miocène.

La **subsidence thermique** est importante sous le Bassin Parisien car l'effondrement tardi-hercynien a plus étiré le manteau lithosphérique sous le bassin que dans les régions voisines et le refroidissement (*du Permien au Cénozoïque*) a épaissi le manteau lithosphérique qui a retrouvé une épaisseur « normale », d'où la subsidence.

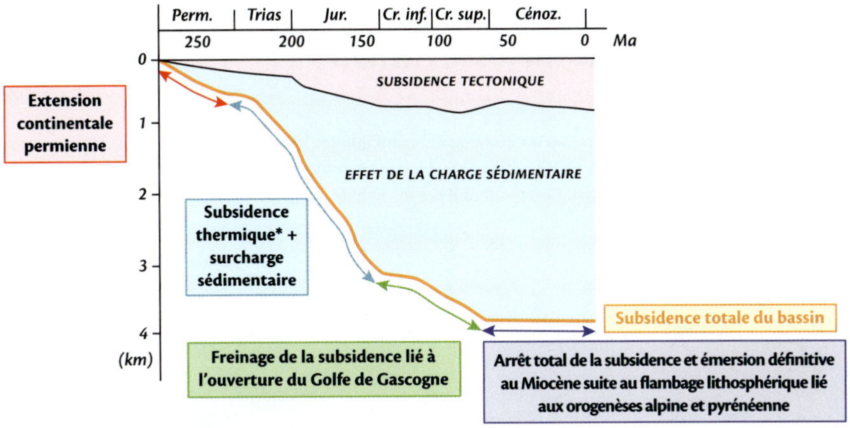

Variations du niveau marin dans le Bassin parisien

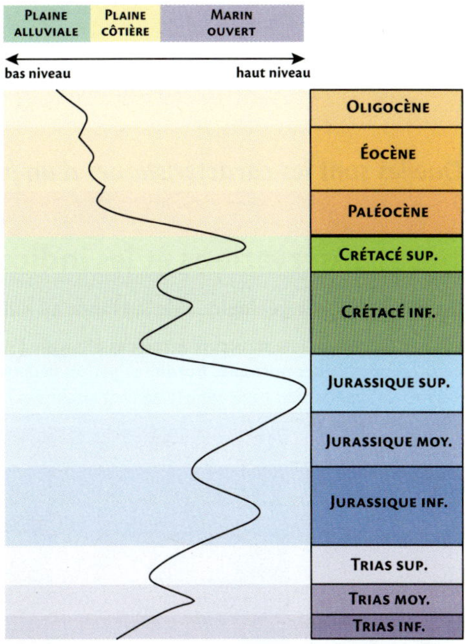

Des cycles de transgression - régression

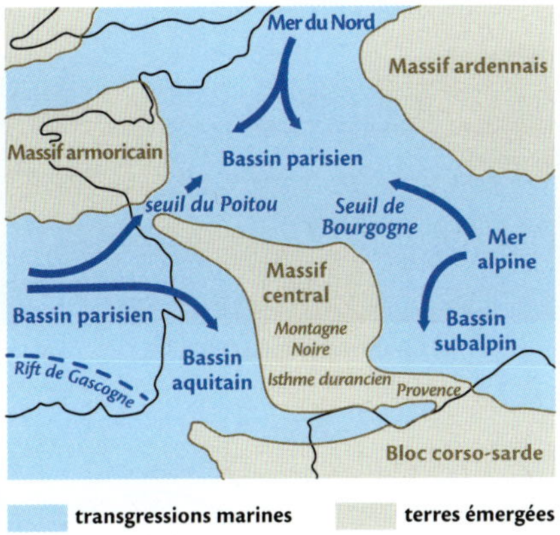

Périodiquement, la mer est venue recouvrir le bassin. La première phase transgressive a eu lieu au Trias.

La transgression la plus importante s'est faite au Crétacé supérieur, où une **mer épicontinentale de profondeur maximale d'environ 250 m** recouvrait le bassin.

La « ***mer de la craie*** » s'installe au Crétacé supérieur sur le Bassin. Profonde de 200 à à 300 m, elle a permis la mise en place de la craie, bien visible au niveau des falaises sur le bord de la Manche et de la Mer du Nord.

Falaise du Cap Blanc-Nez (*Pas-de-Calais*)

III - Les ressources géologiques du Bassin parisien

La géothermie

De nombreux aquifères existent dans le bassin et sont en exploitation. Le plus important d'entre eux est une nappe d'eau datant du Dogger (*Jurassique*), située à 1800 m de profondeur et à une température comprise entre 56 et 80°C.

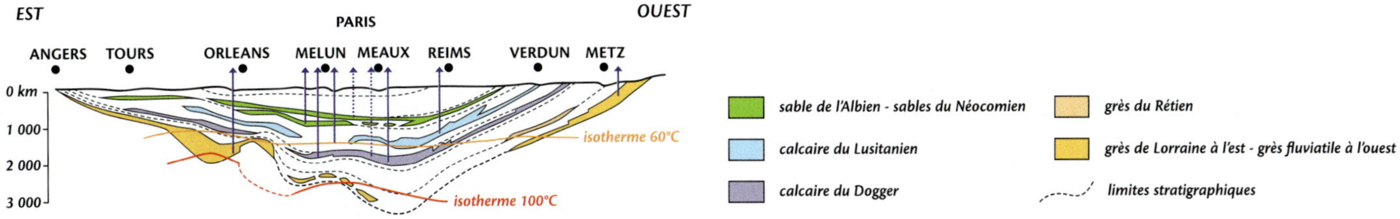

Les hydrocarbures

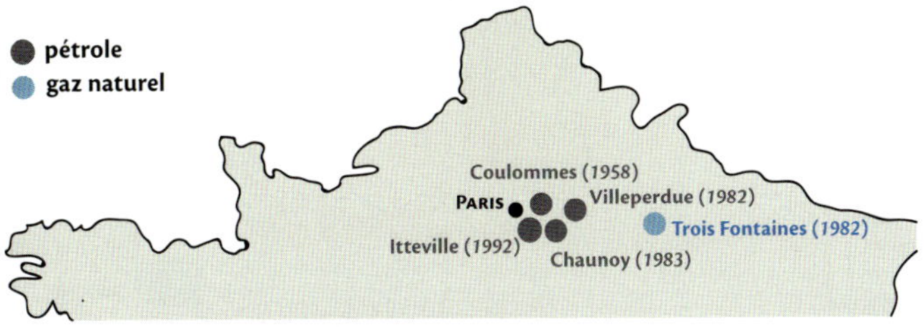

Aujourd'hui, 34 gisements d'hydrocarbures (*sur 50 détectés*) sont toujours en exploitation dans le bassin. La production est modeste mais continue depuis une cinquantaine d'années et a fourni, en cumulé 39,9 millions de tonnes de pétrole et 2 milliards de m^3 de gaz.

Il existe de nombreuses autres ressources dans le Bassin : le sel (encore exploité par endroits), le fer (exploitation terminée aujourd'hui en Lorraine par décision politique mais les réserves ne sont pas épuisées), la fluorite (gros gisement potentiel au nord du Morvan), etc.

122 Étude d'un fossé d'effondrement : le fossé rhénan

Fossé d'effondrement = *bassin sédimentaire étroit et allongé, délimité par deux grandes failles normales.*

Quelles sont les caractéristiques d'un fossé d'effondrement ?

I - Les observations et les indices de l'histoire géologique du fossé rhénan

Extrait de la carte géologique de la France au millionième

Le fossé rhénan est une **structure étroite et allongée** (*300 km de long pour 35-40 km de large*), encadrée par deux massifs cristallins, les Vosges et la Forêt Noire, délimitée par **deux grandes failles normales bordières**, parfois dédoublées et **remplie de sédiments** (*d'âge Eocène – Oligocène*). On y trouve un **unique volcan**, le **Kaiserstuhl**, marqué par des roches appartenant à une série fortement alcaline et d'âge miocène.

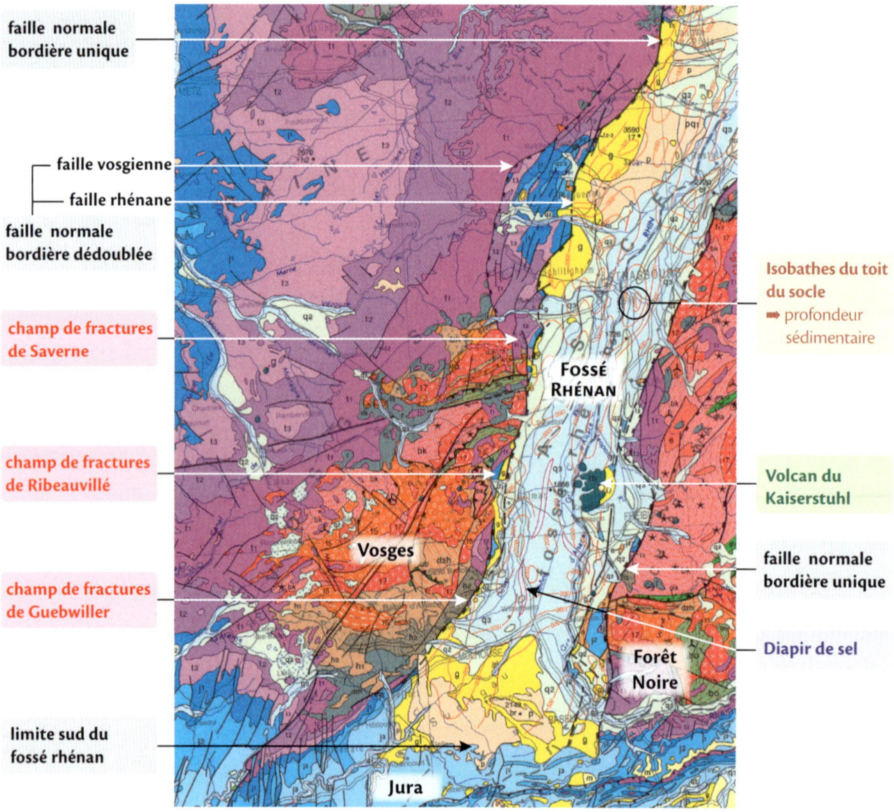

Vue d'une des épaules du fossé

Le Kaiserstuhl, vue d'ensemble

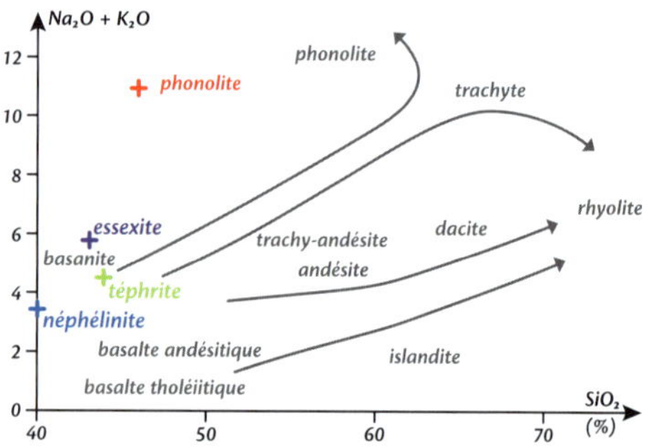

Les roches magmatiques du Kaiserstuhl (en couleurs)

Le Kaiserstuhl a émis, en plus des laves indiquées ci-contre, des roches très particulières, les carbonatites, contenant 95% de carbonates et très peu de silice.

Une origine liée à un rifting continental 64

La croûte est amincie sous le fossé (entre 24 et 27 km d'épaisseur). Le flux géothermique y est important (*et exploité !*). Tous ces indices montrent un **amincissement crustal**. La présence des failles normales bordières et l'amincissement crustal expliquent cette structure de type **rift continental**.

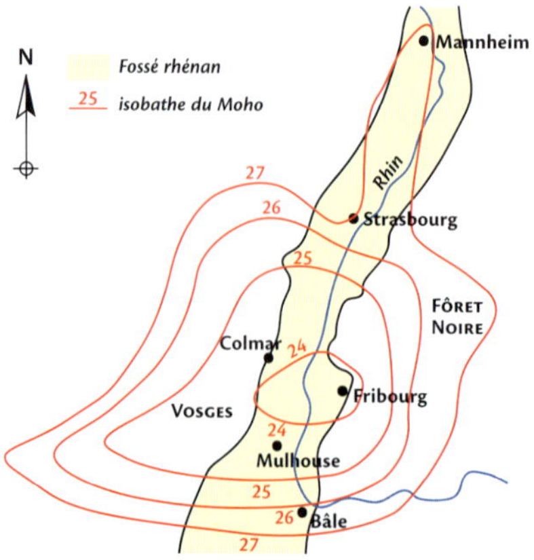

Profondeur du Moho sous le fossé

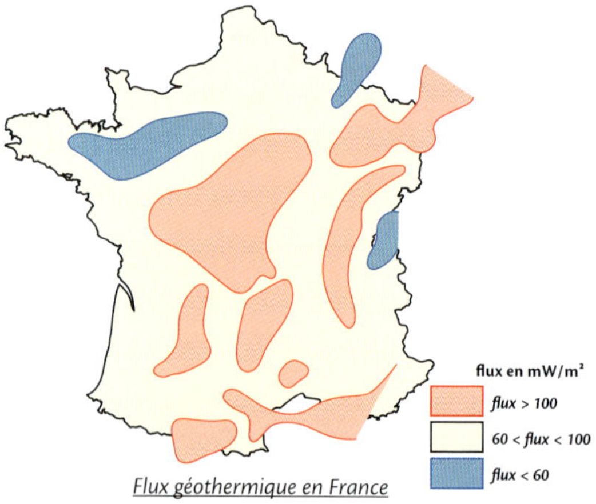

Flux géothermique en France

II - L'histoire du remplissage du fossé rhénan

Un jeu important de la faille

Le jeu de la faille bordière Ouest a été estimé à au moins 4 600 m (*Quentin Boesch*).

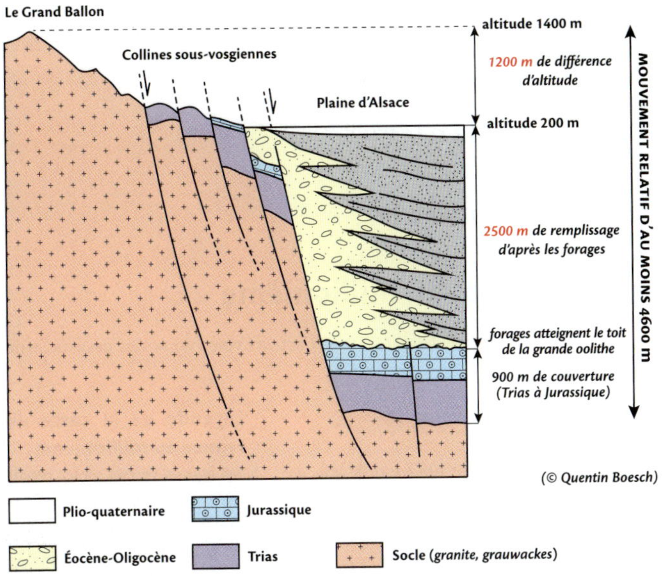

Une subsidence évoluant au cours des temps

L'enfoncement du fossé a été « brutal » au démarrage et s'explique, en ce qui concerne la surcharge sédimentaire, par l'**érosion des épaules du rift** qui amène toutes sortes de débris dans le fossé.

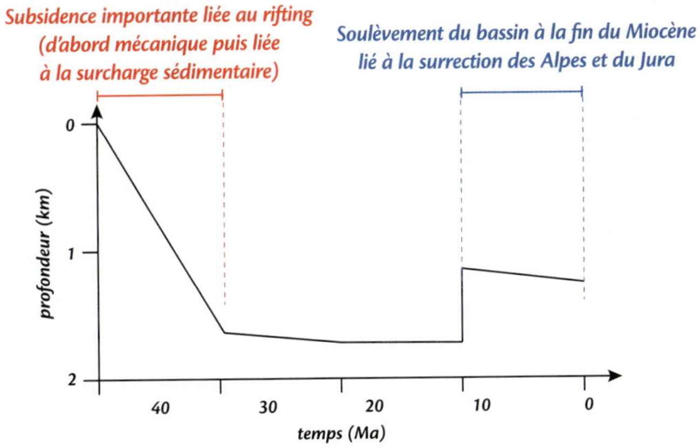

Reconstitution de l'histoire du fossé rhénan

98

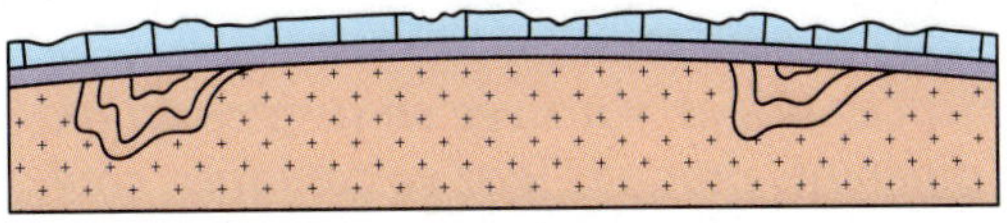

CRÉTACÉ
140 - 60 Ma

❶ **Au Crétacé et jusqu'au Paléocène**, le futur fossé est en domaine continental. Son socle vient de l'orogenèse varisque. Il est recouvert d'environ 1 000 m de sédiments triasiques et jurassiques.

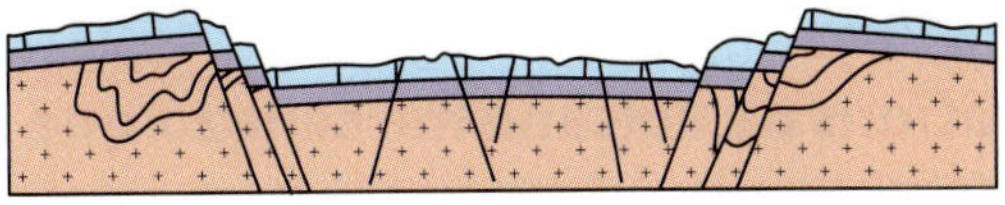

ÉOCÈNE MOYEN
45 - 40 Ma

❷ **À l'Éocène**, les premiers affaissements ont lieu, la zone est en divergence. Son histoire est liée à celle de l'ouverture de l'Atlantique nord. La mer n'a pas encore envahi la dépression.

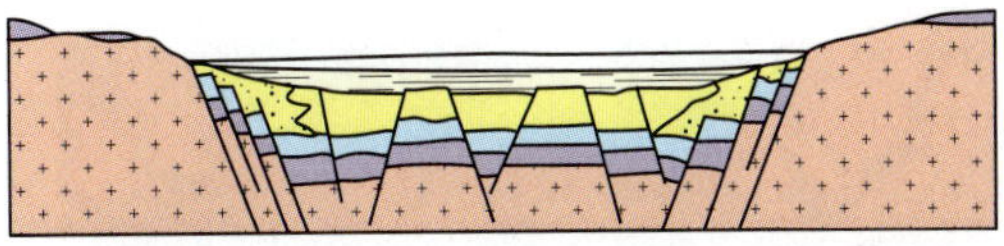

OLIGOCÈNE MOYEN ET SUP.
30 - 23 Ma

❸ **À l'Oligocène**, le fossé s'enfonce et les épaules remontent. Pour des raisons encore en discussion, les épaulements du rift, à cette époque, se soulèvent beaucoup plus que les bords des fossés équivalents (*Bresse, Limagne...*), ce qui se traduit par une érosion importante de ces épaulements et par plus de sédiments détritiques grossiers sur les bords du graben.

La mer envahit la dépression.

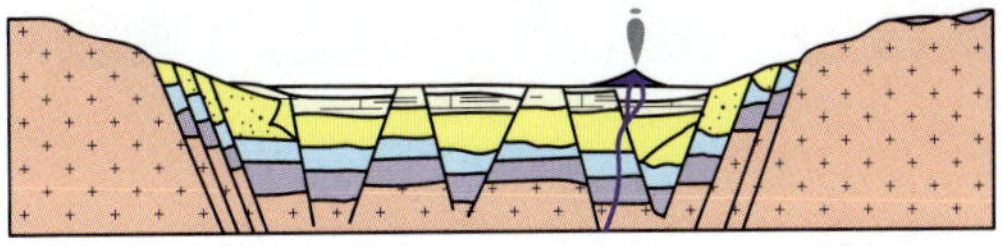

MIOCÈNE PLIOCÈNE
23 - 2 Ma

❹ **Au début du Miocène**, suite à la surrection des Alpes et du Jura, la partie méridionale du fossé se soulève, la mer est chassée vers le Nord. Les roches volcaniques du Kaiserstuhl se mettent en place.

III - Les ressources géologiques du fossé rhénan

La potasse et l'essor industriel de la région

68

La potasse sert comme **engrais**. Elle est extraite essentiellement à partir de deux couches de sylvinite (KCl + NaCl) intercalées dans une épaisse formation évaporitique datée de 32 Ma. Les mines alsaciennes de potasse ont été exploitées de 1904 à 2004.

Le champ pétrolifère de Pechelbronn

Le **champ pétrolifère** de Pechelbronn est exploité depuis le Moyen-Âge (*pour ses supposées vertus thérapeutiques*) et jusqu'en 1970. Il est situé le long de la faille rhénane sur une vingtaine de km.

Le lithium, l'or blanc de l'Alsace

115

Le lithium est un métal devenu indispensable, dans les batteries par exemple. On en trouve dans les **saumures géothermales** à des concentrations suffisantes pour envisager une exploitation industrielle rentable et à faible empreinte carbone. Ces saumures sont extraites de puits forés dans le socle granitique fracturé à des fins d'exploitation d'eau chaude pour la géothermie.

123 Le volcanisme cénozoïque en France métropolitaine

Volcanisme = *arrivée en surface du magma sous forme d'éruption volcanique qui s'accompagne de différents produits (gaz volcaniques, coulées de laves, projections volcaniques diverses) et de la formation d'un édifice volcanique.*

Cénozoïque = *ensemble des ères tertiaire et quaternaire, de -66 Ma à l'actuel.*

Quelles sont les manifestations du volcanisme cénozoïque en France métropolitaine ?

I - Observations de volcanisme cénozoïque sur la carte de France au millionième

Il y a environ 13 millions d'années, deux très grands ensembles volcaniques, le Velay et le Cantal, ont pris naissance dans le Massif Central. L'activité volcanique s'est poursuivie de manière irrégulière jusqu'à il y a environ 7000 ans.

Dans le Massif Central

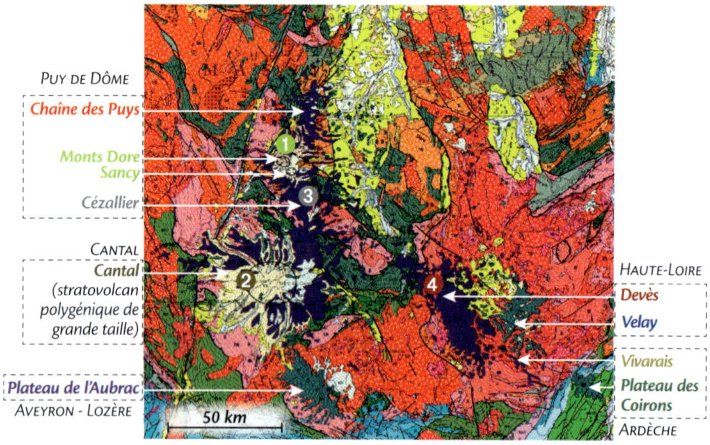

Volcanisme plio-quaternaire du Languedoc

On observe un alignement nord-sud de volcans dit « de l'Escandorgue », qui part du Causse du Larzac et se termine au Cap d'Agde.

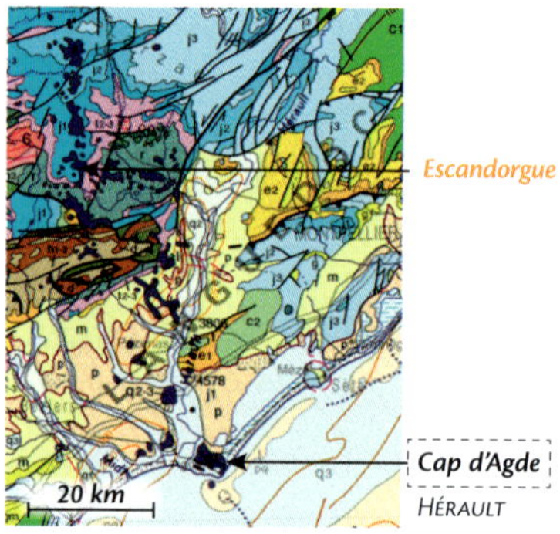

La plage du Cap d'Agde est la seule plage de sable noir (basaltique) de métropole !

Légende de la carte de France au millionième

Les figurés vert et violet représentent les épanchements de lave et les tirets sur fond clair désignent plutôt les projections.

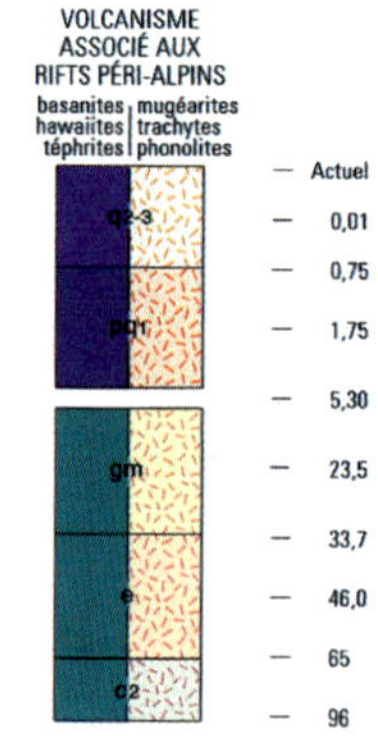

II - Le Cantal, un édifice polygénique

Contrairement à la chaîne des Puys, qui est constituée de 80 volcans monogéniques de taille modeste, le Cantal est un volcan ayant subi plusieurs phases éruptives. Il a été actif entre 13 et 4 Ma et s'est formé par accumulation de strates (= *couches*) volcaniques d'où son nom de stratovolcan. Il repose sur un socle varisque métamorphisé.

Le Cantal : le plus gros stratovolcan d'Europe

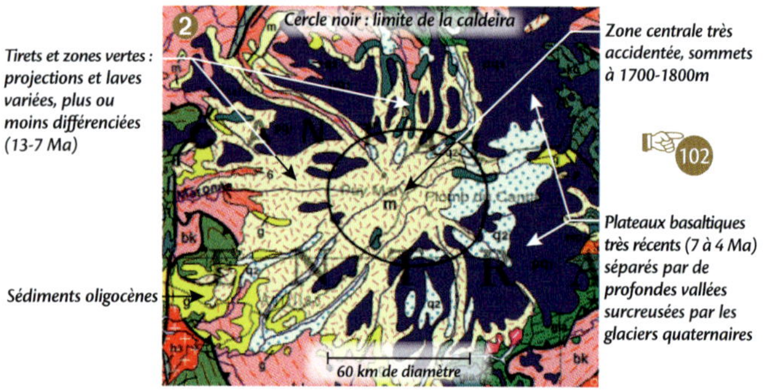

Âge du Cantal comparé aux âges des autres manifestations volcaniques

La durée du volcanisme du Cantal est bien plus longue que celle de la chaîne des Puys.

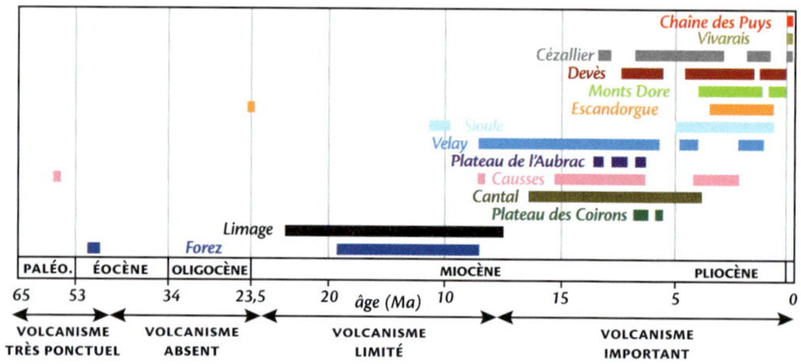

Une coupe du volcan du Cantal, témoignant d'une histoire polyphasée

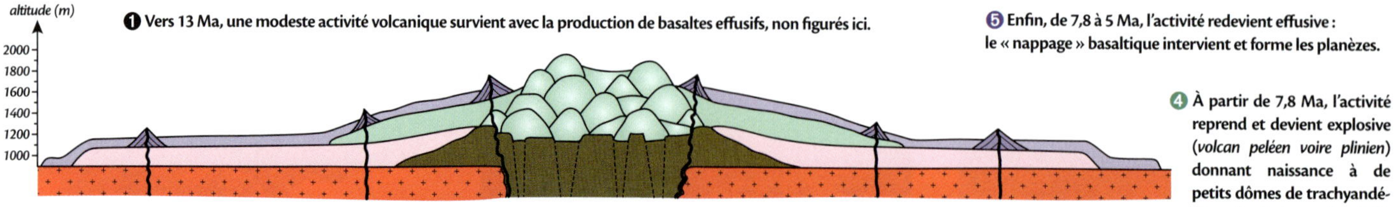

❶ Vers 13 Ma, une modeste activité volcanique survient avec la production de basaltes effusifs, non figurés ici.

❷ À partir de 9 Ma, les laves deviennent plus différenciées (= plus riches en silice). Deux hypothèses s'affrontent pour expliquer la structure du volcan durant cette étape : l'hypothèse d'un volcan géant effondré (caldera) et l'hypothèse de multiples glissements de flancs.

❸ La caldeira s'effondre.

❹ À partir de 7,8 Ma, l'activité reprend et devient explosive (*volcan peléen voire plinien*) donnant naissance à de petits dômes de trachyandésite voire de laves plus différenciées (*trachyte, phonolite*) ainsi que de nombreuses brèches andésitiques.

❺ Enfin, de 7,8 à 5 Ma, l'activité redevient effusive : le « nappage » basaltique intervient et forme les planèzes.

III - Les autres manifestations volcaniques du Massif Central et de Provence

Par ailleurs, les **Monts Dore** et le **massif du Sancy** forment chacun un stratovolcan ressemblant au **Cantal**, mais de dimensions plus modestes et avec deux caldeiras distinctes. Ils se sont formés entre 3 et 0,2 Ma et sont donc un peu plus anciens que la Chaîne des Puys. Des intrusions récentes ont provoqué l'apparition de dykes, necks et dômes phonolitiques, et on trouve aussi des maars ; témoins de phréatomagmatisme. Situé plus au sud, le **Cézallier** forme un ensemble de plateaux et petites montagnes volcaniques, principalement constituées de coulées de laves fluides récentes avec aussi quelques maars. 81

La Dent de la Rancune (*Vallée de Chaudefour, Sancy*)

Il s'agit d'un dyke récent (*300 000 ans*) dégagé par l'érosion.

Les roches Tuilière et Sanadoire (*Monts Dore*)

Ce sont deux protrusions phonolitiques (*laves différenciées de la série sous-saturée*). Tuilière a été utilisée autrefois comme carrière de lauzes car la phonolite se débite très bien en plaques.

Lacs de la Godivelle

Les appareils phréatiques comme La Godivelle ont un peu plus de 100 000 ans. Leur rattachement au Sancy ou au Cézallier n'est pas encore clairement déterminé.

Lac d'En Haut = *maar, cratère issu d'une éruption phréatomagmatique, bien circulaire et profond*

Lac d'En Bas = *d'origine glaciaire au contour irrégulier et peu profond*

Orgues volcaniques à Chilhac (*Devès, Haute-Loire*)

« ***fausse colonnade*** » *superficielle (décapée par érosion)*

Le refroidissement de la surface ou de la base de la coulée entraîne une contraction thermique du basalte, qui tend à se fendre.

Ces fissures progressent de la surface, plus froide, vers le cœur plus chaud. Comme le milieu est homogène, les contraintes sont isotropes. La forme la plus proche du cercle qui permet un compromis entre isotropie et empilement est l'hexagone, d'où la forme des prismes (= *orgues*).

Le sommet des coulées se refroidit plus rapidement que la base, ce qui fait que les colonnes n'y sont pas aussi régulières.

Volcanisme ponctuel sur le pourtour méditerranéen

On trouve de telles zones ponctuelles de volcanisme vers Toulon (*ici, volcanisme de la Pointe Nègre*).

IV - Origine du volcanisme cénozoïque

Une petite partie d'un ensemble bien plus vaste...

La **convergence** Europe-Afrique a conduit à l'**étirement et à la fracturation à grande échelle de la lithosphère continentale de l'Eurasie**. On constate ainsi la présence de nombreux **fossés oligocènes** (*c'est aussi à cette date que la Corse s'est détachée du massif des Maures*). Il y a aussi de nombreux volcans, en France, en Catalogne et en Allemagne et en Bohême. Toutefois, le volcanisme n'est pas contemporain du rifting, mais postérieur.

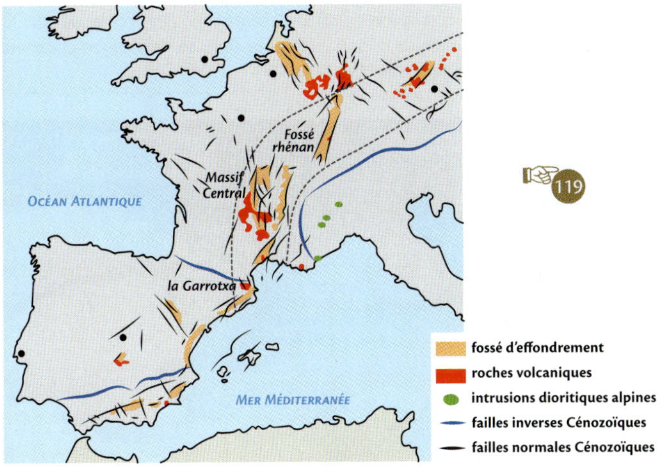

119

⚠ *Du volcanisme cénozoïque calcoalcalin est également retrouvé dans les Alpes.*

... sans doute renforcé localement par l'orogenèse alpine

À l'Oligocène, la présence des Alpes aurait localement renforcé l'extension générale sur tout l'Ouest de l'Europe.

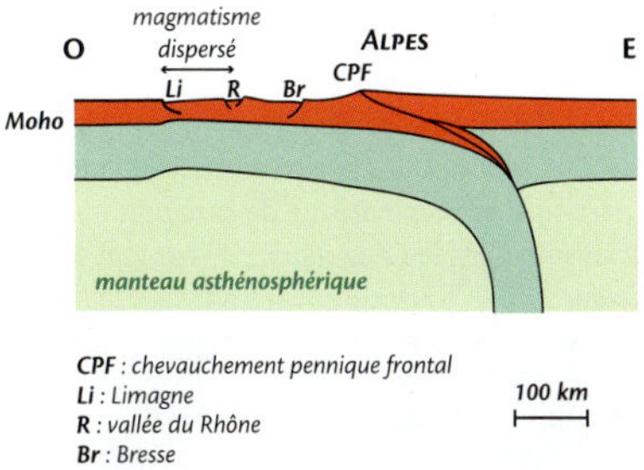

Le **poids du manteau lithosphérique** sous les Alpes est supérieur à la poussée d'Archimède, ce qui se traduit par une tendance à son enfoncement, même quand la subduction est bloquée par la collision. Cela aurait pu causer une extension latérale : formation des grabens de Limagne, du Forez... (*flèches blanches*).

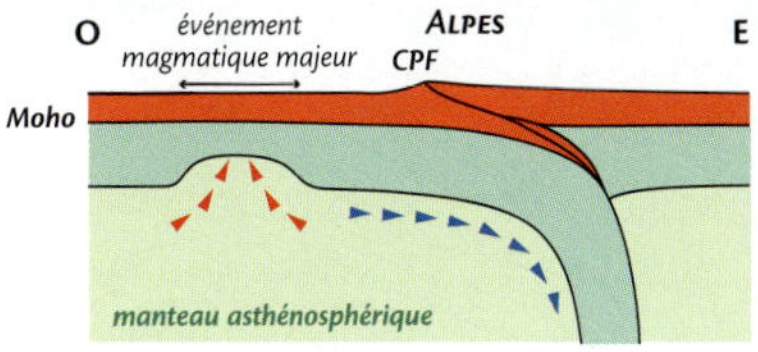

Il y a plusieurs hypothèses pour expliquer le volcanisme post-rift oligocène. Par exemple, la racine lithosphérique (*froide*) des Alpes **refroidit l'asthénosphère** située juste à l'ouest entraînant sa « descente » (*flèches bleues*).

Cette « descente » entraînerait une remonté asthénosphérique (*flèches rouges*) sous les rifts nouvellement formés. Cette remontée asthénosphérique serait à l'origine de la surrection du Massif Central et du volcanisme.

La Corse

Corse = *quatrième île de la Méditerranée par sa superficie (derrière la Sicile, la Sardaigne et Chypre), elle mesure 180 km de long du nord au sud et 82 km en largeur. Elle présente de forts reliefs, le point culminant étant le massif du Cintu à 2706 m d'altitude.*

Quels sont les grands ensembles géologiques de la Corse ? Comment son statut d'île s'est-il mis en place ?

I - Une île constituée de deux grands domaines géologiques

✪ Extrait de la carte géologique de France au millionième

La Corse est constituée de deux ensembles géologiques :

→ la **Corse varisque** formée principalement de roches magmatiques qui constituent le socle varisque. Le socle est entaillé de nombreuses failles de direction NE-SO.

→ la **Corse alpine** qui chevauche la Corse varisque. Elle est constituée essentiellement d'ophiolites et de schistes lustrés (*équivalent de la zone Liguro-Piémontaise des Alpes*).

Entre les deux zones, affleurent quelques sédiments crétacés (*équivalent de la zone dauphinoise des Alpes*).

118 119

CORSE VARISQUE

1 plutons de granitoïdes calco-alcalins et peralumineux

2 rhyolite permienne

3 complexe leptyno-amphibolique

accidents varisques

reliques éclogitiques

caldeira associée au volcanisme rhyolitique

CORSE ALPINE

4 nappe des schistes lustrés + ophiolites métamorphisées (*Métamorphisme HP-BT*)

5 nappe des schistes lustrés + ophiolites non métamorphisées

6 couverture sédimentaire de l'autochtone

7 dépôts récents (*miocène à quaternaire*)

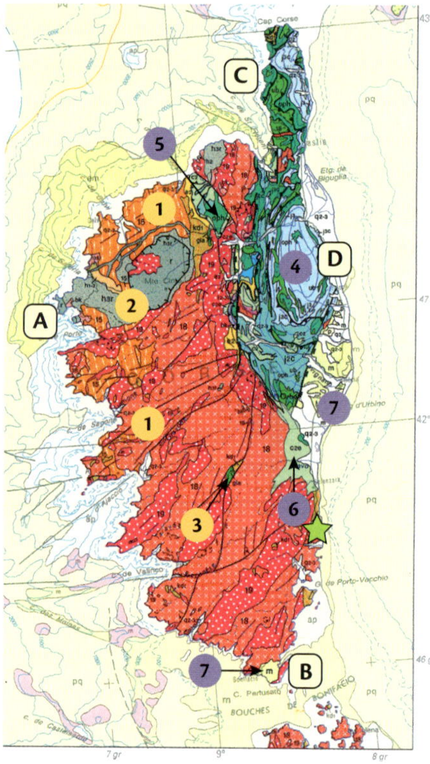

✪ La Corse varisque

Les rhyolites de la réserve naturelle de Scandola

La mise en place des massifs de rhyolites au Permien est liée à l'**effondrement gravitaire** en fin d'orogenèse varisque. Le magma acide à l'origine de ces rhyolites est formé par anatexie crustale. Des filons et des petites intrusions basiques montrent que le manteau a aussi participé au magmatisme de la région.
On retrouve le même type de volcanisme dans le Languedoc : *à l'époque, le bloc Corso-Sarde était contigu du Languedoc.*

Chaos de granodiorite des îles Lavezzi au large de Bonifacio

86

Ces îles correspondent à un chaos de granodiorite en partie émergé. Ces granodiorites ont une origine mixte, à la fois crustale et mantellique (*granitoïdes de type I*). Les magmas issus de la fusion de la croûte et du manteau se sont mis en place lors d'effondrement gravitaire de la chaîne varisque.

✪ La corse Alpine

Extrait de la carte géologique de Saint Florent au 1/50 000ème

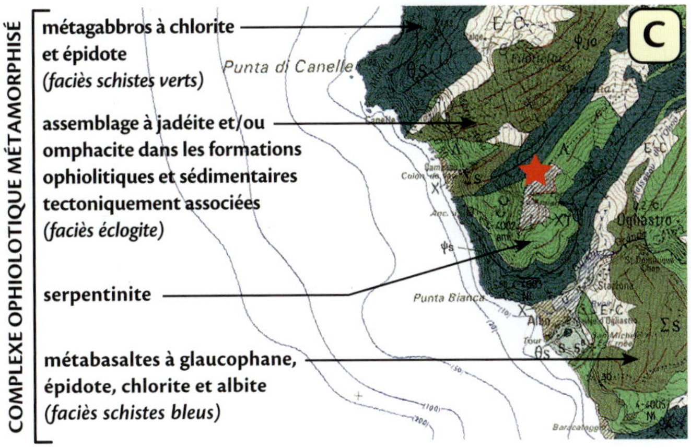

Les formations ophiolitiques de la Corse Alpine regorgent d'amiante et peuvent présenter localement un risque sanitaire pour les populations concernées. La plus grande ancienne mine d'amiante de France est localisée sur la carte par une étoile rouge.

Métagabbro à glaucophane (*Monte San Petrone, Haute-Corse*)

Les minéraux initialement présents sont encore bien reconnaissables (*clinopyroxènes de type augite, amphibole hornblende et feldspaths plagioclases*). On observe un début de recristallisation dans le faciès des **schistes bleus** avec la formation de glaucophane.

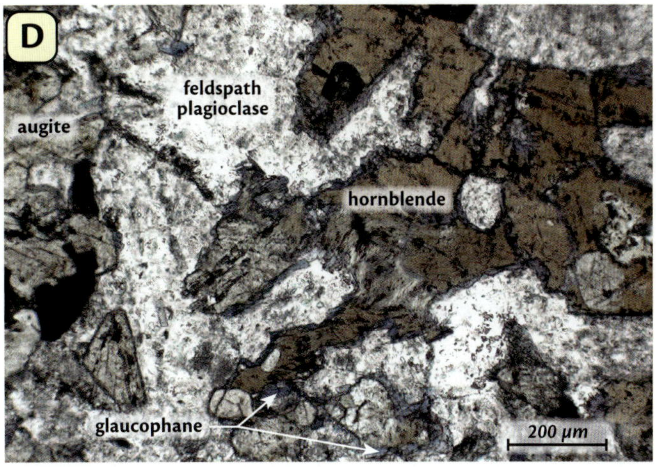

✪ La sédimentation récente

Causse calcaire des Bouches de Bonifacio 61

Ces dépôts miocènes sont des sédiments calcaro-détritiques déposés dans des zones immergées à cette époque. Ils présentent les caractéristiques de **dépôts deltaïques** :

→ **mélange d'éléments détritiques** provenant de l'érosion de la chaîne varisque et de produits carbonatés de plateforme continentale.

→ **laminations obliques et entrecroisées** dues aux courants.

Ces dépôts ont ensuite été émergés sous l'effet de la baisse du niveau marin au messinien (*fin du miocène*) et durant le quaternaire. Ils ont été soumis à l'érosion : formation d'un **causse**.

II - Le déplacement de la Corse au cours des temps géologiques : un long périple !

Il y a 300 millions d'années, le bloc Corso-Sarde faisait partie de l'est de l'Ibérie. Au Crétacé supérieur (80 Ma), Il a suivi le mouvement de l'Ibérie à l'origine de la chaîne pyrénéenne. Il y a 20 millions d'années, l'ouverture du bassin algéro-provençal (*bassin arrière-arc lié à la subduction de la plaque africaine sous la plaque européenne*) conduit à la séparation du bloc corso-sarde et du continent européen.

Reconstitution des positions successives du bloc Corso-Sarde 120

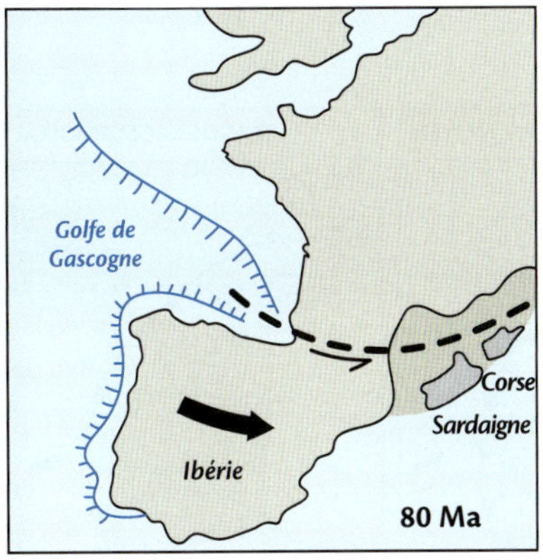

bloc corso-sarde constituant la partie est de l'ibérie

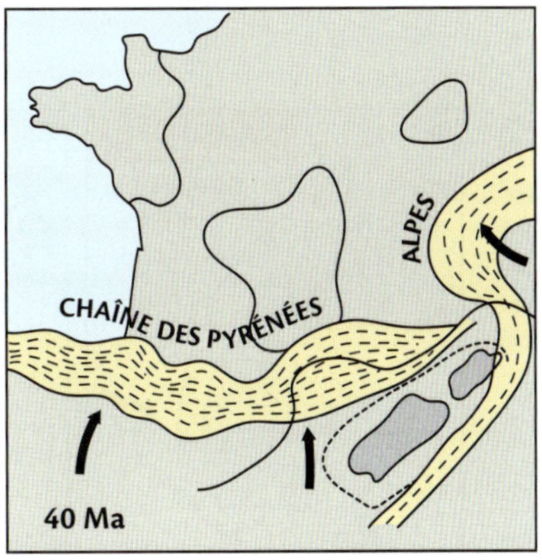

partie Nord de la Corse faisant partie de la chaîne alpine

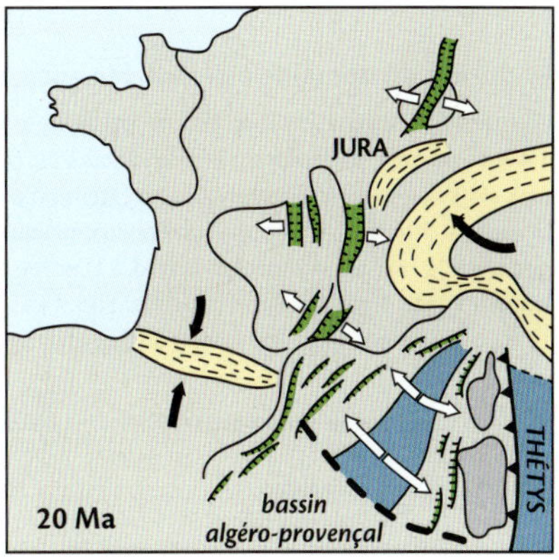

ouverture du bassin algéro-provençal subduction de la lithosphère océanique du nord de la plaque africaine

Le déplacement actuel de la plaque Africaine rapproche le bloc corso-sarde du continent européen.

125 Les Antilles

Petites Antilles = *arc insulaire formé d'un chapelet de petites îles d'origines volcanique et/ou calcaire, s'étendant entre la mer des Caraïbes et l'océan Atlantique.*

Comment s'est formé l'arc des Antilles ?
Quelles sont les activités géologiques de ces îles et les risques associés ?

I - Les petites Antilles, un arc insulaire

Contexte géologique

31

L'arc, étendu sur **850 km** est constitué d'une **vingtaine d'îles** et de nombreux îlots et résulte de la **subduction des plaques Nord et Sud Américaines sous la plaque Caraïbes**.

Il est double, avec :

- → un **arc externe ancien** qui a été actif de l'Éocène à l'Oligocène et regroupe les Antilles calcaires (*depuis la fin de l'Oligocène, ces îles n'ont pas connu d'activité volcanique et des sédiments s'y sont déposés*).
- → un **arc interne actif** constitué d'îles volcaniques récentes et fonctionnant du début du Pliocène jusqu'à l'actuel, bien visible au Nord de la Martinique.

Au cours du Miocène, l'activité volcanique s'est poursuivie dans les îles au Sud de la Martinique (*arc intermédiaire*).

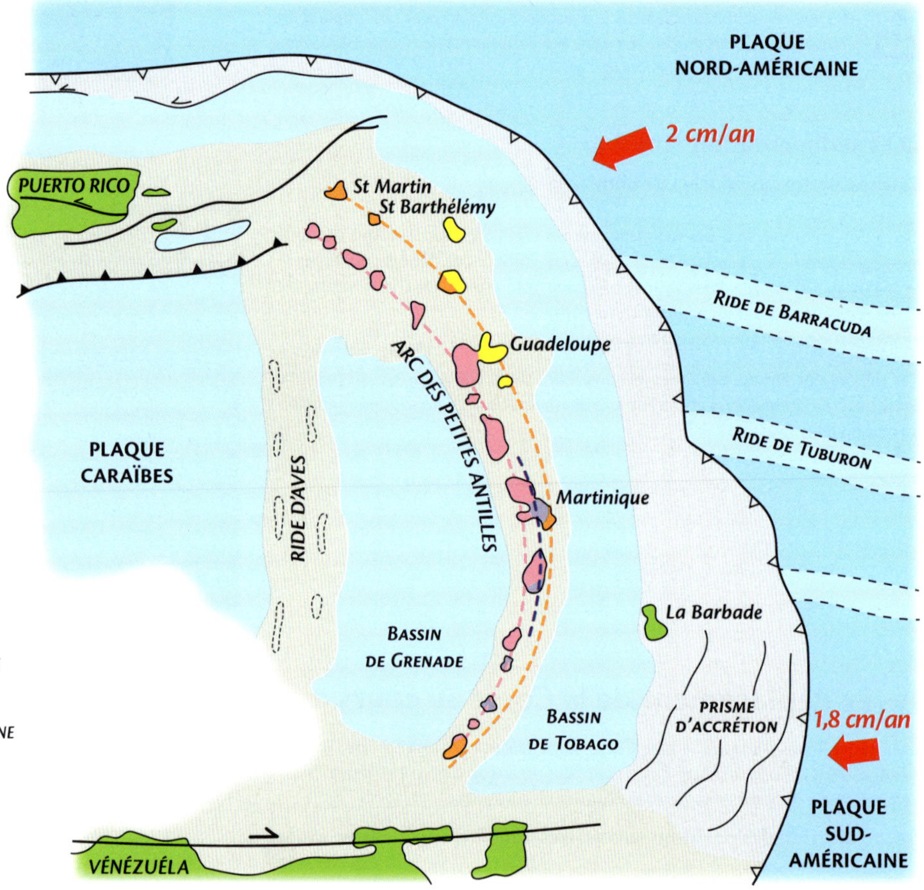

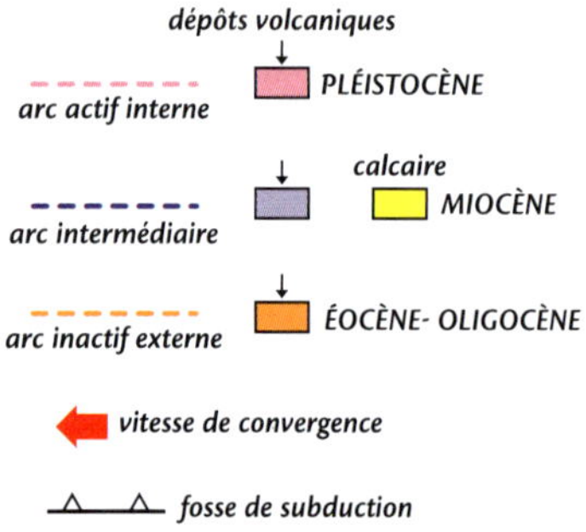

Évolution du domaine est-caribéen entre 60 et 25 Ma

L'histoire Cénozoïque de l'arc débute par la mise en place de la **ride d'Aves** (*arc éteint au Paléocène et situé aujourd'hui à une profondeur de 1 km*), alors que le domaine subissait une extension dirigée vers le sud-est. La rupture lithosphérique puis l'accrétion océanique se sont finalement localisées 10 millions d'années plus tard, à l'Eocène au sud de la Guadeloupe actuelle. L'arc des Petites Antilles Sud n'existait pas à l'époque : il s'est mis en place après l'ouverture du Bassin de Grenade à l'Oligocène.

- **croûte d'arc/avant-arc amincie**
- **croûte océanique**
- **volcans actifs**
- **volcans éteints**

La Désirade comprend des laves âgées de 150 Ma, témoignant d'un arc ancien charrié vers la surface au cours de la subduction de la plaque Atlantique sous la plaque Caraïbes.

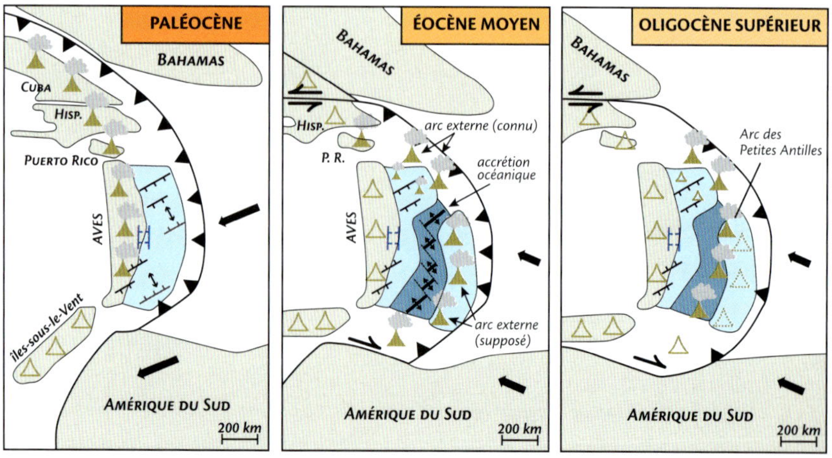

II - Des roches essentiellement volcaniques et sédimentaires

Carte géologique de la Guadeloupe

La Guadeloupe est découpée en deux parties distinctes : Basse-Terre volcanique, avec de nombreux volcans successifs dont la Soufrière est le seul actif, et Grande-Terre dont le socle volcanique a été recouvert d'une sédimentation carbonatée à partir du Pliocène, et qui est émergée depuis 400 000 ans suite à une surrection tectonique.

BASSE-TERRE (*Arc récent*)

- *Formation volcano-sédimentaire Nord-Est*
- *Complexe de base (2,8 - 2,7 Ma) andésites*
- *Chaîne septentrionale (1,8 - 1,2 Ma) andésites et dacites*
- *Chaîne axiale (1,02 - 0,44 Ma)*
- *Chaîne de Bouillante (1 - 0,2 Ma) (activité hydrothermale)*
- *Complexe de la Soufrière (0,2 à l'actuel)*
- *Complexe des trois rivières (0,3 - 0 Ma)*
- *Monts Caraïbes (0,5 - 0,47 Ma) (basaltes, andésites, dacites)*

❶ Le dôme de le Soufrière 121

Mis en place au cours du XVème siècle, constitué de laves relativement visqueuses (*andésites basaltiques*) et fracturé par de nombreuses éruptions phréatomagmatiques, il produit gaz et fumerolles.

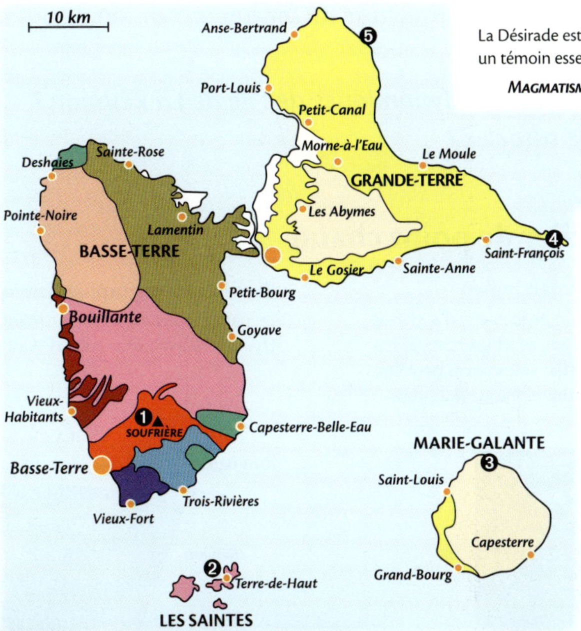

LA DÉSIRADE

La Désirade est la seule zone où le substratum des Petites Antilles affleure. C'est un témoin essentiel pour la reconstruction de l'histoire géologique de la région.

MAGMATISME MÉSOZOÏQUE MÉTAMORPHISÉ DANS LE FACIÈS SCHISTE VERT (150 MA)

- *complexe ophiolitique Jurassique Sup. à Crétacé Inf. (pillow lavas) intercalé de radiolarites du Jurassique Sup.*
- *magmatisme acide daté du Jurassique supérieur*

GRANDE TERRE, MARIE-GALANTE (*Arc ancien*)

- *Sols de mangrove*
- *Calcaires Plio-Pleistocènes*
- *Calcaires Pleistocènes Inférieurs*

❺ Porte d'Enfer

Falaises constituées de calcaires récifaux Pliocène intercalés de projections volcaniques.

❷ Le Pain de Sucre des Saintes 71

Presqu'île montrant des colonnades d'andésites formées par contraction thermique lors du refroidissement d'une coulée d'andésite datée de 2,8 Ma.

❸ Gueule Grand Gouffre à Marie-Galante 61

Ancienne doline littorale effondrée suite à l'action érosive de la houle (*relief karstique altéré érodé*).

❹ La Pointe des Châteaux

Elle présente des lagunes communiquant avec la mer par déferlement des vagues ou par des goulets, des salines qui en sont isolées par un cordon sédimentaire, et des étangs d'eaux douce.

III - Les Antilles, des îles multirisques

Carte des risques naturels en Martinique 106 107 108 109

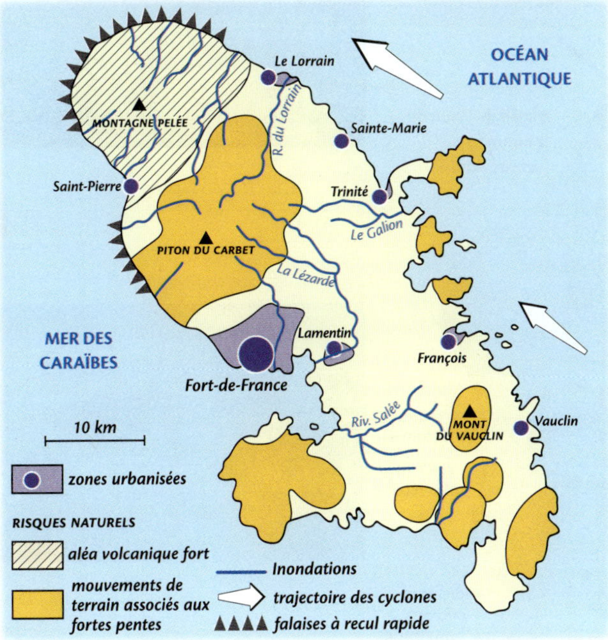

Des recherches pluridisciplinaires sont menées sur l'arc des Antilles pour acquérir de nouvelles données et améliorer la **gestion des risques naturels** et les **plans de prévention**.

→ **Risques liés à la géodynamique externe** : cyclones, invasions d'algues Sargasses, recul du trait de côte, risques gravitaires.

→ **Risques liés à la géodynamique interne en contexte de subduction** :
- ***risques sismiques*** : magnitudes parfois supérieures à 8, à l'origine de tsunamis.
- ***risques volcaniques*** : les cinq territoires français les plus menacés sont tous situés dans les Antilles car de nombreuses populations sont installées à moins de 30 km d'un volcan actif. La montagne Pelée et la Soufrière sont étroitement surveillées.

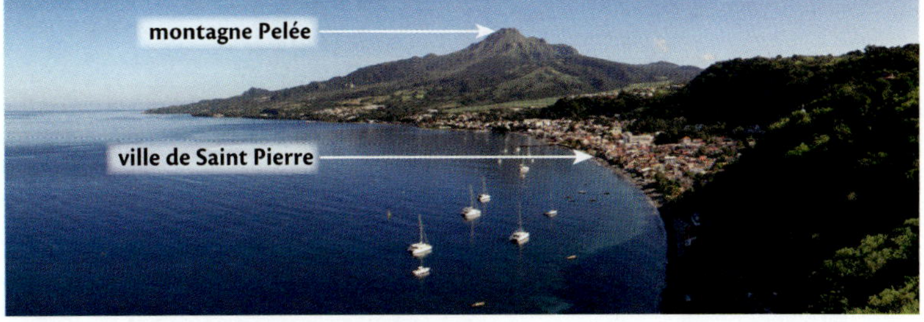

La chimie du magma de la Montagne Pelée lui confère une dangerosité connue depuis 1902, où son éruption explosive (nuées ardentes) a totalement détruit Saint-Pierre causant la mort de 28 000 personnes.

La Réunion

Île de La Réunion = *île volcanique française de l'océan Indien, située à l'Est de Madagascar.*

Quelles sont les principales caractéristiques géodynamiques de l'île de La Réunion ?
À quel contexte géodynamique est-elle associée ?

I - La Réunion : un volcan bouclier de point chaud

Localisation de l'île de La Réunion au sein de l'Océan Indien

L'île de La Réunion est située à l'extrémité Sud-Ouest d'un alignement d'appareils volcaniques éteints et érodés. À l'extrémité de cet alignement, se trouvent les épanchements basaltiques du Deccan en Inde. Cet alignement d'îles volcaniques peut être expliqué par le déplacement vers le Nord des plaques Africaine et Indienne au-dessus d'un **point chaud**.

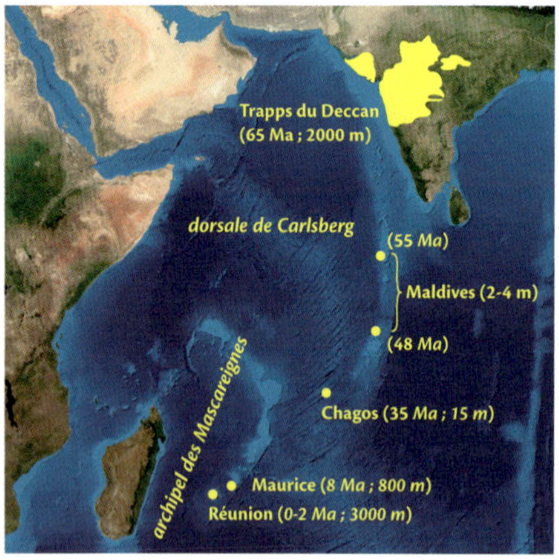

Profil de tomographie sismique sous La Réunion

Le panache mantellique du point chaud est discret comparé à d'autres points chauds (*Hawaï par exemple*). Il est dévié à partir de 670 Km de profondeur.

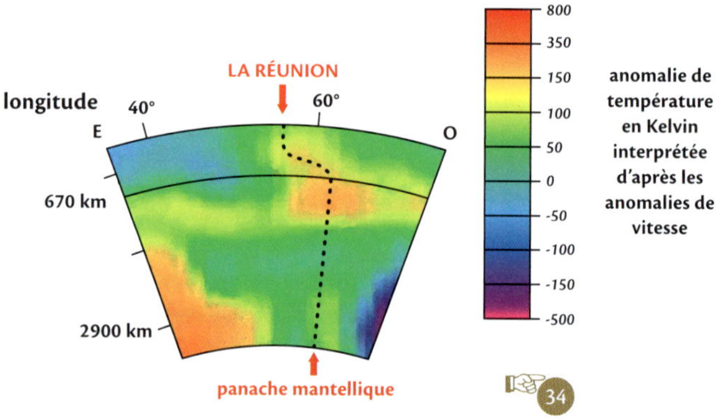

⚠ *La datation des laves de la région par radiochronologie et les études tomographiques de l'asthénosphère entre la Réunion et la dorsale montrent que la réalité est certainement plus complexe qu'un simple point chaud « classique ». De nouvelles données devraient permettre de préciser les choses dans les années à venir.*

Carte géologique au 1/100 000ème de l'île de la Réunion

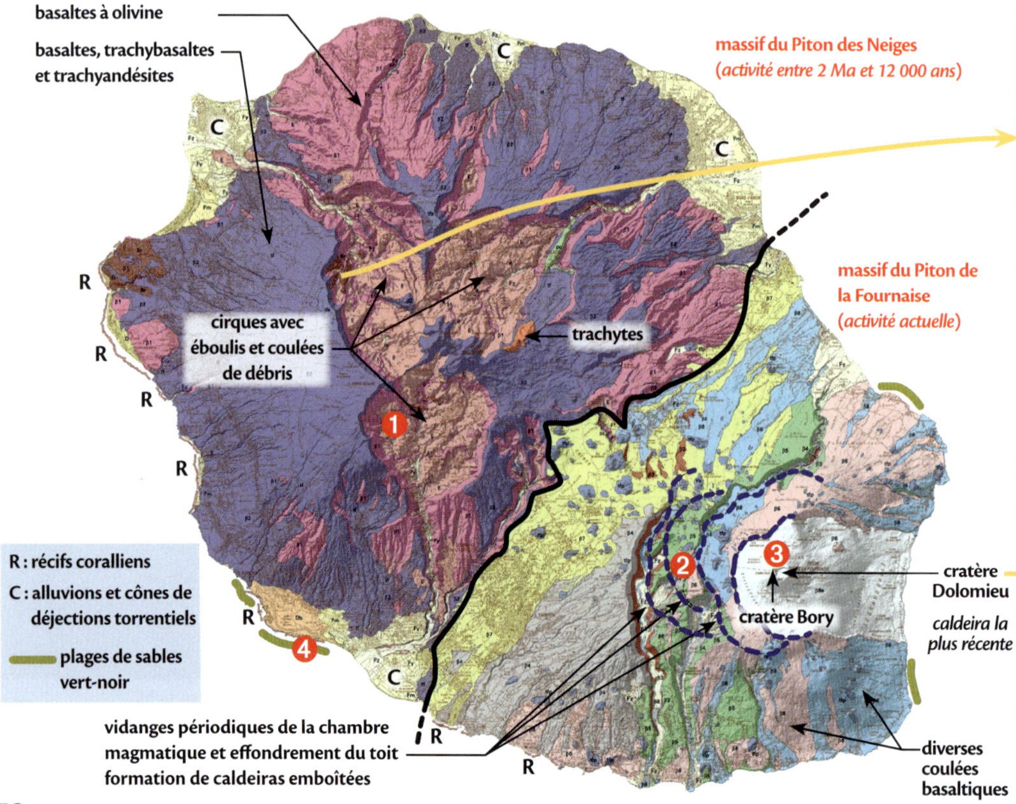

II - L'activité volcanique de l'île de la Réunion

Diagramme TAS des roches volcaniques de l'île de la Réunion

Les roches volcaniques de l'île sont variées, des basaltes aux trachytes, les basaltes étant toutefois majoritaires. Les roches relèvent essentiellement de la série alcaline.

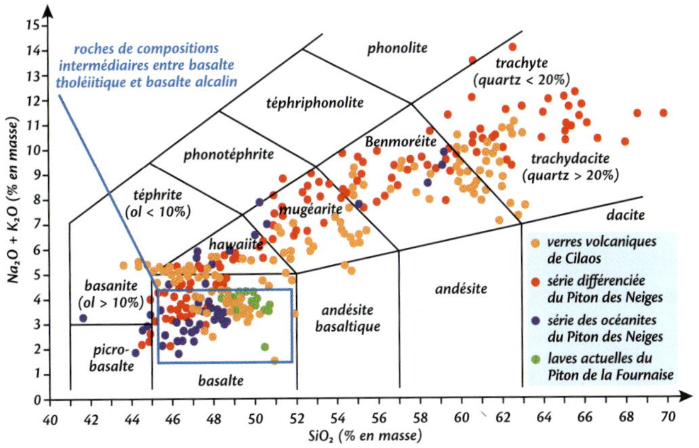

Anomalie gravimétrique de Bouguer sur l'île de la Réunion

Les chambres magmatiques ou complexes hypovolcaniques sont constituées de gabbros et de cumulats qui sont plus denses que les roches environnantes.

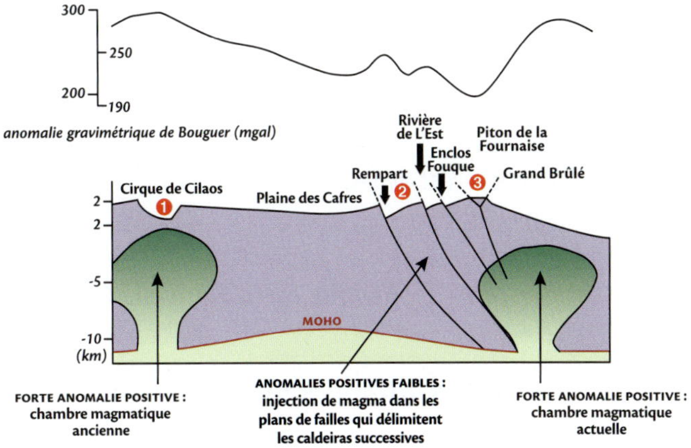

Pour chaque appareil volcanique, les roches les plus récentes font partie de la série tholéiitique, ce qui marque une augmentation du taux de fusion. Une hypothèse est, qu'au cours du temps, le réchauffement de la plaque au-dessus du point chaud, amincit la plaque, ce qui permet une fusion à moindre profondeur, à taux plus élevé.

Éruption sur le piton de la Fournaise

60 62

L'activité volcanique est essentiellement **effusive**. Elle s'accompagne d'une **faible explosivité** sous forme de fontaines de laves au niveau de petits cônes stromboliens.

Coulées de laves très fluides sur le flanc SO du Piton de la Fournaise

Les laves fluides prennent une géométrie sinueuse, avec de multiples lobes. Quand une coulée contourne une portion de terrain, cela délimite un îlot qui porte le nom (*d'origine hawaiienne*) de « kipuka ».

Sable vert-noir

La côte est bordée par de célèbres plages de **sable vert-noir**. Les précipitations abondantes et l'action de la houle favorisent l'érosion des basaltes à olivine (*arénisation des basaltes*). L'arène basaltique est transportée par le réseau hydrographique jusqu'aux côtes. 60 62

arénite formée par érosion d'un basalte à olivine (océanite)

Les produits d'érosion des édifices volcaniques sont transportés par les rivières jusqu'à la mer et forment par endroits des cônes de déjection. Les entreprises de concassage et de production de granulats se trouvent dans ces régions.

III - Aléas et risques sur l'île de la Réunion

Distribution des laves du Piton de la Fournaise depuis 1950

Le Piton de la Fournaise est un des volcans dans le monde qui présente l'activité la plus fréquente et la plus régulière (*plus d'une dizaine d'éruptions depuis l'an 2000*).

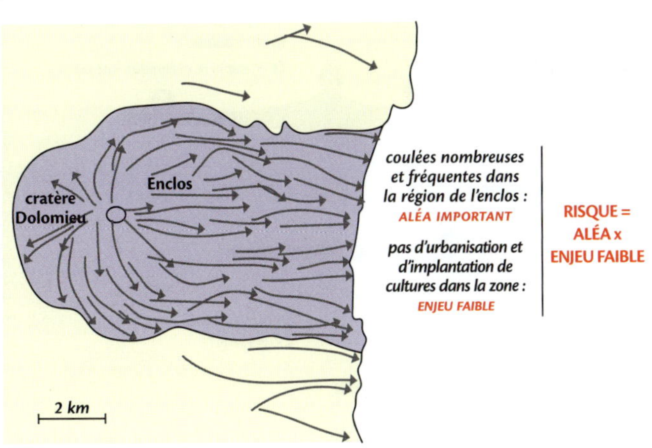

On observe aussi des aléas climatiques (cyclones, inondations).

Distribution en mer des avalanches de débris

D'importants dépôts d'avalanches de débris en mer illustrent la perte de flancs entiers du volcan. Cette déstabilisation est favorisée par l'infiltration de grandes quantités d'eau le long de plans de rupture (*par exemple, au niveau des flancs des caldeiras*). Elle représente un autre facteur de risque lors et en dehors des éruptions. Une déstabilisation en masse des terrains peut conduire à un tsunami comme celui qui s'est produit il y a 4 500 ans et qui a laissé des traces géologiques.

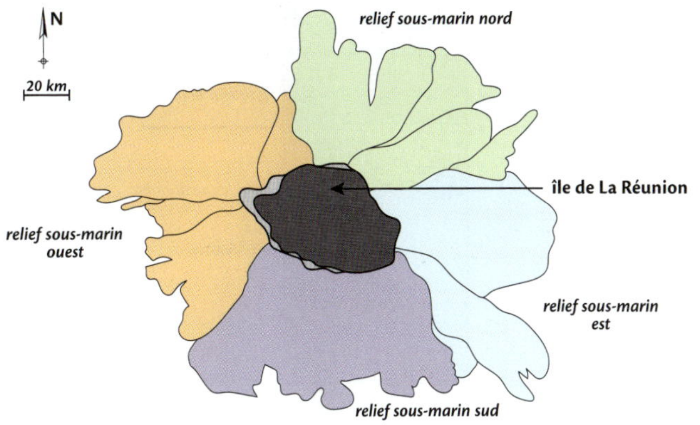

La Nouvelle Calédonie

Nouvelle Calédonie = *ensemble d'une dizaine d'îles dans le Pacifique Sud, situé à un peu plus de 3 000 km à l'est de l'Australie. L'île principale s'appelle Grande Terre.*

Quelle est l'histoire géologique de la Nouvelle Calédonie ? Quelles ressources géologiques peuvent y être exploitées ?

I - Une histoire géologique complexe liée à une subduction - obduction

Carte géologique simplifiée de la Nouvelle Calédonie

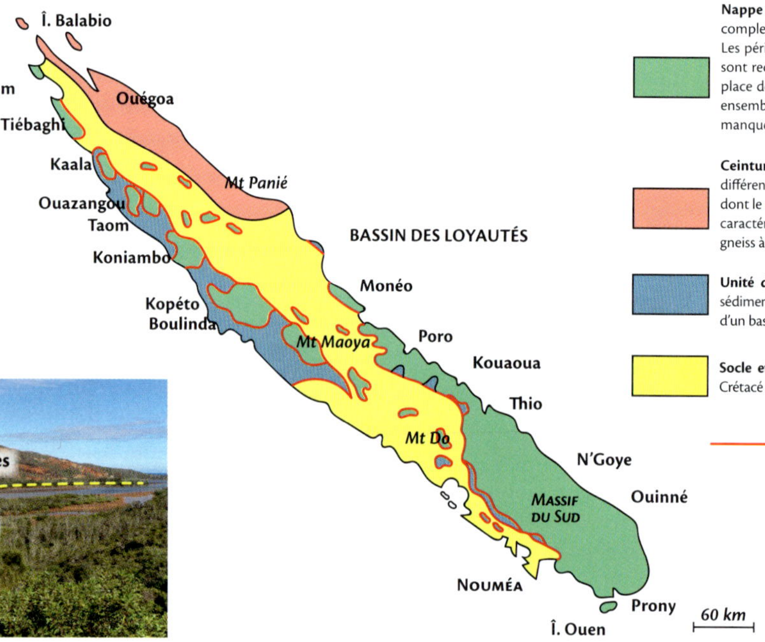

Nappe des péridotites : cette nappe repose sur toutes les autres unités du complexe subduction – obduction. Son épaisseur maximale est de 2 km. Les péridotites sont essentiellement des harzburgites et des dunites. Elles sont recoupées par des filons et sont datées d'environ 56 Ma. La mise en place de la nappe est due à une obduction, c'est-à-dire un charriage d'un ensemble ophiolitique. Toutefois, la série ophiolitique est ici incomplète : il manque les basaltes et la couverture sédimentaire.

Ceinture métamorphique HP-BT : elle comprend des roches (deux unités différentes : un mélange ophiolithique ; des métasédiments et des laves) dont le métamorphisme augmente en direction du Nord-Est, avec une série caractéristique de la subduction (des schistes bleus à glaucophane à des gneiss à faciès éclogitique). Le pic de métamorphisme est daté à 40-46 Ma.

Unité de Poya : complexe d'écailles formées de croûte océanique et de sédiments fins, d'âge Crétacé supérieur à Paléocène, témoin de la subduction d'un bassin océanique.

Socle et couverture : terrains anciens datés du Carbonifère supérieur au Crétacé inférieur. La croûte continentale est très amincie (25 km d'épaisseur).

Chevauchements

Les ophiolites, un ensemble de roches de la lithosphère océanique

Les **ophiolites** constituent un **cortège de roches de la lithosphère océanique**. Il en existe différents types en fonction de l'activité de la dorsale.

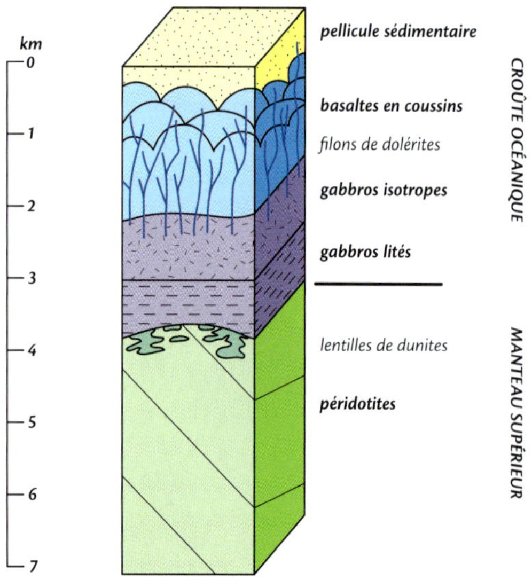

L'obduction

La **subduction** au Nord-Est de la Nouvelle Calédonie s'est **bloquée** quand une croûte continentale, moins dense, est arrivée dans la zone de convergence. Les forces de convergence se maintenant, il y a eu **obduction** de la lithosphère océanique.

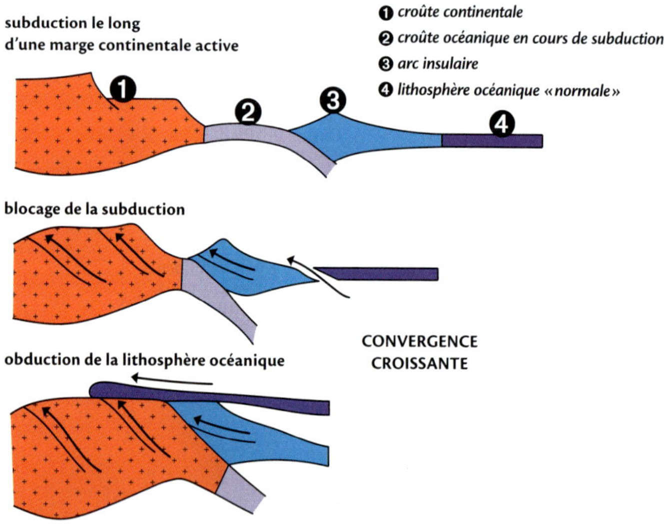

II - Un nouveau continent, Zélandia

La découverte d'un continent immergé

Zélandia est le **dernier continent décrit** , essentiellement submergé (*à 94%*) mais admis par les scientifiques comme un continent à part entière :

→ Il s'élève au-dessus de la croûte océanique ;

→ Il a une géologie particulière ;

→ Sa croûte est plus épaisse que celle des océans (*mais elle reste plutôt mince, autour de 25 km*) ;

→ Il fait plus d'1 million de km² (*ici, il en fait pratiquement 5 millions*) ;

→ Ses limites sont clairement définies.

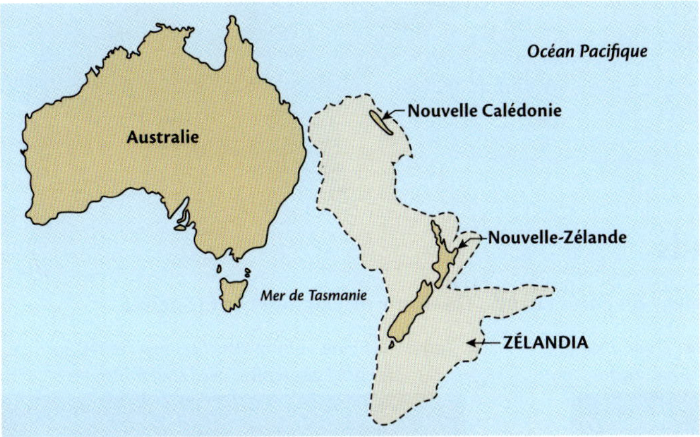

Situation et limites géographiques de Zélandia

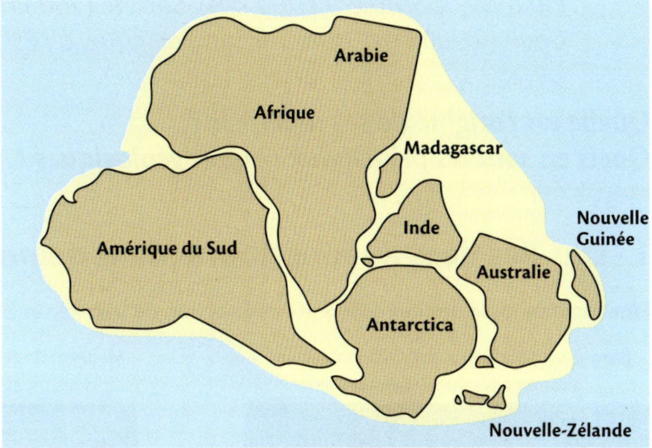

Carte du continent Gondwana, il y a 170 Ma

III - Les ressources géologiques de la Nouvelle Calédonie

Une grande richesse en nickel

111 113

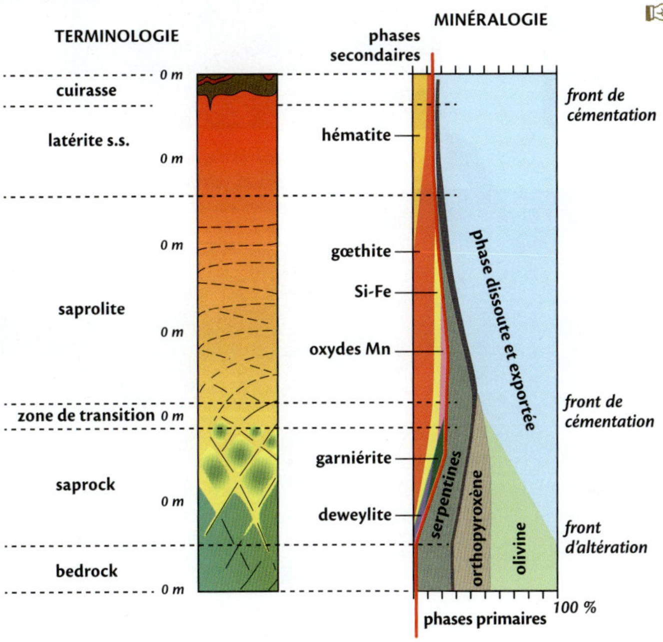

Profil d'altération et minéralogie observée
(d'après Maurizot, 2021)

Goethite

Garniérite

Les péridotites, qui constituent les montagnes visibles, de couleur orange, sont nickélifères.

	SiO_2	MgO	$FeO + Fe_2O_3$	Al_2O_3	Cr_2O_3	NiO
cuirrasse ferrugineuse	0,1 - 2,8	0,1 - 1,6	72 - 75	4 - 8	2 - 6,2	0,1 - 1,2
latérite	3 - 8	0,5 - 2	60 - 74	4 - 6,4	1 - 4	0,4 - 2,5
saprolite meuble	26 - 41	3 - 29	20 - 50	0,7 - 4,6	0,6 - 2	0,4 - 4
saprolite cohérente	34 - 43	30 - 33	10 - 13	0,5 - 1,3	0,4 - 0,7	0,3 - 3,8
péridotite	37 - 44	36 - 45	8 - 12	0,4 - 1,2	0,4 - 0,6	0,25 - 0,4

Composition chimique (% massiques) des horizons des latérites
(d'après Trescases, 1979, Pelletier et al. 2003)

L'**altération de la péridotite** sous climat intertropical s'étend sur plusieurs dizaines de mètres. Cela a conduit à un **enrichissement relatif en nickel**. Celui-ci est très important à la base du profil, dans la garniérite de formule $(Ni,Mg)_3Si_2O_5(OH)_4$, pouvant contenir jusqu'à 7% de nickel. Mais, aujourd'hui, ce minerai est pratiquement épuisé. On exploite actuellement la **goethite**, un minerai de fer qui a absorbé du nickel. Il en contient jusqu'à 1,6%.

Cette exploitation se fait dans des mines à ciel ouvert et entraîne une dégradation du paysage. Le sol y est pauvre et impropre à la culture.

Toutefois, les latérites constituent aussi une réserve en eau, et cela génère un conflit d'usage entre ces deux ressources.

On estime que l'île contient le tiers des réserves mondiales de latérites à **nickel**.

Elle est également riche en **chrome** et en **cobalt**.

128 La Polynésie française

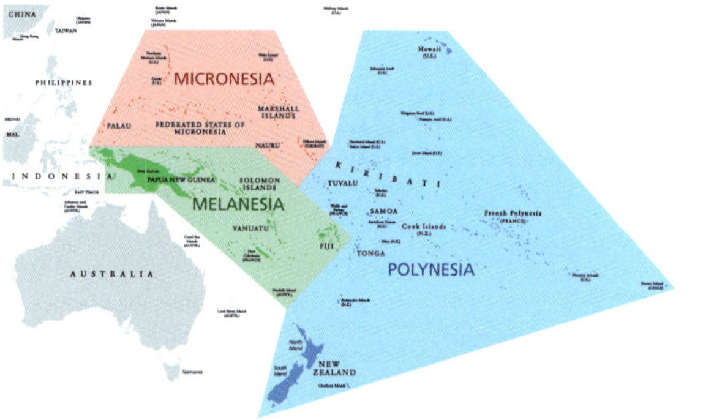

Polynésie française = *122 îles réparties selon 5 archipels alignés : les Marquises (350 km de long), Tuamotu (1 000 km), Pitcairn - Gambier (1 700 km), Société (750 km) et Australes - Cook (2 300 km), dans l'océan Pacifique, à l'Est de l'Australie.*

Quelle est l'origine de ces archipels ?
Quels en sont les principaux risques géologiques ?

I - Des îles liées au fonctionnement de points chauds

Une morphologie des îles différente en fonction de leur âge et de leur éloignement du point chaud : l'exemple de l'archipel de la Société

__Bora-Bora__ : *atoll corallien, lagon important, érosion des reliefs bien avancée*

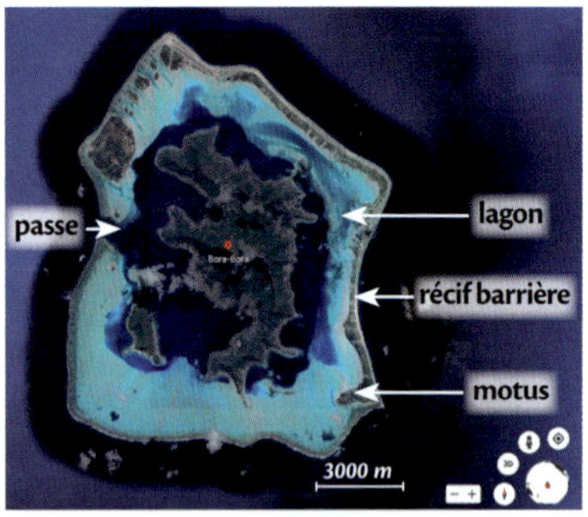

__Moorea__ : *île haute, volcan bouclier érodé, récif frangeant et récif barrière complets, lagon*

__Tahiti__ : *île haute, volcans boucliers peu érodés, barrière de corail incomplète avec récif frangeant*

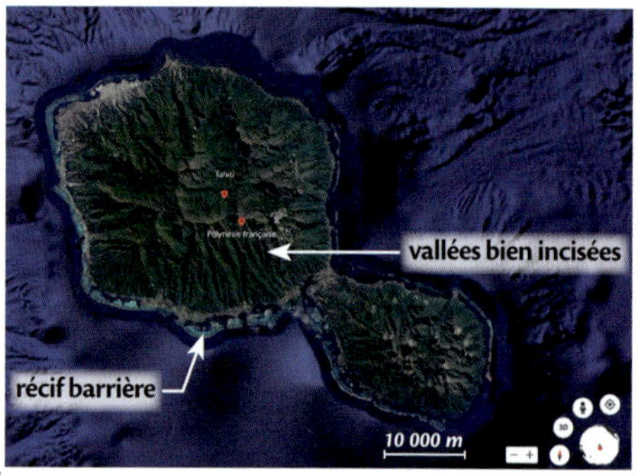

__Maupiha__ : *atoll corallien, récif barrière et lagon, érosion complète des reliefs, située à 190 km à l'ouest de Maupiti.*

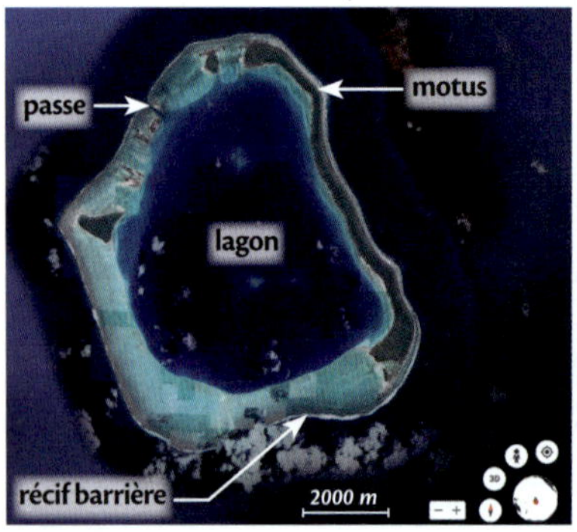

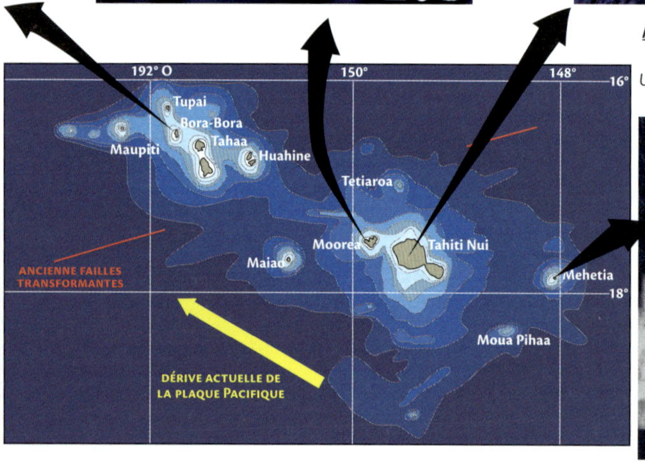

__Mehetia__ : *la plus jeune, actuellement au-dessus du point chaud, pas de barrière de corail.*
Une éruption sous-marine (à -1 700 m, probable mais non totalement confirmée) aurait eu lieu en 1981.

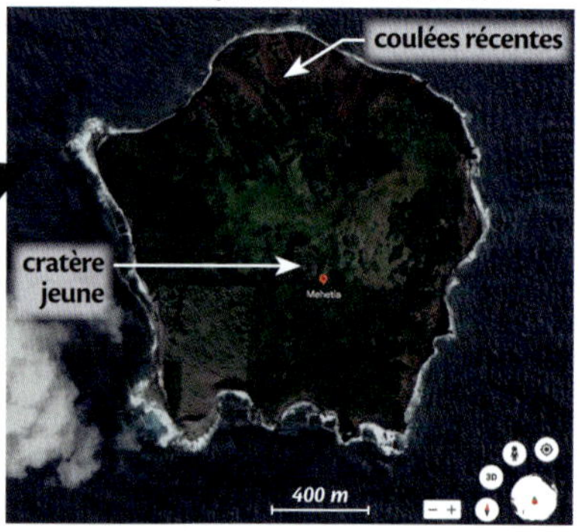

Bilan : la formation des îles d'un archipel lié à un point chaud

34 66

Comme **Darwin** l'avait remarqué et décrit dès 1842 (*mais avec un autre vocabulaire*), la morphologie des îles diffère en fonction de leur éloignement au point chaud, de la subsidence de la plaque océanique et de l'importance de l'érosion : on passe ainsi d'une **île haute** à un **atoll** où la partie émergée du volcan bouclier a été complètement érodée. Le dernier stade (*non illustré ici*) est celui de **guyot**, constitué par un édifice exclusivement sous-marin.

Cette **explication a été remise en cause** récemment par Doxler et Jorry qui proposent une mise en place des atolls liée aux variations de niveau marin consécutives aux périodes glaciaires et interglaciaires.

Le point chaud ici correspond à un **super-panache** s'arrêtant à la limite manteau supérieur / manteau inférieur et donnant plusieurs petits panaches dans le manteau supérieur, à l'origine des 5 alignements.

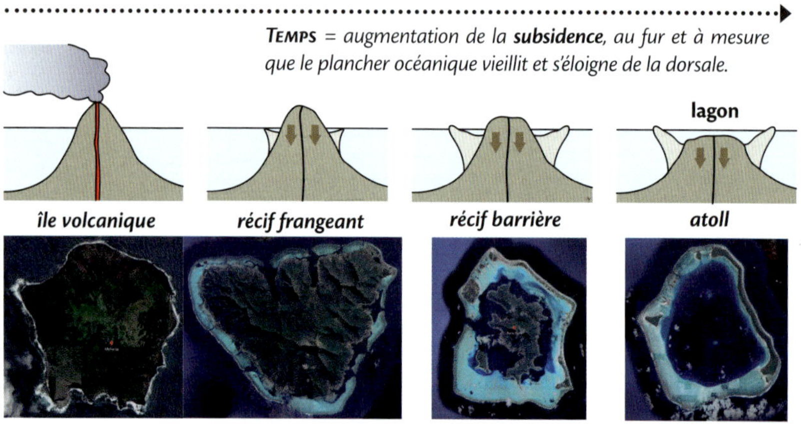

Des affleurements en lien avec les éruptions volcaniques

Tunnel de lave : structure fréquemment associée au volcanisme basaltique avec une **lave très effusive**. Lorsque la coulée de lave progresse, elle se refroidit en premier sur les bords et forme ainsi les parois du tunnel. La lave contenue à l'intérieur, encore chaude et donc fluide, continue de s'écouler, parfois jusqu'à vider complètement le tunnel créé. *(Photographie de l'intérieur d'un tunnel de lave, Gruta de Torres, Ile de pico, Açores)*

Aiguilles de phonolite : ces aiguilles correspondent à des protrusions de **magma très visqueux**. Elles sont particulièrement abondantes sur l'île d'Ua Pou.

Ua Pou se singularise par un gisement exceptionnel de « cailloux fleuris », en réalité des phonolites à grenats riches en titane qui forment des pétales jaunes sur un fond marron.

II - Des formations sédimentaires liées à la vie récifale

Une grotte karstique

34

Cette grotte est constituée de **calcaires récifaux**, exondés il y a 1 Ma lorsque l'île de Rurutu s'est soulevée lors de son passage au-dessus d'un point chaud. Depuis, cette grotte est soumise à l'érosion et montre stalactites, stalagmites et autres concrétions calcaires.

Des formations récifales modifiant les courants marins et créant des roches particulières

Les **récifs coralliens** sont des constructions à l'origine de calcaires. La houle de l'océan fait passer de l'eau dans le **platier externe**, puis celle-ci s'écoule dans le **lagon** par des chenaux peu profonds, les **hoas**. Les débris rocheux s'accumulent et finissent par être colonisés par la végétation devenant alors des **motus**. L'eau du lagon ne peut s'écouler vers l'océan que par les **passes**, bien plus profondes que les hoas et où règne un très fort courant. Ceci permet un brassage de l'eau du lagon. (*schéma d'après Battistini et al., 1975*).

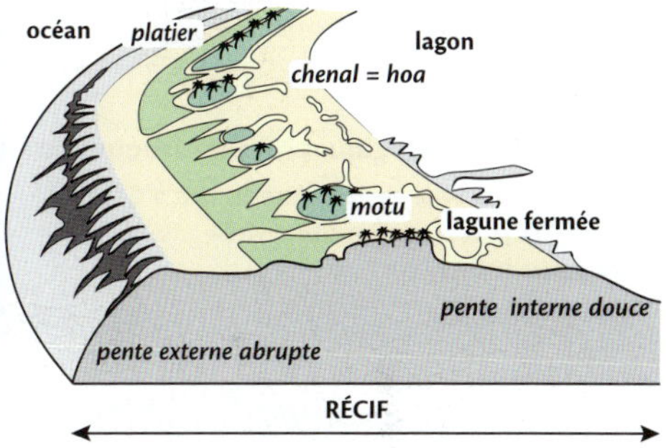

III - Des risques géologiques dus à l'élévation du niveau marin

Une variation importante et en accélération du niveau marin

La **hausse du niveau marin** est mesurée par imagerie satellitaire. Ici, les mesures montrent les variations de niveau marin entre 1992 et 2014. Du côté de la Polynésie française, la hausse est bien marquée et atteindrait 25 cm à Papeete (*Croteau, 2020*). Or, 84 îles de ces archipels ne dépassent pas une altitude de 3 m. Il est également bien connu que la **hausse des températures de l'océan** provoque la mort des coraux.

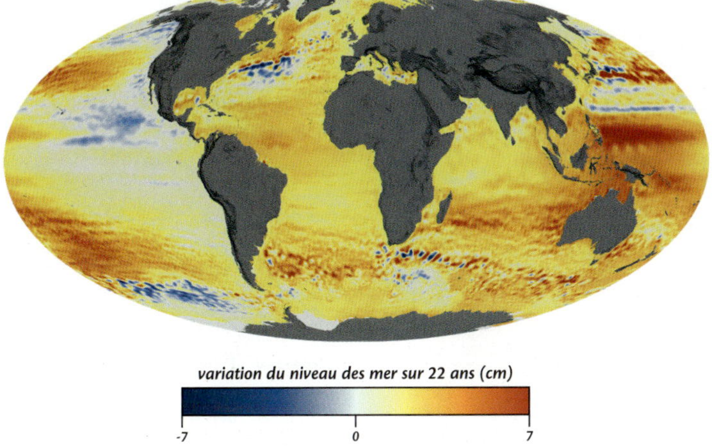

NASA, image of the day, February 20, 2018, JASON-1, JASON-2, Topex-Poséidon

Un motu en Polynésie, au ras de l'eau

Corail mort

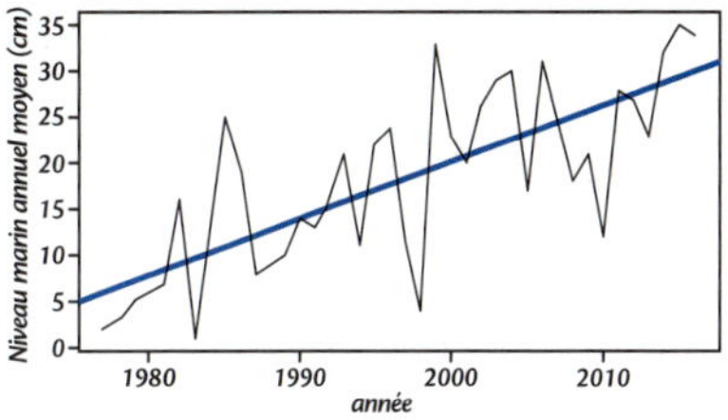

Variation du niveau marin annuel moyen à Papeete, Tahiti entre 1975 et 2016 (D'après Croteau, 2020)

La Guyane

GUYANE = *région française d'outre-mer située sur la côte nord-est d'Amérique du Sud.*

Quelle est l'histoire géologique de la Guyane ?
Quels en sont les principaux risques géologiques ?

I - Reconstitution de l'histoire géologique de la Guyane

✪ Le bouclier guyanais, un vieux socle précambrien

Histoire géologique simplifiée de la Guyane

Plus de 90% des roches guyanaises sont datées du Paléoprotérozoïque, il y a plus de 2 Ga. Ces roches, parmi **les plus vieilles de toute l'histoire géologique française**, sont encore visibles sous la forme de métagabbros, d'amphibolites et de gneiss amphibolitiques.

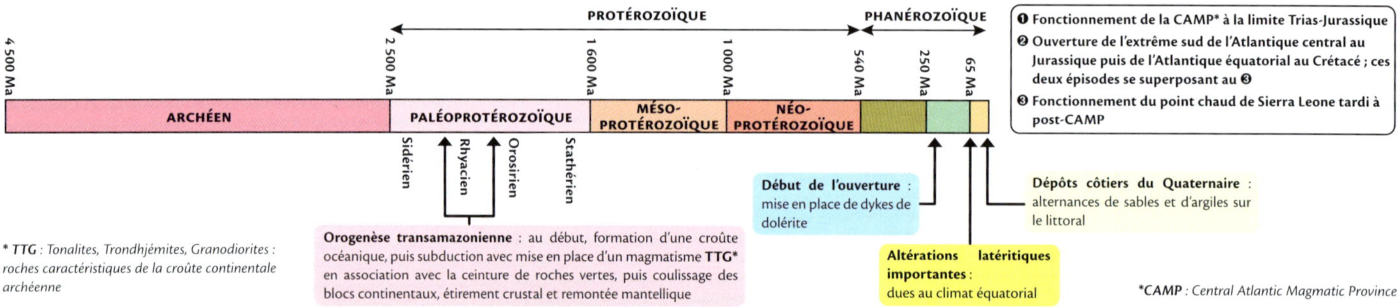

* *TTG : Tonalites, Trondhjémites, Granodiorites : roches caractéristiques de la croûte continentale archéenne*

**CAMP : Central Atlantic Magmatic Province*

Quelques sites géologiques caractéristiques de l'histoire guyanaise

Gneiss migmatitique de la pointe Buzaré à Cayenne résultant de la fusion d'une très vieille croûte océanique, datée de 2,21 Ga.

Dolérite des îles du Salut, témoignage du volcanisme de la CAMP (*Central Atlantic Magmatic Province*) daté du Trias terminal au Jurassique basal.

Plateau latéritique du Grand Matoury (*au fond*), grande cuirasse latéritique qui coiffe les massifs tabulaires de roches volcaniques.

✪ Le plateau de Demerara, un témoin précoce de l'ouverture de l'océan Atlantique

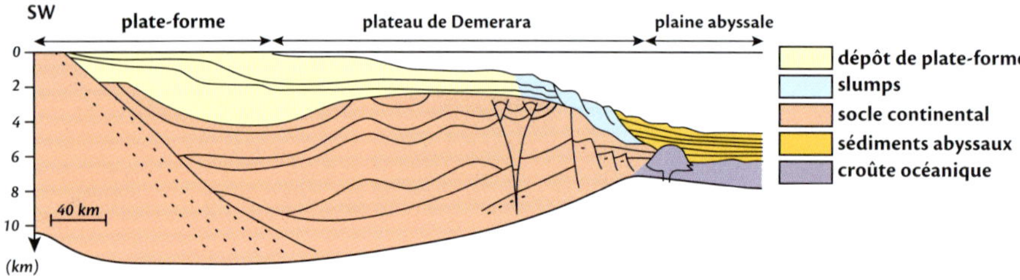

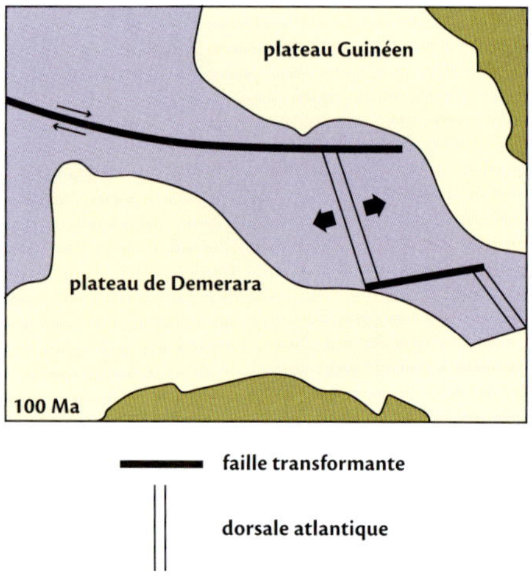

Le **plateau de Demerara**, au large de la Guyane, est un vaste plateau immergé par près de 2 000 m de fond, large de 300 km et avec une épaisseur de croûte intermédiaire de 25 km. Il est caractérisé par d'épaisses couches de roches volcaniques, ce qui fait de la marge continentale guyanaise une **marge passive volcanique** d'âge Jurassique.

Ce plateau est **post-CAMP**, associé à l'ouverture de l'extrême sud de l'Atlantique central et au fonctionnement d'un point chaud, puis affecté de nouveau par l'ouverture de l'Atlantique équatorial au Crétacé.

L'importance des dépôts sédimentaires et les puissants courants sous-marins en font une **zone d'instabilité sédimentaire majeure**.

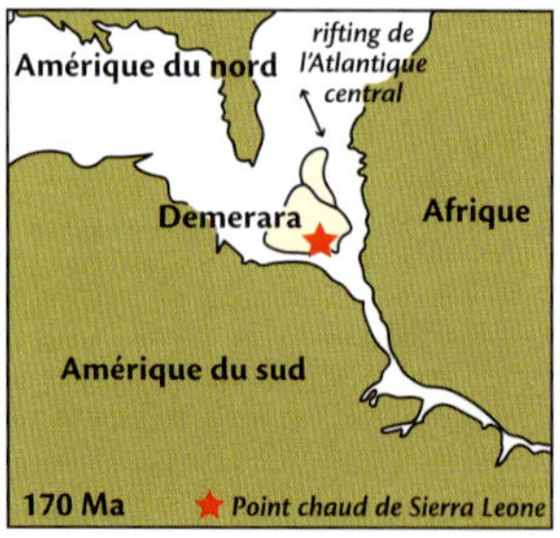

II - Les principales ressources géologiques guyanaises

L'or guyanais

L'exploitation de l'or en Guyane débute dès le 19ème siècle. Tous les sites d'orpaillage guyanais sont des sites d'or secondaire. Il existe une importante activité d'orpaillage illégal, générant des pollutions très importantes de l'environnement.

Mine d'or en Guyane

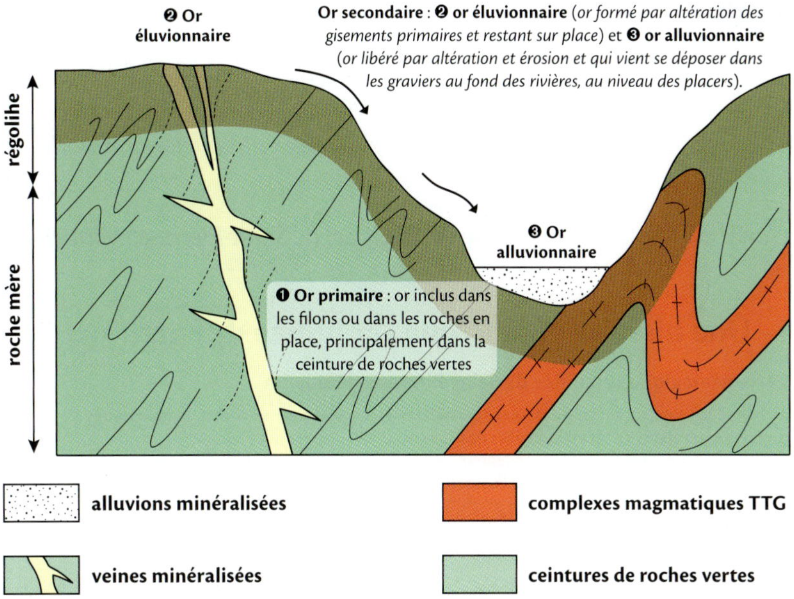

La Guyane possède également des gisements de diamants, du niobium, du tantale, de la bauxite et potentiellement du pétrole sur le plateau continental. Aucun de ces gisements n'est actuellement exploité.

II - Les risques géologiques en Guyane

Le risque envasement / érosion

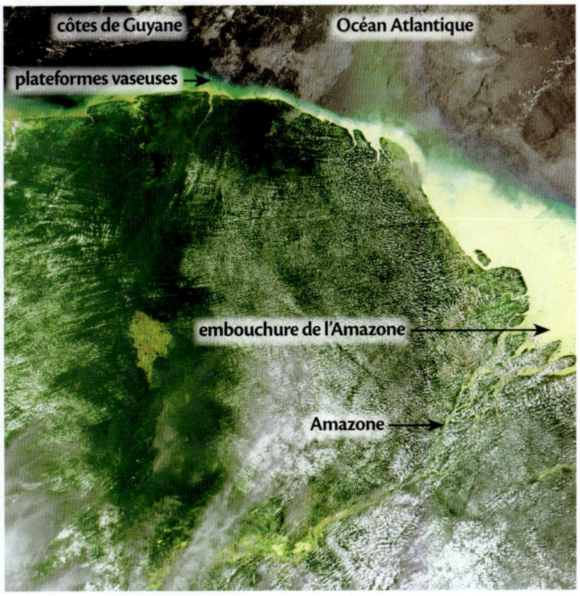

Ibis rouge juvénile dans la vase côtière

Mangrove installée sur la côte

Côte nord-est d'Amérique du Sud vue par ENVISAT (19/10/2005)

Le fleuve Amazone déverse des quantités considérables de sédiments issus de l'**érosion des Andes** sous l'action du climat intertropical humide. Ces sédiments, entraînés par les courants marins, les alizés, la houle et les marées viennent constituer d'**immenses bancs de vase** le long des côtes guyanaises. Ces plateformes peuvent atteindre des dimensions considérables, jusqu'à 60 km de longueur et 20 km de largeur sur 3 m d'épaisseur en moyenne. Ils sont au total entre 6 et 9 sur les côtes guyanaises. Chaque banc contient entre 1 à 3 milliards de m^3 de sédiments très fins (*limons et argiles*). Ces bancs migrent sous l'influence de la houle, ce qui provoque des **variations importantes du trait de côte**, parfois protégé par le banc de vase et propice alors à l'installation de la mangrove, parfois soumis à une érosion intense sous l'action de la houle quand le banc se déplace.

Le risque glissement de terrain

Le socle constituant les monts guyanais sont fortement altérés par les pluies tropicales et sont coiffés par un **profil latéritique** bien caractérisé. De plus, sur les flancs, cette formation est recouverte par des colluvions issus de l'érosion gravitaire. Ces formations sont particulièrement instables en cas de fortes pluies car les argiles peuvent gonfler et perdre leur cohérence. Cela occasionne des **glissements de terrain importants**, comme celui du Mont Cabassou, en avril 2000 qui a fait 10 morts ou celui du Mont Baduel en 2012 (*modifié d'après BRGM/RP-65987-FR*).

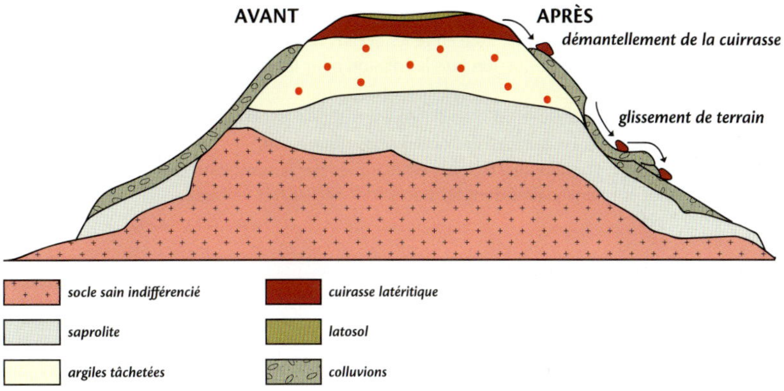

La Guyane est également soumise à d'autres risques géologiques comme les inondations par exemple.

Saint-Pierre-et-Miquelon

SAINT-PIERRE-ET-MIQUELON = *archipel français situé dans l'Atlantique Nord au sud de Terre-Neuve et constitué de plusieurs îles dont les principales sont Saint-Pierre et Miquelon-Langlade.*

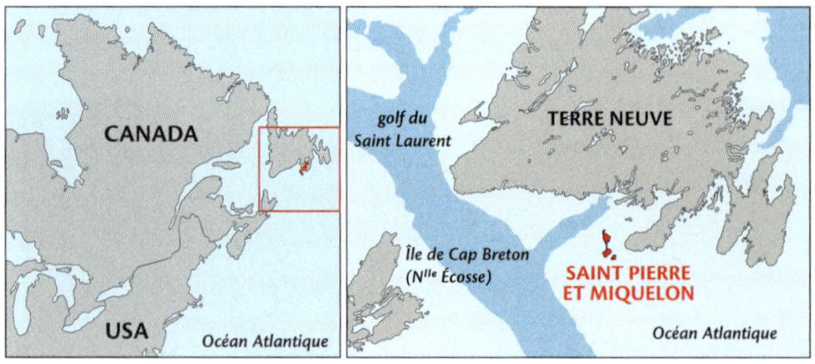

Quelle est l'histoire géologique de l'archipel de Saint-Pierre-et-Miquelon ?

I - Une histoire géologique simplifiée de l'archipel

Carte géologique simplifiée de Saint-Pierre-et-Miquelon

roches sédimentaires métamorphisées (*grauwackes et micaschistes*) et roches magmatiques (*trondhjémites et diorites*) les plus vieilles de l'archipel (*1 Ga - 800 Ma*).
Toutes ces roches sont recoupées par des filons de dolérite mis en place lors de la CAMP (*Central Atlantic Magmatic Province*) ou lors de l'ouverture de l'Atlantique Nord vers 200 Ma.

roches volcaniques (*brèches, tufs et rhyolites*) mises en place à l'Ediacarien (*635 - 541 Ma*)

dépôts quaternaires fluvio-glaciaires pléistocènes

roches sédimentaires détritiques cambriennes, déformées lors de l'orogénèse acadienne. On peut y trouver des fossiles caractéristiques du Cambrien, comme des Trilobites du genre *Paradoxides*, caractéristiques du Cambrien moyen (*510 - 500 Ma*) pouvant atteindre une trentaine de centimètres.

145

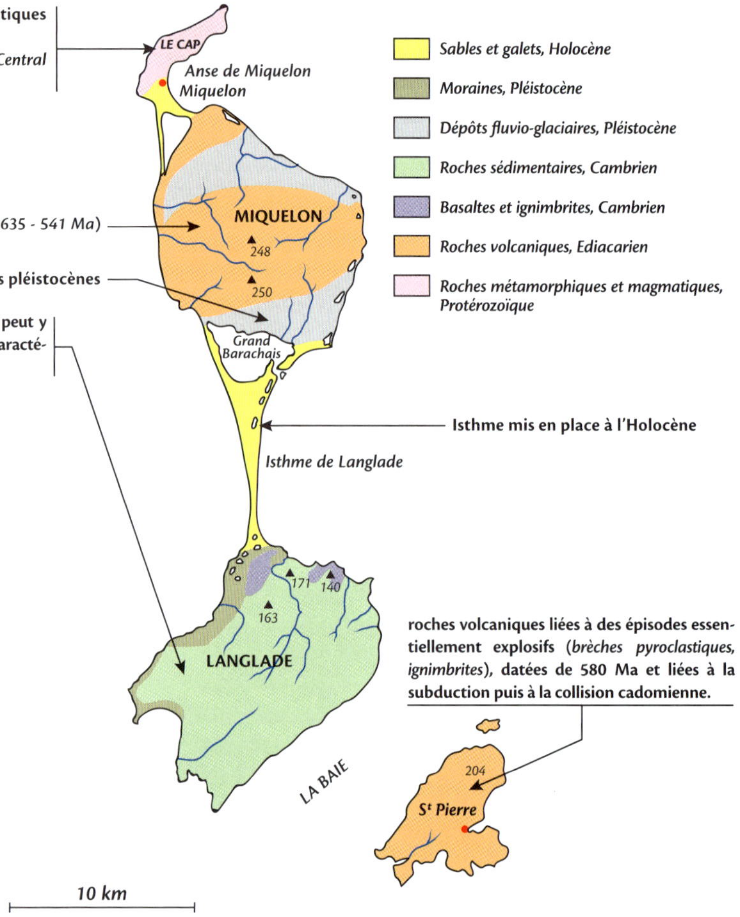

L'archipel montre une **très belle richesse géologique** avec une grande diversité de roches (*sédimentaires, magmatiques et métamorphiques*) ainsi qu'une large gamme d'âge (*depuis 1 Ga jusqu'à l'actuel*). On y trouve également des minéraux (*fer, cuivre, manganèse*) ainsi que d'autres ressources (*amiante, barytine, diatomite, talc, probablement hydrocarbures sur le plateau continental*). Aucune de ces ressources n'a pour l'instant été exploitée.

Reconstitution de l'histoire géologique de Saint-Pierre-et-Miquelon

L'archipel de Saint-Pierre-et-Miquelon faisait partie du **micro-continent Avalon**, fragment du **continent Gondwana**, situé entre les océans **Iapétus** et **Rhéique**. Avalon a été entraîné par la subduction puis la collision pour former la **chaîne des Appalaches**.
La suite de son histoire géologique est essentiellement marquée par l'**érosion** de la chaîne appalachienne et l'**ouverture de l'océan Atlantique Nord**.
Durant le Quaternaire, l'histoire de l'archipel est marquée par la succession de périodes glaciaires et interglaciaires dont les traces sont encore très visibles sur les îles de l'archipel.

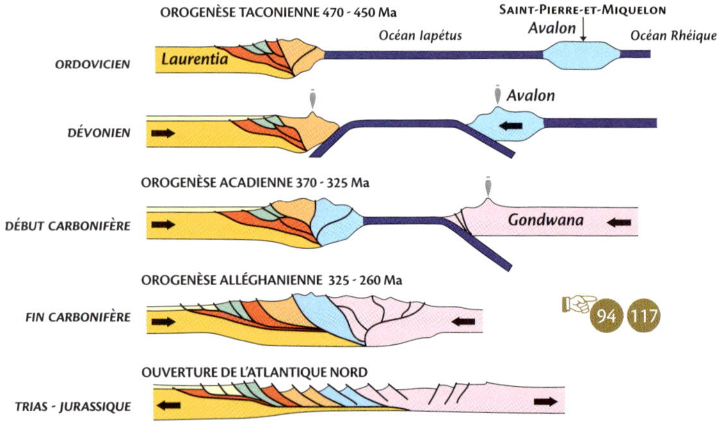

94 117

II - Les glaciations du Quaternaire et leurs reliques

Des traces du passage des glaciers au Quaternaire 103 138

Le dernier maximum glaciaire remonte à 18 000 ans sur l'archipel qui a été intégralement recouvert par l'**inlandsis**. Des traces sont encore visibles en plusieurs endroits avec des roches polies et montrant des **stries glaciaires**.

Suite à la fonte du glacier, l'archipel s'est soulevé par **rebond post-glaciaire**. En témoignent des **plages soulevées** visibles à Langlade. Aujourd'hui, l'archipel serait plutôt le siège d'une subsidence lente de 2 à 4 mm/an.

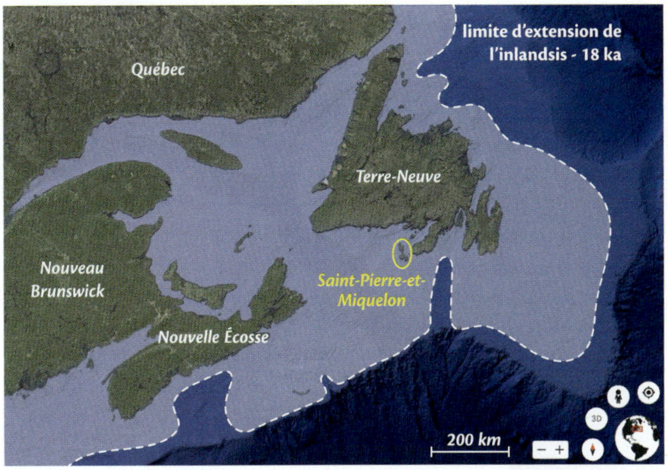

Des cordons littoraux remarquables édifiés à partir des dépôts morainiques

Un cordon littoral est une construction sableuse allongée parallèlement au rivage. Plusieurs sont visibles sur l'archipel (*en jaune sur la photo de le NASA*).

Un tombolo est un cordon littoral particulier reliant ici deux îles. Il est particulièrement développé entre Langlade et Miquelon, en forme de Y et long de 12 km. Sa largeur va de 2 km à 300-400 m en son point le plus étroit.

La formation de ces cordons a débuté après la fin de dernière glaciation, il y a 10 000 ans, à partir des dépôts morainiques, sous l'action du vent, des courants et de la houle. Aujourd'hui, ils sont fragilisés par les aléas de submersion par les tempêtes et par l'érosion : la route sur l'isthme a été détruite par une tempête en 2009.

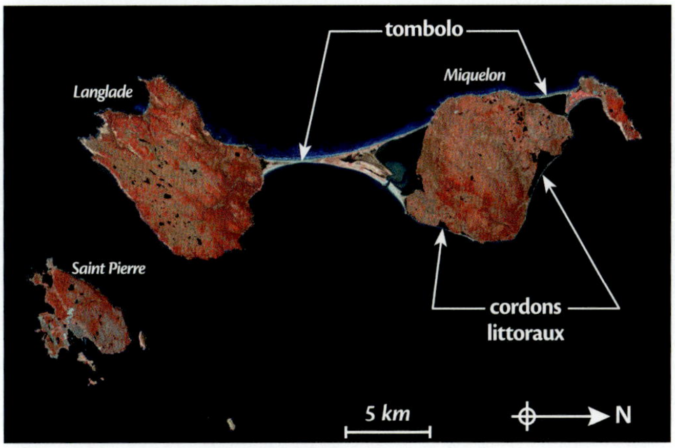

III - Les risques naturels sur l'archipel

Le séisme des Grands Bancs, le 18 novembre 1929 108

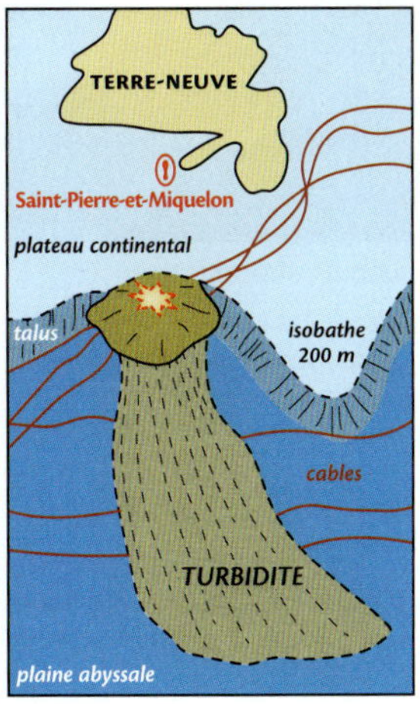

Ce **séisme** a provoqué un **glissement de terrain** se transformant en **avalanche** puis en **courant de turbidité**. Ce seraient ces phénomènes gravitaires qui auraient déclenché le **tsunami** qui s'en est suivi. Si le tsunami n'a fait aucun mort à St Pierre-et-Miquelon, il en a fait une trentaine sur sa grande voisine, à Terre-Neuve.

Le **courant de turbidité** s'est propagé sur 800 km et a détruit une douzaine de câbles téléphoniques sous-marins. C'est ce qui a permis d'évaluer pour la première fois la vitesse de ces courants, estimée à environ 100 km/h.

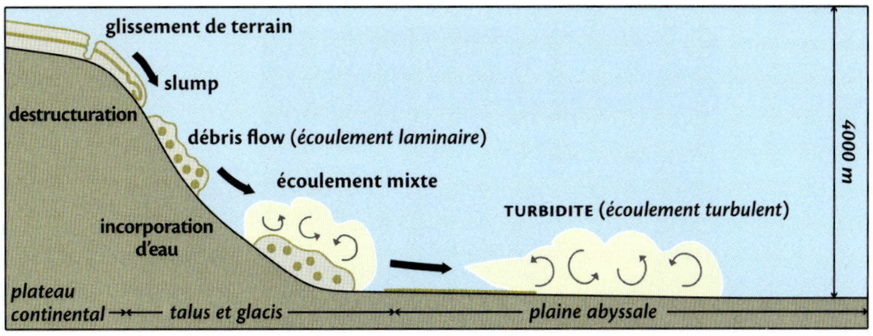

131

Mayotte

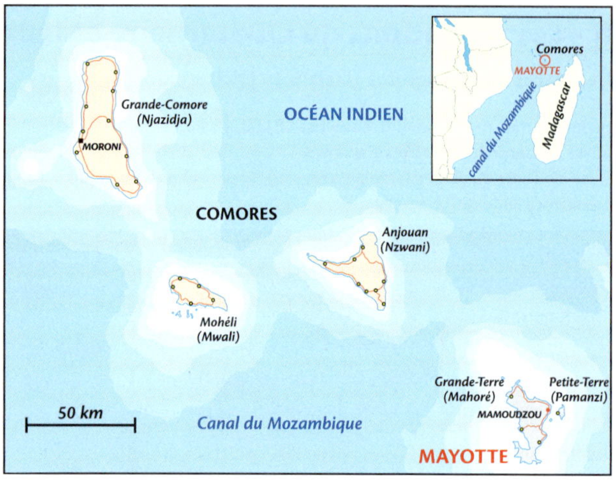

Mayotte = *archipel français situé dans l'océan Indien entre Madagascar et le Mozambique, faisant partie de l'archipel des Comores.*

Quelles sont les principales caractéristiques géologiques de Mayotte ?

I - Une île essentiellement volcanique

Carte géologique simplifiée de Mayotte et quelques sites remarquables

- couronnes coralliennes actuelles
- volcanisme Pléistocène et Holocène : projection pyroclastique de composition basique puis acide
- volcanisme Pléistocène terminal : émission de laves phonolitiques
- résidus d'un volcanisme Pliocène affaissé en mer : émission de laves basaltiques
- résidus d'un volcanisme Miocène-Pliocène : émission de laves essentiellement basaltiques
- traces de glissements supposés
- limites supposées de caldeiras
- sens des coulées

❻

Maar du Dziani Dzaha 14

Le lac, au centre du cratère, d'environ 1 km de diamètre, est le témoin d'éruptions hydromagmatiques extrêmement violentes où le magma visqueux a rencontré de l'eau de mer qui s'est vaporisée à son contact et a provoqué des **déferlantes pyroclastiques**. L'éruption du lac Dziani est très récente (*4 000 à 7 000 ans*).

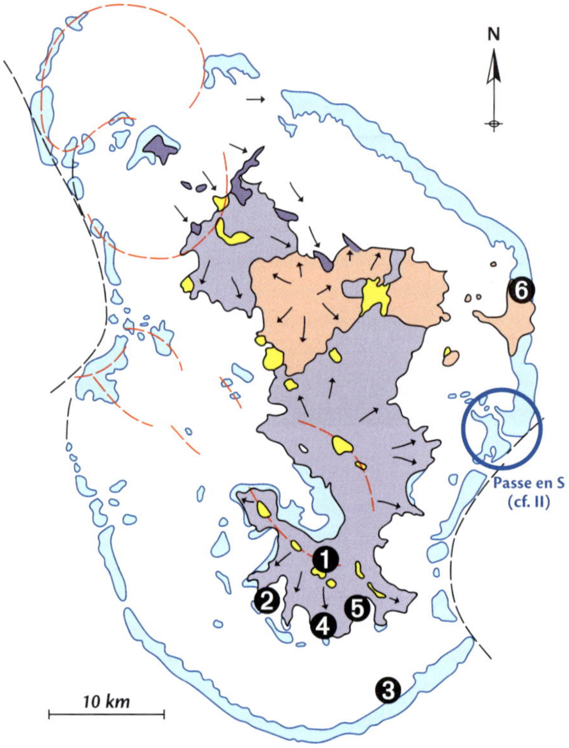

❶

Neck du Mont Choungui

La cheminée de cet ancien volcan a été remplie d'un magma visqueux qui a refroidi en place, obstruant celle-ci et donnant de la **phonolite**. Celle-ci, massive et résistante, a par la suite été dégagée par l'**érosion**.

❺

Padzas de Dapani

Le climat mahorais provoque une **altération très poussée** des coulées de lave. Ces coulées donnent alors des terres argileuses plus ou moins riches en fer, entraînées par la pluie. Ces terres fortement ravinées sont quasi désertiques et portent le nom local de padzas.

❷

Altération en boule du basalte

Il n'y a pas que le granite qui s'altère en boules ! Le basalte aussi, sous l'influence du climat mahorais tropical humide. L'altération se fait en **pelures d'oignon** laissant sur place ces boules pluri-décimétriques ; l'argile nouvellement formée étant évacuée par les eaux météoriques. 60

❹

Plages de sable noir

Le sable noir est issu de l'altération et de l'érosion du basalte. On peut y reconnaître de la magnétite, du pyroxène et des amphiboles.

❸

Lagon et récif corallien

Le récif ceinture l'archipel et délimite un **lagon** à la biodiversité importante. L'érosion du récif engendre un **sable blanc** qui se mélange au gré des courants marins plus ou moins au sable noir issu de l'érosion des basaltes.

II - Les reliques de la dernière période glaciaire

La passe en S dans le récif corallien

Au **pic de la dernière glaciation** (*würmienne*), il y a 18 000 ans, le niveau de l'océan était 120 m plus bas. Le lagon actuel, d'une profondeur maximale d'environ 60 m, était complètement exondé et recouvert d'une végétation de type savane parmi les coraux morts. Les rivières de l'île traversaient alors le lagon et ouvraient **des brèches dans le récif corallien** avant de se jeter dans l'océan. C'est ainsi que s'est formée cette célèbre passe, large de plusieurs centaines de mètres et profonde d'environ 60 m. Depuis la fin de la glaciation, il y a environ 12 000 ans, le lagon a recommencé à se remplir et les coraux ont recolonisé le récif.

Aujourd'hui, cette passe, l'une des 12 de l'île, est le **siège de forts courants marins** qui, à chaque marée, brassent et mélangent les eaux du lagon et celles de l'océan et permettent l'établissement d'une **biodiversité remarquable**.

Vue aérienne de la passe en S

III - Mayotte, un énorme volcan-bouclier entre l'Afrique et Madagascar

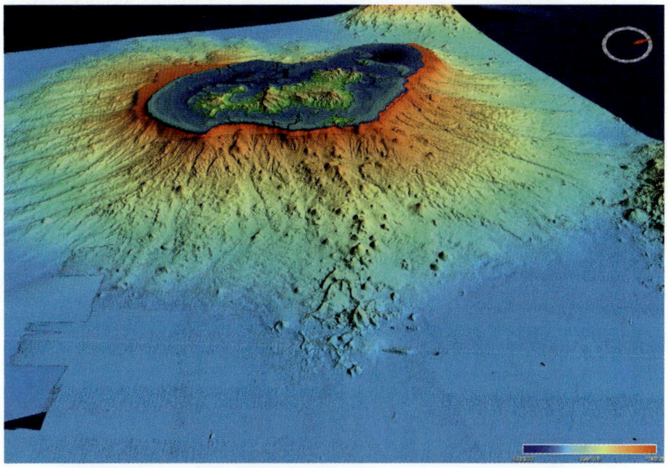

Reliefs sous-marins au large de Mayotte, relevés dans le cadre des missions océanographiques menées autour de la naissance d'un nouveau volcan sous-marin.
(Mayotte, 2019) Campagne MAYOBS2

L'île de Mayotte constitue la partie émergée d'un immense volcan-bouclier âgé d'environ 20 Ma. Initialement interprétée comme étant l'île la plus ancienne issue de l'**activité d'un point chaud** sous l'archipel des Comores, l'origine de ce volcanisme est débattue et provient sans doute de l'**interférence entre des dynamiques mantelliques complexes**.

Un **nouveau volcan** à 50 km à l'est de Mayotte est apparu en mai 2019.

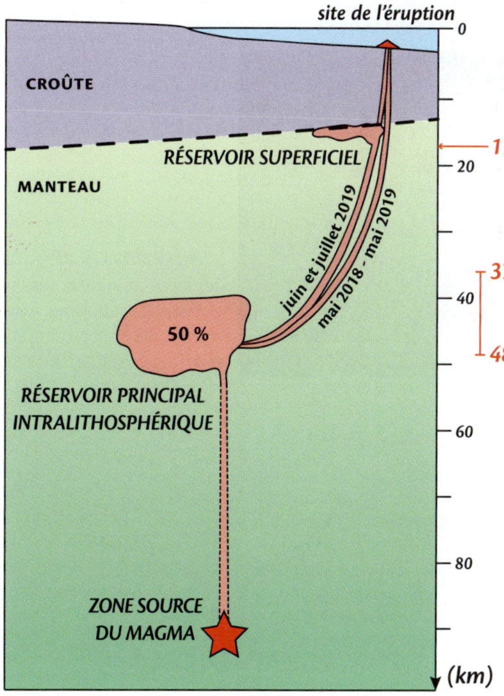

La plus grande éruption sous-marine observée

Le nouveau volcan mesure 5 km de diamètre et plus de 800 m de haut. Il s'est mis en place à partir de 2018. Les données recueillies ont permis de montrer la vidange d'un réservoir magmatique profond situé à l'est de Mayotte, ce qui a provoqué une subsidence de la partie orientale de l'île (*D'après Berthod et al., 2021*).

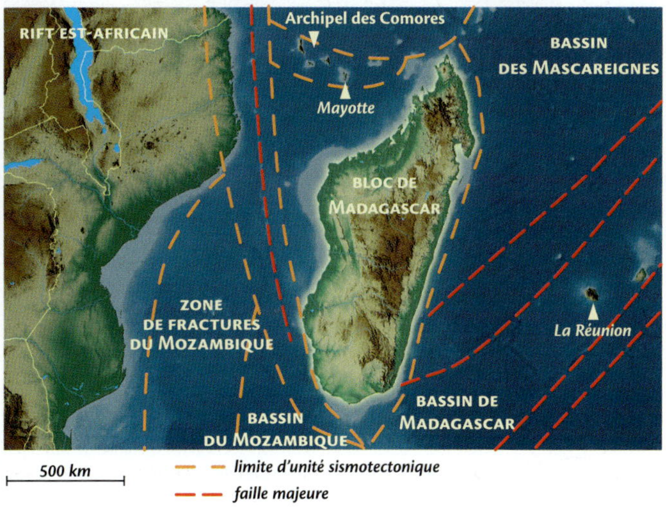

Interprétation sismotectonique de la zone de l'archipel des Comores

132 Wallis-et-Futuna

WALLIS-ET-FUTUNA = *îles volcaniques situées dans le Pacifique, au nord de la Nouvelle Zélande. Il s'agit d'un ensemble de trois îles principales : Wallis au Nord-Est et, 250 km au Sud-Ouest, le groupe des îles Horn : Futuna et Alofi, ainsi qu'un volcan sous-marin actif, le Kulo Lasi.*

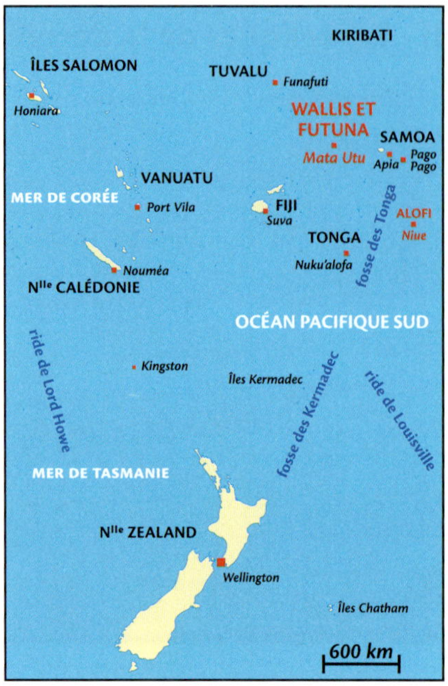

Quelle est l'histoire géologique de Wallis et de Futuna ?
Quelles ressources géologiques peuvent y être exploitées ?

I - Des îles volcaniques entourées de récifs coralliens

Des formations volcaniques abondantes et des formations coralliennes récifales

Lac de cratère Lanolano, sur l'île Wallis

Ce lac, profond de 80 m, occupe l'ancien cratère d'un volcan soufflé lors d'une éruption phréato-magmatique. Il constitue un maar.

Affleurement de pillow-lavas sur l'île d'Alofi

Ces laves constituent l'essentiel des formations rocheuses volcaniques sur les îles avec des brèches, des hyaloclastites et quelques coulées.

© IRD - Guy Cabioch

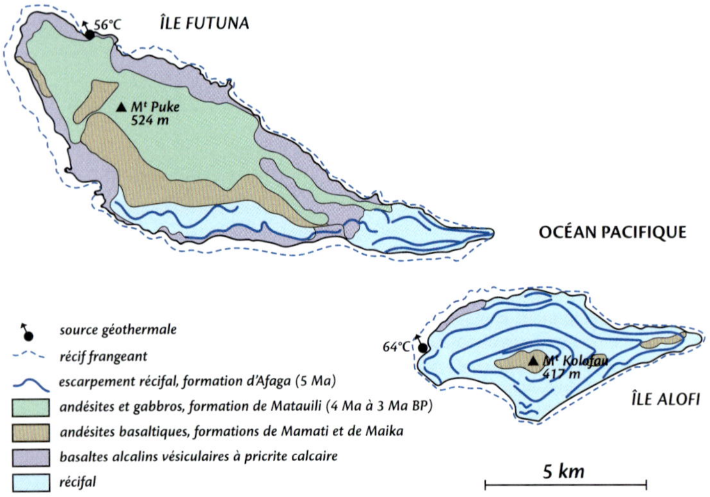

Carte géologique des îles Horn, d'après Grzesczyk

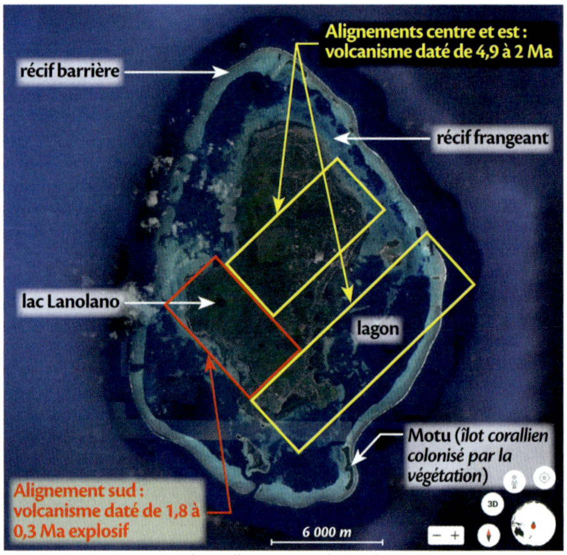

Ile Wallis, vue Google Earth

Le volcanisme de cette région résulte d'interférences complexes et son origine est incertaine. Les chercheurs sont d'accord pour affirmer qu'il ne s'agit pas uniquement de l'expression d'un point chaud. L'âge du volcanisme le plus récent est daté de 80 000 ans.

Terrasses récifales sur l'île d'Alofi

Ces terrasses disposées en couronnes successives sur l'île d'Alofi, à 25, 120 et 220 m d'altitude, témoignent d'une surrection importante de l'archipel au Pléistocène. Cette surrection, due au jeu des contraintes tectoniques locales, perdure encore aujourd'hui.

© IRD - Bernard Pelletier

II - Une histoire géologique complexe

Des formations volcaniques abondantes et des formations coralliennes récifales

Wallis et Futuna sont situées sur deux plaques lithosphériques différentes : la **plaque Pacifique** pour **Wallis** et la **plaque australienne** pour **Futuna**. Elles sont séparées par une zone de subduction fossile et se retrouvent depuis environ 10 Ma à la pointe nord-est du **bassin nord-fidjien**. Ce bassin est un **bassin marginal** (= ***bassin arrière-arc***), zone-tampon entre les deux grandes plaques, coincé entre deux zones de subduction de polarité opposée. Il est traversé par de nombreuses dorsales interconnectées ainsi que des failles transformantes. L'une de ces dorsales, la **dorsale de Futuna**, longue d'environ 200 km, est à 80 km de Futuna, ce qui en fait l'une des dorsales actives les plus proches d'une côte française. Son activité magmatique est intense, même si la divergence n'est que de 1 à 4 cm/an, car elle est associée à des points chauds. De nombreux volcans ont été identifiés récemment à proximité, comme le **Kulo Lasi**, découvert en 2010, actif et présentant une **forte activité hydrothermale**.
Seuls quelques traits de côte ont été représentés par souci de lisibilité.

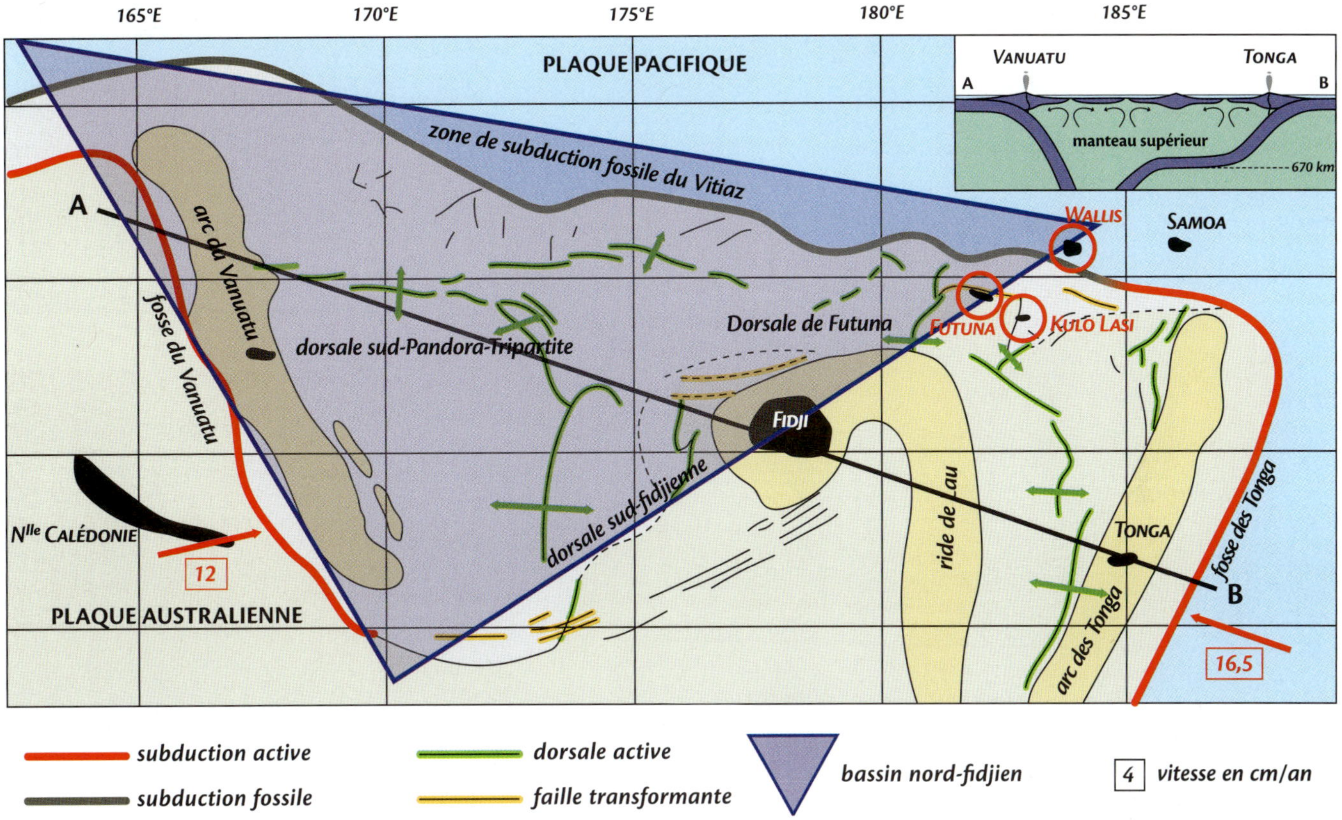

III - Des ressources géologiques intéressantes

Les amas sulfurés et les nodules polymétalliques, un trésor moderne

Des **amas sulfurés**, liés à l'hydrothermalisme sous-marin, ont été identifiés autour du volcan sous-marin Kulo Lasi. Ces amas sont constitués de sulfures de fer et sont souvent enrichis en cuivre, zinc, plomb...
Les **nodules polymétalliques** trouvés sur les fonds océaniques, au niveau des plaines abyssales, contiennent du manganèse, du nickel, du cobalt et du cuivre.
Les deux types de ressources ont été trouvées à proximité de Futuna mais ne font pas l'objet d'une exploitation régulière.

Nodule polymétallique (15 cm de diamètre)

Fractures dans la caldeira du volcan Kulo Lasi

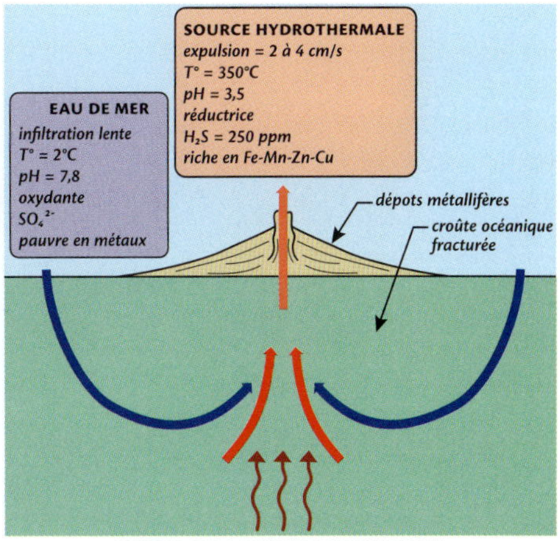

FLUIDES DE LA CHAMBRE MAGNATIQUE

PARTIE XII

MÉTHODES GÉOLOGIQUES ET GÉOCHIMIQUES

133 Étude des mouvements à la surface de la Terre : le GPS

Global Positioning System (GPS) = *ensemble de 24 satellites permettant la localisation d'un récepteur au sol avec une précision millimétrique.*

Quel est le principe de fonctionnement du GPS ? Comment permet-il de suivre les mouvements à la surface de la Terre ?

I - Le principe de fonctionnement du GPS

✪ Les 3 types d'éléments du système GPS

❶ La constellation de satellites

Un ensemble d'au moins 24 satellites en orbite à 20 200 km d'altitude, avec des horloges atomiques ultraprécises embarquées, émettant des ondes électromagnétiques (*ondes radio, fréquences de l'ordre de grandeur de 1 000 MHz*).

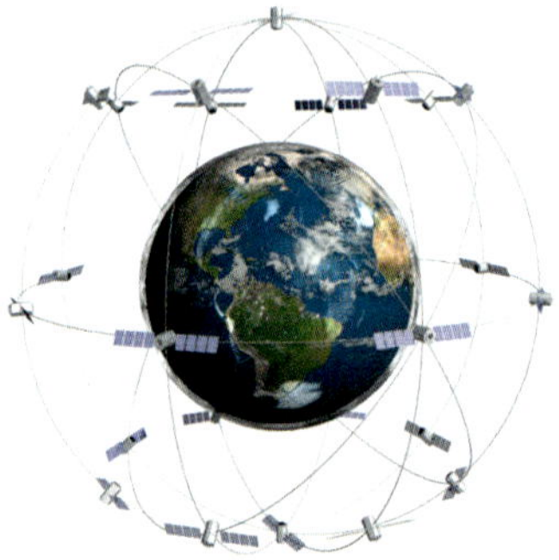

Important : avoir en permanence au moins 4 satellites au-dessus de l'horizon de n'importe quel point de la Terre, répartis de manière « homogène ».

❷ Le système de contrôle au sol

« ***Chef d'orchestre*** » : communique avec les satellites, effectue des mises à jour et corrections pour que les satellites (*ex : éphémérides pour l'ajustement des orbites*) puissent très précisément se localiser.

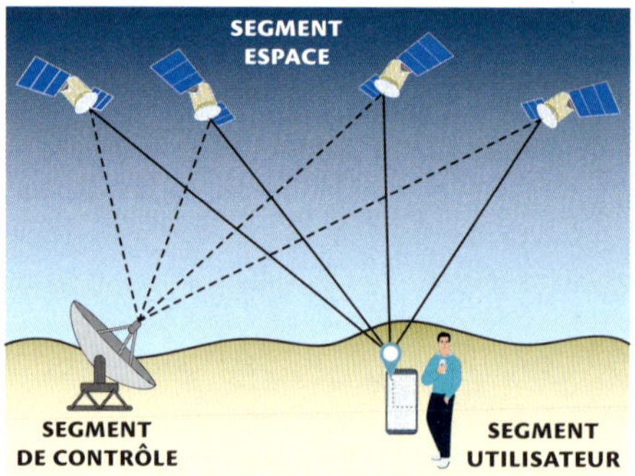

❷ Le système de contrôle au sol

<u>*GPS portatif ou embarqué dans un smartphone*</u>

<u>*Station permanente*</u>

✪ Un système de positionnement à 4 satellites reposant sur la triangulation

Le principe

Les satellites sont munis d'**horloges atomiques** synchronisées, de très grande précision. Ils émettent régulièrement des signaux radios.

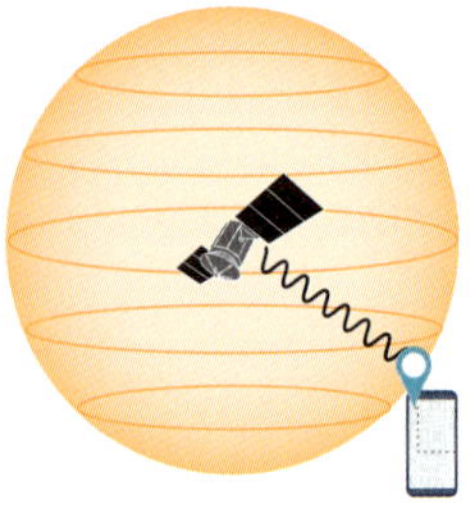

distance = temps x vitesse

Le **principe** est le suivant :

Pour 3 satellites, connaissant la vitesse de ce signal radio (*la vitesse de la lumière, 300 000 km/s*) et le temps mis entre l'émission et la réception par l'utilisateur, on en déduit la distance entre le satellite et le récepteur, ce qui permet de tracer une **sphère centrée sur le satellite**.

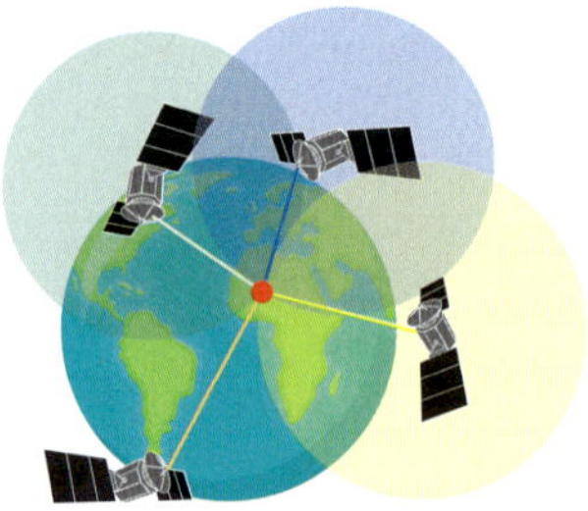

L'intersection des 3 cercles permet de localiser le récepteur à la surface de la Terre (*latitude, longitude, altitude*).

Un **4ème satellite** est nécessaire pour la **synchronisation des horloges**. En effet, si les horloges atomiques des satellites sont très précises, l'horloge à quartz du récepteur ne l'est pas. Or, comme les ondes électromagnétiques vont très vite, une erreur d'un millionième de seconde provoque une erreur de localisation de 300 m !

De nombreux ajustements nécessaires

❶ Des ajustements de la trajectoire du satellite, qui n'est pas une ellipse parfaite car :
- → La Terre n'est pas sphérique mais ellipsoïdale, et ce n'est pas un ellipsoïde parfait ;
- → Le référentiel géocentrique n'est pas parfaitement galiléen (*influences du Soleil et de la Lune*), etc.

❷ Des ajustements du temps mesuré par les horloges atomiques. En effet, ces horloges sont en altitude et en mouvement. De plus, elles sont situées dans un champ de pesanteur terrestre qui n'est pas uniforme. Les effets relativistes sont donc non négligeables.

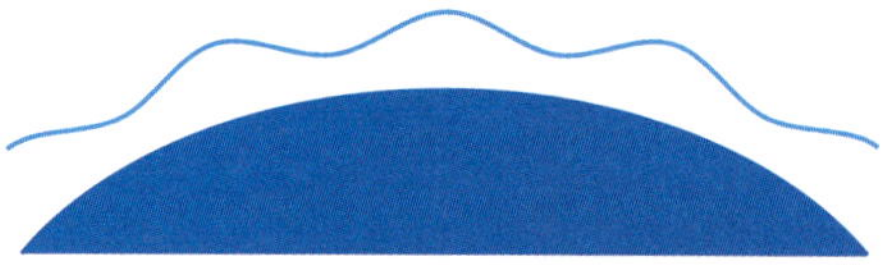

❸ La traversée de l'atmosphère perturbe le signal radio : par exemple, l'ionosphère est un milieu dispersif et variable dans le temps (*fluctuations de la densité électronique*).

⚠ *Les satellites du système GPS appartiennent aux États-Unis et ont été initialement développés pour des usages militaires. D'autres constellations de satellites sont en train d'être mises en place pour le positionnement, par exemple Galileo (satellites européens).*

II - Les applications du GPS à l'étude du mouvement des enveloppes terrestres

✪ Le suivi du mouvement des plaques

Détermination du mouvement d'une station dans le système de coordonnées GPS

Les données sont fournies sous forme de courbes indiquant l'évolution des coordonnées GPS de latitude et de longitude de 2 stations de l'océan Indien au cours du temps depuis 10 ans. Par convention, la latitude augmente lors d'un déplacement du sud au nord, et la longitude augmente d'ouest en est. On cherche à déterminer le mouvement relatif de ces 2 stations.

STATION MALI

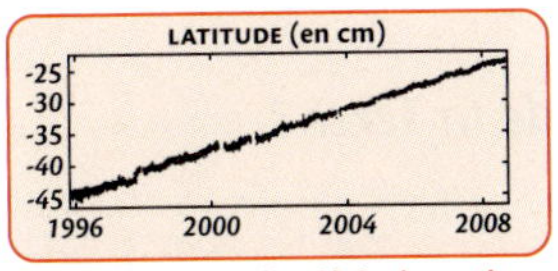

La station MALI s'est déplacée vers le Nord de 16 cm en 10 ans soit 1,6 cm/an.

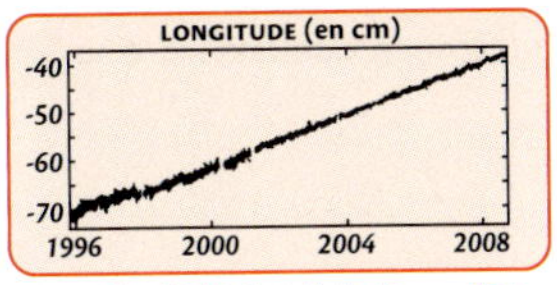

La station MALI s'est déplacée vers l'Est de 27 cm en 10 ans soit 2,7 cm/an.

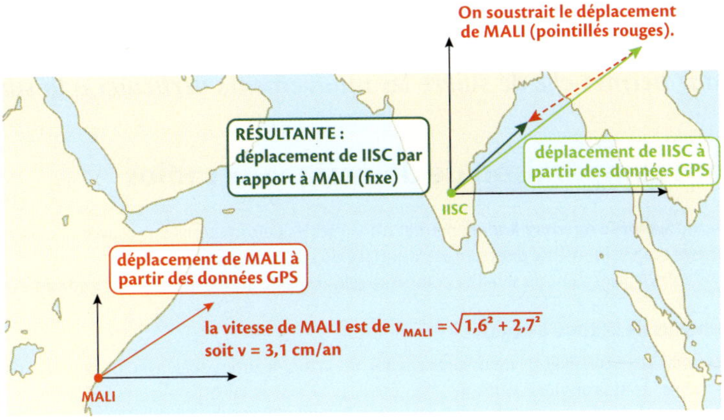

STATION IISC

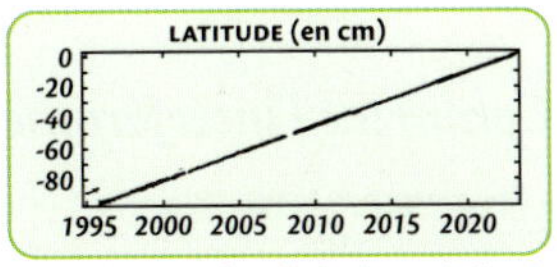

La station IISC s'est déplacée vers le Nord de 35 cm en 10 ans soit 3,5 cm/an.

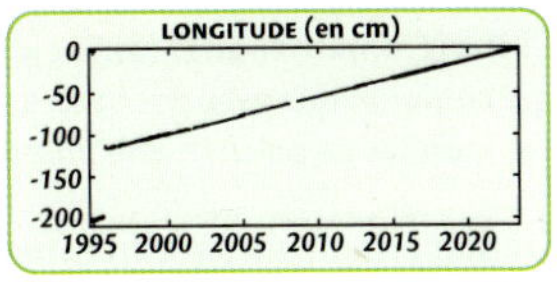

La station IISC s'est déplacée vers l'Est de 43 cm en 10 ans soit 4,3 cm/an.

Un exemple de résultat de cinématique des plaques obtenu entre autres au moyen de données GPS

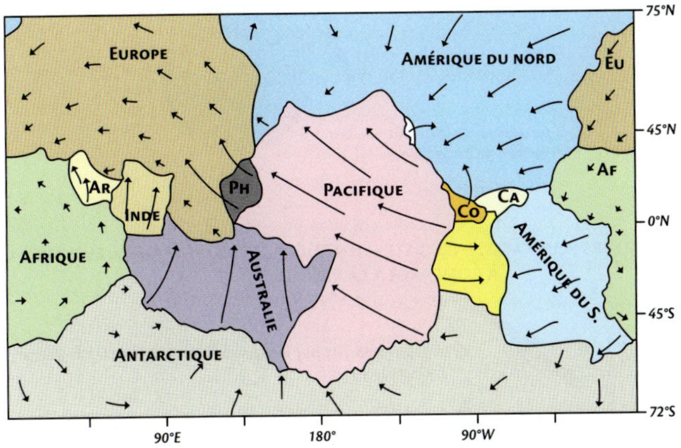

La carte ci-contre présente le modèle de déplacement absolu des plaques dans le repère des points chauds de Gripp et Gordon. Chaque flèche est proportionnelle à la vitesse linéaire et représente la trace que laisserait un point chaud sur la plaque (11 cm/an max).

⚠ *Le fait qu'il y ait de nombreuses flèches divergentes sur certaines plaques, comme la plaque Antarctique, est dû à la projection utilisée (= pour projeter la Terre, sphérique, sur un espace plan à 2D). Ici, il s'agit d'une projection de Mercator.*

✪ Un exemple d'utilisation du GPS : l'altimétrie satellitaire

Dans le système DORIS, les récepteurs sont portés par les satellites. Le positionnement du satellite repose sur la télémétrie laser, c'est-à-dire l'envoi depuis le sol d'un double signal laser. Le satellite enregistre ce signal et le communique à une station DORIS au sol, qui peut alors localiser le satellite. Toutefois, celui-ci doit également communiquer avec un satellite GPS pour affiner la connaissance de sa position et atteindre une position millimétrique. Les satellites responsables de la mesure du niveau de la mer, et donc de la connaissance du géoïde marin, reposent sur cette technique.

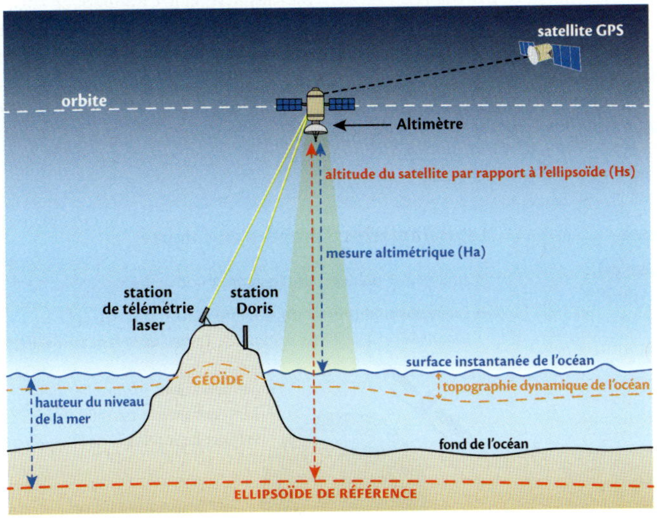

⚠ *Contrairement au GPS, dans le système DORIS, les récepteurs sont portés par les satellites et non par des balises au sol.*

✪ L'étude approfondie des zones à risque 108 109

Enregistrement GPS de la station de la ville chilienne de Concepción au cours du séisme du 27 février 2010, de magnitude 8,8.

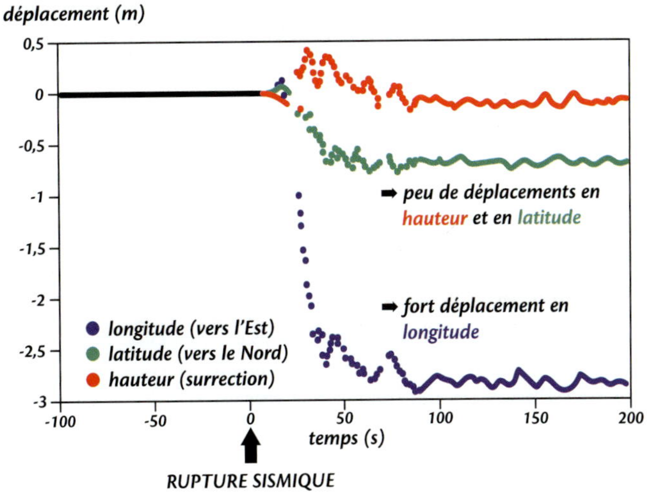

134 L'interférométrie radar

Interférométrie radar = *méthode d'imagerie par satellite qui permet d'analyser les déformations d'un terrain en utilisant des ondes radio.*

Comment l'interférométrie radar permet-elle de suivre les mouvements verticaux à la surface de la Terre ?

I - L'interférométrie radar : comparaison de deux signaux radios

L'**interférométrie radar** (*InSAR = **Interferometric Synthetic Aperture Radar***) permet d'analyser les déformations du sol avec une précision centimétrique. Contrairement au GPS qui communique avec des balises, l'interféromètre scanne lui-même directement la surface du sol.
Les mesures ne peuvent être prises que dans l'axe de déplacement du satellite et lorsque celui-ci passe au-dessus de la zone considérée.

Déplacement du satellite imageur au-dessus de la zone à étudier

La mission actuelle de l'ESA (*European Space Agency*) est SENTINEL-1 : deux satellites qui ont la même orbite mais avec un décalage dans le temps. L'ESA maintient toujours deux satellites de manière à repasser au-dessus des mêmes zones tous les 6 jours.

JOUR 1 : le satellite passe au-dessus de la zone à étudier

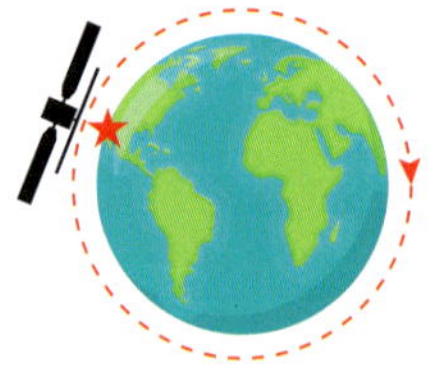

JOURS 2 à 34 : le satellite ne passe pas au-dessus de la zone à étudier

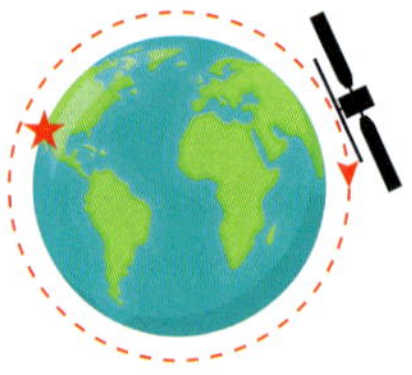

JOUR 35* : le satellite repasse au-dessus de la zone à étudier

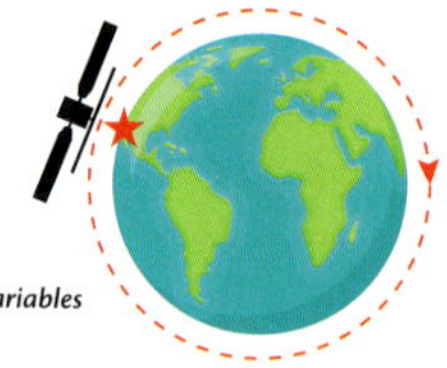

**Les périodes des satellites sont variables mais toujours de l'ordre du mois.*

Enregistrement des signaux radios par des satellites imageurs de basse altitude

JOUR 1 : ENREGISTREMENT DE L'IMAGE « MAÎTRESSE »

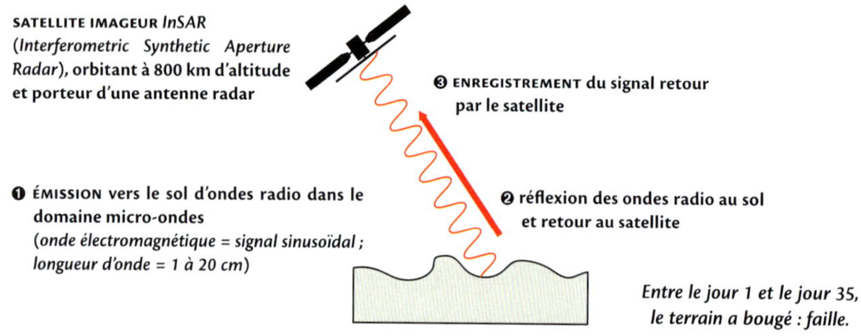

QUELQUES JOURS PLUS TARD : ENREGISTREMENT DE LA SECONDE IMAGE (« ESCLAVE »), À COMPARER À LA PRÉCÉDENTE

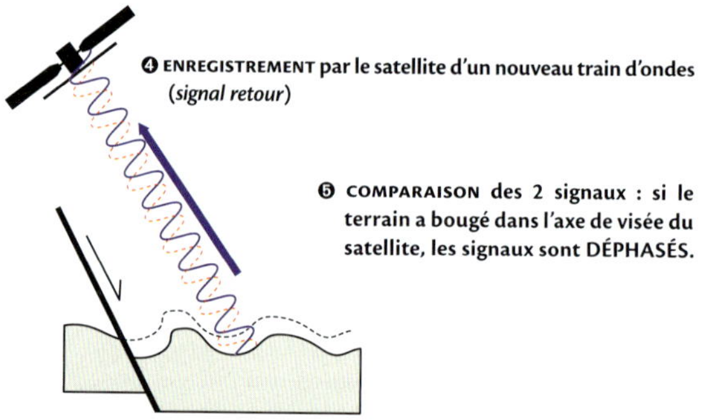

Importance de la ligne de visée (LOS = Line of Sight)

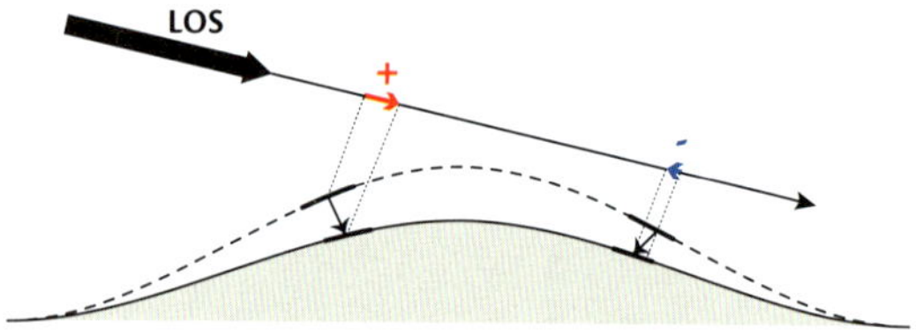

On observe le projeté du déplacement sur la ligne de visée. Suivant la topographie locale, ce projeté varie considérablement. Ainsi, deux interférogrammes du même terrain avec deux lignes de visée différentes seront très différents.
Les couleurs utilisées pour représenter un interférogramme résultent d'une convention (« *un code* »), elles n'ont aucun rapport avec les longueurs d'ondes utilisées.

Décalage de phase des deux signaux radios et conversion en franges d'interférence

Si les franges sont visibles dans ce sens (*bleu/vert/jaune/rouge*) : le point Y s'est rapproché du satellite par rapport à X. Chaque frange représente un rapprochement du satellite, dans l'axe de la ligne de visée, de 28 mm soit une demi-longueur d'onde.

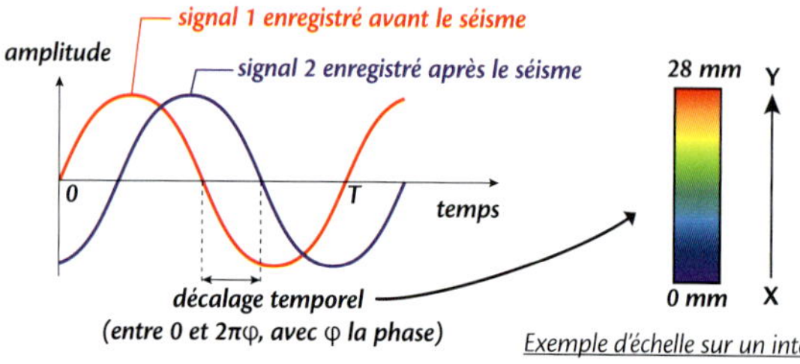

Exemple d'échelle sur un interférogramme

Les paramètres à prendre en compte

Pour analyser précisément le signal, il convient de tenir compte :
- → de la ***position précise du satellite*** par rapport au sol (*on utilise un Modèle Numérique de Terrain de la zone considérée*)

Déroulement de l'interférogramme

Un **traitement informatisé** nommé «***déroulement***» permet de convertir l'interférogramme en déplacement dans la direction satellite-cible, déplacement figuré par un code de couleur.

Ici, la couleur rouge indique un déplacement de l'Est du cratère sommital du Piton de la Fournaise qui s'est éloigné de quelques centimètres du satellite.

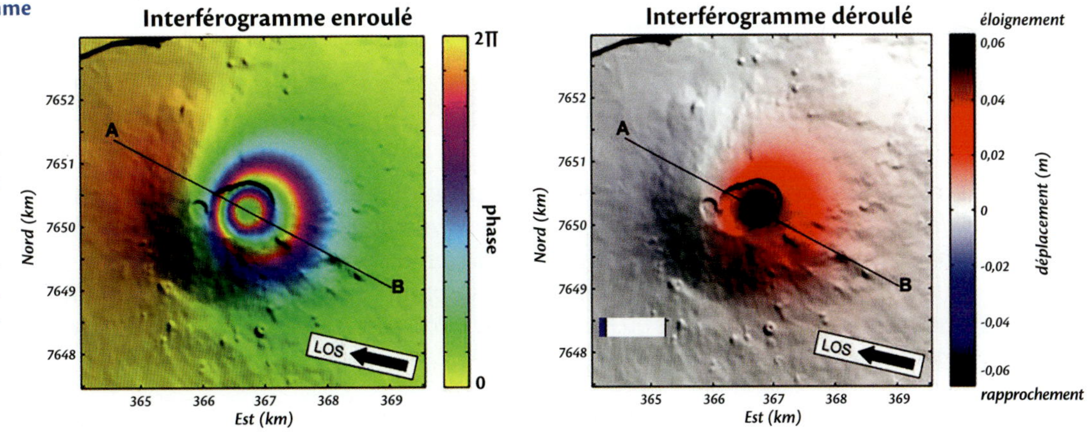

II - Applications à l'étude de la déformation des terrains

Surveillance de zones sismiques : interférogramme du séisme de Landers, Californie, 1992 109

Interfrange = distance entre deux bandes consécutives de même couleur correspondant à un déphasage allant de 0 à 2πφ.

➡ **Plus les franges sont nombreuses et resserrées, plus le terrain a bougé !**

En InSAR, les déplacements observés sont toujours « dans la ligne de visée du satellite ». Il ne faut pas les confondre avec des déplacements « absolus » : un point du terrain peut très bien s'être surélevé tout en s'éloignant de la ligne de visée du satellite, par exemple.

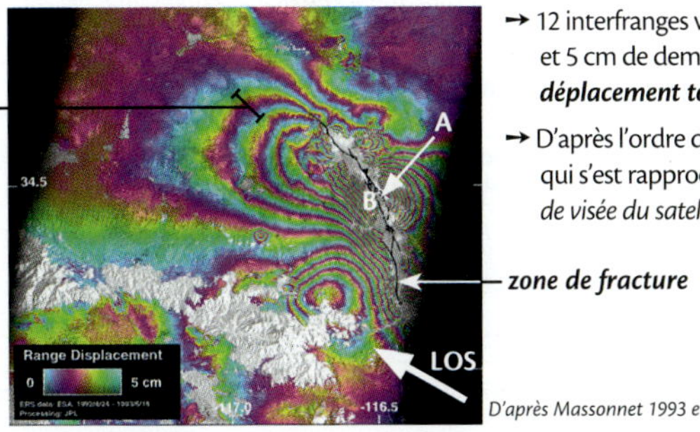

D'après Massonnet 1993 et Tronin, 2009.

→ Ordre des couleurs indiquant un déplacement vers le satellite

→ 12 interfranges visibles entre les points **A** et **B** et 5 cm de demi-longueur d'onde : ***déplacement total*** de 12 x 5 = 60 cm

→ D'après l'ordre des couleurs, c'est le point B qui s'est rapproché du satellite (*dans la ligne de visée du satellite*) par rapport au point A.

Surveillance de zones volcaniques 110

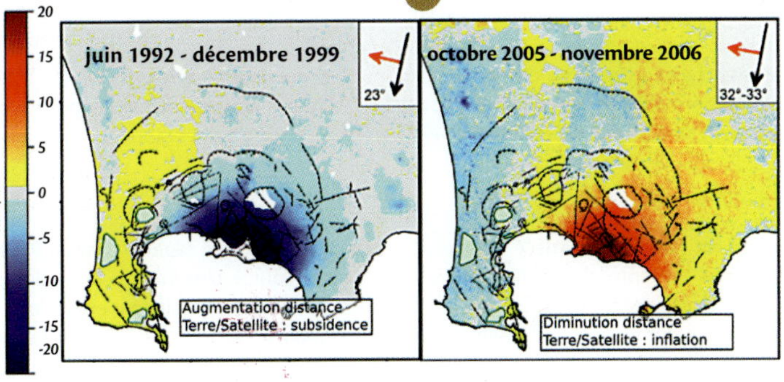

On analyse les cycles de « gonflement » (*inflation*) et de subsidence de la région des champs phlégréens, une zone de magmatisme située proche du Vésuve dans la région de Naples. Ces cycles sont corrélés à la dynamique du réservoir magmatique.

Ci-contre, document de synthèse obtenu à partir de l'étude de plusieurs interférogrammes.

D'après Vilardo et al., 2010. Remerciements à A. Augier

Surveillance du mouvement des glaciers

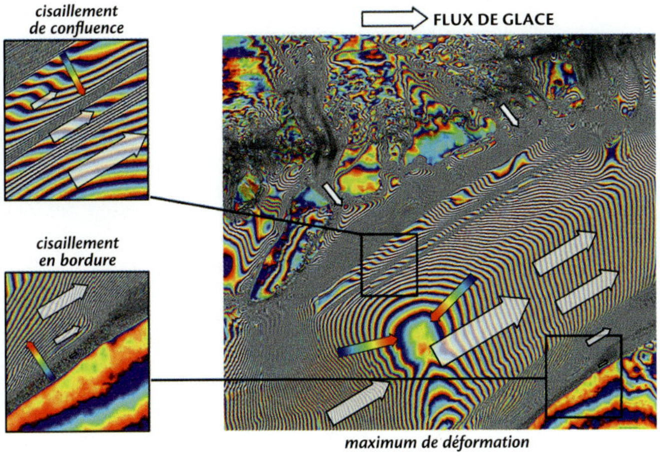

Suivi du déplacement sur 6 jours du glacier Rutford, Antarctique.

D'après TUDelft, 2018. Remerciements à A. Augier

Surveillance des activités anthropiques

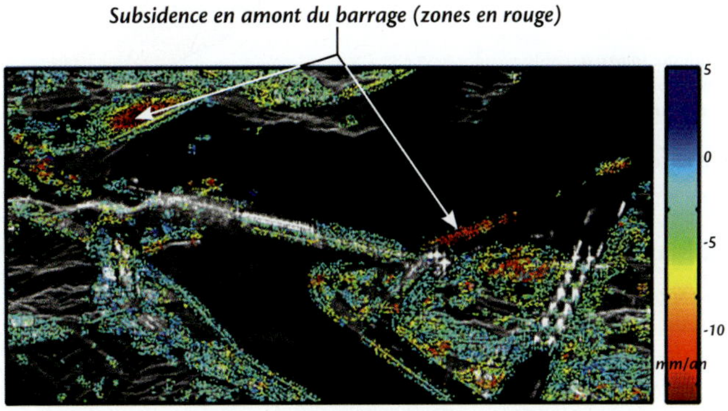

Impact de la construction du barrage des Trois Gorges (fleuve Yangtze, Chine) sur l'enfoncement des terrains situés à proximité.

Document de synthèse obtenu à partir de l'étude de plusieurs interférogrammes.

D'après Perissin et Wang, 2011. Remerciements à A. Augier

135 Utilisation des isotopes comme traceurs des processus géologiques

Isotopes = *atomes possédant dans leur noyau le même nombre de protons mais un nombre de neutrons différent. On les distingue par leur nombre de masse correspondant au nombre de neutrons et de protons (par exemple pour le carbone : ^{12}C, ^{13}C, ^{14}C qui ont 6 protons et respectivement 6, 7 et 8 neutrons). Du fait de leur nombre différent de neutrons, certains isotopes sont plus lourds que d'autres. De plus, certains isotopes peuvent être radioactifs ou radiogéniques. Par ailleurs, certains isotopes ne sont produits que dans des conditions bien particulières…*

☞ 93

Comment utilise-t-on les propriétés des différents isotopes pour comprendre les processus géologiques ?

I - Utilisation des isotopes radioactifs pour la radiochronologie

Pour dater de **manière absolue** des minéraux, des fragments de matière organique ou encore une roche totale, on utilise des isotopes radioactifs qui se désintègrent avec une demi-vie (*période*) bien précise. Pour que la datation puisse s'effectuer, il faut que le **système soit resté fermé**, c'est-à-dire qu'il n'ait pas échangé d'atomes avec l'extérieur.

☞ 89

Récapitulatif des conditions d'utilisation des différents radiochronomètres

☞ 93

ÉLÉMENT RADIOACTIF	ÉLÉMENT RADIOGÉNIQUE	PÉRIODE DE L'ÉLÉMENT (ANS)	TYPE DE ROCHE, MINÉRAUX	GAMME D'ÂGE	EXEMPLE D'UTILISATION
^{14}C	^{14}N	5730	matière organique ou carbonates	actuel à 50 000 ans	Datation de fragments de bois ou d'os
^{87}Rb	^{87}Sr	$48,8 \cdot 10^9$	minéraux alcalins ou granite (*roche totale*)	>10 Ma	Datation de granitoïdes varisques
^{40}K	^{40}Ar	$1,25 \cdot 10^9$	minéraux alcalins ou granite (*roche totale*)	1 Ma à 4 Ga	Datation de coulées de lave ou de cendres
^{238}U	^{206}Pb	$4,47 \cdot 10^9$	minéraux d'uranium, zircon ou granite (*roche totale*)	> quelques dizaines de Ma	Âge de la Terre

II - Utilisation des isotopes pour retracer l'origine d'un magma

Le diagramme Néodyme-Strontium

Dans les roches magmatiques, on trouve deux éléments radioactifs : le rubidium ^{87}Rb qui se désintègre en strontium ^{87}Sr et le samarium ^{143}Sm qui se désintègre en néodyme ^{143}Nd. Par ailleurs, il existe aussi du ^{86}Sr et du ^{144}Nd non radiogéniques, qui servent de référence : on normalise les mesures par rapport à ces isotopes non radiogéniques, pour avoir l'enrichissement en ^{87}Sr ou ^{143}Nd et non leurs quantités brutes (*qui dépendraient considérablement de la nature du minéral étudié*). On travaille donc avec des rapports isotopiques $^{143}Nd/^{144}Nd$ et $^{87}Sr/^{86}Sr$.

Plus ce rapport est ÉLEVÉ, plus la péridotite source a subi d'épisodes de fusion préalables

Plus ce rapport est FAIBLE, plus la péridotite source a subi d'épisodes de fusion préalables

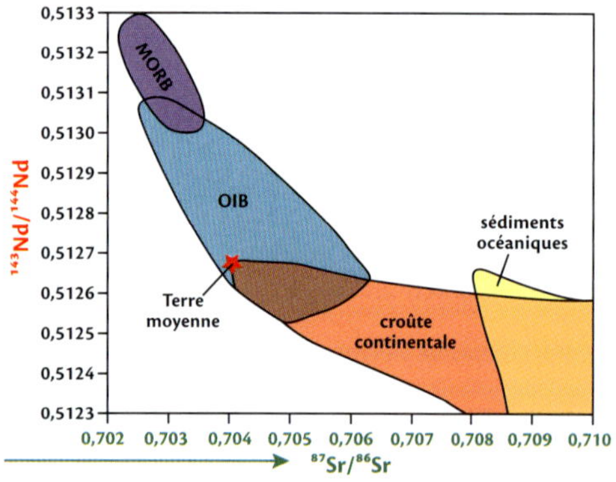

Le **Rubidium est très incompatible**. Quand une roche fond, elle perd rapidement son Rb. Le Rb est donc plus concentré dans le liquide que dans la roche source. Une fois que le basalte est formé, le ^{87}**Rb se désintègre progressivement en** ^{87}**Sr**. Ainsi, pour un basalte par exemple, si la péridotite qui lui a donné naissance avait déjà beaucoup fondu, le rapport $^{87}Sr/^{86}Sr$ **sera faible**.

Contrairement au Rubidium, l'élément **Samarium est très compatible** : on aura ainsi un rapport $^{143}Nd/^{144}Nd$ faible pour les péridotites ayant subi peu d'épisodes de fusion et un rapport $^{143}Nd/^{144}Nd$ **élevé pour une péridotite ayant subi beaucoup d'épisodes de fusion.**

La croûte continentale s'est formée à l'Archéen à partir d'un manteau qui était bien plus riche en éléments incompatibles : elle a donc reçu beaucoup de Rb et peu de Sm. Les sédiments océaniques proviennent, entre autres, de l'érosion de cette croûte.

☞ 77

Utilisation du rapport initial $^{87}Sr/^{86}Sr$ pour déterminer l'origine d'un granite

Des rapports initiaux élevés $^{87}Sr/^{86}Sr$ de l'ordre de 0,715 signent une origine crustale, des rapports faibles de l'ordre de 0,702, une origine mantellique. Ainsi, lorsqu'on établit une isochrone avec la méthode Rb/Sr, le rapport initial donne lui aussi des informations importantes quant à l'origine du granite (*alors que la pente permet de dater le granite*).

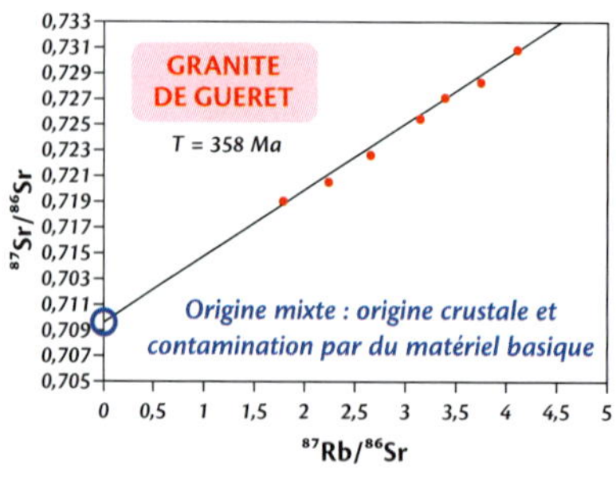

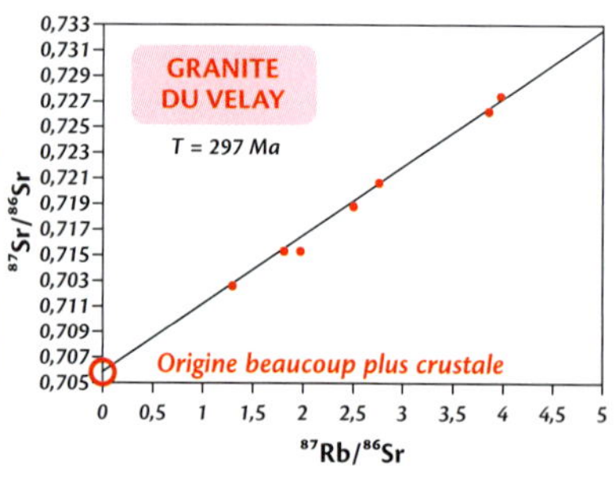

III - Utilisation du fractionnement isotopique pour reconstituer les climats du passé

L'**oxygène 18** (^{18}O) est plus lourd que l'**oxygène 16** (^{16}O). Cela induit une différence de comportement lors de différents processus.

86 99

Fractionnement isotopique lors du changement d'état : le thermomètre isotopique de Jouzel et collaborateurs

Une molécule d'eau $H_2{}^{18}O$ qui se trouve à l'état de vapeur passe plus facilement à l'état liquide qu'une molécule d'eau $H_2{}^{16}O$. Inversement, une molécule $H_2{}^{18}O$ de l'océan s'évapore moins facilement qu'une molécule $H_2{}^{16}O$ et se condense plus facilement. Cela engendre un **fractionnement isotopique** entre l'eau de l'océan et l'eau des nuages, puis entre les nuages et les précipitations, notamment neigeuses, qui donneront les calottes glaciaires.

➡ Le $\delta^{18}O$ d'une masse d'eau est calculé ainsi :

$$\delta^{18}O = \frac{\left(\frac{^{18}O}{^{16}O}\right)_{échantillon} - \left(\frac{^{18}O}{^{16}O}\right)_{standard}}{\left(\frac{^{18}O}{^{16}O}\right)_{standard}} \times 1000$$

La référence ou standard est le rapport dans l'eau océanique moyenne (***SMOW : Standard Mean Ocean Water***).

On récupère la glace des Pôles en effectuant un carottage (*au Groenland ou en Antarctique*) et on peut accéder aux rapports isotopiques en utilisant un **spectromètre de masse**. Ce sont surtout les condensations successives qui appauvrissent considérablement un nuage en ^{18}O. Les épisodes de condensation d'un nuage dépendent de son histoire thermique (*plus il s'est refroidi, plus il est pauvre en* ^{18}O), mais aussi de sa distance à la mer. C'est pour cela qu'il faut étalonner en évaluant à la fois la température du nuage et le $\delta^{18}O$ du nuage sur le site de forage.

Le raisonnement est le même pour les isotopes de l'hydrogène : le deutérium D (*²H, hydrogène avec un proton + un neutron*), plus lourd, se condense plus facilement. Il est possible de calculer un δD, qui varie comme le $\delta^{18}O$.

LE THERMOMÈTRE ISOTOPIQUE (JOUZEL ET AL., 1994)

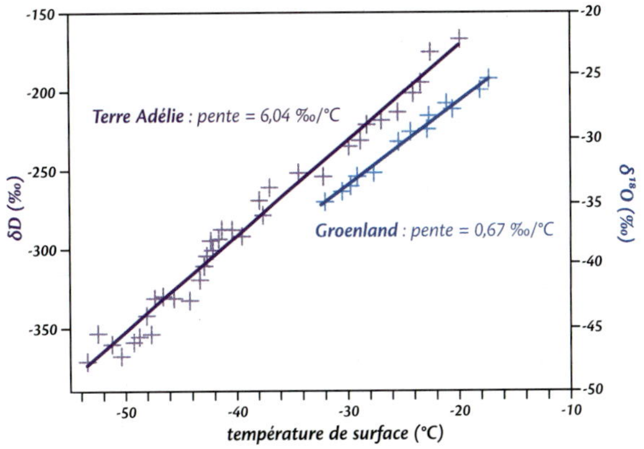

Fractionnement isotopique lors de la précipitation : utilisation du $\delta^{18}O$ des silex pour reconstituer la température de l'océan sur des temps très longs

Il y a fractionnement isotopique lors de la **formation de tests carbonatés** ($CaCO_3$) ou **siliceux** (SiO_2) ou encore de **nodules de silex**. Ce qui fait varier le $\delta^{18}O$ d'un tel test ou nodule, c'est la température : plus elle est élevée, plus le fractionnement est réduit. L'**étalonnage se fait au laboratoire**, dans un aquarium (*on regarde comment varie le $\delta^{18}O$ avec la température*).

Grâce à ce paléothermomètre, on peut déterminer la température des océans jusqu'à 3,5 Ga.

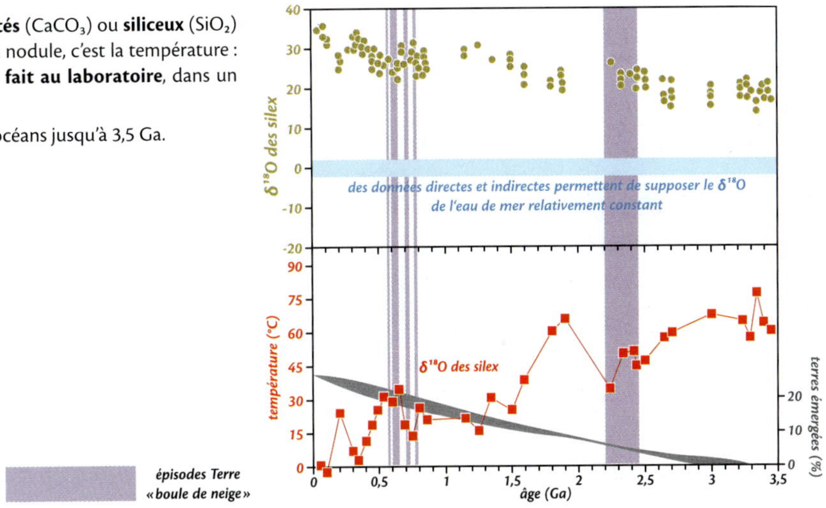

IV - Utilisation des isotopes cosmogéniques pour dater l'exposition d'une surface

Les **isotopes cosmogéniques** sont des isotopes rares créés quand un rayon cosmique de haute énergie interagit avec le noyau d'un atome. Il s'agit du processus de **spallation**. Ces isotopes peuvent être stables ou radioactifs. Cela se produit dans les 1 ou 2 premiers mètres de la surface du sol ou de la roche et permet donc de **dater l'exposition de cette roche au rayonnement cosmique, pour des âges compris entre quelques années et un million d'années**. Par exemple, le béryllium 7 ou 10, le carbone 14, le tritium, et le chlore 36… sont des nucléides cosmogéniques.

Exemple de la datation du retrait d'un glacier

Tant que le glacier protège les blocs erratiques, ceux-ci n'accumulent pas d'isotopes cosmogéniques.

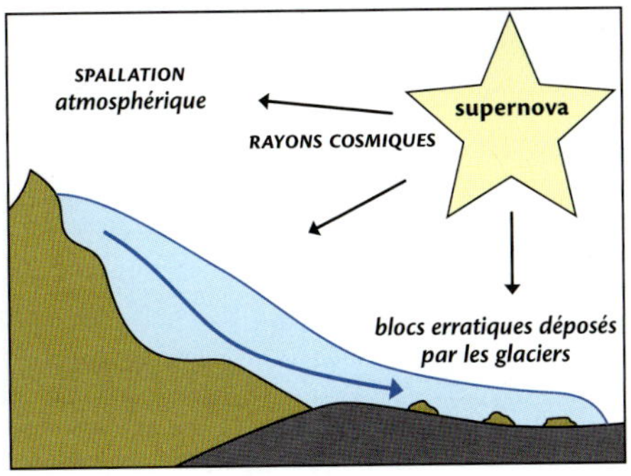

Lorsque le glacier s'est retiré, les blocs erratiques sont exposés et peuvent accumuler des isotopes cosmogéniques.

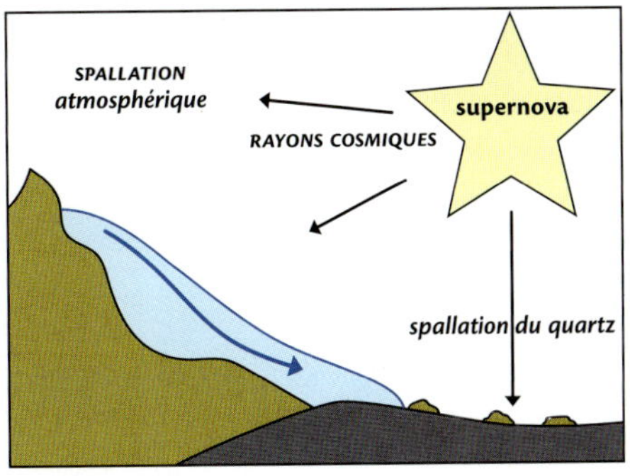

➡ En mesurant la quantité d'isotopes cosmogéniques ou de leurs produits de désintégration dans ces blocs erratiques, on peut savoir depuis combien de temps ils sont exposés, donc depuis combien de temps le glacier les a déposés.

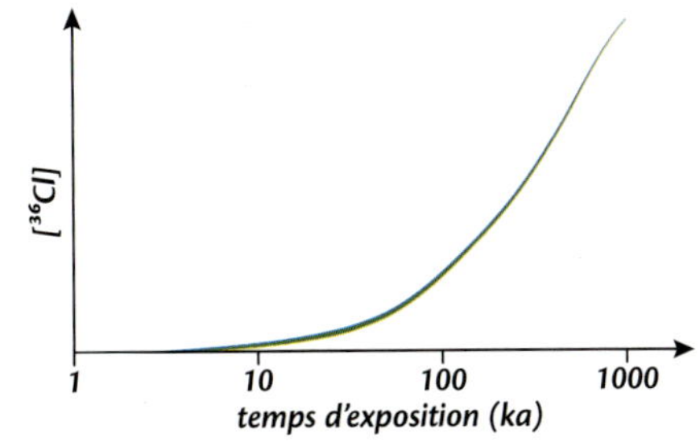

La tomographie sismique

TOMOGRAPHIE SISMIQUE = *méthode de cartographie tridimensionnelle des enveloppes internes de la Terre (utilisée surtout dans le manteau), basée sur l'étude des anomalie de vitesses de propagation des ondes sismiques.*

Quel est le principe de la tomographie sismique ? Quelles sont ses applications principales ?

I - Le principe de la tomographie sismique

✪ Cartographie tridimensionnelle des anomalies de vitesses de propagation d'ondes sismiques

Le principe de la méthode repose sur la **comparaison des temps de parcours** des ondes sismiques **mesurés** entre le foyer et différentes stations sismiques (t_{obs}) et les temps de parcours des mêmes ondes **calculés à partir d'un modèle PREM** à symétrie radiale (t_{th}). Le calcul repose sur la connaissance des caractéristiques du séisme (localisation du foyer en particulier) et dépend de la distance entre les stations sismiques et le foyer.

Lorsque les temps observés et théoriques diffèrent, on peut calculer une **anomalie de vitesse de propagation des ondes sismiques** (P ou S).

Les anomalies de vitesse peuvent être **cartographiées en 2D ou en 3D** grâce à l'exploitation de données provenant de multiples séismes.

Les variations de vitesse des ondes sismiques dépendent de la **densité des milieux traversés** et de modules d'élasticité. Les anomalies constatées sont classiquement **interprétées** en **anomalies de densité et de température** des roches traversées par les ondes.

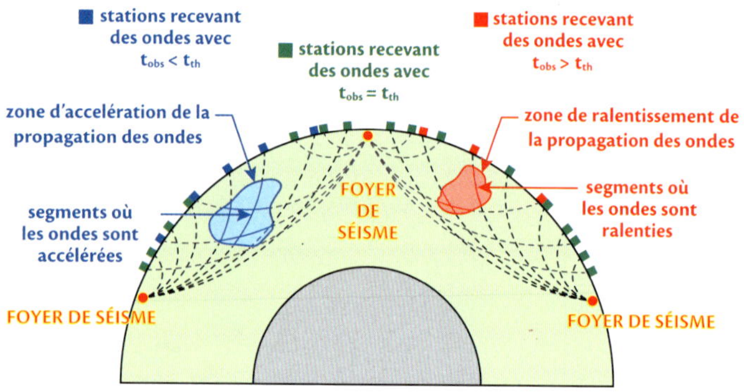

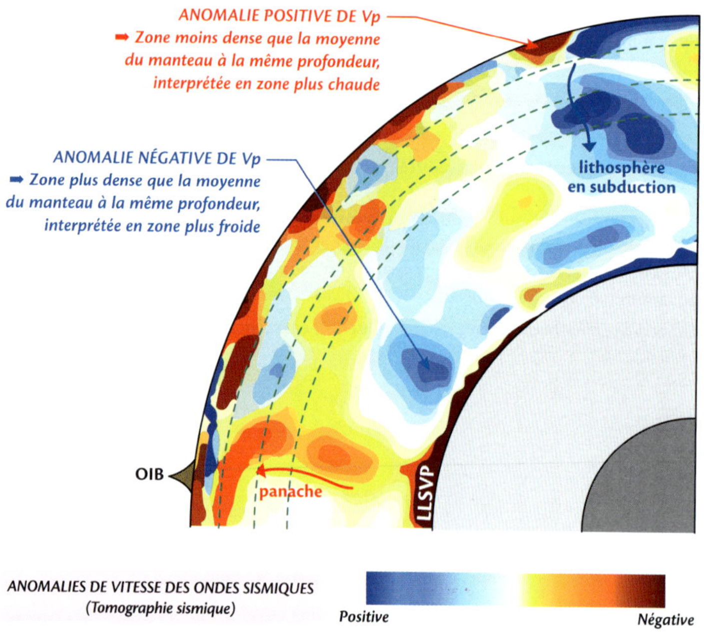

✪ Variantes de la technique utilisées pour une cartographie de faible profondeur

Exploitation de vibrations du sol générées par l'Homme

Ces techniques reposent sur la comparaison des données de séismes naturels (*panneau du haut*) et de données de secousses générées par l'homme (*panneau du bas*).

Elles permettent les études du manteau sous les volcans.

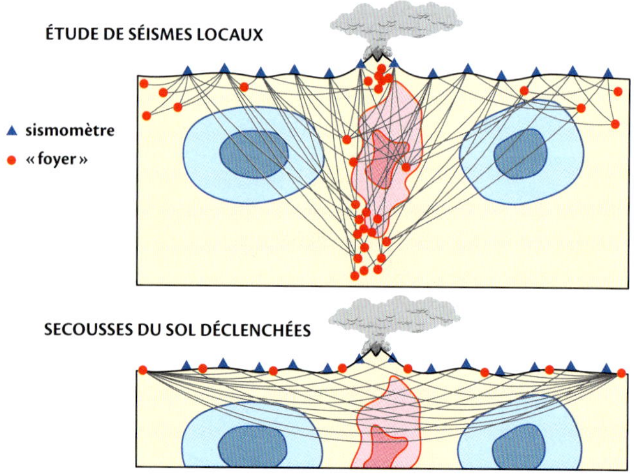

Modèles théoriques, échelles arbitraires

D'après Koulakov and Shapiro, Encyclopedia of Earthquake Engineering (2015).

Coupes 2D utilisant les forages de diagraphies

Un forage permet l'émission d'ondes sismique, la réception est réalisée dans un deuxième forage.

Ce type de coupes 2D est utilisé en **génie civil** pour la détection de cavités par exemple.

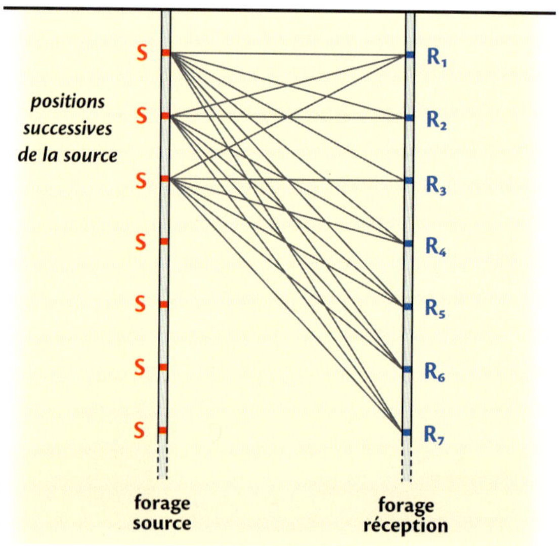

II - Apports de la tomographie sismique à la connaissance de la structure du manteau terrestre

✪ Mise en évidence et étude des mouvements convectifs des péridotites mantelliques ☞ 33

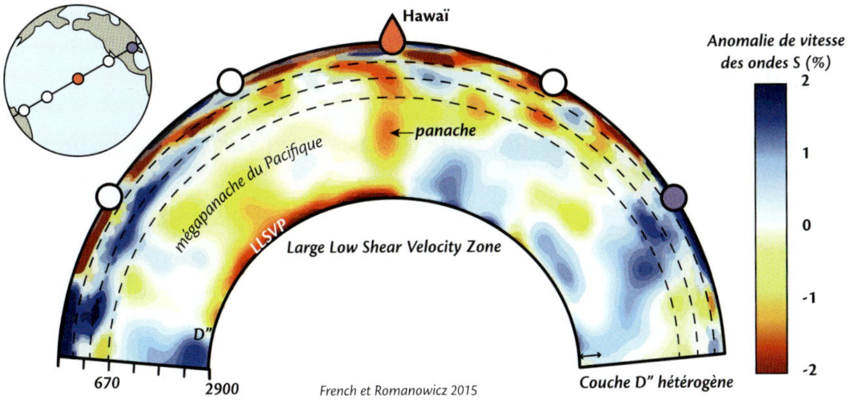

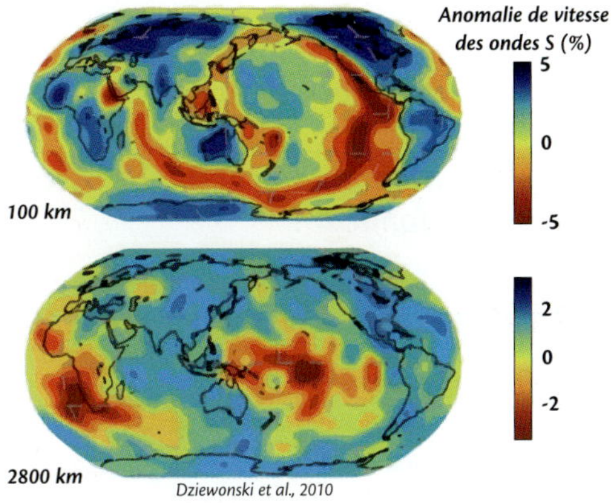

Anomalies de vitesses de propagation des ondes sismiques couplées aux mouvements convectifs du manteau
Anomalies négatives ↔ zones de montées des péridotites présentant une anomalie négative de densité
Anomalies positives ↔ zones de descentes de péridotites présentant une anomalie positive de densité

⚠ *Les anomalies négatives sous les dorsales et les bassins d'arrière arc n'existent plus à 2800 km de profondeur : les cellules de convections ascendantes à l'origine des dorsales (et des bassins d'arrière arc) ne viennent pas du manteau profond.*

✪ Étude des zones de subduction ☞ 31

Au niveau des zones de subduction, la lithosphère plongeante présente une anomalie positive de vitesse de propagation des ondes sismiques, ce qui est lié à la densité élevée de cette lithosphère.

Les coupes de tomographie sismique permettent d'étudier la pente de la plongée de la lithosphère, ainsi que la profondeur atteinte par le panneau plongeant dans le manteau.

Van der Hilst et al., 1998

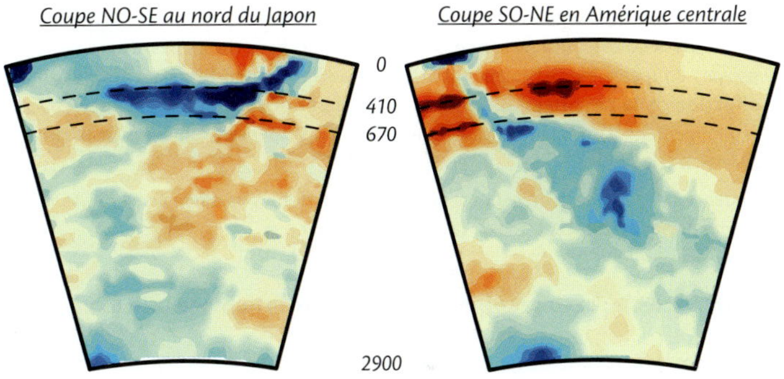

✪ Étude des LLSVP et des panaches mantelliques associés aux points chauds ☞ 34

Les coupes de tomographie sismique au niveau des points chauds permettent de mettre en évidence **la profondeur d'origine du panache mantellique ascendant** provoquant la fusion partielle et le **volcanisme de point chaud**.

En effet, l'origine des points chauds varie :

→ Des points chauds majeurs sont d'**origine profonde**. En effet, la couche D'' semble ancrer la plupart des panaches de points chauds au niveau de **deux zones de faible vitesse des ondes S** (***large low shear velocity provinces, LLSVP, ou superplumes***). Ces deux zones sont l'une sous le Pacifique et l'autre sous l'Afrique. L'origine et la signification des LLSVP n'est pas résolue, mais elles témoignent d'un matériel chaud, dense, stable, distinct du manteau environnant.

→ D'autres points chauds **proviennent de la zone de transition**, ou de la limite lithosphère-asthénosphère (*en discussion*).

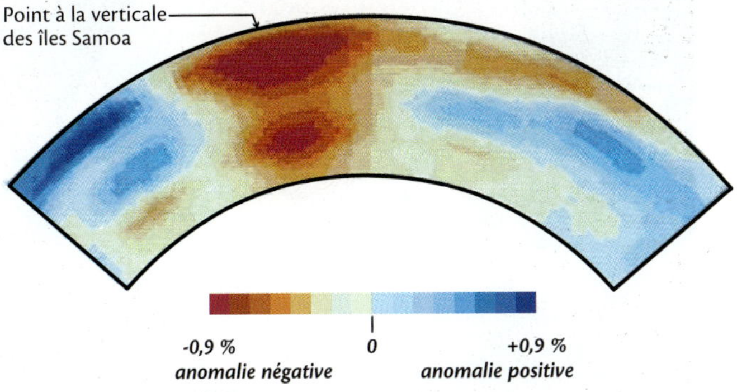

Anomalie de vitesse des ondes sismiques

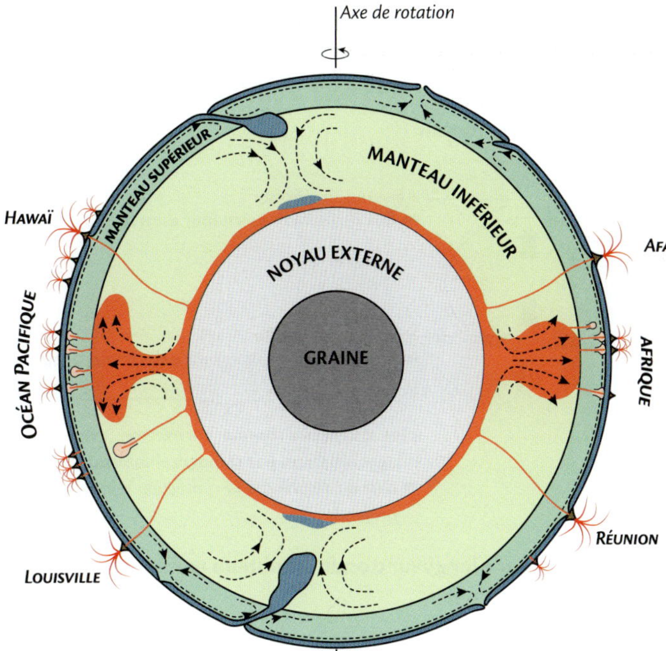

La gravimétrie

Gravimétrie = *étude de la pesanteur (ou champ de pesanteur) à la surface de la Terre, en direction et en norme ; son unité de mesure est le m·s^{-2}.*

En quoi les variations du champ de pesanteur nous renseignent-elles sur la forme de la Terre et sur la distribution des masses en profondeur ?

I - La pesanteur : définition, mesure, valeur moyenne

Définition de la pesanteur

La **pesanteur $\vec{g}$** est l'attraction de tout corps par la Terre ; elle résulte de **trois composantes** :

- l'**attraction gravitationnelle (g_a)**,
- l'**attraction par les autres astres** (*très faible*),
- la **« force » centrifuge** (**a_c**), dont la norme est d'autant plus importante qu'on se trouve loin de l'axe de rotation de la Terre (*contribution de 0,3% seulement à la pesanteur*). Cette « force » centrifuge est nulle aux pôles, maximum à l'équateur (*C'est pour cela que la base de Kourou en Guyane représente une position stratégique pour les missions spatiales*).

Le vecteur $\vec{g}$ définit la verticale en tout point du globe.
A la surface de la Terre, la valeur moyenne de g vaut 9,81 m·s^{-2} soit 981 gal ou 981 000 mgal (*1 gal = 0,01 m·s^{-2} ; unité inventée en l'honneur de Galilée*).

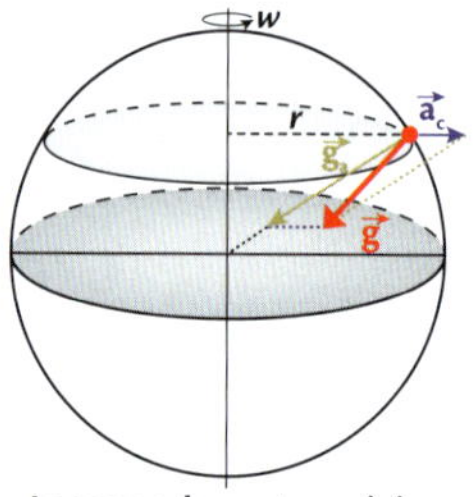

La norme de a_c est exagérée par rapport à g_a.

Au XVIIIème siècle : expédition de Pierre Bouguer dans les Andes 138

L'objectif de l'expédition était de déterminer la longueur d'un degré arc de méridien à différentes latitudes, pour connaître la forme de la Terre. Plusieurs hypothèses prévalait à l'époque (*sphérique, ellipsoïde*). Pour cela, Pierre Bouguer utilisa, entre autres, un **pendule** (***fil à plomb***). Ce dernier donne la **direction de la pesanteur** et donc définit le **plan horizontal**. Les gravimètres actuels reposent sur l'allongement d'un ressort auquel une masse est suspendue, ou bien sur la chute d'une masse dans le vide.

Bouguer remarqua que la présence d'une chaîne de montagne dévie un pendule, mais que tous les reliefs ne dévient pas le pendule de la même manière !

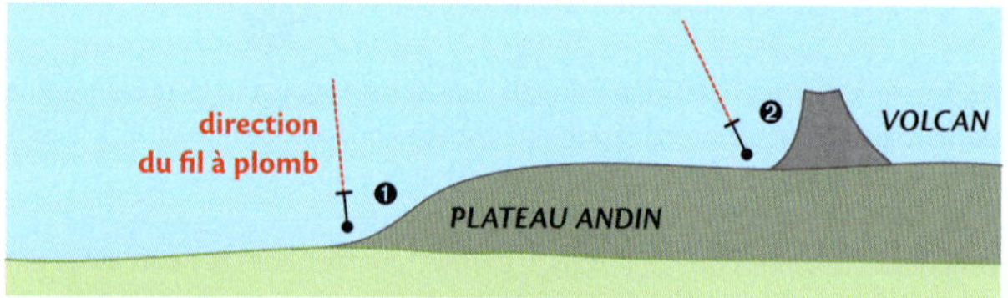

❶ Le plateau andin dans son ensemble dévie très peu le pendule ;
➡ *Interprétation actuelle* : il y a une racine crustale.
❷ En revanche, un volcan posé sur le plateau dévie le fil à plomb ;
➡ *Interprétation actuelle* : ce volcan n'est pas compensé par une racine crustale.

Au XIXème siècle : cartographie de la gravité en de nombreux lieux 138

Les reliefs et les variations de masse volumique des roches observés en surface sont quasiment intégralement compensés en profondeur : c'est l'**isostasie**.
L'étude des **toutes petites variations de g** nous renseigne sur les **hétérogénéités de répartition des masses en profondeur** dans le globe.

II - Le géoïde, une surface équipotentielle de pesanteur

Le géoïde est une surface pour laquelle le **potentiel de pesanteur est constant**, c'est-à-dire qu'on ne consomme pas d'énergie (*et on n'en libère pas non plus*) pour se déplacer sur cette surface. En revanche, la valeur de g peut varier. Il existe une infinité d'équipotentielles de pesanteur, mais on choisit par convention celle qui correspond au **niveau moyen des océans**. Comme l'eau est instantanément déformable, la surface des océans épouse parfaitement le géoïde.

✪ Le géoïde « *de grande longueur d'onde* », à l'échelle de la Terre entière

Obtention et interprétation

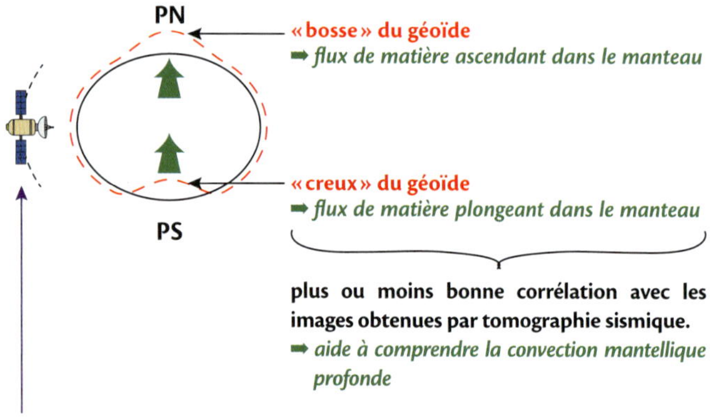

Le géoïde de grande longueur d'onde est obtenu par étude de la trajectoire des satellites.

Les « *anomalies* » du géoïde (*par rapport à l'ellipsoïde de référence*) vues sur le globe entier

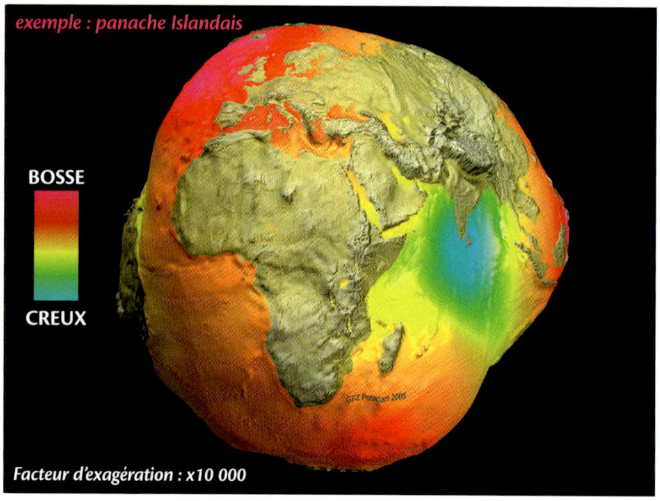

✪ Le géoïde « *de petite longueur d'onde* » (*échelle < 2000 km*)

Ce géoïde est obtenu par altimétrie satellitaire 133

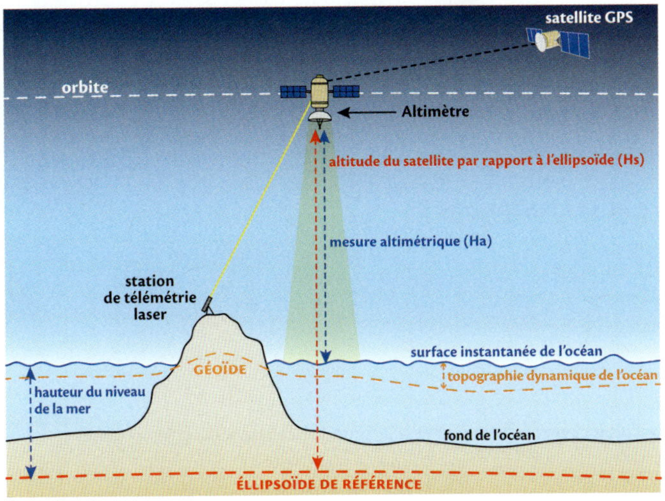

- La communication laser-satellite (*système GPS*) permet de connaître **« l'altitude » du satellite par rapport à l'ellipsoïde de référence** (**Hs**).
- Le satellite envoie des ondes qui se réfléchissent sur la surface de l'eau : on obtient la **distance altimétrique** (**Ha**).
- De nombreuses mesures sont nécessaires pour s'affranchir de la **topographie dynamique** (vagues, marées…).

Il permet de cartographier le fond des océans (*ex : région de Madagascar*)

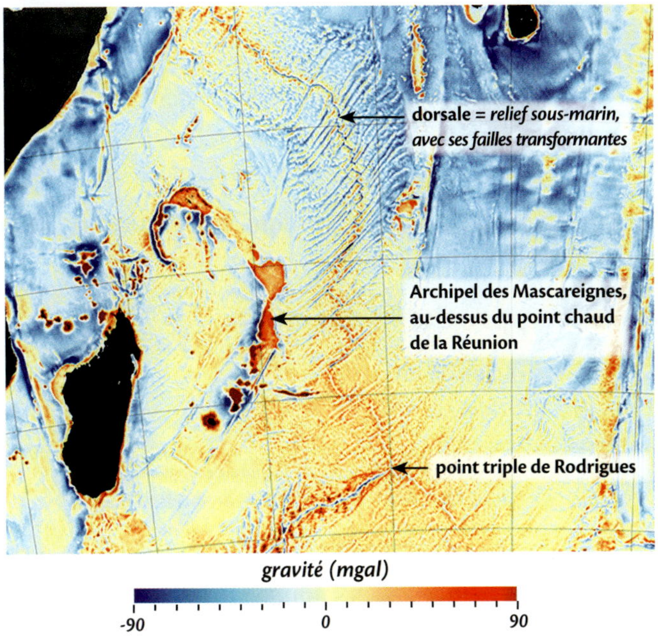

⚠ *Un relief d'un kilomètre engendre une bosse d'un mètre sur le géoïde.*

III - Les anomalies gravimétriques, des renseignements sur répartition des masses en profondeur

✪ Le calcul des anomalies gravimétriques

✪ **CORRECTION À L'AIR LIBRE** = prise en compte de l'altitude

→ perte de ≈ 31 mgal pour 100 mètres d'élévation

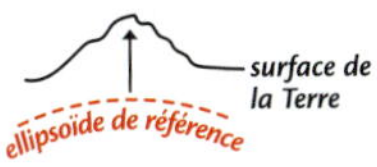

$\Delta g_{AL} = g_{mesuré} - g_{théorique} + 31\ mgal/100\ m$

Δg_{AL} est appelé ANOMALIE À L'AIR LIBRE. Elle reflète les variations topographiques

✪ **CORRECTION DE PLATEAU** = prise en compte de la masse

→ gain de ≈ 10 mgal pour 100 mètres d'épaisseur de granite

Plus cette correction de plateau est importante, plus l'anomalie est négative.

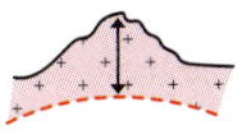

✪ **CORRECTION TOPOGRAPHIQUE** = prise en compte de la topographie locale (*référencée dans des abaques*)

$\Delta g_{B} = g_{mesuré} - g_{théorique} + 3\ corrections$

Δg_B est appelé ANOMALIE DE BOUGUER.

Conséquence : l'application des 3 corrections ne font que renforcer la valeur de l'anomalie ! Comment l'expliquer ?

✪ L'interprétation des anomalies gravimétriques

Anomalie de Bouguer

L'anomalie de Bouguer présente un caractère systématique : **positive en domaine océanique**, **négative en montagne**.

- En **domaine océanique**, on a des roches plus denses que le granite donc la correction de plateau n'est pas suffisante.
- En **montagne**, on a donc pris en compte trop de masse lors de la correction : la masse visible de la montagne est en réalité compensée en profondeur par la racine crustale (*principe d'isostasie*). 138

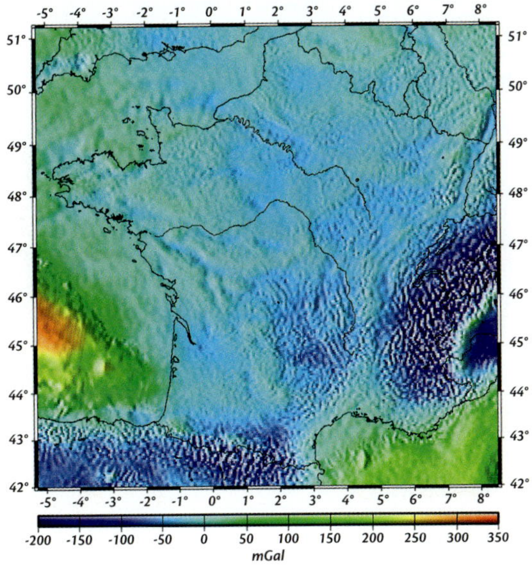

© BGI
Bureau de Gravimétrie Internationale

Anomalie à l'air libre

L'anomalie à l'air libre permet de savoir si le système est à l'équilibre isostatique.

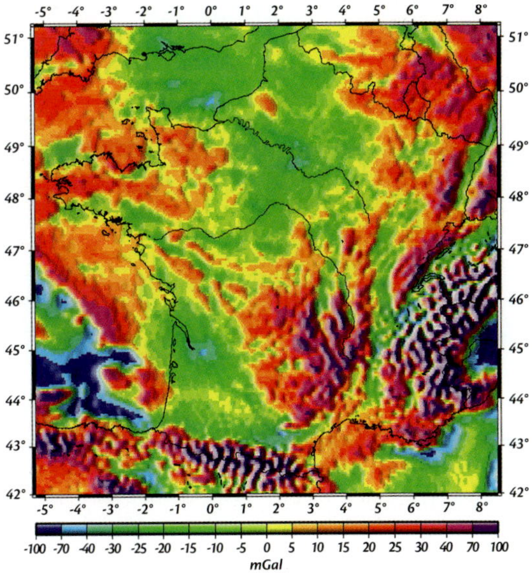

➡ À retenir : Une anomalie de Bouguer négative traduit un déficit de masse en profondeur. Une anomalie de Bouguer positive traduit un excès de masse en profondeur.

138 L'isostasie

Isostasie = *équilibre vertical archimédien de la croûte sur le manteau ou de la lithosphère sur l'asthénosphère.*

Comment peut-on modéliser l'équilibre vertical de la lithosphère et ses variations ?

I - Une approche historique

✪ Les bases scientifiques

La poussée d'Archimède

Archimède (*-200 avant JC*) :
« ***Tout corps plongé dans un fluide subit de la part de ce fluide une poussée de bas en haut égale au poids du volume de fluide déplacé*** ».

Poids de l'iceberg : $P = mg = \rho_i \cdot V_i \cdot g = \rho_i \cdot H \cdot g$
Poids de l'eau déplacée : $P' = \rho_e \cdot V_e \cdot g = \rho_e \cdot (H-x) \cdot g$
Si $P = P'$ alors $\rho_i \cdot H \cdot g = \rho_e \cdot (H-x) \cdot g$ donc $x = H \cdot (\rho_e - \rho_i) / \rho_e$
Application numérique : $x = H \cdot (1000 - 900) / 1000 = H/10$
L'iceberg dépasse de 10% de son épaisseur.

Application au cas d'un iceberg : La longueur et la largeur de l'iceberg sont égales à l'unité.

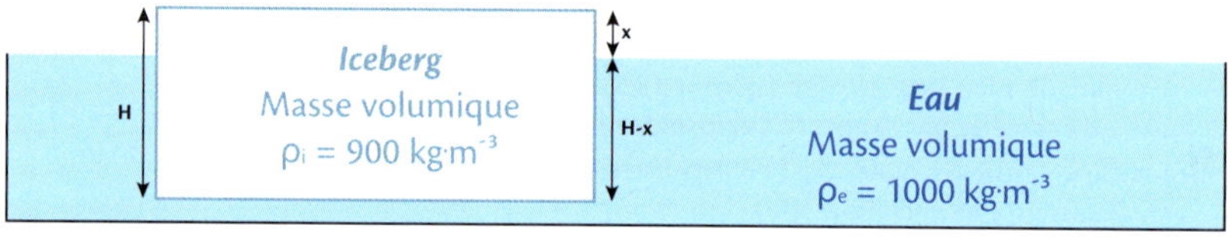

Si l'on connaît les masses volumiques, en mesurant ce qui dépasse, on peut connaître la hauteur de ce qui est immergé.

Un déficit de masse sous les montagnes ?

« C'est surprenant ! L'attraction exercée par la montagne sur mon fil à plomb est moindre que ce que laissait supposer l'évaluation de la masse de la partie visible de la cordillère... »
Expédition de Pierre Bouguer, 18ème siècle

⚠ *Pour tenter d'expliquer cette absence d'excès de masse, Bouguer a proposé l'existence de cavités sous les chaînes de montagnes (on a pu parler de « vide compensateur »).*

Les travaux de B. Pascal sur la pression

La pression est une force par unité de surface. Ici, le poids de la colonne de liquide vaut $F = mg = \rho \cdot V \cdot g = \rho \cdot h \cdot y \cdot x \cdot g = \rho \cdot h \cdot S \cdot g$

Par définition de la pression, la pression P à la base de la colonne de liquide vaut $P = F/S$ ➡ $P = \rho \cdot h \cdot S \cdot g/S$ ➡ $\boxed{P = \rho \cdot h \cdot g}$

Pour la suite : croûte continentale de référence : épaisseur h = 30 km et masse volumique $\rho_c = 2700\ kg \cdot m^{-3}$ (*celle du granite environ*).

On appelle « surface horizontale de compensation » la surface pour laquelle les pressions sont égales quel que soit le relief qui les surmonte.

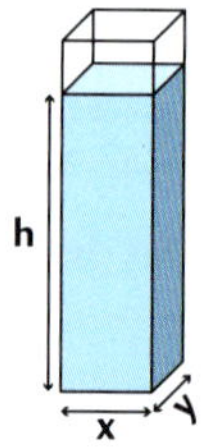

✪ Modèles historiques : modèle de Pratt, modèle d'Airy

Hypothèse de Pratt

Les roches constituant la montagne sont de densité inférieure aux roches que l'on trouve en plaine.
En utilisant le modèle de Pratt, calculons la masse volumique ***ρ*** que l'on trouve sous un relief d'altitude ***a*** = 4 km.

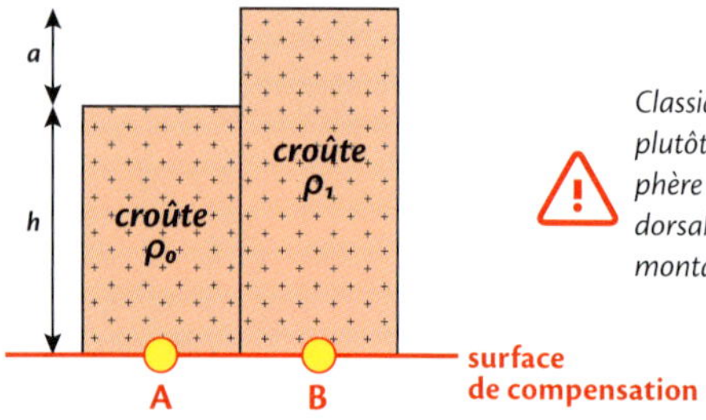

⚠ *Classiquement, le modèle de Pratt s'applique plutôt aux variations de densité de la lithosphère océanique quand elle s'éloigne de la dorsale et le modèle d'Airy aux chaînes de montagnes avec leur racine crustale.*

Par définition de la pression, $P(A) = \rho_0 \cdot g \cdot h$ et $P(B) = \rho_1 \cdot g \cdot (h+a)$
Par définition de la surface de compensation, **à l'équilibre isostatique**, P(A) = P(B)

➡ $\rho_1 \cdot g \cdot (h+a) = \rho_0 \cdot g \cdot h$
➡ $\rho_1 = \rho_0 \cdot h/(h+a)$

Application numérique : $\boldsymbol{\rho_1} = 30 \times 2700/34 = 2380\ kg \cdot m^{-3}$.

Hypothèse d'Airy

Le Moho s'enfonce sous la montagne, le manteau dense est ainsi « *remplacé* » par de la croûte moins dense.
En utilisant le modèle d'Airy, calculons l'enfoncement du Moho ***x*** que l'on trouve sous un relief d'altitude ***a*** = 4 km.

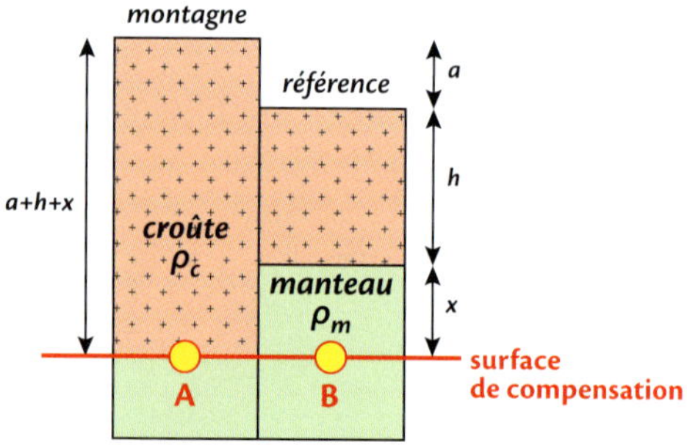

Par définition de la pression, $P(A) = \rho_c \cdot g \cdot (a+h+x)$ et $P(B) = \rho_c \cdot g \cdot h + \rho_m \cdot g \cdot x$
Par définition de la surface de compensation, **à l'équilibre isostatique**, P(A) = P(B)

➡ $\rho_c \cdot (a+h+x) = \rho_c \cdot h + \rho_m \cdot x$
➡ $\rho_c \cdot (a+x) = \rho_m \cdot x$
➡ $x = a \cdot \rho_c/(\rho_m - \rho_c)$

Application numérique : $\mathbf{x} = 4 \times 2700/(3300-2700) = 18$ km
Au total, le Moho est donc à x + h = 18+30 + 4 = 52 km de profondeur.

II - Comment répondre à un exercice d'isostasie ?

Calcul de la profondeur du Moho sous un rift continental

ÉNONCÉ

On prend une croûte de référence : épaisseur h = 30 km et masse volumique ρ_c = 2700 kg·m^{-3}. La masse volumique de la péridotite est supposée égale à 3300 kg·m^{-3}.

➞ ***Calculez*** la profondeur du Moho sous un rift continental de profondeur r =300 m (*que l'on suppose vide de sédiments*).

RÉSOLUTION

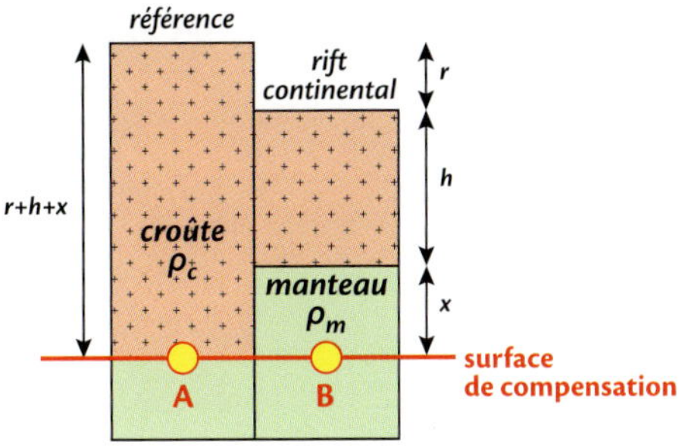

❶ Je schématise la situation sous forme de 2 colonnes côte à côte.

❷ Je note les hauteurs et masses volumiques, je place la surface de compensation.

❸ J'exprime les pressions P(A) et P(B) au niveau de cette surface :
à l'équilibre isostatique, P(A) = P(B) ➡ P(A) = $(r+h+x)\cdot\rho_c\cdot g$ et P(B) = $h\cdot\rho_c\cdot g + x\cdot\rho_m\cdot g$

❹ J'extrais l'inconnue et je fais l'application numérique :
➡ $(r+h+x)\cdot\rho_c\cdot g = h\cdot\rho_c\cdot g + x\cdot\rho_m\cdot g$ ➡ Soit $x = r\cdot\rho_c/(\rho_m-\rho_c)$

Application numérique : x = 0,3·2700/(3300-2700) = 1,35 km.

❺ Je réponds précisément à la question initiale.
« *La profondeur du Moho sous le rift est donc de h-r-x = 30-0,3-1,35 = 28,35 km* »

III - Le modèle de Vening-Meinesz

Le modèle de Vening-Meinesz : l'accommodation régionale d'une surcharge locale

Ce modèle ajoute au modèle d'Airy la notion de **flexuration élastique de la lithosphère**.

La compensation n'est pas strictement limitée au relief mais accommodée sur une zone plus large.

☞ 45

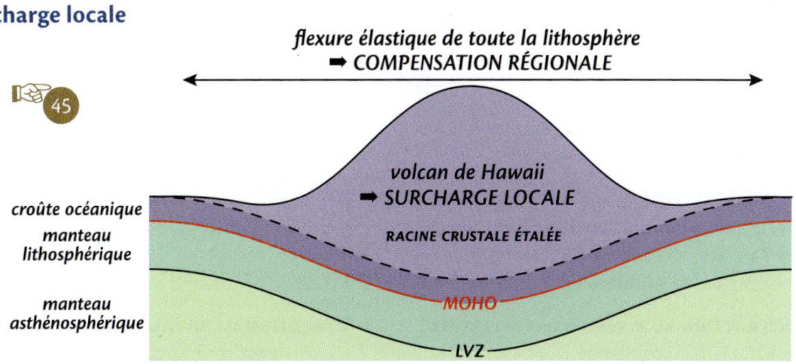

IV - Les réajustements isostatiques et les mouvements verticaux de la lithosphère

Érosion et pénéplénation d'un relief

Au fur et à mesure de l'érosion d'une chaîne de montagnes, la racine crustale remonte ! Pour éroder totalement un relief, il faut éroder non seulement l'équivalent de la hauteur du relief, mais aussi celle de la racine crustale.

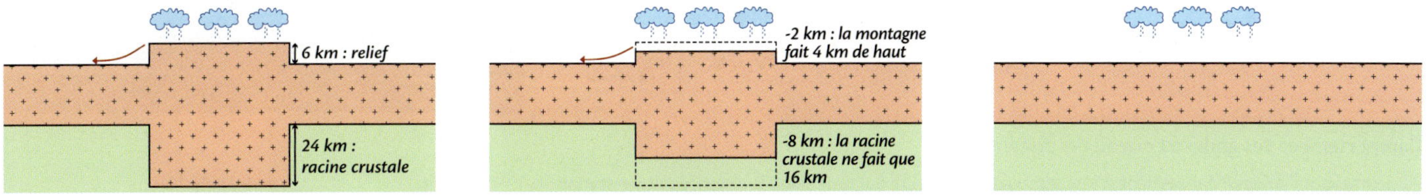

La montagne initiale... — *L'érosion retire l'équivalent de 10 km de hauteur de sédiments.* — *La pénéplénation est terminée lorsque l'équivalent de 6+24= 30 km de hauteur de sédiments ont été retirés.*

⚠ *Il y a un autre facteur que le couple érosion-isostasie qui explique la pénéplénation d'une montagne : l'effondrement gravitaire et la relaxation de la chaîne.*

Le rebond isostatique post-glaciaire : les mouvements verticaux de la Scandinavie

Proverbe lapon : « Là où le grand-père attachait sa barque, le petit-fils plante ses choux ».

➡ Lors de la glaciation du Würm, la masse de la calotte glaciaire a enfoncé la lithosphère. Depuis 10 000 ans, cette calotte a disparu et les terrains reviennent lentement à leur équilibre en se surélevant d'environ 1 cm/an.

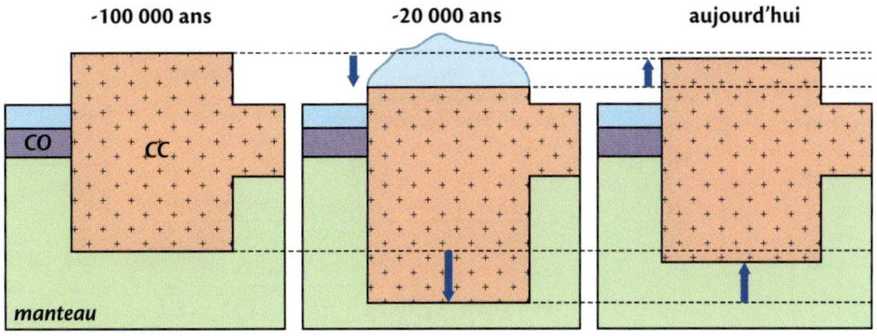

⚠ *L'isostasie permet aussi de comprendre la subsidence des bassins sédimentaires.*

☞ 64

139 Sismique réflexion, sismique réfraction

SISMIQUE RÉFLEXION, SISMIQUE RÉFRACTION = *comportements des ondes sismiques à l'interface entre deux milieux et techniques d'étude des croûtes.*

Comment sont réfléchies et réfractées les ondes sismiques au niveau des discontinuités ? Quels sont les résultats des études de sismique réflexion et réfraction ?

I - Réflexion et réfraction des ondes sismiques

Les caractéristiques des ondes sismiques

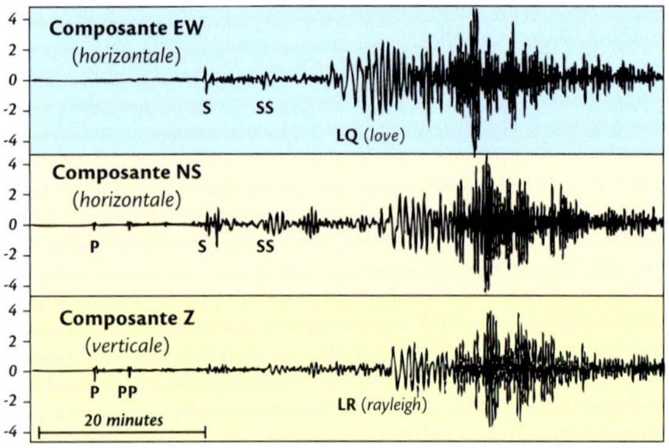

SISMOGRAMMES
Enregistrements d'un séisme lointain sur une station sismique (sismographe) à 3 composantes.

$V_p = \sqrt{\frac{K + \frac{4}{3}\mu}{\rho}}$ $V_s = \sqrt{\frac{\mu}{\rho}}$

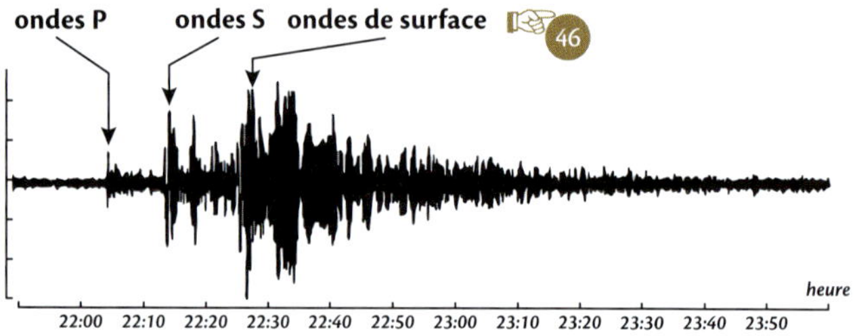

Comportement des ondes au niveau des discontinuités

A l'instar des rayons lumineux, les ondes sismiques se propagent en suivant les **lois de Descartes** :
→ l'angle i_1' de **réflexion** est identique à l'angle i_1 d'incidence ($i_1' = i_1$)
→ l'angle i_2 de **réfraction** est supérieur à l'angle i_1 d'incidence si le second milieu est assure une propagation plus rapide que le premier ($V_2 > V_1$), inférieur si c'est l'inverse.

RÉFRACTION AU NIVEAU D'UNE INTERFACE

$i_1 = i_1'$

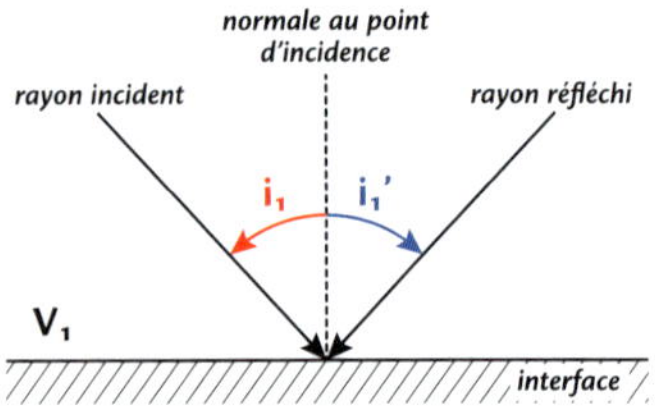

RÉFRACTION AU NIVEAU D'UNE INTERFACE

$\sin i_1 \cdot V_1 = \sin i_2 \cdot V_2$

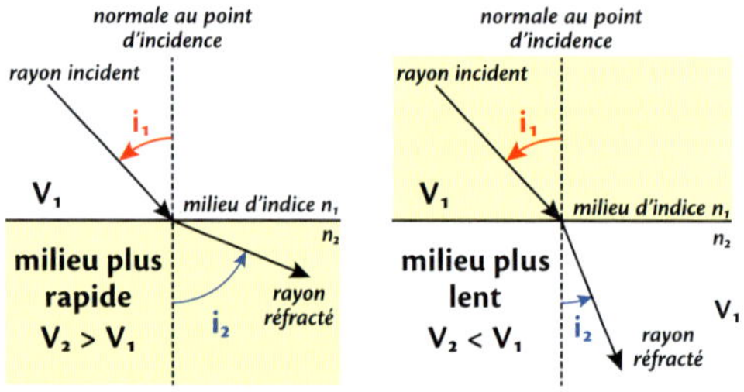

Au sein d'une enveloppe, la densité augmente avec la pression. Mais K et μ augmentant plus que ρ, la vitesse des ondes augmente aussi. En assimilant le milieu par une suite de couches dont la vitesse varie de manière discrète on explique la **trajectoire courbe** par les réfractions successives.

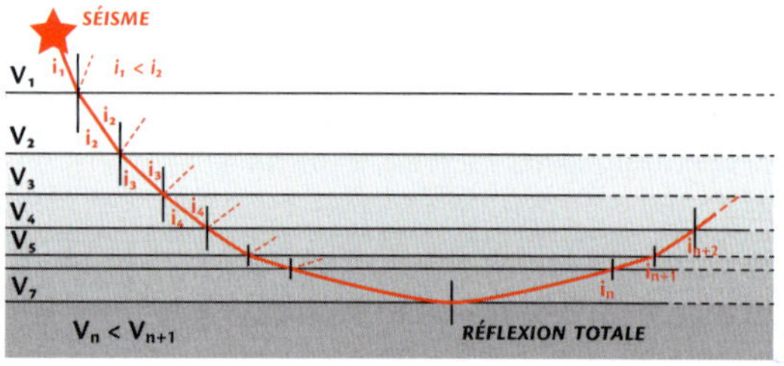

Comportement des ondes au niveau des discontinuités

Plusieurs types d'ondes P parviennent à une station dans un ordre qui varie selon la distance séisme-station : les ondes P directes (*ni réfléchies, ni réfractées*) arrivant en premier pour de courtes distances puis les ondes PmP réfléchies et les ondes coniques Pn.

C'est le géophysicien Mohorovicic qui a été le premier à faire ces observations et qui a calculé la profondeur de la discontinuité entre la croûte et le manteau grâce au séisme du 8 septembre 1909, au sud de Zagreb, dans la vallée de Kupa en Croatie. En utilisant des relevés de stations proches du séisme et de stations européennes éloignées, il constate qu'un seul train d'ondes sismiques P, les ondes Pg (*g pour granite*) arrive dans les stations proches alors que deux trains d'ondes P se succèdent dans les stations sismiques éloignées. Il en déduit que les deux trains d'ondes ont suivi des trajets différents et il calcule la profondeur de la discontinuité sur laquelle se sont réfléchies les ondes (*54 km dans cette région*) grâce au retard sur un sismogramme entre l'arrivée des ondes Pg et celle des ondes PmP. Cette discontinuité séparant la croûte du manteau est maintenant appelée le Moho.

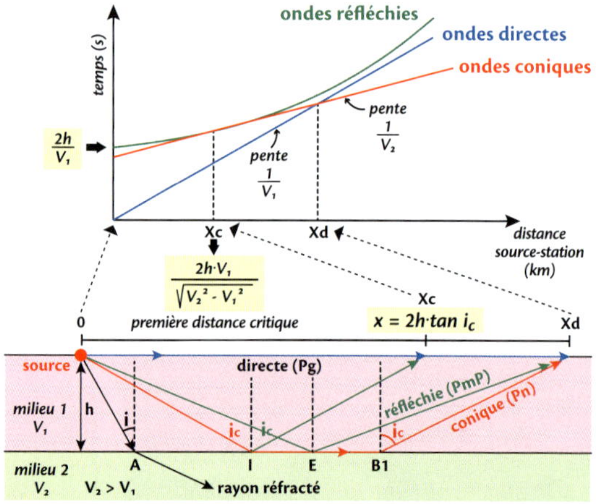

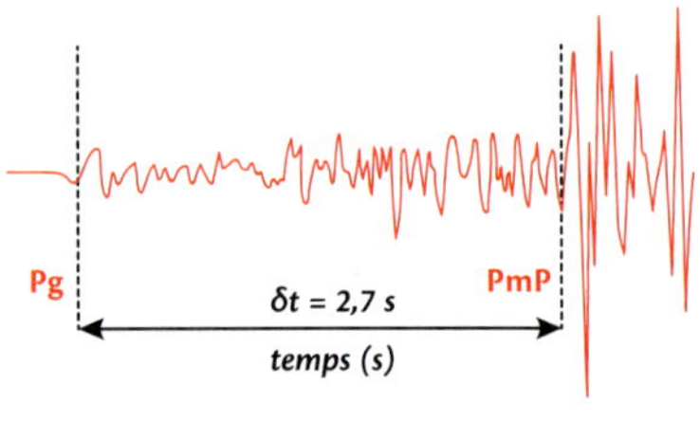

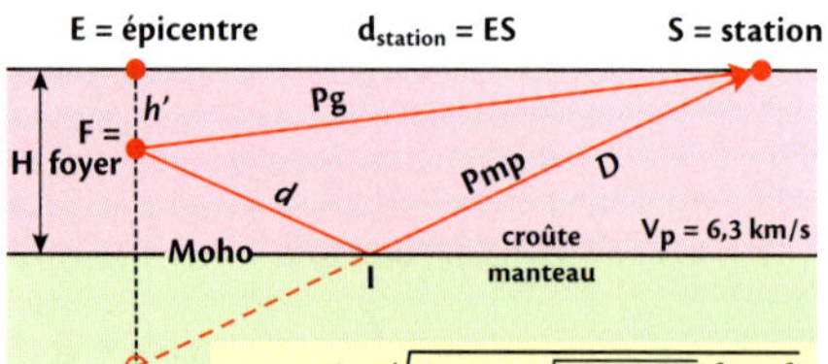

$H = 1/2[h' + \sqrt{(\delta t \cdot V_p + \sqrt{(h'^2 + ES^2)})^2 - ES^2}]$

Une onde conique est une onde dont la valeur critique de son angle d'incidence (i_c) provoque sa réfraction à 90°. Elle se déplace sous l'interface entre deux milieux.

II - Sismique réflexion et sismique réfraction : techniques d'étude de prospection

Étude de réflexion ou réfraction d'ondes sismiques provoquées

La sismique est une méthode géophysique permettant principalement de déterminer l'organisation des terrains sédimentaires. Cette technique de **mesure indirecte** consiste à enregistrer en surface (*avec des géophones*) les échos issus de la propagation dans le sous-sol d'une **onde sismique provoquée**, pour la sismique terrestre par l'emploi d'explosifs et camion vibreur, pour la sismique marine par des canons à air comprimés.

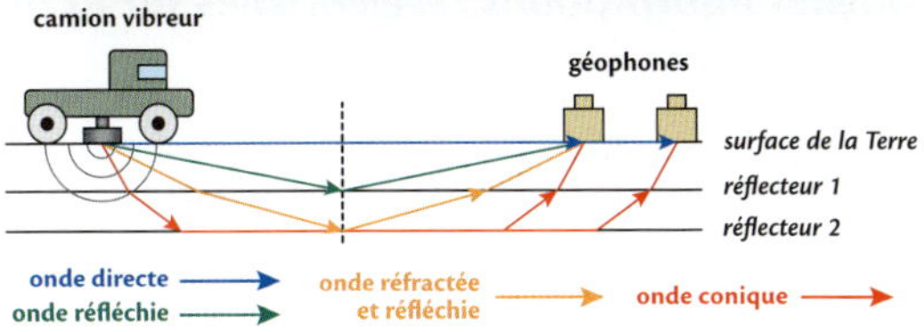

Le programme ECORS (*1983 à 1994*) a permis l'étude en France de la croûte par les méthodes sismiques :

- Nord de la France de Cambrai à Dreux (83-84),
- Pyrénées (85-86) avec REPSOL,
- Alpes (86-87) avec CROP.

119 120

Sismique réflexion et réfraction en mer

Des bateaux de la Flotte Océanographique Française gérée par l'IFREMER traînent derrière eux le camion à air et une flûte sismique contenant une série d'hydrophones. Les ondes engendrées par l'explosion se réfléchissent sur des réflecteurs plus ou moins profonds et leur temps d'aller-retour (*temps double, TD*) est déterminé. Le premier réflecteur correspond au fond marin et les réflecteurs plus profonds à des variations de vitesse sismique des couches sédimentaires.

L'interprétation sismique se fait sur un profil en temps ou un profil ayant été converti au préalable en profondeur. Les ondes réfractées sont enregistrées à l'aide de sismomètres posés sur le fond, les **OBS** (***Ocean Bottom Seismometer***).

Il existe différents OBS et certains sont utilisés comme sismomètres d'autres comme hydrophones. Les signaux acoustiques d'origines éruptive, sismique et animale (Cétacés) peuvent aussi être étudiés.

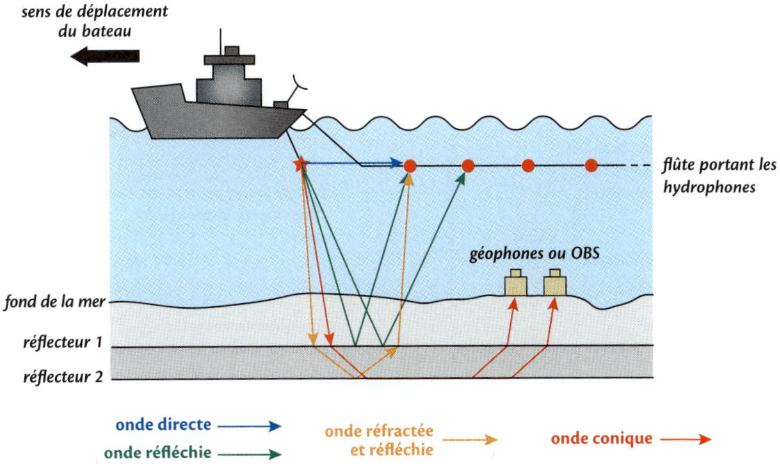

Applications de la sismique réflexion et de la sismique réfraction

SISMIQUE		
Avantages	Étude de la géométrie des dépôts sur de très grandes surfaces et en trois dimensions. Coût faible par rapport aux forages.	
Inconvénients	Résolution très faible (*10 à 50 m*). Pas d'information directe sur la lithologie et la profondeur.	
	SISMIQUE RÉFLEXION	**SISMIQUE RÉFRACTION**
Applications	Images de l'architecture des formations géologiques sous le fond marin ainsi des failles à différentes résolutions et profondeurs.	Précisions sur la vitesse de déplacement des ondes sismiques dans la couverture sédimentaire et dans la croûte.

Identification des coulées sous-marines du volcan Fani Maore à Mayotte

Le nouveau volcan, formé en 2018-2019 à l'Est de Mayotte dans l'archipel des Comores a été étudié lors de la campagne océanographique SISMAORE, 2021.

Les **coulées récentes** (*2018 - 2019*) reposent sur une **couche sédimentaire** (*140 m d'épaisseur*) au-dessus d'une **couche volcanique**, épaisse de 1 km. Entre cette couche, témoin de la phase principale de construction de l'édifice volcanique, et le toit de la croûte se trouve une **couverture sédimentaire** (*2,2 à 2,5 km*), dans laquelle s'observent des **sills** et des zones à faciès de remontées de fluides, dessinant un **système d'alimentation magmatique** (*seal bypass system*). 131

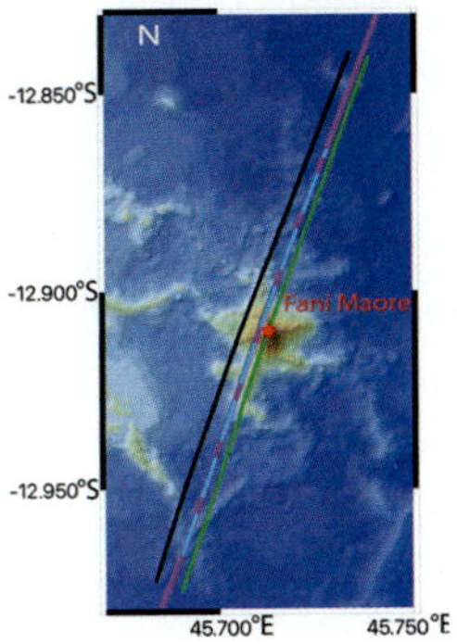

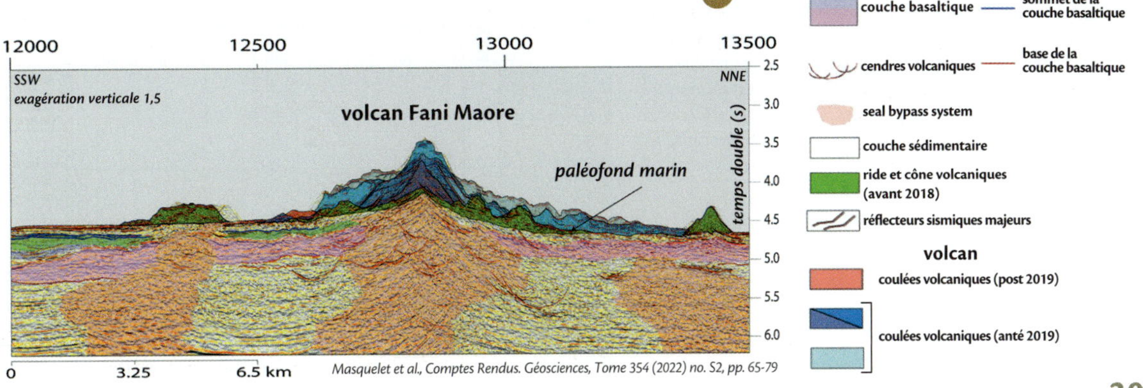

Masquelet et al., Comptes Rendus. Géosciences, Tome 354 (2022) no. S2, pp. 65-79

140 Les diagraphies

DIAGRAPHIE = *(du grec **dia**, à travers et **graphein**, dessiner) envoi dans un puits de forage d'une sonde qui mesure certaines propriétés des roches (perméabilité, porosité, radioactivité...).*

Quels paramètres sont mesurés par les diagraphies ?
Quelles informations révèlent-elles sur la nature et les propriétés physico-chimiques des roches ?

I - Le principe des diagraphies

Le terme français « ***diagraphie*** » désigne aussi bien la **technique** (*en anglais : logging = enregistrement*) que le **résultat de la mesure sous forme d'une courbe** (*en anglais : log*). Les premières diagraphies ont été réalisées en 1927 par les frères Schlumberger à Pechelbronn en Alsace, elles étaient alors appelées « *carottage électrique* » car elles mesuraient la résistivité de la roche.

Une **diagraphie instantanée** enregistre les caractéristiques de la formation pendant le forage tandis qu'une **diagraphie différée** détermine les caractéristiques de la formation après le forage. C'est un outil déterminant de la géologie pétrolière, en complément de la sismique - réflexion.

Les diagraphies peuvent être classées suivant leur principe physique de base, suivant le type de puits (*trou ouvert ou puits cuvelé = cimenté*), ou suivant leur utilisation (*diagraphies d'exploration ou de production, cette dernière visant à maximiser l'extraction d'hydrocarbures*).

Le dispositif

102

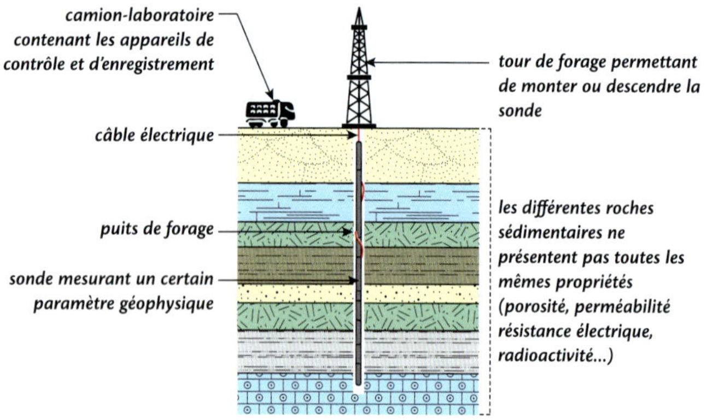

Un puits de forage

Un puits de forage pétrolier en domaine continental, ce puits pourra servir à réaliser des diagraphies.

Un puits de forage

	SISMIQUE	DIAGRAPHIES
RÉSOLUTION	*très faible (10 à 50 m)*	*élevée (< 1 m)*
LITHOLOGIE	*pas d'informations*	*renseignée*
PROFONDEUR DES DISCONTINUITÉS	*pas d'informations*	*renseignée*
SURFACE COUVERTE	*très grande*	*faible*
MISE EN ŒUVRE	*facile*	*difficile*
COÛT	*facile*	*élevé*

On compare la sismique-réflexion ou-réfraction et les diagraphies, deux méthodes permettant de faire une échographie du sous-sol en profondeur.

II - Les diagraphies instantanées

Un exemple de diagraphies instantanées sur un forage en Mer du Nord

Au fur et à mesure que l'on fore, on enregistre la poussée sur l'outil, la vitesse d'avancement du trépan qui fore ; on examine les déblais (*nature de la roche, densité, pH...*), la porosité, la perméabilité, la température, les indices de gaz ou d'huile, etc. Ces mesures sont appelées des diagraphies instantanées. Cela permet d'identifier les roches et de localiser les potentiels réservoirs d'hydrocarbures.

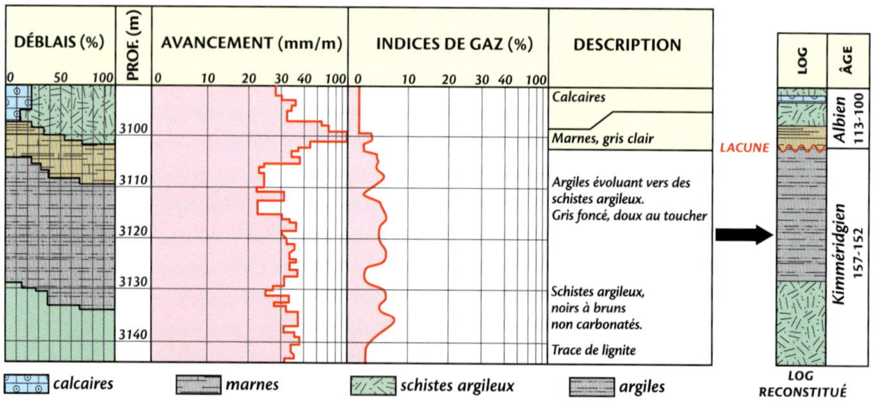

III - Les diagraphies différées : quelques exemples

Les diagraphies électriques

Les diagraphies électriques permettent de mesurer la résistivité, qui peut varier entre 0,2 et 5000 Ω.m suivant la porosité et la nature des fluides interstitiels composant la formation géologique. Pour mesurer ce paramètre, on injecte un courant électrique (i). Les électrodes de mesure sont notées E et M : la ddp qui les sépare permet de remonter à la résistivité du matériau traversé.

Ci-contre, un exemple de placement des électrodes ; d'autres dispositions sont possibles. L'acquisition des mesures peut se faire lors de la descente de la sonde ou lors de sa remontée.

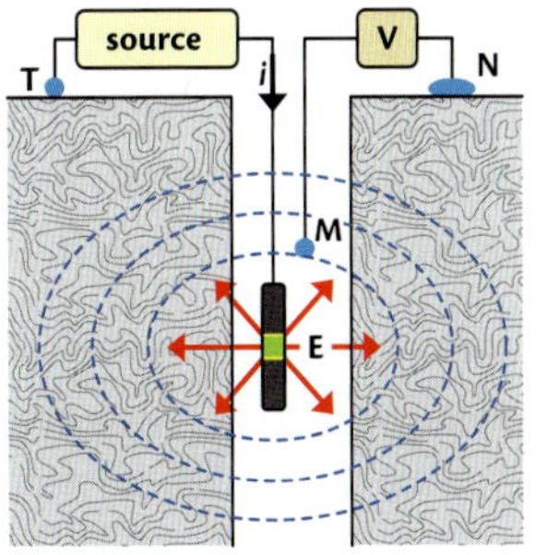

mesure de la ddp (E,M)
➡ estimation de la résistivité du milieu

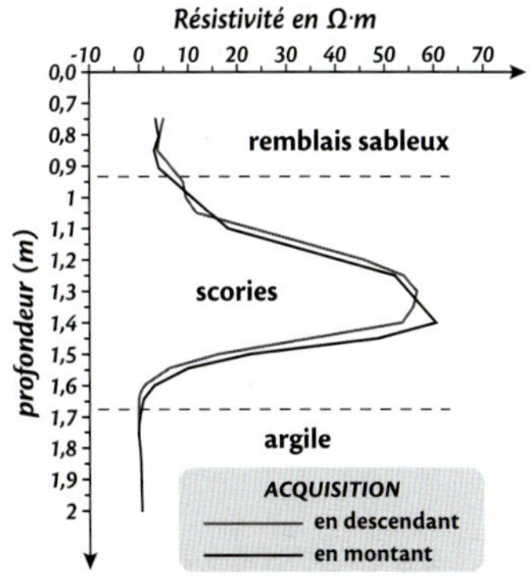

Les diagraphies nucléaires : exemple du gamma-ray

ÉLÉMENT RADIOACTIF	MINÉRAUX OU ROCHES DANS LESQUELS IL EST ABONDANT
K (potassium)	muscovite, argile potassique, sylvite
U (uranium)	zircons, matière organique fossilisée, roches détritiques
Th (thorium)	zircons, roches détritiques, argiles

On peut mesurer la radioactivité gamma totale ou bien faire une discrimination entre le rayonnement dû au potassium, celui dû au thorium et celui dû à l'uranium. En diagraphie pétrolière l'unité utilisée est actuellement l'**A.P.I.** (*American Petroleum Institute*).

Cette unité est normalisée : 16,5 unités A.P.I. correspondent à une concentration d'éléments radioactifs équivalente à 1 microgramme de radium par tonne. Les argiles ont une activité variant entre 100 et 200 A.P.I., les sables 30 à 80, les carbonates 10 à 50.

Ici, gamma ray total et gamma ray corrigé de l'influence de l'uranium.

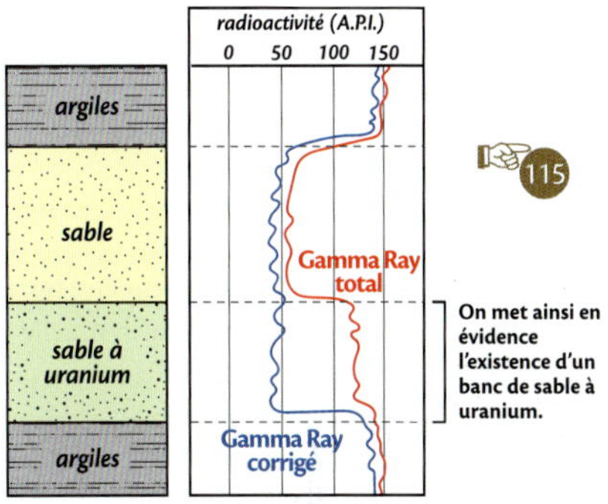

Les diagraphies acoustiques (*soniques*)

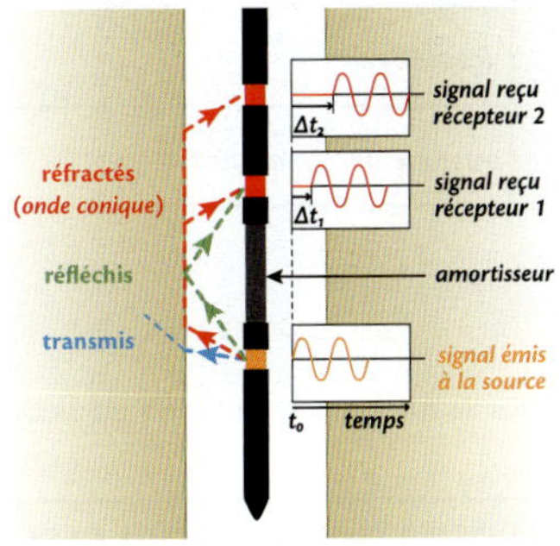

La diagraphie acoustique mesure la vitesse de propagation des ondes acoustiques (*ondes de compression*) dans les formations géologiques le long du puits. Cela révèle des informations sur la porosité, la perméabilité, la cimentation, la fracturation…
Une fois le puits de forage cimenté, la plupart des diagraphies acoustiques servent à vérifier l'étanchéité du cuvelage pour que les zones poreuses (*réservoirs*) restent bien isolées les unes des autres.

La vitesse des ondes réfractées dépend de la nature du matériau. Cela influe sur le décalage du signal perçu par le récepteur 2 par rapport au récepteur 1.

IV - Les variations des différents paramètres mesurés en fonction de la nature de la roche

Les grandes tendances pour les roches réservoirs d'hydrocarbures 114

Les roches réservoirs d'hydrocarbures ont une forte résistivité, une faible masse volumique et sont poreuses. Les hydrocarbures sont souvent radioactifs (traces d'uranium mais pas de radioactivité du potassium).
C'est la confrontation de plusieurs types de diagraphies d'un même forage qui permet de caractériser au mieux les diverses unités lithologiques traversées.

La RÉSISTIVITÉ des hydrocarbures, qui contiennent peu d'ions, est plus élevée que celle des saumures, qui par définition possèdent beaucoup d'ions en solution.

Une forte ÉMISSION DE RAYONS GAMMA indique la présente d'argilites (shales), qui ne sont pas des roches réservoirs.

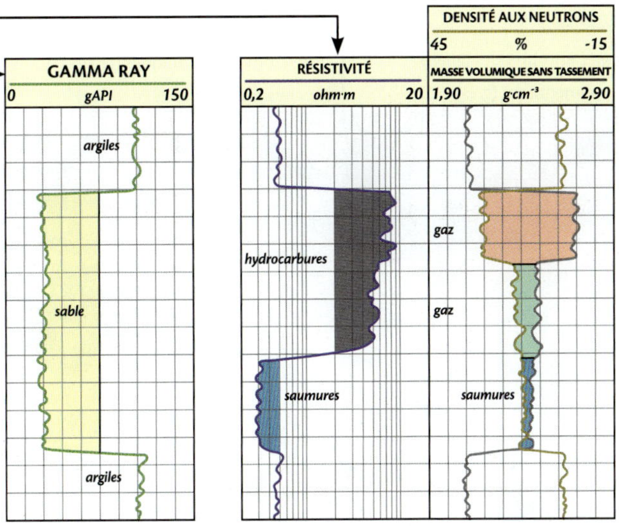

La DENSITÉ AUX NEUTRONS est une unité qui reflète la teneur en atomes d'hydrogène dans un petit volume. Un pore peut être rempli de gaz (CO_2 et/ou CH_4) ou de liquides (H_2O ou C_nH_{2n} = hydrocarbure).

Bien que CH_4 soit riche en atomes d'hydrogène (H), il y a tout de même beaucoup plus d'hydrogène dans les liquides, qui sont plus denses que les gaz. La densité aux neutrons est donc plus élevée pour les liquides.

La combinaison de la DENSITÉ AUX NEUTRONS (obtenue par diagraphie type neutron log) et de la MASSE VOLUMIQUE SANS TASSEMENT (obtenue par diagraphie sonique) donne des informations sur le remplissage de la porosité.

141 Reconnaissance des minéraux à l'œil nu

MINÉRAL = *matière cristallisée naturelle, présente dans des roches constituant les enveloppes terrestres.*
CRISTAL = *solide dont la structure atomique est ordonnée et périodique dans les trois directions de l'espace.*

L'identification et l'analyse des roches constituant les enveloppes terrestres passe par l'identification des minéraux présents. Quels sont les critères de reconnaissance de quelques minéraux usuels à l'œil nu ?

I - Les critères d'identification des minéraux à l'œil nu

La reconnaissance des minéraux à l'œil nu repose sur plusieurs observations :

- → La **couleur**
- → La **transparence**
- → La **brillance**, les **reflets**, l'**éclat**
- → La **forme**
- → La **dureté** (*échelle de Mohs*), qui peut être testée sur le terrain en comparant la dureté du minéral avec celle du verre, de l'acier ou de l'ongle
- → L'**effervescence à l'acide**
- → La **densité**

L'observation à l'œil nu est réalisée avec une loupe à main ou binoculaire, surtout pour des minéraux millimétriques.

ongles = 2,5 ➡ (entre 2 et 3)
pièce en cuivre = 3,5 ➡ (entre 3 et 4)
canif = 5,5 ➡ (entre 5 et 6)
verre = 6,5 ➡ (entre 6 et 7)

Dureté	Minéral	Test
1	Talc 	*très friable à l'ongle*
2	Gypse 	*rayable à l'ongle*
3	Calcite 	*rayable par le cuivre*
4	Fluorine 	*facilement rayé par une lame d'acier*
5	Apatite 	*rayable par une lame d'acier*
6	Orthose 	*rayable par une lame de verre*
7	Quartz 	*Raye le verre*
10	Diamant 	*rayable par un autre diamant*

II - Minéraux fréquents et leurs critères de reconnaissance à l'œil nu

On présente ici les minéraux dans leur habitus, c'est-à-dire à l'intérieur d'une roche usuelle. Les habitus plus "exotiques" d'où viennent tous les minéraux des musées ou de collections ne sont pas concernées par cette fiche.

MINÉRAL	QUARTZ	FELDSPATHS ALCALINS	FELDSPATHS PLAGIOCLASES
Critères d'identification	- Incolore et translucide - Éclat gras, aspect de gros sel - Dureté de 7	- Clair , blanc ou rosé - Opaque - Dureté de 6-6,5 142 - Peuvent être altérés - L'orthose présente une macle de Carlsbad qui peut être visible à l'œil nu	- Clair, blanc - Opaques - Peuvent être altérés - Dureté de 6-6,5
Familles de roches pouvant contenir le minéral	- Roches magmatiques saturées en silice (*granites, rhyolite...*) - Roches métamorphiques (*gneiss*) - Roches sédimentaires (*grès*)	- La plupart des roches magmatiques acides et/ou alcalines - Roches métamorphiques (*gneiss*) - Roches sédimentaires (*arkoses*)	- La plupart des roches magmatiques - Roches métamorphiques
Cliché		 	

MINÉRAL	MICA BLANC MUSCOVITE	MICA NOIR BIOTITE	OLIVINE
Critères d'identification	- Blanc doré - Aspect brillant, métallique - Débit en lamelles - Dureté 2-4	- Noir mordoré - Aspect brillant, métallique - Débit en lamelles - Dureté 2-4	- Vert clair, vert jaune à vert olive - Transparent - Dureté 6,5-7
Familles de roches pouvant contenir le minéral	- Roches magmatiques plutoniques différenciées (*granites, granodiorites...*) - Roches métamorphiques (*micaschistes, gneiss*) - Roches sédimentaires détritiques	- Roches magmatiques plutoniques différenciées (*granites, granodiorites...*) - Roches métamorphiques (*micaschistes, gneiss*)	- Péridotites mantelliques - Roches magmatiques basiques ou ultrabasiques sous saturées en silice
Cliché	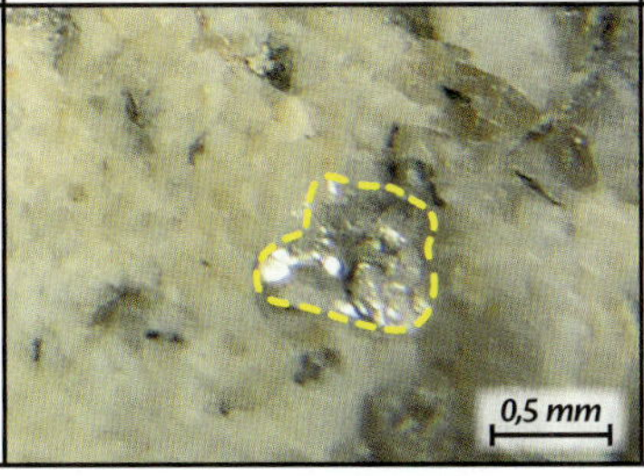		

MINÉRAL	PYROXÈNE	AMPHIBOLE CALCIQUE	GLAUCOPHANE AMPHIBOLE SODIQUE
Critères d'identification	- Noir à brun vert ou vert intense - Éclats brillants - Opaque	- Noir à vert noir - Opaque - Prismes plus ou moins allongés	- Bleu foncé à gris - Prismes plus ou moins allongés - Dureté 5,5-6
Familles de roches pouvant contenir le minéral	- Roches magmatiques - Roches métamorphiques (*cornéennes, micaschistes, éclogites, marbres*)	- Roches magmatiques provenant de magmas souvent hydratés - Roches métamorphiques du faciès schiste vert et des amphibolites	- Roches métamorphiques du faciès schistes bleus et éclogite
Cliché			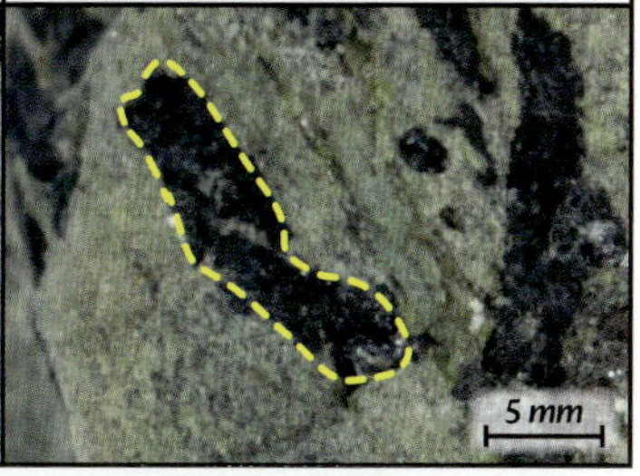

MINÉRAL	GRENAT	CALCITE	GYPSE
Critères d'identification	- Rouge grenat - Dureté 6,5-7,5	- Blanc crème - Opaque - Faces brillantes - Dureté 3 - Effervescence à l'acide	- Couleur variable mais claire (*incolore à grisâtre, rosé, brun pâle, verdâtre...*) - Translucide - Souvent nacré - Dureté 2
Familles de roches pouvant contenir le minéral	- Roches métamorphiques - Péridotites mantelliques	- Roches sédimentaires calcaires - Roches métamorphiques issues de roches carbonatées	- Roches sédimentaires salines
Cliché			

142 Le microscope polarisant : principe

Microscope polarisant = *microscope optique muni de deux filtres polarisants, appelés **polariseur** et **analyseur**. Il est utilisé en pétrographie pour l'observation de la texture des roches et l'identification des minéraux, à partir de l'analyse de lames minces de roches.*

Quel est le principe du microscope polarisant ?
Quels sont les critères de reconnaissance des minéraux utilisés au microscope polarisant ?

I - Principe de fonctionnement du microscope optique polarisant

Organisation du microscope polarisant

Le microscope polarisant comprend une platine tournante comprise entre deux polariseurs : le **polariseur inférieur** (**P**) et le **polariseur supérieur** appelé **analyseur** (**A**). La lame mince de roche est posée sur la platine tournante.

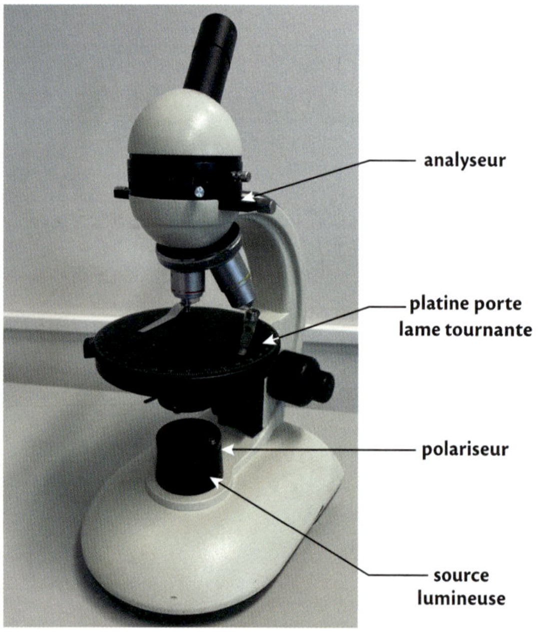

Propagation des rayons lumineux à travers les optiques du microscope polarisant

Le polariseur (P) a une direction de polarisation perpendiculaire à celle de l'analyseur (A) : on dit que l'**analyseur** et le **polariseur sont croisés**. En absence de lame mince, aucune lumière ne parvient à l'observateur. En présence de lame mince, certains minéraux, dits **anisotropes** ou **biréfringents** dévient la lumière sortant de P, de sorte que A laisse passer une composante des radiations. A est amovible, on peut ainsi réaliser des observations en **lumière polarisée non analysée** (**LPNA**) ou en **lumière polarisée analysée** (**LPA**).

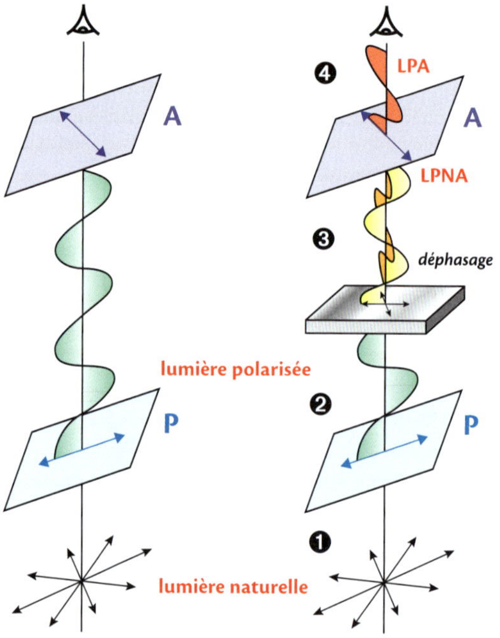

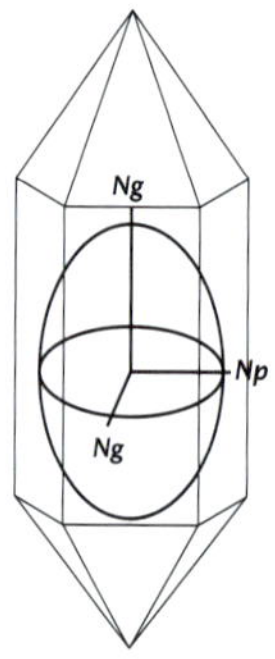

indices de réfraction dans un minéral biréfringent : le quartz

❶ La lumière blanche émise par l'ampoule est constituée d'ondes dont les plans de vibrations sont orientés dans toutes les directions.

❷ Le polariseur laisse passer les ondes vibrant dans un seul plan : la lumière est polarisée.

❸ A partir des ondes circulant dans un seul plan, un cristal biréfringent décompose la lumière polarisée en deux vibrations se propageant dans des plans perpendiculaires et à des vitesses différentes suivant les indices de réfraction Np et Ng du minéral (forte vitesse selon Np et plus faible selon Ng). Cette différence de vitesse crée un déphasage des ondes. Ce dernier dépend de la longueur d'onde car, pour un cristal donné, les indices de réfraction dépendent des longueurs d'onde.

❹ Au niveau de l'analyseur, les deux vibrations perpendiculaires sont projetées dans un même plan et entrent en interférence en raison de leur déphasage. Pour un cristal et une épaisseur donnée, certaines longueurs d'onde sont éteintes, d'autres sont renforcées. L'interférence se traduit donc par des **teintes de polarisation** ou **teintes de biréfringence** observées en lumière polarisée analysée.

Préparation d'une lame mince de roche

L'échantillon de roche à observer est coupé en un fin bloc collé sur une lame de verre.
Le bloc est ensuite aminci par polissage jusqu'à une épaisseur de 30 µm.

⚠ *Les cristaux isotropes (qui appartiennent au système cubique comme le grenat) présentent une symétrie telle que la lumière se propage à la même vitesse dans toutes les directions. Ils ne présentent pas de biréfringence et apparaissent tout le temps noirs en lumière polarisée analysée.*

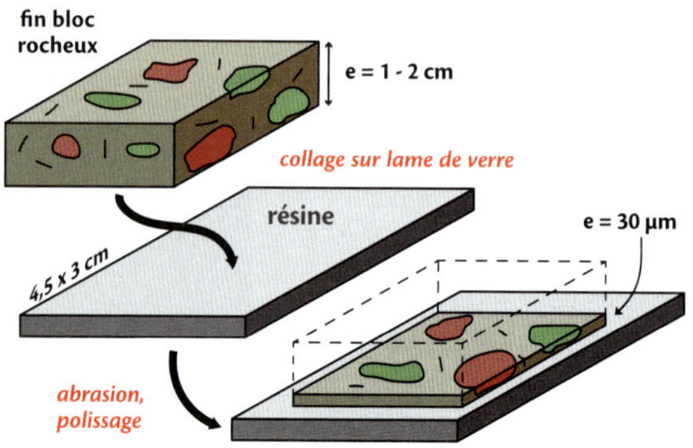

II - Les critères d'identification utilisés au microscope polarisant ☞ 143

✪ Observations en lumière polarisée non analysée (LPNA)

Les principaux critères utilisés en LPNA

Forme	Minéraux **automorphes** : → limites rectilignes Minéraux **xénomorphes** : → limites irrégulières
Relief	Contour plus ou moins marqué
Couleur	Minéraux incolores ou colorés. La couleur en lame mince est presque toujours différente de celle observée macroscopiquement.
Pléochroïsme	Critère testable uniquement sur les minéraux colorés : variation de l'intensité de la couleur lorsqu'on tourne la platine du microscope (*dépend de l'anisotropie du minéral*).
Plans de clivage	Plans de fragilité au sein du minéral. Les plans de clivage, recoupés par la lame, se traduisent par des lignes internes au cristal.

Lame mince de paragneiss à grenat et disthène observée en LPNA

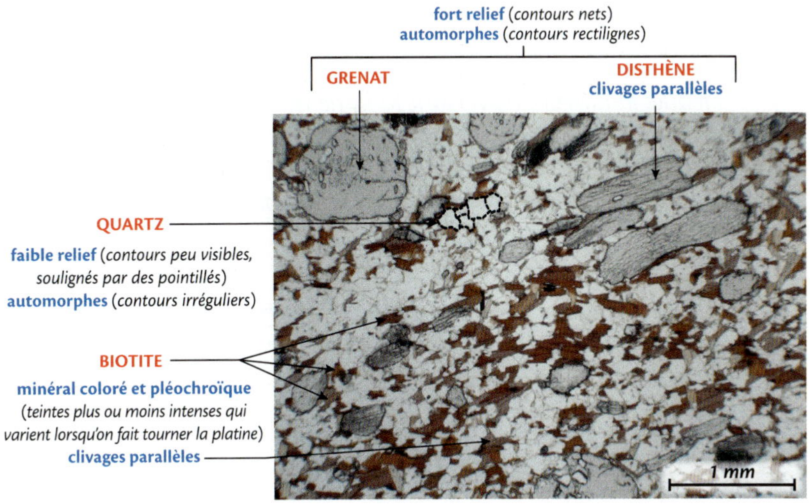

✪ Observations en lumière polarisée analysée (LPA)

Les principaux critères utilisés en LPA

Teintes de polarisation	Gamme de teintes caractéristiques d'un minéral. On distingue 3 gammes principales de teintes auxquelles se rajoutent des teintes d'ordre supérieur moins vives et plus délavées. Les teintes sont très variées en fonction de la section du minéral.
Angle d'extinction	Quand un minéral est éteint (minéral apparaissant noir en LPNA), il est éteint tous les 90° quand on le fait tourner. Lorsqu'un minéral est allongé ou présente des clivages, s'il est éteint lorsqu'on met l'allongement ou les clivages dans une direction N-S ou E-O, on dit que son **extinction est droite**. Si ce n'est pas le cas, l'angle dont il faut tourner le minéral pour avoir une extinction à partir de sa position N-S est appelé **angle d'extinction**.
Macles	Surface d'accolement de minéraux identiques, dans différentes orientations. Tous les minéraux orientés de la même manière ont la même position d'extinction.

Les teintes de polarisation ou teintes de biréfringence

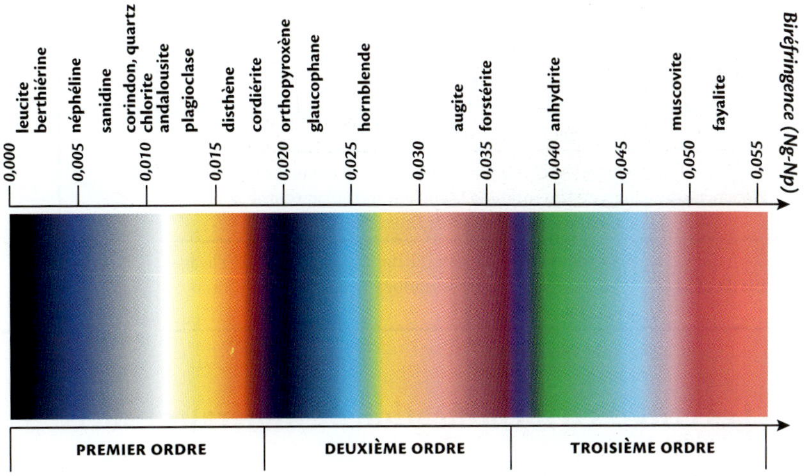

⚠ *Les teintes de polarisation observées sont dépendantes de l'épaisseur du minéral traversé. Celle-ci est fixe pour une lame mince de roche (30 µm) à l'exception des bordures plus fines qu'il faut éviter d'observer.*

Détail d'une lame mince d'un leucogranite (LPA)

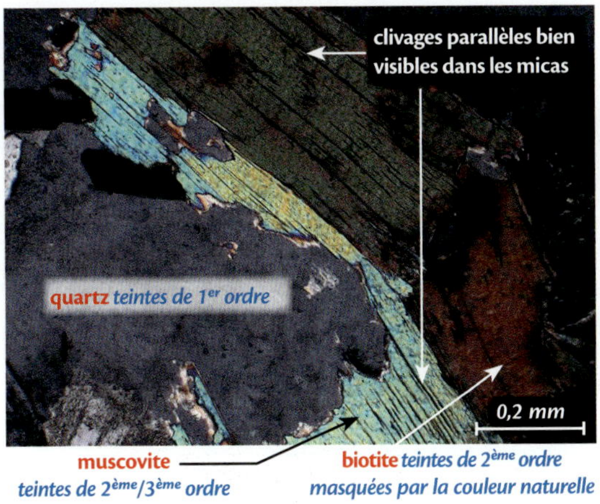

Les macles des feldspaths (LPA)

macle polysynthétique de feldspaths plagioclases

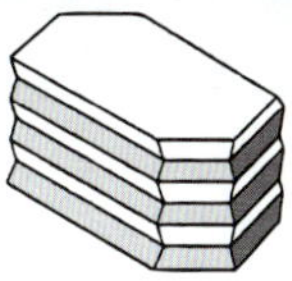

macle de Carlsbad de feldspaths potassiques

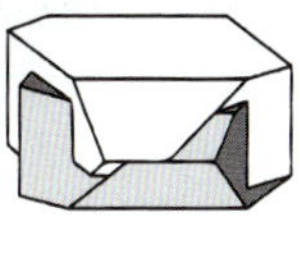

143 Reconnaissance des minéraux en microscopie

Lumière polarisée et non analysée (LPNA) = *Mode d'observation des minéraux au microscope optique, dans lequel la lumière traversant la lame mince a été filtrée par un seul filtre polarisant appelé polariseur. La vision humaine ne distingue pas cet éclairage de la lumière naturelle.*
Lumière polarisée et analysée (LPA) = *Mode d'observation des minéraux au microscope optique, dans lequel la lumière polarisée traverse les minéraux puis un deuxième filtre polarisant appelé analyseur.*

Quels sont les critères de reconnaissance des minéraux observés en microscopie ?
Comment identifier quelques minéraux très fréquents ?

I - Les critères de reconnaissance des minéraux observés au microscope

Les principaux critères utilisés en LPNA

Forme	Minéraux **automorphes** : → limites rectilignes Minéraux **xénomorphes** : → limites irrégulières
Relief	Contour plus ou moins marqué
Couleur	Minéraux incolores ou colorés. La couleur en lame mince est presque toujours différente de celle observée macroscopiquement.
Pléochroïsme	Critère testable uniquement sur les minéraux colorés : variation de l'intensité de la couleur lorsqu'on tourne la platine du microscope (*dépend de l'anisotropie du minéral*).
Plans de clivage	Plans de fragilité au sein du minéral. Les plans de clivage, recoupés par la lame, se traduisent par des lignes internes au cristal.

Les principaux critères utilisés en LPA 142

Teintes de polarisation	Gamme de teintes caractéristiques d'un minéral. On distingue 3 gammes principales de teintes auxquelles se rajoutent des teintes d'ordre supérieur moins vives et plus délavées. Les teintes sont très variées en fonction de la section du minéral.
Angle d'extinction	Quand un minéral est éteint (minéral apparaissant noir en LPNA) , il est éteint tous les 90° quand on le fait tourner. Lorsqu'un minéral est allongé ou présente des clivages, s'il est éteint lorsqu'on met l'allongement ou les clivages dans une direction N-S ou E-O, on dit que son **extinction est droite**. Si ce n'est pas le cas, l'angle dont il faut tourner le minéral pour avoir une extinction à partir de sa position N-S est appelé **angle d'extinction**.
Macles	Surface d'accolement de minéraux identiques, dans différentes orientations. Tous les minéraux orientés de la même manière ont la même position d'extinction.

II - Les critères d'identification de minéraux usuels

Les minéraux présentés dans cette fiche sont également présentés en fiche 141 en vue macroscopique, avec les roches qui peuvent les contenir. 141

FELDSPATHS PLAGIOCLASES	FELDSPATHS ALCALINS	ORTHOSE (FELDSPATH ALCALIN)
142 - Incolores en LPNA - Teintes de polarisation du 1er ordre (*gris à blanc*) en LPA - Relief faible - Aspect moucheté (altérabilité) - Mâcle polysynthétique	- Incolores en LPNA - Teintes de polarisation du 1er ordre (*gris à blanc*) en LPA - Gris à blanc en LPA - Relief faible - Mâcle de Carlsbad (sauf Sanidine) - Aspect moucheté (altérabilité)	142 - Mêmes critères que les autres feldspaths alcalins - Mâcle de Carlsbad très nettement visible

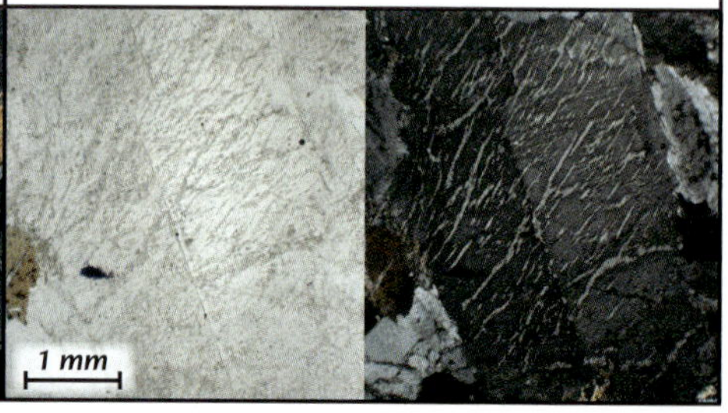

QUARTZ

- Limpide en LPNA
- Teintes de polarisation du 1er ordre (*gris à blanc*) en LPA
- Ni clivage, ni mâcle
- Généralement xénomorphe

BIOTITE

- Brun en LPNA, très fort pléochroïsme
- Teintes de polarisation de 3ème ordre en LPA
- Angle d'extinction 0°
- Nombreux clivages parallèles
- Souvent automorphe

MUSCOVITE

- Clair en LPNA
- Teintes de polarisation de 3ème ordre en LPA
- Angle d'extinction 0°
- Nombreux clivages parallèles
- Souvent automorphe

OLIVINES

- Incolore à jaune en LPNA
- Teintes de polarisation de 3ème ordre en LPA
- Très fort relief
- Cassures non rectilignes

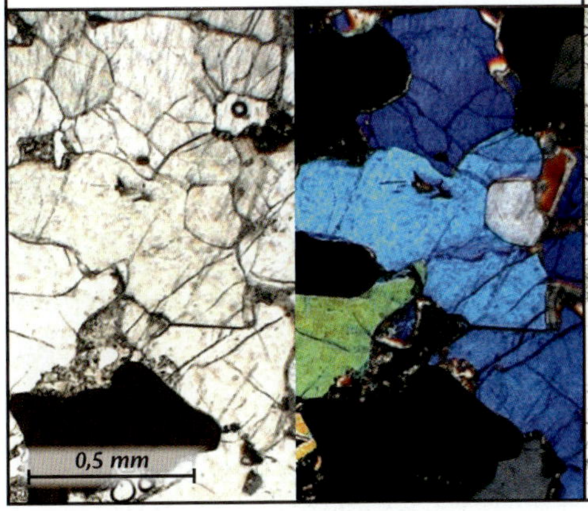

PYROXÈNES

- Coloré de teinte diverses en LPNA, faible pléochroïsme
- Teintes de polarisation de 1er ou 2ème ordre en LPA
- Relief moyen
- Angle d'extinction 40° pour les clinopyroxènes et 0° pour les orthopyroxènes
- Deux plans de clivages faisant un angle de 90° visibles quand la lame mince a été coupée perpendiculairement à l'axe optique

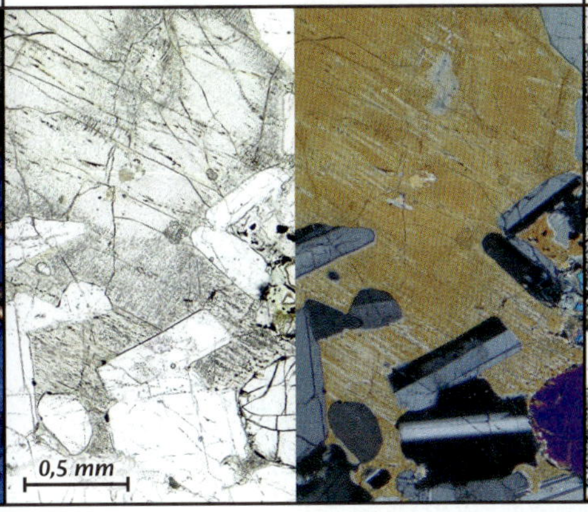

AMPHIBOLES

- Coloré de teintes diverses en LPNA, fort pléochroïsme
- Teintes de polarisation de 1er ou 2ème ordre en LPA
- Fort relief
- Angle d'extinction 20°
- Deux plans de clivages faisant un angle de 120° visibles quand la lame mince a été coupée perpendiculairement à l'axe optique

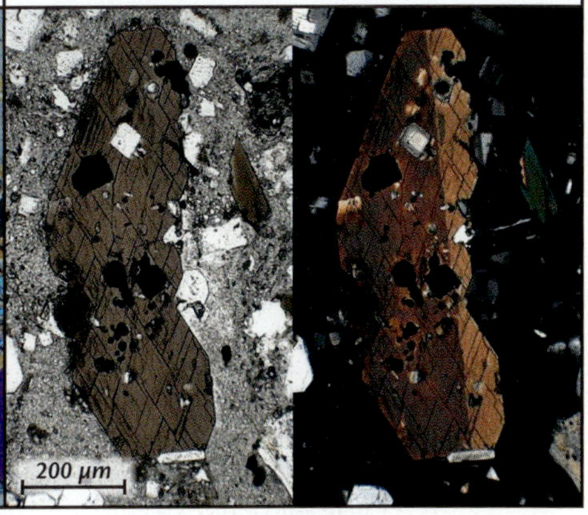

GLAUCOPHANE

- Bleu en LPNA
- Faibles teintes de polarisation en LPA
- Forme allongée

GRENAT

- Incolore à rose pâle en LPNA
- Toujours éteint en LPA
- Très fort relief

CALCITE

- Incolore en LPNA
- Teintes de polarisation très élevées, souvent beige en LPA
- Forme quelconque

La spectroscopie Raman

Spectroscopie Raman = *méthode non destructive d'observation et de caractérisation de la composition moléculaire et de la structure externe d'un matériau par envoi d'un faisceau de lumière monochromatique. Cette méthode exploite le fait qu'un milieu donné modifie de manière spécifique les longueurs d'onde de la lumière qui y circule.*

Quel est le principe de la spectroscopie Raman ? Quelles sont ses applications en sciences de la Terre ?

I - Le principe de la spectroscopie Raman

Principes fondamentaux de la diffusion Raman

Une source de lumière monochromatique (*laser*) interagit avec un échantillon (*ex. à la surface d'un minéral opaque ou sous la surface s'il est transparent*). Une très petite proportion des photons diffusés dans le milieu interagit avec les électrons mobilisés par les liaisons atomiques. Cette interaction, nommée « *diffusion Raman* » est inélastique, elle émet des photons de longueurs d'onde différentes de ceux de la source de lumière. Cet effet concerne un très petit nombre de photons incidents et requiert donc des appareils d'une grande sensibilité.

Lors du processus de diffusion Raman, la majorité des photons est émise avec une énergie plus faible (*longueur d'onde plus grande*) que les photons incidents. Une minorité des photons diffusés peut au contraire avoir une énergie plus forte (*longueur d'onde plus faible*) que les photons incidents car ces derniers ont entrainé une très importante excitation-désexcitation de certains électrons impliqués dans des liaisons moléculaires ou cristallines.

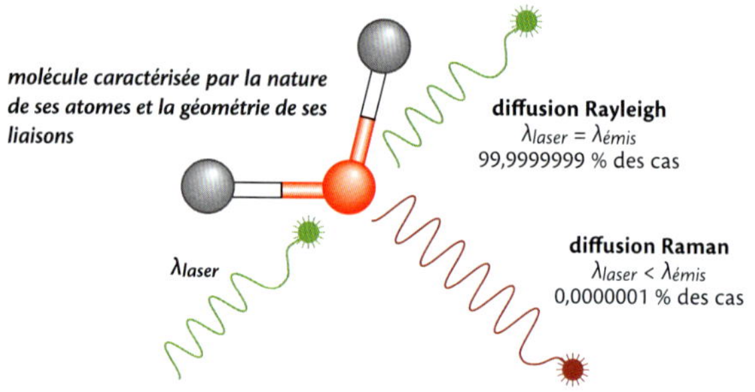

Fonctionnement d'un spectromètre Raman couplé à un microscope

Les longueurs d'ondes détectées par le spectromètre forment un spectre qui donne accès à différentes informations sur la surface de l'échantillon : composition et propriétés chimiques, réseau cristallin et polymorphisme, contaminations et défauts (*ex. inclusions fluides*), effet de la température et de contraintes mécaniques…
Il existe des librairies (*ou « banques »*) de spectres de référence pour de nombreuses molécules.
La résolution spatiale d'un spectromètre Raman est de 0,5 à 1 µm.

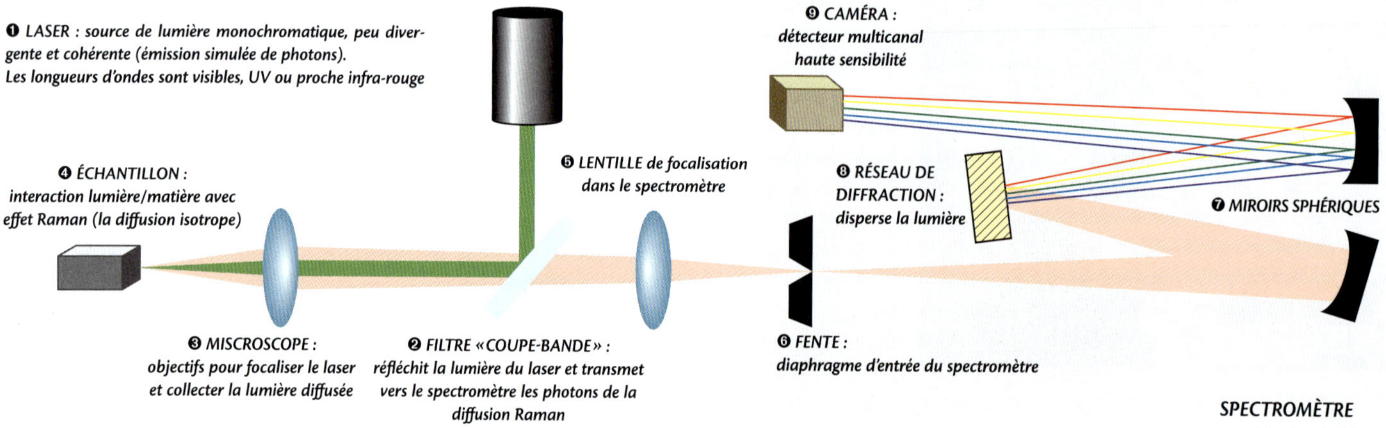

La diffusion Raman, ou effet Raman, est un phénomène optique découvert indépendamment en 1928 par les physiciens Chandrashekhara Venkata Râman et Leonid Mandelstam.

Exemple de résultat

Le spectre Raman présente plusieurs pics, caractérisés par leur nombre d'onde (*qui est une fonction complexe de l'inverse de la longueur d'onde*).

Ce nombre d'onde (*appelé en anglais Raman shift, décalage Raman*) est exprimé en cm^{-1}.

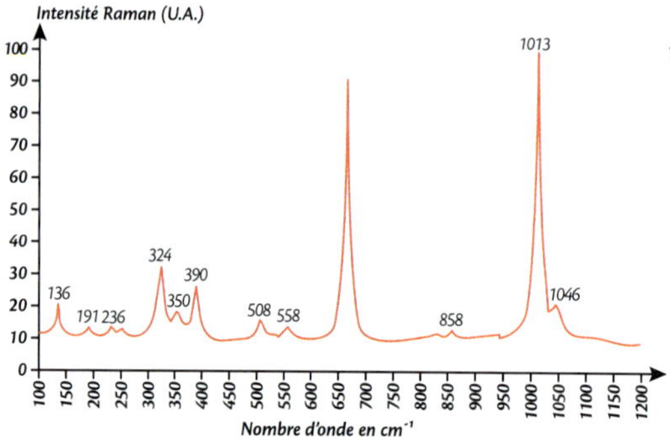

Spectre Raman d'un clinopyroxène
(pyroxène contenant du calcium ou du sodium)

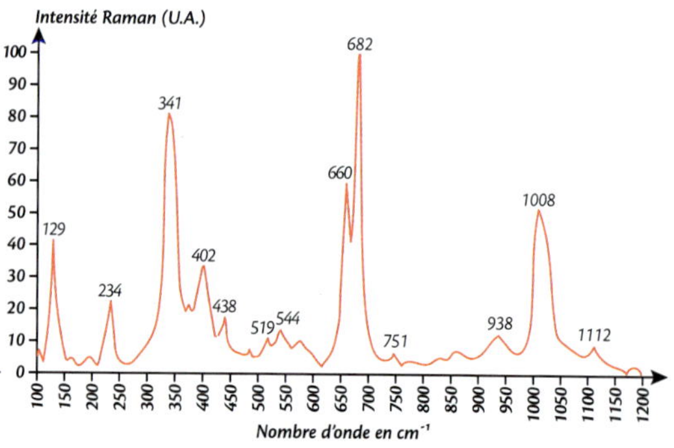

Spectre Raman d'un orthopyroxène
(pyroxène **ne** contenant **pas** de calcium ni de sodium)

II - Des exemples de domaines d'application en géosciences

Distinction entre des minéraux de formule proche

La technique permet de distinguer différents feldspaths plagioclases en fonction de leurs teneurs en Na et Ca : chacun a un spectre Raman qui lui est propre.

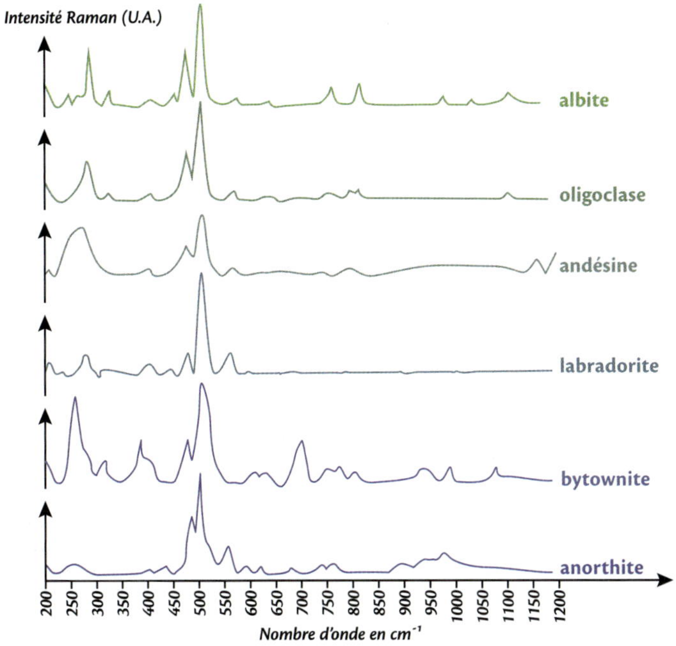

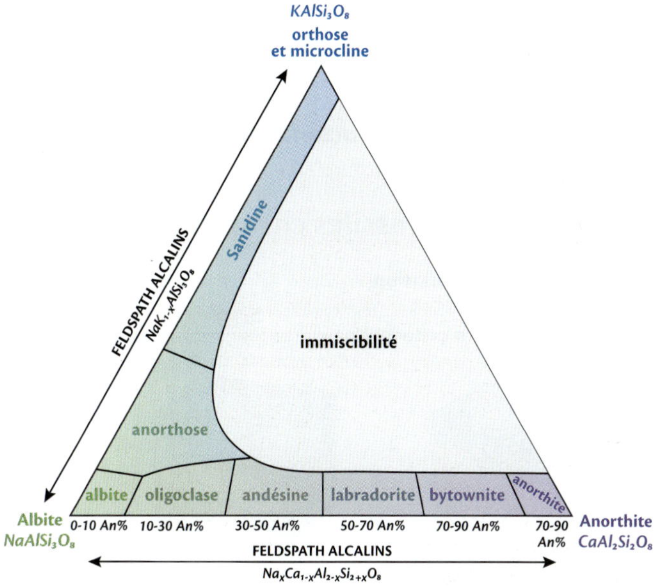

Utilisation sur le terrain, rapide et efficace

Il existe dans le commerce des spectromètres Raman portables qu'on peut emporter sur le terrain. Couplé avec un ordinateur portable contenant une banque de spectre, c'est un moyen de déterminer sur place des minéraux difficiles à reconnaitre à l'œil nu sans avoir besoin de ramener l'échantillon dans un laboratoire.

❶ On cherche à déterminer in situ la nature de minéraux sur des dalles de pierres polies revêtant les façades de la Maison des Avocats, à Lyon (*Rhône*).

Ces minéraux en forme de croix pourraient être des **staurotides** ou encore des **amphiboles**.

❷ La technique d'analyse avec un **spectromètre Raman** portable est appliquée sur une de ces dalles.

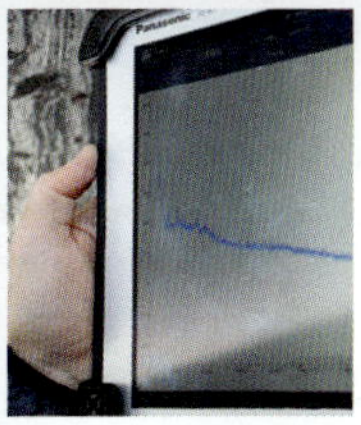

❸ **Résultats bruts** obtenus sur tablette en quelques minutes : on regarde s'il y a un spectre a priori utilisable (*ce spectre brut est en général trop bruité pour être lu directement*).

❹ Un **traitement informatique** en laboratoire permet de restreindre le bruit du signal.

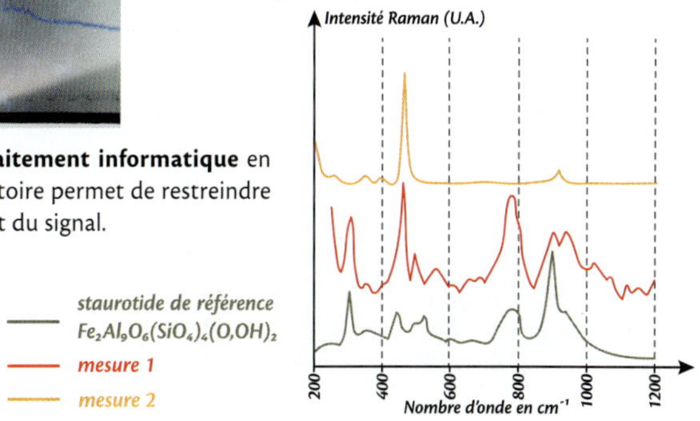

❺ Les deux mesures effectuées présentent les mêmes pics qu'une staurotide de référence. Les minéraux en croix sont bien des staurotides. Les différences observées entre les mesures et le spectre de référence s'expliquent par la présence d'inclusions dans les staurotides métamorphiques, ce qui est confirmé au microscope (*micro-inclusions quartzeuses*).

En plus d'études géologiques, on peut aussi étudier la nature d'œuvres d'art et d'objets archéologiques intransportables comme les peintures d'une fresque, les fragments de pierre ou de verre constituant une mosaïque, des objets d'un musée qui n'ont pas l'autorisation de sortir du territoire…

145 Les fossiles caractéristiques en géologie

Fossile = *reste ou trace, plus ou moins minéralisé, d'un ancien organisme vivant ou de son activité, conservé généralement dans une roche sédimentaire.*

Quels sont les fossiles caractéristiques en géologie ? Quels sont leurs enseignements ?

I - Fossilisation, fossiles chronostratigraphiques (= *caractéristiques*) et fossiles de faciès

Processus rare de fossilisation

Les tissus biologiques minéralisés (*test, coquille, cartilage, os*...) sont résistants, et peuvent être préservés alors que les tissus mous le sont très rarement.

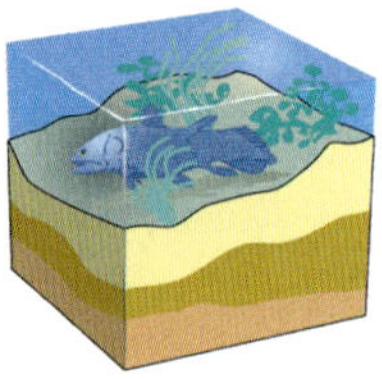

❶ Mort d'un organisme vivant et absence de charognage. Trace de vie (*terrier, trace de locomotion*...)

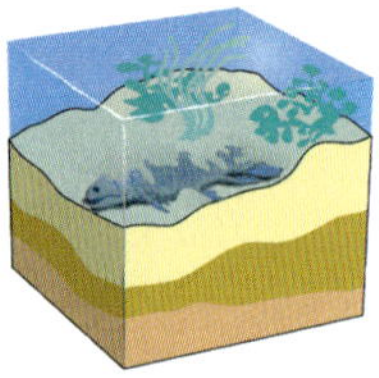

❷ Couverture rapide par des sédiments limitant sa dégradation par oxydation. Pénétration des sédiments dans les cavités et tissus mous dégradés.

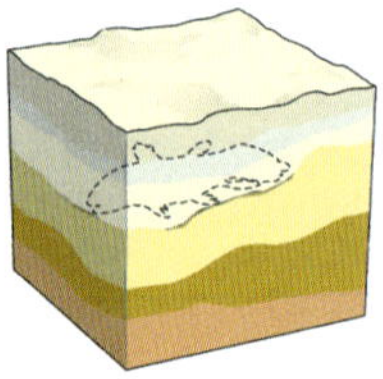

❸ Enfouissement progressif sous les sédiments, modifications physico-chimiques durant des millions d'années, diagenèse, minéralisation.

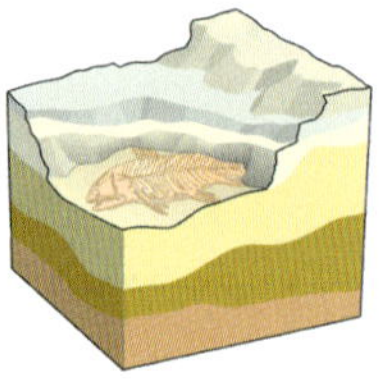

❹ Réapparition postérieure du fossile suite à l'érosion et/ou les mouvements tectoniques

Fossiles stratigraphiques pour dater les strates et établir des corrélations 92

Ils ont 3 caractéristiques :

❶ **grande abondance statistique**,
❷ **grande extension horizontale** (*dans l'espace*) [➡ *Intérêt des formes pélagiques, des microfossiles*],
❸ **faible extension verticale** (*dans le temps*) [➡ *espèces à existence courte, évolution rapide*].

Fossiles de faciès permettant de déterminer un paléoenvironnement 104

Ils renseignent sur un milieu de dépôt (*coraux* → *récifal, Oursins et Pectens* → *marin, Helix* → *continental, Pholades* → *zone de balancement des marées ou très faible profondeur*...).

❶ **faible extension horizontale** : distribution étroitement liée aux conditions physiques, chimiques et biologiques d'un environnement,
❷ **extension verticale peu limitée**.

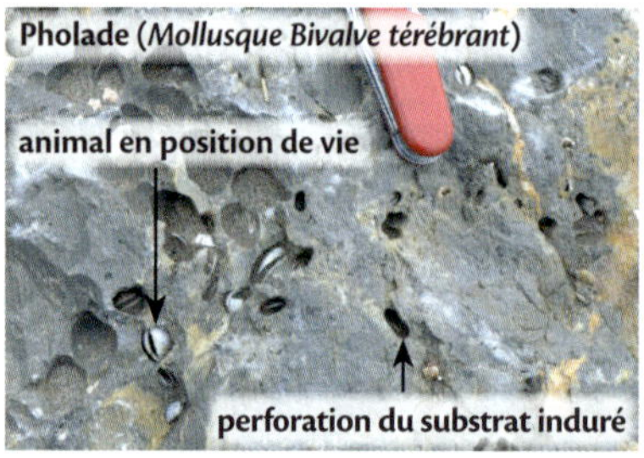

digue actuelle observée à marée basse

galet d'un conglomérat d'âge Miocène

⚠ *Principe de l'actualisme : principe selon lequel les phénomènes géologiques du passé s'expliquent de la même manière que les phénomènes actuellement observables.*

II - Fossiles caractéristiques du Paléozoïque (*541 à 252 Ma*)

Trilobites (*Métazoaires panpaléozoïques*)

Reconnaissables à leur **corps métamérisé découpé en 3 lobes**, ils ont vécu du Cambrien au Permien (*diversifiés en 18 750 espèces, de 1 mm à 70 cm*).

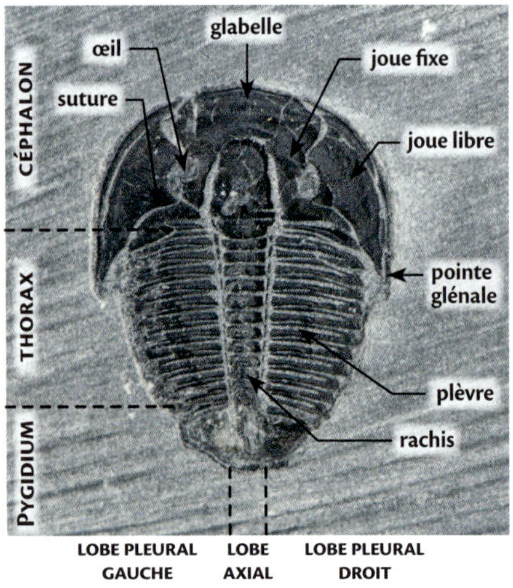

Graptolites (*du Cambrien au Carbonifère*)

Classe d'**animaux coloniaux** rattachés à l'embranchement des Hémichordés.

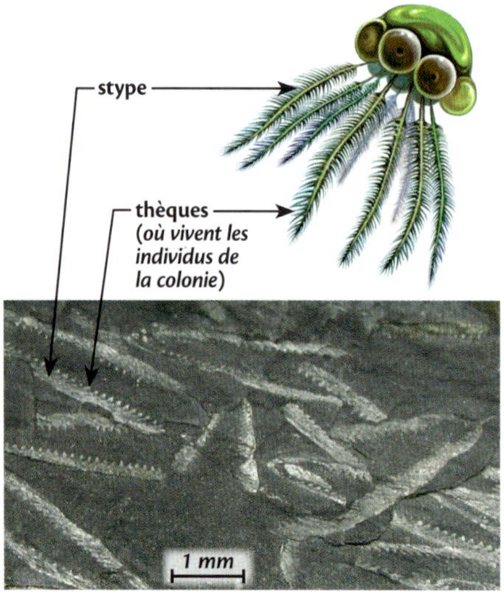

Spirifer (*un Brachiopode du Dévonien*)

Lophotrochozoaires marins très diversifiés au Paléozoïque (*460 espèces actuelles*).

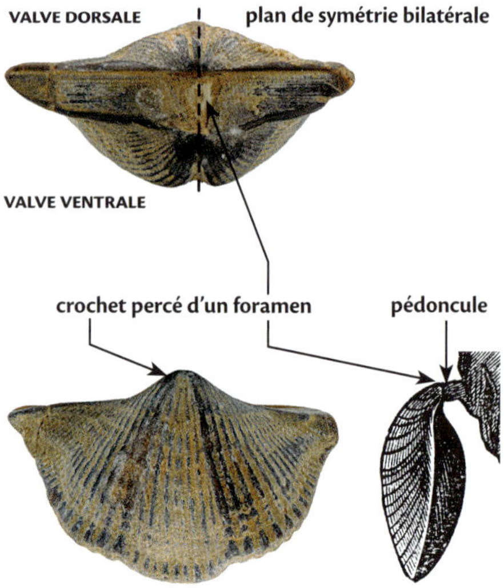

Orthoceras (*Ordovicien au Permien*) 95

Mollusques **Céphalopodes** à coquille univalve droite.

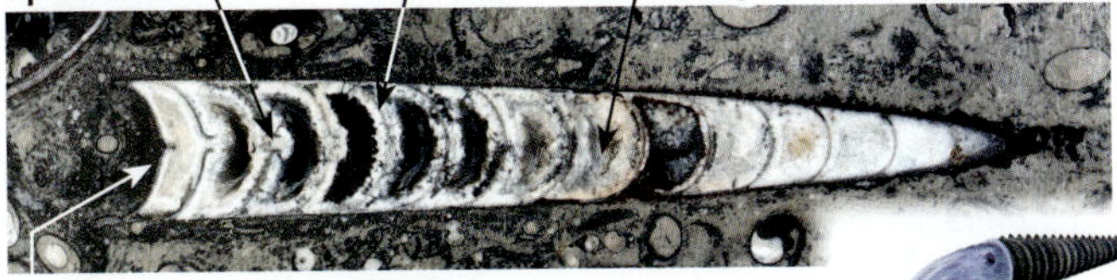

La coquille des Orthocères ne doit pas être confondue avec le rostre des Bélemnites abondantes au Jurassique et au Crétacé qui correspond à un squelette interne, le plus souvent incomplet, en forme de « balle de fusil ».

Goniatites (*Dévonien au Permien*)

Ordre d'***Ammonoïdés*** (*Mollusques Céphalopodes*) dont les sutures dessinent des angles.

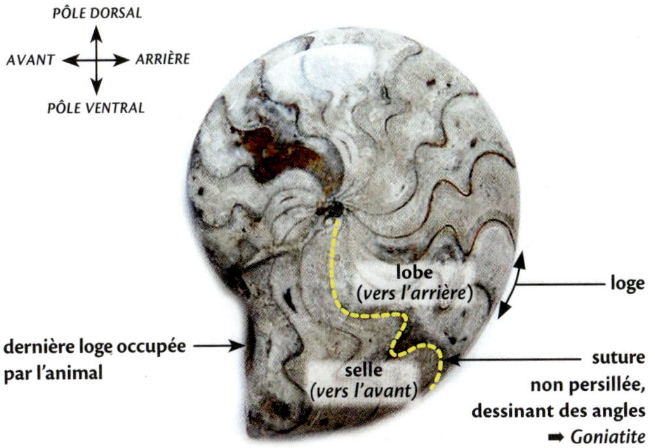

III - Fossiles caractéristiques du Mésozoïque (252 *à* 66 *Ma*)

Cératites (*Trias*) et Ammonites (*Jurassique-Crétacé*)

Ordre d'**Ammonoïdés** (*Mollusques Céphalopodes*) dont les sutures sont persillées (*lobes uniquement pour les Cératites, selles et lobes pour les Ammonites*).

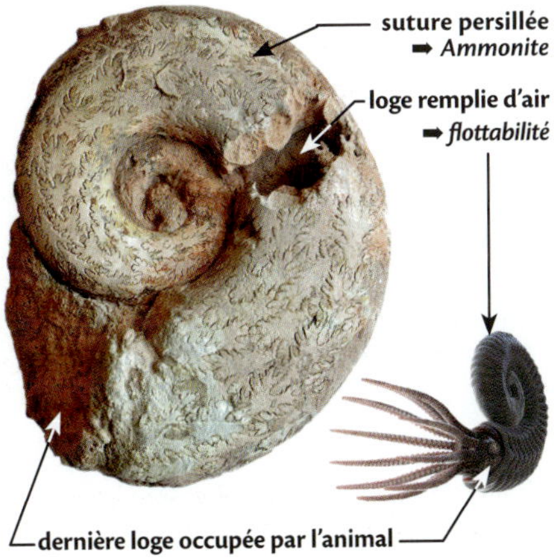

Rudistes (*Jurassique supérieur - Crétacé*)

Mollusques **Bivalves** récifaux à coquille **épaisse** et asymétrique témoignant d'un **milieu marin chaud, peu profond**.

104

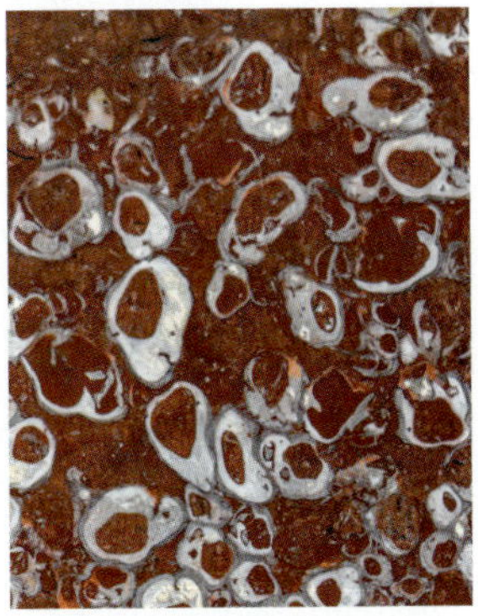

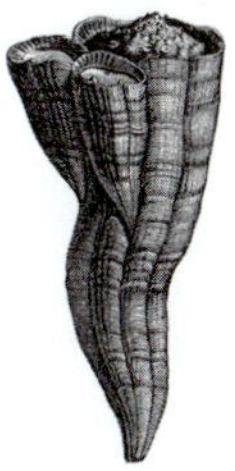

Section transversale d'une colonie d'Hippurites (= Rudistes) dans un calcaire rose de faciès Urgonien

Globotruncana

Genre de **foraminifères planctoniques** ayant vécu du Crétacé supérieur à la fin de l'Éocène et dont la grande vitesse d'évolution en fait de remarquables fossiles stratigraphiques pour le Crétacé supérieur.

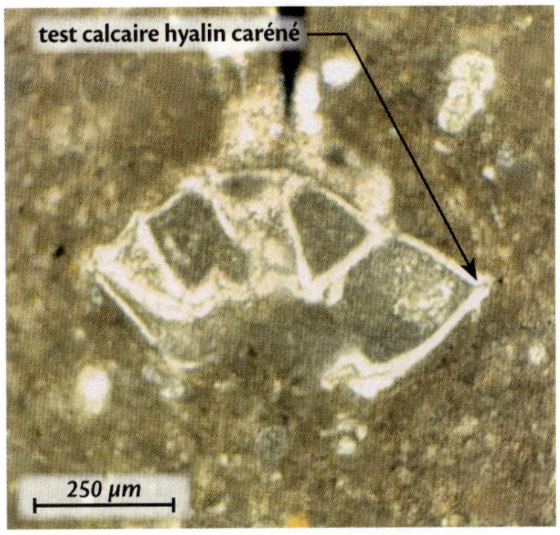

IV - Fossiles caractéristiques du Cénozoïque (66 *Ma à l'actuel*)

Nummulites (apogée au Paléogène)

Foraminifères benthiques en forme de petite pièce de monnaie (*nummulus en latin*).

Alvéolines et Milioles

Foraminifères benthiques à test porcelané (*blanc à l'œil nu, noir opaque en Lumière Polarisée Analysée, photo ci-dessous*).

Globorotalia et Globigérines

Foraminifères pélagiques dont les loges du test calcaire hyalin sont arrondies.

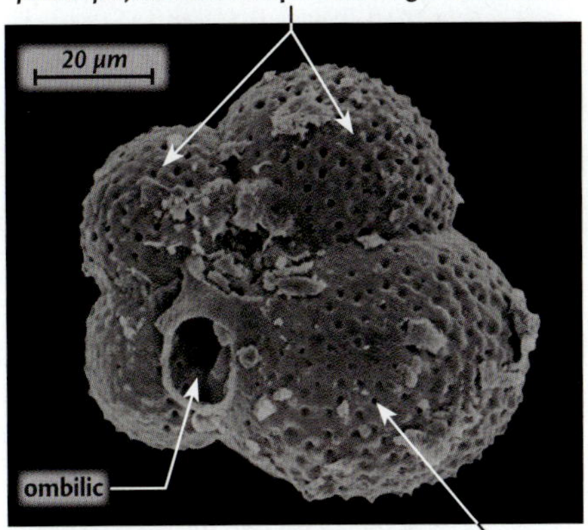

CRÉDITS PHOTOGRAPHIQUES - ILLUSTRATIONS

Illustrations scientifiques originales : Laurent Geray

PARTIE I :
Fiche 1 : AdobeStock - Wikipedia.org : Pablo Carlos Budassi
Fiche 2 : AdobeStock - Wikipedia.org : NASA
Fiche 3 : AdobeStock - P. Thomas (ENS Lyon)
Fiche 4 : AdobeStock - NASA
Fiche 5 : NASA
Fiche 6 : AdobeStock - NASA
Fiche 7 : AdobeStock - Wikipedia.org - NASA
Fiche 8 : NASA

PARTIE II :
Fiche 9 : AdobeStock - NASA
Fiche 10 : AdobeStock - NASA - IFREMER
Fiche 11 : AdobeStock - B. de Quillacq
Fiche 12 : AdobeStock - NASA - P. Thomas (ENS Lyon)
Fiche 13 : AdobeStock - P. Thomas, D. Mollex (ENS Lyon) - J.F. Bonello J.P. Perrillat (Univ. Lyon 1)
Fiche 14 : AdobeStock - P. Thomas, C. Conion (ENS Lyon) - BRGM
Fiche 15 : P. Thomas, D. Mollex, C. Conion (ENS Lyon)
Fiche 16 : P. Thomas (ENS Lyon)
Fiche 17 : P. Thomas, D. Mollex (ENS Lyon)
Fiche 18 : P. Thomas (ENS Lyon) - J.F. Bonnello
Fiche 19 : P. Thomas, D. Mollex (ENS Lyon) - J.F. Bonnello
Fiche 20 : AdobeStock - P. Thomas (ENS Lyon) - J.F. Bonello - T. Lorin
Fiche 21 : P. Thomas (ENS Lyon)
Fiche 22 : ENS Lyon - N. Coltice - M. Le Bars
Fiche 23 : AdobeStock - P. Thomas (ENS Lyon)

PARTIE III :
Fiche 24 : P. Thomas (ENS Lyon) - NASA - S. Labrosse
Fiche 25 : AdobeStock - NASA
Fiche 26 : NASA
Fiche 27 : AdobeStock - NASA
Fiche 28 : AdobeStock - NASA - GIEC
Fiche 29 : Planet-Terre (ENS) - NASA
Fiche 30 : P. Thomas (ENS Lyon) - AdobeStock - Shutterstock
Fiche 31 : AdobeStock - P. Thomas (ENS) - M. Jentzer
Fiche 32 : P. Thomas (ENS) - NASA - BRGM
Fiche 34 : AdobeStock - P. Thomas (ENS)
Fiche 35 : @ig.utexas.edu - N. Coltice - Dziewonski et al. - French et Romanowicz

PARTIE IV :
Fiche 36 : P. Thomas (ENS Lyon)
Fiche 37 : P. Thomas (ENS Lyon)
Fiche 38 : P. Thomas (ENS Lyon) - AdobeStock - BRGM
Fiche 39 : AdobeStock - ©Google Earth - A. de Quillacq - M. Jentzer
Fiche 40 : P. Thomas (ENS) - BRGM
Fiche 41 : AdobeStock - P. Thomas (ENS) - M. Jentzer - Y. Siméon
Fiche 42 : P. Thomas, D. Mollex (ENS Lyon)
Fiche 43 : P. Thomas (ENS Lyon)
Fiche 45 : AdobeStock - NASA - BRGM
Fiche 46 : AdobeStock

PARTIE V :
Fiche 47 : P. Thomas (ENS Lyon) - P. Chèvremont - BRGM
Fiche 48 : P. Thomas (ENS Lyon) - BRGM
Fiche 49 : P. Thomas, D. Mollex (ENS Lyon)
Fiche 50 : F. Magot, D. Mollex (ENS Lyon) - BRGM
Fiche 51 : D. Mollex (ENS Lyon) - BRGM
Fiche 52 : P. Thomas (ENS Lyon) - BRGM
Fiche 53 : P. Thomas, D. Mollex (ENS Lyon) - J.P. Perrillat (Univ. Lyon 1)
Fiche 54 : ©Google Earth - D. Mollex (ENS Lyon)
Fiche 55 : BRGM
Fiche 56 : P. Thomas, D. Mollex (ENS Lyon) - Ph. Agard

PARTIE VI :
Fiche 57 : AdobeStock - P. Thomas, D. Mollex, C. Langlois (ENS Lyon)
Fiche 58 : AdobeStock - P. Thomas (ENS Lyon)
Fiche 59 : P. Thomas, D. Mollex (ENS Lyon)
Fiche 60 : AdobeStock - P. Thomas (ENS Lyon) - A. Denis
Fiche 61 : AdobeStock - Shutterstock - P. Thomas (ENS Lyon) - ©Google Earth
Fiche 62 : AdobeStock - A. Denis
Fiche 63 : sciencephoto - P. Thomas (ENS Lyon)
Fiche 64 : AdobeStock
Fiche 65 : AdobeStock - Shutterstock - P. Thomas, O. Dequincey (ENS Lyon) ©Google Earth - BRGM
Fiche 66 : AdobeStock - P. Thomas (ENS Lyon) - B. de Quillacq
Fiche 67 : AdobeStock - Shutterstock - P. Thomas, D. Mollex, F. Magot (ENS Lyon)
Fiche 68 : AdobeStock - P. Thomas (ENS Lyon) - BRGM
Fiche 69 : AdobeStock - P. Thomas (ENS Lyon)
Fiche 70 : AdobeStock - P. Thomas (ENS Lyon)

PARTIE VII :
Fiche 71 : P. Thomas (ENS Lyon) - BRGM
Fiche 72 : P. Thomas (ENS Lyon) - BRGM
Fiche 73 : P. Thomas (ENS Lyon)
Fiche 75 : AdobeStock - P. Thomas (ENS Lyon) - BRGM
Fiche 76 : A. Denis
Fiche 78 : AdobeStock - P. Thomas (ENS Lyon) - A. de Quillacq
Fiche 79 : AdobeStock - M. Vabre
Fiche 80 : D. Mollex (ENS Lyon)
Fiche 81 : AdobeStock - P. Thomas (ENS Lyon) - IGN
Fiche 82 : AdobeStock - P. Thomas (ENS Lyon)
Fiche 83 : P. Thomas (ENS Lyon) - A. de Quillacq
Fiche 84 : D. Mollex (ENS Lyon)
Fiche 85 : AdobeStock - P. Thomas (ENS Lyon) - A. de Quillacq
Fiche 86 : P. Thomas (ENS Lyon) - BRGM
Fiche 87 : AdobeStock - P. Thomas (ENS Lyon)
Fiche 88 : AdobeStock

PARTIE VIII :
Fiche 89 : AdobeStock
Fiche 90 : P. Thomas (ENS Lyon) - M. Vabre
Fiche 91 : P. Thomas, V. Conion, D. Mollex (ENS Lyon) - A. de Quillacq
Fiche 92 : AdobeStock - A. de Quillacq
Fiche 93 : AdobeStock - P. Thomas, D. Mollex (ENS Lyon)
Fiche 94 : AdobeStock - iStockphoto
Fiche 95 : AdobeStock
Fiche 96 : AdobeStock - P. Thomas (ENS Lyon) - NASA - ©Google Earth
Fiche 97 : AdobeStock - P. Thomas (ENS Lyon) - Pr. Hiroshi Ohmoto
Fiche 98 : AdobeStock - P. Thomas, D. Mollex (ENS Lyon) - BRGM - IGN
Fiche 99 : P. Thomas (ENS Lyon)
Fiche 100 : P. Thomas (ENS Lyon) - NASA
Fiche 101 : AdobeStock - Wikipedia.org : NASA
Fiche 102 : P. Thomas (ENS Lyon) - M. Tesson (gdargo.com) - J.F. Bonello
Fiche 103 : AdobeStock - P. Thomas (ENS Lyon) - BRGM
Fiche 104 : AdobeStock - P. Thomas, T. Lorin (ENS Lyon) - B. de Quillacq
Fiche 105 : AdobeStock - Sciencephoto - P. Thomas (ENS Lyon) - BRGM - ©Google Earth

PARTIE IX :
Fiche 106 : AdobeStock - P. Thomas (ENS Lyon)
Fiche 107 : AdobeStock - NASA - BRGM - IGN
Fiche 108 : AdobeStock - Massonnet et Tronin
Fiche 109 : AdobeStock - P. Thomas (ENS Lyon)
Fiche 110 : AdobeStock - Shutterstock - IGN

PARTIE X :
Fiche 111 : AdobeStock
Fiche 112 : AdobeStock
Fiche 113 : AdobeStock - P. Thomas (ENS Lyon) - F. Gaudry - BRGM
Fiche 114 : P. Thomas (ENS Lyon)
Fiche 115 : AdobeStock - P. Thomas (ENS Lyon)
Fiche 116 : AdobeStock - P. Thomas (ENS Lyon) - BRGM

PARTIE XI :
Fiche 117 : BRGM
Fiche 118 : P. Thomas (ENS Lyon) - BRGM
Fiche 119 : AdobeStock - P. Thomas, D. Mollex (ENS Lyon) - M. Jentzer - BRGM
Fiche 120 : P. Thomas (ENS Lyon) - BRGM
Fiche 121 : AdobeStock - BRGM
Fiche 122 : AdobeStock - Q. Boesch - BRGM
Fiche 123 : AdobeStock - P. Thomas (ENS Lyon) - BRGM - IGN
Fiche 124 : AdobeStock - P. Thomas, D. Mollex (ENS Lyon) - BRGM
Fiche 125 : AdobeStock - iStockphoto
Fiche 126 : AdobeStock - P. Thomas, D. Mollex (ENS Lyon) - BRGM
Fiche 127 : AdobeStock
Fiche 128 : AdobeStock - P. Thomas (ENS Lyon) - NASA - ©Google Earth
Fiche 129 : AdobeStock - ESA
Fiche 130 : AdobeStock - NASA
Fiche 131 : AdobeStock - BRGM
Fiche 132 : AdobeStock - G. Chazot - IRD - ©Google Earth

PARTIE XII :
Fiche 133 : AdobeStock
Fiche 134 : AdobeStock - A. Augier
Fiche 137 : NASA - BGI
Fiche 138 : AdobeStock - A. Proust
Fiche 139 : AdobeStock - C Masquelet
Fiche 140 : AdobeStock
Fiche 141 : AdobeStock - P. Thomas, D. Mollex (ENS Lyon)
Fiche 142 : D. Mollex (ENS Lyon) - J.P. Bonello
Fiche 143 : D. Mollex (ENS Lyon)
Fiche 144 : P. Thomas (ENS Lyon)
Fiche 145 : AdobeStock - P. Thomas, D. Mollex (ENS Lyon) - A. Denis

Dépôt légal : Septembre 2023 - N° éditeur : DBSSI20200206
Achevé d'imprimer en Septembre 2023 par Vincenzo Bona SpA à Turin en Italie